U0359843

《机械设计手册》（第六版）单行本卷目

机械设计手册

第六版

单行本

液压传动

主编单位　中国有色工程设计研究总院

主　　编　成大先

副 主 编　王德夫　姬奎生　韩学铨

　　　　　姜勇　李长顺　王雄耀

　　　　　虞培清　成杰　谢京耀

化学工业出版社

·北京·

《机械设计手册》第六版单行本共16分册，涵盖了机械常规设计的所有内容。各分册分别为《常用设计资料》《机械制图·精度设计》《常用机械工程材料》《机构·结构设计》《连接与紧固》《轴及其连接》《轴承》《起重运输件·五金件》《润滑与密封》《弹簧》《机械传动》《减（变）速器·电机与电器》《机械振动·机架设计》《液压传动》《液压控制》《气压传动》。

本书为《液压传动》。主要介绍了液压传动的基础标准及液压流体力学常用公式，液压系统的设计，液压基本回路（压力控制回路、速度控制回路、方向控制回路和其他液压回路）的类别和特点，液压工作介质的分类、特性、指标、选择和使用要点，液压泵和液压马达的分类、工作原理、产品及选用，液压缸的性能参数、结构设计、计算和选用，液压控制阀的类型、结构原理及应用，液压辅助件及液压泵站（管件、蓄能器、冷却器、过滤器、油箱及其附件、液压泵站）的类型、结构、特点与应用，液压传动系统的安装、使用和维护。

本书可作为机械设计人员和有关工程技术人员的工具书，也可供高等院校有关专业师生参考使用。

图书在版编目（CIP）数据

机械设计手册：单行本. 液压传动/成大先主编. —6
版. —北京：化学工业出版社，2017.1
ISBN 978-7-122-28710-6

Ⅰ.①机… Ⅱ.①成… Ⅲ.①机械设计-技术手册
②液压传动-技术手册 Ⅳ.①TH122-62②TH137-62

中国版本图书馆CIP数据核字（2016）第309030号

责任编辑：周国庆 张兴辉 贾 娜 曾 越　　　　　装帧设计：尹琳琳
责任校对：王 静

出版发行：化学工业出版社（北京市东城区青年湖南街13号　邮政编码100011）
印　　装：北京七彩京通数码快印有限公司
787mm×1092mm　1/16　印张51　字数1879千字　2017年2月北京第1版第1次印刷

购书咨询：010-64518888　　　　　　　　　　售后服务：010-64518899
网　　址：http://www.cip.com.cn
凡购买本书，如有缺损质量问题，本社销售中心负责调换。

定　　价：128.00元　　　　　　　　　　　　　　　　版权所有　违者必究

撰 稿 人 员

成大先	中国有色工程设计研究总院	孙永旭	北京古德机电技术研究所
王德夫	中国有色工程设计研究总院	丘大谋	西安交通大学
刘世参	《中国表面工程》杂志、装甲兵工程学院	诸文俊	西安交通大学
姬奎生	中国有色工程设计研究总院	徐 华	西安交通大学
韩学铨	北京石油化工工程公司	谢振宇	南京航空航天大学
余梦生	北京科技大学	陈应斗	中国有色工程设计研究总院
高淑之	北京化工大学	张奇芳	沈阳铝镁设计研究院
柯蕊珍	中国有色工程设计研究总院	安 剑	大连华锐重工集团股份有限公司
杨 青	西北农林科技大学	迟国东	大连华锐重工集团股份有限公司
刘志杰	西北农林科技大学	杨明亮	太原科技大学
王欣玲	机械科学研究院	邹舜卿	中国有色工程设计研究总院
陶兆荣	中国有色工程设计研究总院	邓述慈	西安理工大学
孙东辉	中国有色工程设计研究总院	周凤香	中国有色工程设计研究总院
李福君	中国有色工程设计研究总院	朴树寰	中国有色工程设计研究总院
阮忠唐	西安理工大学	杜子英	中国有色工程设计研究总院
熊绮华	西安理工大学	汪德涛	广州机床研究所
雷淑存	西安理工大学	朱 炎	中国航宇救生装置公司
田惠民	西安理工大学	王鸿翔	中国有色工程设计研究总院
殷鸿樑	上海工业大学	郭 永	山西省自动化研究所
齐维浩	西安理工大学	厉海祥	武汉理工大学
曹惟庆	西安理工大学	欧阳志喜	宁波双林汽车部件股份有限公司
吴宗泽	清华大学	段慧文	中国有色工程设计研究总院
关天池	中国有色工程设计研究总院	姜 勇	中国有色工程设计研究总院
房庆久	中国有色工程设计研究总院	徐永年	郑州机械研究所
李建平	北京航空航天大学	梁桂明	河南科技大学
李安民	机械科学研究院	张光辉	重庆大学
李维荣	机械科学研究院	罗文军	重庆大学
丁宝平	机械科学研究院	沙树明	中国有色工程设计研究总院
梁全贵	中国有色工程设计研究总院	谢佩娟	太原理工大学
王淑兰	中国有色工程设计研究总院	余 铭	无锡市万向联轴器有限公司
林基明	中国有色工程设计研究总院	陈祖元	广东工业大学
王孝先	中国有色工程设计研究总院	陈仕贤	北京航空航天大学
童祖楹	上海交通大学	郑自求	四川理工学院
刘清廉	中国有色工程设计研究总院	贺元成	泸州职业技术学院
许文元	天津工程机械研究所	季泉生	济南钢铁集团

方　正	中国重型机械研究院	申连生	中冶迈克液压有限责任公司
马敬勋	济南钢铁集团	刘秀利	中国有色工程设计研究总院
冯彦宾	四川理工学院	宋天民	北京钢铁设计研究总院
袁　林	四川理工学院	周　堉	中冶京城工程技术有限公司
孙夏明	北方工业大学	崔桂芝	北方工业大学
黄吉平	宁波市镇海减变速机制造有限公司	佟　新	中国有色工程设计研究总院
陈宗源	中冶集团重庆钢铁设计研究院	禤有雄	天津大学
张　翌	北京太富力传动机器有限责任公司	林少芬	集美大学
陈　涛	大连华锐重工集团股份有限公司	卢长耿	厦门海德科液压机械设备有限公司
于天龙	大连华锐重工集团股份有限公司	容同生	厦门海德科液压机械设备有限公司
李志雄	大连华锐重工集团股份有限公司	张　伟	厦门海德科液压机械设备有限公司
刘　军	大连华锐重工集团股份有限公司	吴根茂	浙江大学
蔡学熙	连云港化工矿山设计研究院	魏建华	浙江大学
姚光义	连云港化工矿山设计研究院	吴晓雷	浙江大学
沈益新	连云港化工矿山设计研究院	钟荣龙	厦门厦顺铝箔有限公司
钱亦清	连云港化工矿山设计研究院	黄　畬	北京科技大学
于　琴	连云港化工矿山设计研究院	王雄耀	费斯托（FESTO）（中国）有限公司
蔡学坚	邢台地区经济委员会	彭光正	北京理工大学
虞培清	浙江长城减速机有限公司	张百海	北京理工大学
项建忠	浙江通力减速机有限公司	王　涛	北京理工大学
阮劲松	宝鸡市广环机床责任有限公司	陈金兵	北京理工大学
纪盛青	东北大学	包　钢	哈尔滨工业大学
黄效国	北京科技大学	蒋友谅	北京理工大学
陈新华	北京科技大学	史习先	中国有色工程设计研究总院
李长顺	中国有色工程设计研究总院		

审 稿 人 员

刘世参	成大先	王德夫	郭可谦	汪德涛	方　正	朱　炎	李钊刚
姜　勇	陈谌闻	饶振纲	季泉生	洪允楣	工　正	詹茂盛	姬奎生
张红兵	卢长耿	郭长生	徐文灿				

HANDBOOK OF MECHANICAL DESIGN

《机械设计手册》（第六版）单行本

出版说明

重点科技图书《机械设计手册》自 1969 年出版发行以来，已经修订至第六版，累计销售量超过 130 万套，成为新中国成立以来，在国内影响力最大的机械设计工具书，多次获得国家和省部级奖励。

《机械设计手册》以其技术性和实用性强、标准和数据可靠、便于使用和查询等特点，赢得了广大机械设计工作者和工程技术人员的首肯和好评。自出版以来，收到读者来信数千封。广大读者在对《机械设计手册》给予充分肯定的同时，也指出了《机械设计手册》装帧太厚、太重，不便携带和翻阅，希望出版篇幅小些的单行本，诸多读者建议将《机械设计手册》以篇为单位改编为多卷本。

根据广大读者的反映和建议，化学工业出版社组织编辑人员深入设计科研院所、大中专院校、制造企业和有一定影响的新华书店进行调研，广泛征求和听取各方面的意见，在与主编单位协商一致的基础上，于 2004 年以《机械设计手册》第四版为基础，编辑出版了《机械设计手册》单行本，并在出版后很快得到了读者的认可。2011 年，《机械设计手册》第五版单行本出版发行。

《机械设计手册》第六版（5 卷本）于 2016 年初面市发行，在提高产品开发、创新设计方面，在促进新产品设计和加工制造的新工艺设计方面，在为新产品开发、老产品改造创新提供新型元器件和新材料方面，在贯彻推广标准化工作等方面，都较第五版有很大改进。为更加贴合读者需求，便于读者有针对性地选用《机械设计手册》第六版中的部分内容，化学工业出版社在汲取《机械设计手册》前两版单行本出版经验的基础上，推出了《机械设计手册》第六版单行本。

《机械设计手册》第六版单行本，保留了《机械设计手册》第六版（5 卷本）的优势和特色，从设计工作的实际出发，结合机械设计专业具体情况，将原来的 5 卷 23 篇调整为 16 分册 21 篇，分别为《常用设计资料》《机械制图·精度设计》《常用机械工程材料》《机构·结构设计》《连接与紧固》《轴及其连接》《轴承》《起重运输件·五金件》《润滑与密封》《弹簧》《机械传动》《减（变）速器·电机与电器》《机械振动·机架设计》《液压传动》《液压控制》《气压传动》。这样，各分册篇幅适中，查阅和携带更加方便，有利于设计人员和广大读者根据各自需要

灵活选购。

《机械设计手册》第六版单行本将与《机械设计手册》第六版（5卷本）一起，成为机械设计工作者、工程技术人员和广大读者的良师益友。

借《机械设计手册》第六版单行本出版之际，再次向热情支持和积极参加编写工作的单位和个人表示诚挚的敬意！向长期关心、支持《机械设计手册》的广大热心读者表示衷心感谢！

由于编辑出版单行本的工作量较大，时间较紧，难免存在疏漏，恳请广大读者给予批评指正。

化学工业出版社

2017 年 1 月

第六版前言
Sixth Edition Preface

《机械设计手册》自 1969 年第一版出版发行以来，已经修订了五次，累计销售量 130 万套，成为新中国成立以来，在国内影响力强、销售量大的机械设计工具书。作为国家级的重点科技图书，《机械设计手册》多次获得国家和省部级奖励。其中，1978 年获全国科学大会科技成果奖，1983 年获化工部优秀科技图书奖，1995 年获全国优秀科技图书二等奖，1999 年获全国化工科技进步二等奖，2002 年获石油和化学工业优秀科技图书一等奖，2003 年获中国石油和化学工业科技进步二等奖。1986~2015 年，多次被评为全国优秀畅销书。

与时俱进、开拓创新，实现实用性、可靠性和创新性的最佳结合，协助广大机械设计人员开发出更好更新的产品，适应市场和生产需要，提高市场竞争力和国际竞争力，这是《机械设计手册》一贯坚持、不懈努力的最高宗旨。

《机械设计手册》（以下简称《手册》）第五版出版发行至今已有 8 年的时间，在这期间，我们进行了广泛的调查研究，多次邀请机械方面的专家、学者座谈，倾听他们对第六版修订的建议，并深入设计院所、工厂和矿山的第一线，向广大设计工作者了解《手册》的应用情况和意见，及时发现、收集生产实践中出现的新经验和新问题，多方位、多渠道跟踪、收集国内外涌现出来的新技术、新产品，改进和丰富《手册》的内容，使《手册》更具鲜活力，以最大限度地提高广大机械设计人员自主创新的能力，适应建设创新型国家的需要。

《手册》第六版的具体修订情况如下。

一、在提高产品开发、创新设计方面

1. 新增第 5 篇"机械产品结构设计"，提出了常用机械产品结构设计的 12 条常用准则，供产品设计人员参考。

2. 第 1 篇"一般设计资料"增加了机械产品设计的巧（新）例与错例等内容。

3. 第 11 篇"润滑与密封"增加了稀有润滑装置的设计计算内容，以适应润滑新产品开发、设计的需要。

4. 第 15 篇"齿轮传动"进一步完善了符合 ISO 国际标准的渐开线圆柱齿轮设计，非零变位锥齿轮设计，点线啮合传动设计，多点啮合柔性传动设计等内容，例如增加了符合 ISO 标准的渐开线齿轮几何计算及算例，更新了齿轮精度等。

5. 第 23 篇"气压传动"增加了模块化电/气混合驱动技术、气动系统节能等内容。

二、在为新产品开发、老产品改造创新，提供新型元器件和新材料方面

1. 介绍了相关节能技术及产品，例如增加了气动系统的节能技术和产品、节能电机等。

2. 各篇介绍了许多新型的机械零部件，包括一些新型的联轴器、离合器、制动器、带减速器的电机、起重运输零部件、液压元件和辅件、气动元件等，这些产品均具有技术先进、节能等特点。

3. 新材料方面，增加或完善了铜及铜合金、铝及铝合金、钛及钛合金、镁及镁合金等内容，这些合金材料由于具有优良的力学性能、物理性能以及材料回收率高等优点，目前广泛应用于航天、航空、高铁、计算机、通信元件、电子产品、纺织和印刷等行业。

三、在贯彻推广标准化工作方面

1. 所有产品、材料和工艺均采用新标准资料，如材料、各种机械零部件、液压和气动元件等全部更新了技术标准和产品。

2. 为满足机械产品通用化、国际化的需要，遵照立足国家标准、面向国际标准的原则来收录内容，如第 15 篇"齿轮传动"更新并完善了符合 ISO 标准的渐开线齿轮设计等。

《机械设计手册》第六版是在前几版的基础上编写而成的。借《机械设计手册》第六版出版之际，再次向参加每版编写的单位和个人表示衷心的感谢！同时也感谢给我们提供大力支持和热忱帮助的单位和各界朋友们！

由于编者水平有限，调研工作不够全面，修订中难免存在疏漏和缺点，恳请广大读者继续给予批评指正。

主　编

目录
CONTENTS

第 21 篇 液压传动

HANDBOOK OF MECHANICAL DESIGN

机械设计手册

第六版

HANDBOOK OF MECHANICAL OF DESIGN

第 5 卷

第 21 篇　液压传动

主要撰稿　姬奎生　申连生　刘秀利　李长顺　宋天民
　　　　　黄效国　崔桂芝

审　稿　申连生　姬奎生

第 1 章　基础标准及液压流体力学常用公式

1　基　础　标　准

1.1　流体传动系统及元件的公称压力系列（摘自 GB/T 2346—2003）

表 21-1-1　　　　　　　　　　　　　　　　　　　　　　　　　　　　　　　　　　　　　MPa

0.01	0.1	1.0	10.0	100
			12.5	
0.016	0.16	1.6	16.0	
	(0.2)		20.0	
0.025	0.25	2.5	25.0	
			31.5	
0.04	0.4	4.0	40.0	
			50.0	
0.063	0.63	6.3	63.0	
	(0.8)	(8.0)	80.0	

注：1. 括号内公称压力值为非优先选用值。

2. 公称压力超出 100MPa 时，应按 GB/T 321—2005《优先数和优先数系》中 R10 数系选用。

1.2　液压泵及马达公称排量系列（摘自 GB/T 2347—1980）

表 21-1-2　　　　　　　　　　　　　　　　　　　　　　　　　　　　　　　　　　　　　mL/r

0.1	1.0	10	100	1000
			(112)	(1120)
	1.25	12.5	125	1250
		(14)	(140)	(1400)
0.16	1.6	16	160	1600
		(18)	(180)	(1800)
	2.0	20	200	2000
		(22.4)	(224)	(2240)
0.25	2.5	25	250	2500
		(28)	(280)	(2800)
	3.15	31.5	315	3150
		(35.5)	(355)	(3550)
0.4	4.0	40	400	4000
		(45)	(450)	(4500)
	5.0	50	500	5000
		(56)	(560)	(5600)
0.63	6.3	63	630	6300
		(71)	(710)	(7100)
	8.0	80	800	8000
		(90)	(900)	(9000)

注：1. 括号内公称排量值为非优先选用值。

2. 公称排量超出 9000mL/r 时，应按 GB/T 321—2005《优先数和优先数系》中 R10 数系选用。

1.3 液压缸、气缸内径及活塞杆外径系列（摘自 GB/T 2348—1993）

（1）液压缸、气缸的缸筒内径尺寸系列

表 21-1-3   mm

8	40	125	（280）
10	50	（140）	320
12	63	160	（360）
16	80	（180）	400
20	（90）	200	（450）
25	100	（220）	500
32	（110）	250	

注：括号内数值为非优先选用值。

（2）液压缸、气缸的活塞杆外径尺寸系列

表 21-1-4   mm

4	18	45	110	280
5	20	50	125	320
6	22	56	140	360
8	25	63	160	
10	28	70	180	
12	32	80	200	
14	36	90	220	
16	40	100	250	

注：超出本系列 360mm 的活塞杆外径尺寸应按 GB/T 321—2005《优先数和优先数系》中 R20 数系选用。

1.4 液压缸、气缸活塞行程系列（摘自 GB/T 2349—1980）

液压缸、气缸活塞行程参数依优先次序按表 21-1-5~表 21-1-7 选用。

表 21-1-5   mm

25	50	80	100	125	160	200	250	320	400
500	630	800	1000	1250	1600	2000	2500	3200	4000

表 21-1-6   mm

40	63	90	110	140	180	220	280	360	450
550	700	900	1100	1400	1800	2200	2800	3600	

表 21-1-7   mm

240	260	300	340	380	420	480	530	600	650
750	850	950	1050	1200	1300	1500	1700	1900	2100
2400	2600	3000	3400	3800					

缸活塞行程大于 4000mm 时，按 GB/T 321—2005《优先数和优先数系》中 R10 数系选用；如不能满足要求时，允许按 R40 数系选用。

1.5 液压元件的油口螺纹连接尺寸 （摘自 GB/T 2878.1—2011）

表 21-1-8　　mm

	M8×1	M10×1	M12×1.5	M14×1.5
M16×1.5	M18×1.5	M20×1.5	M22×1.5	M27×2
M30×2	M33×2	M42×2	M48×2	M60×2

1.6 液压泵站油箱公称容量系列 （摘自 JB/T 7938—2010）

表 21-1-9　　　L

			1250
	16	160	1600
			2000
2.5	25	250	2500
		315	3150
4.0	40	400	4000
		500	5000
6.3	63	630	6300
		800	
10	100	1000	

注：油箱公称容量超出 6300L 时，应按 GB/T 321—2005《优先数和优先数系》中 R10 数系选用。

1.7 液压气动系统用硬管外径和软管内径 （摘自 GB/T 2351—2005）

表 21-1-10　　　　　　　　　　　　　　　　　　　　　　　　　　　　　　　　　　　　　　　mm

硬管外径	4,5,6,8,10,12,(14),16,(18),20,(22),25,(28),32,(34),38[①],40,(42),50
软管内径	2.5,3.2,5,6.3,8,10,12.5,16,19[②],20,(22)[②],25,31.5,38[②],40,50,51[②]

① 适用于某些法兰式连接。
② 仅用于液压系统。
注：括号内数值为非优先选用值。

1.8 液压阀油口的标识 （摘自 GB/T 17490—1998）

表 21-1-11　　　　　　　　　　　　　液压阀油口的标识规则

	主油口数	2		3	4
	阀的类型	溢流阀	其他阀	流量控制阀	方向控制阀和功能块
主油口	进油口	P	P	P	P
	第1出油口	—	A	A	A
	第2出油口	—	—	—	B
	回油箱油口	T	—	T	T
	第1液控油口	—	X	—	X
	第2液控油口	—	—	—	Y
辅助油口	液控油口(低压)	V	V	V	V
	泄油口	L	L	L	L
	取样点油口	M	M	M	M

注：1. 本表格不适用于 GB/T 8100—2006、GB/T 8098—2003 和 GB/T 8101—2002 中标准化的元件。
2. 主级或先导级的电磁铁应用与依靠它们的动作而有压力的油口相一致的标识。

2 液压气动图形符号（摘自 GB/T 786.1—2009）

图形符号由符号要素和功能要素构成，其规定见表 21-1-12~表 21-1-14。

2.1 图形符号

表 21-1-12

名称	符 号	用途或符号解释	名称	符 号	用途或符号解释	名称	符 号	用途或符号解释
实线		工作管路 控制供给管路 回油管路 电气线路	小圆		单向元件 旋转接头 机械铰链滚轮	长方形		缸、阀
虚线		控制管路 泄油管路或放气管路 过滤器 过渡位置	圆点		管路连接点、滚轮轴			活塞
			半圆		限定旋转角度的马达或泵			某种控制方法
点划线		组合元件框线	正方形		控制元件 除电动机外的原动机			执行器中的缓冲器
双线		机械连接的轴、操纵杆、活塞杆等			调节器件(过滤器、分离器、油雾器和热交换器等)	半矩形		油箱
大圆		一般能量转换元件(泵、马达、压缩机)			蓄能器重锤	囊形		压力油箱 气罐 蓄能器 辅助气瓶
中圆		测量仪表						
实心正三角形		液压力作用方向	弧线箭头		旋转运动方向指示	其他		封闭油、气路或油、气口
空心正三角形		气动力作用方向 注:包括排气			M 表示马达			流过阀的路径和方向
直箭头		直流运动、流体流过阀的通路和方向	其他		控制元件:弹簧			流过阀的路径和方向
					节流通道			温度指示或温度控制
长斜箭头		可调性符号(可调节的泵、弹簧、电磁铁等)			单向阀简化符号的阀座			电气符号

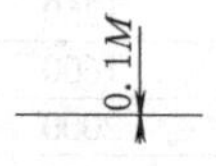

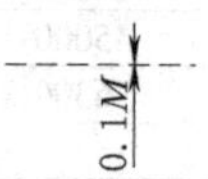

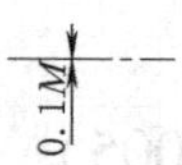

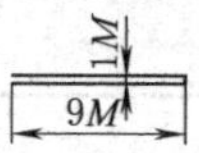

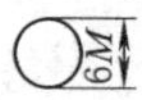

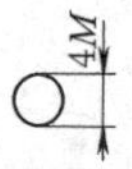

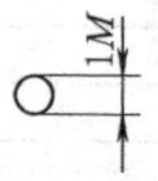

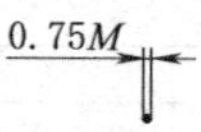

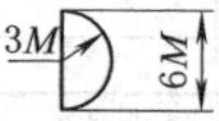

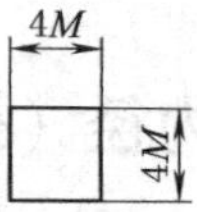

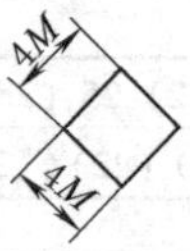

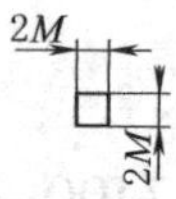

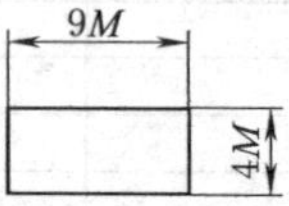

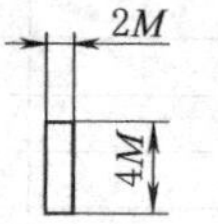

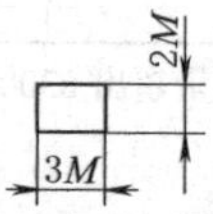

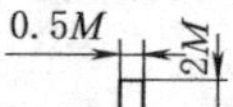

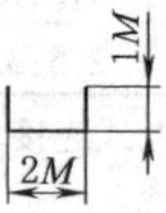

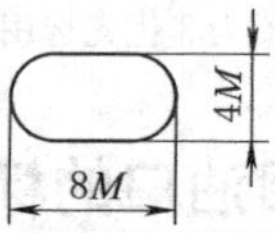

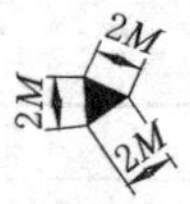

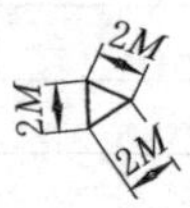

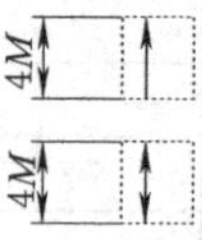

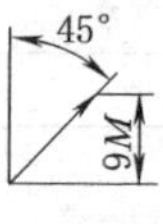

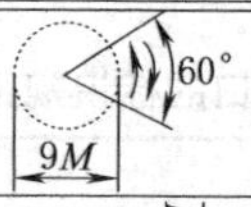

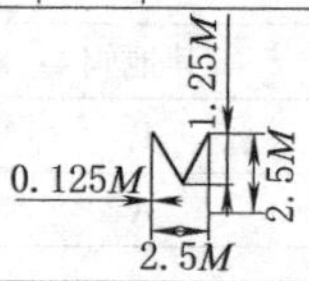

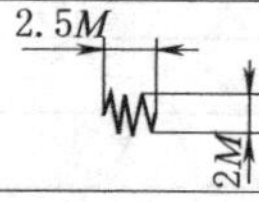

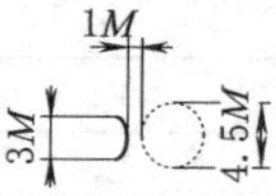

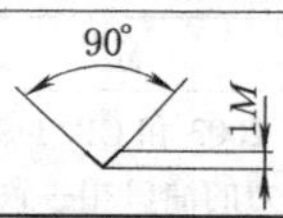

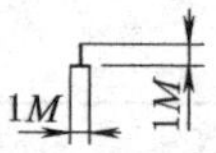

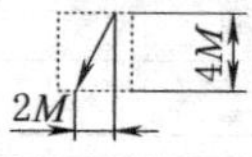

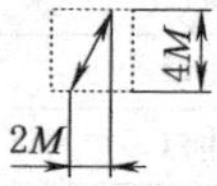

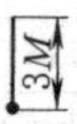

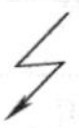

名称	符号	用途或符号解释	名称	符号	用途或符号解释	名称	符号	用途或符号解释
管路、管路连接口和接头		连接管路	放气装置		单向放气	快换接头		带单向阀
		交叉管路	排气口		不带连接措施			
		柔性管路			带连接措施			
		连续放气	快换接头		不带单向阀	旋转接头		单通路
放气装置		间断放气						三通路
控制机构和控制方法		直线运动 注:箭头可省略	人力控制		踏板式 注:单向控制	直线运动电气控制		双作用可调电磁操纵器(力矩马达)
轴		旋转运动 注:箭头可省略			双向踏板式 注:双向控制	旋转运动电气控制		电动机
定位装置			机械控制		顶杆式			加压或卸压控制
锁定装置		注:×开锁的控制方法符号表示在矩形内			可变行程控制式			差动控制 注:如有必要,可将面积比表示在相应的长方形中
弹跳机构					弹簧控制式	直接压力控制		内部压力控制 注:控制通路在元件内部
		不指明控制方式时的一般符号			滚轮式 注:两个方向操纵			
人力控制		按钮式			单向滚轮式 注:仅在一个方向上操纵,箭头可省略			外部压力控制 注:控制通路在元件外部
		拉钮式	直线运动电气控制		电磁铁或力矩马达等	先导控制(间接压力控制) 加压控制		气压先导控制 注:内部压力控制
		按-拉式			单作用电磁铁 注:电气引线可省略			
		手柄式			双作用电磁铁			液压先导控制 注:外部压力控制
					单作用可调电磁操纵器(比例电磁铁、力马达等)			

名称	符号	用途或符号解释	名称	符号	用途或符号解释	名称	符号	用途或符号解释
控制机构和控制方法	先导控制（间接压力控制） 加压控制	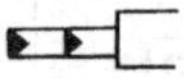 注:内部压力控制内部泄油	液压二级先导控制	先导控制（间接压力控制） 卸压控制	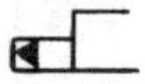 注:内部压力控制,内部泄油	液压先导控制	先导控制（间接压力控制） 卸压控制	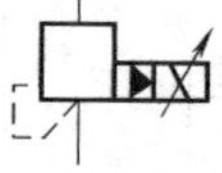 先导型比例电磁式压力控制阀
		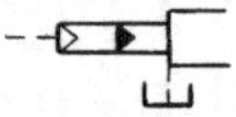 注:气压外部压力控制,液压内部压力控制,外部泄油	气压-液压先导控制		 注:内部压力控制,带遥控泄放口	液压先导控制 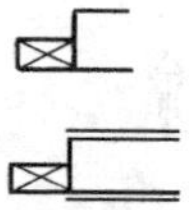		注:单作用比例电磁操纵器,内部泄油
		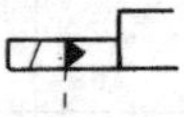 注:单作用电磁铁一次控制,液压外部压力控制,内部泄油	电磁-液压先导控制		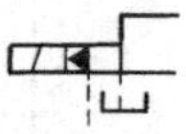 注:单作用电磁铁一次控制,外部压力控制,外部泄油	电磁-液压先导控制	反馈 外反馈	一般符号 电反馈 / 注:电位器、差动变压器等位置检测器
		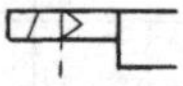 注:单作用电磁铁一次控制,气压外部压力控制	电磁-气压先导控制		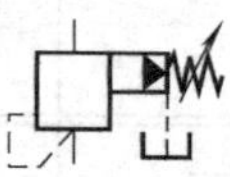 注:带压力调节弹簧,外部泄油,带遥控泄放口	先导型压力控制阀	内反馈	机械反馈随动阀仿形控制回路
泵和马达	液压泵	 一般符号	液压马达	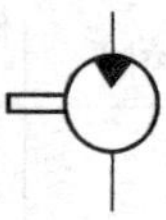	一般符号	摆动马达	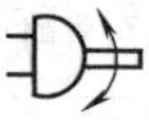	双向摆动,定角度
	单向定量液压泵	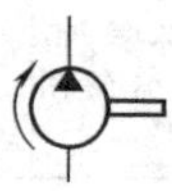 单向旋转,单向流动,定排量	单向定量液压马达	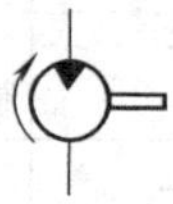	单向旋转,单向流动,定排量	定量液压泵-马达	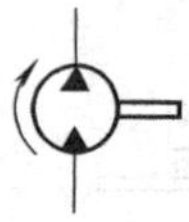	单向旋转,单向流动,定排量
	双向定量液压泵	 双向旋转,双向流动,定排量	双向定量液压马达	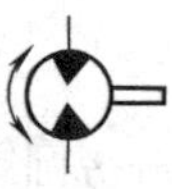	双向旋转,双向流动,定排量	变量液压泵-马达		双向旋转,双向流动,变排量,外部泄油
	单向变量液压泵	 单向旋转,单向流动,变排量	单向变量液压马达		单向旋转,单向流动,变排量	液压整体式传动装置	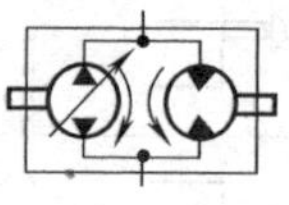	单向旋转,变排量泵,定排量马达
	双向变量液压泵	 双向旋转,双向流动,变排量	双向变量液压马达		双向旋转,双向流动,变排量			

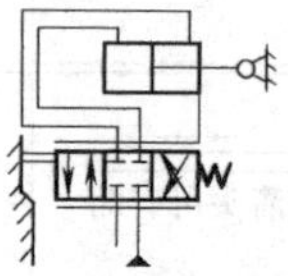

名称	符号	用途或符号解释	名称	符号	用途或符号解释	名称	符号	用途或符号解释
单作用缸	单活塞杆液压缸			双活塞杆缸			伸缩缸		
	单活塞杆液压缸		带弹簧复位	不可调单向缓冲缸			气-液转换器		
	柱塞缸			可调单向缓冲缸					
	伸缩缸			不可调双向缓冲缸			增压器	P1 P2	
双作用缸	单活塞杆缸			可调双向缓冲缸				P1 P2	
蓄能器	囊式	一般符号 注:垂直绘制,不表示载荷形式	蓄能器		重锤式 注:垂直绘制	辅助气瓶		注:垂直绘制
	活塞式	注:垂直绘制			弹簧式	气罐		
动力源	液压源、气压源	一般符号	电动机	M		原动机	M	注:电动机除外
方向控制阀	二位二通电磁阀	常开	二位三通电磁阀			二位四通电磁阀		
		常闭						
	二位二通手动阀	常闭	二位三通电磁球阀			二位五通电磁阀		

第 21 篇

名称	符号	用途或符号解释	名称	符号	用途或符号解释	名称	符号	用途或符号解释
方向控制阀	三位三通电磁阀			三位五通电磁阀			单向阀		简化符号 弹簧可省略
	三位四通电磁阀			三位六通手动阀					
	三位四通换向阀中位滑阀机能			三位四通电液阀	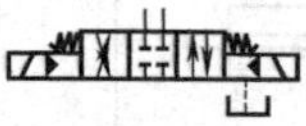	内控外泄	液控单向阀		
						外控内泄（带手动应急控制装置）			
				二位四通比例阀			双液控单向阀		液压锁
				三位四通比例阀		带负遮盖中间位置（节流型）	或门型梭阀		
						带正遮盖中间位置（节流型）			
				伺服阀	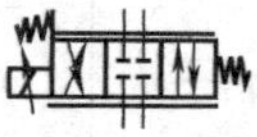	典型例	与门型梭阀		
				四通电液伺服阀		二级	快速排气阀		
						带电反馈三级			

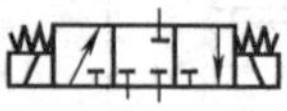

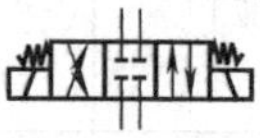

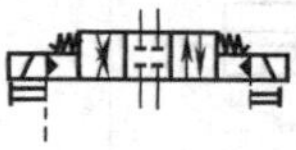

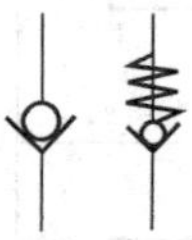

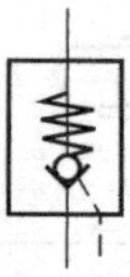

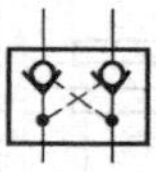

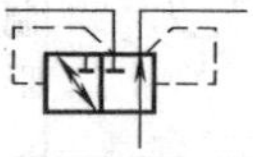

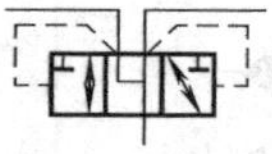

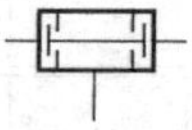

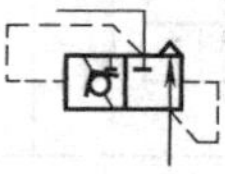

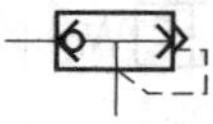

名称		符　号	名称		符　号	名称		符　号
压力控制阀	溢流阀	直动型溢流阀	减压阀	一般符号或直动型减压阀		顺序阀	一般符号或直动型顺序阀	
		先导型溢流阀		先导型减压阀			先导型顺序阀	
		先导型电磁溢流阀		溢流减压阀			平衡阀(单向顺序阀)	
		先导型比例电磁溢流阀		先导型比例电磁式溢流减压阀		卸荷阀	一般符号或直动型卸荷阀	
		卸荷溢流阀		定比减压阀	液压比为1/3	制动阀		
		双向溢流阀　直动型		定差减压阀				
流量控制阀	节流阀	可调节流阀　详细符号　简化符号　无完全关闭位置	节流阀	滚轮控制可调节流阀(减速阀)		调速阀	带温度补偿的调速阀　详细符号　简化符号	
		不可调节流阀		带消声器的节流阀				
		可调单向节流阀		调速阀一般符号	详细符号　简化符号　简化符号中的通路箭头表示压力补偿		旁通型调速阀　详细符号　简化符号	
		截止阀　有一完全关闭位置						

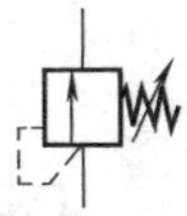

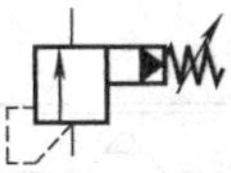

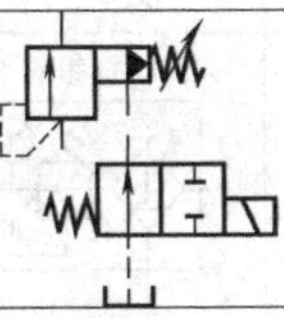

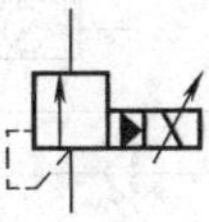

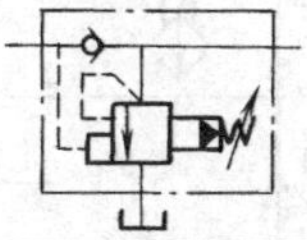

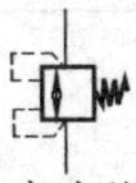

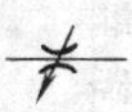

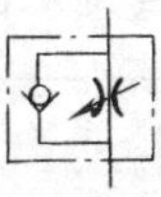

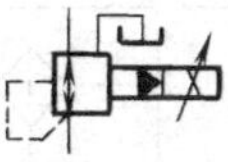

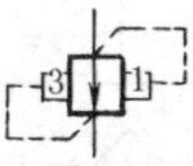

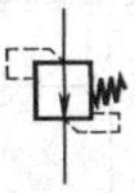

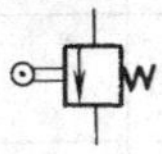

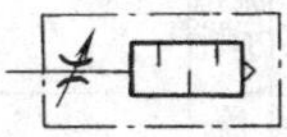

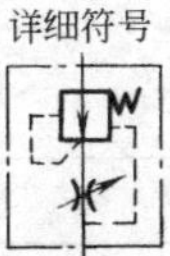

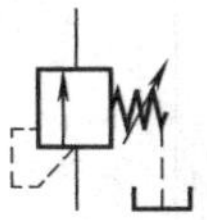

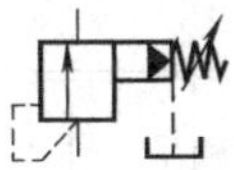

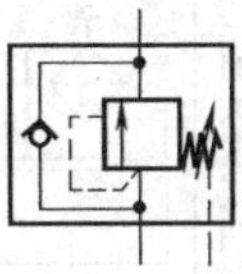

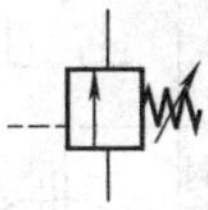

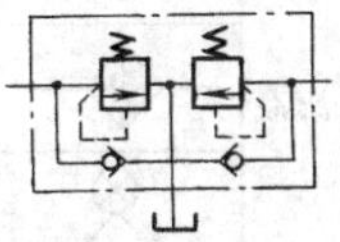

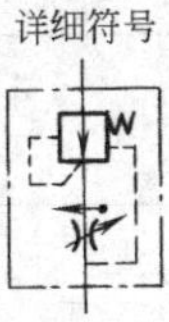

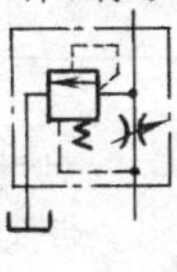

第 **21** 篇

名称	符号	名称	符号	名称	符号
流量控制阀 调速阀 单向调速阀	简化符号	分流阀		分流集流阀	
		集流阀			
流体的贮存和调节 油箱 通大气式油箱	管端在液面以上	分水排水器	人工排出	空气干燥器	
	管端在液面以下，带空气滤清器			油雾器	
	管端连于油箱底		自动排出	气源调节装置	详细符号 简化符号号中垂直表箭头示分离器
	局部泄油或回油	空气过滤器	人工排出		
密封式油箱	用作加压油箱或密闭油箱，三条管路		自动排出	热交换器 冷却器	一般符号
过滤器	一般符号	除油器	人工排出		带冷却剂管路指示
	带磁性滤芯			加热器	
	带污染指示器		自动排出	温度调节器	
辅助元器件 压力检测器 压力指示器		液面计		其他元器件 压力继电器	详细符号 一般符号
压力计		温度计		行程开关	详细符号 一般符号
压差计		流量检测器 检流计(液流指示器)		模拟传感器	气动
脉冲计数器	带电输出信号	流量计 累计流量计		消声器	气动
	带气动输出信号	转速仪 转矩仪		报警器	气动

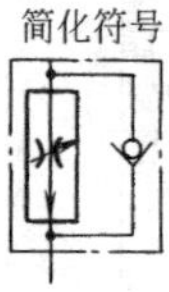

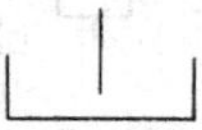

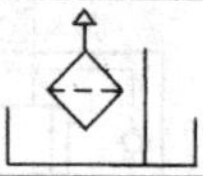

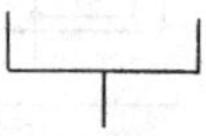

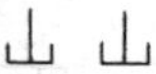

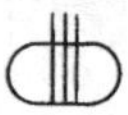

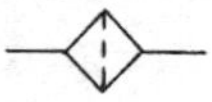

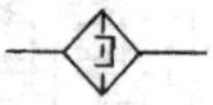

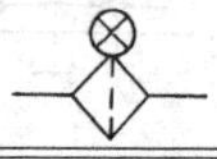

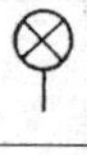

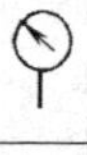

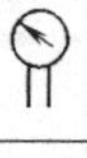

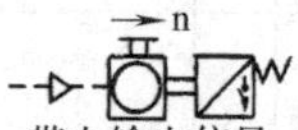

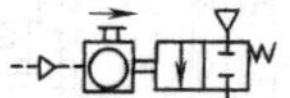

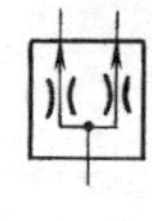

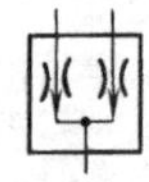

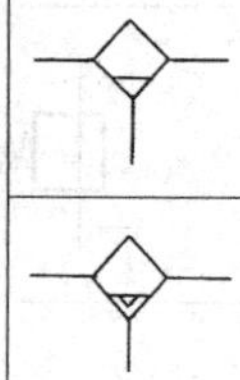

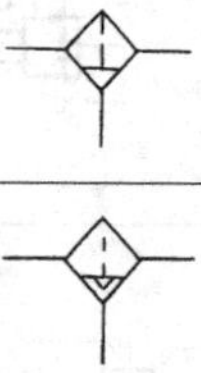

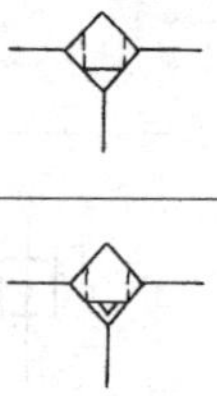

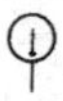

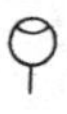

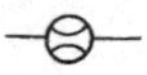

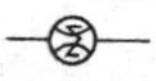

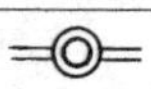

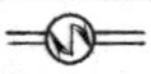

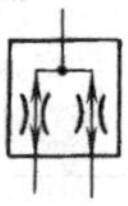

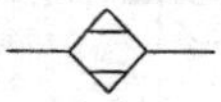

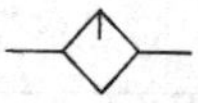

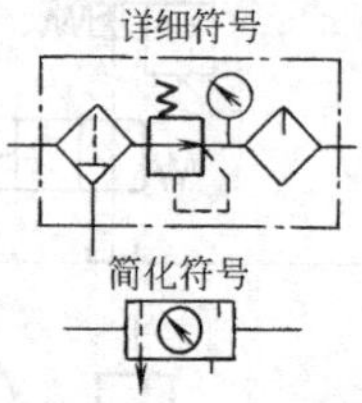

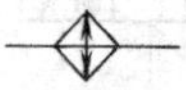

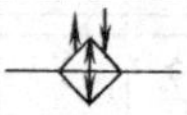

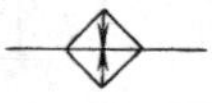

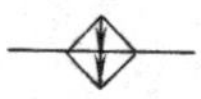

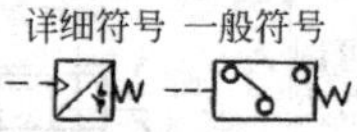

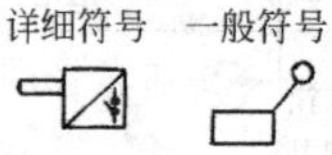

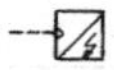

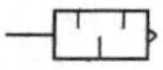

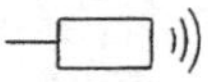

注：模数尺寸 $M = 2.5\text{mm}$。

2.2 控制机构、能量控制和调节元件符号绘制规则

表 21-1-13 　　　　　　　控制机构、能量控制和调节元件符号绘制规则

符号种类	符　号　绘　制　规　则	示　　例
单一控制机构符号	阀的控制机构符号可以绘制在长方形端部的任意位置上	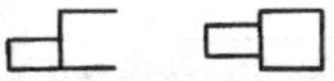
	表示可调节元件的可调节箭头可以延长或转折,与控制机构符号相连	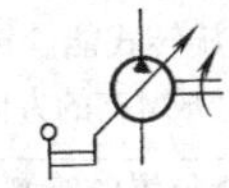
	双向控制的控制机构符号,原则上只需绘制一个(图a) 在双作用电磁铁控制符号中,当必须表示电信号和阀位置关系时,不采用双作用电磁铁符号(图b),而采用两个单作用电磁铁符号(图c)	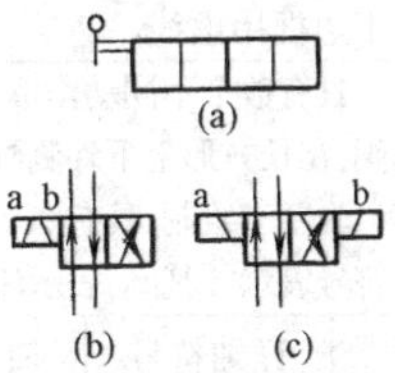 (a) a b　　a b (b)　　　(c)
复合控制机构符号	单一控制方向的控制符号绘制在被控制符号要素的邻接处	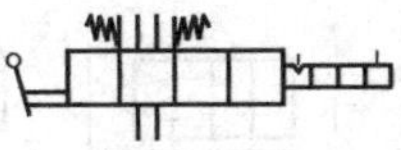
	三位或三位以上阀的中间位置控制符号绘制在该长方形内边框线向上或向下的延长线上	
	在不被错解时,三位阀的中间位置的控制符号也可以绘制在长方形的端线上	
	压力对中时,可以将功能要素的正三角形绘制在长方形端线上	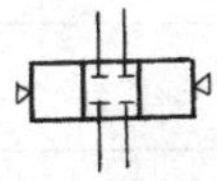
	先导控制(间接压力控制)元件中的内部控制管路和内部泄油管路,在简化符号中通常可省略	
	先导控制(间接压力控制)元件中的单一外部控制管路和外部泄油管路仅绘制在简化符号的一端;任何附加的控制管路和泄油管路绘制在另一端;元件符号,必须绘制出所有的外部连接口	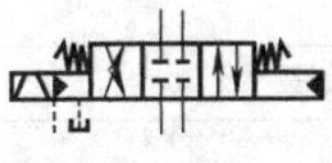
	选择控制的控制符号并列绘制,必要时,也可绘制在相应长方形边框线的延长线上	
	顺序控制的控制符号按顺序依次排列	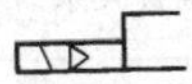
能量控制和调节元件符号	能量控制和调节元件符号由一个长方形(包括正方形,下同)或相互邻接的几个长方形构成	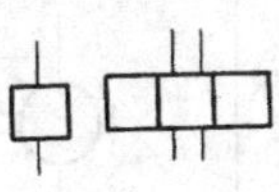
	流动通路、连接点、单向及节流等功能符号,除另有规定者外,均绘制在相应的主符号中	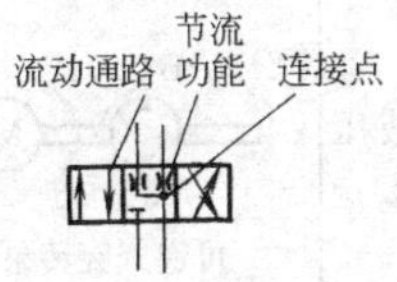 节流 流动通路　功能　连接点

第 21 篇

符号种类	符 号 绘 制 规 则	示 例
能量控制和调节元件符号	外部连接口,以一定间隔与长方形相交,两通阀的外部连接口绘制在长方形中间	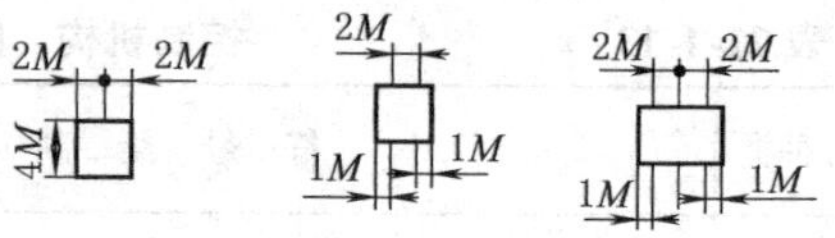
	泄油管路符号绘制在长方形的顶角处 注:旋转式能量转换元件的泄油管路符号绘制在与主管路符号成45°的方向,与主符号相交	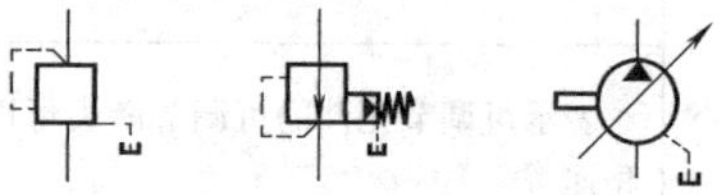
	过渡位置的绘制,把相邻动作位置的长方形拉开,其间上下边框用虚线	
	具有数个不同动作位置及节流程度连续变化的中间位置的阀,在长方形上下外侧画上平行线来表示 为便于绘制,具有两个不同动作位置的阀,可用下表的一般符号表示。其间,表示流动方向的箭头应绘制在符号中	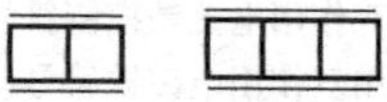

名 称	详细符号	简化符号	名 称	详细符号	简化符号	名 称	详细符号	简化符号
二通阀 (常闭可变节流)	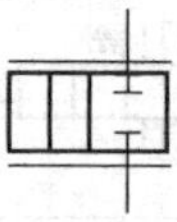	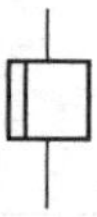	二通阀 (常开可变节流)	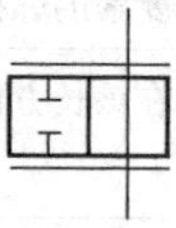	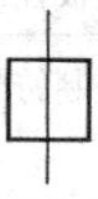	三通阀 (常开可变节流)	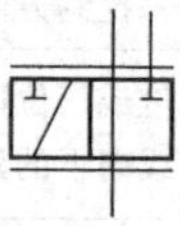	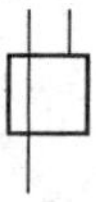

表 21-1-14　　　　旋转式能量转换元件的标注规则与符号示例

项 目	标 注 规 则
旋转方向	旋转方向用从功率输入指向功率输出的围绕主符号的同心箭头表示 双向旋转的元件仅需标注其中一个旋转方向,通轴式元件应选定一端
泵的旋转方向	泵的旋转方向用从传动轴指向输出管路的箭头表示
马达的旋转方向	马达的旋转方向用从输入管路指向传动轴的箭头表示
泵-马达的旋转方向	泵-马达的旋转方向的规定与"泵的旋转方向"的规定相同
控制位置	控制位置用位置指示线及其上的标注来表示
控制位置指示线	控制位置指示线为垂直于可调节箭头的一根直线,其交点即为元件的静止位置
控制位置标注	控制位置标注用 M、ϕ、N 表示:ϕ表示零排量位置;M 和 N 表示最大排量的极限控制位置 
旋转方向和控制位置关系	旋转方向和控制位置关系必须表示时,控制位置的标注表示在同心箭头的顶端附近两个旋转方向的控制特性不同时,在旋转方向的箭头顶端附近分别表示出不同特性的标注

	名 称	符 号	说 明	名 称	符 号	说 明
符号示例	定量液压马达	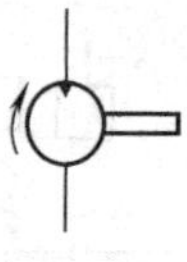	单向旋转,不指示和流动方向有关的旋转方向箭头	定量液压泵或马达 可逆式旋转马达		双向旋转,双出轴,输入轴左向旋转时,B 口为输出口 B 口为输入口时,输出轴左向旋转
	定量液压泵或马达 可逆式旋转泵	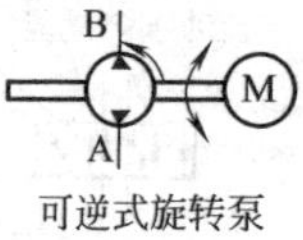	双向旋转,双出轴,输入轴左向旋转时,B 口为输出口 B 口为输入口时,输出轴左向旋转	变量液压泵	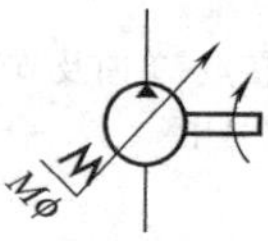	单向旋转,不指示和流动方向有关的旋转方向箭头

名　称	符　号	说　明	名　称	符　号	说　明
符号示例 变量液压泵或液压马达 变量液压马达	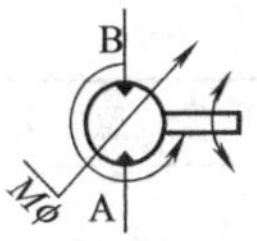	双向旋转 B 口为输入口时, 输出轴左向旋转	定量液压泵-马达		双向旋转 泵功能时,输入轴右向旋转,A 口为输出口
变量液压泵		单向旋转 向控制位置 N 方向操作时,A 口为输出口	变量液压泵-马达		双向旋转 泵功能时,输入轴右向旋转,B 口为输出口
可逆式旋转液压泵		双向旋转 输入轴右向旋转时,A 口为输出口,变量机构在控制位置 M 处	变量液压泵-马达	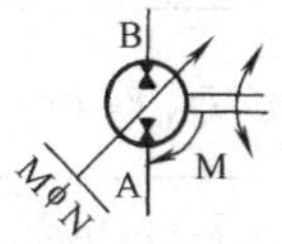	单向旋转 泵功能时,输入轴右向旋转,A 口为输出口,变量机构在控制位置 M 处
			变量可逆式旋转泵-马达	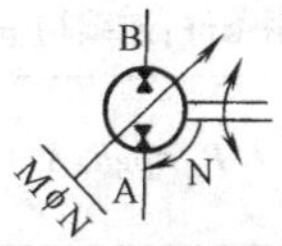	双向旋转 泵功能时,输入轴右向旋转,A 口为输出口,变量机构在控制位置 N 处
可逆式旋转液压马达		A 口为入口时,输出轴向左旋转,变量机构在控制位置 N 处	定量/变量可逆式旋转泵	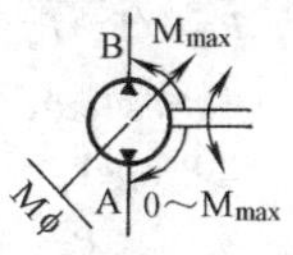	双向旋转 输入轴右向旋转时,A 口为输入口,为变量液压泵功能;左向旋转时,为最大排量的定量泵

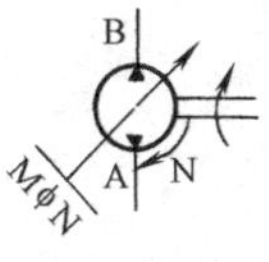

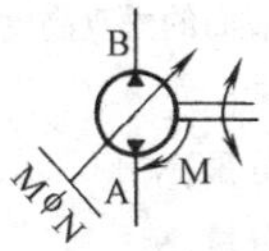

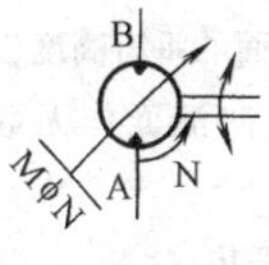

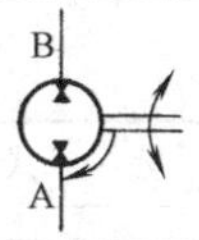

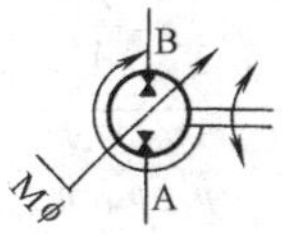

3　液压流体力学常用公式

3.1　流体主要物理性质公式

表 21-1-15

项　目	公　式	单　位	符　号　意　义
重力	$G=mg$	N	
密度	$\rho=\dfrac{m}{V}$	kg/m³	m——质量,kg
理想气体状态方程	$\dfrac{p}{\rho}=RT$		g——重力加速度,m/s² V——流体体积,m³
等温过程	$\dfrac{p}{\rho}=$ 常数		p——绝对压力,Pa T——热力学温度,K
绝热过程	$\dfrac{p}{\rho^k}=$ 常数		R——气体常数,N·m/(kg·K);不同气体 R 值不同,空气 $R=$ 287 N·m/(kg·K)
流体体积压缩系数	$\beta_{\mathrm{p}}=\dfrac{\Delta V/V}{\Delta p}$	m²/N	k——绝热指数;不同气体 k 值不同,空气 $k=1.4$
流体体积弹性模量	$E_0=\dfrac{1}{\beta_{\mathrm{p}}}$	N/m²	$\Delta V/V$——体积变化率 Δp——压力差,Pa
流体温度膨胀系数	$\beta_{\mathrm{t}}=\dfrac{\Delta V/V}{\Delta t}$	℃⁻¹	Δt——温度的增值,℃ μ——动力黏度,Pa·s
运动黏度系数	$\nu=\dfrac{\mu}{\rho}$	m²/s	

3.2 流体静力学公式

表 21-1-16

项 目	公 式	单位	符 号 意 义
压强或压力	$p=\dfrac{F}{A}$	Pa	F——总压力,N A——有效断面积,m^2
相对压力	$p_r=p_M-p_a$	Pa	p_M——绝对压力,Pa p_a——大气压力,Pa
真空度	$p_B=p_a-p_M$	Pa	h——液柱高,m p_1,p_2——同一种流体中任意两点的压力,Pa
静力学基本方程	$p_2=p_1+\rho gh$ 使用条件:连续均一流体	Pa	h_G——平面的形心距液面的垂直高度,m A_0——平板的面积,m^2
流体对平面的作用力	$P_0=\rho gh_GA_0$	N	P_x——总压力的水平分量,N P_z——总压力的垂直分量,N A_x——曲面在 x 方向投影面积,m^2
流体对曲面的作用力	$P=\sqrt{P_x^2+P_z^2}$ $P_x=\rho gh_{Gx}A_x$ $P_z=\rho gV_p$ $\tan\theta=\dfrac{P_z}{P_x}$	N N N	h_{Gx}——A_x 的形心距液面的垂直高度,m V_p——通过曲面周边向液面作无数垂直线而形成的体积,m^3 θ——总压力与 x 轴夹角,(°)

注:A_0 按淹没部分的面积计算。

3.3 流体动力学公式

表 21-1-17

项 目	公 式	符 号 意 义
连续性方程	$v_1A_1=v_2A_2=$常数 $Q_1=Q_2=Q$ 使用条件:①稳定流;②流体是不可压缩的	A_1,A_2——任意两断面面积,m^2 v_1,v_2——任意两断面平均流速,m/s
理想流体伯努利方程	$Z_1+\dfrac{p_1}{\rho g}+\dfrac{v_1^2}{2g}=Z_2+\dfrac{p_2}{\rho g}+\dfrac{v_2^2}{2g}$ $Z+\dfrac{p}{\rho g}+\dfrac{v^2}{2g}=$常数 使用条件:①质量力只有重力;②理想流体;③稳定流动	Q_1,Q_2——通过任意两断面的流量,m^3/s Z_1,Z_2——断面中心距基准面的垂直高度,m α——动能修正系数,一般工程计算可取 $\alpha_1=\alpha_2\approx1$
实际流体总流的伯努利方程	$Z_1+\dfrac{p_1}{\rho g}+\dfrac{\alpha_1 v_1^2}{2g}=Z_2+\dfrac{p_2}{\rho g}+\dfrac{\alpha_2 v_2^2}{2g}+h_w$ 使用条件:①质量力只有重力;②稳定流动;③不可压缩流体;④缓变流;⑤流量为常数	h_w——总流断面 A_1 及 A_2 之间单位重力流体的平均能量损失,m H_0——单位重力流体从流体机械获得的能量(H_0 为"+"),或单位重力流体供给流体机械的能量(H_0 为"-"),m
系统中有流体机械的伯努利方程	$Z_1+\dfrac{p_1}{\rho g}+\dfrac{\alpha_1 v_1^2}{2g}\pm H_0=Z_2+\dfrac{p_2}{\rho g}+\dfrac{\alpha_2 v_2^2}{2g}+h_w$ 使用条件:①质量力只有重力;②稳定流动;③不可压缩流体;④缓变流;⑤流量为常数	$\sum F$——作用于流体段上的所有外力,N
稳定流的动量方程	$\sum F=\rho Q(v_2-v_1)$	

3.4　雷诺数、流态、压力损失公式

表 21-1-18　　　　　雷诺数、流态、压力损失计算公式

项　目	公　式	符 号 意 义
雷诺数	$Re=\dfrac{vd}{\nu}$	v——管内平均流速,m/s
层流	$Re<Re_{(L)}$	d——圆管内径,m ν——流体的运动黏度,m²/s $Re_{(L)}$——临界雷诺数:圆形光滑管,$Re_{(L)}=2000\sim$ 　　　2300;橡胶管,$Re_{(L)}=1600\sim2000$
紊流	$Re>Re_{(L)}$	λ——沿程阻力系数,它是 Re 和相对粗糙度
沿程压力损失	$\Delta p_f=\lambda\dfrac{l}{d}\times\dfrac{\rho v^2}{2}$	ε/d 的函数,可按表 21-1-19 的公式计算, 或从图 21-1-1 中直接查得,管壁的绝对粗 糙度 ε 见表 21-1-20 l——圆管的长度,m
局部压力损失	$\Delta p_r=\zeta\dfrac{\rho v^2}{2}$	ρ——流体的密度,kg/m³ ζ——局部阻力系数,各种情况的局部阻力系数见
管路总压力损失	$\Delta p=\sum\lambda_i\dfrac{l_i}{d_i}\times\dfrac{\rho v_i^2}{2}+\sum\zeta_i\dfrac{\rho v_i^2}{2}$	表 21-1-21～表 21-1-28

表 21-1-19　　　　　圆管的沿程阻力系数 λ 的计算公式

流动区域		雷诺数范围	λ 计算公式
层　流		$Re<2320$	$\lambda=\dfrac{64}{Re}$
紊流	水力光滑管区	$Re<22\left(\dfrac{d}{\varepsilon}\right)^{8/7}$　$3000<Re<10^5$	$\lambda=0.3164Re^{-0.25}$
		$10^5\leqslant Re<10^8$	$\lambda=\dfrac{0.308}{(0.842-\lg Re)^2}$
	水力粗糙管区	$22\left(\dfrac{d}{\varepsilon}\right)^{8/7}\leqslant Re\leqslant597\left(\dfrac{d}{\varepsilon}\right)^{9/8}$	$\lambda=\left[1.14-2\lg\left(\dfrac{\varepsilon}{d}+\dfrac{21.25}{Re^{0.9}}\right)\right]^{-2}$
	阻力平方区	$Re>597\left(\dfrac{d}{\varepsilon}\right)^{9/8}$	$\lambda=0.11\left(\dfrac{\varepsilon}{d}\right)^{0.25}$

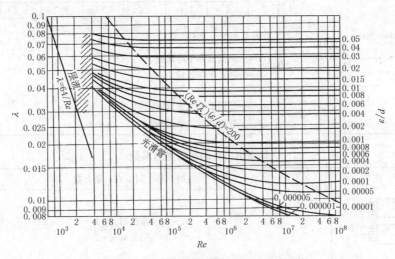

图 21-1-1　在粗糙管道内油的摩擦阻力系数

表 21-1-20		各种新管内壁绝对粗糙度 ε				mm

材　料	管内壁状态	绝对粗糙度 ε	材　料	管内壁状态	绝对粗糙度 ε
铜	冷拔铜管、黄铜管	$0.0015 \sim 0.01$	铸　铁	铸铁管	0.05
铝	冷拔铝管、铝合金管	$0.0015 \sim 0.06$	塑　料	光滑塑料管	$0.0015 \sim 0.01$
钢	冷拔无缝钢管	$0.01 \sim 0.03$		$d=100mm$ 的波纹管	$5 \sim 8$
	热拉无缝钢管	$0.05 \sim 0.1$		$d \geqslant 200mm$ 的波纹管	$15 \sim 30$
	轧制无缝钢管	$0.05 \sim 0.1$	橡　胶	光滑橡胶管	$0.006 \sim 0.07$
	镀锌钢管	$0.12 \sim 0.15$		含有加强钢丝的胶管	$0.3 \sim 4$
	波纹管	$0.75 \sim 7.5$			

表 21-1-21	管道入口处的局部阻力系数

入　口　型　式	局　部　阻　力　系　数 ζ

入口处为尖角凸边 $Re>10^4$

当 $\delta/d_0 < 0.05$ 及 $b/d_0 \leqslant 0.5$ 时, $\zeta=1$
当 $\delta/d_0 \geqslant 0.05$ 及 $b/d_0 < 0.5$ 时, $\zeta=0.5$

入口处为尖角 $Re>10^4$

$\alpha/(°)$	20	30	45	60	70	80	90
ζ	0.96	0.91	0.81	0.7	0.63	0.56	0.5

一般垂直入口, $\alpha=90°$

入口处为圆角

r/d_0	0.12	0.16
ζ	0.1	0.06

入口处为倒角 $Re>10^4$ ($\alpha=60°$时最佳)

$\alpha/(°)$						

$\alpha/(°)$	e/d_0					
	0.025	0.050	0.075	0.10	0.15	0.60
	ζ					
30	0.43	0.36	0.30	0.25	0.20	0.13
60	0.40	0.30	0.23	0.18	0.15	0.12
90	0.41	0.33	0.28	0.25	0.23	0.21
120	0.43	0.38	0.35	0.33	0.31	0.29

A_1/A	1	0.8	0.7	0.5	0.4	0.3	0.2	0.1
ζ	1	1.1	1.2	2	3.2	6.2	15	80

带丝网的进口

适用于 $Re=\dfrac{v\delta}{\nu} \geqslant 400$

v —— 网前液体平均流速
δ —— 网孔平均孔径
ν —— 液体黏度
A_1 —— 丝网眼孔有效过流面积
A —— 管道的过流断面面积

表 21-1-22	管道出口处的局部阻力系数

出　口　型　式	局　部　阻　力　系　数 ζ
紊流 层流 从直管流出	紊流时, $\zeta=1$ 层流时, $\zeta=2$

出 口 型 式	局 部 阻 力 系 数 ζ											
从锥形喷嘴流出, $Re>2\times10^3$	$\zeta=1.05(d_0/d_1)^4$											
	d_0/d_1	1.05	1.1	1.2	1.4	1.6	1.8	2.0	2.2	2.4	2.6	2.8	3.0
	ζ	1.28	1.54	2.18	4.03	6.88	11.0	16.8	24.6	34.8	48.0	64.5	85.0

从锥形扩口管流出, $Re>2\times10^3$		$\alpha/(°)$									
	l/d_0	2	4	6	8	10	12	16	20	24	30
		ζ									
	1	1.30	1.15	1.03	0.90	0.80	0.73	0.59	0.55	0.55	0.58
	2	1.14	0.91	0.73	0.60	0.52	0.46	0.39	0.42	0.49	0.62
	4	0.86	0.57	0.42	0.34	0.29	0.27	0.29	0.47	0.59	0.66
	6	0.49	0.34	0.25	0.22	0.20	0.22	0.29	0.38	0.50	0.67
	10	0.40	0.20	0.15	0.14	0.16	0.18	0.26	0.35	0.45	0.60

从 90°弯管中流出, $Re>2\times10^3$ $\zeta=\zeta'+\lambda\dfrac{l}{d_0}$		l/d_0							
	r/d_0	0	0.5	1.0	1.5	2.0	3.0	6.0	12.0
		ζ'							
	0	2.95	3.13	3.23	3.00	2.72	2.40	2.10	2.00
	0.2	2.15	2.15	2.08	1.84	1.70	1.60	1.52	1.48
	0.5	1.80	1.54	1.43	1.36	1.32	1.26	1.19	1.19
	1.0	1.46	1.19	1.11	1.09	1.09	1.09	1.09	1.09
	2.0	1.19	1.10	1.06	1.04	1.04	1.04	1.04	1.04

经栅栏的出口	A_1/A	0.9	0.8	0.7	0.6	0.5	0.4	0.3	0.2	0.1
	ζ	1.9	3.0	4.2	6.2	9.0	15	35	70	82.9

表 21-1-23　　　　管道扩大处的局部阻力系数

管道扩大型式	局 部 阻 力 系 数 ζ					
	α /(°)	d_1/d_0					
		1.2	1.5	2.0	3.0	4.0	5.0
		ζ					
	5	0.02	0.04	0.08	0.11	0.11	0.11
	10	0.02	0.05	0.09	0.15	0.16	0.16
当 $\alpha=180°$,为突然扩大	20	0.04	0.12	0.25	0.34	0.37	0.38
	30	0.06	0.22	0.45	0.55	0.57	0.58
	45	0.07	0.30	0.62	0.72	0.75	0.76
	60		0.36	0.68	0.81	0.83	0.84
	90		0.34	0.63	0.82	0.88	0.89
	120		0.32	0.60	0.82	0.88	0.89
	180		0.30	0.56	0.82	0.88	0.89

表中未计摩擦损失,其值按下列公式决定:

$$\zeta_{摩擦}=\frac{\lambda}{8\sin\dfrac{\alpha}{2}}\left[1-\left(\frac{A_0}{A_1}\right)^2\right]$$

A_0,A_1——管道相应于内径 d_0、d_1 的通过面积

表 21-1-24 管道缩小处的局部阻力系数

管道缩小型式	局 部 阻 力 系 数 ζ
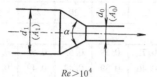 $Re>10^4$	$$\zeta=0.5\left(1-\dfrac{A_0}{A_1}\right)$$ <table><tr><td>A_0/A_1</td><td>0.1</td><td>0.2</td><td>0.3</td><td>0.4</td><td>0.5</td><td>0.6</td><td>0.7</td><td>0.8</td><td>0.9</td><td>1.0</td></tr><tr><td>ζ</td><td>0.45</td><td>0.4</td><td>0.35</td><td>0.3</td><td>0.25</td><td>0.2</td><td>0.15</td><td>0.1</td><td>0.05</td><td>0</td></tr></table>
$Re>10^4$	$$\zeta=\zeta'\left(1-\dfrac{A_0}{A_1}\right)$$ ζ'——按表 21-1-21 第 4 项管道"入口处为倒角"的 ζ 值 A_0,A_1——管道相应于内径 d_0、d_1 的通过面积

表 21-1-25 弯管的局部阻力系数

弯管型式	局 部 阻 力 系 数 ζ
折管	<table><tr><td>$\dfrac{\alpha}{/(°)}$</td><td>10</td><td>20</td><td>30</td><td>40</td><td>50</td><td>60</td><td>70</td><td>80</td><td>90</td></tr><tr><td>ζ</td><td>0.04</td><td>0.1</td><td>0.17</td><td>0.27</td><td>0.4</td><td>0.55</td><td>0.7</td><td>0.9</td><td>1.12</td></tr></table>
光滑管壁的均匀弯管	$$\zeta=\zeta'\dfrac{\alpha}{90°}$$ <table><tr><td>$d_0/(2R)$</td><td>0.1</td><td>0.2</td><td>0.3</td><td>0.4</td><td>0.5</td></tr><tr><td>ζ'</td><td>0.13</td><td>0.14</td><td>0.16</td><td>0.21</td><td>0.29</td></tr></table> 注:1. 对于粗糙管壁的铸造弯头,当紊流时,ζ'数值应当较上表大 3~4.5 倍。 2. 两个弯管相连的情况: 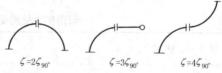 $\zeta=2\zeta_{90°}$ $\qquad$ $\zeta=3\zeta_{90°}$ $\qquad$ $\zeta=4\zeta_{90°}$

表 21-1-26 分支管的局部阻力系数

型式及流向						
ζ	1.3	0.1	0.5	3	0.05	0.15

注:根据上表可以组合成各种分流或合流情况。

表 21-1-27 交贯钻孔通道的局部阻力系数

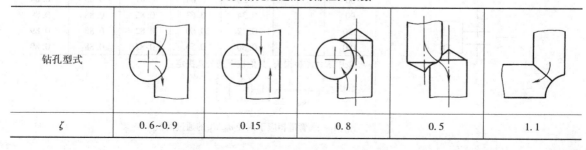

钻孔型式					
ζ	0.6~0.9	0.15	0.8	0.5	1.1

表 21-1-28 阀口的局部阻力系数

图　　示	几　何　参　数	局部阻力系数 ζ									
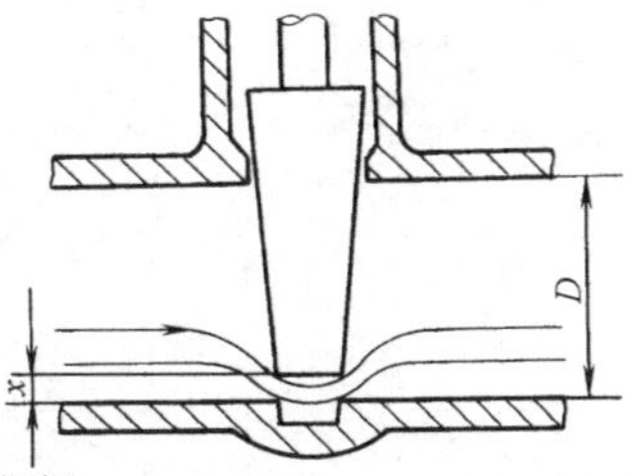 闸阀	x——阀的开度	x/D	1	0.9	0.8	0.7	0.6	0.5	0.4	0.3	0.2	0.1
		ζ	1.3	1.6	2	3	4.5	6.2	10	20	50	200
旋阀	α——阀口旋转角	α /(°)	0	10	20	30	40	50	60	70	75
		ζ	0	0.3	1.6	5.5	18	54	210	1000	∞
球阀	$A_x \approx 1.5R\pi x$ $\chi = 4\pi R$ χ——阀口的湿周	$\zeta = 0.5 + 0.15\left(\dfrac{A}{A_x}\right)^2$
平底阀	$A = \pi R^2$ $\chi = 4\pi R$ $A_x = 2\pi Rx$	$\zeta = 1.3 + 0.2\left(\dfrac{A}{A_x}\right)^2$
针阀	$A_x = \pi\left(2Rx\tan\dfrac{\alpha}{2} - x^2\tan^2\dfrac{\alpha}{2}\right)$ $\chi = 2\pi\left(2R - x\tan\dfrac{\alpha}{2}\right)$	$\zeta = 0.5 + 0.15\left(\dfrac{A}{A_x}\right)^2$
锥形槽阀	$A_x = n\dfrac{\pi}{6}x^2\tan^2\alpha$ n——槽数	当 $Re < 150$ 时 $\zeta \approx \dfrac{400}{Re}$ 当 $Re = 150 \sim 2000$ 时 $\zeta \approx \dfrac{10}{Re^{0.25}}$
偏心槽旋阀	$A_x = \dfrac{wx}{2}$ w——槽宽	当 $Re < 150$ 时 $\zeta \approx \dfrac{400}{Re}$ 当 $Re = 150 \sim 2000$ 时 $\zeta \approx \dfrac{10}{Re^{0.25}}$

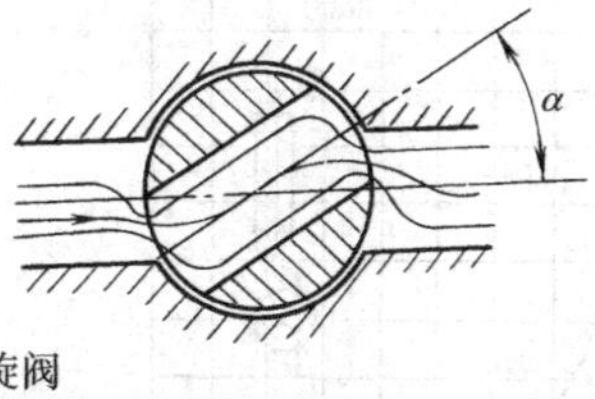

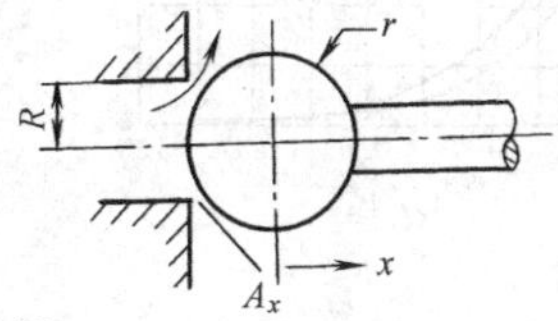

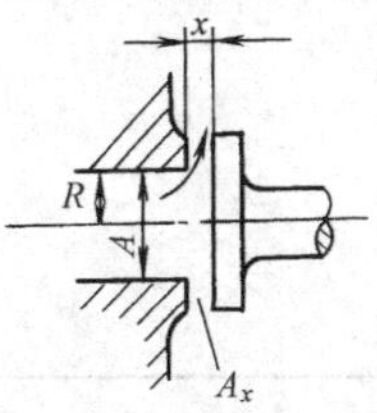

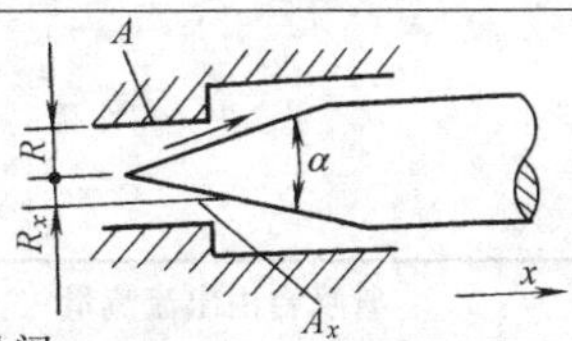

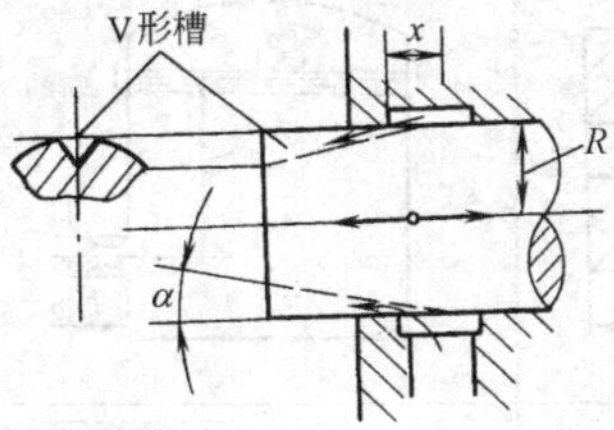

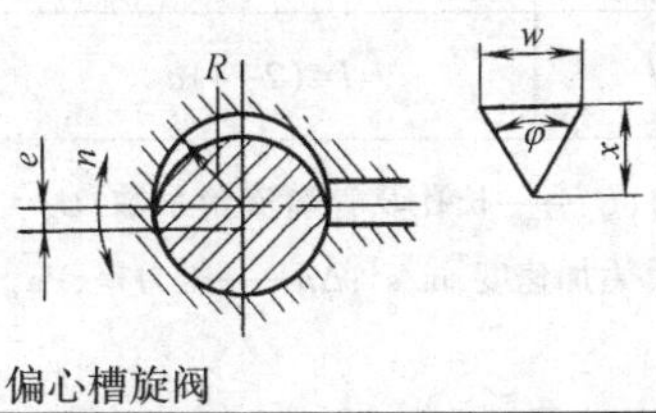

第 **21** 篇

续表

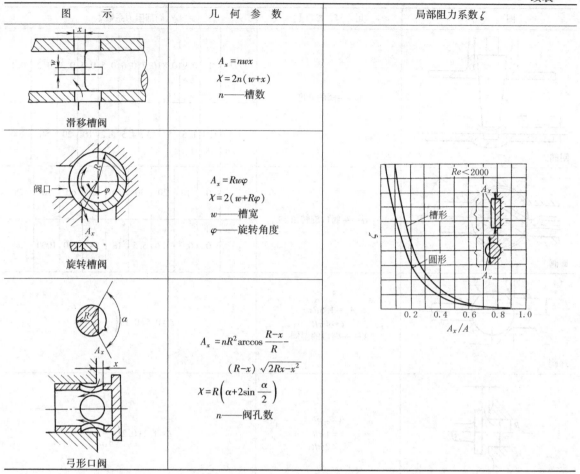

图　　示	几　何　参　数	局部阻力系数 ζ
滑移槽阀	$A_x = nwx$ $\chi = 2n(w+x)$ n——槽数	
旋转槽阀	$A_x = Rw\varphi$ $\chi = 2(w+R\varphi)$ w——槽宽 φ——旋转角度	
弓形口阀	$A_x = nR^2 \arccos \dfrac{R-x}{R} -$ $(R-x)\sqrt{2Rx-x^2}$ $\chi = R\left(\alpha + 2\sin \dfrac{\alpha}{2}\right)$ n——阀孔数	

3.5　小孔流量公式

表 21-1-29

项　　目	薄壁节流小孔流量	薄壁小孔自由出流流量	阻尼长孔流量	管嘴自由出流流量
简　图				
流量公式	$Q = C_d A_0 \sqrt{\dfrac{2\Delta p}{\rho}}$	$Q = C_d A_0 \sqrt{2\left(gH + \dfrac{\Delta p}{\rho}\right)}$	$Q = C_q A_0 \sqrt{\dfrac{2\Delta p}{\rho}}$	$Q = C_q A_0 \sqrt{2\left(gH + \dfrac{\Delta p}{\rho}\right)}$
公式使用条件	$\dfrac{l}{d} \leqslant 0.5$	$\dfrac{l}{d} \leqslant 0.5$	$l = (2\sim3)d$	$l = (2\sim4)d$

符号意义：Q——小孔流量，m^3/s；C_d——薄壁小孔流量系数，对于紊流，$C_d = 0.60\sim0.61$；C_q——长孔及管嘴流量系数，$C_q = 0.82$；A_0——孔口面积，m^2；ρ——流体的密度，kg/m^3；H——孔口距液面的高度，m；g——重力加速度，m/s^2；Δp——压力差，Pa，$\Delta p = p_1 - p_2$；l——孔的长度，m；d——孔的直径，m

3.6 平行平板间的缝隙流公式

表 21-1-30

项目	两固定平板间的压差流	下板固定,上板匀速平移的剪切流	上板匀速顺移的压差、剪切合成流	上板匀速逆移的压差、剪切合成流
简 图				
流速 u/m·s^{-1}	$u=\dfrac{\Delta p}{2\mu L}(\delta z-z^2)$	$u=\dfrac{Uz}{\delta}$	$u=\dfrac{\Delta p}{2\mu L}(\delta z-z^2)+\dfrac{Uz}{\delta}$	$u=\dfrac{\Delta p}{2\mu L}(\delta z-z^2)-\dfrac{Uz}{\delta}$
流量 Q/m^3·s^{-1}	$Q=\dfrac{\Delta p B\delta^3}{12\mu L}$	$Q=\dfrac{UB\delta}{2}$	$Q=\dfrac{\Delta p B\delta^3}{12\mu L}+\dfrac{UB\delta}{2}$	$Q=\dfrac{\Delta p B\delta^3}{12\mu L}-\dfrac{UB\delta}{2}$

符号意义:L——缝隙长度,m;B——缝隙垂直图面的宽度,m;δ——缝隙量,m,$\delta\ll L$,$\delta\ll B$;μ——动力黏度,Pa·s;Δp——压力差,Pa,$\Delta p=p_1-p_2$;U——上板平移速度,m/s;z——流体质点的纵坐标,m

3.7 环形缝隙流公式

表 21-1-31

项目	同心环形缝隙	偏心环形缝隙	最大偏心环形缝隙
简 图			
流量 Q/m^3·s^{-1}	$Q=\dfrac{\pi d\delta^3}{12\mu L}\Delta p$	$Q=\dfrac{\pi d\delta^3}{12\mu L}(1+1.5\varepsilon^2)\Delta p$	$Q=2.5\dfrac{\pi d\delta^3}{12\mu L}\Delta p$
压力差 Δp/MPa	$\Delta p=\dfrac{12\mu L Q}{\pi d\delta^3}$	$\Delta p=\dfrac{12\mu L Q}{\pi d\delta^3(1+1.5\varepsilon^2)}$	$\Delta p=\dfrac{4.8\mu L Q}{\pi d\delta^3}$

符号意义:d——孔直径,m;d_0——轴直径,m;δ——缝隙量,m,$\delta=\dfrac{d-d_0}{2}$;e——偏心距,m;ε——$\varepsilon=\dfrac{e}{\delta}$;其余符号的意义同表

3.8 液压冲击公式

（1）迅速关闭或打开液流通道时产生的液压冲击计算公式

表 21-1-32

项　目	公　式	单位	符　号　意　义
冲击波在管内的传播速度	$a = \dfrac{\sqrt{\dfrac{E_0}{\rho}}}{\sqrt{1+\dfrac{E_0 d}{E\delta}}}$	m/s	E_0——液体体积弹性模量，Pa，对石油基液压油，$E_0 = 1.67\times10^9$ Pa
冲击波在管内往复所需时间	$T = \dfrac{2l}{a}$	s	ρ——液体密度，kg/m^3 d——管道内径，m δ——管壁厚度，m E——管道材料的弹性模量，Pa
直接冲击	$t < T$	s	钢　　$E \approx 2.1\times10^{11}$ Pa 紫铜　$E \approx 1.2\times10^{11}$ Pa
直接冲击时管内压力增大值	$\Delta p = a\rho(v_1 - v_2)$	Pa	黄铜　$E \approx 1\times10^{11}$ Pa 橡胶　$E \approx (2\sim6)\times10^6$ Pa 铝合金 $E \approx 7.2\times10^{10}$ Pa
间接冲击	$t > T$	s	l——管道长度，m t——关闭或打开液流通道时间，s v_1——管内原流速，m/s
间接冲击时管内压力增大值	$\Delta p = a\rho(v_1 - v_2)\dfrac{T}{t}$	Pa	v_2——关闭或打开液流通道后的管内流速，m/s

（2）急剧改变液压缸运动速度时由于液体及运动部件的惯性作用而引起的压力冲击公式

表 21-1-33

惯性作用冲击压力公式	$\Delta p = \left(\sum l_i \rho \dfrac{A}{A_i} + \dfrac{m}{A} \right)\dfrac{\Delta v}{t}$		
符号意义	Δp——冲击时压力增大值，Pa l_i——第 i 段管道的长度，m ρ——液体密度，kg/m^3 A_i——第 i 段管道的截面积，m^2		A——液压缸活塞面积，m^2 m——活塞及连动部件的质量，kg Δv——活塞速度变化量，m/s t——活塞速度变化 Δv 所需的时间，s

第 2 章　液压系统设计

1　概　　述

1.1　液压系统的组成和型式

为实现某种规定功能，由液压元件构成的组合，称为液压回路。液压回路按给定的用途和要求组成的整体，称为液压系统。液压系统通常由三个功能部分和辅助装置组成，见表21-2-1。液压系统按液流循环方式分，有开式和闭式两种，见表21-2-2。

表 21-2-1　　　　　　　　　　　　　　　　液压系统的组成

动 力 部 分	控 制 部 分	执 行 部 分	辅 助 装 置
液压泵 用以将机械能转换为液体压力能;有时也将蓄能器作为紧急或辅助动力源	各类压力、流量、方向等控制阀 用以实现对执行元件的运动速度、方向、作用力等的控制,也用于实现过载保护、程序控制等	液压缸、液压马达等 用以将液体压力能转换为机械能	管路、蓄能器、过滤器、油箱、冷却器、加热器、压力表、流量计等

表 21-2-2　　　　　　　　　　　　　　　　液压系统的型式

型 式	开　　式	闭　　式
图 示	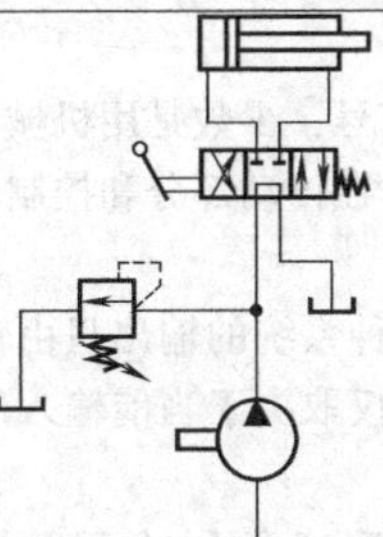	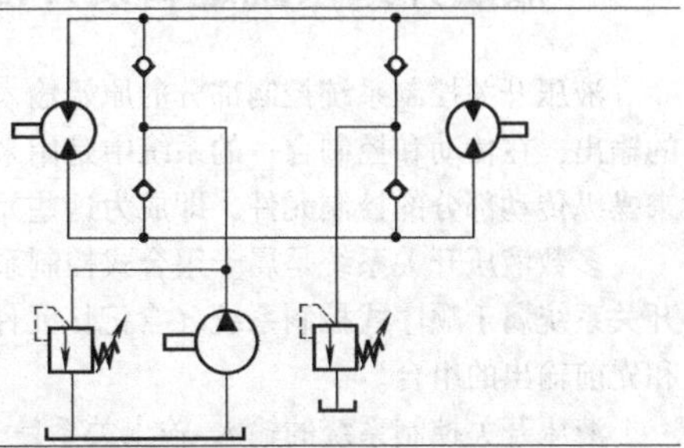
特 点	泵从油箱吸油输入管路,油完成工作后排回油箱,优点是结构简单、散热、澄清条件好,应用较普遍。缺点是油箱体积较大,空气与油接触的机会多,容易渗入	泵的吸、排油口直接与液压执行元件的进、出油口相连,形成一个闭合循环。为了补偿泄漏损失,通常需要一个辅助补偿油泵和油箱。这种系统的优点是油箱的体积很小,结构紧凑,空气进入油液的机会少。缺点是系统结构复杂,散热条件较差,并要求有较高的过滤精度,故应用较少

1.2　液压系统的类型和特点

表 21-2-3

液压系统的类型		特　　　　　点
按主要用途分	液压传动系统	以传递动力为主
	液压控制系统	注重信息传递,以达到液压执行元件运动参数(如行程速度、位移量或位置、转速或转角)的准确控制为主

续表

液压系统的类型		特　　　　点
按控制方法分	开关控制系统	系统由标准的或专用的开关式液压元件组成,执行元件运动参数的控制精度较低
	伺服控制系统	传动部分或控制部分采用液压伺服机构的系统,执行元件的运动参数能够精确控制
	比例控制系统	传动部分或控制部分采用电液比例元件的系统,从控制功能看,它介于伺服控制系统和开关控制系统之间,但从结构组成和性能特点看,它更接近于伺服控制系统
	数字控制系统	控制部分采用电液数字控制阀的系统,数字控制阀与伺服阀或比例阀相比,具有结构简单、价廉、抗污染能力强、稳定性与重复性好、功耗小等优点,在微机实时控制的电液系统中,它部分取代了比例阀或伺服阀工作,为计算机在液压领域中的应用开辟了新的方向

　　注：液压传动系统和液压控制系统在作用原理上通常是相同的, 在具体结构上也多半是合在一起的, 目前广泛使用的液压传动系统是属于传动与控制合在一起的开关控制系统。

1.3　液压传动与控制的优缺点

　　(1) 优点

　　① 同其他传动方式比较, 传动功率相同, 液压传动装置的重量轻, 体积紧凑。

　　② 可实现无级变速, 调速范围大。

　　③ 运动件的惯性小, 能够频繁迅速换向; 传动工作平稳; 系统容易实现缓冲吸振, 并能自动防止过载。

　　④ 与电气配合, 容易实现动作和操作自动化; 与微电子技术和计算机配合, 能实现各种自动控制工作。

　　⑤ 元件已基本上系列化、通用化和标准化, 利于 CAD 技术的应用, 提高工效, 降低成本。

　　(2) 缺点

　　① 容易产生泄漏, 污染环境。

　　② 因有泄漏和弹性变形大, 不易做到精确的定比传动。

　　③ 系统内混入空气, 会引起爬行、噪声和振动。

　　④ 适用的环境温度比机械传动小。

　　⑤ 故障诊断与排除要求较高技术。

1.4　液压开关系统逻辑设计法

　　液压开关控制系统控制部分的原始输入, 绝大多数是使用电信号, 少数是用机械信号或气动信号。控制部分的输出, 在传动和控制合一的系统中是用来操纵系统的执行元件; 在传动部分和控制部分分开的系统中, 则是用来操纵传动部分的控制元件, 即成为这些元件的输入。

　　多数液压开关系统是属于组合式控制系统 (无记忆元件), 这种系统的输出只由输入的组合决定。少数液压开关系统属于顺序式控制系统 (含记忆元件), 这种系统的输出不仅取决于当前输入的组合, 还取决于当前输入和先前输出的组合。

　　液压开关控制系统的输入-输出关系是一组逻辑事件的因果关系, 可用布尔函数来表述。借助布尔函数进行系统设计的方法, 称为逻辑设计法。用逻辑设计法进行液压开关系统的设计, 要从挑选元件、建立输入-输出布尔函数开始, 经过逻辑运算、实体转化、外形整理、提出各种可行的方案, 然后再经评比、抉择, 最后完成。因为布尔函数可以用多种方式表达, 所以液压开关控制系统的逻辑设计法也有多种, 见表 21-2-4。

表 21-2-4　　　　　　　　　　**液压开关控制系统逻辑设计法**

设计方法名称	输入-输出布尔函数表达方式	设计方法的特点
运算法	布尔代数方程组	繁琐、工作量大
列表法	卡诺-魏其表(简称 K-V 表)	简单、方便,但必须对每种可能的方案逐一求解后才能评出最佳结构,工作量较大
图解法	"总调度阀"图形	清晰、直观,但分解、整理费时
矩阵法	布尔矩阵	简明、运算方便,能直接地找出各种分解型式的最佳方案,为应用 CAD 打下基础

1.5　液压 CAD 的应用

沿用至今的经验设计法，主要是凭借局部经验、零星资料，靠手工进行粗略的计算和绘图。设计出的产品，往往需要经过大量的样机试验和反复修改才能满足性能要求，费时、费力、费资源。应用 CAD 能大大提高设计质量和进度，并使设计师摆脱单调乏味的计算、绘图，以便从事更高的有创造性的工作。液压 CAD 的主要功能见表 21-2-5。

表 21-2-5　　　　　　　　　　　　　　液压 CAD 主要功能

功能项目	主 要 内 容
绘制液压系统原理图	从利用基本绘图软件预先建立的液压图形库调用少数标准元件和基本模块,就可以迅速绘出能满足各种不同需要的液压原理图
常规计算和信息存储	用预先编好的有关专用软件,完成元件结构方案或液压系统原理图确定之后需要进行的各种常规计算。设计者还可以将与工作有关的各种信息,如材料性能、元件规格、经验数据等,输入计算机组成公用数据库,供随时检索使用
自动绘制零、部件图	许多绘图软件能够自动按比例绘图和标注尺寸,并能按"菜单"定点、划线、作圆、注字和生成剖面线,还能进行放大、缩小、移动、转动和拷贝等
液压集成块的辅助设计和校验	利用 CAD 不仅可以自动绘制液压集成块的图样,还能逐一检查块中复杂孔系的连通关系和间隔壁厚,打印出校验结果
有限元分析和动态仿真	将设计对象的各种可能工况输入计算机,运用 CAD 系统进行应力和流场的有限元分析,评选出最优方案,并预测其可靠性和压力范围,无需在试验室内进行大量的样机试验和分析。运用动态仿真程序,还可预测元件和系统的动态特性,这些都是提高产品质量的可靠保证

1.6　可靠性设计

（1）基本概念

表 21-2-6

概念名称	定　　　　义	表 达 式
可靠性	指产品、系统在规定条件下和规定时间内完成规定功能的能力	—
可靠度	指产品在规定的条件下和规定的时间内,完成规定功能的概率。它是时间的函数,记作 $R(t)$	设 N 个产品从 $t=0$ 时刻开始工作,到时刻 t 失效的总个数为 $n(t)$,当 N 足够大时,可靠度表达式为 $$R(t)=\frac{N-n(t)}{N}$$
失效率	指产品工作到 t 时刻后的单位时间内发生失效的概率,记作 $\lambda(t)$	设有 N 个产品,从 $t=0$ 时刻开始工作,到时刻 t 时的失效数为 $n(t)$,即 t 时刻的残存产品数为 $N-n(t)$,若在 $(t,t+\Delta t)$ 间隔内,有 $\Delta n(t)$ 个产品失效,在时刻 t 的失效率为 $$\lambda(t)=\frac{n(t+\Delta t)-n(t)}{[N-n(t)]\Delta t}$$ $$=\frac{\Delta n(t)}{[N-n(t)]\Delta t}$$

（2）液压元件失效率

表 21-2-7

名　　称	失效次数/10^6h			名　　称	失效次数/10^6h		
	上 限	平 均	下 限		上 限	平 均	下 限
蓄能器	19.3	7.2	0.4	溢流阀	14.1	5.7	3.27
电动机驱动液压泵	27.4	13.5	2.9	电磁阀	19.7	11.0	2.27
压力控制阀	5.54	2.14	0.7	单向阀	8.1	5.0	2.12

续表

名　　称	失效次数/10^6h			名　　称	失效次数/10^6h		
	上　限	平　均	下　限		上　限	平　均	下　限
流量控制阀	19.8	8.5	1.68	管接头	2.01	0.03	0.012
液压缸	0.12	0.008	0.005	压力表	7.8	4.0	0.135
油箱	2.52	1.5	0.48	电动机	0.58	0.3	0.11
滤油器	0.8	0.3	0.045	弹簧	0.022	0.012	0.001
O形密封圈	0.03	0.02	0.01				

（3）液压系统可靠性预测的步骤和方法

① 根据设计方案所确定的元件类型，汇集元件失效率 λ。

② 根据设计方案和产品的使用环境条件，乘以降额因子 K_1、环境因子 K_2 及任务时间 T，得到元件应用失效率 $K_1 K_2 T\lambda$。

③ 根据部件可靠性结构模型，求出部件失效率。

④ 根据回路和系统的可靠性结构模型求出系统的失效率。

⑤ 将预测的系统失效率与设计方案所要求的失效率进行比较，如果满足要求且经费可行，则预测可以结束，否则应进行以下工作。

⑥ 提出改变设计方案建议，如通过元件应用分析，改变采用元件类型，改变降额因子或者改变可靠性结构模型等。可以改变某一项，也可同时改变多项，视情况而定。

⑦ 改变后再重复上述步骤，直到满足要求为止。

（4）可靠性设计

表 21-2-8

可靠性设计项目	含　　义	方法或措施
强度可靠性设计	①假设零部件在设计中的参量都是随机变量，并可求得合成的失效应力分布 $f(x_1)$；②假设零部件的强度参量和使强度降低的因素也都是随机变量，并可求得合成的失效强度分布 $f(x_s)$。根据这两个假设并应用概率统计方法，将应力分布和强度分布连接起来进行可靠性设计	当函数 $f(x_1)$ 和 $f(x_s)$ 为已知时，应用下面任何一式就可以计算出零部件的可靠度 R $$R = \int_{-\infty}^{+\infty} f(x_1)\left[\int_{x_1}^{+\infty} f(x_s)\,\mathrm{d}x_s\right]\mathrm{d}x_1 \quad \text{或}$$ $$R = \int_{-\infty}^{+\infty} f(x_s)\left[\int_{x_s}^{+\infty} f(x_1)\,\mathrm{d}x_1\right]\mathrm{d}x_s$$
液压系统储备设计	为确实保证完成系统的功能而附加一些元件、部件和设备，以此做到即使其中之一发生故障，而整个系统并无故障。这样的系统和设计，称为储备系统和储备设计（又称余度设计）	储备设计方法大体可分以下两类 ① 工作储备：将几个回路并联起来而且同时工作，这样，只要不是所有回路都发生故障，系统就不会发生故障 ② 非工作储备：一个或几个回路在工作，另一个或几个回路处于空运转（或不运转）等待状态，一旦工作的回路出现故障，空运转的（或不运转的）等待回路立即接替故障回路，使系统继续工作
降额设计	降额是指液压元件使用时的工作压力比其额定压力低，这样能够提高可靠度和延长使用寿命	降额要适当，过多会造成液压设备的体积和重量增加
集成化设计	减少管路、管接头，导致失效的环节相应减少，液压系统的可靠性自然提高	液压系统尽量采用板式、叠加式和块式集成，并使其标准化
人-机设计	设计时，把人的特性放在与机械完全相同的地位上一起考虑，使设计出的机器对操作者来说是宜人的，不容易因人引起故障，其可靠性就提高	①尽可能设计出人在操作该机时最省力和不容易发生差错的相应结构 ②设备的版面设计和环境的布置要符合人的要求 ③有适当的监控仪表，系统或机器有隐患或故障时及时提供信号

2　液压系统设计

液压系统是液压设备的一个组成部分，它与主机的关系密切，两者的设计通常需要同时进行。其设计要求，一般是必须从实际出发，重视调查研究，注意吸取国内外先进技术，力求做到设计出的系统重量轻、体积小、效率高、工作可靠、结构简单、操作和维护保养方便、经济性好。设计步骤大致如下。

2.1　明确设计要求

① 主机用途、操作过程、周期时间、工作特点、性能指标和作业环境的要求。
② 液压系统必须完成的动作，运动形式，执行元件的载荷特性、行程和对速度的要求。
③ 动作的顺序、控制精度、自动化程度和联锁要求。
④ 防尘、防寒、防爆、噪声控制要求。
⑤ 效率、成本、经济性和可靠性要求等。
设计要求是进行液压系统设计的原始依据，通常是在主机的设计任务书或协议书中一同列出。

2.2　确定液压执行元件

液压执行元件的类型、数量、安装位置及与主机的连接关系等，对主机的设计有很大影响，所以，在考虑液压设备的总体方案时，确定液压执行元件和确定主机整体结构布局是同时进行的。液压执行元件的选择可参考表21-2-9。

表 21-2-9　　　　　　　　　　　　常用液压执行元件的类型、特点和应用

类　型		特　点	应　用	可选用或需设计
柱塞缸	单出杆	结构简单，制造容易；靠自重或外力回程	液压机、千斤顶，小缸用于定位和夹紧	选用或自行设计
	双出杆	结构简单，杆在两处有导向，可做得细长	液压机、注塑机动梁回程缸	自行设计
活塞缸	双出杆	两杆直径相等，往返速度和出力相同；两杆直径不等，往返速度和出力不同	磨床；往返速度相同或不同的机构	选用或自行设计
	单出杆	一般连接，往返方向的速度和出力不同；差动连接，可以实现快进；$d=0.71D$，差动连接，往返速度和出力相同	各类机械	选用，非产品型号缸自行设计
复合增速缸		可获得多种出力和速度，结构紧凑，制造较难	液压机、注塑机、数控机床换刀机构	自行设计
复合增压缸		体积小，出力大，行程小	模具成型挤压机、金属成型压印机、六面顶	选用或自行设计
多级液压缸		行程是缸长的数倍，节省安装空间	汽车车厢举倾缸、起重机臂伸缩缸	选用
叶片式摆动缸		单叶片式转角小于360°；双叶片式转角小于180°。体积小，密封较难	机床夹具、流水线转向调头装置、装载机翻斗	选用
活塞齿杆液压缸		转角0°～360°，或720°。密封简单可靠，工作压力高，扭矩大	船舶舵机、大扭矩往复回转机构	选用
齿轮马达		转速高，扭矩小，结构简单，价廉	钻床、风扇传动	选用
摆线齿轮马达		速度中等，扭矩范围宽，结构简单，价廉	塑料机械、煤矿机械、挖掘机行走机械	选用
曲杆马达		直径小，扭矩大。视定子材料，可用矿油、清水或含细颗粒介质	食品机械、化工机械、凿井设备	有专用产品
叶片马达		转速高，扭矩小，转动惯量小，动作灵敏，脉动小，噪声低	磨床回转工作台、机床操纵机构，多作用大排量用于船舶锚机	选用
球塞马达		速度中等，扭矩较大，轴向尺寸小	塑料机械、行走机械	选用
轴向柱塞马达		速度大，可变速，扭矩中等，低速平稳性好	起重机、绞车、铲车、内燃机车、数控机床	选用
内曲线径向马达		扭矩很大，转速低，低速平稳性很好	挖掘机、拖拉机、冶金机械、起重机、采煤机牵引部件	选用

注：执行元件的选择由主机的动作要求、载荷轻重和布置空间条件确定。

2.3　绘制液压系统工况图

在设计技术任务书阐明的主机规格中，通常能够直接知道作用于液压执行元件的载荷，但若主机的载荷是经过机械传动关系作用到液压执行元件上时，则需要经过计算才能明确。进行新机型液压系统设计，其载荷往往需要由样机实测、同类设备参数类比或通过理论分析得出。当用理论分析确定液压执行元件的载荷时，必须仔细考虑其所有可能组成项目，如工作载荷、惯性载荷、弹性载荷、摩擦载荷、重力载荷和背压载荷等。

根据设计要求提供的情况，对液压系统作进一步的工况分析，查明每个液压执行元件在工作循环各阶段中的速度和载荷变化规律，就可绘制液压系统有关工况图（表 21-2-10）。

表 21-2-10

内　容	工况图名称		
	动作线图（位移、转角图）	速度图	载荷图
函数式	$S,\varphi=f(t)$	$v,n=f(t)$	$F,\tau=f(t)$
式中参数的意义	S:液压缸行程 φ:摆动缸或液压马达转角	v:液压缸行程速度 n:液压马达转速	F:液压缸的载荷（力） τ:液压马达的工作扭矩
	t:时间；$t=0\sim T,T$ 为工作循环周期时间		
工况图示例	图 21-2-1a	图 21-2-1b	图 21-2-1c

2.4　确定系统工作压力

系统工作压力由设备类型、载荷大小、结构要求和技术水平而定。系统工作压力高、省材料、结构紧凑、重量轻是液压系统的发展方向，并同时要妥善处理治漏、噪声控制和可靠性问题，具体选择可参见表 21-2-11。

表 21-2-11　　　　　　　　各类设备常用的工作压力

设备类型	压力范围/MPa	压力等级	说　明	设备类型	压力范围/MPa	压力等级	说　明
机床、压铸机、汽车	<7	低压	低噪声、高可靠性系统	油压机、冶金机械、挖掘机、重型机械	21~31.5	高压	空间有限、响应速度高、大功率下降低成本
农业机械、工矿车辆、注塑机、船用机械、搬运机械、工程机械、冶金机械	7~21	中压	一般系统	金刚石压机、耐压试验机、飞机、液压机具	>31.5	超高压	追求大作用力、减轻重量

2.5　确定执行元件的控制和调速方案

根据已定的液压执行元件、速度图或动作线图，选择适当的方向控制、速度换接、差动连接回路，以实现对执行元件的控制。需要无级调速或无级变速时，参考表 21-2-12 选择方案，再从本篇第 3 章查出相应的回路组成。有级变速比无级调速使用方便，适用于速度控制精度不高，但要求速度能够预置，以及在动作循环过程中有多种速度自动变换的场合，回路组成和特点见表 21-2-13。完成以上的选择后，所需液压泵的类型就可基本确定。

表 21-2-12　　　　　　　　无级调速和变速的种类、特点和应用

种　类			特　性	特点及应用
无级调速	容积调速	手动变量泵-液压缸	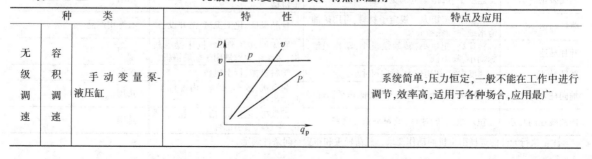	系统简单，压力恒定，一般不能在工作中进行调节，效率高，适用于各种场合，应用最广

续表

种　类		特　性	特点及应用
无级调速	容积调速	变量泵-定量马达	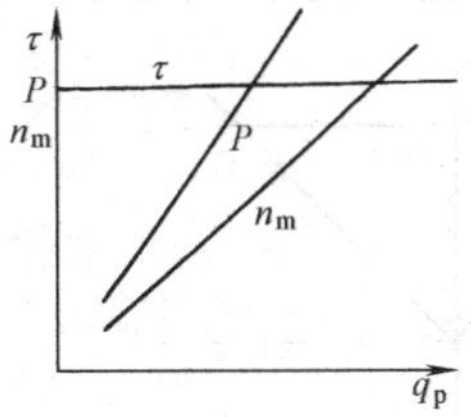 输出扭矩恒定,调速范围大,元件泄漏对速度刚性影响大,效率高,适用于大功率场合
		定量泵-变量马达	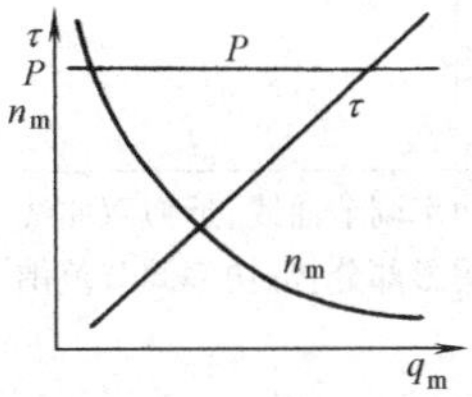 输出功率恒定,调速范围小,元件泄漏对速度刚性影响大,效率高,适用于大功率场合
		变量泵-变量马达	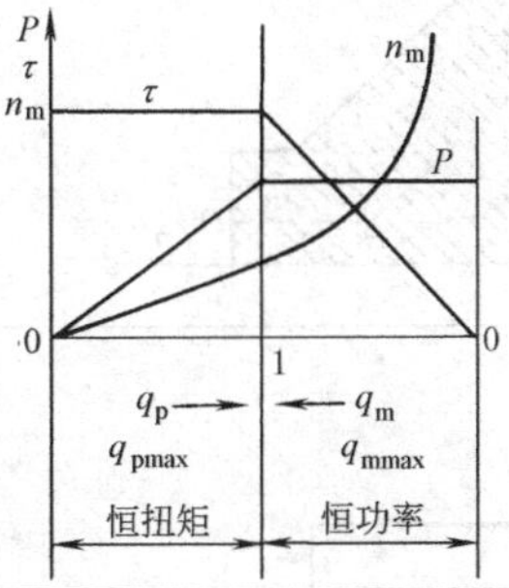 输出特性综合了上面两种马达调速回路的特性,调速范围大,但结构复杂,价格贵,适用于大功率场合
	节流调速	定量泵-进油节流调速	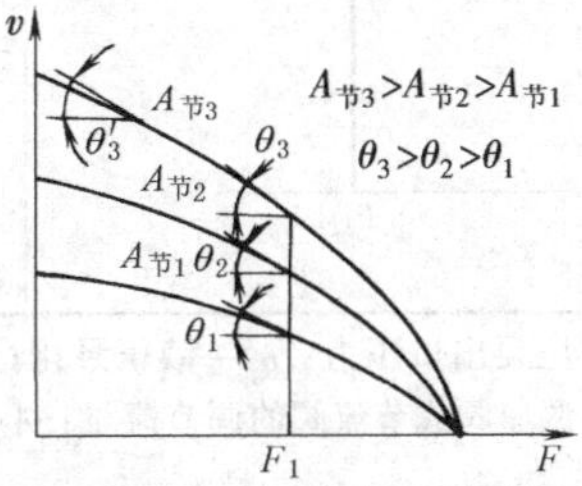 结构简单,价廉,调速范围大,效率中等,不能承受负值载荷,适用于中等功率场合
		定量泵-回油节流调速	结构简单,价廉,调速范围大,效率低,适用于低速小功率的场合
		定量泵-旁路节流调速	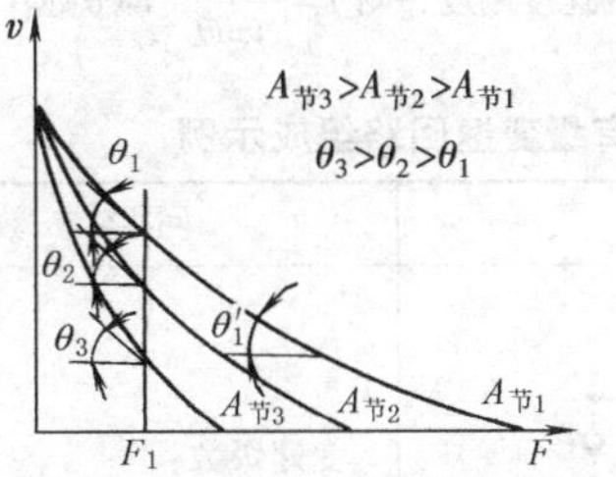 结构简单,价廉,调速范围小,效率高,不能承受负值载荷,适用于高速中等功率场合
	容积-节流调速	限压式变量泵-进油(或回油)节流调速	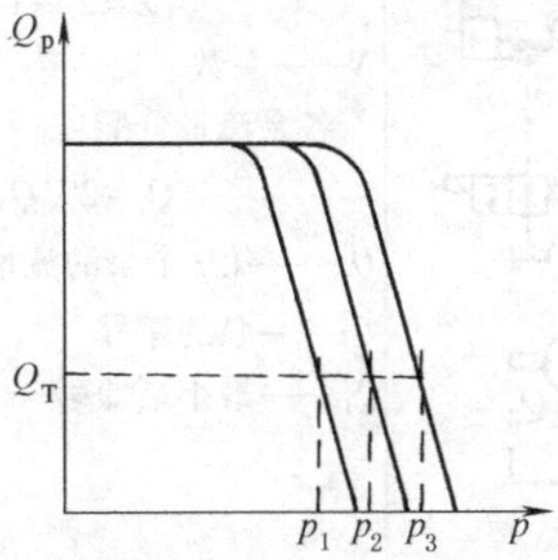 调速范围大,效率较高,价格较贵,适用于中、小功率场合,不宜长期在低速下工作

种 类	特 性	特点及应用
无级调速 — 伺服变量泵-定量执行元件	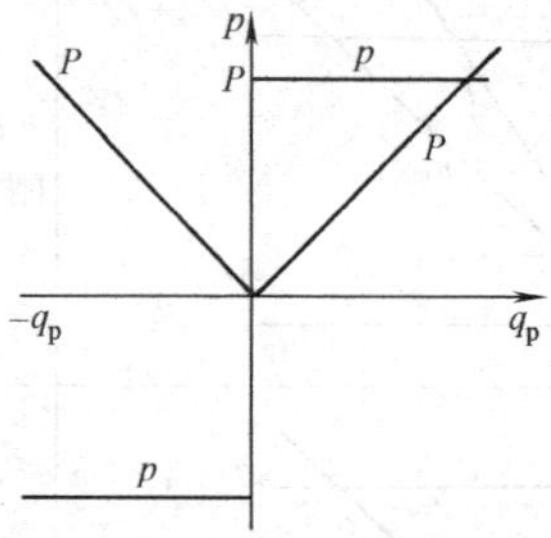	泵的输出压力恒定,用于随动或工作进行中变速的场合
恒功率变量泵-液压缸	*GFED*:恒功率调节曲线,近似双曲线 阴影部分:恒功率调节范围 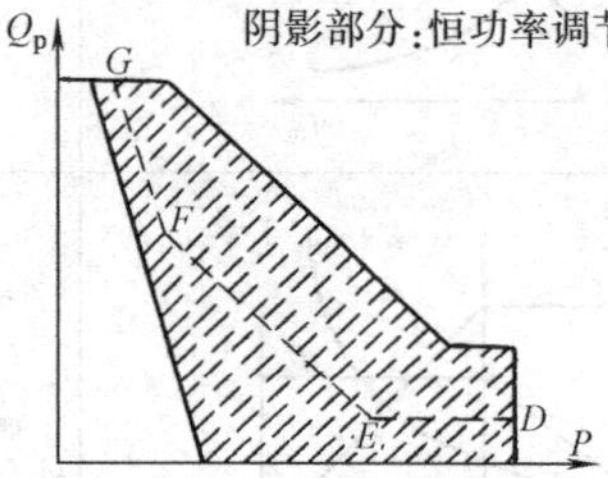 	泵的输出流量随压力自动减小,适用于快慢速自动转换的场合和节能系统
无级变速 — 恒压变量泵-液压缸	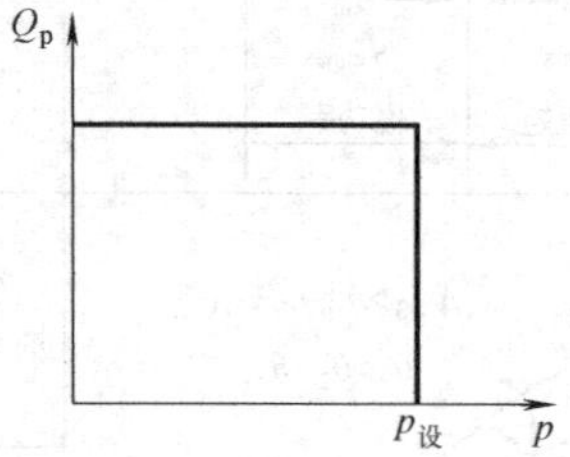	泵的压力达到设定值输出流量为零,自动防止系统过载

注:P—输出功率;τ—液压马达输出扭矩;p—液压泵出口压力;q_p—液压泵排量;q_m—液压马达排量;n_m—液压马达转速;v—液压缸运动速度;Q_p—液压泵输出流量;Q_T—调速阀或节流阀的调节流量;$A_节$—节流口的通流面积;F—载荷;θ—速度负载特性曲线某点处切线的倾角,以 T 表示回路的速度刚度,则 $T=-\dfrac{1}{\tan\theta}$,即 θ 越小,回路的速度刚度越大。

表 21-2-13　　　　　　　　　　有级变速回路组成示例

变速方式	回路组成	回路参数	回路特点
多泵并联换接变速	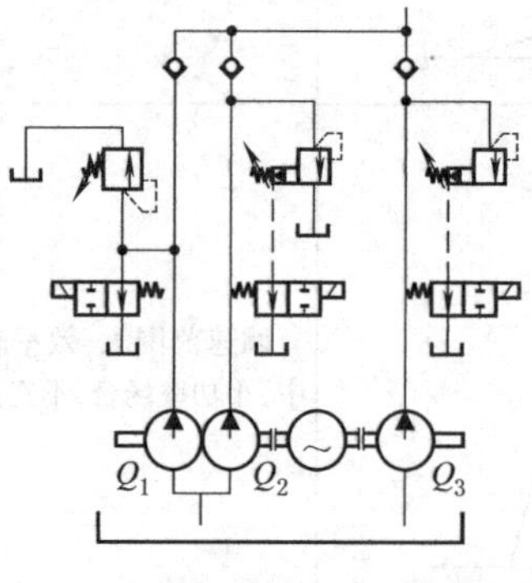	变速级数: $Z=2^N-1$ N——泵数 各泵流量分配: $Q_i=2^{i-1}Q_1$ Q_i——第 i 个泵的流量 i——泵的序号 Q_1——最小泵即第一个泵的流量	属容积式变速,效率高,变速级数少,价格较高

续表

变速方式	回路组成	回路参数	回路特点
并联泵并联流量控制阀换接变速	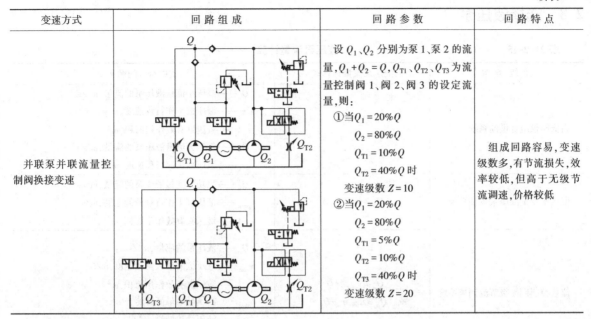	设 Q_1、Q_2 分别为泵1、泵2的流量，$Q_1 + Q_2 = Q$，Q_{T1}、Q_{T2}、Q_{T3} 为流量控制阀1、阀2、阀3的设定流量，则： ①当 $Q_1 = 20\%Q$ 　　$Q_2 = 80\%Q$ 　　$Q_{T1} = 10\%Q$ 　　$Q_{T2} = 40\%Q$ 时 变速级数 $Z = 10$ ②当 $Q_1 = 20\%Q$ 　　$Q_2 = 80\%Q$ 　　$Q_{T1} = 5\%Q$ 　　$Q_{T2} = 10\%Q$ 　　$Q_{T3} = 40\%Q$ 时 变速级数 $Z = 20$	组成回路容易，变速级数多，有节流损失，效率较低，但高于无级节流调速，价格较低

2.6　草拟液压系统原理图

液压系统原理图由液压系统图、工艺循环顺序动作图表和元件明细表三部分组成。

（1）拟定液压系统图的注意事项

① 不许有多余元件，使用的元件和电磁铁数量越少越好。

② 注意元件间的联锁关系，防止相互影响产生误动作。

③ 系统各主要部位的压力能够随时检测；压力表数目要少。

④ 按国家标准规定，元件符号按常态工况绘出，非标准元件用简练的结构示意图表达。

（2）拟定工艺循环顺序动作图表的注意事项

① 液压执行元件的每个动作成分，如始动、每次换速、运动结束等，按一个工艺循环的工艺顺序列出。

② 在每个动作成分的对应栏内，写出该动作成分开始执行的发信元件代号。同时，在表上标出发信元件所发出的信号是指令几号电磁铁或机控元件（如行程减速阀、机动滑阀）处于什么工作状态——得电或失电、油路通或断。

③ 液压系统有多种工艺循环时，原则上是一种工艺循环一个表，但若能表达清楚又不会误解，也可适当合并。

（3）编制元件明细表的注意事项

习惯上将电动机与液压元件一同编号，并填入元件明细表；非标准液压缸不和液压元件一同编号，不填入元件明细表。

2.7　计算执行元件主要参数

根据液压系统载荷图和已确定的系统工作压力，计算：活塞缸的内径、活塞杆直径、柱塞缸的柱塞、柱塞杆直径，计算方法见本篇第6章；液压马达的排量，计算方法见本篇第5章。计算时用到回油背压的数据，见表21-2-14。

表 21-2-14　　　　　　　　　　　　　执行元件的回油背压

系统类型	背压/MPa	系统类型	背压/MPa
回油路上有节流阀的调速系统	0.2~0.5	采用辅助泵补油的闭式回路	1.0~1.5
回油路上有背压阀或调速阀的系统	0.5~1.5	回油路较短且直通油箱	约0

2.8 选择液压泵

表 21-2-15   液压泵流量计算

系 统 类 型	液压泵流量计算式	式中符号的意义
高低压泵组合供油系统	$Q_g = v_g A$ $Q_d = (v_k - v_g) A$	Q_g——高压小流量液压泵的流量,m^3/s v_g——液压缸工作行程速度,m/s A——液压缸有效作用面积,m^2 Q_d——低压大流量液压泵的流量,m^3/s v_k——液压缸快速行程速度,m/s
恒功率变量液压泵供油系统	$Q_h \geqslant 6.6 v_{gmin} A$	Q_h——恒功率变量液压泵的流量,m^3/s v_{gmin}——液压缸工作行程最低速度,m/s A——液压缸有效作用面积,m^2
流量控制阀无级节流调速系统	$Q_p \geqslant v_{max} A + Q_y$ 或 $Q_p \geqslant n_{max} q_m + Q_y$	Q_p——液压泵的流量,m^3/s v_{max}——液压缸的最大调节速度,m/s A——液压缸有效作用面积,m^2 n_{max}——液压马达最高转速,r/s q_m——液压马达排量,m^3/r Q_y——溢流阀最小溢流流量,$Q_y = 0.5 \times 10^{-4} m^3/s$
有级变速系统	$\sum\limits_{i=1}^{N} Q_i = v_{max} A$ 或 $\sum\limits_{i=1}^{N} Q_i = n_{max} q_m$	N——有级变速回路用泵数 $\sum\limits_{i=1}^{N} Q_i$——$N$ 个泵流量总和,m^3/s Q_i——第 i 个泵的流量,m^3/s 其余符号的意义同无级节流调速系统
一般系统	$Q_p = K(\sum Q_s)_{max}$	Q_p——液压泵的流量,m^3/s Q_s——同时动作执行元件的瞬时流量,m^3/s K——系统泄漏系数,$K = 1.1 \sim 1.3$
蓄能器辅助供油系统	$Q_p = \dfrac{K}{T} \sum\limits_{i=1}^{Z} V_i$	Q_p——液压泵的流量,m^3/s T——工作循环周期时间,s Z——工作周期中需要系统供液进行工作的执行元件数 V_i——第 i 个执行元件在周期中的耗油量,m^3 K——系统泄漏系数,$K = 1.1 \sim 1.2$
电液动换向阀控制油系统	$Q_p = \dfrac{\pi K}{4} \sum\limits_{i=1}^{Z} d_i^2 l_i / t$	Q_p——液压泵的流量,m^3/s K——裕度系数,$K = 1.25 \sim 1.35$ Z——同时动作的电液动换向阀数 d_i——第 i 个换向阀的主阀芯直径,m l_i——第 i 个换向阀的主阀芯换向行程,m t——换向阀的换向时间,$t = 0.07 \sim 0.20 s$

注:1. 根据算出的流量和系统工作压力选择液压泵。选择时,泵的额定流量应与计算所需流量相当,不要超过太多,但泵的额定压力可以比系统工作压力高 25%,或更高些。

2. 电液动换向阀控制油系统的工作压力一般为 1.5~2.0MPa。对于 3~4 个中等流量电液动换向阀(阀芯直径 $d=32mm$)同时动作的系统,一般选用额定压力 2.5MPa、额定流量 20L/min 的齿轮泵作控制油源。同时动作数未必是系统上电液动换向阀的总数。系统上有流量较大的电液动换向阀(阀芯直径 $d=50~80mm$)时,控制油系统的需用流量要按表上公式校核或算出。

2.9 选择液压控制元件

根据液压系统原理图提供的情况,审查图上各阀在各种工况下达到的最高工作压力和最大流量,以此选择阀的额定压力和额定流量。一般情况下,阀的实际压力和流量应与额定值相接近,但必要时允许实际流量超过额定流量20%。有的电液换向阀有时会出现高压下换向停留时间稍长不能复位的现象,因此,用于有可靠性要求的系统时,其压力以降额(由32MPa降至20~25MPa)使用为宜,或选用液压强制对中的电液换向阀。

单出杆活塞缸的两个腔有效作用面积不相等,当泵供油使活塞内缩时,活塞腔的排油流量比泵的供油流量大得多,通过阀的最大流量往往在这种情况下出现,复合增速缸和其他等效组合方案也有相同情况,所以在检查各阀的最大通过流量时要特别注意。此外,选择流量控制阀时,其最小稳定流量应能满足执行元件最低工作速度的要求,即

$$Q_{vmin} \leqslant v_{gmin}A \tag{21-2-1}$$

$$\text{或} \qquad Q_{vmin} \leqslant n_{mmin}q_m \tag{21-2-2}$$

式中 Q_{vmin}——流量控制阀的最小稳定流量,m^3/s;

v_{gmin}——液压缸最低工作速度,m/s;

A——液压缸有效工作面积,m^2;

n_{mmin}——液压马达最低工作转速,r/s;

q_m——液压马达排量,m^3/r。

2.10 选择电动机

在泵的规格表中,一般同时给出额定工况(额定压力、转速、排量或流量)下泵的驱动功率,可按此直接选择电动机。也可按液压泵的实际使用情况,用式(21-2-3)计算其驱动功率。

$$P = \frac{\psi p_N Q_N}{10^3 \eta_p} \text{ (kW)} \tag{21-2-3}$$

式中 p_N——液压泵的额定压力,Pa;

Q_N——液压泵的额定流量,m^3/s;

η_p——液压泵的总效率,从规格表中查出;

ψ——转换系数,一般液压泵,$\psi = p_{max}/p_N$;恒功率变量液压泵,$\psi = 0.4$;限压式变量叶片泵,$\psi = 0.85 p_{max}/p_N$;

p_{max}——液压泵实际使用的最大工作压力,Pa。

驱动功率也可采用式(21-2-4)或式(21-2-5)计算。

$$P = \frac{\psi p_N Q_N}{60 \eta_p} \text{ (kW)} \tag{21-2-4}$$

式中 p_N——液压泵的额定压力,MPa;

Q_N——液压泵的额定流量,L/min。

η_p、ψ 同式(21-2-3)。

$$P = \frac{\psi p_N Q_N}{600 \eta_p} \text{ (kW)} \tag{21-2-5}$$

式中 p_N——液压泵的额定压力,bar(1bar=0.1MPa)。

Q_N 同式(21-2-4),η_p、ψ 同式(21-2-3)。

根据算出的驱动功率和泵的额定转速选择电动机的规格。通常,允许电动机短时间在超载25%的状态下工作。

若液压泵在工作循环周期各阶段所需的输入功率差别较大,则应首先按式(21-2-6)计算循环周期的等值功率。

$$\bar{P} = \sqrt{\frac{\sum_{i=1}^{N} P_i^2 t_i}{\sum_{i=1}^{N} t_i}} \text{ (kW)} \tag{21-2-6}$$

式中 N——工作循环阶段的总数；

P_i——循环周期中第 i 阶段所需的功率，kW；

t_i——第 i 阶段持续的时间，s。

若所需功率最大的阶段持续时间较短，而且经检验电动机的超载量在允许范围之内，则按等值功率 $\overline{P}$ 选择电动机。否则按最大功率选择电动机。

2.11 选择、计算液压辅助件

液压辅助件包括蓄能器、过滤器、油箱和管件等，其选择与计算方法详见本篇第 8 章有关部分。

2.12 验算液压系统性能

液压系统的参数有许多是由估计或经验确定的，其设计水平需通过性能的验算来评判。验算项目主要有压力损失、温升和液压冲击等。

（1）验算压力损失

管路系统上的压力损失由管路的沿程损失 $\sum \Delta p_T$、管件局部损失 $\sum \Delta p_j$ 和控制元件的压力损失 $\sum \Delta p_v$ 三部分组成。

$$\Delta p = \sum \Delta p_T + \sum \Delta p_j + \sum \Delta p_v \ \text{（MPa）} \tag{21-2-7}$$

Δp_T 和 Δp_j 值的计算见本篇第 1 章 3.4 雷诺数、流态、压力损失公式。Δp_v 值可从元件样本中查出，当流经阀的实际流量 Q 与阀的额定流量 Q_N 不同时，Δp_v 值按式（21-2-8）近似算出。

$$\Delta p_v = \Delta p_{vN} \left(\frac{Q}{Q_N} \right)^2 \ \text{（MPa）} \tag{21-2-8}$$

式中 Δp_{vN}——查到的阀在额定压力和流量下的压力损失值。

计算压力损失时，通常是把回油路上的各项压力损失折算到进油路上一起计算，以此算得的总压力损失若比原估计值大，但泵的工作压力还有调节余地时，将泵出口处溢流阀的压力适当调高即可。否则，就需修改有关元件的参数（如适当加大液压缸直径或液压马达排量），重新进行设计计算。

（2）验算温升

液流经液压泵、液压执行元件、溢流阀或其他阀及管路的功率损失都将转化为热量，使工作介质温度升高。系统的散热主要通过油箱表面和管道表面。若详细进行液压系统的发热及散热计算较麻烦。通常液压系统在单位时间内的发热功率 P_H，可以由液压泵的总输入功率 P_p 和执行元件的有效功率 P_e 概略算出。

$$P_H = P_p - P_e \ \text{（kW）} \tag{21-2-9}$$

液压系统在一个动作循环内的平均发热量 $\overline{P_H}$ 可按它在各个工作阶段内的发热量 P_{Hi} 估算。

$$\overline{P_H} = \frac{\sum P_{Hi} t_i}{T} \ \text{（kW）} \tag{21-2-10}$$

式中 T——循环周期时间，s；

t_i——各个工作阶段所经历的时间，s。

系统中的热量全部由油箱表面散发时，在热平衡状态下油液达到的温度计算见本篇第 8 章油箱及其附件部分。在一般情况下，可进行以下简化计算。

① 在系统的发热量中，可以只考虑液压泵及溢流阀的发热。

② 在系统的散热量中，可以只考虑油箱的散热（在没有设置冷却器时）。

③ 在系统的贮存热量中，可以只考虑工作介质及油箱温升所需的热量。

在液压传动系统中，工作介质温度一般不应超过 70℃。因此在进行发热计算时，工作介质最高温度（即温升加上环境温度）不应超过 65℃。如果计算温度较高，就必须采取增大油箱散热面积或增加冷却器等措施。

各种机械的液压系统油温允许值见表 21-2-16。

（3）验算液压冲击

按本篇第 1 章 3.8 液压冲击公式验算。

表 21-2-16 液压系统油温允许值 ℃

机械类型	正常工作温度	允许最高温度	机械类型	正常工作温度	允许最高温度
机床	30~55	55~65	机车车辆	40~60	70~80
数控机床	30~50	55~65	船舶	30~60	80~90
粗加工机械、液压机	40~70	60~90	冶金机械	50~80	70~90
工程机械、矿山机械	50~80	70~90			

液压冲击常引起系统振动，过大的冲击压力与管路内的原压力叠加可能破坏管路和元件。对此，可以考虑采用带缓冲装置的液压缸或在系统上设置减速回路，以及在系统上安装吸收液压冲击的蓄能器等。

2.13 绘制工作图、编写技术文件

经过必要的计算、验算、修改、补充和完善后，便可进行施工设计，绘制泵站、阀站和专用元件图，编写技术文件等。

2.14 液压系统设计计算举例

2.14.1 ZS-500 型塑料注射成型液压机液压系统设计

（1）设计要求

① 主机用途及规格如下。

本机用于热熔性塑料注射成型。一次注射量最大 500g。

② 要求主机完成的工艺过程如下。

塑料粒从料斗底孔进入注射-预塑加热筒，螺杆旋转，将料粒推向前端的注射口，沿途被筒外电加热器加热逐渐熔化成黏稠流体，同时螺杆在物料的反作用力作用下后退，触及行程开关后停止转动。

合模缸事先将模具闭合锁紧，然后注射座带动注射加热筒前移，直至注射口在模具的浇口窝中贴紧，贴紧力达到设定的数值时，注射缸推动螺杆挤压熔化的物料注射入模具的型腔，经过保压、延时冷却（在此时间螺杆又转动输送和加热新物料），然后开模，顶出制件，完成一个工艺循环。

注射座的动作有每次注射后退回和不退回两种，由制件的工艺要求决定。

③ 系统设计技术参数如下。

表 21-2-17

参 数 名 称	代号	数值	参 数 名 称	代号	数值
最大锁模力/kN	F_{SO}	4000	顶出行程/mm	S_D	100
最大脱模力/kN	F_{TO}	135	速度参考值/m·s^{-1}		
最大贴模力/kN	F_{TY}	87	合模缸慢速闭模速度	v_8	0.02
最大顶出力/kN	F_D	35	合模缸快速闭模速度	v_1	0.11
最大注射压力/MPa	p_{Zmax}	116.4	合模缸慢速脱模速度	v_7	0.03
最大保压压力/MPa	p_{Bmax}	$0.84p_{Zmax}$	合模缸快速启模速度	v_9	0.16
注射螺杆直径/mm	d_L	65	注射缸注射行程速度（最大）	v_{3max}	0.065
螺杆最大工作扭矩/N·m	τ_{max}	1100	注射座前移速度	v_2	0.125
螺杆最大工作转速/r·min^{-1}	n_{Lmax}	93	注射座后移速度	v_6	0.1
螺杆最大注射行程/mm	S_L	200	顶出缸顶出速度	v_4	0.14
合模缸最大行程/mm	S_{Hm}	450	顶出缸回程速度	v_5	0.18
注射座最大行程/mm	S_{ZZ}	280			

④ 系统设计的其他要求如下。

主要包括：注射速度和螺杆转速要求10级可调，而且可预置；螺杆的注射压力，以及预塑过程后退的背压，要能调节；系统要能实现点动、半自动、全自动操作；为确保安全，合模缸在安全门关好后才能动作。

（2）总体规划、确定液压执行元件

表 21-2-18

机构名称	常用方案	优　点	缺　点	采用方案
合模机构	复合增速缸	①整机结构紧凑,构件少 ②无需动梁闭合量调节机构	①复合缸结构复杂,加工制造难度大 ②需设计充液阀;泵的流量大,液压系统复杂 ③行程速度低,生产效率低	
	活塞缸-连杆传动	①在行程的近末端将液压缸的出力放大,液压缸的缸径可以很小 ②空行程速度高,生产效率高 ③泵的流量小,液压系统简单	①连杆构件多,尺寸链多 ②需要动梁合闭量调节机构,结构复杂	✓
注射螺杆旋转机构	定量液压马达或电动机-变速箱	①旋转运动从螺杆侧面通过齿轮、花键带动,螺杆后端可布置注射缸 ②液压系统简单	机械结构复杂,体积大	
	轴向柱塞式定量液压马达	液压马达在螺杆后端直接驱动,结构简单、紧凑	需要有级变速回路,液压系统较复杂	✓
注射机构	不等径双出杆活塞缸一个[①]	装于螺杆后端直接推动螺杆,结构紧凑	影响螺杆旋转机构的布置,机械结构复杂,体积大	
	等径双出杆活塞缸两个	活塞杆置于螺杆两旁,同时作为注射座的承重、导向件,免用导轨	活塞杆粗、长,费材料,其安装位置对操作稍有影响	✓
注射座移动机构	活塞缸	最简单	装于注射座下方,装拆不便	✓
顶出机构	机械打料	装置简单	顶出力不能控制,有刚性冲击	
	活塞缸	能够自动防止过载	结构稍为复杂	✓

① 小直径的出杆用以显示缸内活塞的位置。在它的上面安装行程开关的碰块，以控制注射行程和动作。

（3）绘制系统工况图

① 明确工艺循环作用于各执行元件的载荷。

表 21-2-19

元件名称	载荷名称	载荷计算式	单位	说　明
合模缸	锁模行程载荷 F_1	$F_1 = \dfrac{F_{SO}}{18.6 l_1/l + 1} = \dfrac{4000}{18.6 \times 0.79 + 1} = 255$	kN	F_{SO}——锁模力,见表21-2-17 l_1, l——连杆长,见图21-2-2, $l_1/l = 0.79$
	脱模行程载荷 F_2	$F_2 = F_{TO} = 135$	kN	F_{TO}——脱模力,见表21-2-17
	空程闭模载荷 F_3	$F_3 = 0.13 F_1 = 0.13 \times 255 = 33.2$	kN	系数0.13为统计资料值
	空程启模载荷 F_4	$F_4 = F_3 = 33.2$	kN	
注射座移动缸	最大贴模载荷 F_9	$F_9 = F_{TY} = 87$	kN	F_{TY}——贴模力,见表21-2-17
	前移行程载荷 F_{10}	$F_{10} = 0.14 F_{TY} = 0.14 \times 87 = 12.2$	kN	系数0.14为统计资料值
	后移行程载荷 F_{11}	$F_{11} = F_{10} = 12.2$	kN	
注射缸	最大注射载荷 F_5	$F_5 = \dfrac{\pi}{4} d_L^2 p_{Zmax}$ $= \dfrac{\pi}{4} 0.065^2 \times 116.4 \times 10^3 = 386$	kN	d_L——注射螺杆直径 p_{Zmax}——最大注射压力,见表21-2-17
	最大保压载荷 F_6	$F_6 = \dfrac{\pi}{4} d_L^2 p_{Bmax} = \dfrac{\pi}{4} d_L^2 \times 0.84 p_{Zmax}$ $= 0.84 \times 386 = 324$	kN	p_{Bmax}——最大保压压力,见表21-2-17

续表

元件名称	载荷名称	载荷计算式	单位	说　　明
顶出缸	顶出载荷	$F_7 = F_D = 35$	kN	F_D——顶出力,见表21-2-17
	回程载荷	$F_8 = 0.1F_D = 0.1 \times 35 = 3.5$	kN	系数0.1为统计资料值
液压马达	最大工作扭矩	$\tau_{max} = 1100$	N·m	见表21-2-17

② 绘制系统工况图:按设计要求和注射座固定的注塑工艺过程绘制的工艺循环动作线图见图21-2-1a,图中 S_i、φ 分别表示行程和转角,各电气或液压发信元件符号的意义见表21-2-20的表注;按表21-2-17的速度参数制

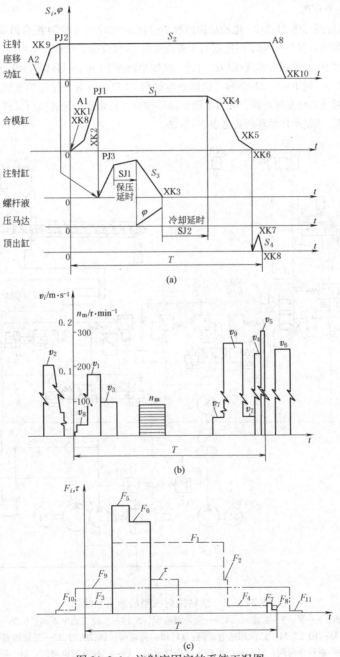

图 21-2-1　注射座固定的系统工况图

作的速度图见图21-2-1b，图中的 n_m 表示油马达的转速，v_i 表示液压缸的行程速度；载荷图见图21-2-1c，图中 F_i、τ 分别表示力和扭矩。

（4）确定系统工作压力

据统计资料，公称注射量250~500g的注塑机，工作压力范围为7~21MPa，其中，21MPa占23%，14MPa占40%~57%，故本机液压系统的工作压力采用14MPa。

（5）确定液压执行元件的控制和调速方案

根据设计要求，注射速度和注射螺杆的转速不仅要可调，还要能够预选，所以采用液压有级变速回路。这与确定螺杆旋转机构驱动元件时所作的选择取得一致。不过在具体设计时，要使有级变速回路能够同时满足注射和螺杆旋转两者的调速要求。

（6）草拟液压系统原理图

初步拟定的液压系统图见图21-2-2。电液动换向阀26与机动二位四通阀24配合组成安全操作回路，安全门关闭到位压下阀24和触动行程开关XK1后控制油才能推动阀26使合模缸动作。单向阀27用以防止注射和保压时物料通过螺杆螺旋面的作用使螺杆和液压马达倒转。液控单向阀19和16用以保持液流切换后合模缸的锁模力和注射座压紧后的贴紧力。阀10-2、22-※和三位四通电磁阀23组成注射、保压和预塑的压力控制回路。件号4~14中的泵、阀组成液压有级变速回路，并为系统空循环卸荷。其余部分是各执行元件的方向控制回路和电液动换向阀的控制油路。系统动作循环图表见表21-2-20。

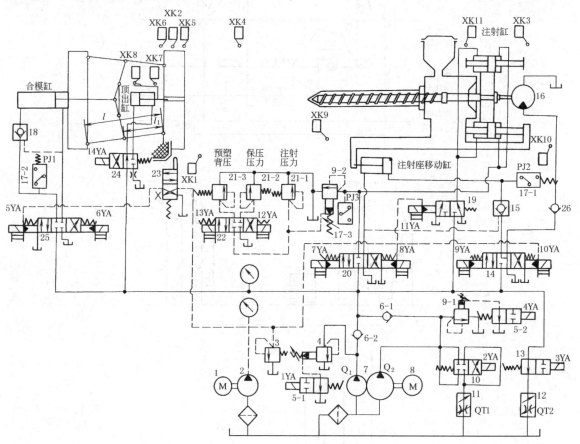

图 21-2-2　塑料注射成型机液压系统图

1,8—电机；2—泵；3—溢流阀；4,9—先导溢流阀；5,13—二位二通电磁阀；6,26—单向阀；
7—双联泵；10,23,24—二位四通电磁阀；11,12—调速阀；14,20,22,25—三位四通电液阀；
15,18—液控单向阀；16—马达；17—压力继电器；19—二位三通电液阀；21—顺序阀

表 21-2-20   **ZS-500 注塑机点动、半自动、全自动工作循环图表**

动作名称		发信元件			电 磁 铁 YA															电动机		供给流量/%
		点动	半自动	全自动	1	2	3	4	5	6	7	8	9	10	11	12	13	14	D_1	D_2	
启动			QA																+	+	0
慢速闭模			XK1	XK1 XK8	+				+										+	+	20
快速	闭模	A1	XK2	XK2	+			+	+										+	+	100
	锁模																				
注射		A3	PJ1 PJ2	PJ1 PJ2	⊕	⊕	⊕	⊕	+		+		+						+	+	10~100
保压		A4	PJ3	PJ3	+				+		+		+		+				+	+	0
预塑		A5	SJ1	SJ1	⊕	⊕	⊕	⊕	+		+			+			+		+	+	10~100
冷却			XK3	XK3															+	+	0
慢速脱模			SJ2	SJ2	+					+									+	+	20
快速启模		A6	XK4	XK4	+			+		+									+	+	100
减速启模			XK5	XK5	+					+									+	+	20
顶出		A7	XK6	XK6	+												+		+	+	20
顶出退回			XK7	XK7	+														+	+	20
结束循环			XK8	XK1 ⊖															+	+	0
总停			TA																		
注射座快速前移		A2	PJ1	PJ1				+	+				+						+	+	80
注射座慢速前移			XK9	XK9	+				+				+						+	+	20
注射座退回		A8	XK3	XK3		+		+				+							+	+	40
注射座退回到位			XK11	XK11															+	+	0
螺杆退回		A9			+									+					+	+	20

注：1. QA、TA 分别表示启动和停止按钮；A※表示动作按钮；PJ※表示压力继电器；SJ※表示时间继电器；XK※表示行程开关。

2. XK1⊖：表示打开安全门。

3. ⊕表示电磁铁的吸合状况由速度预选开关确定。各挡速度电磁铁的吸合状况见表 21-2-26。

4. +表示电磁铁通电。

(7) 计算执行元件主要参数

表 21-2-21

项 目		公 式	式中符号的意义和参数值			
计算液压缸内径 D_i	D_i 的计算公式（ i 代表缸名：$i=1$，合模缸 $i=2$，注射座移动缸 $i=3$，注射缸 $i=4$，顶出缸）	$D_i = 2\sqrt{\dfrac{F_n}{\pi p \eta_g}}$ $(i=1,2,4)$ $D_i = \sqrt{\dfrac{2F_n}{\pi p \eta_g} + d_i^2}$ $(i=3)$	i——缸名的下标编号 j——液压缸无杆腔、有杆腔的下标编号，见本表 A_{ij}，$j=1$，无杆腔；$j=2$，有杆腔 F_n——液压缸的载荷；n 代表载荷名称的下标编号，见表 21-2-19 η_g——液压缸效率，$\eta_g = 0.95$ d_3——注射缸的活塞杆直径，由承重量及强度、刚度的要求决定，$d_3 = 0.07m$			
	计算的缸径 D_i（所用的载荷 F_n）	D_i 计算式	D_i 的标准值/m	选取的速比 φ_i	按 D_i、φ_i 查表所得的活塞杆直径 d_i/m	d_i 的标准值/m
	合模缸内径 D_1 （F_1）	$D_1 = 2 \times \sqrt{\dfrac{255 \times 10^3}{\pi \times 14 \times 10^6 \times 0.95}} = 0.156m$	0.16	1.46	0.09	0.09
	注射座移动缸内径 D_2（F_9）	$D_2 = 2 \times \sqrt{\dfrac{87 \times 10^3}{\pi \times 14 \times 10^6 \times 0.95}} = 0.091m$	0.1	1.46	0.055	0.056
	注射缸内径 D_3 （F_5）	$D_3 = \sqrt{\dfrac{2 \times 386 \times 10^3}{\pi \times 14 \times 10^6 \times 0.95} + 0.07^2} = 0.153m$	0.16	1	—	0.07
	顶出缸内径 D_4 （F_7）	$D_4 = 2 \times \sqrt{\dfrac{35 \times 10^3}{\pi \times 14 \times 10^6 \times 0.95}} = 0.058m$	0.063	1.25	0.028	0.028

续表

验算	项　目	验　算　式	验　算　结　果
	合模缸最大回程启模力 F_H	$F_H = \dfrac{\pi}{4}(D_1^2 - d_1^2)p\eta_g$ $= \dfrac{\pi}{4}(0.16^2 - 0.09^2) \times 14 \times 10^3 \times 0.95$ $= 183\text{kN}$	$F_H = 183\text{kN} > F_{TO} = 135\text{kN}$，符合要求。$F_{TO}$ 为脱模力，见表 21-2-17

计算效作各用缸面有积 A_{ij}^*	项　目	计　算　式	面积 A_{ij} 计算值/m^2
	各缸无杆腔作用面积 A_{i1}	$A_{i1} = \dfrac{\pi}{4}D_i^2 \ (i=1,2,4)$	$i = 1,2,4$ $A_{i1} = 0.02, 0.0079, 0.0031$
	各缸有杆腔作用面积 A_{i2}	$A_{i2} = \dfrac{\pi}{4}(D_i^2 - d_i^2) \ (i=1,2,4)$ $A_{i2} = \dfrac{\pi}{2}(D_i^2 - d_i^2) \ (i=3, A_{32} \text{为两个缸同方向作用面积之和})$	$i = 1,2,3,4$ $A_{i2} = 0.0137, 0.0054, 0.0325, 0.0025$

（8）计算液压泵的流量及选择液压泵、验算行程速度或转速

① 计算系统各执行元件最大需用流量：

表 21-2-22

项　目	流量计算式	式中符号的意义
计算液压缸最大需用流量 Q_{gi}	Q_{gi} 计算公式：$Q_{gi} = 6v_i A_{ij} \times 10^4$ 合模缸闭合：$Q_{g1} = 6 \times 0.11 \times 0.02 \times 10^4 = 132\text{L} \cdot \text{min}^{-1} \ (i=1,j=1)$ 注射座移动缸前移：$Q_{g2} = 6 \times 0.125 \times 0.0079 \times 10^4 = 58.5\text{L} \cdot \text{min}^{-1} \ (i=2,j=1)$ 注射缸注射：$Q_{g3} = 6 \times 0.065 \times 0.0325 \times 10^4 = 126.8\text{L} \cdot \text{min}^{-1} \ (i=3,j=2)$ 顶出缸顶出：$Q_{g4} = 6 \times 0.14 \times 0.0031 \times 10^4 = 26\text{L} \cdot \text{min}^{-1} \ (i=4,j=1)$	i, j——下标编号，见表 21-2-21 v_i——液压缸活塞杆外伸速度，m/s，其值见表 21-2-17 A_{ij}——液压缸有效作用面积，m^2，其值见表 21-2-21
计算液压马达在系统最大工作压力下所需流量 Q_{mmax}	$Q_{mmax} = \dfrac{2\pi n_{Lmax} \tau_{max}}{p\eta_m \times 10^{-3}}$ $= \dfrac{2\pi \times 93 \times 1100}{14 \times 10^6 \times 0.85 \times 10^{-3}}$ $= 54\text{L} \cdot \text{min}^{-1}$	n_{Lmax}——注射螺杆最大转速，$n_{Lmax} = 93\text{r/min}$ τ_{max}——注射螺杆最大工作扭矩，$\tau_{max} = 1100\text{N} \cdot \text{m}$ p——系统最大工作压力，$p = 14\text{MPa}$ η_m——液压马达效率，$\eta_m = 0.85$

由表 21-2-22 可知，系统最大所需流量为 $Q_{max} = Q_{g1} = 132\text{L/min}$。

② 按有级变速回路的构成原理计算系统大、小泵的排量：

表 21-2-23

项　目	计　算　式	单位	式中符号的意义
大泵流量 Q_1	$Q_1 = Q_{max} \times 80\% = 132 \times 80\% = 106$	L/min	Q_{max}——系统最大所需流量，$Q_{max} = 132\text{L/min}$
小泵流量 Q_2	$Q_2 = Q_{max} \times 20\% = 132 \times 20\% = 26.4$	L/min	n_D——驱动泵的电动机工作转速，$n_D = 1470\text{r/min}$
大泵排量 q_1	$q_1 = \dfrac{Q_1}{n_D} \times 10^3 = \dfrac{106}{1470} \times 10^3 = 72$	mL/r	
小泵排量 q_2	$q_2 = \dfrac{Q_2}{n_D} \times 10^3 = \dfrac{26.4}{1470} \times 10^3 = 18$	mL/r	

③ 按 q_1、q_2 选择液压泵：选用 PV2R13-76/19 型双联叶片泵一台，其技术参数见表 21-2-24。

表 21-2-24

项　目	理论排量/mL·r⁻¹	工作压力/MPa	$n_D=1470$r/min 时的理论流量/L·min⁻¹
大泵	$q_{p1}=76.4$	14	$Q_{p1}=q_{p1}n_D=76.4\times1470\times10^{-3}=112.3$
小泵	$q_{p2}=19.1$	16	$Q_{p2}=q_{p2}n_D=19.1\times1470\times10^{-3}=28.1$
两泵总流量 Q_p	—	—	$Q_p=Q_{p1}+Q_{p2}=112.3+28.1=140.4$

注：n_D 为驱动泵的电动机的工作转速。

④ 调速阀的调整流量：组成有级变速回路，调速阀 12 的调整流量为

$$Q_{T1}=Q_p\times40\%=140.4\times40\%=56.2\text{L/min}$$

调速阀 13 的调整流量为

$$Q_{T2}=Q_p\times10\%=140.4\times10\%=14\text{L/min}$$

⑤ 计算液压马达排量、选择型号规格：

表 21-2-25

计算液压马达理论排量 q_m/L·r⁻¹	$q_m=\dfrac{Q_p\eta_{pv}\eta_{mv}}{n_{Lmax}}=\dfrac{140.4\times0.9\times0.92}{93}$ $=1.25$	Q_p——两泵理论流量之和，$Q_p=140.4$L/min； η_{pv}——液压泵容积效率，$\eta_{pv}=0.9$； η_{mv}——液压马达容积效率，$\eta_{mv}=0.92$； n_{Lmax}——螺杆最大转速，$n_{Lmax}=93$r/min

所选液压马达					
型号	1QJM12-1.25 型球塞式液压马达				
主要参数	理论排量 q_m/L·r⁻¹	工作压力/MPa	最大工作压力/MPa	转速范围/r·min⁻¹	最大输出扭矩/N·m
	1.25	10	16	4~160	2705
最大使用工作压力 p_s/MPa	$p_s=\dfrac{2\pi\tau_{max}}{q_m\eta_{mm}}$ $=\dfrac{2\pi\times1100}{1.25\times10^{-3}\times0.92\times10^6}=6.0$		τ_{max}——螺杆最大扭矩，$\tau_{max}=1100$N·m； q_m——所选液压马达理论排量，m³/r； η_{mm}——液压马达机械效率，$\eta_{mm}=0.92$		

⑥ 计算液压马达转速和注射缸注射速度：

表 21-2-26　　　　　　　　　　　　　　　　　　　　　　　　　　　　　　　　　　　　　　　L/min

			主系统双泵总理论流量 Q_p	$Q_p=Q_{p1}+Q_{p2}=140.4$			（$Q_{p1}=112.3$；$Q_{p2}=28.1$）						
系统流量变换	各挡流量 /L·min⁻¹	挡		Q_1	Q_2	Q_3	Q_4	Q_5	Q_6	Q_7	Q_8	Q_9	Q_{10}
		Q_k/Q_p		10%	20%	30%	40%	50%	60%	70%	80%	90%	100%
		$Q_k(k=1,2,\cdots,10)$		14	28.1	42.1	56.2	70.2	84.2	98.3	112.3	126.4	140.4
		Q_k 计算式		$Q_k=10kQ_p/100$									
	电磁铁工况	1YA		+	+			+	+			+	+
		2YA				+	+	+	+				
		3YA		+						+		+	
		4YA			+	+	+	+	+	+	+	+	+
	Q_{TS}/Q_p（Q_{TS}为节流损失流量）			10%	0	50%	40%	50%	40%	10%	0	10%	0
液压马达转速变换	各挡转速 n_k/r·min⁻¹			9.3	18.6	27.9	37.2	46.5	55.8	65.1	74.4	83.7	93
	n_k 计算式			$n_k=\dfrac{Q_k}{q_m}\eta_{pv}\eta_{mv}$　（$q_m=1.25$L/r；$\eta_{pv}=0.9$；$\eta_{mv}=0.92$）									

续表

注射缸注速度变换射	各挡速度 v_k/m·s^{-1}	0.006	0.013	0.019	0.026	0.032	0.039	0.045	0.052	0.058	0.065
	v_k 计算式	$v_k = \dfrac{Q_k \eta_{pv}}{6A_{32} \times 10^4}$（注射缸有效作用面积 A_{32} 见表21-2-21；$\eta_{pv}=0.9$）										

注：+表示电磁铁通电。

从表21-2-26中看出，液压马达转速 $n_{10}=93$r/min 和 $n_5=46.5$r/min 时消耗流量（100%Q_p）和功率最大，但转速为 n_5 时节流损失占50%Q_p，系统效率最低，所以，估算电动机功率和验算系统温升时按 n_5 挡转速计算。同理，注射缸用 v_5 挡速度计算。

（9）计算工作循环系统的流量、工作压力和循环周期时间并绘制系统的流量、压力循环图

系统的流量和工作压力的计算见表21-2-27的第1~4栏；工作周期的计算见表21-2-27的第5~7栏。系统的流量、压力循环图见图21-2-3和图21-2-4。

表 21-2-27

项 目	1 工作泵[①]理论输出流量 Q_{pg}/L·min^{-1} $Q_{p1}=112.3$ $Q_{p2}=28.1$ $Q_{pg}=$		2 油路压力损失 $\sum \Delta p$ /MPa	3 工作泵出口压力 p_p/MPa						4 工作泵实际输出流量 Q_{pa}/L·min^{-1} $Q_{pa}=Q_{p1}\left(1-\dfrac{0.1p_p}{14}\right)+Q_{p2}\left(1-\dfrac{0.1p_p}{16}\right)$[④]	5 液压缸运动速度 v/m·s^{-1} $v=\dfrac{Q_{pa}\times 10^{-4}}{6A_{ij}}$
				驱动液压缸 $p_p=\dfrac{F_n}{A_{ij}\eta_{gm}}\times 10^3 + \sum \Delta p$ 机械效率 $\eta_{gm}=0.95$ 驱动液压马达 $p_p=\dfrac{2\pi \tau_{max}}{q_m \eta_{mm}}\times 10^3 + \sum \Delta p$[③]							
		Q_{pg}值		载荷 F_n/kN $F_n=$	F_n值	有效作用面积 A_{ij}[②]/m^2 $A_{ij}=$	A_{ij}值	p_p值			
慢速闭模	Q_{p2}	28.1	0.26	F_3	33.2	A_{11}	0.02	2	27.7	0.023
快速闭模	$Q_{p1}+Q_{p2}$	140.4	0.6	F_3	33.2	A_{11}	0.02	2.3	138.2	0.115
快速锁模	$Q_{p1}+Q_{p2}$	140.4	0.6	F_1	255	A_{11}	0.02	14	126.4	0.105
注射	$Q_{p1}+Q_{p2}$	140.4	0.6	F_5	386	A_{32}	0.0325	13.1	127.6	$v_5=0.032$[⑤]
保压	Q_{p2}	28.1	0	F_6	324	A_{32}	0.0325	10.5	26.2	≈0
预塑	$Q_{p1}+Q_{p2}$	140.4	0.4	[$\tau_{max}=1100$N·m；$q_m=1.25$L/r；$\eta_{mm}=0.92$]				6.4	134.1	（$n_5=46.5$[⑤] r/min）
冷却	0	0	0	0	0	0	0	0	0	0
慢速脱模	Q_{p2}	28.1	0.3	F_2	135	A_{12}	0.0137	10.6	26.2	0.032
快速启模	$Q_{p1}+Q_{p2}$	140.4	1.4	F_4	33.2	A_{12}	0.0137	4	136.5	0.166
减速启模	Q_{p2}	28.1	0.3	F_4	33.2	A_{12}	0.0137	2.9	27.6	0.034
顶出制件	Q_{p2}	28.1	0.6	F_7	35	A_{41}	0.0031	12.4	25.9	0.139
顶出回程	Q_{p2}	28.1	0.9	F_8	3.5	A_{42}	0.0025	2.4	27.7	0.185

项 目	6 液压缸动作行程 S /m	7 动作持续时间 $t\left(=\dfrac{S}{v}\right)$/s	8 工作泵输入功率 $P_1=\dfrac{p_p Q_{pa}}{6\times 10^7 \eta_p}$kW η_p 为液压泵效率		9 卸荷泵输入功率 $P_2=\dfrac{p_x Q_{px}}{6\times 10^7 \eta_x}$kW 卸荷压力 $p_x=0.3$MPa 泵效率 $\eta_x=0.3$ 总卸荷流量 Q_{px}/L·min^{-1}			10 电动机输出功率 $P(=P_1+P_2)$ /kW	11 $P^2 t$ /kW^2·s	12 系统输入功 $E_1(=Pt)$ /kJ	13 执行元件有效功 $E_2(=F_n S)$ /kJ
			η_p值	P_1值	$Q_{px}=$	Q_{px}值	P_2值				
慢速闭模	0.02	0.9	0.55	1.65	Q_{p1}	112.3	1.87	3.5	11	3.2	0.66
快速闭模	0.32	2.8	0.55	9.6	—	—	—	9.6	258	26.9	10.6
快速锁模	0.11	1	0.8	36.8	—	—	—	36.8	1354	36.8	28.1
注射	0.2	6	0.8	34.8	—	—	—	34.8	7266	208.8	77.2
保压	0.002	16[⑥]	0.8	5.7	Q_{p1}	112.3	1.87	7.6	924	121.6	0.65

项目	6	7	8		9			10	11	12	13
项 目	6	7	8		9			10	11	12	13
项 目	液压缸动作行程 S /m	动作持续时间 $t(=\dfrac{S}{v})/s$	工作泵输入功率 $P_1=\dfrac{p_p Q_{pa}}{6\times10^7 \eta_p}$ kW η_p 为液压泵效率		卸荷泵输入功率 $P_2=\dfrac{p_x Q_{px}}{6\times10^7 \eta_x}$ kW 卸荷压力 $p_x=0.3$MPa 泵效率 $\eta_x=0.3$			电动机输出功率 $P(=P_1+P_2)$ /kW	P^2t /kW²·s	系统输入功 $E_1(=Pt)$ /kJ	执行元件有效功 $E_2(=F_n S)$ /kJ
项 目			η_p 值	P_1 值	总卸荷流量 Q_{px}/L·min⁻¹		P_2 值				
项 目					$Q_{px}=$	Q_{px} 值					
预塑	—	15	0.75	19	$(E_2=2\pi\tau_{max} n_5 \dfrac{t}{60}=80.3)$			19	5415	285	80.3 (见左式)
冷却	0	30⑥	0	0	$Q_{p1}+Q_{p2}$	140.4	2.34	2.3	158	69	0
慢速脱模	0.03	0.9	0.8	5.8	Q_{p1}	112.3	1.87	7.7	47	6.2	4.1
快速启模	0.4	2.4	0.55	16.1	—	—	—	16.1	622	38.6	13.3
减速启模	0.02	0.6	0.55	2.4	Q_{p1}	112.3	1.87	4.3	11	2.6	0.66
顶出制件	0.1	0.7	0.55	6.7	Q_{p1}	112.3	1.87	8.6	52	6	3.5
顶出回程	0.1	0.5	0.55	2	Q_{p1}	112.3	1.87	3.9	8	2	0.35
Σ		76.8							16126	806.7	219.43

① "工作泵"指正在向系统输送压力油，供执行元件动作的泵。若该泵处在空循环吸排油状态，则称"卸荷泵"。
② 面积 A_{ij} 的下标编码的意义，所代表的面积及面积值，见表 21-2-21。
③ 式中有关参数的数值见表中 [ ] 内所列；η_{mm} 为液压马达的机械效率。
④ 此式是以泵的容积效率按线性规律变化和额定压力下其容积效率为 $\eta_{pv}=0.9$ 为基础导出的。系数 0.1 是 $1-\eta_{pv}=1-0.9$ 的得数。
⑤ 选用 v_5 和 n_5 计算是因为在此工况下系统耗费功率最大而效率最低。
⑥ 非计算所得数值。

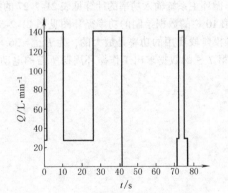

图 21-2-3 工作周期系统流量循环图

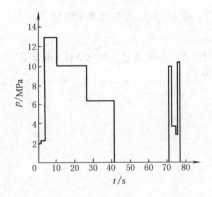

图 21-2-4 工作周期系统压力循环图

（10）选择控制元件

流经换向阀 26 的最大流量是合模缸快速启模时的排油流量：

$$Q_{vmax}=(Q_{p1}+Q_{p2})\frac{A_{11}}{A_{12}}=(112.3+28.1)\times\frac{0.02}{0.0137}=205 \text{L/min}$$

流经换向阀 25 的最大流量是顶出缸回程时的排油流量：

$$Q_{vmax}=Q_{p2}\frac{A_{41}}{A_{42}}=28.1\times\frac{0.0031}{0.0025}=35 \text{L/min}$$

表 21-2-28

件号	名 称	型 号	规 格		最大使用流量 /L·min⁻¹
			压力/MPa	流量/L·min⁻¹	
4	先导式溢流阀	YF-B10C	14	40	28.1
10-1	先导式溢流阀	YF-B20C	14	100	112.3
10-2	先导式溢流阀	YF-B20C	14	100	140.4
6	单向阀	DF-B10K₁	35	30	28.1
7-1	单向阀	DF-B20K₁	35	100	112.3
7-2	单向阀	DF-B20K₁	35	100	112.3
27	单向阀	DF-B20K₁	35	100	140.4
14	电磁换向阀	23DO-B8C	14	22	14
11	电磁换向阀	24DO-B10H	21	30	56.2
25	电磁换向阀	24DO-B10H	21	30	35
23	电磁换向阀	34DO-B6C	14	7	<7
26	电液动换向阀	34DYO-B32H-T	21	190	205
21	电液动换向阀	34DYJ-B32H-T	21	190	140.4
15	电液动换向阀	34DYY-B32H-T	21	190	140.4
20	电液动换向阀	24DYO-B32H-T	21	190	140.4
16	液控单向阀	4CG2-O6A	21	114	112.3
19	液控单向阀	DFY-B32H	21	170	205

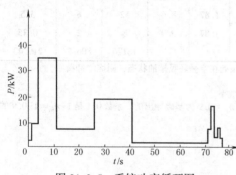

图 21-2-5　系统功率循环图

换向阀 11 的最大通过流量是 $Q_{p1} + Q_{p2}$ 的 40%，即 56.2L/min，选用公称流量为 30L/min 的二位四通换向阀，将其四个通路分成两组并联成为二通换向阀（图 21-2-2），通流能力便增加一倍，满足 56L/min 的需要。

本系统选择的主要控制元件的型号、规格见表 21-2-28。因为有的阀的压力规格没有 14MPa 这个压力级，故选用时向较高的压力挡选取。

（11）计算系统工作循环的输入功率、绘制功率循环图并选择电动机

系统工作循环主系统输入功率的计算见表 21-2-27 的第8~10 栏。根据第 10 栏的数据绘制的功率循环图见图 21-2-5。在工作循环中锁模阶段所用的功率是最大的，为 $P_{max} = 36.8kW$，

但持续时间短，不能按它选择电动机。按表 21-2-27 第 11 栏和第 7 栏的数据求出工作循环周期所需的电动机等值功率为

$$\overline{P} = \sqrt{\frac{\sum P^2 t}{\sum t}}$$

$$= \sqrt{\frac{16126}{76.8}}$$

$$= 14.5kW$$

而

$$\frac{P_{max}}{\overline{P}} = \frac{36.8}{14.5} = 2.54$$

此比值过大，也不能按等值功率选择电动机，应按最大功率除以系数 k 选取，系数 $k = 1.5 \sim 2$，本机取 $k = 1.7$，求得电动机的功率为

$$P_{D1} = \frac{P_{max}}{k} = \frac{36.8}{1.7} = 21.6kW$$

选取 Y180L-4 型电动机，额定功率 22kW。

电液动换向阀控制油系统的工作压力为 $p_k = 1.5MPa$，流量为 $Q_k = 20L/min$，泵的效率为 $\eta = 0.84$，所需电动机的功率为

$$P_{D2} = \frac{p_k Q_k}{6 \times 10^7 \eta} = \frac{1.5 \times 10^6 \times 20}{6 \times 10^7 \times 0.84} = 0.6kW$$

选取 Y802-4 型电动机、额定功率 0.75kW。

（12）液压辅件

① 计算油箱容积：油箱有效容积 V_0 按三个泵每分钟流量之和的 4 倍计算，即

$$
\begin{aligned}
V_0 &= 4(Q_{p1}+Q_{p2}+Q_k) \\
&= 4\times(112.3+28.1+20) \\
&= 642\text{L}
\end{aligned}
$$

本机的机身是由钢板焊成的箱体，可以利用它兼作油箱。油箱部分的长、宽、高尺寸为 $a\times b\times c = 2.5\text{m}\times 1.1\text{m}\times 0.32\text{m}$，油面高度为

$$
\begin{aligned}
h &= \frac{V_0}{ab} \\
&= \frac{642}{2.5\times1.1\times10^3} = 0.233\text{m}
\end{aligned}
$$

油面高与油箱高之比为

$$
\frac{h}{c} = \frac{0.233}{0.32} = 0.73
$$

② 计算油管直径、选择管子：系统上一般管路的通径按所连接元件的通径选取，现只计算主系统两泵流量汇合的管子，取管内许用流速为 $v_p = 4\text{m/s}$，管的内径为

$$
\begin{aligned}
d &= 1.13\sqrt{\frac{Q_{p1}+Q_{p2}}{6v_p\times10^4}} \\
&= 1.13\times\sqrt{\frac{112.3+28.1}{6\times4\times10^4}} = 0.027\text{m}
\end{aligned}
$$

按标准规格选取管子为 $\phi32\text{mm}\times3\text{mm}$，材料为 20 钢，供货状态为冷加工/软（R），$\sigma_b = 451\text{MPa}$，安全系数 $n = 6$，验算管子的壁厚为

$$
\delta = \frac{pd}{2\sigma_p} = \frac{pd}{\dfrac{2\sigma_b}{n}} = \frac{14\times10^6\times0.027}{2\times\dfrac{451\times10^6}{6}} = 0.0025\text{m}
$$

壁厚的选取值大于验算值。

（13）验算系统性能

① 验算系统压力损失。

a. 系统中最长的管路，泵至注射缸管路的压力损失：两泵汇流段的管子，内径 $d = 0.027\text{m}$，长 $l_3 = 6.8\text{m}$，通过流量 $Q_{p1}+Q_{p2} = 140.4\text{L/min} = 0.00234\text{m}^3/\text{s}$，工作介质为 YA-N32 普通液压油，工作温度下的黏度 $\nu = 27.5\text{mm}^2/\text{s}$，密度 $\rho = 900\text{kg/m}^3$，管内流速为

$$
v = \frac{Q_{p1}+Q_{p2}}{\dfrac{\pi}{4}d^2} = \frac{0.00234}{\dfrac{\pi}{4}\times0.027^2} = 4.1\text{m/s}
$$

雷诺数为

$$
Re = \frac{vd}{\nu} = \frac{4.1\times0.027}{27.5\times10^{-6}} = 4025
$$

因 $3000<Re<10^5$，故沿程阻力系数为 $\lambda = \dfrac{0.3164}{Re^{0.25}}$，则沿程压力损失为

$$
\sum\Delta p_{T3} = \lambda\frac{l_3}{d}\times\frac{v^2}{2}\rho = \frac{0.3164}{4025^{0.25}}\times\frac{6.8}{0.027}\times\frac{4.1^2}{2}\times\frac{900}{10^6}
$$

$$
= 0.08\text{MPa}
$$

泵出口至汇流点的管长小，沿程压力损失不计。

额定流量下有关阀的局部压力损失：单向阀和液控单向阀为 0.2MPa；电液动换向阀为 0.3MPa。管接头、弯头、相贯孔等的局部压力损失很小，不计。

按此，双泵输出最大流量时，大泵到注射缸的局部压力损失为

$$\sum \Delta p_{j3} = \Delta p_{7-1} + \Delta p_{21} + \Delta p_{(20)}$$

$$= 0.2 \times \left(\frac{112.3}{100}\right)^2 + 0.3 \times \left(\frac{140.4}{190}\right)^2 + \frac{0.3}{\varphi_3} \times \left(\frac{140.4}{190\varphi_3}\right)^2$$

$$= 0.58\text{MPa}$$

式中 Δp 的下标是该阀在系统图中的编号，带（ ）者是表示该阀处在回油路，其压力损失是折算到进油路上的损失，即 $\Delta p_{(20)} = \frac{A_{32}}{A_{31}}\Delta p_{20} = \frac{1}{\varphi_3}\Delta p_{20}$。$\varphi_3$ 为注射缸的速比，$\varphi_3 = 1$。式中各阀的额定流量及使用流量见表21-2-28。

故大泵出口至注射缸的总压力损失为

$$\sum \Delta p_3 = \sum \Delta p_{T3} + \sum \Delta p_{j3}$$

$$= 0.08 + 0.58 = 0.66\text{MPa}$$

b. 合模缸快速启模时的压力损失：通至合模缸的汇流管的内径与前者相同，但管长为 $l_1 = 3.8$m，系统两泵输出最大流量，汇流管的沿程压力损失为

$$\sum \Delta p_{T1} = \frac{l_1}{l_3}\Delta p_{T3} = \frac{3.8}{6.8} \times 0.08 = 0.04\text{MPa}$$

大泵出口至合模缸的局部压力损失为

$$\sum \Delta p_{j3} = \Delta p_{7-1} + \Delta p_{26} + \Delta p_{(19)} + \Delta p_{(26)}$$

$$= 0.2 \times \left(\frac{112.3}{100}\right)^2 + 0.3 \times \left(\frac{140.4}{190}\right)^2 + 0.2\varphi_1 \times \left(\frac{140.4\varphi_1}{170}\right)^2 + 0.3\varphi_1 \times \left(\frac{140.4\varphi_1}{190}\right)^2$$

$$= 1.35\text{MPa}$$

φ_1 为合模缸的速比，$\varphi_1 = 1.46$。

快速启模时大泵至合模缸的总的压力损失为

$$\sum \Delta p_1 = \sum \Delta p_{T1} + \sum \Delta p_{j1}$$

$$= 0.04 + 1.35 = 1.4\text{MPa}$$

以上算得的 $\sum \Delta p_1$、$\sum \Delta p_3$ 值与表 21-2-27 中所列的对应值很接近，因此，无需更正表中参数。

② 验算系统温升。

a. 系统的发热功率：主系统的发热功率为

$$P_{H1} = P - P_e(\text{kW})$$

式中　P——工作循环输入主系统的平均功率，$P = \dfrac{\sum E_1}{\sum t}$；

　　P_e——执行元件的平均有效功率，$P_e = \dfrac{\sum E_2}{\sum t}$。

从表 21-2-27 的第 7、12、13 栏中查得 $\sum t$、$\sum E_1$、$\sum E_2$ 值代入，得

$$P_{H1} = \frac{\sum E_1 - \sum E_2}{\sum t} = \frac{806.7 - 219.43}{76.8} = 7.65\text{kW}$$

控制油系统的输入功率为 0.6kW，该功率几乎全部转变为发热功率 P_{H2}，所以系统的总发热功率为

$$P_H = P_{H1} + P_{H2} = 7.65 + 0.6 = 8.25\text{kW}$$

b. 验算温升：油箱的散热面积为

$$A_S = 2ac + 2bc + ab$$

$$= 2 \times 2.5 \times 0.32 + 2 \times 1.1 \times 0.32 + 2.5 \times 1.1 = 5.1\text{m}^2$$

系统的热量全部由 A_S 散发时，在平衡状态下油液达到的温度为

$$\theta = \theta_R + \frac{P_H}{k_S A_S}(\text{℃})$$

式中 θ_R——环境温度，$\theta_R = 20℃$；

  k_S——散热系数，$k_S = 15×10^{-3}kW/(m^2 \cdot ℃)$。

所以

$$\theta = 20 + \frac{8.25}{15×10^{-3}×5.1} = 127.8℃$$

θ 超过表 21-2-16 列出的允许值，即系统需装设冷却器。

③ 冷却器的选择与计算：注塑机工作时模具和螺杆根部需用循环水冷却，所以冷却器也选用水冷式。需用冷却器的换热面积为

$$A = \frac{P_H - P_{HS}}{K\Delta t_m} （m^2）$$

式中 P_{HS}——油箱散热功率，kW；

  K——冷却器传热系数，$kW/(m^2 \cdot ℃)$；

  Δt_m——平均温度差，℃。

$$P_{HS} = k_S A_S \Delta\theta （kW）$$

$\Delta\theta$ 是允许温升，$\Delta\theta = 35℃$，故

$$P_{HS} = 15×10^{-3}×5.1×35$$
$$= 2.68kW$$

$$\Delta t_m = \frac{T_1 + T_2}{2} - \frac{t_1 + t_2}{2} （℃）$$

油进入冷却器的温度 $T_1 = 60℃$，流出时的温度 $T_2 = 50℃$，冷却水进入冷却器的温度 $t_1 = 25℃$，流出时的温度 $t_2 = 30℃$，则

$$\Delta t_m = \frac{60+50}{2} - \frac{25+30}{2}$$
$$= 27.5℃$$

由手册或样本中查出，$K = 350×10^{-3}kW/(m^2 \cdot ℃)$，所以

$$A = \frac{8.25-2.68}{350×10^{-3}×27.5} = 0.58m^2$$

冷却器在使用过程中换热面上会有沉积和附着物影响换热效率，因此实际选用的换热面积应比计算值大 30%，即取

$$A = 1.3×0.58 = 0.75m^2$$

按此面积选用 2LQFW-A 0.8F 型多管式冷却器一台，换热面积为 0.8m^2。配管时，系统中各执行元件的回油和各溢流阀的溢出油都要通过冷却器回到油箱。调速阀的出油不经过冷却器直接进入油箱，以免背压影响调速精度。

2.14.2 80MN 水压机下料机械手液压系统设计

（1）设计要求

① 设备工况及要求如下。

水压机下料机械手服务于 80MN 水压机，它的任务是将已压制成型的重型热工件取出，放到规定的工作线上。该设备为直角坐标式机械手，它位于水压机的一侧，环境较为恶劣，温度较高，灰尘较多。

② 设备工作程序如下。

启动机械手（该设备像小车，以下简称小车）沿轨道前进到水压机侧的工作位置，液压定位缸定位锁紧。当工件成型后发出信号，小车的一级和二级移动缸前进（即机械手伸进水压机内），此时手张开，到预定位置后，升降缸下降（手下降），到位后，夹紧缸工作，夹紧工件（手夹紧），然后升起（升降缸工作），到预定位置后，一、二级移动缸返回（手退回）到预定位置，升降缸下降（手下降），到预定位置，夹紧缸松开，把工件放在小车的回转台上后再升起（手上升），而后回转缸工作，把工件送到预定的工作线上由吊车取走。

③ 控制与联锁要求如下。

a. 所有动作要求顺序控制，部分回路选用远程电控调速和调压。

b. 手放工件的位置控制精度±1mm。

c. 手的动作要与水压机配合，只有在水压机工作完成并升起后，机械手方可进入取料。

④ 执行元件工艺参数见表 21-2-29。

表 21-2-29

缸号	名　称	数　量	最大行程 /mm	最大速度 /mm·s⁻¹	最大载荷 /N	控制精度 /mm
1#	一级移动缸	2	1100	380	2×10000	±1
2#	二级移动缸	2	1100	380	2×10000	±1
3#	升降缸	1	200	220	80000	
4#	平衡缸	1	200	220	50000	
5#	回转缸	1	500	200	30000	
6#	夹紧缸	2	100	100	2×20000	
7#	定位缸	4	250	25	4×20000	
8#	脱模缸	2	200	100	2×110000	

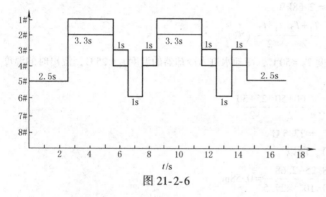

图 21-2-6

⑤ 工作循环时间顺序图如图 21-2-6 所示。

（2）执行机构的选择

机械手平移放料的位置控制精度取决于移动缸速度调节和定位方式及移动缸的加减速度，回转缸的加减速也需控制，故选用比例控制，而升降缸和平衡缸的压力需要互相匹配和远程调控，因而也选用比例控制，其他则选用普通液压控制。

① 移动缸选用四通比例方向阀控制的油缸，可供系统使用的压力为

$$p = p_s - \Delta p_v \text{（MPa）}$$

式中　p_s——泵供油压力，MPa；

　　　Δp_v——管道压力损失，MPa。

经验表明若 p 作如下分配时，油缸的参数确定是合理的，$\frac{1}{3}p$ 用于推动负载，$\frac{1}{3}p$ 用于加速，$\frac{1}{3}p$ 用于运动速度。为保证 $\frac{1}{3}p$ 用于负载，应当只有 $\frac{1}{2}(p_s - \Delta p_v - p_{ST})$（$p_{ST}$ 为油缸稳态压力，MPa）用于减速，否则在从匀速到减速的过渡过程中，比例阀阀口过流断面的变化就太大，而难以准确地达到 $\frac{1}{3}p$ 用于负载。

加减速时液压缸作用面积 A 按下式计算：

$$A \geqslant \frac{2mv/t_s + F_{ST} + F_\phi}{100(p_s - \Delta p_v)} \text{（cm}^2\text{）}$$

式中　F_{ST}——液压缸稳态负载，N；

　　　F_ϕ——液压缸摩擦力，N；

　　　m——液压缸运动部分质量，kg；

　　　v——液压缸速度，m/s；

　　　t_s——希望的加速时间，s。

本例中，预选供油压力 $p_s = 8$MPa，$m = 10000$kg，$F_{ST} = 10000$N，$\Delta p_v = 1$MPa，$v = 0.38$m/s，F_ϕ 忽略，$t_s = 0.6$s，则

$$A \geqslant \frac{2 \times \dfrac{10000 \times 0.38}{0.6} + 10000}{100 \times (8-1)} = 32.38 \text{cm}^2$$

在匀速及稳态负载作用下缸作用面积 A 按下式计算：

$$A \geqslant \frac{F_{ST}}{100(p_s - \Delta p_v - \Delta p_阀)} \quad (\text{cm}^2)$$

式中　$\Delta p_阀$——比例阀的压降。

取 $\Delta p_阀 = 1\text{MPa}$，则

$$A \geqslant \frac{10000}{100 \times (8-1-1)} = 16.67 \text{cm}^2$$

由液压缸计算面积，结合设备状态查标准缸径，最后确定为 $\phi80\text{mm}/\phi45\text{mm}$。

② 其他缸根据设备的状态进行选择：升降缸 $\phi100\text{mm}/\phi56\text{mm}$，平衡缸 $\phi80\text{mm}/\phi56\text{mm}$，回转缸 $\phi80\text{mm}/\phi45\text{mm}$，定位缸 $\phi80\text{mm}/\phi45\text{mm}$，夹紧缸 $\phi63\text{mm}/\phi35\text{mm}$，脱模缸 $\phi110\text{mm}/\phi63\text{mm}$。

（3）计算各执行机构的压力和耗油量

表 21-2-30

名　称	数量	活塞直径/mm	活塞杆直径/mm	活塞腔面积/cm²	活塞杆腔面积/cm²	活塞腔容积/dm³	活塞杆腔容积/dm³	最大流量/L·min⁻¹	油缸压力/MPa
一级移动缸	2	80	45	50.27	34.36	5.53	3.78	115/230	2
二级移动缸	2	80	45	50.27	34.36	5.53	3.78	115/230	2
升降缸	1	100	56	78.54	53.91	1.57	1.08	104	10.2
平衡缸	1	80	56	50.27	25.64	1.01	0.51	66.4	9.95
回转缸	1	80	45	50.27	34.36	2.51	1.72	60.3	6
夹紧缸	2	63	35	31.17	21.55	0.31	0.22	18.7/37.4	6.4
定位缸	4	80	45	50.27	34.36	1.26	0.86	7.56/30.2	2
脱模缸	2	110	63	95.03	63.86	1.9	1.28	57/114	9

（4）绘制各执行机构流量-时间循环图

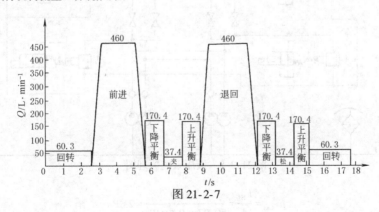

图 21-2-7

（5）草拟液压系统原理图

液压系统原理图如图 21-2-8 所示。

（6）液压泵站的设计与计算

① 工作压力的确定：根据执行机构的工作压力状况，液压泵站的压力宜分为二级。

a. 低压系统——用于移动缸：

$$p_1 = p_{1\max} + \sum \Delta p_1$$

式中　$p_{1\max}$——执行机构的最大工作压力，MPa；

　　$\sum \Delta p_1$——系统总压力损失，MPa。

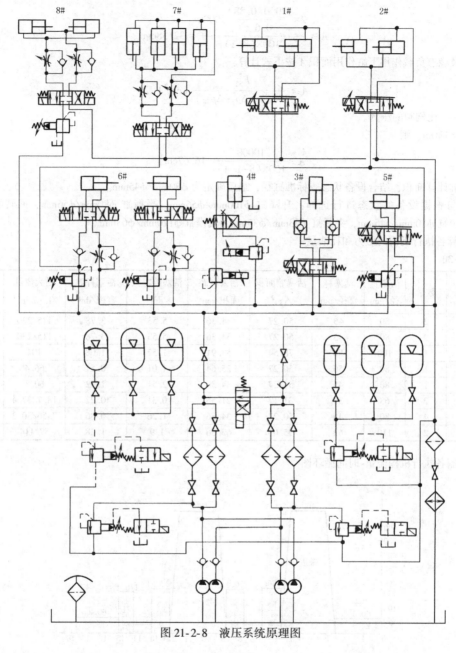

图 21-2-8 液压系统原理图

$$p_{1\text{max}} = \frac{F_{ST}}{A} = \frac{10000}{50.27 \times 10^{-4} \times 10^6} = 2\text{MPa}$$

取 $\sum \Delta p_1 = 0.4\text{MPa}$，则 $p_1 = 2+0.4 = 2.4\text{MPa}$，考虑储备量取 8MPa。

b. 高压系统——用于其他执行机构：

$$p_2 = p_{2\text{max}} + \sum \Delta p_2$$

式中　$\sum \Delta p_2$——系统总压力损失，MPa；

$p_{2\text{max}}$——升降缸压力。

$p_{2\text{max}} = 10.2\text{MPa}$，取 $\sum \Delta p_2 = 1\text{MPa}$，则 $p_2 = 10.2+1 = 11.2\text{MPa}$，考虑储备量取 16MPa。

② 流量的确定：按平均流量选择，参见图 21-2-7。

a. 低压系统：因为此系统仅为移动缸动作，所以平均流量 $Q_1 = \dfrac{460}{2} = 230\text{L/min}$，考虑系统的泄漏取 $Q_1 = 1.1 \times$

230=253L/min。

b. 高压系统：因其他缸动作时夹紧缸不动作，故平均流量 $Q_2=(170.4-37.4)/2=66.5$L/min，考虑系统的泄漏取 $Q_2=1.2\times66.5=79.8$L/min。

根据平均流量及工作状态，选用双级泵较合适。低压系统流量大，使用双泵供油则经济些。查样本双级叶片泵：$p_1=8$MPa，$Q_{V1}=168$L/min；$p_2=16$MPa，$Q_{V2}=100$L/min。对低压系统 $Q_V=Q_{V1}+Q_{V2}=100+168=268$L/min>253L/min，对高压系统 $Q_V=Q_{V2}=100$L/min>79.8L/min。

③ 蓄能器参数的确定与验算。

a. 蓄能器压力的确定：对低压回路，选气囊式蓄能器，按绝热状态考虑，最低压力 $p_1=p+\sum\Delta p_{max}=5$MPa，最高压力 $p_2=(1.1\sim1.25)p_1=1.25\times5=6.25$MPa，充气压力 $p_0=(0.7\sim0.9)p_1=0.8\times5=4$MPa；对高压回路，最低压力 $p_1=13$MPa，最高压力 $p_2=1.1\times13=14.3$MPa，充气压力 $p_0=0.8\times13=10.4$MPa。

b. 蓄能器容量的确定：对低压回路，从流量-时间循环图中可知，尖峰流量在移动缸工作期间，为满足移动缸要求，最大负载时泵工作时间 $t=3.5$s，缸耗油量 $4\times5.53=22.12$L，漏损系数1.2，则蓄能器工作容积 $V_{\beta1}=22.12\times1.2-3.5\times(100+168)/60=10.91$L，蓄能器总容积 $V_{01}=V_{\beta1}/\{4^{0.7143}\times[(1/5)^{0.7143}-(1/6.25)^{0.7143}]\}=10.91/0.1256=86.9$L，选择标准皮蓄能器 $3\times40=120$L；对高压回路，从流量-时间循环图中可知，尖峰流量在脱模缸工作期间，为满足脱模缸要求，最大负载时泵工作时间 $t=0$s，缸耗油量 $2\times1.9=3.8$L，漏损系数1.2，则蓄能器工作容积 $V_{\beta2}=3.8\times1.2=4.56$L，蓄能器工作总容积 $V_{02}=V_{\beta2}/\{10.4^{0.7143}\times[(1/13)^{0.7143}-(1/14.3)^{0.7143}]\}=4.56/0.0561=81.3$L，选择标准皮蓄能器 $3\times40=120$L。

④ 蓄能器补液验算。

a. 蓄能器工作制度：由压力继电器控制蓄能器的补液工作，即当蓄能器工作油液减少到一定程度时，压力则降到最低压力，压力继电器发出信号，启动泵，使之给蓄能器补液。

b. 选定的蓄能器工作容积：低压回路 $V_{\beta1}=V_0p_0^{0.7143}[(1/p_1)^{0.7143}-(1/p_2)^{0.7143}]=120\times0.1256=15.07$L，高压回路 $V_{\beta2}=120\times0.0561=6.332$L，蓄能器工作容积验算见表21-2-31。

表 21-2-31

工序名称	缸数	油缸总耗油量/L	油缸工作时间/s	高压泵供油量/L	低压泵供油量/L	进高压蓄能器油量/L	进低压蓄能器油量/L	高压蓄能器累计油量/L	低压蓄能器累计油量/L	备注
准备工序				5.01 (1.67×3)	15.4 (2.8×5.5)	+5.01	+15.4	+5.01	+15.4	高低压泵工作
脱模	2	3.8 (1.9×2)	2	0	0	-3.8	0	+1.21	+15.4	高低压泵循环
脱模复位	2	2.56 (1.28×2)	2	3.34 (1.67×2)	0	+0.78	0	+1.99	+15.4	高压泵工作
夹钳夹紧	2	0.44 (0.22×2)	1	1.67	0	+1.23	0	+3.22	+15.4	高压泵工作
移动缸进	4	22.12 (5.53×4)	3.5	5.845 (1.67×3.5)	9.8 (2.8×3.5)	0	-6.475	+3.22	+8.925	双泵同在低压下工作
夹钳松开	2	0.62 (0.31×2)	1	1.67	2.8	+1.05	+2.8	+4.27	+11.725	双泵在各自压力下工作
升降缸降	1 1	2.58 (1.57+1.01)	1	1.67	2.8	-0.91	+2.8	+3.36	+14.525	双泵在各自压力下工作
夹钳夹紧	2	0.44 (0.22×2)	1	1.67	0	+1.23	0	+4.59	+14.525	高压泵工作
升降缸升	1 1	1.59 (1.08+0.51)	1	1.67	0	+0.08	0	+4.67	+14.525	高压泵工作
移动缸退	4	15.12 (3.78×4)	3.5	0	9.8 (2.8×3.5)	0	-5.32	+4.67	+9.205	低压泵工作

工序名称	缸数	油缸总耗油量/L	油缸工作时间/s	高压泵供油量/L	低压泵供油量/L	进高压蓄能器油量/L	进低压蓄能器油量/L	高压蓄能器累计油量/L	低压蓄能器累计油量/L	备 注
升降缸降	1 1	2.58 (1.57+1.01)	1	0	2.8	−2.58	+2.8	+2.09	+12.005	低压泵工作
夹钳松开	2	0.62 (0.31×2)	1	1.67	2.8	+1.05	+2.8	+3.14	+14.805	双泵在各自压力下工作
升降缸升	1 1	1.59 (1.08+0.51)	1	1.67	0	+0.08	0	+3.22	+14.805	高压泵工作
回转	1	1.72	2.5	4.175 (1.67×2.5)	0	+2.455	0	+5.675	+14.805	高压泵工作
回转复位	1	2.51	2.5	3.34 (1.67×2)	0	+0.83	0	+6.505	+14.805	高压泵工作

结论：在整个工作周期中，在尖峰流量工作时，蓄能器与泵同时供油，能满足执行机构的流量要求；同时在整个工作周期中，双泵均可给蓄能器补足液，因而上述设计是合理的。

在整个工作循环中，高压小泵基本上都在工作，除供给执行机构油外，还能满足高压蓄能器补液要求；低压大泵则只需工作一段时间就可满足低压蓄能器补液要求。消耗合理，节省电能。

⑤ 驱动电动机的功率计算：在整个工作循环周期内，把泵最大耗能量作为电动机的选择功率。

a. 双泵在各自压力下工作时的功率：

$$P_1 = \frac{Q_1 p_1}{60\eta} = \frac{168 \times 6.25}{60 \times 0.8} = 21.9\text{kW}$$

$$P_2 = \frac{Q_2 p_2}{60\eta} = \frac{100 \times 14.3}{60 \times 0.8} = 29.8\text{kW}$$

$$P = P_1 + P_2 = 51.7\text{kW}$$

b. 双泵在低压下工作时的功率：

$$P = \frac{(Q_1 + Q_2)p_1}{60\eta} = \frac{(100+168) \times 6.25}{60 \times 0.8} = 34.9\text{kW}$$

从上述计算中选择最大值，作为电动机的功率，选择电动机：$P = 55\text{kW}$，$n = 1000\text{r/min}$。

⑥ 油箱容积的确定：根据经验确定 $V = 11Q = 11 \times 268 = 2948\text{L} \approx 3\text{m}^3$。

⑦ 冷却器和加热器的选择：根据现场状况，液压站在热车间工作，不需要加热器，但需考虑加冷却器，因而需计算系统热平衡。

a. 系统发热量计算如下。

泵动力损失产生的热量为

$$H_1 = 860P(1-\eta) = 860 \times 55 \times (1-0.8)$$
$$= 9460\text{kcal}[\text{●}]/\text{h}$$

执行元件发热忽略。

溢流阀溢流产生的热量为

$$H_2 = 1.41PQ = 14.1 \times (8 \times 168 + 13 \times 100)$$
$$= 37280\text{kcal/h}$$

● 1kcal = 4.1868kJ。

其他阀产生的热量为

$$H_3 = 14.1 \Delta p Q$$

各执行元件只有移动缸和升降缸压力损失大，其他阀压力损失都不及它们大，故只计算它们的发热量。

移动缸 $\Delta p = 2MPa$，$Q = 460 \times 2 = 920L/min$，则 $H_3 = 14.1 \times 920 = 12972kcal/h$；升降平衡缸 $\Delta p = 2MPa$，$Q = (104 + 66.4) \times 2 = 340.8L/min$，则 $H_3 = 14.1 \times 340.8 = 4805kcal/h$。

两者不同时工作，取大值，$H_3 = 12972kcal/h$。

流经管道产生的热量为

$$H_4 = (0.03 \sim 0.05)P \times 860 = 0.04 \times 55 \times 860$$
$$= 1892kcal/h$$

系统总发热量为

$$H = H_1 + H_2 + H_3 + H_4 = 9460 + 37280 + 12972 + 1892 = 61604kcal/h$$

b. 系统的散热量计算如下。

油箱的散热量为

$$H_{k1} = K_1 A(t_1 - t_2)$$

式中　A——油箱散热面积，m^2；

　　K_1——散热系数，$kcal/(m^2 \cdot h \cdot \text{℃})$；

　t_1，t_2——油进、出口温度，℃。

$A = 0.065\sqrt[3]{V} = 0.065 \times \sqrt[3]{9} \times 10^2 = 13.5m^2$，$K_1 = 13kcal/(m^2 \cdot h \cdot \text{℃})$，$t_1 - t_2 = 55 - 35 = 20\text{℃}$，则 $H_{k1} = 13 \times 13.5 \times 20 = 3510kcal/h$。

根据系统的热平衡 $H = H_{k1} + H_{k2}$，则冷却器的散热量 H_{k2} 为

$$H_{k2} = H - H_{k1} = 61604 - 3510 = 58094kcal/h$$

c. 冷却器散热面积计算如下。

$$A_k = \frac{H_{k2}}{K \Delta t_\mu}$$

式中　A_k——冷却器散热面积，m^2；

　　K——板式冷却器散热系数，$K = 450kcal/(m^2 \cdot h \cdot \text{℃})$。

$$\Delta t_\mu = \frac{t_{油1} + t_{油2}}{2} - \frac{t_{水1} + t_{水2}}{2}$$

式中　$t_{油1}$，$t_{油2}$——油的进、出口温度，$t_{油1} = 55\text{℃}$，$t_{油2} = 48\text{℃}$；

　　$t_{水1}$，$t_{水2}$——水的进、出口温度，$t_{水1} = 25\text{℃}$，$t_{水2} = 30\text{℃}$。

$\Delta t_\mu = 51.5 - 27.5 = 24\text{℃}$，则 $A_k = 58094/(450 \times 24) = 5.4m^2$，选板式冷却器 $6m^2$。

⑧ 过滤器的选择：系统中选用比例元件，而且设备要求故障率低，所以选过滤精度为 $10\mu m$ 的过滤器。压油过滤器，通流量 $250L/min$；回油过滤器，通流量 $630L/min$。

⑨ 液压控制阀的选择。

a. 普通液压阀的选择：根据流量与压力选择阀的规格。本系统最高压力为 $21MPa$，为便于维修更换，均选用此挡压力。再根据执行机构的通流量查样本选择阀的通径。如脱模缸的换向阀，压力 $p = 21MPa$，流量 $Q = 114L/min$，查样本选 PG5V-7-2C-T-VMUH7-24 的板式三位四通电液阀。

b. 比例方向阀的选择：选择移动缸的比例方向阀。系统最高压力 $p = 21MPa$，通过比例阀的流量 $Q_x = 230L/min$，通过该阀的压降 $\Delta p = 1MPa$，根据公式：

$$Q_x = Q_P \sqrt{\frac{\Delta p_x}{\Delta p_p}}$$

式中　Q_p——基准流量，L/min；

　　　Δp_p——基准流量下的压降，MPa，查样本；

　　　Δp_x——所需压降，MPa；

　　　Q_x——通过该阀的流量，L/min。

得 $Q_p = \dfrac{230}{\sqrt{\dfrac{1}{0.5}}} = 163\text{L/min}$，查样本选额定流量的阀，即 KFDG5V-7-200N。

第3章 液压基本回路

液压基本回路是用于实现液体压力、流量及方向等控制的典型回路，它由有关液压元件组成。现代液压传动系统虽然越来越复杂，但仍然是由一些基本回路组成的。因此，掌握基本回路的构成、特点及作用原理，是设计液压传动系统的基础。

1　压力控制回路

压力控制回路是控制回路压力，使之完成特定功能的回路。压力控制回路种类很多，如液压泵的输出压力控制有恒压、多级、无级连续压力控制及控制压力上下限等回路。在设计液压系统、选择液压基本回路时，一定要根据设计要求、方案特点、适用场合等认真考虑。当载荷变化较大时，应考虑多级压力控制回路；在一个工作循环的某一段时间内执行元件停止工作不需要液压能时，则考虑卸荷回路；当某支路需要稳定的低于动力油源压力时，应考虑减压回路；在有升降运动部件的液压系统中，应考虑平衡回路；当惯性较大的运动部件停止、容易产生冲击时，应考虑缓冲或制动回路等。即使在同一种压力控制基本回路中，也要结合具体要求仔细研究，才能选择出最佳方案。例如，选择卸荷回路时，不但要考虑重复加载的频繁程度，还要考虑功率损失、温升、流量和压力的瞬时变化等因素。在压力不高、功率较小、工作间歇较长的系统中，可采用液压泵停止运转的卸荷回路，即构成高效率的液压回路。对于大功率液压系统，可采用改变泵排量的卸荷回路；对频繁地重复加载的工况，可采用换向阀卸荷回路或卸荷阀与蓄能器组成的卸荷回路等。

1.1　调压回路

液压系统中压力必须与载荷相适应，才能既满足工作要求又减少动力损耗，这就要通过调压回路来实现。调压回路是指控制整个液压系统或系统局部的油液压力，使之保持恒定或限制其最高值的回路。

表 21-3-1　　　　　　　　　　　　　　调压回路

类　别		回　路	特　点
用溢流阀的调压回路	远程调压回路	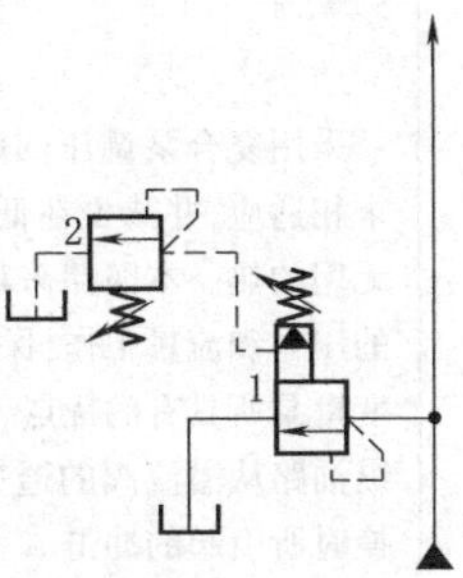	系统的压力可由与先导型溢流阀 1 的遥控口相连通的远程调压阀 2 进行远程调节。远程调压阀 2 的调整压力应小于溢流阀 1 的调整压力，否则阀 2 不起作用

续表

类　别		回　路	特　点
用溢流阀的调压回路	远程调压回路	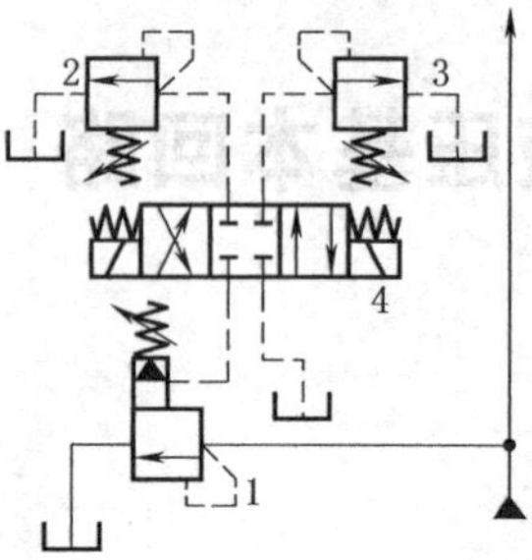 （图：三个溢流阀 1、2、3 遥控连接，三位四通换向阀 4）	用三个溢流阀(1、2、3)进行遥控连接,使系统有三种不同压力调定值。主溢流阀 1 的遥控口接入一个三位四通换向阀 4,操纵换向阀使其处于不同工作位置,可使液压系统得到不同的压力
		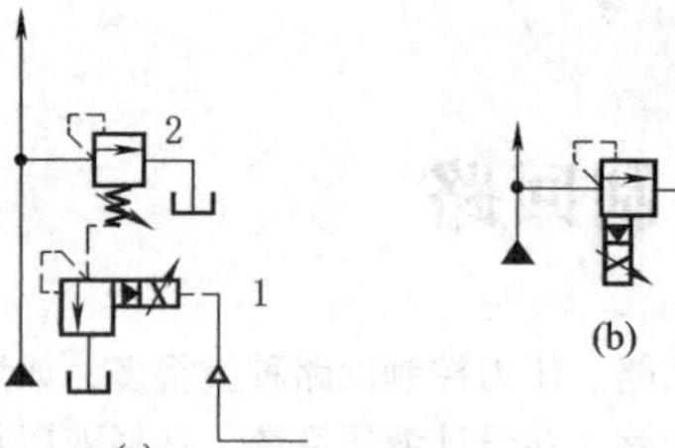 （图 a、图 b：比例先导压力阀与溢流阀）	远程调压回路适用于载荷变化较大的液压系统,随着外载荷的不断变化,实现自动控制调节系统的压力 图 a 是将比例先导压力阀 1 与溢流阀 2 的遥控口相连接,实现无级调压。其特点是只用一个小型的比例先导阀,实现连续控制和远距离控制,但由于受到主阀性能限制和增加了控制管路,所以控制性能较差,适用于大流量控制 图 b 是采用比例溢流阀,由于减少了控制管路,因此控制性能较好。与普通溢流阀比较,比例溢流阀的调压范围广,压力冲击小 注:电压控制因信号衰减,电缆一般不超过 10m
	比例调压回路	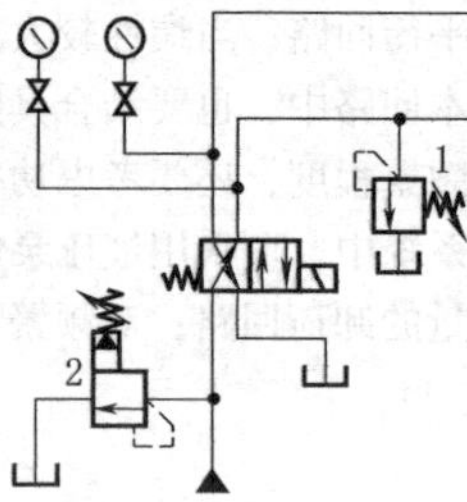 （图：溢流阀 1、溢流阀 2、换向阀、油缸）	调整溢流阀 1,使系统刚好维持活塞上升到终点时,不因自重而下降保持的压力。可减小从溢流阀 2 溢流发热,节省动力消耗
用变量泵的调压回路		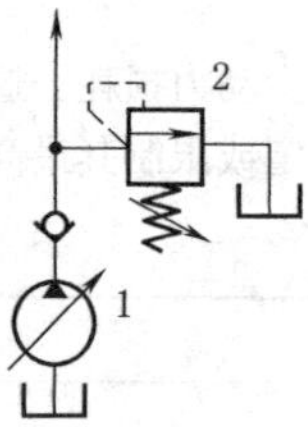 （图：非限压式变量泵 1、安全阀 2）	采用非限压式变量泵 1 时,系统的最高压力由安全阀 2 限定,安全阀一般采用直动型溢流阀为好;当采用限压式变量泵时,系统的最高压力由泵调节,其值为泵处于无流量输出时的压力值
用复合泵的调压回路		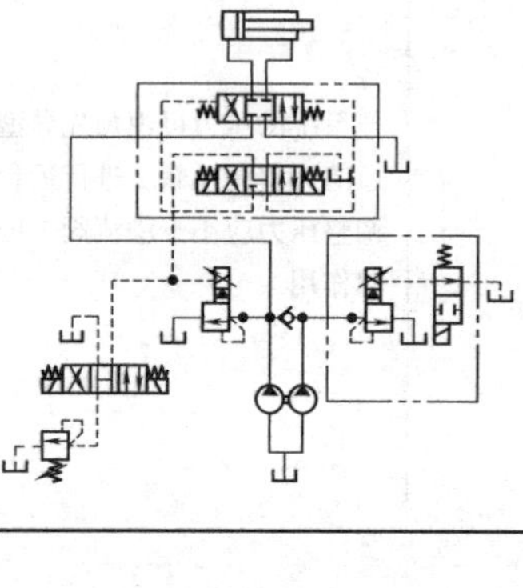 （图：复合泵调压回路）	采用复合泵调压回路时,泵的容量必须与工作要求相适应,并减少在低速驱动时因流量过大而产生无用的热。本回路采用电气控制,能按要求以不同的压力和流量工作,保持较高的效率,具有压力补偿变量泵所具有的优点。回油路中电液动换向阀的操纵油路从溢流阀的遥控口引出,避免了主换向阀切换时所引起的冲击

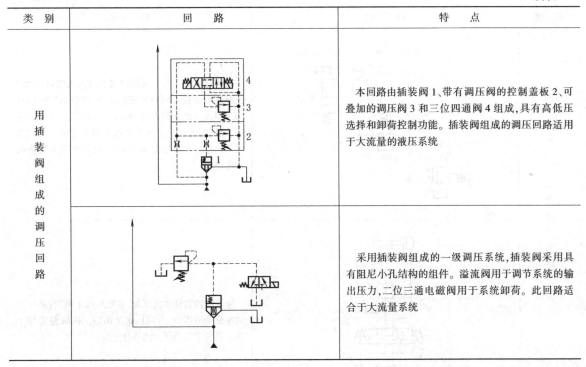

类　别	回　　路	特　　点
用插装阀组成的调压回路		本回路由插装阀 1、带有调压阀的控制盖板 2、可叠加的调压阀 3 和三位四通阀 4 组成，具有高低压选择和卸荷控制功能。插装阀组成的调压回路适用于大流量的液压系统
		采用插装阀组成的一级调压系统，插装阀采用具有阻尼小孔结构的组件。溢流阀用于调节系统的输出压力，二位三通电磁阀用于系统卸荷。此回路适合于大流量系统

1.2　减压回路

减压回路的作用在于使系统中部分油路得到比油源供油压力低的稳定压力。当泵供油源高压时，回路中某局部工作系统或执行元件需要低压，便可采用减压回路。

表 21-3-2　　　　　　　　　　　　　减压回路

类　别	回　　路	特　　点
单级减压回路		液压泵 1 除了供给主工作回路的压力油外，还经过减压阀 2、单向阀 3 及换向阀 4 进入工作液压缸 5。根据工作所需力的大小，可用减压阀来调节
		进入液压缸 2 的油压由溢流阀调定；进入液压缸 1 的油压由单向减压阀调节。采用单向减压阀是为了在缸 1 活塞向上移动时，使油液经单向减压阀中的单向阀流回油箱。减压阀在进行减压工作时，有一定的泄漏，在设计时，应该考虑这部分流量损失

类　别	回　路	特　点
二级减压回路	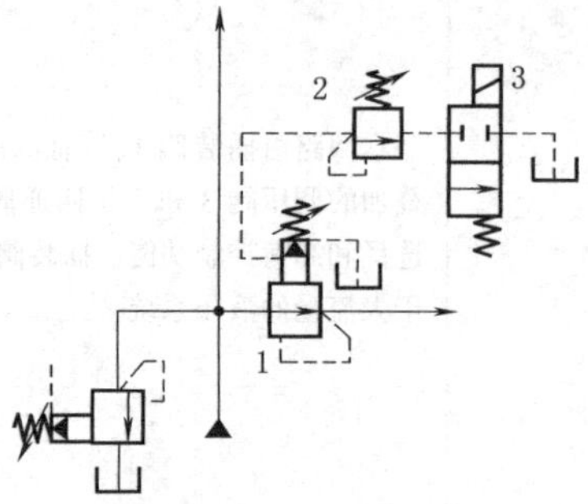	在先导式减压阀 1 遥控油路上接入远程调压阀 2 使减压回路获得两种预定的压力。图示位置,减压阀出口压力由该阀本身调定;当二位二通阀 3 切换后,减压阀出口压力改为由阀 2 调定的另一个较低的压力值。阀 3 接在阀 2 之后,可以使压力转换时冲击小些
	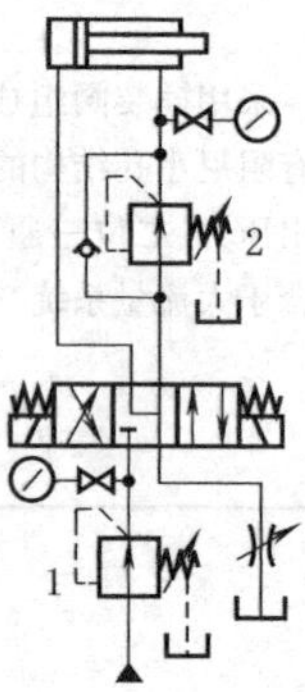	液压缸向右移动的压力,由减压阀 1 调定;液压缸向左移动的压力,由减压阀 2 调定。该回路适用于液压系统中需要低压的部分回路
多级减压回路	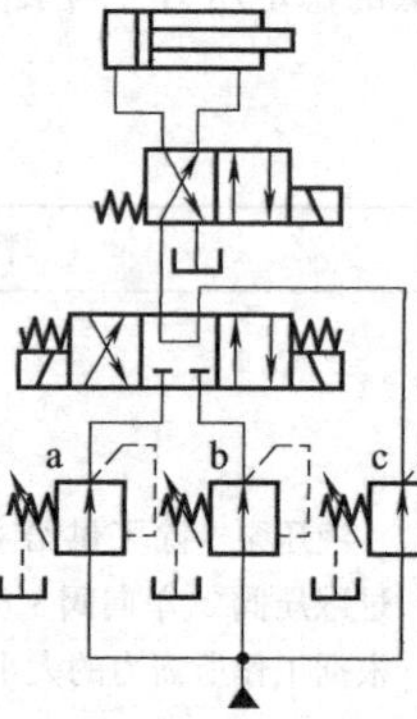	本回路用减压阀并联,由三位四通换向阀进行转换,可使液压缸得到不同的压力。图示位置时,供油经阀 c 减压;三位阀切换到左位时,供油由阀 b 减压;三位阀切换到右位,供油由阀 a 减压
	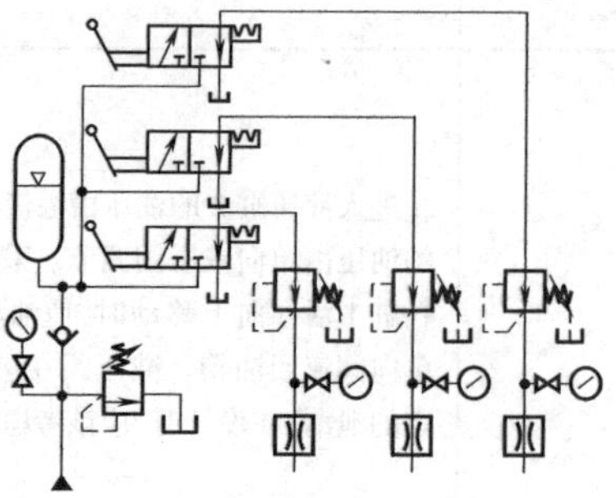	本回路采用多个减压阀并联组成减压回路。泵供油压力最高,在高压油路上依次并联减压阀,根据需要分别获得多路减压支路,各支路互不干扰。采用蓄能器后,只需采用小流量的泵即可

类　别	回　　路	特　　点
无级减压回路	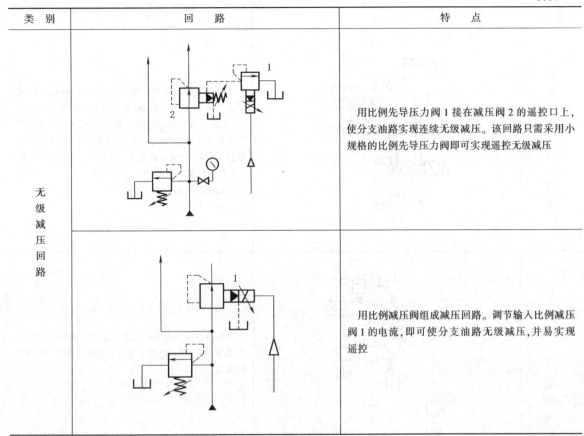	用比例先导压力阀 1 接在减压阀 2 的遥控口上，使分支油路实现连续无级减压。该回路只需采用小规格的比例先导压力阀即可实现遥控无级减压
		用比例减压阀组成减压回路。调节输入比例减压阀 1 的电流，即可使分支油路无级减压，并易实现遥控

1.3　增压回路

　　增压回路用来提高系统中局部油路中的油压，它能使局部压力远高于油源的工作压力。采用增压回路比选用高压大流量液压泵要经济得多。

表 21-3-3　　　　　　　　　　　　　　　　　增压回路

类　别	回　　路	特　　点
用增压器的增压回路	增压缸 a　b	本回路用增压液压缸进行增压，工作液压缸 a、b 靠弹簧力返回，充油装置用来补充高压回路漏损。在气液并用的系统中可用气液增压器，以压缩空气为动力获得高压

续表

类　别	回　路	特　点
用增压器的增压回路	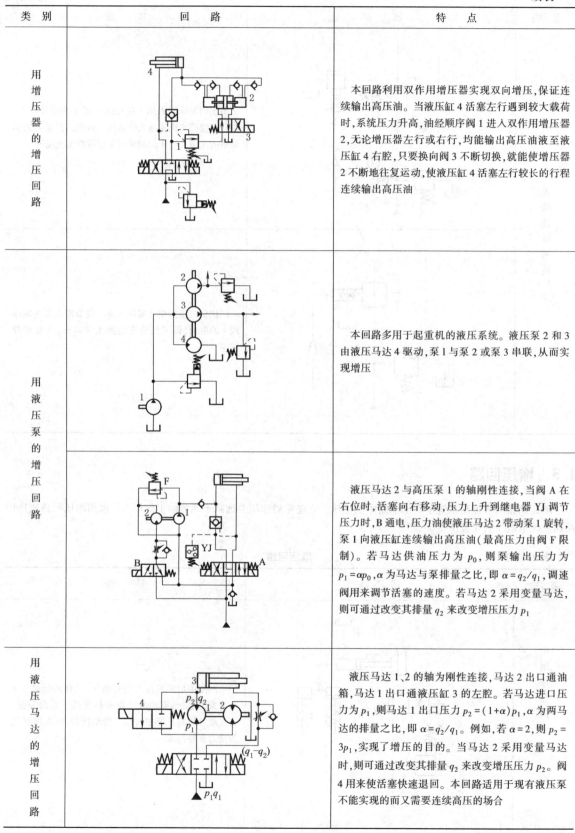	本回路利用双作用增压器实现双向增压,保证连续输出高压油。当液压缸 4 活塞左行遇到较大载荷时,系统压力升高,油经顺序阀 1 进入双作用增压器 2,无论增压器左行或右行,均能输出高压油液至液压缸 4 右腔,只要换向阀 3 不断切换,就能使增压器 2 不断地往复运动,使液压缸 4 活塞左行较长的行程连续输出高压油
用液压泵的增压回路		本回路多用于起重机的液压系统。液压泵 2 和 3 由液压马达 4 驱动,泵 1 与泵 2 或泵 3 串联,从而实现增压
用液压泵的增压回路		液压马达 2 与高压泵 1 的轴刚性连接,当阀 A 在右位时,活塞向右移动,压力上升到继电器 YJ 调节压力时,B 通电,压力油使液压马达 2 带动泵 1 旋转,泵 1 向液压缸连续输出高压油(最高压力由阀 F 限制)。若马达供油压力为 p_0,则泵输出压力为 $p_1 = \alpha p_0$,α 为马达与泵排量之比,即 $\alpha = q_2/q_1$。调速阀用来调节活塞的速度。若马达 2 采用变量马达,则可通过改变其排量 q_2 来改变增压压力 p_1
用液压马达的增压回路		液压马达 1、2 的轴为刚性连接,马达 2 出口通油箱,马达 1 出口通液压缸 3 的左腔。若马达进口压力为 p_1,则马达 1 出口压力 $p_2 = (1+\alpha)p_1$,α 为两马达的排量之比,即 $\alpha = q_2/q_1$。例如,若 $\alpha = 2$,则 $p_2 = 3p_1$,实现了增压的目的。当马达 2 采用变量马达时,则可通过改变其排量 q_2 来改变增压压力 p_2。阀 4 用来使活塞快速退回。本回路适用于现有液压泵不能实现的而又需要连续高压的场合

1.4 保压回路

有些机械要求在工作循环的某一阶段内保持规定的压力，为此，需要采用保压回路。保压回路应满足保压时间、压力稳定、工作可靠性及经济性等多方面的要求。

表 21-3-4 保压回路

类 别	回 路	特 点
用定量泵的保压回路	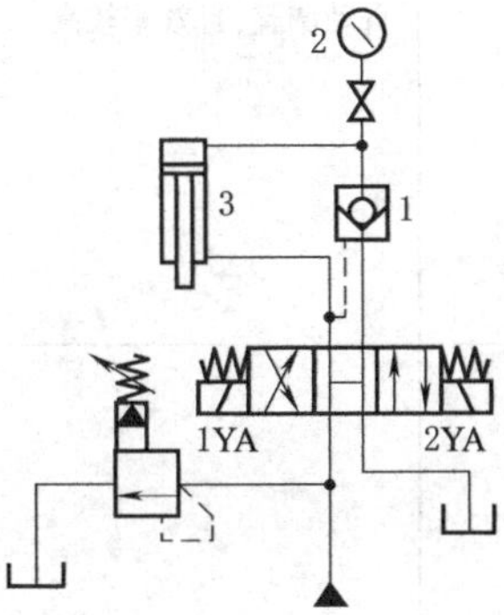	采用液控单向阀1和电接点式压力表2实现自动补油的保压回路。电接点式压力表控制压力变化范围。当压力上升到调定压力时，上触点接通，换向阀1YA断电，泵卸荷，液压缸3由单向阀1保压。当压力下降到下触点调定压力时，1YA通电，泵开始供油，使压力上升，直到上触点调定值。为了防止电接点压力表冲坏，应装有缓冲装置。本回路适用于保压时间长、压力稳定性要求不高的场合
用液压泵的保压回路 用辅助泵的保压回路	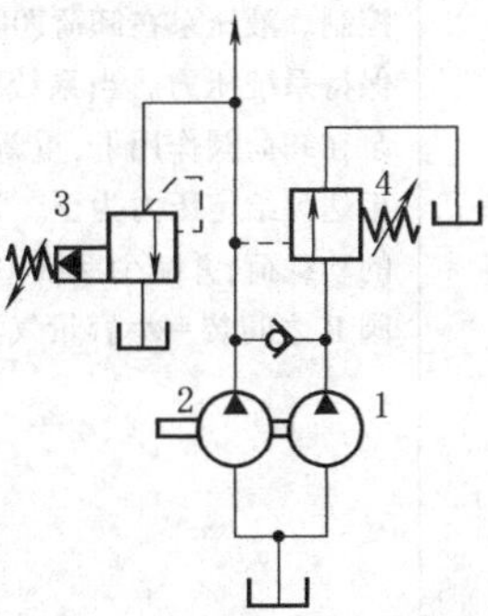	本回路为机械中常用的辅助泵保压回路。当系统压力较低时，低压大泵1和高压小泵2同时供油；当系统压力升高到卸荷阀4的调定压力时，泵1卸荷，泵2供油保持溢流阀3调定值。由于保压状态下液压缸只需微量位移，仅用小泵供给，便可减少系统发热，节省能耗
		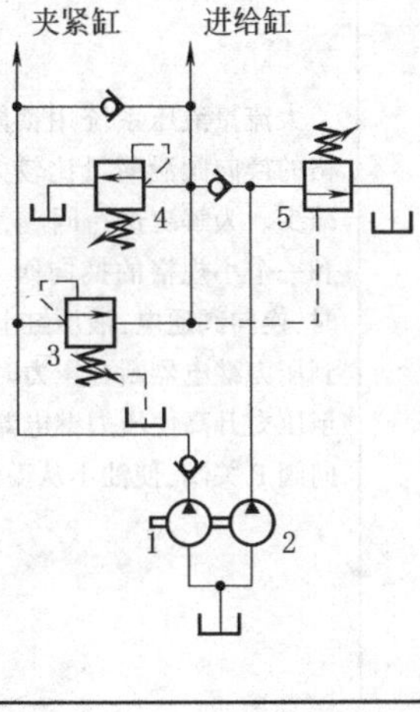 在夹紧装置回路中，夹紧缸移动时，小泵1和大泵2同时供油。夹紧后，小泵1压力升高，打开顺序阀3，使夹紧缸夹紧并保压。此后进给缸快进，泵1和2同时供油。慢进时，油压升至阀5所调压力，阀5打开，泵2卸荷，泵1单独供油，供油压力由阀4调节

类 别	回 路	特 点
用液压泵的保压回路	用压力补偿变量泵的保压回路	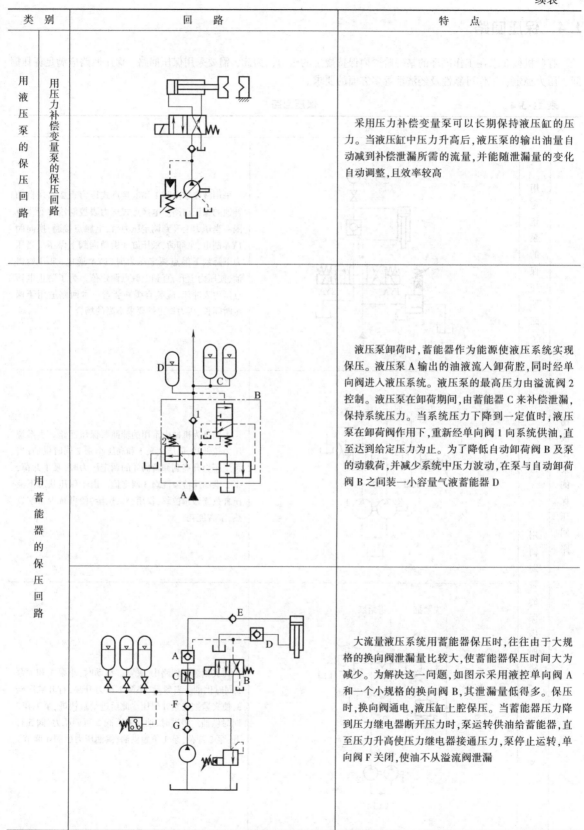

采用压力补偿变量泵可以长期保持液压缸的压力。当液压缸中压力升高后,液压泵的输出油量自动减到补偿泄漏所需的流量,并能随泄漏量的变化自动调整,且效率较高

液压泵卸荷时,蓄能器作为能源使液压系统实现保压。液压泵 A 输出的油液流入卸荷腔,同时经单向阀进入液压系统。液压泵的最高压力由溢流阀 2 控制。液压泵在卸荷期间,由蓄能器 C 来补偿泄漏,保持系统压力。当系统压力下降到一定值时,液压泵在卸荷阀作用下,重新经单向阀 1 向系统供油,直至达到给定压力为止。为了降低自动卸荷阀 B 及泵的动载荷,并减少系统中压力波动,在泵与自动卸荷阀 B 之间装一小容量气液蓄能器 D

用蓄能器的保压回路

大流量液压系统用蓄能器保压时,往往由于大规格的换向阀泄漏量比较大,使蓄能器保压时间大为减少。为解决这一问题,如图示采用液控单向阀 A 和一个小规格的换向阀 B,其泄漏量低得多。保压时,换向阀通电,液压缸上腔保压。当蓄能器压力降到压力继电器断开压力时,泵运转供油给蓄能器,直至压力升高使压力继电器接通压力,泵停止运转,单向阀 F 关闭,使油不从溢流阀泄漏

类　别	回　路	特　点
用蓄能器和液控单向阀的保压回路	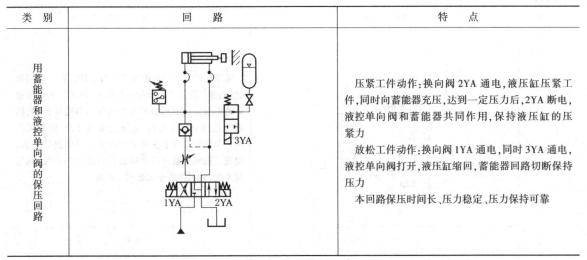	压紧工件动作:换向阀 2YA 通电,液压缸压紧工件,同时向蓄能器充压,达到一定压力后,2YA 断电,液控单向阀和蓄能器共同作用,保持液压缸的压紧力 　放松工件动作:换向阀 1YA 通电,同时 3YA 通电,液控单向阀打开,液压缸缩回,蓄能器回路切断保持压力 　本回路保压时间长、压力稳定、压力保持可靠

1.5　卸荷回路

当执行元件工作间歇(或停止工作)时,不需要液压能,应自动将泵源排油直通油箱,组成卸荷回路,使液压泵处于无载荷运转状态,以便达到减少动力消耗和降低系统发热的目的。

表 21-3-5　　　　　　　　　　　　　　　　　卸荷回路

类　别	回　路	特　点
用换向阀的卸荷回路	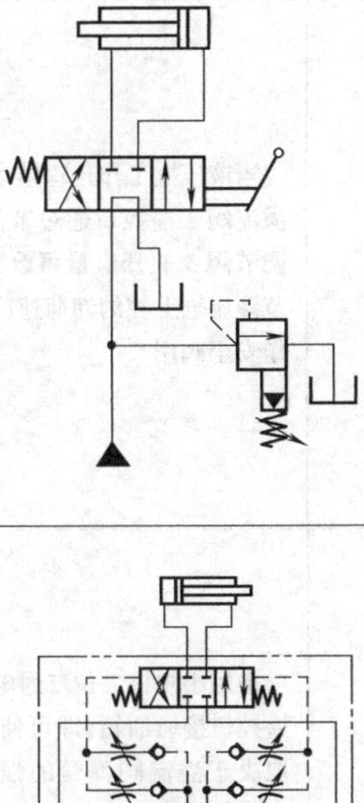	本回路结构简单,一般适用于流量较小的系统中。对于压力较高、流量较大(大于 3.5MPa、40L/min)的系统,回路将会产生冲击 　图中所示用三位四通 M 型换向阀进行卸荷的回路。换向阀也可用 H 型、K 型,均能达到卸荷目的。本回路不适用于一泵驱动多个液压缸的多支路场合 　本回路一般采用电液动换向阀以减少液压冲击
	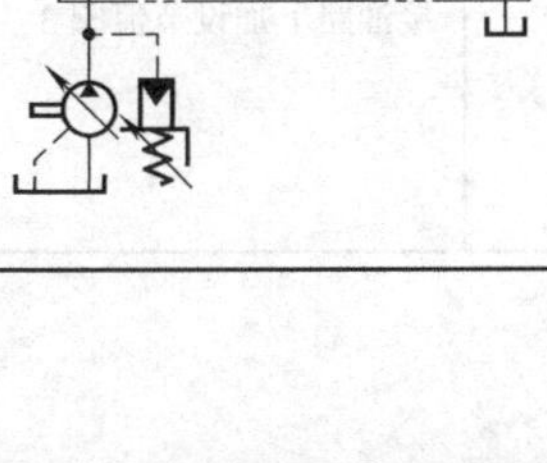	本回路为采用电液动换向阀组成的卸荷回路。通过调节控制油路中的节流阀,控制阀芯移动的速度,使阀口缓慢打开,避免液压缸突然卸压,因而实现较平稳卸压

续表

类　别	回　路	特　点
用溢流阀的卸荷回路	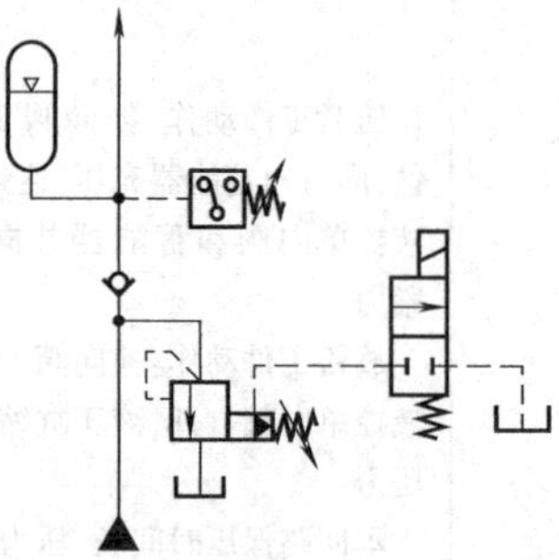	溢流阀的遥控口与电磁二通阀连接。由于使用电磁阀，能广泛用于自动控制系统中，用于一般机械和锻造机械。电磁阀由回路中的压力继电器控制，回路中达到一定压力时，电磁二通阀打开，使油泵卸荷。单向阀是为了在油泵卸荷时保持回路的压力。电磁二通阀只通过溢流阀遥控口排出的油流，其流量不大，故可使用小规格的二通阀
	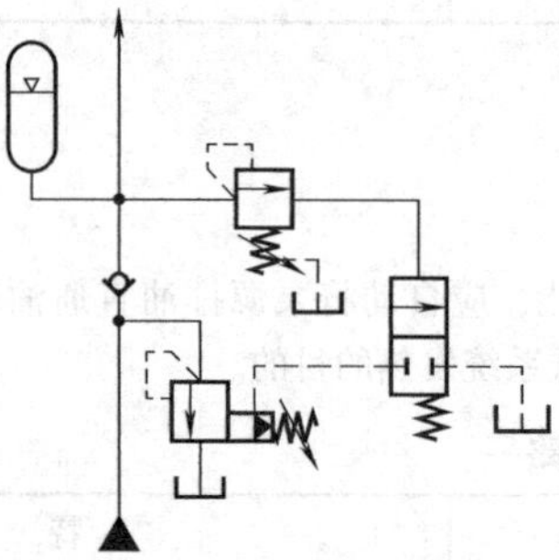	本回路与上述回路相似，不同的是使用顺序阀来操纵液动二通阀，控制回路的压力。由于溢流阀安装了控制管路，增加了控制腔的容积，将会产生动作不稳定现象，为此，可在其管路中加设阻尼器，以改善其性能
	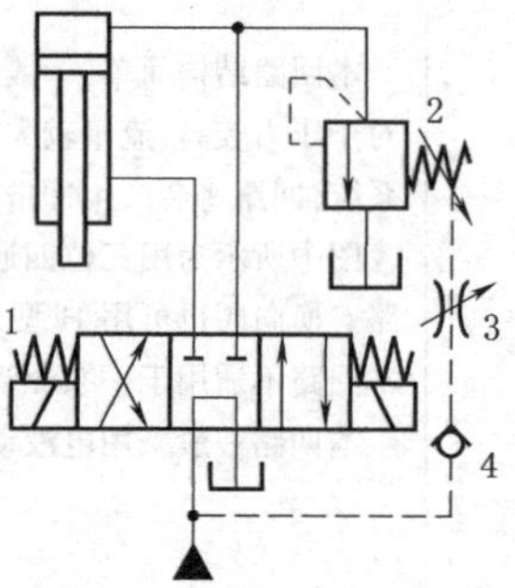	当液压缸工作行程结束时，换向阀 1 切换到中位，溢流阀 2 遥控口通过节流阀 3 与单向阀 4 通油箱。调节 3 的开口量可改变阀 2 的开启速度，也可调节液压缸上腔的卸荷速度。溢流阀 2 在回路中同时作安全阀用
	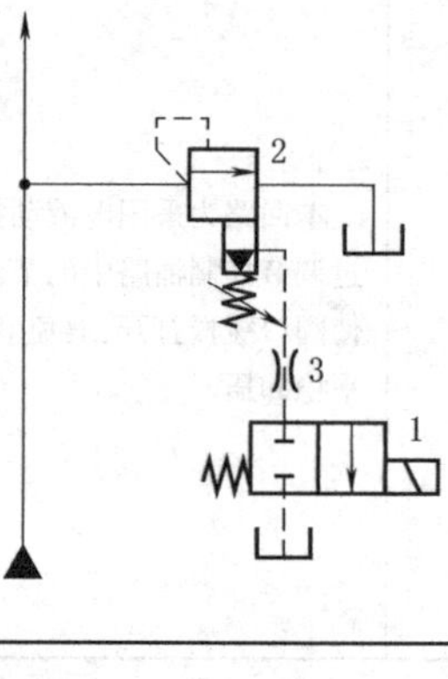	采用小规格二位二通电磁阀 1，将先导式溢流阀 2 遥控口接通油箱，即可使泵卸荷。卸荷压力的大小取决于溢流阀弹簧的强弱，一般为 0.2～0.4MPa。当进行远距离控制时，由于阀 2 的控制容积增大，工作中容易产生不稳定现象。为解决这一问题，在连接油路上加设节流阀 3

类 别	回 路	特 点
用溢流阀的卸荷回路	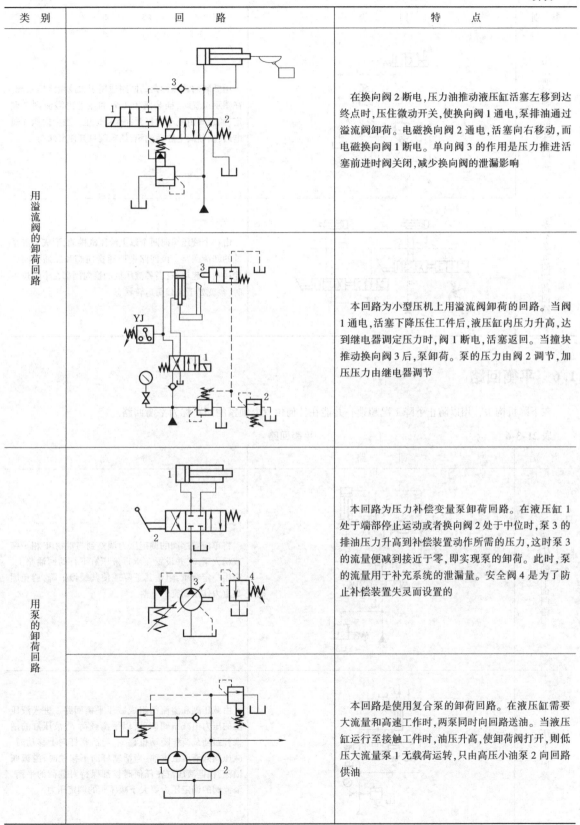	在换向阀 2 断电,压力油推动液压缸活塞左移到达终点时,压住微动开关,使换向阀 1 通电,泵排油通过溢流阀卸荷。电磁换向阀 2 通电,活塞向右移动,而电磁换向阀 1 断电。单向阀 3 的作用是压力推进活塞前进时阀关闭,减少换向阀的泄漏影响
		本回路为小型压机上用溢流阀卸荷的回路。当阀 1 通电,活塞下降压住工件后,液压缸内压力升高,达到继电器调定压力时,阀 1 断电,活塞返回。当撞块推动换向阀 3 后,泵卸荷。泵的压力由阀 2 调节,加压压力由继电器调节
用泵的卸荷回路		本回路为压力补偿变量泵卸荷回路。在液压缸 1 处于端部停止运动或者换向阀 2 处于中位时,泵 3 的排油压力升高到补偿装置动作所需的压力,这时泵 3 的流量便减到接近于零,即实现泵的卸荷。此时,泵的流量用于补充系统的泄漏量。安全阀 4 是为了防止补偿装置失灵而设置的
		本回路是使用复合泵的卸荷回路。在液压缸需要大流量和高速工作时,两泵同时向回路送油。当液压缸运行至接触工件时,油压升高,使卸荷阀打开,则低压大流量泵 1 无载荷运转,只由高压小油泵 2 向回路供油

类　别	回　　路	特　　点
用二通插装阀的卸荷回路	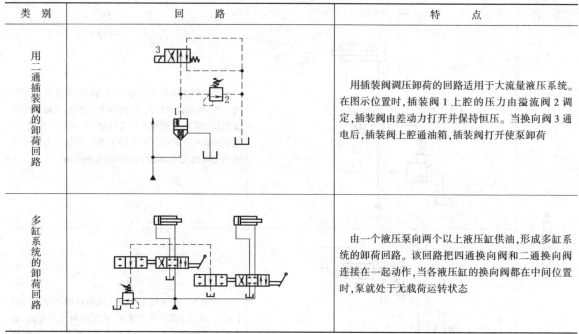	用插装阀调压卸荷的回路适用于大流量液压系统。在图示位置时,插装阀 1 上腔的压力由溢流阀 2 调定,插装阀由差动力打开并保持恒压。当换向阀 3 通电后,插装阀上腔通油箱,插装阀打开使泵卸荷
多缸系统的卸荷回路		由一个液压泵向两个以上液压缸供油,形成多缸系统的卸荷回路。该回路把四通换向阀和二通换向阀连接在一起动作,当各液压缸的换向阀都在中间位置时,泵就处于无载荷运转状态

1.6 平衡回路

在下降机构中,用以防止下降工况超速,并能在任何位置上锁紧的回路称为平衡回路。

表 21-3-6　　　　　　　　　　　平衡回路

类　别	回　　路	特　　点
用顺序阀的平衡回路	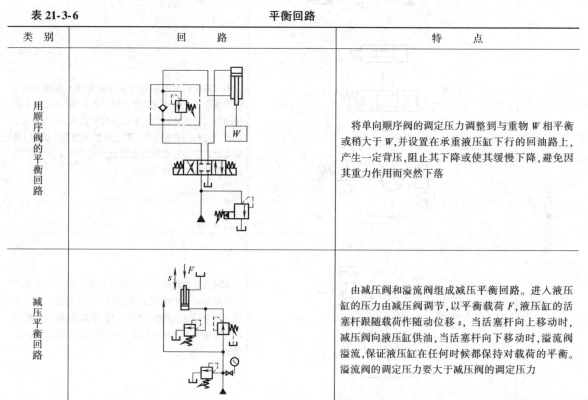	将单向顺序阀的调定压力调整到与重物 W 相平衡或稍大于 W,并设置在承重液压缸下行的回油路上,产生一定背压,阻止其下降或使其缓慢下降,避免因其重力作用而突然下落
减压平衡回路		由减压阀和溢流阀组成减压平衡回路。进入液压缸的压力由减压阀调节,以平衡载荷 F,液压缸的活塞杆跟随载荷作随动位移 s,当活塞杆向上移动时,减压阀向液压缸供油,当活塞杆向下移动时,溢流阀溢流,保证液压缸在任何时候都保持对载荷的平衡。溢流阀的调定压力要大于减压阀的调定压力

类　别	回　路	特　点
用单向节流阀的平衡回路	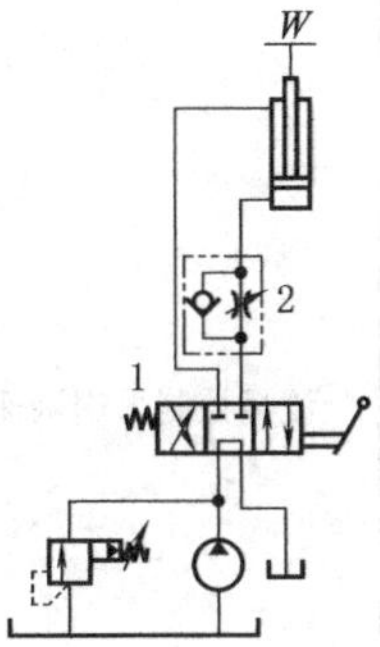	本回路是用单向节流阀2和换向阀1组成的平衡回路。液压缸活塞杆上的外载荷W下降。当换向阀处于右位时，回油路上的节流阀处于调速状态。适当调节单向节流阀2节流口，就可防止超速下降。换向阀处于中位时，液压缸进出口被封死，活塞即停住。但这种回路受载荷大小影响，使下降速度不稳定。如将阀2用单向调速阀代替，效果明显提高。这种平衡回路常用于对速度稳定性及锁紧要求不高、功率不大或功率虽然较大但工作不频繁的定量泵油路中，如用于货轮仓口盖的启闭、铲车的升降、电梯及升降平台的升降等液压系统中
用单向节流阀和液控单向阀的平衡回路	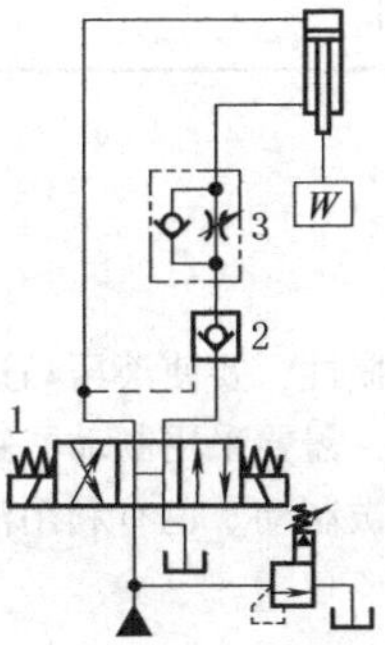	本回路是用单向节流阀限速、液控单向阀锁紧的平衡回路。油缸活塞下降时，单向节流阀3处于节流限速工作状态；当泵突然停止转动或阀1突然停在中位时，油缸下腔油压力升高，单向阀2关闭，使液压缸下腔不能回油，从而使机构锁住。该回路锁紧性能好
用平衡阀的平衡回路	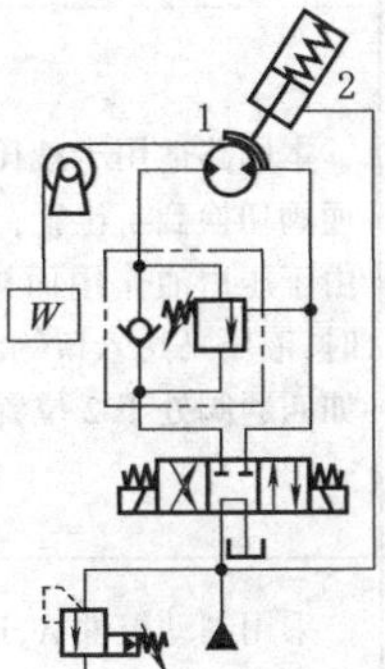	本回路为起升机构的平衡回路。它适用于功率较大、外载荷变化而又要求下降速度平稳、容易控制和锁紧时间要求较长的机构中，如汽车起重机、高空作业车的起升变幅及臂架伸缩等重力下降机构的液压回路中。但在液压马达1为执行元件的平衡回路中，由于液压马达的泄漏，无论采用哪种平衡回路，重力下降机构长时间锁紧或严格不动是不可能的，因此，必须设置制动器2，以防液压马达失去控制，出现事故
	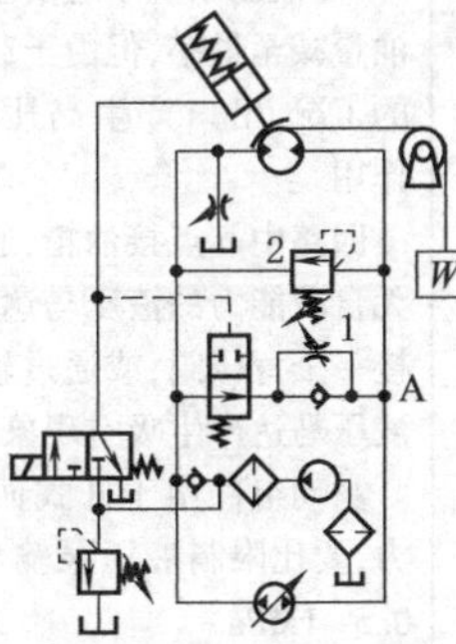	本回路适用于液压泵由电动机驱动的重力下降机构中。它对重力下降机构的下降速度实现比较可靠的锁紧、方便的控制，并可回收重力载荷下降时储存在回路中的能量。在制动器失控时，马达在重物作用下被拖动旋转，由于泵的变量机构为零位，马达排油经阀1流入左腔，故A管中油液呈高压状态，从而可防止重物加速下降。溢流阀2呈常闭状态，用以防止系统过载，又能防止重物制动时系统产生冲击

续表

类　别	回　路	特　点
用平衡阀的平衡回路	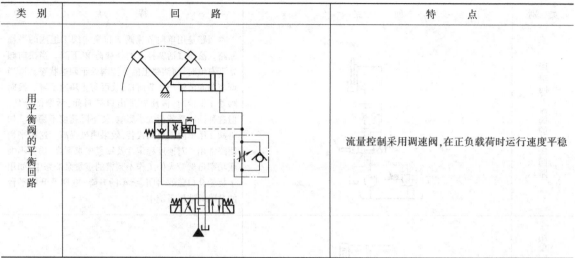	流量控制采用调速阀,在正负载荷时运行速度平稳

1.7　制动回路

在液压马达带动部件运动的液压系统中,由于运动部件具有惯性,要使液压马达由运动状态迅速停止,只靠液压泵卸荷或停止向系统供油仍然难以实现,为了解决这一问题,需要采用制动回路。制动回路是利用溢流阀等元件在液压马达的回油路上产生背压,使液压马达受到阻力矩而被制动。也有利用液压制动器产生摩擦阻力矩使液压马达制动的回路。

表 21-3-7　　　　　　　　　　　　　　　制动回路

类　别	回　路	特　点
用顺序阀的制动回路		本回路适用于液压马达产生负载荷时的工况。四通阀切换到 1 位置,当液压马达为正载荷时,顺序阀由于压力油作用而被打开;但当液压马达为负载荷时,液压马达入口侧的油压降低,顺序阀起制动作用。如四通阀处于 2 位置,液压马达停止
用制动组件的制动回路		采用制动组件 A、B 或 C 组成的制动回路,在执行元件正、反转时都能实现制动作用 当主油路压力超过溢流阀调定压力时,溢流阀被打开,在液压系统中起安全阀作用。减速时变量泵的排油量减至最小,但由于载荷的惯性作用使马达转为泵的工况,出口产生高压,此时溢流阀起缓冲和制动作用 回路中 a 点接油箱,通过单向阀从油箱补油。对于无自吸能力的液压马达,应在 a 点通油箱的油路上串接一个背压阀,或通过辅助油泵进行补油,从而避免液压马达产生吸空现象 制动组件用于开式回路时,组件内溢流阀调定压力,要比限制液压泵输出压力的溢流阀的调定值高 0.5~1MPa

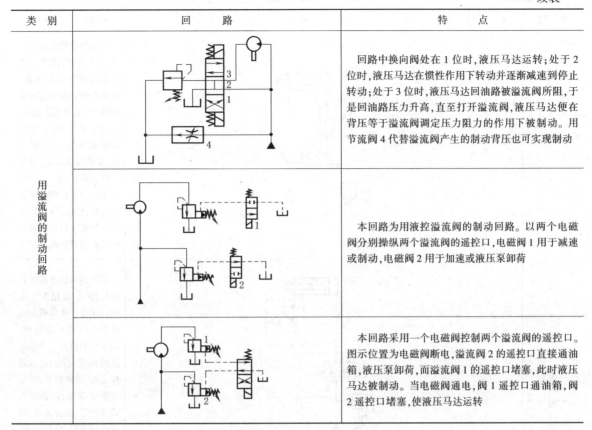

类　别	回　　路	特　　点
用溢流阀的制动回路		回路中换向阀处在 1 位时，液压马达运转；处于 2 位时，液压马达在惯性作用下转动并逐渐减速到停止转动；处于 3 位时，液压马达回油路被溢流阀所阻，于是回油路压力升高，直至打开溢流阀，液压马达便在背压等于溢流阀调定压力阻力的作用下被制动。用节流阀 4 代替溢流阀产生的制动背压也可实现制动
		本回路为用液控溢流阀的制动回路。以两个电磁阀分别操纵两个溢流阀的遥控口，电磁阀 1 用于减速或制动，电磁阀 2 用于加速或液压泵卸荷
		本回路采用一个电磁阀控制两个溢流阀的遥控口。图示位置为电磁阀断电，溢流阀 2 的遥控口直接通油箱，液压泵卸荷，而溢流阀 1 的遥控口堵塞，此时液压马达被制动。当电磁阀通电，阀 1 遥控口通油箱，阀 2 遥控口堵塞，使液压马达运转

2　速度控制回路

在液压传动系统中，各机构的运动速度要求各不相同，而液压能源往往是共用的，要解决各执行元件不同的速度要求，就要采取速度控制回路。其主要控制方式是阀控和液压泵（或液压马达）控制。

2.1　调速回路

根据液压系统的工作压力、流量、功率的大小及系统对温升、工作平稳性等要求，选择调速回路。调速回路主要通过节流调速、容积调速及两者兼有的联合调速方法实现。

2.1.1　节流调速回路

节流调速系统装置简单，并能获得较大的调速范围，但系统中节流损失大，效率低，容易引起油液发热，因此节流调速回路只适用于小功率（一般为 2~5kW）及中低压（一般在 6.5MPa 以下）场合，或系统功率较大但节流工作时间短的情况。

根据节流元件安放在油路上的位置不同，分为进口节流调速、出口节流调速、旁路节流调速及双向节流调速。节流调速回路，无论采用进口、出口或旁路节流调速，都是通过改变节流口的大小来控制进入执行元件的流量，这样就要产生能量损失。旁路节流回路，外载荷的压力就是泵的工作压力，外载荷变化，泵输出功率也变化，所以旁路节流调速回路的效率高于进口、出口节流调速回路，但旁路节流调速回路因为低速不稳定，其调速比也就比较小。出口节流调速由于在回油路上有节流背压，工作平稳，在负的载荷下仍可工作，而进口和旁路节流调速背压为零，工作稳定性差。

表 21-3-8 节流调速回路

类　别	回　　路	特　　点
进口、出口节流调速回路	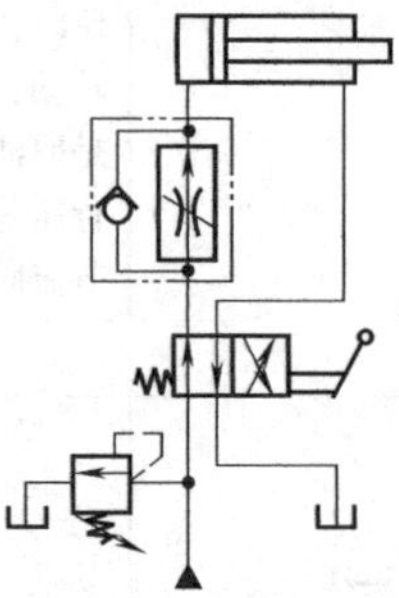	本回路将调速阀装在进油回路中,适用于以正载荷操作的液压缸。液压泵的余油经过溢流阀排出,液压泵以溢流阀设定压力工作。这种回路效率低,油液易发热,但调速范围大,适用于轻载低速工况。应用调速阀比节流阀调速稳定性好,因此,在对速度稳定性要求较高的场合一般选用调速阀
	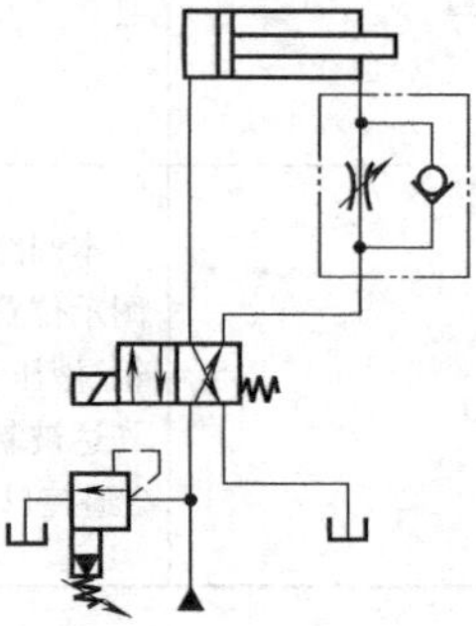	本回路将调速阀装在回油路中,适用于工作执行元件产生负载荷或载荷突然减小的情况。液压泵的输出压力为溢流阀的调定压力,与载荷无关,效率较低,但它可产生背压,以抑制负载荷产生,防止突进,动作比较平稳,应用较多
	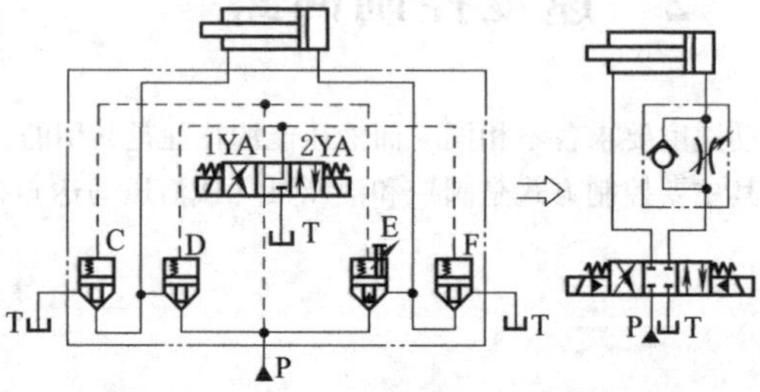	本回路是用二通插装阀装在进油路上的节流调速回路。在插装阀内装有挡块,限制阀芯的行程,以形成节流口。调节插装阀 E 的挡块位置可以实现调节活塞移动速度。本回路适用于大流量液压系统
	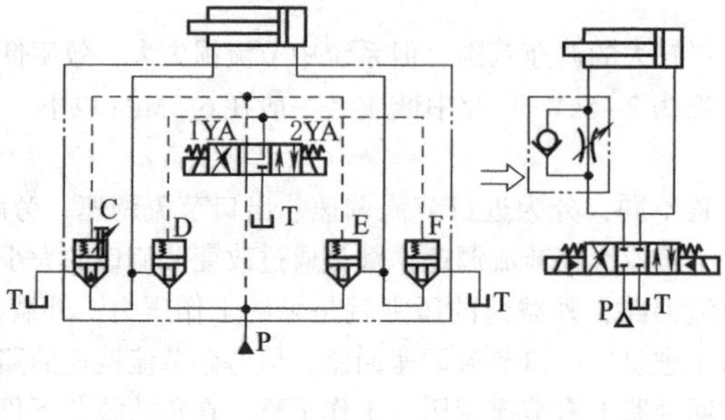	本回路是将二通插装阀装在回油路上的节流调速回路。作用原理同上。当液压缸左腔背压超过油源压力时,液压缸左腔的油可通过阀 C 作用在阀 D 的上端,把阀芯压紧在阀座上,防止液压缸左腔的油经阀 D 漏到 P 口。本回路适用于大流量液压系统

类　别	回　　路	特　　点
进口、出口节流调速回路	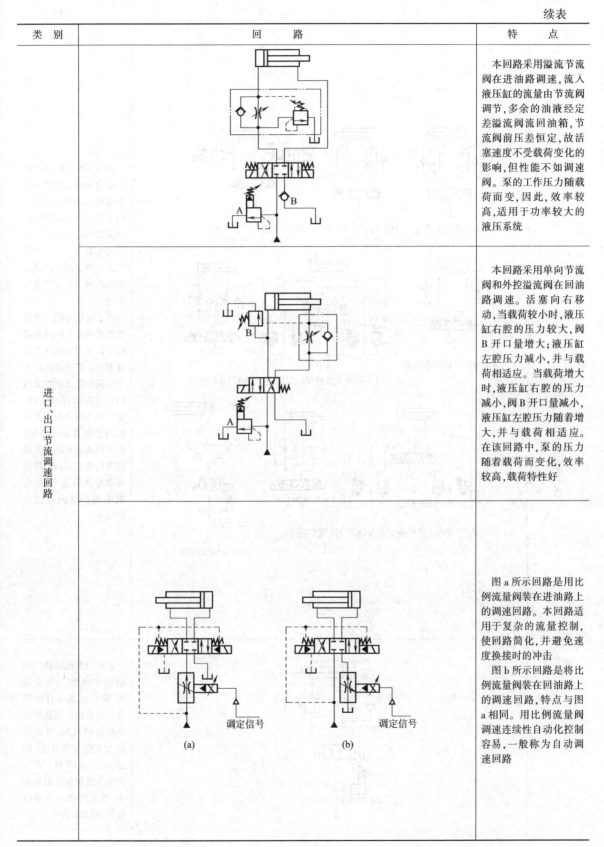	本回路采用溢流节流阀在进油路调速,流入液压缸的流量由节流阀调节,多余的油液经定差溢流阀流回油箱,节流阀前压差恒定,故活塞速度不受载荷变化的影响,但性能不如调速阀。泵的工作压力随载荷而变,因此,效率较高,适用于功率较大的液压系统
		本回路采用单向节流阀和外控溢流阀在回油路调速。活塞向右移动,当载荷较小时,液压缸右腔的压力较大,阀B开口量增大;液压缸左腔压力减小,并与载荷相适应。当载荷增大时,液压缸右腔的压力减小,阀B开口量减小,液压缸左腔压力随着增大,并与载荷相适应。在该回路中,泵的压力随着载荷而变化,效率较高,载荷特性好
		图a所示回路是用比例流量阀装在进油路上的调速回路。本回路适用于复杂的流量控制,使回路简化,并避免速度换接时的冲击 图b所示回路是将比例流量阀装在回油路上的调速回路,特点与图a相同。用比例流量阀调速连续性自动化控制容易,一般称为自动调速回路

(a)　　　调定信号　　　(b)　　　调定信号

类　别	回　　　路	特　　点

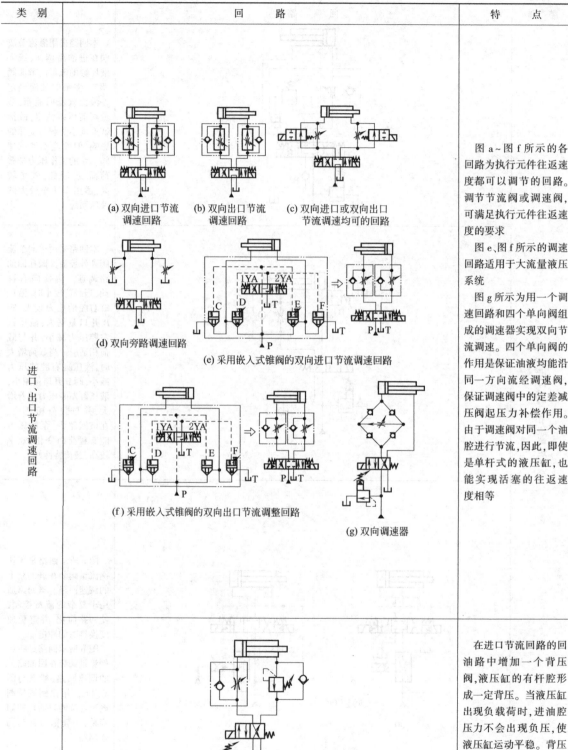

进口、出口节流调速回路

(a) 双向进口节流调速回路　　(b) 双向出口节流调速回路　　(c) 双向进口或双向出口节流调速均可的回路

(d) 双向旁路调速回路

(e) 采用嵌入式锥阀的双向进口节流调速回路

(f) 采用嵌入式锥阀的双向出口节流调整回路

(g) 双向调速器

图 a～图 f 所示的各回路为执行元件往返速度都可以调节的回路。调节节流阀或调速阀，可满足执行元件往返速度的要求

图 e、图 f 所示的调速回路适用于大流量液压系统

图 g 所示为用一个调速回路和四个单向阀组成的调速器实现双向节流调速。四个单向阀的作用是保证油液均能沿同一方向流经调速阀，保证调速阀中的定差减压阀起压力补偿作用。由于调速阀对同一个油腔进行节流，因此，即使是单杆式的液压缸，也能实现活塞的往返速度相等

在进口节流回路的回油路中增加一个背压阀，液压缸的有杆腔形成一定背压。当液压缸出现负载荷时，进油腔压力不会出现负压，使液压缸运动平稳。背压阀使系统增加了附加压力，要求供油压力相应提高，增加能耗

类　别	回　　路	特　点
进口、出口节流调速回路	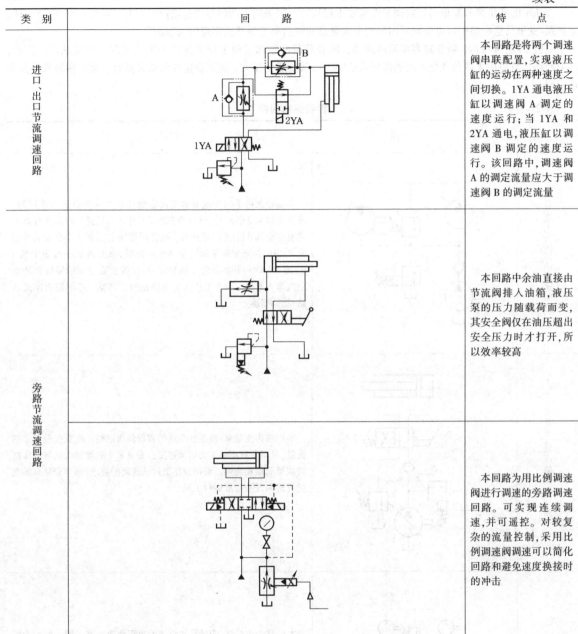	本回路是将两个调速阀串联配置,实现液压缸的运动在两种速度之间切换。1YA 通电液压缸以调速阀 A 调定的速度运行;当 1YA 和 2YA 通电,液压缸以调速阀 B 调定的速度运行。该回路中,调速阀 A 的调定流量应大于调速阀 B 的调定流量
旁路节流调速回路		本回路中余油直接由节流阀排入油箱,液压泵的压力随载荷而变,其安全阀仅在油压超出安全压力时才打开,所以效率较高
		本回路为用比例调速阀进行调速的旁路调速回路。可实现连续调速,并可遥控。对较复杂的流量控制,采用比例调速阀调速可以简化回路和避免速度换接时的冲击

2.1.2　容积调速回路

　　液压传动系统中,为了达到液压泵输出流量与负载元件流量相一致而无溢流损失的目的,往往采取改变液压泵或改变液压马达(同时改变)的有效工作容积进行调速。这种调速回路称为容积调速回路。这类回路无节流和溢流能量损失,所以系统不易发热,效率较高,在功率较大的液压传动系统中得到广泛应用,但液压装置要求制造精度高,结构较复杂,造价较高。

　　容积调速回路有变量泵-定量马达(或液压缸)、定量泵-变量马达、变量泵-变量马达回路。若按油路的循环形式可分为开式调速回路和闭式调速回路。在变量泵-定量马达的液压回路中,用变量泵调速,变量机构可通过零点实现换向。因此,多采用闭式回路。在定量泵-变量马达的液压回路中,用变量马达调速。液压马达在排量很小时不能正常运转,变量机构不能通过零点。为此,只能采用开式回路。在变量泵-变量马达回路中,可用变量泵换向和调速,以变量马达作为辅助调速,多数采用闭式回路。

大功率的变量泵和变量马达或调节性能要求较高时,则采用手动伺服或电动伺服调节。在变量泵-定量马达、定量泵-变量马达回路中,可分别采用恒功率变量泵和恒功率变量马达实现恒功率调节。

变量泵-定量马达、液压缸容积调速回路,随着载荷的增加,使工作部件产生进给速度不稳定状况。因此,这类回路,只适用于载荷变化不大的液压系统中。当载荷变化较大、速度稳定性要求又高时,可采用容积节流调速回路。

表 21-3-9 容积调速回路

类　别	回　路	特　点
变量泵-定量马达调速回路	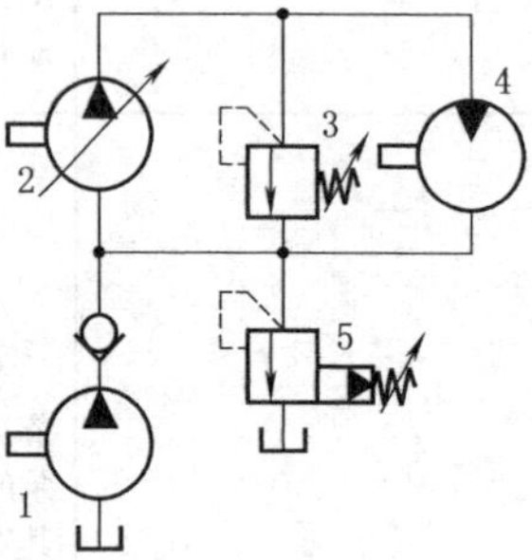	本回路是由单向变量泵和单向定量马达组成的容积调速回路。改变变量泵 2 的流量,可以调节液压马达 4 的转速。在高压管路上装有安全阀 3,防止回路过载。在低压管路上装有一小容量的补油泵 1,用以补充变量泵和定量马达的泄漏,泵的流量一般为主泵 2 的 20%~30%,补油泵向变量泵供油,以改变变量泵的特性和防止空气渗入管路。泵 1 工作压力由溢流阀 5 调整。本回路为闭式油路,结构紧凑
变量泵-液压缸调速回路	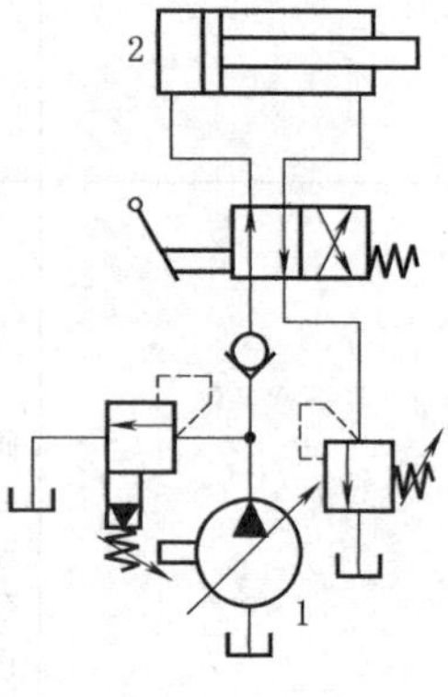	本回路为变量泵-液压缸组成的容积调速回路。改变变量泵 1 的流量,可调节液压缸 2 的运动速度。变量泵 1 的输出流量与液压缸的载荷流量相协调。根据液压缸运动速度的要求,调节变量泵的变量机构实现液压缸运行工况
定量泵-变量马达调速回路	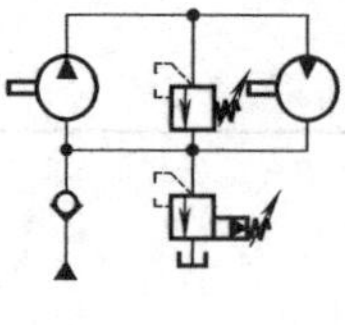 (a) 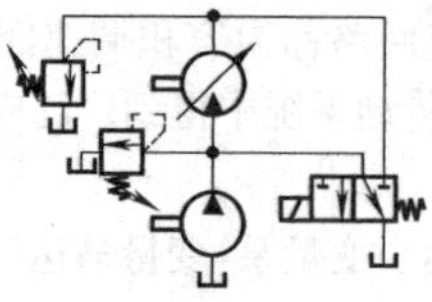 (b)	本回路为定量泵-变量马达组成的容积调速回路。图 a 所示为闭式油路,图 b 所示为开式油路 泵出口为定压力、定流量,当调节变量马达时,其排量增大,转矩成正比增大而转速成正比减小,功率输出为恒值。因此,这类回路又称为恒功率回路。该回路适用于卷扬机、起重运输机械上,可使原动机保持在恒功率的高效率点工作,从而能最大限度地利用原动机的功率,达到节省能源的目的 闭式调速回路,需一个小型液压泵作为补油泵,以补充主油泵和马达的泄漏

类　别	回　　　路	特　　点
变量泵-变量马达调速回路	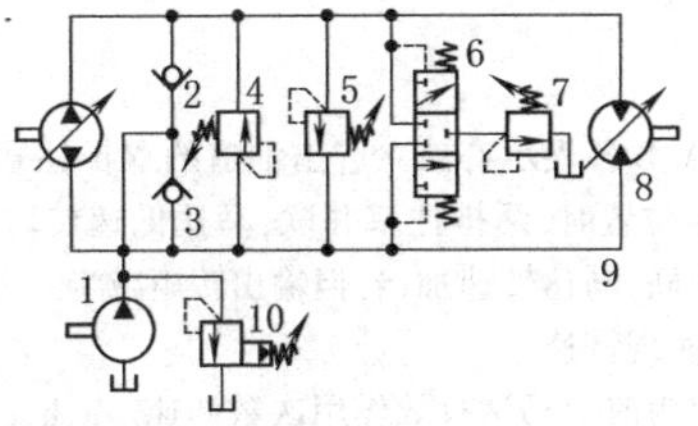	本回路为双向变量泵与双向变量马达组成的容积调速回路。变量泵可以正反向供油,变量马达可以正反向旋转 　　当压力油从上管路进入马达 8,推动其转动时,下管路 9 是低压管路。溢流阀 5 防止过载,此时阀 4 不起作用。补油泵 1 供的低压油推开阀 3 向管路 9 供油,另一单向阀 2 在高压油作用下关闭。当上管路和下管路压差大于一定数值时,滑阀阀芯被下移,使低压溢流阀 7 和低压管路 9 接通,以便将回路中一部分热油从低压溢流阀 7 排出,与补油泵供给的冷油交换。当高、低压管路的压差很小时,滑阀 6 处于中位,此时,补油泵供给的多余油从低压溢流阀 10 流回油箱。溢流阀 10 调整压力应略大于溢流阀 7 的调整压力,以保证阀 6 动作所需的压差,使低压管路的热油排出,新的冷油又能进入低压管路而不至于从溢流阀 10 流掉 　　当液压泵反向供油时,上管路是低压管路,下管路是高压管路,液压马达 8 反转,其元件工作原理同上 　　在变量泵-变量马达调速回路中,可用变量泵换向、调速,而以变量马达辅助调速,多采用闭式回路。在小功率变量泵-变量马达调速回路中多用手动调节;大功率的变量泵-变量马达或要求调节性能较高时,则用手动伺服或电动伺服调节
改变泵组连接调速回路	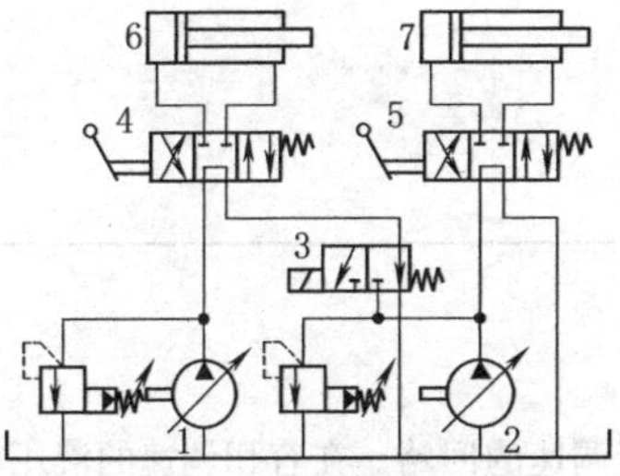 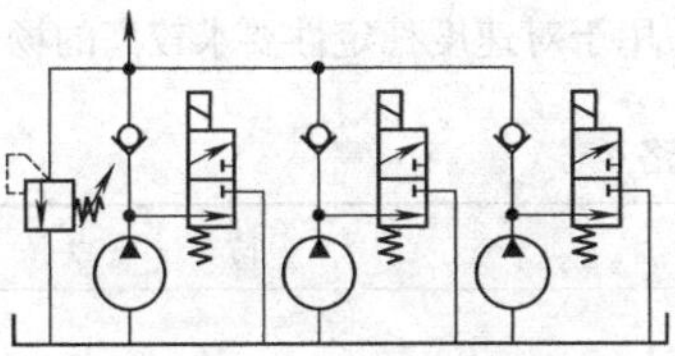	图 a 所示回路采用换向阀改变泵组连接,实现有级调速。泵 1、2 分别通过阀 4、5 向缸 6、7 供油,此时为低速状态;若阀 3 的电磁铁通电,阀 4 处于中位,则泵 1、2 合流,共同向液压缸 7 供油,此时为高速工况 　　图 b 所示为由三个泵构成的调速回路。改变各换向阀的通断电状态,即可达到调速的目的。各泵出口的单向阀防止三泵之间干扰
改变马达组连接调速回路	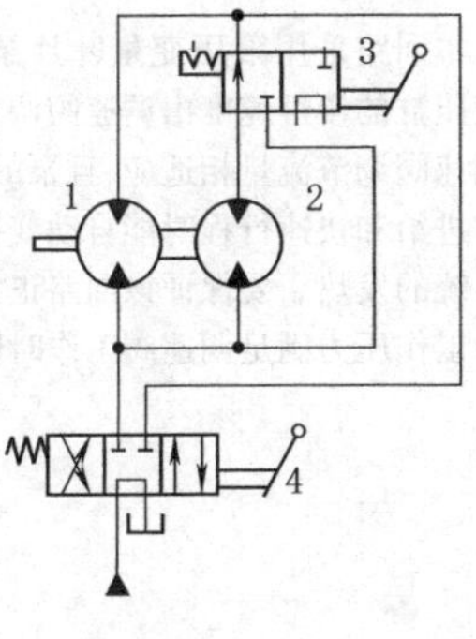	本回路为改变马达组连接的调速回路。当换向阀 4 处于右位,两马达并联,低速旋转,转矩大;阀 3 处于右位时,马达 2 自成回路,马达组高速旋转,转矩小

续表

类 别	回 路	特 点
双速内曲线马达调速回路	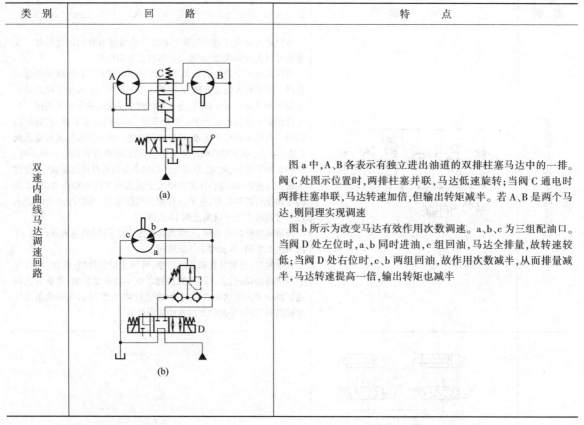 (a) (b)	图 a 中,A、B 各表示有独立进出油道的双排柱塞马达中的一排。阀 C 处图示位置时,两排柱塞并联,马达低速旋转;当阀 C 通电时两排柱塞串联,马达转速加倍,但输出转矩减半。若 A、B 是两个马达,则同理实现调速 图 b 所示为改变马达有效作用次数调速。a、b、c 为三组配油口。当阀 D 处左位时,a、b 同时进油,c 组回油,马达全排量,故转速较低;当阀 D 处右位时,c、b 两组回油,故作用次数减半,从而排量减半,马达转速提高一倍,输出转矩也减半

2.1.3　容积节流调速回路

容积节流调速回路,是由调速阀或节流阀与变量泵配合进行调速的回路。在容积调速的液压回路中,存在着与节流调速回路相类似的弱点,即执行元件（液压缸或液压马达）的速度随载荷的变化而变化。但采用变量泵与节流阀或调速阀相配合,就可以提高其速度的稳定性,从而适用于对速度稳定性要求较高的场合。

表 21-3-10　　　　　　　　　　　　　　容积节流调速回路

类 别	回 路	特 点
用变量泵和调速阀的调速回路		本回路采用限压变量叶片泵与调速阀联合调速。液压缸的慢进速度由调速阀调节,变量泵的供油量与调速阀调节流量相适应,且泵的供油压力和流量在工作进给和快速行程时能自动变换,以减少功率消耗和系统的发热。要保证该回路正常工作,必须使液压泵的工作压力满足调速阀工作时所需的压力降

类 别	回 路	特 点
用变量泵和节流阀的调速回路	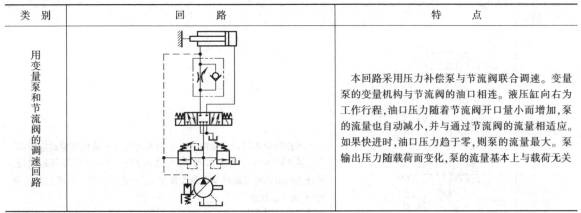	本回路采用压力补偿泵与节流阀联合调速。变量泵的变量机构与节流阀的油口相连。液压缸向右为工作行程,油口压力随着节流阀开口量小而增加,泵的流量也自动减小,并与通过节流阀的流量相适应。如果快进时,油口压力趋于零,则泵的流量最大。泵输出压力随载荷而变化,泵的流量基本上与载荷无关

2.1.4 节能调速回路

节流调速回路效率较低,大量的能量转为热能,促使液压系统油液发热。本节介绍的压力适应回路、流量适应回路、功率适应回路等效率较高的节能回路,可作为回路设计时的参考。

表 21-3-11　　　　　　　　　　　　　节能调速回路

类 别	回 路	特 点
压力适应回路	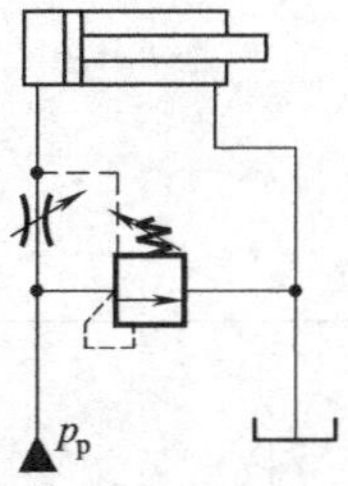	液压泵的工作压力 p_p 能随外载荷而变化,即 p_p 能与外载荷相适应,使原动机的功率能随外载荷的减小而减小。回路中采用定差溢流阀,它能使节流阀前后的压差保持常数($\Delta p = 0.2 \sim 0.7$MPa)。此类调速回路的效率一般比节流调速回路效率提高 10% 左右
	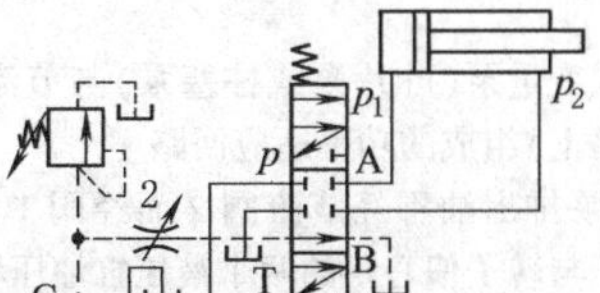	本回路采用机动比例方向阀 3,当处中位时,定差溢流阀 1 的 C 口与油箱相通,液压泵卸荷。当阀 3 换向,阀 1 控制管路随之换向,与阀 1 流出侧管路相通,C 口与阀 3 工作油口(A 或 B)相通。此时,阀 1 的阀芯就成为带有节流功能的比例方向阀的压力补偿阀,使比例方向阀工作油口压差为一定值。通过该阀的流量 Q_1 仅与阀口开度成比例,而与载荷压力变化无关 由于载荷压力反馈作用,液压泵的压力自动与载荷压力相适应,始终保持比载荷压力高一恒定值,实现压力适应状态。节流阀 2 起载荷压力反馈阻尼作用,使液压泵随载荷压力变化的速率不至于过快
用液压缸和蓄能器的节能回路	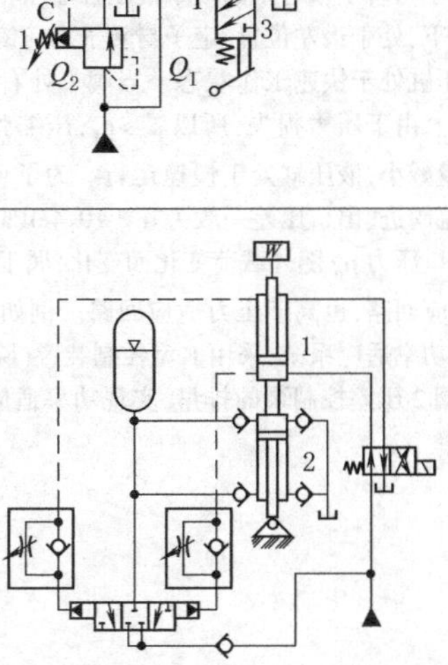 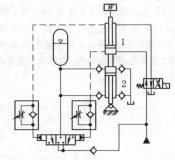	本回路为采用液压缸与蓄能器组成的节能回路。液压缸 1 为主动油缸,驱动大质量载荷运动。在液压缸 1 启动和制动时,会产生很大的冲击。本回路采用了缓冲液压缸与蓄能器,既解决了回路的液压冲击,又能将冲击能量储存利用。图中液压缸 1 为动力液压缸,液压缸 2 为缓冲液压缸,两缸筒成串联刚性连接,缓冲液压缸的活塞杆铰接于基础上 当动力液压缸启动上升时,启动冲击压力传到缓冲液压缸无杆腔,无杆腔内压力升高,将液压油经单向阀充入蓄能器,存储压力能。当动力液压缸制动时,蓄能器也起到存储压力能的作用。同理,动力液压缸启动下降和制动时,蓄能器仍起到存储压力能的作用 蓄能器内的压力能经过液控阀回补到动力源得到利用。液控阀由动力液压缸内的压力控制。由于单向节流阀的作用,液控阀的启动要迟于冲击压力,这样起到缓冲、控制加减速和利用冲击能的作用

第 **21** 篇

类 别	回 路	特 点
流量适应回路	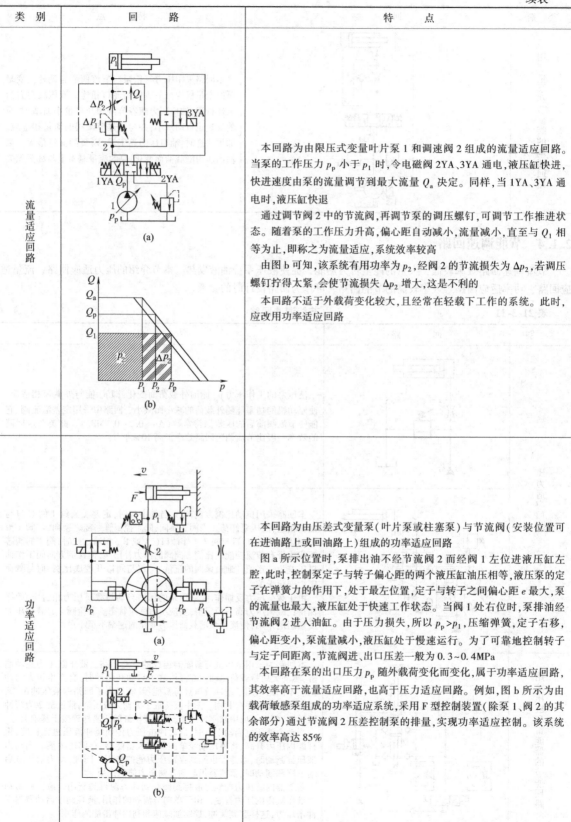	本回路为由限压式变量叶片泵 1 和调速阀 2 组成的流量适应回路。当泵的工作压力 p_p 小于 p_1 时,令电磁阀 2YA、3YA 通电,液压缸快进,快进速度由泵的流量调节到最大流量 Q_a 决定。同样,当 1YA、3YA 通电时,液压缸快退 通过调节阀 2 中的节流阀,再调节泵的调压螺钉,可调节工作推进状态。随着泵的工作压力升高,偏心距自动减小,流量减小,直至与 Q_1 相等为止,即称之为流量适应,系统效率较高 由图 b 可知,该系统有用功率为 p_2,经阀 2 的节流损失为 Δp_2,若调压螺钉拧得太紧,会使节流损失 Δp_2 增大,这是不利的 本回路不适于外载荷变化较大,且经常在轻载下工作的系统。此时,应改用功率适应回路
功率适应回路		本回路为由压差式变量泵(叶片泵或柱塞泵)与节流阀(安装位置可在进油路上或回油路上)组成的功率适应回路 图 a 所示位置时,泵排出油不经节流阀 2 而经阀 1 左位进液压缸左腔,此时,控制泵定子与转子偏心距的两个液压缸油压相等,液压泵的定子在弹簧力的作用下,处于最左位置,定子与转子之间偏心距 e 最大,泵的流量也最大,液压缸处于快速工作状态。当阀 1 处右位时,泵排油经节流阀 2 进入油缸。由于压力损失,所以 $p_p > p_1$,压缩弹簧,定子右移,偏心距变小,泵流量减小,液压缸处于慢速运行。为了可靠地控制转子与定子间距离,节流阀进、出口压差一般为 0.3~0.4MPa 本回路在泵的出口压力 p_p 随外载荷变化而变化,属于功率适应回路,其效率高于流量适应回路,也高于压力适应回路。例如,图 b 所示为由载荷敏感泵组成的功率适应系统,采用 F 型控制装置(除泵 1、阀 2 的其余部分)通过节流阀 2 压差控制泵的排量,实现功率适应控制。该系统的效率高达 85%

类　别	回　　路	特　　点
功率适应回路	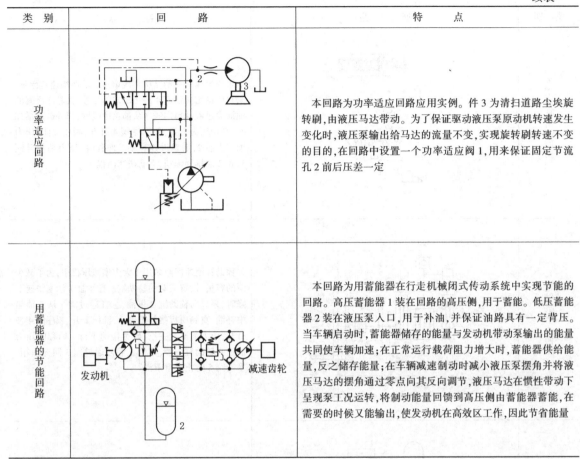	本回路为功率适应回路应用实例。件 3 为清扫道路尘埃旋转刷,由液压马达带动。为了保证驱动液压泵原动机转速发生变化时,液压泵输出给马达的流量不变,实现旋转刷转速不变的目的,在回路中设置一个功率适应阀 1,用来保证固定节流孔 2 前后压差一定
用蓄能器的节能回路	发动机　　减速齿轮	本回路为用蓄能器在行走机械闭式传动系统中实现节能的回路。高压蓄能器 1 装在回路的高压侧,用于节能。低压蓄能器 2 装在液压泵入口,用于补油,并保证油路具有一定背压。当车辆启动时,蓄能器储存的能量与发动机带动泵输出的能量共同使车辆加速;在正常运行载荷阻力增大时,蓄能器供给能量,反之储存能量;在车辆减速制动时减小液压泵摆角并将液压马达的摆角通过零点向其反向调节,液压马达在惯性带动下呈现泵工况运转,将制动能量回馈到高压侧由蓄能器蓄能,在需要的时候又能输出,使发动机在高效区工作,因此节省能量

2.2　增速回路

　　增速回路是指在不增加液压泵流量的前提下,使执行元件运行速度增加的回路。通常采用差动缸、增速缸、自重充液、蓄能器等方法实现。

表 21-3-12　　　　　　　　　　　　　　　　　　　增速回路

类　别	回　　路	特　　点
差动缸增速回路		液压缸由有杆腔和无杆腔构成。两腔受压面积不等,其面积比值即为速度变化的倍数。图示当换向阀换到左位时,液压缸呈差动连接,泵输出的油液和液压缸返回的油液合流进入液压缸无杆腔,活塞实现快速运动。该回路在设计应用时,一定要考虑有杆腔反力作用

第 21 篇

续表

类　别	回　　路	特　　点
增速缸增速回路	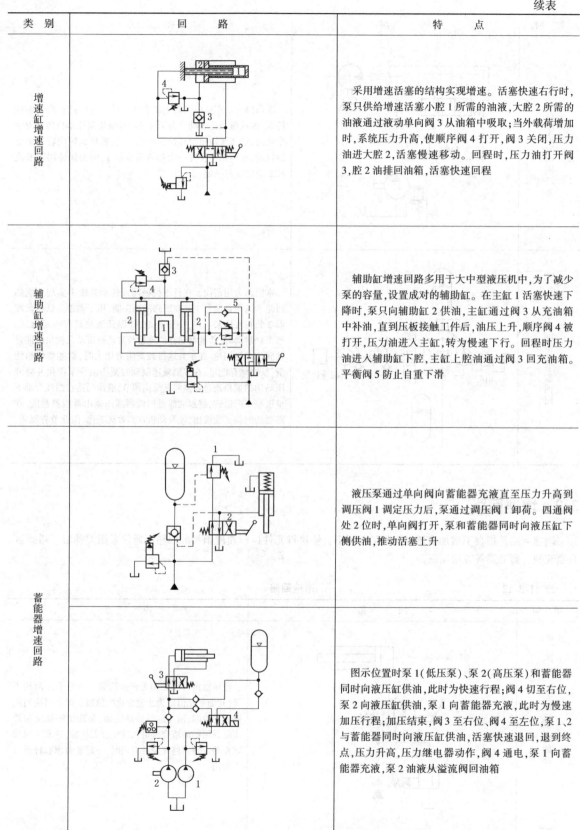	采用增速活塞的结构实现增速。活塞快速右行时，泵只供给增速活塞小腔 1 所需的油液，大腔 2 所需的油液通过液动单向阀 3 从油箱中吸取；当外载荷增加时，系统压力升高，使顺序阀 4 打开，阀 3 关闭，压力油进大腔 2，活塞慢速移动。回程时，压力油打开阀 3，腔 2 油排回油箱，活塞快速回程
辅助缸增速回路		辅助缸增速回路多用于大中型液压机中，为了减少泵的容量，设置成对的辅助缸。在主缸 1 活塞快速下降时，泵只向辅助缸 2 供油，主缸通过阀 3 从充油箱中补油，直到压板接触工件后，油压上升，顺序阀 4 被打开，压力油进入主缸，转为慢速下行。回程时压力油进入辅助缸下腔，主缸上腔油通过阀 3 回充油箱。平衡阀 5 防止自重下滑
蓄能器增速回路		液压泵通过单向阀向蓄能器充液直至压力升高到调压阀 1 调定压力后，泵通过调压阀 1 卸荷。四通阀处 2 位时，单向阀打开，泵和蓄能器同时向液压缸下侧供油，推动活塞上升
		图示位置时泵 1（低压泵）、泵 2（高压泵）和蓄能器同时向液压缸供油，此时为快速行程；阀 4 切至右位，泵 2 向液压缸供油，泵 1 向蓄能器充液，此时为慢速加压行程；加压结束，阀 3 至右位、阀 4 至左位，泵 1、2 与蓄能器同时向液压缸供油，活塞快速退回，退到终点，压力升高，压力继电器动作，阀 4 通电，泵 1 向蓄能器充液，泵 2 油液从溢流阀回油箱

类　别	回　　　路	特　　　点
自动补油增速回路	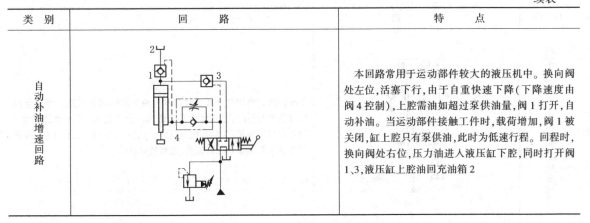	本回路常用于运动部件较大的液压机中。换向阀处左位,活塞下行,由于自重快速下降(下降速度由阀4控制),上腔需油如超过泵供油量,阀1打开,自动补油。当运动部件接触工件时,载荷增加,阀1被关闭,缸上腔只有泵供油,此时为低速行程。回程时,换向阀处右位,压力油进入液压缸下腔,同时打开阀1、3,液压缸上腔油回充油箱2

2.3　减速回路

　　减速回路是使执行元件由泵供给全流量的速度平缓地降低,以达到实际运行速度要求的回路。

表 21-3-13　　　　　　　　　　　　　　　　　　　　　　减速回路

类　别	回　　　路	特　　　点
用行程阀的减速回路		在液压缸两侧接入行程阀,通过活塞杆上的凸轮进行操作,在每次行程接近终端时,进行排油控制,使其逐渐减速,平缓停止
		本回路为采用行程阀的减速回路。在液压缸回油路上接入行程阀1和单向调速阀2,活塞右行时,快速运行;当挡块碰到行程阀1凸轮后,压下行程阀,液压缸回油只能通过调速阀2回油箱,此时为慢速行进。回程时,液压油通过单向阀进入右腔,快速退回
用比例调速阀的减速回路		本回路为用比例调速阀组成的减速回路,通过比例调速阀控制活塞减速。根据减速行程的要求,通过发信装置,使输入比例阀的电流减小,比例阀的开口量随之减小,活塞运行的速度也减小。这种减速回路,速度变换平稳,且适于远程控制

第21篇

类　别	回　路	特　点
用复合缸和单向调速阀的减速回路	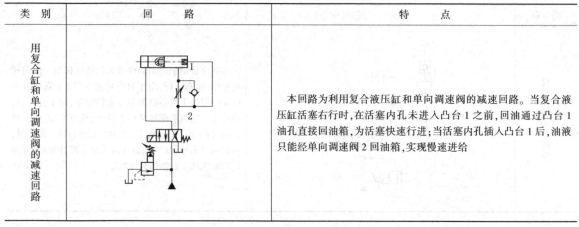	本回路为利用复合液压缸和单向调速阀的减速回路。当复合液压缸活塞右行时,在活塞内孔未进入凸台 1 之前,回油通过凸台 1 油孔直接回油箱,为活塞快速行进;当活塞内孔插入凸台 1 后,油液只能经单向调速阀 2 回油箱,实现慢速进给

2.4　同步回路

　　有两个或多个液压执行元件的液压系统中，在要求执行元件以相同的位移或相同的速度（或固定的速度比）同步运行时，就要用同步回路。在同步回路的设计中，必须注意到执行元件名义上要求的流量，还受到载荷不均衡、摩擦阻力不相等、泄漏量有差别、制造上有差异等种种因素影响。为了弥补它们在流量上造成的变化，应采取必要的措施。

表 21-3-14　　　　　　　　　　　　　同步回路

类　别	回　路	特　点
机械连接同步回路	小齿轮齿条	液压缸机械连接方式同步回路,采用刚性梁、齿条、齿轮等将液压缸连接起来。该回路简单,工作可靠,但只适用于两缸载荷相差不大的场合,连接件应具有良好的导向结构和刚性,否则,会出现卡死现象
串联同步回路		串联油缸同步回路必须使用双侧带活塞杆的油缸或串联的两缸有效工作面积相等。这种回路对同样的载荷来讲,需要的油路压力增加,其增加的倍数为串联液压缸的数目。这种回路简单,能适应较大的偏载,但由于制造上的误差、内部泄漏及混入空气等因素将影响同步性。因此一般设有补油、放油等设施

类　别	回　　　　路	特　　　点
串 联 同 步 回 路	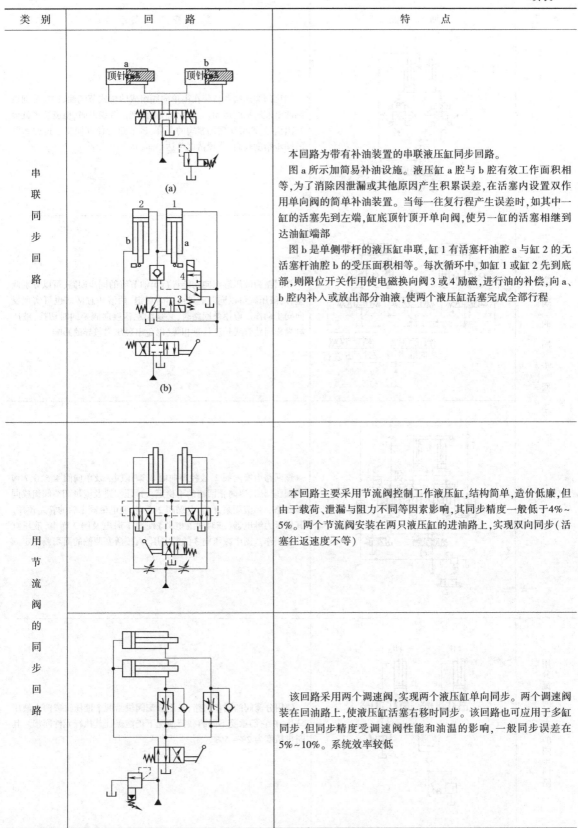	本回路为带有补油装置的串联液压缸同步回路。 图 a 所示加简易补油设施。液压缸 a 腔与 b 腔有效工作面积相等,为了消除因泄漏或其他原因产生积累误差,在活塞内设置双作用单向阀的简单补油装置。当每一往复行程产生误差时,如其中一缸的活塞先到左端,缸底顶针顶开单向阀,使另一缸的活塞相继到达油缸端部 图 b 是单侧带杆的液压缸串联,缸 1 有活塞杆油腔 a 与缸 2 的无活塞杆油腔 b 的受压面积相等。每次循环中,如缸 1 或缸 2 先到底部,则限位开关作用使电磁换向阀 3 或 4 励磁,进行油的补偿,向 a、b 腔内补入或放出部分油液,使两个液压缸活塞完成全部行程
用 节 流 阀 的 同 步 回 路		本回路主要采用节流阀控制工作液压缸,结构简单,造价低廉,但由于载荷、泄漏与阻力不同等因素影响,其同步精度一般低于4%~5%。两个节流阀安装在两只液压缸的进油路上,实现双向同步(活塞往返速度不等)
		该回路采用两个调速阀,实现两个液压缸单向同步。两个调速阀装在回油路上,使液压缸活塞右移时同步。该回路也可应用于多缸同步,但同步精度受调速阀性能和油温的影响,一般同步误差在5%~10%。系统效率较低

续表

类　别	回　　路	特　　点
用节流阀的同步回路	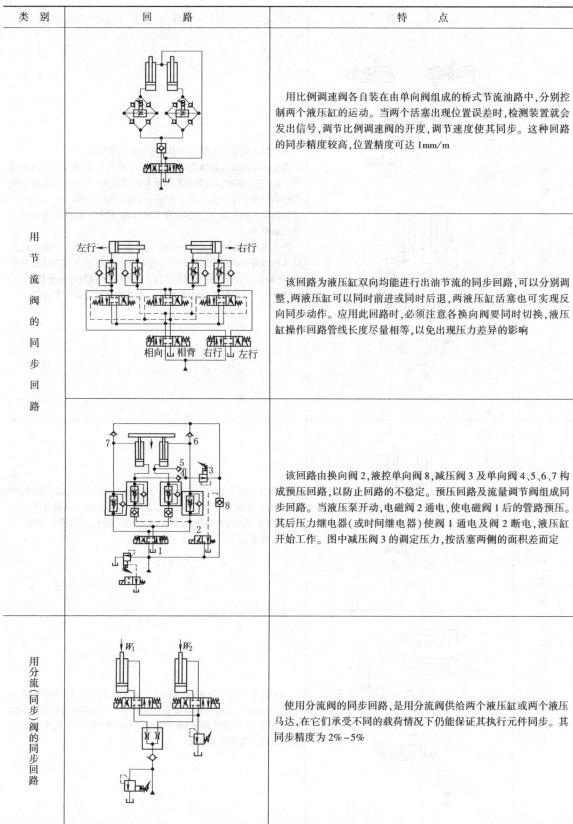	用比例调速阀各自装在由单向阀组成的桥式节流油路中,分别控制两个液压缸的运动。当两个活塞出现位置误差时,检测装置就会发出信号,调节比例调速阀的开度,调节速度使其同步。这种回路的同步精度较高,位置精度可达 1mm/m
		该回路为液压缸双向均能进行出油节流的同步回路,可以分别调整,两液压缸可以同时前进或同时后退,两液压缸活塞也可实现反向同步动作。应用此回路时,必须注意各换向阀要同时切换,液压缸操作回路管线长度尽量相等,以免出现压力差异的影响
		该回路由换向阀2,液控单向阀8,减压阀3及单向阀4、5、6、7构成预压回路,以防止回路的不稳定。预压回路及流量调节阀组成同步回路。当液压泵开动,电磁阀2通电,使电磁阀1后的管路预压。其后压力继电器(或时间继电器)使阀1通电及阀2断电,液压缸开始工作。图中减压阀3的调定压力,按活塞两侧的面积差而定
用分流(同步)阀的同步回路		使用分流阀的同步回路,是用分流阀供给两个液压缸或两个液压马达,在它们承受不同的载荷情况下仍能保证其执行元件同步。其同步精度为 2%~5%

类　别	回　　路	特　　点
用分流（同步）阀的同步回路	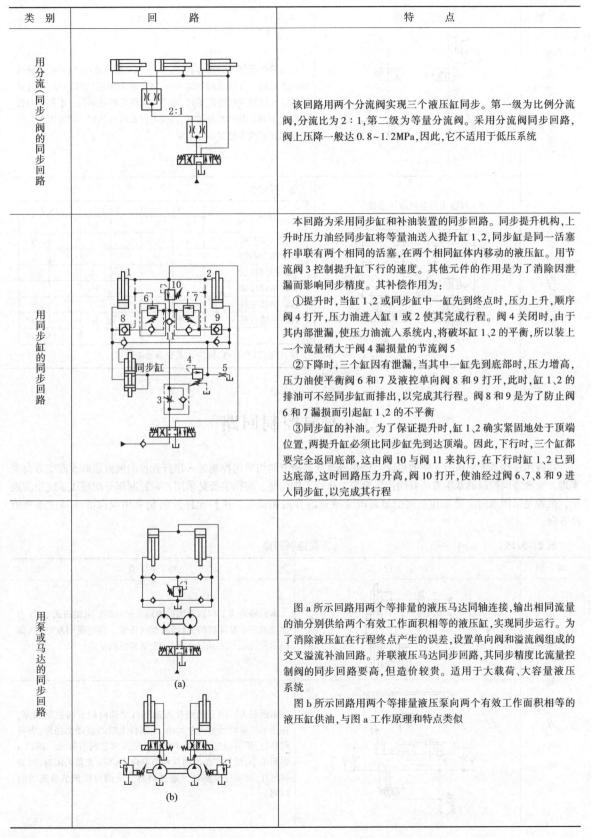	该回路用两个分流阀实现三个液压缸同步。第一级为比例分流阀，分流比为 2∶1，第二级为等量分流阀。采用分流阀同步回路，阀上压降一般达 0.8~1.2MPa，因此，它不适用于低压系统
用同步缸的同步回路		本回路为采用同步缸和补油装置的同步回路。同步提升机构，上升时压力油经同步缸将等量油送入提升缸 1、2，同步缸是同一活塞杆串联有两个相同的活塞，在两个相同缸体内移动的液压缸。用节流阀 3 控制提升缸下行的速度。其他元件的作用是为了消除因泄漏而影响同步精度。其补偿作用为： ①提升时，当缸 1、2 或同步缸中一缸先到终点时，压力上升，顺序阀 4 打开，压力油进入缸 1 或 2 使其完成行程。阀 4 关闭时，由于其内部泄漏，使压力油流入系统内，将破坏缸 1、2 的平衡，所以装上一个流量稍大于阀 4 漏损量的节流阀 5 ②下降时，三个缸因有泄漏，当其中一缸先到底部时，压力增高，压力油使平衡阀 6 和 7 及液控单向阀 8 和 9 打开，此时，缸 1、2 的排油可不经同步缸而排出，以完成其行程。阀 8 和 9 是为了防止阀 6 和 7 漏损而引起缸 1、2 的不平衡 ③同步缸的补油。为了保证提升时，缸 1、2 确实紧固地处于顶端位置，两提升缸必须比同步缸先到达顶端。因此，下行时，三个缸都要完全返回底部，这由阀 10 与阀 11 来执行，在下行时缸 1、2 已到达底部，这时回路压力升高，阀 10 打开，使油经过阀 6、7、8 和 9 进入同步缸，以完成其行程
用泵或马达的同步回路		图 a 所示回路用两个等排量的液压马达同轴连接，输出相同流量的油分别供给两个有效工作面积相等的液压缸，实现同步运行。为了消除液压缸在行程终点产生的误差，设置单向阀和溢流阀组成的交叉溢流补油回路。并联液压马达同步回路，其同步精度比流量控制阀的同步回路要高，但造价较贵。适用于大载荷、大容量液压系统 图 b 所示回路用两个等排量液压泵向两个有效工作面积相等的液压缸供油，与图 a 工作原理和特点类似

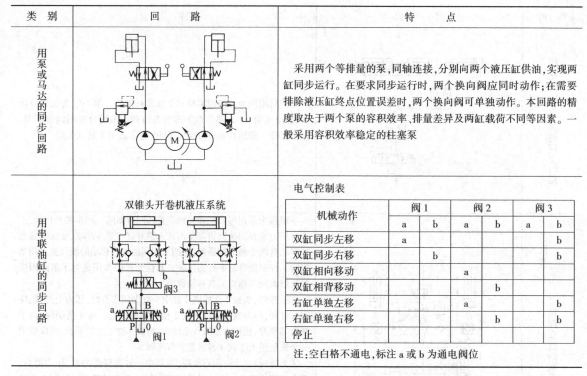

类 别	回 路	特 点
用泵或马达的同步回路		采用两个等排量的泵,同轴连接,分别向两个液压缸供油,实现两缸同步运行。在要求同步运行时,两个换向阀应同时动作;在需要排除液压缸终点位置误差时,两个换向阀可单独动作。本回路的精度取决于两个泵的容积效率、排量差异及两缸载荷不同等因素。一般采用容积效率稳定的柱塞泵

用串联油缸的同步回路

双锥头开卷机液压系统

电气控制表

机械动作	阀1		阀2		阀3	
	a	b	a	b	a	b
双缸同步左移	a					b
双缸同步右移		b				b
双缸相向移动			a			
双缸相背移动				b		
右缸单独左移			a			b
右缸单独右移				b		b
停止						

注:空白格不通电,标注 a 或 b 为通电阀位

3　方向控制回路

在液压传动系统中执行元件的启动、停止或改变运动方向均采用控制进入执行元件的液流通断或改变方向来实现。实现方向控制的基本方法有阀控、泵控、执行元件控制。阀控主要是采用方向控制阀分配液压系统中的能量;泵控是采用双向定量泵和双向变量泵改变液流的方向和流量;执行元件控制是采用双向液压马达改变液流方向。

表 21-3-15　　　　　　　　　　　　　　　方向控制回路

类 别	回 路	特 点
用阀控制的方向回路		本回路为用二位四通阀的方向控制回路。电磁阀通电,压力油进入三个液压缸的无杆腔,推动活塞。当电磁阀断电时(如图示位置),压力油进入有杆腔,活塞反向运动
		本回路为二位五通液控阀按时自动换向的方向控制回路。在图示位置时活塞杆向左运动,活塞杆上的凸块碰上挡铁,先导阀换位,压力油进入液控阀左端,使其阀芯向右移动。阀口 a 逐渐关小,活塞左腔回油受到节制作用,当 a 全部关闭时,回油被封死,活塞完全制动。通过调整节流阀可以调节被制动的时间

类　别	回　　路	特　　点
用阀控制的方向回路	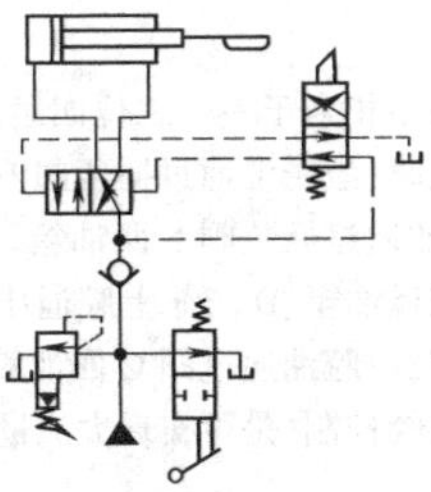	本回路为用行程阀和液控阀换向的方向控制回路。用行程阀作先导阀,由固定在活塞部件上的凸轮控制动作,从而使液控阀控制油路方向改变,实现活塞运动换向
	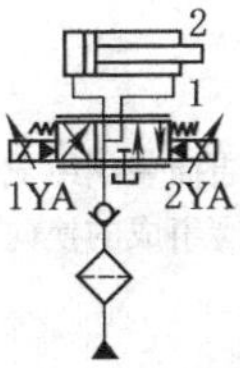	本回路为用比例电液阀换向的方向控制回路。用比例电液阀 1 控制液压缸 2 的运动方向和速度,改变比例电液阀电磁铁的通电、断电状态,就可改变液压缸的运动方向,改变输入比例电液阀电磁铁的电流大小,就可改变液压缸的运行速度。本回路比常规阀组成的同功能换向回路平稳,无冲击,工作可靠
	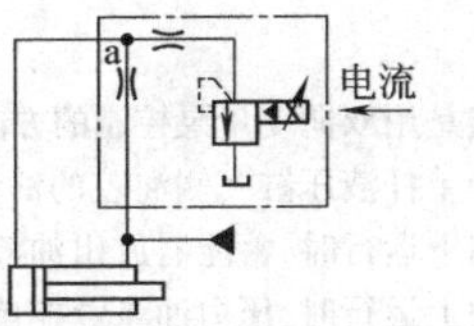	本回路采用比例压力换向阀,控制活塞的运动方向和速度。当比例阀输入电流最小时,a 处压力最低,活塞左移;当比例阀输入电流最大时,a 处压力几乎与进油压力相等,此时,活塞右移;当比例阀输入的电流在其最小至最大之间时,可控制活塞运动速度和方向的变化
	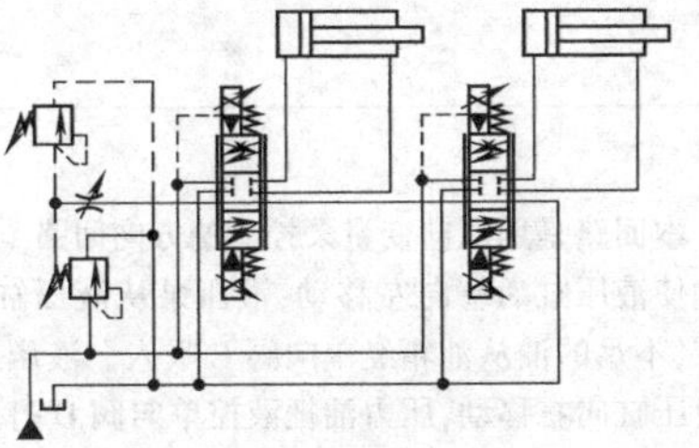	本回路采用定差溢流阀作为压力补偿装置的比例电液方向流量复合阀。该回路既可改变速度的大小,又能控制方向,而且效率高,启动、停止时无冲击,易于实现遥控
	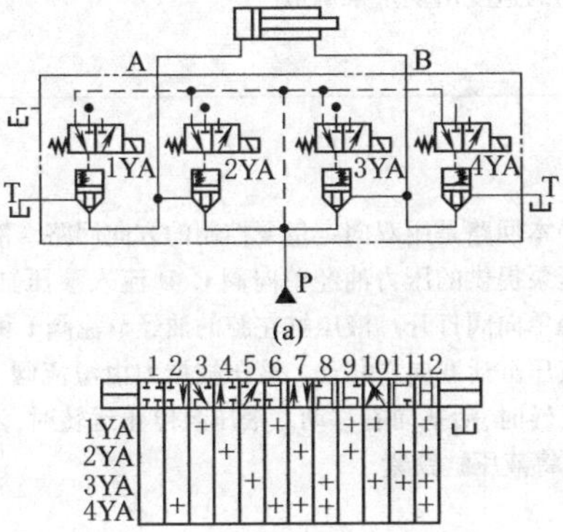	本回路为用二通插装阀组成的方向控制回路。它通过四个小流量的二位三通电磁阀各控制一个锥阀。当电磁阀按不同组合通电时,可以组成多种机能的切换回路。本回路适用于大流量系统。根据需要采用电磁阀的数目

类　别	回　　路	特　　点
用阀控制的方向回路	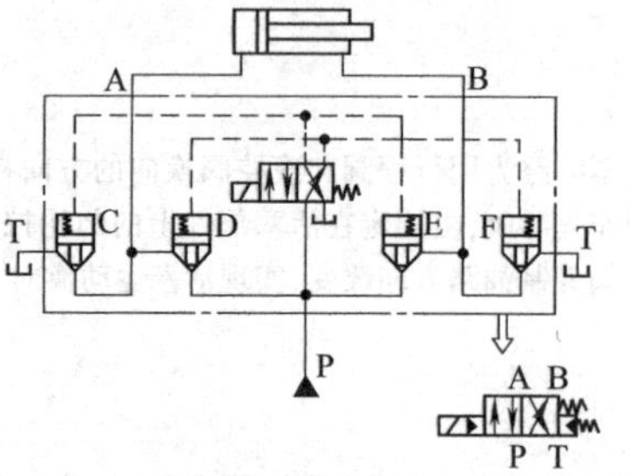	本回路采用相当于一个二位四通阀的插装阀控制方向。当电磁阀通电时,液压油通过插装阀 D 流入液压缸左腔,活塞右移,左腔的油通过插装阀 F 回油箱。当电磁阀断电时,插装阀 C 与 E 上腔通油箱、D 与 F 上腔通压力油,压力油由阀 E 流入液压缸右腔,左腔油通过阀 C 回油箱,活塞左移。本回路只需小规格电磁阀控制,是可实现大流量控制的系统
用阀控制的方向回路	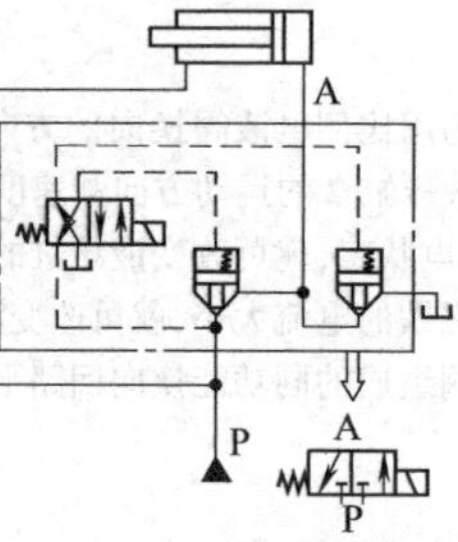	本回路是由二通插装阀组成的方向控制回路,作用于一个二位三通电液换向阀组成的换向回路
用泵控制的方向回路	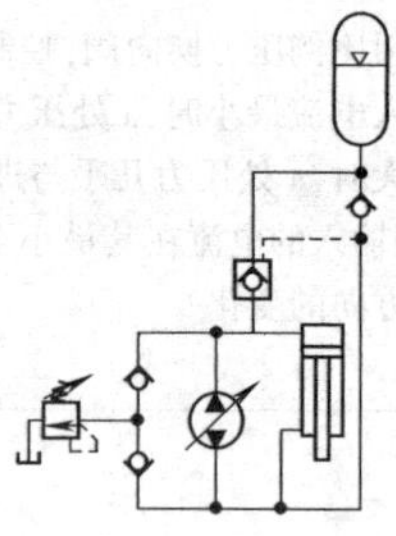	本回路是用双向变量泵控制的方向回路,为了补偿在闭式液压回路中单杆液压缸两侧油腔的油量差,采用了一个蓄能器。当活塞向下运行时,蓄能器放出油液以补偿泵吸油量的不足。当活塞向上运行时,压力油将液控单向阀打开,使液压缸上腔多余的回油流入蓄能器
用泵控制的方向回路	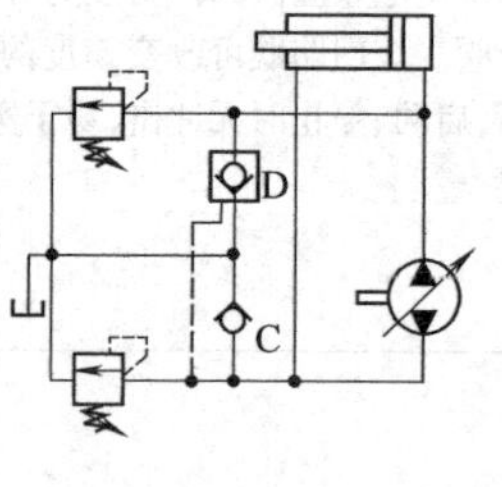	本回路是用双向变量泵控制的方向回路。液压泵正转时,供油使液压缸活塞向左移动,液压泵从液压缸左腔吸油输入右腔,不足的油从油箱经单向阀 C 吸入。液压泵反转时,供油使液压缸向右移动,压力油把液控单向阀 D 打开,液压缸右腔的回油,除了泵吸入外,多余的油经阀 D 流回油箱。活塞往复运动的速度由变量泵调节
用泵控制的方向回路	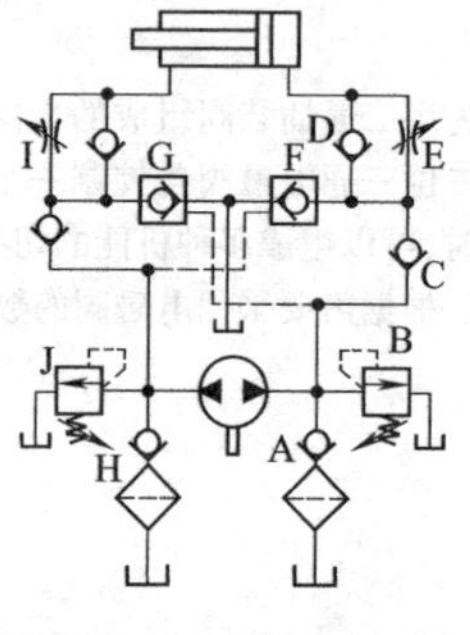	本回路是用双向定量泵控制的方向回路。液压泵正转时,液压泵提供的压力油经单向阀 C、D 流入液压缸右腔,同时将液控单向阀打开。液压缸左腔的油经节流阀 I 和阀 G 流回油箱,液压缸活塞向左移动。液压缸推力由溢流阀 B 调节。液压泵反转时,活塞向右移动。液压泵停止运转时,液控单向阀 G 和 F 将液压缸锁紧

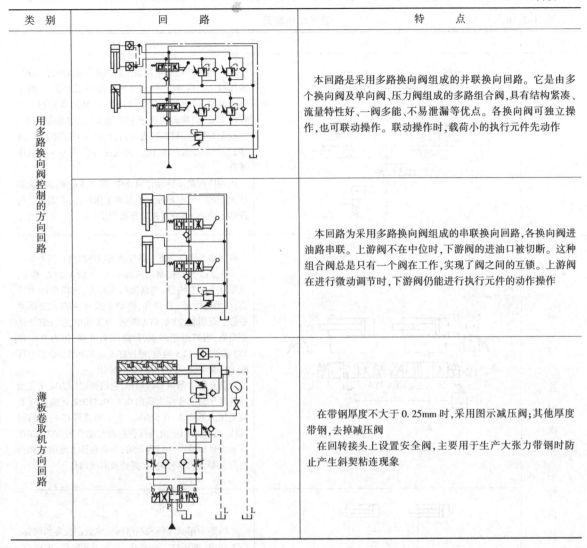

类　别	回　　路	特　　点
用多路换向阀控制的方向回路		本回路是采用多路换向阀组成的并联换向回路。它是由多个换向阀及单向阀、压力阀组成的多路组合阀,具有结构紧凑、流量特性好、一阀多能、不易泄漏等优点。各换向阀可独立操作,也可联动操作。联动操作时,载荷小的执行元件先动作
		本回路为采用多路换向阀组成的串联换向回路,各换向阀进油路串联。上游阀不在中位时,下游阀的进油口被切断。这种组合阀总是只有一个阀在工作,实现了阀之间的互锁。上游阀在进行微动调节时,下游阀仍能进行执行元件的动作操作
薄板卷取机方向回路		在带钢厚度不大于 0.25mm 时,采用图示减压阀;其他厚度带钢,去掉减压阀 在回转接头上设置安全阀,主要用于生产大张力带钢时防止产生斜楔粘连现象

4　其他液压回路

本节介绍的回路为压力控制、速度控制和方向控制以外的其他功能回路。

4.1　顺序动作回路

顺序动作回路是实现多个执行元件依次动作的回路。按其控制的方法不同可分为压力控制、行程控制和时间控制。

压力控制顺序动作回路是用油路中压力的差别自动控制多个执行元件先后动作的回路。压力控制顺序动作回路对于多个执行元件要求顺序动作,有时在给定的最高工作压力范围内难以安排各调定压力。对于顺序动作要求严格或多执行元件的液压系统,采用行程控制回路实现顺序动作更为合适。

行程控制顺序动作回路是在液压缸移动一段规定行程后,由机械机构或电气元件作用,改变液流方向,使另一液压缸移动的回路。

时间控制顺序动作回路是采用延时阀、时间继电器等延时元件，使多个液压缸按时间先后完成动作的回路。

表 21-3-16 顺序动作回路

类 别	回 路	特 点
压力控制顺序动作回路	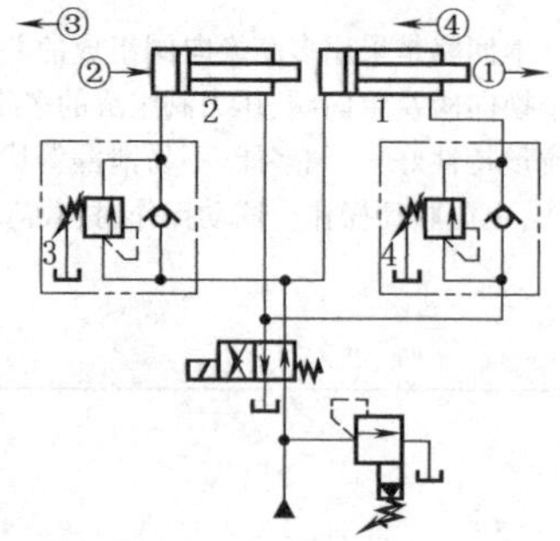	本回路为采用顺序阀动作的回路。换向阀右位时，液压缸 1 的活塞前进，当活塞杆接触工件后，回路中压力升高，顺序阀 3 接通液压缸 2，其活塞右行。工作结束后，将换向阀置于左位，此时，缸 2 活塞先退，当退至左端点，回路压力升高，从而打开顺序阀 4，液压缸 1 活塞退回原位。完成①—②—③—④顺序动作 用顺序阀的顺序动作回路中，顺序阀的调定压力必须大于前一行程液压缸的最高工作压力，否则前一行程尚未终止，下一行程就开始动作
		本回路为用压力继电器控制的顺序回路。压力继电器 1YJ、2YJ 分别控制换向阀 4YA 和 1YA，2YA 通电，液压缸 1 活塞右移；当活塞行至终点，回路中压力升高，压力继电器 1YJ 动作，使 4YA 通电，液压缸 2 活塞右移。返回时，2YA、4YA 断电，3YA 通电，液压缸 2 活塞先退；当其退至终点，回路压力升高，压力继电器 2YJ 动作，使 1YA 通电，液压缸 1 活塞退回。全部循环按①—②—③—④的顺序动作完成 为防止压力继电器误动作，它的调定压力应比先动作的液压缸工作压力高出 0.3～0.5MPa，比溢流阀的调定压力低 0.3～0.5MPa。为了提高顺序动作的可靠性，可以采用压力与行程控制相结合的方式，即在活塞终点安装一个行程开关，只有在压力继电器和行程开关都发出信号时，才能使换向阀动作
		本回路为用减压阀和顺序阀组成的定位夹紧回路。1YA 通电，液压缸 1 先动作，夹紧工件定位；定位后，液压缸 1 停止动作，回路压力上升，顺序阀打开，液压缸 2 动作夹紧工件。调节减压阀的输出压力控制夹紧力的大小，同时保持夹紧力的稳定
		本回路中，液压缸 2 先动作，驱动载荷上行，液压缸 2 到位后，回路压力上升，顺序阀打开，液压缸 1 动作。此回路载荷大的液压缸先动作，载荷小的液压缸后动作；在液压缸 1 动作时，顺序阀起到对回路的保压作用

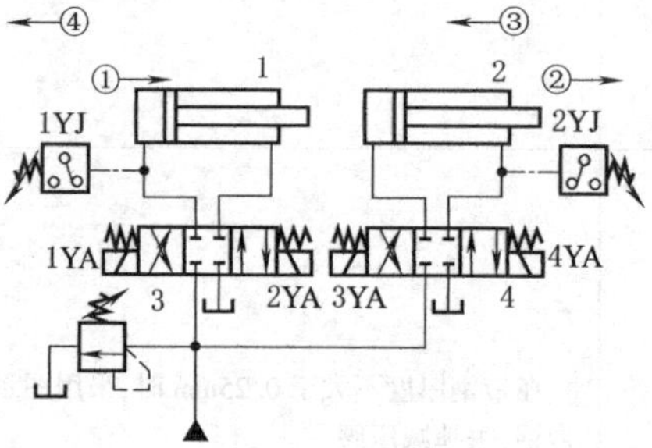

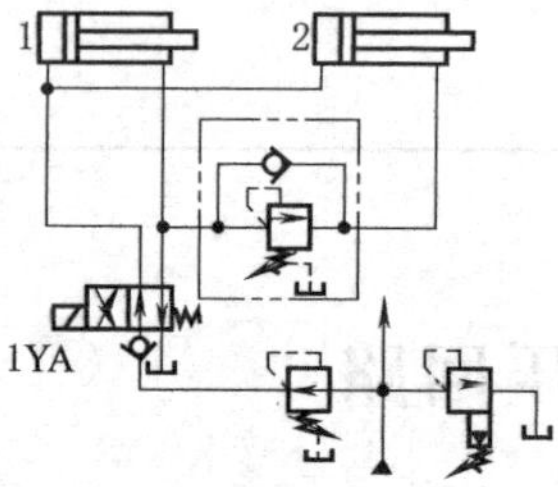

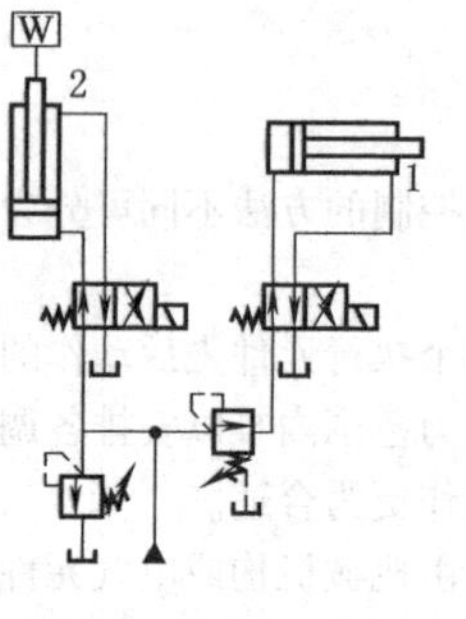

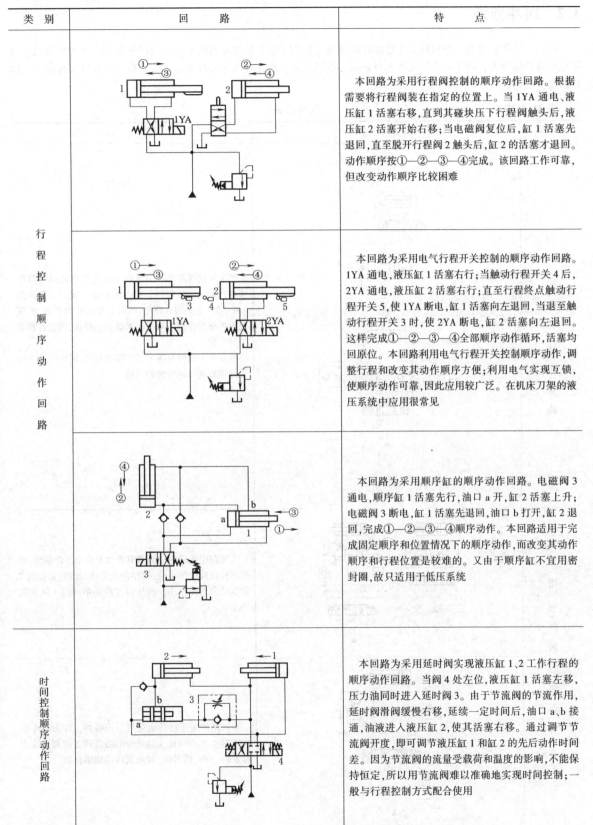

类 别	回　　路	特　　点
行程控制顺序动作回路		本回路为采用行程阀控制的顺序动作回路。根据需要将行程阀装在指定的位置上。当 1YA 通电、液压缸 1 活塞右移，直到其碰块压下行程阀触头后，液压缸 2 活塞开始右移；当电磁阀复位后，缸 1 活塞先退回，直至脱开行程阀 2 触头后，缸 2 的活塞才退回。动作顺序按①—②—③—④完成。该回路工作可靠，但改变动作顺序比较困难
		本回路为采用电气行程开关控制的顺序动作回路。1YA 通电，液压缸 1 活塞右行；当触动行程开关 4 后，2YA 通电，液压缸 2 活塞右行；直至行程终点触动行程开关 5，使 1YA 断电，缸 1 活塞向左退回，当退至触动行程开关 3 时，使 2YA 断电，缸 2 活塞向左退回。这样完成①—②—③—④全部顺序动作循环，活塞均回原位。本回路利用电气行程开关控制顺序动作，调整行程和改变其动作顺序方便；利用电气实现互锁，使顺序动作可靠，因此应用较广泛。在机床刀架的液压系统中应用很常见
		本回路为采用顺序缸的顺序动作回路。电磁阀 3 通电，顺序缸 1 活塞先行，油口 a 开，缸 2 活塞上升；电磁阀 3 断电，缸 1 活塞先退回，油口 b 打开，缸 2 退回，完成①—②—③—④顺序动作。本回路适用于完成固定顺序和位置情况下的顺序动作，而改变其动作顺序和行程位置是较难的。又由于顺序缸不宜用密封圈，故只适用于低压系统
时间控制顺序动作回路		本回路为采用延时阀实现液压缸 1、2 工作行程的顺序动作回路。当阀 4 处左位，液压缸 1 活塞左移，压力油同时进入延时阀 3。由于节流阀的节流作用，延时阀滑阀缓慢右移，延续一定时间后，油口 a、b 接通，油液进入液压缸 2，使其活塞右移。通过调节节流阀开度，即可调节液压缸 1 和缸 2 的先后动作时间差。因为节流阀的流量受载荷和温度的影响，不能保持恒定，所以用节流阀难以准确地实现时间控制；一般与行程控制方式配合使用

4.2 缓冲回路

执行元件所带动的工作机构如果速度较高或质量较大，若突然停止或换向时，会产生很大的冲击和振动。为了减少或消除冲击，除了对液压元件本身采取一些措施外，就是在液压系统的设计上采取一些办法实现缓冲，这种回路为缓冲回路。

表 21-3-17 缓冲回路

类 别	回 路	特 点
用节流阀的缓冲回路	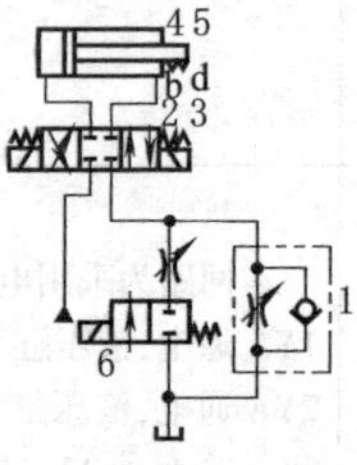 (a) 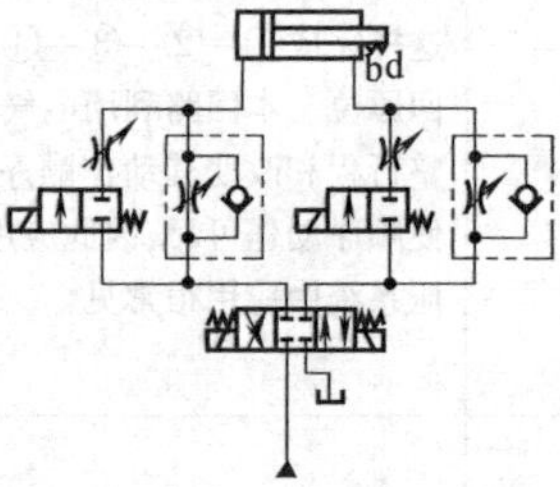 (b)	图 a 所示回路是将节流阀 1 安装在出油口的节流缓冲回路。在活塞杆上有凸块 4 或 5，碰到行程开关 2 或 3 时，电磁阀 6 断电，单向节流阀开始节流，实现回路的缓冲作用。根据要求缓冲的位置，调整行程开关的安放 图 b 所示回路与图 a 工作原理相同，但该回路为往复行程分别可调的缓冲回路
用溢流阀的缓冲回路	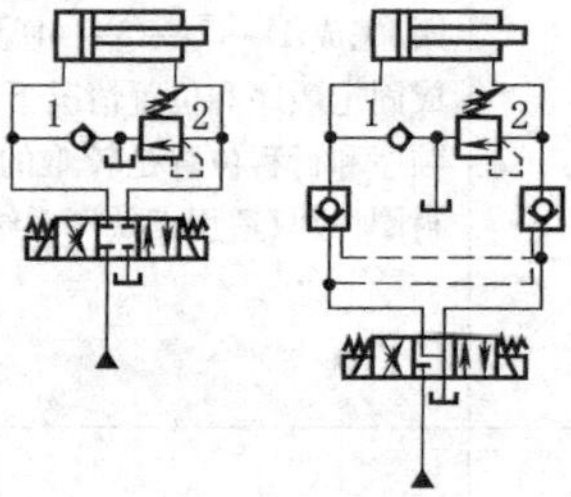	本回路中运动中的活塞有外力及移动部件惯性，要使其换向阀处于中位，回路停止工作，此时，溢流阀 2 起制动和缓冲作用。液压缸左腔经单向阀 1 从油箱补油
	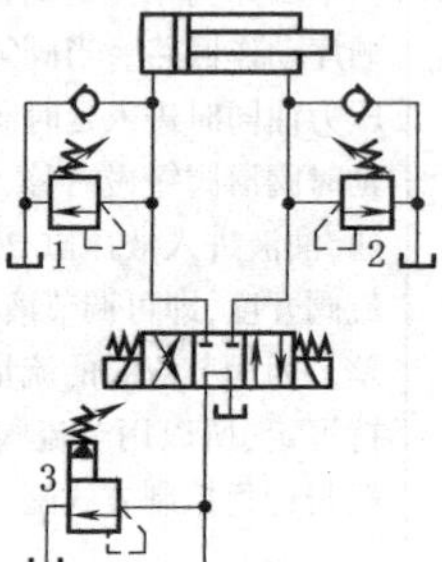	本回路使液压缸活塞进行双向缓冲。作为缓冲的溢流阀 1、2，必须比主油路中的溢流阀 3 的调定压力高 5%~10%，缓冲时，经单向阀由油箱补油

类 别	回 路	特 点
用电液阀的缓冲回路	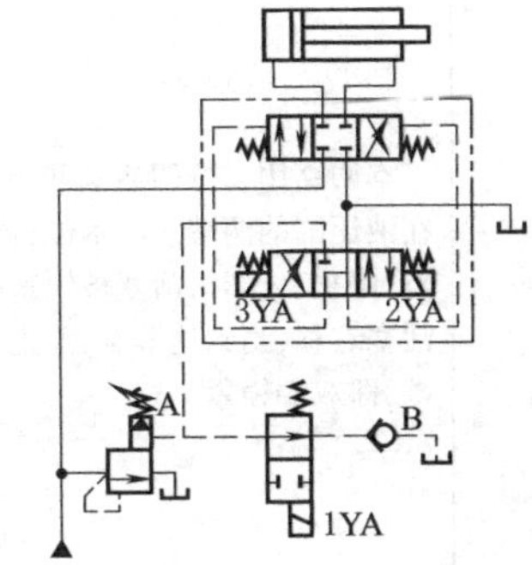	如图示位置,液压缸不工作。当1YA和2YA通电,从溢流阀遥控口来的控制油被引入液动换向阀的左端。在压力升到0.3~0.5MPa时,换向阀逐渐被切换到左位,压力油进入液压缸的左腔,推动活塞右移;当要求活塞向左返回时,使1YA和3YA通电即可。本回路的特点是换向阀在低压下逐渐切换,液压缸工作压力逐渐上升,不工作时卸荷,可以防止发热和冲击,适用于大功率液压系统
用蓄能器的缓冲回路	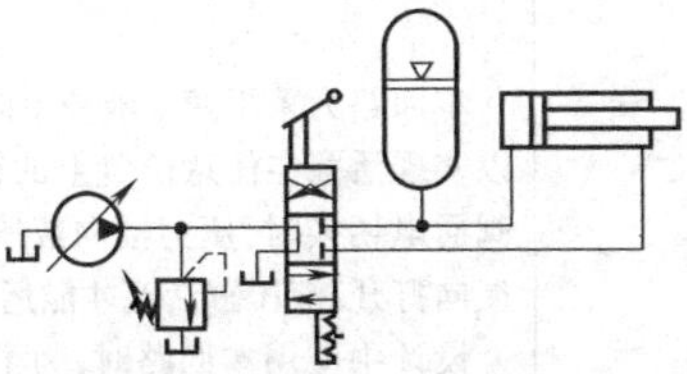	本回路为用蓄能器减少冲击的缓冲回路。将蓄能器安装在液压缸的端部,在活塞杆带动载荷运行近于端部要停止时,油液压力升高,此时由蓄能器吸收,减少冲击,实现缓冲
用液压缸的缓冲回路	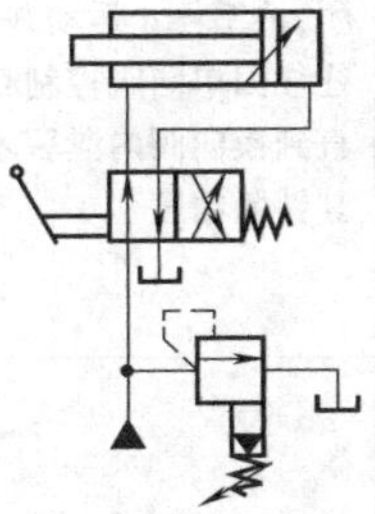	由缓冲液压缸组成的缓冲回路,对液压回路没有特殊的要求,缓冲动作可靠,但对缓冲液压缸的行程设计要求严格,不容易变换,适合于缓冲行程位置固定的工作场合,故限制了适用的范围。其缓冲效果由缓冲液压缸的缓冲装置调整

4.3 锁紧回路

锁紧回路是使执行元件停止工作时,将其锁紧在要求的位置上的回路。

表 21-3-18 锁紧回路

类 别	回 路	特 点
用单向阀的锁紧回路	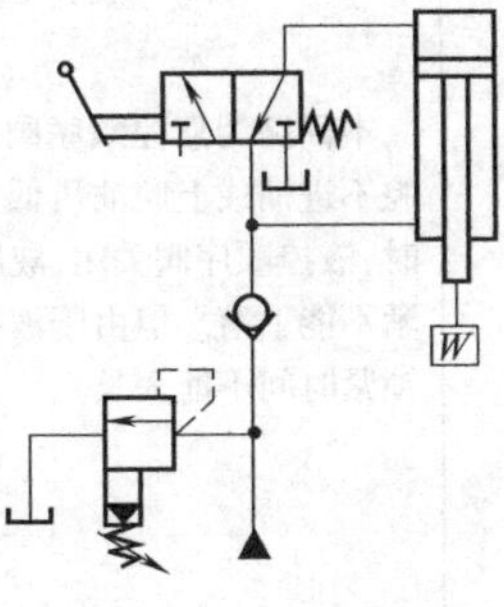	本回路采用一个单向阀,使液压缸活塞锁紧在行程的终点。单向阀的作用是防止重物因自重下落,也防止外载荷变化时活塞移动。本回路只能实现在液压缸一端锁紧

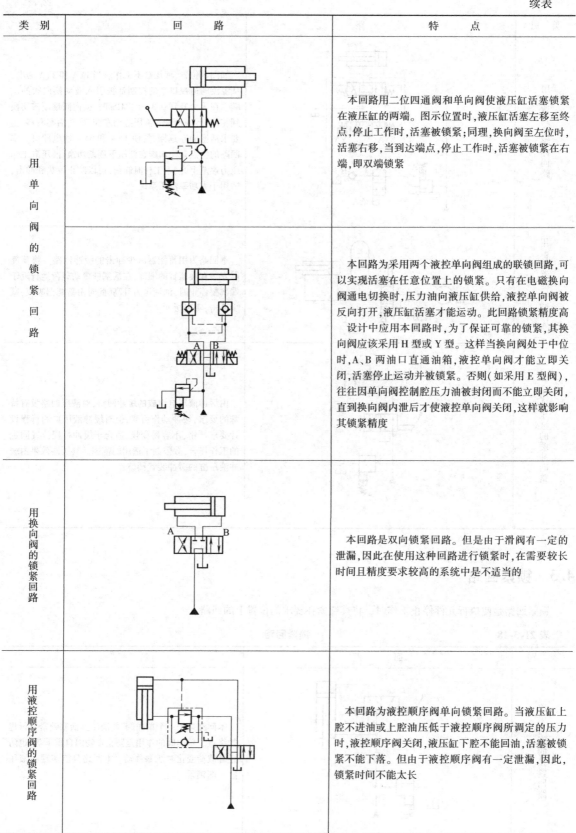

类 别	回 路	特 点
用单向阀的锁紧回路		本回路用二位四通阀和单向阀使液压缸活塞锁紧在液压缸的两端。图示位置时，液压缸活塞左移至终点，停止工作时，活塞被锁紧；同理，换向阀至左位时，活塞右移，当到达端点，停止工作时，活塞被锁紧在右端，即双端锁紧
		本回路为采用两个液控单向阀组成的联锁回路，可以实现活塞在任意位置上的锁紧。只有在电磁换向阀通电切换时，压力油向液压缸供给，液控单向阀被反向打开，液压缸活塞才能运动。此回路锁紧精度高 设计中应用本回路时，为了保证可靠的锁紧，其换向阀应该采用 H 型或 Y 型。这样当换向阀处于中位时，A、B 两油口直通油箱，液控单向阀才能立即关闭，活塞停止运动并被锁紧。否则(如采用 E 型阀)，往往因单向阀控制腔压力油被封闭而不能立即关闭，直到换向阀内泄后才使液控单向阀关闭，这样就影响其锁紧精度
用换向阀的锁紧回路		本回路是双向锁紧回路。但是由于滑阀有一定的泄漏，因此在使用这种回路进行锁紧时，在需要较长时间且精度要求较高的系统中是不适当的
用液控顺序阀的锁紧回路		本回路为液控顺序阀单向锁紧回路。当液压缸上腔不进油或上腔油压低于液控顺序阀所调定的压力时，液控顺序阀关闭，液压缸下腔不能回油，活塞被锁紧不能下落。但由于液控顺序阀有一定泄漏，因此，锁紧时间不能太长

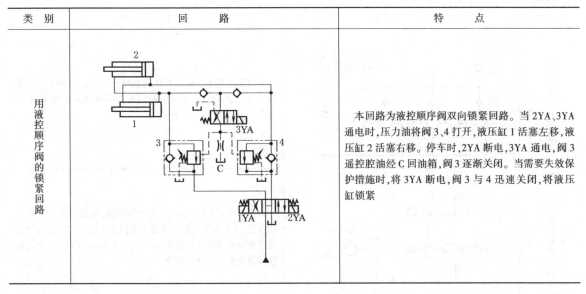

类　别	回　路	特　点
用液控顺序阀的锁紧回路		本回路为液控顺序阀双向锁紧回路。当 2YA、3YA 通电时,压力油将阀 3、4 打开,液压缸 1 活塞左移,液压缸 2 活塞右移。停车时,2YA 断电,3YA 通电,阀 3 遥控腔油经 C 回油箱,阀 3 逐渐关闭。当需要失效保护措施时,将 3YA 断电,阀 3 与 4 迅速关闭,将液压缸锁紧

4.4　油源回路

　　油源回路是液压系统中提供一定压力和流量传动介质的动力源回路。在设计油源时要考虑压力的稳定性、流量的均匀性、系统工作的可靠性、传动介质的温度、污染度以及节能等因素,针对不同的执行元件功能的要求,综合上述各因素,考虑油源装置中各种元件的合理配置,达到既能满足液压系统各项功能的要求,又不因配置不必要的元件和回路而造成投资成本的提高和浪费。油源结构有多种形式,表 21-3-19 列出了一些常用油源的组合形式。

　　以变量泵为主的油源主要考虑节省能源的因素,故在相关的节能回路和容积调速回路中作了介绍,利用油泵及其他元件可组成具有特定功能的回路。应依据液压系统功能的要求,参考相应的回路,进行油源的原理设计。

表 21-3-19　　　　　　　　　　　　**油源回路**

类　别	回　路	特　点
单定量泵供油回路		单定量泵回路用于对液压系统可靠性要求不高或者流量变动量不大的场合,溢流阀用于设定泵站的输出压力 　该图也表述了液压油站的基本组成。图中:1—加热器;2—空气过滤器;3—温度计;4—液位计;5—电动机;6—液压泵;7—单向阀;8—溢流阀;9—过滤器;10—冷却器;11—油箱。其中加热器、冷却器可以根据系统发热、环境温度、系统的工作性质决定取舍
多定量泵供油回路		本回路采用多个油泵并联向系统供压力油。该回路用于要求液压系统可靠性较高的设备和场合,采用数台泵工作一台备用的工作方式,当系统流量变化较大时也可以采用,当系统需要流量小时,一部分泵工作,其余泵卸荷,当需要大流量时,泵全部工作,达到节省能源的目的

第 21 篇

类　别	回　路	特　点
多定量泵供油回路	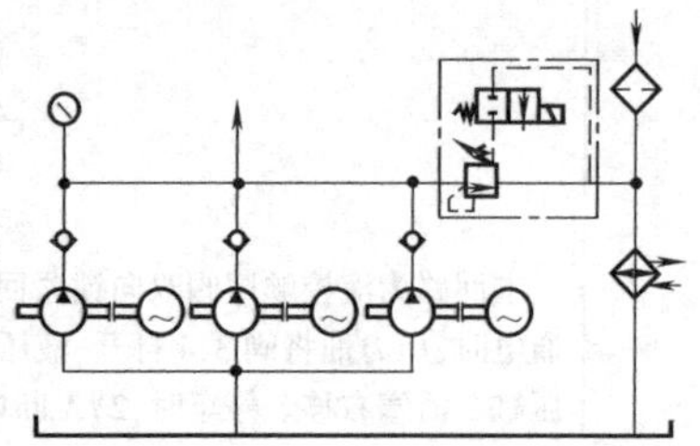	本回路采用多个油泵并联向系统供压力油。用于要求液压系统可靠性较高,不能中断供压力油的设备和场合,数台泵工作,一台泵备用或检修
定量泵辅助循环泵供油回路	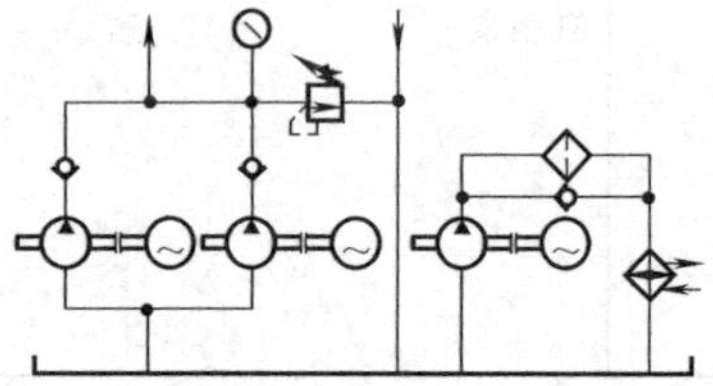	为了提高对系统温度、污染度的控制,该油站采用了独立的过滤、冷却循环回路。即使主系统不工作,采用这种结构,同样可以对系统进行过滤和冷却,主要用于对液压油的污染度和温度要求较高的场合
压力油箱供油回路	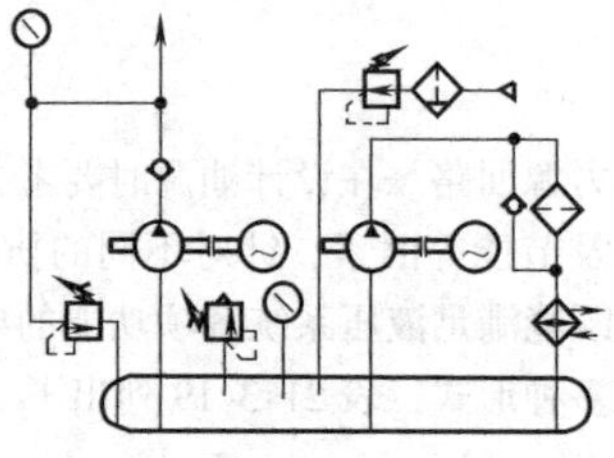	本回路用于水下作业或者环境条件恶劣的场合。油箱采用全封闭式设计,由充气装置向油箱提供过滤的压力空气,使箱内压力大于环境压力,防止传动介质被污染。充气压力根据环境条件确定
主辅泵供油回路	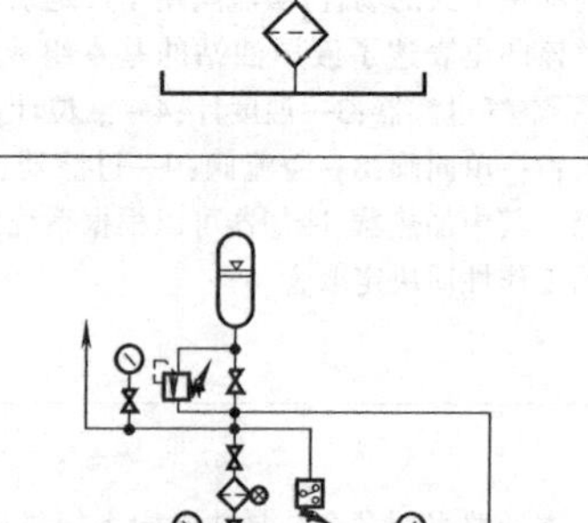	本回路采用两油泵向系统供压力油。主泵为高压、大流量恒功率变量泵。辅助泵为低压、小流量定量泵,该泵主要用于向系统提供控制压力油
设有蓄能器的供油回路	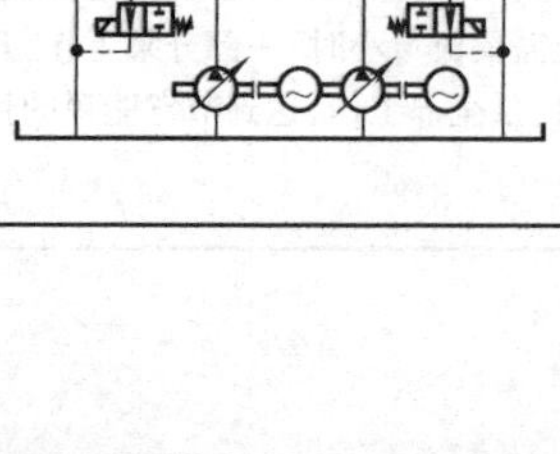	供油回路采用蓄能器作为辅助油源,起到节省能源的作用,降低油泵投资成本,同时还起到吸收压力冲击、减少流量脉动、短时大流量供油的作用。回路采用蓄能器,要注意与泵的连接方式和蓄能器过载保护

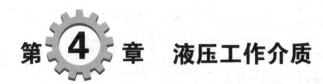

第 **4** 章 液压工作介质

1 液压工作介质的类别、组别、产品符号和命名
（摘自 GB/T 7631.1—2008、GB/T 7631.2—2003）

表 21-4-1

类别	组别	应用场合	更具体应用	产品符号L-	组成和特性	备注	产品的命名
L	H	液压系统（流体静压系统）	用于要求使用环境可接受液压液的场合	HH	无抑制剂的精制矿油		① 产品名称的一般形式 类-品种 数字 ② 产品名称的举例 例1： L - HM 32 数字（根据 GB/T 3141—1994 标准规定的黏度等级）品种（具有防锈、抗氧和抗磨性的精制矿油，H 为 L 类产品所属的组别，其应用场合为液压系统）类别（润滑剂和有关产品）例2： L - HFDR 46 数字（根据 GB/T 3141—1994 标准规定的黏度等级）品种（磷酸酯无水合成液，H 为 L 类产品所属的组别，其应用场合为液压系统）类别（润滑剂和有关产品）
				HL	精制矿油，并改善其防锈和抗氧性		
				HM	HL 油，并改善其抗磨性	典型应用为有高载荷部件的一般液压系统	
				HR	HL 油，并改善其黏温性		
				HV	HM 油，并改善其黏温性	典型应用为建筑和船舶设备	
				HS	无特定难燃性的合成液	特殊性能	
				HETG	甘油三酸酯	每个品种的基础液的最小含量应不少于70%（质量分数） 典型应用为一般液压系统（可移动式）	
				HEPG	聚乙二醇		
				HEES	合成酯		
				HEPR	聚 α 烯烃和相关烃类产品		
			液压导轨系统	HG	HM 油，并具有抗黏-滑性	这种液体具有多种用途，但并非在所有液压应用中皆有效。典型应用为液压和滑动轴承导轨润滑系统合用的机床，在低速下使振动或间断滑动（黏-滑）减为最小	

类别	组别	应用场合	更具体应用	产品符号L	组成和特性	备　注	产品的命名
L	H	液压系统（流体静压系统）	用于使用难燃液压液的场合	HFAE	水包油型乳化液	通常含水量大于80%（质量分数）	
				HFAS	化学水溶液	通常含水量大于80%（质量分数）	
				HFB	油包水乳化液		
				HFC	含聚合物水溶液①	通常含水量大于35%（质量分数）	
				HFDR	磷酸酯无水合成液②	通常含水量小于4%（质量分数）	
				HFDU	脂肪酸酯合成液③	5%（质量分数）	
		液压系统（流体动力系统）	自动传动系统	HA		与这些应用有关的分类尚未进行详细地研究，以后可以增加	
			偶合器和变矩器	HN			

① 由水、乙二醇及特种高分子聚合物组成，无毒易生物降解。应注意材料的适应性。

② 磷酸酯采用三芳基磷酸酯配以防腐剂及抗氧化剂，与含水介质不相容。

③ 脂肪酸酯是由有机酯（天然酯和合成酯）和抗氧化剂、防腐剂，抗金属活化剂、消泡剂以及抗乳化剂组成。具有无毒、黏度-压力特性好和材料相容性好等优点。

注：1. 液压工作介质有液压油和液压液两类，根据 GB/T 498—1987《石油产品及润滑剂的总分类》和 GB/T 7631.1—2008《润滑剂和有关产品（L类）的分类——第1部分：总分组》的规定，将其归入"润滑剂和有关产品（L类）"和该类的"H组（液压系统）"。本分类标准系等效采用 ISO 6743/0—1981《润滑剂、工业润滑油和有关产品（L类）的分类——第0部分：总分组》和等同采用 ISO 6743-4：1999《润滑剂、工业用油和相关产品（L类）的分类第4部分：H组（液压系统）》（英文版）而制定的。

2. 本类产品的类别名称和组别符号分别用英文字母"L"和"H"表示。分组原则系根据产品的应用场合。

3. 本分类暂不包括汽车刹车液和航空液压液。

4. H组的详细分类根据符合本组产品品种的主要应用场合和相应产品的不同组成来确定。

5. 每个品种由一组字母组成的符号表示，它构成一个编码，编码的第一个字母（H）表示产品所属的组别，后面的字母单独存在时本身无含义。

6. 每个品种的符号中可以附有按 GB/T 3141—1994《工业液体润滑剂 ISO 黏度分类》规定的黏度等级。

2　液压油黏度分类

黏度是液压油（液）划分牌号的依据。液压油（液）属于工业液体润滑剂的（H）组，其黏度分类按 GB/T 3141—1994《工业液体润滑剂 ISO 黏度分类》进行。此分类法系等效采用 ISO 3448—1992 编制的。标称黏度等级用 40℃ 时的运动黏度中心值表示，单位为 mm²/s，并以此表示液压油（液）的牌号。对于某一黏度等级，其黏度范围距中心值的允许偏差为 ±10%，相邻黏度等级间的中心黏度值相差 50%。液压油（液）常用的黏度等级，或称牌号，为 10 号至 100 号，主要集中在 15 号至 68 号。具体黏度等级分类见表 21-4-2。

表 21-4-2　工业液体润滑剂 ISO 黏度分类（摘自 GB/T 3141—1994）

ISO 黏度等级		2	3	5	7	10	15	22	32	46	68
中间点运动黏度(40℃)/mm²·s⁻¹		2.2	3.2	4.6	6.8	10	15	22	32	46	68
运动黏度范围(40℃)/mm²·s⁻¹	最小	1.98	2.88	4.14	6.12	9.0	13.5	19.8	28.8	41.4	61.2
	最大	2.42	3.52	5.06	7.48	11.0	16.5	24.2	35.2	50.6	74.8
ISO 黏度等级		100	150	220	320	460	680	1000	1500	2200	3200
中间点运动黏度(40℃)/mm²·s⁻¹		100	150	220	320	460	680	1000	1500	2200	3200
运动黏度范围(40℃)/mm²·s⁻¹	最小	90.0	135	198	288	414	612	900	1350	1980	2880
	最大	110	165	242	352	506	748	1100	1650	2420	3520

3 对液压工作介质的主要要求

表 21-4-3

要 求	说 明
黏度合适,随温度的变化小	工作介质黏度是根据液压系统中重要液压元件的油膜承载能力确定的,故应在保证承载能力的条件下,选择合适的介质黏度。工作介质的黏度太大,系统的压力损失大,效率降低,而且泵的吸油状况恶化,容易产生空穴和汽蚀作用,使泵运转困难。黏度太小,则系统泄漏太多,容积损失增加,系统效率亦低,并使系统的刚性变差。此外,季节改变,以及机器在启动前后和正常运转的过程中,工作介质的温度会发生变化,因此,为了使液压系统能够正常和稳定地工作,要求工作介质的黏度随温度的变化要小
润滑性良好	工作介质对液压系统中的各运动部件起润滑作用,以降低摩擦和减少磨损,保证系统能够长时间正常工作。近来,液压系统和元件正朝高性能化方向发展,许多摩擦部件处于边界润滑状态,所以,要求液压工作介质具有良好的润滑性
抗氧化	工作介质与空气接触会产生氧化变质,高温、高压和某些物质(如铜、锌、铝等)会加速氧化过程。氧化后介质的酸值增加,腐蚀性增强,而且氧化生成的黏稠物会堵塞元件的孔隙,影响系统的正常工作,因此,要求工作介质具有良好的抗氧化性
剪切安定性好	工作介质在经过泵、阀和微孔元器件时,要经受剧烈的剪切。这种机械作用会使介质产生两种形式的黏度变化,即在高剪切速度下的暂时性黏度损失和聚合型增黏剂分子破坏后造成的永久性黏度下降。在高速、高压时这种情况尤为严重。黏度降低到一定程度后就不能够继续使用,因此,要求工作介质的剪切安定性好
防锈和不腐蚀金属	液压系统中许多金属零件长期与工作介质接触,其表面在溶解于介质中的水分和空气的作用下会发生锈蚀,使精度和表面质量受到破坏。锈蚀颗粒在系统中循环,还会引起元件加速磨损和系统故障。同时,也不允许介质自身对金属零件有腐蚀作用,或会缓慢分解产生酸等腐蚀性物质。所以,要求液压工作介质具有良好的保护金属、防止生锈和不腐蚀金属的性能
同密封材料相容	工作介质必须同元件上的密封材料相容,不引起溶胀、软化或硬化,否则,密封会失效,产生泄漏,使系统压力下降,工作不正常
消泡和抗泡沫性好	混入和溶于工作介质的空气,常以气泡(直径大于 1.0mm)和雾沫空气(直径小于 0.5mm)两种形式析出,即起泡。起泡的介质使系统的压力降低,润滑条件恶化,动作刚性下降,并引起系统产生异常噪声、振动和汽蚀。此外,空气泡和雾沫空气的表面积大,同介质接触使氧化加速,所以,要求工作介质具有良好的消泡和抗泡沫性
抗乳化性好	水可能从不同途径混入工作介质。含水的液压油工作时受剧烈搅动,极易乳化,乳化使油液劣化变质和生成沉淀物,妨碍冷却器的导热,阻滞管道和阀门,降低润滑性及腐蚀金属,所以,要求工作介质具有良好的抗乳化性
清洁度符合要求	工作介质中的机械杂质会堵塞液压元件通路,引起系统故障。机械杂质又会使液压元件加速磨损,影响设备正常工作,加大生产成本。各种液压系统工作介质都应符合相应清洁度的要求
其他	良好的化学稳定性、低温流动性、难燃性,以及无毒、无臭,在工作压力下,具有充分的不可压缩性

4 常用液压工作介质的组成、特性和应用

表 21-4-4

产品符号 （或产品名称）	黏度等级	组成、特性和主要应用介绍	相当、相近和 可代用产品
L-HH	15、22、32、46、68、100、150	本产品为不加添加剂或加有少量抗氧剂的精制矿油。产品质量比全损耗系统用油（L-AN 油）高，抗氧和防锈性比汽轮机油差。用于低压或简单机具的液压系统。无本品时可选用 L-HL 油	L-HL
L-HL	15、22、32、46、68、100	原油经常减压蒸馏所得馏分油，再经溶剂脱蜡、精制、白土或加氢精制所得中性油，加入抗氧、防锈、抗泡等添加剂调和而成。具有良好的防锈及抗氧化安定性，使用寿命较矿物油长一倍以上，并有较好的空气释放性、抗泡性、分水性及橡胶密封相容性。主要应用于机床和其他设备的低压齿轮泵系统。适用环境温度为 0℃ 以上，最高使用温度为 80℃。无本产品时可用 L-HM 油等	L-FC L-TSA L-HM
L-HM	15、22、32、46、68、100、150	由深度精制矿油加入抗氧、防锈、抗磨、抗泡等添加剂调和而成。产品具有良好的抗磨性，在中、高压条件下能使摩擦面具有一定的油膜强度，降低摩擦和磨损；有良好的润滑性、防锈性及抗氧化安定性，与丁腈橡胶有良好的相容性。适用于各种液压泵的中、高压液压系统。适用环境温度为–10～40℃。对油有低温性能要求或无本产品时，可选用 L-HV 和 L-HS 油	L-HV L-HS
L-HV	15、22、32、46、68、100、150	本产品为在 L-HM 油基础上改善其黏温性的润滑油。适用于环境温度变化较大和工作条件恶劣（指野外工程和远洋船舶等）的低、中、高压液压系统。对油有更好的低温性能要求或无本产品时，可选用 L-HS 油。本产品黏度指数大于 170 时还可用于数控液压系统	L-HS
L-HR	15、32、46	本产品为在 L-HL 油基础上改善其黏温性的润滑油。适用于环境温度变化较大和工作条件恶劣（野外工程、远洋船舶）的低压液压系统以及有青铜或银部件的液压系统	
L-HS	10、15、22、32、46	本产品为无特定难燃性的合成液，目前暂考虑为合成烃油。加有抗氧、防锈、抗磨剂和黏温性能改进剂，应用同 L-HV 油，但低温黏度更小，更适用于严寒区，也可全国四季通用	
L-HG	32、68	本产品为在 L-HM 油基础上改善其黏-滑性的润滑油，具有良好的黏-滑特性，是液压和导轨润滑合用系统的专用油	
L-HFAE	7、10、15、22、32	本产品为水包油型（O/W）乳化液，也是一种乳化型高水基液，通常含水量在 80% 以上，低温性、黏温性和润滑性差，但难燃性好，价格便宜。适用于煤矿液压支架静压液压系统和其他不要求回收废液，不要求有良好润滑性，但要求有良好难燃性液体的液压系统或机械部位。使用温度为 5～50℃	
L-HFAS	7、10、15、22、32	本产品为水的化学溶液，是一种含有化学品添加剂的高水基液，通常为呈透明状的真溶液。低温性、黏温性和润滑性差，但难燃性好，价格便宜。适用于需要难燃液的低压液压系统和金属加工等机械。使用温度为 5～50℃	

续表

产品符号	黏度等级	组成、特性和主要应用介绍	相当、相近和可代用产品
	（或产品名称）		
L-HFB	22、32、46、68、100	本产品为油包水型（W/O）乳化液，常含油60%以上，其余为水和添加剂，低温性差，难燃性比L-HFDR液差。适用于冶金、煤矿等行业的中压和高压、高温和易燃场合的液压系统。使用温度为5～50℃	
L-HFC	15、22、32、46、68、100	本产品通常为含乙二醇或其他聚合物的水溶液，低温性、黏温性和对橡胶适应性好。它的难燃性好，但比L-HFDR液差。适用于冶金和煤矿等行业的低压和中压液压系统。使用温度为-20～50℃	WG-38 WG-46
L-HFDR	15、22、32、46、68、100	本产品通常为无水的各种磷酸酯作基础油加入各种添加剂而制得，难燃性较好，但黏温性和低温性较差，对丁腈橡胶和氯丁橡胶的适应性不好。适用于冶金、火力发电、燃气轮机等高温高压下操作的液压系统。使用温度为-20～100℃	4613-1 4614 HP-38 HP-46
L-HFDU	15、22、32、46、68、100	本产品通常为无水的各种有机酯作为基础油，加入各种添加剂制得，难燃性好，黏度-压力特性和低温流动性好，无毒，有较好的防锈性和抗腐蚀性，油泵使用寿命极好，并具有再生性和非常好的材料适用性	
10号航空液压油		10号航空液压油以深度精制的轻质石油馏分油为基础油，加有8%～9%的T601增黏剂、0.5%的T501抗氧防胶剂、0.007%的苏丹Ⅳ染料。具有良好的黏温特性，凝点低，低温性能和抗氧化安定性好，不易生成酸性物质和胶膜，油液高度清洁，应用于飞机的液压系统和起落架、减振器、减摆器等，也应用于大型舰船的武器和通信设备，如雷达、导弹发射架和火炮的液压系统等。寒区作业的工程机械，有的规定冬季使用航空液压油，如日本的加藤挖掘机等	
合成锭子油		合成锭子油是由含烯烃的轻质石油馏分，经三氯化铝催化叠合等工艺制得的合成润滑油，再经白土精制并加添加剂调和而成。此品种低温性能好，相对密度大，黏度范围宽，质量稳定，安定性好，长期贮存不易变质，适用于低温系统和普通液压油不能胜任的系统	
炮用液压油		炮用液压油由原油经常压蒸馏、尿素脱蜡、白土精制所得的润滑油馏分作基础油，添加增黏剂、防锈剂、抗氧剂调和制成，呈浅黄色透明液体，具有良好的抗氧、防锈及黏温性能，凝点很低，可南北四季适用。用作各种炮、重型火炮液压系统工作介质	
机动车辆制动液		机动车辆制动液应用于机动车辆液压制动系统。合成机动车辆制动液由各种类型制动液基础液（合成液，如醇醚类、季戊四醇类、烷氧基硅醚类、双酯类、硅酮类）加抗氧化、抗腐蚀、抗磨损和防锈等添加剂制成。标准 GB 12981—2003《机动车辆制动液》按机动车辆安全使用要求，规定有 HZY3、HZY4、HZY5 三种产品，它们分别对应国际通用产品 DOT3、DOT4、DOT5 或 DOT5.1	

左侧竖排标题：GB/T 7631.2—2003 体系液压油（液）

专用液压油（液）

5 液压工作介质的添加剂

表 21-4-5 添加剂的作用、成分和用量

添加剂种类		作　　用	主要化合物及代号	添加量(质量)/%
改善物理性质的添加剂	油性剂	大多是一些表面活性物质,能吸附在金属表面上形成边界润滑层,防止金属直接接触	硫化鲸鱼油(T401) 硫化棉籽油(T404)	2 1~2
	抗磨剂	在摩擦面上形成二次化合物保护膜,减少磨损,或在高温条件下分解出活性元素与金属表面起化学反应,生成低剪切强度的金属化合物薄膜,防止烧结和擦伤	氟化石蜡(T301) 二聚酸加磷酸酯(T306) 二烷基二硫代磷酸锌(T202)	5~10
	增黏剂	改善液压油的黏温特性和提高黏度指数。大多是具有线状结构的高分子聚合物,分子量比基础油分子大数十倍至数百倍,故增加了内摩擦,使黏度增大。低温时,聚合物卷曲成紧密小球状,对低温黏度影响小。高温时聚合物舒展开,增加黏度,可改善黏温特性	聚正丁基乙烯基醚(T601) 聚甲基丙烯酸酯(T602)	2~8 0.5
	抗泡剂	降低表面张力,使气泡能迅速地逸出油面,以消除气泡	二甲基硅油、金属皂、脂肪酸等	0.0005~0.005
	降凝剂	防止低温下基础油石蜡形成网状结晶,使凝点下降,保持油品的流动性	烷基萘(T801)	0.5~1.5
改善化学性质的添加剂	抗氧抗腐剂	一是它本身比油品中绝大多数成分更易被氧化,从而保护油品免受氧化;二是在金属表面生成络合物薄膜,隔绝其与氧及其他腐蚀性物质的接触,防止金属对油氧化的催化作用和油对金属的腐蚀作用	二烷基二硫代磷酸锌(T202) 硫磷化烯烃钙盐(T201)	0.4~2
	抗氧防胶剂	与游离活性基团或过氧化物反应生成安定性物质,以延缓或中断油品的氧化反应速度	2,6-二叔丁基对甲酚(T501)	0.4~2
	防锈剂	一般都是极性化合物,它被吸附在与腐蚀介质接触的金属表面上,形成憎水性的吸附膜。一些易挥发的防锈剂还能进入蒸汽相,吸附到金属表面,起气相防锈作用	石油磺酸钠(T701) 十七烯基咪唑啉的十二烯基丁二酸盐(T703)	0.01~1.0
	防霉菌剂	防止和抑制乳化油液发生霉菌	酚类化合物、甲醛化合物、水杨酸、酰基苯胺	0.02~0.1

6 液压工作介质的其他物理特性

6.1 密度

单位容积液压介质的质量称为密度。常温下各种液压介质的密度见表21-4-6。

表 21-4-6 液压介质的密度 g/cm³

介质种类	一般矿物液压油	HFA 系列水包油乳化液	HFB 系列油包水乳化液	HFC 系列水-乙二醇液压液	磷酸酯液压液	脂肪酸酯液压液	纯水
密度值	0.85~0.95	0.99~1.0	0.91~0.96	1.03~1.08	1.12~1.2	0.90~0.93	1.0

6.2 可压缩性和膨胀性

表 21-4-7

物理代号	定义及计算公式	说明	符号意义
体积压缩系数 K	液压、介质的体积压缩系数用来表示可压缩性的大小,其定义式为 $$K = -\frac{\Delta V/V_0}{\Delta p}$$	对于未混有空气的矿物油型液压油,其体积压缩系数 $K=(5\sim7)\times10^{-10} \mathrm{m}^2/\mathrm{N}$。 显然,液压介质的体积压缩系数很小,因而,工程上可认为液压介质是不可压缩的。然而,在高压液压系统中,或研究系统动特性及计算远距离操纵的液压机构时,必须考虑工作介质压缩性的影响	ΔV——液压介质的体积变化量,m³ V_0——常温下的液压介质初始体积,m³ Δp——压力变化量,Pa
液压介质的体积弹性模量 E	液压介质体积压缩系数的倒数称为体积弹性模量,用 E 表示 $$E = 1/K$$	对于未混入空气的矿物油型液压油,其值为 $E=1.4\sim2\mathrm{GPa}$;油包水型乳化液,$E=2.3\mathrm{GPa}$;水-乙二醇液压液,$E=3.45\mathrm{GPa}$	K——体积压缩系数
含气液压介质的体积弹性模量	考虑含气液压介质中空气是等温变化时公式为: $$E' = \frac{\dfrac{V_{f0}}{V_{a0}}+\dfrac{p_0}{p}}{\dfrac{V_{f0}}{V_{a0}}+\dfrac{Ep_0}{p^2}}E$$ 或 $$E' = \frac{\dfrac{1-x_0}{x_0}+\dfrac{p_0}{p}}{\dfrac{1-x_0}{x_0}+\dfrac{Ep_0}{p^2}}E$$	液压系统中所用的液压介质,均混有一定的空气。液压介质混入空气后,会显著地降低介质的体积弹性模量,当空气是等温变化时,其值可由下式给出	E'——液压介质中混入空气时的体积弹性模量,Pa E——液压介质的体积弹性模量,Pa V_{f0}——1 大气压下液压介质的体积,m³ V_{a0}——1 大气压下混入液压介质中的空气体积,m³ p_0——绝对大气压力,Pa p——系统绝对压力,Pa x_0——1 大气压下,空气体积的混入比 $x_0 = V_{a0}/(V_{a0}+V_{f0})$
液压介质的热膨胀性	热膨胀率 α $$\alpha = \frac{\Delta V/V_0}{\Delta t}$$	液压介质的体积随温度变化而变化的性质称为热膨胀性	ΔV——液压介质的体积变化量,m³ V_0——常温下的液压介质初始体积,m³ Δt——相对于常温的温度变化,℃

7　液压工作介质的质量指标

7.1　液压油（摘自 GB 11118.1—2011）

表 21-4-8　　　　　　　液压油（L-HL，L-HM 和 L-HG）质量指标

项目	质量指标																					试验方法
	L-HL							L-HM 高压				L-HM 普通						L-HG				
黏度等级 (GB/T 3141)	15	22	32	46	68	100	150	32	46	68	100	22	32	46	68	100	150	32	46	68	100	
密度(20℃)[①] /(kg/m³)	报告							报告				报告						报告				GB/T 1884 和 GB/T 1885
色度/号	报告							报告				报告						报告				GB/T 6540
外观	透明							透明				透明						透明				目测
闪点/℃ 开口　不低于	140	165	175	185	195	205	215	175	185	195	205	165	175	185	195	205	215	175	185	195	205	GB/T 3536
运动黏度 /(mm²/s) 40℃	13.5~16.5	19.8~24.2	28.8~35.2	41.4~50.6	61.2~74.8	90~110	135~165	28.8~35.2	41.4~50.6	61.2~74.8	90~110	19.8~24.2	28.8~35.2	41.4~50.6	61.2~74.8	90~110	135~165	28.8~35.2	41.4~50.6	61.2~74.8	90~110	GB/T 265
0℃　不大于	140	300	420	780	1400	2560	—	—	—	—	—	300	420	780	1400	2560	—	—	—	—	—	
黏度指数[②] 不小于	80							95				85						90				GB/T 1995
倾点[③]/℃ 不高于	−12	−9	−6	−6	−6	−6	−6	−15	−9	−9	−9	−15	−15	−9	−9	−9	−9	−6	−6	−6	−6	GB/T 3535
酸值[④] (以 KOH 计) /(mg/g)	报告							报告				报告						报告				GB/T 4945
水分 (质量分数)/% 不大于	痕迹							痕迹				痕迹						痕迹				GB/T 260
机械杂质	无							无				无						无				GB/T 511
清洁度	⑤							⑤				⑤						⑤				DL/T 432 和 GB/T 14039
铜片腐蚀 (100℃,3h)/级 不大于	1							1				1						1				GB/T 5096
泡沫性(泡沫倾向 /泡沫稳定性) /(mL/mL) 程序Ⅰ(24℃) 不大于	150/0							150/0				150/0						150/0				GB/T 12579
程序Ⅱ(93.5℃) 不大于	75/0							75/0				75/0						75/0				
程序Ⅲ(后24℃) 不大于	150/0							150/0				150/0						150/0				
密封适应性指数 不大于	14	12	10	9	7	6	报告	12	10	8	报告	13	12	10	8	报告	报告	报告				SH/T 0305
抗乳化性(浮化液到 3mL 的时间)/min 54℃　不大于	30	30	30	30	30	—	—	30	30	30	—	30	30	30	30	—	—	报告			—	GB/T 7305
82℃　不大于	—	—	—	—	—	30	30	—	—	—	30	—	—	—	—	30	30	—			报告	

① 测定方法也包括用 SH/T 0604。
② 测定方法也包括用 GB/T 2541，结果有争议时，以 GB/T 1995 为仲裁方法。
③ 用户有特殊要求时，可与生产单位协商。
④ 测定方法也包括用 GB/T 264。
⑤ 由供需双方协商确定。也包括用 NAS 1638 分级。

表 21-4-9 **液压油（L-HV 和 L-HS）质量指标**

项目		质量指标												试验方法
		L-HV 低温							L-HS 超低温					
黏度等级（GB/T 3141）		10	15	22	32	46	68	100	10	15	22	32	46	
密度①（20℃）/（kg/m³）		报告							报告					GB/T 1884 和 GB/T 1885
色度/号		报告							报告					GB/T 6540
外观		透明							透明					目测
闪点/℃ 开口　　不低于 闭口　　不低于		— 100	125 —	175 —	175 —	180 —	180 —	190 —	— 100	125 —	175 —	175 —	180 —	GB/T 3536 GB/T 261
运动黏度（40℃）/（mm²/s）		9.00~11.0	13.5~16.5	19.8~24.2	28.8~35.2	41.4~50.6	61.2~74.8	90~110	9.00~11.0	13.5~16.5	19.8~24.2	28.8~35.2	41.4~50.6	GB/T 265
运动黏度 1500mm²/s 时的温度/℃　　不高于		-33	-30	-24	-18	-12	-6	0	-39	-36	-30	24	-18	GB/T 265
黏度指数②　不小于		130	130	140	140	140	140	140	130	130	150	150	150	GB/T 1995
倾点③/℃　不高于		-39	-36	-36	-33	-33	-30	-21	-45	-45	-45	-45	-39	GB/T 3535
酸值④（以 KOH 计）/（mg/g）		报告							报告					GB/T 4945
水分（质量分数）/% 不大于		痕迹							痕迹					GB/T 260
机械杂质		无							无					GB/T 511
清洁度		⑤							⑤					DL/T 432 和 GB/T 14039
铜片腐蚀（100℃,3h）/级　不大于		1							1					GB/T 5096
硫酸盐灰分/%		报告							报告					GB/T 2433
液相锈蚀（24h）		无锈							无锈					GB/T 11143（B 法）
泡沫性（泡沫倾向/泡沫稳定性）/（mL/mL） 程序Ⅰ（24℃）　不大于 程序Ⅱ（93.5℃）　不大于 程序Ⅲ（后24℃）　不大于		150/0 75/0 150/0							150/0 75/0 150/0					GB/T 12579
空气释放值（50℃）/min　不大于		5	5	6	8	10	12	15	5	5	6	8	10	SH/T 0308
抗乳化性（乳化液到 3mL 的时间）/min 54℃　　不大于 82℃　　不大于		30 —	30 —	30 —	30 —	30 —	30 —	— 30	30					GB/T 7305
剪切安定性（250 次循环后,40℃ 运动黏度下降率）/%　不大于		10							10					SH/T 0103
密封适应性指数　不大于		报告	16	14	13	11	10	10	报告	16	14	13	11	SH/T 0305
氧化安定性 1500h 后总酸值（以 KOH 计）⑥/（mg/g）不大于 1000h 后油泥/mg		— —	— —	2.0 报告					— —	— —	2.0 报告			GB/T 12581 SH/T 0565

项目		质量指标												试验方法
		L-HV 低温							L-HS 超低温					
黏度等级(GB/T 3141)		10	15	22	32	46	68	100	10	15	22	32	46	
旋转氧弹(150℃)/min		报告	报告		报告				报告	报告		报告		SH/T 0193
抗磨性	齿轮机试验[7]/失效级 不小于	—	—	—	10	10	10	10	—	—	—	10	10	SH/T 0306
	磨斑直径(392N,60min, 75℃,1200r/min)/mm				报告							报告		SH/T 0189
	双泵(T6H20C)试验[7] 叶片和柱销总失重/mg 不大于	—	—	—		15			—	—	—		15	
	柱塞总失重/mg 不大于	—	—	—		300			—	—	—		300	
水解安定性 铜片失重/(mg/cm²) 不大于					0.2							0.2		SH/T 0301
水层总酸度(以 KOH 计)/mg 不大于					4.0							4.0		
铜片外观				未出现灰、黑色							未出现灰、黑色			
热稳定性(135℃,168h) 铜棒失重/(mg/200mL) 不大于					10							10		SH/T 0209
钢棒失重/(mg/200mL)					报告							报告		
总沉渣重/(mg/100mL) 不大于					100							100		
40℃运动黏度变化/%					报告							报告		
酸值变化率/%					报告							报告		
铜棒外观					报告							报告		
钢棒外观					不变色							不变色		
过滤性/s 无水 不大于					600							600		SH/T 0210
2%水[8] 不大于					600							600		

① 测定方法也包括用 SH/T 0604。

② 测定方法也包括用 GB/T 2541。结果有争议时，以 GB/T 1995 为仲裁方法。

③ 用户有特殊要求时，可与生产单位协商。

④ 测定方法也包括用 GB/T 264。

⑤ 由供需双方协商确定。也包括用 NAS 1638 分级。

⑥ 黏度等级为 10 和 15 的油不测定，但所含抗氧剂类型和量应与产品定型黏度等级为 22 的试验油样相同。

⑦ 在产品定型时，允许只对 L-HV 32 油进行齿轮机试验和双泵试验，其他各黏度等级所含功能剂类型和量应与产品定型时黏度等级为 32 的试验油样相同。

⑧ 有水时的过滤时间不超过无水时的过滤时间的两倍。

7.2 专用液压油（液）

表 21-4-10　　　　10 号和 12 号航空液压油技术性能（摘自 SH 0358—2005）

项　目			质　量　指　标		试　验　方　法
			10 号	12 号	
外观			红色透明液体		目　测
运动黏度/mm² · s⁻¹	50℃	不小于	10	12	GB/T 265
	−50℃	不大于	1250	—	
初馏点/℃		不低于	210	230	GB/T 6536
酸值/mg(KOH) · g⁻¹		不大于	0.05	0.05	GB/T 264①
闪点(开口)/℃		不低于	92	100	GB/T 267
凝点/℃		不高于	−70	−60	GB/T 510
水分/mg · kg⁻¹		不大于	60	—	GB/T 11133
机械杂质/%			无	无	GB/T 511
水溶性酸或碱			无	无	GB/T 259
油膜质量(65℃±1℃,4h)			合格	—	②
低温稳定性(−60℃±1℃,72h)			合格	合格	另有规定
超声波剪切(40℃运动黏度下降率)/%		不大于	16	20	SH/T 0505
氧化安全性(140℃,60h)	氧化后运动黏度/mm² · s⁻¹			变化率	SH/T 0208
	50℃	不小于	9		
	−50℃	不大于	1500	−5%至+12%	
	氧化后酸值/mg(KOH) · g⁻¹ 不大于		0.15	0.3	GB/T 264
	腐蚀度/mg · cm⁻²				SH/T 0208
	钢片	不大于	±0.1	±0.1	
	铜片	不大于	±0.15	±0.2	
	铝片	不大于	±0.15	±0.1	
	镁片	不大于	±0.1	±0.2	
密度(20℃)/kg · m⁻³		不大于	850	800~900	GB/T 1884 及 GB/T 1885
铜片腐蚀(70℃±2℃,24h)/级		不大于	2	—	GB/T 5096

① 用 95%乙醇（分析纯）抽提，取 0.1%溴麝香草酚蓝作指示剂。

② 油膜质量的测定：将清洁的玻璃片浸入试油中取出，垂直地放在恒温器中干燥，在 65℃±1℃下保持 4h，然后在15~25℃下冷却 30~45min，观察在整个表面上油膜不得呈现硬的黏滞状。

表 21-4-11　　　　舰用液压油技术性能（摘自 GJB 1085—1991）

项　目		质　量　指　标	试　验　方　法
运动黏度(40℃)/mm² · s⁻¹		28.8~35.2	GB/T 265
黏度指数	不小于	130	GB/T 2541
倾点/℃	不高于	−23	GB/T 3535
闪点(开口)/℃	不低于	145	GB/T 3536
液相锈蚀试验(合成海水)		无锈	GB/T 11143
腐蚀试验(铜片 100℃,3 h)/级	不大于	1	GB/T 5096
密封适应性指数(100℃,24 h)		报告	SH/T 0305
空气释放值(50℃)/min		报告	SH/T 0308
泡沫性(泡沫倾向/泡沫稳定性)/mL · mL⁻¹	24℃ 不大于	60/0	GB/T 12579
	93.5℃ 不大于	100/0	
	后 24℃ 不大于	60/0	
抗乳化性(40-37-3mL,54℃)/min	不大于	30	GB/T 7305

项 目			质 量 指 标	试 验 方 法
抗磨性	叶片泵试验(100h,总失重)/mg	不大于	150	SH/T 0307
	最大无卡咬载荷/N		报告	GB/T 3142
氧化安定性[酸值达 2.0mg(KOH)/g 的时间]/h		不小于	1000	GB/T 12581
水解安定性	铜片失重/mg·cm⁻²	不大于	0.5	SH/T 0301
	铜片外观		无灰、黑色	
	水层总酸度/mg(KOH)·g⁻¹	不大于	6.0	
剪切安定性(40℃运动黏度变化率)/%		不大于	15	SH/T 0505
中和值/mg(KOH)·g⁻¹		不大于	0.3	GB/T 4945
水分/%			无	GB/T 260
机械杂质/%			无	GB/T 511
水溶性酸(pH 值)			报告	GB/T 259
外观			透明	目测
密度(20℃)/kg·cm⁻³			报告	GB/T 1884

注：叶片泵试验、氧化安定性为保证项目，每年测一次。

表 21-4-12 炮用液压油（摘自 Q/SH 018·4401）、**合成锭子油**（摘自 SH/T 0111）、
13 号机械油（摘自 SH/T 0360）**质量指标**

项 目			质 量 指 标			试 验 方 法
			炮用液压油	合成锭子油	13 号机械油 (专用锭子油)	
运动黏度 /mm²·s⁻¹	50℃	不小于	9.0	12.0~14.0	12.4~14.0	GB/T 265
	20℃	不大于	—	49	49	
	-40℃	不大于	1400	—	—	
闪点/℃	闭口	不低于	110	—	—	GB/T 261
	开口	不低于	—	163	163	GB/T 267
机械杂质/%		不大于	—	无	无	GB/T 511
水分/%			无	无	无	SH/T 0257
凝点/℃		不高于	-60	-45	-45	GB/T 510
灰分/%		不大于	0.025	0.005	0.005	GB/T 508
水溶性酸或碱			—	无	无	GB/T 259
酸值/mg(KOH)·g⁻¹		不大于	0.5~1.3	0.07	0.07	GB/T 264
腐蚀 (100℃,3h)	T3 铜片		合格	—	—	SH/T 0195
	40、50 钢片		合格	合格	合格	SH/T 0195、SH/T 0328[①]
液相锈蚀(蒸馏水)			无锈	—	—	GB/T 11143
低温稳定性			合格	—	—	另有规定
密度(20℃)/g·cm⁻³			—	0.888~0.896	0.888~0.896	GB/T 1884 或 GB/T 1885

① 腐蚀试验时以 40 或 50 钢片两块置于试料中 6h，然后取出悬于空气中 6h，如此重复试验三遍。

表 21-4-13　　机动车辆制动液的技术要求和试验方法（摘自 GB 2981—2012）

项目		质量指标				试验方法
		HZY3	HZY4	HZY5	HZY6	
外观		清亮透明、无悬浮物、杂质及沉淀				目测
运动黏度/mm² · s⁻¹ −40℃　　　　不大于 100℃　　　　不小于		1500 1.5	1500 1.5	900 1.5	750 1.5	GB/T 265
平衡回流沸点（ERBP）/℃　　不低于		205	230	260	250	SH/T 0430
湿平衡回流沸点（WERBP）/℃　不低于		140	155	180	165	附录 C[①]
pH 值		7.0~11.5				附录 D
液体稳定性（ERBP 变化）/℃ 高温稳定性（185℃±2℃,120min±5min） 化学稳定性		±5 ±5				附录 E
腐蚀性（100℃±2℃,120h±2h） 试验后金属片质量变化/（mg/cm²） 镀锡铁皮 钢 铸铁 铝 黄铜 紫铜 锌		−0.2~+0.2 −0.2~+0.2 −0.2~+0.2 −0.1~+0.1 −0.4~+0.4 −0.4~+0.4 −0.4~+0.4				
试验后金属片外观		无肉眼可见坑蚀和表面粗糙不平,允许脱色或色斑				附录 F
试验后试液性能 外观 pH 值 沉淀物（体积分数）/%　　不大于 试验后橡胶皮碗状态 外观 硬度降低值　　　　　不大于 根径增值/mm　　　　不大于 体积增加值/%　　　　不大于		无凝胶,在金属表面无黏附物 7.0~11.5 0.10 表面不发粘,无炭黑析出 15 1.4 16				
低温流动性和外观（−40℃±2℃,144h±2h） 外观 气泡上浮至液面的时间/s　　不大于 沉淀物（−50℃±2℃,6h±0.2h） 外观 气泡上浮至液面的时间/s　　不大于 沉淀		清亮透明均匀 10 无 清亮透明均匀 35 无				附录 G
蒸发性能（100℃±2℃,168h±2h） 蒸发损失/%　　　　　不大于 残余物性质 残余物倾点/℃　　　　不高于		80 用指尖摩擦沉淀中不含有颗粒性砂粒和磨蚀物 −5				附录 H[①]
容水性（22h±2h,−40℃） 外观 气泡上浮至液面时间/s　　不大于 沉淀 60℃ 外观 沉淀量（体积分数）/%　　不大于		清亮透明均匀 10 无 清亮透明均匀 0.05				附录 I

续表

项目		质量指标				试验方法
		HZY3	HZY4	HZY5	HZY6	
液体相容性(−40℃±2℃,22h±2h) 外观 沉淀 60℃±2℃ 外观		清亮透明均匀 无 清亮透明均匀				附录 I
沉淀量(体积分数)/%	不大于	0.05				
抗氧化性(70℃±2℃,168h±2h) 金属片外观 金属片质量变化/mg·cm⁻² 铝 铸铁		无可见坑蚀和点蚀,允许痕量胶质沉积,允许试片脱色 −0.05~+0.05 −0.3~+0.3				附录 J
橡胶适应性(120℃±2℃,70h±2h) 丁苯橡胶(SBR)皮碗 根径增值/mm 硬度降低值/IRHD 体积增加值/% 外观 三元乙丙橡胶(EPDM)试件 硬度降低值/IRHD 体积增加值/% 外观	不大于 不大于	0.15~1.40 15 1~16 不发粘,无鼓泡,不析出炭黑 15 0~10 不发粘,无鼓泡,不析出炭黑				附录 K

① 测试结果出现争议时,本标准推荐以 A 法的测试结果为准。

注:1. 试验方法见本标准附录,各附录未编入。

2. 本标准适用于与丁苯橡胶(SBR)或三元乙丙橡胶(EPDM)制作的密封件相接触,以非石油基原料为基础液,并加入多种添加剂制成的机动车辆制动液。

3. 本产品对眼睛及皮肤有刺激作用,一旦接触用清水冲洗;本产品对油漆有侵蚀作用。

7.3 难燃液压液

(1) L-HFAE 液压液(水包油乳化液、高水基液压液)

表 21-4-14 煤矿低浓度通用乳化油(MDT 乳化油)技术性能(摘自 Q/320500 STH 209—2003)

项 目		质量指标	试验方法
外观		红棕色透明液体	目测
运动黏度(40℃)/mm²·s⁻¹	不大于	100	GB/T 265
闪点(开口)/℃	不低于	110	GB/T 3536
凝点/℃	不高于	−5	GB/T 510
冻融试验(5 个循环)		恢复原状	MT 76—2011
5%乳化液的 pH 值		7.5~9.0	MT 76—2011
乳化液稳定性	恒温稳定性(5%,70℃,168h)	无沉淀物,无油析出,皂量小于0.1%	MT 76—2011
	常温稳定性(3%,室温,168h)	无沉淀物,无皂析出	
防锈性	铸铁(5%,室温,24h)	无锈	MT 76—2011
	盐水试验(2%,60℃,24h) 45 钢和 62 铜	无锈,无色变	

注:1. 本品主要用作煤矿液压支架、液压电炉系统的传动液,也可用作其他液压系统的传动液。

2. 一般使用浓度为3%,也可根据水质硬度的变化,适当调节乳化液浓度。

3. 不要和其他乳化油混用;稀释时应将乳化油加入水中。

表 21-4-15   液压电炉系统用乳化油技术性能（摘自 Q/320500 STH 211—2000）

项　　目		质 量 指 标		试验方法
		1 号乳化油	2 号乳化油	
外观(15~35℃)		棕红色至深褐色均匀油状液体		目测
pH 值(浓度 5%)		7.5~9.0	8.0~9.5	SH/T 0365 附录 A
稳定性	恒温(70℃,5%,168h)	无沉淀物,无油析出,析皂量≤0.1%	—	Q/320500 STH209 附录 C
	恒温(70℃,3%,24h)	—	无沉淀物,无油析出,析皂量≤0.1%	
	常温(5%,168h)	无沉淀物,无析皂	—	
	常温(5%,24h)		无沉淀物,无析皂	
防锈性	铸铁(室温,24h)	无锈		SH/T 0365 附录 B
	盐水试验(45 钢,H62 铜,60℃,25h)	无锈,无色变		Q/320500STH 209 附录 D

注：1. 一般使用浓度为 3%，也可根据水质硬度的变化，适当调节乳化液浓度。

2. 不要和其他液压电炉油混用；稀释时应将乳化油加入水中。

表 21-4-16   高水基液压液质量指标

项　　目		好富顿公司 120-B[1]		Sunsol HWBF EH-3-10[2]		好富顿公司 142 液压液[3]		Plurasafe P1210[4]	好富顿公司 1630 液压液[5]	好富顿公司 250 液压液[3]
液品		浓缩液	5%的溶液	原液	10 倍稀释液	浓缩液	5%浓度液体	稀释液	增黏	
液型			水溶液				微乳化液	增黏溶液	增黏	微乳化增黏
外观		深蓝色	浅蓝透明		乳白色	深蓝色	半透明蓝色	透明天蓝色	半透明琥珀色	
运动黏度 /mm²·s⁻¹	37.8℃						28SUS	50.1	280SUS	200SUS
	40℃	≤65	≤1.8		0.8					
密度(15.6℃)/kg·m⁻³		1015	1004	990	1000		1004	1001	1000	986
pH 值		9.9	9.5	8	8	9.8~10.2	9.4~10.0	10.4	10	9.8
倾点/℃		-3	0			-2.8	0	(凝点)1	0	
冰点/℃		-6	-1							
闪点/℃		无	无	无	无	无	无		无	无
燃点/℃		无	无	无	无	无	无		无	无
折射率 $n_D^{20℃}$					1.3388					

运动黏度 /mm²·s⁻¹ 37.8℃ / 40℃；密度(15.6℃)/kg·m⁻³

① 适用工作压力:7MPa;美国好富顿公司生产。

② 美国 SUN OIL 公司生产。

③ 适用工作压力:14MPa;美国好富顿公司生产。

④ 美国 BASF 公司生产。

⑤ 适用工作压力:21MPa;美国好富顿公司生产。

（2）L-HFB 液压液（油包水乳化液）

表 21-4-17   **WOE-80 油包水型乳化液压液技术性能**

项　　　目		质量指标	试验方法
含水量/%	不小于	40	GB/T 260
运动黏度(40℃)/mm²·s⁻¹		60~100	GB/T 265
密度(20℃)/g·cm⁻³		0.918~0.948	GB/T 1884,GB/T 2540
凝点/℃	不高于	-20	GB/T 510
锈蚀试验(A 法)		无锈	GB/T 11143
腐蚀试验(铜片,50℃,3 h)/级	不大于	1	GB/T 5096

续表

项　　　目		质量指标	试验方法
pH 值		8~10	GB/T 7304
泡沫性(泡沫倾向/泡沫稳定性,24℃)/mL·mL⁻¹	不大于	50/0	GB/T 12579
热稳定性(85℃,48h)(游离水)/%	不大于	1.0	SH/T 0568
冻融稳定性(游离水)/%	不大于	10	SH/T 0569
最大无卡咬载荷 P_B/N	不小于	392	GB/T 3142
磨斑直径(296N)/mm	不大于	1.0	SH/T 0189
热歧管抗燃试验(704℃)		通过	SH/T 0567

（3）L-HFC 液压液（水-乙二醇液压液）

表 21-4-18　　　　水-乙二醇难燃液压液技术性能

项　　　目		质　量　指　标			试验方法[3]
		WG-38	WG-46	HS-620[1]	
运动黏度(40℃)/mm²·s⁻¹		35~40	41~51	43(37.8℃) 200SUS(100℉)	GB/T 265
黏度指数	不小于	140	140	154	GB/T 2541
pH 值		9.1~11.0	9.1~11.0	8~10	GB/T 7304
凝点/℃	不高于	-50	-50	-54(流动点)[2]	GB/T 510
密度(20℃)/g·cm⁻³		1.0~1.1	1.0~1.1	1.074	GB/T 1884
气相锈蚀		无锈	无锈		另有规定
液相锈蚀(A 法)		无锈	无锈		GB/T 11143
腐蚀试验(铜片,100℃,3h)/级	不大于	1	1		GB/T 5096
最大无卡咬载荷 P_B/N	不小于	686	686		GB/T 3142
磨斑直径(296N)/mm	不大于	0.60	0.60		SH/T 0189
热歧管抗燃试验(704℃)		通过	通过		SH/T 0567

① 为美国好富顿公司生产的好富顿水-乙二醇液压液。

② 指在不搅拌情况下将液体冷却时能够流动的最低温度，通常用比被试液凝固点高 2.5℃ 的温度来表示。

③ 各标准不适用于 HS-620。

（4）L-HFDR 液压液（磷酸酯液压液）

表 21-4-19　　　　磷酸酯难燃液压液技术性能

项　　　目		质　量　指　标			试验方法[2]
		L-HFDR32	L-HFDR46	Houghton[1] safe 1120	
运动黏度(40℃)/mm²·s⁻¹		28.8~35.2	41.4~50.6	230SUS 100℉ 44SUS 210℉	GB/T 265
密度(20℃)/g·cm⁻³		1.125~1.165	1.125~1.165	60/60℉ 1.130	GB/T 1884
倾点/℃	不高于	-17.5	-29		GB/T 3535
闪点(开口)/℃	不低于	220	263	485℉	GB/T 267
酸值/mg(KOH)·g⁻¹	不大于	0.1	0.1		GB/T 264
水分	不大于	500×10⁻⁶	500×10⁻⁶		SH/T 0246
腐蚀试验(铜片,100℃,3h)/级	不大于	1	1		GB/T 5096
污染度(NAS)/级	不大于	6	6		FS791B 30092
泡沫性(泡沫倾向/泡沫稳定性,24℃)/mL·mL⁻¹	不大于	50/10	50/10		GB/T 12579
热稳定性(170℃,12h)		合格	合格		SH/T 0560
最大无卡咬载荷 P_B/N		报告	报告		GB/T 3142
磨斑直径(396N)/mm		报告	报告		SH/T 0189
含氯量	不大于	50×10⁻⁶	50×10⁻⁶		电量法
热歧管抗燃试验(704℃)		通过	通过		SH/T 0567

① 为美国好富顿公司生产的好富顿磷酸酯液压液。

② 各标准不适用于 Houghton safe 1120。

表 21-4-20   **几种磷酸酯液压液技术性能**

项 目		质 量 指 标				试验方法
		4613-1	4614	HP-38	HP-46	
运动黏度 /mm² · s⁻¹	100℃	3.78	4.66	4.98	5.42	CB/T 265
	50℃	14.71	22.14	24.25	28.94	
	40℃	—	—	39.0	46.0	
	0℃	474.1	1395	—	—	
倾点/℃		−34	−30	−32	−29	CB/T 3535
酸值/mg(KOH) · g⁻¹		中性	0.04	中性	中性	CB/T 264
相对密度 d_4^{20}		1.1530	1.1470	1.1363	1.1424	GB/T 1884
闪点(开杯)/℃		240	245	251	263	GB/T 3536
四球磨损磨迹直径	d_{60min}^{98N}/mm	0.35	0.34	0.57	0.50	SH/T 0189
	d_{60min}^{392N}/mm	0.69	0.51	0.65	0.58	
最大无卡咬载荷 P_B/N		539	539	539	539	GB/T 3142
动态蒸发(90℃,6.5h)/%		0.11	0.28	—	—	另有规定
超声波剪切50℃黏度变化/%		−0.4	0	0	0	SH/T 0505
氧化腐蚀试验(120℃,72h,25mL/min)空气	50℃运动黏度/mm² · s⁻¹ 氧化前	14.71	22.14	24.25	28.94	Q/SY 2601
	氧化后	14.62	22.39	24.05	28.92	
	酸值/mg(KOH) · g⁻¹ 氧化前	中性	0.04	中性	0.06	
	氧化后	中性	0.04	0.03	中性	
	金属腐蚀/mg · cm⁻² 钢	无	无	无	无	
	铜	无	无	无	无	
	铝	—	无	无	无	
	镁	无	无	无	无	

（5）4632 酯型难燃液压液

表 21-4-21   **4632 酯型难燃液压液技术性能**（摘自 Q/SH 037.182—1987）

项 目		质 量 指 标				试验方法
黏度等级(按 GB/T 3141)		32	46	68	100	—
外观		浅黄色透明液体				目测
运动黏度 /mm² · s⁻¹	100℃ 不小于	7.0	9.0	11.0	13.0	GB/T 265
	40℃	28.8~35.2	41.4~50.6	61.2~74.8	90~110	
黏度指数 不小于		180				GB/T 1995
闪点(开口)/℃ 不低于		270				GB/T 267
燃点/℃ 不低于		300		310		GB/T 267
凝点/℃ 不高于		−26				GB/T 510
中和值/mg(KOH) · g⁻¹ 不大于		4.0				GB/T 7304
机械杂质/%		无				GB/T 511
液相锈蚀试验(蒸馏水)		无锈				GB/T 11143
铜片腐蚀(50℃,3h)/级 不大于		1b				GB/T 5096
空气释放值(50℃)/min 不大于		10		15		SH/T 0308
抗乳化性(40-37-3mL,54℃)/min 不大于		30				GB/T 7305
泡沫性(泡沫倾向/泡沫稳定性)/mL · mL⁻¹	24℃ 不大于	100/0				GB/T 12579
	93℃ 不大于	100/0				
	后24℃ 不大于	100/0				
歧管着火试验		通过				SH/T 0567

注：1. 本品属可生物降解的环保型液压液，适用于接近明火或环保要求严格的各种高压柱塞泵、齿轮泵、叶片泵等液压系统。

2. 不宜与其他类型液压油混用。

（6）脂肪酸酯 888-46 技术性能及典型特征

表 21-4-22

项目	指标
外观	黄色至琥珀色液体
运动黏度（ASTM D445） At0℃	349mm²/s 或 cSt
At20℃	116mm²/s 或 cSt
At40℃	49.7mm²/s 或 cSt
At100℃	9.7mm²/s 或 cSt
黏度指数（ASTM D2270）	185
密度（15℃时）（ASTM D1298）	0.92g/cm³
酸值（ASTM D974）	2.0mg KOH/g
倾点（SATM D97）	<-30℃（<-22℉）
消泡性（25℃时）（ASTM D892）Sequence I	50-0/mL
防腐蚀性 ISO 4404-2	通过
ASTM D665 A	通过
ASTM D130	1a 级
闪点（ASTM D92）	300℃（572℉）
燃点（ASTM D92）	360℃（680℉）
自燃点（DIN 51794）	>400℃（>752℉）
脱气性（ASTM D3427）	7min
抗燃性（FM 认证）	通过 FM 认证
泵试验（ASTM D2882）	<5mg 磨损
齿轮润滑（DIN 51354-2）	>12FZG 承载级
抗乳化性（ASTM D1401）	41-39-0（30）/

1. 具有良好的润滑性能，可直接作为工业润滑剂

2. 具有良好的热稳定性，可用于温度较高或温度较低的液压系统

3. 具有很好的液压元件相容性。超越了矿物油的综合性能液压系统设计的通用性很强，被广泛应用于轻工、重工、航空航天领域

4. 具有无毒、无污染、生物降解性极高的环保型液压系统工作介质，是一种可以替代其他工作液的产品

5. 具有良好的抗压缩性，在液压系统中能量的传递迅速、稳定、准确

6. 具有良好的脱气性，解决了矿物油介质运转过程中产生大量气泡，不易消失，对液压系统工作产生不利影响

7. 与其他矿物油完全相容，但不宜与其他液压油混用

7.4 液力传动油（液）

表 21-4-23　　6 号液力传动油、4608 合成液力传动液质量指标

项　　目		质　量　指　标		试　验　方　法
		6 号液力传动油 [Q/SH 018·44-03-86（94）]	4608 合成液力传动液 （Q/SH 037.072）	
运动黏度 /mm²·s⁻¹	100℃	5~7	7~8	GB/T 265
	40℃	—	报告	
	-20℃	—	报告	
黏度指数	不小于		165	GB/T 1995
运动黏度比（$\nu_{50℃}/\nu_{100℃}$）	不大于	4.2	—	GB/T 265
闪点（开口）/℃	不低于	160	220	GB/T 267
凝点/℃	不高于	-30	-50	GB/T 510
中和值/mg（KOH）·g⁻¹	不大于	—	0.4	GB/T 7304
水分/%		痕迹	—	GB/T 260
铜片腐蚀（100℃，3h）		合格	不大于 16 级	SH/T 0195，GB/T 5096
剪切安定性（40℃运动黏度下降率）/%		—	报告	SH/T 0505
机械杂质/%	不大于	0.01	—	GB/T 511

续表

项　目	质　量　指　标		试　验　方　法
	6 号液力传动油 [Q/SH 018·44-03-86(94)]	4608 合成液力传动液 (Q/SH 037.072)	
最大无卡咬载荷/N	报告	—	GB/T 3142
磨斑直径(30min,294N)/mm	报告	—	SH/T 0189
泡沫性(泡沫倾向/泡沫稳定性)/mL·mL⁻¹　24℃	报告		GB/T 12579
93℃	报告	报告	
后24℃	报告	—	

注：6 号液力传动油主要用于内燃机车及载重矿车、工程机械等的液力传动系统；4608 合成液力传动液适用于轿车、卡车及其他工程车液力传动系统和转向系统，也适用于各类工程机械设备的液压系统和齿轮传动系统。

8　液压工作介质的选择

表 21-4-24　　　　　　　　　　　选择液压工作介质应考虑的因素

项　目	考　虑　因　素
液压工作介质品种的选择	①液压系统所处的工作环境：液压设备是在室内或户外作业，还是在寒区或温暖的地带工作，周围有无明火或高温热源，对防火安全、保持环境清洁、防止污染等有无特殊要求 ②液压系统的工况：液压泵的类型，系统的工作温度和工作压力，设备结构或动作的精密程度，系统的运转时间，工作特点，元件使用的金属、密封件和涂料的性质等 ③液压工作介质方面的情况：货源、质量、理化指标、性能、使用特点、适用范围，以及对系统和元件材料的相容性(见表 21-4-28)等 ④经济性：考虑液压工作介质的价格，更换周期，维护使用是否方便，对设备寿命的影响等 ⑤液压工作介质品种的选择，参考表 21-4-4
液压工作介质黏度的选择	①意义：对多数液压工作介质来说，黏度选择就是介质牌号的选择，黏度选择适当，不仅可提高液压系统的工作效率、灵敏度和可靠性，还可以减少升温，降低磨损，从而延长系统元件的使用寿命 ②选择依据：液压系统的元件中，液压泵的载荷最重，所以，介质黏度的选择，通常是以满足液压泵的要求来确定，见表 21-4-26 ③修正：对执行机构运动速度较高的系统，工作介质的黏度要适当选小些，以提高动作的灵敏度，减少流动阻力和系统发热

表 21-4-25　　　　　　　　　　　液压油（液）种类的选择

种　类		矿物油	水包油乳化液	油包水乳化液	水-乙二醇液压液	磷酸酯液压液	脂肪酸酯
主要用途		用于不接近高温热源和明火源的液压系统 按不同品种，用于低、中、高压装置	含水型难燃液压液，用于操作简便的中、低压装置 用于泄漏量大，润滑性要求不高的静压平衡油压装置	用于泄漏量较大，要求有一定润滑性的单纯油压装置	用于运行复杂的油压装置，要求换油期长的装置和室内低温条件下工作的装置	用于高压装置，具有复杂线路的装置，具有精密控制伺服机构的装置，高温下操作的装置和维护管理难的装置	用于高压装置，具有复杂油路的配套装置具有精密控制伺服，比例机构控制装置。高温下可使用。适用范围很广和维护管理难的现场
油泵类型	叶片泵	可用	不能用	可用	可用	可用	可用
	齿轮泵	可用	不能用	可用(最好是滑动轴承)	可用(最好是滑动轴承)	可用	可用
	柱塞泵	可用	不能用	可用(最好是滑动轴承)	可用	可用	可用
	螺杆泵	可用	不能用	可用	可用	可用	可用
	往复活塞泵	可用	不能用	可用	可用	可用	可用

第 21 篇

选择中的其他参考事项

续表

种类	矿物油	水包油乳化液	油包水乳化液	水-乙二醇液压液	磷酸酯液压液	脂肪酸酯
装置部件材料,密封衬垫材料	可用丙烯腈橡胶,丙烯酯橡胶,氯丁橡胶,丁腈橡胶,硅橡胶,氟橡胶等,不能用天然橡胶和丁基橡胶	无特别要求,对于密封衬垫材料无特别限制 不能用纸、皮革、软木、合成纤维等,对丁基橡胶也有影响	不宜用铜、锌与矿物油相同,但不能用纸、皮革、软木、合成纤维等	不宜用锌、银、镉、铜 可用天然橡胶、氯丁橡胶、丁腈橡胶、丁基橡胶、硅橡胶和氟橡胶等,不能用纸、皮革、软木、合成纤维等	最好不用铜可用乙丙基或丁基橡胶,硅橡胶、氟橡胶和聚四氟乙烯等 不能用矿物油所用的材料,某些塑料也不可用	可用丙烯腈橡胶,丙烯脂橡胶氯丁橡胶,丁腈橡胶,硅橡胶,氟橡胶等,不能用天然橡胶和丁基橡胶
涂料	无特殊要求	最好不用	最不能用	某些油漆不适用,一般用于矿物油的涂料都不适用。可用环氧树脂乙烯基涂料	能溶解大部分油漆和绝缘材料,故最好不用。可用聚环氧型和聚脲型涂料	一般无特殊要求,但注意与含锌类油漆是不相容的
相对价格比	中~高	最低	中~高	高	最高	较高

表 21-4-26　　　　　　　　工作介质黏度选择（供参考）

液压设备类型			工作温度下适宜运动黏度范围和最佳运动黏度/mm²·s⁻¹			推荐选用运动黏度(37.8℃)/mm²·s⁻¹		适用工作介质品种及黏度等级
			最低	最佳	最高	工作温度/℃		
						5~40	40~85	
液压泵	叶片泵	<7MPa	20	25	400~800	30~49	43~77	HM 油:32、46、68
		>7MPa	20	25	400~800	54~70	65~95	HM 油:46、68、100
	齿轮泵		16~25	70~250	850	30~70	110~154	HL 油(中、高压用 HM):32、46、68、100、150
	柱塞泵	轴向	12	20	200	30~70	110~220	HL 油(高压用 HM):32、46、68、100、150
		径向	16	30	500	30~70	110~200	HL 油(高压用 HM):32、46、68、100、150
	螺杆泵		7~25	75	500~4000	30~50	40~80	HL 油:32、46、68
	电液脉冲马达		17	25~40	60~120			
机床	普通①		10		500			
	精密①		10		500			
	数控②		17		60			

① 允许系统工作温度：0~55℃。
② 允许系统工作温度：15~60℃。

表 21-4-27　　　　　　按环境、工作压力和温度选择液压油（液）

环　　境	压力<7MPa 温度<50℃	压力 7~14MPa 温度<50℃	压力 7~14MPa 温度 50~80℃	压力>14MPa 温度 80~100℃
室内固定液压设备	HL	HL 或 HM	HM	HM
寒天寒区或严寒区	HR	HV 或 HS	HV 或 HS	HV 或 HS
地下水上	HL	HL 或 HM	HM	HM
高温热源明火附近	HFAE HFAS	HFB HFC	HFDR	HFDR

表 21-4-28　　　　　　　　　　　**液压工作介质与常用材料的相容性**

材 料 名 称		石油基液压油	高水基液压液	油包水乳化液	水-乙二醇液压液	磷酸酯液压液	脂肪酸酯
金属	铁	相容	相容	相容	相容	相容	相容
	铜、黄铜	相容	相容	相容	相容	相容	相容
	青铜	不相容	相容	相容	勉强	相容	相容
	铝	相容	不相容	相容	不相容	相容	相容
	锌、镉	相容	不相容	相容	不相容	相容	不相容
	镍、锡	相容	相容	相容	相容	相容	相容
	铅	相容	相容	不相容	不相容	相容	不相容
	镁	相容	不相容	不相容	不相容	相容	相容
橡胶	天然橡胶	不相容	相容	不相容	相容	不相容	不相容
	氯丁橡胶	相容	相容	相容	相容	不相容	相容
	丁腈橡胶	相容	相容	相容	相容	不相容	相容
	丁基橡胶	不相容	不相容	不相容	相容	相容	不相容
	乙丙橡胶	不相容	相容	不相容	相容	相容	不相容
	聚氨酯橡胶	相容	不相容	不相容	不相容	不相容	相容
	硅橡胶	相容	相容	相容	相容	相容	相容
	氟橡胶	相容	相容	相容	相容	相容	相容
	丁苯橡胶	不相容	不相容	不相容	相容	不相容	不相容
	聚硫橡胶	相容	勉强	勉强	相容	勉强	相容
	聚丙烯酸酯橡胶	勉强	不相容	不相容	不相容	不相容	勉强
	氟磺化聚乙烯橡胶	勉强	勉强	勉强	相容	不相容	勉强
塑料	丙烯酸塑料(包括有机玻璃)	相容	相容	相容	相容	不相容	相容
	苯乙烯塑料	相容	相容	相容	相容	不相容	相容
	环氧塑料	相容	相容	相容	相容	相容	相容
	酚型塑料	相容	相容	相容	相容	相容	相容
	硅酮塑料	相容	相容	相容	相容	相容	相容
	聚氟乙烯塑料	相容	相容	相容	相容	相容	相容
	尼龙	相容	相容	相容	相容	相容	相容
	聚丙烯塑料	相容	相容	相容	相容	相容	相容
	聚四氟乙烯塑料	相容	相容	相容	相容	相容	相容
涂料和漆	普通耐油工业涂料	相容	不相容	不相容	不相容	不相容	相容
	环氧型	相容	相容	相容	相容	相容	相容
	酚型	相容	相容	相容	相容	相容	相容
	搪瓷	相容	相容	相容	相容	相容	相容
其他材料	皮革	相容	不相容	不相容	不相容	不相容	相容
	纸、软木	相容	不相容	不相容	不相容	—	相容
	合成纤维	—	不相容	不相容	不相容	—	—

9　液压工作介质的使用要点

　　液压系统的液压工作介质中存在各种各样的污染物，它是造成液压系统使用故障的主要原因，通过实践分析其中最主要的污染物是固体颗粒，此外还有水、气、及有害的化学物质。造成污染物及污染原因主要有以下几个方面。

　　1）新油，由于液压介质本身生产制造过程中产生，或在储藏、运输过程中和在液压介质在向液压系统输入过程中产生的。

　　2）液压系统中残留的，主要指液压系统中的液压元件、液压附件和组装过程中残留的金属铁屑、清洁化纤、清洁溶剂等。

3）液压系统使用过程中由外界侵入的污染物。例如在油箱在呼吸气体过程中带入的空气中的颗粒物，液压缸外露活塞杆由于往复运动由外界环境侵入液压系统的污染物以及在维修人员工作过程中带入的污染物等。

4）液压系统使用过程中内部生成的污染物。其主要是指液压系统中的液压元件使用磨损及腐蚀，以及液压介质长期使用中油液氧化分解产生的化合物，或者由于液压介质使用档造成污染物的堆积。

表 21-4-29　　　　　　　　　　　液压工作介质的日常维护、更换及安全事项

使用要点	内 容 或 措 施
日常维护	①保持环境整洁,正确操作,防止水分、杂物或空气混入 ②含水型液压液的使用温度不要超过规定值,以免水分过度蒸发。要定期检查和补充水分,否则,其理化性质会发生变化,影响使用,甚至失去难燃性,成为可燃液体 ③对磷酸酯液压液要特别注意防止进水,以免发生水解变质
及时更换	液压工作介质在使用过程中会逐渐老化变质,达到一定程度要及时更换。为了确保液压系统正常运转,应参照相应的标准进行介质检测。当运行中的液压油已超出规定的技术要求时,则已达到了换油期,应及时更换工作介质。确定是否更换的方法有三种: ①定期更换法:每种工作介质都有一定的使用寿命,到期更换。设备正常运转,日常正确维护,一般采用此法 ②经验判断更换法:按介质颜色、气味、透明或浑浊度、有无沉淀物等,对比新介质或凭经验确定是否更换 ③化验确定更换法:介质老化变质,其理化指标有变化,定期对介质取样化验,对比表 21-4-27~表 21-4-29 所列指标确定是否更换,这是一种客观和科学的方法
安全事项	①使用液压油要注意防火安全 ②磷酸酯有极强的脱脂能力,会使触及的皮肤干裂。误触后应立即用流水、肥皂清洗

表 21-4-30　　　　　　　　　　　液压工作介质的更换指标

项　　　目	石油基液压油		油包水乳化液	水-乙二醇液压液	磷酸酯液压液
	一般机械	精密机械			
运动黏度变化率(40℃)/%	±15	±10	±20[①]	±(15~20)[①]	±20
酸值增加/mg(KOH)·g⁻¹	0.5	0.25~0.5			0.4~1.0
碱度变化/%			−15[②]	−15[②]	
水分/%	0.2	0.1	±5[③]	±(5~9)[③]	0.5
污物含量/mg·(100mL)⁻¹	40	10			15
腐蚀性试验	不合格	不合格	不合格	不合格	不合格
颜色	变化大	有变化			ASTM4.5 级

① 黏度减到此值，换液；增到此值，补充纯水（软水）。

② 达此值补充适量添加剂。

③ 水分增加到此值，换液；减少到此值，补充纯水（软水）。

表 21-4-31　　　　　　L-HL 液压油换油指标（摘自 SH/T 0476—1992）

项　　　目		换油指标	试验方法
外观		不透明或浑浊	目测
40℃运动黏度变化率/%	超过	±10	本标准 3.2 条
色度变化（比新油）/号	等于或大于	3	GB/T 6540
酸值/mg(KOH)·g⁻¹	大于	0.3	GB/T 264
水分/%	大于	0.1	GB/T 260
机械杂质/%	大于	0.1	GB/T 511
铜片腐蚀(100℃,3h)/级	等于或大于	2	GB/T 5096

注：设备技术状况正常，液压油中有一项指标达到换油指标时应更换新油。

表 21-4-32　　　　　**L-HM 液压油换油指标**（摘自 NB/SH/T 0599—2013）

项　　目		换 油 指 标	试 验 方 法
40℃运动黏度变化率/%	超过	±10	GB/T 265 及本标准 3.2 条
水分/%	大于	0.1	GB/T 260
色度增加（比新油）/号	大于	2	GB/T 6540
酸值 　增加/mg(KOH)/·g⁻¹	大于	0.3	GB/T 264、GB/T 7304
正戊烷不溶物①/%	大于	0.1	GB/T 8926A 法
铜片腐蚀(100℃,3h)/级	大于	2a	GB/T 5096

① 允许采用 GB/T 511 方法，使用 60~90℃石油醚作溶剂，测定试样机械杂质。

注：设备技术状况正常，液压油中有一项指标达到换油指标时应更换新油。

第 5 章　液压泵和液压马达

　　液压泵和液压马达都是能量转换装置。液压泵向系统提供具有一定压力和流量的液体，把机械能转换成液体的压力能。液压马达正相反，它是液压系统中的执行元件，把液体的压力能转换成机械能。

1　液压泵和液压马达的分类与工作原理

表 21-5-1　　　　　　　　液压泵分类（按结构特点分）与工作原理

类别	简图和工作原理	类别	简图和工作原理
齿轮泵 — 外啮合齿轮泵	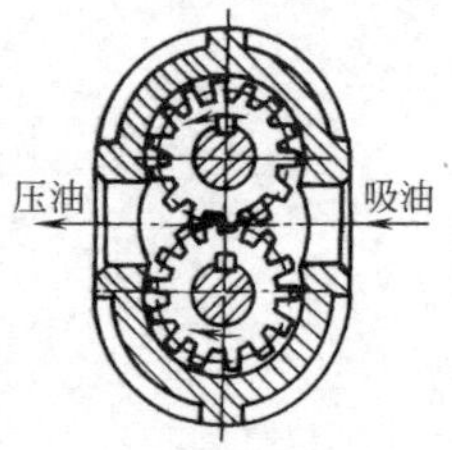 在密封壳体内的一对啮合齿轮，以啮合点沿齿宽方向的接触线将其吸油腔和压油腔分开，在其旋转时，齿轮脱开啮合的一侧形成局部真空，将油液吸入，而齿轮另一侧进入啮合，齿槽容积变小，油液被压出	叶片泵 — 单作用叶片泵、双作用叶片泵、凸轮转子式叶片泵	容积变化元件：叶片、转子、定子圈  叶片泵的转子旋转时，嵌于转子槽内的叶片沿着定子内廓曲线伸出或缩入，使两相邻叶片之间所包容的容积不断变化。当叶片伸出，所包容的容积增加时，形成局部真空，吸入油液；当叶片缩回，所包容的容积减小时，油液压出。转子转一周，容积变化循环一次，称为单作用叶片泵；容积变化循环两次，则称为双作用叶片泵
齿轮泵 — 内啮合齿轮泵	主动齿轮按图示方向旋转时，从动齿轮随之同向旋转，在齿轮脱开处形成真空吸油，而齿轮进入啮合处，油液被挤出，输送到工作管路中去　月形件（隔板）的作用是隔开吸油腔和排油腔 1—吸油腔；2—压油腔；3—主动齿轮；4—月形件；5—从动齿轮	柱塞泵 — 轴向柱塞泵（分斜轴式、直轴式）	1—柱塞；2—缸体；3—配油盘；4—传动轴；5—斜盘；6—滑靴；7—回程盘；8—中心弹簧 柱塞的头部安装有滑靴，它始终贴住斜盘平面运动。当缸体带动柱塞旋转时，柱塞在柱塞腔内作直线往复运动。柱塞伸出，腔容积增大，腔内吸入油液，称吸油过程。随着缸体旋转，柱塞缩回，腔容积减小，油液通过排油窗排出，称排油过程。缸每转一周，各柱塞腔有半周吸油，半周排油，缸不断旋转，实现连续地吸油和排油
齿轮泵 — 摆线内啮合齿轮泵	具有摆线共轭齿形的外转子 1 和内转子 2 之间有偏心矩 e，内转子绕中心 O_1 顺时针转动时，带动外转子绕中心 O_2 同向旋转，此时 B 容腔逐渐增大形成真空，与其相通的配油盘槽进油，形成吸油过程。内、外转子转至图 b 位置时，B 容腔为最大，而 A 容腔随转子转动逐渐缩小，同时与配油盘出油口相通，形成排油过程。当 A 容腔转到图 a 中 C 处时，封闭容积最小，压油过程结束。继而又是吸油过程。这样，内、外转子异速同向绕各自中心 O_1、O_2 转动，使内、外转子所围成的容腔不断发生容积变化，形成吸、排油过程		

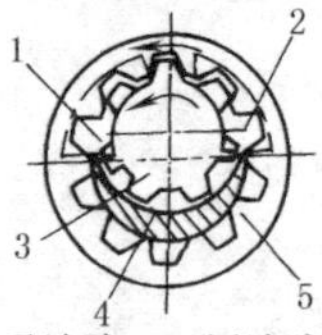

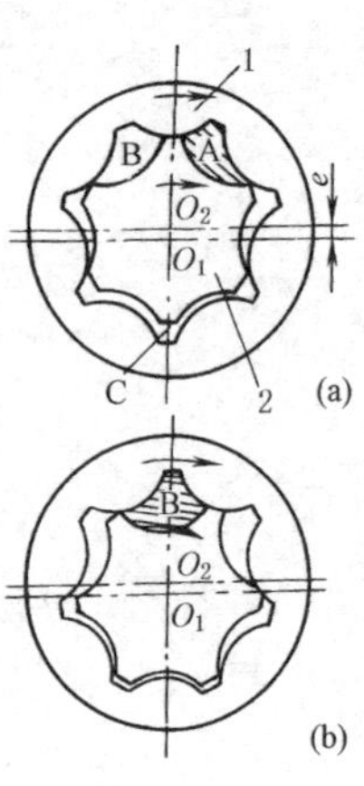

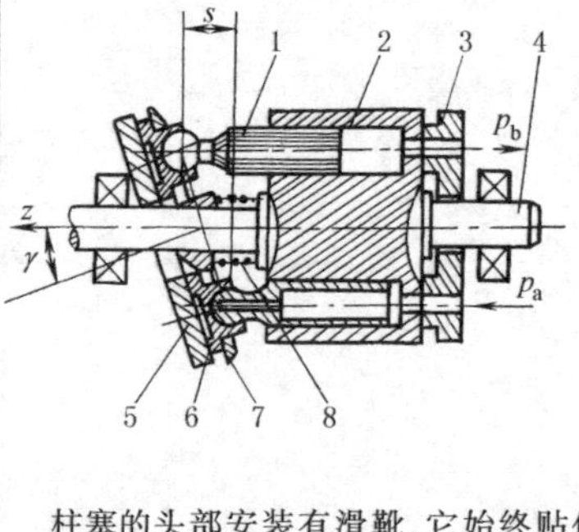

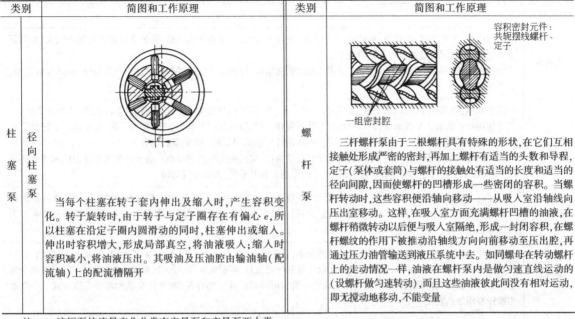

类别	简图和工作原理	类别	简图和工作原理
柱塞泵 径向柱塞泵	当每个柱塞在转子套内伸出及缩入时,产生容积变化。转子旋转时,由于转子与定子圈存在有偏心 e,所以柱塞在沿定子圈内圆滑动的同时,柱塞伸出或缩入。伸出时容积增大,形成局部真空,将油液吸入;缩入时容积减小,将油液压出。其吸油及压油腔由输油轴(配流轴)上的配流槽隔开	螺杆泵	容积密封元件:共轭摆线螺杆、定子 一组密封腔 三杆螺杆泵由于三根螺杆具有特殊的形状,在它们互相接触处形成严密的密封,再加上螺杆有适当的头数和导程,定子(泵体或套筒)与螺杆的接触处有适当的长度和适当的径向间隙,因而使螺杆的凹槽形成一些密闭的容积。当螺杆转动时,这些容积便沿轴向移动——从吸入室沿轴线向压出室移动。这样,在吸入室方面充满螺杆凹槽的油液,在螺杆稍微转动以后便与吸入室隔绝,形成一封闭容积,在螺杆螺纹的作用下被推动沿轴线方向向前移动至压出腔,再通过压力油管输送到液压系统中去。如同螺母在转动螺杆上的走动情况一样,油液在螺杆泵内是做匀速直线运动的(设螺杆做匀速转动),而且这些油液彼此间没有相对运动,即无搅动地移动,不能变量

注:1. 液压泵按流量变化分类有定量泵和变量泵两大类。

2. 液压泵与液压马达在结构上类似,除了一些特殊要求外,两者使用是可逆的,因此,对液压马达不进行详细介绍。

2 液压泵和液压马达的选用

液压泵和液压马达的应用范围很广,总体归纳为两大类:一类为固定设备用液压装置,如各类机床、液压机、轧钢机、注塑机等;另一类为移动设备用液压装置,如起重机、各种工程机械、汽车、飞机、矿山机械等。两类液压装置所处环境和要求对液压泵和液压马达的选用有较大差异(表21-5-2),需要结合使用装置要求和系统的工况来选择液压泵和液压马达。液压泵(马达)有:齿轮泵(马达)、叶片泵(马达)、柱塞泵(马达)、螺杆泵(马达)等,其各自特点见表21-5-3。

液压泵的主要技术参数有压力、排量、转速、效率等(表21-5-4)。为了保证系统正常运转和使用寿命,一般在固定设备中,正常工作压力为泵的额定压力的80%左右;要求工作可靠性较高的系统或移动的设备,系统正常工作压力为泵的额定压力的60%~70%。

液压马达的主要技术参数有转矩、转速、压力、排量、效率等(见表21-5-5)。液压马达要根据运转工况进行选择,对于低速运转工况,除了用低速马达之外,也可用高速马达加减速装置。

液压系统中选用液压泵(马达)的主要参数计算公式见表21-5-6。

表21-5-2 两类不同液压装置的主要区别

项 目	固 定 设 备 用	移 动 设 备 用
原动机类型	原动机多为电机,驱动转速较稳定,且多为960~2800r/min	原动机多为内燃机,驱动转速变化范围较大,一般为500~4000r/min
工作压力	多采用中压范围,为 7 ~ 21MPa,个别可达25~32MPa	多采用中高压范围,为14~35MPa,个别高达40MPa
工作温度	环境温度较稳定,液压装置工作温度约为50~70℃	环境温度变化范围大,液压装置工作温度约为-20~110℃
工作环境	工作环境较清洁	工作环境较脏、尘埃多
噪声	因在室内工作,要求噪声低,应不超过80dB	因在室外工作,噪声较大,允许达90dB
空间布置	空间布置尺寸较宽裕,利于维修、保养	空间布置尺寸紧凑,不利于维修、保养

表 21-5-3 　　　　　　　　　　　　　　　　液压泵和液压马达的主要特点及应用

类型	特 点 及 应 用
齿轮泵	结构简单,工艺性好,体积小,重量轻,维护方便,使用寿命长,但工作压力较低,流量脉动和压力脉动较大,如高压下不采用端面补偿,其容积效率将明显下降 内啮合齿轮泵与外啮合齿轮泵相比,其优点是结构更紧凑、体积小、吸油性能好、流量均匀性较好,但结构较复杂,加工性较差
叶片泵	结构紧凑,外形尺寸小,运动平稳,流量均匀,噪声小,寿命长,但与齿轮泵相比对油液污染较敏感,结构较复杂 单作用叶片泵有一个排油口和一个吸油口,转子旋转一周,每两片间的容积各吸、排油一次,若在结构上把转子和定子的偏心距做成可变的,就是变量叶片泵。单作用叶片泵适用于低压大流量的场合 双作用叶片泵转子每转一周,叶片在槽内往复运动两次,完成两次吸油和排油。由于它有两个吸油区和两个排油区,相对转子中心对称分布,所以作用在转子上的作用力相互平衡,流量比较均匀
柱塞泵	精度高,密封性能好,工作压力高,因此得到广泛应用。但它结构比较复杂,制造精度高,价格贵,对油液污染敏感 轴向柱塞泵是柱塞平行缸体轴线,沿轴向运动,径向柱塞泵的柱塞垂直于配油轴,沿径向运动,这两类泵均可作为液压马达用
螺杆泵	螺杆泵实质上是一种齿轮泵,其特点是结构简单,重量轻;流量及压力的脉动小,输送均匀,无紊流,无搅动,很少产生气泡;工作可靠,噪声小,运转平稳性比齿轮泵和叶片泵高,容积效率高,吸入扬程高。其加工较难,不能改变流量。适用于机床或精密机械的液压传动系统。一般应用两螺杆或三螺杆泵,有立式及卧式两种安装方式。一般船用螺杆泵用立式安装
齿轮马达	与齿轮泵具有相同的特点,另外其制造容易,但输出的转矩和转速脉动性较大;当转速高于 1000r/min 时,其转矩脉动受到抑制,因此,齿轮马达适用于高转速低转矩情况下
叶片马达	结构紧凑,外形尺寸小,运动平稳,噪声小,负载转矩较小
轴向柱塞马达	结构紧凑,径向尺寸小,转动惯量小,转速高,耐高压,易于变量,能用多种方式自动调节流量,适用范围广
球塞式马达	负载转矩大,径向尺寸大,适合于速度中等工况
内曲线马达	负载转矩大,转速低,平稳性好

表 21-5-4 　　　　　　　　　　　　　　　　各类液压泵的主要技术参数

类 型		压力/MPa	排量/mL·r⁻¹	转速/r·min⁻¹	最大功率/kW	容积效率/%	总效率/%	最高自吸能力/kPa	流量脉动/%
齿轮泵	外啮合	≤25	0.5~650	300~7000	120	70~95	63~87	50	11~27
	内啮合 楔块式	≤30	0.8~300	1500~2000	350	≤96	≤90	40	1~3
	内啮合 摆线转子式	1.6~16	2.5~150	1000~4500	120	80~90	65~80	40	≤3
螺杆泵		2.5~10	25~1500	1000~3000	390	70~95	70~85	63.5	<1
叶片泵	单作用	≤6.3	1~320	500~2000	300	85~92	64~81	33.5	≤1
	双作用	6.3~32	0.5~480	500~4000	320	80~94	65~82	33.5	≤1
柱塞泵	轴向 直轴端面配流	≤10	0.2~560	600~2200	730	88~93	81~88	16.5	1~5
	轴向 斜轴端面配流	≤40	0.2~3600	600~1800	260	88~93	81~88	16.5	1~5
	轴向 阀配流	≤70	≤420	≤1800	750	90~95	83~88	16.5	<14
	径向轴配流	10~20	20~720	700~1800	250	80~90	81~83	16.5	<2
	卧式轴配流	≤40	1~250	200~2200	260	90~95	83~88	16.5	≤14

表 21-5-5   **各类低速液压马达的主要技术参数**

结 构 型 式		压力/MPa		转速/r·min^{-1}		容积效率 /%	机械效率 /%	总效率 /%
		额定	最高	最低	最高			
单作用	曲柄连杆式	20.5	24	5~10	200	96.8	93	90
	静力平衡式	17	28	2	275	95	95	90
	双斜盘式	20.5	24	5~10	200	95	96	91.2
多作用	内曲线柱塞传力	13.5	20.5	0.5	120	95	95	90
	内曲线横梁传力	29.0	39.0	0.5	75	95	95	90
	内曲线环塞式	13.5	20.5	1	600	95	95	90
	摆线式	20	28	30	950	95	80	76
	双凸轮盘式	12~16	20~25	5~10	200~300	—	—	85~90

表 21-5-6   **液压泵和液压马达的主要参数及计算公式**

参数名称		单位	液 压 泵	液 压 马 达
排量、流量	排量 q_0	m^3/r	每转一转,由其密封腔内几何尺寸变化计算而得的排出液体的体积	
	理论流量 Q_0	m^3/s	泵单位时间内由密封腔内几何尺寸变化计算而得的排出液体的体积 $$Q_0 = \frac{1}{60}q_0 n$$	在单位时间内为形成指定转速,液压马达封闭腔容积变化所需要的流量 $$Q_0 = \frac{1}{60}q_0 n$$
	实际流量 Q		泵工作时出口处流量 $$Q = \frac{1}{60}q_0 n \eta_v$$	马达进口处流量 $$Q = \frac{1}{60}q_0 n \frac{1}{\eta_v}$$
压力	额定压力	Pa	在正常工作条件下,按试验标准规定能连续运转的最高压力	
	最高压力 p_{max}		按试验标准规定允许短暂运行的最高压力	
	工作压力 p		工作时的压力	
转速	额定转速 n	r/min	在额定压力下,能连续长时间正常运转的最高转速	
	最高转速		在额定压力下,超过额定转速而允许短暂运行的最大转速	
	最低转速		正常运转所允许的最低转速	同左(马达不出现爬行现象)
功率	输入功率 P_i	W	驱动泵轴的机械功率 $$P_i = pQ/\eta$$	马达入口处输出的液压功率 $$P_i = pQ$$
	输出功率 P_0		泵输出的液压功率,其值为泵实际输出的实际流量和压力的乘积 $$P_0 = pQ$$	马达输出轴上输出的机械功率 $$P_0 = pQ\eta$$
	机械功率		$$P_i = \frac{\pi}{30}Tn$$	$$P_0 = \frac{\pi}{30}Tn$$
			T——压力为 p 时泵的输入转矩或马达的输出转矩,N·m	
转矩	理论转矩	N·m		液体压力作用于液压马达转子形成的转矩
	实际转矩		液压泵输入转矩 T_i $$T_i = \frac{1}{2\pi}pq_0 \frac{1}{\eta_m}$$	液压马达轴输出的转矩 T_0 $$T_0 = \frac{1}{2\pi}pq_0 \eta_m$$

	参数名称	单位	液 压 泵	液 压 马 达
效率	容积效率 η_v		泵的实际输出流量与理论流量的比值 $\eta_v = Q/Q_0$	马达的理论流量与实际流量的比值 $\eta_v = Q_0/Q$
	机械效率 η_m		泵理论转矩(由压力作用于转子产生的液压转矩)与泵轴上实际输出转矩之比 $\eta_m = \dfrac{pq_0}{2\pi T_i}$	马达的实际转矩与理论转矩之比值 $\eta_m = \dfrac{2\pi T_0}{pq_0}$
	总效率 η		泵的输出功率与输入功率之比 $\eta = \eta_v \eta_m$	马达输出的机械功率与输入的液压功率之比 $\eta = \eta_v \eta_m$
单位换算式[①]	q_0	mL/r	$Q = 10^{-3} q_0 n \eta_v$ $P_i = \dfrac{pQ}{60\eta}$	$Q = 10^{-3} q_0 n / \eta_v$ $T_0 = \dfrac{1}{2\pi} pq_0 \eta_m$
	n	r/min		
	Q	L/min		
	p	MPa		
	P_i	kW		
	T_0	N·m		

① 因为在介绍的产品中现仍使用 $q_0(\text{mL/r})$、$Q(\text{L/min})$、$p(\text{MPa})$,为方便读者,故增加此栏。

3 液压泵产品及选用指南

3.1 齿轮泵

齿轮泵部分产品技术参数见表 21-5-7。

选择齿轮泵参数时,其额定压力应为液压系统安全阀开启压力的 1.1~1.5 倍;多联泵的第一联泵应比第二联泵能承受较高的负荷(压力×流量),多联泵总负荷不能超过泵轴伸所能承受的转矩;在室内和对环境噪声有要求的情况下,注意选用对噪声有控制的产品。

泵的自吸能力要求不低于 16kPa,一般要求泵的吸油高度不得大于 0.5m,在进油管较长的管路系统中进油管径要适当加大,以免造成流动阻力太大吸油不足,影响泵的工作性能。

表 21-5-7　　　　　　　　　　齿轮泵部分产品技术参数

类别	型号	排量 /mL·r⁻¹	压力/MPa 额定	压力/MPa 最高	转速/r·min⁻¹ 额定	转速/r·min⁻¹ 最高	容积效率 /%	生 产 厂
外啮合齿轮泵	CB	32、50、100	10	12.5	1450	1650	≥90	四川长江液压件有限责任公司 合肥长源液压股份有限公司
	CBB	6、10、14	14	17.5	2000	3000	≥90	长治液压有限公司
	CB-B	2.5~125	2.5	—	1450	—	≥70~95	阜新液压件有限公司 四川长江液压件有限责任公司
	CB-C	10~32	10	14	1800	2400	≥90	—
	CB-D	32~70						
	CB-F$_A$	10~32	14	17.5	1800	2400	≥90	榆次液压有限公司
	CB-F$_C$	10~40	16	20	2000	3000	≥90	
	CB-F$_D$	10~40	20	25	2000	3000	≥90	
	CBG	16~160	12.5	20	2000	2500	≥91	四川长江液压件有限责任公司 阜新液压件有限公司

类别	型号	排量 /mL·r⁻¹	压力/MPa		转速/r·min⁻¹		容积效率 /%	生 产 厂
			额定	最高	额定	最高		
外啮合齿轮泵	CB-L	40~200	16	20	2000	2500	≥90	四川长江液压件有限责任公司
	CB-Q	20~63	20	25	2500	3000	≥91~92	合肥长源液压股份有限公司 阜新液压件有限公司
	CB※-E	4~125	16	20	2000	3000	≥91~93	
	CB※-F	4~20	20	25	2000	3000	≥90	
	FLCB-D	25~63	10	12.5	2000	2500		—
	HLCB-D	10~20	10	12.5	2500	3000		
	P※	15~200	23	28	2400	—		泊姆克(天津)液压有限公司
外啮合单级齿轮泵	G30	58~161	14~23	—	—	2200~3000	≥90	四川长江液压件有限责任公司
	BBXQ	12、16	3、5	6	1500	2000	≥90	上海机床厂有限公司
	GPA	1.76~63.6	10	—	2000~3000		≥90	
	CB-Y	10.18~100.7	20	25	2500	3000	≥90	四川长江液压件有限责任公司
	CB-H$_B$	51.76~101.5	16	20	1800	2400	≥91~92	榆次液压有限公司
	CBF-E	10~140	16	20	2500	3000	≥90~95	阜新液压件有限公司
	CBF-F	10~100	20	25	2000	2500	≥90~95	
	CBQ-F5	20~63	20	25	2500	3000	≥92~96	
	CBZ2	32~100.6	16~25	20~31.5	2000	2500	≥94	—
	GB300	6~14	14~16	17.5~20	2000	3000	≥90	
	GBN-E	16~63	16	20	2000	2500	≥91~93	
外啮合双联齿轮泵	CBG2	40.6/40.6~140.3/140.3	16	20	2000	3000	≥91	四川长江液压件有限责任公司 阜新液压件有限公司
	CBG3	126.4/126.4~200.9/200.9	12.5~16	16~20	2000	2200	≥91	
	CBY	10.18/10.18~100.7/100.7	20	25	2000	3000	≥90	—
	CBQL	20/20~63/32	16~20	20~25	—	3000	≥90	合肥长源液压股份有限公司
	CBZ	32.1/32.1~80/(80~250)	25	31.5	2000	2500	≥94	—
	CBF-F	50/10~100/40	20	25	2000	2500	≥90~93	阜新液压件有限公司
内啮合齿轮泵	NB	10~250	25	32	1500~2000	3000	≥83	上海航空发动机制造有限公司
	BB-B	4~125	2.5	—	1500	—	≥80~90	上海机床厂有限公司

3.1.1 CB 型齿轮泵

该泵采用铝合金壳体和浮动轴套等结构，具有重量轻，能长期保持较高容积效率等特点。适用于工程机械、运输机械、矿山机械及农业机械等液压系统。

型号意义：

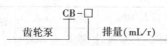

$$\text{CB-}\square$$

齿轮泵 ┘   └ 排量（mL/r）

表 21-5-8 技术参数

型 号	排量 /mL·r⁻¹	压力/MPa		转速/r·min⁻¹		容积效率 /%	驱动功率 /kW	质量 /kg
		额定	最高	额定	最高			
CB-32	32.5						8.7	6.4
CB-50(48)	48.7	10	12.5	1450	1650	≥90	13.1(11.5)	7
CB-100(98)	99.45						27.1	18.3

表 21-5-9 外形尺寸 mm

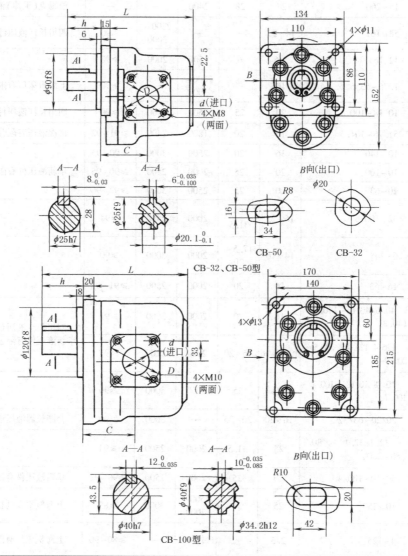

型 号	L	C	D	d	h
CB-32	186	68.5	$\phi65\pm0.2$	$\phi28$	48
CB-50(48)	200	74	$\phi76\pm0.4$	$\phi34$	51
CB-100(98)	261	98	$\phi95$	$\phi46$	68

3.1.2　CB-F 型齿轮泵

本系列外啮合齿轮泵采用铝合金压铸成型泵体，径向密封采用齿顶扫镗，轴向密封采用浮动压力平衡侧板，因而达到了高效率。该泵具有体积小、重量轻、效率高、性能好、工作可靠、价格低等特点，单向运转，旋向可根据用户需要提供。由于该泵具有上述特点，因此可广泛用于工作条件恶劣的工程机械、矿山机械、起重运输机械、建筑机械、石油机械、农业机械以及其他压力加工设备中。

型号意义：

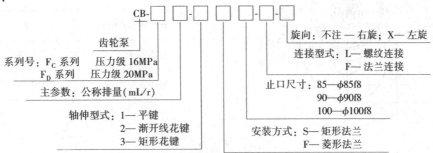

表 21-5-10　　　　　　　　　　　　　　　技术参数

型　号	理论排量 /mL·r^{-1}	压力/MPa		转速/r·min^{-1}			容积效率 /%	总效率 /%	驱动功率(额定 工况下)/kW	质量 /kg
		额定	最高	额定	最高	最低				
CB-F$_C$10	10.44	16	20	2000	2500（允 许用户长 期使用）	600	≥90	≥81	6.4	7.85
CB-F$_C$16	16.01								9.9	
CB-F$_C$20	20.19						≥91	≥82	12.4	
CB-F$_C$25	25.06								15.36	
CB-F$_C$31.5	32.02								19.6	
CB-F$_C$40	40.00								24.8	8.85
CB-F$_D$10	10.44	20	25	2000	3000（允 许用户长 期使用）	600	≥90	≥81	8	
CB-F$_D$16	16.01								12.3	
CB-F$_D$20	20.19						≥91	≥82	15.5	
CB-F$_D$25	25.06								19.2	
CB-F$_D$31.5	32.02								24.5	
CB-F$_D$40	40.38								31	

注：1. 表中最高压力为峰值压力，每次持续时间不得超过 3min。

2. 容积效率、总效率为油温 50℃±5℃ 额定工况时的数值。

表 21-5-11　　　　　　　　　　　　　　　外形尺寸　　　　　　　　　　　　　　　　　　mm

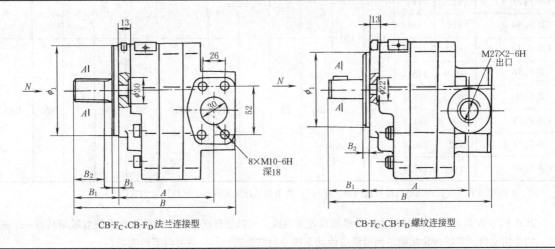

CB-F$_C$、CB-F$_D$ 法兰连接型　　　　　　　　　　　　CB-F$_C$、CB-F$_D$ 螺纹连接型

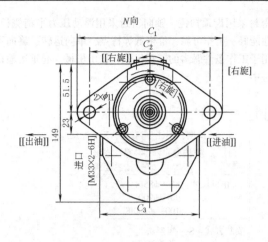

渐开线花键参数（GB/T 3478.1—1995）	
模数	1.75
齿数	13
分度圆压力角	30°
公差等级	5h
配件号	CB-F_D-05

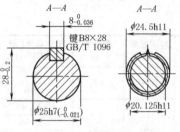

EXT13Z×1.75m×30P×5h

CB-F_D型轴伸

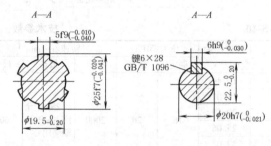

CB-F_C型轴伸

型　号	A	B	C_1	C_2	螺 纹 连 接					法 兰 连 接				
					B_1	B_2	B_3	C_3	ϕ_1	B_1	B_2	B_3	C_3	ϕ_1
CB-F_C10	97	168												
CB-F_C16	101	172												
CB-F_C20	104	175			46	—	6.5	110	$85^{-0.036}_{-0.090}$	50	35	7	120	100h7
CB-F_C25	107	178												
CB-F_C31.5	112	183												
CB-F_C40	118	189	155	130										
CB-F_D10	96.4	171.2												
CB-F_D16	100.4	175.2												
CB-F_D20	103.5	178.3			50	25	7	110	100h7	50	25	7	120	100h7
CB-F_D25	107	181.8												
CB-F_D31.5	112	186.8												
CB-F_D40	118	192.8												

注：N向视图中 [　] 内为螺纹连接型内容，[[　]] 内为法兰连接型内容，其他尺寸为共用。

2CB-F_A、2CB-F_C 双联齿轮泵由两个单级齿轮泵组成，可以组合获得多种流量。此类型双联泵具有一个进油口、两个出油口。双联齿轮泵能达到给液压传动系统分别供油的目的，并可以节约能源。

型号意义：

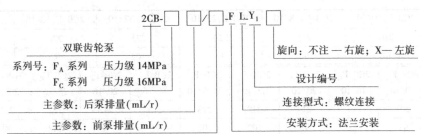

$$2CB\text{-}\square\square/\square\text{-}F\ L\ Y_1\ \square$$

双联齿轮泵

系列号：F_A 系列　压力级 14MPa
　　　　F_C 系列　压力级 16MPa

主参数：后泵排量(mL/r)

主参数：前泵排量(mL/r)

旋向：不注 — 右旋；X — 左旋

设计编号

连接型式：螺纹连接

安装方式：法兰安装

表 21-5-12　　　　　　　　　**技术参数**

型　号	压　力 /MPa		转　速 /r·min^{-1}		排　量 /mL·r^{-1}	驱 动 功 率/kW			质量 /kg
	额定	最高	额定	最高		6.3MPa 1800r/min	10MPa 1800r/min	14MPa 1800r/min	
2CB-F_A10/10-FL	14	17.5	1800	2400	11.27/11.27	2.13/2.13	3.38/3.38	4.73/4.73	12.7
2CB-F_A18/10-FL					18.32/11.27	3.46/2.13	5.5/3.38	7.7/4.73	13.1
2CB-F_A25/10-FL					25.36/11.27	4.8/2.13	7.62/3.38	10.7/4.73	13.5
2CB-F_A32/10-FL					32.41/11.27	6.13/2.13	9.73/3.38	13.6/4.73	13.9
2CB-F_A18/18-FL					18.32/18.32	3.46/3.46	5.5/5.5	7.7/7.7	13.5
2CB-F_A25/18-FL					25.36/18.32	4.8/3.46	7.62/5.5	10.7/7.7	13.9

型　号	压　力 /MPa			转　速 /r·min^{-1}		理论排量 /mL·r^{-1}	容积效率 /%	总效率 /%	驱动功率 (额定工况下) /kW
	额定	最高	最低	额定	最高				
2CB-F_C10/10-FL	16	20	600	2500	3000	10.44/10.44	90/90	≥81	13
2CB-F_C16/10-FL						16.01/10.44	90/90	≥81	16
2CB-F_C16/16-FL						16.01/16.01	90/90	≥81	19
2CB-F_C25/10-FL						25.06/10.44	91/90	≥82	22
2CB-F_C31.5/10-FL						32.02/10.44	91/90	≥82	26
2CB-F_C20/10-FL						20.19/10.44	91/90	≥82	20
2CB-F_C20/16-FL					2000	20.19/16.01	91/90	≥82	22
2CB-F_C25/16-FL						25.06/16.01	91/90	≥82	25
2CB-F_C20/20-FL						20.19/20.19	91/91	≥82	25
2CB-F_C25/20-FL						25.06/20.19	91/91	≥82	28

注：表中最高压力和最高转数为使用中短暂时间内允许的最高峰，每次持续时间不宜超过 3min。

表 21-5-13　　　　　　　　　**外形尺寸**　　　　　　　　　　　　mm

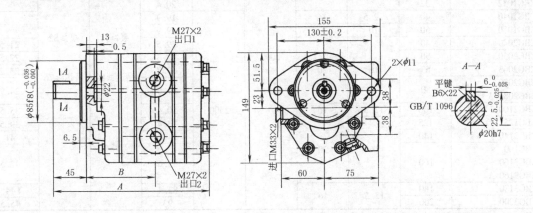

续表

型 号	2CB-F$_A$10/10	2CB-F$_A$18/10	2CB-F$_A$25/10	2CB-F$_A$32/10	2CB-F$_A$18/18	2CB-F$_A$25/18
A	210	215	220	225	220	225
B	87	92	97	102	92	97

型 号	2CB-F$_C$ 10/10	2CB-F$_C$ 16/10	2CB-F$_C$ 20/10	2CB-F$_C$ 25/10	2CB-F$_C$ 31.5/10	2CB-F$_C$ 16/16	2CB-F$_C$ 20/16	2CB-F$_C$ 25/16	2CB-F$_C$ 20/20	2CB-F$_C$ 25/20
A	207	211	214	218	223	215	218	222	221	225
B	91	95	98	102	107	95	98	102	98	102

3.1.3 CBG 型齿轮泵

型号意义：

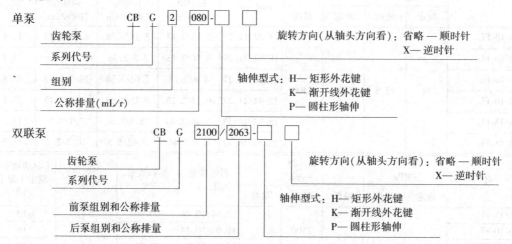

齿轮马达将 CB 改为 CM 即可，其他型号标记同齿轮泵。

表 21-5-14 技术参数

型 号	公称排量 /mL·r^{-1}	压力/MPa 额定	压力/MPa 最高	转速/r·min^{-1} 额定	转速/r·min^{-1} 最高	额定功率 /kW	容积效率 /%	总效率 /%	质量 /kg
CBGF1018	18	16	20	3000		11.5			11.9
CBGF1025	25	16	20	3000		15.9			12.9
CBGF1032	32	16	20	3000		20.4			13.8
CBGF1040	40	14	17.5	2500		22.3			14.8
CBGF1050	50	12.5	16	2500		24.9			16.1
CBG1016	16			3000		10.2			
CBG1025	25	16	20	3000		15.9			
CBG1032	32	16	20	3000		20.4			
CBG1040	40	12.5	16			19.9			
CBG1050	50	10	12.5			19.9	泵≥91	泵≥82	
CBG2040	40			2000		29.5			21.5
CBG2050	50			2000		32.3			22.5
CBG2063	63	16	20			40.7	马达≥85	马达≥76	23.2
CBG2080 CBG2080-A	80					51.6			24.9
CBG2100	100	12.5	16	2500		50.4			35.5
CBG125	125					73.4			39.5
CBG3140	140	16	20			81.5			41
CBG160 CBG3160 CBG3160-A	160	16	20			93.6			42.5
CBG3180	180	12.5	16			83.4			44
CBG3200	200	12.5	16			93			45.5

注：CBG 型双联齿轮泵中各单泵的技术参数与表 21-5-14 相同。

表 21-5-15　　　　　　　　　　　　　　外形尺寸　　　　　　　　　　　　　　　mm

CBGF1 型

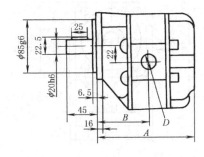 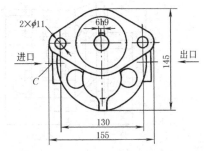

说明:图示为顺时针旋转泵,逆时针旋转时进、出口位置与图示相反

型　　号	A	B	C(进口)	D(出口)
CBGF1018	148.5	79	M22×1.5	M18×1.5
CBGF1025	155.5	82.5	M27×2	M22×1.5
CBGF1032	161.5	85.5		
CBGF1040	168.5	89	M33×2	M27×2
CBGF1050	177.5	93.5		

CBG1 型

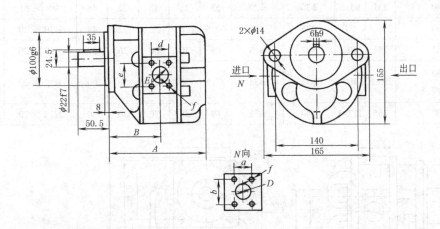

说明:图示为顺时针旋转泵,逆时针旋转时进、出口位置与图示相反

型　　号	A	B	D(进口)	E(出口)	a	b	d	e	f
CBG1016	143.5	71	$\phi18$	$\phi14$	22	48			M8 深 22
CBG1025	152	75	$\phi20$	$\phi16$			22	48	
CBG1032	158	78	$\phi22$	$\phi18$					
CBG1040	165	81.5	$\phi24$	$\phi20$	26	52			M10 深 25
CBG1050	174	86	$\phi28$	$\phi24$			26	52	

续表

CBG2 型

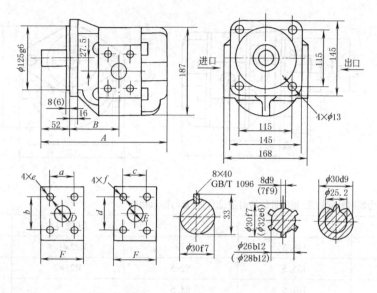

说明：1. 轴伸花键有效长 32(30)。渐开线花键参数：模数为 2mm，齿数为 14，压力角为 30°

2. 图示为顺时针旋转泵，逆时针旋转时进、出口位置与图示相反

3. 图中括号内尺寸用于 CBG2080-A（该泵旋向为逆时针）

型 号	A	B	D(进口)	E(出口)	F	a	b	c	d	e	f
CBG2040	231	95.5	$\phi20$	$\phi20$	55	22	48	22	48	M8 深 20	M8 深 20
CBG2050	236.5	98	$\phi25$	$\phi20$	60.5	26	52	22	48	M10 深 20	M8 深 20
CBG2063	244	102	$\phi32$	$\phi25$	68	30	60	26	52	M10 深 20	M10 深 20
CBG2080 CBG2080-A	253.5	107	$\phi35$	$\phi32$	77.5	36	70	30	60	M12 深 20	M10 深 20
CBG2100	265	112.5	$\phi40$	$\phi32$	89	36	70	30	60	M12 深 20	M10 深 20

CBG3 型

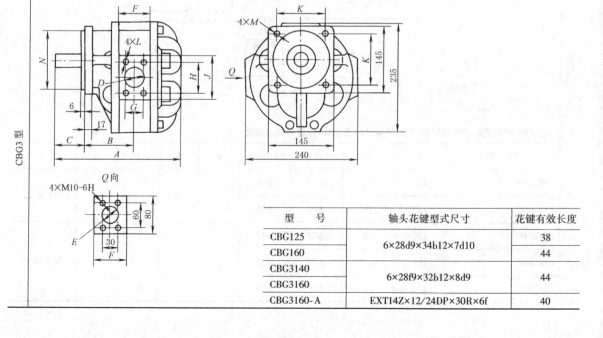

型 号	轴头花键型式尺寸	花键有效长度
CBG125	6×28d9×34b12×7d10	38
CBG160		44
CBG3140	6×28f9×32b12×8d9	44
CBG3160		44
CBG3160-A	EXT14Z×12/24DP×30R×6f	40

<table>
<tr><td rowspan="5">CBG3 型</td><td colspan="2">型 号</td><td>A</td><td>B</td><td>F</td><td>E</td><td>D</td><td>C</td><td>N</td><td>M</td><td>H</td><td>G</td><td>K</td><td>J</td><td>L</td></tr>
</table>

	型 号	A	B	F	E	D	C	N	M	H	G	K	J	L
厦门型	CBG125	274	109	62	φ32	φ35	63	φ125g6	φ13.5	60	30	115	95	M10
	CBG160	288	113	70			69						80	
柳州型	CBG3140	279.5	112	68	φ35	φ38	62.5			70	36		95	M12
	CBG3160	285.5	115	74		φ44								
	CBG3160-A	278	114				56	$\phi127^{\ 0}_{-0.051}$	φ14.5			114.5		

说明:图示为逆时针旋转泵,顺时针旋转时进、出口位置与图示相反

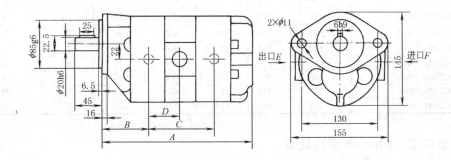

CBGF1 型双联泵(一进两出)

说明:图示为逆时针旋转双联泵,顺时针旋转双联泵进、出口位置与图示相反

型 号	A	B	C	D	E(出口) 前泵	E(出口) 后泵	F(进口)
CBGF1018/1018	274	80	124	62	M18×1.5	M18×1.5	M33×2
CBGF1025/1025	288	83.5	131	65.5	M22×1.5	M22×1.5	
CBGF1032/1032	300	86.5	137	68.5	M27×2	M27×2	M42×2
CBGF1025/1018	281	82	127.5	65.5	M22×1.5	M18×1.5	M33×2
CBGF1032/1018	284	85	130.5	68.5			
CBGF1040/1018	291	88.5	134	72			
CBGF1050/1018	300	93	138.5	76.5	M27×2		M42×2
CBGF1032/1025	291	85	134	68.5		M22×1.5	M33×2
CBGF1040/1025	298	88.5	137.5	72			M42×2

CBG2 型双联泵(一进两出)

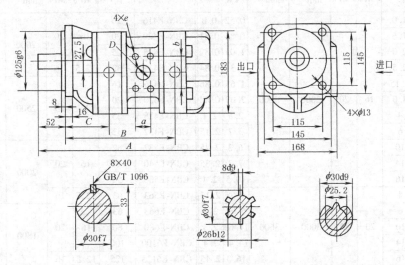

第 21 篇

说明:1. 轴伸花键有效长 32
2. 图示为逆时针旋转双联泵,顺时针旋转双联泵进、出口位置与图示相反
3. 两个出口和单泵出口尺寸相同

CBG2 型双联泵(一进两出)

型 号	A	B	C	D	a	b	e
CBG2040/2040	372	236	96	φ32	30	60	M10 深 17
CBG2050/2040	377	242	99	φ32	30	60	M10 深 17
CBG2063/2040	384	249	103	φ35	36	70	M12 深 20
CBG2080/2040	394	258	107.5	φ40	36	70	M12 深 20
CBG2100/2040	406	270	113	φ40	36	70	M12 深 20
CBG2050/2050	383	244	99	φ35	36	70	M12 深 20
CBG2063/2050	390	252	103	φ40	36	70	M12 深 20
CBG2080/2050	400	261	107.5	φ40	36	70	M12 深 20
CBG2100/2050	411	273	113	φ40	36	70	M12 深 20
CBG2063/2063	397	255	103	φ40	36	70	M12 深 20
CBG2080/2063	407	265	107.5	φ40	36	70	M12 深 20
CBG2100/2063	418	276	113	φ50	45	80	M12 深 20
CBG2080/2080	416	269	107.5	φ50	45	80	M12 深 20
CBG2100/2080	428	281	113	φ50	45	80	M12 深 20
CBG2100/2100	439	287	113	φ50	45	80	M12 深 20

3.1.4 CB※-E、CB※-F 型齿轮泵

该系列产品是一种中、高压,中、小排量的齿轮泵,结构简单、体积小、重量轻,适用于汽车、拖拉机、船舶、工程机械等液压系统。

型号意义:

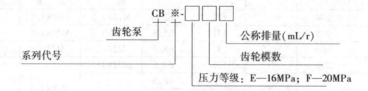

CB ※ - □ □ □

齿轮泵
系列代号
公称排量(mL/r)
齿轮模数
压力等级:E—16MPa; F—20MPa

表 21-5-16　　　　　　　　　　技术参数

型 号	公称排量/mL·r⁻¹	额定压力/MPa	最高压力/MPa	额定转速/r·min⁻¹	最高转速/r·min⁻¹	驱动功率/kW	质量/kg	型 号	公称排量/mL·r⁻¹	额定压力/MPa	最高压力/MPa	额定转速/r·min⁻¹	最高转速/r·min⁻¹	驱动功率/kW	质量/kg
CB-E1.5 1.0	1.0					0.52	0.8	CBN-E416	16					10.5	4.15
CB-E1.5 1.6	1.6					0.84	0.81	CBN-E420	20	16	20	2000	2500	13.1	4.3
CB-E1.5 2.0	2.0					1.05	0.82	CBN-E425	25					16.4	4.45
CB-E1.5 2.5	2.5					1.31	0.84	CBN-E432	32	12.5	16			21	4.75
CB-E1.5 3.15	3.15					1.65	0.86	CBN-F416	16					16.4	4.15
CB-E1.5 4.0	4.0	16	20	2000	3000	2.09	0.88	CBN-F420	20	20	25	2500	3000	20.46	4.3
CBN-E304	4					2.5	2.1	CBN-F425	25					25.6	4.45
CBN-E306	6					3.7	2.15	CBN-F432	32					21	4.75
CBN-E310	10					6.2	2.25	CBN-E532	32					20.5	5.4
CBN-E314	14					7.7	2.35	CBN-E540	40	16	20	2000	2500	25	5.6
CBN-E316	16					10.5	2.4	CBN-E550	50					31	6.2
CBN-F304	4					4.68	2.15	CBN-E563	63	12.5	16			31.5	6.6
CBN-F306	6					6.94	2.2	CBN-E663	63					37	13.3
CBN-F310	10	20	25	3000	3600	11.63	2.3	CBN-E680	80	16	20	1800	2500	47	15.1
CBN-F314	14					14.44	2.4	CBN-E6100	100					59	17.5
CBN-F316	16					16.3	2.45	CBN-E6125	125	12.5	16			58	21

表 21-5-17 外形尺寸 mm

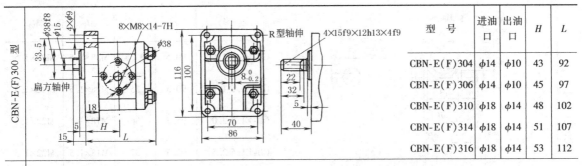

型 号	进油口	出油口	H	L
CBN-E(F)304	φ14	φ10	43	92
CBN-E(F)306	φ14	φ10	45	97
CBN-E(F)310	φ18	φ14	48	102
CBN-E(F)314	φ18	φ14	51	107
CBN-E(F)316	φ18	φ14	53	112

CBN-E(F)300 型

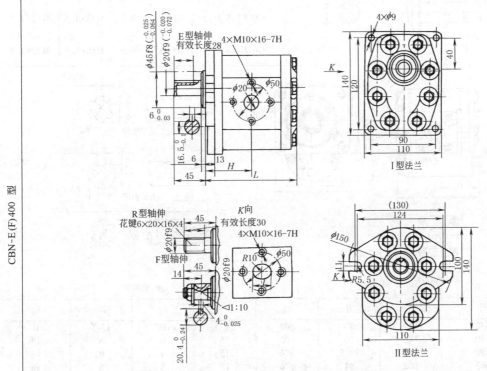

CBN-E(F)400 型

型 号	L	H	型 号	L	H
CBN-E(F)416	114	57	CBN-E(F)425	123	61.5
CBN-E(F)420	118	58	CBN-E(F)432	130	65

CB-E1.5 型

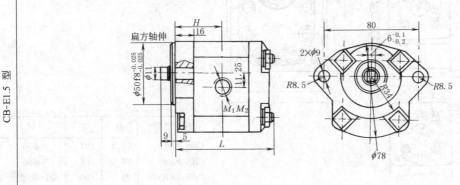

续表

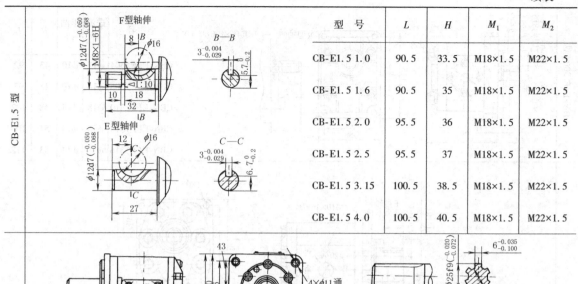

型 号	L	H	M_1	M_2
CB-E1.5 1.0	90.5	33.5	M18×1.5	M22×1.5
CB-E1.5 1.6	90.5	35	M18×1.5	M22×1.5
CB-E1.5 2.0	95.5	36	M18×1.5	M22×1.5
CB-E1.5 2.5	95.5	37	M18×1.5	M22×1.5
CB-E1.5 3.15	100.5	38.5	M18×1.5	M22×1.5
CB-E1.5 4.0	100.5	40.5	M18×1.5	M22×1.5

CB-E1.5 型

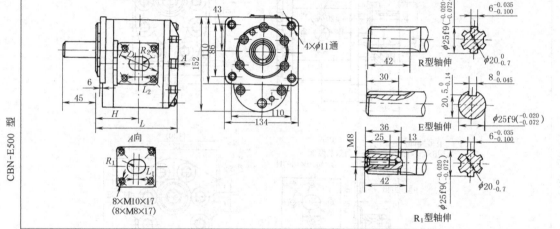

CBN-E500 型

型 号	L	H	D	R_1	L_1	R_2	L_2
CBN-E532	140	73	$\phi65$	12.5	0	12.5	0
CBN-E540	146	76	$\phi65$	15	0	8	14
CBN-E550	153	79.5	$\phi76$	15	5	8	16
CBN-E563	162	84	$\phi76$	15	5	8	16

CBN-E600 型

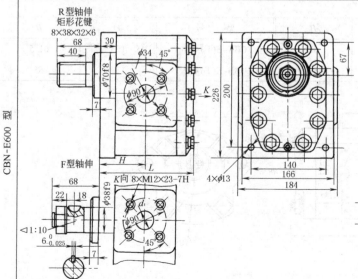

型 号	H	L	d
CBN-E663	91.5	181	$\phi36$
CBN-E680	94	188	$\phi36$
CBN-E6100	98	196	40×40 方形
CBN-E6125	113	206	40×40 方形

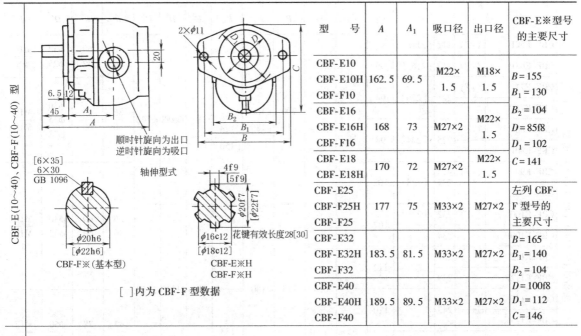

CBF-E(10~40)、CBF-F(10~40) 型

型 号	A	A_1	吸口径	出口径	CBF-E※型号的主要尺寸
CBF-E10 CBF-E10H CBF-F10	162.5	69.5	M22×1.5	M18×1.5	$B=155$ $B_1=130$
CBF-E16 CBF-E16H CBF-F16	168	73	M27×2	M22×1.5	$B_2=104$ $D=85f8$ $D_1=102$
CBF-E18 CBF-E18H	170	72	M27×2	M22×1.5	$C=141$
CBF-E25 CBF-F25H CBF-F25	177	75	M33×2	M27×2	左列 CBF-F 型号的主要尺寸
CBF-E32 CBF-E32H CBF-F32	183.5	81.5	M33×2	M27×2	$B=165$ $B_1=140$ $B_2=104$
CBF-E40 CBF-E40H CBF-F40	189.5	89.5	M33×2	M27×2	$D=100f8$ $D_1=112$ $C=146$

顺时针旋向为出口
逆时针旋向为吸口

轴伸型式

CBF-F※(基本型)

CBF-E※H
CBF-F※H

[ ]内为 CBF-F 型数据

CBF-E(50~140)、CBF-F(50~140) 型

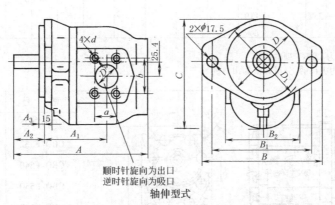

顺时针旋向为出口
逆时针旋向为吸口
轴伸型式

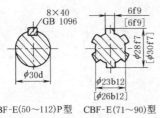

CBF-E(50~112)P型   CBF-E(71~90)型   CBF-E(100~140)型
[CBF-E※K]

CBF-E(125~140)K型
轴伸花键有效长度 32[35]

渐开线花键参数	
模数	2
齿数	14
分度圆直径	28
压力角	30°

渐开线花键参数	
径节(DP)	12
齿数	14
分度圆直径	29.63
压力角	30°

第 **21** 篇

型 号		A	A₁	A₂	A₃	B	B₁	B₂	C	D	D₁	a	b	D′	d
CBF-E50P	(-F)	212	[211.5]	91								$\frac{30}{26}$	$\frac{60}{52}$	$\frac{\phi32}{\phi25}$	$\frac{M10}{M8}$
CBF-E63P	(-F)	217	[216.5]	96											
CBF-E71	(-F)	221	[220]	94								$\frac{36}{36}$	$\frac{60}{60}$	$\frac{\phi36}{[\phi35]}$	$\frac{M10}{M10}$
CBF-E71P					56	8 [7]	200 [215]	160 [180]	146 [150]	185	$\phi80f8$ $\phi142$				
CBF-E80	(-F)	225	[224]	98										$\frac{\phi36}{\phi28}$	$\frac{M10}{M10}$
CBF-E80P															
CBF-E90	(-F)	229	[228]	102											
CBF-E90P															
CBF-E100	(-F)	232	[233]	107								$\frac{36}{36}$	$\frac{60}{60}$	$\frac{\phi40}{\phi32}$	$\frac{M10}{M10}$
CBF-E100P		234													
CBF-E112		237		112											
CBF-E112P		239				6.5	215	180		189	$\phi127f8$ $\phi150$				
CBF-E125		243		110											
CBF-E125K					55			133				$\frac{43}{30}$	$\frac{78}{59}$	$\frac{\phi50}{\phi35}$	$\frac{M12}{M10}$
CBF-E140		252		119											
CBF-E140K															

左侧纵标：CBF-E(50~140)、CBF-F(50~140) 型

说明：1. [ ]内尺寸为 **CBF-F** 型的数值
　　　 2. 分子数值为吸口的, 分母数值为出口的

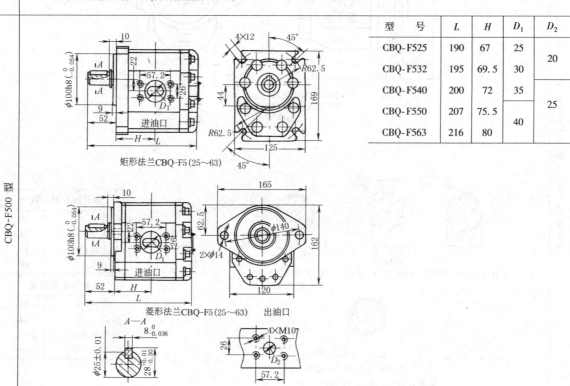

矩形法兰CBQ-F5(25~63)

菱形法兰CBQ-F5(25~63)　　出油口

A—A

左侧纵标：CBQ-F500 型

型 号	L	H	D₁	D₂
CBQ-F525	190	67	25	20
CBQ-F532	195	69.5	30	
CBQ-F540	200	72	35	25
CBQ-F550	207	75.5	40	
CBQ-F563	216	80		

3.1.5　三联齿轮泵

（1）CBKP、CBPa、CBP 型三联齿轮泵

型号意义：

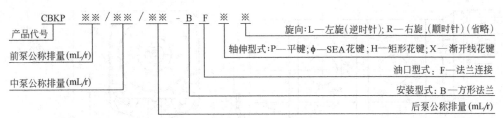

CBKP ※※/※※/※※-BF※※

旋向：L—左旋（逆时针）；R—右旋，（顺时针）（省略）
轴伸型式：P—平键；φ—SEA 花键；H—矩形花键；X—渐开线花键
油口型式：F—法兰连接
安装型式：B—方形法兰
后泵公称排量（mL/r）
中泵公称排量（mL/r）
前泵公称排量（mL/r）
产品代号

表 21-5-18　　　　技术参数及外形尺寸　　　　mm

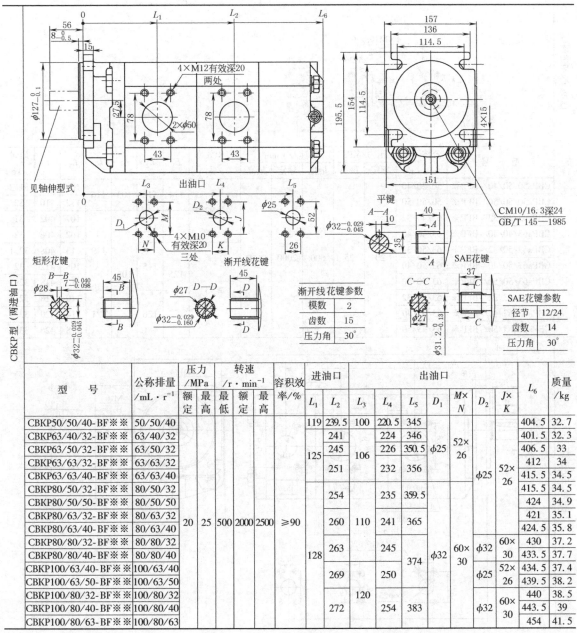

型　号	公称排量 /mL·r⁻¹	压力/MPa 额定	最高	转速/r·min⁻¹ 最低	额定	最高	容积效率/%	进油口 L₁	L₂	L₃	出油口 L₄	L₅	D₁	M×N	D₂	J×K	L₆	质量/kg
CBKP50/50/40-BF※※	50/50/40							119	239.5	100	220.5	345					404.5	32.7
CBKP63/40/32-BF※※	63/40/32								241		224	346		52×26			401.5	32.3
CBKP63/50/32-BF※※	63/50/32							125	245	106	226	350.5	φ25				406.5	33
CBKP63/63/32-BF※※	63/63/32								251		232	356			φ25	52×26	412	34
CBKP63/63/40-BF※※	63/63/40								251		232	356					415.5	34.5
CBKP80/50/32-BF※※	80/50/32								254		235	359.5					415.5	34.5
CBKP80/50/50-BF※※	80/50/50	20	25	500	2000	2500	≥90		254		235	359.5					424	34.9
CBKP80/63/32-BF※※	80/63/32								260	110	241	365					421	35.1
CBKP80/63/40-BF※※	80/63/40								260		241	365					424.5	35.8
CBKP80/80/32-BF※※	80/80/32							128	263		245	374	φ32	60×30	φ32	60×30	430	37.2
CBKP80/80/40-BF※※	80/80/40								263		245	374					433.5	37.7
CBKP100/63/40-BF※※	100/63/40								269		250	374			φ25	52×26	434.5	37.4
CBKP100/63/50-BF※※	100/63/50								269		250	374					439.5	38.2
CBKP100/80/32-BF※※	100/80/32								272	120	254	383					440	38.5
CBKP100/80/40-BF※※	100/80/40								272		254	383			φ32	60×30	443.5	39
CBKP100/80/63-BF※※	100/80/63								272		254	383					454	41.5

续表

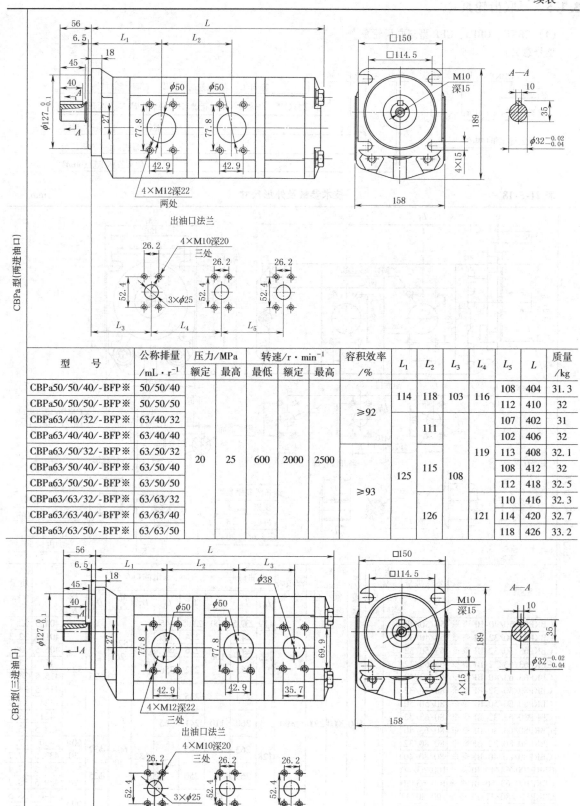

CBPa型(两进油口)

4×M12深22 两处

出油口法兰

4×M10深20 三处

3×φ25

CBP型(三进油口)

4×M12深22 三处

出油口法兰

4×M10深20 三处

3×φ25

型　　号	公称排量 /mL·r⁻¹	压力/MPa		转速/r·min⁻¹			容积效率 /%	L_1	L_2	L_3	L_4	L_5	L	质量 /kg
		额定	最高	最低	额定	最高								
CBPa50/50/40/-BFP※	50/50/40						≥92	114	118	103	116	108	404	31.3
CBPa50/50/50/-BFP※	50/50/50											112	410	32
CBPa63/40/32/-BFP※	63/40/32								111			107	402	31
CBPa63/40/40/-BFP※	63/40/40											102	406	32
CBPa63/50/32/-BFP※	63/50/32	20	25	600	2000	2500		125	115	108	119	113	408	32.1
CBPa63/50/40/-BFP※	63/50/40											108	412	32
CBPa63/50/50/-BFP※	63/50/50						≥93					112	418	32.5
CBPa63/63/32/-BFP※	63/63/32											110	416	32.3
CBPa63/63/40/-BFP※	63/63/40								126		121	114	420	32.7
CBPa63/63/50/-BFP※	63/63/50											118	426	33.2

续表

型号	公称排量/mL·r⁻¹	压力/MPa 额定	最高	转速/r·min⁻¹ 最低	额定	最高	容积效率/%	L_1	L_2	L_3	L_4	L_5	L_6	L	质量/kg
CBP50/50/40-BFP※	50/50/40	20	25	600	2000	2500	≥92	114	118	109	103	116	113	424	31.3
CBP50/50/50-BFP※	50/50/50									107			112	430	32
CBP63/40/32-BFP※	63/40/32								116	105			102	422	31
CBP63/40/40-BFP※	63/40/40									107			107	426	32
CBP63/50/32-BFP※	63/50/32						≥93	125	120	104	108	119	112	428	32.1
CBP63/50/40-BFP※	63/50/40									109			113	432	32
CBP63/50/50-BFP※	63/50/50									107			112	438	32.5
CBP63/63/32-BFP※	63/63/32								126	109		121	114	436	32.3
CBP63/63/40-BFP※	63/63/40									111			119	440	32.7
CBP63/63/50-BFP※	63/63/50									109			118	446	33.2

（左侧纵向标注：CBP 型（三进油口））

（2）CBTSL、CBWSL、CBWY 型三联齿轮泵

型号意义：

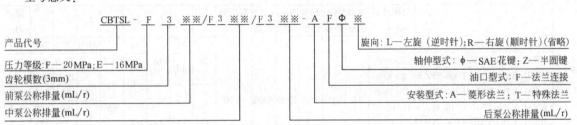

产品代号
压力等级：F—20MPa；E—16MPa
齿轮模数（3mm）
前泵公称排量（mL/r）
中泵公称排量（mL/r）

旋向：L—左旋（逆时针）；R—右旋（顺时针）（省略）
轴伸型式：φ—SAE 花键；Z—半圆键
油口型式：F—法兰连接
安装型式：A—菱形法兰；T—特殊法兰
后泵公称排量（mL/r）

表 21-5-19 　　　　技术参数及外形尺寸 　　　　mm

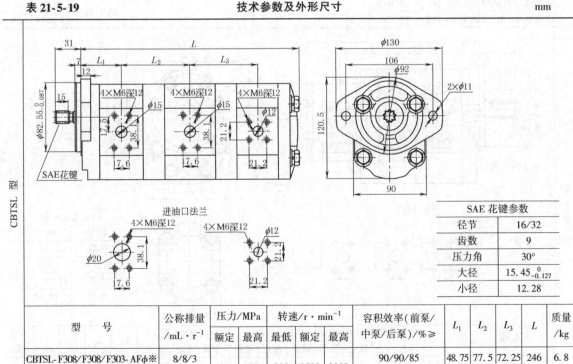

SAE 花键参数	
径节	16/32
齿数	9
压力角	30°
大径	$15.45^{\ 0}_{-0.127}$
小径	12.28

型号	公称排量/mL·r⁻¹	压力/MPa 额定	最高	转速/r·min⁻¹ 最低	额定	最高	容积效率（前泵/中泵/后泵）/%≥	L_1	L_2	L_3	L	质量/kg
CBTSL-F308/F308/F303-AFφ※	8/8/3	20	25	800	2500	3000	90/90/85	48.75	77.5	72.25	246	6.8
CBTSL-F310/F310/F305-AFφ※	10/10/5						90/90/90	50	78	74.25	253	7.3

（左侧纵向标注：CBTSL 型）

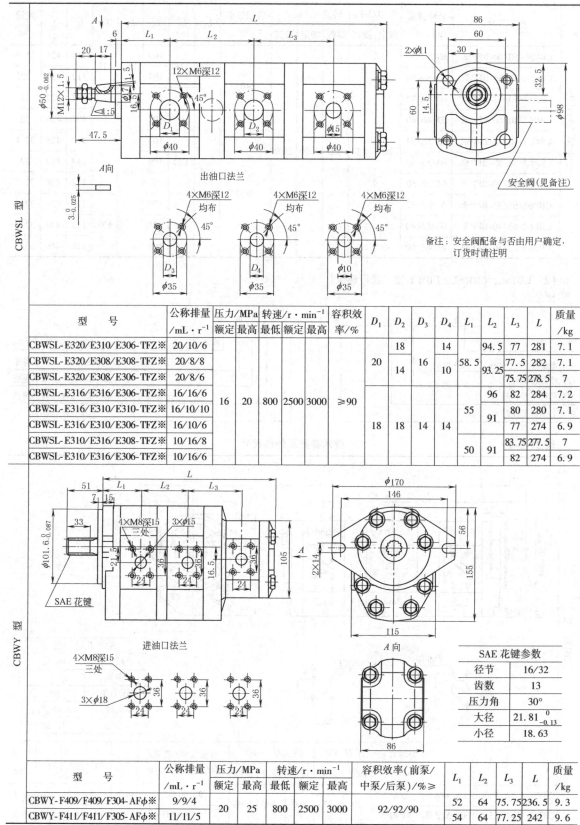

CBWSL 型

出油口法兰

备注：安全阀配备与否由用户确定，
订货时请注明

安全阀（见备注）

型　　号	公称排量 /mL·r⁻¹	压力/MPa		转速/r·min⁻¹			容积效率/%	D_1	D_2	D_3	D_4	L_1	L_2	L_3	L	质量 /kg
		额定	最高	最低	额定	最高										
CBWSL-E320/E310/E306-TFZ※	20/10/6								18		14		94.5	77	281	7.1
CBWSL-E320/E308/E308-TFZ※	20/8/8							20	14	16	10	58.5	93.25	77.5	282	7.1
CBWSL-E320/E308/E306-TFZ※	20/8/6													75.75	278.5	7
CBWSL-E316/E316/E306-TFZ※	16/16/6	16	20	800	2500	3000	≥90						96	82	284	7.2
CBWSL-E316/E310/E310-TFZ※	16/10/10											55	91	80	280	7.1
CBWSL-E316/E310/E306-TFZ※	16/10/6							18	18	14	14			77	274	6.9
CBWSL-E310/E316/E308-TFZ※	10/16/8											50	91	83.75	277.5	7
CBWSL-E310/E316/E306-TFZ※	10/16/6													82	274	6.9

CBWY 型

进油口法兰

SAE 花键参数	
径节	16/32
齿数	13
压力角	30°
大径	$21.81^{\ 0}_{-0.13}$
小径	18.63

型　　号	公称排量 /mL·r⁻¹	压力/MPa		转速/r·min⁻¹			容积效率(前泵/中泵/后泵)/%≥	L_1	L_2	L_3	L	质量 /kg
		额定	最高	最低	额定	最高						
CBWY-F409/F409/F304-AFφ※	9/9/4	20	25	800	2500	3000	92/92/90	52	64	75.75	236.5	9.3
CBWY-F411/F411/F305-AFφ※	11/11/5							54	64	77.25	242	9.6

3.1.6 P7600、P5100、P3100、P197、P257 型高压齿轮泵（马达）

该系列泵（马达）属高压齿轮泵（马达），产品采用了先进的压力平衡结构和经过特殊表面处理的侧板结构，耐压抗磨性强，采用专门设计的特殊油泵轴承，更适合重载冲击等苛刻条件，具有体积小、噪声低、压力高、排量大、性能好、寿命长等特点。各种规格的单泵（马达）可组成双泵（马达）、多联泵（马达），并提供泵阀一体的复合泵，广泛应用于各种工程机械、装载机、推土机、压路机、挖掘机、起重机等。

型号意义：

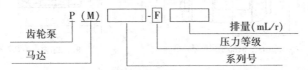

表 21-5-20　　　　　　　　　　　　　　　技术参数

系列	型号	排量/mL·r⁻¹	齿宽/in	压力/MPa		工作转速/r·min⁻¹	输入功率/kW	质量/kg
				额定	最高			
7600	P7600-F63	63	1				69.36	31.6
	P7600-F80	80	1¼				86	32.6
	P7600-F100	100	1½				109.9	33.4
	P7600-F112	112	1¾				123.2	34.8
	P7600-F125	125	2				141	36.1
	P7600-F140	140	2⅛				154	36.8
	P7600-F150	150	2¼				160	37.4
	P7600-F160	160	2½				176	38.7
	P7600-F180	180	2¾				198	39.6
	P7600-F200	200	3				220	40.5
5100	P5100-F20	20	1/2				22.5	14.5
	P5100-F32	32	3/4				36	16.1
	P5100-F40	40	1	23	28		44	17.6
	P5100-F50	50	1¼				55	19.6
	P5100-F63	63	1½				69.4	20.2
	P5100-F80	80	2				86	21.6
	P5100-F90	90	2¼				99	22.4
	P5100-F100	100	2½				109.9	23.3
3100	P3100-F15	15	1/2			2400	16.5	13.1
	P3100-F20	20	3/4				22	13.7
	P3100-F32	32	1				35.2	14.3
	P3100-F40	40	1¼				44	14.9
	P3100-F50	50	1½				55	15.5
	P3100-F55	55	1¾				62	15.95
	P3100-F63	63	2				69.4	16.4
197	P197-G15	15	1/2				23.1	13.1
	P197-G20	20	3/4				32.9	13.7
	P197-G32	32	1		28		46.3	14.3
	P197-G40	40	1¼				55.6	14.9
	P197-G50	50	1½				65.9	15.5
	P197-G63	63	2				88.8	16.4
257	P257-H20	20	1/2				35.2	15.6
	P257-H32	32	3/4				49	16.8
	P257-H40	40	1				68.4	17.6
	P257-H50	50	1¼				82	19.6
	P257-H63	63	1½		31.5		98.25	20.2
	P257-H80	80	2				119.9	21.6
	P257-H90	90	2¼				127.5	22.4
	P257-H100	100	2½				134.3	23.3

注：1in=25.4mm，下同。

表 21-5-21　　　　　　　　　　外形尺寸　　　　　　　　　　mm

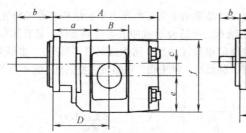 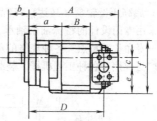

7600、5100、3100系列单泵外形　　　　197、257系列单泵外形

型　号		a	A	B	b	c	e	f	D
P7600	F63	95.25	196.85	50.8	56	31.75	101.6	203.2	120.65
	F80		203.2	57.15					123.83
	F100		209.55	63.50					127
	F112		215.9	69.85					130.18
	F125		222.25	76.20					133.35
	F140		225.43	79.38					134.94
	F150		228.6	82.55					136.53
	F160		234.95	88.90					139.7
	F180		241.3	95.25					142.88
	F200		247.65	101.60					146.05
P5100	F40	85.85	174.7	44.40	56	25.4	79.25	158.75	108.05
	F50		181.05	50.75					111.23
	F63		187.4	57.10					114.4
	F80		200.1	69.80					120.75
	F90		206.45	76.15					123.93
	F100		212.8	82.50					127.1
P3100	F15	74.68	150.88	31.70	42	22.35	70.61	139.7	90.35
	F20		157.23	38.05					93.53

型　号		a	A	B	b	c	e	f	D
P3100	F32	74.68	163.58	44.4	42	22.35	70.61	139.7	96.7
	F40		169.93	50.75					99.88
	F50		176.28	57.1					103.05
	F63		188.98	69.8					109.4
P197	G15	74.68	164.34	25.4	42	22.35	71.88	143.76	133.35
	G20		170.69	31.75					139.7
	G32		177.04	38.1					146.05
	G40		183.39	44.45					152.4
	G50		189.39	50.8					158.75
	G63		202.44	63.5					171.45
P257	H20	88.7	190.3	25.4	56	25.4	72.18	144.37	152.15
	H32		196.65	31.75					158.5
	H40		203	38.1					164.85
	H50		209.35	44.45					171.2
	H63		215.7	50.8					177.55
	H80		228.4	63.5					190.25
	H90		234.75	69.85					196.6
	H100		241.1	76.2					202.95

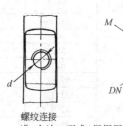

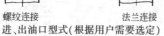

螺纹连接　　　　法兰连接
进、出油口型式（根据用户需要选定）

DN	m+0.1	n+0.1	M	d(NPT)/in
13	38.1	17.5	M8	1/2
19	47.6	22.3	M10	3/4
25	52.4	26.2	M10	1
32	58.7	30.2	M10	1¼
38	69.9	35.7	M12	1½
51	77.8	42.92	M12	2
64	88.9	50.8	M12	2½

前盖及轴伸型式（根据用户需要选定）

系　列	7600	5100	3100	197	257
前盖型式	a、b、c、d	e、f、g、h	f、g、h、i、j	e、f、g、h	e、f、g、h
轴伸型式	Ⅲ、Ⅳ、Ⅴ、Ⅶ	Ⅲ、Ⅳ、Ⅴ、Ⅵ、Ⅶ	Ⅰ、Ⅱ、Ⅴ、Ⅵ	Ⅰ、Ⅱ、Ⅵ、Ⅶ	Ⅰ、Ⅱ、Ⅳ、Ⅶ

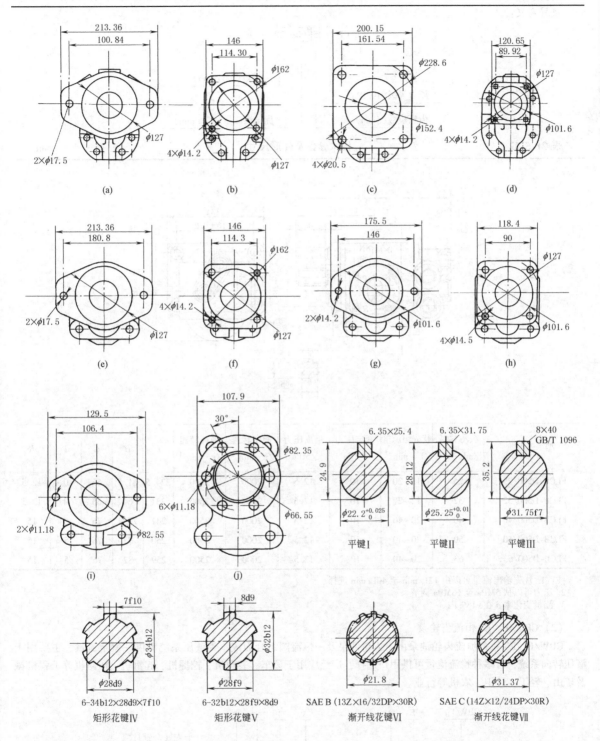

3.1.7 恒流齿轮泵

（1）FLCB-D500/※※单稳分流泵

该系列泵属于液压动力转向系统和液压操纵控制系统的混合动力泵，既能满足液压动力转向系统恒流输出的特殊要求，又能满足操纵控制作业动力的要求，是行走机械及车辆采用静液压动力转向或液压助力转向的配套产品。

型号意义：

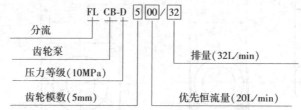

```
        FL CB-D  5 00 / 32
        │  │  │  │ │    │
      分流  │  │  │ │    └─ 排量（32L/min）
       齿轮泵 │  │ │
        压力等级（10MPa）  └─ 优先恒流量（20L/min）
        齿轮模数（5mm）
```

分流
齿轮泵
压力等级（10MPa）
齿轮模数（5mm）
排量（32L/min）
优先恒流量（20L/min）

表 21-5-22   技术参数及外形尺寸   mm

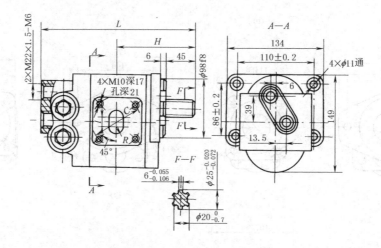

型　　号	公称排量 /mL·r^{-1}	优先恒流量 /L·min^{-1}	额定压力 /MPa	最高压力 /MPa	额定转速 /r·min^{-1}	最高转速 /r·min^{-1}	L	H	C	l	R
FLCB-D500/25	25	12~20	10	12.5	2000	2500	224.5	61.5	65	0	12.5
FLCB-D500/32	32	12~20	10	12.5	2000	2500	231	64	65	0	12.5
FLCB-D500/40	40	20~40	10	12.5	2000	2500	241	72.5	76	5	15
FLCB-D500/50	50	20~40	10	12.5	2000	2500	250	77	76	5	15
FLCB-D500/63	63	20~40	10	12.5	2000	2500	259	82	76	5	15

注：1. 优先输出流量可以由 12L/min 至 40L/min 选择。
2. 压力可以从 5MPa 至 16MPa 调节。
3. 流量变化率 δ 在 ±15% 内。

（2）CBW/F_B-E3 恒流齿轮泵

CBW/F_B-E3 系列恒流齿轮油泵由一齿轮油泵及一恒流阀组合而成，为液压系统提供一恒定流量，主要用于液压转向系统，有多种稳流流量可供用户选择，广泛应用于叉车、装载机、挖掘机、起重机、压路机等工程机械及矿山、轻工、环卫、农机等行业。

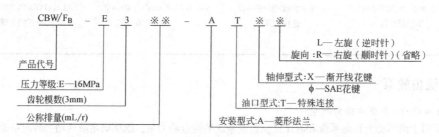

```
     CBW/F_B  - E 3 ** - AT ** *
```

产品代号
压力等级：E—16MPa
齿轮模数（3mm）
公称排量（mL/r）
安装型式：A—菱形法兰
油口型式：T—特殊连接
轴伸型式：X—渐开线花键
　　　　　φ—SAE花键
旋向：R—右旋（顺时针）（省略）
L—左旋（逆时针）

表 21-5-23　　　　　　　　技术参数及外形尺寸　　　　　　　　mm

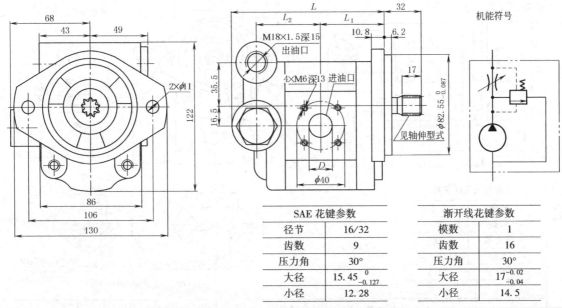

SAE 花键参数	
径节	16/32
齿数	9
压力角	30°
大径	$15.45^{\ 0}_{-0.127}$
小径	12.28

渐开线花键参数	
模数	1
齿数	16
压力角	30°
大径	$17^{-0.02}_{-0.04}$
小径	14.5

型　　号	公称排量 /mL·r^{-1}	压力/MPa		转速/r·min^{-1}			恒定流量 A/L·min^{-1}	D	L_1	L_2	L	质量 /kg
		额定	最高	最低	额定	最高						
CBW/F_B-E306-AT※※	6	16	20	1350	2000	2500	6.7~8.6	14	50.5	50.5	122	4.3
CBW/F_B-E308-AT※※	8						9~11.5		52.25	52.25	125.5	4.4
CBW/F_B-E310-AT※※	10						11.7~15	18	53.5	53.5	128	4.5
CBW/F_B-E314-AT※※	14						16.2~20.7		56.5	56.5	134	4.7
CBW/F_B-E316-AT※※	16						18.9~24.2	20	58.5	58.5	138	4.8
CBW/F_B-E320-AT※※	20						23.4~29.9		62	62	145	5

3.1.8　复合齿轮泵

　　CBW/F_A-E4 系列复合齿轮油泵由一齿轮油泵与一单稳分流阀组合而成，为液压系统提供一主油路油流及另一稳定油流，有多种分流流量供用户选择，广泛应用于叉车、装载机、挖掘机、起重机、压路机等工程机械及矿山、轻工、环卫、农机等行业。

　　CBWS/F-D3 系列复合双向齿轮油泵由一双向旋转齿轮油泵和一组合阀块组合而成，组合阀块由梭形阀、安全阀、单向阀及液控单向阀组成，具有结构紧凑、性能优良、压力损失小等特点，主要用于液控阀门、液控推杆等闭式液压系统，为油缸提供双向稳定油流。

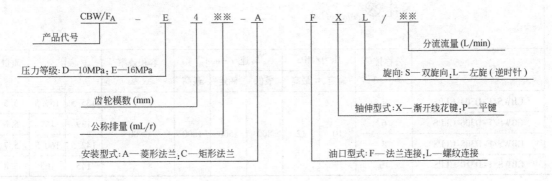

第 21 篇

表 21-5-24 技术参数及外形尺寸 mm

CBW/F$_A$型

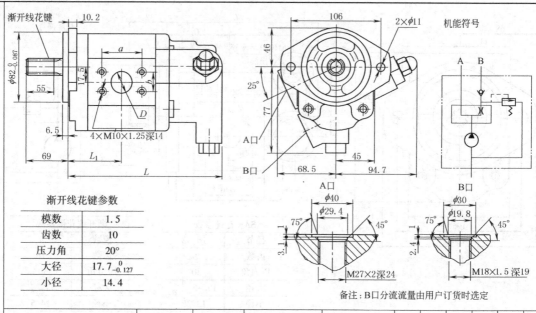

渐开线花键参数

模数	1.5
齿数	10
压力角	20°
大径	$17.7_{-0.127}^{0}$
小径	14.4

备注：B口分流量由用户订货时选定

型　号	公称排量 /mL·r^{-1}	压力/MPa		转速/r·min^{-1}			B口分流流量 /L·min^{-1}	L_1	L	a	b	D	质量 /kg
		额定	最高	最低	额定	最高							
CBW/F$_A$-E425-AFXL/※※	25							65.8	188				7.0
CBW/F$_A$-E432-AFXL/※※	32	16	20	600	2500	3000	8,10,12,14,16	69.5	195.5	52.4	26.2	26	7.3
CBW/F$_A$-E440-AFXL/※※	40							74	204.5	57.2	26	30	7.6

CBWS/F型

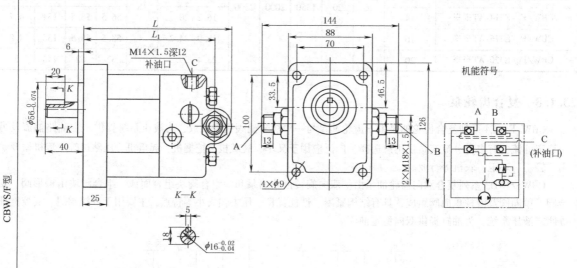

型　号	公称排量 /mL·r^{-1}	压力/MPa		转速/r·min^{-1}			容积效率 /%	L_1	L	质量 /kg
		额定	最高	最低	额定	最高				
CBWS/F-D304-CLPS	4							135.5	153.5	5.5
CBWS/F-D306-CLPS	6	10	12	800	1500	1800	≥80	139	157	5.6
CBWS/F-D308-CLPS	8							142.5	160.5	5.7
CBWS/F-D310-CLPS	10							145	163	5.8

3.2 叶片泵产品及选用指南

叶片泵具有噪声低、寿命长的优点，但抗污染能力差，加工工艺复杂，精度要求高，价格也较高。若系统的过滤条件较好，油箱的密封性也好，则可选择寿命较长的叶片泵，正常使用的叶片泵工作寿命可达 10000h 以上。从节能的角度考虑可选用变量泵，采用双联或三联泵。叶片泵的使用要点如下。

① 为提高泵（马达）的性能，延长使用寿命，推荐使用抗磨液压油，黏度范围 $17\sim38mm^2/s$（$2.5\sim5°E$），推荐使用 $24mm^2/s$。

② 油液应保持清洁，系统过滤精度不低于 $25\mu m$。为防止吸入污物和杂质，在吸油口外应另置过滤精度为 $70\sim150\mu m$ 的滤油器。

③ 安装泵时，泵轴线与原动机轴线同轴度应保证在 0.1mm 以内，且泵轴与原动机轴之间应采用挠性连接。泵轴不得承受径向力。

④ 泵吸油口距油面高度不得大于 500mm。吸油管道必须严格密封，防止漏气。

⑤ 注意泵轴转向。

叶片泵部分产品的技术参数见表 21-5-25。

表 21-5-25　　　　　　　　　　　　**叶片泵部分产品技术参数**

类　别	型　号	排量/mL·r^{-1}	压力/MPa	转速/r·min^{-1}	生　产　厂
定量叶片泵	YB$_1$	2.5～100 2.5/2.5～100/100	6.3	960～1450	阜新液压件有限公司 榆次液压有限公司
	YB	6.4～200	7	1000～2000	榆次液压有限公司 大连液压件有限公司
		10～114	10.5	1500	
	YB-D	6.3～100	10	600～2000	—
	YB-E	6～80 10/32～50/100	16	600～1500	广东广液实业股份有限公司
	YB$_1$-E	10～100	16	600～1800	广东广液实业股份有限公司
	YB$_2$-E	10～200	16	600～2000	榆次液压有限公司
	PFE PV2R	5～250 6/26～116/250	14～21	600～1800	阜新液压件有限公司
	T6	10～214	24.5～28	600～1800	—
	YB-※	10～114	10.5	600～2000	榆次液压有限公司
	Y2B	6～200	14	600～1200	大连液压件有限公司 榆次液压有限公司
	YYB	6/6～194/113	7	600～2000	
变量叶片泵	YBN	20,40	7	600～1800	
	YBX	16,25,40	6.3	600～1500	阜新液压件有限公司 邵阳液压件有限公司
	YBP	10～63	6.3～10	600～1500	
	YBP-E	20～125	16	1000～1500	广东广液实业股份有限公司
	V4	20～50	16	1450	大连液压件有限公司

3.2.1　YB 型、YB$_1$ 型叶片泵

YB 型泵是我国第一代国产叶片泵第 5 次改型产品，具有结构简单、性能稳定、排量范围大、压力流量脉动小、噪声低、寿命长等一系列优点，广泛用于机床设备和其他中低压液压传动系统中。

YB-Y$_2$ 型、YB$_1$ 型均为 YB 型的改进型。

型号意义：

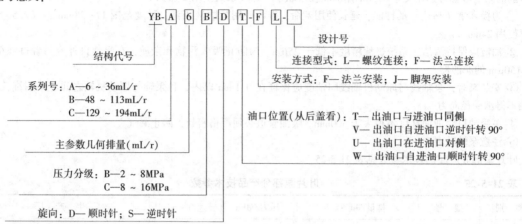

（1）YB 型叶片泵

表 21-5-26　　　　　　　　　　　　　　　　主要技术参数

型　号	理论排量/mL·r^{-1}	额定压力/MPa	输出流量/L·min^{-1}	驱动功率/kW	转速/r·min^{-1}			质量/kg		油口尺寸	
					额定	最低	最高	脚架安装	法兰安装	进口	出口
YB-A6B	6.5		4.0	1.0			800				
YB-A9B	9.1		6.9	1.3			2000				
YB-A14B	14.5		11.9	2.1				10	9	R$_c$1	R$_c$3/4
YB-A16B	16.3		13.7	2.4			1800				
YB-A26B	26.1		22.5	3.8							
YB-A36B	35.9		30.9	5.2			1500				
YB-B48B	48.3		42.7	6.9			1500				
YB-B60B	61.0	7	53.9	8.7	1000	600		25	25	R$_c$1½	R$_c$1¼
YB-B74B	74.8		66.1	10.7							
YB-B92B	93.5		83.5	13.4							
YB-B113B	115.4		102.8	16.5							
YB-C129B	133.9		119.3	19.2			1200				
YB-C148B	153.0		136.3	21.9				114	110	R$_c$2	R$_c$1½
YB-C171B	176.9		157.6	25.3							
YB-C194B	200.9		179.0	28.8							

注：输出流量、驱动功率均为额定工况下保证值。

表 21-5-27 外形尺寸 mm

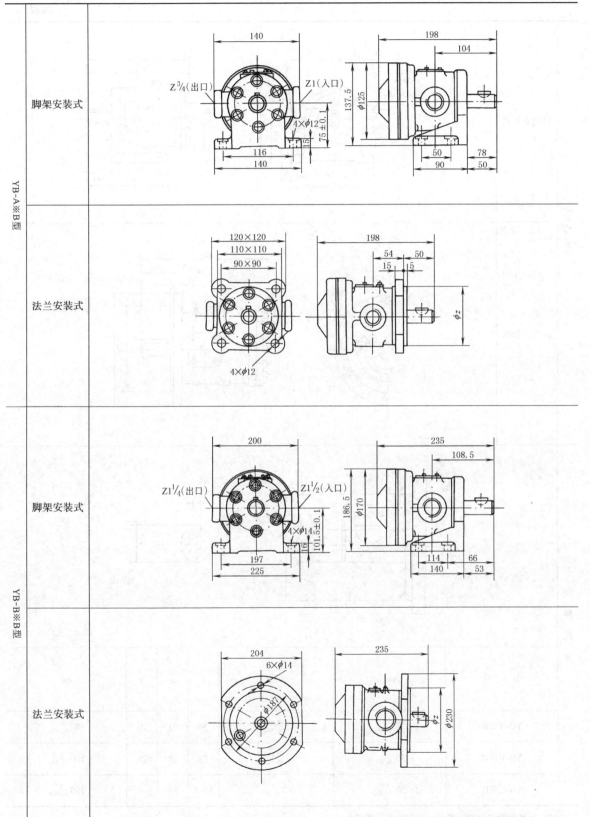

YB-A※B型

脚架安装式

法兰安装式

YB-B※B型

脚架安装式

法兰安装式

续表

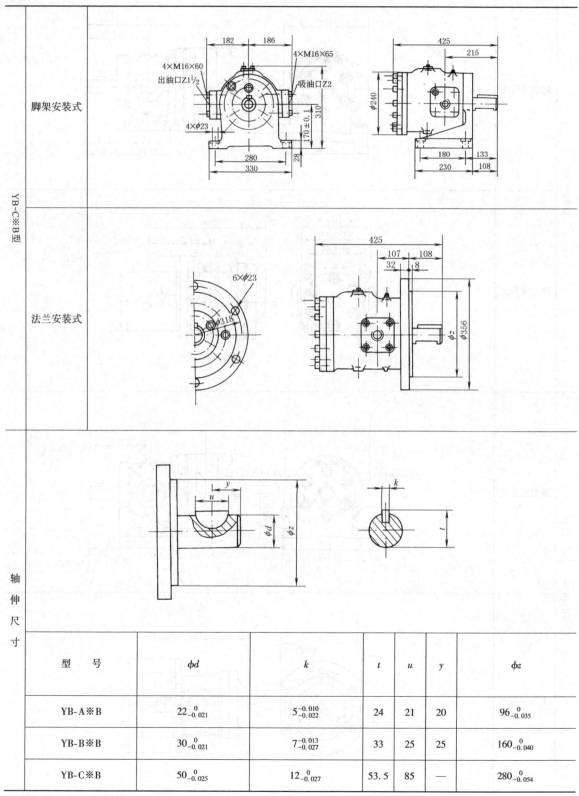

型 号	ϕd	k	t	u	y	ϕz
YB-A※B	$22_{-0.021}^{0}$	$5_{-0.022}^{-0.010}$	24	21	20	$96_{-0.035}^{0}$
YB-B※B	$30_{-0.021}^{0}$	$7_{-0.027}^{-0.013}$	33	25	25	$160_{-0.040}^{0}$
YB-C※B	$50_{-0.025}^{0}$	$12_{-0.027}^{0}$	53.5	85	—	$280_{-0.054}^{0}$

注: 需要其他类型的轴伸时, 请与生产厂联系。

（2）YB-※-Y_2 型叶片泵

表 21-5-28   **主要性能参数与外形尺寸**   mm

	型 号	理论排量 /mL·r^{-1}	额定压力 /MPa	输出流量 /L·min^{-1}	驱动功率 /kW	转速/r·min^{-1} 额定	最低	最高	质量/kg 脚架安装	法兰安装	油口尺寸 进口	出口
主要性能参数	YB-A6B-Y_2	6.5	7	4.0	1.0	1000	800 600	2000 1800 1500	8	6.4	Z1	Z3/4
	YB-A9B-Y_2	9.1		6.9	1.3							
	YB-A14B-Y_2	14.5		11.9	2.1							
	YB-A16B-Y_2	16.3		13.7	2.4							
	YB-A26B-Y_2	26.1		22.5	3.8							
	YB-A36B-Y_2	35.9		30.9	5.2							

外形尺寸

法兰安装式

$\phi115$ $\phi136$ $5_{-0.022}^{-0.010}$ $2\times\phi11$ 136   20   21   24 $\phi75f7$ $\phi22_{-0.021}$ 18   46   172

脚架安装式

136   出口$Z\frac{3}{4}$ 入口Z1 $4\times\phi12_{-0.12}$ 75 ± 0.12 15   116   140   172   57   92   96   143   50   28   46   90

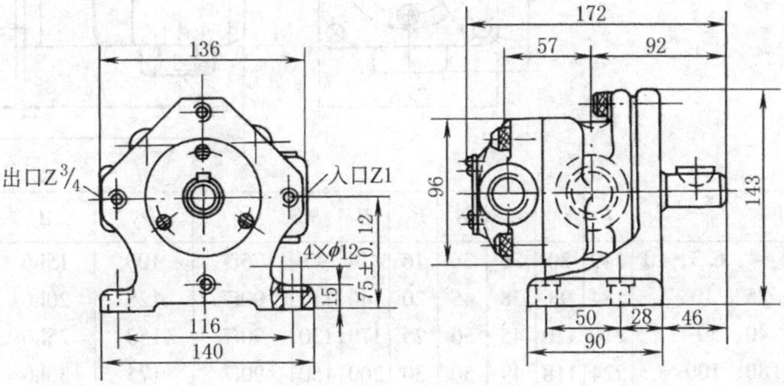

注：输出流量、驱动功率均为额定工况下保证值。

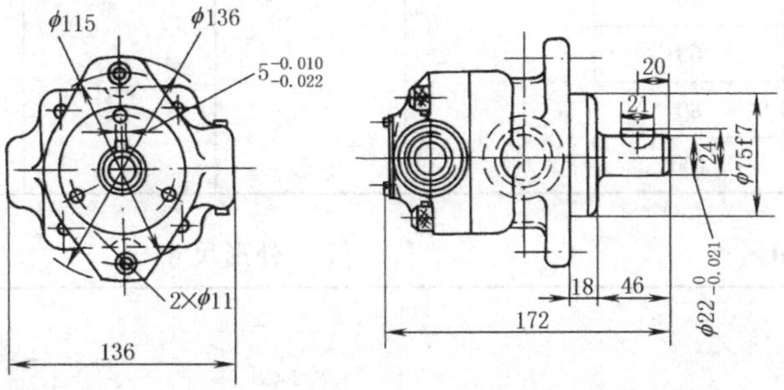

（3）YB_1 型中、低压单级叶片泵

型号意义：

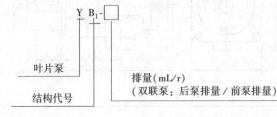

叶片泵

结构代号

Y B_1-□

排量（mL/r）
（双联泵：后泵排量/前泵排量）

表 21-5-29　　　　　　　　　　　　　　　技术参数

型　号	排量/mL·r⁻¹	额定压力/MPa	转速/r·min⁻¹	容积效率/%	总效率/%	驱动功率/kW	质量/kg
YB₁-2.5	2.5					0.6	
YB₁-4	4					0.8	
YB₁-6.3	6		1450	≥80		1.5	5.3
YB₁-10	10					2.2	
YB₁-12	12					2	
YB₁-16	16					2.2	8.7
YB₁-25	25	6.3			≥80	4	
YB₁-32	32					5	
YB₁-40	40		960	≥90		5.5	16
YB₁-50	50					7.5	
YB₁-63	63					10	
YB₁-80	80					12	20
YB₁-100	100					13	

表 21-5-30　　　　　　　　　　　　　　　外形尺寸　　　　　　　　　　　　　　　　　mm

YB₁型单级

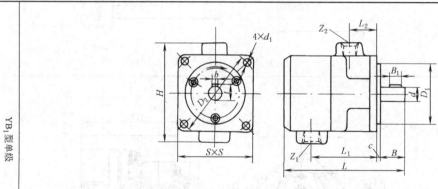

型　号	L	L_1	L_2	B	B_1	H	S	D_1	D_2	d	d_1	c	t	b	Z_1	Z_2
YB₁-2.5、4、6.3、10	149	80	36	36	16	114	90	75f7	100	15h6	9	5	17	5	Z3/8	Z1/4
YB₁-16、25	184	98	38	45	20	140	110	90f7	128	20h6	11	5	22	5	Z1	Z3/4
YB₁-32、40、50	210	110	45	50	25	170	130	90f7	150	25h6	13	5	28	8	Z1	Z1
YB₁-63、80、100	224	118	49	50	30	200	150	90f7	175	30h6	13	5	33	8	Z1¼	Z1

YB₁型双级

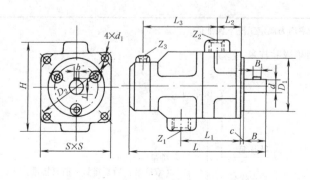

续表

型　号	L	L_1	L_2	L_3	B	B_1	H	S	D_1	D_2	d	d_1	c	t	b	Z_1	Z_2	Z_3
YB$_1$-2.5~10/2.5~10	218	98	36	128	36	19	119	90	75f7	100	15h6	9	5	17	5	Z3/4	Z1/4	Z1/4
YB$_1$-2.5~10/16~25	248	105	38	136	45	19	142	110	90f7	128	20h6	11	5	22	5	Z1	Z3/4	Z1/4
YB$_1$-2.5~10/32~50	278	119	45	166	50	30	175	130	90f7	150	25h6	13	5	28	8	Z1¼	Z1	Z1/4
YB$_1$-2.5~10/63~100	303	150	49	178	50	30	200	150	90f7	175	30h6	13	5	33	8	Z1½	Z1	Z1/4
YB$_1$-16~25/16~25	276	122	38	166	45	19	142	110	90f7	128	20h6	11	5	22	5	Z1	Z3/4	Z3/4
YB$_1$-16~25/32~50	304	121	45	183	50	30	175	130	90f7	150	25h6	13	5	28	8	Z1¼	Z1	Z3/4
YB$_1$-16~25/63~100	320	144	49	194	50	30	205	150	90f7	175	30h6	13	5	33	8	Z1½	Z1	Z3/4
YB$_1$-32~50/32~50	316	139	45	190	50	30	175	130	90f7	150	25h6	13	5	28	8	Z1¼	Z1	Z1
YB$_1$-32~50/63~100	337	128	49	207	50	30	205	150	90f7	175	30h6	13	5	33	8	Z2	Z1	Z1
YB$_1$-63~100/63~100	348	158	49	218	50	30	205	150	90f7	175	30h6	13	5	33	8	Z2	Z1	Z1

3.2.2　YB-※车辆用叶片泵

　　YB型车辆用泵内部零件用螺钉装配成一个组合体，使得装配与维修更加容易。泵内装有一个浮动式配流盘，可自动补偿轴向间隙。关键零件选用优质合金钢并经氮化处理，可进一步提高零件加工精度，因此，压力、效率较一般叶片泵为高。该型泵结构紧凑，压力流量脉动少，对冲击载荷的适应性好，安装连接符合ISO标准，可广泛用于起重运输车辆、工程机械及其他行走式机械，也可用于一般工业设备的液压系统。

　　型号意义：

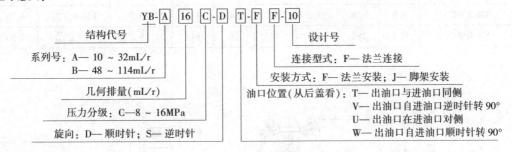

表 21-5-31　　　　　　　　　　主要技术参数

型　号	理论排量 /mL·r^{-1}	额定压力 /MPa	输出流量 /L·min^{-1}	驱动功率 /kW	转速/r·min^{-1}			质量/kg		油口尺寸	
					额定	最低	最高	法兰安装	脚架安装	进口	出口
YB-A10C	10.4		13.1	3.4							
YB-A16C	16.2		21.6	5.2							
YB-A20C	21.6		28.9	7.0				12.3	15.1	Z1¼	Z¾
YB-A25C	24.6		32.9	8.0							
YB-A30C	30.0		40.6	9.7							
YB-A32C	32.0	10.5	43.4	10.3	1500	600	2000				
YB-B48C	48.3		64.2	15.6							
YB-B58C	58.3		78.0	18.8							
YB-B75C	75.0		100.3	24.2				30	36	Z2	Z1¼
YB-B92C	92.5		125.4	29.8							
YB-B114C	114.2		154.8	36.8							

　　注：输出流量、驱动功率均为额定工况下保证值。

表 21-5-32 外形尺寸 mm

法兰安装式

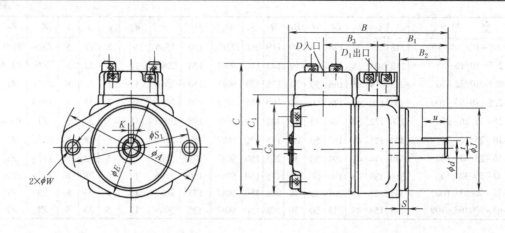

型　　号	ϕA	B	B_1	B_2	B_3	C	C_1	C_2	D	D_1
YB-A※C	174	192	87	59	67	157	65	110×110	Z1¼	Z¾
YB-B※C	213	262	112	73	88	202.5	85	155×155	Z2	Z1¼

型　　号	S	ϕS_1	t	u	ϕW	ϕE	ϕd	ϕJ	K
YB-A※C	9.5	146	24.5	32	14	120	$22.22_{-0.033}^{0}$	$101.6_{-0.075}^{-0.040}$	$4.76_{-0.018}^{0}$
YB-B※C	9.5	181	34.5	38	18	148	$31.75_{-0.038}^{0}$	$127_{-0.090}^{-0.050}$	$7.94_{-0.022}^{0}$

脚架安装式

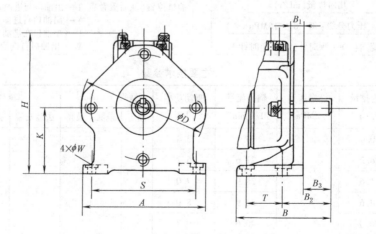

备注：轴、键尺寸见法兰安装型式

型　　号	A	B	B_1	B_2	B_3	ϕD	S	T	ϕW	H	K
YB2-A	172	137.5	17.5	74	41.5	174	146	50.8	11	194.1	92.1
YB2-B	265	185	19	92	54	213	235	76.2	18	234.5	109.5

3.2.3 PFE 系列柱销式叶片泵

PFE 系列叶片泵有单泵和双联泵两种。其排量范围为 5~250mL/r，额定压力为 21~30MPa，转速范围为600~2800r/min，采用偏心柱销式叶片结构，具有压力高、流量大、体积小、运转平稳、噪声低、效率高等优点。

表 21-5-33　　　　　　　　　　　　　　型号意义

PFE 系列定量叶片泵	系列号	单泵或双联泵大排量侧几何排量/mL·r⁻¹	双联泵小排量侧几何排量/mL·r⁻¹	轴伸型式	旋向（从轴端看）	油口位置	适用流体记号
PFE 单泵系列	21	5、6、8、10、12、16	—	1—圆柱形轴伸（标准型） 2—圆柱形轴伸（ISO/DIS 3019） 3—圆柱形轴伸（大扭矩型） 5—花键轴伸	D：顺时针 S：逆时针	进口与出口共有 T（标准）、V、U、W 4组位置关系	无记号：石油基 水-乙二醇/ PF：磷酸酯
	31	16、22、28、36、44	—				
	41	29、37、45、56、70、85	—				
	51	90、110、129、150	—				
	61	160、180、200、224	—				
	22	8、10、12	—				
	32	22、28、36	—				
	42	45、56、70	—				
	52	90、110、129	—				
PFED 双联泵系列	4131	29、37、45、56、70、85	16、22、28、36、44	1—圆柱形轴伸（标准型） 2—圆柱形轴伸（ISO/DIS 3019） 3—圆柱形轴伸（大扭矩型） 5—花键轴伸 6—花键轴伸	D：顺时针 S：逆时针	进口与两个出口共有 TO（标准）、VG 等 32 组位置关系	
	5141	90、110、129、150	29、37、45、56、70、85				

表 21-5-34　　　　　　　　　　　　单泵 PFE-※1 系列技术参数

型　号	排量/mL·r⁻¹	额定压力/MPa	输出流量/L·min⁻¹	驱动功率/kW	转速范围/r·min⁻¹	质量/kg	油口通径/in	
							进口	出口
PFE-21005	5.0	21	4.8	3.5	900~3000	6	3/4	1/2
PFE-21006	6.3		5.8	4				
PFE-21008	8.0		7.8	5.5				
PFE-21010	10.0		9.7	6.5				
PFE-21012	12.5		12.2	8				
PFE-21016	16.0		15.6	10				
PFE-31016	16.5	21	16	6.5	800~2800	9	1¼	3/4
PFE-31022	21.6		23	10				
PFE-31028	28.1		33	14				
PFE-31036	35.6		43	18				
PFE-31044	43.7		55	23				
PFE-41029	29.3	21	34	14	700~2500	14	1½	1
PFE-41037	36.6		45	18				
PFE-41045	45.0		57	23				
PFE-41056	55.8		72	30				
PFE-41070	69.9		91	37				
PFE-41085	85.3		114	47	700~2000			

续表

型 号	排量 /mL·L⁻¹	额定压力 /MPa	输出流量 /L·min⁻¹	驱动功率 /kW	转速范围 /r·min⁻¹	质量 /kg	油口通径/in 进口	油口通径/in 出口
PFE-51090	90.0		114	47				
PFE-51110	109.6	21	141	58	600~2200	25.5	2	1¼
PFE-51129	129.2		168	69				
PFE-51150	150.2		197	80	600~1800			
※PFE-61160	160		211	94				
※PFE-61180	180	21	237	106	600~1800		2½	1½
※PFE-61200	200		264	117				
※PFE-61224	224		295	131				

注：1″=1in=25.4mm，下同。

表 21-5-35 单泵 PFE-※2 系列技术参数

型 号	排量 /mL·r⁻¹	额定压力 /MPa	输出流量 /L·min⁻¹	驱动功率 /kW	转速范围 /r·min⁻¹	质量 /kg	油口通径/in 进口	油口通径/in 出口
PFE-32022	21.6		20	15				
PFE-32028	28.1	30	30	21	1200~2500	9	1¼	¾
PFE-32036	35.6		40	27				
PFE-42045	45.0		56	31				
PFE-42056	55.8	28	70	40	1000~2200	14	1½	1
PFE-42070	69.9		90	47				
PFE-52090	90.0		111	57				
PFE-52110	109.6	25	138	69	1000~2000	25.5	2	1¼
PFE-52129	129.2		163	81				

表 21-5-36 单泵外形尺寸 mm

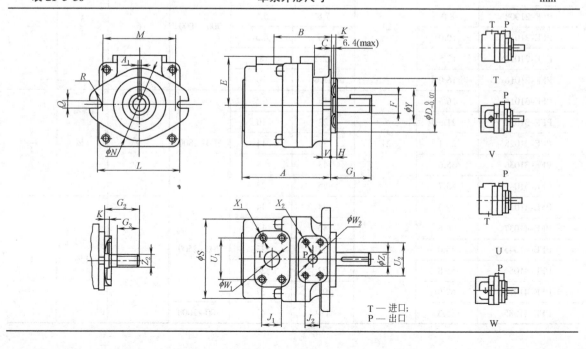

T—进口；
P—出口

续表

型 号	A	B	C	φD	E	H	L	M	φN	Q	R
PFE-21	105	69	20	63	57	7	100	—	84	9	—
PFE-31/32	135	98.5	27.5	82.5	70	6.4	106	73	95	11.1	28.5
PFE-41/42	159.5	121	38	101.6	76.2	9.7	146	107	120	14.3	34
PFE-51/52	181	125	38	127	82.6	12.7	181	143.5	148	17.5	35
PFE-61	200	144	40	152.4	98	12.7	229	—	188	22	—

型 号	φS	U_1	U_2	V	ϕW_1	ϕW_2	J_1	J_2	X_1	X_2	φY
PFE-21	92	47.6	38.1	10	19	11	22.2	17.5	M10×17	M8×15	40
PFE-31/32	114	58.7	47.6	10	32	19	30.2	22.2	M10×20	M10×17	47
PFE-41/42	134	70	52.4	13	38	25	35.7	26.2	M12×20	M10×17	76
PFE-51/52	158	77.8	58.7	15	51	32	42.9	30.2	M12×20	M10×20	76
PFE-61	185	89	70	18	63.5	38	50.8	35.7	M12×22	M12×22	100

型号	1型轴(标准)					2型轴					3型轴					5型轴			
	ϕZ_1	G_1	A_1	F	K	ϕZ_1	G_1	A_1	F	K	ϕZ_1	G_1	A_1	F	K	Z_2	G_2	G_3	K
PFE-21	15.88 15.85	48	4.00 3.98	17.37 17.27	8	—	—	—	—	—	—	—	—	—	—	—	—	—	—
PFE-31/32	19.05 19.00	55.6	4.76 4.75	21.11 20.94	8	—	—	—	—	—	22.22 22.20	55.6	4.76 4.75	24.54 24.41	8	9T 16/32 DP	32	19.5	8
PFE-41/42	22.22 22.20	59	4.76 4.75	24.54 24.41	11.4	22.22 22.20	71	6.36 6.35	25.07 25.03	8	25.38 25.36	78	6.36 6.35	28.30 28.10	11.4	13T 16/32 DP	41	28	8
PFE-51/52	31.75 31.70	73	7.95 7.94	35.33 35.07	13.9	31.75 31.70	84	7.95 7.94	35.33 35.07	8	34.90 34.88	84	7.95 7.94	38.58 38.46	13.9	14T 12/24 DP	56	42	8
PFE-61	38.10 38.05	91	9.56 9.53	42.40 42.14	8	—	—	—	—	—	—	—	—	—	—	—	—	—	—

表 21-5-37 **PFED 系列（4131）技术参数**

型 号	理论排量 /mL·r^{-1}		额定压力 /MPa		输出流量 /L·min^{-1}		驱动功率 /kW		转速范围 /r·min^{-1}	质量 /kg	油口通径/in		
	前泵	后泵	前泵	后泵	前泵	后泵	前泵	后泵			进口	前泵出口	后泵出口
PFED-4131029/016	29.3	16.5	21	21	34	16	14	6.5	800~2500	24.5	2½	1	$\frac{3}{4}$
PFED-4131029/022		21.6				23		10					
PFED-4131029/028		28.1				33		14					
PFED-4131037/016	36.6	16.5			45	16	18	6.5					
PFED-4131037/022		21.6				23		10					
PFED-4131037/028		28.1				33		14					
PFED-4131037/036		35.6				43		18					
PFED-4131045/016	45.0	16.5			57	16	24	6.5					
PFED-4131045/022		21.6				23		10					
PFED-4131045/028		28.1				33		14					
PFED-4131045/036		35.6				43		18					
PFED-4131045/044		43.7				55		23					

续表

型号	理论排量/mL·r⁻¹		额定压力/MPa		输出流量/L·min⁻¹		驱动功率/kW		转速范围/r·min⁻¹	质量/kg	油口通径/in		
	前泵	后泵	前泵	后泵	前泵	后泵	前泵	后泵			进口	前泵出口	后泵出口
PFED-4131056/016		16.5				16		6.5					
PFED-4131056/022		21.6				23		10					
PFED-4131056/028	55.8	28.1			72	33	30	14					
PFED-4131056/036		35.6				43		18					
PFED-4131056/044		43.7				55		23	800~2500				
PFED-4131070/016		16.5				16		6.5					
PFED-4131070/022		21.6				23		10					
PFED-4131070/028	69.9	28.1	21	21	91	33	37	14		24.5	2½	1	¾
PFED-4131070/036		35.6				43		18					
PFED-4131070/044		43.7				55		23					
PFED-4131085/016		16.5				16		6.5					
PFED-4131085/022		21.6				23		10					
PFED-4131085/028	85.3	28.1			114	33	46	14	800~2000				
PFED-4131085/036		35.6				43		18					
PFED-4131085/044		43.7				55		23					

注：1. 表中的输出流量和驱动功率均为 $n=1500r/min$、$p=p_n$（额定压力）工况下保证值。

2. 前泵指轴端（大排量侧）泵，后泵指盖端（小排量侧）泵。

表 21-5-38　　　　　　PFED 系列（5141）技术参数

型号	理论排量/mL·r⁻¹		额定压力/MPa		输出流量/L·min⁻¹		驱动功率/kW		转速范围/r·min⁻¹	质量/kg	油口通径/in		
	前泵	后泵	前泵	后泵	前泵	后泵	前泵	后泵			进口	前泵出口	后泵出口
PFED-5141090/029		29.3				34		14					
PFED-5141090/037		36.6				45		18					
PFED-5141090/045	90.0	45.0			114	57	48	24					
PFED-5141090/056		55.8				72		30					
PFED-5141090/070		69.9				91		37					
PFED-5141090/085		85.3				114		46					
PFED-5141110/029		29.3				34		14					
PFED-5141110/037		36.6	21	21		45		18	700~2000	36	3	1¼	1
PFED-5141110/045	109.6	45.0			141	57	58	24					
PFED-5141110/056		55.8				72		30					
PFED-5141110/070		69.9				91		37					
PFED-5141110/085		85.3				114		46					
PFED-5141129/029		29.3				34		14					
PFED-5141129/037	129.2	36.6			168	45	69	18					
PFED-5141129/045		45.0				57		24					

型　号	理论排量 /mL·r⁻¹		额定压力 /MPa		输出流量 /L·min⁻¹		驱动功率 /kW		转速范围 /r·min⁻¹	质量 /kg	油口通径/in		
	前泵	后泵	前泵	后泵	前泵	后泵	前泵	后泵			进口	前泵出口	后泵出口
PFED-5141129/056	129.2	55.8	21	21	168	72	69	30	700~2000	36	3	1¼	1
PFED-5141129/070		69.9				91		37					
PFED-5141129/085		85.3				114		46					
PFED-5141150/029	150.2	29.3			197	34	80	14	700~1800				
PFED-5141150/037		36.6				45		18					
PFED-5141150/045		45.0				57		24					
PFED-5141150/056		55.8				72		30					
PFED-5141150/070		69.9				91		37					
PFED-5141150/085		85.3				114		46					

注：1. 表中的输出流量和驱动功率均为 $n=1500$r/min、$p=p_n$（额定压力）工况下保证值。

2. 前泵指轴端（大排量侧）泵，后泵指盖端（小排量侧）泵。

表 21-5-39　　　　　　　　双联泵外形尺寸

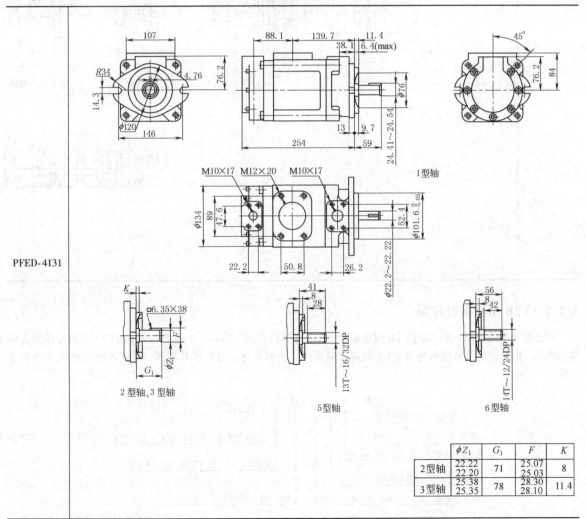

PFED-4131

	ϕZ_1	G_1	F	K
2型轴	22.22 22.20	71	25.07 25.03	8
3型轴	25.38 25.35	78	28.30 28.10	11.4

续表

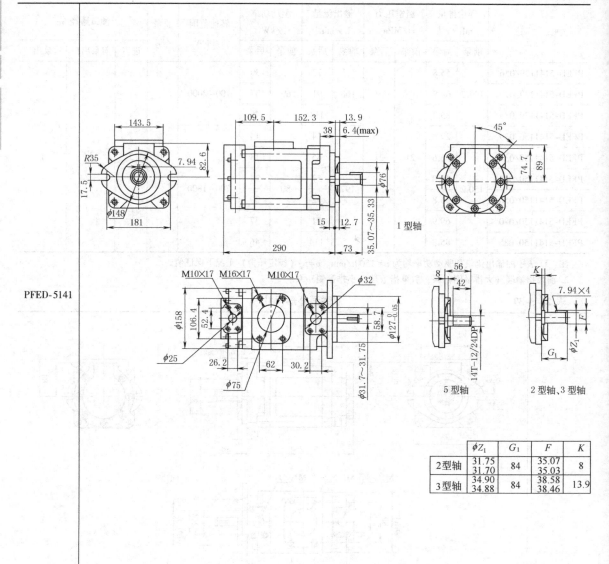

PFED-5141

	ϕZ_1	G_1	F	K
2型轴	31.75 31.70	84	35.07 35.03	8
3型轴	34.90 34.88	84	38.58 38.46	13.9

3.2.4　Y2B 型双级叶片泵

Y2B 型泵由两个同一轴驱动的 YB 型单泵组装在一壳体内而成，具有一个进口、一个出口。其额定压力为单泵的两倍。两泵之间装有面积比为 1:2 的定比减压阀，使两泵进、出口压差相等，保证两泵均在允许负荷下工作。

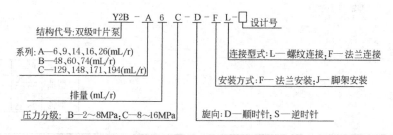

表 21-5-40　　　　　　　　　　　　　　　**主要技术参数**

<table>
<tr><th rowspan="2">型　号</th><th rowspan="2">理论排量
/mL·r⁻¹</th><th rowspan="2">额定压力
/MPa</th><th rowspan="2">输出流量
/L·min⁻¹</th><th rowspan="2">驱动功率
/kW</th><th colspan="3">转速/r·min⁻¹</th><th colspan="2">质量/kg</th><th colspan="2">油口尺寸</th></tr>
<tr><th>额定</th><th>最低</th><th>最高</th><th>脚架安装</th><th>法兰安装</th><th>进口</th><th>出口</th></tr>
<tr><td>Y2B-A6C</td><td>6.5</td><td rowspan="12">14</td><td>2.7</td><td>2.4</td><td rowspan="12">1000</td><td rowspan="12">600</td><td>800</td><td rowspan="5">31</td><td rowspan="5">30</td><td rowspan="5">Z1</td><td rowspan="5">Z3/4</td></tr>
<tr><td>Y2B-A9C</td><td>9.1</td><td>3.8</td><td>2.9</td><td rowspan="3">1800</td></tr>
<tr><td>Y2B-A14C</td><td>14.5</td><td>8.2</td><td>4.1</td></tr>
<tr><td>Y2B-A16C</td><td>16.3</td><td>10.1</td><td>4.5</td></tr>
<tr><td>Y2B-A26C</td><td>26.1</td><td>18.6</td><td>6.7</td><td rowspan="4">1500</td></tr>
<tr><td>Y2B-B48C</td><td>48.3</td><td>35.0</td><td>14.2</td><td rowspan="3">71</td><td rowspan="3">68</td><td rowspan="3">Z1½</td><td rowspan="3">Z1¼</td></tr>
<tr><td>Y2B-B60C</td><td>61.0</td><td>47.0</td><td>16.9</td></tr>
<tr><td>Y2B-B74C</td><td>74.8</td><td>57.6</td><td>20.6</td></tr>
<tr><td>Y2B-C129C</td><td>133.9</td><td>103.2</td><td>39.5</td><td rowspan="4">1200</td><td rowspan="4">190</td><td rowspan="4">170</td><td rowspan="4">Z2</td><td rowspan="4">Z1½</td></tr>
<tr><td>Y2B-C148C</td><td>153.0</td><td>117.9</td><td>44.9</td></tr>
<tr><td>Y2B-C171C</td><td>176.9</td><td>136.4</td><td>49.6</td></tr>
<tr><td>Y2B-C194C</td><td>200.9</td><td>159.5</td><td>55.0</td></tr>
</table>

注：输出流量、驱动功率均为额定工况下保证值。

表 21-5-41　　　　　　　　　　　　　　　**外形尺寸**　　　　　　　　　　　　　　　mm

脚架安装式

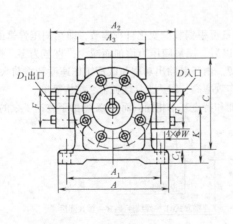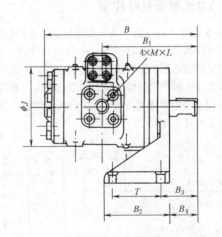

备注：轴键尺寸见法兰安装式

型　号	A	A₁	A₂	A₃	B	B₁	B₂	B₃	B₄	C	C₁	D	D₁	F 入口	F 出口	φJ	K	T	φW	M×L 入口	M×L 出口
Y2B-A※C	210	180	248	156	286	182	120	20	5	208	20	Z1	Z3/4	79×79	60×60	127	108	90	14	12×45	10×40
Y2B-B※C	275	235	316	176	382	239	165	35	15	262	23	Z1½	Z1¼	105×105	80×80	193	133	125	18	16×60	12×50
Y2B-C※C	375	324	408	224	519	345	250	130	105	383	32	Z2	Z1½	105×105	105×105	252	210	200	23	16×65	16×60

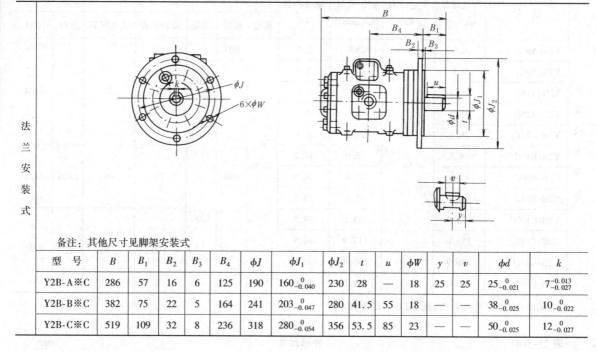

法兰安装式

备注：其他尺寸见脚架安装式

型　号	B	B_1	B_2	B_3	B_4	ϕJ	ϕJ_1	ϕJ_2	t	u	ϕW	y	v	ϕd	k
Y2B-A※C	286	57	16	6	125	190	$160_{-0.040}^{0}$	230	28	—	18	25	25	$25_{-0.021}^{0}$	$7_{-0.027}^{-0.013}$
Y2B-B※C	382	75	22	5	164	241	$203_{-0.047}^{0}$	280	41.5	55	18	—	—	$38_{-0.025}^{0}$	$10_{-0.022}^{0}$
Y2B-C※C	519	109	32	8	236	318	$280_{-0.054}^{0}$	356	53.5	85	23	—	—	$50_{-0.025}^{0}$	$12_{-0.027}^{0}$

3.2.5　YB※型变量叶片泵

　　YB※型泵属"内反馈"限压式变量泵。泵的输出流量可根据载荷变化自行调节，即在调压弹簧的压力（可根据需要自行调节）调定情况下，出口压力升到一定值以后，流量随压力增加而减少，直至为零。根据这一特性，该型泵特别适用于作容积调速的液压系统中的动力源。由于其输出功率与载荷工作速度和载荷大小相适应，故没有节流调速而产生的溢流损失和节流损失，系统工作效率高、发热少、能耗低、结构简单。

　　YB※型变量叶片泵有 YBN 型和 YBX 型两种，其功能和特点基本相同，而 YBX 型由于改进了泵的部分结构，使其额定压力高于 YBN 型。

型号意义：

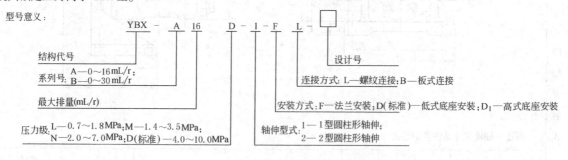

表 21-5-42　　　　　　　主要技术参数

型　号	最大排量 /mL·r^{-1}	压力调节范围 /MPa	转速/r·min^{-1}			驱动功率 /kW	质　量/kg 安装方式		
			额　定	最　低	最　高		F	D	D_1
YBX-A※L		0.7~1.8				0.9			
YBX-A※M	16	1.4~3.5	1500	600	2000	1.8	7	—	—
YBX-A※N		2.0~7.0				3.5			
YBX-A※D		4.0~10.0				4.9			

续表

型 号	最大排量 /mL·r⁻¹	压力调节范围 /MPa	转 速/r·min⁻¹			驱动功率 /kW	质 量/kg		
			额 定	最 低	最 高		安 装 方 式		
							F	D	D₁
YBX-B※L	30	0.7~1.8	1500	600	1800	1.7	—	30	32
YBX-B※M	30	1.4~3.5				3.2			
YBX-B※N	25	2.0~7.0				5.4			
YBX-B※D	25	4.0~10.0				7.7			

注：驱动功率指在 1500r/min、最大调节压力及最大排量工况下的保证值。

表 21-5-43   外形尺寸   mm

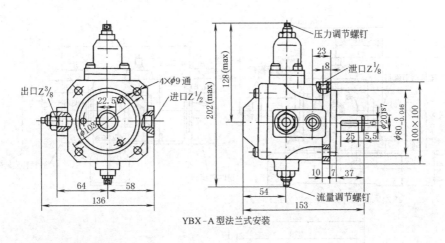

YBX-A型法兰式安装

备注：法兰安装只有 1 型轴伸型式

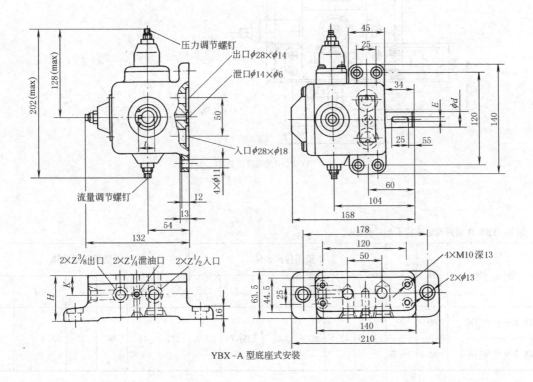

YBX-A型底座式安装

续表

型　号	H	K	1 型圆柱形轴伸			2 型圆柱形轴伸		
			E	ϕd	t	E	ϕd	t
YBX-A※※※-DB	61	26	6h9	20js7	22.5	$5_{-0.03}^{0}$	$19_{-0.021}^{0}$	21
YBX-A※※※-D₁B	81	40						

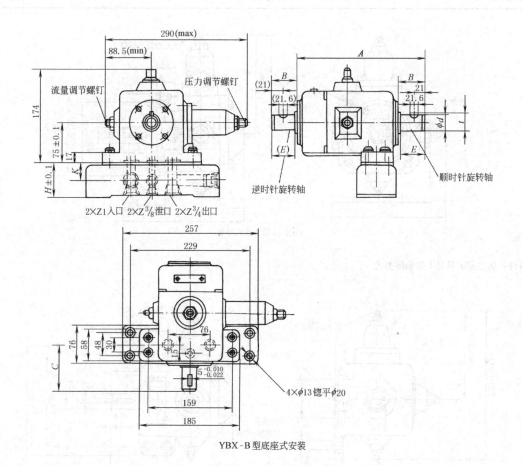

YBX-B型底座式安装

备注：YBX-B型只有底座式安装一种型式

型　号	H	K	1 型圆柱形轴伸						2 型圆柱形轴伸					
			A	B	C	E	ϕd	t	A	B	C	E	ϕd	t
YBX-B※※※-DB	60	29	231.5	42.5	80.5	42	25js7	27.5	237	48	86	47	$25.4_{-0.021}^{0}$	27.4
YBX-B※※※-D₁B	85	36.5												

3.3 柱塞泵（马达）产品及选用指南

轴向柱塞泵（马达）产品选用重点考虑以下五个方面。

（1）基型的选择

斜轴式轴向柱塞泵（马达）有各种结构类型，如斜轴泵有定量泵和变量泵，斜轴马达有定量马达和变量马达，变量泵中有单向变量泵和双向变量泵，以及变量双泵等。

如果液压系统的功率较小，对变量要求不太重要，为了降低成本可以选择定量泵（马达）。如果使用功率较大，为了满足工作机构的需要和节能，则应选择变量泵（马达）。

通常变量泵与定量马达组成的容积调速系统为恒转矩系统，调速范围取决于泵的变量范围。定量泵与变量马达组成的系统为恒功率系统，调速范围取决于马达的变量范围。变量泵与变量马达组成的系统，其转矩和功率均可变，调速范围最大。因此，应根据系统的需要选用定量泵（马达）或变量泵（马达）。

对于闭式液压系统需要双向变量时，应选用双向变量泵，如 A4V、A2V、ZB 系列等。对于开式系统，只需单向变量，可选用单向变量泵。

定量泵（马达）有 A2F 系列，变量泵有 A7V 系列、A4V 系列、A10V 系列和变量双泵 A8V 系列，变量马达有 A6V 系列。

（2）参数的选择

斜轴式轴向柱塞泵（马达）具有较高的性能参数，如性能参数中规定额定压力为 35MPa，最高压力为 40MPa，并规定了各种排量、各种规格的最高转速。在实际使用中不应采用压力和转速的最高值，应该有一定的裕量。特别是最高压力与最高转速不能同时使用，这样可以延长液压泵（马达）及整个液压系统的使用寿命。

应正确选择泵的进口压力和马达的出口压力。在开式系统中，泵的进口压力不得低于 0.08MPa（绝对压力），在闭式系统中，补油压力应为 0.2~0.6MPa。如果允许马达有较高的出口压力，则马达可以在串联工况下使用，但制造厂规定马达进口与出口压力之和不得超过 63MPa。

要特别注意壳体内的泄油压力。因为壳体内的泄油压力取决于轴头油封所能允许的最高压力，壳体泄油压力对于 A2F 和 A6V 系列为 0.2MPa（绝对压力），过高的泄油压力将导致轴头油封的早期损坏，甚至漏油。

斜轴式轴向柱塞泵（马达）的转速应严格按照产品的性能参数表中规定的数据使用，不得超过最高转速值。一旦超过会造成泵的吸空、马达的超速，也会引起振动、发热、噪声，甚至损坏。

（3）变量方式的选择

选择变量泵（马达）时，选择哪种变量方式是一个很重要的问题。为此，要分析工作机械的工作情况，如出力的大小、速度的变化、控制方式的选择等。

恒功率变量泵是常用的一种变量方式，在负载压力较小时能输出较大的流量，可以使工作机械得到较高的运行速度。当负载压力较大时，它能自动地输出较小的流量，使工作机械获得较小的运行速度，而保持输出功率不变。

恒压变量在工作时能使系统压力始终保持不变而流量自动调节。它在输出流量为零时仍可保持压力不变。

上面两种变量方式是由泵的本身控制实现的。如果需要由人来随意进行变量时，可选用液控变量（HD）、比例电控变量（EP）、手动变量（MA）等。

（4）安装方式

斜轴式轴向柱塞泵可以安装在油箱内部或油箱外部。

当泵安装在油箱内部时，泵的吸油口必须始终低于油箱内的最低油面，保证液压油始终能注满泵体内部，防止空气进入泵体产生吸空。当使用 A2F、A7V、A8V 泵时，如果将泵置于油箱内部，则要注意打开泄油口。

当泵安装在油箱外部时，泵的吸油口最好低于油箱的出油口，以便油液靠自重能自动充满泵体。也允许泵的吸油口高于油箱的出油口，但要保证吸油口压力不得低于 0.08MPa。

当使用 A2F 定量泵（马达）和 A6V 变量马达时，如驱动轴向上，要避免在停止工作时，壳体里的油自动流出，即泄油管的最高点要高于泵（马达）的最高密封位置，否则将从轴头的骨架式密封圈进气而使泵芯锈蚀。泄油管的尺寸要足够大，保证壳体内的泄油压力不超过 0.2MPa（绝对压力）。

（5）其他问题

① 从轴头方向看，泵有右转和左转之分。要根据工作机械的整体布置来选择。马达一般选择正反转均可。

② 轴伸有平键和花键之分，一般泵可以使用平键和花键，而马达最好使用花键。花键有德标（DIN 5480）和国标（GB 3478.1）花键之分，两种花键不能通用。

③ 油口连接有法兰连接和螺纹连接两种，一般小排量的用螺纹连接，多数为法兰连接。

④ 在 A7V 和 A8V 变量泵中限位装置有两种：一种是机械行程限位；另一种是液压行程限位，它是在恒功率变量和恒压变量方式的基础上再加一个液控装置，可以人为地改变排量的大小，满足工况的需要。

径向柱塞式液压马达选用时要考虑以下五个方面。

(1) 效率

对于功率较大（10kW 以上）的传动装置，选型时首先要考虑效率问题。因为选用高效率的产品不仅可以节能，还有利于降低液压系统的油温，同时，也提高了系统的工作稳定性。高效率的产品摩擦损失小，相应地提高了产品的寿命。一般来讲，端面配流和柱塞处采用塑料活塞环密封，以及柱塞和缸体之间无侧向力的结构，具有较高的容积效率和液压机械效率。

(2) 启动转矩和低速稳定性

对大多数机械来讲，启动时的负载最大。因为这时一方面要克服传动装置的惯性，另一方面又要克服静摩擦力。因此，衡量马达性能时启动转矩也是一个重要指标。选用时，一般是按照所需的启动转矩来初步选定型号和规格，同时，马达的启动性能好坏与马达的低速稳定性又是密切相关的。也就是说，启动效率高的马达其低速稳定性也好。对于许多机械来讲，低速稳定性也是一个重要指标，而启动效率和低速稳定性一般又与马达的容积效率和液压机械效率有密切的关系。通常，容积效率和液压机械效率高的产品，其低速稳定性和启动性能也好。

(3) 寿命

主机对传动部件的寿命一般都有要求。如何合理地选型以保证所需的寿命，是必须考虑的问题。对于要求工作压力较低、工作寿命不长或每天工作时间较短的用户，可以选用外形尺寸较小、重量较轻和体积较小的型号规格。这样在保证寿命的基础上，马达不但轻和小，而且价格便宜。而对于要求工作压力较高、寿命长、输出轴轴承受较大径向力和每天频繁工作的用户，就需要选用规格较大的、外形尺寸也较大的马达，这样价格就会较高。

(4) 速度调节比

对不少主机来讲，马达工作中需要调节转速，转速调节中最高转速与最低转速之比称为速度调节比。这个指标也很重要。如果马达在很低的转速下（如 1r/min，甚至更低）能平稳运转，而高速时也能高效可靠地工作，那么，这种马达的适用范围就相当大了。目前，优质马达的速度调节比可达 1000 以上。

(5) 噪声

随着环境意识的提高，对为主机配套的马达，噪声要求也日益增强了。同一类型的马达，其噪声除马达本身的运转噪声外，还与马达安装机架的刚度、使用时的工作压力和工作转速等有关。安装刚性好、压力低和转速小，马达的噪声就小，反之，则噪声就大。

在考虑了以上五个问题以后，应根据各种类型马达的产品样本来确定马达的类型和规格。

在选择马达规格时，配套主机应提供以下技术资料。

① 马达的工作负载特性。此特性即从启动到正常工作，直到停止的整个工作循环中，马达的负载转矩和工作转速的情况。最好以时间为横坐标、转矩和转速为纵坐标，给出负载特性曲线，由此来确定马达实际工作时的尖峰转矩和长期连续工作的转矩数值，以及相关的最高转速和长期工作的转速。

② 主机上原动机和液压泵的相关参数。在有些主机上，向马达供油的液压泵和驱动该泵的内燃机或电机已确定下来，此时，需传递的功率也就已经明确，供给马达的流量、系统的工作压力和最高压力受到供油液压泵的限制。

有了以上的技术资料，应先计算出所需马达的排量，在产品性能参数表中找出相近的规格。然后按尖峰转矩和连续工作转矩计算出尖峰压力和连续工作压力，如果计算值在该马达性能参数范围内，则上述选择是合理的。

下一步应再按功率公式验算一下功率够不够。

一般情况下实际选用的连续工作压力应比样本中推荐的额定压力低 20%～25%，这有利于提高使用寿命和工作可靠性。尖峰转矩出现在启动瞬间时，最高压力可以选用样本中提供的最高压力的 80%，有 20% 的储备比较理想。

最后，按选定的型号规格，参照生产厂提供的资料，对实际使用工况下，液压马达可能有的寿命进行评估或验算，以确定上述选型是否能满足主机要求。如果寿命不够，则必须选用规格更大一些的产品。

柱塞泵产品技术参数概览见表 21-5-44。

表 21-5-44　　　　　　　　　　　柱塞泵产品技术参数概览

类别	型号	排量 /mL·r⁻¹	压力 /MPa	转速 /r·min⁻¹	变量方式	生产厂
轴向柱塞泵 — 斜盘式轴向柱塞泵	※CY14-1B	2.5~400	31.5	1000~3000	有定量、手动、伺服、液控变量、恒功率、恒压、电动、比例等	启东高压油泵有限公司 邵阳液压有限公司 天津市天高液压件有限公司
	XB※	9.5~227	28	1500~4000	有定量、手动伺服、液控、恒压、恒功率等	上海电气液压气动有限公司液压泵厂
	PVB※	10.55~61.6	21	1000~1800	有恒压、手轮、手柄等	邵阳液压有限公司
	TDXB	31.8~97.5	31.5	1500~1800	有定量、手动、恒功率、恒压、电液比例、负载敏感等	—
	CY-Y	10~250		1000~1500	有定量、手动、恒压、恒功率等	邵阳液压有限公司
	A4V	40~500	31.5	1000~1500	有恒压、恒功率、液控、电动、电液比例、负载敏感等	宁波恒力液压股份有限公司
	A10V	18~140	28	1000~1500	有恒压、恒功率等	宁波恒力液压股份有限公司
斜轴式轴向柱塞泵	A7V	20~500	35	1200~4100	有恒功率、液控、恒压、手动等	北京华德液压泵分公司 贵州力源液压公司
	A2F	9.4~500		1200~5000	定量泵	
	A8V	28.1~107		1685~3800	有总功率控制、恒压手动变量	北京华德液压泵分公司 上海电气液压气动有限公司液压泵厂
	Z※B	106.7~481.4	16	970~1450	有定量、恒功率、手动伺服等	—
	ZB※-H※	915	32	1000	—	
	A2V	28.1~225		4750	—	
径向柱塞泵	JB-G	57~121	25	1000	—	上海电气液压气动有限公司液压泵厂
	JB-H	17.6~35.5	31.5		—	
	BFW01	26.6	20	1500	—	天津市天高液压件有限公司
	BFW01A	16.7	40		—	
	JB※	16~80	20~31.5	1800	—	临夏液压有限责任公司
	JBP	10~250	32	1500	—	兰州华世泵业科技股份有限公司

3.3.1　※CY14-1B 型斜盘式轴向柱塞泵

　　※CY14-1B 型轴向柱塞泵由主体部分和变量机构两大部分组成。四种变量操纵方式的轴向柱塞泵的主体部分是相同的，仅变量机构不同。

　　① 伺服变量采用泵本身输出的高压油控制变量机构，可以用手动或机械等方式操纵伺服机构，以达到变量的目的。其倾斜盘可倾斜±γ。泵的输出油流可换向。

　　② 压力补偿变量采用双弹簧控制泵的流量和压力特性，使两者近似地按恒功率关系变化。

　　③ 手动变量采用手轮调节泵的流量，泵的输出油流不可换向。

　　④ 定量倾斜盘固定，没有变量机构。

　　这里着重介绍压力补偿变量泵的工作原理，如图 21-5-1 所示。从泵打出的高压油由通道 a、b、c，再经单向阀 3 进入变量机构的下腔 d，并由此经通道 e 分别进入通道 f、h。当弹簧 4、5 的向下推力大于由通道 f 进入控制差动活塞 2 下端的压力油所产生的向上推力时，h 通道打开，

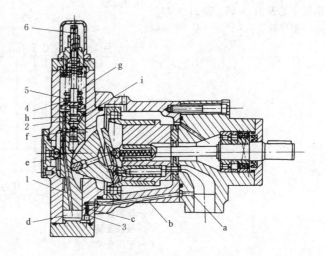

图 21-5-1　YCY14-1B 型压力补偿变量轴向柱塞泵工作原理

则高压油经 h 通道进入上腔 g，推动变量差动活塞 1 向下运动，使得 γ 增大，泵的输出流量增加。当泵的压力升高，使得控制差动活塞 2 下端的向上推力大于弹簧 4、5 的向下推力时，则控制差动活塞向上运动，h 通道关闭，使 g 腔的油经通道 i 卸压，变量差动活塞 1 向上运动，倾斜角 γ 减小，泵的输出流量减小。图 21-5-2 的阴影线部分是压力补偿泵的特性调节范围。$\overline{AB}$ 的斜率是由外弹簧 4 的刚度决定的，$\overline{GE}$ 的斜率是由外弹簧 4 和内弹簧 5 的合成刚度决定的，$\overline{ED}$ 的长短是由调节螺杆 6 调节的位置（限制 γ）决定的。使用者只要根据自己要求的特性转换点（$G'F'E'D'$）的压力和流量值，在调节范围内采用作平行线的方法，即可求出所要求的特性。

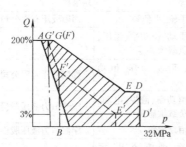

图 21-5-2　YCY14-1B 型压力补偿
变量泵特性调节范围

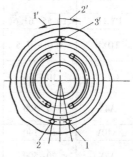

图 21-5-3　配油盘的安装

油泵推荐采用黏度为 3~6°E 的液压油或透平油，正常工作油温为 20~60℃。为了保持油液清洁，在油箱里的吸、排油管的隔挡之间需装 100~200 目的滤油网。最好在液压系统中装有磁性滤油器或其他滤油器。

油泵具有自吸能力，可以安装在油箱上面，吸油高度小于 500mm。禁止在吸油管道上安装滤油器。为防止吸真空，也可以采用压力补油。本泵也适合于安装在油箱里面。

泵和电机之间用弹性联轴器相连接，两轴应力求同心；严禁用带轮或齿轮直接装在泵的传动轴上；泵和电机的公共基础或底座应具有足够的刚度。

如果需要改变油泵出厂时的旋转方向或作油马达使用时，需特别注意泵中配油盘的安装，如图 21-5-3 所示。

① 泵若按箭头 1′ 或 2′ 的方向旋转（面对泵伸出的轴端看，以下同），则定位销必须插在对应的销孔 1 或 2 内。

② 如果把泵作为油马达使用时，则定位销永远插在销孔 3′ 内。

泵在启动前必须通过回油口向泵体内灌满洁净的工作油液。

本系列轴向柱塞泵是一种靠倾斜盘变量的高压泵，采用配油盘配油，缸体旋转，滑靴和变量之间、配油盘和缸体之间采用了液压静力平衡结构，具有结构简单、体积小、重量轻、效率高、自吸能力强等特点，适用于机床、锻压、冶金及工程机械、矿山机械和船舶等液压传动系统中。本系列轴向柱塞泵技术特性见表 21-5-45，外形尺寸见表 21-5-46、表 21-5-47。

型号意义：

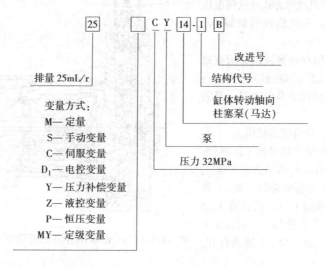

表 21-5-45 **技术参数**

型　　号	排量 /mL·r^{-1}	额定压力 /MPa	额定转速 /r·min^{-1}	驱动功率 /kW	容积效率/%	质量 /kg
2.5MCY14-1B	2.5	32	3000	6	≥92	4.5
10MCY14-1B	10	32	1500	10	≥92	16
10SCY14-1B	10	32	1500	10	≥92	19
10CCY14-1B	10	32	1500	10	≥92	22
10YCY14-1B	10	32	1500	10	≥92	24
25MCY14-1B	25	32	1500	24.6	≥92	27
25SCY14-1B	25	32	1500	24.6	≥92	34
25CCY14-1B	25	32	1500	24.6	≥92	34
25YCY14-1B	25	32	1500	24.6	≥92	36
25ZCY14-1B	25	32	1500	24.6	≥92	34
25MYCY14-1B	25	32	1500	24.6	≥92	36
63MCY14-1B	63	32	1500	59.2	≥92	56
63SCY14-1B	63	32	1500	59.2	≥92	65
63CCY14-1B	63	32	1500	59.2	≥92	70
63YCY14-1B	63	32	1500	59.2	≥92	71
63ZCY14-1B	63	32	1500	59.2	≥92	68
63MYCY14-1B	63	32	1500	59.2	≥92	60
160MCY14-1B	160	32	1000	94.5	≥92	140
160SCY14-1B	160	32	1000	94.5	≥92	155
160CCY14-1B	160	32	1000	94.5	≥92	158
160YCY14-1B	160	32	1000	94.5	≥92	160
160ZCY14-1B	160	32	1000	94.5	≥92	155
250MCY14-1B	250	32	1000	148	≥92	210
250SCY14-1B	250	32	1000	148	≥92	240
250CCY14-1B	250	32	1000	148	≥92	245
250YCY14-1B	250	32	1000	148	≥92	255
250ZCY14-1B	250	32	1000	148	≥92	245
400SCY14-1B	400	32	1000	250	≥92	
400YCY14-1B	400	32	1000	250	≥92	

表 21-5-46　　　　　　　　　　※**CY14-1B 型轴向柱塞泵外形尺寸**　　　　　　　　　mm

MCY14-1B型

型　　号	d (h6)	d_1
2.5MCY14-1B	14	M18×1.5
10MCY14-1B	25	M22×1.5
25MCY14-1B	30	M33×2
63MCY14-1B	40	M42×2

型号	d_3	D_0	D_1 (f9)	D_2	D_3
2.5MCY14-1B	M10×1	80	52		92
10MCY14-1B	M14×1.5	100	75	125	150
25MCY14-1B	M14×1.5	125	100	150	170
63MCY14-1B	M18×1.5	155	120	190	225

型号	l_2	l_3	b_0 (h8)	t	L	$d_0×h_0$
2.5MCY14-1B	26	63	5	16	171	M8×20
10MCY14-1B	41	86	8	27.5[28]	253	M10×25
25MCY14-1B	54	104	8	32.5	308	M10×25
63MCY14-1B	62	122	12	42.5	390	M12×25

型　号	d (h6)	d_1	d_2	d_3	d_4	D_0	D_1 (f9)	D_2	D_3	l_2	l_3	A	B	E	F	b_0 (h8)	t	L	$d_0×h_0$
160MCY14-1B	55	50	64	M22×1.5	M20	198	150	240	300	110	180	120	50	90	160	16	58.5	525	M16×35
250MCY14-1B	60	55	76	M22×1.5	M30	230	180	280	360	112	210	125	55	110	180	16(18)	63.5	670	M20×45

SCY14-1B型

型　　号	d (h6)	d_1	d_3
10SCY14-1B	25	M22×1.5	M14×1.5
25SCY14-1B	30	M33×2	M14×1.5
63SCY14-1B	40	M42×2	M18×1.5

型号	D_0	D_1 (f9)	D_2	D_3	l_2	l_3
10SCY14-1B	100	75	125	150	41	86
25SCY14-1B	125	100	150	170	54	104
63SCY14-1B	155	120	190	225	62	122

型号	H	b_0 (h8)	t	L	$d_0×h_0$
10SCY14-1B	231	8	27.5[28]	295	M10×25
25SCY14-1B	266	8	32.5	362	M10×25
63SCY14-1B	315	12	42.5	438	M12×25

型　　号	d (h6)	d_1	d_2	d_3	d_4	D_0	D_1 (f9)	D_2	D_3	l_2
160SCY14-1B	55	50	64	M22×1.5	M20	103	150	240	300	110
250SCY14-1B	60	55	76	M22×1.5	M30	230	180	280	360	112

型　　号	l_3	A	B	E	F	H	b_0 (h8)	t	L	$d_0×h_0$
160SCY14-1B	180	120	50	90	160	405	16	58.5	585	M16×35
250SCY14-1B	212	125	55	110	180	456	16(18)	63.5	670	M20×45

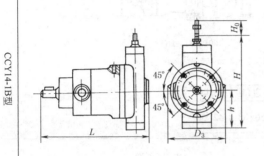

YCY14-1B型

型　　号	D_3	H	h	L
10YCY14-1B	175	302	109	299
25YCY14-1B	195	337[366]	136	362
63YCY14-1B	250	368[417]	157	439
160YCY14-1B	322	460[470]	191	585
250YCY14-1B	382	571	236	691

备注:其他尺寸与 MCY14-1B 型相同

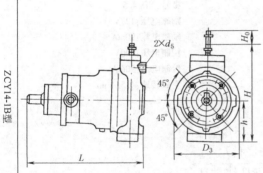

CCY14-1B型

型　　号	D_3	H	H_0	h	L
10CCY14-1B	175	247	27[23.4]	103	299
25CCY14-1B	195	305[311]	36.4[34.6]	123[141]	362
63CCY14-1B	250	337[372]	43.4[41.4]	138[157]	439[441]
160CCY14-1B	322	307[417]	45[42.8]	178[182]	585[596]
250CCY14-1B	382	452	60	208	691

备注:其他尺寸与 MCY14-1B 型相同

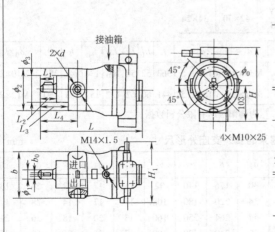

ZCY14-1B型

型　　号	D_3	H	H_0	h	L	d_5
25ZCY14-1B	172	283	34.6	123	362	M18×1.5
63ZCY14-1B	200	315	41.4	143	446	M18×1.5
160ZCY14-1B	340	421	45	184	594	M18×1.5
250ZCY14-1B	420	478	58.6	208	690	M22×1.5

备注:其他尺寸与 MCY14-1B 型相同

10PCY14-1B、25PCY14-1B型

型号	L	L_1	L_2	L_3	L_4	b_0
10PCY14-1B	299	40	41	86	109	8
25PCY14-1B	363	52	54	104	134	8

型号	b	ϕ_0	ϕ_1	ϕ_2	ϕ_3	H	H_1
10PCY14-1B	142	100	25	125	75	230	238
25PCY14-1B	172	125	30	150	100	258	240

型号	d	管道尺寸($d_外×d_内$)	
		进　口	出　口
10PCY14-1B	M22×1.5	22×16	18×13
25PCY14-1B	M33×2	34×24	28×20

63PCY14-1B、160PCY14-1B 型

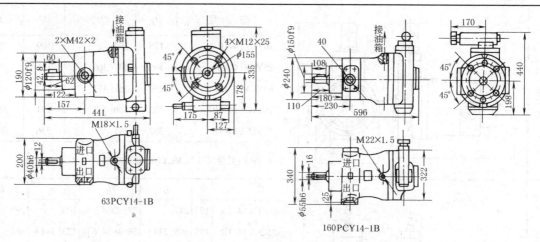

63PCY14-1B

160PCY14-1B

推荐使用管道尺寸($d_{外} \times d_{内}$)

泵的型号	进口	出口	泵的型号	进口	出口
63PCY 14-1B	42×30	34×24	160PCY 14-1B	50×38	42×30

25DCY14-1B、63DCY14-1B 型

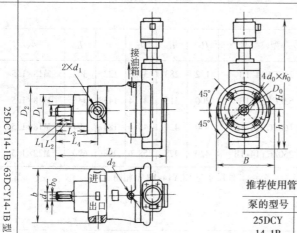

电机(可逆)
型号:ND-4.5
励磁电压:127V
励磁电流:90mA
控制电压:190V
控制电流:90mA
空载转速:4.5r/min

推荐使用管道尺寸($d_{外} \times d_{内}$)

泵的型号	进口	出口
25DCY 14-1B	34×24	28×20
63DCY 14-1B	42×30	34×24

型号	B	b	b_0	t	D_1	D_2	D_0	d	d_1	d_2	L	L_1	L_2	L_3	L_4	h	H	$d_0 \times h_0$
25DCY14-1B	195	172	8	32.5	100f9	150	125	30h6	M33×2	M14×1.5	363	52	54	104	134	141	384	M10×25
63DCY14-1B	259	200	12	42.8	120f9	190	155	40h6	M42×2	M18×1.5	441	60	62	122	157	157	450	M12×25

注:表列数值( )内为启东高压油泵有限公司数据,[ ]为邵阳液压有限公司数据。

表 21-5-47 ※CY14-1B 型轴向柱塞泵的安装支座外形尺寸 mm

型号	a	a_0	a_1	a_2	a_3	a_4	b	b_0	b_1	d_1	d_2	d_3	d_4	D
10※CY14-1B	150	114	90	36	11	30	176	140	92	11	17	12	26	130
25※CY14-1B	180	140	100	40	11	34	220	180	108	11	17	14	28	170
63※CY14-1B	244	200	140	50	13	44	264	250	160	13	20	18	36	210
160※CY14-1B	366	300	200	50	17	50	340	280	190	17	26	26	50	250
250※CY14-1B	420	300	200	80	24	75	380	320	200	21	31	26	50	290

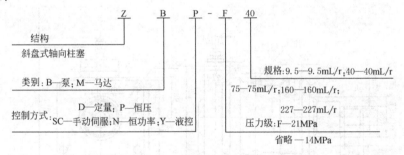

型号	D_0	D_1	D_2	h	h_1	h_2	H_0			l	R	孔数 z
10※CY14-1B	100	75H9	125	54	64	92	20	112	132	160	90	25	4
25※CY14-1B	125	100H9	160	60 147	82	102	25	1	132 225	160	180	110	35
63※CY14-1B	155	120H9	200	60 130	80	110	30		160 250	180	225	155	40
160※CY14-1B	193	150H9	240	90 216	110	131	40	2	225 375	250	280	252	50	6
250※CY14-1B	230	180H9	280	90 205	110 280	110	40		225 375	250 450	280	252	50

3.3.2　ZB 系列非通轴泵（马达）

型号意义：

Z B P - F 40

结构
斜盘式轴向柱塞

类别：B—泵；M—马达

控制方式：SC—手动伺服；N—恒功率；Y—液控
D—定量；P—恒压

规格：9.5—9.5mL/r；40—40mL/r；
75—75mL/r；160—160mL/r；
227—227mL/r

压力级：F—21MPa
省略—14MPa

表 21-5-48　　　　　　　**技术参数与外形尺寸**　　　　　　mm

规　格	9.5	40	75	160	227
公称排量/mL·r^{-1}	9.5	40	75	160	227
压力　额定 p_n/MPa			21		14
压力　最高 p_{max}/MPa			28		24
转速　额定（自吸工况）η_n/r·min^{-1}			1500		1000
转速　最高（供油工况）n_{max}/r·min^{-1}	3000	2500	2000	2000	1500
理论转矩（在 p_n 时）/N·m	31.7	133.6	250.4	534.2	505.3
理论功率（在 1000r/min，p_n 时）/kW	3.32	14.0	26.2	56.0	53.0

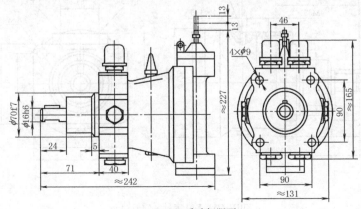

ZBSC-F9.5 手动伺服泵

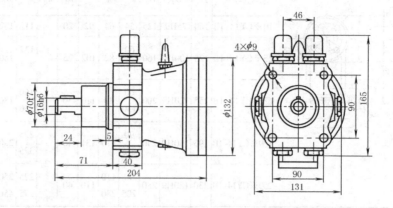

ZBD(ZM)-F9.5 定量泵(马达)

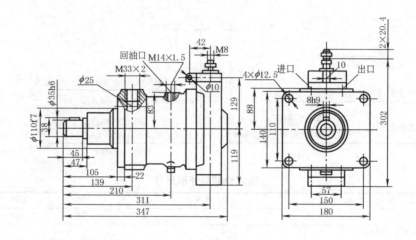

ZBSC-F40 手动伺服泵

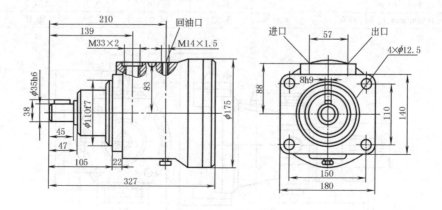

ZBD(ZM)-F40 定量泵(马达)

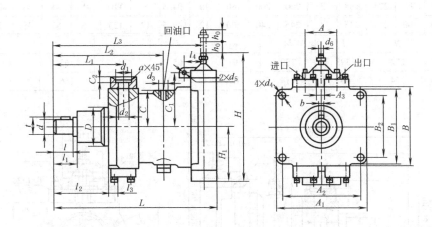

ZBSC-F75、ZBSC-F160 手动伺服泵

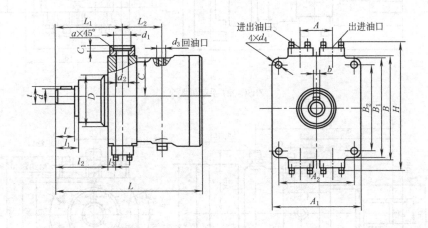

ZBD(ZM)-F75、ZBD(ZM)-F160 定量泵(马达)

型 号	A	A_1	A_2	A_3	B	B_1	B_2	b	C	C_1	C_2	D (h6)	d (h8)	d_1	d_2	d_3
ZBSC-F75	74	224	188	12	200	200	140	10	104.5	142.5	8	110	45	44	34	M22×1.5
ZBSC-F160	100	285	245	14	246	240	200	12	129.5	169	12	125	48	53	38	M27×2

型 号	d_4	d_5 (h9)	d_6	H	H_1	a	h_0	L	L_1	L_2	L_3	l	l_1	l_2	l_3	l_4	t
ZBSC-F75	17	12	M8	338	145	3	23.5	440	199	290	398.5	65	71	162	24	50	48.5
ZBSC-F160	21	14	M8	403	175	4	28	506	214	338	468	65	68	166	28	58	51.5

续表

型 号	A	A_1	A_2	a	B	B_1	B_2	b	C	C_1	D ($h6$)	d ($h8$)	d_1	d_2	d_3	d_4
ZBD(ZM)-F75	74	224	188	3	200	200	140	10	104.5	8	110	45	44	34	M22×1.5	17
ZBD(ZM)-F160	100	285	245	4	246	240	200	12	129.5	12	125	48	53	38	M27×2	21

型 号	H	L	L_1	L_2	l	l_1	l_2	l_3	t
ZBD(ZM)-F75	272	398	199	91	65	71	162	24	48.5
ZBD(ZM)-F160	334	468	214	124	65	68	166	28	51.5

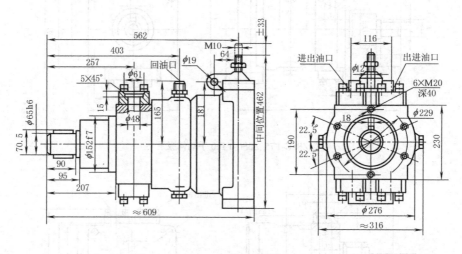

ZBSC-227 手动伺服泵

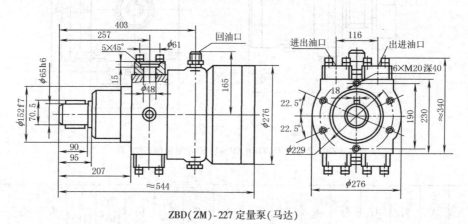

ZBD(ZM)-227 定量泵(马达)

　　ZB※-H※型柱塞泵为无铰式斜轴轴向柱塞泵。它采用了双金属缸体、滚动成型柱塞副、成对向心推力球轴承,使泵结构简化,压力和寿命提高。它具有压力高、流量大、耐冲击、耐振动等特点,适用于航空、船舶、矿山、冶金等机械的液压传动系统。

　　型号意义:

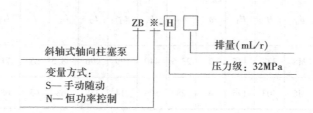

表 21-5-49 ZB※-H※型柱塞泵技术性能

型　号	变量型式	排量/mL·r⁻¹	摆角/(°)		转速/r·min⁻¹	压力/MPa			额定功率①/kW	容积效率/%	总效率/%	质量/kg
			最小	最大	0.5MPa 压力供油	自吸	额定	最高				
ZBN-H355	恒功率控制	355	0	±26.5			32	40	22~110			370
ZBS-H500	手动启动	500	0	±36.5	1000		32	40	278.27	95	92	537
ZBS-H915		915	0	±25		875	32		487			1010

① 在额定压力、最大摆角、转速为875r/min 时的功率。

表 21-5-50 ZB※-H※型柱塞泵外形尺寸　　　　　mm

ZBN-H355型

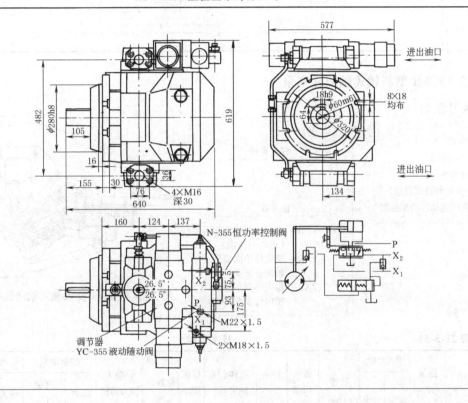

ZBS-H500型

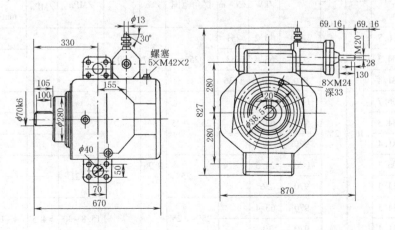

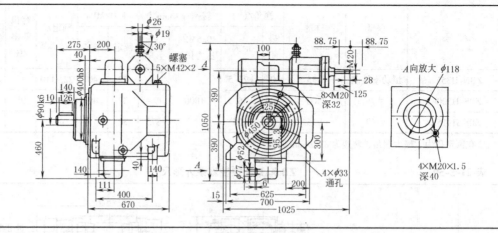

ZBS-H915型

3.3.3 Z※B 型斜轴式轴向柱塞泵

型号意义：

变量方式：

1—手动随动

5—恒功率控制

（流量和功率可调）

7—液压随动恒功率控制

1 | Z※B | 7 | 40

柱塞直径

柱塞数

名称：ZDB— 定量轴向柱塞泵
（可作马达用）

ZKB— 带壳体单向变量
轴向柱塞泵

ZXB— 带壳体双向变量
轴向柱塞泵

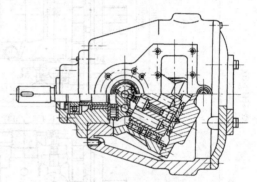

图 21-5-4 Z※B 型斜轴式轴向柱塞泵结构

表 21-5-51　　　　　　　　　　　　　　技术参数

型　号	排量 /mL·r⁻¹	压力/MPa		转速 /r·min⁻¹	驱动功率 /kW	转矩 /N·m	缸体(与轴夹角)摆角范围	容积效率 /%	总效率 /%	恒功率压力范围 /MPa	控制油泵		操纵油泵		质量 /kg
		额定	最大								压力 /MPa	流量 /L·min⁻¹	压力 /MPa	流量 /L·min⁻¹	
ZDB725	106.7			1450	43.2	251									72.5
ZDB732	234.3			970	63.4	553	25°	≥97	90						102
ZDB740	481.4			970	130.2	1136									320
1ZXB725	106.7			1450	43.2								≥2.5	9	177
1ZXB732	234.3	16	25	970	63.4		−25°~+25°						≥2.5	50	269.7
1ZXB740	481.4			970	130.2								≥2.5	50	600.6
5ZKB725	106.7			1450	24.5		7°~25°	≥96	≥90	9~21					188.8
5ZKB732	234.3			970	36										270
7ZXB732	234.3			970	63.4		−25°~+25°			15.8~30	>4.5	4~10	≥2.5	9	322.6
7ZXB740	481.4			970	130.2								≥3	50	667

表 21-5-52　　　　　　　　　　　外形尺寸　　　　　　　　　　　mm

ZDB 型

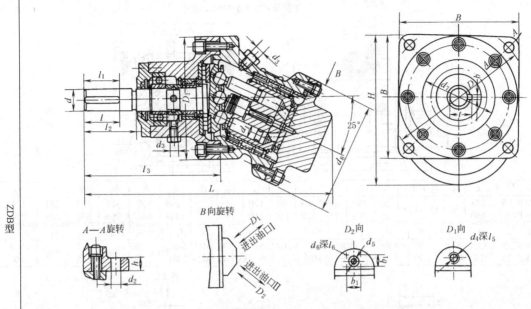

型号	d	d_1	d_2	d_3	d_4	d_5	d_6	d_7	d_8	D	D_1	H
ZDB725	40h6	25	21	M16×1.5	M36×2			140	218	290	252f7	295
ZDB732	45h6	32	25	M16×1.5	M48×2			150	260	355	300f7	350
ZDB740	65h6	40	38	M33×1.5		42	M16	200	330	480	410f7	470

型号	h	B	b	L	l	l_1	l_2	l_3	l_5	l_6	b_1	t
ZDB725	30	252	12h8	495	50	55	110	283	30			42.8
ZDB732	35	300	14h8	580	50	55	110	320	45			49
ZDB740	40	410	18h8	687	90	95	140	392		25	65	70.5

1ZXB 型

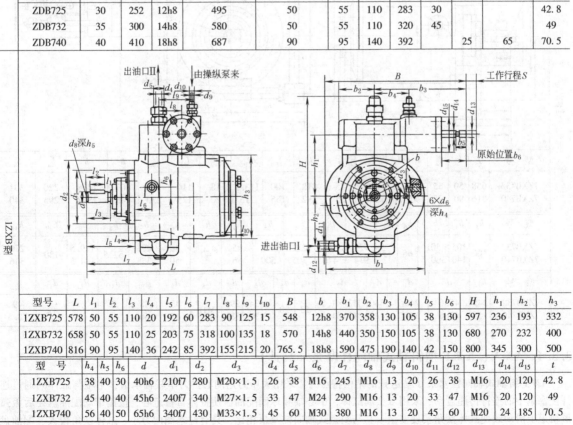

型号	L	l_1	l_2	l_3	l_4	l_5	l_6	l_7	l_8	l_9	l_{10}	B	b	b_1	b_2	b_3	b_4	b_5	b_6	H	h_1	h_2	h_3
1ZXB725	578	50	55	110	20	192	60	283	90	125	15	548	12h8	370	358	130	105	38	130	597	236	193	332
1ZXB732	658	50	55	110	25	203	75	318	100	135	18	570	14h8	440	350	150	105	38	130	680	270	232	400
1ZXB740	816	90	95	140	36	242	85	392	155	215	20	765.5	18h8	590	475	190	140	42	150	800	345	300	500

型号	h_4	h_5	h_6	d	d_1	d_2	d_3	d_4	d_5	d_6	d_7	d_8	d_9	d_{10}	d_{11}	d_{12}	d_{13}	d_{14}	d_{15}	t
1ZXB725	38	40	30	40h6	210f7	280	M20×1.5	26	38	M16	245	M16	13	20	26	38	M16	20	120	42.8
1ZXB732	45	40	40	45h6	240f7	340	M27×1.5	33	47	M24	290	M16	13	20	33	47	M16	20	120	49
1ZXB740	56	40	50	65h6	340f7	430	M33×1.5	45	60	M30	380	M16	13	20	45	60	M20	24	185	70.5

5ZKB型

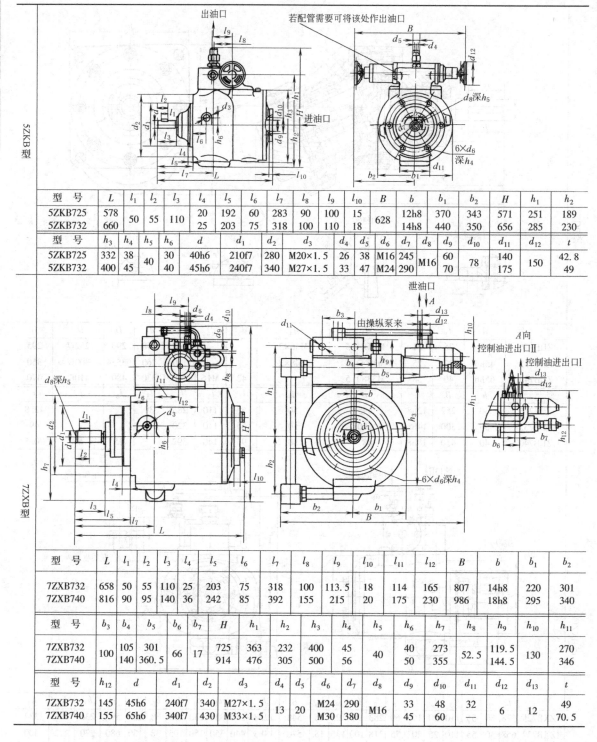

型 号	L	l_1	l_2	l_3	l_4	l_5	l_6	l_7	l_8	l_9	l_{10}	B	b	b_1	b_2	H	h_1	h_2
5ZKB725	578	50	55	110	20	192	60	283	90	100	15	628	12h8	370	343	571	251	189
5ZKB732	660				25	203	75	318	100	110	18		14h8	440	350	656	285	230

型 号	h_3	h_4	h_5	h_6	d	d_1	d_2	d_3	d_4	d_5	d_6	d_7	d_8	d_9	d_{10}	d_{11}	d_{12}	t
5ZKB725	332	38	40	30	40h6	210f7	280	M20×1.5	26	38	M16	245	M16	60	78	140	150	42.8
5ZKB732	400	45		40	45h6	240f7	340	M27×1.5	33	47	M24	290		70		175		49

7ZXB型

型 号	L	l_1	l_2	l_3	l_4	l_5	l_6	l_7	l_8	l_9	l_{10}	l_{11}	l_{12}	B	b	b_1	b_2
7ZXB732	658	50	55	110	25	203	75	318	100	113.5	18	114	165	807	14h8	220	301
7ZXB740	816	90	95	140	36	242	85	392	155	215	20	175	230	986	18h8	295	340

型 号	b_3	b_4	b_5	b_6	b_7	H	h_1	h_2	h_3	h_4	h_5	h_6	h_7	h_8	h_9	h_{10}	h_{11}
7ZXB732	100	105	301	66	17	725	363	232	400	45	40	40	273	52.5	119.5	130	270
7ZXB740		140	360.5			914	476	305	500	56		50	355		144.5		346

型 号	h_{12}	d	d_1	d_2	d_3	d_4	d_5	d_6	d_7	d_8	d_9	d_{10}	d_{11}	d_{12}	d_{13}	t
7ZXB732	145	45h6	240f7	340	M27×1.5	13	20	M24	290	M16	33	48	32	6	12	49
7ZXB740	155	65h6	340f7	430	M33×1.5			M30	380		45	60	—			70.5

3.3.4　A※V、A※F 型斜轴式轴向柱塞泵（马达）

　　A※V 斜轴式轴向柱塞泵（马达）的结构特点为：采用大压力角向心推力串联轴承组，主轴与缸体间通过连杆柱塞副中的连杆传递运动，采用双金属缸体，中心轴和球面配油盘使缸体自行定心，拨销带动配油盘在后盖弧形轨道上滑动改变缸体摆角实现变量。它与斜盘式轴向柱塞泵相比，具有柱塞侧向力小、缸体摆角较大、配油盘分布圆直径小、转速高、自吸能力强、耐冲击性能好、效率高、易于实现多种变量方式等优点。

（1）A7V 型斜轴式轴向变量柱塞泵

型号意义：

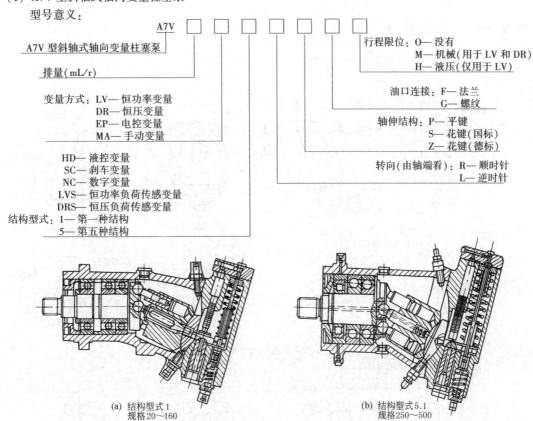

（a）结构型式 1
规格 20～160

（b）结构型式 5.1
规格 250～500

图 21-5-5　A7V 型斜轴式轴向变量柱塞泵结构

注：1. 结构型式 1 的特点是：高性能的旋转组件及球面配油盘，可实现自动对中，低转速，高效率；驱动轴能承受径向载荷；寿命长；低噪声级。

2. 结构型式 5.1 的特点是：具有提高技术数据后的新型高性能旋转组件及经过考验的球面配油盘；结构紧凑。

表 21-5-53　　　　　　　　　　　　　　　　技术参数

型　号	压力/MPa		排量/mL·r^{-1}		最高转速/r·min^{-1}		流量（1450r/min）/L·min^{-1}	功率（35MPa）/kW	转矩（35MPa）/N·m	质量/kg
	额定	最高	最大	最小	吸口压力 0.1MPa	吸口压力 0.15MPa				
A7V20			20.5	0	4100	4750	28.8	17	114	19
A7V28			28.1	8.1	3000	3600	39.5	24	156	
A7V40			40.1	0	3400	3750	56.4	34	223	28
A7V55			54.8	15.8	2500	3000	77.1	46	305	
A7V58			58.8	0	3000	3350	82.3	50	326	44
A7V80			80	23.1	2240	2750	112.5	68	446	
A7V78	35	40	78	0	2700	3000	109.7	66	431	53
A7V107			107	30.8	2000	2450	150.5	91	594	
A7V117			117	0	2360	2650	164.6	99	651	76
A7V160			160	46.2	1750	2100	235	135	889	
A7V250			250	0	1500	1850	—	—	1391	105
A7V355			355	0	1320	1650	—	—	1975	165
A7V500			500	0	1200	1500	—	—	2782	245

表 21-5-54　　　　　　　　　　　　外形尺寸　　　　　　　　　　　　mm

A7V20～160　　　LV: 恒功率变量

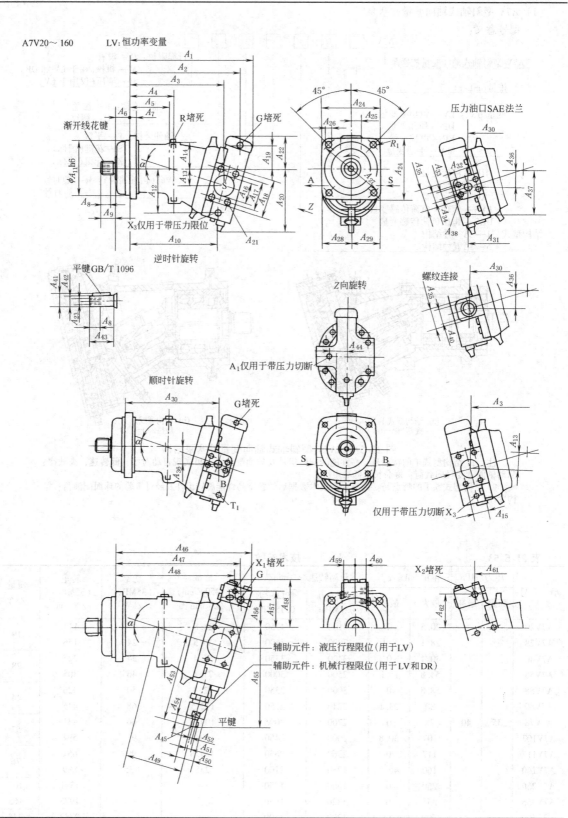

续表

规格	α	A_1	A_2	A_3	A_4	A_5	A_6	A_7	A_8	A_9	A_{10}	A_{11}	A_{12}	A_{13}	A_{14}	A_{15}	A_{16}	A_{17}	A_{18}
20	9°	251	221	199	107	75	25	15	19	43	160	100	85	20	52	35.7	38	60.0	94
28	16°	260	232	195							140		95	34	50				
40	9°	317	287	255	123	108	32	20		35	244	125	—	23	63	42.9	50	77.8	102
55	16°	327	296	251	128								106	41					
58	9°	374	337	304	152	137		23	28	40	295	140	—	26.5	77	50.8	63	83.9	115
80	16°	385	347	300									113	48					
78	9°	381		310	145	130	40	25		45	298	160	—	29	80				
107	16°	393	358	305									130	50					
117	9°	443	402	364	214	156		28	36	50	350	180	—	33	93	61.9	75	106.4	135
160	16°	454	414	359	213									58	88				

规格	A_{19}	A_{20}	A_{21}	A_{22}	A_{23}	A_{24}	A_{25}	A_{26}	A_{27}	A_{28}	A_{29}	A_{30}	A_{31}	A_{32}	A_{33}	A_{34}	A_{35}	A_{36}	A_{37}	A_{38}
20	78	132	M12	95	M8	118	23.5	11	125	58	58	193	—	50.8	19	23.8	46	19	—	
28	59	145		80								189						33		M10
40	87	166		109	M12	150	29	13.5	160	71	81	253	261				53	23	98	
55	64	182		91								249	—				40			—
58	93	168		133		165	33		180	86	92	301	313	57.2	25	27.8	64	26	109	
80	68	194		—								297	—				47			M12
78	101	180		120		190		17.5	200	89	93	306	318					28	119	
107	73	200		98								301	—				49			—
117	114	195	M16	137	M16	210	34		224	104	113	359	369	66.7	32	31.8	70	32	136	M14
160	83	222		112								354	—				57			—

规格	A_{40}	A_{41}	A_{42}	A_{43}	A_{44}	A_{45}	A_{46}	A_{47}	A_{48}	A_{49}	A_{50}	A_{51}	A_{52}	A_{53}	A_{54}	A_{55}	A_{56}	A_{57}
20	M27×2	27.9	25	50	38	M3	257	226	230	108	42	8.8	8	161	14	176	77	104
28							269	234	242							186	58	84
40	M33×2	32.9	30	60	40	M4	323	290	279	134	—	11.2	10	184	16	204	85	117
55							337	299	292							215	62	98
58	M42×2	38	35	70	62	M5	378	344	330	155.5	52	18	16	228	24	251	91	116
80							391	354	343							265	65	91
78		43.1	40	80	55		385	352	338	169				236		261	99	124
107							400	363	351							276	71	97
117	M48×2	48.5	45	90	65		445	408	354	192	65			266		294	111	137
160							461	420	399							310	79	108

规格	A_{58}	A_{59}	A_{60}	A_{61}	A_{62}	平　键 GB/T 1096		花　键 GB/T 3478.1	R_1	油　口	
										R	A_1、X_3
20	129	35		228	92	2×10	8×40	EXT18Z×1.25m×30R×5f	12	M16×1.5	M12×1.5
28	114		30	238	73						
40	147	30		276	104	3×10	8×50	EXT14Z×2m×30R×5f	16		
55	128			288	83						
58	142	33	33	328	104		10×56	EXT16Z×2m×30R×5f		M18×1.5	M18×1.5
80	120			339	80						
78	150			336	112	5×16	12×63	EXT18Z×2m×30R×5f			
107	126			348	86						
117	164	34	34	382	125		14×70	EXT21Z×2m×30R×5f	20	M22×1.5	M20×1.5
160	137			396	96						

DR:恒压变量　　标准型　　　　　遥控

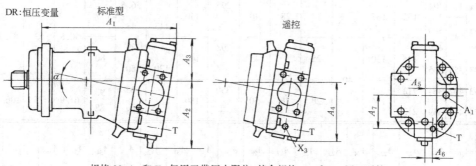

规格20,A_1 和 X_3 仅用于带压力限位;其余规格,A_1 和 X_3 用于遥控

规格	α	A_1	A_2	A_3	A_4	A_5	A_6	A_7	规格	α	A_1	A_2	A_3	A_4	A_5	A_6	A_7
20		251	134	95	106	38	—	—	78		380	180	114	147	60		70
40	9°	315	166	107	127	40	14	53	117	9°	441	199	132	165	65	14	83
58		372	160		138	62	15	69									

EP:电控比例变量

规格	α	A_1	A_2	A_3	A_4	A_5	A_6	A_7
20	9°	248	182	144	113	54	216	75
28	16°	252	188	130	121	41	229	75
40	9°	312	267	201	130	49	234	110
55	16°	318	271	184	140	29	249	84
58	9°	367	320	249	141	52	245	111
80	16°	373	325	231	154	29	264	105
78	9°	374	325	254	153	55	257	122
107	16°	381	330	234	167	31	227	106
117	9°	434	381	294	172	64	279	132
160	16°	442	387	272	187	36	298	114

注:其余尺寸见LV

MA:手控变量
手轮朝下

规格	α	A_1	A_2	A_3	A_4
20	9°	251	108	175	95
28	16°	260	108	190	80
40	9°	315	134	197	107
55	16°	323	134	215	89
58	9°	372	155.5	215	107
80	16°	380	155.5	235	86
78	9°	380	169	246	114
107	16°	390	169	270	92
117	9°	441	192	261	132
160	16°	450	192	285	107

续表

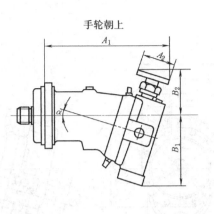

手轮朝上

规格	α	A_1	A_2	B_1	B_2
20	9°	—	—	—	—
28	16°	—	—	—	—
40	9°	317	100	175	132.5
58	9°	—	—	—	—
80	16°	—	—	—	—
78	9°	315	100	180	157.5
107	16°	383	100	270.5	132.5
117	9°	—	—	—	—
160	16°	445	100	225	143
250	26.5°	584	120	320	230

NC:数字变量

规格	α	A_1	B_1	B_2
107	16°	419	225.5	224.5

LVS:恒功率负荷传感变量

规格	α	A_1	B_1	B_2
117	9°	443	215	137

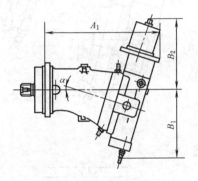

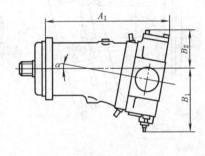

DRS:恒压负荷传感变量

规格	α	A_1	B_1	B_2
117	9°	441	214	132

SC:刹车变量

规格	α	A_1	B_1	B_2
160	16°	441	230	98

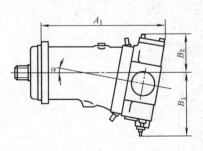

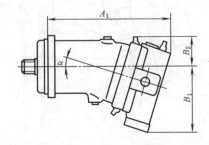

A7V250~500　　LV:恒功率变量

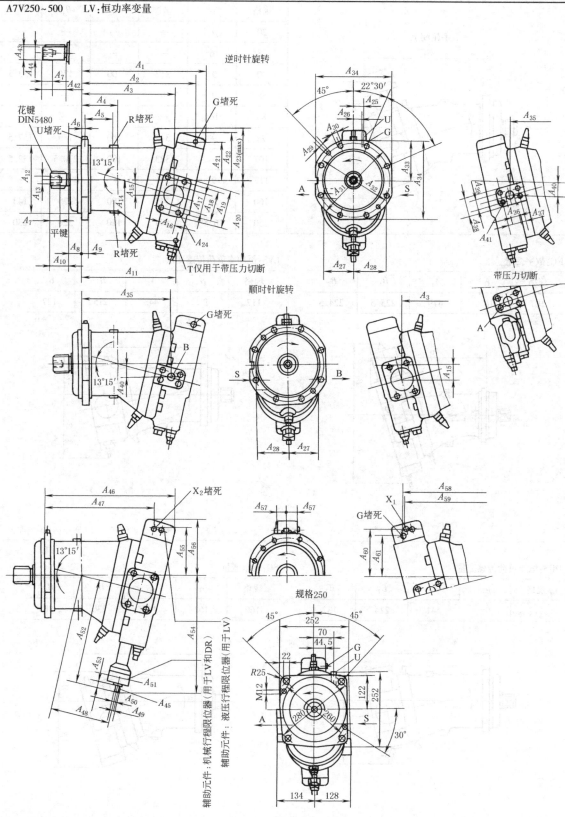

逆时针旋转

顺时针旋转

带压力切断

规格250

辅助元件:机械行程限位器(用于LV和DR)

辅助元件:液压行程限位器(用于LV)

续表

规格	A_1	A_2	A_3	A_4	A_5	A_6	A_7	A_8	A_9	A_{10}	A_{11}	A_{12}	A_{13}	A_{14}	A_{15}	A_{16}	A_{17}	A_{18}	A_{19}
250	491	450	364	134	120	13	36	50	25	58	371	224	M16	223	54	77.8	100	130.2	180
355	552	511	412	160	142		42		28	82	427	280		240	59				162
500	615	563	465	194	175	15			30		464	315	M20	252	68	92.1	125	152.4	185

规格	A_{20}	A_{21}	A_{22}	A_{23}	A_{24}	A_{25}	A_{26}	A_{27}	A_{28}	A_{29}	A_{30}	A_{31}	A_{32}	A_{33}	A_{34}	A_{35}	A_{36}	A_{37}	A_{38}	A_{39}
250	296	145	179	198	M16	44.5	20	134	128	M12	22	—	280	122	252	354	32	66.7	95	31.8
355	328	157	194	206		48.5	35	130	140	M16	18	360	320	166	335	407	40	79.4	80	36.6
500	343	194	230	—		53		144	150	M20	22	400	360	186	373	446				36.5

规格	A_{40}	A_{41}	A_{42}	A_{43}	A_{44}	A_{45}	A_{46}	A_{47}	A_{48}	A_{49}	A_{50}	A_{51}	A_{52}	A_{53}	A_{54}	A_{55}	A_{56}	A_{57}	A_{58}	A_{59}
250	51	M14	82	53.5	50	5×16	498	411	223	18	16	90	366	24	407	175	210	44.5	450	433
355	58	M16	105	64	60		562	470	252				397		444	187	225	48.5	511	492
500	64			74.5	70	6×16	617	559	513	20.5	18	100	418	22	471	215	240	53	—	535

规格	A_{60}	A_{61}	平键	花键 DIN 5480	油口				
					G	X_1	X_2	R	U
250	169	145	14×80	W50×2×24×9g	M14×1.5	M14×1.5	M14×1.5	M22×1.5	M14×1.5
355	182	157	18×100	W60×2×28×9g	M16×1.5	M16×1.5	M16×1.5	M33×1.5	
500	210	—	20×100	W70×3×22×9g					M18×1.5

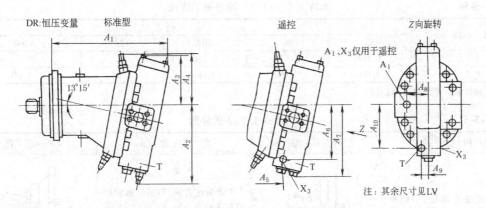

规格	A_1	A_2	A_3	A_4	A_5	A_6	A_7	A_8	A_9	A_{10}
250	489	296	173	198	314	211	272	84	28	165
355	552	328	194	206	366	228	306	85	32	175
500	610	343	221	—	417	241	—	84	38	180

注:1. A,B—工作油口;S—吸油口;G—遥控压力口(总功率控制口);X_1—先导压力口;X_2—遥控压力口;A_1,X_3—遥控阀油口;T,T_1—先导油回油口;R—排气口;U—冲洗口。

2. 生产厂:北京华德液压泵分公司。

(2) A8V 型斜轴式轴向变量柱塞双泵

A8V 型斜轴式轴向变量柱塞双泵由两个排量相同的轴向柱塞泵、减速齿轮、总功率调节器组成。两个泵装在一个壳体内通过同一驱动轴传动。总功率控制器是一个压力先导控制装置,该装置随外载荷的改变而连续地改变两个连在一起的泵的摆角和相应的行程容积。摆角 α 在 7°~25° 之间变动。当外载荷增大时系统压力也增加,这时摆角变小,流量也减小,因而使泵输出的功率在一定转速下保持恒定。

A8V 型斜轴式轴向变量柱塞双泵具有压力高、体积小、重量轻、寿命长、易于保养等特点,适用于工程机械及其他机械上,如应用在挖掘机、推土机等双泵变量开式液压系统中。

型号意义：

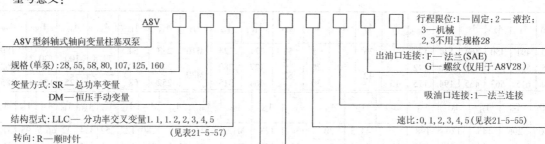

A8V型斜轴式轴向变量柱塞双泵

规格（单泵）：28,55,58,80,107,125,160

变量方式：SR—总功率变量
DM—恒压手动变量

结构型式：LLC—分功率交叉变量1.1,1.2,2,3,4,5
（见表21-5-57）

转向：R—顺时针
L—逆时针

行程限位：1—固定；2—液控；
3—机械
2,3不用于规格28

出油口连接：F—法兰(SAE)
G—螺纹(仅用于A8V28)

吸油口连接：1—法兰连接

速比：0,1,2,3,4,5（见表21-5-55）

系列：1

表 21-5-55   **A8V 变量双泵速比 i（=驱动转速/泵转速）**

规 格	代 号					
	0	1	2	3	4	5
28	—	0.73	0.85	—		
55	1.00	0.75	0.93	1.17	0.85	1.05
58		0.87	1.06		0.81	
80	1.00	0.87	1.06	1.35	—	1.18
107	1.00	0.85	1.08	1.23	—	
125	1.00	—	—	—		
160	1.00	—	—			

辅助驱动速比

表 21-5-56   **A8V（1.1～1.2）辅助驱动速比**

结 构	规 格				
	55	80	107	125	160
1.1	1.244	1.333	1.256		
1.2	1.00	1.00	1.00	1.00	1.00

注：从轴端看，顺时针方向旋转。

表 21-5-57   **结构型式 1.1～5 的外形**

结 构 型 式	外 形 图	结 构 型 式	外 形 图
1.1 不带减速齿轮、带辅助驱动	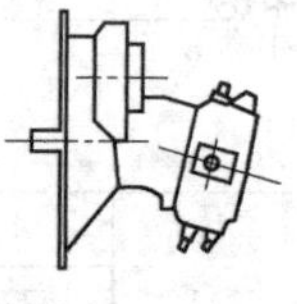	3 带减速齿轮、带辅助驱动和安装定量泵 A2F 23.28（带花键轴）的联轴器	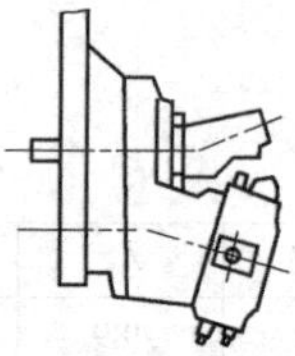
1.2 不带减速齿轮、带辅助驱动	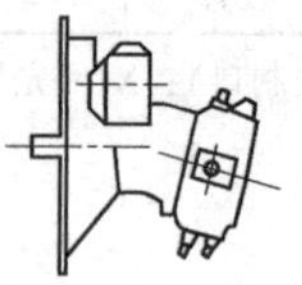	4 带减速齿轮、带辅助驱动、可安装齿轮泵（带锥轴和螺钉固定）的联轴器	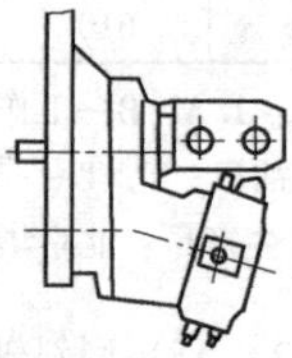
2 带减速齿轮、不带辅助驱动	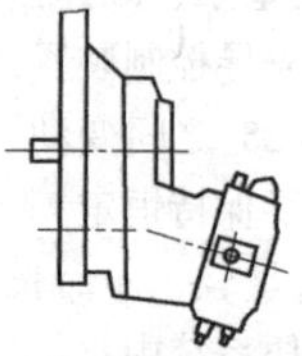	5 带减速齿轮、带辅助驱动、有盖板	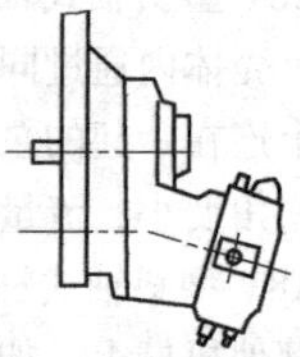

表 21-5-58 技术参数

规格	单侧泵排量 V_{gmax} /mL·r⁻¹	分动箱齿轮速比 $i=\frac{n_A}{n_p}$	当吸油口 S 绝对压力为 p 及排量为 V_{gmax} 时的最大传动转速 n_{Amax}/r·min⁻¹			双泵最大流量 q_{vmax}（考虑3%的容积损失）/L·min⁻¹			双泵驱动功率 P/kW			惯性矩 J /kg·m²	质量 /kg
			p=0.09MPa $n_{0.09}$	p=0.1MPa $n_{0.1}$	p=0.15MPa $n_{0.15}$	$n_{0.09}$	$n_{0.1}$	$n_{0.15}$	$n_{0.09}$	$n_{0.1}$	$n_{0.15}$		
28	28.1	0.729	2040	2185	2350	2×76	2×82	2×88	46	49	53	0.014020	54
		0.860	2410	2580	2770							0.009351	
55	54.8	1.000	2360	2500	2640	2×125	2×133	2×140	75	80	84	0.012475	100
		0.745	1760	1860	1965	2×125	2×133	2×140	75	80	84	0.03743	100
		0.837	1975	2090	2210							0.02818	
		0.9318	2200	2330	2460							0.02175	
		1.051	2480	2625	2775							0.01639	
		1.1714	2765	2930	3090							0.012977	
58	58.8	0.8125	2315	2435	2720	2×165	2×174	2×194				0.06189	130
		0.8667	2470	2600	2900							0.05590	
		1.054	3000	3160	3530							0.03579	
80	80	1.000	2120	2240	2370	2×164	2×174	2×184	99	105	111	0.02680	130
		0.8666	1840	1940	2055	2×164	2×174	2×184	99	105	111	0.05590	130
		1.054	2235	2360	2500							0.03579	
		1.181	2505	2645	2800							0.02797	
		1.3448	2850	3010	3185							0.02137	
107	107	1.000	1900	2000	2135	2×197	2×208	2×222	119	125	133	0.03625	165
		0.8431	1600	1685	1800	2×197	2×208	2×222	119	125	133	0.08257	165
		1.075	2040	2150	2295							0.047012	
		1.2285	2335	2455	2625							0.035353	
125	125	1.000	1900	2000	2135	2×230	2×242	2×258	139	146	156	0.055	180
160	160	1.000	1750	1900	2100	2×271	2×284	2×325	164	178	196	0.064	200

注：1. 表中单侧泵排量为 $\alpha=25°$ 时的排量。

2. 速比中 n_A 为主轴的输入转速，n_p 为泵的转速。

3. $n_{0.09}$、$n_{0.1}$、$n_{0.15}$ 分别为泵的吸油口绝对压力在 0.09MPa、0.1MPa、0.15MPa 时的最高允许转速。

4. 表中所列数值未考虑液压机械效率、容积效率，数值经过圆整。

表 21-5-59　　　　　　　　　　外形尺寸　　　　　　　　　　mm

规格 55、80 和 107
结构 1.1

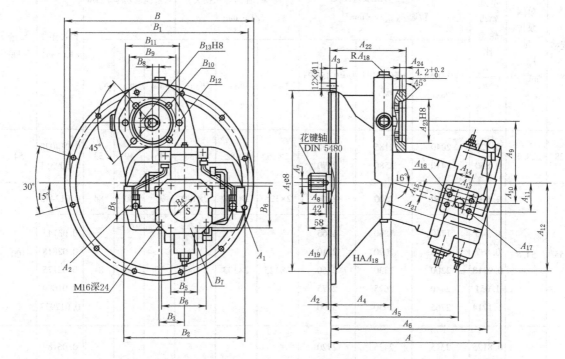

A_1,A_2—工作油口;S—吸油油口;R—排气口(堵死);HA—泄油口(堵死)

规格	A	A_1	A_2	A_3	A_4	A_5	A_6	A_7	A_8	A_9	A_{10}	A_{11}	A_{12}	A_{13}	A_{14}	A_{15}	A_{16}	A_{17}
55	361	361.95	5	12	130	273	331	M12	28	92	41	57.6	179.5	20	50.8	23.8	M10 深 17	法兰 SAE3/4 42MPa
80	418	409.575	6	12	144	310	383	M16	36	107.3	47.2	68.5	214.3	25	57.2	27.8	M12 深 17	法兰 SAE1 42MPa
107	443	447.7	6	16	157	385	407	M16	36	115.6	51	71.6	216.3	25	57.2	27.8	M12 深 18	法兰 SAE1 42MPa

规格	A_{18}	A_{19}	A_{21}	A_{22}	A_{23}	A_{24}	B	B_1	B_2	B_3	B_4	B_5	B_6	B_7	B_8	B_9
55	M18×1.5	法兰 SAE4	209	66.5	80	11.5	407	381	270	54.25	76	61.9	106.4	法兰 SAE3 3.5MPa		
80	M22×1.5	法兰 SAE3	248.5	180	100	12	456	428.625	290	60.5	102	77.8	130.2	法兰 SAE4 3.5MPa	20	125
107	M22×1.5	法兰 SAE2	260	192	100	12	495	466.7	320	67	102	77.8	130.2	法兰 SAE4 3.5MPa	20	125

规格	B_{10}	B_{11}	B_{12}	B_{13}	平键 GB/T 1096	花键 DIN 5480	质量/kg
55		109	M10 深 16	18	6×25	W40×2×18×9g	72
80	M10 深 16	140	M14 深 20	25	8×15	W45×2×21×9g	100
107	M10 深 16	140	M14 深 20	25	8×15	W50×2×24×9g	135

规格 55、80、107、125 和 160
结构 1.2

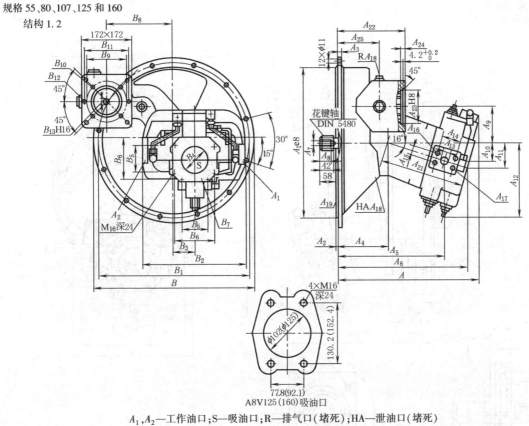

A8V125(160)吸油口

A_1, A_2—工作油口;S—吸油口;R—排气口(堵死);HA—泄油口(堵死)

规格	A	A_1	A_2	A_3	A_4	A_5	A_6	A_7	A_8	A_9	A_{10}	A_{11}	A_{12}	A_{13}	A_{14}	A_{15}	A_{16}	A_{17}
55	361	361.95	5	12	130	273	331	M12	28	92	41	57.6	179.5	20	50.8	23.8	M10深17	法兰SAE3/4 42MPa
80	418	409.575	6	12	144	310	383	M16	36	107.3	47.2	68.5	214.3	25	57.2	27.8	M12深17	法兰SAE1/4 42MPa
107	443	447.7	6	16	157	385	407	M16	36	115.6	51	71.6	216.3	25	57.2	27.8	M12深18	法兰SAE1/4 42MPa
125	426	447.7	6	16	157	307.7	354.4	M16	36	272	47.5	62.2	222	25	57.2	27.8	M12深18	法兰SAE1 42MPa
160	542	511.2	6	20	221	421	473	M20	42	224	57	72	257	32	31.8	66.7	M14深19	法兰SAE1/4 42MPa

规格	A_{18}	A_{19}	A_{21}	A_{22}	A_{23}	A_{24}	A_{25}	B	B_1	B_2	B_3	B_4	B_5	B_6	B_7
55	M18×1.5	法兰SAE4						407	381	270	54.25	76	61.9	106.4	法兰SAE3 3.5MPa
80	M22×1.5	法兰SAE3	240.5	211	100	12	127	456	428.625	290	60.5	102	77.8	103.2	法兰SAE4 3.5MPa
107	M22×1.5	法兰SAE2	260	214	100	12	137	495	466.7	320	67	102	77.8	130.2	法兰SAE4 3.5MPa
125	M22×1.5	法兰SAE2	157	214	100	12	137	495	466.7	320	67	102			法兰SAE4 3.5MPa
160	M22×1.5	法兰SAE1	208	280	110	25		555	530.2	384	85.5	125			法兰SAE5 3.5MPa

规格	B_8	B_9	B_{10}	B_{11}	B_{12}	B_{13}	平键 GB/T 1096	花键 DIN 5480	质量/kg
55								W40×2×18×9g	80
80	175	125	M10深16	140	M14深20	25	8×36	W45×2×21×9g	110
107	198.5	125	M10深16	140	M14深20	25	8×45	W50×2×24×9g	145
125	198.5	125	M10深16	140	M14深20	25	8×45	W50×2×24×9g	180
160	202.8	138	M10深16	160	M14深20	25	8×45	W60×2×28×9g	200

第 **21** 篇

规格 55、80 和 107
结构 2~5

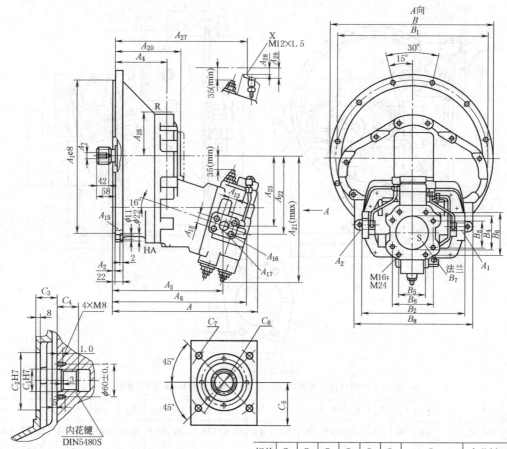

A_1, A_2—工作油口;S—吸油口;R—排气口
(堵死);HA—泄油口(堵死);X—先导口

规格	C_1	C_2	C_3	C_4	C_5	C_6	C_7	内花键 DIN 5480
55	34	80	42.5	33	55	100	M8 深 17	N30×2×14×9H
80	40	105	42.5	41	60	125	M10 深 12.5	N35×2×16×9H
107	40	105	42	41	62	125	M10 深 12.5	N35×2×16×9H

规格	A	A_1	A_2	A_4	A_5	A_6	A_7	A_{13}	A_{15}	A_{16}	A_{17}法兰	A_{19}法兰	A_{20}	A_{21}
55	361	361.95	5	130	273	331	M12	20	23.8	M10 深 17	SAE3/4 42MPa	SAE4	176	312
80	418	409.575	6	144	310	383	M16	25	27.8	M12 深 17	SAE 42MPa	SAE3	191	344
107	443	447.7	6	157	335	407	M16	25	27.8	M12 深 17	SAE1 42MPa	SAE2	204	360

规格	A_{22}	A_{23}	A_{25}	A_{27}	A_{28}	A_{29}	B	B_1	B_2	B_4	B_5	B_6	B_7法兰	B_8	花键 DIN 5480	质量/kg
55	181	164.3	115	322	6	8	407	381	270	76	61.9	106.4	SAE3 3.5MPa	320	W40×2×18×9g	100
80	198.2	177.5	115	382	7	12.5	456	428.6	290	102	77.8	130.2	SAE4 3.5MPa	340	W45×2×21×9g	130
107	215.3	194.7	128	406	21.5	27	495	466.7	320	102	77.8	130.2	SAE4 3.5MPa	360	W50×2×24×9g	165

规格 28

结构 2~5

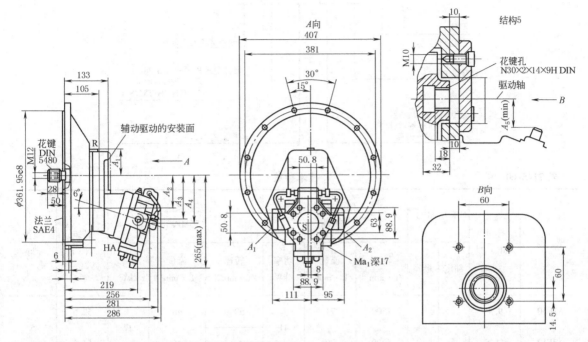

速比	A_1	A_2	A_3	A_4	A_5	质量/kg
1	83	100	133	143	42	54
2	73.5	91	124	134	33	54

A_1,A_2—工作油口 M33×2;S—吸油口 SAE2½ 21MPa;R—排气口 M14×1.5(堵死);HA—泄油口 M14×1.5(堵死)

规格 58

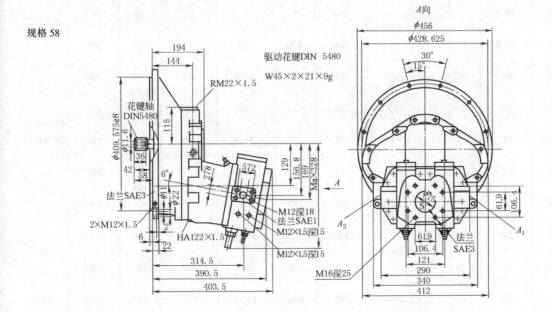

A_1,A_2—工作油口 M33×2;S—吸油口 SAE2½ 21MPa;
R—排气口 M14×1.5(堵死);HA—泄油口 M14×1.5(堵死)

(3) A2F 型斜轴式轴向定量柱塞泵

型号意义：

A2F □ □ □ □ □

型号

定量泵(马达)

排量(mL/r)

旋转方向:R—顺时针
L—逆时针
W—双向

结构型式:1,2,3,4,5

轴伸型式:P—平键GB/T1096
Z—花键DIN 5480
S—花键GB/T3478.1

泵盖型式:1,2,3,4

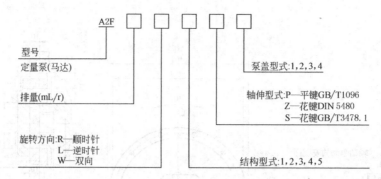

表 21-5-60 **技术参数**

型 号	排量 /mL·r⁻¹	压力/MPa		闭式系统(35MPa)			开式系统(35MPa)			转矩 /N·m	质量 /kg
		额定	最高	转速 /r·min⁻¹	流量 /L·min⁻¹	功率 /kW	转速 /r·min⁻¹	流量 /L·min⁻¹	功率 /kW		
A2F10	9.4	35	40	7500	71	41	5000	46	27	52.5	5
A2F12	11.6	35	40	6000	70	41	4000	45	27	64.5	5
A2F23	22.7	35	40	5600	127	74	4000	88	53	126	12
A2F28	28.1	35	40	4750	133	78	3000	82	49	156	12
A2F45	44.3	35	40	3750	166	97	3000	129	75	247	23
A2F55	54.8	35	40	3750	206	120	2500	133	80	305	23
A2F63	63	35	40	4000	252	147	2700	165	99	350	33
A2F80	80	35	40	3350	268	156	2240	174	105	446	33
A2F107	107	35	40	3000	321	187	2000	208	125	594	44
A2F125	125	35	40	3150	394	230	2240	272	163	693	63
A2F160	160	35	40	2650	424	247	1750	272	163	889	63
A2F200	200	35	40	2500	500	292	1800	349	210	1114	88
A2F250	250	35	40	2500	625	365	1500	364	218	1393	88
A2F355	355	35	40	2240	795	464	1320	455	273	1978	138
A2F500	500	35	40	2000	1000	583	1200	582	350	2785	185

表 21-5-61　外形尺寸　mm

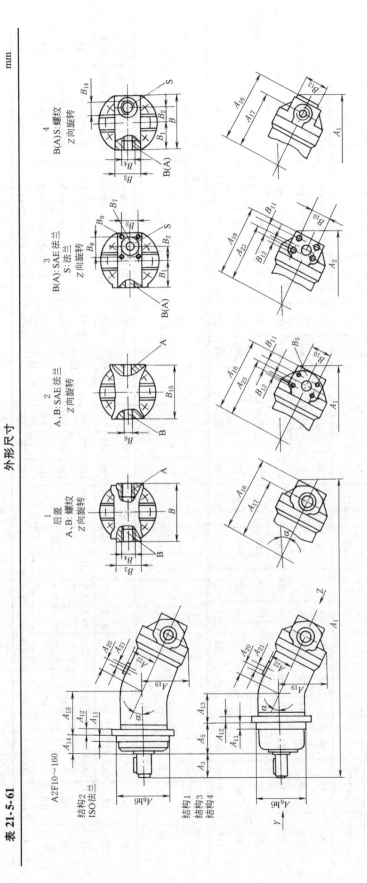

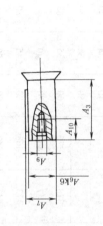

花键 GB/T 3478.1

平键 GB/T 1096

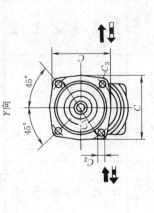

续表

表一

规格 α=20°	规格 α=25°	A_{13}	结构型式	后盖式型式	A_1 α=20°	A_1 α=25°	A_2 α=20°	A_2 α=25°	A_3	A_4	A_5	A_6	A_7	A_9	A_{10}	A_{11}	A_{12}
10	12	42	4	1, 4	235	232	—	—	40	34	40	80	22.5	M6	16	8	12.5
23	28	50	2.3		296	293	378	376	50	34	50	100	27.9	M8	19		16
45	55	77	1.2		384	381	447	444	60	35	63	125	32.9	M12	28	10	20
63	80	—	2	1、2、3	452	450	473	468	70	40	—	140	38				23
87	107	90	1.2		480	476			80	45	80	160	43.1	M16	36	12	25
125	160	—	2		552	547	547	540	90	50	—	180	48.5			10	28

表二

规格 α=20°	规格 α=25°	A_{14}	A_{15}	A_{16}	A_{17}	A_{18}	A_{19} α=20°	A_{19} α=25°	A_{20}	A_{21}	A_{22}	A_{23}	A_{24}	B	B_1	B_2	B_3	B_4
10	12	—	—	112	90	—	69	75	10	M12×1.5	40	—	22	89	42.5	18	40	M22×1.5 深14
23	28	25	75	145	118	178	88	95	25	M16×1.5	50	151	28	100	53	25	47	M27×2 深16
45	55	32	108	183	150	208	110	118	31.5	M18×1.5	63	173	33	132	63	29	53	M33×2 深18
63	80		130	213	173	225	126	140	36		77	190	37.5	156	75	35.5	63	M42×2 深20
87	107	40	137	230	190	257	138	149	40	M22×1.5	80	212	42.5	165	80	42.2	66	M48×2 深20
125	160		156	262	212		159	173.5	45		93			195	95		70	

表三

规格 α=20°	规格 α=25°	B_5 法兰	B_6	B_7	B_8	B_9	B_{10}	B_{11}	B_{12}	B_{13}	B_{14}	B_{15}	C	C_1	C_2	C_3	平键 GB/T 1096	花键 GB/T 3478.1	DIN 5480	质量 /kg
10	12	—	—		—	M10		—		42	M33×2	—	95	100	9	10	6×32	EXT14Z×1.25m×30R×5f	W20×1.25×14×9g	5.5
23	28	SAE1/2	13	50	48		40.5	23.8	M10	53	M42×2	120	118	125	11	12	8×40	EXT18Z×1.25m×30R×5f	W25×1.25×18×9g	12.5
45	55	SAE3/4	19	56	60	M10	50.8	27.8				126	150	160	13.5	16	8×50	EXT14Z×2m×30R×5f	W30×2×14×9g	23
63	80	SAE1	25	63	75	M12	57.1	31.8	M12		—	156	165	180			10×56	EXT16Z×2m×30R×5f	W35×2×16×9g	33
87	107	SAE1	25			M16	66.7		M14			160	190	200	17.5	20	12×63	EXT18Z×2m×30R×5f	W40×2×18×9g	42
125	160	SAE1¼	32	70	75							190	210	224			14×70	EXT21Z×2m×30R×5f	W45×2×21×9g	63

续表

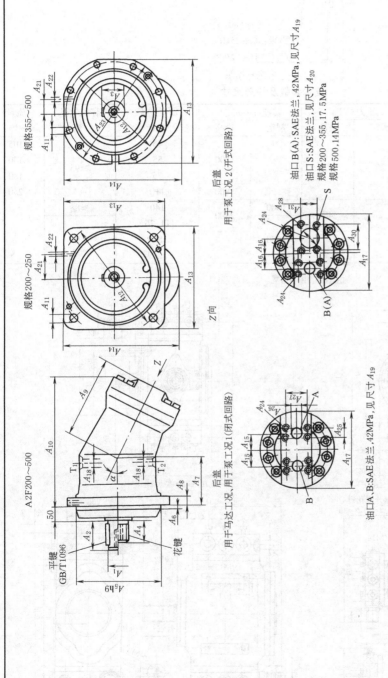

规格 355~500

规格 200~250

Z 向

后盖　用于泵工况 2（开式回路）

A2F200~500

平键 GB/T1096

花键

后盖　用于马达工况，用于泵工况 1（闭式回路）

油口 A,B：SAE 法兰 42MPa，见尺寸 A_{19}

油口 B(A)：SAE 法兰，42MPa，见尺寸 A_{19}
油口 S：SAE 法兰，见尺寸 A_{20}
规格 200~355,17.5MPa
规格 500,14MPa

规格	α	A_1	A_2	A_3	A_4	A_5	A_6	A_7	A_8	A_9	A_{10}	A_{11}	A_{12}	A_{13}	A_{14}	A_{15}	A_{16}	A_{17}
200	21°	50k6	82	53.5	58	224	50	134	25	232	368	22	280	252	300	55	45	216
250	21°	50k6	82	53.5	58	224	50	134	25	232	370	22	280	252	314	55	45	216
355	26.5°	60m6	105	64	82	280	50	160	28	260	422	18	320	335	380	60	50	245
500	26.5°	70m6	105	74.5	82	315	50	175	30	283	462	22	360	375	420	65	55	270

规格	A_{18}	A_{21}	A_{22}	A_{23}	A_{24}	A_{25}	A_{26}	A_{27}	A_{28}	A_{30}	A_{31}	平键	花键	质量/kg
200	M22×1.5	70	M14×1.5	—	M14	31.8	32	66.7	M12	88.9	50.8	14×80	W50×2×24×9g	88
250	M22×1.5	70	M14×1.5	—	M14	31.8	32	66.7	M12	88.9	50.8	14×80	W50×2×24×9g	88
355	M33×2	85	M18×1.5	360	M16	36.6	40	79.4	M16	106.4	62	18×100	W60×2×28×9g	138
500	M33×2	85	M18×1.5	400	M16	36.6	40	79.4	M16	106.4	62	20×100	W70×3×22×9g	185

3.3.5　JB-※型径向柱塞定量泵

　　JB-※型泵属于直列式径向柱塞定量泵，不改变进出油方向作正反转（除 4JB-H125 型外）。只能作泵使用，不能作马达使用。该泵为阀式配油，具有各个独立输出口，各输出油源，既可单独使用，也可合并使用。该泵具有耐振动、耐冲击、有一定自吸能力、对工作油液的过滤精度要求不太高等特点，适用于工程机械、起重运输机械、轧机和锻压设备等液压系统中。

　　型号意义：

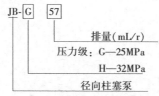

```
JB-[G][57]
            排量（mL/r）
     压力级：G—25MPa
            H—32MPa
     径向柱塞泵
```

表 21-5-62　　　　　　　　　　　　　　技术参数及外形尺寸

型　号	排量 /mL·r⁻¹	压力/MPa		转速/r·min⁻¹		驱动功率 /kW	容积效率 /%	质量 /kg
		额定	最高	额定	最高			
JB-G57	57					45		105
JB-G73	73	25	32	1500		55	≥95	140
JB-G100	100					75		180
JB-G121	121			1800		110		250
4JB-H125	128		40	1800	2400	140	≥88	
JB-H18	17.6	32				11.36		
JB-H30	29.4			1000		18.9	≥90	
JB-H35.5	35.5					22.9		

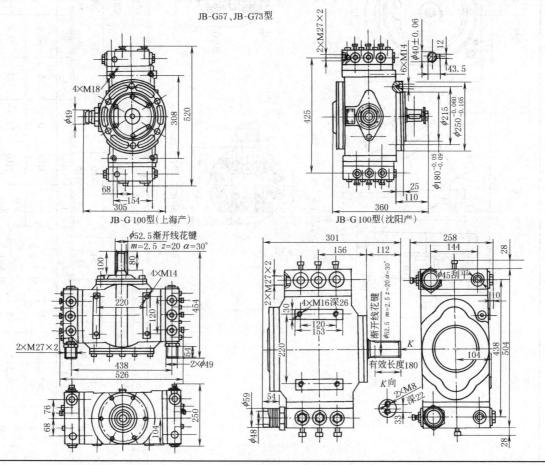

JB-G57、JB-G73型

JB-G100型（上海产）　　　　　　　JB-G100型（沈阳产）

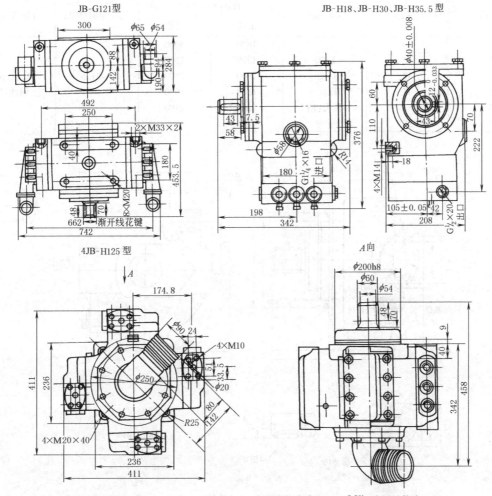

JB-G121型

JB-H18、JB-H30、JB-H35.5型

4JB-H125型

A向

渐开线花键:$Z=22$,$m=2.5$,$\alpha=20°$,$n=4$,公法线长度为$27.97^{-0.061}_{-0.118}$,移距系数为0.8

3.3.6　JB※型径向变量柱塞泵

　　JB※型径向柱塞泵的主要摩擦副采用了静压技术,有多种变量控制方式,具有工作压力高、寿命长、耐冲击、噪声低、响应快、抗污染能力强、自吸性能好等特点。有单联、双联、三联及与齿轮泵连接等多种连接型式,主要用于矿山、冶金、起重、轻工机械等液压系统中。

　　型号意义:

联数:略—单联　　　　□ JB ※-□□□-□
　　　　2—双联
　　　　3—三联

径向柱塞泵

变量方式:SP—手动恒压变量
　　　　　UYP—液压远程恒压变量
　　　　　DBF—电液比例负载敏感变量
　　　　　JX—机械行程变量
　　　　　DBP—电液比例恒压变量
　　　　　SF—手动负载敏感变量
　　　　　SC—手动伺服变量
　　　　　N—恒功率变量

轴伸:K—花键
　　　略—平键

进出油口连接:ZF—重型法兰
　　　　　　　　(耐压42MPa)
　　　　　　　QF—轻型法兰
　　　　　　　　(耐压21MPa)

排量(mL/r)

压力:F—20MPa
　　　G—25MPa
　　　H—31.5MPa

第21篇

表 21-5-63　　　　　　　　　技术参数及外形尺寸　　　　　　　　　mm

规　格	排量/mL·r⁻¹	压力/MPa	转速/r·min⁻¹		调压范围/MPa	过滤精度/μm
			最佳	最高		
16	16		1800	3000		
19	19	F:20	1800	2500		吸油:100
32	32	G:25	1800	2500	3~31.5	
45	45	H:31.5	1800	1800		回油:30
63	63	最大:35	1800	2100		
80	80		1800	1800		

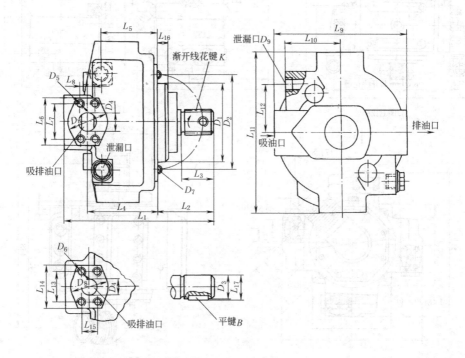

排量/mL·r⁻¹	L_1	L_2	L_3	L_4	L_5	L_6	L_7	L_8	L_9	L_{10}	L_{11}
16 和 19	200	71	42	84	72	71	47.6±0.20	22.2±0.20	181	85	217
32 和 45	242	83	58	106	84	80			225	90	257
63 和 80	301	116	64	140	108	80	58.74±0.25	30.16±0.20	272	110	330

排量/mL·r⁻¹	L_{12}	L_{13}	L_{14}	L_{15}	L_{16}	L_{17}	D_1	D_2	D_3	D_4
16 和 19	56	50.8±0.25	71	23.9±0.20	7	28	100h8	125±0.15	25js7	20
32 和 45	78	52.4±0.25	71	26.2±0.25	8	35	100h8	125±0.15	32k7	26
63 和 80	90	57.2±0.25	80	27.8±0.25	13	48.5	$160^{-0.043}_{-0.106}$	200±0.15	45k7	26

排量/mL·r⁻¹	D_5	D_6	D_7	D_8	D_9	B 平键	K 渐开线花键
16 和 19	M10 深 16	M10 深 16	M10 深 15	60	M18×1.5 深 13	8×30	
32 和 45		M10 深 21	M10 深 20	60	M22×1.5 深 14	10×45	
63 和 80	M12 深 21	M12 深 21	M16 深 20	72	M27×1.5 深 16	14×56	EXT21Z×2m×30P×65

3.3.7 JBP 径向柱塞泵

JBP 径向柱塞泵为机电控制式变量泵，采用新的静压平衡技术与新材料技术，克服了转子抱轴和滑靴与定子摩擦副的胶合现象。该系列产品具有工作压力高、噪声低、寿命长、抗冲击能力强等特点，并具有多种高效节能的控制方式，主要控制形式有恒压控制、电液控制、恒功率控制、伺服控制等。该产品适用于矿山机械、化工机械、冶金机械等中高压液压系统。

型号意义：

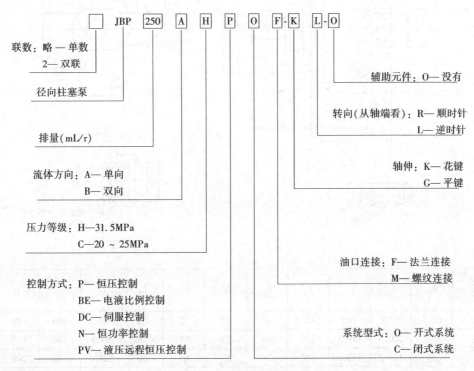

表 21-5-64 技术参数及外形尺寸 mm

	公称排量/mL·r⁻¹	10	16	25	40	50	58	65	80	90	125	160	180	250
单联泵	额定转速/r·min⁻¹	1500	1500	1500	1500	1500	1500	1500	1500	1500	1500	1500	1500	1500
	最高转速/r·min⁻¹	2500	2500	2000	2000	2000	2000	2000	1800	1800	1800	1800	1800	1800
	额定压力/MPa	32	32	32	32	32	32	32	32	32	32	32	32	32
	噪声级/dB	70	70	71	72	72	74	74	74	75	78	78	80	84
	公称排量/mL·r⁻¹	65/25	65/32	90/25	125/25	160/25	250/25	80/58	90/58	160/58	250/58			
双联泵	额定转速/r·min⁻¹	1500	1500	1500	1500	1500	1500	1500	1500	1500	1500			
	最高转速/r·min⁻¹	2000	2000	1800	1800	1800	1800	1800	1800	1800	1800			
	最高压力/MPa	32/10	32/10	32/10	32/10	28/10	28/10	32/10	32/10	28/8	28/8			
	噪声级/dB	74	75	76	77	78	81	76	76	79	84			

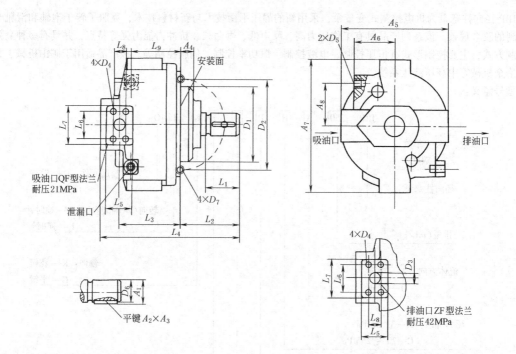

公称排量 /mL·r⁻¹	L_1	L_2	L_3	L_4	L_5	L_6	L_7	L_8	L_9	D_1	D_2	D_3
25	61.5	97.2	119	245.2	60	53	72	28	80	100	125	26
50	54	100.5	119.5	258	60	53	71	28	85.5	140	168	36
65	54	114.3	143.3	340	74	59	83	30	128.7	160	200	36
80	54	112.6	171.7	336.3	74	58	83	47	126.7	160	200	36
160	94	117.5	239	412.5	105	67(排) 106.5(吸)	136	44(排) 62(吸)	55	160	200	50
180	94	117.5	239	412.5	105	67(排) 106.5(吸)	136	32(排) 62(吸)	55	160	200	32(排) 75(吸)
250	90	131	266.5	457	114	96	137	44	204	200	250	52

公称排量 /mL·r⁻¹	D_4	D_5	D_6	D_7	A_1	A_2	A_3	A_4	A_5	A_6	A_7	A_8
25	M10 深16	M20×1.5 深15	30	M10 深28	33	8	50	25.7	210	85	248	65
50	M10 深16	M22×1.5 深20	40	M10 深18	43	10	45	10	253	110	294	82
65	M12 深16	M27×2 深20	45	M16 深20	48.5	14	56	13	272	110	330	82
80	M12 深25	M27×2 深25	45	M16 深20	48.5	14	56	13	277	119	339	91
160	M18 深20	M33×2 深20	63	M18 深20	67	18	90	20	359	178	449	
180	M18 深20	M33×2 深20	50	M18 深20	53.5	14	90	20	359	178	449	
250	M20 深35	M42×2 深30	70	M20 深25	74.5	20	75	11.7	435	172	518.8	131

注：1. 如需花键轴请单独说明。

2. 如需串联泵请单独说明。

3. 生产厂：兰州华世泵业科技股份有限公司（原兰州永新科技股份有限公司）。

3.3.8　A4VSO 系列斜盘轴向柱塞泵

　　A4VSO 系列斜盘轴向柱塞泵广泛应用于开路中液压传动装置，通过调节斜盘角度，流量与输入传动速度和排量成正比，可对输出流量进行无级调节。

　　A4VSO 系列斜盘轴向柱塞泵，采用模块化设计，具有出色的吸油特性和快速的响应时间，设计结构紧凑、重量轻，具有低噪声等级，通过选用长寿命、高精度轴承以及静压平衡滑靴，使得该泵具有长久的使用寿命。

　　型号意义：

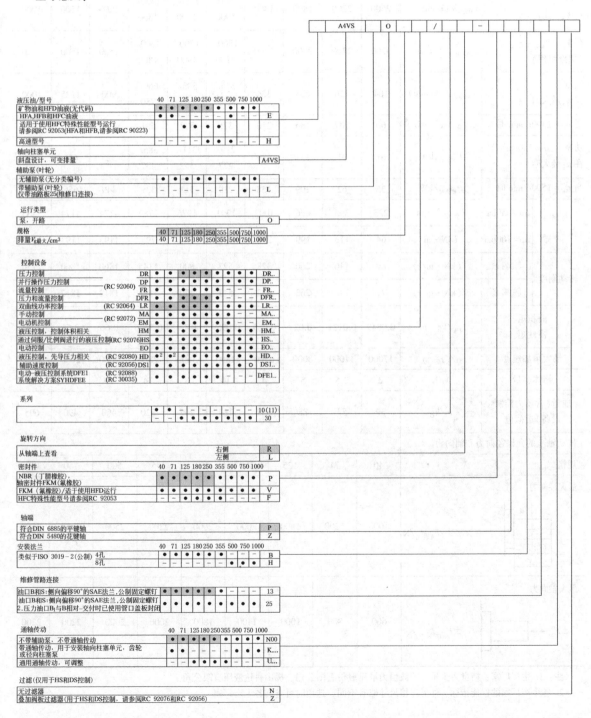

表 21-5-65　　　　　　　　　　　技术参数

值表(理论值,不考虑有效位和误差;经四舍五入的值)

规格		40	71	125	180	250/H	355/H	500/H	750	750 带叶轮	1000
排量	$V_{g最大}/cm^3$	40	71	125	180	250/250	355/355	500/500	750	750	1000
速度 在 V_{gmax}时最大	$n_{0最大}/(r/min^{-1})$	2600	2200	1800	1800	1500/1900	1500/1700	1320/1500	1200	1500	1000
在 $V_g \leq V_{gmax}$时最大 (速度极限)	$n_{o最大允许}/(r/min^{-1})$	3200	2700	2200	2100	1800/2100	1700/1900	1600/1800	1500	1500	1200
流量 在 n_o最大时	$q_{vo最大}/(L/min)$	104	156	225	324	375/475	533/604	660/750	900	1125	1000
当 $n_E = 1500r/min$ 时	$q_{VE最大}/(L/min)$	60	107	186	270	375	533	581	770	1125	—
功率 $\Delta p = 350bar$ 在 n_o最大时	$P_{o最大}/kW$	61	91	131	189	219/277	311/352	385/437	525	656	583
当 $n_E = 1500r/min$ 时	$P_{E最大}/kW$	35	62	109	158	219	311	339	449	656	—
扭矩 在 V_{gmax}时	$\Delta p = 350bar$　$T_{最大}/N \cdot m$	223	395	696	1002	1391	1976	2783	4174	4174	5565
	$\Delta p = 100bar$　$T/N \cdot m$	64	113	199	286	398	564	795	1193	1193	1590
转动刚度	轴端 P　$c/(kN \cdot m/r)$	80	146	260	328	527	800	1145	1860	1860	2730
	轴端 Z　$c/(kN \cdot m/r)$	77	146	263	332	543	770	1136	1812	1812	2845
面积矩 惯性矩	$J_{TW}/kg \cdot m^2$	0.0049	0.0121	0.03	0.055	0.0959	0.19	0.3325	0.66	0.66	1.20
最大角加速度	$\alpha/(r/s^2)$	17000	11000	8000	6800	4800	3600	2800	2000	2000	1450
箱体容量	V/L	2	2.5	5	4	10	8	14	19	22	27
质量(含压力控制 设备)近似值	m/kg	39	53	88	102	184	207	320	460	490	605

传动轴上的允许径向力和轴向力

规格	40	71	125	180	250	355	500	750	1000
最大径向力 在 $X/2$处, $F_{q最大}/N$	1000	1200	1600	2000	2000	2200	2500	3000	3500
最大轴向力 $\pm F_{轴向最大}/N$	600	800	1000	1400	1800	2000	2000	2200	2200

注：1. 生产厂家：博世力士乐、宁波恒力液压股份有限公司、佛山科达液压有限公司。

2. 各生产厂家的性能指标、外形连接尺寸略有不同，选用时可查询各生产厂家。

表 21-5-66　　　　　　　　　　　　　　　　外形尺寸　　　　　　　　　　　　　　　　mm

公称规格 40

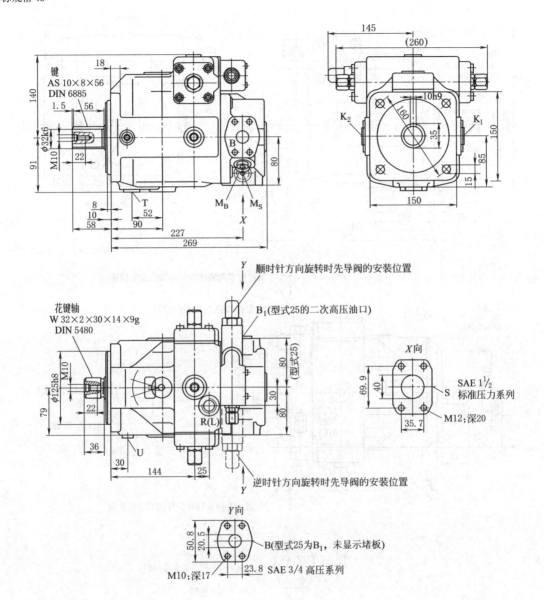

型式 13 的油口			
B	压力油口	SAE 3/4(高压系列)	
B_1	辅助油口	M22×1.5；深 14(堵住)	
型式 25 的油口			
B	压力油口	SAE 3/4(高压系列)	
B_1	二次压力油口	SAE 3/4(高压系列)	

油口		
S	吸油口	SAE 1 1/2(标准系列)
K_1,K_2	冲洗油口	M22×1.5；深 14(堵住)
T	泄油口	M22×1.5；深 14(堵住)
M_B,M_S	测压口	M14×1.5；深 12(堵住)
R(L)	注油和排气口	M22×1.5；
	精确位置参见控制装置的单独数据表	
(堵住)		
U	冲洗油口	M14×1.5；深 12(堵住)

第21篇

公称规格 71

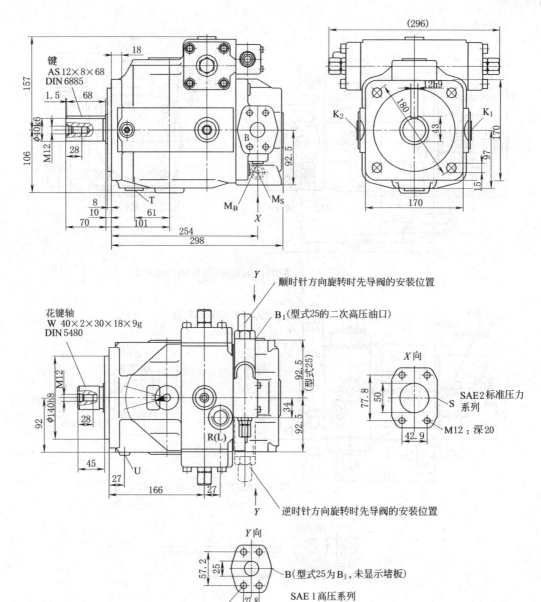

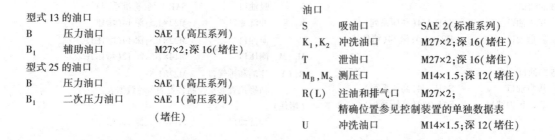

型式 13 的油口

B　压力油口　SAE 1(高压系列)

B₁　辅助油口　M27×2;深 16(堵住)

型式 25 的油口

B　压力油口　SAE 1(高压系列)

B₁　二次压力油口　SAE 1(高压系列)
　　　　　　　　　　(堵住)

油口

S　吸油口　SAE 2(标准系列)

K₁,K₂　冲洗油口　M27×2;深 16(堵住)

T　泄油口　M27×2;深 16(堵住)

M_B,M_S　测压口　M14×1.5;深 12(堵住)

R(L)　注油和排气口　M27×2;
　　　精确位置参见控制装置的单独数据表

U　冲洗油口　M14×1.5;深 12(堵住)

公称规格 125

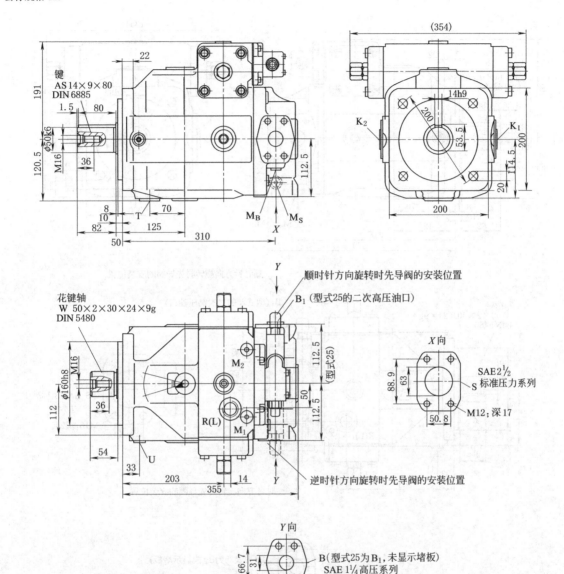

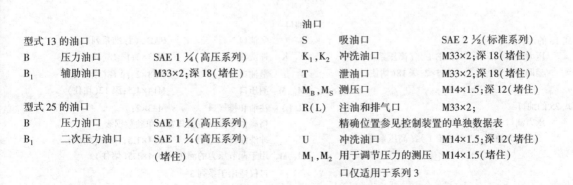

型式 13 的油口				油口		
				S	吸油口	SAE 2 ½(标准系列)
B	压力油口	SAE 1 ¼(高压系列)		K_1, K_2	冲洗油口	M33×2;深 18(堵住)
B_1	辅助油口	M33×2;深 18(堵住)		T	泄油口	M33×2;深 18(堵住)
				M_B, M_S	测压口	M14×1.5;深 12(堵住)
型式 25 的油口				R(L)	注油和排气口	M33×2;
B	压力油口	SAE 1 ¼(高压系列)			精确位置参见控制装置的单独数据表	
B_1	二次压力油口	SAE 1 ¼(高压系列)		U	冲洗油口	M14×1.5;深 12(堵住)
		(堵住)		M_1, M_2	用于调节压力的测压	M14×1.5(堵住)
					口仅适用于系列 3	

公称规格 180

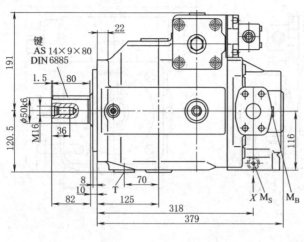

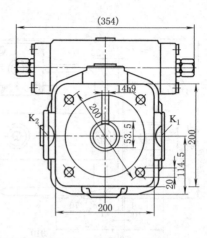

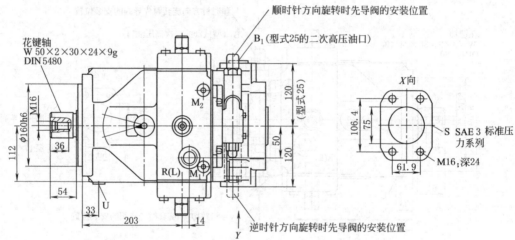

顺时针方向旋转时先导阀的安装位置

B_1(型式25的二次高压油口)

X向

S SAE 3 标准压
力系列

M16;深24

逆时针方向旋转时先导阀的安装位置

Y向

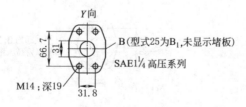

B(型式25为B_1,未显示堵板)

SAE 1¼ 高压系列

M14;深19

型式 13 的油口			油口		
			S	吸油口	SAE 3(标准系列)
B	压力油口	SAE 1¼(高压系列)	K_1,K_2	冲洗油口	M33×2;深18(堵住)
B_1	辅助油口	M33×2;深18(堵住)	T	泄油口	M33×2;深18(堵住)
			M_B,M_S	测压口	M14×1.5;深12(堵住)
型式 25 的油口			R(L)	注油和排气口	M33×2;
B	压力油口	SAE 1¼(高压系列)		精确位置参见控制装置的单独数据表	
B_1	二次压力油口	SAE 1¼(高压系列)	U	冲洗油口	M14×1.5;深12(堵住)
		(堵住)	M_1,M_2	用于调节压力的测压	M14×1.5(堵住)
				口仅适用于系列 3	

公称规格 250

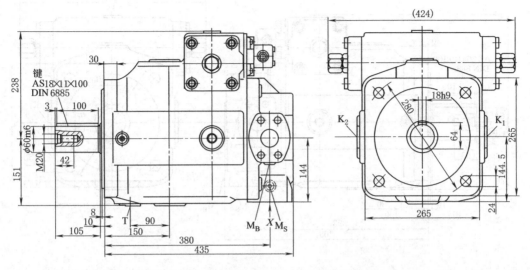

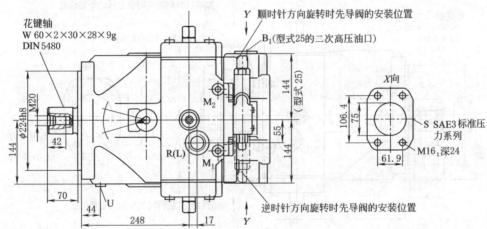

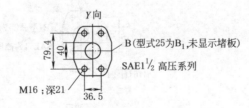

型式 13 的油口

B	压力油口	SAE 1½(高压系列)
B₁	辅助油口	M42×2;深 20(堵住)

型式 25 的油口

B	压力油口	SAE 1½(高压系列)
B₁	二次压力油口	SAE 1½(高压系列)
		(堵住)

油口

S	吸油口	SAE 3(标准系列)
K₁,K₂	冲洗油口	M42×2;深 20(堵住)
T	泄油口	M42×2;深 20(堵住)
M_B,M_S	测压口	M14×1.5;深 12(堵住)
R(L)	注油和排气口	M42×2;
		精确位置参见控制装置的单独数据表
U	冲洗油口	M14×1.5;深 12(堵住)
M₁,M₂	用于调节压力的测压口 M18×1.5(堵住)	

续表

公称规格 355

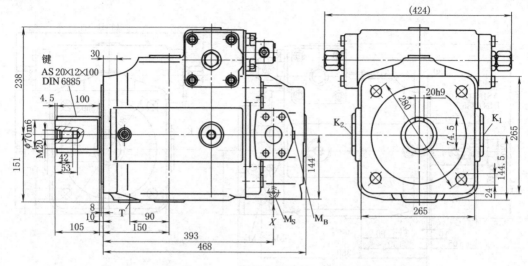

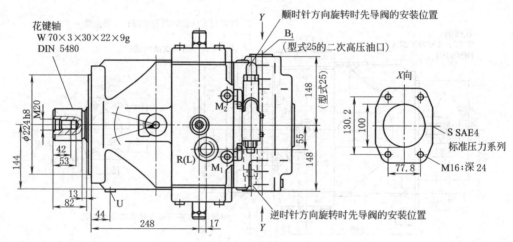

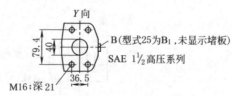

型式 13 的油口			油口		
B	压力油口	SAE 1 ½(高压系列)	S	吸油口	SAE 4(标准系列)
B₁	辅助油口	M42×2;深 20(堵住)	K₁,K₂	冲洗油口	M42×2;深 20(堵住)
			T	泄油口	M42×2;深 20(堵住)
型式 25 的油口			M_B,M_S	测压口	M14×1.5;深 12(堵住)
B	压力油口	SAE 1 ½(高压系列)	R(L)	注油和排气口	M42×2;
B₁	二次压力油口	SAE 1 ½(高压系列)		精确位置参见控制装置的单独数据表	
		(堵住)	U	冲洗油口	M18×1.5;深 12(堵住)
			M₁,M₂	用于调节压力的测压口	M18×1.5(堵住)
				仅适用于系列 3	

公称规格 500

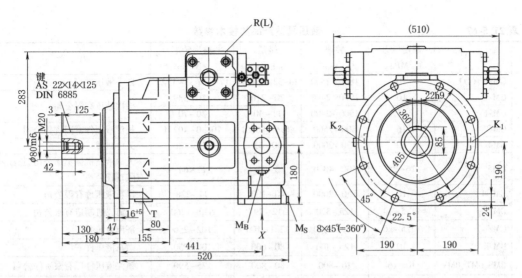

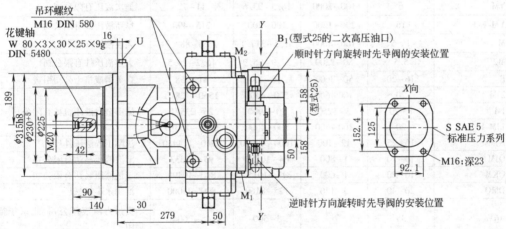

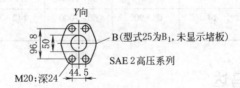

油口		
型式 13 的油口	S	吸油口 SAE 5(标准系列)
B 压力油口 SAE 2(高压系列)	K_1,K_2 冲洗油口	M48×2;深 22(堵住)
B_1 辅助油口 M48×2;深 20(堵住)	T 泄油口	M48×2;深 22(堵住)
	M_B,M_S 测压口	M18×1.5;深 12(堵住)
型式 25 的油口	R(L) 注油和排气口	M48×2;
B 压力油口 SAE 2(高压系列)	精确位置参见控制装置的单独数据表	
B_1 二次压力油口 SAE 2(高压系列)	U 冲洗油口	M18×1.5;深 12(堵住)
(堵住)	M_1,M_2 用于调节压力的测压口M18×1.5(堵住)	

4 液压马达产品

表 21-5-67 液压马达产品的技术参数

类型	型 号	额定压力 /MPa	转速 /r·min⁻¹	排量 /mL·r⁻¹	输出转矩 /N·m	生 产 厂
齿轮马达	CM-C、(D)	10	1800~2400	10~32(32~70)	17~52(53~112)	四平液压件厂
	CM-E	10	1900~2400	70~210	110~339	榆次液压有限公司
	CM-F	14	1900~2400	11~40	20~70	
	CMG	16	500~2500	40.6~161.1	101.0~402.1	长江液压件有限责任公司
	CM4	20	150~2000	40~63	115~180	天津机械厂
	GM5	16~25	500~4000	5~25	17~64	天津液压机械集团公司、长江液压件有限责任公司
	CMG4	16	150~2000	40~100	94~228	阜新液压件有限公司
	BM-E	11.5~14	125~320	312~797	630~1260	上海飞机制造有限公司
	CMZ	12.5~20	150~2000	32.1~100	102~256	济南液压泵厂
	BM※	10	125~400	80~600	100~750	南京液压件三厂
	BMS、BMT、BMV	10~16	10~800	80~800	175~590	镇江液压件厂有限责任公司
叶片马达	YM	6	100~2000	16.3~93.6	11~72	榆次液压有限公司
	YM-F-E	16	200~1200	100~200	215~490	阜新液压件有限公司
	M	15.5	100~4000	31.5~317.1	77.5~883.7	大连液压件有限公司
	M2	5.5	50~2200	23.9~35.9	16.2~24.5	大连液压件有限公司
柱塞马达	B	16~20	50~3600	10~95	31~258	自美国威格士公司引进
	2JM-F	20	100~600	500~4400	1560~12810	昆山金发液压机械有限公司
	JM	8~20	3~1250	20~8000	26~23521	
	1JM-F	20	100~500	200~4000	68.6~16010	
	NJM	16~25	12~100	1000~40000	3310~114480	沈阳工程液压件厂
	QJM	10~20	1~800	64~10150	95~15333	宁波液压马达有限公司
	QKM	10~20	1~600	317~10150	840~10490	宁波液压马达有限公司
	DMQ	20~40	3~150	125~8160	800~25000	淮阴永丰机械厂
	A6V	35		8~500	45~2604	贵州力源液压公司、北京华德液压集团
摆动马达	YMD	14	0°~270°	30~7000	71~20000	无锡江宁机械厂
	YMS	14	0°~90°	60~7000	142~20000	温州鹿城长征液压机械厂、温州市低噪声液压泵厂

4.1 齿轮液压马达

4.1.1 CM 系列齿轮马达

型号意义:

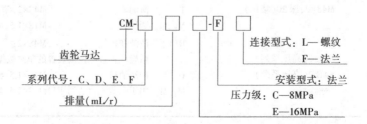

表 21-5-68   技术参数

型　号	排量/mL·r⁻¹	压力/MPa 额定	压力/MPa 最高	转速/r·min⁻¹ 额定	转速/r·min⁻¹ 最高	转矩(10MPa时)/N·m	型　号	排量/mL·r⁻¹	压力/MPa 额定	压力/MPa 最高	转速/r·min⁻¹ 额定	转速/r·min⁻¹ 最高	转矩(10MPa时)/N·m
CM-C10C	10.9					17.4	CM-E105C	105.5					167.5
CM-C18C	18.2					29	CM-E140C	141.6	10	14			225
CM-C25C	25.5					40.5	CM-E175C	177.7					282.2
CM-C32C	32.8					52.1	CM-E210C	213.8					339
CM-D32C	33.6	10	14	1800	2400	53.5	CM-F10C	11.3			1900	2400	17.9
CM-D45C	46.1					73.4	CM-F18C	18.3					29.2
CM-D57C	58.4					92.9	CM-F25C	25.4	14	17.5			40.4
CM-D70C	70.8					112.7	CM-F32C	32.4					51.6
CM-E70C	69.4					110.2	CM-F40C	39.5					63

表 21-5-69   外形尺寸   mm

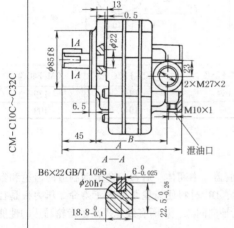

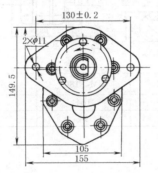

型号	CM-C10C	CM-C18C	CM-C25C	CM-C32C
A	156.5	161.5	166.5	171.5
B	90.5	95.5	100.5	105.5

CM-C10C～C32C

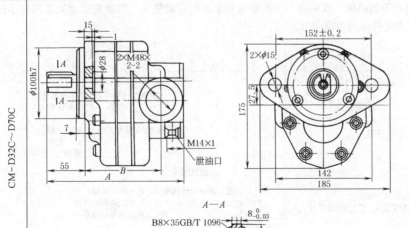

型号	CM-D32C	CM-D45C	CM-D57C	CM-D70C
A	209	216	223	230
B	121	128	135	142

CM-D32C～D70C

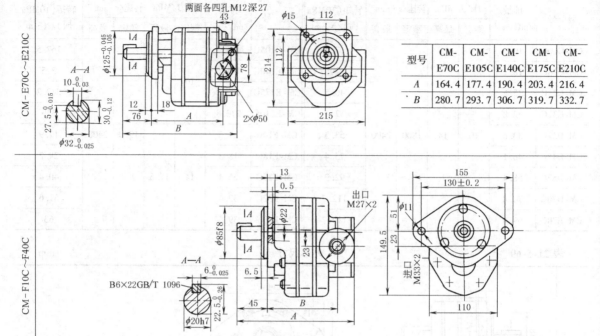

CM~E70C~E210C

型号	CM-E70C	CM-E105C	CM-E140C	CM-E175C	CM-E210C
A	164.4	177.4	190.4	203.4	216.4
B	280.7	293.7	306.7	319.7	332.7

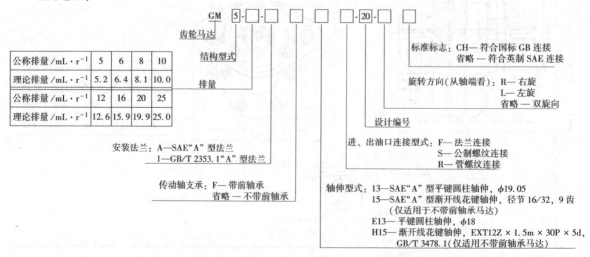

CM-F10C~F40C

型　号	CM-F10C	CM-F18C	CM-F25C	CM-F32C	CM-F40C
A	159	164	169	174	179
B	89	94	99	104	109

4.1.2 CM5 系列齿轮马达

GM5 系列高压齿轮马达为三片式结构，主要由铝合金制造的前盖、中间体、后盖，合金钢制造的齿轮和铝合金制造的压力板等零部件组成。前、后盖内各压装两个 DU 轴承，DU 材料使齿轮泵提高了寿命。压力板是径向和轴向压力补偿的主要元件，可以减轻轴承载荷和自动调节齿轮轴向间隙，从而有效地提高了齿轮马达的性能指标和工作可靠性。

GM5 系列齿轮马达有单旋向不带前轴承、双旋向不带前轴承和单旋向带前轴承、双旋向带前轴承四种结构型式，其中带前轴承的马达可以承受径向力和轴向力。

型号意义：

GM 5 - □ - □ □ □ - 20 - □ □

齿轮马达

结构型式

| 公称排量/mL·r⁻¹ | 5 | 6 | 8 | 10 |

公称排量 /mL·r⁻¹	5	6	8	10
理论排量 /mL·r⁻¹	5.2	6.4	8.1	10.0
公称排量 /mL·r⁻¹	12	16	20	25
理论排量 /mL·r⁻¹	12.6	15.9	19.9	25.0

排量

安装法兰：A—SAE"A"型法兰
　　　　　1—GB/T 2353.1"A"型法兰

传动轴支承：F—带前轴承
　　　　　　省略—不带前轴承

标准标志：CH—符合国标 GB 连接
　　　　　省略—符合英制 SAE 连接

旋转方向(从轴端看)：R— 右旋
　　　　　　　　　　L— 左旋
　　　　　　　　　　省略 — 双旋向

设计编号

进、出油口连接型式：F—法兰连接
　　　　　　　　　　S—公制螺纹连接
　　　　　　　　　　R—管螺纹连接

轴伸型式：13—SAE"A"型平键圆柱轴伸，φ19.05
　　　　　15—SAE"A"型渐开线花键轴伸，径节 16/32，9 齿
　　　　　　　(仅适用于不带前轴承马达)
　　　　　E13— 平键圆柱轴伸，φ18
　　　　　H15— 渐开线花键轴伸，EXT12Z × 1.5m × 30P × 5d，
　　　　　　　GB/T 3478.1(仅适用不带前轴承马达)

表 21-5-70　　　　　　　　　　　技术参数及外形尺寸　　　　　　　　　　　　　　　　mm

项目	型号	理论排量 /mL·r⁻¹	额定压力/MPa		公称转速 /r·min⁻¹		最低转速 /r·min⁻¹		理论转矩(额定压力)/N·m		质量/kg	
			单旋向	双旋向	单旋向	双旋向	单旋向	双旋向	单旋向	双旋向	带前轴承	不带前轴承
技术参数	GM5-5	5.2	20	20	4000	4000	900	800	17	17	2.6	1.9
	GM5-6	6.4	25	21	4000	4000	1000	700	25	21	2.7	2.0
	GM5-8	8.1	25	21	4000	4000	1000	650	32	27	2.8	2.1
	GM5-10	10.0	25	21	4000	4000	900	600	40	33	2.9	2.2
	GM5-12	12.6	25	21	3600	3600	900	550	50	42	3.0	2.3
	GM5-16	15.9	25	21	3300	3300	900	500	63	53	3.1	2.4
	GM5-20	19.9	20	20	3100	3100	750	500	63	63	3.2	2.5
	GM5-25	25.0	16	16	2800	3000	600	500	64	64	3.4	2.7

外形尺寸

带前轴承

型号	GM5-5	GM5-6	GM5-8
A	112.0	114.0	116.5
B	87.0	89.0	91.5

型号	GM5-10	GM5-12	GM5-16
A	119.5	123.5	128.5
B	94.5	98.5	103.5

型号	GM5-20	GM5-25
A	134.5	142.5
B	109.5	117.5

不带前轴承

型号	GM5-5	GM5-6	GM5-8
A	84.0	86.0	88.5
B	59.0	61.0	63.5

型号	GM5-10	GM5-12	GM5-16
A	91.5	95.5	100.5
B	66.5	70.5	75.5

型号	GM5-20	GM5-25
A	106.5	114.5
B	81.5	89.5

4.1.3　BMS、BMT、BMV 系列摆线液压马达

BMS、BMT、BMV 系列摆线液压马达是一种端面配流结构液压马达,使用镶柱式转定子副,具有工作压力高、输出转矩大、工作寿命长等特点。

该系列马达采用圆锥滚子轴承结构,承受轴向、径向负荷能力强,使马达可直接驱动工作机构,使用范围扩大。

该系列马达可串联或并联使用,串联或并联使用时背压超过 2MPa 必须用外泄油口泄压,最好将外泄油口与油箱直接相通。

表 21-5-71 马达产品系列技术参数一览

配流型式	型　号	排量 /mL·r⁻¹	最大工作压力 /MPa	转速范围 /r·min⁻¹	最大输出功率 /kW
端面配流	BMS	80~375	22.5	30~800	20
	BMT	160~800	24	30~705	35
	BMV	315~800	28	10~446	43

（1）BMS 系列摆线液压马达

表 21-5-72 技术参数

项　　目		BMS 80	BMS 100	BMS 125	BMS 160	BMS 200	BMS 250	BMS 315	BMS 375
排量/mL·r⁻¹		80.6	100.8	125	157.2	200	252	314.5	370
转速/r·min⁻¹	额定	675	540	432	337	270	216	171	145
	连续	800	748	600	470	375	300	240	200
	断续	988	900	720	560	450	360	280	240
转矩/N·m	额定	175	220	273	316	340	450	560	576
	连续	190	240	310	316	400	450	560	576
	断续	240	300	370	430	466	540	658	700
	峰值	260	320	400	472	650	690	740	840
输出功率/kW	额定	12.4	12.4	12.4	11.2	9.6	10.2	10	8.6
	连续	15.9	18.8	19.5	15.6	15.7	14.1	14.1	11.8
	断续	20.1	23.5	23.2	21.2	18.3	17	18.9	17
工作压差/MPa	额定	16	16	16	15	12.5	12.5	12	10
	连续	17.5	17.5	17.5	15	14	12.5	12	10
	断续	21	21	21	21	16	16	14	12
	峰值	22.5	22.5	22.5	22.5	22.5	20	18.5	14
流量/L·min⁻¹	连续	65	75	75	75	75	75	75	75
	断续	80	90	90	90	90	90	90	90
进油压力/MPa	额定	21	21	21	21	21	21	21	21
	连续	25	25	25	25	25	25	25	25
	断续	30	30	30	30	30	30	30	30
质量/kg		9.8	10	10.3	10.7	11.1	11.6	12.3	12.6

注：1. 额定转速、转矩是指在额定流量、压力下的输出值。

2. 连续值是指该排量马达可以连续工作的最大值。

3. 断续值是指该排量马达在 1min 内工作 6s 的最大值。

4. 峰值是指该排量马达在 1min 内工作 0.6s 的最大值。

表 21-5-73 　　　　　　　　　　　外形尺寸 　　　　　　　　　　　mm

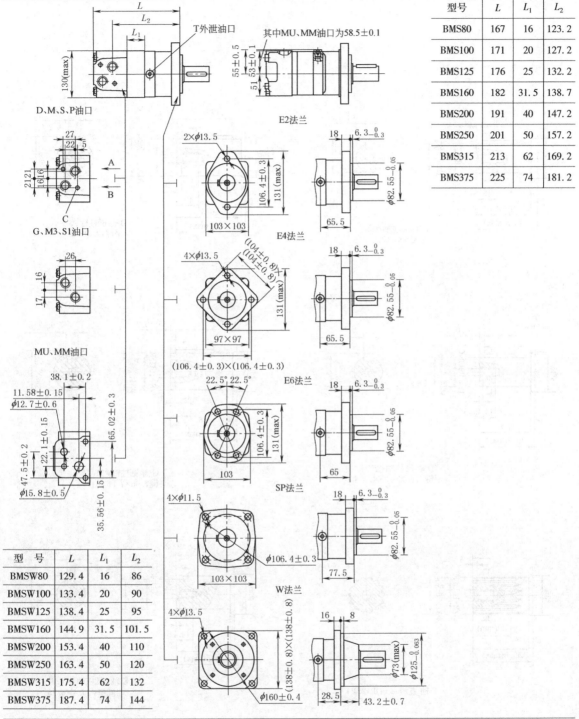

型号	L	L_1	L_2
BMS80	167	16	123.2
BMS100	171	20	127.2
BMS125	176	25	132.2
BMS160	182	31.5	138.7
BMS200	191	40	147.2
BMS250	201	50	157.2
BMS315	213	62	169.2
BMS375	225	74	181.2

型　号	L	L_1	L_2
BMSW80	129.4	16	86
BMSW100	133.4	20	90
BMSW125	138.4	25	95
BMSW160	144.9	31.5	101.5
BMSW200	153.4	40	110
BMSW250	163.4	50	120
BMSW315	175.4	62	132
BMSW375	187.4	74	144

连接型式	代　　号						
	D	M	S	P	G	M3	S1(深)
P(A,B)	G1/2 深 18	M22×1.5 深 18	7/8-14O-ring 深 18	1/2-14NPTF 深 15	G1/2 深 18	M22×1.5 深 18	7/8-14O-ring
T	G1/4 深 12	M14×1.5 深 12	7/16-20UNF 深 12	7/16-20UNF 深 12	G1/4 深 12	M14×1.5 深 12	7/16-20UNF
C	2×M10 深 13	2×M10 深 13	2⅜-16UNC 深 13	2⅜-16UNC 深 13	—	—	—

表 21-5-74　　　　　　　　　　　　　　　　轴伸连接尺寸　　　　　　　　　　　　　　　　mm

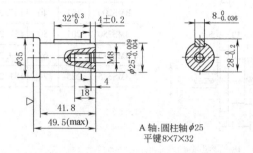

A 轴:圆柱轴 ϕ25
平键 8×7×32

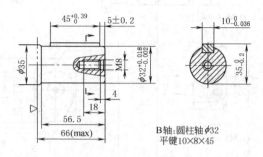

B 轴:圆柱轴 ϕ32
平键 10×8×45

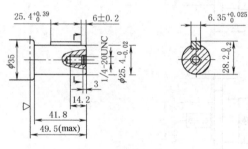

D 轴:圆柱轴 ϕ25.4
平键 6.35×6.35×25.4

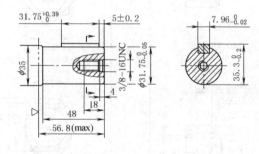

G 轴:圆柱轴 ϕ31.75
平键 7.96×7.96×31.75

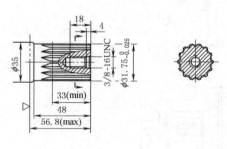

F 轴:花键14-DP12/24

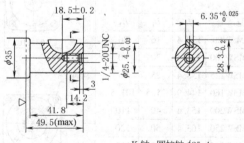

K 轴:圆柱轴 ϕ25.4
半圆键 ϕ25.4×6.35

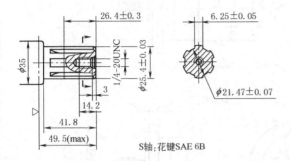

S轴:花键SAE 6B

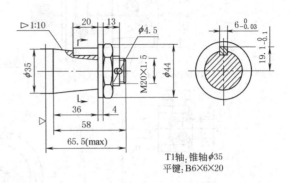

T1轴:锥轴 $\phi35$
平键:B6×6×20

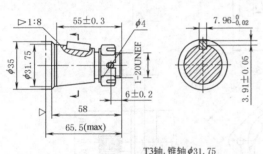

T3轴:锥轴 $\phi31.75$
平键 7.96×7.96×31.75
螺母拧紧力矩 220N·m±10N·m

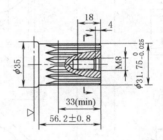

FD轴:花键 14-DP12/24

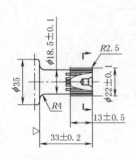

I轴:花键 14-DP12/24

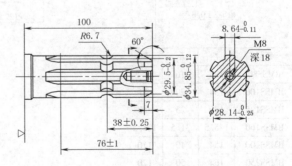

SL轴:花键 6×34.85×28.14×8.64

注:"▷"为马达安装面。

表 21-5-75　　　　　　　　　BMSS 外形尺寸　　　　　　　　　　mm

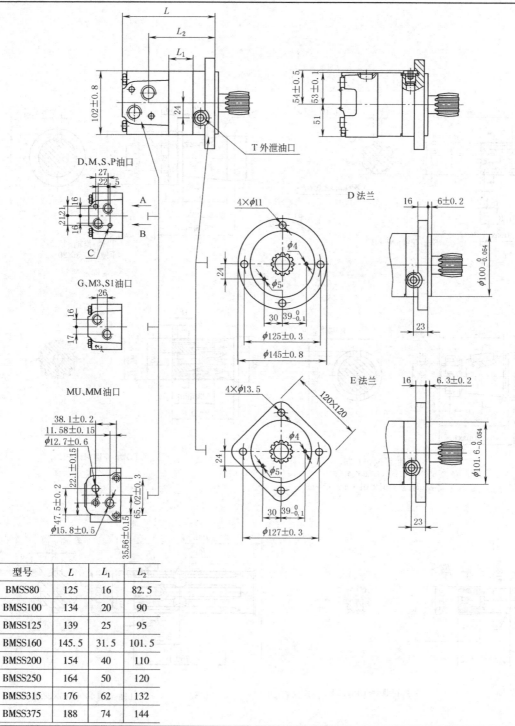

型号	L	L_1	L_2
BMSS80	125	16	82.5
BMSS100	134	20	90
BMSS125	139	25	95
BMSS160	145.5	31.5	101.5
BMSS200	154	40	110
BMSS250	164	50	120
BMSS315	176	62	132
BMSS375	188	74	144

连接型式	代　　　　号						
	D	M	S	P	G(深)	M3	S1(深)
P(A,B)	G1/2 深 18	M22×1.5 深 18	7/8-14O-ring 深 18	1/2-14NPTF 深 15	G1/2(18)	M22×1.5 深 18	7/8-14O-ring
T	G1/4 深 12	M14×1.5 深 12	7/16-20UNF 深 12	7/16-20UNF 深 12	G1/4(12)	M14×1.5 深 12	7/16-20UNF
C	2×M10 深 13	2×M10 深 13	2⅜-16UNC 深 13	2⅜-16UNC 深 13	—	—	—

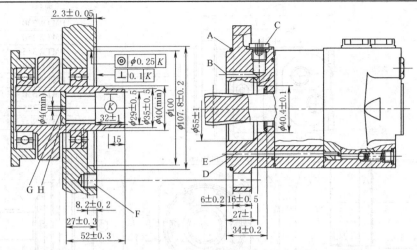

A—O 形圈:100×3;B—外泄油通道;C—泄油口连接深 12;D—锥形密封圈;E—内泄油通道;F—连接深 15;G—回油孔;H—硬化挡板

用户内花键孔参数表

齿 侧 配 合		数 值
齿数	Z	12
径节	DP	12/24
压力角	α	30°
分度圆	D	$\phi25.4$
大径	D_{ei}	$\phi28_{-0.1}^{0}$
小径	D_{ii}	$\phi23_{0}^{+0.033}$
齿槽宽	E	4.308 ± 0.02

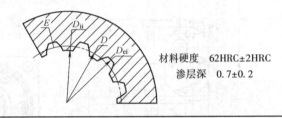

材料硬度　62HRC±2HRC

渗层深　0.7±0.2

（2）BMT 系列摆线液压马达

表 21-5-76　　　　　　　　　　技术参数

项　　目		类　　型							
		BMT160	BMT200	BMT250	BMT315	BMT400	BMT500	BMT630	BMT800
排量/mL·r⁻¹		161.1	201.4	251.8	326.3	410.9	523.6	629.1	801.8
转速/r·min⁻¹	额定	470	475	381	294	228	183	150	121
	连续	614	615	495	380	302	237	196	154
	断续	770	743	592	458	364	284	233	185
转矩/N·m	额定	379	471	582	758	896	1063	1156	1207
	连续	471	589	727	962	1095	1245	1318	1464
	断续	573	718	888	1154	1269	1409	1498	1520
	峰值	669	838	1036	1346.3	1450.3	1643.8	1618.8	1665
输出功率/kW	额定	18.7	23.4	23.2	23.3	21.4	20.4	18.2	15.3
	连续	27.7	34.9	34.5	34.9	31.2	28.8	25.3	22.2
	断续	32	40	40	40	35	35	27.5	26.8
工作压差/MPa	额定	16	16	16	16	15	14	12	10.5
	连续	20	20	20	20	18	16	14	12.5
	断续	24	24	24	24	21	18	16	13
	峰值	28	28	28	28	24	21	19	16
流量/L·min⁻¹	额定	80	100	100	100	100	100	100	100
	连续	100	125	125	125	125	125	125	125
	断续	125	150	150	150	150	150	150	150
允许进油压力/MPa	额定	21	21	21	21	21	21	21	21
	连续	21	21	21	21	21	21	21	21
	断续	25	25	25	25	25	25	25	25
	峰值	30	30	30	30	30	30	30	30
质量/kg		20	21	21	21	23	24	25	26

注：1. 额定转速、转矩是指在额定流量、压力下的输出值。
2. 连续值是指该排量马达可以连续工作的最大值。
3. 断续值是指该排量马达在 1min 内工作 6s 的最大值。
4. 峰值是指该排量马达在 1min 内工作 0.6s 的最大值。

表 21-5-77 外形尺寸 mm

型号	L	L_1	L_2
BMTW230	147	19	96
BMTW250	149	21	98
BMTW315	155	27	104
BMTW400	161	34	111
BMTW500	170	42	119
BMTW630	182	54	131
BMTW725	186	58	135
BMTW800	193	65	142

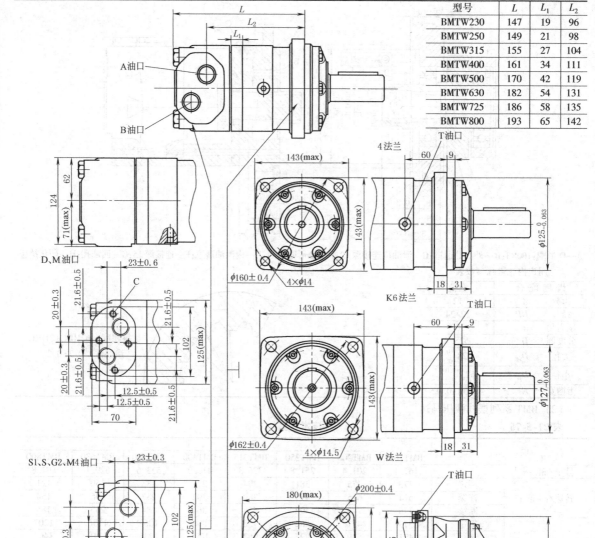

型号	L	L_1	L_2
BMT230	213	19	161.5
BMT250	215	21	163.5
BMT315	221	27	169.5
BMT400	228	34	176.5
BMT500	236	42	184.5
BMT630	248	54	196.5
BMT725	252	58	200.5
BMT800	259	65	207.5

连接型式	代 号					
	D	M	S	G2	M4	S1
P(A,B)	G3/4 深 18	M27×2 深 18	1 1/16-12UN 深 18	G3/4 深 18	M27×2 深 18	1 1/16-12UN 深 18
T	G1/4 深 12	M14×1.5 深 12	9/16-18UNF 深 12	G1/4 深 12	M14×1.5 深 12	7/16-20UNF 深 12
C	4×M10 深 10	4×M10 深 10	—	—	—	—

表 21-5-78　　　　　　　　　轴伸连接尺寸　　　　　　　　mm

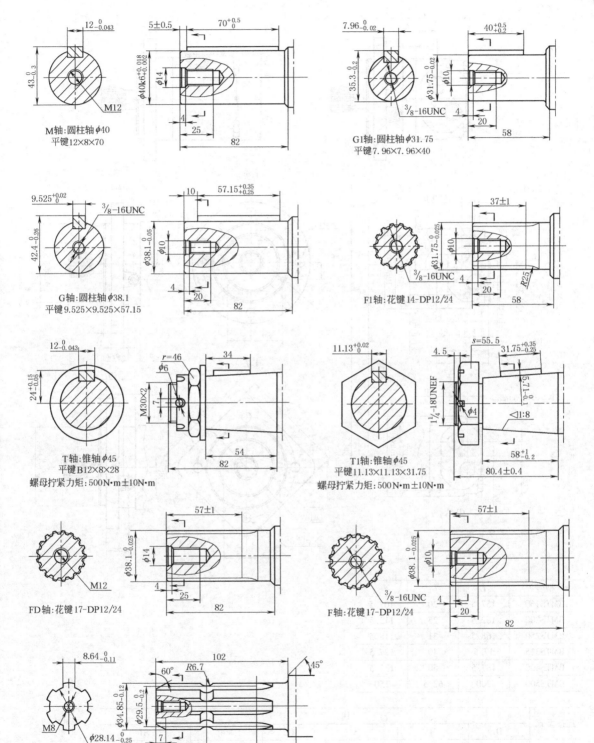

M轴：圆柱轴 $\phi40$
平键 12×8×70

G1轴：圆柱轴 $\phi31.75$
平键 7.96×7.96×40

G轴：圆柱轴 $\phi38.1$
平键 9.525×9.525×57.15

F1轴：花键 14-DP12/24

T轴：锥轴 $\phi45$
平键 B12×8×28
螺母拧紧力矩：500N·m±10N·m

T1轴：锥轴 $\phi45$
平键 11.13×11.13×31.75
螺母拧紧力矩：500N·m±10N·m

FD轴：花键17-DP12/24

F轴：花键17-DP12/24

SL轴：花键6×34.85×28.14×8.64

表 21-5-79　　　　　　　　　　**BMTS 外形尺寸**　　　　　　　　　　mm

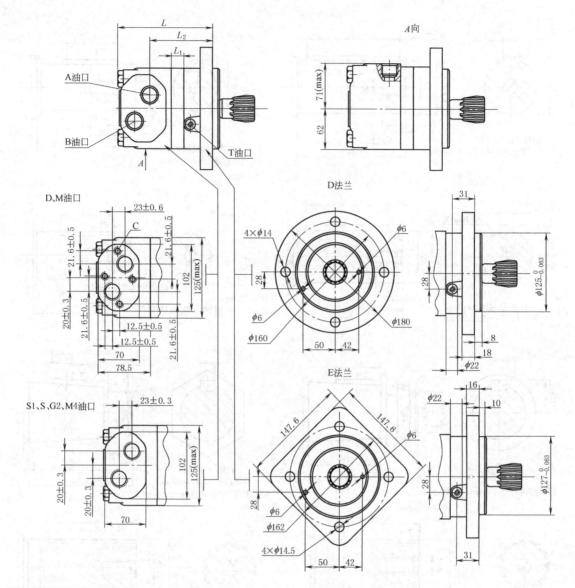

型号	L	L_1	L_2
BMTS160	157.5	20	107.5
BMTS200	162.5	25	112.5
BMTS250	168.5	31	118.5
BMTS315	17.5	40	127.5
BMTS400	187.5	50	137.5
BMTS500	200	62.5	150

连接型式	代 号					
	D	M	S	G2	M4	S1
P(A,B)	G3/4 深18	M27×2 深18	1 1/16-12UN 深18	G3/4 深18	M27×2 深18	1 1/16-12UN 深18
T	G1/4 深12	M14×1.5 深12	9/16-18UNF 深12	G1/4 深12	M14×1.5 深12	7/16-20UNF 深12
C	4×M10 深10	4×M10 深10	—	—	—	—

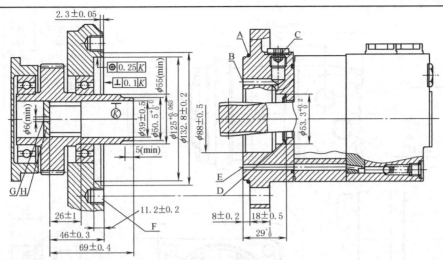

A—O 形圈:125×3;B—外泄油通道;C—泄油口连接深 12;D—锥形密封圈;E—内泄油通道;F—连接深 18;G—回油孔;H—硬化挡板

用户内花键孔参数表

齿 侧 配 合		数 值
齿数	Z	12
径节	DP	12/24
压力角	α	30°
分度圆	D	$\phi 33.8656$
大径	D_{ei}	$\phi 38.4^{+0.25}_{0}$
小径	D_{ii}	$\phi 32.15^{+0.04}_{0}$
齿槽宽	E	4.516 ± 0.037

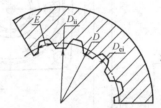

材料硬度 （62±2）HRC
渗层深 0.7±0.2

（3）BMV 系列摆线液压马达

表 21-5-80　　　　　　　　　　　　技术参数

项　　目		类　　型				
		BMV315	BMV400	BMV500	BMV630	BMV800
排量/mL·r⁻¹		333	419	518	666	801
转速/r·min⁻¹	额定	335	270	215	170	140
	连续	446	354	386	223	185
	断续	649	526	425	331	275
转矩/N·m	额定	730	1020	1210	1422	1590
	连续	925	1220	1450	1640	1810
	断续	1100	1439	1780	2000	2110
	峰值	1349	1700	2121	2338	2470
输出功率/kW	额定	25.6	28.8	27.2	25.3	23.3
	连续	43	45.2	58.6	38.3	35.1
	断续	52	52	52	46	40
工作压差/MPa	额定	16	16	16	16	14
	连续	20	20	20	18	16
	断续	24	24	24	21	18
	峰值	28	28	28	24	21
流量/L·min⁻¹	额定	110	110	110	110	110
	连续	150	150	150	150	150
	断续	225	225	225	225	225
允许进油压力/MPa	额定	21	21	21	21	21
	连续	21	21	21	21	21
	断续	25	25	25	25	25
	峰值	30	30	30	30	30
质量/kg		31.8	32.6	33.5	34.9	36.5

注：1. 额定转速、转矩是指在额定流量、压力下的输出值。
2. 连续值是指该排量马达可以连续工作的最大值。
3. 断续值是指该排量马达在 1min 内工作 6s 的最大值。
4. 峰值是指该排量马达在 1min 内工作 0.6s 的最大值。

表 21-5-81　　　　　　　　　　　外形尺寸　　　　　　　　　　　mm

型　号	L	L_1	L_2
BMV315	217	27	161.5
BMV400	224	34	168.5
BMV500	232	42	176.5
BMV625	240	50	184.5
BMV630	244	54	188.5
BMV800	255	65	199.5

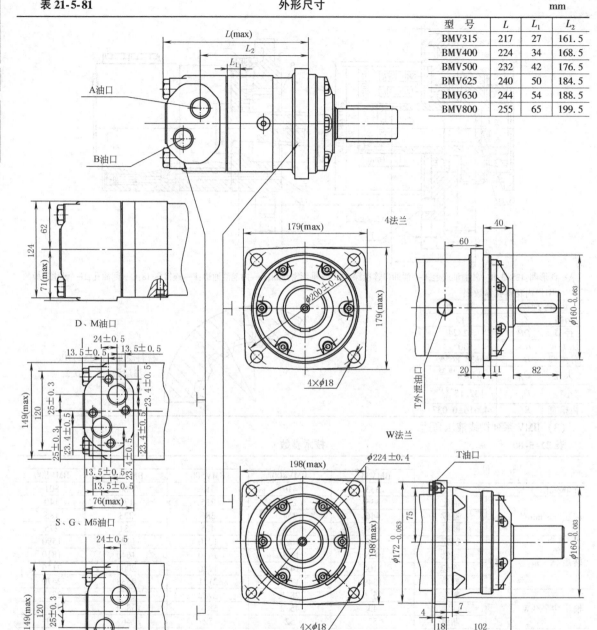

型　号	L	L_1	L_2
BMVW315	148.5	27	93.5
BMVW400	155.5	34	100.5
BMVW500	163.5	42	108.5
BMVW625	171.5	50	116.5
BMVW630	175.5	54	120.5
BMVW800	186.5	65	131.5

连接型式	代　号				
	D	M	S	G	M5
P(A,B)	G1 深 18	M33×2 深 18	1 5/16-12UN 深 18	G1 深 18	M23×2 深 18
T	G1/4 深 12	M14×1.5 深 12	9/16-18UNF 深 12	G1/4 深 12	M14×1.5 深 12
C	4×M12 深 10	4×M12 深 10	—	—	—

表 21-5-82　　　　　　　　　　　　轴伸连接尺寸　　　　　　　　　　　　mm

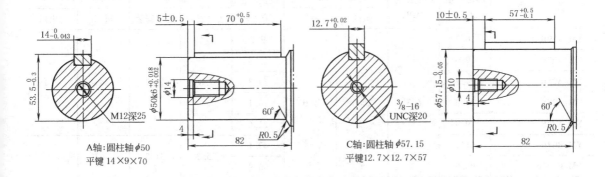

A轴:圆柱轴 ϕ50
平键 14×9×70

C轴:圆柱轴 ϕ57.15
平键12.7×12.7×57

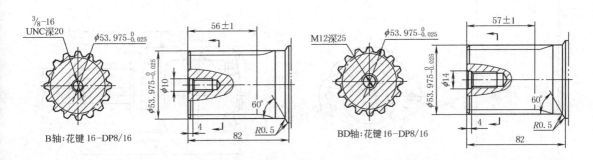

B轴:花键 16-DP8/16

BD轴:花键 16-DP8/16

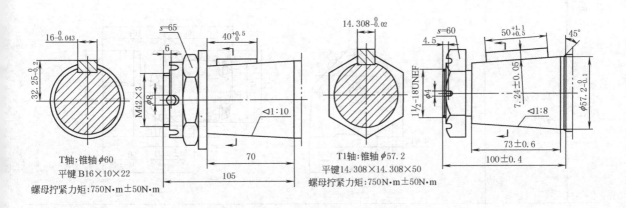

T轴:锥轴 ϕ60
平键 B16×10×22
螺母拧紧力矩:750N·m±50N·m

T1轴:锥轴 ϕ57.2
平键14.308×14.308×50
螺母拧紧力矩:750N·m±50N·m

4.2　叶片液压马达

（1）YM 型叶片马达

表 21-5-83　　　　　　　　　　　　型号意义

YM	A	25	B	T	J	L	10
结构代号	系列号	几何排量/mL·r^{-1}	压力分级/MPa	油口位置	安装方式	连接型式	设计号
YM 型 叶片马达	A	19、22、25、28、32	2~8	T(标准):两油口方向相同	F:法兰安装	L:螺纹连接	10
	B	67、102		V:两油口方向相反	J:脚架安装	F:法兰连接	

表 21-5-84　　　　　　　　技术参数及外形尺寸　　　　　　　　mm

型　　号	理论排量/mL·r⁻¹	额定压力/MPa	转速/r·min⁻¹		输出转矩/N·m	质量/kg		油口尺寸(Z)/in	
			最高	最低		法兰安装	脚架安装	进口	出口
YM-A19B	16.3				9.7				
YM-A22B	19.0				12.3				
YM-A25B	21.7				14.3	9.8	12.7	¾	¾
YM-A28B	24.5	6.3	2000	100	16.1				
YM-A32B	29.9				21.6				
YM-B67B	61.1				43.1	25.2	31.5	1	1
YM-B102B	93.6				66.9				

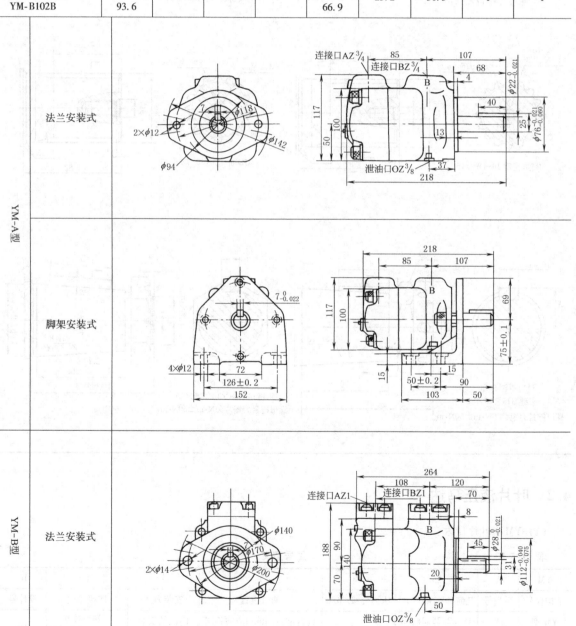

YM-A型　　法兰安装式　　脚架安装式

YM-B型　　法兰安装式

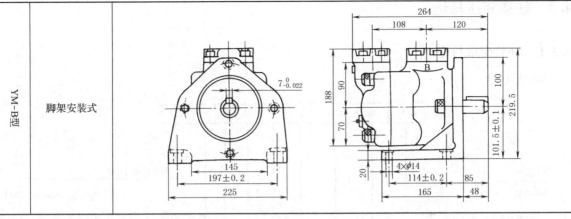

YM-B型	脚架安装式	

注：1. 输出转矩指在 6.3MPa 压力下的保证值。

2. 1in＝25.4mm。

（2）YM-F-E 型叶片马达

型号意义：

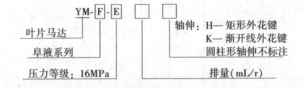

表 21-5-85　　　　　　　　　技术参数及外形尺寸　　　　　　　　mm

技术参数	排量/mL·r⁻¹	压力/MPa		转数/r·min⁻¹		额定转矩 /N·m	容积效率 /%	总效率 /%
		额　定	最　高	最　低	最　高			
	YM-F-E125	16	20	200	1200	284	88	78
	YM-F-E160	16	20	200	1200	363	89	79
	YM-F-E200	16	20	200	1200	461	90	80

外形尺寸

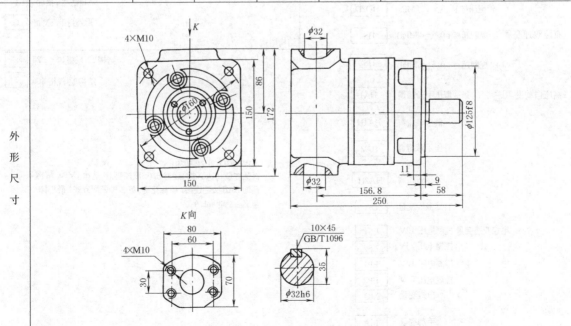

4.3 柱塞液压马达

4.3.1 A6V 变量马达

型号意义：

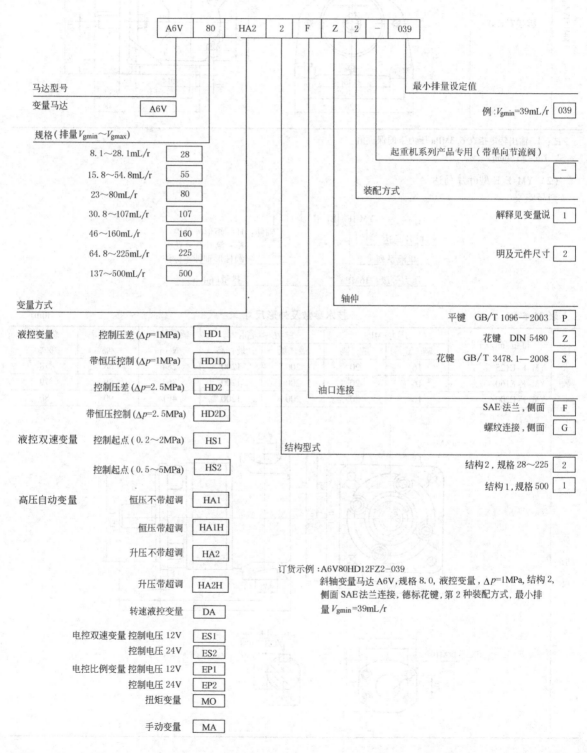

订货示例：A6V80HD12FZ2-039
斜轴变量马达 A6V，规格 8.0，液控变量，$\Delta p=1MPa$，结构 2，侧面 SAE 法兰连接，德标花键，第 2 种装配方式，最小排量 $V_{gmin}=39mL/r$

表 21-5-86 技术参数

规格		28	55	80	107	160	225	500
HD 液控变量		•	•	•	•	•	•	•
HD1D 液控恒压变量			•					
HS 液控(双速)变量		•	•	•	•	•	•	•
HA 高压自动变量		•	•	•	•	•	•	
DA 转速液控变量		•	•	•	•	•		
ES 电控(双速)变量		•	•	•	•	•		
EP 电控(比例)变量		•	•	•	•	•		
MO 扭矩变量		•	•	•	•	•	•	
MA 手动变量								
排量/mL·r^{-1}	V_{gmax}	28.1	54.8	80	107	160	225	500
	V_{gmin}	8.1	15.8	23	30.8	46	64.8	137
最大允许流量 Q_{gmax}/L·min^{-1}		133	206	268	321	424	530	950
最高转速(在 Q_{max} 下) n_{max} /r·min^{-1}	在 V_{gmax}	4750	3750	3350	3000	2650	2360	1900
	在 $V_g < V_{gmax}$	6250	5000	4500	4000	3500	3100	2500
转矩常数 M_x/N·m·MPa^{-1}	在 V_{gmax}	4.463	8.701	12.75	16.97	25.41	35.71	79.577
	在 V_{gmin}	1.285	2.511	3.73	4.9	7.35	10.3	21.804
最大转矩(在 $\Delta p = 35$MPa) M_{max}/N·m	在 V_{gmax}	156	304	446	594	889	1250	2782
	在 V_{gmin}	45	88	130	171	257	360	763
最大输出功率(在 35MPa 和 Q_{max} 下)/kW		78	120	156	187	247	309	507
惯性矩/kg·m^2		0.0017	0.0052	0.0109	0.0167	0.0322	0.0532	
质量/kg		18	27	39	52	74	103	223

注：表中"•"表示有规格产品。

表 21-5-87 外形尺寸 mm

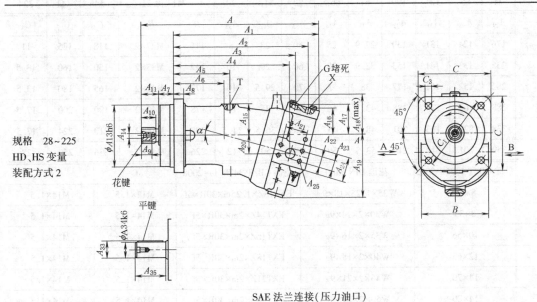

规格 28~225
HD、HS 变量
装配方式 2

花键

平键

SAE 法兰连接(压力油口)

螺纹连接(压力油口)

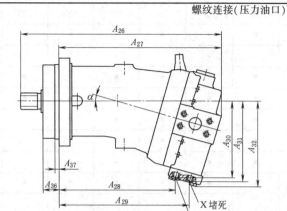

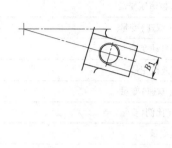

规 格	A	A_1	A_2	A_3	A_4	A_5	A_6	A_7	A_8	A_9	A_{10}	A_{11}	A_{13}	A_{14}	A_{15}
28	317	249	230	206	189	107	75	25	16	19	28	43	100	M8	50
55	379	312	291	264	249	123	108	32	20	28	28	35	125	M12	63
80	440	368	345	316	297	152	137	32	23	28	33	40	140	M12	71
107	463	378	356	326	301	145	130	40	25	28	37.5	45	160	M12	80
160	530	440	412	377	354	213	156	40	28	36	42.5	50	180	M16	88
225	573	468	441	405	375	222	162	50	32	36	43.5	55	200	M16	96

规格	A_{16}	A_{17}	A_{18}	A_{19}	A_{20}	A_{21}	A_{22}	A_{23}	A_{24}	A_{25}	A_{26}	A_{27}	A_{28}
28	57	64	81	110	33	50.8	20	23.8	45	M10 深 17	298	230	152
55	52	60	84	132	40	50.8	20	23.8	53	M10 深 17	368	301	208
80	59	68	99	150	46	57.2	25	27.8	64	M12 深 18	425	353	252
107	63	71	104	162	49	57.2	25	27.8	64	M12 深 18	442	357	259
160	66	77	108	182	57	66.7	32	31.8	70	M14 深 19	513	423	302.5
225	74	85	121	199	61	66.7	32	31.8	70	M14 深 21	546	441	324

规格	A_{29}	A_{30}	A_{31}	A_{32}	A_{33}	A_{34}	A_{35}	A_{36}	A_{37}	B	B_1	C	C_1	C_3
28	176	124	131	139	27.9	25	50	23	8	116	M27×2	118	125	11
55	235	133	141	153	32.9	30	60	29	10	142	M33×2	150	160	13.5
80	282	152	161	177	38	35	70	29.5	10	172	M42×2	165	180	13.5
107	288	164	173	188	43.1	40	80	35	10	178	M42×2	190	200	17.5
160	338	182.5	193	201	48.5	45	90	36.5	11.5	208	M48×2	210	224	17.5
225	359	201	211	219	53.5	50	100	50	12	226	M48×2	236	250	22

规格	平键 GB/T 1096—2003	花键 DIN 5480	花键 GB/T 3478.1—2008	G	X
28	8×50	W25×1.25×18×9g	EXT18Z×1.25m×30R×5f	M12×1.5	M14×1.5
55	8×50	W30×2×14×9g	EXT14Z×2m×30R×5f	M14×1.5	M14×1.5
80	10×56	W35×2×16×9g	EXT16Z×2m×30R×5f	M14×1.5	M14×1.5
107	12×63	W40×2×18×9g	EXT18Z×2m×30R×5f	M14×1.5	M14×1.5
160	14×70	W45×2×21×9g	EXT21Z×2m×30R×5f	M14×1.5	M14×1.5
225	14×80	W50×2×24×9g	EXT24Z×2m×30R×5f	M14×1.5	M14×1.5

DA 变量装配方式 2

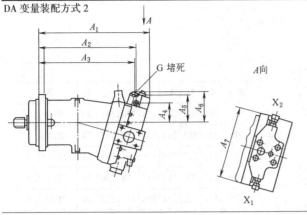

规格	A_1	A_2	A_3	A_4	A_5	A_6	A_7	X_1、X_2
28	253	212	209	53	73	81	144	M14×1.5
55	317	272	268	49	70	77	146	M14×1.5
80	371	326	322	56	77	83	152	M14×1.5
107	380	336	332	59	81	88	152	M14×1.5
160	442	387	383	65	86	94	158	M14×1.5
225	471	416	411	73	95	103	158	M14×1.5

其余尺寸见 HD/HA

EP 变量

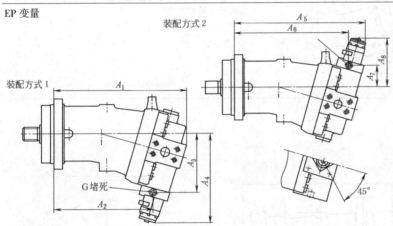

规格	A_1	A_2	A_3	A_4	A_5	A_6	A_7	A_8
28	230	164	119	204	266	212	53	131
55	301	233	129	213	334	274	48	124
80	353	267	148	240	392	326	56	137
107	357	269	160	254	393	333	61.5	144
160	423	313	177	265	452	386	70	139
255	441	334	196	284	481	414	74.5	147

其余尺寸见 HD/HA

MA 变量
装配方式 1

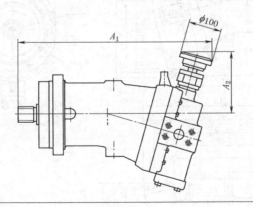

规格	A_1	A_2
28	269	128
55	329	134
80	381	138
107	390	137
160	441	149
225	470	155

其余尺寸见 HD/HA

HD1D 变量

规格	A	A_1	A_2	A_3	A_4	A_5
55	422	311	273	96	89	46
107	496	376.5	335.5	108	100	56

MO 变量
装配方式 1

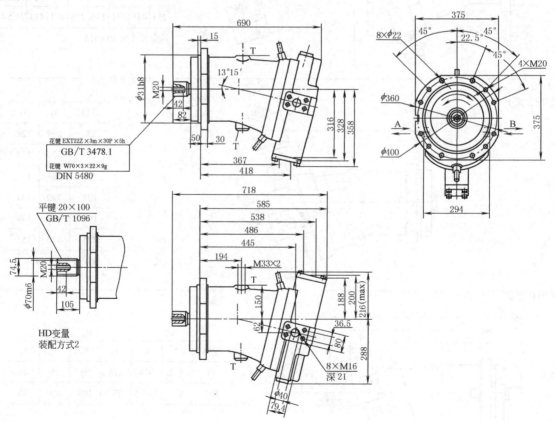

规格	A_1	A_2	A_3	A_4	A_5	A_6	A_7	X_1
55	301	208	224	138	130	155	30	M14×1.5
80	353	252	268	157	149	177	33	M14×1.5
107	357	257	273	169	161	188	33	M14×1.5
160	423	300	312	187	178	206	34	M14×1.5
225	441	322	334	206	197	225	34	M14×1.5

其余尺寸见 HD/HA

规格　500
HA 变量
装配方式 1

花键 EXT22Z×3m×30P×5h
GB/T 3478.1
花键 W70×3×22×9g
DIN 5480

平键 20×100
GB/T 1096

HD变量
装配方式2

注：A，B—工作油口；G—多元件同步控制和遥控压力油口；X—先导（外控）油口；T—壳体油口。

4.3.2 A6VG 变量马达

型号意义：

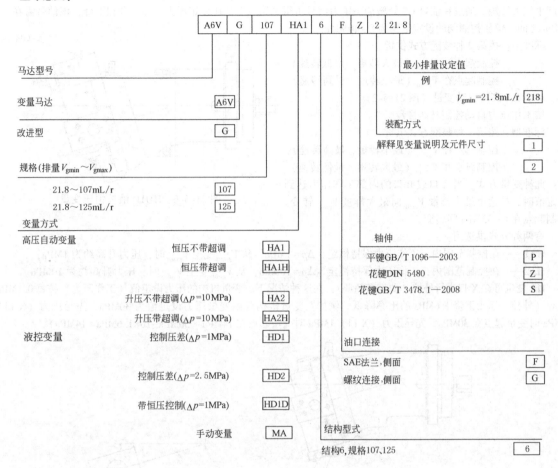

订货示例：A6VG，107HD1.6.F.Z.2.21.8

斜轴变量马达 A6VG，规格 107，液控变量，$\Delta p = 1\mathrm{MPa}$，结构 6，侧面 SAE 法兰连接，德标花键，第 2 种装配方式，最小排量 $V_{gmin} = 21.8\mathrm{mL/r}$

表 21-5-88 技术参数

规 格		107	125
HD 液控变量		●	●
HA 高压自动变量		●	●
MA 手动变量		●	●
排量/mL·r^{-1}	V_{gmax}	107	125
	V_{gmin}	21.8	21.8
最大允许流量 Q_{gmax}/L·min^{-1}		342	400
最高转速(在 Q_{max} 下) n_{max}/r·min^{-1}	在 V_{gmax}	3200	3200
	在 $V_g < V_{gmax}$	4200	4200
转矩常数 M_x/N·m·MPa^{-1}	在 V_{gmax}	1.7	1.7
	在 V_{gmin}	0.35	0.34
最大转矩(在 $\Delta p = 35\mathrm{MPa}$) M_{max}/N·m	在 V_{gmax}	594	696
	在 V_{gmin}	171	201
最大输出功率(在 35MPa 和 Q_{max} 下)/kW		187	199
惯性矩/kg·m^2		0.0127	0.0127
质量/kg		46.5	46.5

注：表中"●"表示有规格产品。

（1）HD1D 液控恒压变量（图 21-5-6）

恒压控制是在 HD 功能基础上增加的。如果系统压力由于负载转矩或由于马达摆角减小而升高，则达到恒压控制的设定值时，马达摆到较大的摆角。由于增大排量和减小压力，控制偏差消失。通过增大排量，马达在恒压下产生较大转矩。通过在油口 G2 处施加一压力信号可得到第二个恒压设定压力。如起升和下降，该信号需在 2~5MPa 之间。恒压控制阀的设定范围为 8~40MPa。

标准型：按第 2 种装配方式供货

　　　　控制起点在 V_{gmax}（最大转矩、最低转速）

　　　　控制起点在 V_{gmin}（最小转矩、最高转速）

（2）HA 高压自动变量（图 21-5-7）

按工作压力自动控制马达排量

标准型：按第 1 种装配方式供货

　　　　控制起点在 V_{gmin}（最小转矩、最高转速）

　　　　控制终点在 V_{gmax}（最大转矩、最低转速）

此种变量方式，当 A 口或 B 口的内部工作压力达到设定值时，马达由最小排量 V_{gmin} 向最大排量 V_{gmax} 转变。控制起点在 8~35MPa 间转变。

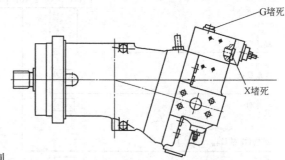

图 21-5-6　HD1D 液控恒压变量

有两种方式供选用：

HA1——在控制范围内，工作压力保持恒定，$\Delta p = 1$MPa，从 V_{gmin} 变至 V_{gmax} 时，压力升高约为 1MPa；

HA2——在控制范围内，工作压力保持恒定，$\Delta p = 10$MPa，从 V_{gmin} 变至 V_{gmax} 时，压力升高约为 10MPa。

HA 变量可在 X 口进行外控（即带有超调），在这种情况下，变量机构的压力设定值（工作压力）按每 0.1MPa 先导（外控）压力下降 1.6MPa 的比率降低。例如：变量机构起始变量压力设定值为 30MPa，先导压力（X 口）0MPa 时变量起点在 30MPa，先导压力（X 口）1MPa 时变量起点在 14MPa（30MPa−10×1.6MPa＝14MPa）。

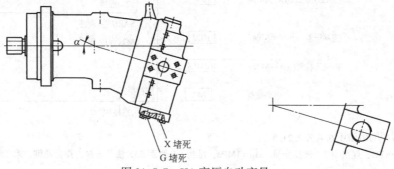

图 21-5-7　HA 高压自动变量

带有超调的 HA 变量有两种方法供选用：

HA1H——在控制范围内，工作压力保持恒定，$\Delta p = 1$MPa；

HA2H——在控制范围内，工作压力保持恒定，$\Delta p = 10$MPa。

如果控制仅需要达到最大排量，则允许先导压力最高为 5MPa。外控口 X 处的供油量约 0.5L/min。

（3）MA 手动变量（图 21-5-8）

通过手轮驱动螺杆以调节马达的排量。

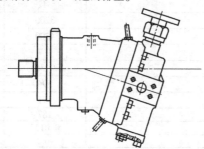
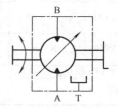

图 21-5-8　MA 手动变量

表 21-5-89　　　　　　　　　　　　外形尺寸　　　　　　　　　　　　mm

规格 107、125
HA 高压自动变量
装配方式 1

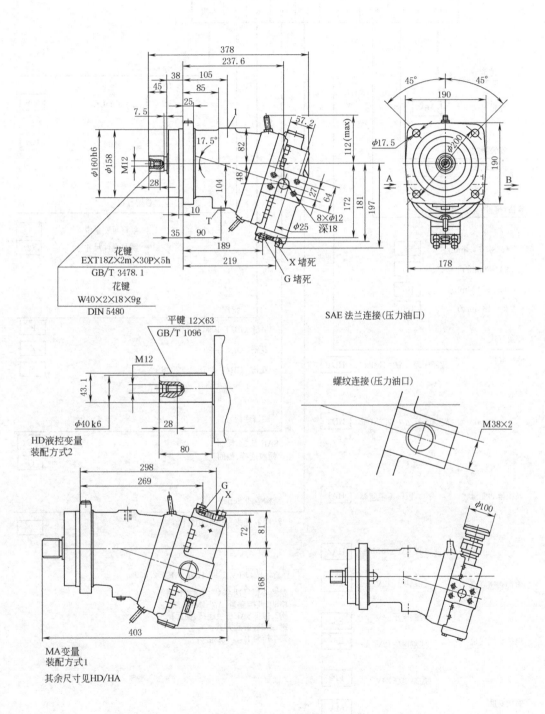

花键
EXT18Z×2m×30P×5h
GB/T 3478.1
花键
W40×2×18×9g
DIN 5480

SAE 法兰连接(压力油口)

平键 12×63
GB/T 1096

螺纹连接(压力油口)

HD液控变量
装配方式2

MA变量
装配方式1
其余尺寸见HD/HA

注：A，B—工作油口；G—多元件同步控制和遥控压力油口；X—先导（外控）油口；T—壳体油口。

4.3.3 A6VE 内藏式变量马达

型号意义:

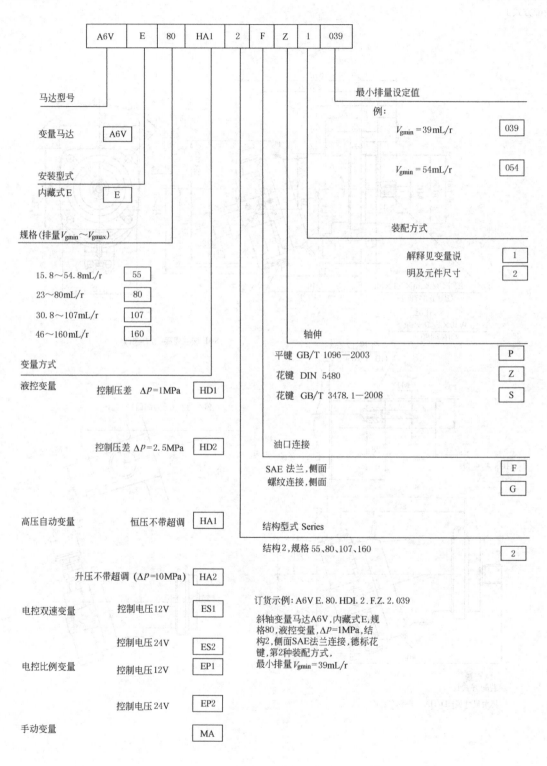

马达型号

变量马达 A6V

安装型式

内藏式E E

规格(排量 $V_{gmin} \sim V_{gmax}$)

15.8~54.8mL/r	55
23~80mL/r	80
30.8~107mL/r	107
46~160mL/r	160

变量方式

液控变量 控制压差 $\Delta p = 1$MPa HD1

控制压差 $\Delta p = 2.5$MPa HD2

高压自动变量 恒压不带超调 HA1

升压不带超调 ($\Delta p = 10$MPa) HA2

电控双速变量 控制电压12V ES1

控制电压24V ES2

电控比例变量 控制电压12V EP1

控制电压24V EP2

手动变量 MA

最小排量设定值

例:

$V_{gmin} = 39$mL/r 039

$V_{gmin} = 54$mL/r 054

装配方式

解释见变量说 1
明及元件尺寸 2

轴伸

平键 GB/T 1096—2003 P
花键 DIN 5480 Z
花键 GB/T 3478.1—2008 S

油口连接

SAE 法兰,侧面 F
螺纹连接,侧面 G

结构型式 Series

结构2,规格 55、80、107、160 2

订货示例: A6V E.80.HDI.2.F.Z.2.039

斜轴变量马达A6V,内藏式E,规格80,液控变量,$\Delta p = 1$MPa,结构2,侧面SAE法兰连接,德标花键,第2种装配方式,最小排量 $V_{gmin} = 39$mL/r

表 21-5-90 技术参数 mm

规格		55	80	107	160
最大排量 V_{max}/mL·r⁻¹	V_{gmax}	54.8	80	107	160
	V_{gmin}	15.8	23	30.8	46
最大允许流量 Q_{gmax}/L·min⁻¹		206	268	321	424
最高转速(在 Q_{max} 下)n_{max}/r·min⁻¹	在 V_{gmin} 时	3750	3350	3000	2650
	在 V_{gmax} 时	5000	4500	4000	3500
转矩常数 M_x/N·m·MPa⁻¹	在 V_{gmax} 时	8.701	12.75	16.97	25.41
	在 V_{gmin} 时	2.511	3.73	4.9	7.35
最大转矩(在 $\Delta p=35MPa$)M_{max}/N·m	在 V_{gmax} 时	304	446	594	889
	在 V_{gmin} 时	88	130	171	257
最大输出功率(在 35MPa 和 Q_{max} 下)/kW		120	156	187	247
惯性矩/kg·m²		0.0042	0.008	0.0127	0.0253
质量/kg		26	34	45	64

规格 160
HA 高压自动变量
装配方式 1

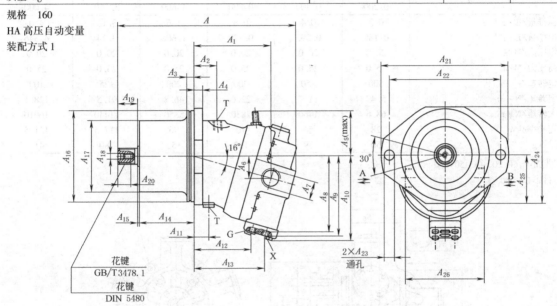

HD 液控变量
装配方式2

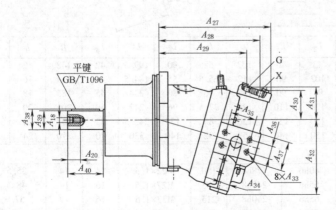

注：A，B—工作油口；G—多元件同步控制和遥控压力油口，M14×1.5；X—先导油口，M22×1.5；T—壳体油口，M14×1.5。

4.3.4　※JM、JM※系列曲轴连杆式径向柱塞液压马达

（1）1JM 系列液压马达

1JM 系列产品系 1JMD 型液压马达的改进型，采用了静压平衡结构，提高了工作压力和转速范围，改善着低速稳定性，适用于工程运输、注塑、船舶、锻压、石油化工等机械的液压系统中。

型号意义：

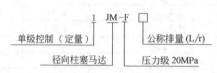

单级控制（定量）　　　　　公称排量(L/r)

径向柱塞马达　　　　　压力级 20MPa

表 21-5-91　　　　　　　　　　技术参数及外形尺寸　　　　　　　　　　　mm

名　　称	1JM-F 0.200	1JM-F 0.400	1JM-F 0.800	1JM-F 1.600	1JM-F 3.150	1JM-F 4.000
公称排量/L·r^{-1}	0.2	0.4	0.8	1.6	3.15	4.0
理论排量/L·r^{-1}	0.189	0.393	0.779	1.608	3.14	4.346
额定压力/MPa	20.0	20.0	20.0	20.0	20.0	20.0
最高压力/MPa	25.0	25.0	25.0	25.0	25.0	25.0
额定转速/r·min^{-1}	500	450	300	200	125	100
额定转矩/N·m	5.49	11.7	22.6	46.8	91.5	128.1
最大转矩/N·m	68.6	1460	2830	5850	11440	16010
额定功率/kW	28	54	70	96	117.5	131.5
质量/kg	50	59	112	152	280	415

1JM-F（0.200~3.150）型

1JM-F4.000 型

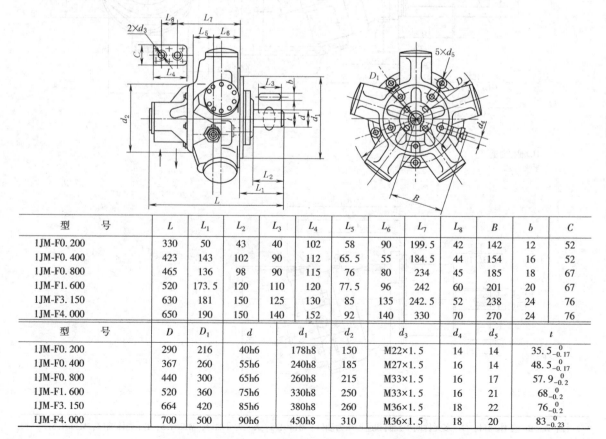

型　　号	L	L_1	L_2	L_3	L_4	L_5	L_6	L_7	L_8	B	b	C
1JM-F0.200	330	50	43	40	102	58	90	199.5	42	142	12	52
1JM-F0.400	423	143	102	90	112	65.5	55	184.5	44	154	16	52
1JM-F0.800	465	136	98	90	115	76	80	234	45	185	18	67
1JM-F1.600	520	173.5	120	110	120	77.5	96	242	60	201	20	67
1JM-F3.150	630	181	150	125	130	85	135	242.5	52	238	24	76
1JM-F4.000	650	190	150	140	152	92	140	330	70	270	24	76

型　　号	D	D_1	d	d_1	d_2	d_3	d_4	d_5	t
1JM-F0.200	290	216	40h6	178h8	150	M22×1.5	14	14	$35.5_{-0.17}^{0}$
1JM-F0.400	367	260	55h6	240h8	185	M27×1.5	16	14	$48.5_{-0.17}^{0}$
1JM-F0.800	440	300	65h6	260h8	215	M33×1.5	16	17	$57.9_{-0.2}^{0}$
1JM-F1.600	520	360	75h6	330h8	250	M33×1.5	16	21	$68_{-0.2}^{0}$
1JM-F3.150	664	420	85h6	380h8	260	M36×1.5	18	22	$76_{-0.2}^{0}$
1JM-F4.000	700	500	90h6	450h8	310	M36×1.5	18	20	$83_{-0.23}^{0}$

（2）2JM 系列液压马达

2JM 系列是在 1JM 型马达基础上发展起来的，采用了分体组装可调式结构——曲轴的偏心量可调，使液压马达具有两种预定的排量值（即两种转速值）。当采用手动控制变量时，马达在载荷运转下，用 2s 左右的时间，进行两种排量的变换；采用恒压自动控制变量时，马达能有效地实现恒功率调速；若排量为零时，马达可作为自由轮使用。该系列液压马达适用于行走机械、牵引绞车、搅拌装置、恒张力装置、钻孔设备等液压系统中。

型号意义：

表 21-5-92	技术参数及外形尺寸		mm
型号	2JM-F1.6	2JM-F3.2	2JM-F4.0
公称排量（大排量/小排量）/L·r⁻¹	1.61/0.5	3.2/1.0	4.0/1.25
理论排量（大排量/小排量）/L·r⁻¹	1.608/0.536	3.14/0.98	4.396/1.373
额定压力/MPa	20.0	20.0	20.0
最高压力/MPa	25.0	25.0	25.0
额定转速/r·min⁻¹	200/600	125/400	100/320
额定转矩/N·m	4680/1560	9150/2860	12810/4000
最大转矩/N·m	5850/1950	11440/3575	16010/5000
额定功率/kW	96	117.5	131.5
速比	1:3	1:3.2	1:3.2
质量/kg	166	295	435

型　号	尺　　寸												连接法兰	
	R	B	C	D	E	F	G	H	K	L	M	S	d	φ
2JM-F1.6	570	520	233	250	330	173	75	120	M12×1	60	M33×1.5	116	5×φ21	360
2JM-F3.2	680	664	275	260	380	185	85	140	M12×1	52	M36×1.5	118	5×φ21	420
2JM-F4.0	700	700	278	310	450	190	90	150	M12×1	70	M36×1.5	140	5×φ21	500

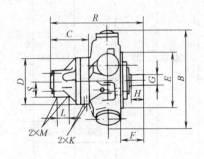

轴伸平键尺寸	型　　号	平键 b×h
	2JM-F1.6	20×110
	2JM-F3.2	24×125
	2JM-F4.0	24×140

（3）JM※系列径向柱塞液压马达

型号意义：

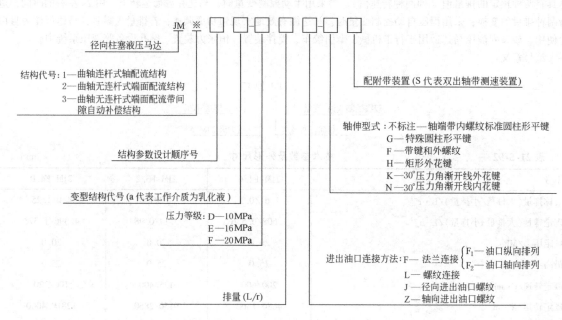

表 21-5-93　　　　　　　　　　　　**技术参数**

型　　号	排量 /mL·r⁻¹	压力/MPa		转速/r·min⁻¹		效率/%		有效转矩/N·m		质量 /kg
		额定	最高	额定	范围	容积效率	总效率	额定	最大	
JM10-F0.16F₁	163							468	585	
JM10-F0.18F₁	182			500	18～630			523	653	
JM10-F0.2F₁	201							578	723	50
JM10L-F0.2								578	723	
JM10-F0.224F₁	222			400	18～500			638	797	
JM10-F0.25F₁	249					≥92	≥83	715	894	
JM11-F0.315F₁	314							902	1127	
JM11-F0.355F₁	353			320				1014	1267	
JM11-F0.4F₁	393	20	25		18～400			1128	1411	75
JM11-F0.45	442							1270	1587	
JM11-F0.5F₁	493			250				1424	1780	
JM11-F0.56F₁	554							1591	1989	
JM12-F0.63F₂	623			250	15～320			1812	2264	
JM12-F0.71F₂	717							2084	2605	
JM12-F0.8F₂	779							2265	2831	
JM12L-F0.8F₂				200	15～250	≥92	≥84			115
JM12-F0.9F₂	873							2537	3172	
JM12-E1.0F₂	1104	16	20					2567	3209	
JM12-E1.25F₂	1237							2876	3595	

续表

型　号	排量 /mL·r⁻¹	压力/MPa		转速/r·min⁻¹		效率/%		有效转矩/N·m		质量 /kg
	$/mL \cdot r^{-1}$	额定	最高	额定	范围	容积效率	总效率	额定	最大	$/kg$
JM13-F1. 25F₁	1257							3653	4543	
JM13-F1. 4F₁	1427							4147	5184	
JM13-F1. 6F₁	1608			200	12~250	≥92	≥84	4653	5816	160
JM13-F1. 6	1608							4653	5816	
JM13-F1. 8F₁	1816							5278	6598	
JM13-F2. 0F₁	2014	20	25	160	12~200			5853	7317	
JM14-F2. 24F₁	2278							6693	8367	
JM14-F2. 5F₁	2513				10~175			7384	9270	
JM14-F2. 8F₁	2827			100				8216	10270	320
JM14-F3. 15F₁	3181				10~125			9346	11689	
JM14-F3. 55F₁	3530							10372	12965	
JM15-E5. 6	5645					≥91	≥84	13269	16586	
JM15-E6. 3	6381	16	20	63	8~75			14999	18749	520
JM15-E7. 1	7116							16727	20909	
JM15-E8. 0	8005			50	3~60			18817	23521	
JM16-F4. 0F₁	3958							11630	14537	420
JM16-F4. 5F₁	4453	20	25	100	8~125			13084	16355	
JM16-F5. 0	5278							15508	19385	480
JM21-D0. 02	20. 2	10	12. 5	1000	20~1500	≥92	≥74	26	33	
JM21-D0. 0315	36. 5				30~1250			47	59	16
JM21a-D0. 0315		8	10	850	50~1000	≥88	≥70	37	46	
JM22-D0. 05	49. 3	10	12. 5	750	25~1250	≥92	≥74	64	80	
JM22-D0. 063	73				25~1000			100	125	19
JM22a-D0. 063		8	10	650	40~800	≥88	≥70	74	93	
JM23-D0. 09	110	10	12. 5	600	25~750	≥92	≥74	150	180	22
JM23a-D0. 09		8	10	500	40~600	≥88	≥70	111	139	
JM31-E0. 08	81			750	25~1000			177	221	40
JM31-E0. 125	126			630	25~800			275	344	
JM33-E0. 16	161	16	20	750	25~1000	≥91	≥78	352	439	58
JM33-E0. 25	251			500	25~600			548	685	

外形尺寸

表 21-5-94

M18×1.5
泄油孔

七缸型

进出油口
连接方式

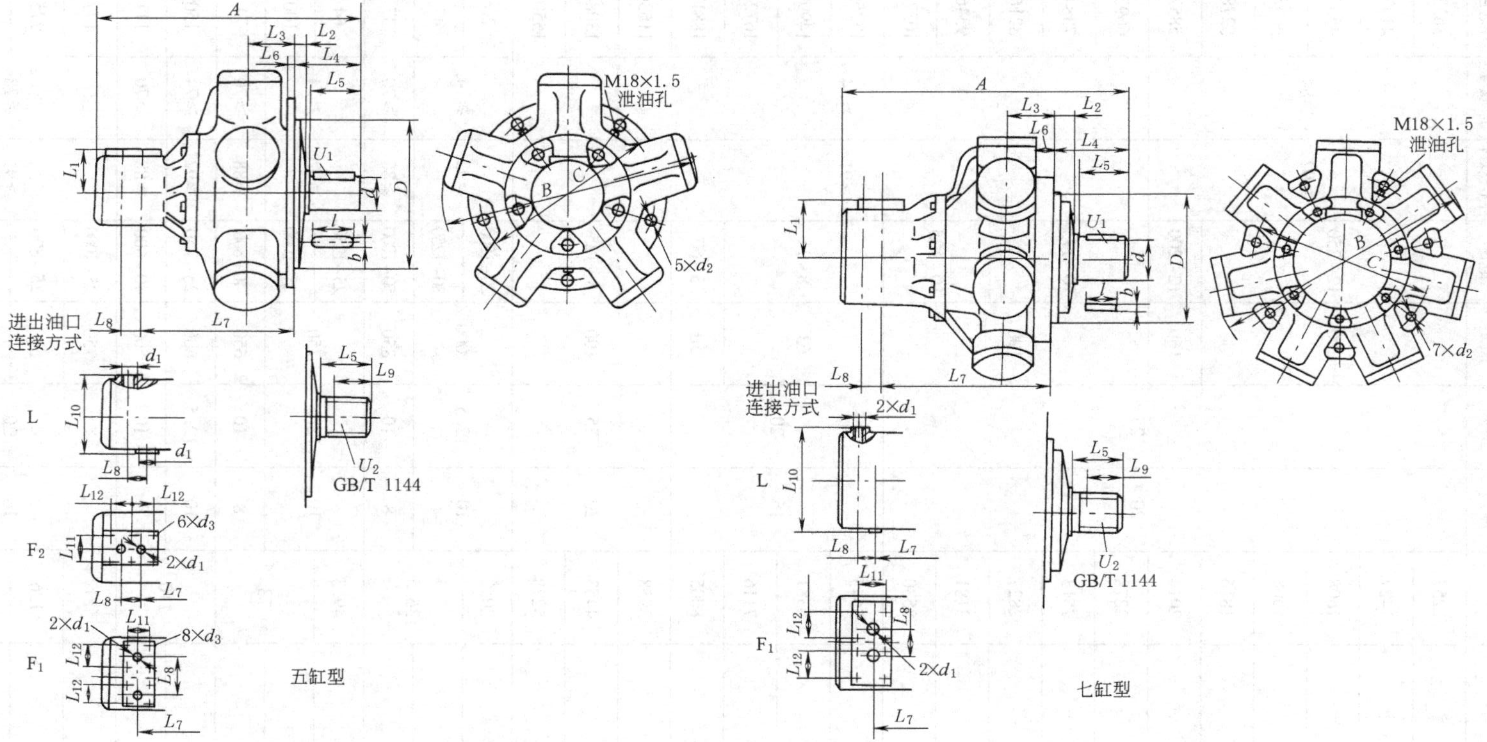

JM1 型径向柱塞马达外形尺寸

M18×1.5
泄油孔

五缸型

进出油口
连接方式

型　号	A	B	C	D	d	d_1	d_2	d_3	轴　伸 $U_1(b×l)$	轴　伸 U_2（GB/T 1144）	L_1	L_2	L_3	L_4	L_5	L_6	L_7	L_8	L_9	L_{10}	L_{11}	L_{12}
JM10-F0.16F₁	287	328	230	204h8	40g6	φ22	5×φ14	M12×1.6	A12×60	6×40×35×10	78	34	42	108	65	18	213	75	45	—	51	51
JM10-F0.18F₁	287	328	230	204h8	40g6	φ22	5×φ14	M12×1.6	A12×60	6×40×35×10	78	34	42	108	65	18	213	75	45	—	51	51
JM10-F0.2F₁	287	328	230	204h8	40g6	φ22	5×φ14	M12×1.6	A12×60	6×40×35×10	78	34	42	108	65	18	213	75	45	—	51	51
JM10L-F0.2	287	328	235	205h8	40g6	M33×2	5×φ14	—	A12×60	6×40×35×10	—	37	42	108	65	18	194.5	37	45	138	—	—
JM10-F0.224F₁	287	328	230	204h8	40g6	φ22	5×φ14	M12×1.6	A12×60	6×40×35×10	78	34	42	108	65	18	213	75	45	—	51	51
JM10-F0.25F₁	287	328	230	204h8	40g6	φ22	5×φ14	M12×1.6	A12×60	6×40×35×10	78	34	42	108	65	18	213	75	45	—	51	51
JM11-F0.315F₁	338	408	260	180h6	55m7	φ22	5×φ18	M12×1.6	A18×90	8×54×46×9	78	27	75	132	100	35	266	75	73	—	51	51
JM11-F0.355F₁	338	408	260	180h6	55m7	φ22	5×φ18	M12×1.6	A18×90	8×54×46×9	78	27	75	132	100	35	266	75	73	—	51	51
JM11-F0.4F₁	338	408	260	180h6	55m7	φ22	5×φ18	M12×1.6	A18×90	8×54×46×9	78	27	75	132	100	35	266	75	73	—	51	51
JM11-F0.45	338	408	260	180h6	55m7	M33×2	5×φ18	—	A18×90	8×54×46×9	—	27	75	132	100	35	243.5	37	73	138	—	—
JM11-F0.5F₁	338	408	260	180h6	55m7	φ22	5×φ18	M12×1.6	A18×90	8×54×46×9	78	27	75	132	100	35	266	75	73	—	51	51
JM11-F0.56F₁	338	408	260	180h6	55m7	φ22	5×φ18	M12×1.6	A18×90	8×54×46×9	78	27	75	132	100	35	266	75	73	—	51	51
JM12-F0.63F₂	344	480	300	250h8	63m7	φ26（加连接板为 M33×2）	5×φ22		A18×90	8×60×52×10	80（加连接板为 105）	37	66	145	105	30	241.5	50	75	—	50	45
JM12-F0.71F₂	344	480	300	250h8	63m7	φ26（加连接板为 M33×2）	5×φ22		A18×90	8×60×52×10	80（加连接板为 105）	37	66	145	105	30	241.5	50	75	—	50	45
JM12-F0.8F₂	344	480	300	250h8	63m7	φ26（加连接板为 M33×2）	5×φ22		A18×90	8×60×52×10	80（加连接板为 105）	37	66	145	105	30	241.5	50	75	—	50	45
JM12L-F0.8F₂	344	480	295	260h8	60f7	φ26（加连接板为 M33×2）	5×φ18	M10深20	A18×85	6×60×54×14	80（加连接板为 105）	37	70	128	88	34	241.5	50	68	—	50	45
JM12-F0.9F₂	344	480	300	250h8	63m7	φ26（加连接板为 M33×2）	5×φ22		A18×90	8×60×52×10	80（加连接板为 105）	37	70	145	105	34	241.5	50	75	—	50	45
JM12-E1.0F₂	348	480	300	250h8	63m7	φ26（加连接板为 M33×2）	5×φ22		A18×90	8×60×52×10	80（加连接板为 105）	37	70	145	105	34	241.5	50	75	—	50	45
JM12-E1.25F₂	348	480	300	250h8	63m7	φ26（加连接板为 M33×2）	5×φ22		A18×90	8×60×52×10	80（加连接板为 105）	37	70	145	105	34	241.5	50	75	—	50	45
JM13-F1.25F₁	401	573	360	320h8	75m7	φ28	5×φ22	M12深20	A22×100（双键）	6×75×65×16	85	39	80	148	109	34	324	75	84	—	51	51
JM13-F1.4F₁	401	573	360	320h8	75m7	φ28	5×φ22	M12深20	A22×100（双键）	6×75×65×16	85	39	80	148	109	34	324	75	84	—	51	51
JM13-F1.6F₁	401	573	360	320h8	75m7	φ28	5×φ22	M12深20	A22×100（双键）	6×75×65×16	85	39	80	148	109	34	324	75	84	—	51	51

续表

型 号	A	B	C	D	d	d_1	d_2	d_3	轴伸 U_1 ($b×l$)	轴伸 U_2 (GB/T 1144)	L_1	L_2	L_3	L_4	L_5	L_6	L_7	L_8	L_9	L_{10}	L_{11}	L_{12}
JM13-F1.6	377			330h8	75m7	M42×2			A22×100 (双键)	6×75×65×16	—			148	109		288	30	84	164	—	—
JM13-F1.8F₁	401	573	360													34						
JM13-F2.0F₁				320h8	80m7	φ28	5×φ22	M12 深20	A24×150	10×82×72×12	85	39	80	198	平键 159 花键 125		324	75	100	—	51	51
JM14-F2.24F₁																						
JM14-F2.5F₁												30										
JM14-F2.8F₁	445	660	420	380h8	90g7	φ30	5×φ22	M12 深20	C25×170	6×90×80×20	100	50	110	235	平键 180 花键 130	38	376	75	100		51	51
JM14-F3.15F₁																						
JM14-F3.55F₁																						
JM15-E5.6																						
JM15-E6.3	490	825	580	500h8	120g7						—											
JM15-E7.1						M48×2	5×φ33	4×M16 深30	A32×180	10×120×112×18		54	120	245	190	50	395		150	250 (有连接板为 340)	100	
JM15-E8.0																						
JM16-F4.0F₁	450	692																				
JM16-F4.5F₁			520.7	457h8	100m7	φ32		M12 深25	C28×170	—	95	36	120	210	170	40	358	82			60	30
JM16-F5.0	516	740			110m7	G1/2	7×φ22	4×M20 深25	A28×200 (双键)		—	30	150	242	210	52	445			220	130	—

续表

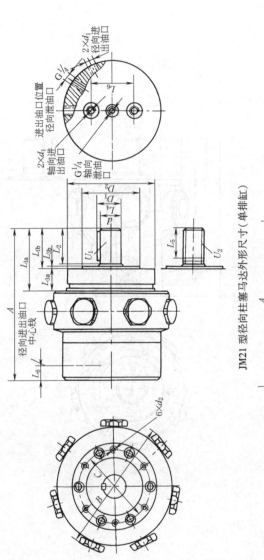

JM21 型径向柱塞马达外形尺寸（单排缸）

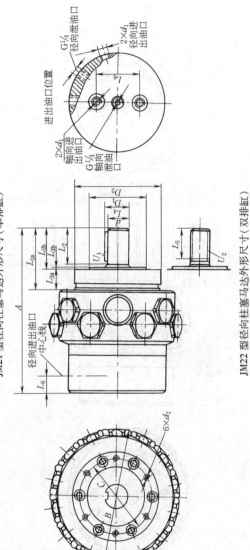

JM22 型径向柱塞马达外形尺寸（双排缸）

续表

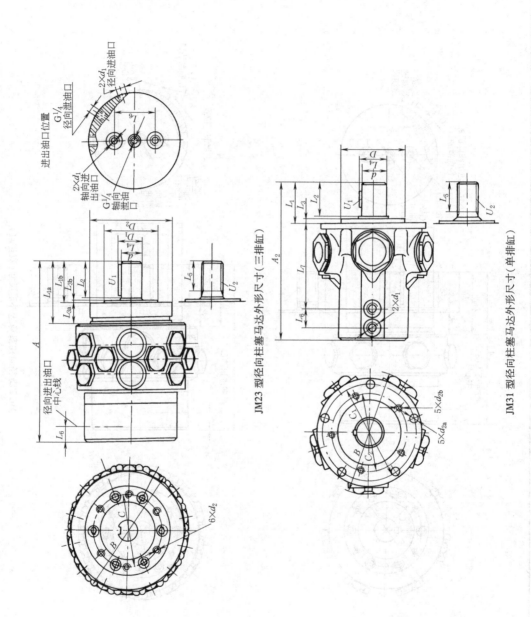

JM23 型径向柱塞马达外形尺寸（三排缸）

JM31 型径向柱塞马达外形尺寸（单排缸）

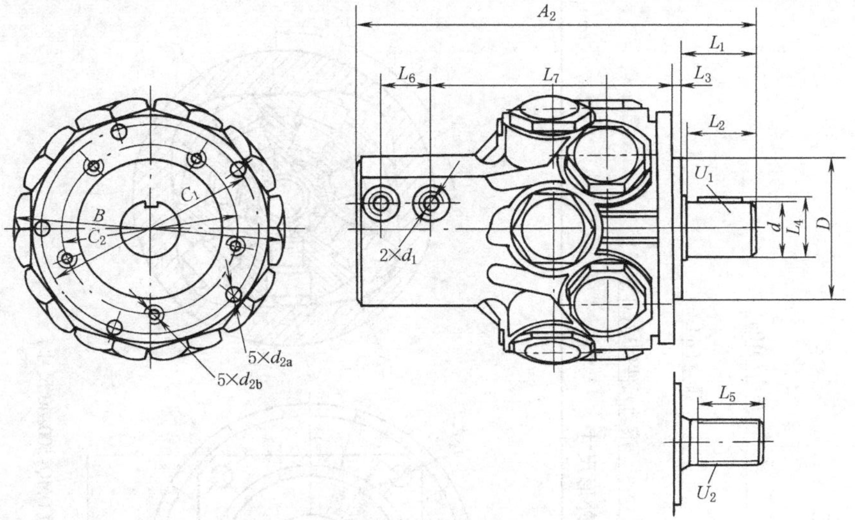

JM33 型径向柱塞马达外形尺寸（三排缸）

型 号	A①		B	C②		D②		d	d₁	d₂		轴 伸③		L₁		L₂④		L₃		L₄	L₅	L₆	L₇
	A_1	A_2		C_1	C_2	D_1	D_2			d_{2a}	d_{2b}	U_1	U_2	L_{1a}	L_{1b}	L_{2a}	L_{2b}	L_{3a}	L_{3b}	L_4	L_5	L_6	L_7
JM21-D0.02	202	189	178	100		80h6	129h6	30js7	G1/2	M8		A8×45	6×30×26×6	78	56	50	50	22	4	33	35	26	—
JM21-D0.0315																							
JM21a-D0.0315																							
JM22-D0.05	222	209																					
JM22-D0.063																							
JM22a-D0.063																							
JM23-D0.09	242	229																					
JM23a-D0.09																							
JM31-E0.08	—	337	245	200	160	140		40k7	G1	φ11	M12	A12×56	6×38×32×6 (W40×2×18×7h)	67		65	55	11		43	30 (30)	54	152
JM31-E0.125																							
JM33-E0.16	—	391	248					50k7				A16×63	8×48×42×8 (W50×2×24×7h)	77		75	65			54	45 (38)	54	196
JM33-E0.25																							

① A 栏中 A_1 为径向进油尺寸，A_2 为轴向进油尺寸。
② C、D 为止口安装用尺寸，C_1、C_2 和 D_1、D_2 可根据实际使用。
③ 花键规格按 GB/T 1144 标准，括号内为 DIN 5480 标准。
④ L_2 栏中 L_{2a} 为平键轴伸尺寸，L_{2b} 为花键轴伸尺寸。

4.3.5　DMQ 系列径向柱塞马达

　　DMQ 系列液压马达为等接触应力、低速大转矩液压马达。它可正反两个方向旋转，技术参数不变，进出油口可互换，并用两台相同型号的液压马达组成双输出轴的液压马达驱动器。该系列马达压力高、转矩大、噪声低、效率高。其工作原理见表 21-5-95 中图。马达工作时，压力油由入口进入，经过配油盘 C 分配至四个配油孔内，在图示位置时，与缸体 B 的 1 号、3 号、5 号配油孔连通，压力油进入对应的缸体缸孔，推动 1 号、3 号、5 号活塞组件沿着滚道环 A 的轨道 0°～45°上作升程运动，活塞组件对轨道产生作用力，而轨道对活塞组件产生反作用力，该反作用力的切向分力又作用于缸体 B，由此驱动缸体旋转产生转矩，通过传动轴输出。活塞组件 1 号在升程工作至 45°时，进油结束，当进入 45°～90°时，缸体缸孔 1 号与配油盘 C 的回油孔（低压腔）接通，开始进入轨道的回程运动，至 90°时，活塞组件 1 号回程工作结束。至此，活塞组件 1 号的一个作用（升、回程）全部结束，再进入下一个作用。其余活塞组件工作类推。回油路线：低压油经配油盘 C 的回油孔、马达出口流至油箱。

　　型号意义：

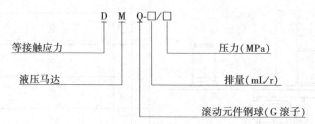

表 21-5-95　　　　　　　　　　　　　　　技术参数及外形尺寸　　　　　　　　　　　　　　mm

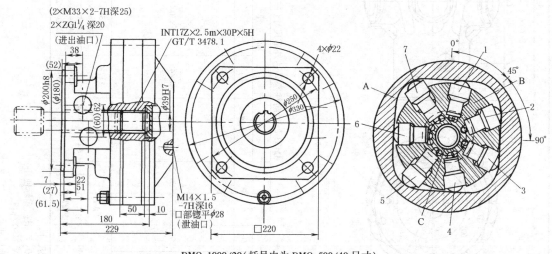

DMQ-1000/20（括号内为 DMQ-500/40 尺寸）

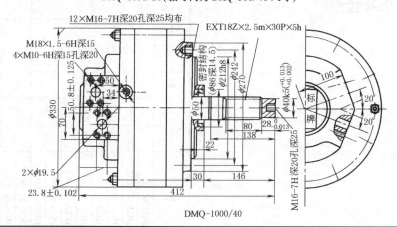

DMQ-1000/40

型　　号	排量/mL·r⁻¹	最高压力/MPa	最大转矩/N·m	转速/r·min⁻¹	型　　号	排量/mL·r⁻¹	最高压力/MPa	最大转矩/N·m	转速/r·min⁻¹
DMQ-125/40	125		800		DMQ-200/25	203		800	
DMQ-250/40	250		1600		DMQ-400/25	391		1600	
DMQ-500/40	500	40	3150		DMQ-800/25	826	25	3150	
DMQ-1000/40	1000		6300		DMQ-1600/25	1494		6300	
DMQ-2000/40	2000		12500		DMQ-3150/25	3240		12500	
DMQ-4000/40	4000		25000	3~150	DMQ-6300/25	6612		25000	3~150
DMQ-160/31.5	160		800		DMQ-250/20	264		800	
DMQ-315/31.5	315		1600		DMQ-500/20	510		1600	
DMQ-630/31.5	630	31.5	3150		DMQ-1000/20	1020	20	3150	
DMQ-1250/31.5	1250		6300		DMQ-2000/20	1960		6300	
DMQ-2500/31.5	2624		12500		DMQ-4000/20	4231		12500	
DMQ-5000/31.5	5224		25000		DMQ-8000/20	8163		25000	

4.3.6　NJM 型内曲线径向柱塞马达

　　NJM 型内曲线马达是多作用横梁传动径向柱塞低速大转矩马达。它具有结构紧凑、效率高、转矩大、低速稳定性好等优点，一般不需要经过变速装置而直接传递转矩。NJM 型内曲线马达广泛用于工程、矿山、起重、运输、船舶、冶金等机械设备的液压系统中。

　　型号意义：

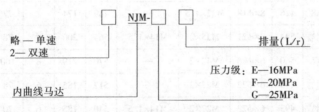

表 21-5-96　　　　　　　　　　　　　技术参数

型　　号	排量/L·r⁻¹	压力/MPa		最高转速/r·min⁻¹	转矩/N·m		质量/kg
		额定	最大		额定	最大	
NJM-G1	1	25	32	100	3310	4579	160
NJM-G1.25	1.25	25	32	100	4471	5724	230
NJM-G2	2	25	32	63(80)	7155	9158	230
NJM-G2.5	2.5	25	32	80	8720	11448	290
NJM-G2.84	2.84	25	32	50	10160	13005	219
2NJM-G4	2/4	25	32	63/40	7155/14310	9158/18316	425
NJM-G4	4	25	32	40	14310	18316	425
NJM-G6.3	6.3	25	32	40		28849	524
NJM-F10	9.97	20	25	25		35775	638
NJM-G3.15	3.15	25	32	63		15706	291
2NJM-G3.15	1.58/3.15	25	32	120/63		7853/15706	297
NJM-E10W	9.98	16	20	20		28620	
NJM-F12.5	12.5	20	25	20		44719	
NJM-E12.5W	12.5	16	25	20		35775	
NJM-E40	40	16	25	12		114480	

表 21-5-97 　　　　　　　　　　　　　外形尺寸　　　　　　　　　　　　　　mm

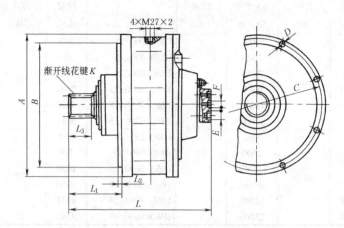

NJM-G（1.25、2、2.84、6.3、3.15）型、2NJM-G（4、3.15）型
液压马达外形尺寸（上海液压泵厂生产）

型 号	A	B	C	D	E	F	L	L_1	L_2	L_3	K
NJM-G1.25	460	$400_{-0.14}^{-0.08}$	430	8×φ20	M27×2	—	418	167	8	75	EXT28Z×2.5m×20P×5h
NJM-G2	560	$480_{-0.14}^{-0.08}$	524	8×φ21	M27×2	—	475	200	8	85	EXT38Z×2.5m×20P×5h
NJM-G2.84	466	380h8	426	8×φ18	M22×1.5	—	449	174		72	EXT24Z×3m×30R×5h
2NJM-G4	560	$480_{-0.14}^{-0.08}$	524	8×φ21	M35×2	M14×1.5	564	200	8	78	EXT38Z×2.5m×20P×5h
NJM-G6.3	600	480f7	560	6×φ26	M42×2	—	570	219	8	100	EXT40Z×3m×30P×5h
NJM-G3.15	530	$400_{-0.14}^{-0.08}$	493	6×φ22	M27×2	—	517	185	6	78	EXT32Z×3m×30P×5h
2NJM-G3.15	530	$400_{-0.14}^{-0.08}$	493	6×φ22	M27×2	M14×1.5	540	185	6	70	EXT24Z×3m×30P×5h

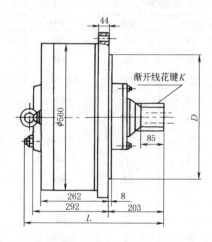

NJM-G4 型、2NJM-G4 型液压马达外形尺寸（徐州液压件厂、沈阳工程液压件厂生产）

型 号	L	D	K
NJM-G4	526	420f9	EXT58Z×2.5m×20P×5h
2NJM-G4	550	480f9	EXT38Z×2.5m×20P×5h

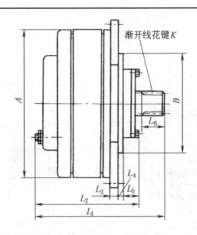

NJM-G(2、2.5)型液压马达外形尺寸(徐州液压件厂生产)

型　　号	A	B	L_1	L_2	L_3	L_4	L_5	L_6	K
NJM-G2	485	$400^{-0.02}_{-0.10}$	465	365	30	10	48	80	EXT25Z×2.5m×30P×5h
NJM-G2.5	560	$480^{-0.10}_{-0.25}$	430	330	34	8	60	85	EXT38Z×2.5m×30P×5h

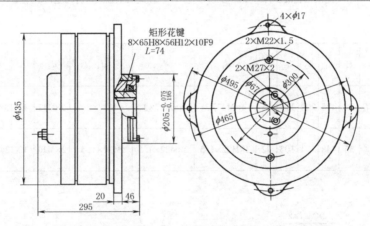

NJM-G1型液压马达外形尺寸(徐州液压件厂生产)

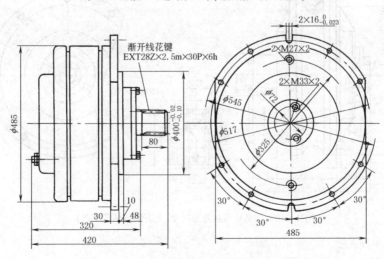

NJM-G1.25型液压马达外形尺寸(徐州液压件厂生产)

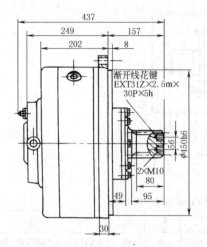

NJM-G1.25 型液压马达外形尺寸

（沈阳工程液压件厂生产）

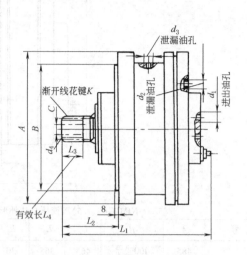

NJM-G（2、2.84）型液压马达外形尺寸

（沈阳工程液压件厂生产）

型　号	A	B	C	L_1	L_2	L_3	L_4	d_1	d_2	d_3	d_4	K
NJM-G2	560	$480^{-0.08}_{-0.14}$	35	475	200	116	85	4×M27×2	4×M27×2	M27×2	2×M12	EXT38Z×2.5m×30R×6h
NJM-G2.84	462	$380^{-0.08}_{-0.14}$	35	448	174	103	72	2×M22×1.5	2×M22×1.5	M22×1.5	2×M10	EXT24Z×3m×30R×6h

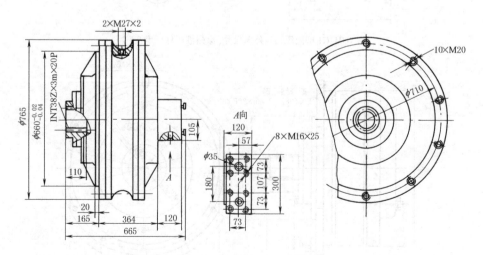

NJM-E10W 型液压马达外形尺寸（上海液压泵厂生产）

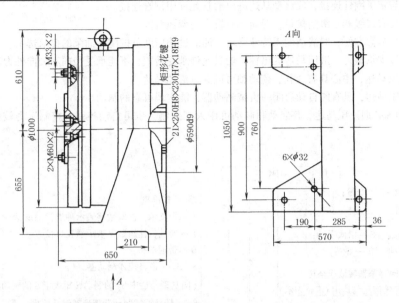

NJM-E40 型液压马达外形尺寸(上海液压泵厂生产)

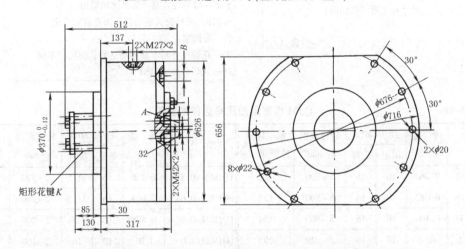

NJM-F(10、12.5)型液压马达外形尺寸(上海电气液压气动有限公司液压泵厂生产)

型 号	A	B	K
NJM-F10	45	M16×1.5	10×145f7×160f5×22f9
NJM-F12.5	43	M18×1.5	10×145f7×160f5×22f9

4.3.7 QJM 型、QKM 型液压马达

QJM 型液压马达有以下主要特点。

① 该型马达的滚动体用一只钢球代替了一般内曲线液压马达所用的两只以上滚轮和横梁,因而结构简单、工作可靠,体积、重量显著减小。

② 运动副惯量小,钢球结实可靠,故该型马达可以在较高转速和冲击载荷下连续工作。

③ 摩擦副少,配油轴与转子内力平衡,球塞副通过自润滑复合材料制成的球垫传力,并具有静压平衡和良好的润滑条件,采用可自动补偿磨损的软性塑料活塞环密封高压油,因而具有较高的机械效率和容积效率,能在很低的转速下稳定运转,启动转矩较大。

④ 因结构具有的特点，该型马达所需回油背压较低，一般需 0.3~0.8MPa，转速越高，背压应越大。

⑤ 因配油轴与定子刚性连接，故该型马达进出油管允许用钢管连接。

⑥ 该型马达具有二级和三级变排量，因而具有较大的调速范围。

⑦ 结构简单，拆修方便，对清洁度无特殊要求，油的过滤精度可按配套油泵的要求选定。

⑧ 除壳转和带支承型外，液压马达的出轴一般只允许承受转矩，不能承受径向和轴向外力。

⑨ 带 T 型液压马达，中心具有通孔，传动轴可以穿过液压马达。

⑩ 带 S 型液压马达，具有能自动启闭的机械制动器，能实现可靠的制动。

⑪ 带 Se 型和 SeZ 型液压马达，其启动和制动可用人工控制，也可自动控制，控制压力较低，制动转矩大，操作方便可靠。

型号意义：

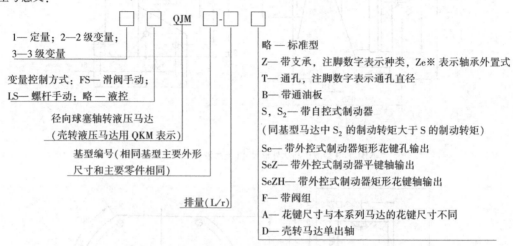

表 21-5-98　　　　　QJM 型定量液压马达技术参数

型　号	排量/L·r⁻¹	压力/MPa 额定	压力/MPa 尖峰	转速范围/r·min⁻¹	额定输出转矩/N·m	型　号	排量/L·r⁻¹	压力/MPa 额定	压力/MPa 尖峰	转速范围/r·min⁻¹	额定输出转矩/N·m
1QJM001-0.063	0.064	10	16	8~800	95	1QJM21-0.5	0.496	16	31.5	2~320	1175
1QJM001-0.08	0.083	10	16	8~500	123	1QJM21-0.63	0.664	16	31.5	2~250	1572
1QJM001-0.1	0.104	10	16	8~400	154	1QJM21-0.8	0.808	16	25	2~200	1913
1QJM002-0.2	0.2	10	16	5~320	295	1QJM21-1.0	1.01	10	16	2~160	1495
1QJM01-0.063	0.064	16	25	8~600	149	1QJM21-1.25	1.354	10	16	2~125	2004
1QJM01-0.1	0.1	10	16	8~400	148	1QJM21-1.6	1.65	10	16	2~100	2442
1QJM01-0.16	0.163	10	16	8~350	241	1QJM12-1.0	1.0	10	16	4~200	1480
1QJM01-0.2	0.203	10	16	8~320	300	1QJM12-1.25	1.33	10	16	4~160	1968
1QJM02-0.32	0.346	10	16	5~320	483	1QJM31-0.8	0.808	20	31.5	2~250	2392
1QJM02-0.4	0.406	10	16	5~320	600	1QJM31-1.0	1.06	16	25	1~200	2510
1QJM11-0.32	0.339	10	16	5~500	468	1QJM31-1.6	1.65	10	16	1~125	2440
1QJM1A1-0.4	0.404	10	16	5~400	598	1QJM32-0.63	0.635	20	31.5	1~500	1880
1QJM11-0.5	0.496	10	16	5~320	734	1QJM32-0.8	0.808	20	31.5	1~400	2368
1QJM11-0.63	0.664	10	16	4~250	983	1QJM32-1.0	1.06	20	31.5	1~400	3138
1QJM1A1-0.63	0.664	10	16	4~250	983	1QJM32-1.25	1.295	20	31.5	2~320	3833
1QJM21-0.4	0.404	16	31.5	2~400	957	1QJM32-1.6	1.649	20	31.5	2~250	4881

续表

型 号	排 量 /L·r⁻¹	压力/MPa		转速范围 /r·min⁻¹	额定输出 转矩/N·m	型 号	排 量 /L·r⁻¹	压力/MPa		转速范围 /r·min⁻¹	额定输出 转矩/N·m
		额定	尖峰					额定	尖峰		
1QJM32-2.0	2.03	16	25	2~200	4807	1QJM52-3.2	3.24	20	31.5	1~250	9590
1QJM32-2.5	2.71	10	16	1~160	4011	1QJM52-4.0	4.0	16	25	1~200	9472
1QJM32-3.2	3.3	10	16	1~125	4884	1QJM52-5.0	5.23	10	16	1~160	7740
1QJM32-4.0	4.0	10	16	1~100	5920	1QJM52-6.3	6.36	10	16	1~125	9413
1QJM42-2.0	2.11	20	31.5	1~320	6246	1QJM62-4.0	4.0	20	31.5	0.5~200	11840
1QJM42-2.5	2.56	20	31.5	1~250	7578	1QJM62-5.0	5.18	20	31.5	0.5~160	15333
1QJM42-3.2	3.24	16	25	1~200	7672	1QJM62-6.3	6.27	16	25	0.5~125	14847
1QJM42-4.0	4.0	10	16	1~160	5920	1QJM62-8	7.85	10	16	0.5~100	11618
1QJM42-4.5	4.6	10	16	1~125	6808	1QJM62-10	10.15	10	16	0.5~80	15022
1QJM52-2.5	2.67	20	31.5	1~320	7903						

注: 1. 各型带支承和带阀组液压马达的技术参数与表中对应的标准型液压马达技术参数相同。

2. 1QJM322 马达的技术参数与表中 1QJM32 相同。

3. 1QJM432 马达的技术参数与表中 1QJM42 相同。

表 21-5-99　　　　　　　　　　**QJM 型变量液压马达技术参数**

型 号	排 量 /L·r⁻¹	压力/MPa		转速范围 /r·min⁻¹	额定输 出转矩 /N·m	型 号	排 量 /L·r⁻¹	压力/MPa		转速范围 /r·min⁻¹	额定输 出转矩 /N·m
		额定	尖峰					额定	尖峰		
2QJM02-0.4	0.406,0.203	10	16	5~320	600	2QJM32-2.5	2.71,1.355	10	16	1~160	4011
2QJM11-0.4	0.404,0.202	10	16	5~630	598	2QJM32-3.2	3.3,1.65	10	16	1~125	4884
2QJM11-0.5	0.496,0.248	10	16	5~400	734	2QJM42-2.0	2.11,1.055	20	31.5	1~320	6246
2QJM11-0.63	0.664,0.332	10	16	5~320	983	2QJM42-2.5	2.56,1.28	20	31.5	1~250	7578
2QJM21-0.32	0.317,0.159	16	31.5	2~630	751	2QJM42-3.2	3.24,1.62	10	16	1~200	4850
2QJM21-0.5	0.496,0.248	16	31.5	2~400	1175	2QJM42-4.0	4.0,2.0	10	16	1~200	5920
2QJM21-0.63	0.664,0.332	16	31.5	2~320	1572	2QJM52-2.5	2.67,1.335	20	31.5	1~320	7903
2QJM21-1.0	1.01,0.505	10	16	2~250	1495	2QJM52-3.2	3.24,1.62	20	31.5	1~250	9590
2QJM21-1.25	1.354,0.677	10	16	2~200	2004	2QJM52-4.0	4.0,2.0	16	25	1~200	9472
2QJM31-0.8	0.808,0.404	20	31.5	2~250	2392	2QJM52-5.0	5.23,2.615	10	16	1~160	7740
2QJM31-1.0	1.06,0.53	16	25	1~200	2510	2QJM52-6.3	6.36,3.18	10	16	1~125	9413
2QJM31-1.6	1.65,0.825	10	16	1~125	2442	2QJM62-4.0	4.0,2.0	20	31.5	0.5~200	11840
2QJM32-0.63	0.635,0.318	20	31.5	1~500	1880	2QJM62-5.0	5.18,2.59	20	31.5	0.5~160	15333
2QJM32-1.0	1.06,0.53	20	31.5	1~400	3138	2QJM62-6.3	6.27,3.135	16	25	0.5~125	14847
2QJM32-1.25	1.295,0.648	20	31.5	2~320	3833	2QJM62-8.0	7.85,3.925	10	16	0.5~100	11618
2QJM32-1.6	1.649,0.825	20	31.5	2~250	4881	2QJM62-10	10.15,5.075	10	16	0.5~80	15022
2QJM32-1.6/0.4	1.6,0.4	20	31.5	2~250	4736	3QJM32-1.25	1.295,0.648,0.324	20	31.5	1~320	3833
2QJM32-2.0	2.03,1.015	16	25	2~200	4807	3QJM32-1.6	1.649,0.825,0.413	20	31.5	2~250	4881

注: 各型带支承和带阀组变量液压马达的技术参数与表中对应的变量液压马达的技术参数相同。

表 21-5-100　　　　　　　　　**QJM 型自控式带制动器液压马达技术参数**

型　号	排量 /L·r⁻¹	压力/MPa		转速范围 /r·min⁻¹	额定输出转矩 /N·m	制动器开启压力 /MPa	制动器制动转矩 /N·m
		额定	尖峰				
1QJM11-0.32S	0.317	10	16	5~500	468	4~6	
1QJM11-0.40S	0.404	10	16	5~400	598		
1QJM11-0.50S	0.496	10	16	5~320	734		
1QJM11-0.63S	0.664	10	16	4~250	983	3~5	400~600
1QJM11-0.40S	0.404	10	16	5~400	598		
1QJM11-0.50S	0.496	10	16	5~320	734		
1QJM11-0.63S	0.664	10	16	5~200	983		
1QJM21-0.32S	0.317	16	31.5	2~500	751		
1QJM21-0.40S	0.404	16	31.5	2~400	957		
1QJM21-0.50S	0.496	16	31.5	2~320	1175	4~6	
1QJM21-0.63S	0.664	16	31.5	2~250	1572		
1QJM21-0.8S	0.808	16	25	2~200	1913		
1QJM21-1.0S	1.01	10	16	2~160	1495		
1QJM21-1.25S	1.354	10	16	2~125	2004	3~5	
1QJM21-1.6S	1.65	10	12.5	2~100	2442		
2QJM21-0.32S	0.317,0.159	16	31.5	2~600	751		1000~1400
2QJM21-0.40S	0.404,0.202	16	31.5	2~500	957		
2QJM21-0.50S	0.496,0.248	16	31.5	2~400	1175	4~7	
2QJM21-0.63S	0.664,0.332	16	31.5	2~320	1572		
2QJM21-0.8S	0.808,0.404	16	25	2~200	1913		
2QJM21-1.0S	1.01,0.505	10	16	2~250	1495		
2QJM21-1.25S	1.354,0.677	10	16	2~200	2004	3~5	
2QJM21-1.6S	1.65,0.825	10	16	2~100	2442		
½QJM32-0.63S	0.635 0.635,0.318	20	31.5	3~500	1880		
½QJM32-0.8S	0.808 0.808,0.404	20	31.5	3~400	2368	4~7	
½QJM32-1.0S	1.06 1.06,0.53	20	31.5	2~400	3138		
½QJM32-1.25S	1.295 1.295,0.648	20	31.5	2~320	3833		
½QJM32-1.6S	1.649 1.649,0.825	20	31.5	2~250	4881		2500
½QJM32-2.0S	2.03 2.03,1.02	16	25	2~200	4807	3~5	
½QJM32-2.5S	2.71 2.71,1.36	10	16	1~160	4011		
½QJM32-3.2S	3.3 3.3,1.65	10	16	1~125	4884		

型 号	排量 /L·r⁻¹	压力/MPa		转速范围 /r·min⁻¹	额定输出转矩 /N·m	制动器开启压力 /MPa	制动器制动转矩 /N·m
		额定	尖峰				
$\frac{1}{2}$QJM32-4.0S	4.0 4.0,2.0	10	16	1~100	5920	3~5	
$\frac{1}{2}$QJM32-0.63S₂	0.635 0.635,0.318	20	31.5	3~500	1880	4~7	4000
$\frac{1}{2}$QJM32-0.8S₂	0.808 0.808,0.404	20	31.5	3~400	2368		
$\frac{1}{2}$QJM32-1.0S₂	0.993 0.993,0.497	20	31.5	2~400	3138		
$\frac{1}{2}$QJM32-1.25S₂	1.295 1.295,0.648	20	31.5	2~320	3833		
$\frac{1}{2}$QJM32-1.6S₂	1.649 1.649,0.825	20	31.5	2~250	4881		
$\frac{1}{2}$QJM32-2.0S₂	2.03 2.03,1.015	16	25	2~200	4807	3~5	
$\frac{1}{2}$QJM32-2.5S₂	2.71 2.71,1.355	10	16	1~160	4011		
$\frac{1}{2}$QJM32-3.2S₂	3.3 3.3,1.65	10	16	1~125	4884		
$\frac{1}{2}$QJM32-4.0S₂	4.0 4.0,2.0	10	16	1~100	5920		
$\frac{1}{2}$QJM42-2.0S	2.11 2.11,1.055	20	31.5	1~320	6246	4~7	5000
$\frac{1}{2}$QJM42-2.5S	2.56 2.56,1.28	20	31.5	1~250	7578		
$\frac{1}{2}$QJM42-3.2S	3.28 3.28,1.64	10	16	1~200	4884	4~6	
$\frac{1}{2}$QJM42-4.0S	4.0 4.0,2.0	10	16	1~160	5920	3~5	
$\frac{1}{2}$QJM42-4.5S	4.56 4.56,2.28	10	16	1~125	6808		
$\frac{1}{2}$QJM52-2.5S	2.67 2.67,1.355	20	31.5	1~320	7903	4~7	6000
$\frac{1}{2}$QJM52-3.2S	3.24 3.24,1.62	20	31.5	1~250	9590		
$\frac{1}{2}$QJM52-4.0S	4.0 4.0,2.0	16	25	1~200	9472	4~6	
$\frac{1}{2}$QJM52-5.0S	5.23 5.23,2.615	16	16	1~160	7740	3~5	
$\frac{1}{2}$QJM52-6.3S	6.36 6.36,3.18	16	16	1~125	9413		
1QJM31-0.63SZ	0.66	20	31.5	1~320	1954	4~7	1800
1QJM31-1.0SZ	1.06	16	25	1~200	2510	4~6	
1QJM31-1.25SZ	1.36	10	16	1~160	2013	3~5	
1QJM31-1.6SZ	1.65	10	16	1~125	2442		

续表

型　号	排量 /L·r⁻¹	压力/MPa 额定	压力/MPa 尖峰	转速范围 /r·min⁻¹	额定输出转矩 /N·m	制动器开启压力 /MPa	制动器制动转矩 /N·m
½QJM32-0.63SZ	0.635 0.635,0.318	20	31.5	3~500	1880	4~7	
½QJM32-0.8SZ	0.808 0.808,0.404	20	31.5	3~400	2368		
½QJM32-1.0SZ	1.06 1.06,0.53	20	31.5	2~400	3138		
½QJM32-1.25SZ	1.295 1.295,0.648	20	31.5	2~320	3833		2500
½QJM32-1.6SZ	1.649 1.649,0.825	20	31.5	2~250	4881		
½QJM32-2.0SZ	2.03 2.03,1.015	16	25	2~200	4807	3~5	
½QJM32-2.5SZ	2.71 2.71,1.355	10	16	1~160	4011		
½QJM32-3.2SZ	3.3 3.3,1.65	10	16	1~125	4884		
½QJM32-4.0SZ	4.0 4.0,2.0	10	16	1~100	5920		

表 21-5-101　　　　　　　　　　　外形尺寸　　　　　　　　　　　　　　mm

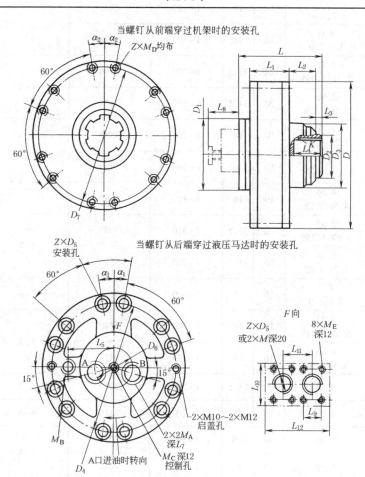

型　号	L	L_1	L_2	L_3	L_4	L_5	L_7	L_8	L_9	L_{10}	L_{11}	L_{12}	D	D_1	D_2	D_3	D_4
1QJM001-※※	101	58	38	5	20	43	20	37	—	37	35±0.3	63	φ140	—	φ60	φ110g6	φ128±0.3
1QJM01-※※	130	80	38	3	30	62	20	—	—	—	—	—	φ180	φ100	φ70	φ130g7	φ165±0.3
1QJM02-※※	152	102	38	3	30	62	20	—	—	—	—	—	φ180	φ100	φ70	φ130g7	φ165±0.3
$\frac{1}{2}$QJM11-※※	132	82	33	3	32	87	20	—	—	—	—	—	φ240	φ150	φ100	φ160g7	φ220±0.3
1QJM1A1-※※	132	82	24.5	11.5	38	87	20	—	—	—	—	—	φ240	φ150	φ60h8	φ200g7	φ220±0.3
$\frac{1}{2}$QJM12-※※	165	115	33	3	32	87	20	—	—	—	—	—	φ240	φ150	φ100	φ160g7	φ220±0.3
$\frac{1}{2}$QJM21-※※	168	98	29	14	38	—	20	—	—	—	—	—	φ300	φ150	φ110	φ160g7	φ283±0.3
2LSQJM21-※※								110	—	48	58	150					
$\frac{1}{2}$QJM32-※※	213	138	43	10	55	115	20	—	—	—	—	—	φ320	φ165	φ120	φ170g7	φ299±0.3
2LSQJM32-※※								95	—	48	70	165					
$\frac{1}{2}$QJM42-※※	209	160	16	12	35	124	22	—	—	—	—	—	φ350	φ190	φ140	φ200g7	φ320±0.3
2LSQJM42-※※								151	73	108	104	204					
1QJM42-※※A	200	153	23	5	35	124	22	—	—	—	—	—	φ340	φ190	φ120	φ170g7	φ320±0.3
$\frac{1}{2}$QJM31-※※	181.5	100	42.5	14	55	115	20	—	—	—	—	—	φ320	φ165	φ120	φ170g7	φ299±0.3
$\frac{1}{2}$QJM52-※※	237	175	20	16	45	135	24	—	—	—	—	—	φ420	φ220	φ160	φ315g7	φ360±0.3
2LSQJM52-※※								144	73	101	105	205					
$\frac{1}{2}$QJM62-※※	264	162	24	16	45	167.5	24	—	—	—	—	—	φ485	φ255	φ170	φ395g7	φ435±0.3
2LSQJM62-※※								144	73	101	123	255					
$\frac{1}{2}$QJM11-※S_1	146.5	97	20	11.5	28	87	20	—	—	—	—	—	φ240	φ150	φ100	φ160g7	φ220±0.3
$\frac{1}{2}$QJM21-※S_1	168	117	17	7	31	100	20	—	—	—	—	—	φ304	φ150	φ100	φ160g7	φ220±0.3
$\frac{1}{2}$QJM21-※S_2	184	127	12	13	32	100	20	—	—	—	—	—	φ304	φ150	φ110	φ160g7	φ283±0.3
$\frac{1}{2}$QJM32-※S	231	140	58	3	55	115	20	—	—	—	—	—	φ320	φ165	φ170	φ280g7	φ299±0.3
$\frac{1}{2}$QJM32-※S_2	252	167.5															
$\frac{1}{2}$QJM42-※S	229	187	16	3	35	124	22	—	—	—	—	—	φ350	φ190	φ140h8	φ200g7	φ320±0.3
$\frac{1}{2}$QJM52-※S	266	178	56	3	55	135	24	—	—	—	—	—	φ420	φ220	φ160	φ315g7	φ360±0.3
$\frac{1}{2}$QJM11-※S_2	156	103	25	10	28	87	20	—	—	—	—	—	φ240	φ150	φ100	φ160g7	φ220±0.3

第

21

篇

型　　号	$Z×D_5$	D_6	D_7	M_A	M_B	M_C	$Z×M_D$	M_E	$α_1$	$α_2$	$\dfrac{K}{对花键轴要求}$	质量/kg
1QJM001-※※	12×φ6.5	—	—		M16×1.5				10°	10°	$6×\dfrac{48\mathrm{H}11×42\mathrm{H}11×12\mathrm{D}9}{48\mathrm{b}12×42\mathrm{b}12×12\mathrm{d}9}$	7
1QJM01-※※	12×φ9	φ58	—	M27×2	M12×1.5					10°	$6×\dfrac{48\mathrm{H}11×42\mathrm{H}11×12\mathrm{D}9}{48\mathrm{b}12×42\mathrm{b}12×12\mathrm{d}9}$	15
1QJM02-※※	12×φ9	φ58	—	M27×2	M12×1.5					10°	$6×\dfrac{48\mathrm{H}11×42\mathrm{H}11×12\mathrm{D}9}{48\mathrm{b}12×42\mathrm{b}12×12\mathrm{d}9}$	24
$^1_2$QJM11-※※	12×φ11	φ69	—	M33×2	M16×1.5	M12×1.5				10°	$6×\dfrac{70\mathrm{H}11×62\mathrm{H}11×16\mathrm{D}9}{70\mathrm{b}12×62\mathrm{b}12×16\mathrm{d}9}$	28
1QJM1A1-※※	12×φ11	φ69	—	M33×2	M16×1.5					10°	$8×\dfrac{42\mathrm{H}11×36\mathrm{H}11×7\mathrm{D}9}{42\mathrm{b}12×36\mathrm{b}12×7\mathrm{d}9}$	28
$^1_2$QJM12-※※	12×φ11	φ69	—	M33×2	M16×1.5	M12×1.5				10°	$6×\dfrac{90\mathrm{H}11×80\mathrm{H}11×20\mathrm{D}9}{90\mathrm{b}12×80\mathrm{b}12×20\mathrm{d}9}$	39
$^1_2$QJM21-※※	12×φ11	φ69	—	M33×2	M22×1.5					10°	$6×\dfrac{90\mathrm{H}11×80\mathrm{H}11×20\mathrm{D}9}{90\mathrm{b}12×80\mathrm{b}12×20\mathrm{d}9}$	50
2LSQJM21-※※						M12×1.5						
$^1_2$QJM32-※※	12×φ13	φ79		M33×2	M22×1.5					10°	$10×\dfrac{98\mathrm{H}11×92\mathrm{H}11×14\mathrm{D}9}{98\mathrm{b}12×92\mathrm{b}12×14\mathrm{d}9}$	70
2LSQJM32-※※						M12×1.5						78
$^1_2$QJM42-※※	12×φ13	φ100	—	M42×2	M22×1.5	—		—		10°	$10×\dfrac{112\mathrm{H}11×102\mathrm{H}11×16\mathrm{D}9}{112\mathrm{b}12×102\mathrm{b}12×16\mathrm{d}9}$	90
2LSQJM42-※※						M16×1.5		M16				100
1QJM42-※※A	12×φ13	φ100	—	M42×2	M22×1.5					10°	$10×\dfrac{98\mathrm{H}11×92\mathrm{H}11×14\mathrm{D}9}{98\mathrm{b}12×92\mathrm{b}12×14\mathrm{d}9}$	90
$^1_2$QJM31-※※	12×φ13	φ79	—	M33×2	M22×1.5	M12×1.5				10°	$10×\dfrac{98\mathrm{H}11×92\mathrm{H}11×14\mathrm{D}9}{98\mathrm{b}12×92\mathrm{b}12×14\mathrm{d}9}$	60
$^1_2$QJM52-※※	6×φ22	φ110	φ360±0.3	M48×2	M22×1.5	—		—		6°	$10×\dfrac{120\mathrm{H}11×112\mathrm{H}11×18\mathrm{D}9}{120\mathrm{b}12×112\mathrm{b}12×18\mathrm{d}9}$	150
2LSQJM52-※※						M12×1.5		M16				160
$^1_2$QJM62-※※	6×φ22	φ128	φ435±0.3	M48×2	2×M22×1.5	—		—		6°	$10×\dfrac{120\mathrm{H}11×112\mathrm{H}11×18\mathrm{D}9}{120\mathrm{b}12×112\mathrm{b}12×18\mathrm{d}9}$	200
2LSQJM62-※※						M12×1.5		M16				212
$^1_2$QJM11-※S$_1$	12×φ11	φ69	—	M33×2	M16×1.5	M12×1.5		—	10°	—	$6×\dfrac{70\mathrm{H}11×62\mathrm{H}11×16\mathrm{D}9}{70\mathrm{b}12×62\mathrm{b}12×16\mathrm{d}9}$	35
$^1_2$QJM21-※S$_1$	12×φ11	φ69	—	M33×2	M22×1.5	M12×1.5		—	10°	—	$6×\dfrac{90\mathrm{H}11×80\mathrm{H}11×20\mathrm{D}9}{90\mathrm{b}12×80\mathrm{b}12×20\mathrm{d}9}$	53
$^1_2$QJM21-※S$_2$	12×φ11	φ69	—	M33×2	M22×1.5	M12×1.5		—	10°	—	$6×\dfrac{90\mathrm{H}11×80\mathrm{H}11×20\mathrm{D}9}{90\mathrm{b}12×80\mathrm{b}12×20\mathrm{d}9}$	55
$^1_2$QJM32-※S $^1_2$QJM32-※S$_2$	12×φ13	φ79	—	M33×2	M22×1.5	M12×1.5		—	10°	—	$10×\dfrac{98\mathrm{H}11×92\mathrm{H}11×14\mathrm{D}9}{98\mathrm{b}12×92\mathrm{b}12×14\mathrm{d}9}$	86
$^1_2$QJM42-※S	12×φ13	φ100	φ320±0.3	M42×2	M22×1.5	M12×1.5	6×M12	—	10°	10°	$10×\dfrac{112\mathrm{H}11×102\mathrm{H}11×16\mathrm{D}9}{112\mathrm{b}12×102\mathrm{b}12×16\mathrm{d}9}$	108
$^1_2$QJM52-※S	10×φ22	φ110	φ360±0.3	M48×2	M22×1.5	M12×1.5		—	6°	—	$10×\dfrac{120\mathrm{H}11×112\mathrm{H}11×18\mathrm{D}9}{120\mathrm{b}12×112\mathrm{b}12×18\mathrm{d}9}$	167
$^1_2$QJM11-※S$_2$	12×φ11	φ69	—	M33×2	M16×1.5	M12×1.5		—	10°	—	$6×\dfrac{70\mathrm{H}11×62\mathrm{H}11×16\mathrm{D}9}{70\mathrm{b}12×62\mathrm{b}11×16\mathrm{d}9}$	35

注：1QJM12-※※A 输出轴花键为 $6×\dfrac{70\mathrm{H}11×62\mathrm{H}11×16\mathrm{D}9}{70\mathrm{b}12×62\mathrm{b}11×16\mathrm{d}9}$，其余尺寸皆与 1QJM12-※※ 相同。

表 21-5-102　　　　　　　　　　　　外形尺寸　　　　　　　　　　　　mm

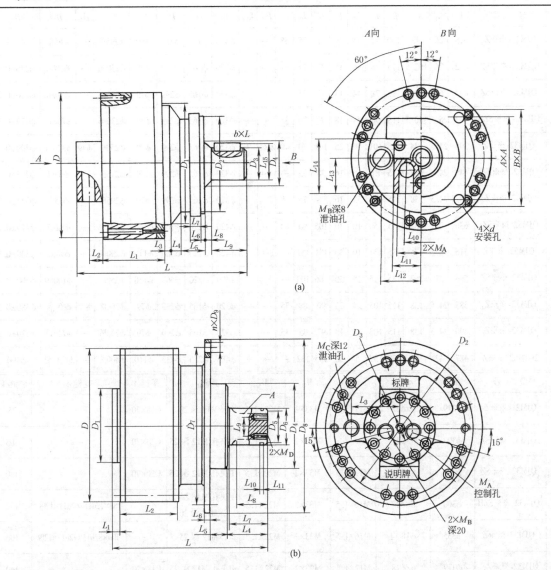

(a)

(b)

型　号	L	L₁	L₂	L₃	L₄	L₅	L₆	L₇	L₈	L₉	L₁₀	L₁₁	L₁₂	L₁₃	L₁₄	L₁₅	D	D₁	D₂	D₃	D₄
1QJM001-※※Z	237	68	17	6	16	70	48	12	3	40	38	63	43	32	49	27.5	φ140	φ110g7	φ75g7	φ25h8	φ35H7、φ35K6
1QJM002-※※Z	257	88	17	6	16	70	48	12	3	40	38	63	43	32	49	27.5	φ140	φ110g7	φ75g7	φ25h8	φ35H7、φ35K6
1QJM02-※※Z	290	102	22	—	52	32	5	18	3	56.5	58	100	60	41	82	43	φ180	—	φ125g7	φ40k6	—
1QJM11-※※Z	353	82	—	—	—	—	5	20	—	74	—	—	—	—	—	—	φ240	—	—	—	—
1QJM12-※※Z	472	123	40	—	—	—	10	20	30	82	70	150	87	40	65	54	φ240	—	φ160h7	φ50h7	φ60

图 a 对应前五行。

型　号	d	M_A	M_B	A×A	B×B	b×L	花　键	质量/kg
1QJM001-※※Z	φ11	M18×1.5	M16×1.5	70×70	90×90	8×36	—	10
1QJM002-※※Z	φ11	M18×1.5	M16×1.5	70×70	90×90	8×36	—	12
1QJM02-※※Z	φ13	G3/4	M12×1.5	—	140×140	12×45	—	24
1QJM11-※※Z	φ22	—	—	—	—	18×60	—	—
1QJM12-※※Z	φ18	G1	M16×1.5	141.5×141.5	178×178	14×72	—	—

第21篇

图 b

型　号	L	L₁	L₂	L₃	L₄	L₅	L₆	L₇	L₈	L₉	L₁₀	L₁₁	D	D₁	D₂	D₃	D₄	D₅	D₆	D₇
$\frac{1}{2}$QJM21-※※Z₃	328	26	99	100	81	45	16	78	75	38	—	—	φ300	φ150	φ283	φ69	φ295f9		φ65f2	φ335
1QJM31-※※SZ	402	26	102.5	115	78	44	18	77	75	—	—		φ320	φ165	φ299	φ79	φ230g6		φ70h6	φ270±0.3
$\frac{1}{2}$QJM32-※※SZ	453	26.5	140.5	115	78	44	18	77	75	—	—		φ320	φ165	φ299	φ79	φ230g6		φ70h6	φ270±0.3
1QJM32-※※SZH	473	26.5	140.5	115	98	44	18	97	70	35	—		φ320	φ165	φ299	φ79	φ230g6		φ70d11	φ270±0.3
$\frac{1}{2}$QJM32-※※Z	395	24.5	144	115	101	30	25	101	70	40	2.65	3	φ320	φ165	φ299	φ79	φ250f7	φ79	φ82b11	φ300±0.3
$\frac{1}{2}$QJM32-※※Ze₃	446	24.5	138	115	81	55	16	78	75	—	—		φ320	φ165	φ299	φ79	φ215f9		φ65f7	φ335±0.3
$\frac{1}{2}$QJM32-※※Z₃	363.5	24.5	138	115	81	55	16	78	75	38	—		φ320	φ165	φ299	φ79	φ295f9		φ65f7	φ335±0.3
$\frac{1}{2}$QJM52-※※SZ₄	636	27	282	135	150	10	30	105	80	40	—		φ420	φ220	φ360	φ110	φ381f9		φ84h5	φ419±0.2
$\frac{1}{2}$QJM52-※※Z	516	27	176	135	131	10	30	131	131	—	—		φ420	φ220	φ360	φ110	φ290f7		φ78h7	φ340±0.3
$\frac{1}{2}$QJM52-※※SZ	596	27	282	135	115	25	30	106	103	—	—		φ420	φ220	φ360	φ110	φ250f7		φ100h9	φ300±0.3
$\frac{1}{2}$QJM32-※※Z₄	383	24.5	138	115	105	24	25	90	88	35	—		φ320	φ165	φ299	φ79	φ260f8		$φ65_{-0.1}^{0}$	φ380±0.3
$\frac{1}{2}$QJM32-※※Z₆	490	24.5	138	115	103	44	18	97	85	35	—		φ320	φ165	φ299	φ79	φ230f6		φ72d11	φ270±0.3
2QJM62-※※Z	487	42	162	330	157	5	20	155	152	—	—		φ485	φ255	φ435	φ110	φ400f8		φ101.55	φ490

型　号	D₈	n×D₉	M_A	M_B	M_C	M_D	平键A	花键A	质量/kg
$\frac{1}{2}$QJM21-※※Z₃	φ379	6×φ18	M12×1.5	M33×2	M22×1.5	2×M12 深20	C18×70	—	75
1QJM31-※※SZ	φ300	8×φ17	—	M33×2	M22×1.5	中央孔 M12 深25	C20×70	—	105
$\frac{1}{2}$QJM32-※※SZ	φ300	8×φ17	M12×1.5	M33×2	M22×1.5	中央孔 M12 深25	C20×70	—	120
$\frac{1}{2}$QJM32-※※SZH	φ300	8×φ17	M16×1.5	M33×2	M22×1.5	中央孔 M16 深40 2×M10 深20	—	8d×72d11×62d11×12f8	132
$\frac{1}{2}$QJM32-※※Z	φ335	7×φ18 均布	M16×1.5	M33×2	M22×1.5	2×M12 深25	—	10d×82b11×72b12×12f9	106
$\frac{1}{2}$QJM32-※※Ze₃	φ379	6×φ18	M12×1.5	M33×2	M22×1.5	中央孔 M12 深25	C18×70	—	140
$\frac{1}{2}$QJM32-※※Z₃	φ379	6×φ18	M12×1.5	M33×2	M22×1.5	2×M12 深25	C20×70	—	108
$\frac{1}{2}$QJM52-※※SZ₄	φ450±0.3	5×φ22 均布	M16×1.5	M48×2	M22×1.5	4×M10 深25	—	渐开线花键	190
$\frac{1}{2}$QJM52-※※Z	φ370	8×φ20	M16×1.5	M48×2	M22×1.5	中央孔 M16 深40	22×132	—	190
$\frac{1}{2}$QJM52-※※SZ	φ355	12×φ17	M16×1.5	M48×2	M22×1.5	中央孔 M16 深40	C32×103	—	190
$\frac{1}{2}$QJM32-※※Z₄	—	5×φ22 均布	M12×1.5	M33×2	M22×1.5	中央孔 M16 深40 2×M10 深20	—	渐开线花键	106
$\frac{1}{2}$QJM32-※※Z₆	φ300	8×φ17	M12×1.5	M33×2	M22×1.5	中央孔 M16 深40 2×M10 深20	—	8d×72d11×62d11×12f8	106
2QJM62-※※Z	φ530	8×φ22	M16×1.5	M48×2	M22×1.5	—	150×25.4	—	240

注：渐开线花键输出轴各项参数可向厂方索取。

表 21-5-103 　　　　　　　　　　**QJM 带外控式制动器液压马达技术参数**

型　　号	排量/L·r⁻¹	压力/MPa		转速范围 /r·min⁻¹	额定输出转矩 /N·m	制动器开启压力 /MPa	制动器制动转矩 /N·m
		额定	尖峰				
1QJM12-0.8Se	0.808	10	16	4~250	1076	$1.3 \leqslant p \leqslant 6.3$	$\geqslant 1800$
1QJM12-1.0Se	0.993	10	16	4~200	1332		
1QJM12-1.25Se	1.328	10	16	4~160	1771		
$\frac{1}{2}$QJM21-0.32Se	0.317 0.317,0.159	16	31.5	2~500	751		$\geqslant 2500$
$\frac{1}{2}$QJM21-0.40Se	0.404 0.404,0.202	16	31.5	2~400	957		
$\frac{1}{2}$QJM21-0.50Se	0.496 0.496,0.248	16	31.5	2~320	1175		
$\frac{1}{2}$QJM21-0.63Se	0.664 0.664,0.332	12	31.5	2~250	1572		
$\frac{1}{2}$QJM21-0.8Se	0.808 0.808,0.404	16	25	2~200	1913		
$\frac{1}{2}$QJM21-1.0Se	1.01 1.01,0.505	10	16	2~160	1495		
$\frac{1}{2}$QJM21-1.25Se	1.354 1.354,0.677	10	16	2~125	2004		
$\frac{1}{2}$QJM21-1.6Se	1.65 1.65,0.825	10	12.5	2~100	2442		
$\frac{1}{2}$QJM32-0.63Se	0.635 0.635,0.318	20	31.5	3~500	1880	$2.5 \leqslant p \leqslant 6.3$	
$\frac{1}{2}$QJM32-0.8Se	0.808 0.808,0.404	20	31.5	3~400	2368		
$\frac{1}{2}$QJM32-1.0Se	0.993 0.993,0.497	20	31.5	2~400	3138		
$\frac{1}{2}$QJM32-1.25Se	1.328 1.328,0.664	20	31.5	2~320	3883		
$\frac{1}{2}$QJM32-1.6Se	1.616 1.616,0.808	20	31.5	2~250	4881		$\geqslant 6000$
$\frac{1}{2}$QJM32-2.0Se	2.03 2.03,1.015	16	25	2~200	4807		
$\frac{1}{2}$QJM32-2.5Se	2.71 2.71,1.355	10	16	1~160	4011		
$\frac{1}{2}$QJM32-3.2Se	3.3 3.3,1.65	10	16	1~125	4884		
$\frac{1}{2}$QJM32-4.0Se	4.0 4.0,2.0	10	16	1~100	5920		
$\frac{1}{2}$QJM42-2.0Se	2.11 2.11,1.055	20	31.5	1~320	6246	$2.1 \leqslant p \leqslant 6.3$	$\geqslant 9000$
$\frac{1}{2}$QJM42-2.5Se	2.56 2.56,1.28	20	31.5	1~250	7578		
$\frac{1}{2}$QJM42-3.2Se	3.3 3.3,1.65	10	16	1~200	4884		
$\frac{1}{2}$QJM42-4.0Se	4.0 4.0,2.0	10	16	1~160	5920		
$\frac{1}{2}$QJM42-4.5Se	4.56 4.56,2.28	10	16	1~125	6808		
$\frac{1}{2}$QJM52-2.5Se	2.67 2.67,1.335	20	31.5	1~320	7903	$2.2 \leqslant p \leqslant 6.3$	$\geqslant 10000$
$\frac{1}{2}$QJM52-3.2Se	3.24 3.24,1.62	20	31.5	1~250	9590		
$\frac{1}{2}$QJM52-4.0Se	4.0 4.0,2.0	16	25	1~200	9472		
$\frac{1}{2}$QJM52-5.0Se	5.23 5.23,2.615	10	16	1~160	7740		
$\frac{1}{2}$QJM52-6.3Se	6.36 6.36,3.18	10	16	1~125	9413		

型　　　　号	排量/L·r⁻¹	压力/MPa		转速范围	额定输出转矩	制动器开启压力	制动器制动转矩
		额定	尖峰	/r·min⁻¹	/N·m	/MPa	/N·m
1QJM12-0.8SeZ 1QJM12-0.8SeZH	0.808	10	16	4~200 4~250	1076	3≤p≤6.3 1.3≤p≤6.3	≥1800
1QJM12-1.0Se 1QJM12-1.0SeZH	0.993	10	16	4~200 5~150	1332	3≤p≤6.3 1.3≤p≤6.3	
1QJM12-1.25SeZ 1QJM12-1.25SeZH	1.328	10	16	4~160 5~120	1771	3≤p≤6.3 1.3≤p≤6.3	
½QJM21-0.32SeZ	0.317 0.317,0.1585	16	31.5	2~500	751		≥2500
½QJM21-0.4SeZ	0.404 0.404,0.202	16	31.5	2~400	957		
½QJM21-0.5SeZ	0.496 0.496,0.248	16	31.5	2~320	1175		
½QJM21-0.63SeZ	0.664 0.664,0.332	16	31.5	2~250	1572		
½QJM21-0.8SeZ	0.808 0.808,0.404	16	25	2~200	1913		
½QJM21-1.0SeZ	1.01 1.01,0.505	10	16	2~160	1495		
½QJM21-1.25SeZ	1.354 1.354,0.677	10	16	2~125	2004		
½QJM21-1.6SeZ	1.65 1.65,0.825	10	12.5	2~100	2442		
½QJM32-0.63SeZ ½QJM32-0.63SeZH	0.635 0.635,0.318	20	31.5	3~500	1880	2.5≤p≤6.3	≥1600
½QJM32-0.8SeZ ½QJM32-0.8SeZH	0.808 0.808,0.404	20	31.5	3~400	2368		
½QJM32-1.0SeZ ½QJM32-1.0SeZH	0.993 0.993,0.497	20	31.5	2~400	3138		
½QJM32-1.25SeZ ½QJM32-1.25SeZH	1.328 1.328,0.664	20	31.5	2~320	3833		
½QJM32-1.6SeZ ½QJM32-1.6SeZH	1.616 1.616,0.808	20	31.5	2~250	4881		
½QJM32-2.0SeZ ½QJM32-2.0SeZH	2.03 2.03,1.015	16	25	2~200	4807		
½QJM32-2.5SeZ ½QJM32-2.5SeZH	2.71 2.71,1.355	10	16	1~160	4011		
½QJM32-3.2SeZ ½QJM32-3.2SeZH	3.3 3.3,1.65	10	16	1~125	4884		
½QJM32-4.0SeZ ½QJM32-4.0SeZH	4.0 4.0,2.0	10	16	1~100	5920		
½QJM42-2.0SeZ ½QJM42-2.0SeZH	2.11 2.11,1.055	20	31.5	1~320	6246	2≤p≤6.3	≥9000
½QJM42-2.5SeZ ½QJM42-2.5SeZH	2.56 2.56,1.28	20	31.5	1~250	7578		
½QJM42-3.2SeZ ½QJM42-3.2SeZH	3.28 3.28,1.64	10	16	1~200	4884		
½QJM42-4.0SeZ ½QJM42-4.0SeZH	4.0 4.0,2.0	10	16	1~160	5920		
½QJM42-4.5SeZ ½QJM42-4.5SeZH	4.56 4.56,2.28	10	16	1~125	6808		
½QJM52-2.5SeZ ½QJM52-2.5SeZH	2.67 2.67,1.335	20	31.5	1~320	7903	2.2≤p≤6.3	≥10000
½QJM52-3.2SeZ ½QJM52-3.2SeZH	3.24 3.24,1.62	20	31.5	1~250	9590		
½QJM52-4.0SeZ ½QJM52-4.0SeZH	4.0 4.0,2.0	16	25	1~200	9472		
½QJM52-5.0SeZ ½QJM52-5.0SeZH	5.23 5.23,2.615	10	16	1~160	7740		
½QJM52-6.3SeZ ½QJM52-6.3SeZH	6.36 6.36,3.18	10	16	1~125	9413		

表 21-5-104 　外形尺寸　　mm

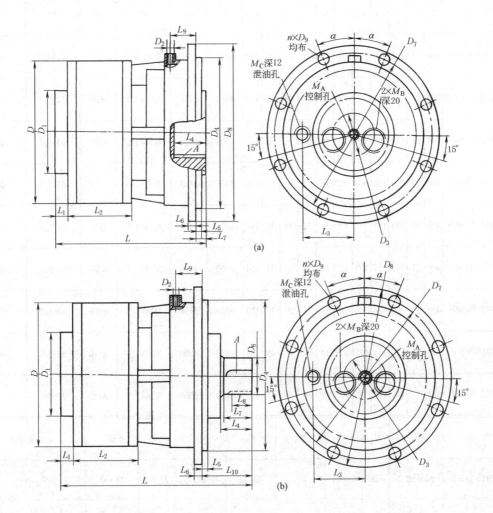

(a)

(b)

型 号	L	L_1	L_2	L_3	L_4	L_5	L_6	L_7	L_9	D	D_1	D_2	D_3	D_4
1QJM12-※Se	228	17	121	87	60	12	13	25	33	$\phi240$	$\phi150$	M16×1.5	$\phi69$	$\phi290g7$
$\frac{1}{2}$QJM21-※Se	245	27	102	100	60	16	16	24	36	$\phi304$	$\phi150$	M18×1.5	$\phi69$	$\phi310g7$
$\frac{1}{2}$QJM32-※Se	285	24	140	115	55	13	16	19	35	$\phi320$	$\phi165$	M16×1.5	$\phi79$	$\phi335g7$
$\frac{1}{2}$QJM42-※Se	278	21	160	124	35	15	18	22	45	$\phi350$	$\phi190$	M16×1.5	$\phi100$	$\phi395f6$
$\frac{1}{2}$QJM52-※Se	318	27	175	135	45	17	18	22	45	$\phi420$	$\phi200$	M16×1.5	$\phi110$	$\phi395f6$

图 a

型 号	D_7	D_8	$n×D_9$	M_A	M_B	M_C	α	花键 A
1QJM12-※Se	$\phi307±0.2$	$\phi327$	8×$\phi11$	—	M33×2	M16×1.5	22.5°	6D×90H11×80H11×20D9
1QJM21-※Se	$\phi330±0.2$	$\phi360$	8×$\phi13$	M12×1.5	M33×2	M22×1.5	22.5°	6D×90H11×80H11×20D9
$\frac{1}{2}$QJM32-※Se	$\phi354±0.2$	$\phi380$	8×$\phi13$	M12×1.5	M33×2	M22×1.5	15°	10D×98H11×92H11×14D9
$\frac{1}{2}$QJM42-※Se	$\phi418±0.2$	$\phi445$	12×$\phi17$	M16×1.5	M42×2	M22×1.5	15°	10D×112H11×102H11×16D9
$\frac{1}{2}$QJM52-※Se	$\phi418±0.2$	$\phi445$	12×$\phi17$	M16×1.5	M48×2	M22×1.5	15°	10D×120H11×112H11×18D9

续表

型号	L	L_1	L_2	L_3	L_4	L_5	L_6	L_7	L_8	L_9	L_{10}	D	D_1	D_2	D_3	D_4	D_6
1QJM12-※SeZ	350	17	121	87	66	10	13	62	—	24	96	$\phi240$	$\phi150$	M16×1.5	$\phi69$	$\phi250g7$	$\phi60h7$
1QJM12-※SeZH	370	17	121	87	62	12	13	58	39	24	100	$\phi240$	$\phi150$	M16×1.5	$\phi69$	$\phi290g7$	—
$\frac{1}{2}$QJM21-※SeZ	444	27	102	100	67	16	16	65	—	36	113	$\phi304$	$\phi150$	M18×1.5	$\phi69$	$\phi310g7$	$\phi70h7$
$\frac{1}{2}$QJM32-※SeZ	450	24	140	115	81	13	16	78	—	35	136	$\phi320$	$\phi165$	M16×1.5	$\phi79$	$\phi335g7$	$\phi70h7$
$\frac{1}{2}$QJM32-※SeZH	410	24	140	115	75	13	16	72	55	35	114	$\phi320$	$\phi165$	M16×1.5	$\phi79$	$\phi335g7$	—
$\frac{1}{2}$QJM42-※SeZ	490	21	160	124	100	15	18	95	—	37	160	$\phi350$	$\phi190$	M16×1.5	$\phi100$	$\phi365g7$	$\phi75h7$
$\frac{1}{2}$QJM42-※SeZH	456	21	160	124	75	15	18	71	50	37	120	$\phi350$	$\phi190$	M16×1.5	$\phi100$	$\phi365g7$	—
$\frac{1}{2}$QJM52-※SeZ	532	27	175	135	141	17	18	136	—	45	184	$\phi420$	$\phi200$	M16×1.5	$\phi110$	$\phi395f6$	$\phi78h7$
$\frac{1}{2}$QJM52-※SeZH	462	27	175	135	71	17	18	66	45	45	114	$\phi420$	$\phi200$	M16×1.5	$\phi110$	$\phi395f6$	—

图 b

型号	D_7	D_8	$n×D_9$	M_A	M_B	M_C	α	平键A	花键A
1QJM12-※SeZ	$\phi265\pm0.2$	$\phi285$	8×$\phi11$	—	M33×2	M16×1.5	22.5°	18×60	—
1QJM12-※SeZH	$\phi307\pm0.2$	$\phi327$	8×$\phi11$	—	M33×2	M16×1.5	22.5°	—	6d×90b12×80b12×20d9
$\frac{1}{2}$QJM21-※SeZ	$\phi330\pm0.2$	$\phi360$	8×$\phi13$	M12×1.5	M33×2	M22×1.5	22.5°	20×60	—
$\frac{1}{2}$QJM32-※SeZ	$\phi354\pm0.2$	$\phi380$	12×$\phi13$	M12×1.5	M33×2	M22×1.5	15°	C20×70	—
$\frac{1}{2}$QJM32-※SeZH	$\phi354\pm0.2$	$\phi380$	12×$\phi13$	M12×1.5	M33×2	M22×1.5	15°	—	10d×98b12×92b12×14d9
$\frac{1}{2}$QJM42-※SeZ	$\phi398\pm0.2$	$\phi430$	12×$\phi17$	M16×1.5	M42×2	M22×1.5	15°	C22×90	—
$\frac{1}{2}$QJM42-※SeZH	$\phi398\pm0.2$	$\phi430$	12×$\phi17$	M16×1.5	M42×2	M22×1.5	15°	—	10d×112b12×102b12×16d9
$\frac{1}{2}$QJM52-※SeZ	$\phi418\pm0.2$	$\phi445$	12×$\phi17$	M16×1.5	M48×2	M22×1.5	15°	C22×132	—
$\frac{1}{2}$QJM52-※SeZH	$\phi418\pm0.2$	$\phi445$	12×$\phi17$	M16×1.5	M48×2	M22×1.5	15°	—	10d×120b12×112b12×18d9

图 b

表 21-5-105　　　　　　　　　　　　外形尺寸及技术参数

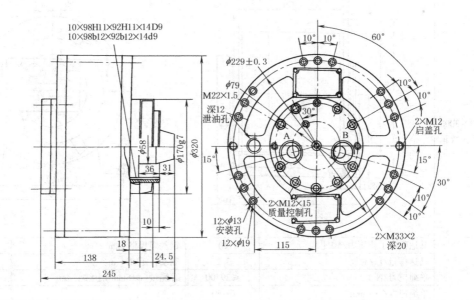

3QJM32-※※
型液压马达

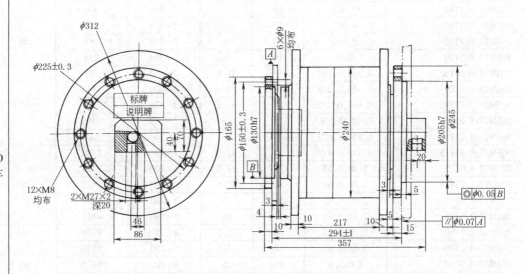

SYJ12-1250
型液压绞车

排量/L·r⁻¹	1.25	单绳额定压力/N	12500	钢丝绳卷绕层数	3	制动开启压力/MPa	3.5
额定压力/MPa	10	单绳速度/m·min⁻¹	31	钢丝绳规格/mm	(1+6+12+18) 6×37ϕ8.7	质量/kg	66
最大压力/MPa	16	卷筒规格/mm	240×217	制动转矩/N·m	2000		

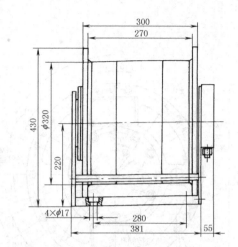

SYJ32-3000
型液压绞车

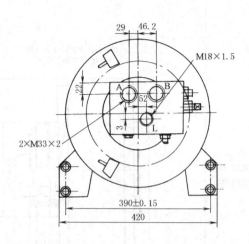

马达额定工作压力/MPa	10	钢丝绳规格/mm	$\phi13\sim15$
马达排量/L·r⁻¹	3.2	制动转矩/N·m	≥6000
单绳拉力/N	≤29400	容绳量(ϕ15mm 钢丝绳)/m	50
单绳速度/m·min⁻¹	6~30		

表 21-5-106　　　　　　　QJM 型通孔液压马达技术参数

型　号	排量 /L·r⁻¹	压力/MPa 额定	压力/MPa 尖峰	转速范围 /r·min⁻¹	额定输出转矩 /N·m	通孔直径 /mm	质量 /kg
1QJM01-0.1T40	0.1	10	16	8~800	148		
1QJM01-0.16T40	0.163	10	16	8~630	241	40	15
1QJM01-0.2T40	0.203	10	16	8~500	300		
1QJM11-0.32T50	0.317	10	16	5~500	469		
1QJM11-0.4T50	0.404	10	16	5~400	498	50	26
1QJM11-0.5T50	0.5	10	16	5~320	734		
2QJM21-0.32T65	0.317,0.159	16	31.5	2~630	751		
2QJM21-0.5T65	0.496,0.248	16	31.5	2~400	1175		
2QJM21-0.63T65	0.664,0.332	16	31.5	2~320	1572	65	64
2QJM21-1.0T65	1.01,0.505	10	16	2~250	1495		
2QJM21-1.25T65	1.354,0.677	10	16	2~200	2004		
2QJM32-0.63T75	0.635,0.318	20	31.5	1~500	1880		
2QJM32-1.0T75	1.06,0.53	20	31.5	1~400	3138		
2QJM32-1.25T75	1.30,0.65	20	31.5	2~320	3833	75	88
2QJM32-2.0T75	2.03,1.02	16	25	2~200	4807		
2QJM32-2.5T75	2.71,1.36	10	16	1~160	4011		
2QJM42-2.5T80	2.56,1.28	20	31.5	1~250	7578		
2QJM52-3.2T80	3.24,1.62	20	31.5	1~250	9590		
2QJM52-4.0T80	4.0,2.0	16	25	1~200	9472	80	—
2QJM52-5.0T80	5.23,2.615	10	16	1~160	7740		
2QJM52-6.3T80	6.36,3.18	10	16	1~100	9413		
1QJM62-4.0T125	4.0	20	31.5	0.5~200	11840		
1QJM62-5.0T125	5.18	20	31.5	0.5~160	15333		
1QJM62-6.3T125	6.27	16	25	1.5~125	14847	125	—
1QJM62-8.0T125	7.85	10	16	0.5~100	11618		
1QJM62-10T125	10.15	10	16	0.5~80	15022		

表 21-5-107

外形尺寸

mm

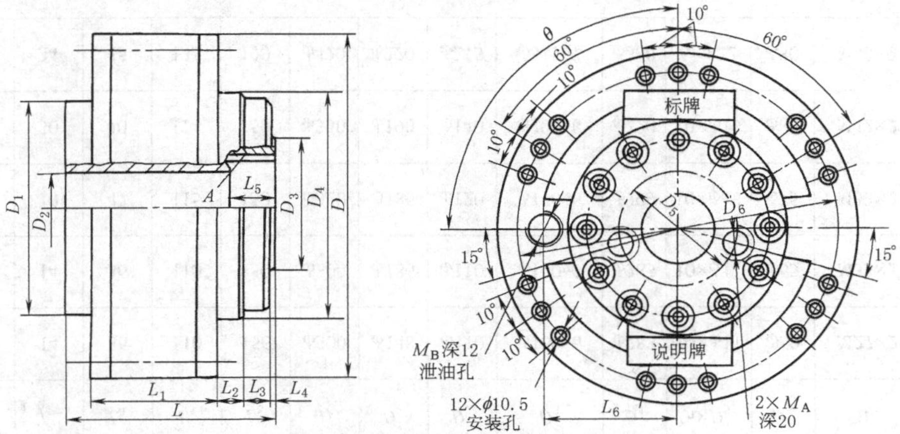

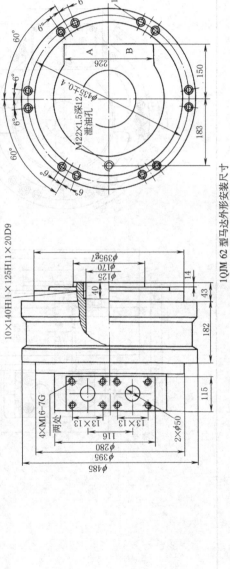

1QJM01,1QJM11 型马达外形安装尺寸

1QJM 62 型马达外形安装尺寸

型号	L	L_1	L_2	L_3	L_4	L_5	L_6	θ	D	D_1	D_2	D_3	D_4	D_5	D_6	M_A	M_B	A 对花键轴的要求
1QJM01-※T40	130	79	15	23	3	30	53	180°	ϕ180	ϕ130	ϕ40	ϕ110	ϕ130g6	ϕ70	ϕ165	M22×1.5	M12×1.5	6× 48H11×42H11×12D9 / 48b12×42b12×12d9
1QJM11-※T50	132	82	16	17	3	28	87	90°	ϕ240	ϕ150	ϕ50	ϕ150	ϕ160g6	ϕ80	ϕ220	M22×1.5	M16×1.5	6× 70H11×62H11×16D9 / 70b12×62b12×16d9

续表

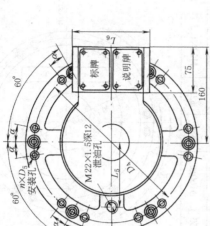

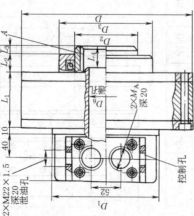

2QJM21、2QJM32、2QJM42、2QJM52 型马达外形及安装尺寸

型号	L	L_1	L_2	L_3	L_4	L_5	L_6	D	D_1	D_2	D_3	D_4	$n×D_5$	D_6	M_A	α	A 对花键轴的要求
2QJM21-※T50	230	98	29	14	36	110	156	φ300	φ148	φ110	φ160g6	φ283	10×φ11	φ50	M27×2	10°	$6×\dfrac{90H11×80H11×20D9}{90b12×80b12×20d9}$
2QJM21-※T65	230	98	29	14	36	110	150	φ300	φ186	φ110	φ160g6	φ283	10×φ11	φ65	M33×2	10°	$10×\dfrac{98H11×92H11×14D9}{98b12×92b12×14d9}$
2QJM32-※T75	273	138	43	10	47	115	150	φ320	φ186	φ120	φ170g6	φ299	10×φ13	φ75	M33×2	10°	$10×\dfrac{98H11×92H11×14D9}{98b12×92b12×14d9}$
2QJM42-25T80	292	160	16	30	40	124	150	φ350	φ190	φ140	φ200h8	φ320	10×φ13	φ80	M42×2	10°	$10×\dfrac{112H11×102H11×16D9}{112b11×102d11×16d9}$
2QJM52-2.5T80	367	175	20	34	45	135	190	φ420	φ220	φ215	φ315g7	φ360	6×φ22	φ80	M48×2	6°	$10×\dfrac{120H11×112H11×18D9}{120d11×112d11×18d9}$

备注：2QJM52-2.5T80 马达控制口和泄油口与图中所示对调

表 21-5-108 　　　　　　　　　　**QKM 型壳转液压马达技术参数**

型　　　号		排量/L·r⁻¹	压力/MPa		转速范围/r·min⁻¹	额定输出转矩/N·m	质量/kg
			额定	尖峰			
1QKM11-0.32	1QKM11-0.32D	0.317	16	25	5~630	751	
1QKM11-0.4	1QKM11-0.4D	0.404	10	16	5~400	598	
1QKM11-0.5	1QKM11-0.5D	0.496	10	16	5~320	734	
1QKM11-0.63	1QKM11-0.63D	0.664	10	16	4~250	983	—
1QKM32-2.5	1QKM32-2.5D	2.56	10	16	1~160	4011	
1QKM32-3.2	1QKM32-3.2D	3.24	10	16	1~125	4884	
1QKM32-4.0	1QKM32-4.0D	4.0	10	16	1~100	5920	
1QKM42-3.2	1QKM42-3.2D	3.28	10	16	1~200	4884	
1QKM42-4.0	1QKM42-4.0D	4.0	10	16	1~160	5920	129
1QKM42-4.5	1QKM42-4.5D	4.56	10	16	1~125	6808	
1QKM52-5.0	1QKM52-5.0D	5.237	10	16	1~160	7740	194
1QKM52-6.3	1QKM52-6.3D	6.36	10	16	1~125	9413	
1QKM62-4.0	—	4.0	20	31.5	0.5~200	11840	
1QKM62-5.0	—	5.18	20	31.5	0.5~160	15333	
1QKM62-6.3	—	6.27	16	25	0.5~125	14840	250
1QKM62-8.0	—	7.85	10	16	0.5~100	11618	
1QKM62-10	—	10.15	10	16	0.5~80	15022	

注：带"D"型号表示单出轴，不带"D"型号表示双出轴，单出轴时外形 $L_3 = 0$。

表 21-5-109 　　　　　　　　　　**QKM 型液压马达外形尺寸**　　　　　　　　　　mm

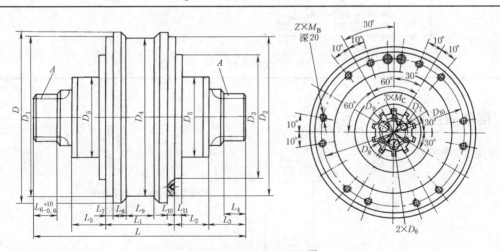

QKM32、QKM42、QKM52、QKM62 型

型　号	L	L₁	L₂	L₃	L₄	L₅	L₆	L₇	L₈	L₉	L₁₀	L₁₁	D	D₁	D₂	D₃	D₄	D₅	D₆
1QKM32-※	510	146	83	99	58	83	58	—	—	33	—	18	φ320	—	—	φ280f8	—	φ178	φ25
1QKM42-※	548	154	65	131	60	65	60	—	80	36	—	24	φ376f7	—	—	φ214	φ340	φ182	φ28
¹₂QKM52-※	548	174	91	96	60	91	60	20	80	35	20	20	φ430	φ400e8	φ400e8	φ315	φ398	φ205	φ29
¹₂QKM62-※	665	175	120	125	100	120	100	—	79	45	—	53	φ485	—	—	φ397g7	φ465	φ262	φ32

续表

型　号	D_7	D_8	D_9	D_{10}	$Z \times M_B$	M_C	A
1QKM32-※	$\phi 16$	$\phi 60 \pm 0.3$	$\phi 43 \pm 0.2$	$\phi 299 \pm 0.3$	$12 \times M12$	M16	6×90b12×80b12×20d9
1QKM42-※	$\phi 18$	$\phi 68 \pm 0.3$	$\phi 50 \pm 0.4$	$\phi 346 \pm 0.3$	$9 \times M16$	M16	10×98b12×92b12×14d9
$^1_2$QKM52-※	$\phi 16.5$	$\phi 68 \pm 0.3$	$\phi 50 \pm 0.4$	$\phi 370 \pm 0.3$	$12 \times M16$	M16	10×98b12×92b12×14d9
$^1_2$QKM62-※	$\phi 20$	$\phi 68 \pm 0.3$	$\phi 50 \pm 0.4$	$\phi 435 \pm 0.3$	$11 \times M20$	M16	10×112b12×102b12×16d9

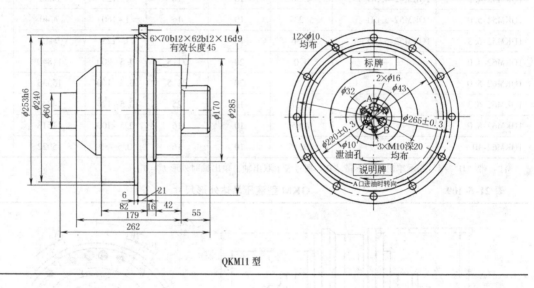

QKM11 型

4.4　摆动液压马达

摆动马达型号意义：

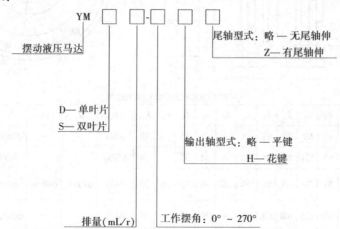

表 21-5-110 技术参数

型　号	摆角/(°)	额定压力/MPa	额定理论转矩/N·m	排量/mL·r⁻¹	内泄漏量/mL·min⁻¹ 摆角90°	内泄漏量/mL·min⁻¹ 摆角270°	额定理论启动转矩/N·m	质量/kg
YMD30			71	30	300	315	24	5.3
YMD60			137	60	390	410	46	6
YMD120			269	120	410	430	96	11
YMD200			445	200	430	450	162	21
YMD300	90		667	300	450	470	243	23
YMD500	180	14	1116	500	480	500	404	40
YMD700	270		1578	700	620	650	571	44
YMD1000			2247	1000	690	720	894	75
YMD1600			3360	1600	780	820	1400	70
YMD2000			4686	2000	950	990	1973	85
YMD4000			9100	4000	1160	1220	3570	100
YMD7000			20000	7000	1280	1340	6570	120
YMS60			142	60	480		48	5.3
YMS120			282	120	530		104	10
YMS200			488	200	570		167	20
YMS300			732	300	700		251	22
YMS450			1031	450	700		379	38
YMS600	90	14	1363	600	800		501	41
YMS800	(最大)	(进出油口压力)	1814	800	850		722	68
YMS1000			2268	1000	1070		883	71
YMS1600			3360	1600	1090		1410	80
YMS2000			4686	2000	1150		1770	85
YMS4000			9096	4000	1220		3530	101
YMS7000			20000	7000	1250		6180	121

表 21-5-111 外形尺寸 mm

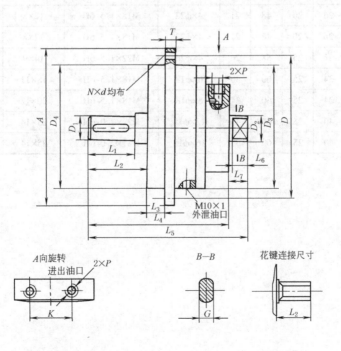

型 号	A	D (h3)	D_1	D_2	D_3	D_4	L_1	L_2	L_3	90°		180°	270°
										L_4	L_5	L_4	L_5
YMD-30	125×125	φ125	φ20	φ20	φ100	φ100	36	46	15	—	—	116	132
YMD-60	125×125	φ125	φ20	φ20	φ100	φ100	36	46	15	116	132	130	145
YMD-120	150×150	φ160	φ25	φ25	φ130	φ125	42	52	15	137	153	149	165
YMD-200	190×190	φ200	φ32	φ32	φ168	φ160	58	68	18	169	190	177	198
YMD-300	190×190	φ200	φ32	φ32	φ168	φ160	58	68	18	179	200	191	202
YMD-500	236×236	φ250	φ40	φ40	φ206	φ200	82	92	20	228	254	238	264
YMD-700	236×236	φ250	φ40	φ40	φ206	φ200	82	92	20	238	264	255	287
YMD-1000	301×301	φ315	φ50	φ50	φ260	φ250	82	92	25	247	278	268	299
YMD-1600	φ300	φ260	φ65	φ65	φ232	φ220	82	102	20	302	332	302	332
YMD-2000	φ320	φ280	φ71	φ71	φ244	φ225	105	108	20	302	332	302	332
YMD-4000	φ320	φ282	φ90	φ90	φ252	φ225	140	161	21	402	442	402	442
YMD-7000	φ360	φ330	φ90	φ90	φ300	φ300	140	161	21	402	442	402	442

型 号	L_6	L_7	T	K	G	N×d	P(油口)	与输出轴的连接方式	
								平 键	花 键
								GB/T 1096	GB/T 1144
YMD-30	12	16	15	23	14	4×φ11	M10×1.0-6H	6×6	6×16×20×4
YMD-60	12	16	15	23	14	4×φ11	M10×1.0-6H	6×6	6×16×20×4
YMD-120	12	16	15	30	14	4×φ14	M10×1.0-6H	8×7	6×21×25×5
YMD-200	16	21	18	39	21	4×φ18	M14×1.5-6H	10×8	6×28×32×7
YMD-300	16	21	18	39	21	4×φ18	M14×1.5-6H	10×8	6×28×32×7
YMD-500	20	26	20	48	21	4×φ22	M18×1.5-6H	12×8	8×36×40×7
YMD-700	20	26	20	48	21	4×φ22	M18×1.5-6H	12×8	8×36×40×7
YMD-1000	25	31	25	58	26	4×φ26	M22×1.5-6H	14×9	8×46×50×9
YMD-1600	30	34	25	60	30	6×φ18	M18×1.5-6H	18×11	8×56×65×10
YMD-2000	30	34	25	60	34	6×φ18	M18×1.5-6H	20×12	8×62×72×12
YMD-4000	34	40	25	60	45	12×φ18	M27×2.0-6H	25×14	10×82×92×12
YMD-7000	34	40	25	60	55	16×φ18	M27×2.0-6H	25×14	10×82×92×12

第 6 章 液 压 缸

液压缸在液压系统中的作用是将液压能转变为机械能，使机械实现往复直线运动或摆动运动。

1 液压缸的分类

表 21-6-1

名　　　称			简　图	符　号	说　明
单作用液压缸	活塞液压缸		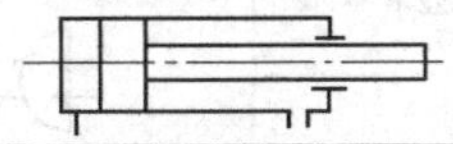	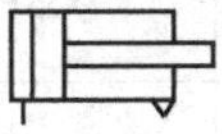	活塞仅单向运动，由外力使活塞反向运动
	柱塞液压缸		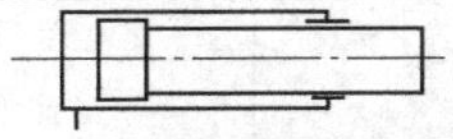	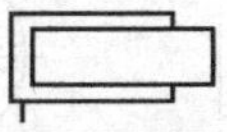	柱塞仅单向运动，由外力使柱塞反向运动
	伸缩式套筒液压缸		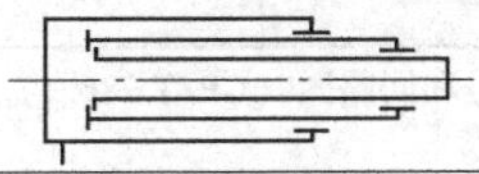	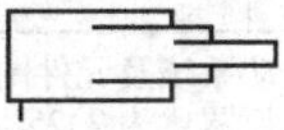	有多个互相联动的活塞液压缸，其短缸筒可实现长行程。由外力使活塞返回
推力液压缸	双作用液压缸	单活塞杆	不带缓冲液压缸		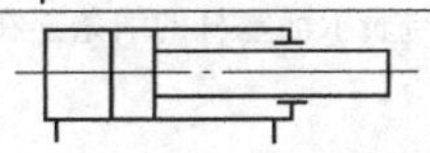 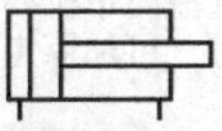 活塞双向运动，活塞在行程终了时无缓冲
			带不可调双向缓冲液压缸	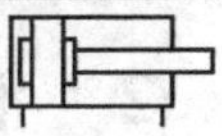	活塞在行程终了时缓冲
			带可调双向缓冲液压缸	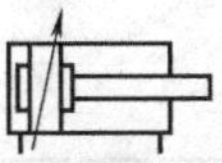	活塞在行程终了时缓冲，缓冲可调节
			差动液压缸		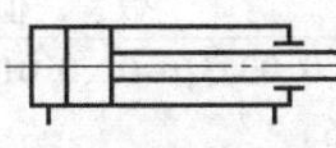 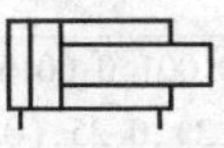 活塞两端的面积差较大，使液压缸往复的作用力和速度差较大
		双活塞杆	等速、等行程液压缸		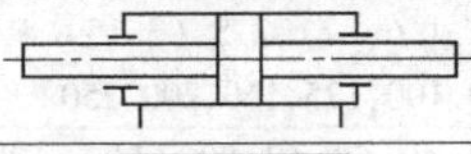 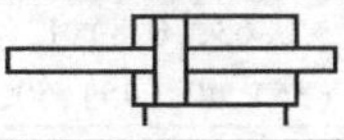 活塞左右移动速度和行程均相等
			双向液压缸	*	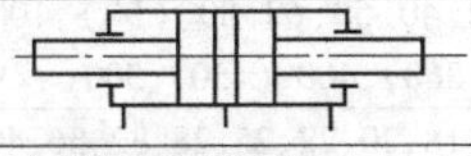 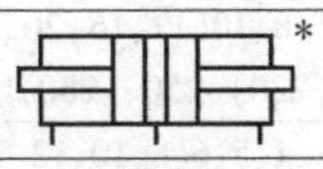 两个活塞同时向相反方向运动
		伸缩式套筒液压缸	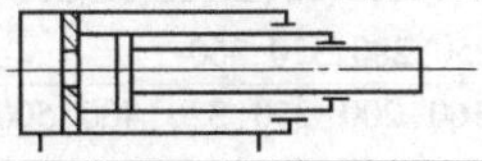	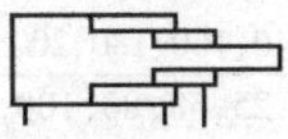	有多个互相联动的活塞液压缸，其短缸筒可实现长行程。活塞可双向运动
	组合液压缸	弹簧复位液压缸	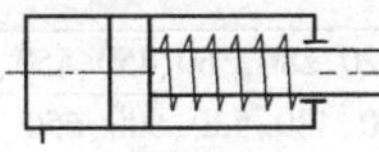	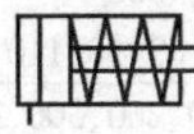	活塞单向运动，由弹簧使活塞复位
		串联液压缸	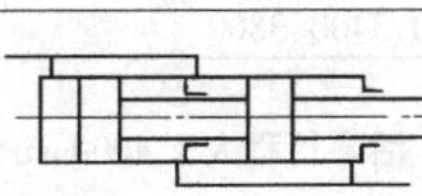	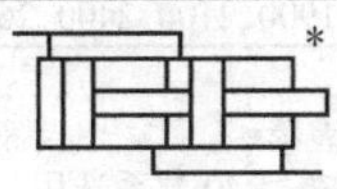 *	当液压缸直径受限制，而长度不受限制时，用以获得大的推力

续表

名　　称		简　图	符　号	说　　明
推力液压缸	组合液压缸	增压液压缸（增压器）		由两个不同的压力室 A 和 B 组成，以提高 B 室中液体的压力
		多位液压缸		活塞 A 有三个位置
		齿条传动活塞液压缸		活塞经齿条带动小齿轮产生回转运动
		齿条传动柱塞液压缸		柱塞经齿条带动小齿轮产生回转运动
摆动液压缸		单叶片摆动液压缸	摆动液压缸也叫摆动油马达。把液压能变为回转运动机械能	出轴只能作小于 360° 的摆动运动
		双叶片摆动液压缸		出轴只能作小于 180° 的摆动运动

注：1. 表中液压缸符号见流体传动系统及元件图形符号和回路图（GB/T 786.1）。带 * 者标准中未规定，仅供参考。
2. 液压缸符号在制图时，一般取长宽比为 2.25:1。
3. 液压缸活塞杆上附有撞块时，可按简单机构图画出，与表示活塞杆的线条连在一起。
4. 液压缸缸体或活塞杆固定不动时，可加固定符号表示。

2　液压缸的主要参数

表 21-6-2

名　称		数　值
流体传动系统及元件公称压力系列[1]（GB/T 2346—2003）/MPa		0.001、0.0016、0.0025、0.004、0.0063、0.01、0.016、0.025、0.04、0.063、0.1、（0.125）、0.16、（0.2）、0.25、（0.315）、0.4、（0.5） 0.63、（0.8）、1、（1.25）、1.6、（2）、2.5、（3.15）、4、（5）、6.3、（8）、10、12.5、16、20、25、31.5、（35）、40、（45）、50、63、80、100、125、160、200、250
液压缸内径系列[1]（GB/T 2348—1993）/mm		8、10、12、16、20、25、32、40、50、63、80、（90）、100、（110）、125、（140）、160、（180）、200、（220）、250、（280）、320、（360）、400、（450）、500
活塞杆直径系列（GB/T 2348—1993）/mm		4、5、6、8、10、12、14、16、18、20、22、25、28、32、36、40、45、50、56、63、70、80、90、100、110、125、140、160、180、200、220、250、280、320、360
活塞行程系列[2]（GB/T 2349—1980）/mm	第一系列	25、50、80、100、125、160、200、250、320、400、500、630、800、1000、1250、1600、2000、2500、3200、4000
	第二系列	40、63、90、110、140、180、220、280、360、450、550、700、900、1100、1400、1800、2200、2800、3600
	第三系列	240、260、300、340、380、420、480、530、600、650、750、850、950、1050、1200、1300、1500、1700、1900、2100、2400、2600、3000、3400、3800

[1] 括号内尺寸为非优先选用者。
[2] 活塞行程参数依优先次序按表第一、二、三系列选用。活塞行程大于 4000mm 时，按 GB/T 321《优先数和优先数系》中 R10 数系选用。如不能满足时，允许按 R40 数系选用。

3　液压缸主要技术性能参数的计算

表 21-6-3

参数	计　算　公　式	说　　明
压力 p	油液作用在单位面积上的压强 $$p=\frac{F}{A}\ (\text{Pa})$$ 从上式可知,压力 p 是由载荷 F 的存在而产生的。在同一个活塞的有效工作面积上,载荷越大,克服载荷所需要的压力就越大。如果活塞的有效工作面积一定,油液压力越大,活塞产生的作用力就越大 公称压力(额定压力)PN,是液压缸能用以长期工作的压力,应符合 GB/T 2346 的规定,右表压力分级仅供参考 最高允许压力 $p_{\max}$,也是动态试验压力,是液压缸在瞬间所能承受的极限压力。各国规范通常规定为 $$p_{\max}\leqslant 1.5PN\ (\text{MPa})$$ 耐压试验压力 p_r,是检查液压缸质量时所需承受的试验压力,即在此压力下不出现变形、裂缝或破裂。各国规范多数规定为 $$p_r\leqslant 1.5PN$$ 军品规范则规定为 $$p_r=(2\sim2.5)PN$$	F——作用在活塞上的载荷,N A——活塞的有效工作面积,m^2 在液压系统中,为便于选择液压元件和管路的设计,将压力分为下列等级 <table><tr><td colspan="2">液压缸压力分级　　　　　MPa</td></tr><tr><td>级别</td><td>额定压力</td></tr><tr><td>低压</td><td>0~2.5</td></tr><tr><td>中压</td><td>>2.5~10</td></tr><tr><td>中高压</td><td>>10~16</td></tr><tr><td>高压</td><td>>16~31.5</td></tr><tr><td>超高压</td><td>>31.5</td></tr></table>
流量 Q	单位时间内油液通过缸筒有效截面的体积 $$Q=\frac{V}{t}\ (\text{L/min})$$ 由于　　　　　$V=vAt\times10^3\ (\text{L})$ 则　　$Q=vA\times10^3=\frac{\pi}{4}D^2v\times10^3\ (\text{L/min})$ 对于单活塞杆液压缸 活塞杆伸出　$Q=\frac{\pi}{4\eta_v}D^2v\times10^3\ (\text{L/min})$ 活塞杆缩回　$Q=\frac{\pi}{4\eta_v}(D^2-d^2)v\times10^3\ (\text{L/min})$ 活塞杆差动伸出　$Q=\frac{\pi}{4\eta_v}d^2v\times10^3\ (\text{L/min})$	V——液压缸活塞一次行程中所消耗的油液体积,L t——液压缸活塞一次行程所需时间,min D——液压缸内径,m d——活塞杆直径,m v——活塞杆运动速度,m/min η_v——液压缸容积效率,当活塞密封为弹性密封材料时 $\eta_v=1$,当活塞密封为金属环时 $\eta_v=0.98$
活塞的运动速度 v	单位时间内压力油液推动活塞(或柱塞)移动的距离 $$v=\frac{Q}{A}\times10^{-3}\ (\text{m/min})$$ 活塞杆伸出　$v=\frac{4Q\eta_v}{\pi D^2}\times10^{-3}\ (\text{m/min})$ 活塞杆缩回　$v=\frac{4Q\eta_v}{\pi(D^2-d^2)}\times10^{-3}\ (\text{m/min})$ 当 Q=常数时,v=常数。但实际上,活塞在行程两端各有一个加、减速阶段,如右图所示,故上述公式中计算的数值均为活塞的最高运动速度 活塞的最高运动速度 $v_{\max}$ 受到活塞和活塞杆密封圈以及行程末端缓冲机构所能承受的动能的限制 活塞的最低运动速度 $v_{\min}$ 受活塞与活塞密封件摩擦力和加工精度的影响,不能太低,以免产生爬行,一般 $v_{\min}>0.1\sim0.2\text{m/min}$	

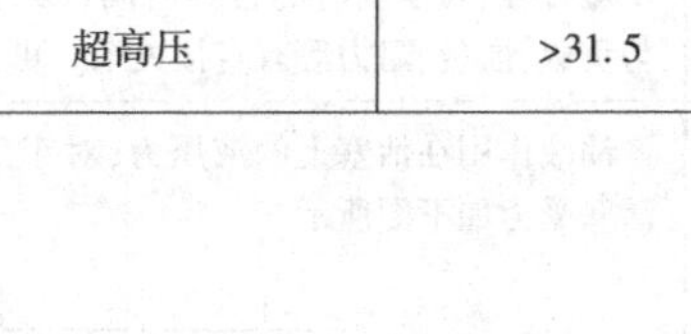

参 数	计 算 公 式	说 明
两腔面积比 φ	单活塞杆液压缸两腔面积比,即活塞往复运动时的速度之比 $$\varphi = \frac{v_2}{v_1} = \frac{A_1}{A_2} = \frac{\frac{\pi}{4}D^2}{\frac{\pi}{4}(D^2-d^2)} = \frac{D^2}{D^2-d^2}$$ 计算面积比主要是为了确定活塞杆的直径和要否设置缓冲装置。面积比不宜过大或过小,以免产生过大的背压或造成因活塞杆太细导致稳定性不好。两腔面积比应符合 JB/T 7939 的规定,也可参考下表选定 	公称压力/MPa	≤10	12.5~20	>20
φ	1.32	1.4~2	2		v_1——活塞杆的伸出速度,m/min v_2——活塞杆的缩回速度,m/min D——液压缸活塞直径,m d——活塞杆直径,m
行程时间 t	活塞在缸体内完成全部行程所需要的时间 $$t = \frac{60V}{Q} \quad (\text{s})$$ 活塞杆伸出 $\quad t = \frac{15\pi D^2 S}{Q} \times 10^3 \quad (\text{s})$ 活塞杆缩回 $\quad t = \frac{15\pi(D^2-d^2)S}{Q} \times 10^3 \quad (\text{s})$ 上述时间的计算公式只适用于长行程或活塞速度较低的情况,对于短行程、高速度时的行程时间(缓冲段除外),除与流量有关,还与负载、惯量、阻力等有直接关系。可参见有关文献	V——液压缸容积,L,$V = AS \times 10^3$ S——活塞行程,m Q——流量,L/min D——缸筒内径,m d——活塞杆直径,m
活塞的理论推力 F_1 和拉力 F_2	油液作用在活塞上的液压力,对于双作用单活塞杆液压缸来讲,活塞受力如下图所示 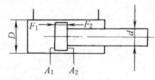 活塞杆伸出时的理论推力 F_1 为 $$F_1 = A_1 p \times 10^6 = \frac{\pi}{4}D^2 p \times 10^6 \quad (\text{N})$$ 活塞杆缩回时的理论拉力 F_2 为 $$F_2 = A_2 p \times 10^6 = \frac{\pi}{4}(D^2-d^2)p \times 10^6 \quad (\text{N})$$ 当活塞差动前进(即活塞的两侧同时进压力相同的油液)时的理论推力为 $$F_3 = (A_1-A_2)p \times 10^6 = \frac{\pi}{4}d^2 p \times 10^6 \quad (\text{N})$$	A_1——活塞无杆侧有效面积,m^2 A_2——活塞有杆侧有效面积,m^2 p——供油压力(工作油压),MPa D——活塞直径(液压缸内径),m d——活塞杆直径,m
活塞的最大允许行程 S	在初步确定活塞行程时,主要是按实际工作需要的长度来考虑,但这一工作行程并不一定是液压缸的稳定性所允许的行程。为了计算行程,应首先计算出活塞杆的最大允许长度 L_k。因活塞一般为细长杆,当 $L_k \geq (10 \sim 15)d$ 时,由欧拉公式推导出 $$L_k = \sqrt{\frac{\pi^2 EI}{F_k}} \quad (\text{mm})$$ 将右列数据代入并简化后 $$L_k \approx 320\frac{d^2}{\sqrt{F_k}} \quad (\text{mm})$$	F_k——活塞杆弯曲失稳临界压缩力,N, $\quad F_k \geq F n_k$ F——活塞杆纵向压缩力,N n_k——安全系数,通常 $n_k = 3.5 \sim 6$ E——材料的弹性模量,钢材 $E = 2.1 \times 10^5$ MPa I——活塞杆横截面惯性矩,mm^4,圆截面 $I = \frac{\pi d^4}{64} = 0.049d^4$ d——活塞杆直径,mm

续表

参 数	计 算 公 式	说 明
活塞的最大允许行程 S	对于各种安装导向条件的液压缸,活塞杆计算长度 $$L=\sqrt{n}\,L_k$$ 为了计算方便,可将 F_k 用液压缸工作压力 p 和液压缸直径 D 表示。根据液压缸的各种安装型式和欧拉公式所确定的活塞杆计算长度及导出的允许行程计算公式见表21-6-4 一般情况下,活塞杆的纵向压缩力 F(或 p、D)是已知量,根据上面公式即可大概地求出活塞杆的最大允许行程。然而,这样确定的行程很可能与设计的活塞杆直径矛盾,达不到稳定性要求,这时,就应该对活塞杆的直径进行修正。修正了活塞杆直径后,再核算稳定性是否满足要求,满足要求了再按实际工作行程选取与其相近似的标准行程	n——液压缸末端条件系数(安装及导向系数),见表21-6-4 标准行程参见表21-6-2
液压缸的功 W 和功率 N	液压缸所做的功 $$W=FS\ \text{(J)}$$ 功率 $$N=\frac{W}{t}=\frac{FS}{t}=F\frac{S}{t}=Fv\ \text{(W)}$$ 由于 $F=pA$,$v=Q/A$,代入上式得 $$N=Fv=pA\frac{Q}{A}=pQ\ \text{(W)}$$ 即液压缸的功率等于压力与流量的乘积	F——液压缸的载荷(推力或拉力),N S——活塞行程,m t——活塞运动时间,s v——活塞运动速度,m/s p——工作压力,Pa Q——输入流量,m^3/s
液压缸的总效率 η_t	液压缸的总效率由以下效率组成: ① 机械效率 η_m,由活塞及活塞杆密封处的摩擦阻力所造成的摩擦损失,在额定压力下,通常可取 $\eta_m=0.9\sim0.95$ ② 容积效率 η_v,由各密封件泄漏所造成,通常取活塞密封为弹性材料时 $\eta_v=1$,活塞密封为金属环时 $\eta_v=0.98$ ③ 作用力效率 η_d,由排出口背压所产生的反向作用力造成 活塞杆伸出时　　$\eta_d=\dfrac{p_1A_1-p_2A_2}{p_1A_1}$ 活塞杆缩回时　　$\eta_d=\dfrac{p_2A_2-p_1A_1}{p_2A_2}$ 当排油直接回油箱时 $\eta_d=1$ 液压缸的总效率 η_t 为 $$\eta_t=\eta_m\eta_v\eta_d$$	p_1——当活塞杆伸出时为进油压力,当活塞杆缩回时为排油压力,MPa p_2——当活塞杆伸出时为排油压力,当活塞杆缩回时为进油压力,MPa
活塞作用力 F	液压缸工作时,活塞作用力 F 计算如下: $$F=F_a+F_b+F_c\pm F_d\ \text{(N)}$$ 式中　F_a——外载荷阻力(包括外摩擦阻力) 　　　F_b——回油阻力,当油无阻碍回油箱时 $F_b\approx0$,当回油有阻碍(背压)时,F_b 则为作用在活塞承压面上的液压阻力 　　　F_c——密封圈摩擦阻力,N,$F_c=f\Delta p\pi(Db_Dk_D+db_dk_d)\times10^6$ 　　　F_d——活塞在启动、制动时的惯性力	f——密封件的摩擦因数,按不同润滑条件,可取 $f\approx0.05\sim0.2$ Δp——密封件两侧的压力差,MPa D,d——液压缸内径与活塞杆直径,m b_D,b_d——活塞及活塞杆密封件宽度,m k_D,k_d——活塞及活塞杆密封件的摩擦修正系数,O形密封圈 $k\approx0.15$,带唇边密封圈 $k\approx0.25$,压紧型密封圈 $k\approx0.2$

表 21-6-4 允许行程 S 与计算长度 L 的计算公式

欧拉载荷条件（末端条件）	图 示	液压缸安装型式	最大允许长度 L_k	计算长度 L	允许行程 S
两端铰接，刚性导向 $n=1$	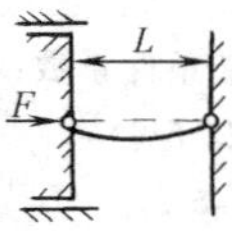	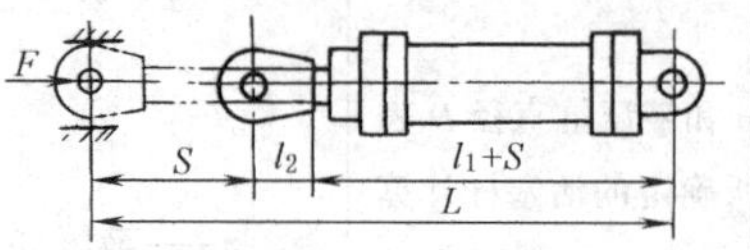	$L_k = \dfrac{192.4d^2}{D\sqrt{p}}$（安全系数 $n_k = 3.5$ 时） L_k——最大计算长度，mm D——液压缸内径，mm d——活塞杆直径，mm p——工作压力，MPa	$L = L_k$	$S = \dfrac{1}{2}(L-l_1-l_2)$
		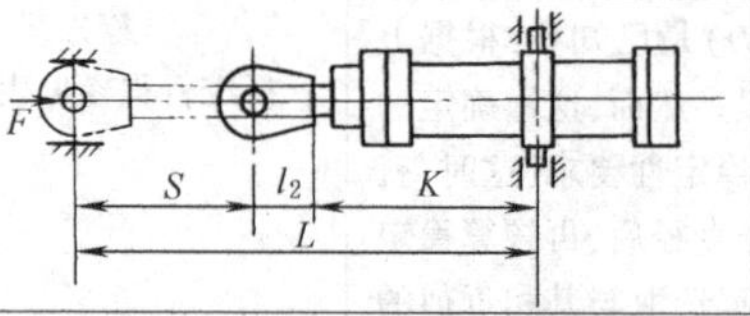			$S = L-l_2-K$
一端铰接，刚性导向，一端刚性固定 $n=2$	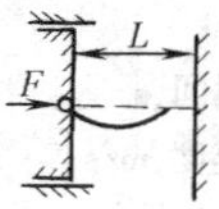	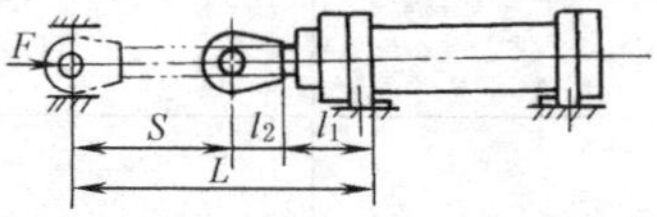		$L = \sqrt{2}L_k$	$S = L-l_1-l_2$
		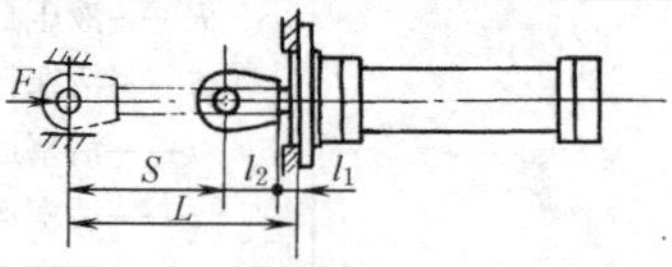			$S = L-l_1-l_2$
		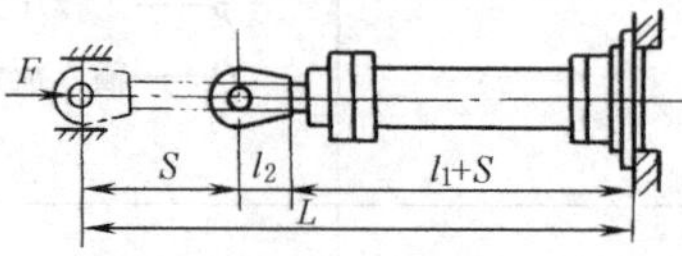			$S = \dfrac{1}{2}(L-l_1-l_2)$
两端刚性固定，刚性导向 $n=4$	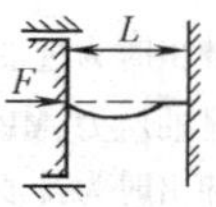	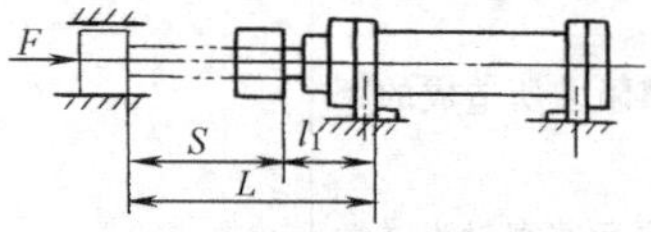		$L = 2L_k$	$S = L-l_1$
		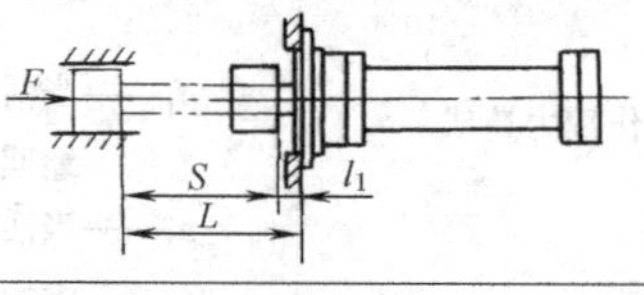			$S = L-l_1$
		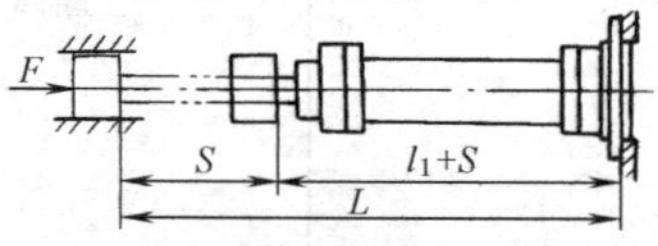			$S = \dfrac{1}{2}(L-l_1)$
一端刚性固定，一端自由 $n=\dfrac{1}{4}$	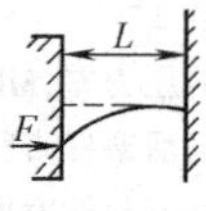	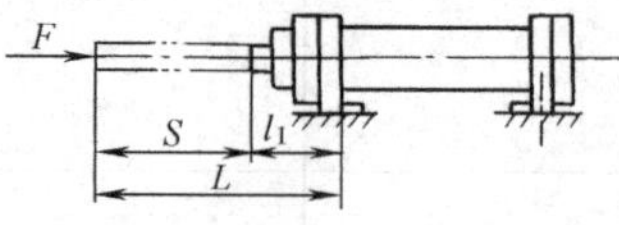		$L = \dfrac{L_k}{2}$	$S = L-l_1$
		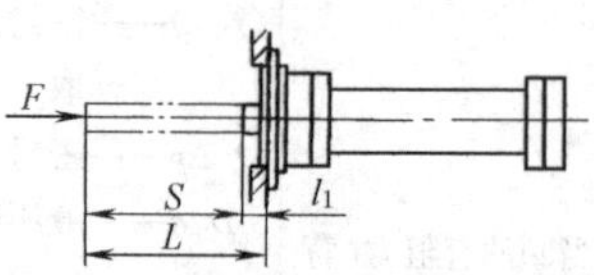			$S = L-l_1$
		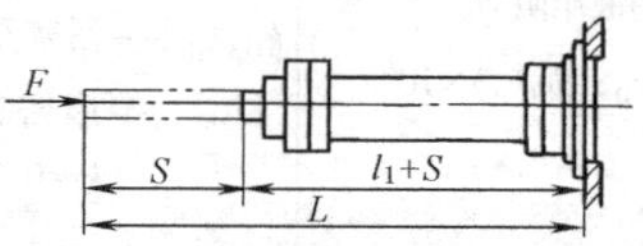			$S = \dfrac{1}{2}(L-l_1)$

第 21 篇

4 通用液压缸的典型结构

通用液压缸用途较广，适用于机床、车辆、重型机械、自动控制等的液压传动，已有国家标准和国际标准规定其安装尺寸。

表 21-6-5　　　　　　　　　　　　　　　　端盖与缸筒连接方式

名称	结 构	特 点
拉杆型液压缸	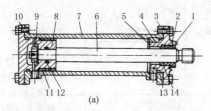 1—后端盖；2—拉杆；3—活塞；4—缸筒；5—活塞杆；6—前端盖；7—压盖；8—活塞杆密封座；9—防尘圈；10—活塞杆密封圈；11—前缓冲柱塞；12—支承环；13—活塞密封；14—缸筒密封；15—后缓冲柱塞 两端盖和缸筒多采用四根拉杆连接，两端盖为正方形或长方形	结构简单，制造和安装均较方便，缸筒为用内径经过珩磨的无缝钢管半成品，按行程要求的长度切割。端盖与活塞均为通用件。但受行程长度、缸内径和额定工作压力的限制。当行程即拉杆长度过长时，安装时容易偏歪，致使缸筒端部泄漏。缸筒内径过大或额定工作压力过高时，由于径向尺寸布置和拆装问题，拉杆直径尺寸受到限制，致使拉杆的拉应力可能超过屈服极限。通常用于行程不大于 1.5m、缸内径不大于 250mm、额定压力不大于 20MPa（个别系列可达 25MPa）的场合
焊接型液压缸	缸体有杆侧的端盖与缸筒之间为内外螺纹连接及内外卡环、卡圈连接，而后端盖与缸筒常采用焊接连接 1—前端盖；2—后端盖	暴露在外面的零件较少，外表光洁，外形尺寸小，能承受一定的冲击负载和恶劣的外界环境条件。但由于前端盖螺纹强度和预紧时端盖对操作的限制，不能用于过大的缸内径和较高的工作压力，常用于缸内径不大于 200mm、额定压力不大于 25MPa 的场合，多用于车辆、船舶和矿业等机械上

缸体的两个端盖均用法兰螺钉（栓）连接的结构如图 a 所示；缸底为焊接而缸前盖用法兰连接的结构如图 b 所示

| 法兰型液压缸 | 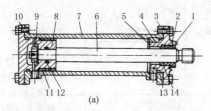 (a)
1—防尘圈；2—密封压盖；3—法兰螺钉；4—前端盖；5—导向套；6—活塞杆；7—缸筒；8—活塞；9—螺母；10—后端盖；11—活塞密封；12—密封圈；13—缸筒密封；14—活塞杆密封 | 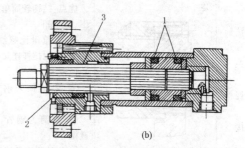 (b)
1—V 形密封圈；2—活塞杆直径小于或等于 100mm 时的导向段；3—活塞杆直径大于 100mm 时的导向段 |

这类缸外形尺寸较大，适用于大、中型液压缸，缸内径通常大于 100mm，额定压力为 25～40MPa，能承受较大的冲击负荷和恶劣的外界环境条件，属重型缸，多用于重型机械、冶金机械等

注：液压缸气缸安装尺寸和安装型式代号（GB/T 9094—2006/ISO 6099：2001）规定了 64 种安装型式，目前应用较广的有三种，详见下表：

国际标准	液压缸类型	工作压力/MPa	安装型式的标识代号	代号字母含义
ISO 6020/1	单活塞杆 （中型系列）	16	MF1，MF2，MF3，MF4，MP3，MP4， MP5，MP6，MT1，MT2	M—安装　　　　R—螺栓端 D—双活塞杆　　S—脚架 E—前端盖或后端盖 T—耳轴 F—可拆式法兰　　P—耳环 X—双头螺栓或加长连接杆
ISO 6020/2	单活塞杆 （小型系列）	16	ME5，ME6，MP1，MP3，MP5，MS2， MT1，MT2，MT4，MX1，MX2，MX3	
ISO 6022	单活塞杆	25	MF3，MF4，MP3，MP4，MP5， MP6，MT4	

备注：表中标识代号意义如下。端盖类：ME5—矩形前盖式；ME6—矩形后盖式。法兰类：MF1—前端矩形法兰式；MF2—后端矩形法兰式；MF3—前端圆法兰式；MF4—后端圆法兰式。耳环类：MP1—后端固定双耳式；MP3—后端固定单耳式；MP4—后端可拆单耳式；MP5—带关节轴承，后端固定单耳式；MP6—带关节轴承，后端可拆单耳式。底座类：MS2—侧面脚架式。耳轴类：MT1—前端整体耳轴式；MT2—后端整体耳轴式；MT4—中间固定或可调耳轴式。螺栓螺孔类：MX1—两端双头螺柱或加长连接杆式；MX2—后端双头螺柱或加长连接杆式；MX3—前端双头螺柱或加长连接杆式。有关安装尺寸可查阅表中所列有关标准

5　液压缸主要零部件设计

5.1　缸筒

（1）缸筒与缸盖的连接

常用的缸体结构有八类，表 21-6-6 列举了采用较多的 16 种结构，通常根据缸筒与缸盖的连接型式选用，而连接型式又取决于额定压力、用途和使用环境等因素。

表 21-6-6

连接型式	结　　构	优　缺　点	连接型式	结　　构	优　缺　点
法兰连接	① 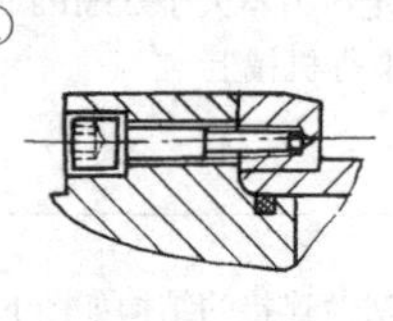 ② ③ ④	优点：结构较简单；易加工，易装卸 缺点：重量比螺纹连接的大，但比拉杆连接的小；外径较大 ①、②缸筒为钢管，端部焊法兰 ③缸筒为钢管，端部镦粗 ④缸筒为锻件或铸件	外螺纹连接	⑤ 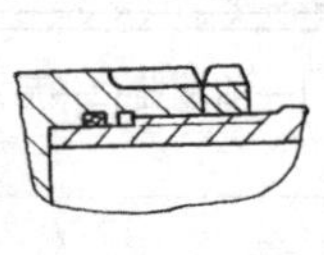 ⑥	优点：重量较轻；外径较小 缺点：端部结构复杂；装卸时要用专门的工具；拧端部时，有可能把密封圈拧扭，如图⑤、⑦所示
	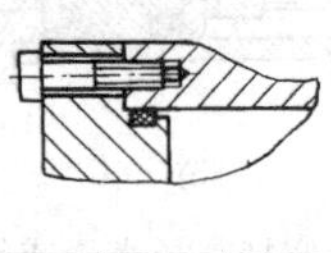		内螺纹连接	⑦ 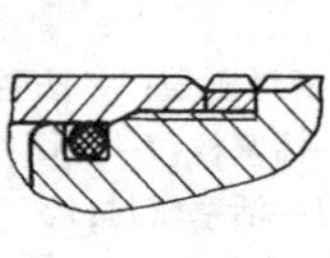 ⑧	

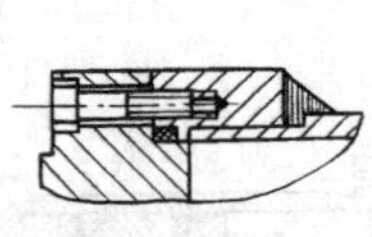

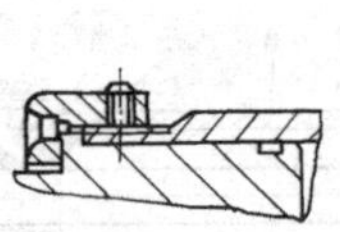

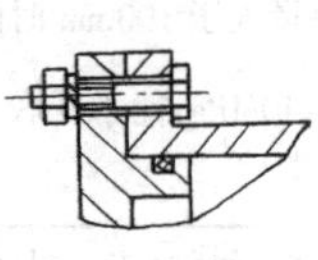

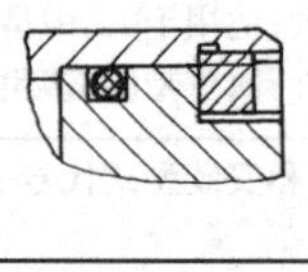

续表

连接型式	结 构	优 缺 点	连接型式	结 构	优 缺 点
外半环连接	⑨ 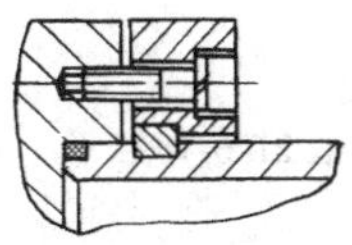 ⑩	优点:重量比拉杆连接的轻 缺点:缸筒外径要加工;半环槽削弱了缸筒,相应地要加厚缸筒壁厚	拉杆连接	⑬ 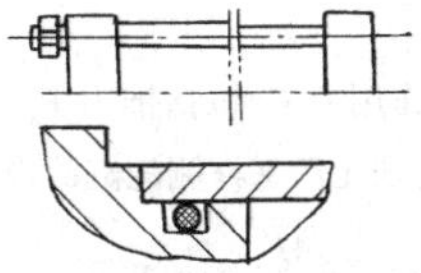 ⑭	优点:缸筒最易加工;最易装卸;结构通用性大 缺点:重量较重,外形尺寸较大
内半环连接	⑪ 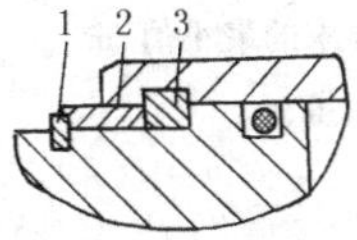 1—弹簧圈;2—轴套; 3—半环 ⑫	优点:结构紧凑,重量轻 缺点:安装时,端部进入缸筒较深,密封圈有可能被进油孔边缘擦伤	焊接	⑮ 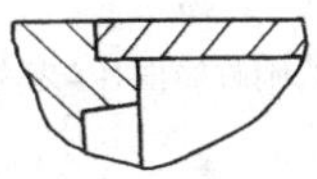	优点:结构简单,尺寸小 缺点:缸筒有可能变形
	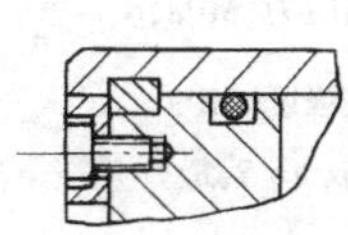		钢丝连接	⑯ 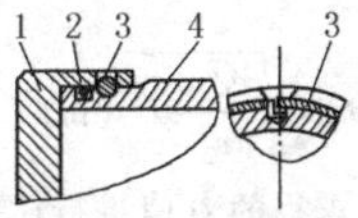 1—端盖;2—密封圈; 3—钢丝;4—缸筒	优点:结构简单,重量轻,尺寸小

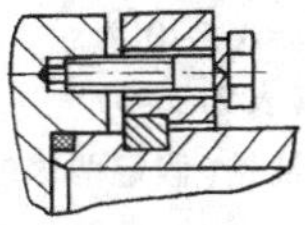

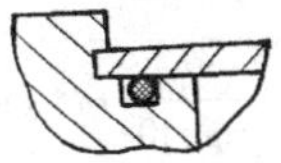

(2) 对缸筒的要求

① 有足够的强度,能长期承受最高工作压力及短期动态试验压力而不致产生永久变形。

② 有足够的刚度,能承受活塞侧向力和安装的反作用力而不致产生弯曲。

③ 内表面在活塞密封件及导向环的摩擦力作用下,能长期工作而磨损少,尺寸公差等级和形位公差等级足以保证活塞密封件的密封性。

④ 需要焊接的缸筒还要求有良好的可焊性,以便在焊上法兰或管接头后不至于产生裂纹或过大的变形。

总之,缸筒是液压缸的主要零件,它与缸盖、缸底、油口等零件构成密封的容腔,用以容纳压力油液,同时它还是活塞的运动"轨道"。设计液压缸缸筒时,应该正确确定各部分的尺寸,保证液压缸有足够的输出力、运动速度和有效行程,同时还必须具有一定的强度,能足以承受液压力、负载力和意外的冲击力;缸筒的内表面应具有合适的尺寸公差等级、表面粗糙度和形位公差等级,以保证液压缸的密封性、运动平稳性和耐用性。

(3) 缸筒计算

按 JB/T 11718—2013 液压缸缸筒技术条件规定,制造缸筒的材料应根据液压缸的参数、用途和毛坯的来源等选择,常用材料如下:

优质碳素结构钢牌号:20,30,35,45,20Mn,25Mn;

合金结构钢牌号:27SiMn,30CrMo;

低合金高强度结构钢牌号:Q345;

不锈钢牌号:12Cr18Ni9。

完全用机加工制成的缸筒,其力学性能应不低于所用材料的标准规定的力学性能要求。

冷拔加工的缸筒受材料和加工工艺的影响,其材料力学性能由供需双方商定。

大型液压缸缸筒材料按 JB/T 11588—2013 大型液压油缸规定,材料的力学性能屈服强度应不低于 280MPa。

（4）缸筒计算

表 21-6-7

项 目	计 算 公 式	说 明
缸筒内径	当液压缸的理论作用力 F（包括推力 F_1 和拉力 F_2）及供油压力 p 为已知时，则无活塞杆侧的缸筒内径为 $$D=\sqrt{\frac{4F_1}{\pi p}}\times10^{-3}\ (\text{m})$$ 有活塞杆侧缸筒内径为 $$D=\sqrt{\frac{4F_2}{\pi p\times10^6}+d^2}\ (\text{m})$$ 液压缸的理论作用力按下式确定 $$F=\frac{F_0}{\psi\eta_t}\ (\text{N})$$ 当 Q_v 及 v 为已知时，则缸筒内径（未考虑容积效率 η_v）按无活塞杆侧为 $$D=\sqrt{\frac{4}{\pi}\times\frac{Q_v}{v_1}}\ (\text{m})$$ 按有活塞杆侧为 $$D=\sqrt{\frac{4Q_v}{\pi v_2}+d^2}\ (\text{m})$$ 最后将以上各式所求得的 D 值进行比较，选择其中最大者，圆整到标准值（见表 21-6-2 和表 21-6-8）	d——活塞杆直径，m（表 21-6-16） p——供油压力，MPa F_1,F_2——液压缸的理论推力和拉力，N F_0——活塞杆上的实际作用力，N ψ——负载率，一般取 $\psi=0.5\sim0.7$ η_t——液压缸的总效率（表 21-6-3） Q_v——液压缸的体积供油量（假定两侧的供油量相同，即 $Q_{v1}=Q_{v2}$），m³/s v_1,v_2——活塞杆伸出及缩回时的速度，m/s δ_0——缸筒材料强度要求的最小值，m c_1——缸筒外径公差余量，m c_2——腐蚀余量，m D——缸筒内径，m D_1——缸筒外径，m p_{max}——缸筒内最高工作压力，MPa σ_p——缸筒材料的许用应力，MPa，$\sigma_p=\dfrac{\sigma_b}{n}$ σ_b——缸筒材料的抗拉强度，MPa n——安全系数，通常取 $n=5$，最好是按下表进行选取
缸筒壁厚	缸筒壁厚为 $$\delta=\delta_0+c_1+c_2$$ 关于 δ_0 的值，可按下列情况分别进行计算： 当 $\delta/D\leqslant0.08$ 时，可用薄壁缸筒的实用公式 $$\delta_0\geqslant\frac{p_{max}D}{2\sigma_p}\ (\text{m})$$ 当 $\delta/D=0.08\sim0.3$ 时 $$\delta_0\geqslant\frac{p_{max}D}{2.3\sigma_p-3p_{max}}\ (\text{m})$$ 当 $\delta/D\geqslant0.3$ 时 $$\delta_0\geqslant\frac{D}{2}\left(\sqrt{\frac{\sigma_p+0.4p_{max}}{\sigma_p-1.3p_{max}}}-1\right)\ (\text{m})$$ 或 $$\delta_0\geqslant\frac{D}{2}\left(\sqrt{\frac{\sigma_p}{\sigma_p-\sqrt3 p_{max}}}-1\right)\ (\text{m})$$	液压缸的安全系数 | 材料名称	静载荷	交变载荷		冲击载荷
---	---	---	---	---
		不对称	对称	
钢、锻铁	3	5	8	12	 σ_s——缸筒材料屈服点，MPa p_{rL}——缸筒发生完全塑性变形的压力，MPa，$p_{rL}\leqslant2.3\sigma_s\lg\dfrac{D_1}{D}$ p_r——缸筒耐压试验压力，MPa E——缸筒材料弹性模量，MPa ν——缸筒材料泊松比，钢材 $\nu=0.3$
缸筒壁厚验算	对最终采用的缸筒壁厚应进行四方面的验算 额定压力 PN 应低于一定极限值，以保证工作安全 $$PN\leqslant0.35\frac{\sigma_s(D_1^2-D^2)}{D_1^2}\ (\text{MPa})$$ 或 $$PN\leqslant0.5\frac{\sigma_s(D_1^2-D^2)}{\sqrt{3D_1^4+D^4}}\ (\text{MPa})$$	实际上，当 $\delta/D>0.2$ 时，材料使用不够经济，应改用高屈服强度的材料 国内外工厂实际采用的缸筒外径 D_1 见表 21-6-9，供设计时参考

项 目	计 算 公 式	说 明
缸筒壁厚验算	同时额定压力也应与完全塑性变形压力有一定的比例范围,以避免塑性变形的发生,即 $$PN \leqslant (0.35 \sim 0.42) p_{\text{rL}} \quad (\text{MPa})$$ 此外,尚需验算缸筒径向变形 ΔD 应处在允许范围内 $$\Delta D = \frac{D p_{\text{r}}}{E} \left(\frac{D_1^2 + D^2}{D_1^2 - D^2} + \nu \right) \quad (\text{m})$$ 变形量 ΔD 不应超过密封圈允许范围 最后,还应验算缸筒的爆裂压力 p_{E} $$p_{\text{E}} = 2.3 \sigma_{\text{b}} \lg \frac{D_1}{D} \quad (\text{MPa})$$ 也可用费帕尔(FAUPEL)公式 $$p_{\text{E}} = 2.65 \sigma_{\text{b}} \left(2 - \frac{\sigma_{\text{b}}}{\sigma} \right) \lg \frac{D_1}{D} \quad (\text{MPa})$$ 计算的 p_{E} 值应远超过耐压试验压力 p_{r},即 $p_{\text{E}} \gg p_{\text{r}}$	
缸筒底部厚度	缸筒底部为平面时,其厚度 δ_1 可以按照四周嵌住的圆盘强度公式进行近似的计算 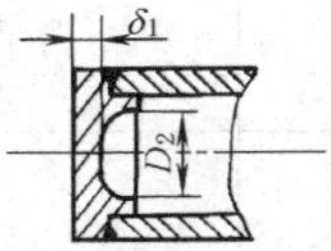 $$\delta_1 \geqslant 0.433 D_2 \sqrt{\frac{p}{\sigma_p}} \quad (\text{m})$$ 缸筒底部为拱形时(如图中所示 $R \geqslant 0.8D$、$r \geqslant 0.125D$),其厚度用下式计算 $$\delta_1 = \frac{p D_0}{4 \sigma_p} \beta \quad (\text{m})$$ 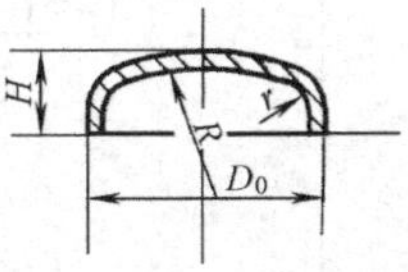	p——筒内最大工作压力,MPa σ_p——筒底材料许用应力,MPa,其选用方法与上述缸筒厚度计算相同 D_2——计算厚度外直径,m β——系数,当 $H/D_0 = 0.2 \sim 0.3$ 时,取 $\beta = 1.6 \sim 2.5$ D_0——缸底外径,m
缸筒头部法兰厚度	$$h = \sqrt{\frac{4Fb}{\pi (r_a - d_L) \sigma_p}} \times 10^{-3} \quad (\text{m})$$ 如不考虑螺孔(d_L),则为 $$h = \sqrt{\frac{4Fb}{\pi r_a \sigma_p}} \times 10^{-3} \quad (\text{m})$$	F——法兰在缸筒最大内压下所承受的轴向压力,N 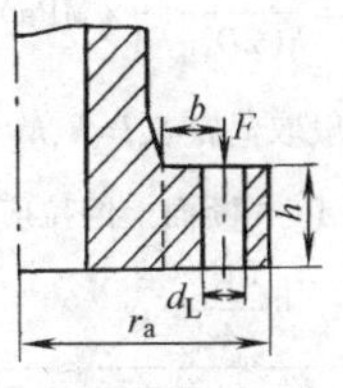 缸筒头部法兰厚度
缸筒螺纹连接部分	缸筒与端部用螺纹连接时,缸筒螺纹处的强度计算如下: 螺纹处的拉应力 $$\sigma = \frac{KF}{\frac{\pi}{4}(d_1^2 - D^2)} \times 10^{-6} \quad (\text{MPa})$$ 螺纹处的切应力 $$\tau = \frac{K_1 K F d_0}{0.2(d_1^3 - D^3)} \times 10^{-6} \quad (\text{MPa})$$ 合成应力 $$\sigma_n = \sqrt{\sigma^2 + 3\tau^2} \leqslant \sigma_p$$ 许用应力 $$\sigma_p = \frac{\sigma_s}{n_0}$$	F——缸筒端部承受的最大推力,N D——缸筒内径,m d_0——螺纹外径,m d_1——螺纹底径,m K——拧紧螺纹的系数,不变载荷取 $K = 1.25 \sim 1.5$,变载荷取 $K = 2.5 \sim 4$ K_1——螺纹连接的摩擦因数,$K_1 = 0.07 \sim 0.2$,平均取 $K_1 = 0.12$ σ_s——缸筒材料的屈服点,MPa n_0——安全系数,取 $n_0 = 1.2 \sim 2.5$ 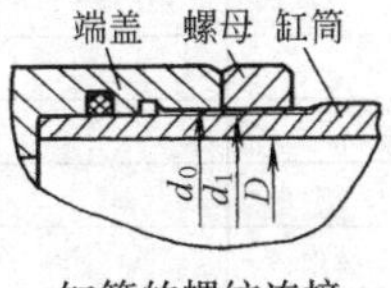 缸筒的螺纹连接

续表

项目	计　算　公　式	说　　明
缸筒法兰连接螺栓	缸筒与端部用法兰连接或拉杆连接时,如图 a 所示。螺栓或拉杆的强度计算如下: 螺纹处的拉应力 $$\sigma = \frac{KF}{\frac{\pi}{4}d_1^2 z} \times 10^{-6} \ (\text{MPa})$$ 螺纹处的切应力 $$\tau = \frac{K_1 K F d_0}{0.2 d_1^3 z} \times 10^{-6} \ (\text{MPa})$$ 合成应力 $$\sigma_n = \sqrt{\sigma^2 + 3\tau^2} \approx 1.3\sigma \leqslant \sigma_p$$ 如采用长拉杆连接,当行程超过缸筒内径 20 倍($S > 20D$)时,为防止拉杆偏移,需加装中接圈或中支承块,焊接或用螺钉固定在缸筒外壁中部上,如图 b、图 c 所示	z ——螺栓或拉杆的数量 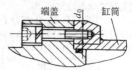 (a)缸筒的法兰连接  (b)长拉杆螺栓中接圈 圆锥端 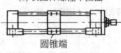 (c)中支承块
缸筒卡环连接	缸筒与端部用卡环连接时,卡环的强度计算如下: 卡环的切应力(A—A 断面处) $$\tau = \frac{p \frac{\pi D_1^2}{4}}{\pi D_1 l} = \frac{p D_1}{4l} \ (\text{MPa})$$ 卡环侧面的挤压应力(ab 侧面上) $$\sigma_c = \frac{P \frac{\pi D_1^2}{4}}{\frac{\pi D_1^2}{4} - \frac{\pi(D_1 - 2h_2)^2}{4}} = \frac{p D_1^2}{4h_2 D_1 - 4h_2^2}$$ $$= \frac{p D_1^2}{h(2D_1 - h)} \ (\text{MPa})$$ 卡环尺寸一般取 $h = \delta, l = h, h_1 = h_2 = \dfrac{h}{2}$ 验算缸筒在 A—A 断面上的拉应力 $$\sigma = \frac{p \frac{\pi D_1^2}{4}}{\frac{\pi[(D_1 - h)^2 - D^2]}{4}} = \frac{p D_1^2}{(D_1 - h)^2 - D^2} \ (\text{MPa})$$	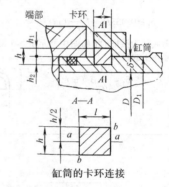 缸筒的卡环连接 p ——缸内最大工作压力,MPa D_1 ——缸筒外径,m d_1 ——焊缝底径,m F ——缸内最大推力,N η ——焊接效率,取 $\eta = 0.7$ σ_b ——焊条材料的抗拉强度,MPa n ——安全系数,参照缸筒壁的安全系数选取
缸筒与端部焊接	缸筒与端部用焊接连接时,其焊缝应力计算如下: $$\sigma = \frac{F}{\frac{\pi}{4}(D_1^2 - d_1^2)\eta} \times 10^{-6} \leqslant \frac{\sigma_b}{n} \ (\text{MPa})$$	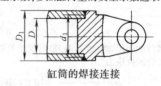 缸筒的焊接连接

（5）缸径和缸筒壁厚

缸径尺寸应优先选用表 21-6-8 推荐值。

表 21-6-8　　　　　　　　　　　　**缸径推荐尺寸**　　　　　　　　　　　　mm

缸径 D			
25	90	180	360
32	100	200	400
40	110	220	450
50	125	250	500
63	140	280	
80	160	320	

缸筒壁厚设计计算公式参见表21-6-7。应根据计算结果，在保证具有足够的安全裕量的前提下，优先选用表21-6-9中最接近的推荐值。

表 21-6-9 缸筒推荐壁厚 mm

缸径	缸筒壁厚	缸径	缸筒壁厚
25~70	4、5.5、6、7.5、8、10	>250~320	15、17.5、20、22.5、25、28.5
>70~120	5、6.5、7、8、10、11、13.5、14	>320~400	15、18.5、22.5、25.5、28.5、30、35、38.5
>120~180	7.5、9、10.5、12.5、13.5、15、17、19	>400~500	20、25、28.5、30、35、40、45
>180~250	10、12.5、15、17.5、20、22.5、25		

（6）缸筒制造加工要求

① 缸径尺寸公差宜采用 H8、H9 和 H10 三个等级。表面粗糙度 Ra 值一般为 0.1~0.4μm。

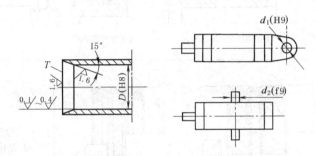

图 21-6-1 缸筒加工要求

缸筒外径允许偏差应不超过外径公称尺寸的±0.5%。

② 缸筒壁厚允许偏差、内孔圆度和轴线直线度等，应符合 JB/T 11718—2013 和 JB/T 11588—2013 的规定。

③ 缸筒端面 T 对内径的垂直度公差在直径 100mm 上不大于 0.04mm。

④ 当缸筒为尾部和中部耳轴型时：孔 d_1 的轴线对缸径 D 轴线的偏移不大于 0.03mm；孔 d_1 的轴线对缸径 D 轴线的垂直度公差在 100mm 长度上不大于 0.1mm；轴径 d_2 对缸径 D 轴线的垂直度公差在 100mm 长度上不大于 0.1mm。

⑤ 热处理：调质，硬度 241~285HB。

此外，通往油口、排气阀孔的内孔口必须倒角，不允许有飞边、毛刺，以免划伤密封件。为便于装配和不损坏密封件，缸筒内孔口应倒角 15°。需要在缸筒上焊接法兰、油口、排气阀座时，均必须在半精加工以前进行，以免精加工后焊接而引起内孔变形。如欲防止腐蚀生锈和提高使用寿命，在缸筒内表面可以镀铬，再进行研磨或抛光，在缸筒外表面涂耐油油漆。

5.2 活塞

由于活塞在液体压力的作用下沿缸筒往复滑动，因此，它与缸筒的配合应适当，既不能过紧，也不能间隙过大。配合过紧，不仅使最低启动压力增大，降低机械效率，而且容易损坏缸筒和活塞的滑动配合表面；间隙过大，会引起液压缸内部泄漏，降低容积效率，使液压缸达不到要求的设计性能。

液压力的大小与活塞的有效工作面积有关，活塞直径应与缸筒内径一致。设计活塞时，主要任务就是确定活塞的结构型式。

（1）活塞结构型式

根据密封装置型式来选用活塞结构型式（密封装置则按工作条件选定）。通常分为整体活塞和组合活塞两类。

整体活塞在活塞圆周上开沟槽，安置密封圈，结构简单，但给活塞的加工带来困难，密封圈安装时也容易拉伤和扭曲。组合活塞结构多样，主要由密封型式决定。组合活塞大多数可以多次拆装，密封件使用寿命长。随着耐磨的导向环的大量使用，多数密封圈与导向环联合使用，大大降低了活塞的加工成本。

第
21
篇

表 21-6-10　　　　　　　　　　　　　　　　活塞结构型式

整体活塞	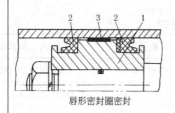 唇形密封圈密封	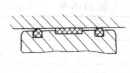　　　　　　车氏组合密封	O形密封圈密封
组合活塞	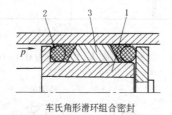 车氏角形滑环组合密封	V形密封圈密封	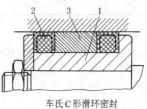 车氏C形滑环密封
无活塞(整套密封件代替活塞)	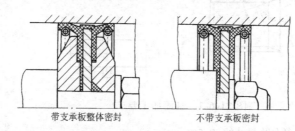 带支承板整体密封　　　　不带支承板密封		适用于2.5MPa以下液压油密封,结构简单,更换容易

注：1—活塞；2—密封装置；3—导向套；4—活塞杆。

（2）活塞与活塞杆连接型式

活塞与活塞杆连接有多种型式，所有型式均需有锁紧措施，以防止工作时由于往复运动而松开。同时在活塞与活塞杆之间需设置静密封。

表 21-6-11　　　　　　　　　　　　常用活塞与活塞杆连接型式

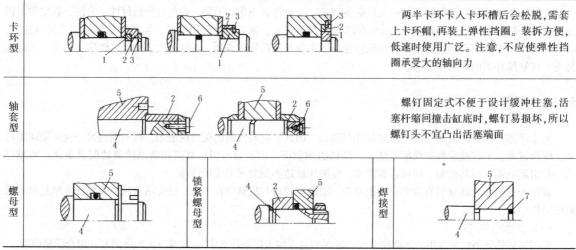

卡环型		两半卡环卡入卡环槽后会松脱,需套上卡环帽,再装上弹性挡圈。装拆方便,低速时使用广泛。注意,不应使弹性挡圈承受大的轴向力
轴套型		螺钉固定式不便于设计缓冲柱塞,活塞杆缩回撞击缸底时,螺钉易损坏,所以螺钉头不宜凸出活塞端面
螺母型	锁紧螺母型	焊接型

注：1—卡环；2—轴套；3—弹性挡圈；4—活塞杆；5—活塞；6—螺钉；7—钎焊点。

（3）活塞密封结构

活塞的密封型式与活塞的结构有关，可根据液压缸的不同作用和不同工作压力来选择。

表 21-6-12　　　　　　　　　　　常用活塞密封结构

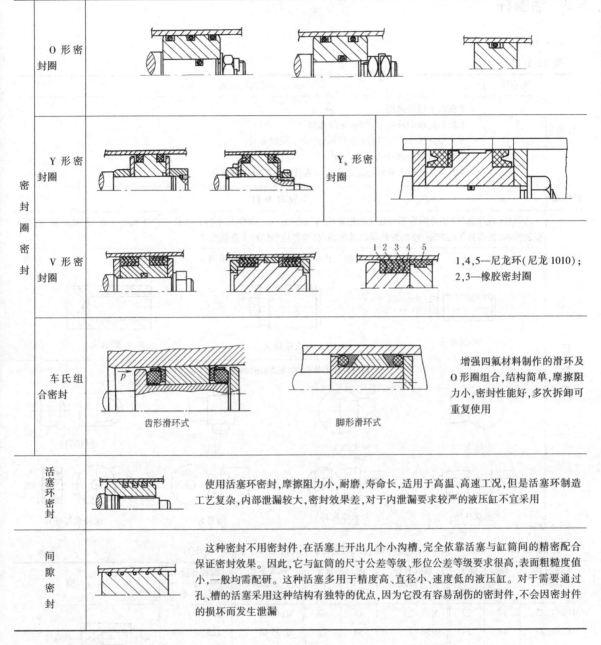

密封圈密封	O 形密封圈	见图
	Y 形密封圈	Yₓ 形密封圈
	V 形密封圈	1,4,5—尼龙环(尼龙 1010)；2,3—橡胶密封圈
	车氏组合密封	齿形滑环式　脚形滑环式　增强四氟材料制作的滑环及 O 形圈组合,结构简单,摩擦阻力小,密封性能好,多次拆卸可重复使用
活塞环密封		使用活塞环密封,摩擦阻力小,耐磨,寿命长,适用于高温、高速工况,但是活塞环制造工艺复杂,内部泄漏较大,密封效果差,对于内泄漏要求较严的液压缸不宜采用
间隙密封		这种密封不用密封件,在活塞上开出几个小沟槽,完全依靠活塞与缸筒间的精密配合保证密封效果。因此,它与缸筒的尺寸公差等级、形位公差等级要求很高,表面粗糙度值小,一般均需配研。这种活塞多用于精度高、直径小、速度低的液压缸。对于需要通过孔、槽的活塞采用这种结构有独特的优点,因为它没有容易刮伤的密封件,不会因密封件的损坏而发生泄漏

（4）活塞材料

无导向环活塞：高强度铸铁 HT200～HT300 或球墨铸铁。

有导向环活塞：优质碳素钢 20、35 及 45,有的在外径套尼龙或聚四氟乙烯+玻璃纤维和聚三氟氯乙烯材料制成的支承环,装配式活塞外环可用锡青铜。

还有用铝合金作为活塞材料。

（5）活塞尺寸及加工公差

活塞宽度一般为活塞外径的 0.6～1.0 倍,但也要根据密封件的型式、数量和安装导向环的沟槽尺寸而定。有时,可以结合中隔圈的布置确定活塞宽度。

活塞外径的配合一般采用 f9,外径对内孔的同轴度公差不大于 0.02mm,端面与轴线的垂直度公差不大于 0.04mm/100mm,外表面的圆度和圆柱度公差一般不大于外径公差之半,表面粗糙度视结构型式不同而异。

5.3 活塞杆

（1）结构

表 21-6-13

	实心杆	一般情况多用
杆体	空心杆	多在以下情况采用 ①缸筒运动的液压缸，用来导通油路 ②大型液压缸的活塞杆(或柱塞杆)为了减轻重量 ③为了增加活塞杆的抗弯能力 ④d/D 比值较大或杆心需装有如位置传感器等机构的情况
杆内端		见表 21-6-11
杆外端		活塞杆(或柱塞杆)的外端头部与载荷的拖动机构相连接，为了避免活塞杆在工作中产生偏心承载力，适应液压缸的安装要求，提高其作用效率，应根据载荷的具体情况，选择适当的杆头连接型式 缸工作时轴线固定不动的多采用 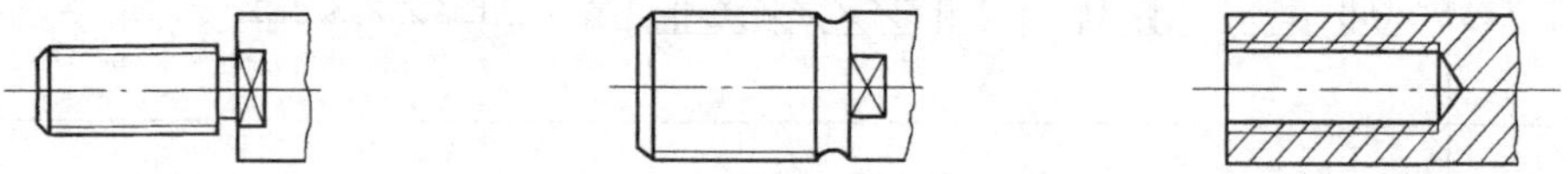 小螺栓头　　　　大螺栓头　　　　螺孔头 缸工作时轴线摆动的多采用 小球头　　　大球头　　　轴销　　　光杆耳环  方形双耳环　　方形单耳环　　圆耳环　　球铰单耳环

表 21-6-14　　　　活塞杆螺纹尺寸系列（摘自 GB/T 2350—1980）　　　　mm

螺纹直径与螺距 D×t	螺纹长度 L 短型	螺纹长度 L 长型	螺纹直径与螺距 D×t	螺纹长度 L 短型	螺纹长度 L 长型	螺纹直径与螺距 D×t	螺纹长度 L 短型	螺纹长度 L 长型	说　明
M10×1.25	14	22	M33×2	45	66	M110×3	112	—	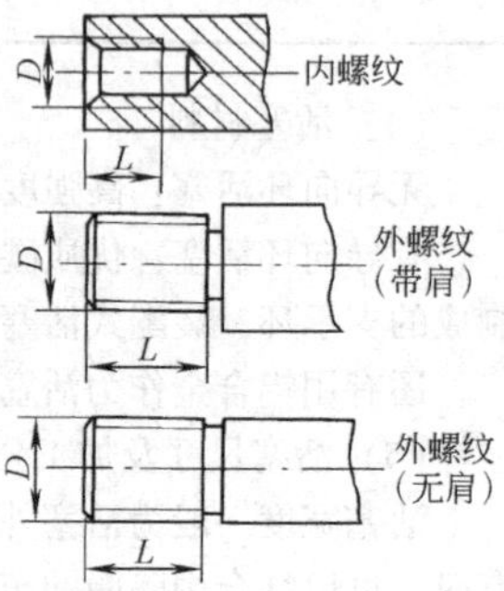
M12×1.25	16	24	M36×2	50	72	M125×4	125	—	
M14×1.5	18	28	M42×2	56	84	M140×4	140	—	
M16×1.5	22	32	M48×2	63	96	M160×4	160	—	
M18×1.5	25	36	M56×2	75	112	M180×4	180	—	
M20×1.5	28	40	M64×3	85	128	M200×4	200	—	
M22×1.5	30	44	M72×3	85	128	M220×4	220	—	
M24×2	32	48	M80×3	95	140	M250×6	250	—	
M27×2	36	54	M90×3	106	140	M280×6	280	—	
M30×2	40	60	M100×3	112	—				

注：1. L 对内螺纹是指最小尺寸，对外螺纹是指最大尺寸。

2. 当需要用锁紧螺母时，采用长型螺纹长度。

（2）活塞杆的材料和技术要求

表 21-6-15

材料选择	一般用中碳钢(如 45 钢)调质处理;对只承受推力的单作用活塞杆和柱塞,不必进行调质处理。对活塞杆通常要求淬火,淬火深度一般为 0.5~1mm,或活塞杆直径每毫米淬深 0.03mm										
常用材料力学性能	材料	σ_b/MPa $\geqslant$	σ_s/MPa $\geqslant$	δ_5/% >	热处理	表面处理	材料	σ_b/MPa $\geqslant$	σ_s/MPa $\geqslant$	σ_5/% >	热处理	表面处理
	35	520	310	15	调质	镀铬 20~30μm	35CrMo	1000	850	12	调质	镀铬 20~30μm
	45	600	340	13	调质		1Cr18Ni9	520	205	45	淬火	

活塞杆要在导向套中滑动,杆外径公差一般采用 f7~f9。太紧了,摩擦力大;太松了,容易引起卡滞现象和单边磨损。其圆度和圆柱度公差不大于直径公差之半。安装活塞的轴颈与外圆的同轴度公差不大于 0.01mm,可保证活塞杆外圆与活塞外圆的同轴度,避免活塞与缸筒、活塞杆与导向套的卡滞现象。安装活塞的轴肩端面与活塞杆轴线的垂直度公差不大于 0.04mm/100mm,以保证活塞安装时不产生歪斜。

活塞杆的外圆粗糙度 Ra 值一般为 0.1~0.3μm。太光滑了,表面形成不了油膜,反而不利于润滑。为了提高耐磨性和防锈性,活塞杆表面需进行镀铬处理,镀层厚 0.03~0.05mm,并进行抛光或磨削加工。对于工作条件恶劣、碰撞机会较多的情况,工作表面需先经高频淬火后再镀铬。用于低载荷(如低速度、低工作压力)和良好环境条件时,可不进行表面处理。

活塞杆内端的卡环槽、螺纹和缓冲柱塞也要保证与轴线的同心,特别是缓冲柱塞,最好与活塞杆做成一体。卡环槽取动配合公差,螺纹则取较紧的配合。

（3）活塞杆的计算

表 21-6-16

项目	计 算 公 式	说 明

活塞杆是液压缸传递力的重要零件,它承受拉力、压力、弯曲力和振动冲击等多种作用力,必须有足够的强度和刚度

对于双作用单边活塞杆液压缸,其活塞杆直径 d 可根据两腔面积比 φ 来确定:

$$d=D\sqrt{\frac{\varphi-1}{\varphi}}\ (m)$$

说明:
D——缸筒内径,m
φ——两腔面积比,按 JB/T 7939—2010 选取
下表是根据缸径、速比确定的 d 值

缸筒内径 D/mm	两腔面积比 $\varphi\approx$					缸筒内径 D/mm	两腔面积比 $\varphi\approx$				
	2.00	1.60	1.40	1.32	1.25		2.00	1.60	1.40	1.32	1.25
	d/mm						d/mm				
40	28	25	22	20	18	150	105	90	85	75	70
50	36	32	28	25	22	160	110	100	90	80	70
63	45	40	36	32	28	180	125	110	100	90	80
80	56	50	45	40	36	200	140	125	110	100	90
90	63	56	50	45	40	220	160	140	125	110	100
100	70	63	56	50	45	250	180	160	140	125	110
110	80	70	63	56	50	280	200	180	160	140	125
125	90	80	70	63	56	320	220	200	180	160	140
140	100	90	80	70	63	360	250	220	200	180	160

如果对液压缸无速比要求,可根据液压缸的推力和拉力确定,参照上表确定 D、d 值;也可按下式初步选取 d 值:

$$d=\left(\frac{1}{3}\sim\frac{1}{5}\right)D\ (m)$$

如果活塞杆长度小于或等于 10 倍的缸径 D,不能确定速比时,可按下式计算:

实心杆 $$d=\sqrt{\frac{4F_1}{\pi\sigma_p}}\times10^{-3}\ (m)$$

空心杆 $$d=\sqrt{\frac{4\times10^{-6}F_1}{\pi\sigma_p}+d_1^2}\ (m)$$

F_1——液压缸的推力,N

σ_p——材料的许用应力,MPa,$\sigma_p=\dfrac{\sigma_s}{n}$

d_1——活塞杆空心直径,m

计算出活塞杆直径后,应该按表 21-6-2 的尺寸系列进行圆整并校核其稳定性

项目	计 算 公 式	说 明
活塞杆强度计算	活塞杆在稳定工况下，如果只受轴向推力或拉力，可以近似地用直杆承受拉压载荷的简单强度计算公式进行计算：$$\sigma=\frac{F\times10^{-6}}{\frac{\pi}{4}d^2}\leqslant\sigma_p\ (\text{MPa})$$ 如果液压缸工作时，活塞杆所承受的弯曲力矩不可忽略时（如偏心载荷等），则可按下式计算活塞杆的应力：$$\sigma=\left(\frac{F}{A_d}+\frac{M}{W}\right)\times10^{-6}\leqslant\sigma_p$$ 活塞杆一般均有螺纹、退刀槽等，这些部位往往是活塞杆上的危险截面，也要进行计算。危险截面处的合成应力应满足：$$\sigma_n\approx1.8\frac{F_2}{d_2^2}\leqslant\sigma_p\ (\text{MPa})$$ 对于活塞杆上有卡环槽的断面，除计算拉应力外，还要计算校核卡环对槽壁的挤压应力 $$\sigma=\frac{4F_2\times10^{-6}}{\pi[d_1^2-(d_3+2c)^2]}\leqslant\sigma_{pp}$$	F——活塞杆的作用力，N d——活塞杆直径，m σ_p——材料的许用应力，无缝钢管 $\sigma_p=100\sim110\text{MPa}$，中碳钢（调质）$\sigma_p=400\text{MPa}$ A_d——活塞杆断面积，m^2 W——活塞杆断面模数，m^3 M——活塞杆所承受的弯曲力矩，$N\cdot m$，如果活塞杆仅受轴向偏心载荷 F 时，则 $M=FY_{max}$，其中 Y_{max} 为 F 作用线至活塞杆轴心线最大挠度处的垂直距离 F_2——活塞杆的拉力，N d_2——危险截面的直径，m d_1——卡环槽处外圆直径，m d_3——卡环槽处内圆直径，m c——卡环挤压面倒角，m σ_{pp}——材料的许用挤压应力，MPa
活塞杆弯曲稳定性验算	当液压缸支承长度 $L_B\geqslant(10\sim15)d$ 时，需验算活塞杆弯曲稳定性。液压缸弯曲示意如图 a、图 b 所示，图中 L_B 以 m 计 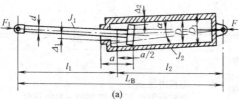 (a) ① 若受力 F_1 完全在轴线上，主要是按下式验算：$$F_1\leqslant F_k/n_k$$ $$F_k=\frac{\pi^2E_1I\times10^6}{K^2L_B^2}\ (\text{N})$$ 其中 $E_1=\dfrac{E}{(1+a)(1+b)}=1.80\times10^5\text{MPa}$ 圆截面：$I=\dfrac{\pi d^4}{64}=0.049d^4\ (m^4)$ ② 若受力 F_1 偏心时，推力与支承的反作用力不完全处在轴线上，可用下式验算：$$F_k=\frac{\sigma_sA_d\times10^6}{1+\dfrac{8}{d}e\sec\beta}\ (\text{N})$$ 其中 $\beta=a_0\sqrt{\dfrac{F_kL_B^2}{EI\times10^6}}$ 一端固定，另一端自由 $a_0=1$；两端球铰 $a_0=0.5$；两端固定 $a_0=0.25$；一端固定，另一端球铰 $a_0=0.35$ ③ 实用验算法： 活塞杆弯曲计算长度 L_f 为 $$L_f=KS\ (m)$$ 如已知作用力 F_1 和活塞杆直径 d，从图 c 可得活塞杆弯曲临界长度 L_{fl}。如 $L_f<L_{fl}$，则活塞杆弯曲稳定性良好 如已知 L_{fl}、F_1，从图 c 可得 d 的最小值	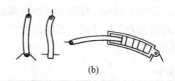 (b) F_k——活塞杆弯曲失稳临界压缩力，N n_k——安全系数，通常取 $n_k\approx3.5\sim6$ K——液压缸安装及导向系数，见表 21-6-17 E_1——实际弹性模量，MPa a——材料组织缺陷系数，钢材一般取 $a\approx1/12$ b——活塞杆截面不均匀系数，一般取 $b\approx1/13$ E——材料的弹性模量，钢材 $E=2.10\times10^5$，MPa I——活塞杆横截面惯性矩，m^4 A_d——活塞杆截面面积，m^2 e——受力偏心量，m σ_s——活塞杆材料屈服点，MPa S——行程，m 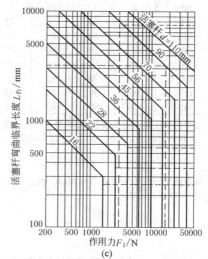 (c)

表 21-6-17　　　　　　　　　　液压缸安装及导向系数 K

安装型式	活塞杆外端	安装示意图	K	安装型式	活塞杆外端	安装示意图	K	安装型式	活塞杆外端	安装示意图	K
前端法兰	刚性固定,有导向	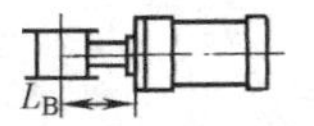	0.5	前端耳轴	前耳环,无导向	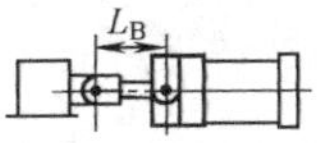	2	后耳环	螺纹,有导向	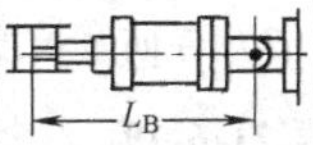	1.5
	前耳环,有导向	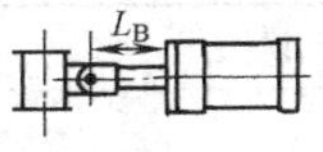	0.7	中间耳轴	榫头,有导向	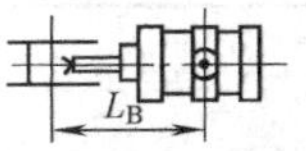	1.5		榫头或螺纹,无导向	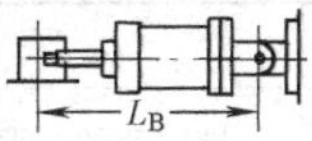	4
	支承,无导向	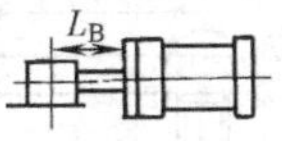	2		前耳环,有导向	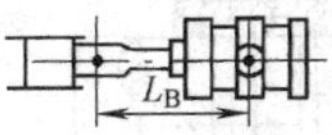	1.5	脚架	榫头,有导向	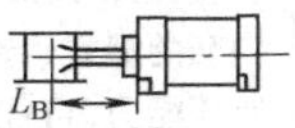	0.7
后端法兰	刚性固定,有导向	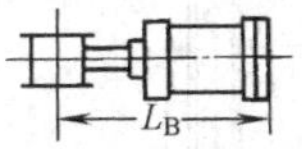	1		螺纹,有导向	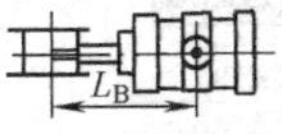	1		前耳环,有导向	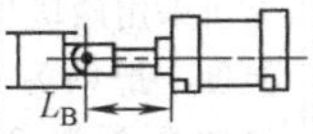	0.7
	前耳环,有导向	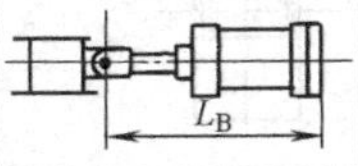	1.5		榫头或螺纹,无导向	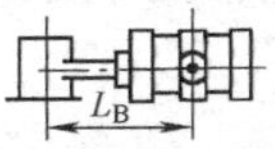	3		螺纹,有导向	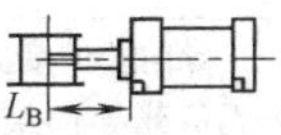	0.5
	支承,无导向	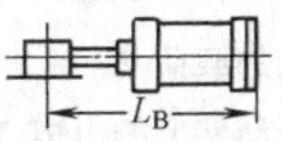	4	后耳环	榫头,有导向	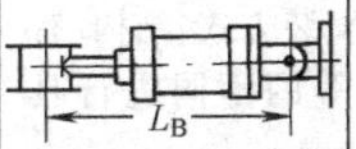	2		榫头或螺纹,无导向	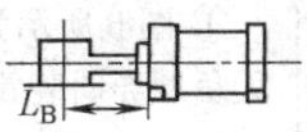	2
前端耳轴	前耳环,有导向	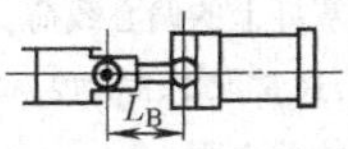	1		前耳环,有导向	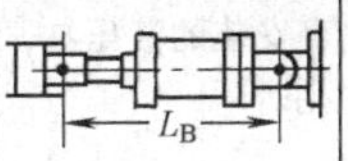	2				

5.4　活塞杆的导向套、密封装置和防尘圈

　　活塞杆导向套装在液压缸的有杆侧端盖内,用以对活塞杆进行导向,内装有密封装置以保证缸筒有杆腔的密封。外侧装有防尘圈,以防止活塞杆在后退时把杂质、灰尘及水分带到密封装置处,损坏密封装置。当导向套采用非耐磨材料时,其内圈还可装设导向环,用作活塞杆的导向。导向套的典型结构型式有轴套式和端盖式两种。

　　(1) 导向套的结构

表 21-6-18　　　　　　　　　　导向套典型结构型式

类别	结构	特点	类别	结构	特点
端盖式	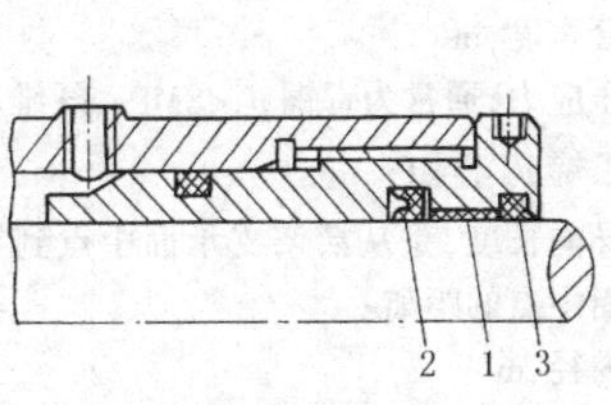 1—非金属材料导向套;2—组合密封;3—防尘圈	前端盖采用球墨铸铁或青铜制成。其内孔对活塞杆导向 成本高 适用于低压、低速、小行程液压缸	轴套式	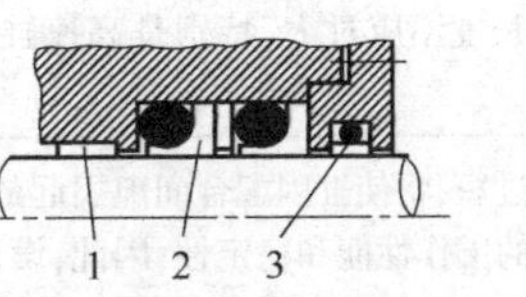 1—金属材料导向套;2—车氏组合密封;3—防尘圈	摩擦阻力大,一般采用青铜材料制作 适用于重载低速的液压缸中
端盖式加导向环	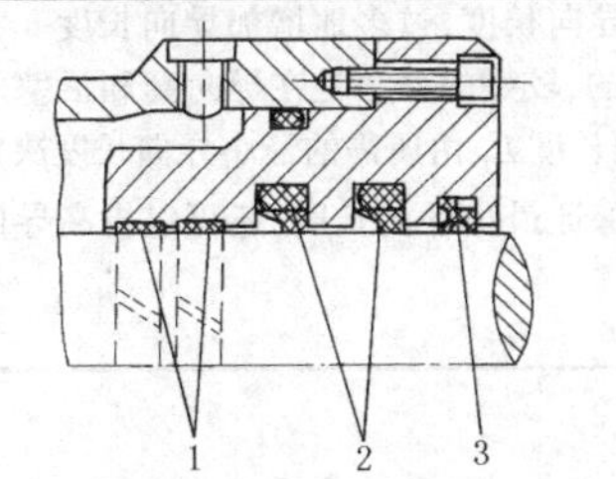 1—非金属材料导向环;2—组合式密封;3—防尘圈	非金属材料制作的导向环,价格便宜,更换方便,摩擦阻力小,低速启动不爬行 多用于工程机械且行程较长的液压缸中		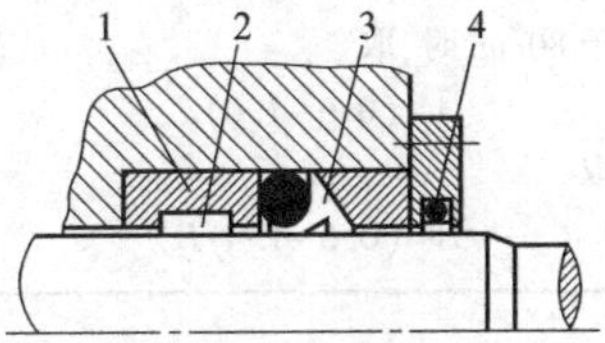 1—导向套;2—非金属材料导向环;3—车氏组合密封件;4—防尘圈	导向环的使用降低了导向套加工的成本 该结构增加了活塞杆的稳定性,但也增加了长度 适用于有侧向负载且行程较长的液压缸中

（2）导向套的材料

金属导向套一般采用摩擦因数小、耐磨性好的青铜材料制作，非金属导向套可以用尼龙、聚四氟乙烯+玻璃纤维和聚三氟氯乙烯材料制作。端盖式直接导向型的导向套材料用青铜、灰铸铁、球墨铸铁、氧化铸铁等制作。

（3）导向套长度的确定

表 21-6-19

项目	计 算 公 式	说 明
导向套尺寸配置	导向套的主要尺寸是支承长度，通常按活塞杆直径、导向套的型式、导向套材料的承压能力、可能遇到的最大侧向负载等因素来考虑。通常可采用两段导向段，每段宽度一般约为 $d/3$，两段的线间距离取 $2d/3$，如图 a 所示 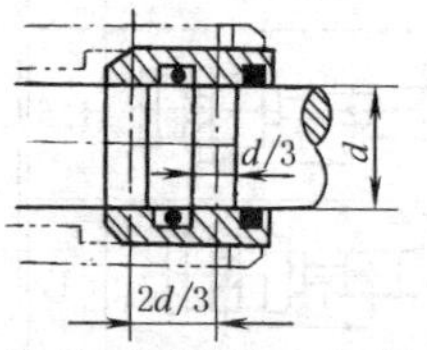 （a）活塞杆导向套尺寸配置	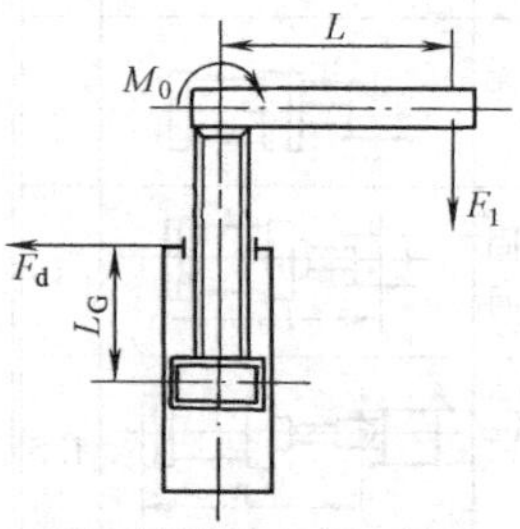 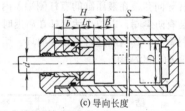 （b）活塞杆导向套受力示意 F_d——导向套承受的载荷，N M_0——外力作用于活塞上的力矩，N·m F_1——作用于活塞杆上的偏心载荷，N K_1——安装系数，通常取 $1 < K_1 \leq 2$ L——载荷作用的偏心距，m
受力分析	导向套的受力情况，应根据液压缸的安装方式、结构、有无负载导向装置以及负载作用情况等的不同进行具体分析 ① 图 b 所示为最简单的受力情况，垂直安装的液压缸，无负载导向装置，受偏心轴向载荷 F_1 作用时 $$M_0 = F_1 L \ (\text{N·m})$$ $$F_d = K_1 \frac{M_0}{L_G} \ (\text{N})$$ ② 对于其他受力情况（如非垂直安装的液压缸，则在 M_0 内还要考虑液压缸的重力作用），求出必须由导向套所承受的力矩 M_0 后，即可利用下式求出导向套受到的支承压应力 p_d $$p_d = \frac{F_d}{db} \times 10^{-6} \ (\text{MPa})$$ 图 c 所示结构 $b = \frac{2}{3}d$（m） 支承压应力应在导向材料允许范围内 导向套总长度不应过大，特别是高速缸，以避免摩擦力过大	L_G——活塞与导向套间距，m，当活塞向上推，行程末端为最不利位置时，取 $L_G \approx D + \frac{d}{2}$ D,d——活塞及活塞杆外径，m （c）导向长度 b——导向套宽度，m p_d——支承压应力，通常为青铜 $p_d < 8\text{MPa}$，纤维增强聚四氟乙烯 $p_d < 3\text{MPa}$ H——最小导向长度，是从活塞支承面中点到导向套滑动面中点的距离
最小导向长度	导向长度过短，将使缸因配合间隙引起的初始挠度增大，影响液压缸的工作性能和稳定性，因此，设计必须保证缸有一定的最小导向长度，一般缸的最小导向长度应满足 $$H \geq \frac{S}{20} + \frac{D}{2} \ (\text{m})$$ 导向套滑动面的长度 A，在缸径小于或等于 80mm 时，取 $$A = (0.6 \sim 1.0)D$$ 当缸径大于 80mm 时，取 $$A = (0.6 \sim 1.0)d$$ 活塞宽度取 $$B = (0.6 \sim 1.0)D$$	D——缸筒内径，m S——最大工作行程，m B——活塞宽度，m 为了保证最小导向长度，过多地增加导向长度 b 和活塞宽度 B 是不合适的，较好的办法是在导向套和活塞之间装一中隔圈，中隔圈长度 L_T 由所需的最小导向长度决定。采用中隔圈不仅能保证最小导向长度，还可以提高导向套和活塞的通用性

（4）加工要求

导向套内孔与活塞杆外圆的配合多为 H8/f7～H9/f9。外圆与内孔的同轴度公差不大于 0.03mm，圆度和圆柱度公差不大于直径公差之半，内孔中的环形油槽和直油槽要浅而宽，以保证良好的润滑。

5.5 中隔圈

在长行程液压缸内，由于安装方式及负载的导向条件，可能使活塞杆导向套受到过大的侧向力而导致严重磨损，因此在长行程液压缸内需在活塞与有杆侧端盖之间安装一个中隔圈（也称限位圈），使活塞杆在全部外伸时仍能有足够的支承长度，其结构见表 21-6-20。活塞杆在缸内支承长度 L_C（见表 21-6-19 图 b）的最小值应满足下式：

$$L_\text{C} \geqslant D+\frac{d}{2} \text{（m）}$$

（1）中隔圈的结构

表 21-6-20

结 构 图	应 用 场 合
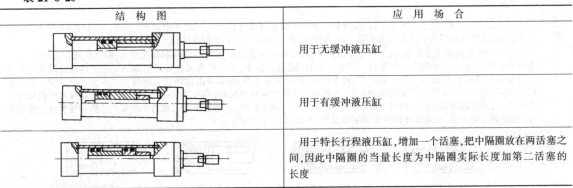	用于无缓冲液压缸
	用于有缓冲液压缸
	用于特长行程液压缸,增加一个活塞,把中隔圈放在两活塞之间,因此中隔圈的当量长度为中隔圈实际长度加第二活塞的长度

（2）中隔圈长度的确定

各生产厂按各自生产的液压缸结构、间隙等因素和试验结果来确定中隔圈长度 L_T。下列两例可作为参考。

① 当行程长度 S 超过缸筒内径 D 的 8 倍时，可装一个 $L_\text{T}=100\text{mm}$ 的中隔圈；超过部分每增加 700mm，中隔圈的长度 L_T 即增加 100mm，依此类推。

② 当 $1000\text{mm}<S<2500\text{mm}$ 时，需安装中隔圈的长度如下：$S=1001\sim1500\text{mm}$，$L_\text{T}=50\text{mm}$；$S=1501\sim2000\text{mm}$，$L_\text{T}=100\text{mm}$；$S=2001\sim2500\text{mm}$，$L_\text{T}=150\text{mm}$。

5.6 缓冲装置

液压缸的活塞杆（或柱塞杆）具有一定的质量，在液压力的驱动下运动时具有很大的动量。在它们的行程终端，当杆头进入液压缸的端盖和缸底部分时，会引起机械碰撞，产生很大的冲击压力和噪声。采用缓冲装置，就是为了避免这种机械碰撞，但冲击压力仍然存在，大约是额定工作压力的 2 倍，这必然会严重影响液压缸和整个液压系统的强度及正常工作。缓冲装置可以防止和减少液压缸活塞及活塞杆等运动部件在运动时对缸底或端盖的冲击，在它们的行程终端实现速度的递减，直至为零。

缓冲装置的工作原理是使缸筒低压腔内油液（全部或部分）通过节流把动能转换为热能，热能则由循环的油液带到液压缸外。如图 21-6-2 所示，质量为 m 的活塞和活塞杆以速度 v 运动，当缓冲柱塞 1 进入缓冲腔 2 时，就在被遮断的 2 腔内产生压力 p_c，液压缸运动部分的动能被 2 腔内的液体吸收，从而达到缓冲的目的。

液压缸活塞运动速度在 0.1m/s 以下时，不必采用缓冲装置；在 0.2m/s 以上时，必须设置缓冲装置。

（1）一般技术要求

① 缓冲装置应能以较短的缓冲行程 l_0 吸收最大的动能。

② 缓冲过程中尽量避免出现压力脉冲及过高的缓冲腔压力峰值，使压力的变化为渐变过程。

③ 缓冲腔内峰值压力 $p_\text{cmax} \leqslant 1.5p_\text{i}$（$p_\text{i}$ 为供油压力）。

④ 动能转变为热能使油液温度上升时，油液的最高温度不应超过密封件的允许极限。

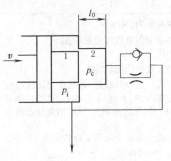

图 21-6-2 缓冲原理

（2）缓冲装置的结构

表 21-6-21

结构	简 图 与 说 明
恒节流型缓冲装置	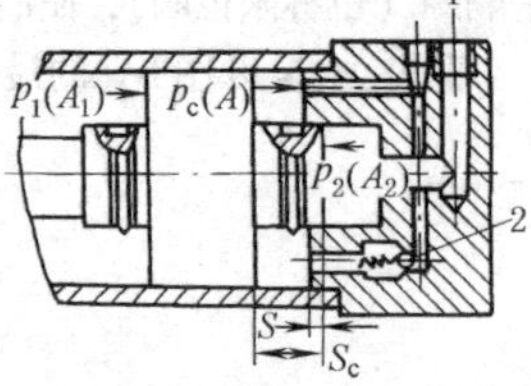 (a) 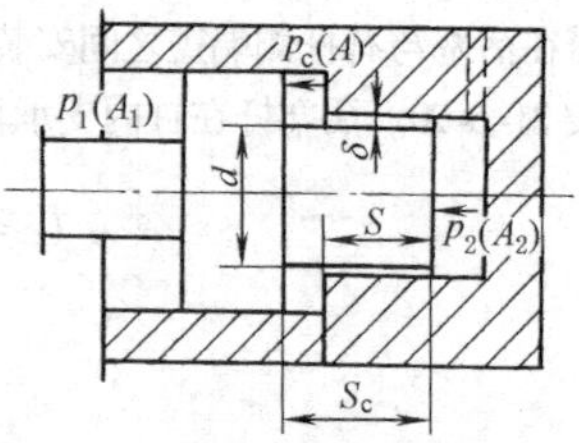　　　　　　　　　　　(b) 缓冲柱塞为圆柱形,当进入节流区时,油液被活塞挤压而通过缓冲柱塞周围的环形间隙(图 b)或通过缓冲节流阀(图 a)而流出,活塞 A 侧腔内的压力上升到高于 A_1 侧腔内的工作压力,使活塞部件减速 此类缓冲装置在缓冲过程中,由于其节流面积不变,故在缓冲开始时,产生的缓冲制动力很大,但很快就降低下来,最后不起什么作用,缓冲效果很差。但是在一般系列化的成品液压缸中,由于事先无法知道活塞的实际运动速度以及运动部分的质量和载荷等,因此为了使结构简单,便于设计,降低制造成本,仍多采用此种节流缓冲方式。尤其是如图 a 所示那样,采用缓冲节流阀 1 进行节流的缓冲装置,可根据液压缸实际负载情况,调节节流孔的大小即可以控制缓冲腔内缓冲压力的大小,同时当活塞反向运动时,高压油从单向阀 2 进入液压缸内,活塞也不会因推力不足而产生启动缓慢或困难等现象(除自调节流型外,一般缓冲机构常需装有此种返行程快速供油阀)
变节流型缓冲装置	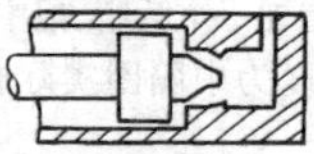 (a) 抛物线型 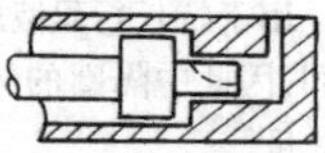　　　(b) 铣槽型 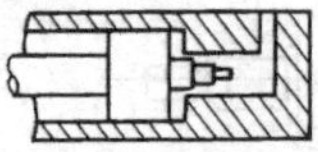　　　(c) 梯阶型 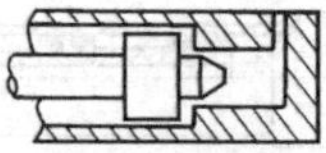　　　(d) 圆锥型 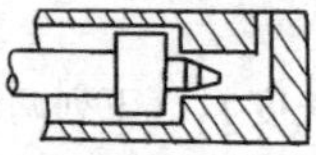 (e) 双圆锥型 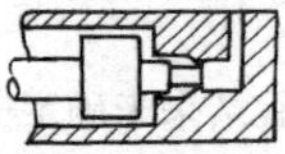　　　(f) 两级缓冲型 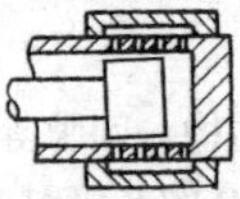　　　(g) 多孔缸筒型 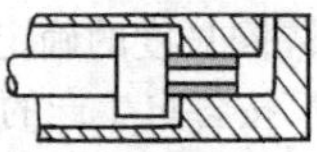　　　(h) 多孔柱塞型 变节流缓冲装置在缓冲过程中通流面积随缓冲过程的变化而变化,缓冲腔内的缓冲压力保持均匀或按一定的规律变化,能取得满意的缓冲效果,但只能适应一定的工作负载和运动情况,其结构也比较复杂,生产成本高,因此这类缓冲装置多用在专用液压缸上 图 a 为抛物线柱塞,凹抛物线形缓冲柱塞最理想,可达到恒减速度,而且缓冲腔压力较低而平坦,但加工需用数控机床,成本高 图 b~图 f 等形状都是从加工方便出发,尽量接近于凹抛物线,降低缓冲腔压力的峰值,但缓冲腔压力仍有轻微的脉冲,这对于有高精度要求的场合(如高精度机床的进给)仍有不利之处 图 g、图 h 为多孔缸筒或多孔柱塞型,可适当布置每排小孔的数量和各排之间的距离,使节流面积更接近于理想抛物线。这种形式的加工可用普通机床进行,缓冲腔压力基本接近理想曲线

（3）缓冲装置的计算

缓冲装置计算中,假设油液是不可压缩的;节流系数 C_4 是恒定的;流动是紊流;缓冲过程中,供油压力不变;密封件摩擦阻力相对于惯性力很小,可略去不计。

表 21-6-22

项目	计 算 公 式	说 明
缓冲压力的一般计算式	在缓冲制动情况下,液压缸活塞(见表 21-6-21 图 a、图 b)的运动方程式为 $$A_1 p_1 \times 10^6 - A_2 p_2 \times 10^6 \pm R - A p_c \times 10^6 = \frac{G}{g}\frac{dv}{dt} = -\frac{G}{g}a$$ 在一般情况下,排油压力 $p_2 \approx 0$,由此可得 $$p_c = \frac{A_1 p_1 + \left(\frac{G}{g}a \pm R\right) \times 10^{-6}}{A} \quad (\text{MPa})$$	p_c——缓冲腔内的缓冲压力,MPa A——缓冲压力在活塞上的有效作用面积,m^2 p_1——液压油的工作压力,MPa A_1——工作腔活塞的有效作用面积,m^2 R——折算到活塞上的一切外部载荷,包括重力及液压缸内外摩擦阻力在内,N,其作用方向与活塞的运动方向一致者取"+"号,反之则取"−"号(因此摩擦阻力取"−"号) G——折算到活塞上的一切有关运动部分的重力,N g——重力加速度,$g = 9.81\,\text{m/s}^2$ a——活塞的减速度,m/s^2

项目	计 算 公 式	说 明
恒节流型缓冲机构计算	对采用缓冲节流阀进行节流的缓冲机构(表21-6-21图a),在上式中代入平均减速度 $a_m = v_0^2/2S_c$,即得平均缓冲压力: $$p_{cm} = \frac{A_1 p_1 S_c + \left(\frac{1}{2} \times \frac{G}{g} v_0^2 \pm RS_c\right) \times 10^{-6}}{AS_c} \quad (\text{MPa})$$ 最高缓冲压力发生在活塞刚进入缓冲区一瞬时内,假定此时的减速度(最大减速度) $a_0 = 2a_m = v_0^2/S_c$,将其代入上式中,即得最高缓冲压力: $$p_{cmax} = \frac{A_1 p_1 S_c + \left(\frac{G}{g} v_0^2 \pm RS_c\right) \times 10^{-6}}{AS_c} \quad (\text{MPa})$$ 上式为 p_{cmax} 的近似计算公式,p_{cmax} 值的大小可通过调节缓冲节流阀的节流面积大小来调定,其值不应超过液压缸的最大允许压力 p_{max}(见表21-6-3) 当采用环形节流缝隙的缓冲机构(表21-6-21图b)时,环形缝隙高度 δ 可按下列近似公式计算,即 $$\delta = \sqrt[3]{\frac{12 q_{vm} \mu S_c}{p_{cm} d_m \pi}} \times 10^{-2} \quad (\text{m})$$ 将 q_{vm} 及 d_m 加以转化后,上式可改写为 $$\delta = \sqrt[3]{\frac{6A v_0 \mu S_c}{p_{cm} d \pi}} \times 10^{-2} \quad (\text{m})$$	S_c——活塞的缓冲行程,m v_0——活塞在缓冲开始时的速度,m/s q_{vm}——从缝隙中流过的平均体积流量,m^3/s,$q_{vm} = AS_c/t_c$ t_c——缓冲时间,s,$t_c = v_0/a_m$ a_m——活塞的平均减速度,m/s^2 μ——液压油的动力黏度,Pa·s d_m——环形缝隙的平均直径(中径),m;可取 $d_m \approx d$ d——缓冲柱塞直径,m P_{cm}——平均缓冲压力,MPa 因 $a_m = v_0^2/2S_c$,故 $t_c = 2S_c/v_0$,则 $q_{vm} = Av_0/2$
变节流型缓冲机构计算	恒减速缓冲机构计算:理想的缓冲机构在缓冲过程中,最好保持缓冲压力不变,活塞的减速度为常数,即 $$a = a_m = \frac{v_0^2}{2S_c} \quad (\text{m/s}^2)$$ 缓冲压力为 $$p_c = p_{cm} = \frac{A_1 p_1 S_c + \left(\frac{G}{2g} v_0^2 \pm RS_c\right) \times 10^{-6}}{AS_c} \quad (\text{MPa})$$ 缓冲时间为 $$t_c = \frac{2S_c}{v_0}$$ 瞬时节流面积为 $$A_j = \frac{A\sqrt{\gamma}}{C_d \sqrt{2g\Delta p \times 10^6}} v$$ $$= \frac{A v_0 \sqrt{\gamma}}{C_d \sqrt{2g\Delta p \times 10^6}} \times \frac{\sqrt{S_c - S}}{\sqrt{S_c}} \quad (\text{m}^2)$$ 或 $$A_i = K\sqrt{S_c - S}$$ $$K = \frac{A v_0 \sqrt{\gamma}}{C_d \sqrt{2g S_c \Delta p}} \times 10^{-3}$$	S——活塞在缓冲过程中的瞬时缓冲位移,m A_i——相应于 S 应有的节流面积,m^2 C_d——流量系数,一般取0.7~0.8 Δp——节流孔前后的压力差,MPa,$\Delta p = p_{cm} - p_1$,一般情况 $p_2 \approx 0$ γ——油的重度,N/m^3

经以上计算后,尚需考虑以下因素调整缓冲装置尺寸:缓冲间隙 δ 不能过小(浮动节流圈可例外),以免在活塞导向环磨损后,缓冲柱塞可能碰撞端盖,通常 $\delta \geqslant 0.10 \sim 0.12\text{mm}$;缓冲行程长度 S_c 不可过长,以免外形尺寸过大。

5.7 排气阀

排气阀的结构型式见表21-6-23。排气阀的位置要合理,水平安装的液压缸,其位置应设在缸体两腔端部的上方;垂直安装的液压缸,应设在端盖的上方,均应与压力腔相通,以便安装后调试前排除液压缸内的空气。由于空气比油轻，总是向上浮动，不会让空气有积存的残留死角。如果排气阀设置不当或者没有设置，压力油进入液压缸后，缸内仍会存有空气。由于空气具有压缩性和滞后扩张性，会造成液压缸和整个液压系统在工作中的颤振和爬行，影响液压缸的正常工作。例如，液压导轨磨床在加工过程中，如果工作台进给液压缸内存有空气，就会引起工作台进给时的颤振和爬行，这不仅会影响被加工表面的粗糙度和形位公差等级，而且会损坏砂轮和磨头等机构；这种现象如果发生在炼钢转炉的倾倒装置液压缸中，将会引起钢水的动荡泼出，这是十分危险的。为了避免这种现象的发生，除了防止空气进入液压系统外，必须在液压缸上安设排气阀。因为液压缸是液压系统的最后执行元件，会直接反映出残留空气的危害。

表 21-6-23 　　　　　　　　　　　　　　排气阀的结构型式

结　构　图	说　　明
整体排气阀 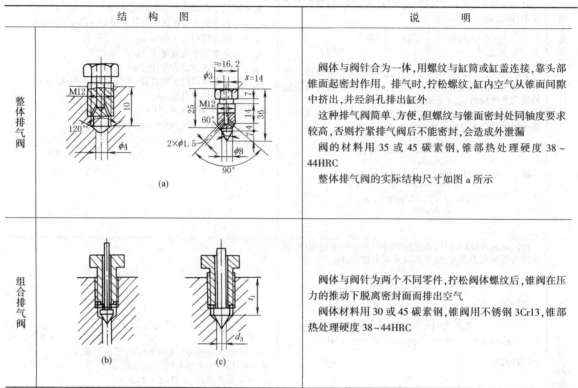 (a)	阀体与阀针合为一体，用螺纹与缸筒或缸盖连接，靠头部锥面起密封作用。排气时，拧松螺纹，缸内空气从锥面间隙中挤出，并经斜孔排出缸外 　这种排气阀简单、方便，但螺纹与锥面密封处同轴度要求较高，否则拧紧排气阀后不能密封，会造成外泄漏 　阀的材料用 35 或 45 碳素钢，锥部热处理硬度 38～44HRC 　整体排气阀的实际结构尺寸如图 a 所示
组合排气阀 (b)　　　　(c)	阀体与阀针为两个不同零件，拧松阀体螺纹后，锥阀在压力的推动下脱离密封面而排出空气 　阀体材料用 30 或 45 碳素钢，锥阀用不锈钢 3Cr13，锥部热处理硬度 38～44HRC

5.8　油口

　　油口包括油口孔和油口连接螺纹。液压缸的进、出油口可布置在端盖或缸筒上。

　　油口孔大多属于薄壁孔（指孔的长度与直径之比 $l/d \geqslant 0.5$ 的孔）。通过薄壁孔的流量按下式计算：

$$Q = CA\sqrt{\frac{2}{\rho}(p_1 - p_2)} = CA\sqrt{\frac{2}{\rho}\Delta p} \quad (\text{m}^3/\text{s})$$

式中　C——流量系数，接头处大孔与小孔之比大于 7 时 $C = 0.6 \sim 0.62$，小于 7 时 $C = 0.7 \sim 0.8$；

　　　　A——油孔的截面积，m^2；

　　　　ρ——液压油的密度，kg/m^3；

　　　　p_1——油孔前腔压力，Pa；

　　　　p_2——油孔后腔压力，Pa；

　　　　Δp——油孔前、后腔压力差，Pa。

　　C、ρ 是常量，对流量影响最大的因素是油孔的面积 A。根据上式可以求出孔的直径，以满足流量的需要，从而保证液压缸正常工作的运动速度。

　　液压缸螺纹油口的尺寸和要求应符合 GB/T 2878.1《液压传动连接　带米制螺纹和 O 形圈密封的油口和螺柱

端 第1部分：油口》规定，见表21-6-24。

油口

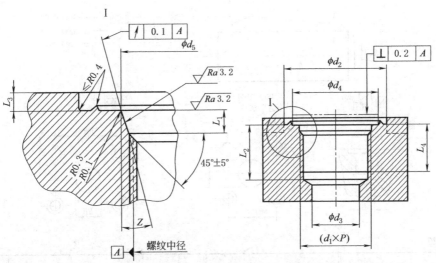

表 21-6-24　　　　　　　　　　　　　　　　　　　　　　　　　　　　　　　　　　　　　　　mm

螺纹[1]（$d_1 \times P$）	d_2 宽的[4] min	d_2 窄的[5] min	d_3[2] 参考	d_4	d_5 +0.1 0	L_1 +0.4 0	L_2[3] min	L_3 max	L_4 min	Z /(°) ±1°
M8×1	17	14	3	12.5	9.1	1.6	11.5	1	10	12
M10×1	20	16	4.5	14.5	11.1	1.6	11.5	1	10	12
M12×1.5	23	19	6	17.5	13.8	2.4	14	1.5	11.5	15
M14×1.5[6]	25	21	7.5	19.5	15.8	2.4	14	1.5	11.5	15
M16×1.5	28	24	9	22.5	17.8	2.4	15.5	1.5	13	15
M18×1.5	30	26	11	24.5	19.8	2.4	17	2	14.5	15
M20×1.5[7]	33	29	—	27.5	21.8	2.4	—	2	14.5	15
M22×1.5	33	29	14	27.5	23.8	2.4	18	2	15.5	15
M27×2	40	34	18	32.5	29.4	3.1	22	2	19	15
M30×2	44	38	21	36.5	32.4	3.1	22	2	19	15
M33×2	49	43	23	41.5	35.4	3.1	22	2.5	19	15
M42×2	58	52	30	50.5	44.4	3.1	22.5	2.5	19.5	15
M48×2	63	57	36	55.5	50.4	3.1	25	2.5	22	15
M60×2	74	67	44	65.5	62.4	3.1	27.5	2.5	24.5	15

　① 符合 ISO 261，公差等级按照 ISO 965-1 的 6H。钻头按照 ISO 2306 的 6H 等级。
　② 仅供参考。连接孔可以要求不同的尺寸。
　③ 此攻螺纹底孔深度需要使用平底丝锥才能加工出规定的全螺纹长度。在使用标准丝锥时，应相应增加攻螺纹底孔深度，采用其他方式加工螺纹时，应保证表中螺纹和沉孔深度。
　④ 带凸环标识的孔口平面直径。
　⑤ 没有凸环标识的孔口平面直径。
　⑥ 测试用油口首选。
　⑦ 仅适用于插装阀阀孔（参见 ISO 7789）。

　　符合本部分的油口在结构尺寸允许的情况下，宜采用符合 GB/T 2878.1—2011 标准中可选择的油口标识，见该标准中图2和表2的凸环标识。

第21篇

不同压力系列的单杆液压缸油口安装尺寸见表21-6-25（供参考）。

单杆液压缸油口安装尺寸

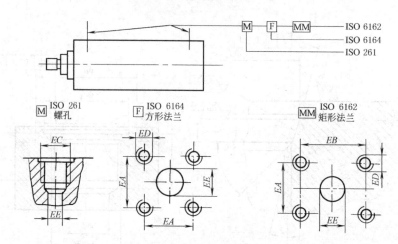

表 21-6-25

mm

16MPa 小型系列 (ISO 8138)	缸内径 D	进、出油口 EC	缸内径 D	进、出油口 EC	缸内径 D	进、出油口 EC	缸内径 D	进、出油口 EC
	25	M14×1.5	50	M22×1.5	100	M27×2	160	M33×2
	32	M14×1.5	63	M22×1.5	125	M27×2	200	M42×2
	40	M18×1.5	80	M27×2				

	缸内径 D	EC	EE（最小）	方形法兰名义规格 DN	EE $\binom{0}{-1.5}$	EA ±0.25	ED	矩形法兰名义规格 DN	EE $\binom{0}{-1.5}$	EA ±0.25	EB ±0.25	ED
16MPa 中型系列 (ISO 8136)	25	M14×1.5	6									
	32	M18×1.5	10									
	40 50	M22×1.5	12									
	63 80	M27×2	16	15	15	29.7	M8×1.25	13	13	17.5	38.1	M8×1.25
	100 125	M33×2	20	20	20	35.3	M8×1.25	19	19	22.2	47.6	M10×1.5
	160 200	M42×2	25	25	25	43.8	M10×1.5	25	25	26.2	52.4	M10×1.5
	250 320	M50×2	32	32	32	51.6	M12×1.75	32	32	30.2	58.7	M12×1.75
	400 500	M60×2	38	38	38	60	M14×2	38	38	35.7	69.9	M14×2
25MPa 系列 (ISO 8137)	50	M22×1.5	12									
	63 80	M27×2	16	15	15	29.7	M8×1.25	19	19	22.2	47.6	M10×1.5
	100 125	M33×2	20	20	20	35.3	M8×1.25	19	19	22.2	47.6	M10×1.5
	160 200	M42×2	25	25	25	43.8	M10×1.5	25	25	26.2	52.4	M10×1.5
	250 320	M50×2	32	32	32	51.6	M12×1.75	32	32	30.2	58.7	M12×1.75
	400 500	M60×2	38	38	38	60	M14×2	38	38	36.5	79.4	M16×2

5.9 单向阀

表 21-6-26

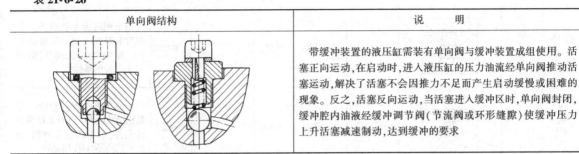

单向阀结构	说　明
	带缓冲装置的液压缸需装有单向阀与缓冲装置成组使用。活塞正向运动,在启动时,进入液压缸的压力油流经单向阀推动活塞运动,解决了活塞不会因推力不足而产生启动缓慢或困难的现象。反之,活塞反向运动,当活塞进入缓冲区时,单向阀封闭,缓冲腔内油液经缓冲调节阀(节流阀或环形缝隙)使缓冲压力上升活塞减速制动,达到缓冲的要求

5.10 密封件、防尘圈的选用

① 宝色霞板（Busak-Sharaban）公司的密封件、防尘圈见表 21-6-27、表 21-6-28。
② 车氏组合密封见本手册第 3 卷润滑与密封篇。

表 21-6-27　　　　　　　　　　　　　　　　活塞和活塞杆的密封件

名　称	密封部位	截面形状	密封功能	直径范围/mm	工作范围			特　点
					压力/MPa	温度/℃	速度/m·s⁻¹	
O形密封圈加挡圈	活塞、活塞杆		单作用		≤40	−30~100		O形圈加挡圈,以防O形圈被挤入间隙中
			双作用				≤0.5	
O形密封圈加弧形挡圈			单作用	≤250	−60~200			挡圈的一侧加工成弧形,以更好地和O形圈相适应,且在很高的脉动压力作用下保持其形状不变
			双作用					
特康双三角密封圈				4~2500	≤35	−54~200	≤15	安装沟槽与O形圈相同,有良好的摩擦特性,无爬行启动和优异的运行性能
星形密封圈加挡圈			单作用	≤80	−60~200	≤0.5		星形密封圈有四个唇口,在往复运动时,不会扭曲,比O形密封圈具有更有效的密封性以及更低的摩擦
			双作用					

名　称	密封部位	截面形状	密封功能	直径范围/mm	工作范围 压力/MPa	工作范围 温度/℃	工作范围 速度/m·s⁻¹	特　点
T形格来特康圈	活塞、活塞杆			8~2500	≤80		≤15	格来圈截面形状改善了泄漏控制且具有更好的抗挤出性。摩擦力小,无爬行,启动力小以及耐磨性好
特康AQ封	活塞		双作用	16~700	≤40	-54~200	≤2	由O形圈和星形圈另加一个特康滑块组成。以O形圈为弹性元件,用于两种介质间,如液/气分隔的双作用密封
S形特康AQ封		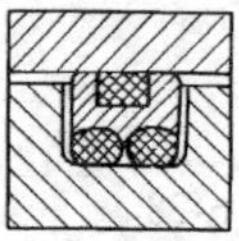		40~700	≤60		≤3	与特康AQ封不同处,用两个O形圈作弹性元件,改善了密封性能
K形斯特康	活塞、活塞杆	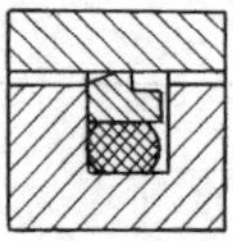	单作用	8~2500	≤80		≤15	以O形密封为弹性元件,另加特康斯特封组成单作用密封,摩擦力小,无爬行,启动力小且耐磨性好
佐康威士	活塞	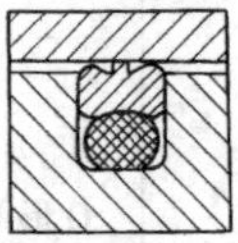	双作用	16~250		-35~80	≤0.8	以O形圈为弹性元件,另加佐康威士圈组成双作用密封。密封效果好。抗扯裂及耐磨性好
佐康雷姆封	活塞杆		单作用	8~1500	≤25		≤5	其截面形状使其具有和K形特康斯特封极为相似的压力特性,因而有良好的密封效果。它主要与K型特康斯特封串联使用
D-A-S组合密封圈	活塞	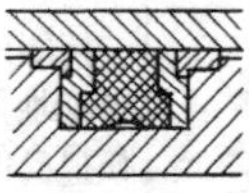	双作用	20~250	≤35	-30~100	≤0.5	由一个弹性齿状密封圈、两个挡圈和两个导向环组成。安装在一个沟槽内
CST特康密封圈		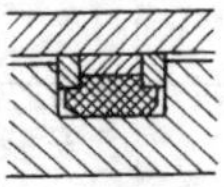		50~320	≤50	-54~120	≤1.5	由T形弹性元件、特康密封圈和两个挡圈组成。安装在一个沟槽内,其几何形状使其具有全面的稳定性,高密封性能,低摩擦力,使用寿命长
U形密封圈	活塞、活塞杆		单作用	6~185	≤40	-30~100	≤0.5	有单唇和双唇两种截面形状,材料为聚氨酯。双唇间形成的油膜,降低摩擦力及提高耐磨性

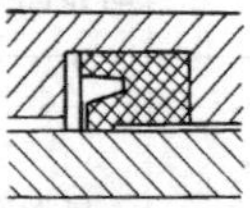

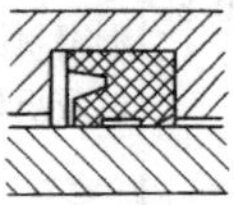

续表

第 **21** 篇

名　称	密封部位	截面形状	密封功能	直径范围/mm	工作范围			特　点
					压力/MPa	温度/℃	速度/m·s⁻¹	
M2型特康密封	活塞、活塞杆	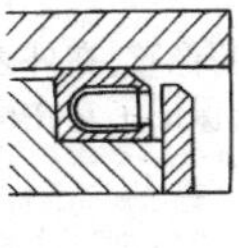			≤45	-70~260		U形的特康密封圈内装不锈钢簧片,为单作用密封元件。在低压和零压时,由金属弹簧提供初始密封力,当系统压力升高时,主要密封力由系统压力形成,从而保证由零压到高压时都能可靠密封
W形特康密封		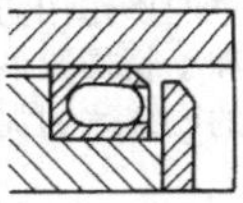	单作用	6~2500	≤20	-70~230	≤15	U形的特康密封圈内装螺旋形弹簧,为单作用密封元件。用在摩擦力必须保持在很窄的公差范围内,如有压力开关的场合
洁净型特康	活塞	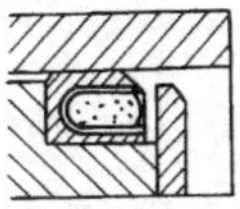			≤45	-70~260		U形的特康密封圈内装不锈钢簧片,U形簧片的空腔用有机硅充填,以清除细菌的生长,且便于清洗。主要用在食品、医药工业

表 21-6-28　　　　　　　　　　　　　　　活塞杆的防尘圈

名　称	截面形状	作用	直径范围/mm	工作范围		特　　点
				温度/℃	速度/m·s⁻¹	
2型特康防尘圈（埃落特）	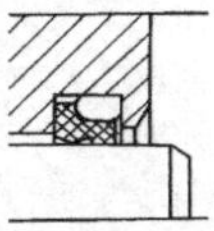		6~1000	-54~200	≤15	以O形圈为弹性元件和特康的双唇防尘圈组成。O形圈使防尘唇紧贴在滑动表面,起到极好的刮尘作用。如与K形特康斯特封和佐康雷姆封串联使用,双唇防尘圈的密封唇起到了辅助密封作用
5型特康防尘圈（埃落特）		密封、防尘	20~2500			截面形状与2型特康防尘圈稍有所不同。其密封和防尘作用与2型相同。2型用于机床或轻型液压缸,而5型主要用于行走机械或中型液压缸
DA17型防尘圈	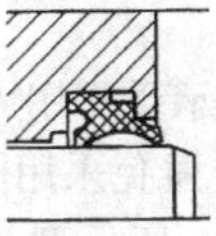		10~440	-30~110		材料为丁腈橡胶。有密封唇和防尘唇的双作用防尘圈,如与K型特康斯特封和佐康雷姆封串联使用,除防尘作用外,又起到了辅助密封作用
DA22型防尘圈			5~180	-35~100	≤1	材料为聚氨酯,与DA17型防尘圈一样具有密封和防尘的双作用
ASW型防尘圈		防尘	8~125			材料为聚氨酯,有一个防尘唇和一个改善在沟槽中定位的支承边。有良好的耐磨性和抗扯裂性
SA型防尘圈	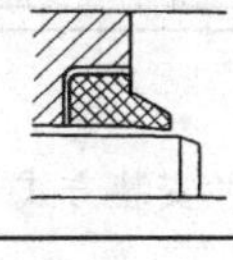		6~270	-3~110		材料为丁腈橡胶,带金属骨架的防尘圈

续表

名　称	截面形状	作用	直径范围/mm	工作范围		特　　点
				温度/℃	速度/m·s⁻¹	
A 型防尘圈		防尘	6~390	−30~110	≤1	材料为丁腈橡胶,在外表面上具有梳子形截面的密封表面,保证它在沟槽中的可靠定位
金属防尘圈			12~220	−40~120		包在钢壳里的单作用防尘圈。由一片极薄的黄铜防尘唇和丁腈橡胶的擦净唇组成。可从杆上除去干燥的或结冰的泥浆、沥青、冰和其他污染物

6　液压缸的设计选用说明

以下介绍设计或选用液压缸结构时一些必须考虑的问题和采用的方法,供参考。

(1) 液压缸主要参数的选定

公称压力 PN 一般取决于整个液压系统,因此液压缸的主要参数就是缸筒内径 D 和活塞杆直径 d。此两数值按照表 21-6-8 和表 21-6-16 所示的方法确定后,最后必须选用符合国家标准 GB/T 2348 的数值(见表 21-6-2),这样才便于选用标准密封件和附件。

(2) 使用工况及安装条件

① 工作中有剧烈冲击时,液压缸的缸筒、端盖不能用脆性的材料,如铸铁。

② 排气阀需装在液压缸油液空腔的最高点,以便排除空气。

③ 采用长行程液压缸时,需综合考虑选用足够刚度的活塞杆和安装中隔圈(见表 21-6-20)。

④ 当工作环境污染严重,有较多的灰尘、砂、水分等杂质时,需采用活塞杆防护套。

⑤ 安装方式与负载导向会直接影响活塞杆的弯曲稳定性,具体要求如下。

a. 耳环安装:作用力处在一平面内,如耳环带有球铰,则可在±4°圆锥角内变向。

b. 耳轴安装:作用力处在一平面内,通常较多采用的是前端耳轴和中间耳轴,后端耳轴只用于小型短程液压缸,因其支承长度较大,影响活塞弯曲稳定性。

c. 法兰安装:作用力与支承中心处在同一轴线上,法兰与支承座的连接应使法兰面承受作用力,而不应使固定螺钉承受拉力,例如前端法兰安装,如作用力是推力,应采用图 21-6-3a 所示型式,避免采用图 21-6-3b 所示型式,如作用力是拉力,则反之,后端法兰安装,如作用力是推力,应采用图 21-6-4a 所示型式,避免采用 21-6-4b 所示型式,如作用力是拉力,则反之。

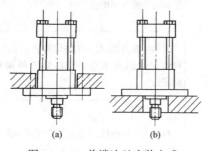

(a) 　　　　(b)

图 21-6-3　前端法兰安装方式

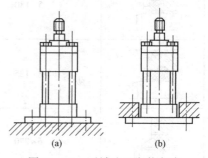

(a) 　　　　(b)

图 21-6-4　后端法兰安装方式

d. 脚架安装：如图 21-6-5 所示，前端底座需用定位螺钉或定位销，后端底座则用较松螺孔，以允许液压缸受热时，缸筒能伸长，当液压缸的轴线较高，离开支承面的距离 H（见图 21-6-5b）较大时，底座螺钉及底座刚性应能承受倾覆力矩 FH 的作用。

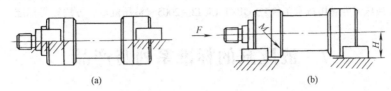

图 21-6-5　底座安装受力情况

e. 负载导向：液压缸活塞不应承受侧向负载力，否则，必然使活塞杆直径过大，导向套长度过长，因此通常对负载加装导向装置，按不同的负载类型，推荐以下安装方式和导向条件，见表 21-6-29。

表 21-6-29　　　　　　　　　　　　　负载与安装方式的对应关系

负载类型	推荐安装方式	作用力承受情况	负载导向要求	负载类型	推荐安装方式	作用力承受情况	负载导向要求
重型	法兰安装	作用力与支承中心在同一轴线上	导　向	中型	耳环安装	作用力与支承中心在同一轴线上	导　向
	耳轴安装		导　向		法兰安装		导　向
	脚架安装	作用力与支承中心不在同一轴线上	导　向		耳轴安装		导　向
	后球铰	作用力与支承中心在同一轴线上	不要求导向	轻型	耳环安装	作用力与支承中心在同一轴线上	可不导向

（3）缓冲机构的选用

一般认为普通液压缸在工作压力大于 10MPa、活塞速度大于 0.1m/s 时，应采用缓冲装置或其他缓冲办法。这只是一个参考条件，主要取决于具体情况和液压缸的用途等。例如，要求速度变化缓慢的液压缸，当活塞速度大于或等于 0.05~0.12m/s 时，也应采用缓冲装置。

对缸外制动机构，当 $v_m \geqslant 1 \sim 4.5 m/s$ 时，缸内缓冲机构不可能吸收全部动能，需在缸外加装制动机构，如下所述。

① 外部加装行程开关。当开始进入缓冲阶段时，开关即切断供油，使液压能等于零，但仍可能形成压力脉冲。

② 在活塞杆与负载之间加装减振器。

③ 在液压缸出口加装液控节流阀。

此外，可按工作过程对活塞线速度变化的要求，确定缓冲机构的型式，如下所述。

① 减速过渡过程要求十分柔和，如砂型操作、易碎物品托盘操作、精密磨床进给等，宜选用近似恒减速型缓冲机构，如多孔缸筒型或多孔柱塞型以及自调节流型。

② 减速过程允许微量脉冲，如普通机床、粗轧机等，可采用铣槽型、阶梯型缓冲机构。

③ 减速过程允许承受一定的脉冲，可采用圆锥型或双圆锥型，甚至圆柱型柱塞的缓冲机构。

（4）密封装置的选用

有关密封方面的详细内容，请参阅本手册第 3 卷第 11 篇"润滑与密封"。为了方便，在选用液压缸的密封装置时，可直接参照表 21-6-27 和表 21-6-28 选用合适的密封圈与防尘圈。

（5）工作介质的选用

按照环境温度可初步选定如下工作介质。

① 在常温（-20~60℃）下工作的液压缸，一般采用石油型液压油。

② 在高温（>60℃）下工作的液压缸，需采用难燃液及特殊结构液压缸。

不同结构的液压缸，对工作介质的黏度和过滤精度有以下不同要求。

① 工作介质黏度要求：大部分生产厂要求其生产的液压缸所用的工作介质黏度范围为 12~280mm²/s，个别生产厂（如意大利的 ATOS 公司）允许 2.8~380mm²/s。

② 工作介质过滤精度要求：用一般弹性物密封件的液压缸为 20～25μm；伺服液压缸为 10μm；用活塞环的液压缸为 200μm。

（6）液压缸装配、试验及检验

单、双作用液压缸的设计、装配质量、试验方法及检验规则应按 JB/T 10205—2010《液压缸》，并配合使用 GB/T 7935—2005《液压元件通用技术条件》、GB/T 15622—2005《液压缸试验方法》等标准。

7 液压缸的标准系列与产品

表 21-6-30　　　　　　　　液压缸部分产品技术参数和生产厂

类　别	型　号	缸径(活塞直径)/mm	速度比	工作压力/MPa	生　产　厂
工程用液压缸	HSG	40～250	2、1.46、1.33	16	武汉华冶油缸有限公司 长江液压件有限责任公司 榆次液压有限公司 韶关液压件有限公司 北京中冶迈克液压有限公司 北京索普液压机电有限公司 优瑞纳斯液压机械有限公司 焦作华科液压机械制造有限公司 抚顺天宝重工液压机械制造有限公司
车辆用液压缸	DG	40～200	1.46	16	榆次液压有限公司 武汉华冶油缸有限公司 焦作华科液压机械制造有限公司 优瑞纳斯液压机械有限公司
冶金设备用液压缸	UY (JB/ZQ 4181)	40～400	2	10～25	优瑞纳斯液压机械有限公司 榆次液压有限公司 武汉华冶油缸有限公司 北京中冶迈克液压有限公司 焦作华科液压机械制造有限公司 抚顺天宝重工液压机械制造有限公司
重载液压缸	CD/CG 250	40～320	2、1.6、1.4	25	韶关液压件有限公司 武汉华冶油缸有限公司 榆次液压有限公司 北京中冶迈克液压有限公司 焦作华科液压机械制造有限公司 北京索普液压机电有限公司 优瑞纳斯液压机械有限公司 抚顺天宝重工液压机械制造有限公司
	CD/CG 350			35	
	C25 D25	40～400		25	无锡市长江液压缸厂 优瑞纳斯液压机械有限公司 焦作华科液压机械制造有限公司 抚顺天宝重工液压机械制造有限公司
	CDH2/CGH2 (RD/E/C 17334)	50～500	2、1.6		博世力士乐(常州)有限公司 榆次液压有限公司 焦作华科液压机械制造有限公司
轻型拉杆式液压缸	WHY01	32～250	1.4、1.25	7、14	武汉华冶油缸有限公司 北京索普液压机电有限公司 焦作华科液压机械制造有限公司
多级液压缸	UDZ (UDH)	柱塞直径组合 28/45(二级)～ 60/75/95/120/ 150(五级)	—	16	优瑞纳斯液压机械有限公司 焦作华科液压机械制造有限公司
齿轮齿条摆动液压缸	UB (JB/ZQ 4713)	40～200	—		
	UBZ	100～320		21	
同步分配器液压缸	UF UFT	80～400	—	≤25	

7.1 工程用液压缸

HSG 型工程用液压缸是双作用单活塞杆缸，主要用于各种工程机械、起重机械及矿山机械等的液压传动。

（1）型号意义

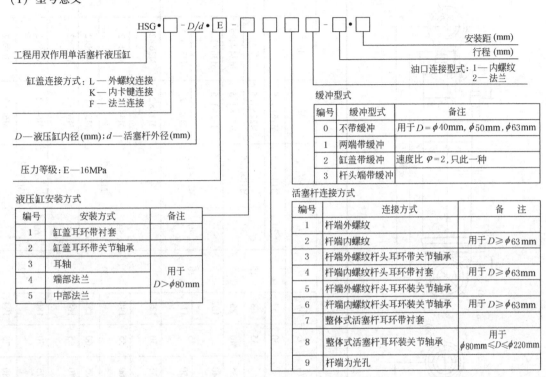

（2）技术性能

表 21-6-31　　　　　　　　　　HSG 型工程用液压缸技术参数

缸径 /mm	活塞杆直径/mm			额定工作压力 16MPa				最大行程/mm		
	速度比 φ			推力 /N	拉力/N			速度比 φ		
					速度比 φ					
	1.33	1.46	2		1.33	1.46	2	1.33	1.46	2
40	20	22	25*	20100	15080	14020	12250	320	400	480
50	25	28	32*	31420	23560	21560	18550	400	500	600
63	32	35	45	49880	37010	34480	24430	500	630	750
80	40	45	55	80430	60320	54980	42410	640	800	950
90	45	50	63	101790	76340	70370	51910	720	900	1080
100	50	55	70	125660	94250	87650	64090	800	1000	1200
110	55	63	80	152050	114040	102180	71630	880	1100	1320
125	63	70	90	196350	146470	134770	94560	1000	1250	1500
140	70	80	100	246300	184730	165880	120640	1120	1400	1680
150	75	85	105	282740	212060	191950	144200	1200	1500	1800
160	80	90	110	321700	241270	219910	169650	1280	1600	1900
180	90	100	125	407150	305360	281490	210800	1450	1800	2150
200	100	110	140	502660	376990	350600	256350	1600	2000	2400
220	110	125	160	608210	456160	411860	286510	1760	2200	2640
250	125	140	180	785400	589050	539100	378250	2000	2500	3000

注：1. 带 * 者速度比为 1.7。

2. 表中数值为参考值，准确值以样本为准。

（3）典型产品外形尺寸

① 耳环连接

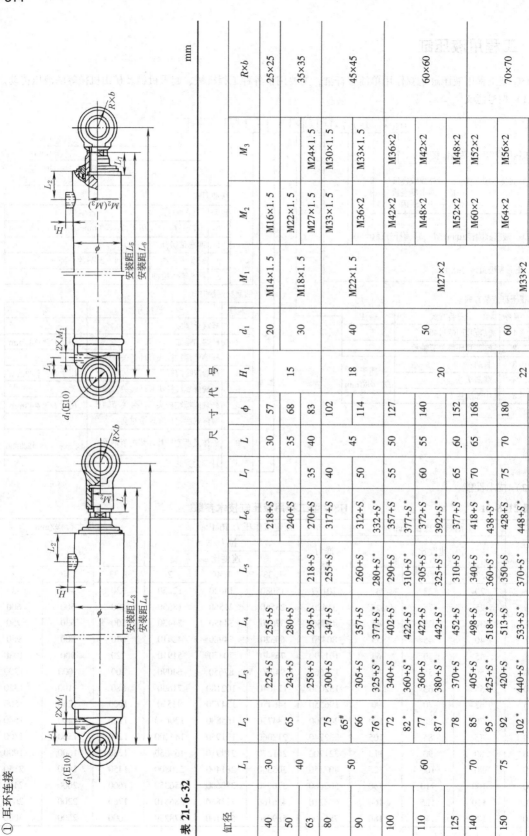

表 21-6-32　　　　　　　　　　　　　　　　　　　　　　　　　　　　　　mm

缸径	L_1	L_2	L_3	L_4	L_5	L_6	L_7	L	ϕ	H_1	d_1	M_1	M_2	M_3	$R\times b$
40	30	65	225+S	255+S	218+S	218+S	30	30	57	15	20	M14×1.5	M16×1.5		25×25
50	40	65	243+S	280+S	240+S	240+S	35	35	68	15	20	M14×1.5	M22×1.5		25×25
63	40	75 / 65#	258+S	295+S	218+S	270+S	35	40	83	15	30	M18×1.5	M27×1.5	M24×1.5	35×35
80	50	66	300+S	347+S	255+S	317+S	40	45	102	18	30	M18×1.5	M33×1.5	M30×1.5	35×35
90	50	76*	305+S*	357+S	260+S	312+S	45	50	114	18	40	M22×1.5	M36×2	M33×1.5	45×45
100	60	72 / 82*	325+S* / 340+S	377+S* / 402+S	280+S* / 290+S	332+S* / 357+S	50	55	127	20	50	M27×2	M42×2	M36×2	60×60
110	60	77 / 87*	360+S* / 360+S	422+S* / 422+S	310+S* / 305+S	377+S* / 372+S	55	60	140	20	50	M27×2	M48×2	M42×2	60×60
125	70	78	370+S	452+S	310+S	377+S	60	65	152	20	50	M27×2	M52×2	M48×2	60×60
140	70	85 / 95*	405+S / 425+S*	498+S / 518+S*	340+S / 360+S*	418+S / 438+S*	65	70	168	22	60	M33×2	M60×2	M52×2	60×60
150	75	92 / 102*	420+S / 440+S*	513+S / 533+S*	350+S / 370+S*	428+S / 448+S*	70	75	180	22	60	M33×2	M64×2	M56×2	70×70
160	70	100	435+S	533+S	360+S	438+S	75	80	194	22	60	M33×2	M68×2	M60×2	70×70

尺寸代号

安装距 L_3　安装距 L_4

安装距 L_5　安装距 L_6

续表

缸径	尺寸代号															
	L_1	L_2	L_3	L_4	L_5	L_6	L_7	L	ϕ	H_1	d_1	M_1	M_2	M_3	$R \times b$
180	89	107	480+S	588+S	395+S	483+S	90	85	219	24	70	M42×2	M76×3	M68×2	80×80
200	100	110	510+S	628+S	415+S	513+S	100	95	245	24	80		M85×3	M76×2	95×90
220	110	120	560+S	690+S	455+S	565+S	110	105	273	25	90		M95×3	M85×3	105×100
250	122	135	614+S	754+S	499+S	624+S	120	115	299	25	100		M105×3	M95×3	120×110

注: 1. S 为行程。

2. 带*者仅为速度比 $\varphi=2$ 时的尺寸；带#者仅为 $\phi80\text{mm}$ 缸卡键式尺寸。

3. M_2 用于速度比 $\varphi=1.46$ 和 2；M_3 仅用于速度比 $\varphi=1.33$。

4. 表中尺寸代号对所有安装方式尺寸通用。

5. 本表数据取自武汉油缸厂的产品样本，若用其他厂的产品，应与有关厂联系。

6. 生产厂：武汉华冶油缸有限公司，长江液压件有限责任公司，榆次液压件有限公司，韶关液压件有限公司，北京索普液压机电有限公司，焦作科液压机械制造有限公司，天津优埔纳斯液压有限公司，扬州江都永坚有限公司，抚顺天宝重工液压制造有限公司，北京中冶迈克液压有限公司。

② 耳轴连接

表 21-6-33

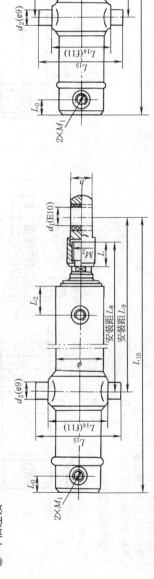

mm

尺寸代号	缸径											
	80	90	100	110	125	140	150	160	180	200	220	250
L_0	25	25	25	30	30	35	35	35	42	40	53	55
L_8	>215 <160+S	>225 <165+S	>250 <170+S	>260 <190+S	>255 <200+S	>290 <210+S	>305 <225+S	>310 <240+S	>345 <255+S	>365 <265+S	>395 <285+S	>430 <315+S
L_9	>260 <205+S	>275 <215+S	>310 <230+S	>320 <250+S	>335 <280+S	>385 <305+S	>400 <320+S	>410 <340+S	>455 <365+S	>485 <385+S	>525 <415+S	>570 <455+S
L_{10}	322+S	332+S 352+S*	372+S 392+S*	392+S 412+S*	422+S	463+S 483+S*	478+S 498+S*	498+S	548+S	578+S	633+S	687+S
L_{11}	>170 <115+S	>180 <120+S	>200 <120+S	>205 <135+S	>195 <140+S	>225 <145+S	>235 <155+S	>235 <165+S	>260 <170+S	>270 <170+S	>290 <180+S	>315 <200+S

续表

尺寸代号	缸 径											
	80	90	100	110	125	140	150	160	180	200	220	250
L_{12}	>230 <175+S	>230 <170+S	>265 <185+S	>270 <200+S	>260 <205+S	>305 <225+S	>315 <225+S	>315 <245+S	>350 <260+S	>370 <220+S	>400 <290+S	>440 <325+S
L_{13}	292+S	287+S 307+S*	327+S 347+S*	342+S 362+S*	347+S	383+S 403+S*	393+S 413+S*	403+S	443+S	463+S	508+S	557+S
L_{14}	125	140	155	170	185	200	215	230	255	285	320	350
L_{15}	185	200	230	245	260	290	305	320	360	405	455	500
d_2	40	40	50	50	50	60	60	60	70	80	90	100
A	55	60	80	70	55	80	80	70	90	100	100	105

注: 1. 同表 21-6-32 注 1~6。
2. 图中其他尺寸代号见表 21-6-32。
3. 耳轴连接的行程不得小于表中 A 值。

③ 端部法兰连接

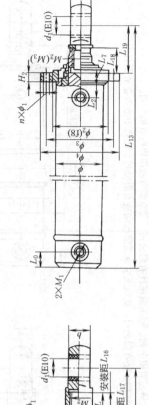

表 21-6-34   mm

尺寸代号	缸 径											
	80	90	100	110	125	140	150	160	180	200	220	250
L_{16}	81	82 92*	88 98*	95 105*	98	108 118*	114 124*	119	130	143	156	171
L_{17}	128	134 144*	150 160*	157 167*	180	201 211*	207 217*	217	238	261	285	311
L_{18}	36	37 47*	38 48*	40 50*	38	43 53*	44 54*	44	45	48	51	56
L_{19}	98	89 99*	105 115*	107 117*	105	121 131*	122 132*	122	133	146	160	181
H_2	20	20	20	22	22	24	26	28	30	32	34	36

续表

尺寸代号	缸径											
	80	90	100	110	125	140	150	160	180	200	220	250
$n \times \phi_1$	8×φ13.5	8×φ15.5	8×φ18	8×φ18	10×φ18	10×φ20	10×φ22	10×φ22	10×φ24	10×φ26	10×φ29	12×φ32
ϕ_2	115	130	145	160	175	190	205	220	245	275	305	330
ϕ_3	145	160	180	195	210	225	245	260	285	320	355	390
ϕ_4	175	190	210	225	240	260	285	300	325	365	405	450

注: 1. 同表21-6-32 注2~6。
2. 图中其他尺寸代号的数值见表21-6-32 和表21-6-33。

④ 中部法兰连接

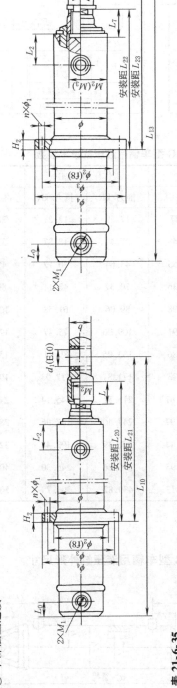

表 21-6-35

mm

尺寸代号	缸径											
	80	90	100	110	125	140	150	160	180	200	220	250
L_{20}	>200 <190+S	>210 <195+S	>230 <210+S	>240 <220+S	>235 <240+S	>265 <250+S	>285 <265+S	>290 <280+S	>320 <300+S	>340 <315+S	>365 <340+S	>395 <375+S
L_{21}	>245 <235+S	>260 <245+S	>290 <270+S	>300 <285+S	>315 <320+S	>360 <345+S	>380 <360+S	>390 <380+S	>430 <410+S	>460 <435+S	>495 <470+S	>535 <515+S
L_{22}	>155 <145+S	>165 <150+S	>180 <160+S	>185 <170+S	>175 <180+S	>200 <185+S	>215 <195+S	>215 <205+S	>235 <215+S	>245 <220+S	>260 <235+S	>280 <260+S
L_{23}	>215 <205+S	>215 <200+S	>245 <225+S	>250 <235+S	>240 <245+S	>280 <265+S	>295 <275+S	>295 <285+S	>325 <305+S	>345 <320+S	>370 <345+S	>405 <385+S

注: 1. 同表21-6-32 注1~注6。
2. 图中其他尺寸代号的数值见表21-6-32~表21-6-34。
3. 中部法兰连接的行程不得小于表21-6-33 中的A 值。

7.2 车辆用液压缸

DG型车辆用液压缸是双作用单活塞杆、耳环安装型液压缸，主要用于车辆、运输机械及矿山机械等的液压传动。

（1）型号意义

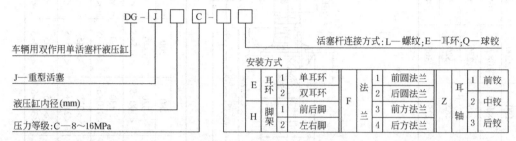

（2）技术性能

表 21-6-36   **DG 型车辆用液压缸技术参数**

缸径 /mm	活塞杆直径 /mm	活塞面积/cm²		工作压力 14MPa		工作压力 16MPa		行程 /mm
		无杆腔	有杆腔	推力/kN	拉力/kN	推力/kN	拉力/kN	
40	22	12.57	8.77	17.59	12.27	20.11	14.02	1200
50	28	19.63	13.48	27.49	18.87	31.42	21.56	1200
63	35	31.17	21.55	43.64	30.17	49.88	34.48	1600
80	45	50.27	34.36	70.37	48.11	80.42	54.98	1600
90	50	63.62	43.98	89.06	61.58	101.79	70.37	2000
100	56	78.54	53.91	109.96	75.47	125.66	86.26	2000
110	63	95.03	63.86	133.05	89.41	152.05	102.18	2000
125	70	122.72	84.23	171.81	117.93	196.35	134.77	2000
140	80	153.94	103.67	215.51	145.14	246.30	165.88	2000
150	85	176.71	119.97	247.40	167.96	282.74	191.95	2000
160	90	201.06	137.44	281.49	192.42	321.70	219.91	2000
180	100	254.47	175.93	356.26	246.30	407.15	281.49	2000
200	110	314.16	219.13	439.82	306.78	502.65	350.60	2000

注：选用行程应经活塞杆弯曲稳定性计算。

（3）典型产品外形尺寸

DG 型车辆用液压缸外形尺寸

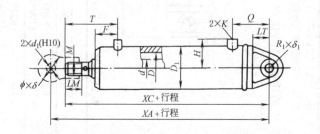

表 21-6-37　　　　　　　　　　　　　　　　　　　　　　　　　　　　　　　　　　　　　　mm

D	D_1	K	M	LM	d_1	$\phi \times \delta_{-0.5}^{-0.2}$（厚）	$R_1 \times \delta_{1\ -0.5}^{\ -0.1}$（厚）	XC	XA	F	H	Q	LT	T
40	60	3/8	M20×1.5	29	16	45×37.5	20×22	200	226	43	45	59	27	88
50	70	3/8	M24×1.5	34	20	56×45	25×28	242	276	52	50	66	32	104
63	83	1/2	M30×1.5	36	31.5	71×60	35.5×40	274	317	59	61.5	79	40	114
80	102	1/2	M39×1.5	42	40	90×75	42.5×50	306	359	57	71	94	50	121
90	114	1/2	M39×1.5	42	40	90×75	45×45	345	396	70	77	101	50	142
100	127	3/4	M48×1.5	62	50	112×95	53×63	369	427	66	87.5	111	60	154
110	140	3/4	M48×1.5	62	50	112×95	55×75	407	462	83	94	129	65	173
125	152	3/4	M64×2	70	63	140×118	67×80	421	496	70	100	136	75	166
140	168	3/4	M64×2	70	63	140×118	65×80	449	522	93	109	147	75	193
150	180	1	M80×2	80	71	170×135	75×80	481	566	78	115	169	95	185
160	194	1	M80×2	80	71	170×135	75×85	520	603	113	122	169	95	223
180	219	1¼	M90×2	88	90	176×160	80×90	597	687	149	139.5	173	95	269
200	245	1¼	M90×2	95	100	210×160	122×100	687	777	165	152.5	237	95	295

注：1. 表中 K 为圆锥管螺纹 NPT。

2. 本表数值取自榆次液压有限公司。其他厂的产品数值，应与有关厂联系。

3. 生产厂：榆次液压有限公司、武汉华冶油缸有限公司、焦作华科液压机械制造有限公司、抚顺天宝重工液压制造有限公司、天津优瑞纳斯液压机械有限公司。

7.3　冶金设备用液压缸

UY 型液压缸为重型机械企业标准产品，标准号 JB/ZQ 4181—2006。

该型液压缸为冶金及重型机械专门设计，属于重负荷液压缸，工作可靠，耐冲击，耐污染，适用于高温、高压、环境恶劣的场合，广泛用于冶炼、铸轧、船舶、航天、交通及电力等设备上。

（1）型号意义

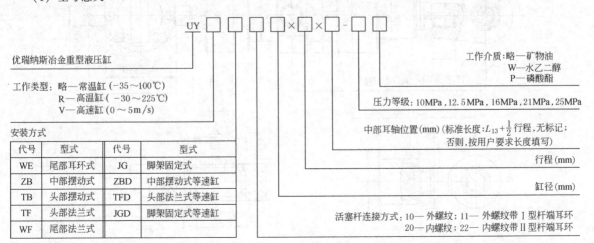

（2）技术性能

表 21-6-38   **UY 系列液压缸技术参数**

（液压缸直径/活塞杆直径）/mm	活塞面积/cm²	杆端承压面积/cm²	工作压力/MPa									
			10		12.5		16		21		25	
			推力/kN	拉力/kN	推力/kN	拉力/kN	推力/kN	拉力/kN	推力/kN	拉力/kN	推力/kN	拉力/kN
40/28	12.57	6.41	12.57	6.41	15.71	8.01	20.11	10.25	26.39	13.46	31.42	16.02
50/36	19.63	9.46	19.63	9.46	24.54	11.82	31.42	15.13	41.23	19.86	49.09	23.64
63/45	31.17	15.27	31.17	15.27	38.97	19.09	49.88	24.43	65.46	32.06	77.93	38.17
80/56	50.27	25.64	50.27	25.64	62.83	32.04	80.42	41.02	105.56	53.83	125.66	64.09
100/70	78.54	40.06	78.54	40.06	98.17	50.07	125.66	64.09	164.93	84.12	196.35	100.14
125/90	127.72	59.10	122.72	59.10	153.40	73.88	196.35	94.56	257.71	124.11	306.80	147.75
140/100	153.94	75.40	153.94	75.40	192.42	94.25	246.30	120.64	323.27	158.34	384.85	188.50
160/110	201.06	106.03	201.06	106.03	251.33	132.54	321.70	169.65	422.23	222.66	502.65	265.07
180/125	254.47	131.75	254.47	131.75	318.09	164.69	407.15	210.80	534.38	276.68	636.17	329.38
200/140	314.16	160.22	314.16	160.22	392.70	200.28	502.67	256.35	659.73	336.46	785.40	400.55
220/160	380.13	179.07	380.13	179.07	475.17	223.84	608.21	286.51	798.28	376.05	950.33	447.68
250/180	490.87	236.40	490.87	236.40	613.59	295.51	785.40	378.25	1030.84	496.45	1227.18	591.01
280/200	615.75	301.59	615.75	301.59	769.69	376.99	985.20	482.55	1293.08	633.35	1539.38	753.98
320/220	804.25	424.12	804.25	424.12	1005.31	530.14	1286.80	678.58	1688.92	890.64	2010.62	1060.29
360/250	1017.88	527.00	1017.88	527.00	1272.35	658.75	1628.60	843.20	2137.54	1106.70	2544.69	1317.51
400/280	1256.64	640.88	1256.64	640.88	1570.80	801.11	2010.62	1025.42	2638.94	1345.86	3141.59	1602.21

注：生产厂有优瑞纳斯液压机械有限公司、武汉华冶油缸有限公司、榆次液压有限公司、北京中冶迈克液压有限公司、焦作华科液压机械制造有限公司、抚顺天宝重工液压制造有限公司。

（3）外形尺寸

中部摆动式（ZB）液压缸外形尺寸

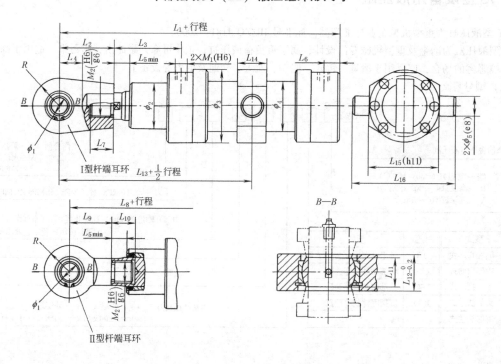

表 21-6-39 mm

缸径	杆径	ϕ_1	ϕ_2	ϕ_3	ϕ_4	ϕ_5	R	M_1	M_2	L_1	L_2	L_3	L_4	L_5	L_6	L_7	L_8	L_9	L_{10}	L_{11}	L_{12}	L_{13}	L_{14}	L_{15}	L_{16}
40	28	25	58	90	58	25	30	M22×1.5	M18×2	345	65	127	30	28	32	30	310	30	32	20	27	251.5	30	95	135
50	36	30	70	108	70	30	40	M22×1.5	M24×2	387	80	137	35	32	39	40	347	40	42	22	30	281	35	115	165
63	45	35	80	126	83	35	46	M27×1.5	M30×2	430	95	145	40	33	45	50	382	47	52	25	35	309	40	135	195
80	56	40	100	148	108	40	55	M27×2	M39×3	466	115	164	50	37	48	58	420	55	62	28	37	343.5	45	155	225
100	70	50	120	176	127	50	65	M33×2	M50×3	560	140	170	60	40	63	70	490	70	73	35	44	403.5	55	180	260
125	90	60	150	220	159	60	82	M42×2	M64×3	628	160	215.5	70	48	55	80	556	76	83	44	55	455.5	65	225	325
140	100	70	167	246	178	70	92	M42×2	M80×3	700	185	235	85	48	75	86	600	85	93	49	62	498	75	250	370
160	110	80	190	272	194	80	105	M48×2	M90×3	760	210	251.5	100	51	58	100	644	94	103	55	66	543	90	275	415
180	125	90	210	300	219	90	120	M48×2	M100×3	840	250	263	110	51	58	120	710	120	125	60	72	603	100	310	470
200	140	100	230	330	245	100	130	M48×2	M110×4	910	280	281	120	56	75	140	770	140	145	70	80	653	110	350	530
220	160	110	255	365	270	120	145	M48×2	M120×4	990	310	306	130	57	105	160	832	152	165	70	80	706	130	390	590
250	180	120	295	410	299	140	165	M48×2	M140×4	1135	360	377	150	65	85	180	965	190	185	85	95	820	150	440	660
280	200	140	318	462	325	170	185	M48×2	M160×4	1215	400	385	170	65	138	200	1010	195	205	90	100	872.5	180	500	760
320	220	160	390	525	375	200	220	M48×2	M180×4	1320	460	408	200	65	120	220	1088	228	225	105	120	952.5	210	570	870
360	250	180	404	560	420	200	250	M48×2	M200×4	1377	480	390	220	65	135	240	1085	220	245	105	120	988.5	220	580	920
400	280	200	469	625	470	200	280	M48×2	M220×4	1447	520	415	240	65	140	260	1119	234	265	110	130	986	220	640	1040

尾部耳环式（WE）液压缸外形尺寸

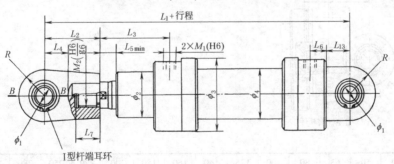

表 21-6-40 mm

缸径	40	50	63	80	100	125	140	160	180	200	220	250	280	320	360	400
杆径	28	36	45	56	70	90	100	110	125	140	160	180	200	220	250	280
L_1	370	417	465	525	615	700	775	850	940	1020	1110	1275	1375	1510	1560	1655
L_6	27	34	40	54	58	57.5	65	48	70	65	95	75	128	120	88	88
L_8	335	377	417	465	545	616	675	734	810	880	952	1105	1170	1278	1270	1339
L_{13}	30	35	40	50	60	70	85	100	110	120	130	150	170	200	230	260

注：Ⅱ型杆端耳环图、B—B 断面图以及其他尺寸代号数值与中部摆动式（ZB）液压缸相同，见表 21-6-39。

头部摆动式（TB）液压缸外形尺寸

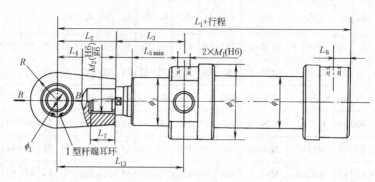

表 21-6-41
mm

缸径	40	50	63	80	100	125	140	160	180	200	220	250	280	320	360	400
杆径	28	36	45	56	70	90	100	110	125	140	160	180	200	220	250	280
L_{13}	190	212	233	262	310	343	373	406	456	491	527	615	655	715	767	827

注：Ⅱ型杆端耳环图、$B—B$ 断面图、左视图以及其他尺寸代号数值与中部摆动式（ZB）液压缸相同，见表 21-6-39。

头部法兰式（TF）液压缸外形尺寸

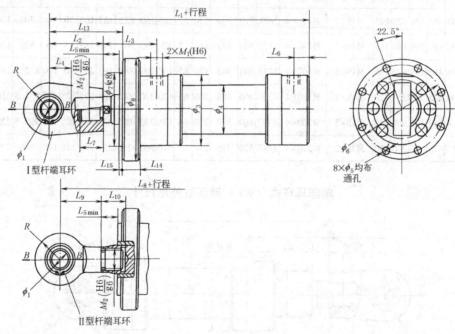

表 21-6-42
mm

缸径	40	50	63	80	100	125	140	160	180	200	220	250	280	320	360	400
杆径	28	36	45	56	70	90	100	110	125	140	160	180	200	220	250	280
ϕ_5	8.4	10.5	13	15	17	21	23	25	28	31	37	37	43	50	50	52
ϕ_6	110	135	155	180	215	260	290	330	365	400	450	500	570	650	650	730
ϕ_7	90	110	130	150	180	220	245	280	310	340	380	430	480	550	560	640
ϕ_8	130	160	180	210	250	300	335	380	420	460	520	570	660	750	780	820
L_{13}	98	117	133	157	185	218	243	271	311	346	377	435	475	535	555	595
L_{14}	30	35	40	45	50	55	60	70	80	90	100	110	120	130	130	150
L_{15}	5	5	5	5	5	10	10	10	10	10	10	10	10	10	10	10

注：$B—B$ 断面图及其他尺寸代号数值与中部摆动式（ZB）液压缸相同，见表 21-6-39。

中部摆动式等速（ZBD）液压缸外形尺寸

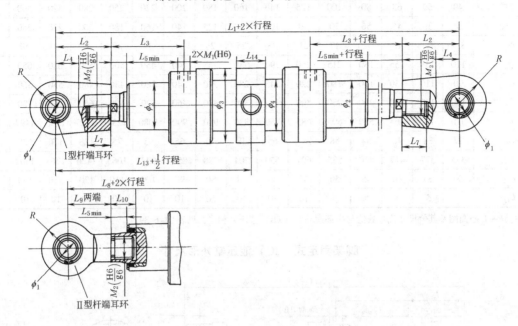

表 21-6-43

mm

缸径	40	50	63	80	100	125	140	160	180	200	220	250	280	320	360	400
杆径	28	36	45	56	70	90	100	110	125	140	160	180	200	220	250	280
L_1	503	562	618	687	807	911	996	1086	1206	1306	1412	1640	1745	1905	1977	2092
L_8	433	482	522	567	667	743	796	854	946	1026	1096	1300	1335	1441	1457	1520

注：左视图及其他尺寸代号数值与中部摆动式（ZB）液压缸相同，见表 21-6-39。

尾部法兰式（WF）液压缸外形尺寸

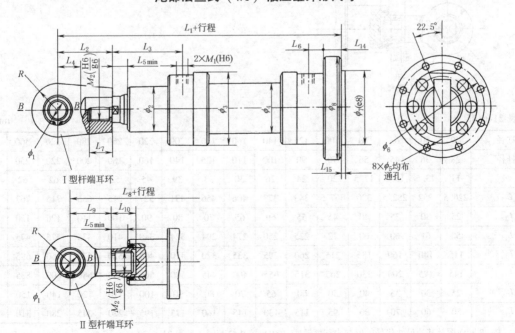

表 21-6-44

mm

缸径	40	50	63	80	100	125	140	160	180	200	220	250	280	320	360	400
杆径	28	36	45	56	70	90	100	110	125	140	160	180	200	220	250	280
ϕ_5	8.4	10.5	13	15	17	21	23	25	28	31	37	37	43	50	50	52
ϕ_6	110	135	155	180	215	260	290	330	365	400	450	500	570	650	650	730
ϕ_7	90	110	130	150	180	220	245	280	310	340	380	430	480	550	560	640
ϕ_8	130	160	180	210	250	300	335	380	420	460	520	570	660	750	780	820
L_1	370	417	465	520	605	685	750	820	910	990	1080	1235	1325	1500	1497	1587
L_6	27	34	40	54	58	47.5	65	48	70	65	95	75	128	170	125	130
L_8	335	377	417	460	535	601	650	704	780	850	922	1065	1120	1268	1302	1366
L_{14}	30	35	40	45	50	55	60	70	80	90	100	110	120	130	130	150
L_{15}	5	5	5	5	5	10	10	10	10	10	10	10	10	10	10	10

注：$B—B$ 断面图及其他尺寸代号数值与中部摆动式（ZB）液压缸相同，见表 21-6-39。

脚架固定式（JG）液压缸外形尺寸

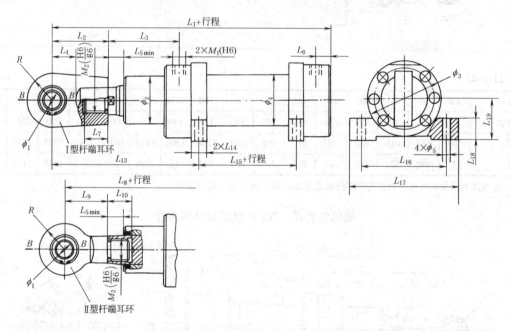

表 21-6-45

mm

缸径	40	50	63	80	100	125	140	160	180	200	220	250	280	320	360	400
杆径	28	36	45	56	70	90	100	110	125	140	160	180	200	220	250	280
ϕ_5	11	13.5	15.5	17.5	20	24	26	30	33	39	45	52	52	62	62	70
L_{13}	226.5	252	282.5	320	367.5	343	373	406	456	491	527	615	655	715	767	827
L_{14}	25	30	35	40	45	55	60	65	70	80	90	100	110	120	120	130
L_{15}	52	61	60	60	72	225	250	274	294	324	348	410	435	475	475	485
L_{16}	115	140	160	185	215	260	295	335	370	410	460	520	570	660	695	750
L_{17}	145	175	200	230	265	315	355	400	445	500	560	630	680	800	835	870
L_{18}	25	30	35	40	50	60	65	70	80	90	100	110	120	140	150	160
L_{19}	50	60	70	80	95	115	130	145	160	175	195	220	245	280	310	340

注：$B—B$ 断面图及其他尺寸代号数值与中部摆动式（ZB）液压缸相同，见表 21-6-39。

头部法兰式等速（TFD）液压缸外形尺寸

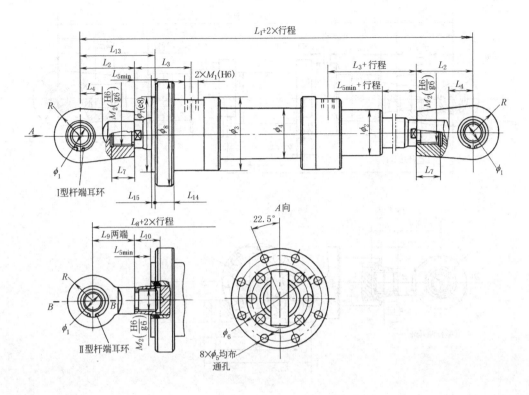

表 21-6-46
mm

缸径	40	50	63	80	100	125	140	160	180	200	220	250	280	320	360	400
杆径	28	36	45	56	70	90	100	110	125	140	160	180	200	220	250	280
ϕ_5	8.4	10.5	13	15	17	21	23	25	28	31	37	37	43	50	50	52
ϕ_6	110	135	155	180	215	260	290	330	365	400	450	500	570	650	650	730
ϕ_7	90	110	130	150	180	220	245	280	310	340	380	430	480	550	560	640
ϕ_8	130	160	180	210	250	300	335	380	420	460	520	570	660	750	780	820
L_1	503	562	618	687	807	911	996	1086	1206	1306	1412	1640	1745	1905	1977	2092
L_8	433	482	522	567	667	743	796	854	946	1026	1096	1300	1335	1441	1457	1520
L_{13}	98	117	133	157	185	218	243	271	311	346	377	435	475	535	555	595
L_{14}	30	35	40	45	50	55	60	70	80	90	100	110	120	130	130	150
L_{15}	5	5	5	5	5	10	10	10	10	10	10	10	10	10	10	10

注：B—B 断面图及其他尺寸代号数值与中部摆动式（ZB）液压缸相同，见表 21-6-39。

第21篇

脚架固定式等速（JGD）液压缸外形尺寸

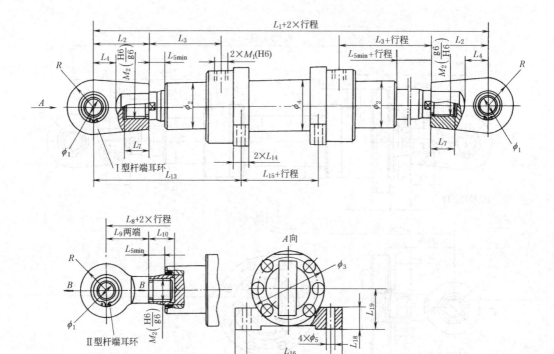

表 21-6-47
mm

缸径	40	50	63	80	100	125	140	160	180	200	220	250	280	320	360	400
杆径	28	36	45	56	70	90	100	110	125	140	160	180	200	220	250	280
ϕ_5	11	13.5	15.5	17.5	20	24	26	30	33	39	45	52	52	62	62	70
L_1	505	565	625	700	807	911	996	1086	1206	1306	1402	1640	1745	1905	2009	2139
L_8	433	482	522	567	667	743	796	854	946	1026	1096	1300	1335	1441	1457	1520
L_{13}	226.5	252	282.5	320	367.5	343	373	406	456	491	527	615	655	715	767	827
L_{14}	25	30	35	40	45	55	60	65	70	80	90	100	110	120	120	130
L_{15}	52	61	60	60	72	225	250	274	294	324	348	410	435	475	475	485
L_{16}	115	140	160	185	215	260	295	335	370	410	460	520	570	660	695	750
L_{17}	145	175	200	230	265	315	355	400	445	500	560	630	680	800	835	870
L_{18}	25	30	35	40	50	60	65	70	80	90	100	110	120	140	150	160
L_{19}	50	60	70	80	95	115	130	145	160	175	195	220	245	280	310	340

注：B—B 断面图及其他尺寸代号数值与中部摆动式（ZB）液压缸相同，见表 21-6-39。

(4) 液压缸的允许行程和最大可行行程

表 21-6-48 **ZB 型**

安装位置

液压缸内径/mm	活塞杆直径/mm	允许行程 S/mm									最大可行行程/mm
		100bar			160bar			250bar			
		0°	45°	90°	0°	45°	90°	0°	45°	90°	
40	22	340	345	365	250	225	260	130	135	145	2000
	28	590	605	665	470	480	500	365	370	375	
50	28	460	470	495	350	355	365	245	250	260	
	36	790	815	910	645	655	690	510	515	525	
63	36	610	625	675	475	485	500	360	365	370	
	45	965	1000	1140	800	815	870	635	645	665	
80	45	770	790	850	605	615	635	440	455	475	
	56	1190	1235	1410	990	1010	1080	795	805	830	
100	56	930	955	1060	745	755	795	490	510	595	3000
	70	1430	1490	1770	1210	1240	1360	985	1000	1045	
125	70	1185	1225	1360	960	980	1030	640	670	780	
	90	1885	1970	2390	1620	1665	1850	1340	1360	1430	
140	90	1675	1710	2060	1410	1415	1575	1140	1155	1205	
	100	2020	2115	2610	1735	1790	2010	1440	1465	1555	
160	100	1805	1880	2210	1510	1550	1680	1215	1230	1285	
	110	2140	2240	2740	1830	1885	2100	1505	1535	1620	
180	110	1925	2005	2360	1605	1650	1790	1290	1310	1360	
	125	2420	2540	3000	2080	2150	2420	1720	1755	1865	
200	125	2130	2230	2690	1790	1840	2040	1440	1465	1540	6000
	140	2610	2750	3000	2250	2330	2670	1865	1910	2050	
220	140	2490	2510	3150	2050	2120	2400	1685	1720	1835	
	160	3000	3170	4230	2640	2750	3260	2240	2310	2530	
250	160	2750	2900	3660	2380	2460	2810	1970	2020	2610	
	180	3350	3540	4750	2960	3090	3670	2520	2600	2850	
280	180	3040	3210	4140	2640	2750	3170	2210	2260	2440	
	200	3620	3840	5210	3210	3360	4040	2750	2830	3140	
320	200	3210	3390	4410	2790	2900	3380	2320	2380	2580	
	220	3770	4000	5450	3340	3490	4200	2850	2930	3250	

安装位置

0°   45°   90°

表 21-6-49　　　　　　　　　　　　　　　　　　**WE 型**

液压缸内径/mm	活塞杆直径/mm	允许行程 S/mm									最大可行程/mm
		100bar			160bar			250bar			
		0°	45°	90°	0°	45°	90°	0°	45°	90°	
40	22 / 28	195 / 385	200 / 400	215 / 445	130 / 295	135 / 300	140 / 320	40 / 215	45 / 220	55 / 225	
50	28 / 36	285 / 535	295 / 555	310 / 625	205 / 425	210 / 430	215 / 460	120 / 320	130 / 325	135 / 335	2000
63	36 / 45	390 / 655	400 / 685	440 / 790	290 / 530	295 / 545	305 / 585	200 / 410	205 / 415	210 / 430	
80	45 / 56	500 / 815	515 / 850	560 / 980	375 / 665	385 / 680	400 / 735	240 / 520	260 / 525	280 / 545	
100	56 / 70	610 / 985	630 / 1030	705 / 1240	470 / 820	480 / 845	505 / 930	280 / 650	295 / 660	355 / 695	
125	70 / 90	770 / 1295	800 / 1360	900 / 1670	600 / 1095	615 / 1130	650 / 1265	360 / 885	380 / 900	465 / 955	
140	90 / 100	1145 / 1400	1200 / 1475	1430 / 1840	945 / 1190	970 / 1230	1070 / 1390	740 / 965	755 / 985	790 / 1050	3000
160	100 / 110	1230 / 1480	1285 / 1555	1530 / 1930	1010 / 1250	1040 / 1290	1140 / 1455	790 / 1005	800 / 1030	840 / 1090	
180	110 / 125	1305 / 1675	1365 / 1765	1630 / 2210	1065 / 1420	1095 / 1470	1200 / 1670	825 / 1150	840 / 1175	880 / 1260	
200	125 / 140	1500 / 1865	1580 / 1965	1930 / 2520	1240 / 1590	1290 / 1660	1430 / 1910	985 / 1305	1005 / 1340	1060 / 1440	
220	140 / 160	1620 / 2075	1710 / 2200	2180 / 3000	1360 / 1810	1415 / 1890	1630 / 2280	1090 / 1510	1120 / 1560	1200 / 1730	
250	160 / 180	1885 / 2330	1990 / 2475	2570 / 3370	1600 / 2040	1670 / 2135	1930 / 2570	1300 / 1710	1330 / 1770	1440 / 1960	6000
280	180 / 200	2075 / 2510	2200 / 2670	2900 / 3700	1775 / 2200	1880 / 2310	2170 / 2820	1450 / 1850	1490 / 1920	1620 / 2140	
320	200 / 220	2170 / 2590	2300 / 2760	3070 / 3850	1850 / 2260	1940 / 2380	2290 / 2920	1500 / 1890	1550 / 1960	1700 / 2200	

表 21-6-50　　　　**TF 型**

安装位置：0°　45°　90°

液压缸内径/mm	活塞杆直径/mm	允许行程 S/mm 100bar 0°	100bar 45°	100bar 90°	160bar 0°	160bar 45°	160bar 90°	250bar 0°	250bar 45°	250bar 90°	最大可行程/mm
40	22	895	915	980	730	735	760	440	450	510	2000
	28	1400	1415	1630	1180	1205	1275	970	980	1010	
50	28	1180	1200	1280	955	965	995	700	730	780	2000
	36	1780	1855	2160	1530	1570	1695	1275	1290	1340	
63	36	1520	1560	1690	1250	1270	1315	1010	1015	1035	2000
	45	2000	2000	2000	1875	1925	2000	1570	1595	1670	
80	45	1855	1905	2000	1540	1560	1630	1140	1180	1280	2000
	56	2000	2000	2000	2000	2000	2000	1910	1940	2000	
100	56	2250	2320	2500	1880	1910	2010	1300	1360	1580	3000
	70	3000	3000	3000	2770	2860	3000	2360	2400	2550	
125	70	2760	2860	3000	2330	2375	2520	1580	1680	1990	3000
	90	3000	3000	3000	3000	3000	3000	3000	3000	3000	
140	90	3000	3000	3000	3000	3000	3000	2770	2820	2980	3000
	100	3000	3000	3000	3000	3000	3000	3000	3000	3000	
160	100	3000	3000	3000	3000	3000	3000	2980	3000	3000	3000
	110	3000	3000	3000	3000	3000	3000	3000	3000	3000	
180	110	3000	3000	3000	3000	3000	3000	3000	3000	3000	3000
	125	3000	3000	3000	3000	3000	3000	3000	3000	3000	
200	125	3000	3000	3000	3000	3000	3000	3000	3000	3000	3000
	140	3000	3000	3000	3000	3000	3000	3000	3000	3000	
220	140	5400	5680	5780	4800	4980	5780	4120	4220	4560	6000
	160	6000	6000	6000	5820	6000	6000	5150	5330	6000	
250	160	6000	6000	6000	5450	5660	6000	4720	4840	5290	6000
	180	6000	6000	6000	6000	6000	6000	5730	5920	6000	
280	180	6000	6000	6000	6000	6000	6000	5270	5420	5970	6000
	200	6000	6000	6000	6000	6000	6000	6000	6000	6000	
320	200	6000	6000	6000	6000	6000	6000	5540	5780	6000	6000
	220	6000	6000	6000	6000	6000	6000	6000	6000	6000	

安装位置 0° 45° 90°

表 21-6-51 WF 型

液压缸内径/mm	活塞杆直径/mm	100bar 0°	100bar 45°	100bar 90°	160bar 0°	160bar 45°	160bar 90°	250bar 0°	250bar 45°	250bar 90°	最大可行行程/mm
40	22 28	325 565	340 590	370 695	245 465	250 475	260 520	105 365	110 370	140 385	2000
50	28 36	455 770	470 805	515 960	350 640	360 660	375 725	220 515	230 525	265 550	
63	36 45	600 930	620 975	710 1210	475 790	490 820	520 920	350 645	370 660	380 700	
80	45 56	760 1150	785 1210	895 1495	610 985	625 1020	670 1145	395 810	420 825	495 875	
100	56 70	905 1370	945 1445	1120 1880	745 1190	765 1235	835 1440	420 995	460 1020	620 1100	3000
125	70 90	1175 1815	1225 1920	1460 2560	980 1600	1010 1670	1105 1980	580 1365	620 1400	835 1540	
140	90 100	1600 1915	1695 2030	2190 2770	1390 1695	1440 1770	1670 2130	1150 1440	1180 1490	1275 1650	
160	100 110	1730 2030	1825 2155	2350 2910	1490 1790	1550 1870	1790 2240	1235 1520	1265 1565	1365 1720	
180	110 125	1850 2295	1950 2440	2510 3000	1590 2030	1655 2130	1900 2570	1310 1730	1340 1785	1450 1980	
200	125 140	2110 2540	2230 2700	2270 3000	1835 2265	1910 2380	2250 2930	1530 1945	1575 2010	1720 2260	6000
220	140 160	2250 2800	2400 2990	3350 4500	1990 2530	2090 2680	2550 3480	1685 2220	1740 2310	1950 2700	
250	160 180	2615 3140	2780 3360	3900 5050	2320 2850	2435 3010	3000 3910	1980 2500	2050 2610	2300 3050	
280	180 200	2850 3370	3050 3610	4400 5550	2550 3070	2680 3250	3370 4300	2190 2700	2270 2820	2600 3330	
320	200 220	3000 3500	3210 3750	4700 5800	2680 3180	2830 3370	3590 4480	2100 2790	2390 2920	2750 3460	

允许行程 S/mm

JG 型

安装位置

表 21-6-52

液压缸内径 /mm	活塞杆直径 /mm	100bar 0°	100bar 45°	100bar 90°	160bar 0°	160bar 45°	160bar 90°	250bar 0°	250bar 45°	250bar 90°	最大可行程 /mm
40	22	825	840	885	645	650	665	370	375	410	2000
	28	1305	1350	1535	1085	1110	1180	875	885	910	
50	28	1075	1100	1175	855	865	890	610	625	675	
	36	1680	1750	2000	1430	1465	1590	1175	1190	1240	
63	36	1405	1440	1570	1135	1155	1200	895	900	920	
	45	2000	2000	2000	1760	1810	1990	1460	1480	1555	
80	45	1730	1780	1960	1410	1435	1500	1000	1050	1155	
	56	2000	2000	2000	2000	2000	2000	1785	1820	1920	
100	56	2110	2180	2440	1740	1770	1870	1140	1220	1440	3000
	70	3000	3000	3000	2620	2710	3000	2210	2260	2400	
125	70	2600	2695	3000	2170	2210	2360	1400	1480	1820	
	90	3000	3000	3000	3000	3000	3000	2890	2970	3000	
140	90	3000	3000	3000	3000	3000	3000	2585	2635	2800	
	100	3000	3000	3000	3000	3000	3000	3000	3000	3000	
160	100	3000	3000	3000	3000	3000	3000	2760	2810	2990	
	110	3000	3000	3000	3000	3000	3000	3000	3000	3000	
180	110	3000	3000	3000	3000	3000	3000	2940	3000	3000	
	125	3000	3000	3000	3000	3000	3000	3000	3000	3000	
200	125	3000	3000	3000	3000	3000	3000	3000	3000	3000	
	140	3000	3000	3000	3000	3000	3000	3000	3000	3000	
220	140	5090	5370	6000	4490	4670	5470	3820	3910	4260	6000
	160	6000	6000	6000	5510	5800	6000	4850	5020	5750	
250	160	5790	6000	6000	5150	5370	6000	4420	4540	4990	
	180	6000	6000	6000	6000	6000	6000	5420	5630	6000	
280	180	6000	6000	6000	5700	5960	6000	4930	5070	5630	
	200	6000	6000	6000	6000	6000	6000	6000	6000	6000	
320	200	6000	6000	6000	6000	6000	6000	5200	5400	6000	
	220	6000	6000	6000	6000	6000	6000	6000	6000	6000	

允许行程 S/mm

7.4　重载液压缸

7.4.1　CD/CG250、CD/CG350 系列重载液压缸

重载液压缸分 CD 型单活塞杆双作用差动缸和 CG 型双活塞杆双作用等速缸两种。其安装型式和尺寸符合 ISO 3320标准，特别适合于环境恶劣、重载的工作状态，用于钢铁、铸造及机械制造等场合。

（1）型号意义

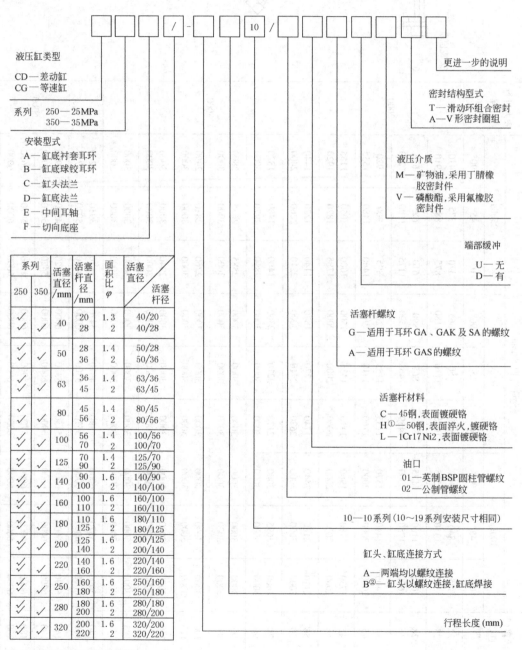

① 仅适合于活塞杆直径不大于100mm。

② 仅适合于活塞杆直径不大于100mm。

标记示例：

缸径 100mm，活塞杆直径 70mm，缸后盖球铰耳环安装，额定压力 25MPa，行程 500mm，缸头、缸底均以螺纹连接，活塞杆螺纹为 G 型，油口连接为公制管螺纹，活塞杆材料为 45 钢表面镀铬，端部无缓冲，液压油介质为矿物油，密封结构为 V 形密封圈组的重载液压缸的标记为

CD250B100/70—500A10/02CGUMA

（2）技术参数

表 21-6-53   **CD/CG 重载液压缸技术参数**

缸径 /mm	杆径 /mm	速度比 φ	推力/kN						拉力/kN			
			25MPa			35MPa			25MPa		35MPa	
			非差动	差动 CD	等速 CG	非差动	差动 CD	等速 CG	差动 CD	等速 CG	差动 CD	等速 CG
40	20 * 28	1.3 2	31.4	15.4	21.9 16	44	21.56	22.44	16.02	21.9 16	22.44	22.44
50	28 * 36	1.4 2	49.1	25.45	33.67 23.62	68.72	35.63	33.07	23.62	33.67 23.62	33.07	33.07
63	36 * 45	1.4 2	77.9	39.75	52.5 38.15	109.1	55.65	53.44	38.17	52.5 38.15	53.44	53.44
80	45 * 56	1.4 2	125.65	61.57	85.9 64.1	175.9	86.2	89.7	64.1	85.9 64.1	89.7	89.7
100	56 * 70	1.4 2	196.35	96.2	134.75 100.15	274.9	134.68	140.2	100.15	134.75 100.15	140.2	140.2
125	70 * 90	1.4 2	306.75	159.05	210.5 147.75	429.5	222.69	206.8	147.75	210.5 147.75	206.8	206.8
140	90 * 100	1.6 2	384.75	196.35	225.8 188.5	538.7	274.89	263.9	188.5	225.8 188.5	263.9	263.9
160	100 * 110	1.6 2	502.5	237.57	306.3 265	703.5	332.6	371	265	306.3 265	371	371
180	110 * 125	1.6 2	636.17	306.8	398.6 329.38	890.6	429.52	461.1	329.38	398.6 329.38	461.1	461.1
200	125 * 140	1.6 2	785.25	384.85	478.6 400.55	1099	538.79	560.7	400.55	478.6 400.55	560.7	560.7
220	140 * 160	1.6 2	950.33	502.65	565.48 447.5	1330	703.7	626.5	447.5	565.48 447.5	626.5	626.5
250	160 * 180	1.6 2	1227.2	636.17	724.53 591	1715	890.64	829.4	591	724.53 591	829.4	829.4
280	180 * 200	1.6 2	1539.4	785.4	903.2 754	2155	1099.56	1055.5	754	903.2 754	1055.5	1055.5
320	200 * 220	1.6 2	2010.6	950.32	1225.2 1060.3	2814.8	1330.45	1484.4	1060.3	1225.2 1060.3	1484.4	1484.4

注：1. 带 * 号活塞杆径无 35MPa 液压缸。

2. 生产厂：韶关液压件有限公司、武汉华冶油缸有限公司、北京中冶迈克液压有限公司、榆次液压有限公司、北京索普液压机电有限公司、焦作华科液压机械制造有限公司、抚顺天宝重工液压制造有限公司。优瑞纳斯液压机械有限公司、扬州江都永坚有限公司。

表 21-6-54   **CD/CG 重载液压缸全长公差与最大行程**   mm

全长公差	L+行程=安装长度	0~499		500~1249		1250~3149	3150~8000
	许用偏差	±1.5		±2		±3	±5
最大行程	液压缸内径	40	50	63	80	90~125	140~320
	可达到的最大行程	2000	3000	4000	6000	8000	10000

注：根据欧拉公式，杆在铰接结构、刚性导向载荷下，安全系数为3.5，对于各种安装方式、各种缸径在不同工作压力时，活塞杆在弯曲应力（压缩载荷）作用下的许用行程，详见产品样本。

表 21-6-55   **缸头与缸筒螺纹连接时 CD250、CD350 系列螺钉紧固力矩**

系列	活塞直径/mm	40	50	63	80	100	125	140	160	180	200	220	250	280	320
CD 250	头部和底部/N·m	20	40	100	100	250	490	490	1260	1260	1710	1710	2310	2970	2970
	密封盖/N·m	—	—	—	—	—	30	30/60	60	60	60	250	250	250	250
CD 350	头部和底部/N·m	30	60	100	250	490	850	1260	1260	1710	2310	2310	3390	3850	4770
	密封盖/N·m	—	—	—	—	—	60	100	100	250	250	250	250	250	250

表 21-6-56   **重载液压缸安装方式与产品**

型 号	安 装 方 式 代 号					
	A	B	C	D	E	F
	缸底衬套耳环	缸底球铰耳环	缸头法兰	缸底法兰	中间耳轴	切向底座
CD250	○	○	○	○	○	○
CG250		○	○		○	○
CD350	○		○	○	○	○
CG350			○		○	○

注："○"表示该安装方式有产品。

(3) CD/CG 重载液压缸外形尺寸

CD250A、CD250B 差动重载液压缸

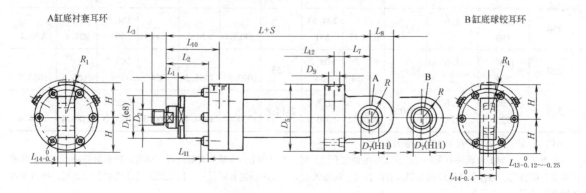

表 21-6-57 mm

活塞直径			40	50	63	80	100	125	140	160	180	200	220	250	280	320
活塞杆直径			20/28	28/36	36/45	45/56	56/70	70/90	90/100	100/110	110/125	125/140	140/160	160/180	180/200	200/220
	D_1		55	68	75	95	115	135	155	180	200	215	245	280	305	340
	D_2	A	M18×2	M24×2	M30×2	M39×3	M50×3	M64×3	M80×3	M90×3	M100×3	M110×4	M120×4	M120×4	M150×4	M160×4
		G	M16×1.5	M22×1.5	M28×1.5	M35×1.5	M45×1.5	M58×1.5	M65×1.5	M80×2	M100×2	M110×2	M120×3	M120×3	M130×3	—
	D_5		85	105	120	135	165	200	220	265	290	310	355	395	430	490
	D_7		25	30	35	40	50	60	70	80	90	100	110	110	120	140
	D_9	01	1/2″ BSP	1/2″ BSP	3/4″ BSP	3/4″ BSP	1″ BSP	1¼″ BSP	1¼″ BSP	1½″ BSP	1½″ BSP	1½″ BSP	1½″ BSP	1½″ BSP	1½″ BSP	1½″ BSP
		02	M22×1.5	M22×1.5	M27×2	M27×2	M33×2	M42×2	M42×2	M48×2	M48×2	M48×2	M48×2	M48×2	M48×2	M48×2
CD 250A、 CD 250B	L		252	265	302	330	385	447	490	550	610	645	750	789	884	980
	L_1		17	21	25	15.5	33	32	37/33	40	40/37	40	25	25	35	40
	L_2		54	58	67	65	85	97	105	120	130	135	155	165	170	195
	L_3	A	30	35	45	55	75	95	110	120	140	150	160	160	190	200
		G	16	22	28	35	45	58	65	80	100	110	120	120	130	
	L_7(A10/ B10)		32.5 /—	37.5 /—	45 /—	52.5 /50	60 /—	70 /—	75 /—	85 /—	90 /—	115 /—	125 /—	140 /—	150 /—	175 /—
	L_8		27.5	32.5	40	50	62.5	70	82	95	113	125	142.5	160	180	200
	L_{10}		76	80	89.5	86	112.5	132	145	160	175	180	225	235	270	295
	L_{11}		8	10	12	12	16	—	—	—	—	—	—	—	—	—
	L_{12}		20.5	20.5	22.5	32.5	32.5	35	40	40	55	40	70	70	99	100
	L_{14}		23	28	30	35	40	50	55	60	65	70	80	80	90	110
	H		45	55	63	70	82.5	103	112.5	132.5	147.5	157.5	180	200	220	250
	R		27.5	32.5	40	50	62.5	65	77	88	103	115	132.5	150	170	190
	R_1(A10/ B10)		7/16	2/14	2/9	1.5/5	—/11.5	4/—		27.5/	18/—	20/—	—	—	—	—
CD 250B	L_{13}		20	22	25	28	35	44	49	55	60	70	70	70	85	90
CD 250A CD 250B	系数 X		5	7.5	13	18	34	76	99	163	229	275	417	571	712	1096
	系数 Y		0.011/ 0.015	0.015/ 0.019	0.020/ 0.024	0.030/ 0.039	0.050/ 0.060	0.078/ 0.092	0.105/ 0.122	0.136/ 0.156	0.170/ 0.192	0.220/ 0.246	0.262/ 0.299	0.346/ 0.387	0.387/ 0.434	0.510/ 0.562
	质量 m/kg		$m = X + Y \times$ 行程 （mm）													

注：1. A10 型用螺纹连接缸底，适用于所有尺寸的缸径。

2. B10 型用焊接缸底，仅用于小于或等于 100mm 的缸径。

3. 缸头外侧采用密封盖，仅用于大于或等于 125mm 的缸径。

4. 缸头外侧采用活塞杆导向套，仅用于小于或等于 100mm 的缸径。

5. 缸头、缸底与缸筒螺纹连接时，若缸径小于或等于 100mm，螺钉头均露在法兰外；若缸径大于 100mm，螺钉头凹入缸底法兰内。

6. 单向节流阀和排气阀与水平线夹角 θ：对 CD350 系列，缸径小于或等于 200mm，$\theta = 30°$；缸径大于或等于 220mm，$\theta = 45°$；对 CD250 系列，除缸径为 320mm，$\theta = 45°$外，其余均为 30°。

7. S 为行程。

CD250C、CD250D 差动重载液压缸

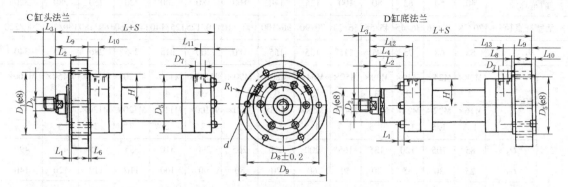

表 21-6-58   mm

			40	50	63	80	100	125	140	160	180	200	220	250	280	320
活塞直径			40	50	63	80	100	125	140	160	180	200	220	250	280	320
活塞杆直径			20/28	28/36	36/45	45/56	56/70	70/90	90/100	100/110	110/125	125/140	140/160	160/180	180/200	200/220
CD250C、CD250D、CG250C	D_2	A	M18×2	M24×2	M30×2	M39×3	M50×3	M64×3	M80×3	M90×3	M100×3	M110×4	M120×4	M120×4	M150×4	M160×4
		G	M16×1.5	M22×1.5	M28×1.5	M35×1.5	M45×1.5	M58×1.5	M65×1.5	M80×2	M100×2	M110×2	M120×2	M120×3	M130×3	—
	D_7	01	1/2″BSP	1/2″BSP	3/4″BSP	3/4″BSP	1″BSP	1¼″BSP	1¼″BSP	1½″BSP	1½″BSP	1½″BSP	1½″BSP	1½″BSP	1½″BSP	1½″BSP
		02	M22×1.5	M22×1.5	M27×2	M27×2	M33×2	M42×2	M42×2	M48×2	M48×2	M48×2	M48×2	M48×2	M48×2	M48×2
	D_8		108	130	155	170	205	245	265	325	360	375	430	485	520	600
	D_9		130	160	185	200	245	295	315	385	420	445	490	555	590	680
	L_3	A	30	35	45	55	75	95	110	120	140	150	160	160	190	200
		G	16	22	28	35	45	58	65	80	100	110	120	120	130	—
	d		9.5	11.5	14	14	18	22	22	28	30	33	33	39	39	45
	R_1(A10/B10)		7/16	2/14	2/9	1.5/5	—/11.5	4/—	—	27.5/—	18/—	20/—	—	—	—	—
	H		45	55	63	70	82.5	103	112.5	132.5	147.5	157.5	180	200	220	250
CG250C、CD250C	D_1		90	110	130	145	175	210	230	275	300	320	370	415	450	510
	D_5		85	105	120	135	165	200	220	265	290	310	355	395	430	490
	L		268	278	324	325	405	474	520	585	635	665	780	814	905	1000
	L_1,L_6		5	5	5	5	5	$L_1$5,$L_6$10	10	10	10	10	10	10	10	10
	L_2		19	23	27	25	35	37	45	50	50	50	60	70	65	65
	L_9		49	53	62	60	80	87	95	110	120	125	145	155	160	185
	L_{10}		27	27	27.5	26	32.5	45	50	50	55	55	80	80	110	110
	L_{11}		27	27	27.5	30	32.5	35	45	50	55	45	80	80	109	110
CD250D	D_1		55	68	75	95	115	135	155	180	200	215	245	280	305	340
	D_5		90	110	130	145	175	210	230	275	300	320	370	415	450	510
	L		256	264	297	315	375	432	475	535	585	615	720	744	839	935
	L_1		8	10	12	12	16	—	—	—	—	—	—	—	—	—
	L_2		17	21	25	15.5	33	32	37/33	40	40/37	40	25	25	35	40
	L_4		54	58	67	65	85	97	105	120	130	135	155	165	170	195
	L_8,L_{10}		5	5	5	10	10	10	10	10	10	10	10	10	10	10
	L_9		30	30	35	35	45	50	50	60	70	75	85	85	95	120
	L_{12}		76	80	89.5	86	112.5	132	145	160	175	180	225	235	270	295
	L_{13}		27	27	27.5	35	37.5	40	50	50	55	50	80	80	109	110
CD250C	系数 X		8	12	20	23	41	95	120	212	273	334	485	643	784	1096
CD250D	系数 X		9	13	22	26	48	95	120	212	273	334	485	643	784	1263
CD250C	系数 Y		0.011/0.015	0.015/0.019	0.020/0.024	0.030/0.039	0.050/0.060	0.078/0.092	0.105/0.122	0.136/0.156	0.170/0.192	0.220/0.246	0.262/0.299	0.346/0.387	0.387/0.434	0.510/0.562
CD250C CD250D	质量 m/kg		\multicolumn{14} $m=X+Y×$行程(mm)

$$m=X+Y×\text{行程(mm)}$$

注：见表21-6-57注。

CD250E 差动重载液压缸

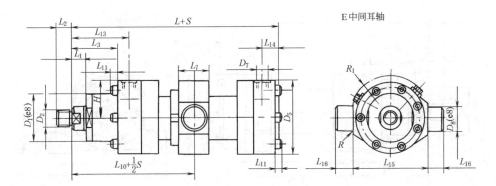

E中间耳轴

表 21-6-59 mm

活塞直径		40	50	63	80	100	125	140	160	180	200	220	250	280	320
活塞杆直径		20/28	28/36	36/45	45/56	56/70	70/90	90/100	100/110	110/125	125/140	140/160	160/180	180/200	200/220
D_1		55	68	75	95	115	135	155	180	200	215	245	280	305	340
D_2	A	M18×2	M24×2	M30×2	M39×3	M50×3	M64×3	M80×3	M90×3	M100×3	M110×4	M120×4	M120×4	M150×4	M160×4
	G	M16×1.5	M22×1.5	M28×1.5	M35×1.5	M45×1.5	M58×1.5	M65×1.5	M80×2	M100×2	M110×2	M120×2	M120×3	M130×3	—
D_5		85	105	120	135	165	200	220	265	290	310	355	395	430	490
D_7	01	1/2″ BSP	1/2″ BSP	3/4″ BSP	3/4″ BSP	1″ BSP	1¼″ BSP	1¼″ BSP	1½″ BSP	1½″ BSP	1½″ BSP	1½″ BSP	1½″ BSP	1½″ BSP	1½″ BSP
	02	M22×1.5	M22×1.5	M27×2	M27×2	M33×2	M42×2	M42×2	M48×2	M48×2	M48×2	M48×2	M48×2	M48×2	M48×2
D_8		30	30	35	40	50	60	65	75	85	90	100	110	130	160
L		268	278	324	325	405	474	520	585	635	665	780	814	905	1000
L_1		17	21	25	15.5	33	32	37/33	40	40/37	40	25	25	35	40
L_2	A	30	35	45	55	75	95	110	120	140	150	160	160	190	200
	G	16	22	28	35	45	58	65	80	100	110	120	120	130	—
L_3		54	58	67	65	85	97	105	120	130	135	155	165	170	195
L_7		35	35	40	45	55	65	70	80	95	95	110	125	145	175
L_{10}（中间）		136	143.5	162	170	201	237	260	292.5	317.5	332.5	390	407	452	500
L_{11}		8	10	12	12	16	—	—	—	—	—	—	—	—	—
L_{13}		76	80	89.5	86	112.5	132	145	160	175	180	225	235	270	295
L_{14}		27	27	27.5	30	32.5	35	45	50	55	45	80	80	109	110
L_{15}		$95_{-0.2}^{0}$	$115_{-0.2}^{0}$	$130_{-0.2}^{0}$	$145_{-0.2}^{0}$	$175_{-0.2}^{0}$	$210_{-0.5}^{0}$	$230_{-0.5}^{0}$	$275_{-0.5}^{0}$	$300_{-0.5}^{0}$	$320_{-0.5}^{0}$	$370_{-0.5}^{0}$	$410_{-0.5}^{0}$	$450_{-0.5}^{0}$	$510_{-0.5}^{0}$
L_{16}		20	20	20	25	30	40	42.5	52.5	55	55	60	65	70	90
R		1.6	1.6	2	2	2	2.5	2.5	2.5	2.5	2.5	2.5	2.5	2.5	2.5
系数 X		7	10	17.5	20	35	81	104	165	248	282	444	591	745	1138
系数 Y		0.011/0.015	0.015/0.019	0.020/0.024	0.030/0.039	0.050/0.060	0.078/0.092	0.105/0.122	0.136/0.156	0.170/0.192	0.220/0.246	0.262/0.299	0.346/0.387	0.387/0.434	0.510/0.562
质量 m/kg		$m=X+Y×$行程（mm）													

注：1. H、R_1 与 CD250C 缸头法兰安装的液压缸相同。

2. 见表 21-6-57 注。

CD250F 差动重载液压缸

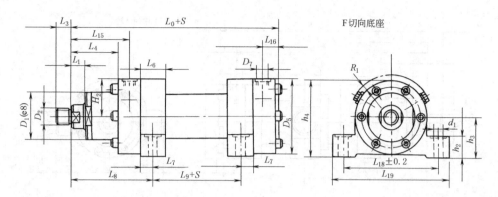

F切向底座

表 21-6-60

mm

活塞直径		40	50	63	80	100	125	140	160	180	200	220	250	280	320
活塞杆直径		20/28	28/36	36/45	45/56	56/70	70/90	90/100	100/110	110/125	125/140	140/160	160/180	180/200	200/220
D_1		55	68	75	95	115	135	155	180	200	215	245	280	305	340
D_2	A	M18× 2	M24× 2	M30× 2	M39× 3	M50× 3	M64× 3	M80× 3	M90× 3	M100× 3	M110× 4	M120× 4	M120× 4	M150× 4	M160× 4
	G	M16× 1.5	M22× 1.5	M28× 1.5	M35× 1.5	M45× 1.5	M58× 1.5	M65× 1.5	M80× 2	M100× 2	M110× 2	M120× 3	M120× 3	M130× 3	—
D_5		85	105	120	135	165	200	220	265	290	310	355	395	430	490
D_7	01	1/2″ BSP	1/2″ BSP	3/4″ BSP	3/4″ BSP	1″ BSP	1¼″ BSP	1¼″ BSP	1½″ BSP	1½″ BSP	1½″ BSP	1½″ BSP	1½″ BSP	1½″ BSP	1½″ BSP
	02	M22× 1.5	M22× 1.5	M27× 2	M27× 2	M33× 2	M42× 2	M42× 2	M48× 2	M48× 2	M48× 2	M48× 2	M48× 2	M48× 2	M48× 2
L_0		226	234	262	275	325	377	420	475	515	535	635	659	744	815
L_1		17	21	25	15.5	33	32	37/33	40	40/37	40	25	25	35	40
L_3	A	30	35	45	55	75	95	110	120	140	150	160	160	190	200
	G	16	22	28	35	45	58	65	80	100	110	120	120	130	—
L_4		54	58	67	65	85	97	105	120	130	135	155	165	170	195
L_6		30	35	40	55	65	60	65	75	80	90	94	100	110	120
L_7		12.5	12.5	15	27.5	25	30	32.5	37.5	40	45	47	50	55	60
L_8		106.5	110.5	127	135	165	192	207.5	232.5	250	260	307	320	370	400
L_9		55	57	70	55	75	90	105	120	135	145	166	174	165	200
L_{15}		76	80	89.5	86	112.5	132	145	160	175	180	225	235	270	295
L_{16}		27	27	27.5	30	32.5	35	45	50	55	45	80	80	109	110
L_{18}		110	130	150	170	205	255	280	330	360	385	445	500	530	610
L_{19}		135	155	180	210	250	305	340	400	440	465	530	600	630	730
d_1		11	11	14	18	22	24	28	31	37	37	45	52	52	62
h_2		26	31	37	42	52	60	65	70	80	85	95	110	125	140
h_3		45	55	65	70	85	105	115	135	150	160	185	205	225	255
h_4		90	110	128	140	167.5	208	227.5	267.5	297.5	317.5	365	405	445	505
系数 X		7	10	17.5	20	35	85	111	184	285	302	510	589	816	1171
系数 Y		0.011/ 0.015	0.015/ 0.019	0.020/ 0.024	0.030/ 0.039	0.050/ 0.060	0.078/ 0.092	0.105/ 0.122	0.136/ 0.156	0.170/ 0.192	0.220/ 0.246	0.262/ 0.299	0.346/ 0.387	0.387/ 0.434	0.510/ 0.562
质量 m/kg		质量 $m = X + Y ×$ 行程(mm)													

注：1. H_2 和 R_1 与 CD250C 缸头法兰安装的液压缸的 H、R_1 相同。

2. 见表 21-6-57 注。

CD350A、CD350B 差动重载液压缸

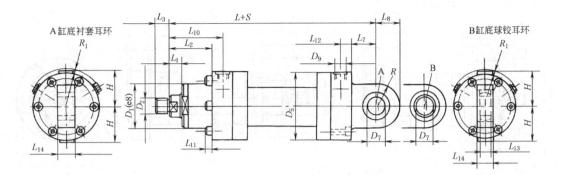

表 21-6-61   mm

活塞直径			40	50	63	80	100	125	140	160	180	200	220	250	280	320
活塞杆直径			28	36	45	56	70	90	100	110	125	140	160	180	200	220
	D_1		58	70	88	100	120	150	170	190	220	230	260	290	330	340
D_2	A		M24×2	M30×2	M39×2	M50×3	M64×3	M80×3	M90×3	M100×3	M110×4	M120×4	M120×4	M150×4	M160×4	M180×4
	G		M22×1.5	M28×1.5	M35×1.5	M45×1.5	M58×1.5	M65×1.5	M80×2	M100×2	M110×2	M120×3	M120×3	M130×3	—	—
	D_5		90	110	145	156	190	235	270	290	325	350	390	440	460	490
	D_7		$30_{-0.010}^{0}$	$35_{-0.012}^{0}$	$40_{-0.012}^{0}$	$50_{-0.012}^{0}$	$60_{-0.015}^{0}$	$70_{-0.015}^{0}$	$80_{-0.015}^{0}$	$90_{-0.020}^{0}$	$100_{-0.020}^{0}$	$110_{-0.020}^{0}$	$110_{-0.020}^{0}$	$120_{-0.020}^{0}$	$140_{-0.025}^{0}$	$160_{-0.025}^{0}$
D_9	01		1/2″ BSP	1/2″ BSP	3/4″ BSP	3/4″ BSP	1″ BSP	1¼″ BSP	1¼″ BSP	1½″ BSP	1½″ BSP	1½″ BSP	1½″ BSP	1½″ BSP	1½″ BSP	1½″ BSP
	02		M22×1.5	M22×1.5	M27×2	M27×2	M33×2	M42×2	M42×2	M48×2	M48×2	M48×2	M48×2	M48×2	M48×2	M48×2
CD 350A、 CD 350B	L		268	280	330	355	390	495	530	600	665	710	760	825	895	965
	L_1		18	18	18	18	18	20	20	30	30	26	18	16	30	45
	L_2		63	65	65	75	80	100	110	130	145	155	165	175	190	205
	L_3	A	35	45	55	75	95	110	120	140	150	160	160	190	200	220
		G	22	28	35	45	58	65	80	100	110	120	120	130	—	—
	L_7		35	43	50/57.5	55	65	75	80	90	105	115	115	140	170	200
	L_8		34	41	50	63	70	82	95	113	125	142.5	142.5	180	200	250
	L_{10}		88	90	100	111	112.5	145	160	187.5	205	215	225	245	265	275
	L_{11}		8	10	12	16	20	—	—	—	—	—	—	—	—	—
	L_{12}		20	25	35/27.5	30	32.5	45	50	57.5	60	55	55	60	85	70
	L_{14}		$28_{-0.4}^{0}$	$30_{-0.4}^{0}$	$35_{-0.4}^{0}$	$40_{-0.4}^{0}$	$50_{-0.4}^{0}$	$55_{-0.4}^{0}$	$60_{-0.4}^{0}$	$65_{-0.4}^{0}$	$70_{-0.4}^{0}$	$80_{-0.4}^{0}$	$80_{-0.4}^{0}$	$90_{-0.4}^{0}$	$100_{-0.4}^{0}$	$110_{-0.4}^{0}$
	H		—	—	74	78	97.5	118	137.5	147.5	162.5	177.5	197.5	222.5	232	250
	R		32	39	47	58	65	77	88	103	115	132.5	132.5	170	190	240
	R_1		5/6	—/4	—/12.5	—/7	—/10	—	—	15/—	10/—	2/—	—	—	—	—
	系数 X		12	18	46	54	83	164	246	338	369	554	700	901	1077	1458
	系数 Y		0.010	0.016	0.029	0.051	0.076	0.116	0.163	0.213	0.264	0.317	0.418	0.541	0.584	0.685
	质量 m/kg		$m = X + Y \times$ 行程（mm）													
CD350B	L_{13}		$22_{-0.12}^{0}$	$25_{-0.12}^{0}$	$28_{-0.12}^{0}$	$35_{-0.12}^{0}$	$44_{-0.15}^{0}$	$49_{-0.15}^{0}$	$55_{-0.15}^{0}$	$60_{-0.2}^{0}$	$70_{-0.2}^{0}$	$70_{-0.2}^{0}$	$70_{-0.2}^{0}$	$85_{-0.2}^{0}$	$90_{-0.25}^{0}$	$105_{-0.25}^{0}$

注：见表 21-6-57 注。

CD350C、CD350D 差动重载液压缸

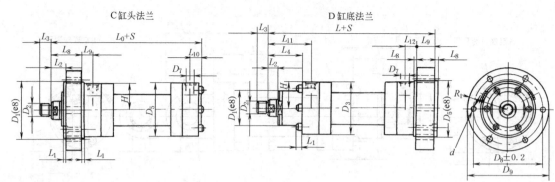

C缸头法兰　　　　　D缸底法兰

表 21-6-62　　　　　　　　　　　　　　　　　　　　　　　　　　　mm

活塞直径			40	50	63	80	100	125	140	160	180	200	220	250	280	320
活塞杆直径			28	36	45	56	70	90	100	110	125	140	160	180	200	220
CG350C、CD350C、CD350D	D_2	A	M24×2	M30×2	M39×3	M50×3	M64×3	M80×3	M90×3	M100×3	M110×4	M120×4	M120×4	M150×4	M160×4	M180×4
		G	M22×1.5	M28×1.5	M35×1.5	M45×1.5	M58×1.5	M65×1.5	M80×2	M100×2	M110×2	M120×2	M120×3	M130×3	—	—
	D_7	01	1/2″BSP	1/2″BSP	3/4″BSP	3/4″BSP	1″BSP	1¼″BSP	1¼″BSP	1½″BSP	1½″BSP	1½″BSP	1½″BSP	1½″BSP	1½″BSP	1½″BSP
		02	M22×1.5	M22×1.5	M27×2	M27×2	M33×2	M42×2	M42×2	M48×2	M48×2	M48×2	M48×2	M48×2	M48×2	M48×2
	D_8		120±0.2	140±0.2	180±0.2	195±0.2	230±0.2	290±0.2	330±0.2	360±0.2	400±0.2	430±0.2	475±0.2	530±0.2	550±0.2	590±0.2
	D_9		145	165	210	230	270	335	380	420	470	500	550	610	630	670
	L_3	A	35	45	55	75	95	110	120	140	150	160	160	190	200	220
		G	22	28	35	45	58	65	80	100	110	120	120	130	—	—
	d		13	13	18	18	22	26	28	28	34	34	37	45	45	45
	R_1		5/6	—/4	—/12.5	—/7	—/10	—	—	15/—	10/—	2/—	—	—	—	—
	H		45	55	74	78	97.5	118	137.5	147.5	162.5	177.5	197.5	222.5	232	250
CG350C、CD350C	D_1		95	115	150	160	200	245	280	300	335	360	400	450	470	510
	D_5		90	110	145	156	190	235	270	290	325	350	390	440	460	490
	L_0		238	237	285	305	330	425	457	515	565	600	655	695	735	775
	L_1		5	5	5	5	5	5	10	10	10	10	10	10	10	10
	L_2		23	20	20	20	20	25	30	40	40	40	40	40	50	55
	L_8		58	60	60	70	75	95	100	120	135	145	155	165	180	195
	L_9		30	30	40	41	37.5	50	60	67.5	70	70	70	80	85	80
	L_{10}		25	25	32.5	35	37.5	50	57	62.5	65	60	65	70	85	80
CD350D	D_1		58	70	88	100	120	150	170	190	220	230	260	290	330	340
	D_3		90±2.3	110±2.3	145±2.5	156±2.5	190±2.7	235±2.7	270±2.9	290±2.9	325±3.1	350±3.1	390±3.1	440±3.3	460±3.3	490±3.3
	D_5		95	115	150	160	200	245	280	300	335	360	400	450	470	510
	L		273	277	325	355	385	495	532	600	665	710	770	820	865	915
	L_1		8	10	12	16	20	—	—	—	—	—	—	—	—	—
	L_2		18	18	18	18	18	20	20	30	30	26	18	16	30	45
	L_4		63	65	65	75	80	100	110	130	145	155	165	175	190	205
	L_8		5	5	5	5	5	5	10	10	10	10	10	10	10	10
	L_9		35	40	40	50	55	70	70	80	95	105	115	125	130	140
	L_{11}		88	90	100	111	112.5	145	160	187.5	205	215	225	245	265	275
	L_{12}		25	25	32.5/45	35	37.5	50	62	67.5	65	65	65	70	85	80
CD350C	系数 X		9	14	32	41	63	122	190	252	286	420	552	699	959	1309
CD350D	系数 X		12	18	46	54	83	164	246	338	369	554	700	901	1077	1458
CD350C CD350D	系数 Y		0.010	0.016	0.029	0.051	0.076	0.116	0.163	0.213	0.264	0.317	0.418	0.541	0.584	0.685
	质量 m/kg							$m=X+Y×$行程(mm)									

注: 见表 21-6-57 注。

CD350E 差动重载液压缸

表 21-6-63

(E 中间耳轴)

单位：mm

活塞直径 D_1	40	50	63	80	100	125	140	160	180	200	220	250	280	320
活塞杆直径	28	36	45	56	70	90	100	110	125	140	160	180	200	220
D_2	58	70	88	100	120	150	170	190	220	230	260	290	330	340
A	M24×2	M30×2	M39×3	M50×3	M64×3	M80×3	M90×3	M100×3	M110×4	M120×4	M120×4	M150×4	M160×4	M180×4
G	M22×1.5	M28×1.5	M35×1.5	M45×1.5	M58×1.5	M65×1.5	M80×2	M100×2	M110×2	M120×3	M120×3	M130×3	—	—
D_5	90	110	145	156	190	235	270	290	325	350	390	440	460	490
D_7 01	1/2"BSP	1/2"BSP	3/4"BSP	3/4"BSP	1"BSP	1¼"BSP	1¼"BSP	1½"BSP	1½"BSP	1½"BSP	1½"BSP	1½"BSP	1½"BSP	1½"BSP
D_7 02	M22×1.5	M22×1.5	M27×2	M27×2	M33×2	M42×2	M42×2	M48×2	M48×2	M48×2	M48×2	M48×2	M48×2	M48×2
D_8	40	40	45	55	60	75	85	95	110	120	130	140	170	200
L_0	238	237	285	305	330	425	457	515	565	600	655	695	735	775
L_1	18	18	18	18	18	20	20	30	30	26	18	16	30	45
L_2 A	35	45	55	75	95	110	120	140	150	160	160	190	200	220
L_2 G	22	28	35	45	58	65	80	100	110	120	120	130	—	—
L_3	63	65	65	75	80	100	110	130	145	155	165	175	190	205
L_7	50	50	50	60	65	80	90	100	115	125	135	145	180	210
L_{10} 中间	145+S/2	151+S/2	172.5+S/2	187.5+S/2	202+S/2	260+S/2	280+S/2	320+S/2	352.5+S/2	375+S/2	405+S/2	430+S/2	457.5+S/2	485+S/2
L_{10} 最小	170	178	187.5	202.5	224.5	272	295	337.5	402.5	387.5	465	505	535	640
L_{10} 最大	139+S	133+S	167.5+S	182.5+S	192.5+S	260+S	280+S	317.5+S	317.5+S	377.5+S	345+S	355+S	380+S	330+S
L_{11}	8	10	12	16	20	145	160	187.5	205	215	225	245	265	275
L_{13}	88	90	100	111	112.5	50	57	62.5	65	60	65	70	85	80
L_{14}	25	25	32.5	35	37.5	—	—	—	—	100	100	100	100	150
L_{16}	$95^{0}_{-0.2}$	$120^{0}_{-0.2}$	$150^{0}_{-0.2}$	$160^{0}_{-0.2}$	$200^{0}_{-0.2}$	$245^{0}_{-0.5}$	$280^{0}_{-0.5}$	$300^{0}_{-0.5}$	$335^{0}_{-0.5}$	$360^{0}_{-0.5}$	$400^{0}_{-0.5}$	$450^{0}_{-0.5}$	$480^{0}_{-0.5}$	$500^{0}_{-0.5}$
L_{17}	30	30	35	50	55	60	70	80	100	100	100	100	125	150
H	45	55	74	78	97.5	118	137.5	147.5	163	177.5	197.5	222.5	232	250
R_1	5/6	—/4	—/12.5	—/7	—/10	—	—	15/—	10/—	2/—	—	—	—	—
质量 m/kg 系数 X	11	16	34	43	67	133	213	278	312	468	598	775	1015	1362
质量 m/kg 系数 Y	0.010	0.016	0.029	0.051	0.076	0.116	0.163	0.213	0.264	0.317	0.418	0.541	0.584	0.685

$X+Y×$行程(mm)

注：见表 21-6-57 注。

表 21-6-64　CD350F 差动重载液压缸

mm

活塞直径	40	50	63	80	100	125	140	160	180	200	220	250	280	320
活塞杆直径 D_1	28	36	45	56	70	90	100	110	125	140	160	180	200	220
D_2 A	58	70	88	100	120	150	170	190	220	230	260	290	330	340
D_2 G	M24×2 / M22×1.5	M30×2 / M28×1.5	M39×1.5 / M35×1.5	M50×3 / M45×1.5	M64×3 / M58×1.5	M80×3 / M65×1.5	M90×3 / M80×2	M100×3 / M100×2	M110×4 / M110×2	M120×4 / M120×3	M120×4 / M120×3	M150×4 / M130×3	M160×4	M180×4
D_5	90	110	145	156	190	235	270	290	325	350	390	440	460	490
D_6 01	1/2BSP	1/2BSP	3/4BSP	3/4BSP	1BSP	1¼BSP	1¼BSP	1½BSP	1½BSP	1½BSP	1½BSP	1½BSP	1½BSP	1½BSP
D_6 02	M22×1.5	M22×1.5	M27×2	M27×2	M33×2	M42×2	M42×2	M48×2	M48×2	M48×2	M48×2	M48×2	M48×2	M48×2
L_0	238	237	285	305	330	425	457	515	565	600	655	695	735	775
L_1	18	18	18	18	18	20	20	30	30	26	18	16	30	45
L_3 A	35	45	55	75	95	110	120	140	150	160	160	190	200	220
L_3 G	22	28	35	45	58	65	80	100	110	120	120	130	—	—
L_4	63	65	65	75	80	100	110	130	145	155	165	175	190	205
L_6	30	40	50	60	65	80	90	95	115	125	135	145	160	170
L_7	15	20	25	30	32.5	40	45	47.5	57.5	62.5	67.5	72.5	80	85
L_8	123	130	147.5	162.5	172.5	220	235	270	297.5	312.5	337.5	362.5	385	410
L_9	55	42	50	50	60	80	90	100	110	125	135	135	145	150
L_{12}	88	90	100	111	112.5	145	160	187.5	205	215	225	245	265	275
L_{13}	25	25	32.5	35	37.5	50	57	62.5	65	60	65	70	85	80
L_{14}	120±0.2	150±0.2	185±0.2	210±0.2	250±0.2	310±0.2	340±0.2	370±0.2	415±0.2	460±0.2	500±0.2	550±0.2	600±0.2	650±0.2
L_{15}	145	185	235	270	320	390	420	450	515	570	610	660	720	780
d_1	17	21	24	26	33	39	39	42	45	48	48	52	62	74
h_2	30	35	45	50	60	70	75	87	95	110	110	120	140	160
h_3	50	65	75	80	100	120	140	150	165	180	200	225	235	255
h_4	—	—	149	158	197.5	238	227.5	297.5	327.5	357.5	397.5	447.5	467	505
系数 X	11	17	37	47	73	132	208	304	357	499	665	814	1069	1304
系数 Y	0.010	0.016	0.029	0.051	0.076	0.116	0.163	0.213	0.264	0.317	0.418	0.541	0.584	0.685
质量 m/kg	$X+Y×$行程 (mm)													

注：1. 见表 21-6-57 注。

2. 其他尺寸见表 21-6-57。

表 21-6-65   **CG250、CG350 重载液压缸油口尺寸和活塞杆长度**   mm

安装型式	CG250、CG350	CG250	CG350
F 切向底座	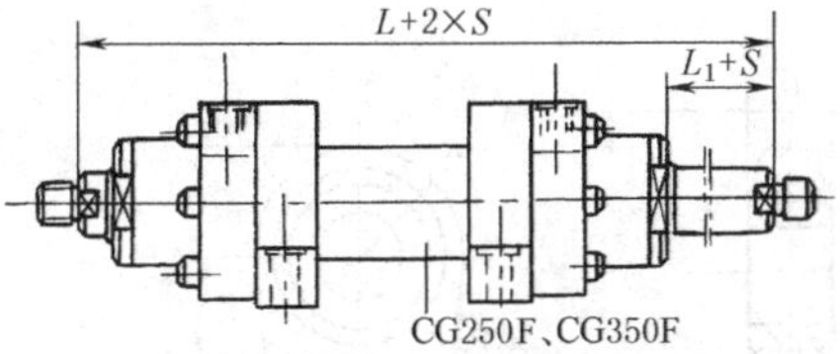 CG250F、CG350F	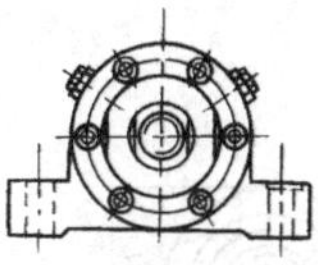	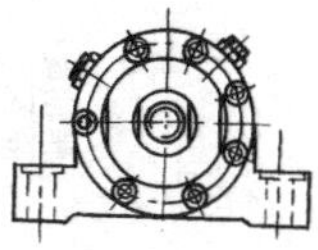
E 中间耳轴	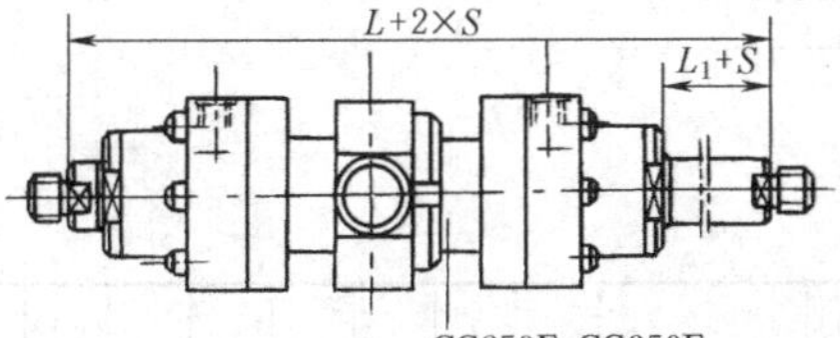 CG250E、CG350E	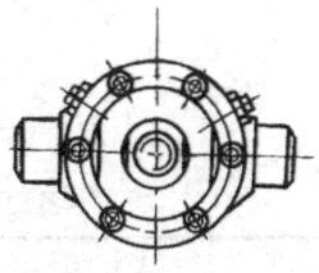	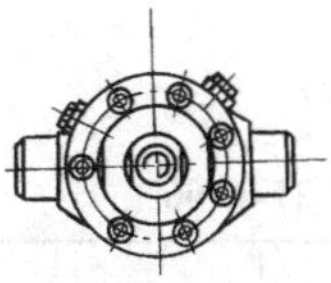
C 缸头法兰	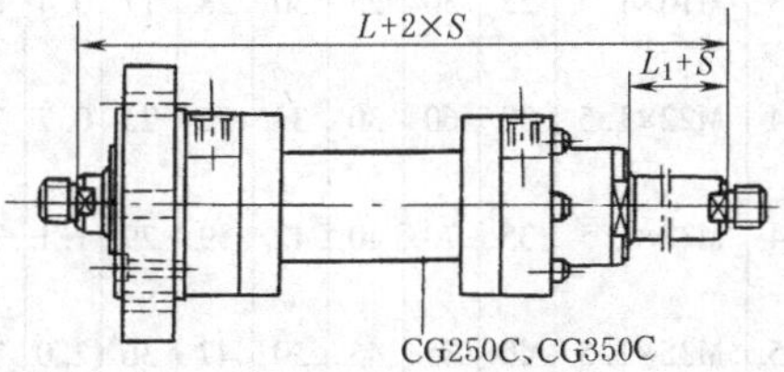 CG250C、CG350C	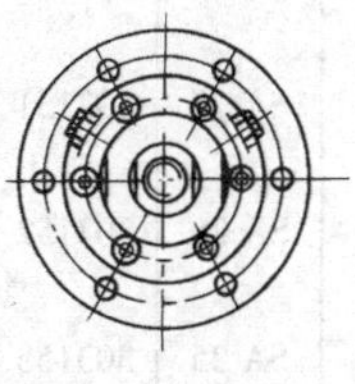	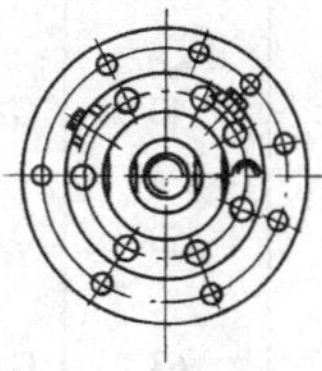

油口连接螺纹尺寸		CG250					CG350				
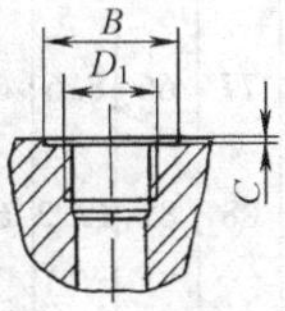 D_1 02	M22×1.5	M27×2	M33×2	M42×2	M48×2	M22×1.5	M27×2	M33×2	M42×2	M48×2
01	G1/2	G3/4	G1	G1¼	G1½	G1/2	G3/4	G1	G1¼	G1½
B	34	42	47	58	65	40	42	47	58	65
C	1	1	1	1	1	5	4	1	1	1

活塞直径	40	50	63	80	100	125	140	160	180	200	220	250	280	320
CG250 L	268	278	324	325	405	474	520	585	635	665	780	814	905	1000
CG250 L_1	17	21	25	15.5	33	32	37/33	40	40/37	40	25	25	35	40
CG350 L	301	302	345	375	405	520	560	640	705	750	810	860	915	970
CG350 L_1	18	18	18	18	18	20	20	30	30	26	18	16	30	45

（4）CD/CG 重载液压缸活塞杆端耳环类型及参数

GA 型球铰耳环、SA 型衬套耳环

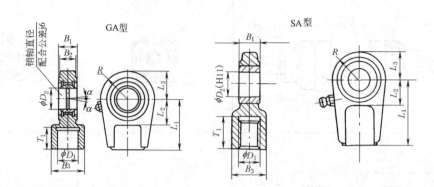

表 21-6-66   mm

CD250 CG250 活塞直径	CD350 CG350 活塞直径	型号	件号	型号	件号	$B_{1-0.4}^{\ 0}$	B_3	D_1	D_2	L_1	L_2	L_3	R	T_1	质量 /kg	α	$B_{2-0.2}^{\ 0}$
										GA、SA							GA
40		GA 16	303125	SA 16	303150	23	28	M16×1.5	25	50	25	30	28	17	0.4	8°	20
50	40	GA 22	303126	SA 22	303151	28	34	M22×1.5	30	60	30	34	32	23	0.7	7°	22
63	50	GA 28	303127	SA 28	303152	30	44	M28×1.5	35	70	40	42	39	29	1.1	7°	25
80	63	GA 35	303128	SA 35	303153	35	55	M35×1.5	40	85	45	50	47	36	2.0	7°	28
100	80	GA 45	303129	SA 45	303154	40	70	M45×1.5	50	105	55	63	58	46	3.3	7°	35
125	100	GA 58	303130	SA 58	303155	50	87	M58×1.5	60	130	65	70	65	59	5.5	7°	44
140	125	GA 65	303131	SA 65	303156	55	93	M65×1.5	70	150	75	82	77	66	8.6	6°	49
160	140	GA 80	303132	SA 80	303157	60	125	M80×2	80	170	80	95	88	81	12.2	6°	55
180	160	GA 100	303133	SA 100	303158	65	143	M100×2	90	210	90	113	103	101	21.5	6°	60
200	180	GA 110	303134	SA 110	303159	70	153	M110×2	100	235	105	125	115	111	27.5	7°	70
220	200	GA 120	303135	SA 120	303160	80	176	M120×3	110	265	115	142.5	132.5	125	40.7	7°	70
250	220	GA 120	303135	SA 120	303160	80	176	M120×3	110	265	115	142.5	132.5	125	40.7	7°	70
280	250	GA 130	303136	SA 130	303161	90	188	M130×3	120	310	140	180	170	135	76.4	6°	85
320	280	—	—	—	—	—	—	—	—	—	—	—	—	—	—	—	—
	320	—	—	—	—	—	—	—	—	—	—	—	—	—	—	—	—

表 21-6-67　GAK 型球铰耳环（带锁紧螺钉）

mm

CD250 CG250 活塞直径	CD350 CG350 活塞直径	型号	件号	$B_1{}^{\ 0}_{-0.4}$	$B_2{}^{\ 0}_{-0.2}$	B_3	D_1	D_2	L_1	L_2	L_3	L_4	R	T_1	CD250,CG250 锁紧螺钉 螺钉	力矩/N·m	α	CD350,CG350 锁紧螺钉 螺钉	力矩/N·m	α	质量/kg
40		GAK 16	303162	23	20	28	M16×1.5	25	50	25	30	20	28	17	M6×16	9	8°	M8×20	20	7°	0.4
50	40	GAK 22	303163	28	22	34	M22×1.5	30	60	30	34	22	32	23	M8×20	20	7°	M10×25	40	7°	0.7
63	50	GAK 28	303164	30	25	44	M28×1.5	35	70	40	42	27	39	29	M8×20	20	7°	M12×30	80	7°	1.1
80	63	GAK 35	303165	35	28	55	M35×1.5	40	85	45	50	35	47	36	M10×30	40	7°	M12×30	80	7°	2.0
100	80	GAK 45	303166	40	35	70	M45×1.5	50	105	55	63	42	58	46	M12×35	80	7°	M16×40	160	7°	3.3
125	100	GAK 58	303167	50	44	87	M58×1.5	60	130	65	70	54	65	59	M16×50	160	6°	M16×40	160	6°	5.5
140	125	GAK 65	303168	55	49	93	M65×1.5	70	150	75	82	57	77	66	M16×50	160	6°	M20×50	300	6°	8.6
160	140	GAK 80	303169	60	55	125	M80×2	80	170	80	95	66	88	81	M16×60	160	6°	M20×50	300	5°	12.2
180	160	GAK100	—	65	60	143	M100×2	90	210	90	113	76	103	101	M20×60	300	7°	M20×50	300	6°	21.5
200	180	GAK110	—	70	70	153	M110×2	100	235	105	125	85	115	111	M24×70	500	6°	M24×60	500	6°	27.5
220	200	GAK120	—	80	70	176	M120×3	110	265	115	142.5	96	132.5	125	M24×70	500	7°	M24×60	500	6°	40.7
250	220	GAK120	—	80	70	176	M120×3	110	265	115	142.5	96	132.5	125	M24×80	500	6°	M24×60	500	6°	40.7
280	250	GAK130	—	90	85	188	M130×3	120	310	140	180	102	170	135				M30×80	1000	6°	76.4
320	280	—	—																		—
	320	—	—																		—

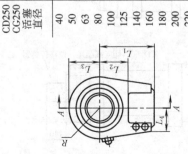

表 21-6-68　GAS 型球铰耳环（带锁紧螺钉）

mm

CD250 CG250 活塞直径	CD350 CG350 活塞直径	型号	件号	$B_1{}^{\ 0}_{-0.4}$	$B_2{}^{\ 0}_{-0.2}$	B_3	D_1	D_2	L_1	L_2	L_3	L_4	R	T_1	锁紧螺钉 螺钉	力矩/N·m	α	CD350,CG350 锁紧螺钉 螺钉	力矩/N·m	α	质量/kg
40		GAS 25	303137	23	20	28	M18×2	25	65	25	30	24	28	30	M8×20	20	8°	M8×20	20	8°	0.7
50	40	GAS 30	303138	28	22	34	M24×2	30	75	30	34	27	32	35	M8×20	20	7°	M8×20	20	7°	1.0
63	50	GAS 35	303139	30	25	44	M30×2	35	90	40	42	33	39	45	M10×25	40	7°	M10×25	40	7°	1.3
80	63	GAS 40	303140	35	28	55	M39×3	40	105	45	50	39	47	55	M12×30	80	7°	M12×30	80	7°	2.4
100	80	GAS 50	303141	40	35	70	M50×3	50	135	55	63	45	58	75	M12×30	80	7°	M12×30	80	7°	4.1
125	100	GAS 60	303142	50	44	87	M64×3	60	170	65	70	59	65	95	M16×40	160	6°	M16×40	160	6°	6.5
140	125	GAS 70	303143	55	49	105	M80×3	70	195	75	83	65	77	110	M16×40	160	6°	M16×40	160	6°	9.5
160	140	GAS 80	303144	60	55	125	M90×3	80	210	80	95	76	88	120	M20×50	300	5°	M20×50	300	5°	16
180	160	GAS 90	303145	65	60	150	M100×3	90	250	90	113	81	103	140	M20×50	300	7°	M20×50	300	7°	28
200	180	GAS 100	303146	70	70	170	M110×4	100	275	105	125	86	115	150	M20×50	300	6°	M20×50	300	6°	34
220	200	GAS 110	303147	80	70	180	M120×4	110	300	115	142.5	97	132.5	160	M24×60	500	6°	M24×60	500	6°	44
250	220	GAS 110	303147	80	70	180	M120×4	110	300	115	142.5	97	132.5	160	M24×60	500	6°	M24×60	500	6°	44
280	250	GAS 120	303148	90	85	210	M150×4	120	360	140	180	112	170	190	M24×60	500	7°	M24×60	500	7°	75
320	280	GAS 140	—	110	90	230	M160×4	140	420	185	200	123	190	200	M30×80	1000	7°	M30×80	1000	7°	160
	320	GAS 160	303149	110	105	260	M180×4	160	460	200	250	138	240	220	M30×80	1000	8°	M30×80	1000	8°	235

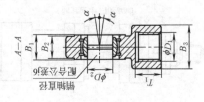

7.4.2 带位移传感器的 CD/CG250 系列液压缸

由武汉油缸厂在重载液压缸基础上设计、研制的带位移传感器的液压缸，可以在所选用的行程范围内，在任意位置输出精确的控制信号，是可以在各种生产线上进行程序控制的液压缸。

（1）型号意义

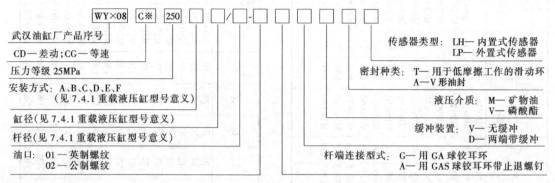

（2）技术参数

表 21-6-69

额定压力	25MPa	使用温度	−20~80℃	非线性	0.05mm	重复性	0.002mm
最高工作压力	37.5MPa	最大速度	1m/s	滞后	<0.02mm	电源	24VDC
最低启动压力	<0.2MPa	工作介质	矿物油，水-乙二醇等	输出	测量电路的脉冲时间		
传感器性能				安装位置	任意		
测量范围	25~3650mm	分辨率	0.1mm	接头选型	D60 接头		

（3）行程及产品质量

带位移传感器 CD、CG 液压缸的许用行程

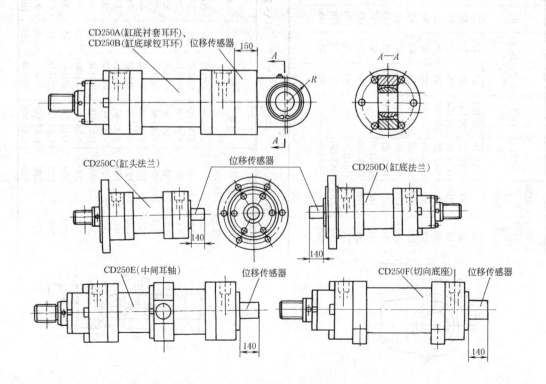

表 21-6-70   mm

安装方式	活塞杆直径	缸 径													
		40	50	63	80	100	125	140	160	180	200	220	250	280	320
		150(装传感器尺寸)													
A、B 型缸底耳环	A	40	140	210	280	360	465	795	840	885	1065	1205	1445	1630	1710
	B	225	335	435	545	695	960	1055	1095	1260	1445	1730	1965	2150	2215
		140(装传感器尺寸)													
C 型缸头法兰	A	445	740	990	1235	1520	1915	2905	3120	3330	3890	4440	5155	5825	6205
	B	965	1295	1615	1990	2480	3310	3640	3835	4390	4975	5920	6630	7305	7635
D 型缸底法兰	A	120	265	375	505	610	785	1260	1350	1430	1700	1930	2280	2575	2730
	B	380	545	690	885	1095	1480	1630	1705	1965	2240	2675	3020	3310	3445
E 型中间耳轴	A	445	740	990	1235	1520	1915	2905	3120	3330	3890	4440	5155	5825	6205
	B	965	1295	1615	1990	2480	3310	3640	3835	4390	4975	5920	6630	7305	7635
F 型切向底座	A	135	265	375	480	600	760	1210	1295	1370	1625	1850	2180	2460	2600
	B	380	530	670	835	1050	1415	1560	1630	1875	2135	2550	2875	3155	3270

注：A、B 表示活塞杆的两种不同的直径。

表 21-6-71   **产品质量 $m = X + Y \times$ 行程**   kg

安装方式	系数		缸 径													
			40	50	63	80	100	125	140	160	180	200	220	250	280	320
A、B 型	X		5	7.5	13	18	34	76	99	163	229	275	417	571	712	1096
	Y	A	0.011	0.015	0.020	0.030	0.050	0.078	0.105	0.136	0.170	0.220	0.262	0.346	0.387	0.510
		B	0.015	0.019	0.024	0.039	0.060	0.092	0.122	0.156	0.192	0.246	0.299	0.387	0.434	0.562
C、D 型	X		9	13	22	26	48	95	120	212	273	334	485	643	784	1263
	Y	A	0.011	0.015	0.020	0.030	0.050	0.078	0.105	0.136	0.170	0.220	0.262	0.346	0.387	0.510
		B	0.015	0.019	0.024	0.039	0.060	0.092	0.122	0.156	0.192	0.246	0.299	0.387	0.434	0.562
E 型	X		8	11	20	23	40	90	122	187	275	322	501	658	845	1274
	Y	A	0.013	0.019	0.028	0.042	0.069	0.108	0.155	0.197	0.244	0.316	0.383	0.507	0.587	0.757
		B	0.010	0.027	0.036	0.058	0.090	0.142	0.183	0.230	0.288	0.366	0.457	0.587	0.680	0.860
F 型	X		7	10	17.5	20	35	85	111	184	285	302	510	589	816	1171
	Y	A	0.011	0.015	0.020	0.030	0.050	0.078	0.105	0.136	0.170	0.220	0.262	0.346	0.387	0.510
		B	0.015	0.019	0.024	0.039	0.060	0.092	0.122	0.156	0.192	0.246	0.299	0.387	0.434	0.562

注：行程的单位以 mm 计。

7.4.3 C25、D25 系列高压重型液压缸

本系列共有 16 个缸径规格，各有 2×8 个装配方式，组成 256 个品种。液压缸为双作用单活塞型式，分差动缸和等速缸，带（或不带）可调缓冲，可配防护罩。C25、D25 系列全部可配置接近开关，C25 系列缸径 $D =$ 50~400mm 均可配置内置式位移传感器。基本性能参数符合国家标准和 ISO 标准，安装方式和尺寸符合德国钢厂标准，与 REXROTH 公司的"CD250、CG250"、意大利 FOSSA 公司的"DINTYPE200/250"系列一致，也与英国 ELRAM 公司的"Series 250K"系列基本一致。适用于冶金、矿山、起重、运输、船舶、锻压、铸造、机床、煤炭、石油、化工、军工等工业部门。

本系列液压缸由无锡市长江液压缸厂、焦作华科液压机械制造有限公司、抚顺天宝重工液压机械制造有限公司、优瑞纳斯液压机械有限公司制造。

（1）型号意义

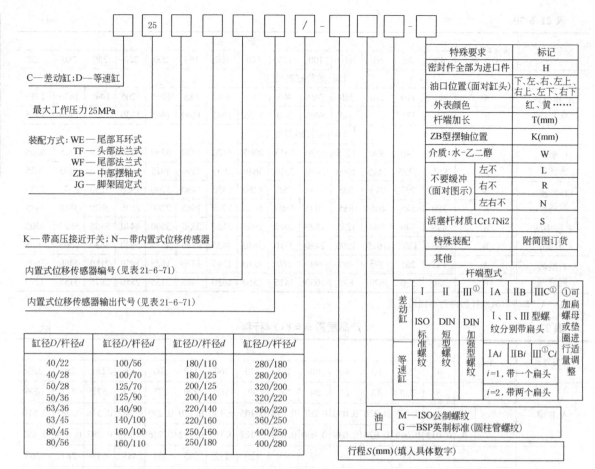

缸径D/杆径d	缸径D/杆径d	缸径D/杆径d	缸径D/杆径d
40/22	100/56	180/110	280/180
40/28	100/70	180/125	280/200
50/28	125/70	200/125	320/200
50/36	125/90	200/140	320/220
63/36	140/90	220/140	360/220
63/45	140/100	220/160	360/250
80/45	160/100	250/160	400/250
80/56	160/110	250/180	400/280

标记示例：

例1 差动缸，中部摆轴式，$D/d=100/70$，行程 $S=1000$mm，摆轴至杆端距离 500mm，油口为公制螺纹，杆端型式 IA，杆端加长 200mm，活塞杆材质 1Cr17Ni2，标记为

液压缸 C25ZB100/70-1000MIA-K500　T200　S

例2 等速缸，头部法兰式，两端带高压接近开关，$D/d=140/100$，行程 $S=800$mm，油口为圆柱管螺纹，杆端型式 IIB2（带两个扁头），油口在下，介质为水-乙二醇，标记为

液压缸 D25TFK140/100-800G IIB2-下　W

例3 差动缸，脚架固定式，带内置式位移传感器（编号4），输出代号 A2（输出电流为 0~20mA），$D/d=180/125$，行程 $S=600$mm，油口为公制螺纹，杆端型式 IIIC，标记为

液压缸 C25JGN4（A2）180/125-600M IIIC

标记中无特殊要求时，按以下情况供货：介质为矿物油；油口在上方（当液压缸两端带高压接近开关时，面对缸头，油口在右或右下位置）；两端缓冲；国产密封件（当液压缸带内置式位移传感器时，采用进口密封件）；外表果绿色；活塞杆材质为45钢；ZB型液压缸的摆轴位于中间位置。

（2）技术规格

1）技术性能

表 21-6-72

最大工作压力 p/MPa	25（矿物油），20（水-乙二醇）	液压缸全长公差/mm	
静态试验压力 p_s/MPa	37.5（矿物油），30（水-乙二醇）	装配长度=固定长度+行程	允许偏差
适应介质	矿物油、水-乙二醇或其他介质	0~500	±1.5
工作温度/℃	-20~80	501~1250	±2
介质黏度/mm²·s⁻¹	运动黏度 2.8~380	1251~3150	±3
最高运行速度/m·s⁻¹	0.5	3151~8000	±5

2）基本参数

表 21-6-73

液压缸内径 D/mm	活塞杆直径 d/mm	面积比 $\varphi=\dfrac{A}{A_2}$	活塞面积 A/cm²	活塞杆面积 A₁/cm²	环形面积 A₂/cm²	使用工作压力/MPa									
						5		10		15		20		25	
						推力 F₁/kN，拉力 F₂/kN									
						F₁	F₂	F₁	F₂	F₁	F₂	F₁	F₂	F₁	F₂
40	22	1.4	12.57	3.80	8.77	6.28	4.38	12.56	8.76	18.84	13.14	25.12	17.52	31.42	21.90
	28	2		6.16	6.41		3.20		6.40		9.60		12.80		16.00
50	28	1.4	19.63	6.16	13.47	9.82	6.74	19.64	13.48	29.46	20.22	39.28	26.96	49.10	33.70
	36	2		10.18	9.45		4.73		9.46		14.19		18.92		23.65
63	36	1.4	31.17	10.18	20.99	15.58	10.50	31.17	21.00	46.75	31.50	62.34	42.00	77.90	52.50
	45	2		15.90	15.27		7.63		15.26		22.89		30.52		38.15
80	45	1.4	50.26	15.90	34.36	25.13	17.18	50.27	34.36	75.40	51.54	100.54	68.72	125.65	85.90
	56	2		24.63	25.63		12.82		25.64		38.46		51.28		64.10
100	56	1.4	78.54	24.63	53.91	39.27	26.95	78.54	53.90	117.81	80.85	157.08	107.80	196.35	134.75
	70	2		38.48	40.06		20.03		40.06		60.09		80.12		100.15
125	70	1.4	122.72	38.48	84.24	61.35	42.10	122.70	84.20	184.05	126.30	245.40	168.40	306.75	210.50
	90	2		63.62	59.10		29.55		59.10		88.65		118.20		147.75
140	90	1.6	153.94	63.62	90.32	76.95	45.15	153.90	90.30	230.85	135.45	307.80	180.60	384.75	225.80
	100	2		78.54	75.40		37.70		75.40		113.10		150.80		188.50
160	100	1.6	201.06	78.54	122.52	100.50	61.25	201.00	122.50	301.05	183.75	402.00	245.00	502.50	306.30
	110	2		95.03	106.03		53.00		106.00		159.00		212.00		265.00
180	110	1.6	254.47	95.03	159.44	127.23	79.70	254.47	159.40	381.70	239.10	508.94	318.86	636.17	398.60
	125	2		122.72	131.75		65.87		131.75		197.60		263.50		329.38
200	125	1.6	314.16	122.72	191.44	157.05	95.70	314.16	191.40	471.15	287.10	628.20	382.80	785.25	478.60
	140	2		153.94	160.22		80.10		160.20		240.30		320.40		400.55
220	140	1.6	380.13	153.94	226.19	190.00	113.00	380.10	226.20	570.20	339.00	760.26	452.38	950.33	565.48
	160	2		201.06	179.07		89.53		179.00		268.60		358.14		447.68
250	160	1.6	490.87	201.06	289.81	245.40	144.90	490.87	289.80	736.30	434.70	981.70	579.60	1227.20	724.53
	180	2		254.47	236.40		118.20		236.40		354.60		472.80		591.00
280	180	1.6	615.75	254.47	361.28	307.80	180.60	615.75	361.30	923.63	541.90	1231.50	722.56	1539.40	903.20
	200	2		314.16	301.59		150.80		301.60		452.40		603.20		754.00
320	200	1.6	804.25	314.16	490.09	402.10	245.00	804.25	490.00	1206.40	735.10	1608.50	980.20	2010.60	1225.20
	220	2		380.13	424.12		212.00		424.00		636.20		848.20		1060.30
360	220	1.6	1017.88	380.13	637.75	508.90	318.90	1017.90	637.80	1526.80	956.60	2035.80	1275.50	2544.70	1594.40
	250	2		490.87	527.01		263.50		527.00		790.50		1054.00		1317.50
400	250	1.6	1256.64	490.87	765.77	628.30	382.90	1256.60	765.80	1885.00	1148.70	2513.30	1531.50	3141.60	1914.40
	280	2		615.75	640.89		320.40		640.90		961.40		1281.80		1602.20

3）行程选择

表 21-6-74　　优先行程系列（GB/T 2349）　　mm

25	40	50	63	80	90	100	110	125	140	160	180	200
220	240	250	260	280	300	320	350	360	380	400	420	450
480	500	530	550	600	630	650	700	750	800	850	900	950
1000	1050	1100	1200	1250	1300	1400	1500	1600	1700	1800	1900	2000
2100	2200	2400	2500	2600	2800	3000	3200	3400	3600	3800	4000	…

注：活塞行程应首先按本表选择，或根据实际需要自行确定。选择的行程要进行稳定性计算，计算方法是按实际压缩载荷验算，一般情况可直接查表 21-6-85～表 21-6-89。

4) 带接近开关的液压缸

在普通型 C25、D25 系列高压重型液压缸（缸径 $D = 40 \sim 400\text{mm}$ 均可）的两端极限位置上，设置抗高压型电感式接近开关，可使装置紧凑，安装调整方便，省去运动机构上设计和安装极限开关的繁琐环节，可为设计和安装调整提供很大的方便。接近开关的技术特性见表 21-6-75。

表 21-6-75　　　　　　　　　　　　　　接近开关的技术特性

项　　目	参　　数	项　　目	参　　数
动作距离 S_n	2mm	过载脱扣	≥220mA
允许压力(静态/动态)	50MPa/35MPa	接通延时	≤8ms
电源电压(工作电压)	10~30VDC	瞬时保护	2kV,1ms,1kΩ
波峰电压 V_{pp}(余波)	≤10%	开关频率	2000Hz
空载电流	≤7.5mA	开关滞后	3%~15%
输出状态	NO pnp	温度误差	±10%
连续负载电流	≤200mA	重复精度	≤2%
电压降	≤1.8V	防护等级(DIN 40050)	IP67
极性保护	有	温度范围	−25~70℃
断线保护	有	固定转矩	25N·m
短路保护	有	接线方式	conproxDC

当液压缸带接近开关时，液压缸的油口位置就不在正上方，而在右方或右下方（面对缸头）的位置，也可按用户要求供货。

5) 带内置式位移传感器的液压缸

在 C25 系列高压重型液压缸（缸径 $D = 50 \sim 400\text{mm}$）上可配置内置式位移传感器，以实现对液压缸高速、精确的自动控制。

位移传感器是利用磁致伸缩的原理进行工作的，当运动的磁铁磁场和传感器内波导管电流脉冲所产生的磁场相交时便产生一个接一个连续不断的应变脉冲，从而感测出活塞的运动位置（或运动速度）。由于传感器元件都是非接触的，连续不断的感测过程不会对传感器造成任何磨损。可用于高温、高压、高振荡和高冲击的工作环境。

根据不同功用，位移传感器有多种输出选择，详见表 21-6-76。

表 21-6-76　　　　　　　　　　　　　　位移传感器的技术特性

传感器系列	位移传感器Ⅲ型			位移传感器 L 型	
编号	1	2	3	4	5
输出方式	模　拟	SSI	CANbus 总线	模　拟	数　字
测量数据	位置,速度	位置	位置,速度	位置	位置
测量范围	RH 外壳:25~7620mm	RH 外壳:25~7620mm	RH 外壳:25~7620mm	25~2540mm	25~7620mm
分辨率	16 位 D/A 或 0.025mm	标准 5μm(最高 2μm)	标准 5μm(最高 2μm)	无限(取决于控制器 D/A 与电源波动)	0.1mm(最高 0.006mm,需 MK292 卡)
非线性度	满量程的±0.01%或±0.05mm(以较高者为准)			满量程的±0.02%或±0.05mm(以较高者为准)	
重复精度	满量程的±0.001%或±2μm(以较高者为准)			满量程的±0.001%或±0.002mm(以较高者为准)	

续表

传感器系列	位移传感器Ⅲ型			位移传感器 L 型	
编号	1	2	3	4	5
滞后	<0.004mm	<0.004mm	<0.004mm	<0.02mm	<0.02mm
输出 (代号= ……)	V01=0~10V V11=10~0V A01=4~20mA A11=20~4mA A21=0~20mA A31=20~0mA	SB=SSI,二进制 (24位或25位) SG=SSI,格雷码 (24位或25位)	C=CAN 总线协议 CAN 2.0A	V0=0~10V 或 10~0V A0=4~20mA A1=20~4mA A2=0~20mA A3=20~0mA	R0=RS422 (开始/停止) D=PWM 脉宽调制
速度输出	0.1~10m/s	不适用	0.1~10m/s	不适用	不适用
电源	$24VDC_{-15}^{+20}\%$	$24VDC_{-15}^{+20}\%$	$24VDC_{-15}^{+20}\%$	13.5~26.4VDC±10%(适用于行程 $S{\leqslant}1520$mm) 24VDC±10%(适用于行程 $S{>}1520$mm)	
用电量	100mA	100mA	100mA	120mA	100mA
工作温度	−40~75℃	−40~75℃	−40~75℃	−40~70℃	−40~70℃
可调范围	100%可调零点及满量程	不适用	不适用	5%可调零点及满量程	5%可调零点及满量程
更新时间	一般≤1ms(按量程变化)	一般≤1ms(按量程变化)	一般≤1ms(按量程变化)	≤3ms	≤3ms
工作压力	静态:5000psi 峰值:10000psi	静态:5000psi 峰值:10000psi	静态:5000psi 峰值:10000psi	静态:5000psi 峰值:10000psi	静态:5000psi 峰值:10000psi
接头选型	RGO 金属接头(7针)	RGO 金属接头(7针)	RGO 金属接头(7针)	RG 金属接头(7针)	RG 金属接头(7针)
其他产品	位移传感器Ⅲ型中还有 DeviceNet 总线和 Profibus-DP 总线两种输出方式,如用户需要另行商议				

注: 1. 位移传感器 L 型系列供一般应用, Ⅲ型系列则为高精度、高性能的智能型传感器, 其分辨率、重复精度和滞后性等都高于前者, 价格也比较高。

2. 位移传感器的配套产品有:MK292 数字输出板;AOM 模拟输出板块 (标准盒子型或插板式);AK288 模拟输出卡;TDU 数字显示表;TLS 可编程限位开关;SSI-1016 串联同步界面卡等输出界面产品。如用户需要, 可一并订货。

3. 外置式位移传感器, 如用户需要另行商定。

4. 1psi=6894.76Pa。

(3) 外形尺寸

C25WE、C25WEK、C25WENi 型

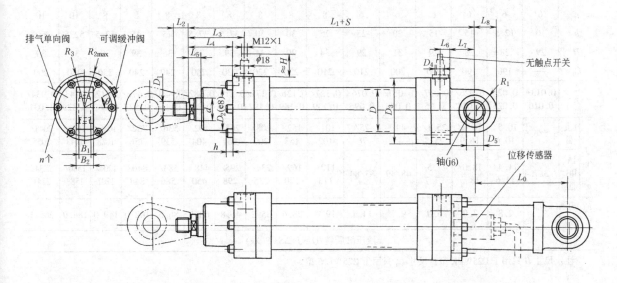

第 21 篇

表 21-6-77   mm

		D	40	50	63	80	100	125	140	160	180	200	220	250	280	320	360	400
		d	22/28	28/36	36/45	45/56	56/70	70/90	90/100	100/110	110/125	125/140	140/160	160/180	180/200	200/220	220/250	250/280
		L(缓冲长度)	20	20	25	30	35	50	50	55	65	70	80	90	90	100	110	120
D_1	Ⅰ型		M16×1.5	M22×1.5	M30×2	M36×2	M48×2	M56×2	M72×3	M80×3	M100×3	M110×3	M125×4	M125×4	M140×4	M160×4	M180×4	M200×4
	Ⅱ型		M16×1.5	M22×1.5	M28×1.5	M35×1.5	M45×1.5	M58×1.5	M65×1.5	M80×2	M100×2	M110×2	M120×3	M120×3	M130×3	—	—	—
	Ⅲ型		M18×2	M24×2	M30×2	M39×3	M50×3	M64×3	M80×3	M90×3	M100×3	M110×4	M120×4	M120×4	M150×4	M160×4	M180×4	M200×4
		D_2	50	64	75	95	115	135	155	180	200	215	245	280	305	350	400	450
		D_3	80	100	120	140	170	205	225	265	290	315	355	400	440	500	550	620
D_4	公制		M18×1.5	M22×1.5	M27×2	M27×2	M33×2	M42×2	M42×2	M42×2	M50×2	M50×2	M50×2	M50×2	M50×2	M50×2	M60×2	M60×2
	英制		G3/8	G1/2	G3/4	G3/4	G1	G1¼	G1¼	G1¼	G1½	G1½	G1½	G1½	G1½	G1½	G2	G2
		D_5	25	30	35	40	50	60	70	80	90	100	110	110	120	140	160	180
		L_1	252	265	302	330	385	447	490	550	610	645	750	789	884	980	1080	1190
L_2	Ⅰ型		22	30	40	50	63	75	85	95	112	112	125	125	140	160	180	200
	Ⅱ型		16	22	28	35	45	58	65	80	100	110	120	120	130	—	—	—
	Ⅲ型		30	35	45	55	75	95	110	120	140	150	160	160	190	200	220	260
		L_3	76	80	89.5	87.5	112.5	129.5	142.5	160	175	180	220	230	260	295	320	360
		L_4	54	58	67	65	85	97	105	120	130	135	155	165	170	195	210	230
		L_5	17	20	20	20	30	30	30	35	35	40	40	40	40	40	50	50
		L_6	23	23	22.5	32.5	27.5	32.5	37.5	40	50	50	65	65	90	100	110	130
		L_7	35	40	45	60	65	70	75	85	95	105	125	140	150	175	200	220
		L_8	28	32.5	40	50	62.5	70	82	95	113	125	142.5	160	180	200	230	260
		R_1	28	32.5	40	50	62.5	65	77	88	103	115	132.5	150	170	190	215	245
		R_2	56.5	61	75.5	81.5	99	113	133	149	172.5	182.5	210	230	261	287	330	360
		R_3	53	57.5	70.5	76.5	81	107	123	139	158.5	168.5	192	212	239	265	302	332
		B_1	20	22	25	28	35	44	49	55	60	70	70	70	85	90	105	105
		B_2	23	28	30	35	40	50	55	60	65	70	80	80	90	110	120	130
		θ	30°	30°	30°	30°	30°	30°	45°	45°	45°	45°	45°	45°	45°	45°	54°	54°
		n	6	6	6	6	6	6	8	8	8	8	8	8	8	8	10	10
		h	10	12.5	15	15	20	25	25	30	30	37.5	37.5	45	45	52.5	52.5	60
		H	29	28	28	29	31	29	34	29	34	39	39	36	39	39	39	39
		L_0	—	190	190	200	200	210	210	220	220	230	230	240	240	250	250	260
		Δ /kg·mm⁻¹	0.013/0.016	0.02/0.023	0.026/0.034	0.037/0.05	0.057/0.068	0.076/0.096	0.127/0.139	0.136/0.149	0.171/0.192	0.219/0.244	0.282/0.319	0.424/0.466	0.476/0.523	0.612/0.663	0.743/0.829	0.934/1.031
J /kg	Ⅰ、Ⅱ、Ⅲ		6.5/6.6	10.5/10.6	16.6/16.9	25.1/25.3	44/45	75/76	101/102	152/153	208/209	265/267	402/404	536/539	752/756	1085/1088	1440/1448	2048/2055
	ⅠA、ⅡB、ⅢC		7.3/7.4	11.4/11.6	18.0/18.3	27.5/27.7	48/49	83/84	112/113	169/170	234/235	295/298	448/450	583/586	840/844	1204/1207	1580/1588	2234/2241
		F(WENi附加)/kg		2.8	3.9	6.0	9.7	14.4	19.0	28.6	35.2	46.8	60.1	86.5	102.0	149.0	184.9	265.1

液压缸质量：$Q \approx J + \Delta S + F$ (kg)

注：尺寸 H 只用于 C25WEK 型；尺寸 L_0 只用于 C25WENi 型。

C25TF、C25TFK、C25TFNi 和 C25WF、C25WFK、C25WFNi 型

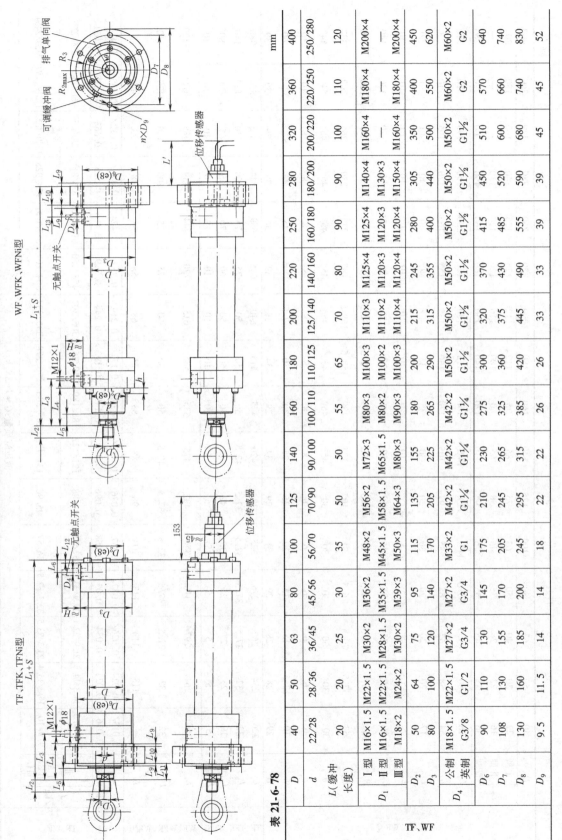

表 21-6-78　　　　　　　　　　　　　　　　　　　　　　　　mm

D		40	50	63	80	100	125	140	160	180	200	220	250	280	320	360	400
d		22/28	28/36	36/45	45/56	56/70	70/90	90/100	100/110	110/125	125/140	140/160	160/180	180/200	200/220	220/250	250/280
L(缓冲长度)		20	20	25	30	35	50	50	55	65	70	80	90	90	100	110	120
D_1	I 型	M16×1.5	M22×1.5	M30×2	M36×2	M48×2	M56×2	M72×3	M80×3	M100×3	M110×3	M125×4	M125×4	M140×4	M160×4	M180×4	M200×4
	II 型	M16×1.5	M22×1.5	M28×1.5	M35×1.5	M45×1.5	M58×1.5	M65×1.5	M80×2	M100×2	M110×2	M120×3	M120×3	M130×3	—	—	—
	III 型	M18×2	M24×2	M30×2	M39×3	M50×3	M64×3	M80×3	M90×3	M100×3	M110×4	M120×4	M120×4	M150×4	M160×4	M180×4	M200×4
D_2		50	64	75	95	115	135	155	180	200	215	245	280	305	350	400	450
D_3		80	100	120	140	170	205	225	265	290	315	355	400	440	500	550	620
D_4	公制	M18×1.5	M22×1.5	M27×2	M27×2	M33×2	M42×2	M42×2	M42×2	M50×2	M50×2	M50×2	M50×2	M50×2	M50×2	M60×2	M60×2
	英制	G3/8	G1/2	G3/4	G3/4	G1	G1¼	G1¼	G1¼	G1½	G1½	G1½	G1½	G1½	G1½	G2	G2
D_6		90	110	130	145	175	210	230	275	300	320	370	415	450	510	570	640
D_7		108	130	155	170	205	245	265	325	360	375	430	485	520	600	660	740
D_8		130	160	185	200	245	295	315	385	420	445	490	555	590	680	740	830
D_9		9.5	11.5	14	14	18	22	22	26	26	33	33	39	39	45	45	52

TF、WF

续表

	D	40	50	63	80	100	125	140	160	180	200	220	250	280	320	360	400
	L_2 I型	22	30	40	50	63	75	85	95	112	112	125	125	140	160	180	200
	L_2 II型	16	22	28	35	45	58	65	80	100	110	120	120	130	—	—	—
	L_2 III型	30	35	45	55	75	95	110	120	140	150	160	160	190	200	220	260
TF、WF	L_3	76	80	89.5	87.5	112.5	129.5	142.5	160	175	180	220	230	260	295	320	360
	L_4	54	58	67	65	85	97	105	120	130	135	155	165	170	195	210	230
	L_5	17	20	20	20	30	30	30	35	35	40	40	40	40	40	50	50
	L_9	5	5	5	5	5	5	10	10	10	10	10	10	10	10	10	10
	L_{10}	30	30	35	35	45	50	50	60	70	75	85	85	95	120	130	140
	R_2	56.5	61	75.5	81.5	99	113	133	149	172.5	182.5	210	230	261	287	330	360
	R_3	53	57.5	70.5	76.5	81	107	123	139	158.5	168.5	192	212	239	265	302	332
	θ	30°	30°	30°	30°	30°	30°	45°	45°	45°	45°	45°	45°	45°	45°	54°	54°
	n	6	6	6	6	6	6	8	8	8	8	8	8	8	8	10	10
	h	10	12.5	15	15	20	25	25	30	30	37.5	37.5	45	45	52.5	52.5	60
	H	29	28	28	29	31	29	34	29	34	39	39	36	39	39	39	39
TF、TFK、TFNi	L_1	226	234	262	275	325	382	420	475	515	540	635	659	744	815	890	980
	L_6	32	32	27.5	37.5	32.5	37.5	42.5	50	50	50	75	75	100	110	120	140
	L_{11}	19	23	27	25	35	42	45	50	50	50	60	70	65	65	70	80
	L_{12}	5	5	5	5	5	5	5	10	10	10	10	10	10	10	10	10
WF、WFK、WFNi	L_1	256	264	297	310	370	432	475	535	585	615	720	744	839	935	1020	1120
	L_{13}	32	32	27.5	37.5	32.5	37.5	47.5	50	50	50	75	75	100	110	120	140
	L'	—	118	113	113	103	98	88	83	73	68	58	58	48	23	13	3
TF、WF	Δ /kg·mm⁻¹ I、II / III	0.013/ 0.016	0.02/ 0.023	0.026/ 0.034	0.037/ 0.05	0.057/ 0.068	0.076/ 0.096	0.127/ 0.139	0.136/ 0.149	0.171/ 0.192	0.219/ 0.244	0.282/ 0.319	0.424/ 0.466	0.476/ 0.523	0.612/ 0.663	0.743/ 0.829	0.934/ 1.031
	J /kg IA、IIB、IIIC	9.2/9.3	14.3/14.4	21.9/22.1	29.9/30.1	52/53	87/88	121/122	188/189	250/252	305/307	458/460	610/613	836/840	1230/1233	1611/1619	2270/2277
	J /kg	9.9/10	15.3/15.4	23.3/23.5	32.3/32.5	56/57	95/96	131/132	205/206	276/278	335/337	504/507	657/660	924/928	1349/1352	1751/1759	2459/2464

液压缸质量：$Q \approx J + \Delta S$（kg）

注：尺寸 H 只用于 C25TFK 和 C25WFK 型；尺寸 L' 只用于 C25WFNi 型；尺寸 153 只用于 C25TFNi 型。

C25ZB、C25ZBK、C25ZBNi 型

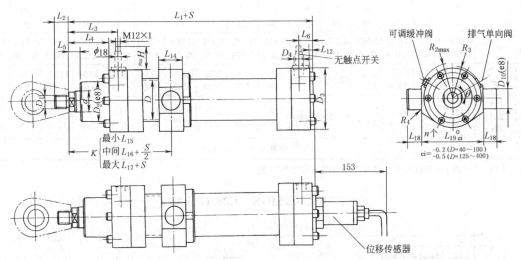

表 21-6-79　　mm

D		40	50	63	80	100	125	140	160	180	200	220	250	280	320	360	400
d		22/28	28/36	36/45	45/56	56/70	70/90	90/100	100/110	110/125	125/140	140/160	160/180	180/200	200/220	220/250	250/280
S_{min}		20	20	20	30	30	30	30	30	30	30	50	80	120	150	180	200
L(缓冲长度)		20	20	25	30	35	50	50	55	65	70	80	90	90	100	110	120
D_1	Ⅰ型	M16×1.5	M22×1.5	M30×2	M36×2	M48×2	M56×2	M72×3	M80×3	M100×3	M110×3	M125×4	M125×4	M140×4	M160×4	M180×4	M200×4
	Ⅱ型	M16×1.5	M22×1.5	M28×1.5	M35×1.5	M45×1.5	M58×1.5	M65×1.5	M80×2	M100×2	M110×2	M120×3	M120×3	M130×3	—	—	—
	Ⅲ型	M18×2	M24×2	M30×2	M39×3	M50×3	M64×3	M80×3	M90×3	M100×3	M110×4	M120×4	M120×4	M150×4	M160×4	M180×4	M200×4
D_2		50	64	75	95	115	135	155	180	200	215	245	280	305	350	400	450
D_3		80	100	120	140	170	205	225	265	290	315	355	400	440	500	550	620
D_4	公制	M18×1.5	M22×1.5	M27×2	M27×2	M33×2	M42×2	M42×2	M42×2	M50×2	M50×2	M50×2	M50×2	M50×2	M50×2	M60×2	M60×2
	英制	G3/8	G1/2	G3/4	G3/4	G1	G1¼	G1¼	G1¼	G1½	G1½	G1½	G1½	G1½	G1½	G2	G2
D_{10}		30	30	35	40	50	60	65	75	85	90	100	110	130	160	180	200
L_1		226	234	262	275	325	382	420	475	515	540	635	659	744	815	890	980
L_2	Ⅰ型	22	30	40	50	63	75	85	95	112	125	125	140	160	180	200	
	Ⅱ型	16	22	28	35	45	58	65	80	100	110	120	120	130	—	—	—
	Ⅲ型	30	35	45	55	75	95	110	120	140	150	160	160	190	200	220	260
L_3		76	80	89.5	87.5	112.5	129.5	142.5	160	175	180	220	230	260	295	320	360
L_4		54	58	67	65	85	97	105	120	130	135	155	165	170	195	210	230
L_5		17	20	20	20	30	30	30	35	35	40	40	40	40	40	50	50
L_6		32	32	27.5	37.5	32.5	37.5	42.5	50	50	50	75	75	100	110	120	140
L_{12}		5	5	5	5	5	5	5	10	10	10	10	10	10	10	10	10
L_{14}		35	35	40	45	55	65	70	80	95	100	110	125	145	175	200	220
L_{15}		135	140	160	160	205	235	255	285	315	325	390	420	480	540	595	655
L_{16}		134	139	162	162.5	202.5	237	260	292.5	317.5	332.5	390	407	452	500	545	600
L_{17}		125	130	150	150	185	220	250	280	290	315	360	360	390	420	450	495
L_{18}		20	20	20	25	30	40	42.5	52.5	55	55	60	65	70	90	100	110
L_{19}		95	115	130	145	175	210	230	275	300	320	370	410	450	510	560	630
R_2		56.5	61	75.5	81.5	99	113	133	149	172.5	182.5	210	230	261	287	330	360
R_3		53	57.5	70.5	76.5	81	107	123	139	158.5	168.5	192	212	239	265	302	332
R_4		1.5	1.5	2	2	2	2.5	2.5	2.5	2.5	2.5	2.5	2.5	2.5	2.5	4	4

θ	30°	30°	30°	30°	30°	30°	45°	45°	45°	45°	45°	45°	45°	45°	54°	54°
n	6	6	6	6	6	6	8	8	8	8	8	8	8	8	10	10
H	29	28	28	29	31	29	34	29	34	39	39	36	39	39	39	39
$\Delta/\mathrm{kg\cdot mm^{-1}}$	0.013/0.016	0.02/0.023	0.026/0.034	0.037/0.05	0.057/0.068	0.076/0.096	0.127/0.139	0.136/0.149	0.171/0.192	0.219/0.244	0.282/0.319	0.424/0.466	0.476/0.523	0.612/0.663	0.743/0.629	0.934/1.031
J/kg Ⅰ、Ⅱ、Ⅲ	7.7/7.8	12.4/12.5	18.7/19.0	27.2/27.4	47/48	80/81	108/109	171/172	228/230	280/282	428/430	585/588	810/814	1177/1180	1562/1570	2224/2231
J/kg ⅠA、ⅡB、ⅢC	8.4/8.5	13.4/13.5	20.2/20.4	29.6/29.8	51/52	88/89	118/119	188/189	255/257	310/312	475/477	632/635	898/902	1296/1299	1702/1710	2412/2419

液压缸质量：$Q \approx J + \Delta S$（kg）

注：尺寸 H 只用于 C25ZBK 型；尺寸 153 只用于 C25ZBNi 型。

C25JG、C25JGK、C25JGNi 型

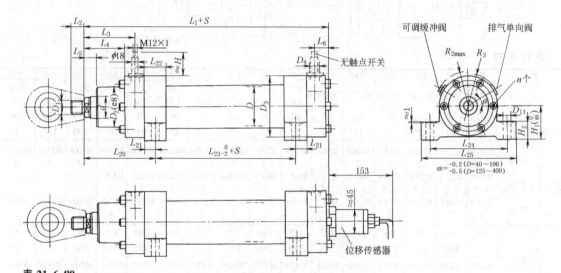

表 21-6-80　　　　　　　　　　　　　　　　　　　　　　　　　mm

D	40	50	63	80	100	125	140	160	180	200	220	250	280	320	360	400
d	22/28	28/36	36/45	45/56	56/70	70/90	90/100	100/110	110/125	125/140	140/160	160/180	180/200	200/220	220/250	250/280
L(缓冲长度)	20	20	25	30	35	50	50	55	65	70	80	90	90	100	110	120
D_1 Ⅰ型	M16×1.5	M22×1.5	M30×2	M36×2	M48×2	M56×2	M72×3	M80×3	M100×3	M110×3	M125×4	M125×4	M140×4	M160×4	M180×4	M200×4
D_1 Ⅱ型	M16×1.5	M22×1.5	M28×1.5	M35×1.5	M45×1.5	M58×1.5	M65×1.5	M80×2	M100×2	M110×2	M120×2	M120×3	M130×3	—	—	—
D_1 Ⅲ型	M18×2	M24×2	M30×2	M39×3	M50×3	M64×3	M80×3	M90×3	M100×3	M110×4	M120×4	M120×4	M150×4	M160×4	M180×4	M200×4
D_2	50	64	75	95	115	135	155	180	200	215	245	280	305	350	400	450
D_3	80	100	120	140	170	205	225	265	290	315	355	400	440	500	550	620
D_4 公制	M18×1.5	M22×1.5	M27×2	M27×2	M33×2	M42×2	M42×2	M42×2	M50×2	M50×2	M50×2	M50×2	M50×2	M50×2	M60×2	M60×2
D_4 英制	G3/8	G1/2	G3/4	G3/4	G1	G1¼	G1¼	G1¼	G1½	G1½	G1½	G1½	G1½	G1½	G2	G2
D_{11}	11.5	11.5	14	18	22	26	30	33	39	39	45	52	52	62	62	70
L_1	226	234	262	275	325	382	420	475	515	540	635	659	744	815	890	980
L_2 Ⅰ型	22	30	40	50	63	75	85	95	112	112	125	125	140	160	180	200
L_2 Ⅱ型	16	22	28	35	45	58	65	80	100	110	120	120	130	—	—	—
L_2 Ⅲ型	30	35	45	55	75	95	110	120	140	150	160	160	190	200	220	260

D	40	50	63	80	100	125	140	160	180	200	220	250	280	320	360	400
L_3	76	80	89.5	87.5	112.5	129.5	142.5	160	175	180	220	230	260	295	320	360
L_4	54	58	67	65	85	97	105	120	130	135	155	165	170	195	210	230
L_5	17	20	20	20	30	30	30	35	35	40	40	40	40	40	50	50
L_6	32	32	27.5	37.5	32.5	37.5	42.5	50	50	50	75	75	100	110	120	140
L_{20}	106.5	110.5	127	135	165	192	207.5	232.5	250	260	307	320	369.5	400	435	480
L_{21}	12.5	12.5	15	25	25	30	32.5	37.5	40	45	47	50	64.5	60	65	70
L_{22}	30	35	40	50	55	60	65	75	80	90	94	100	120	120	130	140
L_{23}	55	57	70	55	75	90	105	120	135	145	166	174	165	200	220	240
L_{24}	110	130	150	170	205	255	280	330	360	385	445	500	530	610	660	750
L_{25}	135	155	180	210	250	305	340	400	440	465	530	600	630	730	780	880
H_1	45	55	65	70	85	105	115	135	150	160	185	205	225	255	280	320
H_2	26	31	37	42	52	60	65	70	80	85	95	110	125	140	150	170
R_2	56.5	61	75.5	81.5	99	113	133	149	172.5	182.5	210	230	261	287	330	360
R_3	53	57.5	70.5	76.5	81	107	123	139	158.5	168.5	192	212	239	265	302	332
θ	30°	30°	30°	30°	30°	30°	45°	45°	45°	45°	45°	45°	45°	45°	54°	54°
n	6	6	6	6	6	6	8	8	8	8	8	8	8	8	10	10
H	29	28	28	29	31	34	29	34	39	39	39	36	39	39	39	39
$\Delta / \mathrm{kg \cdot mm^{-1}}$	0.013/ 0.016	0.02/ 0.023	0.026/ 0.034	0.037/ 0.05	0.057/ 0.068	0.076/ 0.096	0.127/ 0.139	0.136/ 0.149	0.171/ 0.192	0.219/ 0.244	0.282/ 0.319	0.424/ 0.466	0.476/ 0.523	0.612/ 0.663	0.743/ 0.829	0.934/ 1.031

| J/kg | Ⅰ、Ⅱ、Ⅲ | 7.7/ 7.8 | 12.9/ 13.0 | 19.7/ 20.0 | 29.7/ 29.8 | 49/50 | 86/87 | 118/ 119 | 176/ 177 | 233/ 235 | 297/ 299 | 430/ 432 | 570/ 573 | 787/ 791 | 1125/ 1128 | 1500/ 1508 | 2102/ 2109 |
| | ⅠA、ⅡB、ⅢC | 8.4/ 8.5 | 13.9/ 14.0 | 21.1/ 21.4 | 32.1/ 32.3 | 53/54 | 94/95 | 128/ 129 | 193/ 194 | 260/ 262 | 327/ 329 | 477/ 479 | 618/ 621 | 875/ 879 | 1244/ 1247 | 1640/ 1648 | 2289/ 2296 |

液压缸质量: $Q \approx J + \Delta S (\mathrm{kg})$

注: 尺寸 H 只用于 C25JGK 型; 尺寸 153 只用于 C25JGNi 型。

表 21-6-81

D25JG、D25JGK 型

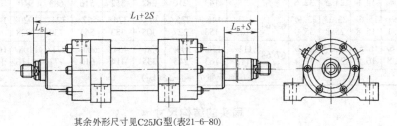

其余外形尺寸见C25JG型(表21-6-80)

D25ZB、D25ZBK 型

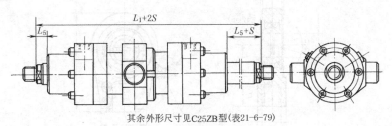

其余外形尺寸见C25ZB型(表21-6-79)

D25TF、D25TFK 型

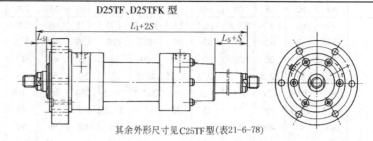

其余外形尺寸见C25TF型(表21-6-78)

mm

D(缸体内径)	40	50	63	80	100	125	140	160	180	200	220	250	280	320	360	400
L_1	268	278	324	325	405	474	520	585	635	665	780	814	904	1000	1090	1200
L_5	17	20	20	20	30	30	30	35	40	40	40	40	40	40	50	50

表 21-6-82　　　　D25 系列液压缸质量

			40	50	63	80	100	125	140	160	180	200	220	250	280	320	360	400
D/mm			40	50	63	80	100	125	140	160	180	200	220	250	280	320	360	400
d/mm			22/28	28/36	36/45	45/56	56/70	70/90	90/100	100/110	110/125	125/140	140/160	160/180	180/200	200/220	220/250	250/280
Δ/kg·mm^{-1}			0.015/0.02	0.023/0.029	0.031/0.04	0.044/0.063	0.076/0.098	0.106/0.146	0.176/0.201	0.192/0.218	0.245/0.289	0.315/0.365	0.403/0.477	0.582/0.666	0.676/0.77	0.858/0.962	1.037/1.212	1.317/1.511
JG型 J/kg	I、II、III		7.7/7.9	12.9/13.2	21.5/22.2	31.6/32.6	55/56	94/96	131/139	196/198	262/267	335/343	482/488	639/645	884/892	1262/1271	1705/1746	2339/2359
	IA1、IIB1、IIIC1		8.4/8.6	13.9/14.2	22.9/23.6	34.0/35.0	59/60	102/104	142/149	213/215	288/293	365/374	529/535	686/692	972/980	1381/1390	1845/1886	2526/2545
	IA2、IIB2、IIIC2		9.1/9.3	14.9/15.2	24.4/25.1	36.4/37.4	63/64	110/112	153/160	230/232	314/319	395/405	576/582	733/739	1060/1068	1500/1509	1985/2026	2712/2731
ZB型 J/kg	I、II、III		7.7/7.9	12.5/12.7	20.5/21.2	28.8/29.9	53/54	88/90	125/132	190/193	254/260	318/326	479/485	653/639	905/913	1314/1323	1767/1808	2461/2480
	IA1、IIB1、IIIC1		8.4/8.6	13.5/13.7	21.9/22.7	31.2/32.3	57/58	96/98	134/141	208/210	281/286	348/357	526/532	700/706	993/1001	1433/1442	1907/1948	2648/2667
	IA2、IIB2、IIIC2		9.1/9.3	14.5/14.7	23.4/24.2	33.6/34.7	61/62	104/106	144/151	225/228	307/312	378/387	573/579	747/753	1081/1089	1552/1561	2047/2088	2834/2853
TF型 J/kg	I、II、III		9.2/9.4	14.5/14.8	23.6/24.5	31.5/32.6	59/60	95/97	136/143	208/210	277/282	344/352	510/516	677/683	932/940	1367/1376	1816/1857	2507/2526
	IA1、IIB1、IIIC1		9.9/10.1	15.5/15.8	25.1/25.8	33.9/35.0	63/64	103/105	146/153	225/227	303/305	374/383	557/563	724/730	1020/1028	1486/1495	1956/1997	2694/2713
	IA2、IIB2、IIIC2		10.6/10.8	16.5/16.8	26.5/27.2	36.3/37.4	67/68	111/113	156/163	243/245	330/335	404/414	604/610	771/777	1108/1116	1605/1614	2096/2137	2880/2899

液压缸质量 $Q \approx J + \Delta S$(kg)

扁头的结构尺寸

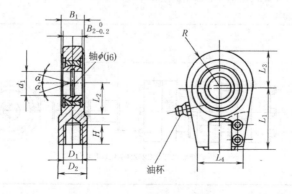

表 21-6-83　　　　　　　　　　　　　　　　　　　　　　　　　　　　　　mm

缸体内径 D		40	50	63	80	100	125	140	160	180	200	220	250	280	320	360	400
d_1		25	30	35	40	50	60	70	80	90	100	110	110	120	140	160	180
D_1	A 型	M16×1.5	M22×1.5	M30×2	M36×2	M48×2	M56×2	M72×3	M80×3	M100×3	M110×3	M125×4	M125×4	M140×4	M160×4	M180×4	M200×4
	B 型	M16×1.5	M22×1.5	M28×1.5	M35×1.5	M45×1.5	M58×1.5	M65×1.5	M80×2	M100×2	M110×2	M120×3	M120×3	M130×3			
	C 型	M18×2	M24×2	M30×2	M39×3	M50×3	M64×3	M80×3	M90×3	M100×3	M110×4	M120×4	M120×4	M150×4	M160×4	M180×4	M200×4
D_2		28	35	44	55	70	90	105	125	150	170	180	180	210	230	260	280
H	A 型	23	31	41	51	64	76	86	96	113	113	126	126	141	165	185	205
	B 型	17	23	29	36	46	59	66	81	101	111	121	121	131			
	C 型	31	36	46	56	76	96	111	121	141	151	161	161	191	205	225	265
B_1		23	28	30	35	40	50	55	60	65	70	80	80	90	110	120	130
B_2		20	22	25	30	35	45	50	55	60	65	70	70	85	90	105	105
L_1	A 型	55	70	85	100	125	150	170	185	220	235	265	265	310	370	420	480
	B 型	50	60	70	85	105	130	150	170	210	235	265	265	310			
	C 型	65	75	90	105	135	170	195	210	250	275	300	300	360	420	460	520
L_2		27	33	38	45	55	65	75	80	90	105	115	115	140	160	180	200
L_3		30	34	42	50	63	70	83	95	113	125	142.5	142.5	180	200	230	260
L_4	A 型	44	50	60	74	86	112	120	140	160	170	192	192	210	250	280	310
	B 型	40	44	54	70	84	108	114	132	152	170	192	192	204			
	C 型	48	54	66	78	90	118	130	152	162	172	194	194	230	250	280	310
R		28	32	39	47	58	65	77	88	103	115	132.5	132.5	170	190	215	245
α		6°	6°	6°	6°	6°	6°	6°	6°	6°	6°	6°	6°	6°	6°	6°	6°
螺钉紧固力矩/N·m		9	20	40	80	80	160	160	300	300	300	500	500	500	1000	1000	1800

注：1. 表中 A、B、C 型扁头可分别与活塞杆端为 Ⅰ、Ⅱ、Ⅲ 型螺纹相配。

2. 当选用 C 型扁头时，可在扁头与活塞杆端螺纹连接处加扁螺母进行适量调整。

液压缸端部支座型式（供设计参考，图中尺寸详见样本）

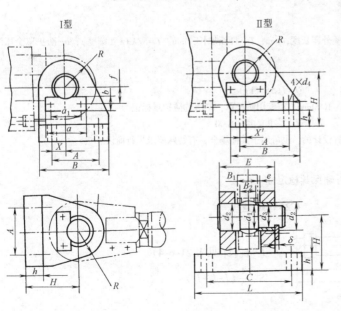

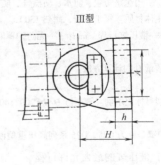

说　明

1. 销轴端部要否油杯（JB/T 7940.1）由设计者确定。

2. 为防止支座的紧固螺栓受剪力，可采取键、锥销和挡块等措施，本图未示出。

3. X′尺寸由设计者按需确定。

防护罩的结构尺寸

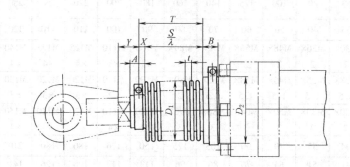

表 21-6-84 （mm）

液压缸内径D	活塞杆直径d	D₁	D₂	A	B	X	Y	T	λ	固有质量 J/kg	递增质量 Δ/kg·mm⁻¹	液压缸内径D	活塞杆直径d	D₁	D₂	A	B	X	Y	T	λ	固有质量 J/kg	递增质量 Δ/kg·mm⁻¹
40	22	50	50							0.05	0.0014	180	110	170	200				35			0.47	0.0047
	28	60	50				17			0.05	0.0017		125	185	200							0.48	0.0051
50	28	60	64							0.06	0.0017	200	125	185	215							0.50	0.0051
	36	70	64	12	20	10		3.6	4	0.06	0.0020		140	200	215							0.51	0.0055
63	36	70	75							0.07	0.0020	220	140	200	245					5.6		0.56	0.0055
	45	80	75				20			0.07	0.0023		160	220	245							0.59	0.0061
80	45	80	95							0.08	0.0023	250	160	220	280							0.66	0.0061
	56	100	95							0.09	0.0029		180	250	280	20	40	20				0.69	0.0088
100	56	100	115							0.17	0.0029	280	180	250	305				40		6	0.79	0.0088
	70	120	115							0.17	0.0035		200	270	305							0.79	0.0095
125	70	120	135							0.20	0.0035	320	200	270	350							0.89	0.0095
	90	140	135	15	30	15	30	4.4	5	0.20	0.0042		220	290	350							0.90	0.0102
140	90	140	155							0.23	0.0042	360	220	290	400					7		1.03	0.0102
	100	150	155							0.23	0.0046		250	320	400							1.03	0.0114
160	100	150	180							0.26	0.0046	400	250	320	450							1.17	0.0114
	110	170	180				35			0.28	0.0051		280	360	450							1.17	0.0129

注：1. 用途是防尘、防水、防蒸气、防酸碱。

2. 主体材质：氯丁橡胶，耐热130℃。

3. S—液压缸行程，mm；Y—无防护罩时杆端外露长度，mm；T—杆端加长，mm，$T=S/\lambda+X$（圆整）；t—防护罩全压缩时的节距，mm。

4. 质量 Q 的计算方法：

$$Q=J+\Delta S \quad (\text{kg})$$

5. 型号标记示例：液压缸 $D/d=200/140$，$S=1000$mm，需配用防护罩，则所选防护罩标记为

防护罩 FZ 200/140-1000

这种防护罩是专为 C25、D25 系列高压重型液压缸设计的，也可用于其他场合，有特殊要求另行商议。

（4）液压缸的最大允许行程

液压缸在最大允许行程范围内使用，可确保其稳定性。

C25WE 型

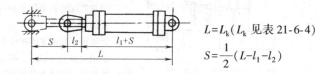

$$L=L_k \quad (L_k \text{ 见表 21-6-4})$$

$$S=\frac{1}{2}(L-l_1-l_2)$$

表 21-6-85

液压缸内径 D /mm	活塞杆直径 d /mm	工作压力 p/MPa 最大允许行程 S/mm					液压缸内径 D /mm	活塞杆直径 d /mm	工作压力 p/MPa 最大允许行程 S/mm				
		5	10	15	20	25			5	10	15	20	25
40	22	360	205	140	100	70	180	110	2475	1630	1255	1030	880
	28	680	435	325	260	215		125	3320	2225	1740	1450	1255
50	28	500	305	215	165	130	200	125	2920	1935	1500	1240	1065
	36	940	615	470	385	325		140	3775	2540	1995	1670	1445
63	36	690	430	315	245	200	220	140	3325	2200	1705	1410	1205
	45	1185	780	600	495	425		160	4500	3030	2380	1995	1730
80	45	870	550	410	325	270	250	160	3880	2590	2015	1675	1445
	56	1470	975	755	625	535		180	5050	3415	2690	2260	1965
100	56	1095	700	525	420	350	280	180	4380	2925	2275	1890	1630
	70	1855	1235	960	800	685		200	5550	3750	2950	2475	2150
125	70	1390	895	675	545	455	320	200	4700	3130	2430	2015	1730
	90	2490	1670	1310	1095	950		220	5830	3925	3080	2580	2235
140	90	2160	1430	1105	915	785	360	220	5035	3340	2590	2140	1835
	100	2745	1845	1445	1205	1045		250	6720	4530	3560	2985	2590
160	100	2320	1530	1185	975	835	400	250	5900	3530	3055	2535	2180
	110	2885	1930	1510	1260	1085		280	7605	5135	4045	3390	2945

C25TF 型

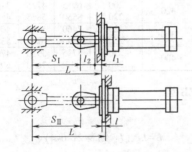

$$L = \sqrt{2}\,L_k \quad (L_k \text{ 见表 21-6-4})$$
$$S_{\mathrm{I}} = L - l_1 - l_2$$
$$S_{\mathrm{II}} = S_{\mathrm{I}} - l$$

表 21-6-86

液压缸内径 D /mm	活塞杆直径 d /mm	工作压力 p/MPa 最大允许行程 S_{I} /mm					液压缸内径 D /mm	活塞杆直径 d /mm	工作压力 p/MPa 最大允许行程 S_{I} /mm				
		5	10	15	20	25			5	10	15	20	25
40	22	1400	965	775	665	585	180	110	7910	5515	4455	3820	3390
	28	2310	1610	1305	1120	995		125	10295	7200	5830	5010	4455
50	28	1815	1255	1010	860	760	200	125	9220	6440	5205	4470	3965
	36	3060	2140	1730	1485	1320		140	11640	8150	6600	5680	5050
63	36	2390	1660	1335	1140	1010	220	140	10515	7340	5935	5095	4525
	45	3800	2655	2145	1845	1635		160	13835	9690	7850	6755	6010
80	45	2960	2050	1650	1420	1250	250	160	12125	8475	6860	5895	5240
	56	4650	3250	2630	2260	2010		180	15435	10815	8770	7550	6720
100	56	3655	2540	2045	1750	1545	280	180	13705	9580	7755	6665	5920
	70	5805	4055	3280	2820	2505		200	17010	11915	9660	8315	7400
125	70	4585	3185	2565	2200	1945	320	200	14775	10320	8345	7170	6365
	90	7700	5390	4365	3755	3340		220	17970	12580	10190	8765	7795
140	90	6825	4765	3850	3305	2935	360	220	15870	11080	8955	7690	6825
	100	8475	5930	4805	4130	3675		250	20635	14450	11705	10070	8955
160	100	7370	5145	4155	3570	3165	400	250	18455	12885	10420	8945	7940
	110	8970	6275	5080	4365	3880		280	23290	16305	13210	11365	10105

21 篇

C25WF 型

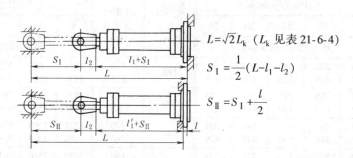

$L=\sqrt{2}L_k$ （L_k 见表 21-6-4）

$S_{\mathrm{I}}=\dfrac{1}{2}(L-l_1-l_2)$

$S_{\mathrm{II}}=S_{\mathrm{I}}+\dfrac{l}{2}$

表 21-6-87

液压缸内径 D /mm	活塞杆直径 d /mm	工作压力 p/MPa					液压缸内径 D /mm	活塞杆直径 d /mm	工作压力 p/MPa				
		5	10	15	20	25			5	10	15	20	25
		最大允许行程 S_{I}/mm							最大允许行程 S_{I}/mm				
40	22	580	365	270	215	175	180	110	3690	2490	1960	1640	1425
	28	1040	690	535	440	380		125	4880	3330	2645	2240	1960
50	28	790	510	385	310	260	200	125	4330	2940	2320	1955	1705
	36	1410	950	745	620	540		140	5540	3795	3020	2560	2245
63	36	1060	695	530	435	370	220	140	4930	3340	2635	2220	1930
	45	1765	1190	940	785	685		160	6590	4515	3595	3045	2675
80	45	1335	880	680	565	480	250	160	5725	3900	3090	2610	2280
	56	2180	1480	1170	985	860		180	7380	5070	4050	3440	3020
100	56	1660	1100	850	705	605	280	180	6465	4405	3490	2945	2575
	70	2730	1860	1470	1240	1085		200	8115	5570	4445	3770	3310
125	70	2095	1395	1085	900	775	320	200	6955	4725	3740	3150	2750
	90	3650	2495	1985	1680	1470		220	8550	5855	4660	3950	3465
140	90	3200	2165	1710	1440	1250	360	220	7460	5065	4000	3370	2940
	100	4025	2750	2185	1850	1620		250	9840	6750	5380	4560	4005
160	100	3445	2330	1835	1540	1340	400	250	8715	5930	4700	3965	3460
	110	4240	2895	2295	1940	1700		280	11135	7640	6095	5170	4545

C25ZB 型

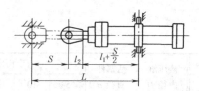

$L=L_k$ （L_k 见表 21-6-4）

$S=\dfrac{2}{3}(L-l_1-l_2)$

表 21-6-88

液压缸内径 D /mm	活塞杆直径 d /mm	工作压力 p/MPa					液压缸内径 D /mm	活塞杆直径 d /mm	工作压力 p/MPa				
		5	10	15	20	25			5	10	15	20	25
		最大允许行程（摆轴在中间时）S/mm							最大允许行程（摆轴在中间时）S/mm				
40	22	565	365	275	220	185	180	110	3500	2370	1870	1570	1365
	28	995	665	520	435	375		125	4625	3165	2520	2135	1870
50	28	760	495	380	310	260	200	125	4105	2790	2210	1865	1625
	36	1345	910	715	600	525		140	5245	3600	2870	2435	2135
63	36	1015	670	515	425	365	220	140	4675	3180	2515	2120	1850
	45	1680	1140	900	760	660		160	6240	4285	3420	2900	2550
80	45	1275	850	660	550	470	250	160	5430	3705	2945	2490	2180
	56	2070	1410	1120	945	830		180	6990	4810	3845	3270	2880
100	56	1585	1055	820	685	590	280	180	6135	4190	3325	2810	2460
	70	2595	1770	1405	1190	1040		200	7690	5290	4225	3590	3160
125	70	1990	1335	1040	865	950	320	200	6595	4490	3560	3005	2630
	90	3460	2370	1890	1600	1405		220	8100	5560	4430	3760	3300
140	90	3035	2060	1630	1375	1200	360	220	7070	4810	3810	3210	2805
	100	3815	2610	2080	1765	1545		250	9315	6400	5105	4335	3810
160	100	3270	2220	1750	1475	1285	400	250	8250	5625	4460	3770	3295
	110	4020	2750	2190	1850	1620		280	10530	7235	5780	4910	4315

C25JG 型

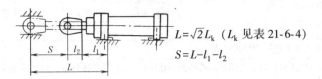

$$L = \sqrt{2}\,L_k \quad (L_k \text{ 见表 21-6-4})$$
$$S = L - l_1 - l_2$$

表 21-6-89

液压缸内径 D /mm	活塞杆直径 d /mm	工作压力 p/MPa					液压缸内径 D /mm	活塞杆直径 d /mm	工作压力 p/MPa				
		5	10	15	20	25			5	10	15	20	25
		最大允许行程 S/mm							最大允许行程 S/mm				
40	22	1295	860	670	560	480	180	110	7670	5275	4215	3580	3150
	28	2205	1505	1200	1015	890		125	10055	6960	5590	4770	4215
50	28	1705	1145	900	750	650	200	125	8970	6190	4955	4220	3715
	36	2950	2030	1620	1375	1210		140	11390	7900	6350	5430	4800
63	36	2265	1535	1210	1015	885	220	140	10220	7045	5640	4800	4230
	45	3675	2530	2020	1720	1510		160	13540	9395	7555	6460	5715
80	45	2820	1915	1515	1280	1115	250	160	11825	8175	6560	5595	4940
	56	4510	3110	2490	2125	1870		180	15135	10515	8470	7250	6420
100	56	3485	2370	1875	1580	1375	280	180	13345	9220	7395	6305	5560
	70	5635	3885	3110	2650	2335		200	16650	11555	9300	7955	7040
125	70	4400	3000	2380	2015	1760	320	200	14380	9925	7950	6775	5970
	90	7515	5205	4180	3570	3155		220	17575	12185	9795	8370	7400
140	90	6630	4570	3655	3110	2740	360	220	15505	10715	8590	7325	6460
	100	8280	5735	4610	3935	3480		250	20270	14085	11340	9710	8590
160	100	7150	4925	3935	3350	2945	400	250	18065	12495	10030	8555	7550
	110	8750	6055	4860	4145	3660		280	22900	15915	12820	10975	9715

7.4.4 CDH2/CGH2 系列液压缸

CDH2 系列单活塞杆液压缸和 CGH2 系列双活塞杆液压缸的公称压力均为 25MPa，活塞直径 $\phi50\sim500$mm，行程可至 6m。CDH2 液压缸有缸底平吊环、缸底铰接吊环、缸底圆法兰、缸头圆法兰、中间耳轴、底座等多种安装方式；CGH2 液压缸只有后三种安装方式。活塞杆表面镀硬铬或陶瓷涂层。密封型式可根据液压油液的种类和要求的摩擦因数不同进行选择。另外，还可根据需要选择位置测量、模拟或数字输出、耳轴位置或活塞杆延长等。

CDH2/CGH2 （RD/E/C17334/01·96）液压缸由博世力士乐（常州）有限公司生产。CDH2/CGH2 系列液压缸外形尺寸见生产厂产品样本，技术参数见表 21-6-102、表 21-6-103。

表 21-6-90 技术性能

工作压力	CDH2/CGH2 系列	公称压力 25MPa 静压检验压力 37.5MPa	工作压力大于公称压力时请询问
安装位置	任意		
活塞速度	0.5m/s（取决于连接油口尺寸大小）		
工作介质 品种	矿物油按 DIN 51524(HL,HLP)；磷酸酯(HFD-R,仅适用于密封型式"C"，−20~50℃)；HFA(5~55℃)；水-乙二醇 HFC		
工作介质 温度	−20~80℃		
工作介质 运动黏度	2.8~380mm²/s		
工作介质 清洁度	液压油最大允许清洁度按 NAS 1638 等级 10。建议采用最低过滤比为 $\beta_{10}>75$ 的过滤网		
产品标准	液压缸的安装连接尺寸和安装方式符合 DIN 25333、ISO 6022 和 CETOP RP 73H 的标准		
产品检验	每个液压缸都按照力士乐标准进行检验		

表 21-6-91 CDH2/CGH2 液压缸的力、面积、流量

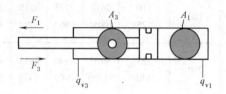
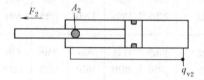

活塞直径 AL /mm	活塞杆直径 MM /mm	面积比 j (A_1/A_3)	面 积			在 25MPa 时的力[1]			在 0.1m/s[2] 时的流量		
			活塞 A_1 /cm²	活塞杆 A_2 /cm²	环形 A_3 /cm²	推力 F_1 /kN	差动 F_2 /kN	拉力 F_3 /kN	杆伸出 q_{v1} /L·min⁻¹	杆差动伸出 q_{v2} /L·min⁻¹	杆缩回 q_{v3} /L·min⁻¹
50	32	1.69	19.63	8.04	11.59	49.10	20.12	28.98	11.8	4.8	7.0
	36	2.08		10.18	9.45		25.45	23.65		6.1	5.7
63	40	1.67	31.17	12.56	18.61	77.90	31.38	46.52	18.7	7.5	11.2
	45	2.04		15.90	15.27		39.75	38.15		9.5	9.2
80	50	1.64	50.26	19.63	30.63	125.65	49.07	76.58	30.2	11.8	18.4
	56	1.96		24.63	25.63		61.55	64.10		14.8	15.4
100	63	1.66	78.54	31.16	47.38	196.35	77.93	118.42	47.1	18.7	28.4
	70	1.96		38.48	40.06		96.20	100.15		23.1	24.0
125	80	1.69	122.72	50.24	72.48	306.75	125.62	181.13	73.6	30.14	43.46
	90	2.08		63.62	59.10		159.05	147.70		38.2	35.4
140	90	1.70	153.94	63.62	90.32	384.75	159.05	225.70	92.4	38.2	54.2
	100	2.04		78.54	75.40		196.35	188.40		47.1	45.3
160	100	1.64	201.06	78.54	122.50	502.50	196.35	306.15	120.6	47.1	73.5
	110	1.90		95.06	106.00		237.65	264.85		57.0	63.6
180	110	1.60	254.47	95.06	159.43	636.17	237.65	398.52	152.7	57.0	95.7
	125	1.93		122.72	131.75		306.80	329.37		73.6	79.1
200	125	1.64	314.16	122.72	191.44	785.25	306.80	478.45	188.5	73.6	114.9
	140	1.96		153.96	160.20		384.90	400.35		92.4	96.1
250	160	1.72	499.8	201.0	289.8	1227.2	502.7	724.5	294.5	120.7	173.8
	180	2.11		254.4	236.4		636.2	590.0		152.7	141.8
320	200	1.64	804.2	314.1	490.1	2010.6	785.4	1225.2	482.5	188.5	294.0
	220	1.90		380.1	424.2		950.3	1060.3		228.1	254.4
400	250	1.64	1256.6	490.8	765.8	3141.6	1227.2	1914.4	754.0	294.6	459.4
	280	1.96		615.7	640.9		1539.4	1602.2		369.5	384.5
500	320	1.69	1963.4	804.2	1159.2	4908.7	2010.6	2898.1	1178.0	482.5	695.5
	360	2.08		1017.8	945.6		2544.7	2364.0		610.8	567.2

① 理论力数值（不考虑效率）。

② 活塞运动速度。

7.5　轻型拉杆式液压缸

轻型拉杆式液压缸，缸筒采用无缝钢管，根据工作压力不同，选择不同壁厚的钢管，其内径加工精度高，重量轻，结构紧凑，安装方式多样，且易于变换，低速性能好，具有稳定的缓冲性能。额定工作压力 7~14MPa。广泛应用在机床、轻工、纺织、塑料加工、农业等机械设备上。

（1）型号意义

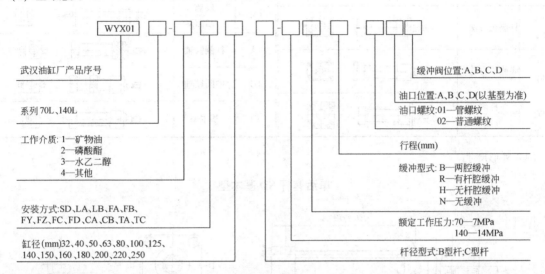

（2）技术参数

表 21-6-92　　　　　　　　　　拉杆式液压缸性能参数

额定工作压力/MPa				7						14			
最高允许压力/MPa				10.5						21			
耐压力/MPa				10.5						21			
最低启动压力/MPa							≤0.3						
允许最高工作速度/m·s⁻¹							0.5						

允许最高工作速度改为 m·s^{-1}

| 使用温度/℃ | | | | | | | $-10 \sim 80$ | | | | | | |

缸径/mm		32	40	50	63	80	100	125	140	150	160	180	200	220	250
活塞杆直径/mm	强力型（B）	18	22	28	35	45	55	70	80	85	90	100	112	125	140
	标准型（C）	—	18	22	28	35	45	55	63	65	70	80	90	100	112
推力/kN	14MPa	11.06	17.50	27.44	43.54	70.28	109.90	171.78	214.20	247.38	281.40	356.16	439.74	551.60	687.12
	7MPa	5.63	8.75	13.72	21.77	35.14	54.94	85.89	107.10	123.69	140.70	178.08	219.87	275.80	343.56
拉力/kN	14MPa 强力型（B）	7.70	12.04	18.76	29.54	48.16	75.46	116.34	145.04	167.86	192.36	246.26	301.84	360.20	471.66
	14MPa 标准型（C）	—	14.00	21.84	35.00	56.42	87.64	137.20	171.78	197.96	225.96	285.88	350.70	441.70	549.22
	7MPa 强力型（B）	3.85	6.02	9.38	14.77	24.08	37.73	58.17	72.52	83.93	96.18	123.13	150.92	180.10	235.83
	7MPa 标准型（C）	—	7.00	10.92	17.52	28.21	43.82	68.60	85.89	98.98	112.98	142.94	175.35	220.85	274.61

注：1. 表中推力、拉力为理论值，实际值应乘以油缸效率，约 0.8。

2. 生产厂：武汉华冶油缸有限公司、北京索普液压机电有限公司、焦作华科液压机械制造有限公司、扬州江都永坚有限公司。

3. 武汉华冶油缸有限公司还生产带接近开关的拉杆式液压缸，其外形及安装尺寸可查阅生产厂产品样本。

表 21-6-93 安装方式

安装方式		简　图	安装方式		简　图
LA	切向地脚		FD	底侧方法兰	
LB	轴向地脚		CA	底侧单耳环	
FA FY	杆侧长方法兰		CB	底侧双耳环	
FB FZ	底侧长方法兰		TA	杆侧铰轴	
FC	杆侧方法兰		TC	中间铰轴	
			SD	基本型	

（3）外形尺寸

单活塞杆 SD 基本型

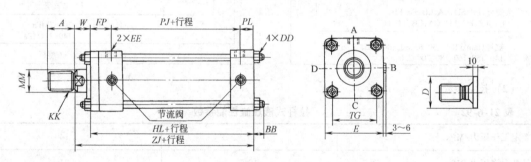

表 21-6-94　　　　　　　　　　　　　　　　　　　　　　　　　　　　　　　　　　　mm

缸径	B 型杆			C 型杆			BB	DD	E	EE		FP	HL	PJ	PL	TG	W	ZJ	D
	MM	KK	A	MM	KK	A				01	02								
32	18	M16×1.5	25	—	—	—	11	M10×1.25	58	R$_c$3/8	M14×1.5	38	141	90	13	40	30	171	34
40	22	M20×1.5	30	18	M16×1.5	25	11	M10×1.25	65	R$_c$3/8	M14×1.5	38	141	90	13	46	30	171	40
50	28	M24×1.5	35	22	M20×1.5	30	11	M10×1.25	76	R$_c$1/2	M18×1.5	42	155	98	15	54	30	185	46
63	35	M30×1.5	45	28	M24×1.5	35	13	M20×1.25	90	R$_c$1/2	M18×1.5	46	163	102	15	65	35	198	55
80	45	M39×1.5	60	35	M30×1.5	45	16	M16×1.5	110	R$_c$3/4	M22×1.5	56	184	110	18	81	35	219	65
100	55	M48×1.5	75	45	M39×1.5	60	18	M18×1.5	135	R$_c$3/4	M27×2	58	192	116	18	102	40	232	80
125	70	M64×2	95	55	M48×1.5	75	21	M22×1.5	165	R$_c$1	M27×2	67	220	130	23	122	45	265	95
140	80	M72×2	110	63	M56×2	80	22	M24×1.5	185	R$_c$1	M27×2	69	230	138	23	138	50	280	105
150	85	M76×2	115	65	M60×2	85	25	M27×1.5	196	R$_c$1	M33×2	71	240	146	23	150	50	290	110
160	90	M80×2	120	70	M64×2	95	25	M27×1.5	210	R$_c$1	M33×2	74	253	156	23	160	55	308	115
180	100	M95×2	140	80	M72×2	110	27	M30×1.5	235	R$_c$1¼	M42×2	75	275	172	28	182	55	330	125
200	112	M100×2	150	90	M80×2	120	29	M33×1.5	262	R$_c$1½	M42×2	85	301	184	32	200	55	356	140
220	125	M120×2	180	100	M95×2	140	34	M39×1.5	292	R$_c$1½	M42×2	89	305	184	32	225	60	365	150
250	140	M130×2	195	112	M100×2	150	37	M42×1.5	325	R$_c$2	M42×2	106	346	200	40	250	65	411	170

带 防 护 罩

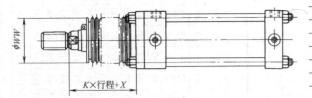

缸径/mm	金属罩 K	缸径/mm	革制品或帆布罩 K
32	1/3	32	1/2
40、50	1/3.5	40、50	1/2.5
63~100	1/4	63~100	1/3
125~200	1/5	125、140	1/3.5
224、250	1/6	150~200	1/4
		224、250	1/4.5

表 21-6-95　　　　　　　　　　　　　　　　　　　　　　　　　mm

缸径		32	40	50	63	80	100	125	140	150	160	180	200	220	250
X	B	45	45	45	55	55	55	65	65	65	65	65	65	80	80
	C														
WW	B	40	50	63	71	80	100	125	125	140	140	160	180	180	200
	C	—	50	50	63	71	80	100	125	125	125	125	140	160	180

注：其他可参照基本型式。特殊要求可与生产厂联系。

双活塞杆 SD 基本型

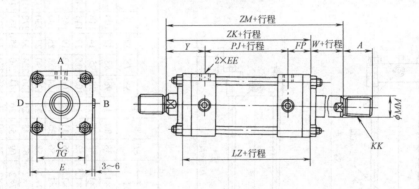

表 21-6-96　　　　　　　　　　　　　　　　　　　　　　　　　mm

缸径	B 型杆			C 型杆			E	EE		FP	LZ	PJ	TG	Y	W	ZK	ZM
	A	KK	MM	A	KK	MM		01	02								
32	25	M16×1.5	18	—	—	—	58	$R_c3/8$	M14×1.5	38	166	90	40	68	30	196	226
40	30	M20×1.5	22	25	M16×1.5	18	65	$R_c3/8$	M14×1.5	38	166	90	45	68	30	196	226
50	35	M24×1.5	28	30	M20×1.5	22	76	$R_c1/2$	M18×1.5	42	182	98	54	72	30	212	242
63	45	M30×1.5	35	35	M24×1.5	28	90	$R_c1/2$	M18×1.5	46	194	102	65	81	35	229	264
80	60	M39×1.5	45	45	M30×1.5	35	110	$R_c3/4$	M22×1.5	56	222	110	81	91	35	257	292
100	75	M48×1.5	55	60	M39×1.5	45	135	$R_c3/4$	M27×2	58	232	116	102	98	40	272	312
125	95	M64×2	70	75	M48×1.5	55	165	R_c1	M27×2	67	264	130	122	112	45	309	354
140	110	M72×2	80	80	M56×2	63	185	R_c1	M27×2	69	276	138	138	119	50	326	376
150	115	M76×2	85	85	M60×2	65	196	R_c1	M33×2	71	288	146	150	121	50	338	388
160	120	M80×2	90	95	M64×2	70	210	R_c1	M33×2	74	304	156	160	129	55	359	414

注：1. 其他安装方式的尺寸可参照基本型式。

2. 缸径超过 160mm 时，要与生产厂联系。

LA（切向地脚型）、LB（轴向地脚型）

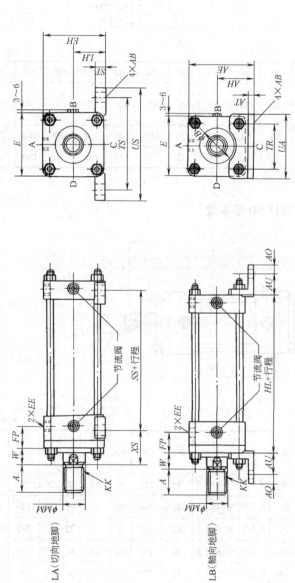

LA（切向地脚）

LB（轴向地脚）

mm

表 21-6-97

缸径	B型杆 A	B型杆 MM	B型杆 KK	C型杆 A	C型杆 MM	C型杆 KK	E	EE 01	EE 02	FP	W	AB	SS	TS	ST	US	EH	LH	XS	AE	AH	AU	AT	AO	TR	HL	UA
																LA						LB					
32	25	18	M16×1.5	—	—	—	58	$R_c3/8$	M14×1.5	38	30	11	98	88	12	109	63	35±0.15	57	68	40±0.15	32	8	13	40	141	62
40	30	22	M20×1.5	25	18	M16×1.5	65	$R_c3/8$	M14×1.5	38	30	11	98	95	14	118	70	37.5±0.15	57	75.5	43±0.15	32	8	13	46	141	69
50	35	28	M24×1.5	30	22	M20×1.5	76	$R_c1/2$	M18×1.5	42	30	14	108	115	17	145	82.5	45±0.15	60	87.5	50±0.15	35	8	15	58	155	85
63	45	35	M30×1.5	35	28	M24×1.5	90	$R_c1/2$	M18×1.5	46	35	18	106	132	19	165	95	50±0.15	71	105	60±0.15	42	10	18	65	163	98
80	60	45	M39×1.5	45	35	M30×1.5	110	$R_c3/4$	M22×1.5	56	35	18	124	155	25	190	115	60±0.25	74	127	72±0.25	50	12	20	87	184	118
100	75	55	M48×1.5	60	45	M39×1.5	135	$R_c3/4$	M27×2	58	40	22	122	190	27	230	138.5	71±0.25	85	152.5	85±0.25	55	12	23	109	192	150
125	95	70	M64×2	75	56	M48×1.5	165	R_c1	M27×2	67	45	26	136	224	32	272	167.5	85±0.25	99	187.5	105±0.25	66	15	29	130	220	175
140	110	80	M72×2	80	63	M56×2	185	R_c1	M27×2	69	50	26	144	250	35	300	187.5	95±0.25	106	207.5	115±0.25	70	18	30	145	230	195
150	115	85	M76×2	85	65	M60×2	196	R_c1	M33×2	71	50	30	146	270	37	320	204	106±0.25	111	221	123±0.25	75	18	30	155	240	210
160	120	90	M80×2	95	70	M64×2	210	R_c1	M33×2	74	55	33	150	285	42	345	217	112±0.25	122	237	132±0.25	75	18	35	170	253	225
180	140	100	M95×2	110	80	M72×2	235	$R_c1¼$	M42×2	75	55	33	172	315	47	375	242.5	125±0.25	123	265.5	148±0.25	85	20	40	185	275	243
200	150	112	M100×2	120	90	M80×2	262	$R_c1½$	M42×2	85	55	36	186	355	52	425	271	140±0.25	131	296	165±0.25	98	25	40	206	301	272
220	180	125	M120×2	140	100	M95×2	292	$R_c1½$	M42×2	89	60	42	186	395	52	475	296	150±0.25	140	331	185±0.25	115	30	45	230	305	310
250	195	140	M130×2	150	112	M100×2	325	R_c2	M42×2	106	65	45	206	425	57	515	332.5	170±0.25	158	370.5	208±0.25	130	35	50	250	346	335

CA（单耳环）、CB（双耳环）

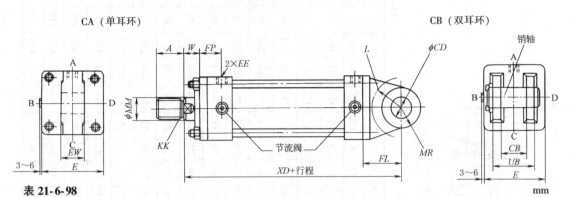

表 21-6-98

mm

缸径	B 型杆			C 型杆			CD (H9)	E	EE		EW	FP	FL	L	MR	XD	CB	W	UB
	A	KK	MM	A	KK	MM			01	02									
32	25	M16×1.5	18	—	—	—	16	58	$R_c3/8$	M14×1.5	$25^{-0.1}_{-0.4}$	38	38	20	16	209	$25^{+0.4}_{+0.1}$	30	50
40	30	M20×1.5	22	25	M16×1.5	18	16	65	$R_c3/8$	M14×1.5	$25^{-0.1}_{-0.4}$	38	38	20	16	209	$25^{+0.4}_{+0.1}$	30	50
50	35	M24×1.5	28	30	M20×1.5	22	20	76	$R_c1/2$	M18×1.5	$31.5^{-0.1}_{-0.4}$	42	45	25	20	230	$31.5^{+0.4}_{+0.1}$	30	63.5
63	45	M30×1.5	35	35	M24×1.5	28	31.5	90	$R_c1/2$	M18×1.5	$40^{-0.1}_{-0.4}$	46	63	46	31.5	261	$40^{+0.4}_{+0.1}$	35	80
80	60	M39×1.5	45	45	M30×1.5	35	31.5	110	$R_c3/4$	M22×1.5	$40^{-0.1}_{-0.4}$	56	72	52	31.5	291	$40^{+0.4}_{+0.1}$	35	80
100	75	M48×1.5	55	60	M39×1.5	45	40	135	$R_c3/4$	M27×2	$50^{-0.1}_{-0.4}$	58	84	62	40	316	$50^{+0.4}_{+0.1}$	40	100
125	95	M64×2	70	75	M48×1.5	55	50	165	R_c1	M27×2	$63^{-0.1}_{-0.6}$	67	100	73	50	365	$63^{+0.6}_{+0.1}$	45	126
140	110	M72×2	80	80	M56×2	63	63	185	R_c1	M27×2	$80^{-0.1}_{-0.6}$	69	120	91	63	400	$80^{+0.6}_{+0.1}$	50	160
150	115	M76×2	85	85	M60×2	65	63	196	R_c1	M33×2	$80^{-0.1}_{-0.6}$	71	122	91	63	412	$80^{+0.6}_{+0.1}$	50	160
160	120	M80×2	90	95	M64×2	70	71	210	R_c1	M33×2	$80^{-0.1}_{-0.6}$	74	137	103	71	445	$80^{+0.6}_{+0.1}$	55	160
180	140	M95×2	100	110	M72×2	80	80	235	$R_c1\frac{1}{4}$	M42×2	$100^{-0.1}_{-0.6}$	75	150	100	80	480	$100^{+0.6}_{+0.1}$	55	200
200	150	M100×2	112	120	M80×2	90	90	262	$R_c1\frac{1}{2}$	M42×2	$125^{-0.1}_{-0.6}$	85	170	115	90	526	$125^{+0.6}_{+0.1}$	55	251
220	180	M120×2	125	140	M95×2	100	100	292	$R_c1\frac{1}{2}$	M42×2	$125^{-0.1}_{-0.6}$	89	185	125	100	550	$125^{+0.6}_{+0.1}$	60	251
250	195	M130×2	140	150	M100×2	112	100	325	R_c2	M42×2	$125^{-0.1}_{-0.6}$	106	185	125	100	596	$125^{+0.6}_{+0.1}$	65	251

FA、FY(杆侧长方法兰)、FB、FZ(底侧长方法兰)

表 21-6-99

mm

缸径	B型杆 A	B型杆 B	B型杆 MM	B型杆 KK	C型杆 A	C型杆 B	C型杆 MM	C型杆 KK	E	EE 01	EE 02	FP	W	YP	TF	UF	FB	FE	R	ZJ	FA、FB ZF	FA、FB WF	FA、FB F	FA、FB BB	FY、FZ HY	FY、FZ HL	FY、FZ ZY	FY、FZ WY	FY、FZ FY
32	25	34	18	M16×1.5	—	34	—	—	58	Rc3/8	M14×1.5	38	30	27	88	109	11	62	40	171	182	41	11	11	173	141	184	43	13
40	30	40	22	M20×1.5	25	40	18	M16×1.5	65	Rc3/8	M14×1.5	38	30	27	95	118	11	69	46	171	182	41	11	11	173	141	184	43	13
50	35	46	28	M24×1.5	25	40	22	M20×1.5	76	Rc1/2	M18×1.5	42	30	29	115	145	14	85	58	185	198	43	13	11	190	155	203	48	18
63	45	55	35	M30×1.5	30	46	28	M24×1.5	90	Rc1/2	M18×1.5	46	35	31	132	165	18	98	65	198	213	50	15	13	203	163	218	55	20
80	60	65	45	M39×1.5	35	55	35	M30×1.5	110	Rc3/4	M22×1.5	56	35	38	155	190	18	118	87	219	237	53	18	16	225	184	243	59	24
100	75	80	55	M48×1.5	45	65	45	M39×1.5	135	Rc3/4	M27×2	58	40	38	190	230	22	150	109	232	252	60	20	18	240	192	260	68	28
125	95	95	70	M64×2	60	80	55	M48×1.5	165	Rc1	M27×2	67	45	43	224	272	26	175	130	265	289	69	24	21	274	220	298	78	33
140	110	105	80	M72×2	75	95	70	M56×2	185	Rc1	M27×2	69	50	43	250	300	26	195	145	280	306	76	26	22	291	230	317	87	37
150	115	110	85	M76×2	80	105	80	M60×2	196	Rc1	M33×2	71	50	43	270	320	30	210	155	290	318	78	28	25	301	240	329	89	39
160	120	115	90	M80×2	85	110	85	M64×2	210	Rc1	M33×2	74	55	43	285	345	33	225	170	308	339	86	31	25	318	253	349	96	41
180	140	125	100	M95×2	95	115	90	M72×2	235	Rc1¼	M42×2	75	55	42	315	375	33	243	185	330	363	88	33	27	343	275	376	101	46
200	150	140	112	M100×2	110	125	100	M80×2	262	Rc1½	M42×2	85	55	48	355	425	36	272	206	356	393	92	37	29	370	301	407	106	51
220	180	150	125	M120×2	120	140	112	M95×2	292	Rc1½	M42×2	89	60	48	395	475	42	310	230	365	406	101	41	34	382	305	423	118	58
250	195	170	140	M130×2	150	170	125	M100×2	325	Rc2	M42×2	106	65	60	425	515	45	335	250	411	457	111	46	37	430	346	476	130	65

注：FA、FB 仅限用于7MPa；FY、FZ 仅限用于14MPa。

FC（杆侧方法兰）、FD（底侧方法兰）

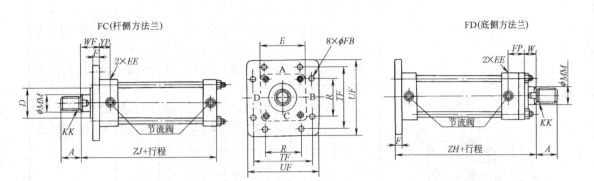

表 21-6-100　　　　　　　　　　　　　　　　　　　　　　　　　　　mm

缸径	B 型杆			C 型杆			E	EE		FP	ZJ	TF	FB	UF	YP	R	WF	W	F	ZH	D
	A	KK	MM	A	KK	MM		01	02												
32	25	M16×1.5	18	—	—	—	58	$R_c3/8$	M14×1.5	38	171	88	11	109	27	40	41	30	11	182	34
40	30	M20×1.5	22	25	M16×1.5	18	65	$R_c3/8$	M14×1.5	38	171	95	11	118	27	46	41	30	11	182	40
50	35	M24×1.5	28	30	M20×1.5	22	76	$R_c1/2$	M18×1.5	42	185	115	14	145	29	58	43	30	13	198	46
63	45	M30×1.5	35	35	M24×1.5	28	90	$R_c1/2$	M18×1.5	46	198	132	18	165	31	65	50	35	15	213	55
80	60	M39×1.5	45	45	M30×1.5	35	110	$R_c3/4$	M22×1.5	56	219	155	18	190	38	87	53	35	18	237	65
100	75	M48×1.5	55	60	M39×1.5	45	135	$R_c3/4$	M27×2	58	232	190	22	230	38	109	60	40	20	252	80
125	95	M64×2	70	75	M48×1.5	55	165	R_c1	M27×2	67	265	224	26	272	43	130	69	45	24	289	95
140	110	M72×2	80	80	M56×2	63	185	R_c1	M27×2	69	280	250	26	300	43	145	76	50	26	306	105
150	115	M76×2	85	85	M60×2	65	196	R_c1	M33×2	71	290	270	30	320	43	155	78	50	28	318	110
160	120	M80×2	90	95	M64×2	70	210	R_c1	M33×2	74	308	285	33	345	43	170	86	55	31	339	115
180	140	M95×2	100	110	M72×2	80	235	$R_c1\frac{1}{4}$	M42×2	75	330	315	33	375	42	185	88	55	33	363	125
200	150	M100×2	112	120	M80×2	90	262	$R_c1\frac{1}{2}$	M42×2	85	356	355	36	425	48	206	92	55	37	393	140
220	180	M120×2	125	140	M95×2	100	292	$R_c1\frac{1}{2}$	M42×2	89	365	395	42	475	48	230	101	60	41	406	150
250	195	M130×2	140	150	M100×2	112	325	R_c2	M42×2	106	411	425	45	515	60	250	111	65	46	457	170

TA（杆侧铰轴）、TC（中间铰轴）

mm

表 21-6-101

缸径	B型杆			C型杆			TD (e9)	E	EE 01	EE 02	PH (最小)	BD	TL	UM	JR	TM	XV	ZJ	XG
	A	KK	MM	A	KK	MM													
32	25	M16×1.5	18	—	—	—	20	58	Rc3/8	M14×1.5	105	28	20	98	2	$58_{-0.3}^{0}$	113	171	62
40	30	M20×1.5	22	25	M16×1.5	18	20	65	Rc3/8	M14×1.5	105	28	20	109	2	$69_{-0.3}^{0}$	113	171	62
50	35	M24×1.5	28	30	M20×1.5	22	25	76	Rc1/2	M18×1.5	113.5	33	25	135	2.5	$85_{-0.35}^{0}$	121	185	66
63	45	M30×1.5	35	35	M24×1.5	28	31.5	90	Rc1/2	M18×1.5	127.5	43	31.5	161	2.5	$98_{-0.35}^{0}$	132	198	74
80	60	M39×1.5	45	45	M30×1.5	35	31.5	110	Rc3/4	M22×1.5	140.5	43	31.5	181	2.5	$118_{-0.35}^{0}$	146	219	82
100	75	M48×1.5	55	60	M39×1.5	45	40	135	Rc3/4	M27×2	152.5	53	40	225	3	$145_{-0.4}^{0}$	156	232	89
125	95	M64×2	70	75	M48×1.5	55	50	165	Rc1	M27×2	174	58	50	275	3	$175_{-0.4}^{0}$	177	265	103
140	110	M72×2	80	80	M56×2	63	63	185	Rc1	M27×2	191	78	63	321	4	$195_{-0.46}^{0}$	188	280	112
150	115	M76×2	85	85	M60×2	65	63	196	Rc1	M33×2	193	78	63	332	4	$206_{-0.46}^{0}$	194	290	112
160	120	M80×2	90	95	M64×2	70	71	210	Rc1	M33×2	211	88	71	360	4	$218_{-0.46}^{0}$	207	308	126
180	140	M95×2	100	110	M72×2	80	80	235	Rc1¼	M42×2	225	98	80	403	4	$243_{-0.46}^{0}$	216	330	—
200	150	M100×2	112	120	M80×2	90	90	262	Rc1½	M42×2	244	108	90	452	5	$272_{-0.52}^{0}$	232	356	—
220	180	M120×2	125	140	M95×2	100	100	292	Rc1½	M42×2	257.5	117	100	500	5	$300_{-0.52}^{0}$	241	365	—
250	195	M130×2	140	150	M100×2	112	100	325	Rc2	M42×2	287.5	117	100	535	5	$335_{-0.57}^{0}$	271	411	—

注：其他尺寸见基本型。

单耳环、双耳环端部零件

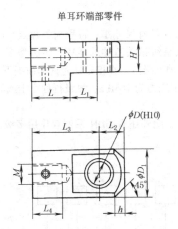

单耳环端部零件

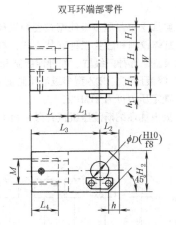

双耳环端部零件

表 21-6-102

mm

单、双耳环			单 耳 环								双 耳 环													端部零件质量/kg	
缸径	杆标记	M	L_4	L_3	L_1	D	D_1	L_2	H	h	L	L_4	L_3	L_1	D	H_2	L_2	H_1	H	h_1	W	h	L	单耳环	双耳环
32	B	M16×1.5	34	60	23	16	39	20	$25_{-0.4}^{-0.1}$	8	37	33	60	27	16	32	16	12.5	$25_{+0.1}^{+0.4}$	12	68	4	33	0.5	0.6
40	B	M20×1.5	39	60	23	16	39	20	$25_{-0.4}^{-0.1}$	8	37	33	60	27	16	32	16	12.5	$25_{+0.1}^{+0.4}$	12	68	4	33	0.5	0.6
	C	M16×1.5	34									33													
50	B	M24×1.5	44	70	28	20	49	25	$31.5_{-0.4}^{-0.1}$	10	42	38	70	32	20	40	20	16	$31.5_{+0.1}^{+0.4}$	12	80	10	38	0.9	1.0
	C	M20×1.5	39									38												0.9	1.1
63	B	M30×1.5	50	115	43	31.5	62	35	$40_{-0.4}^{-0.1}$	15	72	50	115	50	31.5	60	30	20	$40_{+0.1}^{+0.4}$	12	98	12	65	2.4	3.4
	C	M24×1.5	44									40												2.5	3.5
80	B	M39×1.5	65	115	43	31.5	62	35	$40_{-0.4}^{-0.1}$	15	72	65	115	50	31.5	60	30	20	$40_{+0.1}^{+0.4}$	12	98	12	65	2.1	3.1
	C	M30×1.5	50									50												2.4	3.4
100	B	M48×1.5	80	145	55	40	79	40	$50_{-0.4}^{-0.1}$	20	90	85	145	60	40	80	40	25	$50_{+0.1}^{+0.4}$	18	125	15	85	4.2	7.0
	C	M39×1.5	65									65												4.8	7.5
125	B	M64×2.0	100	180	65	50	100	50	$63_{-0.4}^{-0.1}$	25	115	100	180	70	50	100	50	31.5	$63_{+0.1}^{+0.4}$	18	150	20	110	8.4	13.4
	C	M48×1.5	80									80												9.8	14.8
140	B	M72×2.0	115	225	85	63	130	65	$80_{-0.6}^{-0.1}$	30	140	115	225	90	63	120	65	40	$80_{+0.1}^{+0.6}$	18	185	25	135	19.0	26.4
	C	M56×2.0	85									85												21.1	28.5
150	B	M76×2.0	120	225	85	63	130	65	$80_{-0.6}^{-0.1}$	30	140	120	225	90	63	120	65	40	$80_{+0.1}^{+0.6}$	18	185	25	135	16.8	24.2
	C	M60×2.0	90									90												19.7	27.1
160	B	M80×2.0	125	240	90	71	140	70	$80_{-0.6}^{-0.1}$	35	150	125	240	100	71	140	70	40	$80_{+0.1}^{+0.6}$	18	185	30	140	22.4	32.1
	C	M64×2.0	100									100												24.8	34.5

7.6 多级液压缸

UDZ 型多级液压缸属于单作用多级伸缩式套筒液压缸，具有尺寸小、行程大等优点。UDZ 型多级液压缸有缸底关节轴承耳环、缸体铰轴和法兰三种安装方式，缸头首级带关节轴承耳环。UDZ 型多级液压缸有七种柱塞直径，可组成六种二级缸、五种三级缸、四种四级缸和三种五级缸。在稳定性允许的前提下，生产厂可提供行程超过 20m 的 UDZ 型多级液压缸。UDZ 型多级液压缸的额定压力为 16MPa；每级行程小于或等于 500mm 的短行程 UDZ 型多级液压缸，额定压力可为 21MPa。

UDZ 型多级液压缸由优瑞纳斯液压机械有限公司生产，此外还有 UDH 系列双作用多级液压缸产品，详见该公司产品样本。

（1）型号意义

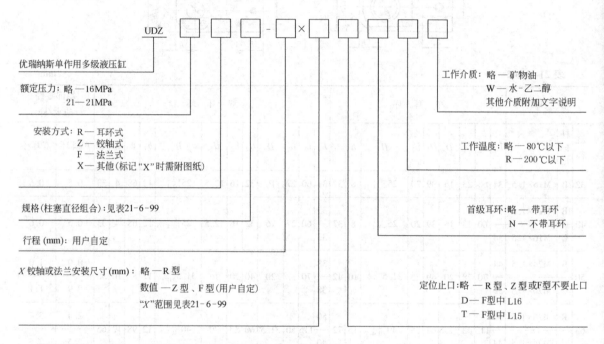

标记示例：五级缸，系列压力 16MPa，需要推力 20kN，行程 5000mm，法兰式安装，缸底侧止口定位，$X=$ 150mm，首级带耳环，常温，工作介质为矿物油，标记为

$$UDZF\ 45/60/75/95/120\text{-}5000\times150D$$

（2）技术参数及应用

① 技术参数

表 21-6-103

柱塞直径 ϕ/mm	28	45	60	75	95	120	150
1MPa 压力时推力/kN	0.615	1.59	2.827	4.418	7.088	11.31	17.67
16MPa 压力时推力/kN	9.85	25.45	45.24	70.69	113.4	181	282.7
21MPa 压力时推力/kN	12.93	33.4	59.38	92.78	148.8	237.5	371.1

② 选用方法

a. 工作压力：UDZ 型多级液压缸额定压力 16MPa（出厂测试压力 24MPa），用户系统压力应调定在 16MPa 范围内，每级行程小于或等于 500mm 的短行程 UDZ 型多级液压缸，额定压力可达 21MPa，但在订货型号上必须标明。

b. 确定 UDZ 型多级液压缸缸径。若需要全行程输出恒定的推力，则首级（直径最小的一级）柱塞在提供的介质压力时产生的推力一定要大于所需要的恒定推力。例如，需要的恒定推力是 30kN，系统压力是 12MPa，这时选用的首级柱塞直径为56.4mm，此时应选用规格中相近的ϕ60首级缸。如果系统压力是16MPa，就可以根据表21-6-115直接选用ϕ60首级缸。若需要的推力是变量，则应绘制变量力与行程曲线图和UDZ型多级液压缸行程推力曲线图，作出最佳缸径选择。由于UDZ型多级液压缸是单作用柱塞缸，所以回程时必须依靠重力载荷或其他外力驱动。UDZ型多级液压缸最低启动压力小于或等于0.3MPa，由此可计算出每一柱塞缸的最小回程力。

c. 确定UDZ型多级液压缸级数。在UDZ型多级液压缸缸径确定后，根据所需UDZ型多级液压缸的行程和最大允许闭合尺寸，可确定UDZ型多级液压缸级数。例如，选用R型安装方式时，所需行程为5000mm，首级柱塞直径为45mm，两耳环中心距最大允许为1800mm，先设想UDZ型多级液压缸为三级，此时查表21-6-99得L_3=303+S/3，L_{17}=105mm，L_3+L_{17}=303+5000/3+105=2074mm>1800mm，三级缸不符合使用要求，因此再选用四级缸，查表L_3=315+S/4，L_{17}=130mm，L_3+L_{17}=315+5000/4+130=1695mm<1800mm，四级缸符合使用要求。

d. 确定Z型、F型UZD型多级液压缸的X尺寸。Z型缸铰轴和F型缸法兰的位置可按需要确定，但是X尺寸不得超出表21-6-116中规定的范围，即铰轴和法兰不能超出缸体两端。

e. 确定F型UDZ型多级液压缸的定位止口。法兰止口ϕ5（e8）是为精确定位缸体轴心设置的。法兰两侧的两个定位止口，只需选择一个即可，大多数情况下常选用L16（D），在无需精确定位缸体轴心的场合，也可不选用定位止口。

f. UDZ型多级液压缸使用时严禁承受侧向力；长行程UDZ型多级液压缸不宜水平使用。如需以上两种工况的多级缸，请向生产厂订购特殊设计的产品。

g. UDZ型多级液压缸的工作介质：标准UDZ型多级液压缸使用清洁的矿物油（NAS7~9级）作为工作介质，如使用水-乙二醇、乳化液等含水介质，应在订货时加W标识。其他如磷酸酯及酸、碱性介质等应用文字说明。

h. UDZ型多级液压缸的工作温度：标准UDZ型多级液压缸工作温度范围为-15~80℃，高温UDZ型多级液压缸工作温度范围为-10~200℃。

③ 柱塞运动速度与顺序

由于UDZ型多级液压缸由多种直径柱塞缸组成，因此在系统流量恒定时，每级缸的速度不同。在举升负载过程中，正常情况下先是大直径柱塞先伸出，且速度较慢；大柱塞行程终了时，下一级大柱塞再伸出，且速度会变快；最小直径柱塞最后伸出，但其运行速度最快。当在外力作用下缩回时，先是最小直径柱塞缩回，速度最快；然后依次缩回；最大直径柱塞最后缩回，速度也最慢。对UDZ型多级液压缸的速度要求，一般是规定全行程需用时间，或某一级的运行速度。

（3）外形尺寸

缸底关节轴承耳环式 UDZR

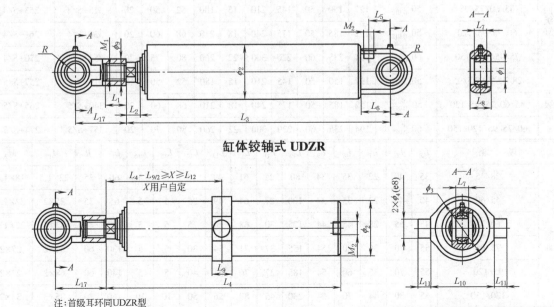

缸体铰轴式 UDZR

注：首级耳环同UDZR型

缸体法兰式 UDZF

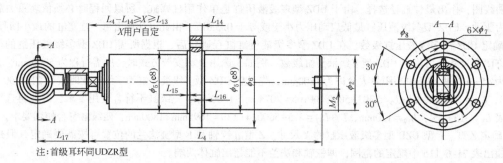

注:首级耳环同UDZR型

表 21-6-104

mm

规　格	ϕ_1	ϕ_2	ϕ_3	ϕ_4	ϕ_5	ϕ_6	ϕ_7	ϕ_8	ϕ_9	L_1	L_2	L_3	L_4
二级缸	28/45	$30_{-0.010}^{0}$	70	80	30	76	120	11	98	35	30	18	279+S/2	231+S/2
	45/60	$30_{-0.010}^{0}$	83	100	30	90	140	13	115	45	35	20	284+S/2	234+S/2
	60/75	$40_{-0.012}^{0}$	108	120	40	115	175	15	145	60	45	20	299+S/2	241+S/2
	75/95	$50_{-0.012}^{0}$	127	150	50	145	210	15	180	72	50	20	307+S/2	245+S/2
	95/120	$50_{-0.012}^{0}$	152	185	50	175	240	18	210	90	60	20	328+S/2	253+S/2
	120/150	$60_{-0.015}^{0}$	194	235	60	220	300	22	260	110	75	20	345+S/2	262+S/2
三级缸	28/45/60	$30_{-0.010}^{0}$	83	100	30	90	140	13	115	35	35	18	288+S/3	238+S/3
	45/60/75	$40_{-0.012}^{0}$	108	120	40	115	175	15	145	48	45	20	303+S/3	245+S/3
	60/75/95	$50_{-0.012}^{0}$	127	150	50	145	210	15	180	60	50	20	311+S/3	249+S/3
	75/95/120	$50_{-0.012}^{0}$	152	185	50	175	240	18	210	90	60	20	332+S/3	257+S/3
	95/120/150	$60_{-0.015}^{0}$	194	235	60	220	300	22	260	90	75	20	349+S/3	266+S/3
四级缸	28/45/60/75	$40_{-0.012}^{0}$	108	120	40	115	175	15	145	48	45	18	307+S/4	249+S/4
	45/60/75/95	$50_{-0.012}^{0}$	127	150	50	145	210	15	180	52	50	20	315+S/4	253+S/4
	60/75/95/120	$50_{-0.012}^{0}$	152	185	50	175	240	18	210	68	60	20	336+S/4	261+S/4
	75/95/120/150	$60_{-0.015}^{0}$	194	235	60	220	300	22	260	80	75	20	353+S/4	270+S/4
五级缸	28/45/60/75/95	$50_{-0.012}^{0}$	127	150	50	145	210	15	180	52	50	18	319+S/5	257+S/5
	45/60/75/95/120	$50_{-0.012}^{0}$	152	185	50	175	240	18	210	68	60	20	340+S/5	265+S/5
	60/75/95/120/150	$60_{-0.015}^{0}$	194	235	60	220	300	22	260	80	70	20	357+S/5	274+S/5

规　格	L_5	L_6	L_7	L_8	L_9	L_{10}	L_{11}	L_{12}	L_{13}	L_{14}	L_{15}	L_{16}	L_{17}	R	M_1	M_2
二级缸	28/45	35	40	22	35	34	80	25	61	49	20	5	5	60	35	22×1.5	18×1.5
	45/60	40	40	22	35	34	100	27	64	49	25	5	5	65	35	35×2	22×1.5
	60/75	45	55	28	45	44	125	30	68	54	25	5	5	105	45	42×2	22×1.5
	75/95	55	70	35	60	54	155	37	71	54	30	5	5	130	60	52×2	27×2
	95/120	55	70	35	60	54	185	37	76	54	40	5	5	140	60	68×2	27×2
	120/150	65	80	44	70	64	230	45	89	56	50	10	10	160	70	85×3	33×2

规　格	L_5	L_6	L_7	L_8	L_9	L_{10}	L_{11}	L_{12}	L_{13}	L_{14}	L_{15}	L_{16}	L_{17}	R	M_1	M_2
三级缸 28/45/60	40	40	22	35	34	100	27	72	57	25	5	5	65	35	24×1.5	22×1.5
45/60/75	45	55	28	45	44	125	30	76	57	25	5	5	105	45	33×2	22×1.5
60/75/95	55	70	35	60	54	155	37	79	62	30	5	5	130	60	42×2	27×2
75/95/120	55	70	35	60	54	185	37	89	62	40	5	5	140	60	68×2	27×2
95/120/150	65	80	44	70	64	230	45	97	64	50	10	10	160	70	68×2	33×2
四级缸 28/45/60/75	45	55	28	45	44	125	30	84	65	25	5	5	105	45	24×1.5	22×1.5
45/60/75/95	55	70	35	60	54	155	37	87	65	30	5	5	130	60	36×2	27×2
60/75/95/120	55	70	35	60	54	185	37	92	70	40	5	5	140	60	48×2	27×2
75/95/120/150	65	80	44	70	64	230	45	105	70	50	10	10	160	70	60×2	33×2
五级缸 28/45/60/75/95	55	70	35	60	54	155	37	95	73	30	5	5	130	60	24×1.5	27×2
45/60/75/95/120	55	70	35	60	54	185	37	100	73	40	5	5	140	60	36×2	27×2
60/75/95/120/150	65	80	44	70	64	230	45	113	78	50	10	10	160	70	48×2	33×2

7.7　齿条齿轮摆动液压缸

7.7.1　UB 型齿条齿轮摆动液压缸

　　UB 型摆动液压缸为重型机械企业标准产品，标准号 JB/ZQ 4713—2006。

　　UB 型摆动液压缸是将液压能转换为机械能，实现往复摆动的执行元件。它是带齿轮齿条机构的组合液压缸。往复直线运动的活塞-齿条带动齿轮正反向回转，并输出转矩。

　　UB 型摆动液压缸公称压力 16MPa，有单齿条和双齿条两种结构型式；有法兰式和脚架式两种安装方式；有轴和孔两种输出方式。

　　带液压动力包的 UB 型摆动液压缸由含电动机、泵、阀和油箱的微型液压油源与 UB 型摆动液压缸组合而成，具有结构紧凑、体积小、重量轻等特点，适用于只装备单个 UB 型摆动液压缸或装备数量不多 UB 型摆动液压缸的场合。

　　UB 型摆动液压缸生产厂：优瑞纳斯液压机械有限公司、扬州江都永坚有限公司。

　　（1）型号意义

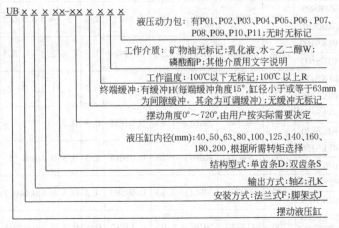

　　标记示例：法兰连接，轴输出，双齿条结构，转矩 8818N·m，摆动角度 368°，带终端缓冲和带 P05 液压动力包的 UB 型摆动液压缸，标记为

UBFZS80-368°HP05

（2）技术规格

表 21-6-105

结构特点	连接方式	轴输出	孔输出	缸径/mm	转矩(p为16MPa时)/N·m	转矩计算式(p为工作压力)/N·m	每度转角用油量/L·(°)^-1	P01	P02	P03	P04	P05	P06	P07	P08	P09	P10	P11
单齿条	法兰	UBFZD40	UBFKD40	40	798	55(p-1.5)	0.00097	26	34	48	60	72	86	98	120	140	172	240
	脚架	UBJZD40	UBJKD40															
	法兰	UBFZD50	UBFKD50	50	1421	98(p-1.5)	0.00171	15	19	27	34	41	49	55	68	80	97	136
	脚架	UBJZD50	UBJKD50															
	法兰	UBFZD63	UBFKD63	63	2480	171(p-1.5)	0.00299	8	11	16	20	23	28	32	39	46	56	78
	脚架	UBJZD63	UBJKD63															
	法兰	UBFZD80	UBFKD80	80	4409	302(p-1.4)	0.00526	4.8	6	9	11	13	16	18	22	26	31	44
	脚架	UBJZD80	UBJKD80															
	法兰	UBFZD100	UBFKD100	100	8320	566(p-1.3)	0.00987	2.5	3	4.7	5.9	7	8.4	9.6	11	14	17	23
	脚架	UBJZD100	UBJKD100															
	法兰	UBFZD125	UBFKD125	125	14612	994(p-1.3)	0.01735	1.4	2	2.7	3.3	4	4.8	5.5	6.7	7.9	9.6	13
	脚架	UBJZD125	UBJKD125															
	法兰	UBFZD140	UBFKD140	140	20498	1385(p-1.2)	0.02418	1	1.4	1.9	2.4	2.9	3.4	3.9	4.8	5.6	6.9	9.6
	脚架	UBJZD140	UBJKD140															
	法兰	UBFZD160	UBFKD160	160	29748	2010(p-1.2)	0.03509	0.7	0.9	1.3	1.7	2	2.4	2.7	3.3	3.9	4.7	6.6
	脚架	UBJZD160	UBJKD160															
	法兰	UBFZD180	UBFKD180	180	40945	2748(p-1.1)	0.04797	0.5	0.7	1	1.2	1.5	1.7	2	2.4	2.8	3.5	4.9
	脚架	UBJZD180	UBJKD180															
	法兰	UBFZD200	UBFKD200	200	59370	3958(p-1.0)	0.06909	0.3	0.5	0.6	0.8	1	1.2	1.4	1.6	2	2.4	3.2
	脚架	UBJZD200	UBJKD200															
双齿条	法兰	UBFZS40	UBFKS40	40	1595	110(p-1.5)	0.00193	13	17	24	30	36	43	49	60	70	81	120
	脚架	UBJZS40	UBJKS40															
	法兰	UBFZS50	UBFKS50	50	2842	196(p-1.5)	0.00343	7.5	9.5	14	17	20	24	23	34	40	49	68
	脚架	UBJZS50	UBJKS50															
	法兰	UBFZS63	UBFKS63	63	4959	342(p-1.5)	0.00598	4	5.5	8	10	12	14	16	19	23	28	39
	脚架	UBJZS63	UBJKS63															
	法兰	UBFZS80	UBFKS80	80	8818	604(p-1.4)	0.01053	2.4	3	4.5	5.5	6.5	8	9	11	13	16	22
	脚架	UBJZS80	UBJKS80															
	法兰	UBFZS100	UBFKS100	100	16640	1132(p-1.3)	0.01974	1.3	1.6	2.3	3	3.5	4.2	4.8	5.9	7	8.4	12
	脚架	UBJZS100	UBJKS100															
	法兰	UBFZS125	UBFKS125	125	29224	1988(p-1.3)	0.03470	0.7	1	1.3	1.7	2	2.4	2.7	3.8	3.9	4.8	6.7
	脚架	UBJZS125	UBJKS125															
	法兰	UBFZS140	UBFKS140	140	40996	2770(p-1.2)	0.04836	0.5	0.7	1	1.2	1.4	1.7	2	2.4	2.8	3.4	4.8
	脚架	UBJZS140	UBJKS140															
	法兰	UBFZS160	UBFKS160	160	59496	4020(p-1.2)	0.07018	0.3	0.5	0.7	0.8	1	1.2	1.3	1.6	1.9	2.3	3.3
	脚架	UBJZS160	UBJKS160															
	法兰	UBFZS180	UBFKS180	180	81890	5496(p-1.1)	0.09593	0.2	0.3	0.5	0.6	0.7	0.8	1	1.2	1.4	1.7	2.4
	脚架	UBJZS180	UBJKS180															
	法兰	UBFZS200	UBFKS200	200	118740	7916(p-1.0)	0.13817	0.1	0.2	0.3	0.4	0.5	0.6	0.7	0.8	1	1.2	1.6
	脚架	UBJZS200	UBJKS200															
液压动力包电动机(380V,50Hz)功率/kW								0.55	0.75	1.1	1.5	1.5	2	2	2.2	3	4	4

注：液压缸工作环境温度-50~260℃，液压缸的启动压力小于或等于1.5MPa。

(3) 外形及安装尺寸

UBFZD 法兰式轴输出单齿条型

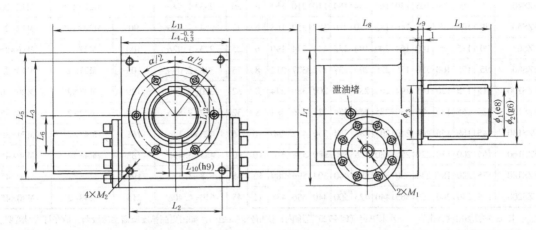

表 21-6-106   mm

型　号	ϕ_1	ϕ_2	ϕ_3	L_1	L_2	L_3	L_4	L_5	L_6	L_7	L_8	L_9	L_{10}	L_{11}	L_{12}	M_1	$M_2 \times$ 孔深
UBFZD40	70	95	75	105	140	160	164	184	55	197	154	6	20	$233+1.54\alpha$	79	M22×1.5	M12×20
UBFZD50	80	105	85	125	146	185	170	210	66	231	163	6	22	$254+1.75\alpha$	90	M22×1.5	M12×20
UBFZD63	90	115	95	140	164	200	194	232	72	253	190	6	25	$275+1.92\alpha$	100	M27×2	M16×25
UBFZD80	95	125	100	150	175	225	205	257	86	292	212	6	25	$328+2.09\alpha$	105	M27×2	M16×25
UBFZD100	115	145	120	165	194	265	234	306	100	343	244	8	32	$370+2.51\alpha$	129	M33×2	M20×30
UBFZD125	125	155	130	170	230	285	274	334	116	390	284	8	32	$417+2.83\alpha$	139	M42×2	M24×35
UBFZD140	145	180	150	200	240	305	286	354	125	418	290	10	36	$423+3.14\alpha$	161	M42×2	M24×35
UBFZD160	165	200	170	220	255	330	315	390	140	464	314	10	40	$484+3.49\alpha$	183	M48×2	M30×45
UBFZD180	175	220	180	240	330	380	390	440	152	518	380	12	45	$578+3.77\alpha$	195	M48×2	M30×45
UBFZD200	195	240	200	260	365	440	425	500	170	578	438	12	45	$610+4.40\alpha$	215	M48×2	M30×45

注：1. α 为摆动角度，由客户按要求决定（0°~720°范围内，摆角公差 $\alpha\pm1°$）。如需更高精度或需摆角微调，请在订货时说明。

2. 视图上双平键位置表示此位置的双平键轴可向左右各转动二分之一摆角。

UBFZS 法兰式轴输出双齿条型

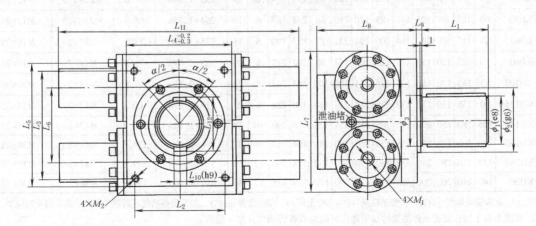

表 21-6-107　　　　　　　　　　　　　　　　　　　　　　　　　　　　　　　mm

型　号	ϕ_1	ϕ_2	ϕ_3	L_1	L_2	L_3	L_4	L_5	L_6	L_7	L_8	L_9	L_{10}	L_{11}	L_{12}	M_1	$M_2 \times$孔深
UBFZS40	70	95	75	105	140	160	164	184	110	210	154	6	20	$233+1.54\alpha$	79	M22×1.5	M12×20
UBFZS50	80	105	85	125	146	185	170	210	132	252	163	6	22	$254+1.75\alpha$	90	M22×1.5	M12×20
UBFZS63	90	115	95	140	164	200	194	232	144	274	190	6	25	$275+1.92\alpha$	100	M27×2	M16×25
UBFZS80	95	125	100	150	175	225	205	257	172	327	212	8	25	$328+2.09\alpha$	105	M27×2	M16×25
UBFZS100	115	145	120	165	194	265	234	306	200	380	244	8	32	$370+2.51\alpha$	129	M33×2	M20×30
UBFZS125	125	155	130	170	230	285	274	334	232	446	284	8	32	$417+2.83\alpha$	139	M42×2	M24×35
UBFZS140	145	180	150	200	240	305	286	390	250	482	290	10	36	$423+3.14\alpha$	161	M42×2	M24×35
UBFZS160	165	200	170	220	255	330	315	390	280	538	314	10	40	$484+3.49\alpha$	183	M48×2	M30×45
UBFZS180	175	220	180	240	330	380	390	440	304	596	380	12	45	$578+3.77\alpha$	195	M48×2	M30×45
UBFZS200	195	240	200	260	365	440	425	500	340	656	438	12	45	$610+4.40\alpha$	215	M48×2	M30×45

注：1. α 为摆动角度，由客户按要求决定（0°~720°范围内，摆角公差 $\alpha\pm1°$）。如需更高精度或需摆角微调，请在订货时说明。

2. 视图上双平键位置表示此位置的双平键轴可向左右各转动二分之一摆角。

UBFKD 法兰式孔输出单齿条型

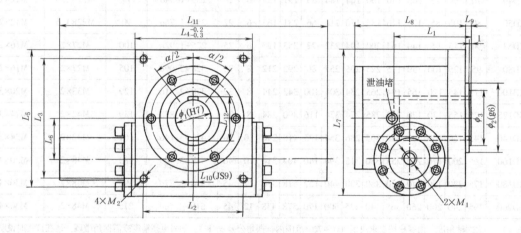

表 21-6-108　　　　　　　　　　　　　　　　　　　　　　　　　　　　　　　mm

型　号	ϕ_1	ϕ_2	ϕ_3	L_1	L_2	L_3	L_4	L_5	L_6	L_7	L_8	L_9	L_{10}	L_{11}	L_{12}	M_1	$M_2 \times$孔深
UBFKD40	50	95	75	105	140	160	164	184	55	197	154	6	14	$233+1.54\alpha$	57.6	M22×1.5	M12×20
UBFKD50	60	105	85	125	146	185	170	210	66	231	163	6	18	$254+1.75\alpha$	68.8	M22×1.5	M12×20
UBFKD63	65	115	95	140	164	200	194	232	72	253	190	6	18	$275+1.92\alpha$	73.8	M27×2	M16×25
UBFKD80	70	125	100	150	175	225	205	257	86	292	212	8	20	$328+2.09\alpha$	79.8	M27×2	M16×25
UBFKD100	85	145	120	165	194	265	234	306	100	343	244	8	22	$370+2.51\alpha$	95.8	M33×2	M20×30
UBFKD125	90	155	130	170	230	285	274	334	116	390	284	8	25	$417+2.83\alpha$	100.8	M42×2	M24×35
UBFKD140	105	180	150	200	240	305	286	354	125	418	290	10	28	$423+3.14\alpha$	117.8	M42×2	M24×35
UBFKD160	120	200	170	220	255	330	315	390	140	464	314	10	32	$484+3.49\alpha$	134.8	M48×2	M30×45
UBFKD180	125	220	180	240	330	380	390	440	152	518	380	12	32	$578+3.77\alpha$	139.8	M48×2	M30×45
UBFKD200	140	240	200	260	365	440	425	500	170	578	438	12	36	$610+4.40\alpha$	156.8	M48×2	M30×45

注：1. α 为摆动角度，由客户按要求决定（0°~720°范围内，摆角公差 $\alpha\pm1°$）。如需更高精度或需摆角微调，请在订货时说明。

2. 视图上双平键位置表示此位置的双平键孔可向左右各转动二分之一摆角。

UBFKS 法兰式孔输出双齿条型

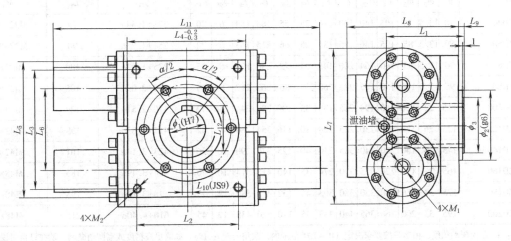

表 21-6-109　　　　　　　　　　　　　　　　　　　　　　　　　　　　　　　　　　　mm

型　号	ϕ_1	ϕ_2	ϕ_3	L_1	L_2	L_3	L_4	L_5	L_6	L_7	L_8	L_9	L_{10}	L_{11}	L_{12}	M_1	M_2×孔深
UBFKS40	50	95	75	105	140	160	164	184	110	210	154	6	14	233+1.54α	57.6	M22×1.5	M12×20
UBFKS50	60	105	85	125	146	185	170	210	132	252	163	6	18	254+1.75α	68.8	M22×1.5	M12×20
UBFKS63	65	115	95	140	164	200	194	232	144	274	190	6	18	275+1.92α	73.8	M27×2	M16×25
UBFKS80	70	125	100	150	175	225	205	257	172	327	212	8	20	328+2.09α	79.8	M27×2	M16×25
UBFKS100	85	145	120	165	194	265	234	306	200	380	244	8	22	370+2.51α	95.8	M33×2	M20×30
UBFKS125	90	155	130	170	230	285	274	334	232	446	284	8	25	417+2.83α	100.8	M42×2	M24×35
UBFKS140	105	180	150	200	240	305	286	354	250	482	290	10	28	423+3.14α	117.8	M42×2	M24×35
UBFKS160	120	200	170	220	255	330	315	390	280	538	314	10	32	484+3.49α	134.8	M48×2	M30×45
UBFKS180	125	220	180	240	330	380	390	440	304	596	380	12	32	578+3.77α	139.8	M48×2	M30×45
UBFKS200	140	240	200	260	365	440	425	500	340	656	438	12	36	610+4.40α	156.8	M48×2	M30×45

注: 1. α 为摆动角度, 由客户按要求决定 (0°~720°范围内, 摆角公差 α±1°)。如需更高精度或需摆角微调, 请在订货时说明。

2. 视图上双平键位置表示此位置的双平键孔可向左右各转动二分之一摆角。

UBJZD 脚架式轴输出单齿条型

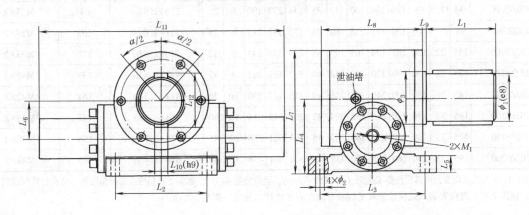

第
21
篇

表 21-6-110   mm

型 号	ϕ_1	ϕ_2	ϕ_3	L_1	L_2	L_3	L_4	L_5	L_6	L_7	L_8	L_9	L_{10}	L_{11}	L_{12}	M_1
UBJZD40	70	13.5	75	105	140	160	110	25	55	188	154	6	20	$233+1.54\alpha$	79	M22×1.5
UBJZD50	80	13.5	85	125	146	185	131	25	66	215	163	6	22	$254+1.75\alpha$	90	M22×1.5
UBJZD63	90	17.5	95	140	164	200	142	35	72	236	190	6	25	$275+1.92\alpha$	100	M27×2
UBJZD80	95	17.5	100	150	175	225	168	35	86	267	212	8	25	$328+2.09\alpha$	105	M27×2
UBJZD100	115	22	120	165	194	265	195	35	100	306	244	8	32	$370+2.51\alpha$	129	M33×2
UBJZD125	125	26	130	170	230	285	228	40	116	354	284	8	32	$417+2.83\alpha$	139	M42×2
UBJZD140	145	26	150	200	240	305	246	40	125	377	290	10	36	$423+3.14\alpha$	161	M42×2
UBJZD160	165	33	170	220	255	330	274	45	140	415	314	10	40	$484+3.49\alpha$	183	M48×2
UBJZD180	175	33	180	240	330	380	303	45	152	475	380	12	45	$578+3.77\alpha$	195	M48×2
UBJZD200	195	33	200	260	365	440	333	45	170	520	438	12	45	$610+4.40\alpha$	215	M48×2

注：1. α 为摆动角度，由客户按要求决定（0°~720°范围内，摆角公差 $\alpha\pm1°$）。如需更高精度或需摆角微调，请在订货时说明。
2. 视图上双平键位置表示此位置的双平键轴可向左右各转动二分之一一摆角。

UBJZS 脚架式轴输出双齿条型

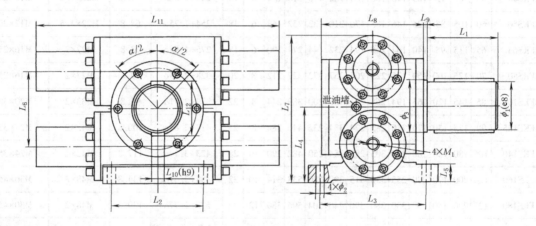

表 21-6-111   mm

型 号	ϕ_1	ϕ_2	ϕ_3	L_1	L_2	L_3	L_4	L_5	L_6	L_7	L_8	L_9	L_{10}	L_{11}	L_{12}	M_1
UBJZS40	70	13.5	75	105	140	160	110	25	110	215	154	6	20	$233+1.54\alpha$	79	M22×1.5
UBJZS50	80	13.5	85	125	146	185	131	25	132	257	163	6	22	$254+1.75\alpha$	90	M22×1.5
UBJZS63	90	17.5	95	140	164	200	142	35	144	279	190	6	25	$275+1.92\alpha$	100	M27×2
UBJZS80	95	17.5	100	150	175	225	168	35	172	332	212	8	25	$328+2.09\alpha$	105	M27×2
UBJZS100	115	22	120	165	194	265	195	35	200	385	244	8	32	$370+2.51\alpha$	129	M33×2
UBJZS125	125	26	130	170	230	285	228	40	232	451	284	8	32	$417+2.83\alpha$	139	M42×2
UBJZS140	145	26	150	200	240	305	246	40	250	487	290	10	36	$423+3.14\alpha$	161	M42×2
UBJZS160	165	33	170	220	255	330	274	45	280	543	314	10	40	$484+3.49\alpha$	183	M48×2
UBJZS180	175	33	180	240	330	380	303	45	304	601	380	12	45	$578+3.77\alpha$	195	M48×2
UBJZS200	195	33	200	260	365	440	333	45	340	661	438	12	45	$610+4.40\alpha$	215	M48×2

注：1. α 为摆动角度，由客户按要求决定（0°~720°范围内，摆角公差 $\alpha\pm1°$）。如需更高精度或需摆角微调，请在订货时说明。
2. 视图上双平键位置表示此位置的双平键轴可向左右各转动二分之一一摆角。

UBJKD 脚架式孔输出单齿条型

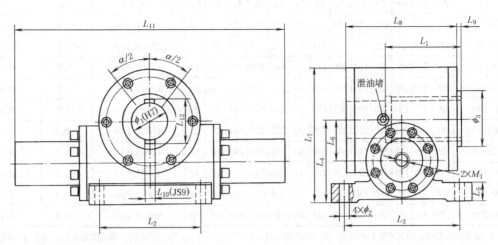

表 21-6-112

mm

型 号	ϕ_1	ϕ_2	ϕ_3	L_1	L_2	L_3	L_4	L_5	L_6	L_7	L_8	L_9	L_{10}	L_{11}	L_{12}	M_1
UBJKD40	50	13.5	75	105	140	160	110	25	55	188	154	6	14	$233+1.54\alpha$	57.6	M22×1.5
UBJKD50	60	13.5	85	125	146	185	131	25	66	215	163	6	18	$254+1.75\alpha$	68.8	M22×1.5
UBJKD63	65	17.5	95	140	164	200	142	35	72	236	190	6	18	$275+1.92\alpha$	73.8	M27×2
UBJKD80	70	17.5	100	150	175	225	168	35	86	267	212	8	20	$328+2.09\alpha$	79.8	M27×2
UBJKD100	85	22	120	165	194	265	195	35	100	306	244	8	22	$370+2.51\alpha$	95.8	M33×2
UBJKD125	90	26	130	170	230	285	228	40	116	354	284	8	25	$417+2.83\alpha$	100.8	M42×2
UBJKD140	105	26	150	200	240	305	246	40	125	377	290	10	28	$423+3.14\alpha$	117.8	M42×2
UBJKD160	120	33	170	220	255	330	274	45	140	415	314	10	32	$484+3.49\alpha$	134.8	M48×2
UBJKD180	125	33	180	240	330	380	303	45	152	475	380	12	32	$578+3.77\alpha$	139.8	M48×2
UBJKD200	140	33	200	260	365	440	333	45	170	520	438	12	36	$610+4.40\alpha$	156.8	M48×2

注: 1. α 为摆动角度, 由客户按要求决定 (0°~720°范围内, 摆角公差 $\alpha\pm1°$)。如需更高精度或需摆角微调, 请在订货时说明。
2. 视图上双平键位置表示此位置的双平键孔可向左右各转动二分之一摆角。

UBJKS 脚架式孔输出双齿条型

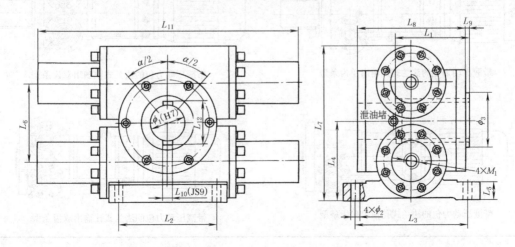

第 21 篇

表 21-6-113 mm

型　号	ϕ_1	ϕ_2	ϕ_3	L_1	L_2	L_3	L_4	L_5	L_6	L_7	L_8	L_9	L_{10}	L_{11}	L_{12}	M_1
UBJKS40	50	13.5	75	105	140	160	110	25	110	215	154	6	14	$233+1.54\alpha$	57.6	M22×1.5
UBJKS50	60	13.5	85	125	146	185	131	25	132	257	163	6	18	$254+1.75\alpha$	68.8	M22×1.5
UBJKS63	65	17.5	95	140	164	200	142	35	144	279	190	6	18	$275+1.92\alpha$	73.8	M27×2
UBJKS80	70	17.5	100	150	175	225	168	35	172	332	212	8	20	$328+2.09\alpha$	79.8	M27×2
UBJKS100	85	22	120	165	194	265	195	35	200	385	244	8	22	$370+2.51\alpha$	95.8	M33×2
UBJKS125	90	26	130	170	230	285	228	40	232	451	284	8	25	$417+2.83\alpha$	100.8	M42×2
UBJKS140	105	26	150	200	240	305	246	40	250	487	290	10	28	$423+3.14\alpha$	117.8	M42×2
UBJKS160	120	33	170	220	255	330	274	45	280	543	314	10	32	$484+3.49\alpha$	134.8	M48×2
UBJKS180	125	33	180	240	330	380	303	45	304	601	380	12	32	$578+3.77\alpha$	139.8	M48×2
UBJKS200	140	33	200	260	365	440	333	45	340	661	438	12	36	$610+4.40\alpha$	156.8	M48×2

注：1. α 为摆动角度，由客户按要求决定（0°~720°范围内，摆角公差 $\alpha\pm1°$）。如需更高精度或需摆角微调，请在订货时说明。

2. 视图上双平键位置表示此位置的双平键孔可向左右各转动二分之一摆角。

表 21-6-114　　　　　　　　　UB 型摆动液压缸质量

液压缸内径 /mm	齿条数	摆动 90°质量 /kg	每增加 90°增加质量 /kg	液压缸内径 /mm	齿条数	摆动 90°质量 /kg	每增加 90°增加质量 /kg
40	D	32	2.5	125	D	200	27.8
40	S	51	5	125	S	320	55.6
50	D	45	3.5	140	D	260	38.2
50	S	72	7	140	S	420	76.4
63	D	70	5.2	160	D	355	48.1
63	S	115	10.4	160	S	570	96.2
80	D	90	8.4	180	D	500	66.5
80	S	145	16.8	180	S	800	133
100	D	140	15.6	200	D	680	97.3
100	S	225	31.2	200	S	1090	194.6

表 21-6-115　　　　　　　　带液压动力包的 UB 型摆动液压缸结构外形

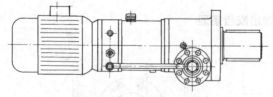

带液压动力包的法兰式轴输出单齿条型

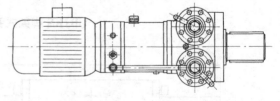

带液压动力包的法兰式轴输出双齿条型

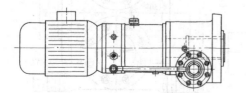

带液压动力包的法兰式孔输出单齿条型

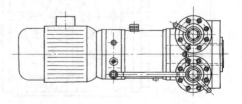

带液压动力包的法兰式孔输出双齿条型

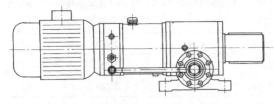

带液压动力包的脚架式轴输出单齿条型

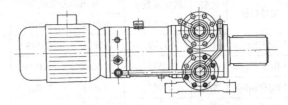

带液压动力包的脚架式轴输出双齿条型

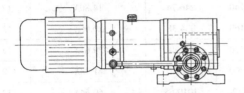

带液压动力包的脚架式孔输出单齿条型

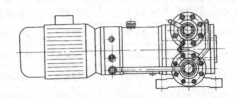

带液压动力包的脚架式孔输出双齿条型

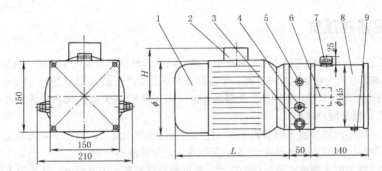

1—电动机;2—接线盒;3—油口;4—溢流阀;5—单向阀;6—液压泵;7—加油口;8—油箱;9—泄油堵

液压动力包工作环境温度应不高于80℃。改变电动机的相位,可实现 UB 型摆动液压缸的往复摆动。分别调节液压动力包上的两只溢流阀,还可实现 UB 型摆动液压缸正反向旋转具有不同的输出转矩

液压动力包型号		P01	P02	P03	P04	P05	P06	P07	P08	P09	P10	P11
	流量/L·min⁻¹	1.5	2	2.8	3.5	4.2	5	5.7	7	8.2	10	14
三相交流电动机	功率/kW	0.55	0.75	1.1	1.5		2		2.2	3	4	
	转速/r·min⁻¹	1400							1420		1440	
	ϕ/mm	165	165	180	180		180		220	220	240	
	H/mm	120	120	130	130		130		180	180	190	
	L/mm	275	275	280	305		310		370	370	380	
	质量/kg	27	28	32	35		40		48	52	83	

注: UB 型摆动液压缸本体部分尺寸见前面相应各型尺寸表。

7.7.2 UBZ 重型齿条齿轮摆动液压缸

UBZ 重型齿条齿轮摆动液压缸是优瑞纳斯液压机械有限公司为冶金及重型机械行业新开发的系列产品。UBZ 重型齿条齿轮摆动液压缸为四液压缸四活塞双柱塞齿条搓动齿轮轴的摆动机构。其最高工作压力 21MPa,最大输出转矩 1158120N·m。

UBZ 重型齿条齿轮摆动液压缸有吊耳、法兰和脚架三种安装方式,10 个缸径和 0°~360°的任意摆动角度。技术规格见表 21-6-111。

表 21-6-116　　　　　　　　　**UBZ 重型齿条齿轮摆动液压缸技术规格**

型号规格	缸径 /mm	转矩系数 K /N·m·MPa⁻¹	常用压力时输出转矩/N·m			每度转角用油 量/mL·(°)⁻¹	X[(°)·s⁻¹]摆动速度时 所需介质流量/L·min⁻¹	终端缓冲 角度/(°)
			10MPa	16MPa	21MPa			
UBZ※100※	100	1979	17811	29685	39580	34.54	2.07X	12
UBZ※125※	125	3534	31806	53010	70680	61.68	3.70X	12
UBZ※140※	140	4988	44892	74820	99760	87.05	5.22X	12
UBZ※160※	160	7238	65142	108570	144760	126.33	7.58X	12
UBZ※180※	180	10077	90693	151155	201540	175.88	10.55X	12
UBZ※200※	200	14137	127233	212055	282740	246.74	14.80X	12
UBZ※220※	220	19158	172422	287370	383160	334.38	20.06X	12
UBZ※250※	250	28274	254466	424110	565480	493.48	29.61X	12
UBZ※280※	280	39900	359100	598500	798000	696.40	41.78X	12
UBZ※320※	320	57906	521154	868590	1158120	1010.65	60.64X	12

注：当工作压力为 p（MPa）时，输出转矩为 $K(p-1)$（N·m）。外形及安装尺寸可查阅生产厂产品样本。

7.8　同步分配器液压缸

　　同步分配器液压缸是一种单活塞杆多活塞液压缸，所有活塞的行程、速度完全相同。同步分配器液压缸产品有等容积（UF）和非等容积（UFT）两种系列。等容积同步分配器液压缸（以下简称 UF 缸）的所有活塞直径相同，因此各腔排量也相同；非等容积同步分配器液压缸（以下简称 UFT 缸）的各腔活塞直径不同，因此各腔排量也不同（排量大小根据用户需要）。

　　UF 缸和 UFT 缸可以实现同型或不同型的单、双作用液压缸及摆动缸之间的同步或同时完成动作（各液压缸从启动到停止的时间相同）。加装单向阀的 UF 缸也可以作为定量注液器使用。

　　UF 缸和 UFT 缸系统的同步精度不受系统的压力、流量和载荷等各种因素影响。从理论上讲同步分配器液压缸是可以实现完全同步的一种分配器，该功能是调速阀、分流集流阀或同步马达不能实现的。由于原则上不存在同步误差，因此在要求同步的各只液压缸上无需使用各种传感器，并进行检测、比较、跟踪，也无需采用价格较高的伺服或比例控制系统。当然若要求同步的数只液压缸，还同时有速度、力、位置等参数的伺服或比例控制要求，这时可采用一只内置或外置传感器的 UF 缸。UF 缸和 UFT 缸不适用于内泄漏量较大的液压缸的同步控制。

　　UF 缸和 UFT 缸由优瑞纳斯液压机械有限公司生产。该公司可提供包括同步分配器液压缸和液压系统在内的全套同步液压装置。

　　（1）型号意义

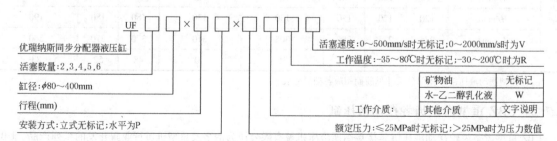

标记示例：

　　活塞数量 4，缸径 ϕ125mm，行程 395mm，立式安装，额定压力 28MPa，工作介质为矿物油，介质温度 50℃，活塞速度 100mm/s 的同步分配器液压缸，标记为

UF4ϕ125×395×28

（2）技术性能及应用

① 技术性能

表 21-6-117

压　　力	工作压力 0~25MPa,启动压力不大于 0.3MPa,耐压试验压力 32MPa
工作介质	矿物油,特殊 UF 缸可使用水、水-乙二醇乳化液、磷酸酯以及各种弱酸、碱介质
工作温度	常规缸-35~80℃,高温缸-30~220℃
活塞速度	常规缸不大于 500mm/s,高速缸不大于 2000mm/s
排　　量	双活塞 UF 缸最大排量为 2×240L,四活塞 UF 缸最大排量为 4×120L

注：由于 UF 缸是多活塞串联，因此 UF 缸的行程（尤其是多缸同步时）不宜太长。

② UF 缸的选用方法

a. 计算 UF 缸的行程：UF 缸活塞行程是有同步要求的液压缸工作容积与 UF 缸环形面积之比。

例 1 柱塞直径 ϕ80mm、行程 1000mm 的柱塞缸的容积，或者是缸径 ϕ80mm、杆径 ϕ45mm、行程 1000mm 的活塞缸无杆腔的容积均为：$(80/20)^2 \times \pi \times (1000/10) = 1600\pi$ cm^3，如选用缸径 ϕ125mm 的 UF 缸，则 UF 缸的行程应为 $[1600\pi/(32.81\pi)] \times 10 \approx 488$mm，如选用缸径 ϕ140mm 的 UF 缸，则 UF 缸的行程应为 $[1600\pi/(39.08\pi)] \times 10 \approx 409$mm。

例 2 缸径 ϕ100mm，杆径 ϕ70mm，行程 1000mm 的活塞缸的有杆腔容积为 $[(100/20)^2 - (70/20)^2] \times \pi \times (1000/10) = 1275\pi$ cm^3，如选用缸径 ϕ125mm 的 UF 缸，则 UF 缸行程为 $[1275\pi/(32.81\pi)] \times 10 \approx 389$mm。

b. 为防止由于计算误差、制造误差以及管路容积损失等造成的容积亏损，一般情况下，UF 缸的实际行程比计算行程要大 3~20mm。因此，例 1 中当选用 UF125 缸时，行程可加大到 495mm，当选用 UF140 缸时，行程可加大到 415mm；例 2 中 UF125 缸的行程可加大到 395mm。UF 缸实际行程加长后还可避免每次行程终端的撞击，延长其使用寿命。

③ UF 缸的安装

为节省空间及延长使用寿命，UF 缸采用垂直安装，安装法兰的基础必须安全可靠。确需水平放置的 UF 缸，应尽量保持水平，较长较重的 UF 缸应多增加几个支承点，并牢牢固定，防止换向产生的冲击窜动。水平放置的 UF 缸不提供缸底安装法兰，可根据用户要求提供安装支座。

④ 应用 UF 缸的同步回路

由 UF 缸组成的同步回路有许多种，下面仅举两个常用的例子。

例 1 四只单作用柱塞缸的同步回路（图 21-6-6）

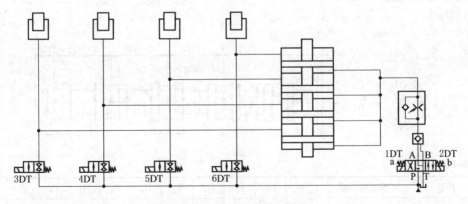

3DT　　4DT　　5DT　　6DT

1DT A B 2DT
a　P　T　b

图 21-6-6　柱塞缸同步回路

当 1DT（图 21-6-6）得电时三位四通电磁阀换向，压力油进入同步缸四个下腔，推动四个活塞向上运动，将等量介质分别输入四个柱塞缸，四个柱塞同步升起。电磁铁 1DT 失电，换向阀复位，柱塞缸停止运行。UF 缸下腔油被液控单向阀锁定，柱塞不会下降。2DT 得电，换向阀换向，液控单向阀打开，由载荷形成的压力使 UF 缸活塞向下运动，介质经节流阀节流后回油箱，四个柱塞同步下降。为防意外，每个柱塞缸都安装了一个补油两位两通阀，该阀必须为无泄漏阀。该阀由安装在柱塞缸上升终端前（具体数值根据同步误差要求确定）的行程或接近开关操纵。例如，当要求同步精度不低于 2mm 时，则在柱塞缸行程终端前 1.5mm 处各安装一个行程开关，当有的缸已到达行程终点，而有的缸尚未触动行程开关时，便由系统发出声光报警并使两通阀电磁铁得电，两通阀换向，压力油直接进入该液压缸，使其达到行程终点。当出现报警信号时应及时排除故障，故障可能由以下原因造成：管路、接头外泄漏；柱塞缸外泄漏；补油阀内、外泄漏；UF 缸内、外泄漏。

例 2 四只双作用活塞缸的同步回路（图 21-6-7）

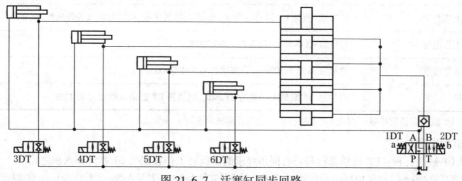

图 21-6-7　活塞缸同步回路

活塞缸有杆腔、无杆腔都可以与 UF 缸相连，由用户任选。一般应选择容积小、工作压力低的一腔与 UF 缸相连。1DT（图 21-6-7）得电，换向阀换向，压力油进入活塞缸无杆腔，活塞运动将有杆腔介质输入 UF 缸四个上腔，推动 UF 缸活塞向下运动。由于各腔环形截面积相等，因此当活塞运动时，其输出、输入的压力介质的流量、体积完全相同。UF 缸下腔油液经液控单向阀返回油箱，而活塞缸四活塞杆同步伸出。1DT 失电，换向阀复中位，液控单向阀将所有液压缸锁定。2DT 得电，压力油进入 UF 缸下腔，推动活塞，将上腔油输入活塞缸有杆腔，活塞杆同步缩回。补油操作与柱塞缸基本相同，只是行程开关应放在活塞杆全部缩回的终端位置前。

⑤ UF 缸的使用注意事项

由于 UF 缸是容积同步缸，任何泄漏都将影响其同步效果，因此必须做到以下几点。

a. 所有缸、补油阀、管路、接头等不得有泄漏。

b. 所有缸以及管路内部所有气体必须排净。UF 缸的金属密封螺塞排气后必须旋紧。

c. 压力介质应经过过滤，清洁度在 NAS 1638-9 级或 ISO 4406-19/15 级以内。

d. 工作压力不得超过额定压力。

e. 安装基础要牢固可靠。

f. 一旦发出同步误差报警应及时检查修复。

g. 高压长管路应尽量减小其胀缩量。

（3）外形尺寸

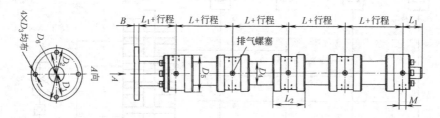

表 21-6-118 　　　　　　　　　　　　　　　　　　　　　　　　　　　　　　　　　　　mm

缸径	杆径	环形面积/cm²	L	L_1	L_2	D_1	D_2	D_3	D_4	D_5	D_6	B	M
80	40	12π	154	50	104	180	210	17	108	152	50	16	M27×2
100	40	21π	187	60	125	215	250	17	127	176	50	16	M33×2
125	50	32.81π	227	65	145	260	300	17	159	220	60	16	M42×2
140	63	39.08π	231	65	155	290	335	17	178	246	70	16	M42×2
160	70	51.75π	242	70	176	330	380	17	194	272	80	16	M48×2

缸径	杆径	环形面积/cm²	L	L_1	L_2	D_1	D_2	D_3	D_4	D_5	D_6	B	M
180	70	68.75π	262	70	186	365	420	17	219	300	80	16	M48×2
200	90	79.75π	262	75	196	400	460	22	245	330	100	20	M48×2
220	100	96π	262	75	216	450	520	22	270	365	110	20	M48×2
250	110	126π	296	80	236	500	570	22	299	410	120	20	M48×2
280	125	156.94π	306	80	256	570	660	22	325	462	130	20	M48×2
320	140	207π	326	80	256	650	750	22	375	525	150	20	M48×2
360	160	260π	356	80	276	650	780	22	420	560	170	20	M48×2
400	160	336π	406	80	276	730	820	22	470	625	170	20	M48×2

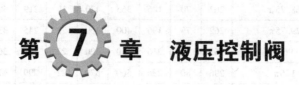

第 7 章　液压控制阀

1　液压控制阀的类型、结构原理及应用

1.1　液压控制阀的类型

表 21-7-1

类别		型号及图形符号	工作压力范围/MPa	额定流量/L·min⁻¹	主要用途	类别		型号及图形符号	工作压力范围/MPa	额定流量/L·min⁻¹	主要用途
压力控制阀	溢流阀	直动型溢流阀	0.5~63	2~350	（1）作定压阀，保持系统压力的恒定（2）作安全阀，保证系统安全（3）使系统卸荷，节省能量消耗（4）远程调压阀用于系统高、低压力的多级控制	压力控制阀	溢流减压阀		6.3	25~63	主要用于机械设备配重平衡系统中，兼有溢流阀和减压阀的功能
		先导型溢流阀	0.3~35	40~1250			顺序阀	直动型顺序阀	1~21	50~250	利用油路本身的压力控制执行元件顺序动作，以实现油路的自动控制若将阀的出口直接连通油箱，可作卸荷阀使用
		卸荷溢流阀	0.6~32	40~250				直动型单向顺序阀	1~21	50~250	
		电磁溢流阀常闭(或常开)	0.3~35	100~600				先导型顺序阀	0.5~31.5	20~500	单向顺序阀又称平衡阀，用以防止执行机构因其自重而自行下滑，起平衡支承作用
	减压阀	先导型减压阀	6.3~35	20~300	用于将出口压力调节到低于进口压力，并能自动保持出口压力的恒定			先导型单向顺序阀	6.3~31.5	20~500	改变阀上下盖的方位，可组成七种不同功用的阀
		单向减压阀	6.3~21	20~300			平衡阀		31.5	80~560	用在起重液压系统中，使执行元件速度稳定。在管路损坏或制动失灵时，可防止重物下落

类别		型号及图形符号	工作压力范围/MPa	额定流量/L·min⁻¹	主要用途	类别		型号及图形符号	工作压力范围/MPa	额定流量/L·min⁻¹	主要用途
压力控制阀	载荷相关背压阀		6.3~10	25~63	可使背压随载荷变化而变化。利用此阀可组成一个载荷增大，背压自动降低，反之载荷减小，背压增加的系统，运动平稳，系统效率高	流量控制阀	行程控制阀	单向行程节流阀	20	100	可依靠碰块或凸轮来自动调节执行元件的速度。液流反向流动时，经单向阀迅速通过，执行元件快速运动
	压力继电器		10~50	—	将油压信号转换为电气信号。有的型号能发出高、低压力两个控制信号			单向行程调整阀 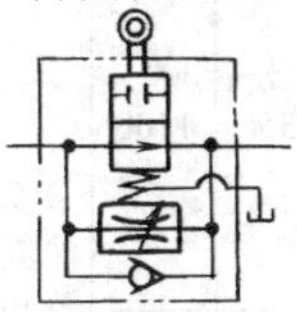	20	0.07~50	
流量控制阀	节流阀	节流阀	14~31.5	2~400	通过改变节流口的大小来控制油液的流量，以改变执行元件的速度		分流集流阀	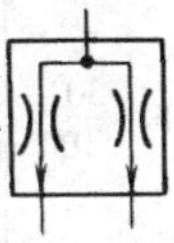 分流阀	31.5	40~100	用于控制同一系统中的2~4个执行元件同步运行
		单向节流阀	14~31.5	3~400				单向分流阀			
		双单向						分流集流阀 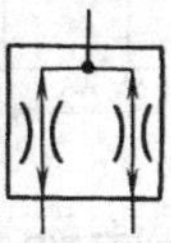	20~31.5	2.5~330	
	调速阀	调速阀	6.3~31.5	0.015~50	能准确地调节和稳定油路的流量，以改变执行元件的速度 单向调速阀可以使执行元件获得正反两方向不同的速度	方向控制阀	单向阀	单向阀 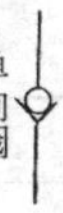	16~31.5	10~1250	用于液压系统中使油流从一个方向通过，而不能反向流动
		单向调速阀						液控单向阀 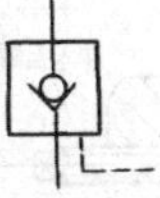	16~31.5	40~1250	可利用控制油压开启单向阀，使油流在两个方向上自由流动
		电磁调速阀	21~31.5	10~240	调节量可通过遥控传感器变成电信号或使用传感电位计进行控制		换向阀	电磁换向阀 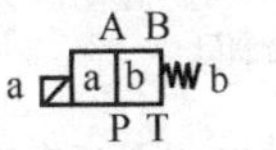 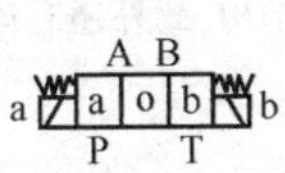	16~35	6~120	是实现液压油流的沟通、切断和换向，以及压力卸载和顺序动作控制的阀门
		流向调整板	21~31.5	15~160	必须同2FRM、2FRW型叠加一同使用，这样调速阀可以在两个方向上起稳定流量的作用						

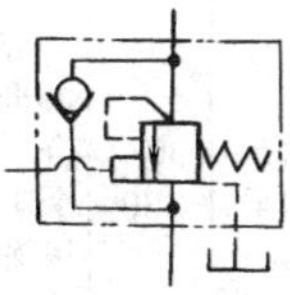

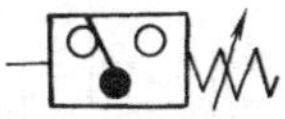

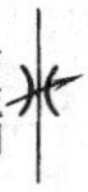

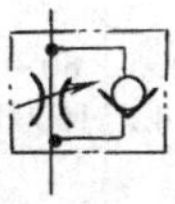

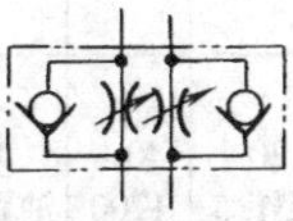

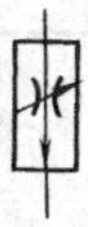

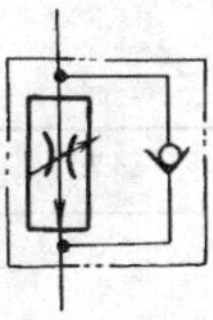

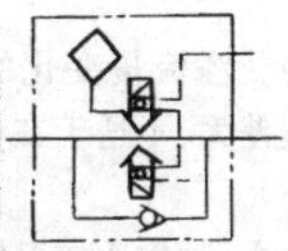

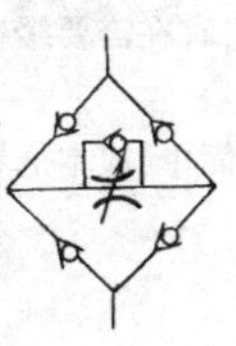

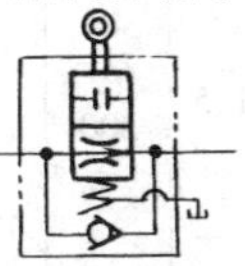

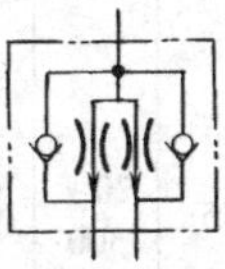

21-392

第21篇

类别		型号及图形符号	工作压力范围/MPa	额定流量/L·min⁻¹	主要用途	类别		型号及图形符号	工作压力范围/MPa	额定流量/L·min⁻¹	主要用途
方向控制阀	换向阀	液动换向阀	31.5	6~300	是实现液压油流的沟通、切断和换向,以及压力卸载和顺序动作控制的阀门	方向控制阀	换向阀	多路换向阀	10.5~14	30~130	是手动控制换向阀门的组合。以进行多个工作机构(液压缸、液压马达)的集中控制
		电液换向阀	6.3~35	300~1100				压力表开关	16~34.5	—	切断或接通压力表和油路的连接
		机动换向阀	31.5	30~100			二通插装阀		31.5~42	80~16000	用于大流量、较复杂或高水基介质的液压系统中,进行压力、流量、方向控制
		手动换向阀	35	20~500			截止阀	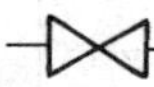	20~31.5	40~1200	切断或接通油路

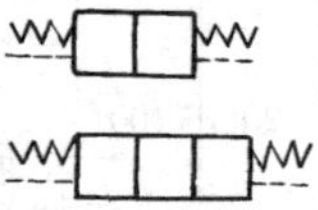

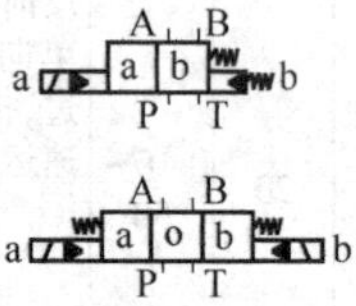

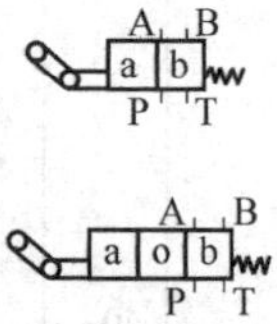

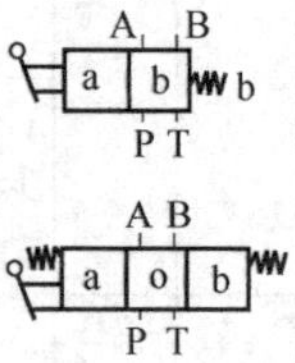

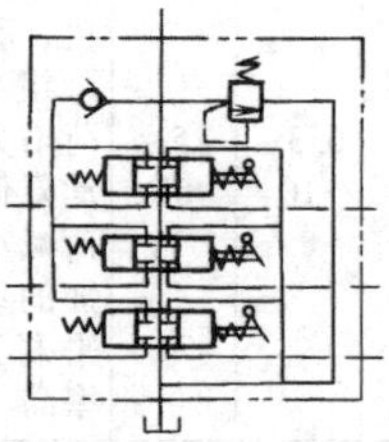

注:电液伺服阀、电液比例阀编入第22篇内。

1.2 液压控制阀的结构原理和应用

表 21-7-2

分类		组成与结构	工作原理	特点
溢流阀	直动型溢流阀	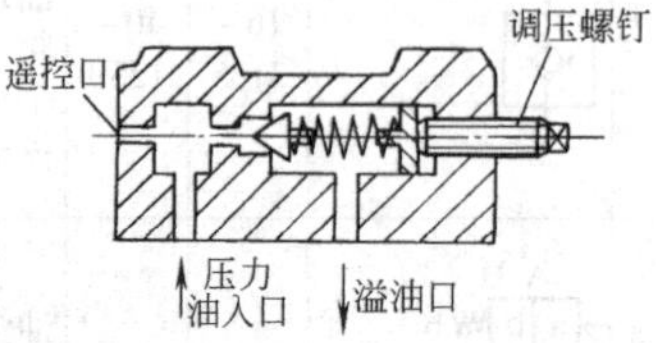 遥控口 调压螺钉 压力油入口 溢油口 图中所示为锥阀座阀芯结构,此外还有球阀座结构及滑阀座结构	如左图当系统中压力低于弹簧调定压力时,阀不起作用,当系统中压力超过弹簧所调整的压力时,锥阀被打开,油经溢油口回油箱。这种溢流阀称为直接动作式溢流阀。其压力可以进行一定程度的调节	压力受溢流量变化的影响较大,调压偏差大,不适于在高压、大流量下工作 阻力小,动作比较灵敏,压力超调量较小,宜在需要缓冲、制动等场合下使用 结构简单,成本低

分类	组成与结构	工作原理	特　点
溢 流 阀	先导型溢流阀	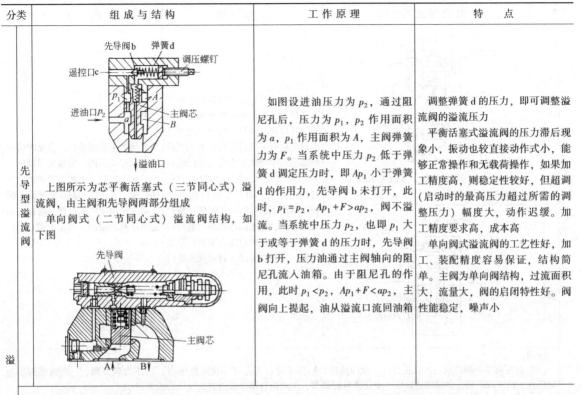 上图所示为芯平衡活塞式（三节同心式）溢流阀，由主阀和先导阀两部分组成 单向阀式（二节同心式）溢流阀结构，如下图	如图设进油压力为 p_2，通过阻尼孔后，压力为 p_1，p_2 作用面积为 a，p_1 作用面积为 A，主阀弹簧力为 F。当系统中压力 p_2 低于弹簧 d 调定压力时，即 Ap_1 小于弹簧 d 的作用力，先导阀 b 未打开，此时，$p_1=p_2$，$Ap_1+F>ap_2$，阀不溢流。当系统中压力 p_2，也即 p_1 大于或等于弹簧 d 的压力时，先导阀 b 打开，压力油通过主阀轴向的阻尼孔流入油箱。由于阻尼孔的作用，此时 $p_1<p_2$，$Ap_1+F<ap_2$，主阀向上提起，油从溢流口流回油箱	调整弹簧 d 的压力，即可调整溢流阀的溢流压力 平衡活塞式溢流阀的压力滞后现象小，振动也较直接动作式小，能够正常操作和无载荷操作，如果加工精度高，则稳定性较好，但超调（启动时的最高压力超过所需的调整压力）幅度大，动作迟缓。加工精度要求高，成本高 单向阀式溢流阀的工艺性好，加工、装配精度容易保证，结构简单。主阀为单向阀结构，过流面积大，流量大，阀的启闭特性好。阀性能稳定，噪声小

应用：

(1) 作为安全阀防止液压系统过载　溢流阀用于防止系统过载时，此阀是常闭的，如图 a。当阀前压力不超过某一预调的极限时，此阀关闭不溢油。当阀前压力超过此极限值时，阀立即打开，油即流回油箱或低压回路，因而可防止液压系统过载。通常安全阀多用于带变量泵的系统，其所控制的过载压力，一般比系统的工作压力高 8%~10%

(2) 作为溢流阀使液压系统中压力保持恒定　在定量泵系统中，与节流元件及负载并联，如图 b。此时阀是常开的，常溢油，随着工作机构需油量的不同，阀门的溢油量时大时小，以调节及平衡进入液压系统中的油量，使液压系统中的压力保持恒定。但由于溢流部分损耗功率，故一般只应用于小功率带定量泵的系统中。溢流阀的调整压力，应等于系统的工作压力

(3) 远程调压　将远程调压阀的进油口和溢流阀的遥控口（卸荷口）连接，在主溢流阀的设定压力范围内，实现远程调压，如图 c

(4) 作卸荷阀　用换向阀将溢流阀的遥控口（卸荷口）和油箱连接，可以使油路卸荷，如图 d

(5) 高低压多级控制　用换向阀将溢流阀的遥控口（卸荷口）和几个远程调压阀连接时，即可实现高低压的多级控制

(6) 作顺序阀用　将溢流阀顶盖加工出一个泄油口，而堵死主阀与顶盖相连的轴向孔，如图 e，并将主阀溢油口作为二次压力出油口，即可作顺序阀用

(7) 卸荷溢流阀　一般常用于泵、蓄能器系统中，如图 f。泵在正常工作时，向蓄能器供油，当蓄能器中油压达到需要压力时，通过系统压力，操纵溢流阀，使泵卸荷，系统就由蓄能器供油而照常工作；当蓄能器油压下降时，溢流阀关闭，油泵继续向蓄能器供油，从而保证系统的正常工作

(8) 作制动阀　对执行机构进行缓冲、制动

(9) 作加载阀和背压阀

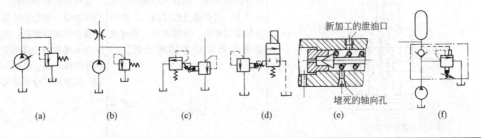

(a)	(b)	(c)	(d)	(e)	(f)

第 **21** 篇

分类	组成与结构	工作原理	特点
减压阀	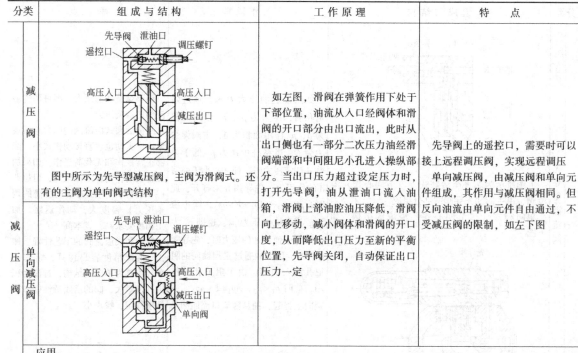图中所示为先导型减压阀，主阀为滑阀式。还有的主阀为单向阀式结构	如左图，滑阀在弹簧作用下处于下部位置，油流从入口经阀体和滑阀的开口部由出口流出，此时从出口侧也有一部分二次压力油经滑阀端部和中间阻尼小孔进入操纵部分。当出口压力超过设定压力时，打开先导阀，油从泄油口流入油箱，滑阀上部油腔油压降低，滑阀向上移动，减小阀体和滑阀的开口度，从而降低出口压力至新的平衡位置，先导阀关闭，自动保证出口压力一定	先导阀上的遥控口，需要时可以接上远程调压阀，实现远程调压 单向减压阀，由减压阀和单向元件组成，其作用与减压阀相同。但反向油流由单向元件自由通过，不受减压阀的限制，如左下图
减压阀 单向减压阀			

应用：

（1）减压阀是一种使阀门出口压力（二次油路压力）低于进口压力（一次油路压力）的压力调节阀。一般减压阀均为定压式，减压阀的阀孔缝隙随进口压力变化而自行调节，因此能自动保证阀的出口压力为恒定

（2）减压阀也可以作为稳定油路工作压力的调节装置，使油路压力不受油源压力变化及其他阀门工作时压力波动的影响

（3）减压阀根据不同需要将液压系统区分成不同压力的油路，例如控制机构的控制油路或其他辅助油路，以使不同的执行机构产生不同的工作力

（4）减压阀在节流调速的系统中及操作滑阀的油路中广泛应用。减压阀和节流阀串联在一起，用以保证节流阀前后压力差为恒定，流过节流阀的油量不随载荷而变化

（5）应用时，减压阀的泄油口必须直接接回油箱，并保证泄油路畅通。如果泄油孔有背压时，会影响减压阀及单向减压阀的正常工作

| 顺序阀 | 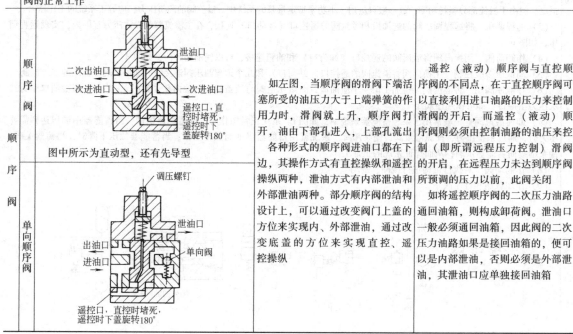图中所示为直动型，还有先导型 | 如左图，当顺序阀的滑阀下端活塞所受的油压力大于上端弹簧的作用力时，滑阀就上升，顺序阀打开，油由下部孔进入，上部孔流出
各种形式的顺序阀进油口都在下边，其操作方式有直控操纵和遥控操纵两种，泄油方式有内部泄油和外部泄油两种。部分顺序阀的结构设计上，可以通过改变阀门上盖的方位来实现内、外部泄油，通过改变底盖的方位来实现直控、遥控操纵 | 遥控（液动）顺序阀与直控顺序阀的不同点，在于直控顺序阀可以直接利用进口油路的压力来控制滑阀的开启，而遥控（液动）顺序阀则必须由控制油路的油压来控制（即所谓远程压力控制）滑阀的开启，在远程压力未达到顺序阀所预调的压力以前，此阀关闭
如将遥控顺序阀的二次压力油路通回油箱，则构成卸荷阀。泄油口一般必须通回油箱，因此阀的二次压力油路如果是接回油箱的，便可以是内部泄油，否则必须是外部泄油，其泄油口应单独接回油箱 |
| 顺序阀
单向顺序阀 | | | |

分类	组 成 与 结 构	工 作 原 理	特 点
顺序阀	应用： 　顺序阀是利用油路的压力来控制油缸或油马达顺序动作，以实现油路系统的自动控制。在进口油路的压力没有达到顺序阀所预调的压力以前，此阀关闭；当达到后，阀门开启，油液进入二次压力油路，使下一级元件动作。其与溢流阀的区别，在于它通过阀门的阻力损失接近于零 　顺序阀内部装有单向元件时，称为单向顺序阀，它可使油液自由地反向通过，不受顺序阀的限制，在需要反向的油路上使用单向顺序阀较多 　（1）控制油缸或油马达顺序动作　直控顺序阀或直控单向顺序阀可用来控制油缸或油马达顺序动作，如图 a。当油缸的左端进油时，油缸"Ⅰ"先向右行到终点，油路的压力增高，使顺序阀 a 打开，油缸"Ⅱ"即开始向右行，反之亦然，其动作顺序如图中 1、2、3、4 所示。如果图中的单向阀与顺序阀在一个阀体中，便是单向顺序阀 　（2）作普通溢流阀用　将直控顺序阀的二次压力油路接回油箱，即成为普通起安全作用的溢流阀 　（3）作卸荷阀用　如图 b，作蓄能器系统泵的自动卸荷用 　（4）作平衡阀用　用来防止油缸及工作机构由于本身重量而自行下滑，图 c 　遥控顺序阀及遥控单向顺序阀，其应用原理与直控相似，不过控制阀门的开启不是由主油路的压力操纵，而是由另外的控制油路来操纵		

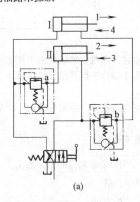
(a)

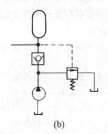
(b)

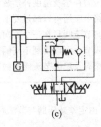
(c)

| 压力继电器 | 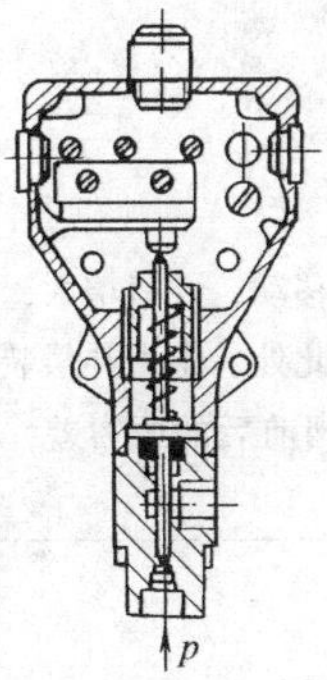 一般分滑阀式（柱塞式）、弹簧管式、膜片式和波纹管式四种结构型式
图中所示为单触点柱塞式 | 滑阀式结构原理如左图，压力油作用在压力继电器底部的柱塞上，当液压系统中的压力升高到预调数值时，液压力克服弹簧力，推动柱塞上移，此时柱塞顶部压下微动开关的控制电路的触头，将液压信号转换为电气信号，使电气元件（如电磁阀、电机、电磁溢流阀和时间继电器等）动作，从而实现自动程序控制和安全作用 ||
| | 应用：
（1）在压力达到设定值时，使油路自动释压或反向运动（通过电磁阀控制）
（2）在规定范围内若大于调定压力，则启动或停止液压泵电动机
（3）在规定压力下，使电磁阀顺序动作
（4）作为压力的警号或信号、安全装置或用以停止机器
（5）油压机中启动增压器
（6）启动时间继电器
（7）在主油路压力降落时，停止其辅助装置
（8）PF 型压力继电器可作为两个高低压力间的差压控制装置 |||

第 **21** 篇

分类		组成与结构	工作原理	特　点
节流阀	节流阀	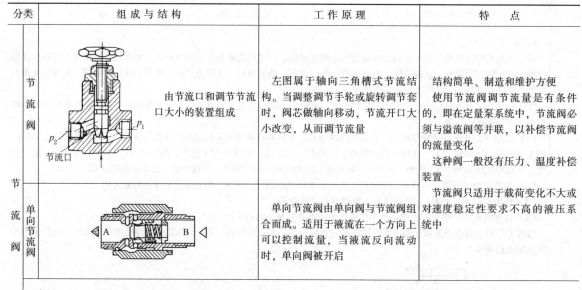 由节流口和调节节流口大小的装置组成	左图属于轴向三角槽式节流结构。当调整调节手轮或旋转调节套时，阀芯做轴向移动，节流开口大小改变，从而调节流量	结构简单、制造和维护方便 使用节流阀调节流量是有条件的，即在定量泵系统中，节流阀必须与溢流阀等并联，以补偿节流阀的流量变化 这种阀一般没有压力、温度补偿装置 节流阀只适用于载荷变化不大或对速度稳定性要求不高的液压系统中
	单向节流阀	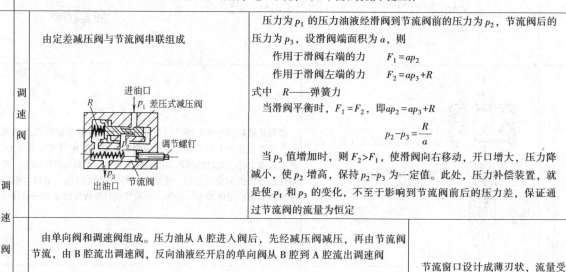	单向节流阀由单向阀与节流阀组合而成。适用于液流在一个方向上可以控制流量，当液流反向流动时，单向阀被开启	

应用：

节流阀是简易的流量控制阀，它的主要用途是接在压力油路中，调节通过的流量，以改变液压机的工作速度。这种阀门没有压力补偿及温度补偿装置，不能自动补偿载荷及油黏度变化时所造成的速度不稳定，但其结构简单紧凑，故障少，一般油路中应用可以满足要求

单向节流阀只在一个方向起调速作用，反向液流可以自由通过，若要求调节反向速度时，必须另接入一个节流阀，通过分别调节，可以得到不同的往复速度

节流阀及单向节流阀在回路上的应用方法一般有，进口节流、出口节流和旁路节流三种

分类		组成与结构	工作原理	特　点
调速阀	调速阀	由定差减压阀与节流阀串联组成 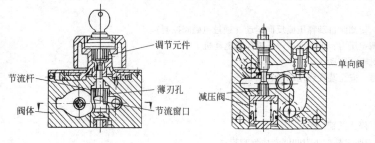	压力为 p_1 的压力油液经滑阀到节流阀前的压力为 p_2，节流阀后的压力为 p_3，设滑阀端面积为 a，则 　作用于滑阀右端的力　$F_1 = ap_2$ 　作用于滑阀左端的力　$F_2 = ap_3 + R$ 式中　R——弹簧力 　当滑阀平衡时，$F_1 = F_2$，即 $ap_2 = ap_3 + R$， $$p_2 - p_3 = \frac{R}{a}$$ 当 p_3 值增加时，则 $F_2 > F_1$，使滑阀向右移动，开口增大，压力降减小，使 p_2 增高，保持 $p_2 - p_3$ 为一定值。此处，压力补偿装置，就是使 p_1 和 p_3 的变化，不至于影响到节流阀前后的压力差，保证通过节流阀的流量为恒定	
	单向调速阀	由单向阀和调速阀组成。压力油从 A 腔进入阀后，先经减压阀减压，再由节流阀节流，由 B 腔出调速阀，反向油液经开启的单向阀从 B 腔到 A 腔流出调速阀		节流窗口设计成薄刃状，流量受油的黏度变化的影响小 左图阀中的减压阀无弹簧端处装有行程调节器，经调整可以防止阀突然投入工作时出现的流量跳跃现象 当此阀与整流板叠加时，可以实现同一回路的双向流量控制

分类	组成与结构	工作原理	特　点
调速阀	**应用：** 调速阀在定量泵液压系统中与溢流阀配合组成进油、回油或旁路节流调速回路。还可组成同一执行元件往复运动的双向节流调速回路和容积节流调速回路 调速阀适用于执行元件载荷变化大，而运动速度稳定性又要求较高的液压系统		

行程控制阀

单向行程节流阀　**单向行程调速阀**

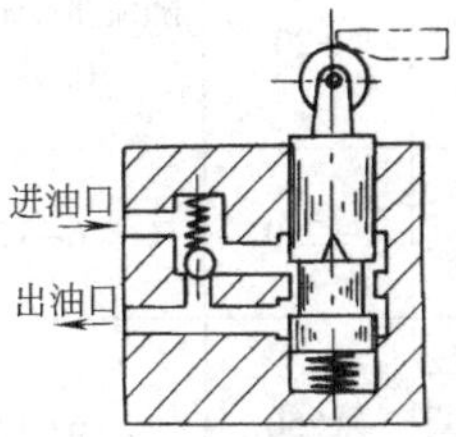

单向行程节流阀原理　　单向行程调速阀原理

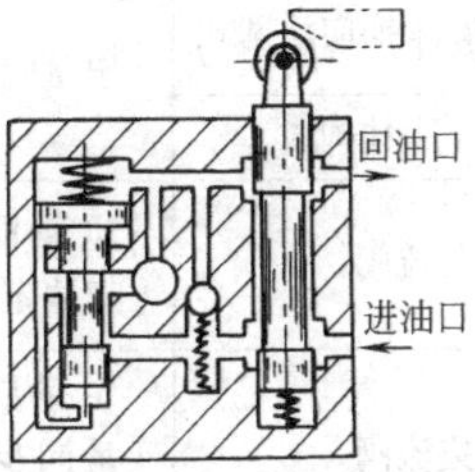

应用：
行程控制阀串联在液压缸的回路中，用来自动限制液压缸的行程和运动速度，避免冲击以达到精确定位。液压缸或工作机构在行进到规定位置时，工作机构上的控制凸块将行程控制阀逐步关闭，使液压缸在终点前逐渐减速停止（行程节流阀）或改变进入液压缸的油量，使速度降低（行程调速阀）
单向行程控制阀使回程油液能自由通过

分流集流阀

分流阀　**集流阀**　**分流集流阀**

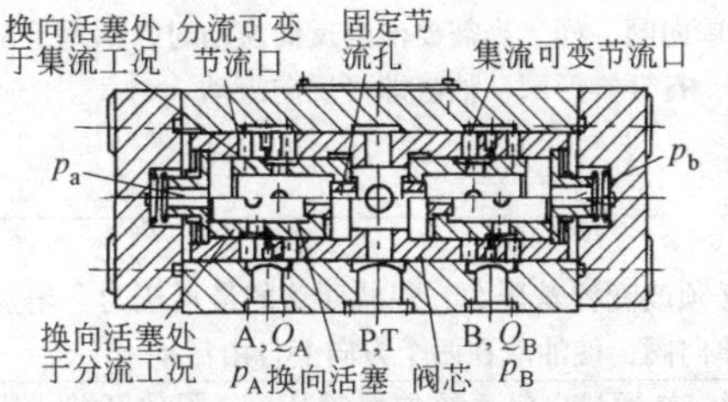

换向活塞式分流-集流阀的结构原理图如上图中所示。根据液流方向，可分为分流阀、集流阀和分流集流阀；根据结构和工作原理，可分为换向活塞式、挂钩式、可调式和自调式

分流集流阀是利用载荷压力反馈的原理，来补偿因载荷压力变化而引起流量变化的一种流量控制阀。但它只控制流量的分配，而不控制流量的大小

左图阀分流时，因 $p>p_a$（或 p_b），此压力差将换向活塞分开处于分流工况。当外载荷相同，即 $p_A=p_B$ 时，p_a 也就等于 p_b，阀芯处于中间对称位置，节流孔前后压差相等（即 $p-p_a=p-p_b$），故 $Q_A=Q_B$。当外载荷不相同时，如 p_A 增加，引起 p_a 瞬时增加，由于 $p_a>p_b$，阀芯右移，于是左边分流节流口开大，右边分流节流口关小，这样使 p_a 减小，使 p_b 增加，直到 $p_a=p_b$ 时，阀芯停在一个新的位置上，使得 $p-p_a$ 又等于 $p-p_b$，Q_A 又等于 Q_B，仍能保证执行元件同步。集流时，因 $p-p_a$（或 p_b），两个换向活塞合拢处于集流工况，其等量控制的原理与分流时相同

分流集流阀的压力损失比较大，故不适用于低压系统
分流集流阀在动态时不能保证速度同步精度，故不适用于载荷压力变化频繁或换向工作频繁的系统
分流集流阀内部各节流孔相通，当执行元件在行程中需要停止时，为了防止执行元件因载荷不同而相互窜油，应在油路上接入液控单向阀

应用：
分流集流阀在液压系统中可以保证 2~4 个执行元件在运动时的速度同步
使用分流集流阀应注意正确选用阀的型号和规格，以保证适宜的同步精度。安装时应保持阀芯轴线在水平位置，切忌阀芯轴线垂直安装，否则会降低同步精度。串联连接时，系统的同步精度误差一般为串联的各分流集流阀速度同步误差的叠加值；并联连接时，速度同步误差一般为其平均值

第 21 篇

分类	组成与结构	工作原理	特 点

<table>
<tr><td rowspan="14">分流集流阀</td><td colspan="3">分流集流阀性能比较</td></tr>
</table>

分类		适应系统类型	允许流量变化范围/%	压力损失/MPa	同步精度稳定性
固定式分流集流阀	换向活塞式	定量同步系统	±20	随流量变化一般 0.8～1	随流量变化不稳定
	挂钩式				
可调式分流集流阀		定量同步系统；人工调定变量系统	±250	6～12	人工调定后稳定
自调式分流集流阀		定量同步系统；变量同步系统；调速同步系统	±250	6～12	稳定

注：固定比例式分流集流阀、自调比例式分流集流阀、分流阀和单向分流阀等的选用，也可参考此表

单向阀	单向阀	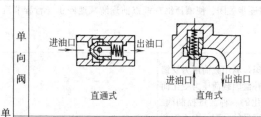 进油口　出油口　　进油口　出油口　直通式　　直角式	单向阀有直通式和直角式两种，结构及工作原理如左图。直通式结构简单，成本低，体积小，但容易产生振动，噪声大，在同样流量下，它的阻抗比直角式大，更换弹簧不方便
	液压操纵单向阀	进油口　出油口　控制油口	是由上部锥形阀和下部活塞所组成，在正常油液的通路时，不接通控制油，与一般直角式单向阀一样。当需要油液反向流动时，活塞下部接通控制油，使阀杆上升，打开锥形阀，油液即可反向流动

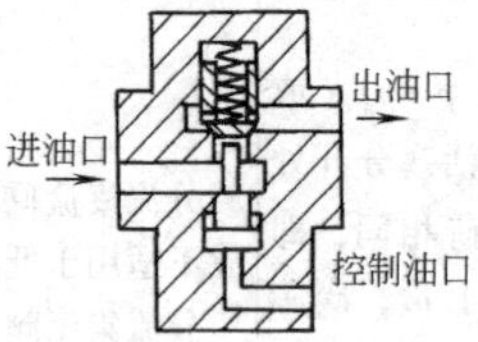

应用：

单向阀用于液压系统中防止油液反向流动。也可作背压阀用，但必须改变弹簧压力，保持回路的最低压力，增加工作机构的运动平稳性。液控单向阀与单向阀相同，但可利用控制油开启单向阀，使油液在两个方向上自由流动

换向阀	电磁换向阀	电磁换向阀是实现油路的换向、顺序动作及卸荷的液压控制阀，是通过电气系统的按钮开关、限位开关、压力继电器、可编程控制器以及其他元件发出的电信号控制的

电磁换向阀的电磁铁有交流、直流和交流本整型三种，又分干式和湿式。直流电磁换向阀的优点是换向频率高，换向特性好，工作可靠度高，对低电压、短时超电压、超载和机械卡住反应不敏感。交流电磁换向阀（非本整型）的优点是动作时间短，电气控制线路简单，不需特殊的触头保护；缺点是换向冲击大，启动电流大，线圈比直流的易损坏。湿式电磁铁具有良好的散热性能，工作噪声也小。无论干式或湿式电磁铁，直流的使用寿命总要比交流的长

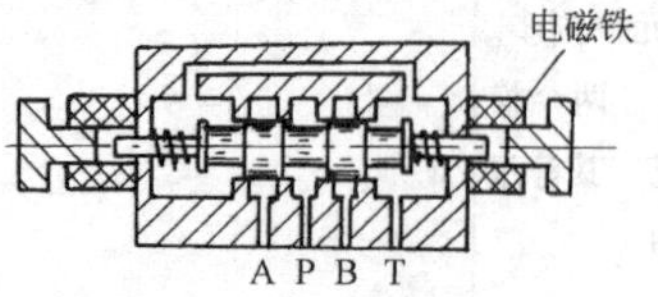

电磁铁

A P B T

图中所示为滑阀阀芯，它借助于电磁铁吸力直接被推动到不同的工作位置上。还有以钢球作为阀芯的，电磁铁通过杠杆推动球阀，使其推力放大 3～4 倍，以适应高的工作压力，允许背压也高，适宜在高压、高水基介质的系统中使用

电磁换向阀电源电压有多种等级，直流的常用24V、交流的常用220V。对电源要求如下：

(1) 直流电磁铁对电源要求

1) 稳压源、蓄电池或桥式全波整流装置等电源装置只要容量满足要求都能使直流电磁铁可靠地工作

2) 在桥式全波整流装置的输出端，不需并联滤波电容。因直流电磁铁的线圈本身就带有电感性质，而容量不足的滤波电容反而会造成电磁铁输入电压的下降

续表

分类	组成与结构	工作原理	特 点
电磁换向阀		3）电磁铁通断的开关应安装在直流输出端，以免切断电源时整流电路成为电磁铁线圈的放电回路，延长电磁铁的释放时间 4）为保护开关触点，用户往往在直流电磁铁线圈两端并接放电二极管，此法会延长电磁铁释放时间，在要求释放时间短的场合，可并接与输入电压相匹配的压敏电阻 （2）交流电磁铁对电源要求 1）电源电压要求尽量稳定。由于交流电磁铁的吸力与电源电压的平方成正比，电压增高10%，吸力增大21%。电压下降10%，吸力减小19% 2）由于交流电磁铁的吸力和电源频率的平方成正比，而涡流损耗又与电源频率的平方成正比，因此50Hz、60Hz的阀用电磁铁尽管额定电压一致，也不能互换使用 3）由于交流电磁铁启动电流大于吸持电流，在选择电源容量、特别是在选择控制变压器容量时，必须考虑这一因素	
换　向　阀 液动换向阀	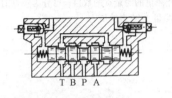 T B P A	液动换向阀是利用控制油路改变滑阀位置的换向阀 可调式液动换向阀是在阀体上装有单向节流元件，以调节控制油路的油量，来调节换向时间	
电液换向阀	由电磁换向阀和液动换向阀组成 先导阀（电磁阀） 电磁铁 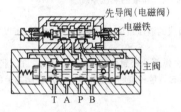 主阀 T A P B	电液换向阀由电磁阀起先导控制作用，液动换向阀进行油路换向、卸荷及顺序动作 电液换向阀的换向快慢，可用控制油路中的节流阀（阻尼器）来调节，以避免液压系统的换向冲击。一般适用于流量较大的液压系统中，使用电源要求与电磁换向阀相同	
机动换向阀	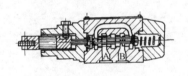 A B	是利用机械的挡块或凸轮压住或离开行程滑阀的滚轮，以改变滑阀的位置，来控制油流方向 一般为二位的或三位的，并有各种不同的通路数	
手动换向阀	A P B T	是用手动杠杆操纵的方向控制阀。手动换向阀分为自动复位及弹跳机构定位。左图为弹簧复位式	
多路换向阀	溢流阀　进油口　单向阀 手动换向阀 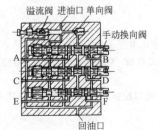 A　　B C　　D E　　F 回油口	多路换向阀集中式手动换向阀的组合，阀由2~5个三位六通手动换向阀、溢流阀、单向阀组成。有螺纹连接的公共进油口和回油口，各个控制阀有两个工作油孔以连接液压缸或液压马达。阀门分为自动复位式及弹跳定位式 根据用途的不同，阀在中间位置时，主油路有中间全封闭式、压力口封闭式及B腔常闭式等，中间位置时压力油短路卸荷。各个阀组成串联式油路时阀必须顺序操作	

续表

分类	组 成 与 结 构	工 作 原 理	特 点
换向阀	应用: 主要用于起重运输车辆、工程机械及其他行走机械。用以进行多个工作机构的集中控制 滑阀机能:是指换向滑阀在中间位置或原始位置时,阀中各油口的连通型式。滑阀机能有很多种,常见的三位四通换向阀的滑阀机能有 O、H、Y、K、M、X、P、J、C、N、U 等。采用不同滑阀机能会直接影响执行元件的工作状态,正确选择滑阀机能是十分重要的。引进国外技术生产的产品,其滑阀机能与国内产品有所不同,选用时应注意查阅产品说明书		
压力表开关	压力表开关是小型的截止阀,主要用于切断或接通压力表和油路的连接。通过开关起阻尼作用,减轻压力表急剧跳动,防止损坏。也可作为一般截止阀应用。压力表开关,按其所能测量的测量点的数目,可分为一点的及多点的。多点压力表开关可以使压力表和液压系统 1~6 个被测油路相通,分别测量 1~6 点的压力		
二通插装阀	二通插装阀由插装元件、控制盖板、先导控制元件和插装块体四个部分组成。 适用于流量大于 160L/min 的液压系统或高压力、较复杂、采用高水基工作液的液压系统 采用二通插装阀可以显著地减小液压控制阀组的外形尺寸和重量 由于二通插装阀组成的系统中使用电磁铁数量比普通液压控制阀组成的液压系统多,控制也较复杂,所以二通插装阀不适合小流量、动作简单的液压系统 下图所示为方向控制用插装元件,又称主阀组件,由阀芯、阀套、弹簧和密封件组成。油口为 A、B,控制口为 C。压力油分别作用在阀芯的三个控制面 A_A、A_B、A_C 上。如果忽略阀芯的质量和阻尼力的影响,作用在阀芯上的力平衡关系式为 $$P_t + F_s + p_C A_C - p_B A_B - p_A A_A = 0$$ 式中　P_t——作用在阀芯上的弹簧力,N; 　　　F_s——阀口液流产生的稳态液动力,N; 　　　p_C——控制口 C 的压力,Pa; 　　　p_B——工作油口 B 的压力,Pa; 　　　p_A——工作油口 A 的压力,Pa; A_A、A_B、A_C——三个控制面的面积,m^2 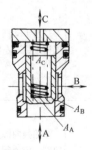 当控制口 C 接油箱卸荷时,若 $p_A > p_B$,液流由 A 至 B;若 $p_A < p_B$,液流由 B 至 A 当控制口 C 接压力油时,若 $p_C \geqslant p_A$、$p_C \geqslant p_B$,则油口 A、B 不通。由此可知,它实际上相当于一个液控二位二通阀 压力、流量控制用插装元件的阀芯和左图结构有所不同 插装元件插装在阀体或集成块中,通过阀芯的启闭和开启量的大小,可以控制主回路液流的通断、压力高低和流量大小		

2　中、高压系列液压阀

2.1　D 型直动式溢流阀、遥控溢流阀

D 型直动式溢流阀用于防止系统压力过载和保持系统压力恒定；遥控溢流阀主要用于先导型溢流阀的远程压力调节。

型号意义：

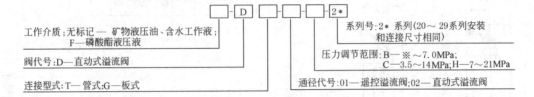

工作介质；无标记 —— 矿物液压油、含水工作液；
F—磷酸酯液压液

阀代号：D—直动式溢流阀

连接型式：T—管式；G—板式

系列号：2* 系列(20～29系列安装和连接尺寸相同)

压力调节范围：B— ※～7.0MPa；
C—3.5～14MPa；H—7～21MPa

通径代号：01— 遥控溢流阀；02—直动式溢流阀

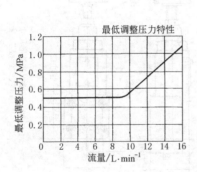

最低调整压力特性

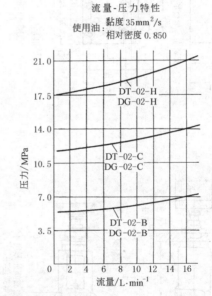

流量-压力特性

使用油　黏度 35mm²/s
相对密度 0.850

图 21-7-1　D 型直动式溢流阀特性曲线

表 21-7-3　　技术规格

名　称	通　径 /in	型　号	最大工作压力 /MPa	最大流量 /L·min⁻¹	调压范围 /MPa	质　量 /kg
遥控溢流阀	1/8	DT-01-22 DG-01-22	25	2	0.5~2.5	1.6 1.4
直动式溢流阀	1/4	DT-02- * -22 DG-02- * -22	21	16	B：0.5~7.0 C：3.5~14.0 H：7.0~21	1.5 1.5

注：生产厂为榆次油研液压有限公司。

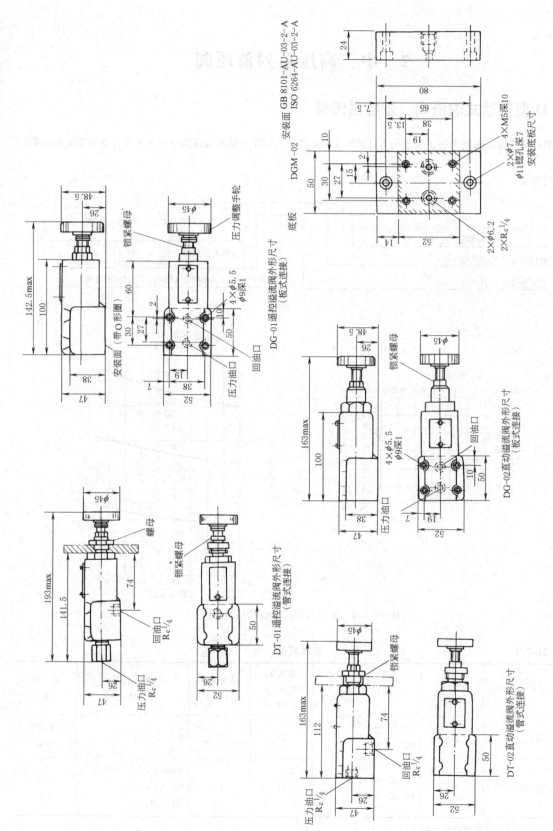

图 21-7-2　D 型遥控溢流阀、直动溢流阀外形及安装底板尺寸

2.2 B 型先导溢流阀

B 型先导式溢流阀用于防止系统压力过载和保持系统压力恒定。

型号意义：

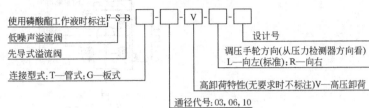

使用磷酸酯工作液时标注：F-S-B □-□-V-□-□
低噪声溢流阀
先导式溢流阀
连接型式: T—管式; G—板式
通径代号: 03, 06, 10
高卸荷特性(无要求时不标注)V—高压卸荷
调压手轮方向(从压力检测器方向看)
L—向左(标准); R—向右
设计号

表 21-7-4　　　　　　　　　　　　　技术规格

名　称	公称通径/in	型　号	调压范围/MPa	最大流量/L·min⁻¹	质量/kg
先导式溢流阀	3/8	BT-03-※-32	※ ~25.0	100	5.0
		BG-03-※-32			4.7
	3/4	BT-06-※-32		200	5.0
		BG-06-※-32			5.6
	1¼	BT-10-※-32		400	8.5
		BG-10-※-32			8.7
低噪声溢流阀	3/8	S-BG-03-※-※-40	※ ~25.0	100	4.1
	3/4	S-BG-06-※-※-40		200	5.0
	1¼	S-BG-10-※-※-40		400	10.5

注：生产厂为榆次油研液压公司。

BT 型先导溢流阀外形尺寸

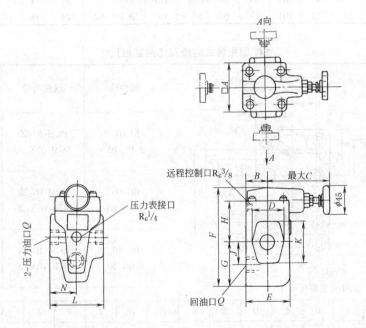

表 21-7-5　　　　　　　　　　　　　　　　　　　　　　　　　　　　　　mm

型　号	A	B	C	D	E	F	G	H	J	K	L	N	Q
BT-03	75	40	105	52	78	150.5	68.5	62	36	65	90	45	R_c 3/8
BT-06													R_c 3/4
BT-10	85	50	101	80	96	183	89	74	49	80	120	60	R_c 1¼

BG 型先导溢流阀外形尺寸

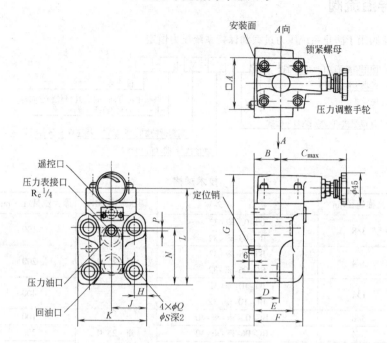

表 21-7-6

mm

型　号	A	B	C_{max}	D	E	F	G	H	J	K	L	N	P	Q	S
BG-03	75	40	105	57	78	78	137	14.1	41	82	117	77	22	13.5	21
BG-06	75	40	105	40	60	78	161	17	52	104	141	83.5	4.5	17.5	26
BG-10	85	45	101	47	67	87.5	195	20.7	62	124	175	110	6	21.5	32

表 21-7-7　BG 型先导式溢流阀连接底板尺寸

mm

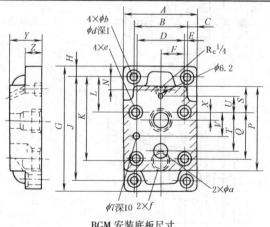

BGM 安装底板尺寸

阀型号	底板型号	连接口	质量/kg
BG-03	BGM-03-20	$R_c \frac{3}{8}$	2.4
S-BG-03	BGM-03X-20	$R_c \frac{1}{2}$	3.1
BG-06	BGM-06-20	$R_c \frac{3}{4}$	4.7
S-BG-06	BGM-06X-20	$R_c 1$	5.7
BG-10	BGM-10-20	$R_c 1\frac{1}{4}$	8.4
S-BG-10	BGM-10X-20	$R_c 1\frac{1}{2}$	10.3

型　号	A	B	C	D	E	F	G	H	J	K	L	N	P	Q
BGM-03	86	60	13	53.8	3.1	26.9	149	13	123	86	32	26	97	53.8
BGM-03X										95		21		
BGM-06	108	78	15	70	4	35	180	15	150	106.5	51	27.2	121	66.7
BGM-06X										119		18		
BGM-10	126	94	16	82.6	5.7	41.3	227	16	195	138.2	62	30.2	154	88.9
BGM-10X										158		17		

续表

型　号	S	T	U	V	X	Y	Z	a	b	d	e	f
BGM-03	19	47.4	0	22	22	32	20	14.5	11	17.5	M12 深20	$R_c\frac{3}{8}$
BGM-03X						40						$R_c\frac{1}{2}$
BGM-06	37	55.5	23.8	33.4	11	40	25	23	13.5	21	M16 深25	$R_c\frac{3}{4}$
BGM-06X						50						R_c1
BGM-10	42	76.2	31.8	44.5	12.7	50	32	28	17.5	26	M20 深28	$R_c1\frac{1}{4}$
BGM-10X						63						$R_c1\frac{1}{2}$

表 21-7-8　　　　　　　　　　　S-BG 型溢流阀外形尺寸　　　　　　　　　　mm

型号：S-BG-$\frac{03}{06}$-※-※-40、S-BG-10-※-40

型　号	A	B	C	D
S-BG-03	76	53.8	11.1	26.9
S-BG-06	98	70	14	35
S-BG-10	120	82.6	18.7	41.3

型　号	E	F	G	H
S-BG-03	53.8	73.6	26.9	163.5
S-BG-06	66.7	58.8	33.7	163.5
S-BG-10	88.9	46.1	44.9	180

型　号	J	K	N	P
S-BG-03	13.5	21	50	130
S-BG-06	17.5	26	50	130
S-BG-10	21.5	32	65	167

型　号	Q	S	T	U
S-BG-03	103	21.5	106	26.1
S-BG-06	103	26	122	19.5
S-BG-10	135	33.5	155	21.1

型　号	V	X
S-BG-03	13	36.1
S-BG-06	13	21.3
S-BG-10	18	—

安装面符合下面的 ISO 标准
S-BG-03：ISO 6264-AR-06-2-A
S-BG-06：ISO 6264-AS-08-2-A
S-BG-10：ISO 6264-AT-10-2-A

手轮右向
S-BG-$\frac{03}{06}$-※-R-40

其余尺寸请参照手轮左向图

2.3　电磁溢流阀

　　电磁溢流阀由溢流阀和电磁换向阀组合而成。通过对电磁换向阀电气控制，可使液压泵及系统卸荷或保持调定压力。也可配用遥控溢流阀，可使系统得到双压或三压控制。

型号意义:

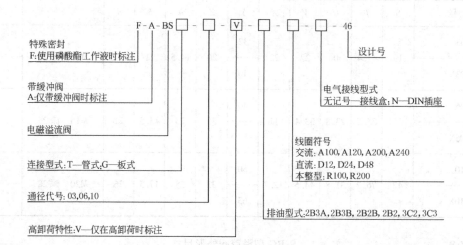

F-A-BS□-□-V-□-□-□-46

特殊密封
F:使用磷酸酯工作液时标注

带缓冲阀
A:仅带缓冲阀时标注

电磁溢流阀

连接型式:T—管式;G—板式

通径代号:03,06,10

高卸荷特性:V—仅在高卸荷时标注

设计号

电气接线型式
无记号—接线盒;N—DIN插座

线圈符号
交流:A100,A120,A200,A240
直流:D12,D24,D48
本整型:R100,R200

排油型式:2B3A,2B3B,2B2B,2B2,3C2,3C3

表 21-7-9 技术规格

型 号		最高使用压力 /MPa	调压范围 /MPa	最大流量 /L·min⁻¹	质量/kg	
管式连接	板式连接				BST 型	BSG 型
BST-03-※-※-※-※-46	BSG-03-※-※-※-※-46			100	7.4	7.1
BST-06-※-※-※-※-46	BSG-06-※-※-※-※-46	25	0.5~25	200	7.4	8.0
BST-10-※-※-※-※-46	BSG-10-※-※-※-※-46			400	11.1	11.3

表 21-7-10 排油型式

排油型式	2B3A	2B3B	2B2B
液压符号			

排油型式	2B2	3C2	3C3
液压符号			

外形尺寸

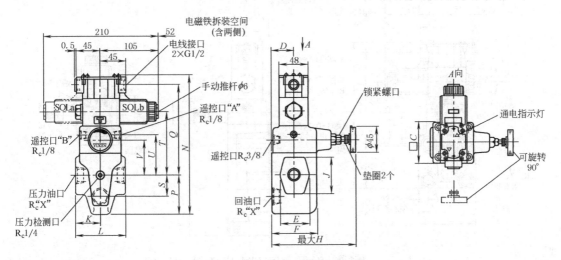

表 21-7-11   mm

型号	C	D	E	F	H	J	K	L	N	P	Q	S	T	U	V	X
BST-03	75	40	52	78	145	65	45	90	240.8	68.5	154	36	107	69	62	3/8
BST-06																3/4
BST-10	85	50	80	96	151	80	60	120	273.3	89	166	49	119	81	74	1¼

注：电磁换向阀的详细尺寸请参照电磁换向阀 DSG-01。

表 21-7-12   mm

带 缓 冲 阀	03 DIN 插座式电磁铁(可选择) BST-06-※-※-※-N 10

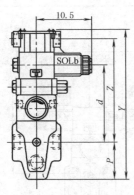

型号	Y	Z	d
A-BST-03	270.8	185	137
A-BST-06			
A-BST-10	303.3	197	149

其他尺寸参照 BST-03,06,10。

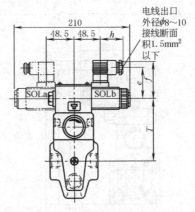

名称	线圈符号	e	f	h
交流电磁铁	A※	53	65	39
直流电磁铁	D※	64	76	39
交直变换型电磁铁	R※	57.2	79	53

其他尺寸参照 BST-03,06,10。

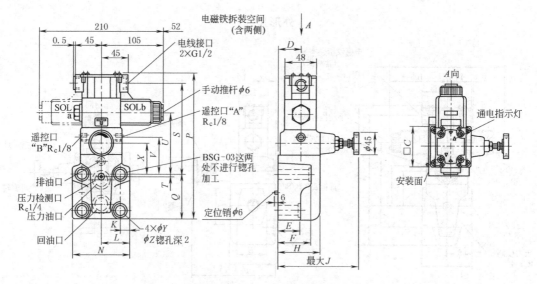

安装面 BSG-03：与 ISO 6264-AR-06-2A 一致
安装面 BSG-06：与 ISO 6264-AS-08-2A 一致
安装面 BSG-10：与 ISO 6264-AT-10-2A 一致

表 21-7-13 　　　　　　　　　　　　　　　　　　　　　　　　　　　　　　　mm

型号	C	D	E	F	H	J	K	L	N	P	Q	S	T	U	V	X	Y	Z
BSG-03	75	40	57	78	78	145	14.1	41	82	225.8	77	130.5	22	83.5	47	40	13.5	21
BSG-06	75	40	40	60	78	145	17	52	104	249.8	83.5	148	4.5	101	64.5	57.5	17.5	26
BSG-10	85	45	47	67	84	146	20.7	62	124	283.8	110	155.5	6	108.5	72	65	21.5	32

表 21-7-14 　　　　　　　　　　　　　　　　　　　　　　　　　　　　　　　mm

带 缓 冲 阀	DIN 插座式电磁铁（可选择）BSG-06-※-※-※-N
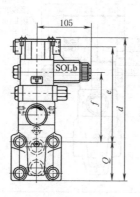	03　　10 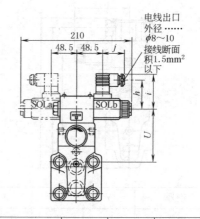

型号	d	e	f	名称	线圈符号	h	i	j
A-BSG-03	257.3	163	115	交流电磁铁	A※	53	65	39
A-BSG-06	281.3	180.5	132.5	直流电磁铁	D※	64	76	39
A-BSG-10	315.3	188	140	交直流变换型电磁铁	R※	57.2	79	53

注：其他尺寸参照 BSG-03，06，10。

2.4 低噪声电磁溢流阀

低噪声电磁溢流阀由低噪声溢流阀和电磁换向阀组成。功能与本章2.3节的电磁溢流阀相同，可使系统保持调定压力或系统卸荷。

型号意义：

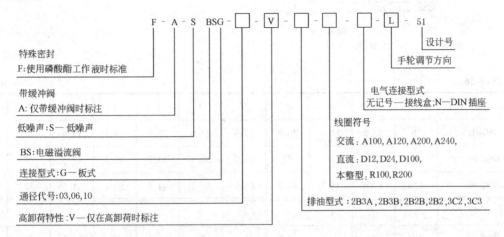

F - A - S BSG - □ - V - □ - □ - □ - L - 51

特殊密封
F：使用磷酸酯工作液时标准

带缓冲阀
A：仅带缓冲阀时标注

低噪声：S— 低噪声

BS：电磁溢流阀

连接型式：G—板式

通径代号：03,06,10

高卸荷特性：V—仅在高卸荷时标注

设计号

手轮调节方向

电气连接型式
无记号—接线盒；N—DIN插座

线圈符号

交流：A100,A120,A200,A240,

直流：D12,D24,D100,

本整型：R100,R200

排油型式：2B3A,2B3B,2B2B,2B2,3C2,3C3

表 21-7-15　　　　　　　　　　技术规格

型号	最高使用压力 /MPa	压力调整范围 /MPa	最大流量 /L·min⁻¹	质量/kg
S-BSG-03,-51			100	6.3
S-BSG-06,51	25.0	0.5~25.0	200	7.2
S-BSG-10,-51			400	12.7

外 形 尺 寸

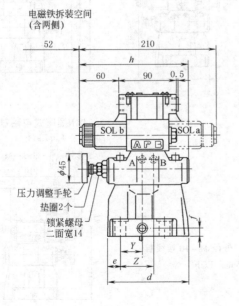

电磁铁拆装空间
(含两侧)

SOL b　APB　SOL a

φ45

压力调整手轮
垫圈2个
锁紧螺母
二面宽14

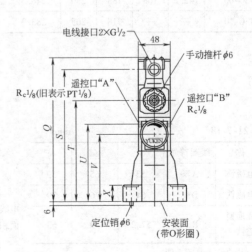

电线接口2×G1/2

手动推杆φ6

遥控口"A"
Rc1/8(旧表示PT1/8)

遥控口"B"
Rc1/8

YUKEN

定位销φ6

安装面
(带O形圈)

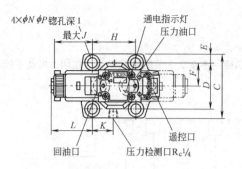

4×φN φP 锪孔深 1
最大J
H
通电指示灯
压力油口
E
F
D
C
L
K
回油口
压力检测口Rc¼
遥控口

安装面 S-BSG-03 与 ISO 6264-AR-06-2-A 一致
安装面 S-BSG-06 与 ISO 6264-AS-08-2-A 一致
安装面 S-BSG-10 与 ISO 6264-AT-10-2-A 一致

表 21-7-16 mm

型 号	C	D	E	F	H	J	K	L	N	P	Q
S-BSG-03	76	53.8	11.1	26.9	53.8	73.6	26.9	78.1	13.5	21	218.3
S-BSG-06	98	70	14	35	66.7	58.8	33.7	63.3	17.5	26	218.3
S-BSG-10	120	82.6	18.7	41.3	88.9	46.1	44.9	50.1	21.5	32	253.3

型 号	S	T	U	V	X	Y	Z	d	e	f	h
S-BSG-03	200	153	117	103	21.5	17.1	36.6	106	26.1	13	168
S-BSG-06	200	153	117	103	26	31.9	51.4	122	19.3	13	168
S-BSG-10	235	188	149	135	33.5	45.1	64.6	155	21.1	18	168.8

手轮右向型

S-BSG-03/06-※-※-※-※-R

带缓冲阀（可选择）

A-S-BSG-03/06/10

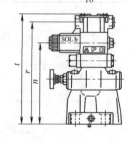

表 21-7-17 mm

型 号	i	j	n	r	t
S-BSG-03	127.4	168	183	230	248.3
S-BSG-06	142.2	168	183	230	248.3
S-BSG-10	—	—	218	265	283.3

DIN插座式电磁铁
（可选择）

S-BSG-03/06/10-※-※-※-N

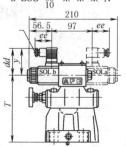

表 21-7-18 mm

名 称	线圈符号	y	dd	ee
交流电磁铁	A※	53	65	39
直流电磁铁	D※	64	76	39
交直变换型电磁铁	R※	57.2	79	53

注：其他尺寸参照上图。

电线出口外径 φ8~10 接线断面积 1.5mm² 以下

2.5 H 型压力控制阀和 HC 型压力控制阀

本元件是可以内控和外控的具有压力缓冲功能的直动型压力控制阀。通过不同组装，可作为低压溢流阀、顺序阀、卸荷阀、单向顺序阀、平衡阀使用。

型号意义：

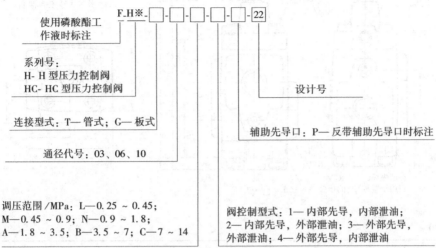

注：带辅助先导口是需用低于调定压力的外控先导压力使阀动作时用。

表 21-7-19 技术规格

通径代号	通径/mm	最大工作压力/MPa	最大流量/L·min⁻¹	质量/kg			
				HT	HG	HCT	HCG
03	10		50	3.7	4.0	4.1	4.8
06	20	21	125	6.2	6.1	7.1	7.4
10	30		250	12.0	11.0	13.8	13.8

注：生产厂为榆次油研液压公司。

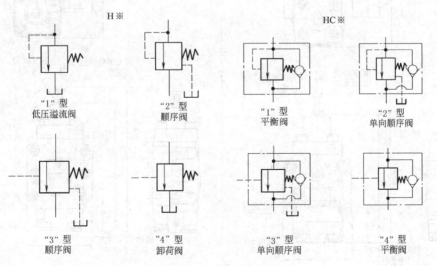

图 21-7-3 图形符号

H（C）T 型压力控制阀外形尺寸

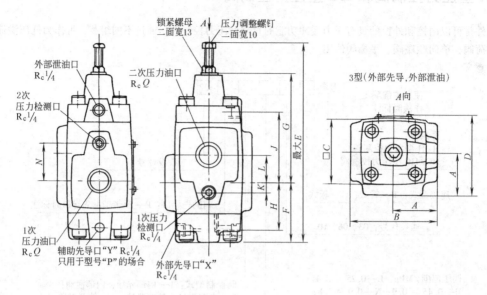

表 21-7-20　　　　　　　　　　　　　　　　　　　　　　　mm

型　号	A	B	C	D	E	F	G	H	J	K	L	N	Q
H(C)T-03	41	82	60	74(96)	191	57	106	43	70	0	28	28	3/8
H(C)T-06	48	96	73	87(116)	221	64.5	123.5	50.5	80.5	9	33	42	3/4
H(C)T-10	66	132	86	112(152)	272	84	149	66	98	12	40	52	1/4

注：表中带括号的尺寸为 HC 型阀的尺寸。

表 21-7-21　　　　　　　　　　**H（C）G 型顺序阀外形尺寸**　　　　　　　　　　　mm

H（C）G-03、06 3 型（外部先导，外部泄油）	H（C）G-10 3 型（外部先导，外部泄油）
安装面 H（C）G-03 与 ISO 5781-AG-06-2-A 一致 安装面 H（C）G-06 与 ISO 5781-AH-08-2-A 一致	安装面与 ISO 5781-AJ-10-2-A 一致
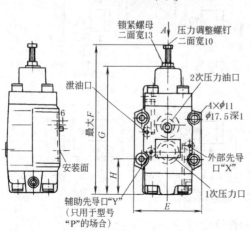	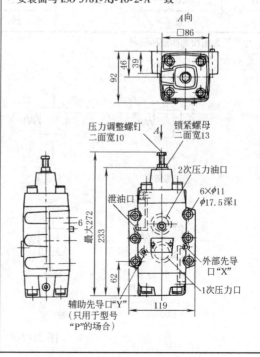

续表

型号	A	B	C	D	E	F	G	H	型号	A	B
H(C)G-03	60	67(90)	35	39(59)	89	191	163	49.6	HG-10	92	39
H(C)G-06	73	79(103)	40	39(69)	102	221	188	51	HCG-10	132	79

表 21-7-22　　　　　　安装底板型号

型号	底板型号	连接口	质量/kg	型号	底板型号	连接口	质量/kg
H(C)G-03-※※-22	HGM-03-20	$R_c\frac{3}{8}$	1.6	H(C)G-06-※※-P-22	HGM-06-P-20	$R_c\frac{3}{4}$	2.4
	HGM-03X-20	$R_c\frac{1}{2}$			HGM-06X-P-20	R_c1	3.0
H(C)G-03-※※-22	HGM-03-P-20	$R_c\frac{3}{8}$	2.0	H(C)G-10-※※-22	HGM-10-20	$R_c1\frac{1}{4}$	4.8
	HGM-03X-P-20	$R_c\frac{1}{2}$			HGM-10X-20	$R_c1\frac{1}{2}$	5.7
H(C)G-06-※※-22	HGM-06-20	$R_c\frac{3}{4}$	2.4	H(C)G-10-※※-P-22	HGM-10-P-20	$R_c1\frac{1}{4}$	4.8
	HGM-06X-20	R_c1	3.0		HGM-10X-P-20	$R_c1\frac{1}{2}$	5.7

注：使用底板时，请按表中型号订货。

表 21-7-23　　　 HGM-03 型安装底板尺寸　　　 mm

底板型号	连接口	A	B	C	D	E	F	G
HGM-03-20	$R_c\frac{3}{8}$	61	21	40.9	—	35	9.6	32
HGM-03X-20	$R_c\frac{1}{2}$							
HGM-03-P-20	$R_c\frac{3}{8}$	69.5	12.5	53.5	28.5	35	11.5	36
HGM-03X-P-20	$R_c\frac{1}{2}$	67.5	14.5			41		

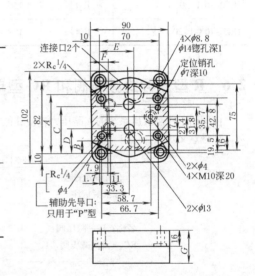

HGM-06、10 型安装底板尺寸

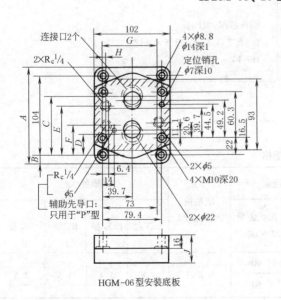

HGM-06型安装底板

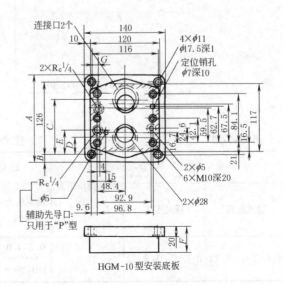

HGM-10型安装底板

表 21-7-24

mm

底板型号	连接口	A	B	C	D	E	F	G	H	J
HGM-06-20	$R_c\frac{3}{4}$	124	10	77	27	61.7	—	73	6.4	36
HGM-06X-20	R_c1	136	16	82.3	22	61.7	—	73	6.4	45
HGM-06-P-20	$R_c\frac{3}{4}$	124	10	77	27	64	39	73	3	36
HGM-06X-P-20	R_c1	136	16	82.3	22	64	39	75	3	45

底板型号	连接口	A	B	C	D	E	F	G
HGM-10-20	$R_c1\frac{1}{4}$	155	12	96	30		45	13.6
HGM-10X-20	$R_c1\frac{1}{2}$	177	25.5	104	22	—	50	13.6
HGM-10-P-20	$R_c1\frac{1}{4}$	150	12	96	30	43	45	9.6
HGM-10X-P-20	$R_c1\frac{1}{2}$	177	25.5	104	22	43	50	9.6

2.6 R 型先导式减压阀和 RC 型单向减压阀

该阀用于控制液压系统的支路压力,使其低于主回路压力。主回路压力变化时,它能使支路压力保持恒定。
型号意义:

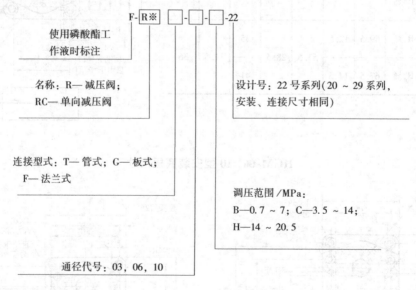

表 21-7-25 技术规格

型 号		最高使用压力 /MPa	最大流量		泄油量 /L·min⁻¹	质量/kg			
管式连接	板式连接		设定压力 /MPa	最大流量 /L·min⁻¹		RCT 型	RCG 型	RT 型	RG 型
R(C)T-03-※-22	R(C)G-03-※-22	21.0	0.7~1.0	40	0.8~1	4.8	5.4	4.3	4.5
			1.0~20.5	50					

型号意义内容:

F-R※□-□-□-22

使用磷酸酯工作液时标注

名称:R—减压阀;
RC—单向减压阀

连接型式:T—管式;G—板式;
F—法兰式

通径代号:03,06,10

调压范围/MPa:
B—0.7~7; C—3.5~14;
H—14~20.5

设计号:22 号系列(20~29 系列,
安装、连接尺寸相同)

型　号		最高使用压力/MPa	最大流量		泄油量/L·min^{-1}	质量/kg			
管式连接	板式连接		设定压力/MPa	最大流量/L·min^{-1}		RCT 型	RCG 型	RT 型	RG 型
R(C)T-06-※-22	R(C)G-06-※-22	21.0	0.7~1.0	50	0.8~1.1	7.8	8.1	6.9	6.8
			1.0~1.5	100					
			1.5~20.5	125					
R(C)T-10-※-22	R(C)G-10-※-22	21.0	0.7~1.0	130	1.2~1.5	13.8	13.8	12.0	11.0
			1.0~1.5	180					
			1.5~10.5	220					
			10.5~20.5	250					

注：1. 最大流量是指一次压力在 21.0MPa 时的值。

2. 泄油量又称先导流量，是一次油口压力与 2 次油口压力的压力差为 20.5MPa 时的值。

3. 生产厂为榆次油研液压有限公司。

表 21-7-26　　　　　　　　　　　　　　外形尺寸　　　　　　　　　　　　　　mm

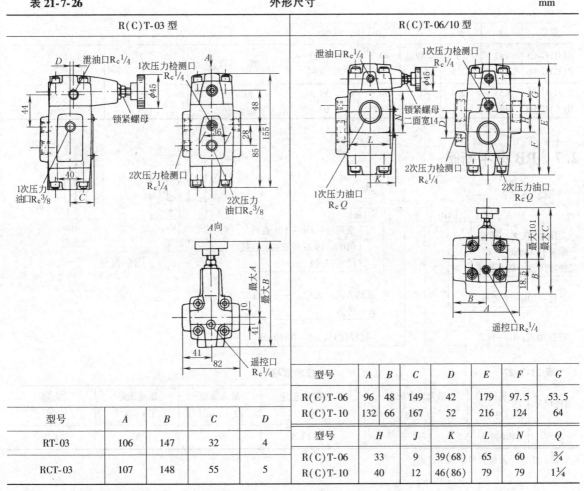

型号	A	B	C	D	E	F	G
R(C)T-06	96	48	149	42	179	97.5	53.5
R(C)T-10	132	66	167	52	216	124	64

型号	H	J	K	L	N	Q
R(C)T-06	33	9	39(68)	65	60	¾
R(C)T-10	40	12	46(86)	79	79	1¼

型号	A	B	C	D
RT-03	106	147	32	4
RCT-03	107	148	55	5

第 21 篇

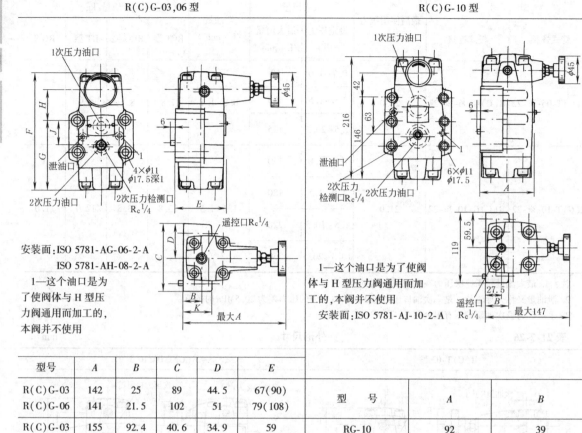

R(C)G-03,06 型					
型号	A	B	C	D	E
R(C)G-03	142	25	89	44.5	67(90)
R(C)G-06	141	21.5	102	51	79(108)
R(C)G-03	155	92.4	40.6	34.9	59
R(C)G-06	179	111	40	48	69

型　　号	A	B
RG-10	92	39
RCG-10	132	79

安装面:ISO 5781-AG-06-2-A
　　　　ISO 5781-AH-08-2-A

1—这个油口是为了使阀体与 H 型压力阀通用而加工的,本阀并不使用

1—这个油口是为了使阀体与 H 型压力阀通用而加工的,本阀并不使用

安装面:ISO 5781-AJ-10-2-A

2.7　RB 型平衡阀

型号意义:

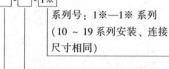

工作介质:F— 磷酸酯液;无标记 — 矿物液压油、高水基液

名称:RB— 平衡阀

连接型式:G— 板式

系列号:1※—1※ 系列
(10 ~ 19 系列安装、连接尺寸相同)

泄油方式:无标记 — 内泄;
R— 外泄

通径代号:03—DN10

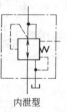
内泄型

外泄型

图形符号

表 21-7-27　　　　　　　　　　　　技术规格

通径代号	通径/mm	最大工作压力/MPa	压力调节范围/MPa	最大流量/L·min⁻¹	溢流流量/L·min⁻¹	质量/kg
03	10(⅜")	14	0.6~13.5	50	50	4.2

注:生产厂为榆次油研液压公司。

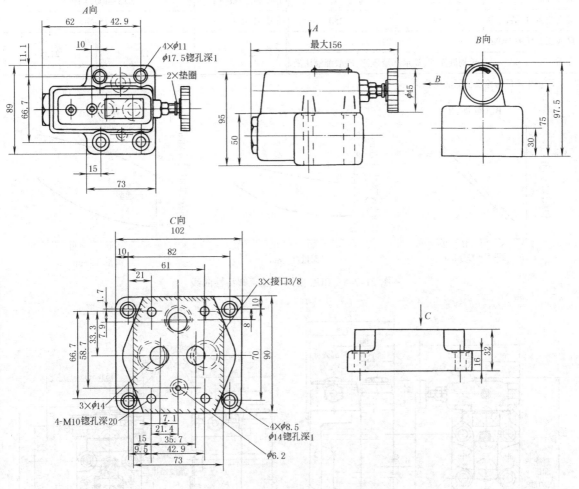

图 21-7-4　平衡阀外形及连接尺寸

2.8　BUC 型卸荷溢流阀

该阀用于带蓄能器的液压系统,使液压泵自动卸荷或加载,也可用于高低压复合的液压系统,使液压泵在最小载荷下工作。

型号意义:

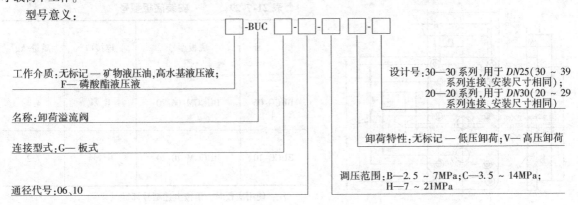

表 21-7-28　　　　　　　　　　　　　　　技术规格

通径/mm	25	30	介质黏度/m² · s⁻¹	$(15\sim400)\times10^{-6}$	
最大流量/L · min⁻¹	125	250	介质温度/℃	$-15\sim70$	
最大工作压力/MPa	21		质量/kg	12	21.5
介质	矿物液压油、高水基液压液、磷酸酯液压液				

注：生产厂为榆次油研液压公司。

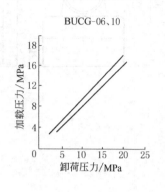

BUCG-06、10

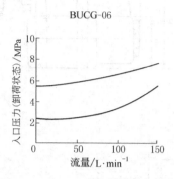

BUCG-06

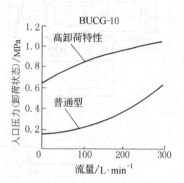

BUCG-10

图 21-7-5　BUC 型卸荷溢流阀特性曲线

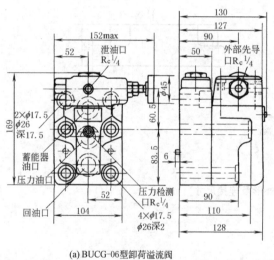

(a) BUCG-06型卸荷溢流阀

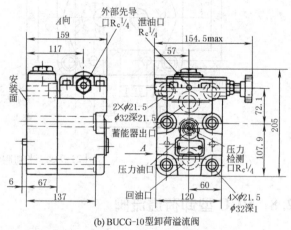

(b) BUCG-10型卸荷溢流阀

图 21-7-6　BUC 型卸荷溢流阀外形尺寸

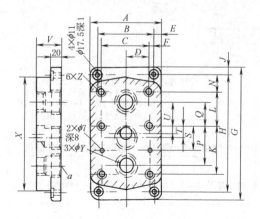

表 21-7-29　　　　安装底板型号

型　号	底板型号	连接口	质量/kg
BUCG-06	BUCGM-06-20	$R_c \frac{3}{4}$	4.4
BUCG-10	BUCGM-10-20	$R_c 1\frac{1}{4}$	7.2

注：使用底板时，请按上述型号订货。

表 21-7-30 安装底板尺寸 mm

型 号	A	B	C	D	E	F	G	H	J	K	L	N	P	Q	S	T	U	V	X	Y	Z	a
BUCGM-06	102	78	70	35	12	4	192	168	12	66.7	46	27.5	55.5	33.5	33.3	11	11	40	145	23	M16	$R_c\frac{3}{4}$
BUCGM-10	120	92	82.5	41.3	14	4.7	232	204	14	88.9	51	32	76.2	38	44.5	19	12.7	45	190	28	M20	$R_c1\frac{1}{4}$

2.9 F(C)G 型流量控制阀

F 型流量控制阀由定差减压阀和节流阀串联组成,具有压力补偿及良好的温度补偿性能。FC 型流量控制阀由调速阀与单向阀并联组成,油流能反向回流。

(1) 型号意义

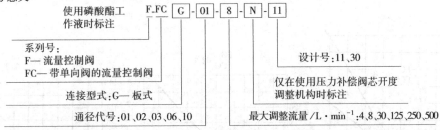

使用磷酸酯工作液时标注   F-FC   G - 01 - 8 - N - 11

系列号:
F— 流量控制阀
FC— 带单向阀的流量控制阀

连接型式:G— 板式

通径代号:01、02、03、06、10

设计号:11、30

仅在使用压力补偿阀芯开度调整机构时标注

最大调整流量/L·min⁻¹:4、8、30、125、250、500

表 21-7-31 技术规格

型 号	最大调整流量/L·min⁻¹	最小调整流量/L·min⁻¹	最高使用压力/MPa	质量/kg
FG/FCG -01-$\frac{4}{8}$-※-11	4,8	0.02(0.04)	14.0	1.3
FG/FCG -02-30-※-30	30	0.05	21.0	3.8
FG/FCG -03-125-※-30	125	0.2		7.9
FG/FCG -06-250-※-30	250	2		23
FG/FCG -10-500-※-30	500	4		52

注:1. 括号内是在 7MPa 以上的数值。

2. 生产厂为榆次油研液压有限公司。

(2) 特性曲线

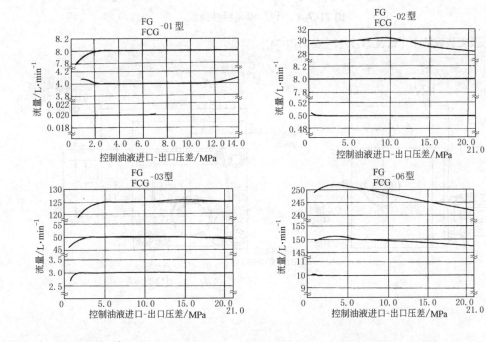

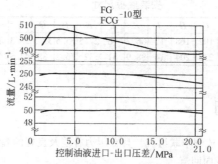

图 21-7-7　压力-流量特性曲线

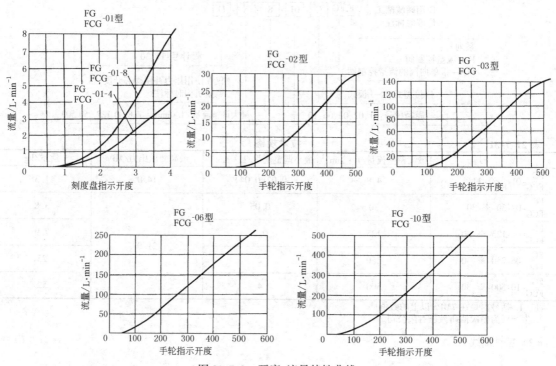

图 21-7-8　开度-流量特性曲线

（3）外形及安装板尺寸（见表 21-7-32～表 21-7-34）

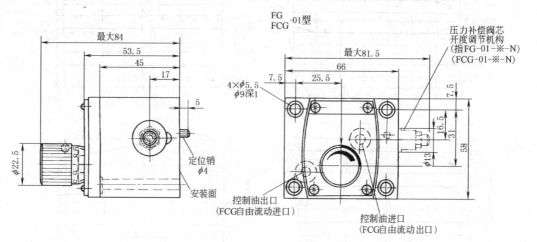

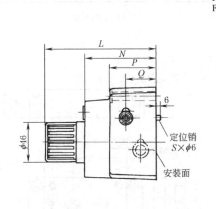

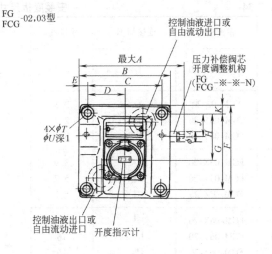

FG
FCG -02,03型

安装面 F※G-02 与 ISO 6263-AB-06-4-B 一致

安装面 F※G-03 与 ISO 6263-AK-07-2-A 一致

表 21-7-32   mm

型　号	A	B	C	D	E	F	G	H	J	K	L	N	P	Q	S	T	U
FG FCG -02	116	96	76.2	38.1	9.9	104.5	82.6	44.3	24	9.9	123	69	40	23	1	8.8	14
FG FCG -03	145	125	101.6	50.8	11.7	125	101.6	61.8	29.8	11.7	152	98	64	41	2	11	17.5

FG
FCG -06,10型

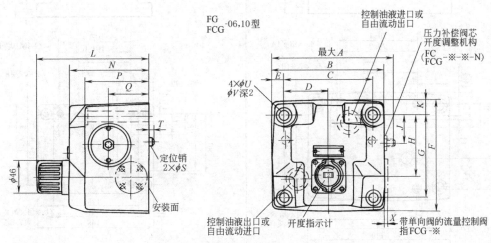

F※G-06 的安装面与 ISO 6263-AP-08-2-A 一致

表 21-7-33   mm

型　号	A	B	C	D	E	F	G	H	J	K	L	N	P	Q	S	T	U	V	X
FG FCG -06	198	180	146.1	73	17	174	133.4	99	44	20.3	184	130	105	65	16	7	17.5	26	10
FG FCG -10	267	244	196.9	98.5	23.5	228	177.8	144.5	61	25	214	160	137	85	18	10	21.5	32	15

表 21-7-34　　　　　　　　　　　安装底板尺寸　　　　　　　　　　　　　　　　mm

型　号	底板型号	连接口 R_c	质量/kg
FG FCG -01	FGM-01X-10	1/4	0.8
FG FCG -02	FGM-02-20	1/4	2.3
	FGM-02X-20	3/8	2.3
	FGM-02Y-20	1/2	3.1
FG FCG -03	FGM-03X-20	1/2	3.9
	FGM-03Y-20	3/4	5.7
	FGM-03Z-20	1	5.7
FG FCG -06	FGM-06X-20	1	12.5
	FGM-06Y-20	$1^1/_4$	16
	FGM-06Z-20	$1^1/_2$	16
FG FCG -10	FGM-10Y-20	$1^1/_2$,2,法兰安装	37

注:使用底板时,请按上面的型号订货

FGM-01X 型

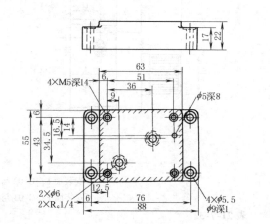

FGM-02,02X,02Y 型

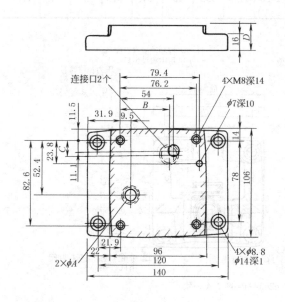

底板型号	连接口 R_c	A	B	C	D
FGM-02-20	1/4	11	54	11.1	25
FGM-02X-20	3/8	14	54	11.1	25
FGM-02Y-20	1/2	14	51	14	35

FGM-03X,03Y,03Z 型

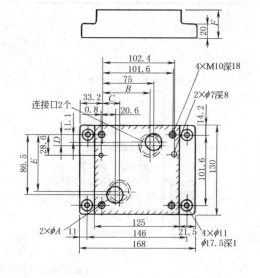

底板型号	连接口 R_c	A	B	C	D	E	F
FGM-03X-20	1/2	17.5	75	20.6	11.1	86.5	25
FGM-03Y-20	3/4	23	70	25.6	16.1	81.5	40
FGM-03Z-20	1	23	70	25.6	16.1	81.5	40

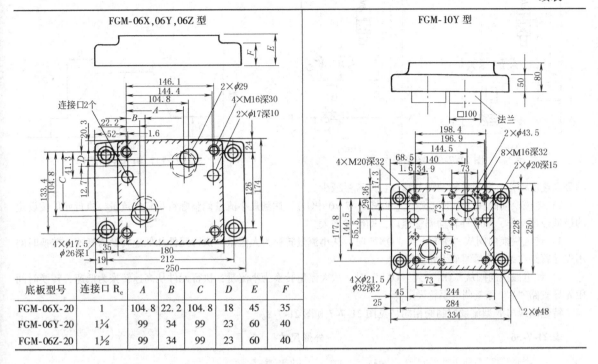

底板型号	连接口 R_c	A	B	C	D	E	F
FGM-06X-20	1	104.8	22.2	104.8	18	45	35
FGM-06Y-20	1¼	99	34	99	23	60	40
FGM-06Z-20	1½	99	34	99	23	60	40

2.10 FH（C）型先导操作流量控制阀

本元件用液压机构代替手动调节旋钮进行流量调节，并能使执行元件在加速、减速时平稳变化，实现无冲击控制。本元件还具有压力、温度补偿功能，保证调节流量的稳定。

型号意义：

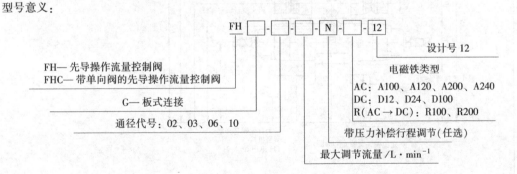

表 21-7-35　　　　　　　　　　　　　　　　技术规格

通径代号	02	03	06	10	最低先导压力/MPa		1.5		
通径/mm	6	10	20	30	质量/kg	13	17	32	61
最大流量/L·min⁻¹	30	125	250	500	介质黏度/m²·s⁻¹		$(15\sim400)\times10^{-6}$		
最小稳定流量/L·min⁻¹	0.05	0.2	2	4	介质温度/℃		$-15\sim70$		
最高工作压力/MPa		21							

注：生产厂为榆次油研液压有限公司。

流量调整方法：

1）电磁换向阀在"ON"状态（见图 21-7-10 中②），达到最大流量调整螺钉设定的流量，执行元件按设定

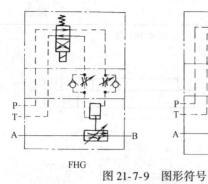

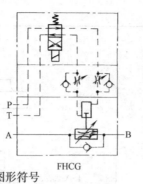

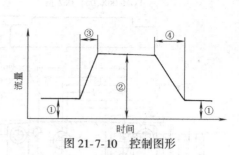

图 21-7-9　图形符号　　　　　　　　　　　　　图 21-7-10　控制图形

的最高速度动作，顺时针转动调节螺钉，则流量减少。

2）电磁换向阀在"OFF"状态（见图 21-7-10 中①），达到最小流量调整螺钉设定的流量，执行元件按设定的最低速度动作，顺时针转动调整螺钉，则流量增大。

3）使电磁换向阀从"OFF"到"ON"时，从小流量转换为大流量，执行元件从低速转换为高速，转换时间用先导管路"A"流量调节手轮设定。

4）使电磁换向阀从"ON"到"OFF"时，从大流量转换为小流量，执行元件从高速转换为低速，转换时间用先导管路"B"流量调节手轮设定。

特性曲线与 F 型流量控制阀相同，见图 21-7-7 和图 21-7-8。

表 21-7-36　　　　　　　　　　　　　　　　　**外形尺寸**

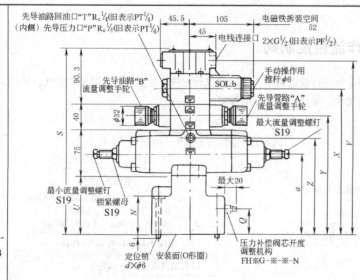

FHG
FHCG-
02，03
型

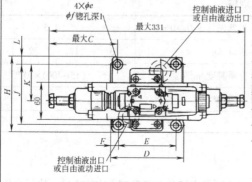

安装面 FH※G-02 与 ISO 6263-AK-06-2-A 一致

安装面 FH※G-03 与 ISO 6263-AM-07-2-A 一致

型　号	C	D	E	F	H	J	K	L	N	Q
FH※G-02	127.4	96	76.2	9.9	100.6	82.6	44.3	9	40	23
FH※G-03	114.7	125	101.6	11.7	125	101.6	61.8	11.7	64	41

型　号	S	U	V	X	Y	Z	a	d	e	f
FH※G-02	274.3	69	256	209	166	129	104	1	8.8	14
FH※G-03	303.3	98	285	238	195	158	133	2	11	17.5

备注：阀安装面尺寸请参照通用的底板图，见表 21-7-34

安装面 FH※G-06 与 ISO 6263-AP-08-2-A 一致

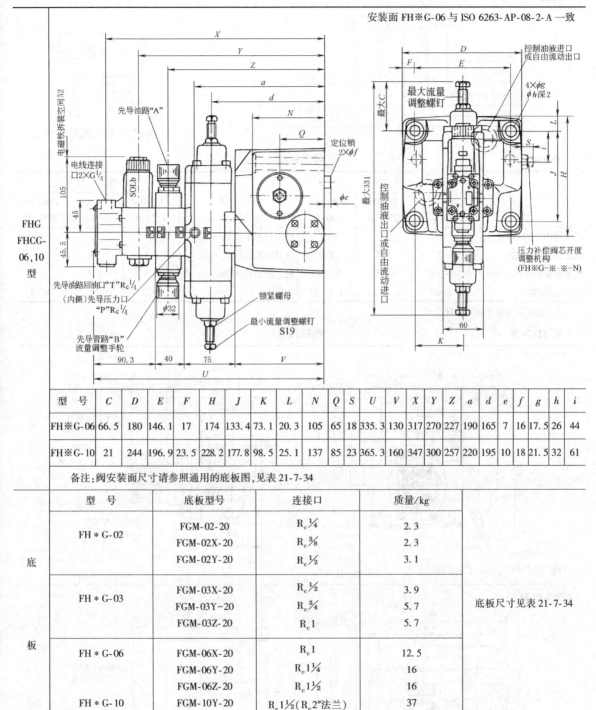

型 号	C	D	E	F	H	J	K	L	N	Q	S	U	V	X	Y	Z	a	d	e	f	g	h	i
FH※G-06	66.5	180	146.1	17	174	133.4	73.1	20.3	105	65	18	335.3	130	317	270	227	190	165	7	16	17.5	26	44
FH※G-10	21	244	196.9	23.5	228.2	177.8	98.5	25.1	137	85	23	365.3	160	347	300	257	220	195	10	18	21.5	32	61

备注:阀安装面尺寸请参照通用的底板图,见表 21-7-34

	型 号	底板型号	连接口	质量/kg	
底	FH * G-02	FGM-02-20	$R_c\frac{1}{4}$	2.3	
		FGM-02X-20	$R_c\frac{3}{8}$	2.3	
		FGM-02Y-20	$R_c\frac{1}{2}$	3.1	
	FH * G-03	FGM-03X-20	$R_c\frac{1}{2}$	3.9	底板尺寸见表 21-7-34
		FGM-03Y-20	$R_c\frac{3}{4}$	5.7	
		FGM-03Z-20	R_c1	5.7	
板	FH * G-06	FGM-06X-20	R_c1	12.5	
		FGM-06Y-20	$R_c1\frac{1}{4}$	16	
		FGM-06Z-20	$R_c1\frac{1}{2}$	16	
	FH * G-10	FGM-10Y-20	$R_c1\frac{1}{2}(R_c2''法兰)$	37	

2.11 FB 型溢流节流阀

本元件由溢流阀和节流阀并联而成,用于速度稳定性要求不太高而功率较大的进口节流系统。具有压力控制和流量控制的功能,其进口压力随出口负载压力变化,压差为 0.6MPa,因此大幅度降低了功耗。

型号意义：

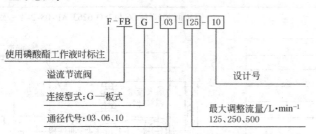

F—FB G —03—125—10

使用磷酸酯工作液时标注
溢流节流阀
连接型式：G—板式
通径代号：03、06、10

设计号
最大调整流量/L·min⁻¹
125、250、500

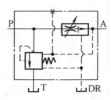

图 21-7-11 图形符号

表 21-7-37 技术规格

项　目	型　号			项　目	型　号		
	FBG-03-125-10	FBG-06-250-10	FBG-10-500-10		FBG-03-125-10	FBG-06-250-10	FBG-10-500-10
最高使用压力/MPa	25	25	25	进出口最小压差/MPa	6	7	9
额定流量/L·min⁻¹	125	200	500	先导溢流量/L·min⁻¹	1.5	2.4	3.5
流量调整范围/L·min⁻¹	1~125	3~250	5~500	最大回油背压/MPa	0.5	0.5	0.5
调压范围/MPa	1~25	1.2~25	1.4~25	质量/kg	13.3	27.3	57.3

注：生产厂为榆次油研液压公司。

表 21-7-38 外形尺寸

FBG-03 型

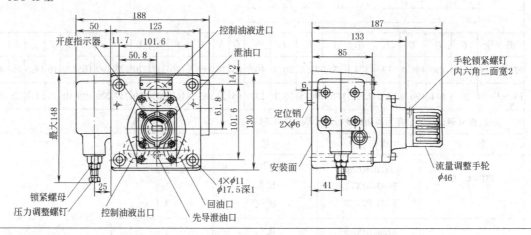

FBG-06 型

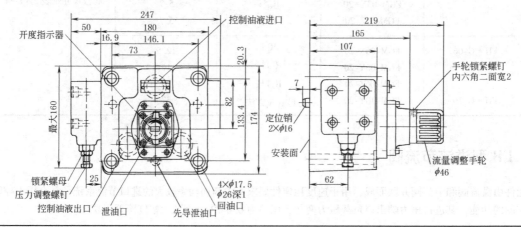

FBG-10 型

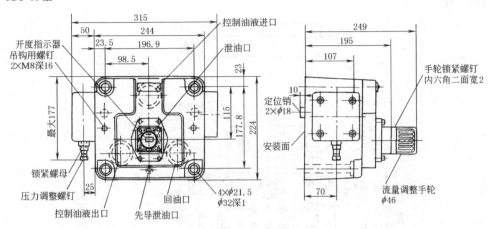

表 21-7-39   安装底板

型　号	底板型号	连接口 R_c	质量/kg	型　号	底板型号	连接口 R_c	质量/kg
FBG-03	EFBGM-03Y-10	¾	6	FBG-06	EFBGM-06Y-10	1¼	16
	EFBGM-03Z-10	1	6	FBG-10	EFBGM-10Y-10	1½,2 法兰安装	37
FBG-06	EFBGM-06X-10	1	12.5				

EFBGM-03Y,03Z

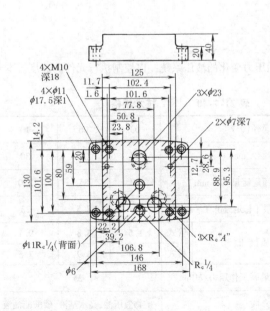

EFBGM-06X,06Y

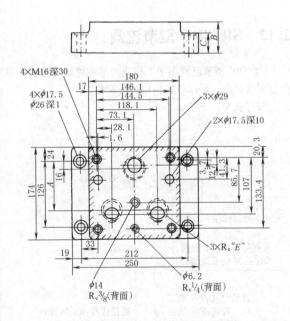

底板型号	A
EFBGM-03Y-10	3/4
EFBGM-03Z-10	1

底板型号	A	B	C	E
EFBGM-06X-10	107	45	35	1
EFBGM-06Y-10	95	60	40	1¼

续表

EFBGM-10Y

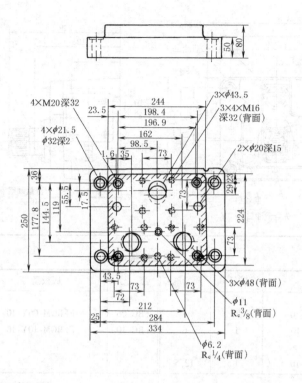

注：使用底板时，请按上面的型号订货。

2.12 SR/SRC 型节流阀

SR/SRC 型节流阀用于工作压力基本稳定或允许流量随压力变化的液压系统，以控制执行元件的速度。本元件是平衡式的，可以较轻松地进行调整。

型号意义：

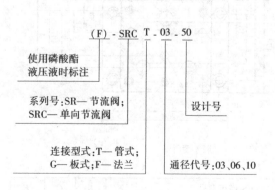

表 21-7-40　　技术规格

通径代号	03	06	10
通径/mm	10	20	30
额定流量/L·min⁻¹	30	85	230
最小稳定流量/L·min⁻¹	3	8.5	23
质量/kg　管式	1.5	3.8	9.1
质量/kg　板式	2.5	3.9	7.5
最高工作压力/MPa	25		
介质	矿物液压油、高水基液、磷酸酯油液		
介质黏度/m²·s⁻¹	(15~400)×10⁻⁶		
介质温度/℃	−15~70		

注：生产厂为榆次油研液压公司。

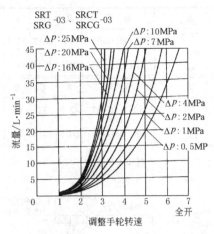

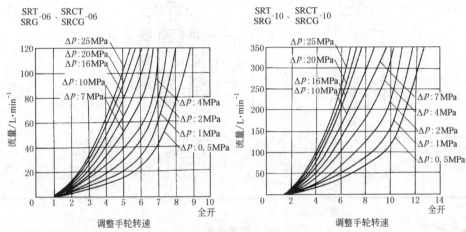

图 21-7-12　开度-流量特性（使用油黏度：30mm²/s）

Δp—控制油液进口-出口压差

表 21-7-41　　　　　　　　　　　　外形尺寸

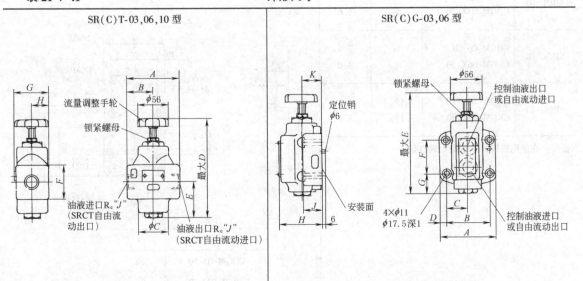

续表

型　号	A	B	C	D	E
SR(C)T-03	72	36	44	150.5	53.5
SR(C)T-06	100	50	58	180	66.5
SR(C)T-10	138	69	80	227	86

型　号	F	G	H	J
SR(C)T-03	φ38	46	22	⅜
SR(C)T-06	□62	64	31	¾
SR(C)T-10	□80	82	40	1¼

型　号	A	B	C	D	E
SR(C)G-03	90	66.7	33.3	11.7	150.5
SR(C)G-06	102	79.4	39.7	11.3	180

型　号	F	G	H	J	K
SR(C)G-03	42.9	32	64	31	31
SR(C)G-06	60.3	36.5	79	36	37

安装面与 ISO 5781-AG-06-2-A、ISO 5781-AH-08-2-A 一致

SR(C)G-10

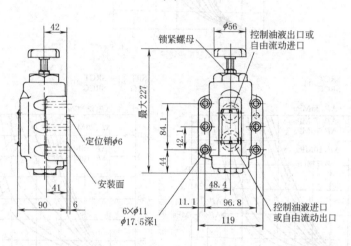

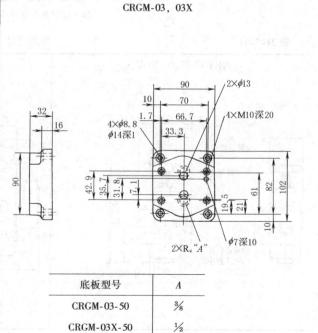

表 21-7-42　　安装底板

型　号	底板型号	连接口 R_c	质量/kg
SRCG-03	CRGM-03-50	⅜	1.6
	CRGM-03X-50	½	1.6
SRCG-06	CRGM-06-50	¾	2.4
	CRGM-06X-50	1	3.0
SRCG-10	CRGM-10-50	1¼	4.8
	CRGM-10X-50	1½	5.7

备注：在使用底板时，请按上表订货

CRGM-03，03X

底板型号	A
CRGM-03-50	⅜
CRGM-03X-50	½

续表

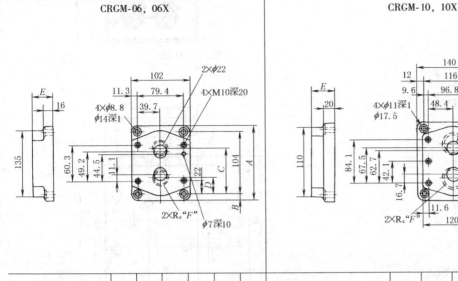

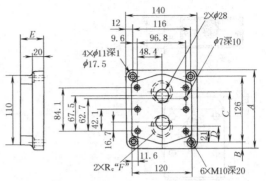

底板型号	A	B	C	D	E	F	底板型号	A	B	C	D	E	F
CRGM-06-50	124	10	77	27	36	3/4	CRGM-10-50	150	12	96	30	45	1¼
CRGM-06X-50	136	16	82.3	22	45	1	CRGM-10X-50	177	25.5	104	22	50	1½

2.13　叠加式（单向）节流阀

　　本元件装在电磁换向阀与电液换向阀之间，以控制电液换向阀的换向速度，减小冲击。

　　型号意义：

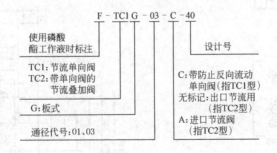

表 21-7-43　　　　　　　　　　　　　　　技术规格

型　　号	公称流量/L·min^{-1}	最高使用压力/MPa	质　量/kg
TC1G-01-40	30	25	0.6
TC2G-01-40	30	25	0.65
TC1G-03-※-40	80	25	1.6
TC2G-03-※-40	80	25	1.8

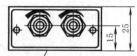

安装面(带O形圈)

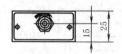

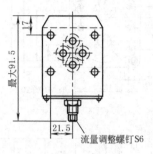

流量调整螺钉S6

图 21-7-13　TC1G-01 型外形尺寸

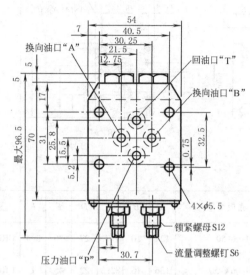

换向油口"A"

换向油口"B"

回油口"T"

压力油口"P"

锁紧螺母S12

流量调整螺钉S6

$4 \times \phi 5.5$

图 21-7-14　TC2G-01 型外形尺寸

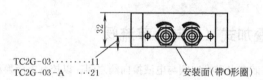

TC2G-03 ·········11
TC2G-03-A ···21

安装面(带O形圈)

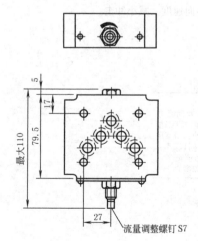

流量调整螺钉 S7

图 21-7-15　TC1G-03
TC1G-03-C 型外形尺寸
注：其他尺寸请参照 TC2G-03

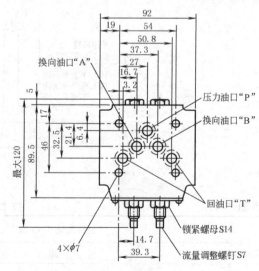

换向油口"A"

压力油口"P"

换向油口"B"

回油口"T"

锁紧螺母S14

流量调整螺钉S7

$4 \times \phi 7$

图 21-7-16　TC2G-03
TC2G-03-A 型外形尺寸
注：2 个回油口 "T" 中，标准底
板用左侧口，但也可以用任意一个口

2.14 Z 型行程减速阀、ZC 型单向行程减速阀

本元件可通过凸轮撞块操作，简单地进行节流调速及油路的开关。可用于机床工作台进给回路，使执行元件进行加、减速及停止运动。行程单向减速阀内装单向阀，油液反向流动不受减速阀的影响。

型号意义：

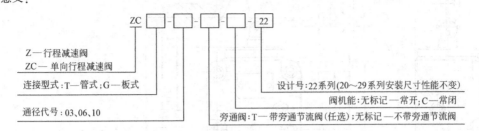

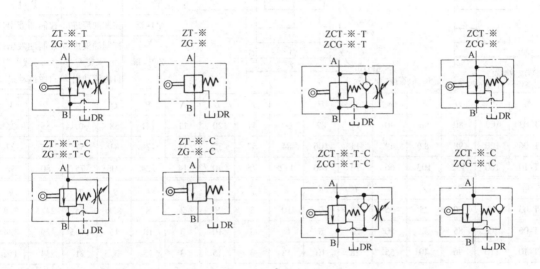

图 21-7-17　图形符号

表 21-7-44 　　　　　　　　　　　技术规格

通径代号		03	06	10	型　号		阀全关闭时内部泄油量/mL·min⁻¹				
							压力/MPa				
通径/mm		10	20	30			1.0	2.0	5.0	10.0	21.0
最大流量/L·min⁻¹		30	80	200	Z * * -03		9	18	44	88	185
最高使用压力/MPa		21	21	21	Z * * -06		9	17	43	86	180
质量/kg	T 型	4.3	8.7	17	Z * * -10		10	20	49	98	205
	G 型	4.3	8.7	17	连接底板						
介质黏度/m²·s⁻¹		(20~200)×10⁻⁶			型　号	底板型号	连接口		质量/kg		
介质温度/℃		−15~70			Z * G-03	ZGM-03-21	$R_c\frac{3}{8}$		2		
泄压口最大背压/MPa		0.1			Z * G-06	ZGM-06-21	$R_c\frac{3}{4}$		3.8		
					Z * G-10	ZGM-10-21	$R_c1\frac{1}{4}$		9		

表 21-7-45　　　　　　　　　　　外形尺寸　　　　　　　　　　　　　　　mm

ZT
ZCT -03，06，10 型

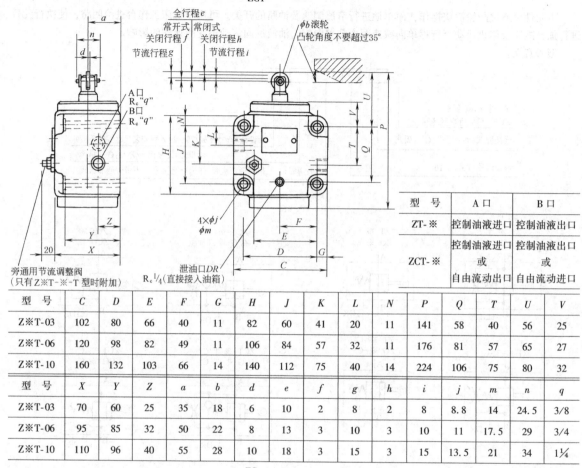

型　号	A 口	B 口
ZT-※	控制油液进口	控制油液出口
ZCT-※	控制油液进口 或 自由流动出口	控制油液出口 或 自由流动进口

型　号	C	D	E	F	G	H	J	K	L	N	P	Q	T	U	V
Z※T-03	102	80	66	40	11	82	60	41	20	11	141	58	40	56	25
Z※T-06	120	98	82	49	11	106	84	57	32	11	176	81	57	65	27
Z※T-10	160	132	103	66	14	140	112	75	40	14	224	106	75	80	32

型　号	X	Y	Z	a	b	d	e	f	g	h	i	j	m	n	q
Z※T-03	70	60	25	35	18	6	10	2	8	2	8	8.8	14	24.5	3/8
Z※T-06	95	85	32	50	22	8	13	3	10	3	10	11	17.5	29	3/4
Z※T-10	110	96	40	55	28	10	18	3	15	3	15	13.5	21	34	1¼

ZG
ZCG -03，06，10 型

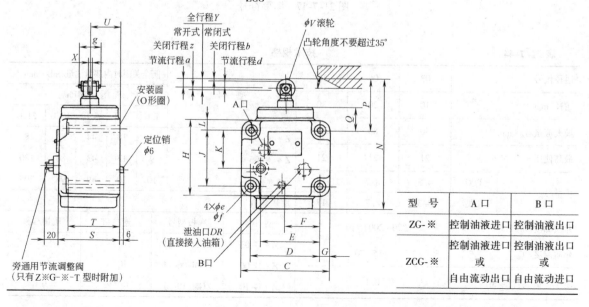

型　号	A 口	B 口
ZG-※	控制油液进口	控制油液出口
ZCG-※	控制油液进口 或 自由流动出口	控制油液出口 或 自由流动进口

型　号	C	D	E	F	G	H	J	K	L	N	P	Q	S
Z※G-03	102	80	66	40	11	82	60	41	11	141	56	25	70
Z※G-06	120	98	82	49	11	106	84	57	11	176	65	27	95
Z※G-10	160	132	103	66	14	140	112	75	14	224	80	32	110
型　号	T	U	V	X	Y	z	a	b	d	e	f	g	
Z※G-03	60	35	18	6	10	2	8	2	8	8.8	14	24.5	
Z※G-06	85	50	22	8	13	3	10	3	10	11	17.5	29	
Z※G-10	96	55	28	10	18	3	15	3	15	13.5	21	34	

底板尺寸

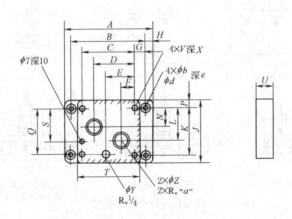

mm

型　号	A	B	C	D	E	F	G	H	J	K	L	N	P
ZGM-03	146	124	80	60	42	20	22	11	85	60	40	20	12.5
ZGM-06	160	138	98	74	53	24	20	11	108	84	57	32	12
ZGM-10	218	190	132	98	70	34	29	14	140	112	75	40	14
型　号	Q	S	T	U	V	X	Y	Z	a	b	d	e	
ZGM-03	58	44	102	26	M8	18	6.2	14	$\frac{3}{8}$	11	17.5	10.8	
ZGM-06	81	60	120	35	M10	18	11	23	$\frac{3}{4}$	11	17.5	10.8	
ZGM-10	106	87	160	45	M12	25	11	29	$1\frac{1}{4}$	14	21	13.5	

注：生产厂为榆次油研液压公司。

2.15　UCF 型行程流量控制阀

本元件把带单向阀的流量控制阀与减速阀组合在一起，主要用于机床液压系统中。它通过凸轮从快速进给转换为切削进给，并能任意调整切削进给速度。

本元件是压力、温度补偿式的，能够进行精密的速度控制。返回时，通过单向阀快速返回，与凸轮位置无关。

型号意义:

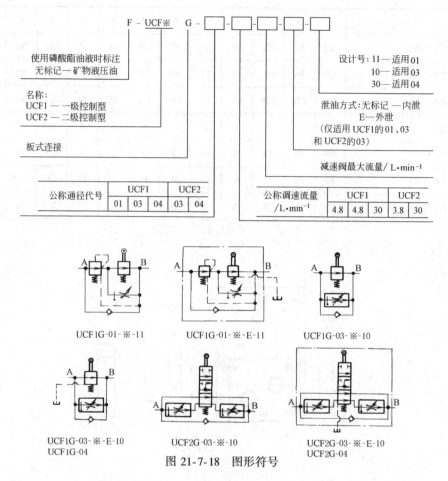

图 21-7-18　图形符号

表 21-7-46　　　　　　　　　　　　　　　技术规格

型　　　号	最大流量① /L·min⁻¹	流量调整范围/L·min⁻¹		自由流量 /L·min⁻¹	最高使用 压力（max） /MPa	泄油口允 许背压 /MPa	质　　量 /kg
		一级进给	二级进给				
UCF1G-01-4-A-※-11	16（12）	0.03~4					
UCF1G-01-4-B-※-11	12（8）	—					
UCF1G-01-4-C-※-11	8（4）	(0.05~4)②					1.6
UCF1G-01-8-A-※-11	20（12）	0.03~8		20			
UCF1G-01-8-B-※-11	16（8）	—					
UCF1G-01-8-C-※-11	12（4）	(0.05~8)②					
UCF1G-03-4-※-10	40（40）	0.05~4		40	14	0.1	2.6
UCF1G-03-8-※-10		0.05~8					
UCF2G-03-4-※-10	40（40）	0.1~4	0.05~4	40			2.7
UCF2G-03-8-※-10		0.1~8	0.05~4				
UCF1G-04-30-30	80（40）	0.1~22	—	80			6.5
UCF2G-04-30-30		0.1~22	0.1~17				9.2

① 最大流量是行程减速阀与流量调整阀全部打开时的值。（　）内是行程减速阀全开、流量调整阀全闭时的最大流量。

② （　）内是在压力 7 MPa 以上时的数值。

| 表 21-7-47 | 外形尺寸 | mm |

UCF1G-01型

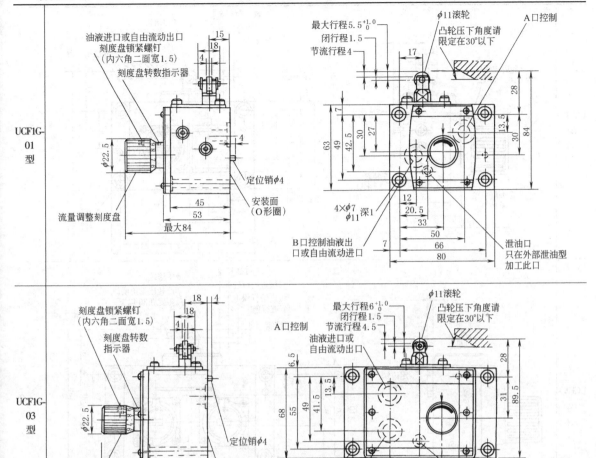

油液进口或自由流动出口
刻度盘锁紧螺钉
（内六角二面宽1.5）
刻度盘转数指示器
流量调整刻度盘
定位销φ4
安装面（O形圈）

最大行程5.5$^{+1.0}_{0}$
闭行程1.5
节流行程4
φ11滚轮
凸轮压下角度请限定在30°以下
A口控制
4×φ7 深1
φ11
B口控制油液出口或自由流动进口
泄油口只在外部泄油型加工此口

UCF1G-03型

刻度盘锁紧螺钉
（内六角二面宽1.5）
刻度盘转数指示器
流量调整刻度盘
定位销φ4
安装面（O形圈）

最大行程6$^{+1.0}_{0}$
闭行程1.5
节流行程4.5
A口控制
油液进口或自由流动出口
φ11滚轮
凸轮压下角度请限定在30°以下
4×φ7 深1
φ11
B口控制油液出口或自由流动进口
只在外部泄油型加工此口

UCF2G-03型

刻度盘转数指示器
刻度盘锁紧螺钉
（内六角二面宽1.5）
定位销φ4
安装面（O形圈）
安装面（O形圈）

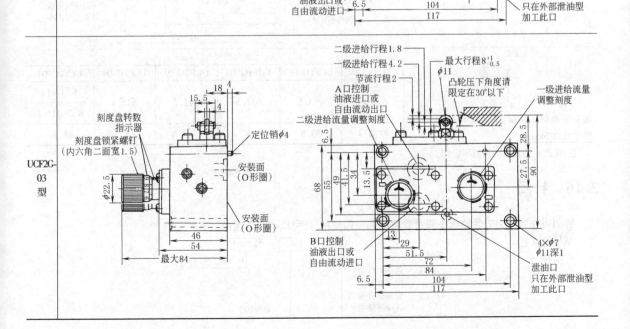

二级进给行程1.8
一级进给行程4.2
节流行程2
A口控制
油液进口或自由流动出口
二级进给流量调整刻度
最大行程8$^{+1}_{-0.5}$
φ11
凸轮压下角度请限定在30°以下
一级进给流量调整刻度
B口控制油液出口或自由流动进口
4×φ7
φ11深1
泄油口只在外部泄油型加工此口

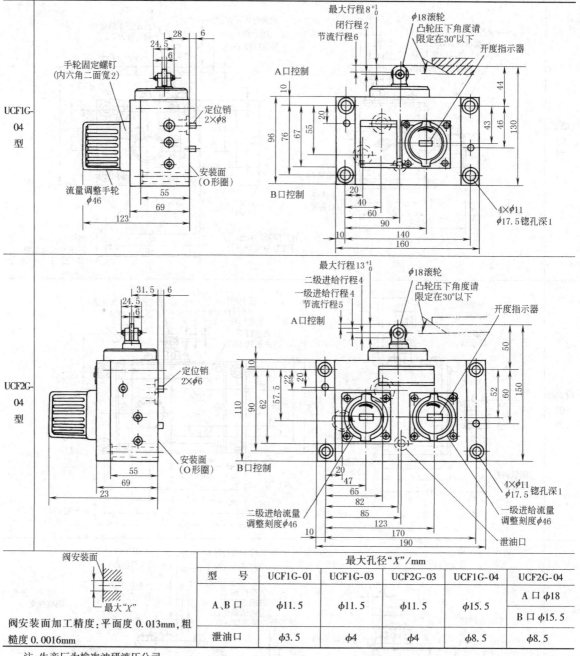

	最大孔径"X"/mm				
型 号	UCF1G-01	UCF1G-03	UCF2G-03	UCF1G-04	UCF2G-04
A、B 口	$\phi 11.5$	$\phi 11.5$	$\phi 11.5$	$\phi 15.5$	A 口 $\phi 18$
					B 口 $\phi 15.5$
泄油口	$\phi 3.5$	$\phi 4$	$\phi 4$	$\phi 8.5$	$\phi 8.5$

阀安装面加工精度：平面度 0.013mm，粗糙度 0.0016mm

注：生产厂为榆次油研液压公司。

2.16 针阀

针阀可作为压力表管路或小流量管路的截止阀使用，还可以用作节流阀。

型号意义：

技术规格

型 号		最大流量/L·min⁻¹	最高工作压力/MPa	质量/kg
直通型	直角型			
GCT-02-32	GCTR-02-32	取决于允许压降,见开度、流量特性和全开时压降特性	35	0.34

注:生产厂为榆次油研液压公司。

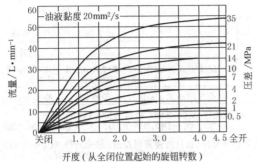

图 21-7-19 开度-流量特性曲线

图 21-7-20 阀全开时压降特性曲线

表 21-7-48 外形尺寸 mm

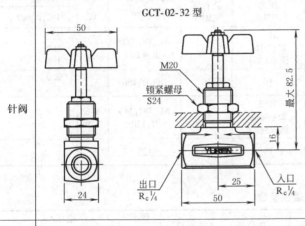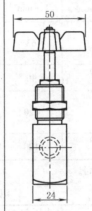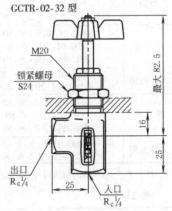

针阀

面板安装尺寸

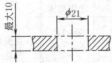

接头

此接头将压力表直接装在针阀上使用

接头装有压力阻尼器,以减小有害的冲击,保护压力表

针阀不附带接头,请参照下表订购

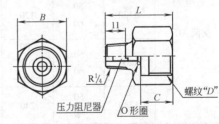

接头型号	压力表接口 D	B	C	L	质量/kg
AG-02S	G¼	24	14	32	0.075
AG-03S	G⅜	24	16	35	0.075
AG-04S	G½	27	18	37	0.08

2.17　DSG-01/03 电磁换向阀

本系列电磁换向阀配有强吸力、高性能的湿式电磁铁，具有高压、大流量、压力损失低等特点。无冲击型可以将换向时的噪声和配管的振动抑制到很小。

型号意义：

S-DSG-01-2　B　2　A-D24-C-N-50-L

类别：无标记—普通型；S—无冲击型
电磁换向阀
通径代号：01,03
位置数：3 位，2 位
滑阀弹簧型式：C—弹簧对中；D—无弹簧定位；B—弹簧偏置
滑阀机能：2,3,4；40,60,9；10,12,8

逆装配 L（逆装配时标注）
设计号
电气接线型式：无记号—接线盒式；N—DIN 插座式；N1—带通电指示灯 DIN 插座式
手动操作型式：无记号—带推杆；C—带锁紧按钮
线圈代号：AC—A100,A120,A200,A240；DC—D12,D24,D100；AC→DC—R100,R200
工作位置标注（仅针对弹簧偏置型）快速转换 RQ100,RQ200
A—使用中立位置与 SOL a 励磁位置；
B—使用中立位置与 SOL b 励磁位置

表 21-7-49　　　　技术规格

类别	型　　号	最大流量 /L·min⁻¹	最高使用压力 /MPa	T 口允许背压 /MPa	最高换向频率 /次·min⁻¹	质量/kg	
						AC	DC、R、RQ
普通型	DSG-01-3C※-※-50 DSG-01-2D2-※-※-50 DSG-01-2B※-※-50	63	31.5 25(阀机能 60 型)	16	AC、DC：300 R：120	2.2 2.2 1.6	
无冲击型	S-DSG-01-3C※-※-50 S-DSG-01-2B2-※-50	40	16	16	DC、R：120	2.2 1.6	
普通型	DSG-03-3C※-※-50 DSG-03-2D2-※-50 DSG-03-2B※-※-50	120	31.5 25(阀机能 60 型)	16	AC、DC：240 R：120	3.6 2.9	5 3.6
无冲击型	S-DSG-03-3C※-※-50 S-DSG-03-2D2-※-50	120	16	16	120	—	5 3.6

注：生产厂为榆次油研液压有限公司。

表 21-7-50　　　　电磁铁参数

电源	线圈型号	频率 /Hz	电压/V 额定电压	电压/V 使用范围	电源	线圈型号	频率 /Hz	电压/V 额定电压	电压/V 使用范围
交流 AC	A100	50 60	100 100 110	80~110 90~120	直流 DC	D12 D24 D100	—	12 24 100	10.8~13.2 21.6~26.4 90~110
	A120	50 60	120	96~132 108~144	交流（交直流转换型 AC→DC）	R100 R200	50/60	100 200	90~110 180~220
	A200	50 60	200 200 220	160~220 180~240	交流（交直流快速转换型 AC→DC）	RQ100	50/60	100	90~110
	A240	50 60	240	192~264 216~288	DSG-03 电磁换向阀	RQ200		200	180~220

表 21-7-51　　　　阀机能

3C2	3C3	3C4	3C40	3C60	3C9

3C10	3C12	2D2	2B2	2B3	2B8
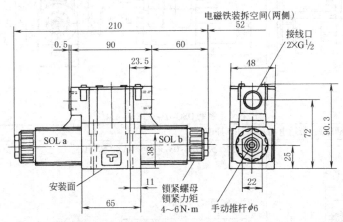					

表 21-7-52　　　　　　　　　　　　　　外形尺寸　　　　　　　　　　　　mm

弹簧对中型、无弹簧定位型、弹簧偏置型

交流电磁铁:DSG-01-※※※-A※

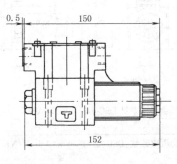

其他尺寸参照左图
逆装配时电磁铁装在SOL a侧

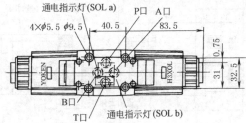

交流电磁铁:DSG-03-※※※-A※

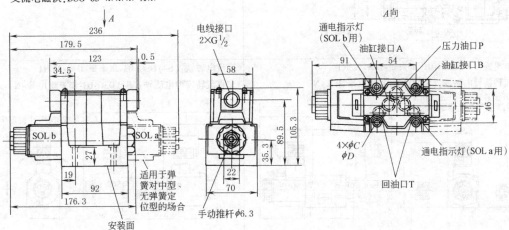

型　　号	C	D
DSG-03-※※※-A※-50	7	11
DSG-03-※※※-A※-5002	8.8	14

弹簧对中型、无弹簧定位型、弹簧偏置型	

直流电磁铁:(S-)DSG-01-※※※-D※

交直流转换型电磁铁:(S-)DSG-01-※※※-R※

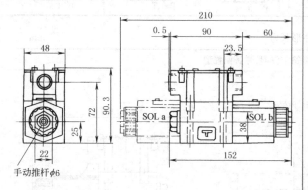

手动推杆ϕ6

其余尺寸参见 DSG-01-※※※-A※

直流电磁铁:(S-)DSG-03-※※※-D※

交直流转换型电磁铁:(S-)DSG-03-※※※-R※

交直流快速转换型电磁铁:(S-)DSG-03-※※※-RQ※

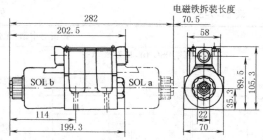

电磁铁拆装长度

其余尺寸参见 DSG-03-※※※-A※

DIN 插座式、带通电指示灯 DIN 插座式	

交流电磁铁:DSG-01-※※※-A※-N/N1

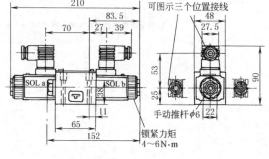

可图示三个位置接线

手动推杆ϕ6

锁紧力矩 4~6N·m

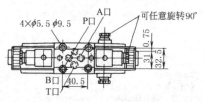

4×ϕ5.5 ϕ9.5

A口 P口

可任意旋转90°

B口 T口

交流电磁铁:DSG-03-※※※-A※-N/N1

电线截面积≤1.5mm²

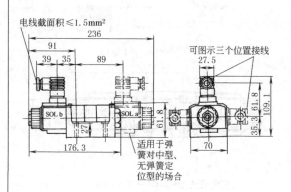

可图示三个位置接线

适用于弹簧对中型、无弹簧定位型的场合

直流电磁铁:(S-)DSG-01-※※※-D※-N/N1

交直流转换型电磁铁:(S-)DSG-01-※※※-R※-N

松开锁紧螺母,可以按图示连接好后拧紧锁紧螺母

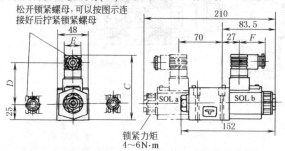

锁紧力矩 4~6N·m

型　　　　号	C	D	E	F
DSG-01-※※※-D※-N/N1	101	64	27.5	39
DSG-01-※※※-R※-N	104	57.2	34	53

直流电磁铁:(S-)DSG-03-※※※-D※-N/N1

交直流转换型电磁铁:(S-)DSG-03-※※※R-※-N

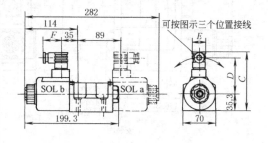

可按图示三个位置接线

型　　　　号	C	D	E	F
DSG-03-※※※-D※-N/N1	121.1	73.8	27.5	39
DSG-03-※※※-R※-N	124.9	62.6	34	53

带锁紧按钮

(S-)DSG-01-※※※-※-C   (S-)DSG-03-※※※-※-C

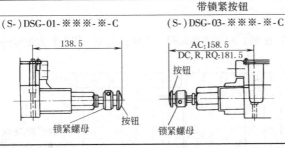

电磁铁通电前,一定要完全松开锁紧螺母。推动按钮后,顺时针旋转锁紧螺母,可使阀芯位置固定

安装底板

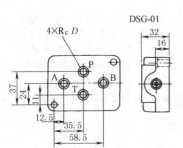

DSG-01

表 21-7-53

底板型号	D（连接口）	质量/kg
DSGM-01-30	1/8	
DSGM-01X-30	1/4	0.8
DSGM-01Y-30	3/8	

注：使用底板时，请按上面的型号订货。

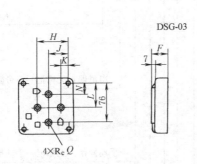

DSG-03

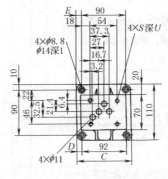

表 21-7-54   mm

底板型号	C	D	E	F	H	J	K	L	N	Q	S	U	质量/kg
DSGM-03-40/4002 DSGM-03X-40/4002	110	9	10	32	62	40	16	48	21	3/8 1/2	M6/M8	13/14	3
DSGM-03Y-40/4002	120	14	15	50	80	45	10	47	16	3/4			4.7

2.18 微小电流控制型电磁换向阀

本阀可以用微小电流（10mA）来控制阀的动作，以便实现信号控制和程序控制。技术参数、外形尺寸、安装底板参见 DSG-01/03 电磁换向阀。

型号意义：

<u>T</u>-<u>S</u>-<u>DSG-03</u>-<u>2B2A</u>-<u>A100</u> <u>M</u>-<u>50</u>-<u>L</u>

控制型式：T— 微小电流控制型

通径代号：01,03

线圈代号：AC—A100、A200；DC—D24；AC→DC—R100、R200

信号方式：无记号 — 内部信号方式(半导体开关动作信号电源从电磁铁电源接入)；M— 外部信号方式(半导体开关动作信号电源从其他电源接入)

注：其余部分参见 DSG-01/03 电磁换向阀型号说明中对应部分。

2.19 DSHG 型电液换向阀

　　DSHG 型电液换向阀由电磁换向阀（DSG-01 型）和液动换向阀（主阀）组成，用于较大流量的液压系统。
型号意义：

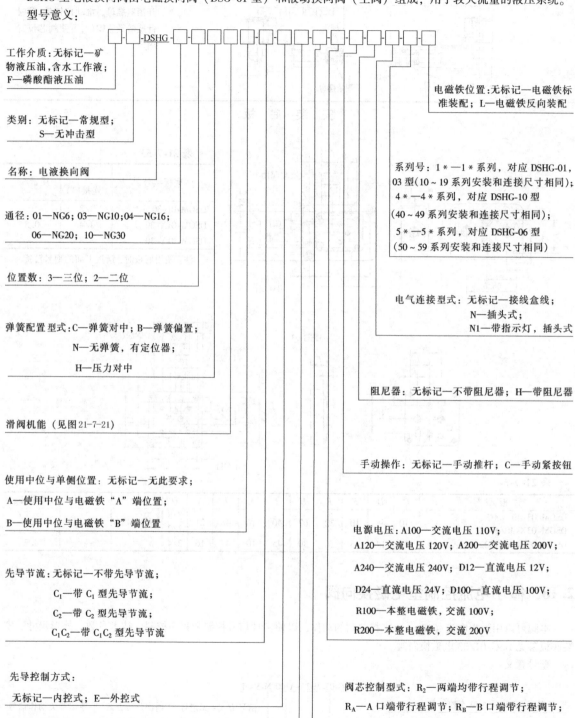

工作介质：无标记—矿
物液压油，含水工作液；
F—磷酸酯液压油

类别：无标记—常规型；
S—无冲击型

名称：电液换向阀

通径：01—NG6；03—NG10；04—NG16；
06—NG20；10—NG30

位置数：3—三位；2—二位

弹簧配置型式：C—弹簧对中；B—弹簧偏置；
N—无弹簧，有定位器；
H—压力对中

滑阀机能（见图21-7-21）

使用中位与单侧位置：无标记—无此要求；
A—使用中位与电磁铁"A"端位置；
B—使用中位与电磁铁"B"端位置

先导节流：无标记—不带先导节流；
C_1—带 C_1 型先导节流；
C_2—带 C_2 型先导节流；
C_1C_2—带 C_1C_2 型先导节流

先导控制方式：
无标记—内控式；E—外控式

先导泄油方式：
无标记—外排式；T—内排式

电磁铁位置：无标记—电磁铁标
准装配；L—电磁铁反向装配

系列号：1*—1*系列，对应 DSHG-01，
03 型（10～19 系列安装和连接尺寸相同）；
4*—4*系列，对应 DSHG-10 型
（40～49 系列安装和连接尺寸相同）；
5*—5*系列，对应 DSHG-06 型
（50～59 系列安装和连接尺寸相同）

电气连接型式：无标记—接线盒线；
N—插头式；
N1—带指示灯，插头式

阻尼器：无标记—不带阻尼器；H—带阻尼器

手动操作：无标记—手动推杆；C—手动紧按钮

电源电压：A100—交流电压 110V；
A120—交流电压 120V；A200—交流电压 200V；
A240—交流电压 240V；D12—直流电压 12V；
D24—直流电压 24V；D100—直流电压 100V；
R100—本整电磁铁，交流 100V；
R200—本整电磁铁，交流 200V

阀芯控制型式：R_2—两端均带行程调节；
R_A—A 口端带行程调节；R_B—B 口端带行程调节；
P_2—两端均带先导活塞；P_A—A 口端带先导活塞；
P_B—B 口端带先导活塞

滑 阀 机 能

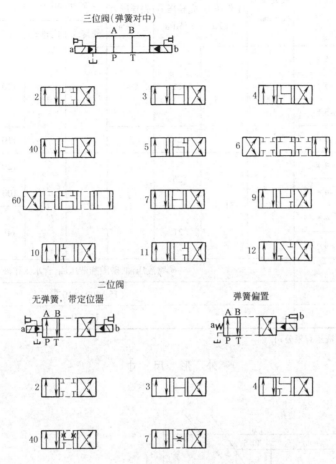

图 21-7-21　DSHG 型电液换向阀机能符号

表 21-7-55　　　　　　　　　　技术规格

型　　号	最大流量/L·min⁻¹	最大工作压力/MPa	最高先导压力/MPa	最低先导压力/MPa	最高允许背压/MPa		最高切换频率/次·min⁻¹			质量/kg
					外排式	内排式	AC	DC	R	
DSHG-01-3C *-*-1*	40	21	21	1	16	16	120	120	120	3.5
DSHG-01-2B *-*-1*										2.9
DSHG-03-3C *-*-1*	160	25	25	0.7	16	16	120	120	120	7.2
DSHG-03-2N *-*-1*										7.2
DSHG-03-2B *-*-1*										6.6
DSHG-04-3C *-*-5*	300	31.5	25	0.8	21	16	120	120	120	8.8
(S-)DSHG-04-2N *-*-5*										8.8
(S-)DSHG-04-2B *-*-5*										8.2

续表

型　号	最大流量 /L·min⁻¹	最大工作压力 /MPa	最高先导压力 /MPa	最低先导压力 /MPa	最高允许背压/MPa		最高切换频率 /次·min⁻¹			质量 /kg
					外排式	内排式	AC	DC	R	
(S-)DSHG-06-3C*-*-5*										12.7
(S-)DSHG-06-2N*-*-5*			25	0.8			120	120	120	12.7
(S-)DSHG-06-2B*-*-5*	500	31.5			21	16				12.1
(S-)DSHG-06-3H*-*-5*			21	1			110	110	110	13.5
(S-)DSHG-10-3C*-*-4*			25				120	120	120	45.3
(S-)DSHG-10-2N*-*-4*	1100	31.5		1	21	16	100	100	100	45.3
(S-)DSHG-10-2B*-*-4*			21				60	60	50	44.7
(S-)DSHG-10-3H*-*-4*										53.1
介质	矿物液压油,磷酸酯液压油,含水工作液									
介质黏度/m²·s⁻¹	(15~400)×10⁻⁶									
介质温度/℃	-15~70									

$$介质黏度/m^2 \cdot s^{-1}$$

注：生产厂为榆次油研液压有限公司。

外形尺寸

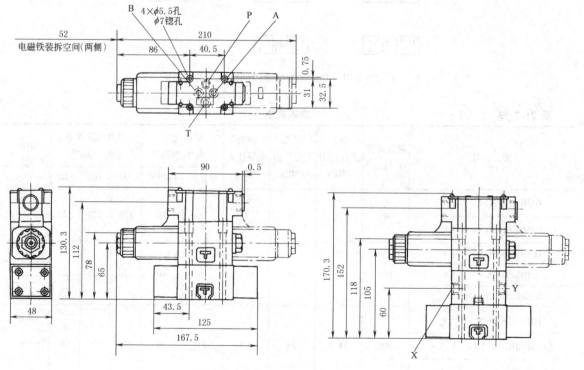

图 21-7-22　DSHG-01 型电液换向阀

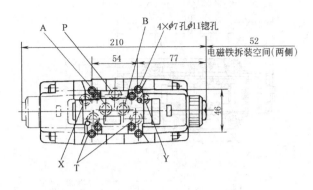

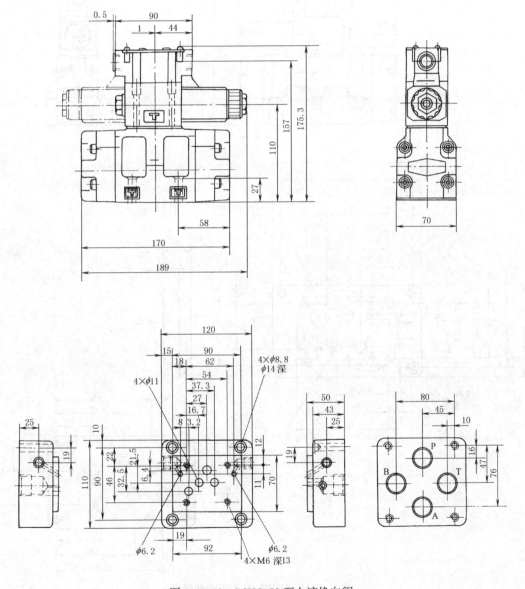

图 21-7-23　DSHG-03 型电液换向阀

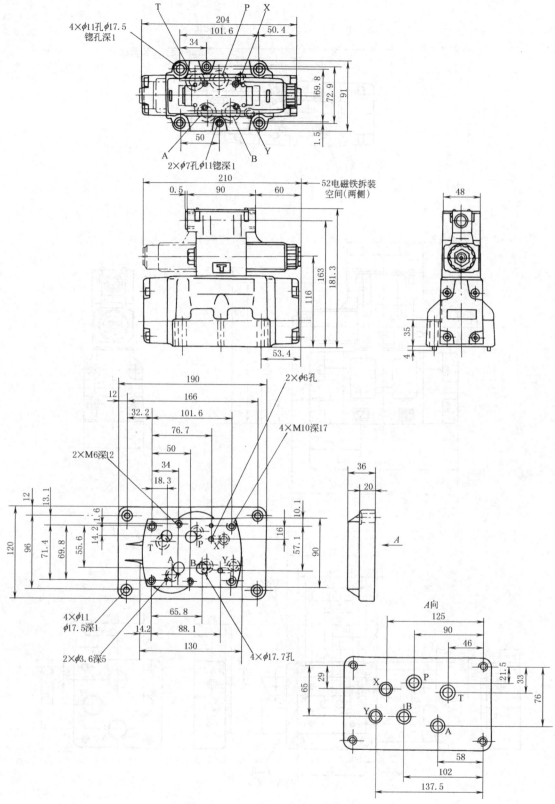

图 21-7-24　DSHG-04 型电液换向阀

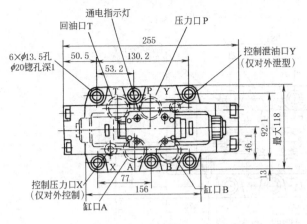

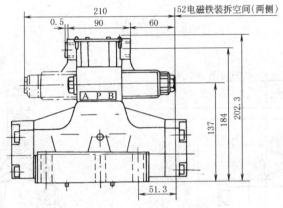

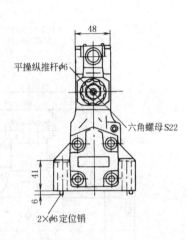

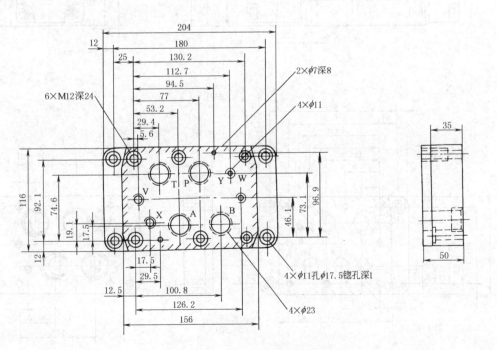

图 21-7-25　DSHG-06 型电液换向阀

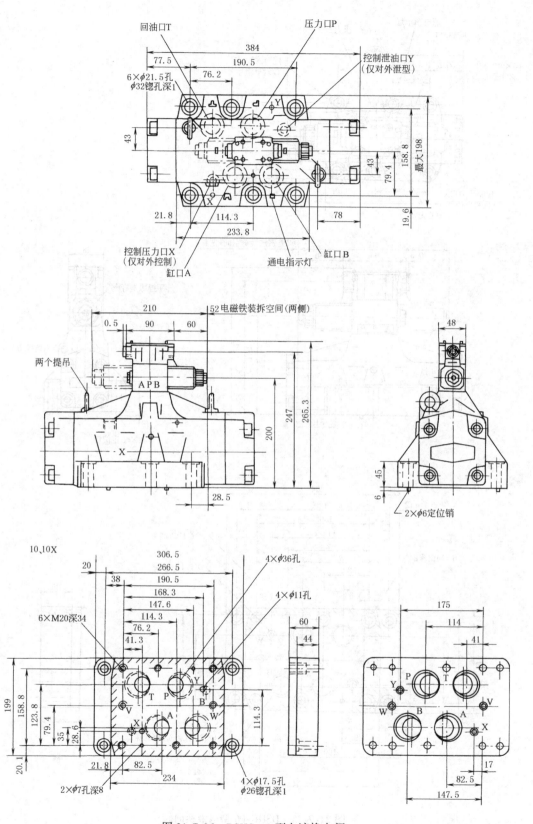

图 21-7-26　DSHG-10 型电液换向阀

2.20 DM型手动换向阀

型号意义：

F - DM □ - □ □ □ □ □ - 50

特殊密封：F— 使用磷酸酯油液

名称代号：手动换向阀

连接型式：T— 管式；G— 板式

公称尺寸：

03	06	06X	01、03、04、06、10
Rc3/8	Rc3/4	Rc1	
10	10X		
Rc1¼	Rc1½		

位数：3— 三位；2— 二位

阀芯复位型式：C— 弹簧对中；D— 无弹簧钢球定位；B— 弹簧偏置

滑阀机能：2、3、4、40、5、6、60、7、8、9、10、11、12

使用中位或单侧位置的阀，不使用时省略

设计号：10、21、30、40、50

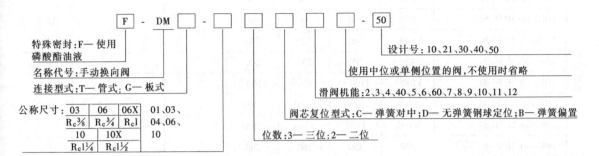

表 21-7-56　　技术规格

型号		最大流量/L·min⁻¹ 7MPa	14MPa	21MPa	31.5MPa	最高使用压力/MPa	允许背压/MPa	质量/kg
管式连接	DMT-03-3C※-50	100①	100①	100①	—	25	16	5.0
	DMT-03-3D※-50	100	100	100	—			
	DMT-03-2D※-50	100	100	100	—			
	DMT-03-2B※-50	100①	100①	100①	—			
	DMT-06※-3C※-30	300(200)②	300(120)②	300(100)②	—	21	滑阀移动时:7 滑阀静止时:21	12.9
	DMT-06※-3D※-30	300	300	300	—			
	DMT-06※-2D※-30	300	300	300	—			
	DMT-06※-2B※-30	200	120	100	—			
	DMT-10※-3C※-30	500(315)②	500(315)②	500(315)②	—	21	滑阀移动时:7 滑阀静止时:21	22
	DMT-10※-3D※-30	500	500	500	—			
	DMT-10※-2D※-30	500	500	500	—			
	DMT-10※-2B※-30	315	315	315	—			
板式连接	DMG-01-3C※-10	35	35	35	—	25	14	1.8
	DMG-01-3D※-10							
	DMG-01-2D※-10							
	DMG-01-2B※-10							
	DMG-03-3C※-50	100①	100①	100①	—	25	16	4.0
	DMG-03-3D※-50	100	100	100	—			
	DMG-03-2D※-50	100	100	100	—			
	DMG-03-2B※-50	100①	100①	100①	—			
	DMG-04-3C※-21	200	200	105	—	21	21④	7.4
	DMG-04-3D※-21	200	200	200	—			
	DMG-04-2D※-21	200	200	200	—			
	DMG-04-2B※-21	90	60	50	—			7.9

续表

型 号	最大流量/L·min⁻¹				最高使用压力/MPa	允许背压/MPa	质量/kg
	7MPa	14MPa	21MPa	31.5MPa			
DMG-06-3C※-50	500	500	500	500			
DMG-06-3D※-50	500	500	500	500	31.5	21④	11.5
DMG-06-2D※-50	500	500	500	500			
DMG-06-2B※-50	420	300	250	200			12
DMG-10-3C※-40	1100③	1100③	1100③	1100③			
DMG-10-3D※-40	1100	1100	1100	1100	31.5	21④	48.2
DMG-10-2D※-40	1100	1100	1100	1100			
DMG-10-2B※-40	670	350	260	200			50

（左侧竖排：板式连接）

① 因滑阀型式不同而异，详细内容请参照 DSG-01/03 系列电磁换向阀标准型号表（50Hz 额定电压时）。

② （ ）内的值表示 3C3、3C5、3C6、3C60 的最大流量。

③ 因滑阀型式不同而异。与 DSHG-10（先导压力为 1.5MPa）相同。

④ 回油背压超过 7MPa 时，泄油口直接和油箱连接。

注：1. 最大流量指阀切换无异常的界限流量。

2. 生产厂为榆次油研液压公司。

表 21-7-57　　　　　　　滑阀机能

滑阀型式		DMG-01			DMT-03 DMG-03			DMT-06※ DMT-10※		DMG-04 DMG-06 DMG-10	
		3C 3D	2D	2B	3C 3D	2D	2B	3C 3D	2D 2B	3C 3D	2D 2B
2	⊠	O	O	O	O	O	O	O	O	O	O
3	⊠	O	O	O	O	—	O	O	O	O	O
4	⊠	O	—	—	O	—	—	O	O	O	O
40	⊠	O	O	O	O	—	O	O	O	O	O
5	⊠	O	—	—	—	—	—	—	—	—	—
	⊠	—	—	—	—	—	—	—	—	—	—
6	⊠	—	—	—	—	—	—	—	—	—	—
	⊠	—	—	—	—	—	—	—	O	—	—
60	⊠	O	—	—	O	—	—	—	—	—	—
	⊠	—	—	—	—	—	—	—	O	—	O
7	⊠	O	O	—	—	—	—	O	O	O	O
8	⊠	O	—	—	O	—	—	O	—	—	—
9	⊠	O	—	—	O	—	—	O	—	O	—
10	⊠	O	—	—	O	—	—	O	—	—	—
11	⊠	O	—	—	—	—	—	O	—	O	—
12	⊠	O	—	—	—	—	—	O	—	O	—

注：1.

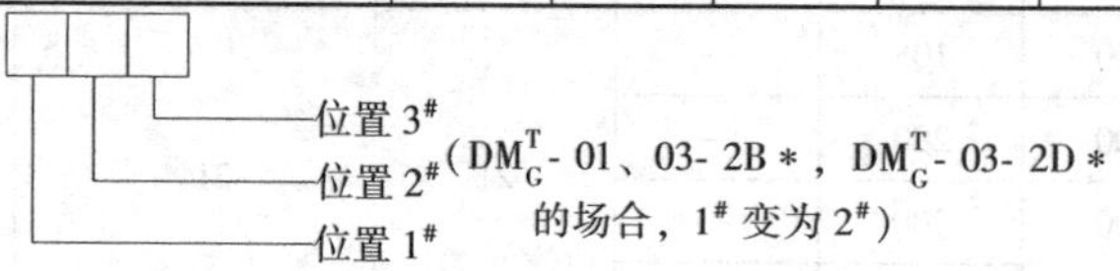

位置3#
位置2#（DMᵀ/G-01、03-2B＊，DMᵀ/G-03-2D＊ 的场合，1# 变为 2#）
位置1#

2. "O" 标记表示相应阀具有的滑阀机能。

表 21-7-58

除通常的二位式阀（2D※，2B※），也提供使用中间位置（2#）与位置 1# 或位置 3# 的两种 2 位三位式阀。（2B※A，2D※A）（2B※B，2D※B）下表带有○符号的表示尺寸规格具有二位滑阀型式。

使用中间位置（2#）与单侧位置（1# 或 3#）的阀

阀型式 弹簧偏置	阀型式 钢球定位	液压符号	*DMT-03 DMG-03	DMT-06※ DMT-10※	DMG-04 DMG-06 DMG-10	阀型式 弹簧偏置	阀型式 钢球定位	液压符号	DMG-01	*DMT-03 DMG-03	DMT-06※ DMT-10※	DMG-04 DMG-06 DMG-10
2B2A	2D2A		○	○	○	2B2B	2D2B		○	○	○	○
2B3A	2D3A		○	○	○	2B3B	2D3B		○	○	○	○
2B4A	2D4A		—	○	○	2B4B	2D4B		○	○	○	○
2B40A	2D40A		—	○	○	2B40B	2D40B		—	—	—	—
—	—					—	—					
2B5A	2D5A		—	○	—	2B5B	2D5B		○	—	○	○
2B6A	2D6A		—	—	—	2B6B	2D6B		—	—	—	○
2B60A	2D60A		—	—	—	2B60B	2D60B		○	—	—	—
2B7A	2D7A		—	○	○	2B7B	2D7B		○	—	○	○
2B8A	2D8A		—	○	—	2B8B	2D8B		○	—	○	—
2B9A	2D9A		—	○	○	2B9B	2D9B		○	○	○	○
2B10A	2D10A		—	○	○	2B10B	2D10B		○	—	○	○
2B11A	2D11A		—	○	○	2B11B	2D11B		○	○	—	○
2B12A	2D12A		—	○	○	2B12B	2D12B		○	○	○	○

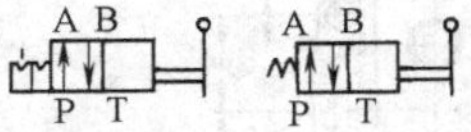

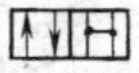

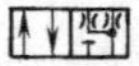

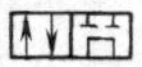

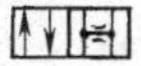

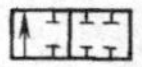

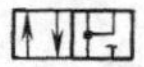

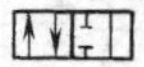

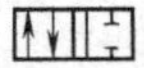

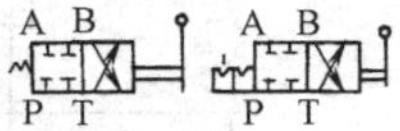

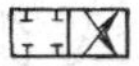

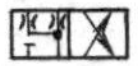

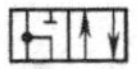

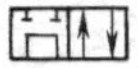

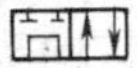

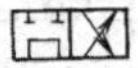

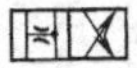

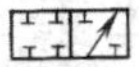

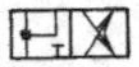

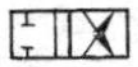

位置 2#
位置 3#

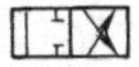

位置 1#
位置 2#

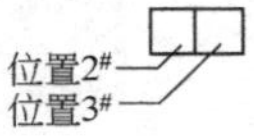

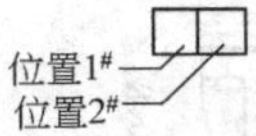

注：钢球定位的阀均无带 ＊ 标记规格。

外形尺寸

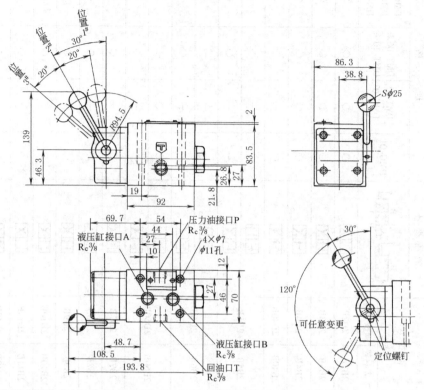

图 21-7-27 DMT-03 型外形尺寸

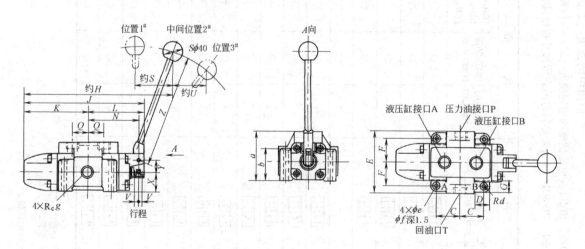

表 21-7-59　　DMT-06、06X　DMT-10、10X　型外形尺寸　　　　mm

型　号	C	D	E	F	G	H	J	K	L	N	Q	S	U	V	X	Y	Z	a	b	d	e	f	g
DMT-06	50	30	126	47.5	24	320	255	137	118	107	33.5	86	76	9	40	25	250	100	65	12	11	17.5	$R_c\frac{3}{4}$
DMT-06X																							$R_c 1$
DMT-10	66	40	160	62.5	33	402	320	173	147	135	40	102	90	12.5	50	35	300	120	80	15	13.5	21	$R_c 1\frac{1}{4}$
DMT-10X																							$R_c 1\frac{1}{2}$

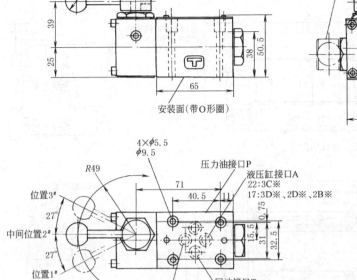

图 21-7-28　DMG-01 型外形尺寸

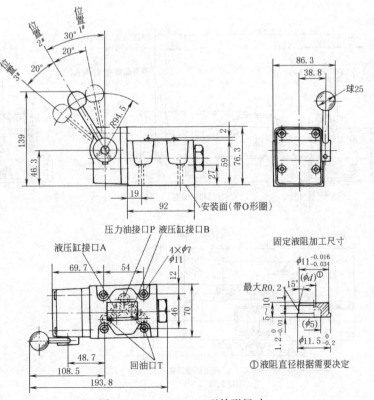

图 21-7-29　DMG-03 型外形尺寸

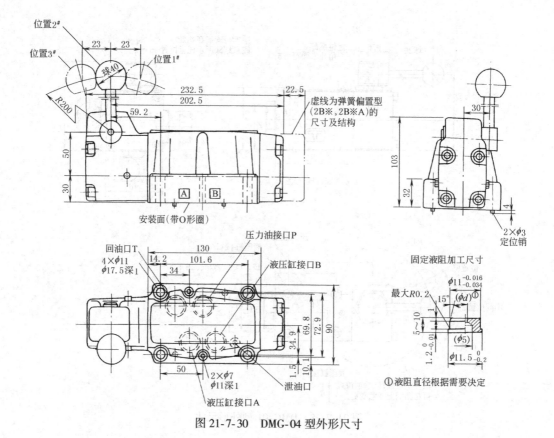

图 21-7-30　DMG-04 型外形尺寸

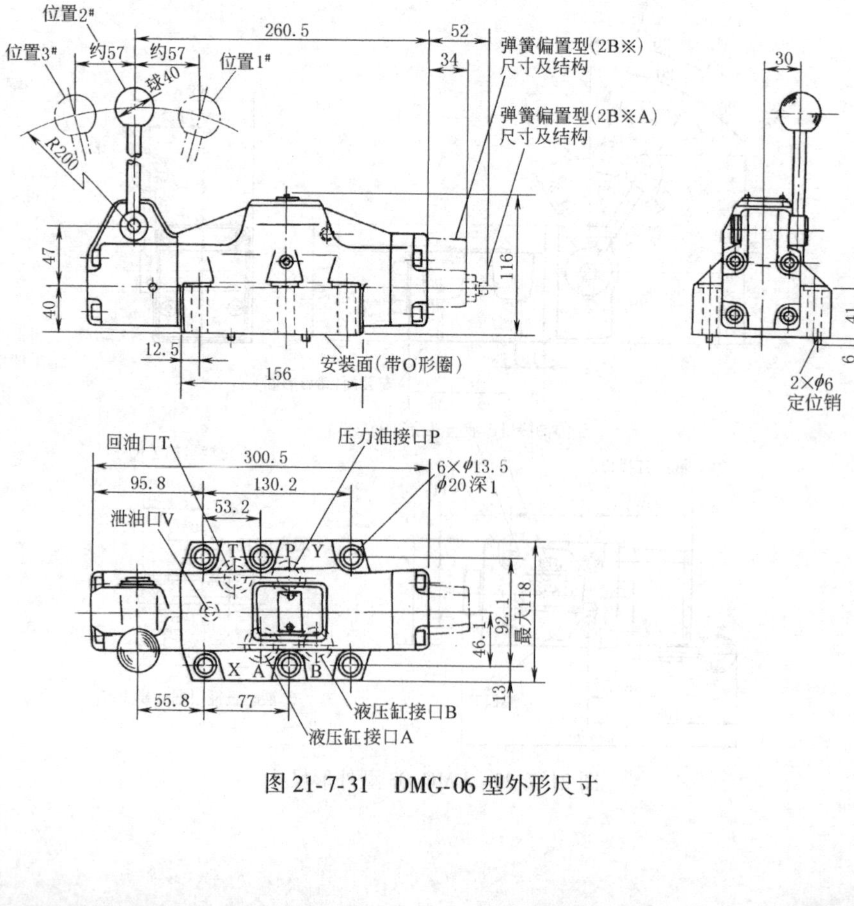

图 21-7-31　DMG-06 型外形尺寸

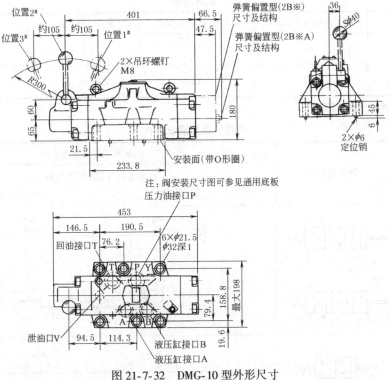

图 21-7-32　DMG-10 型外形尺寸

表 21-7-60　　　　　　　　　　　底板参数

阀型号	底板型号	连接螺纹	质量/kg	阀型号	底板型号	连接螺纹	质量/kg
DMG-01	DSGM-01-30	$R_c\frac{1}{8}$	0.8	DMG-04	DHGM-04-20	$R_c\frac{1}{2}$	4.4
	DSGM-01X-30	$R_c\frac{1}{4}$			DHGM-04X-20	$R_c\frac{3}{4}$	4.1
	DSGM-01Y-30	$R_c\frac{3}{8}$		DMG-06	DHGM-06-50	$R_c\frac{3}{4}$	7.5
DMG-03	DSGM-03-40	$R_c\frac{3}{8}$	3		DHGM-06X-50	R_c1	
	DSGM-03X-40	$R_c\frac{1}{2}$		DMG-10	DHGM-10-40	$R_c1\frac{1}{4}$	21.5
	DSGM-03Y-40	$R_c\frac{3}{4}$	4.7		DHGM-10X-40	$R_c1\frac{1}{2}$	

2.21　DC 型凸轮操作换向阀

型号意义：

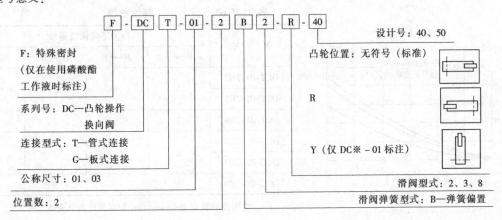

表 21-7-61   技术规格

型 号	最大流量/L·min⁻¹	最高使用压力/MPa	允许背压/MPa	质量/kg
$\dfrac{\text{DCT}}{\text{DCG}}$-01-2B*-40	30	21	7	1.1
$\dfrac{\text{DCT}}{\text{DCG}}$-03-2B*-50	100	25	10	4.5（管式） 3.8（板式）

注：生产厂为榆次油研液压有限公司。

表 21-7-62   凸轮位置与液流方向

型 号	液压符号	凸滚轮位置与液流方向
		从偏置位置起滚轮的行程/mm
		偏置位置 切换完了位置
$\dfrac{\text{DCT}}{\text{DCG}}$-01-2B2		P→B / A→T 全口关闭 P→A / B→T 0 3.8 4.6 9.5
$\dfrac{\text{DCT}}{\text{DCG}}$-01-2B3		P→B / A→T 全口相通 P→A / B→T 0 3.8 4.6 9.5
$\dfrac{\text{DCT}}{\text{DCG}}$-01-2B8		P→B A.T 关闭 P→A A.T 关闭 0 3.8 9.5
$\dfrac{\text{DCT}}{\text{DCG}}$-03-2B2		P→A / B→T 全口关闭 P→B / A→T 0 3.8 4.1 7
$\dfrac{\text{DCT}}{\text{DCG}}$-03-2B3		P→A / B→T 全口相通 P→B / A→T 0 3.3 4.3 7
$\dfrac{\text{DCT}}{\text{DCG}}$-03-2B8		P→A / B.T 关闭 全口关闭 A.T / P→B 关闭 0 4.0 4.9 7

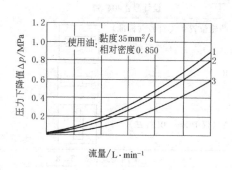

表 21-7-63   特性曲线

型 号	压力下降曲线番号			
	P→A	B→T	P→B	A→T
DCT-01-2B2	1	1	2	1
DCT-01-2B3				
DCT-01-2B8	2	—	2	—
DCG-01-2B2	2	2	3	3
DCG-01-2B3				
DCG-01-2B8	3	—	3	—

注：使用油的黏度为 35mm²/s；相对密度为 0.850。

外形尺寸

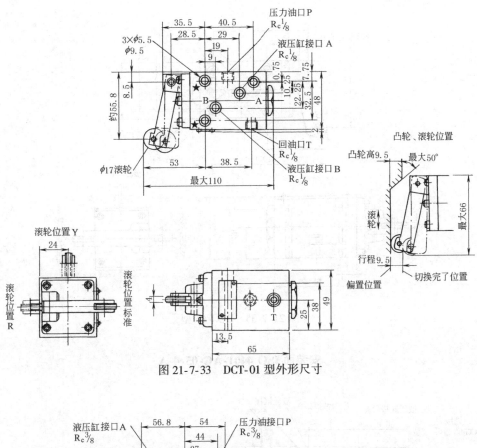

图 21-7-33　DCT-01 型外形尺寸

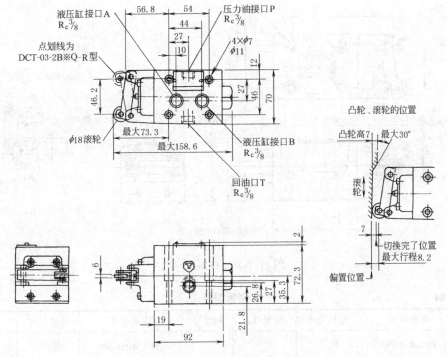

图 21-7-34　DCT-03 型外形尺寸

安装面 ISO 4401-AB-03-4-A

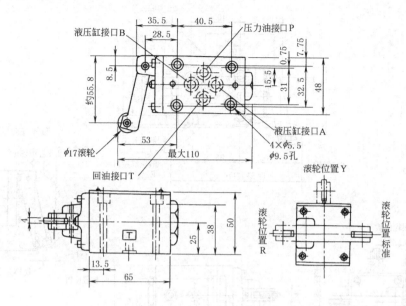

图 21-7-35　DCG-01 型

安装面 ISO 4401-AC-05-4-A

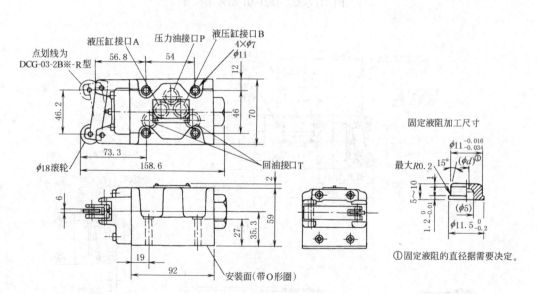

①固定液阻的直径据需要决定。

图 21-7-36　DCG-03 型

表 21-7-64　　　　　　　　　　　　底板型号

阀型号	底板型号	连接尺寸	质量/kg	阀型号	底板型号	连接尺寸	质量/kg
DCG-01	DSGM-01-30	$R_c\frac{1}{8}$	0.8	DCG-03	DSGM-03-40	$R_c\frac{3}{8}$	3
	DSGM-01X-30	$R_c\frac{1}{4}$			DSGM-03X-40	$R_c\frac{1}{2}$	3
	DSGM-01Y-30	$R_c\frac{3}{8}$			DSGM-03Y-40	$R_c\frac{3}{4}$	4.7

2.22 C 型单向阀

C 型单向阀在所设定的开启压力下使用，可控制油流单方向流动，完全阻止油流的反方向流动。

型号意义：

系列号：CI— 直通单向阀；CR— 直角单向阀

连接型式：T— 管式；G— 板式

CI T-03-04-50

设计号

开启压力：04—0.04MPa；35—0.35MPa；50—0.5MPa

通径代号：02；03；06；10

表 21-7-65 技术规格

型　　号	额定流量①/L·min⁻¹	最高使用压力/MPa	开启压力/MPa	质量/kg
管式连接（直通单向阀） CIT-02-※-50	16	25	0.04 0.35 0.5	0.1
CIT-03-※-50	30			0.3
CIT-06-※-50	85			0.8
CIT-10-※-50	230			2.3
管式连接（直角单向阀） CRT-03-※-50	40	25	0.04 0.35 0.5	0.9
CRT-06-※-50	125			1.7
CRT-10-※-50	250			5.6
板式连接 CRG-03-※-50	40	25	0.04 0.35 0.5	1.7
CRG-06-※-50	125			2.9
CRG-10-※-50	250			5.5

① 额定流量是指开启压力 0.04MPa、使用油相对密度 0.85、黏度 20mm²/s 时自由流动压力下降值为 0.3MPa 时的大概流量。
注：生产厂为榆次油研液压公司。

表 21-7-66 外形尺寸 mm

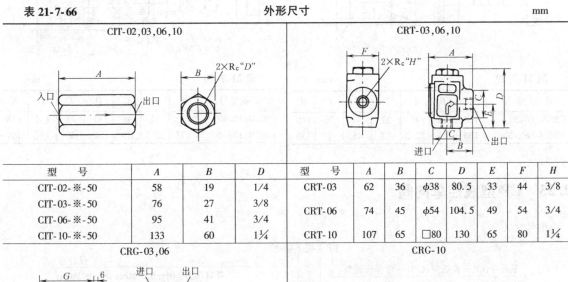

CIT-02,03,06,10

CRT-03,06,10

型　号	A	B	D
CIT-02-※-50	58	19	1/4
CIT-03-※-50	76	27	3/8
CIT-06-※-50	95	41	3/4
CIT-10-※-50	133	60	1¼

型　号	A	B	C	D	E	F	H
CRT-03	62	36	φ38	80.5	33	44	3/8
CRT-06	74	45	φ54	104.5	49	54	3/4
CRT-10	107	65	□80	130	65	80	1¼

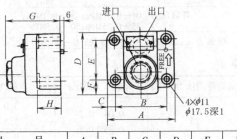

CRG-03,06

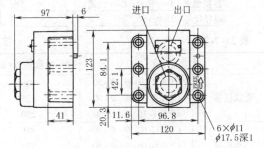

CRG-10

型　号	A	B	C	D	E	F
CRG-03	90	66.7	11.7	72	42.9	17.5
CRG-06	102	79.4	11.3	93	60.3	21.4

型　号	G	H	安装面符合下列 ISO 标准
CRG-03	72.5	31	ISO 5781-AG-06-2-A
CRG-06	84.5	36	ISO 5781-AH-08-2-A

安装面符合 ISO 5781-AJ-10-2-A

表 21-7-67　　安装底板

型　号	底板型号	连接尺寸 R_c	质量/kg
CRG-03	CRGM-03-50	3/8	1.6
	CRGM-03X-50	1/2	1.6
CRG-06	CRGM-06-50	3/4	2.4
	CRGM-06X-50	1	3.0
CRG-10	CRGM-10-50	1¼	4.8
	CRGM-10X-50	1½	5.7

CRGM　03,03X

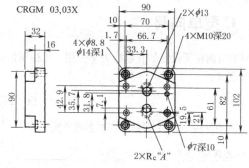

表 21-7-68

底板型号	A
CRGM-03-50	3/8
CRGM-03X-50	1/2

CRGM-06,06X

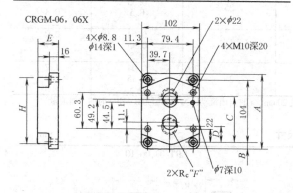

表 21-7-69　　　　　　　　　mm

底板型号	A	B	C	D	E	F	H
CRGM-06-50	124	10	77	27	36	¾	110
CRGM-06X-50	136	16	82.3	22	45	1	130

CRGM-10,10X

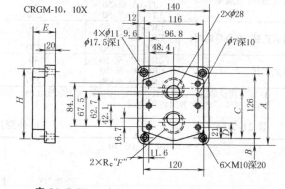

表 21-7-70　　　　　　　　　mm

底板型号	A	B	C	D	E	F	H
CRGM-10-50	150	12	96	30	45	1¼	135
CRGM-10X-50	177	25.5	104	22	50	1½	167

2.23　CP型液控单向阀

型号意义：

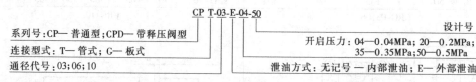

CP T-03-E-04-50

系列号：CP— 普通型；CPD— 带释压阀型
连接型式：T— 管式；G— 板式
通径代号：03；06；10

设计号
开启压力：04—0.04MPa；20—0.2MPa；
35—0.35MPa；50—0.5MPa
泄油方式：无记号—内部泄油；E—外部泄油

表 21-7-71　　　　　　　　　　　　**技术规格**

型　号	额定流量[1]/L·min⁻¹	最高使用压力/MPa	开启压力/MPa		质量/kg
管式连接　CP※T-03-※-※-50	40				3.0
CP※T-06-※-※-50	125	25	0.04	0.2	5.5
CP※T-10-※-※-50	250		0.35	0.5	9.6
底板连接　CP※G-03-※-※-50	40				3.3
CP※G-06-※-※-50	125	25	0.04	0.2	5.4
CP※G-10-※-※-50	250		0.35	0.5	8.5

① 额定流量是指开启压力 0.04MPa、使用油相对密度 0.85、黏度 20mm²/s 时自由流动压力下降值为 0.3MPa 时的大概流量。

注：生产厂为榆次油研液压公司。

外 形 尺 寸

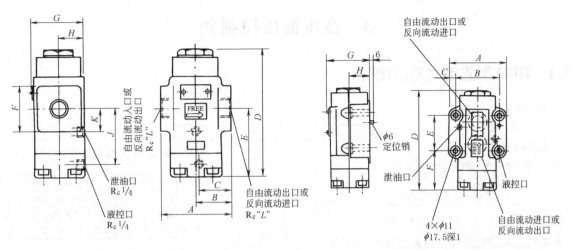

CP※T-03, 06, 10 型

CP※G-03, 06 型

表 21-7-72 mm

型 号	A	B	C	D	E	F	G	H	J	K	L
CP※T-03	80	40	39	150.5	84.5	φ38	60	29	67.5	26.5	⅜
CP※T-06	96	48	47	171.5	92.5	□62	72	35	75.5	31	¾
CP※T-10	140	70	64	203.5	113	□80	82	40	96	43	1¼

表 21-7-73 mm

型 号	A	B	C	D	E	F	G	H	安装面符合下列 ISO 标准
CP※G-03	90	66.7	11.7	150.5	42.9	66	62	30	ISO 5781-AG-06-2-A
CP※G-06	102	79.4	11.3	171.5	60.3	67.5	74	35	ISO 5781-AH-08-2-A

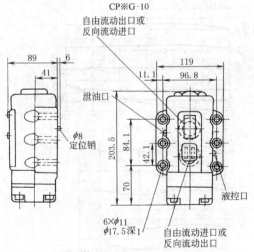

CP※G-10

安装面符合 ISO 5781-AJ-10-2-A
图 21-7-37

表 21-7-74 安装底板

型 号	底板型号	连接尺寸	质量/kg
CP※G-03	HGM-03-20	$R_c\frac{3}{8}$	1.6
	HGM-03X-20	$R_c\frac{1}{2}$	
CP※G-06	HGM-06-20	$R_c\frac{3}{4}$	2.4
	HGM-06X-20	$R_c 1$	3.0
CP※G-10	HGM-10-20	$R_c 1\frac{1}{4}$	4.8
	HGM-10X-20	$R_c 1\frac{1}{2}$	5.7

注：底板与 H 型顺序阀通用，使用时请按上表型号订货。

以上系列液压阀均由榆次油研液压有限公司生产。

3 高压液压控制阀

3.1 DBD 型直动式溢流阀

型号意义：

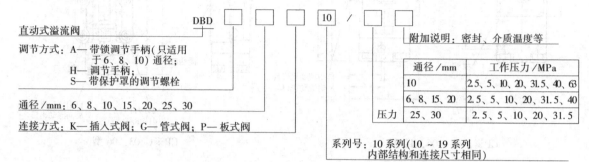

通径/mm	工作压力/MPa
10	2.5、5、10、20、31.5、40、63
6、8、15、20	2.5、5、10、20、31.5、40
压力 25、30	2.5、5、10、20、31.5

系列号：10系列（10～19系列
内部结构和连接尺寸相同）

表 21-7-75 技术规格

通径/mm		6	8、10	15、20	25、30
工作压力/MPa	P 口	40	63	40	31.5
	T 口			31.5	
流量/L·min^{-1}		50	120	250	350
介质			矿物油磷酸酯液压液		
介质温度/℃			−20～70		
介质黏度/m^2·s^{-1}			(2.8～380)×10^{-6}		

注：生产厂为北京华德液压工业集团液压阀分公司、上海立新液压公司、海门市液压件厂有限公司。

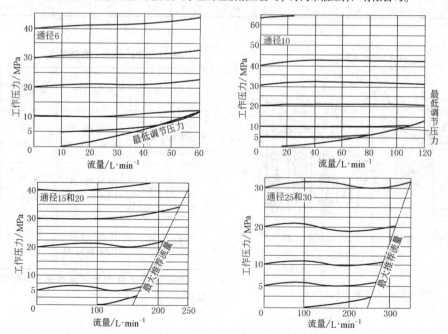

图 21-7-38　DBD 型直动式溢流阀特性曲线

DBD 型直动溢流阀板式连接安装尺寸

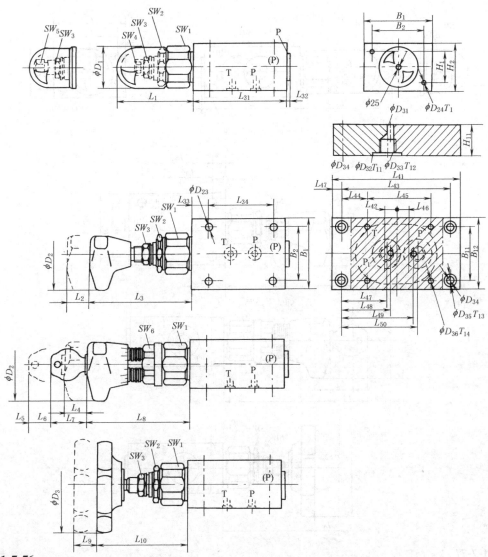

表 21-7-76

mm

通 径	质量/kg	B_1	B_2	D_1	D_2	D_3	D_{23}	D_{24}	H_1	H_2	L_1	L_2	L_3	L_4	L_5	L_6	L_7	L_8	L_9
6	约1.5	60	40	34	60	—	6.6	M6	25	40	72	11	83	11	20	11	30	83	—
(8),10	约3.7	80	60	38			9	M8	40	60	68		79					79	
(15),20	约6.4	100	70	48					50	70	65		77						
(25),30	约13.9	130	100	63		80	11	M10	60	90	83	—	—	—	—	—	—	—	11

L_{10}	L_{31}	L_{32}	L_{33}	L_{34}	SW_1	SW_2	SW_3	SW_4	SW_5	SW_6	T_1	底板	型 号	质量/kg	B_{11}	B_{12}	D_{31}	D_{32}
	80	2	15	55	32						10	6	G300/1	1.5	45	60	6	25
—	100	(2)3		70	36	30				30		通	(8),10	(G301/1)G302/1	2	60	80	10	(28)34
	135	(3)4	20	100	46		19	6	—		20	径	(15),20	(G303/1)G304/1	5.5	70	100	(15)20	(42)47
56	180	4	25	130	60	46				13	25		(25),30	(G305/1)G306/1	8	100	130	30	(56)61

D_{33}	D_{34}	D_{35}	D_{36}	H_{11}	L_{41}	L_{42}	L_{43}	L_{44}	L_{45}	L_{46}	L_{47}	L_{48}	L_{49}	L_{50}	T_{11}	T_{12}	T_{13}	T_{14}
G¼	7	11	M6	25	110	8	94	22	55	10	39	42	62	65	1	15	9	15
(G⅜),G½			M8		135	10	115	27.5	70		40.5	48.5	72.5	80.5		(15)16	9	
(G¾),G1	11.5	17.5		40	170	15	140	20	100	20	(45)42	54	85	(94)97		20	13	(12)22
(G1¼),G1½			M10		190	12.5	165	17.5	130	22.5	42	52.5	102.5	(113)117		24	11.5	22

DBD 型直动溢流阀螺纹连接尺寸

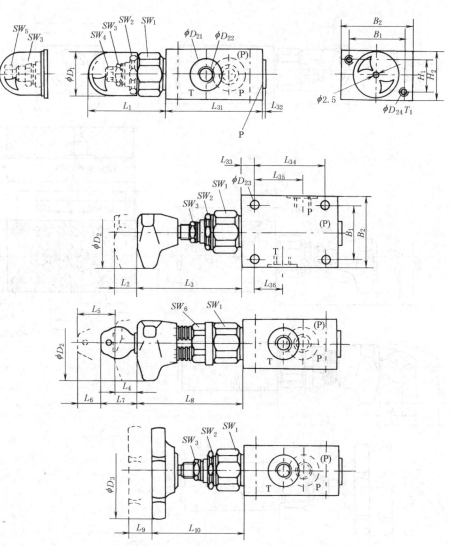

表 21-7-77   mm

通 径	质量/kg	B_1	B_2	D_1	D_2	D_3	D_{21}	D_{22}	D_{23}	D_{24}
6	≈1.5	45	60	34			25	$G\frac{1}{4}$	6.6	M6
(8)、10	≈3.7	60	80	38	60	—	(28)34	($G\frac{3}{8}$)$G\frac{1}{2}$	9	M8
(15)、20	≈6.4	70	100	48			(42)47	($G\frac{3}{4}$)G1	9	M8
(25)、30	≈13.9	100	130	63	—	80	(56)61	($G1\frac{1}{4}$)$G1\frac{1}{2}$	11	M10

通 径	H_1	H_2	L_1	L_2	L_3	L_4	L_5	L_6	L_7	L_8
6	25	40	72		83	11	20			83
(8)、10	40	60	68	11	79			11	30	79
(15)、20	50	70	65		77					77
(25)、30	60	90	83		—					—

通 径	L_9	L_{10}	L_{31}	L_{32}	L_{33}	L_{34}	L_{35}	L_{36}	T_1	SW_1	SW_2	SW_3	SW_4	SW_5	SW_6
6			80	2	15	55	40	20	10	32	30		6	—	30
(8)、10	—	—	100	(2)3	20	70	49	21	20	36	30	19	6		30
(15)、20			135	(3)4	20	100	65	34	20	46	36	19		13	
(25)、30	11	56	180	4	25	130	85	35	25	60	46			13	

DBD 型直动溢流阀插入式连接尺寸

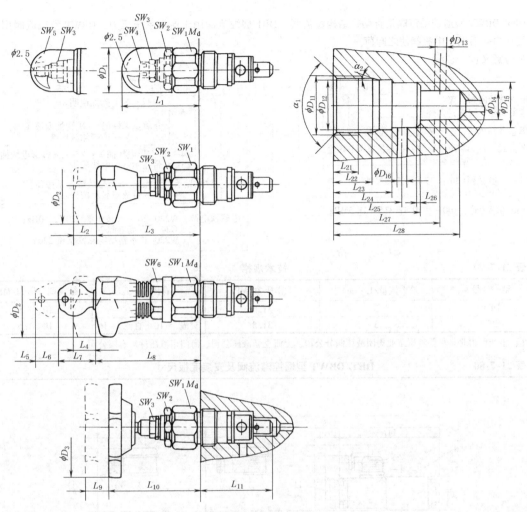

表 21-7-78   mm

通 径	质量/kg	D_1	D_2	D_3	L_1	L_2	L_3	L_4	L_5	L_6	L_7	L_8	L_9
6	≈0.4	34			72		83	11	20	11	30	83	
10	≈0.5	38	60	—	68	11	79					79	—
20	≈1	48			65		77	—	—	—	—		
30	≈2.2	63	—	80	83	—	—					—	11

通 径	L_{10}	L_{11}	$M_d/N·m$	D_{11}	D_{12}	D_{13}	D_{14}	D_{15}	D_{16}	L_{21}	L_{22}	L_{23}	L_{24}
6		64	≈120	M28×1.5	25H9	6	15	24.9	6	15	19	30	35
10	—	75	≈140	M35×1.5	32H9	10	18.5	31.9	10	18	23	35	41
20		106	≈170	M45×1.5	40H9	20	24	39.9	20	21	27	45	54
30	56	131	≈200	M60×2	55H9	30	38.75	54.9	30	23	29		60

通 径	L_{25}	L_{26}	L_{27}	L_{28}	α_1	α_2	SW_1	SW_2	SW_3	SW_4	SW_5	SW_6
6	45		56.5±5.5	65		15°	32	30				30
10	52	0.5×	67.5±7.5	80	90°		36		19	6	—	
20	70	45°	91.5±8.5	110		20°	46	36				—
30	84		113.5±11.5	140			60	46		—	13	

3.2 DBT/DBWT 型遥控溢流阀

DBT/DBWT 型遥控溢流阀是直动式结构溢流阀，DBT 型溢流阀用于遥控系统压力，DBWT 型溢流阀用于遥控系统压力并借助于电磁阀使之卸荷。

型号意义：

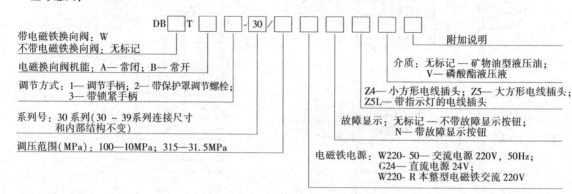

带电磁铁换向阀：W
不带电磁铁换向阀：无标记
电磁换向阀机能：A— 常闭；B— 常开
调节方式：1— 调节手柄；2— 带保护罩调节螺栓；
3— 带锁紧手柄
系列号：30 系列(30～39系列连接尺寸
和内部结构不变)
调压范围(MPa)：100—10MPa；315—31.5MPa

附加说明

介质：无标记 — 矿物油型液压油；
V— 磷酸酯液压液
Z4— 小方形电线插头；Z5— 大方形电线插头；
Z5L— 带指示灯的电线插头
故障显示：无标记 — 不带故障显示按钮；
N— 带故障显示按钮

电磁铁电源：W220- 50— 交流电源 220V，50Hz；
G24— 直流电源 24V；
W220- R 本整型电磁铁交流 220V

表 21-7-79 　　　　　　　　　　技术规格

型　　号	最大流量/L·min⁻¹	工作压力/MPa	背压/MPa	最高调节压力/MPa
DBT	3	31.5	≈31.5	10、31.5
DBWT	3	31.5	交流，≈10　直流，≈16	10、31.5

注：生产厂为北京华德液压工业集团液压阀分公司、上海立新液压公司、海门市液压件厂有限公司。

表 21-7-80 　　　　　　　DBT/DBWT 型遥控溢流阀及安装底板尺寸

遥控溢流阀

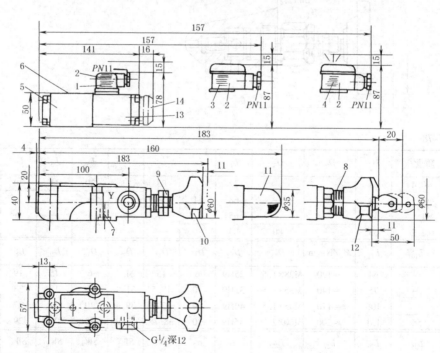

1—Z4 型插头；2—插头颜色：灰色；3—Z5 型插头；4—Z5L 型插头；5—5 通径电磁阀；6—标牌；7—控制油外排口 Y；8—刻度套；9—螺母(只用于 31.5MPa)；10—调节方式"1"；11—调节方式"2"；12—调节方式"3"；13—电磁铁"a"；14—故障检查按钮

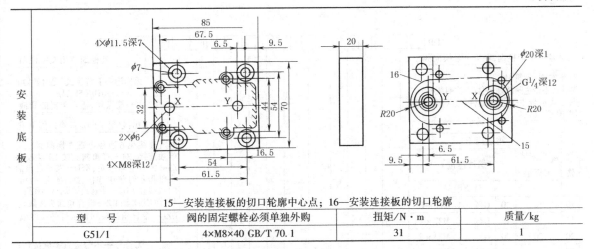

安装底板

15—安装连接板的切口轮廓中心点；16—安装连接板的切口轮廓

型　　号	阀的固定螺栓必须单独外购	扭矩/N·m	质量/kg
G51/1	4×M8×40 GB/T 70.1	31	1

3.3　DB/DBW 型先导式溢流阀、电磁溢流阀（5X 系列）

　　DB/DBW 型先导式溢流阀具有压力高、调压性能平稳、最低调节压力低和调压范围大等特点。DB 型阀主要用于控制系统的压力；DBW 型电磁溢流阀也可以控制系统的压力并能在任意时刻使之卸荷。

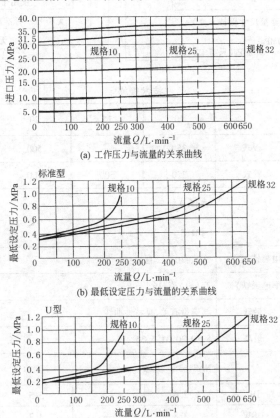

(a) 工作压力与流量的关系曲线

(b) 最低设定压力与流量的关系曲线

(c) 最低设定压力与流量的关系曲线

图 21-7-39　特性曲线

（曲线是在外部先导无压泄油下绘制的；内部先导
泄油时必须将 B 口压力加到所示值上）

第
21
篇

型号意义：

$$DB\ \square\ \square\ \square\ \square\square\square-\square/\square\square\square\square\square\square\square\square\square\square$$

无符号—不带换向阀；W—带换向阀

先导式阀：无符号；
先导式不带主阀芯插装件(不注明规格)：C；
先导式不带主阀芯插装件(注明阀规格 DB10 或 30)：C

规格	底板安装 无标记	阀适用于 螺纹连接 G	
		订货型号	
10	10	10	G½	M22×15
15		15	G¾	M27×2
20	20	20	G1	M33×2
25		25	G1¼	M42×2
32	30	32	G1½	M48×2	通径 /mm

A—常闭；B—常开

无标记—底板安装；G—螺纹连接

调节装置：1—手轮；2—带外六角和保护罩的设定螺钉；
3—带锁手柄

5X—50～59系列(50～59 安装和连接尺寸保持不变)

设定压力：50—5.0MPa；100—10.0MPa；
200—20.0MPa；315—31.5MPa；350—35.0MPa(只有 DB 型)

其他细节用文字说明

无标记—丁腈橡胶，适合矿物油
(DIN 51524)；
V—氟橡胶，适合于磷酸酯液

R10：阻尼 φ1.0mm 换向阀 B 孔

电气连接见 6 通径电磁铁换向阀
单独连接：Z4—直角插头按 DIN43650；
Z5—大号直角插头；Z5L—大号直角插头带指示灯集中连接：D—插头 PN16 的接线盒；DL—带螺纹插头 PN16 和指示灯的接线盒；DZ—带直角插头接线盒；DZL—带直角插头和指示灯的接线盒

无符号—不带应急操纵按钮；
N—带应急操纵按钮

W220-50—交流 220V，50Hz；G24—直流 24V；
W220R—220V 直流电磁铁，带内装整流器，与频率无关(电压大于等于 110V，仅用 25 插头)

无符号—不带换向阀；6A—带 6 通径换向阀；
6B—带 6 通径换向阀(高性能电磁铁)，
仅用于 35MPa 压力级

无符号—标准型；U—最低设定压力见工作曲线

无标记—内部内排；X—外部内排；
Y—内部外排；XY—外部外排

表 21-7-81　　　　　　　　　技术规格

通径/mm			10	15	20	25	32
最大流量/L·min⁻¹		板式	250	—	500	650	
		管式	250	500	500	500	650
工作压力油口 A、B、X/MPa			≤35.0				
背压/MPa	DB		≤31.5				
	DBW 6A(标准电磁铁)		交流：10　　直流：16				
	DBW 6B(大功率电磁铁)		交(直)流：16				
调节压力/MPa		最低	与流量有关，见特性曲线				
		最高	5、10、20、31.5、35				
过滤精度			NAS1638　九级				
质量/kg	板式	DB	2.6	—	3.5	—	4.4
		DBW	3.8	—	4.7	—	5.6
	管式	DB	5.3	5.2	5.1	5.0	4.8
		DBW	6.5	6.4	6.3	6.2	6.0

注：生产厂为北京华德液压集团液压阀分公司、上海立新液压公司、海门市液压件厂有限公司。

DB/DBW 型（50 系列板式）先导式溢流阀外形尺寸

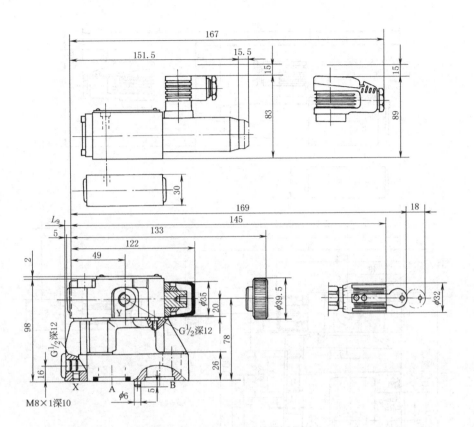

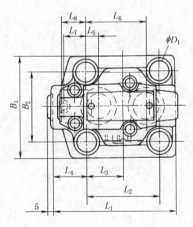

表 21-7-82 mm

型 号	L_1	L_2	L_3	L_4	L_5	L_6	L_7	L_8	L_9	B_1	B_2	ϕD_1	油口 A、B	油口 Y
DB/DBW10	91	53.8	22.1	27.5	22.1	47.5	0	25.5	2	78	53.8	14	17.12×2.62	9.25×1.78
DB/DBW20	116	66.7	33.4	33.3	11.1	55.6	23.8	22.8	10.5	100	70	18	28.17×3.53	9.25×1.78
DB/DBW30	147.5	88.9	44.5	41	12.7	76.2	31.8	20	21	115	82.6	20	34.52×3.53	9.25×1.78

DB/DBW 型（50 系列管式）先导式溢流阀外形尺寸

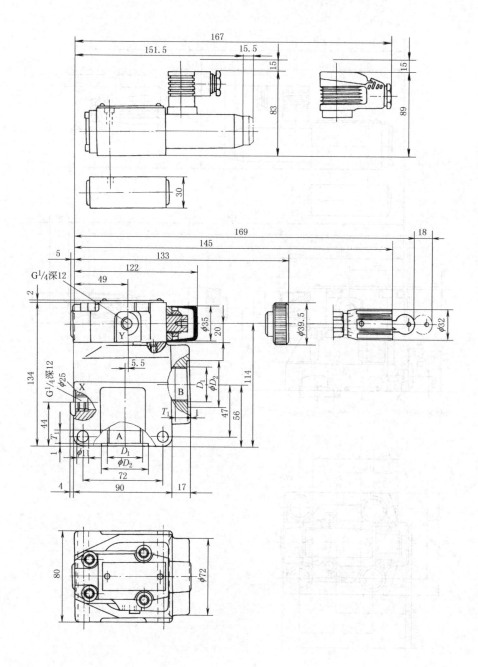

表 21-7-83

mm

型　号	D_1	ϕD_2	T_1
DB(DBW)10G	G½	34	14
DB(DBW)15G	G¾	42	16
DB(DBW)20G	G1	47	18
DB(DBW)25G	G1¼	58	20
DB(DBW)32G	G1½	65	22

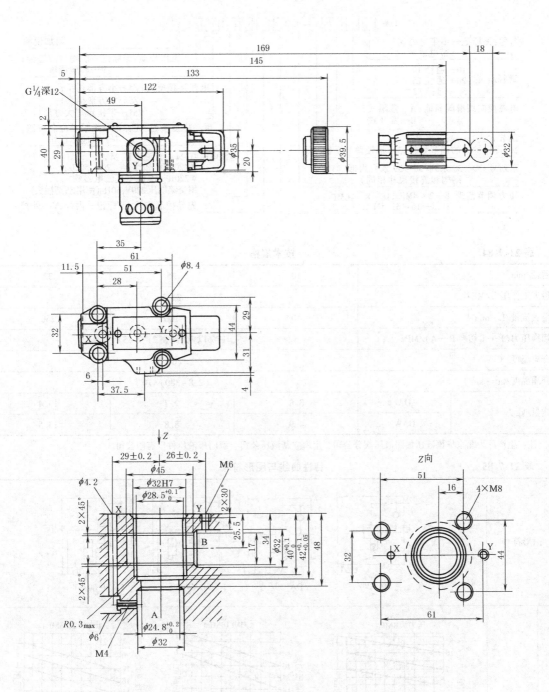

图 21-7-40 DB/DBW 型（50 系列插入式）先导式溢流阀外形尺寸

[带（DBC10、30）或不带（DBC、DBT）主阀芯插件先导阀]

3.4 DA/DAW 型先导式卸荷溢流阀、电磁卸荷溢流阀

该阀是先导控制式卸荷阀，作用是在蓄能器工作时，可使液压泵卸荷；或者在双泵系统中，高压泵工作时，使低压大流量泵卸荷。

型号意义：

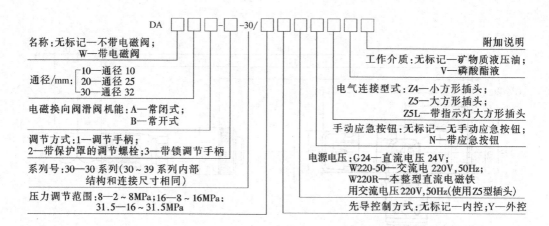

名称：无标记—不带电磁阀；
　　　W—带电磁阀

通径/mm：10—通径 10
　　　　　20—通径 25
　　　　　30—通径 32

电磁换向阀滑阀机能：A—常闭式；
　　　　　　　　　　B—常开式

调节方式：1—调节手柄；
　　　　　2—带保护罩的调节螺栓；3—带锁调节手柄

系列号：30—30 系列（30～39 系列内部结构和连接尺寸相同）

压力调节范围：8—2～8MPa；16—8～16MPa；
　　　　　　　31.5—16～31.5MPa

附加说明

工作介质：无标记—矿物质液压油；
　　　　　V—磷酸酯液

电气连接型式：Z4—小方形插头；
　　　　　　　Z5—大方形插头；
　　　　　　　Z5L—带指示灯大方形插头

手动应急按钮：无标记—无手动应急按钮；
　　　　　　　N—带应急按钮

电源电压：G24—直流电压 24V；
　　　　　W220-50—交流电 220V，50Hz；
　　　　　W220R—本整型直流电磁铁用交流电压 220V，50Hz（使用 Z5 型插头）

先导控制方式：无标记—内控；Y—外控

表 21-7-84　　　　　　　　　　　　　　技术规格

通径/mm		10	25	32
最大工作压力/MPa		31.5		
最大流量/L·min⁻¹		40	100	250
切换压力（P→T 切换 P→A）/MPa		17%以内（见表 21-7-85）		
介质温度/℃		−20～70		
介质黏度/m²·s⁻¹		(2.8～380)×10⁻⁶		
质量/kg	DA	3.8	7.7	13.4
	DAW	4.9	8.8	14.5

注：生产厂为北京华德液压集团液压阀分公司、上海立新液压公司、海门市液压件厂有限公司。

表 21-7-85　　　　　　　　　　　　　　特性曲线与图形符号

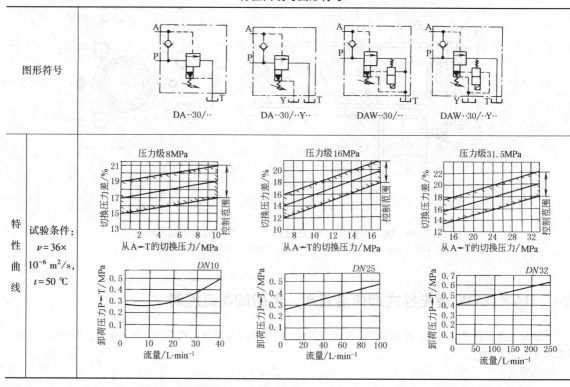

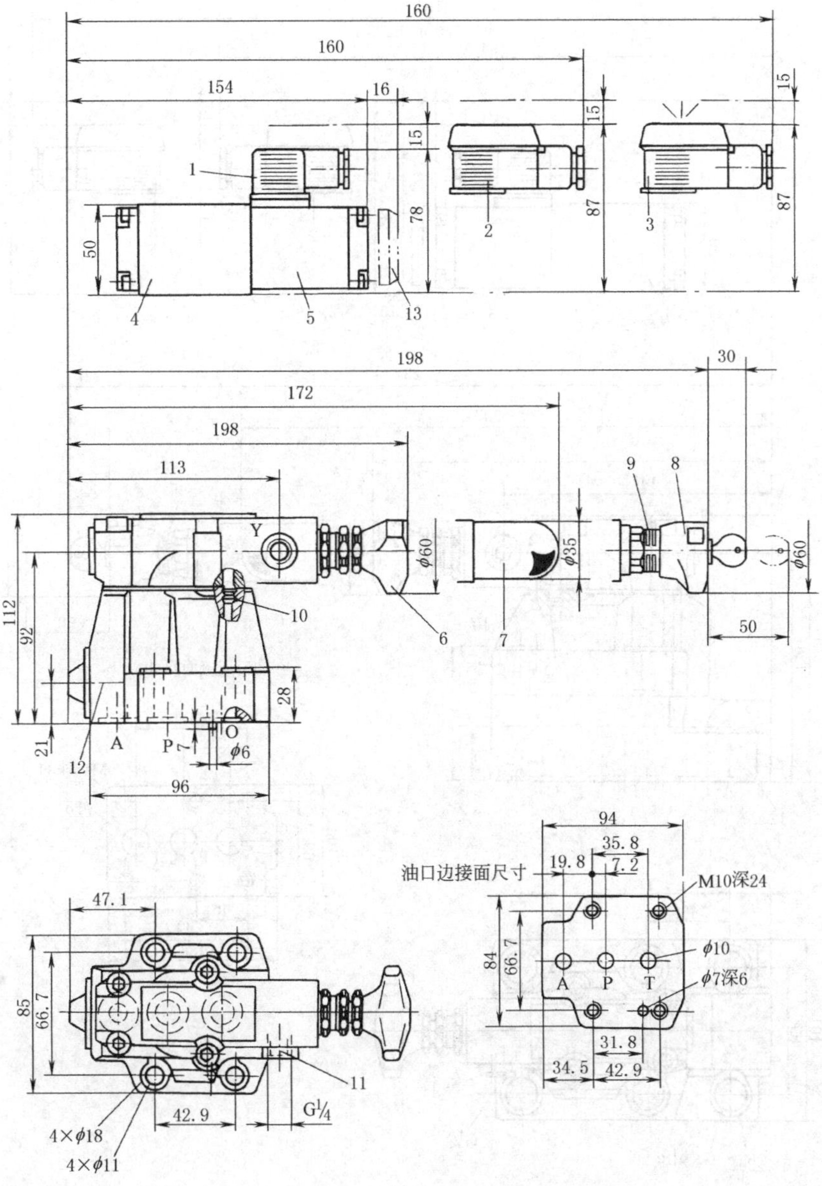

图 21-7-41　DA/DAW10⋯30/⋯型先导式卸荷阀（板式）外形尺寸

1—Z4 型插头；2—Z5 型插头；3—Z5L 型插头；4—换向阀；5—电磁铁；

6—调节方式"1"；7—调节方式"2"；8—调节方式"3"；

9—调节刻度套；10—螺塞（控制油内泄时没有此件）；

11—外泄口 Y；12—单向阀；13—故障检查按钮

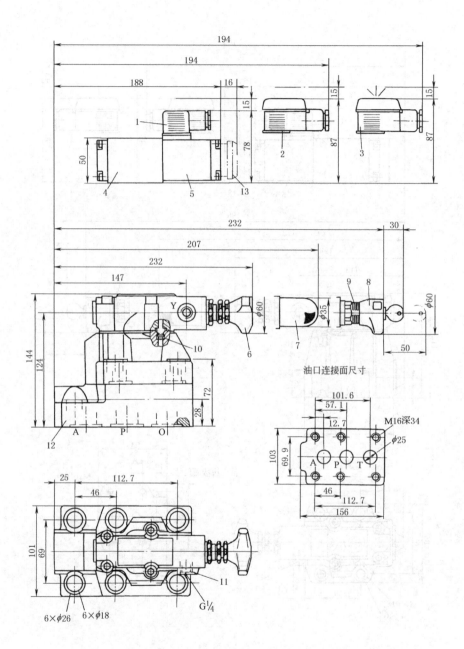

图 21-7-42　DA/DAW20···30/···型先导式卸荷阀（板式）外形尺寸

1—Z4 型插头；2—Z5 型插头；3—Z5L 型插头；4—换向阀；5—电磁铁；
6—调节方式"1"；7—调节方式"2"；8—调节方式"3"；
9—调节刻度套；10—螺塞（控制油内泄时没有此件）；
11—外泄口 Y；12—单向阀；13—故障检查按钮

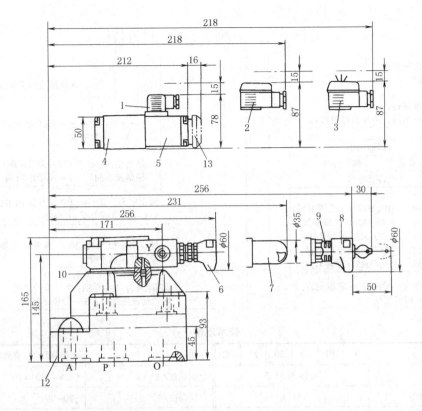

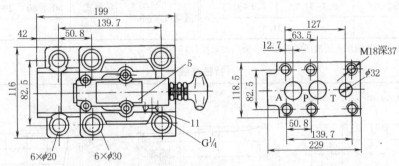

图 21-7-43 DA/DAW30…39…型先导式卸荷阀（板式）外形尺寸

1—Z4 型电线插头；2—Z5 型电线插头；3—Z5L 型电线插头；4—换向阀；5—电磁铁；
6—压力调节方式"1"；7—压力调节方式"2"；8—压力调节方式"3"；9—调节刻度套；
10—螺塞（控制油内泄时无此件）；11—外泄口 Y；12—单向阀；13—故障检查按钮

表 21-7-86 连接底板型号

通径/mm		
10	25	32
G467/1	G469/1	G471/1
G468/1	G470/1	G472/1

3.5 DR 型先导式减压阀

该阀主要由先导阀、主阀和单向阀组成，用于降低液压系统的压力。

型号意义:

```
         □□ - □□ 30/ □ Y □ □
```

先导式减压阀: DR;
先导阀不带主阀芯插装件,
用于规格 32: DRC(不注规
格和连接尺寸);
先导阀带主阀芯插装件:
DRC(列入 DRC30 型阀,不注连接型式)

规格	阀适用于		订货型号
	底板安装	螺纹连接	
—	—	—	
10	10	10(M22 × 1.5 或 G½)	
15	—	15(M27 × 2 或 G¾)	
20	—	20(M33 × 2 或 G1)	
25	20	25(M42 × 2 或 G1¼)	
32	30	30(M48 × 2 或 G1½)	

安装型式: 无标记 — 底板安装;
G— 螺纹连接

其他细节用文字说明

介质: 无标记 — HLP 矿物油,DIN51525;
V— 磷酸酯液

结构型式: 无标记 — 带单向阀(只用于
底板安装阀); M— 不带单向阀

额定压力: 100— 设定压力至 10.0MPa;
315— 设定压力至 31.5MPa

设计号: 30—30 系列(30 ~ 39 系列安装
和连接尺寸保持不变)

调节型式: 1— 手柄; 2— 带护罩的
内六角设定螺钉; 3— 带锁手柄

表 21-7-87 　　　　　　　　　技术规格

通径/mm	8	10	15	20	25	32	介质		矿物液压油,磷酸酯液				
工作压力/MPa	≤10 或 31.5						介质黏度/m² · s⁻¹		(2.8~380)×10⁻⁶				
进口压力,B 口/MPa	31.5						介质温度/℃		−20~70				
出口压力,A 口/MPa	0.3~31.5			1~31.5			流量/L · min⁻¹	管式	80	80	200	200	200	300
背压,Y 口/MPa	≤31.5							板式	—	80	—	—	200	300

注: 生产厂为北京华德液压集团液压阀分公司、海门市液压件厂有限公司。

表 21-7-88 　　　　　　　　　特性曲线

试验条件: $\nu = 0.6 \times 10^{-6} \text{m}^2/\text{s}$, $t = 50℃$

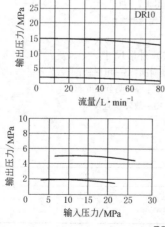

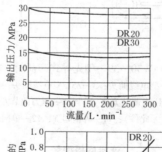

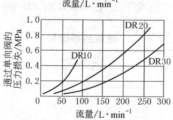

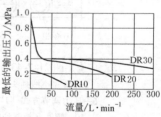

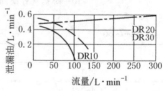

--- 通径 10 的阀在压差为 2MPa 时的曲线;
—— 通径 10 的阀在 10MPa 压差时的曲线;
-·- 通径 25 和 32 的阀在 2MPa 和 10MPa 时的曲线

第 21 篇

DR 型减压阀外形尺寸（板式连接）

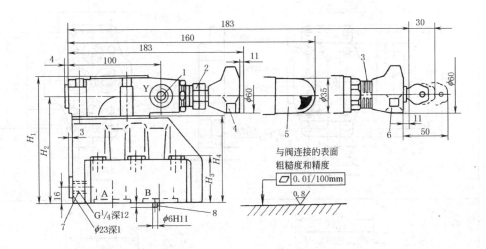

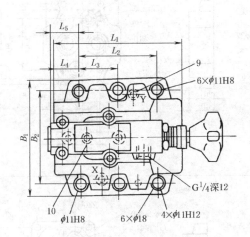

1—Y 口（可作控制油回油口或遥控口）；2—锁紧螺母（只用于 31.5MPa）；

3—调节刻度套；4—调节方式"1"；5—调节方式"2"；

6—调节方式"3"；7—通径 10 的遥控口（X 口），通径 25 和

32 的压力表连接口；8—定位销；

9—Y 口（控制油回油口）；10—标牌

表 21-7-89 　　　　　　　　　　　　　　　　　　　　　　　　　　　　　　　　　　　mm

通径	B_1	B_2	H_1	H_2	H_3	H_4	L_1	L_2	L_3	L_4	L_5	O 形 圈		质量 /kg
												用于 X、Y 口	用于 A、B 口	
10	85	66.7	112	92	28	72	90	42.9	—	35.5	34.5	9.25×1.78	17.12×2.62	3.6
25	102	79.4	122	102	38	82	112	60.3	—	33.5	37	9.25×1.78	28.17×3.53	5.5
32	120	96.8	130	110	46	90	140	84.2	42.1	28	31.3	9.25×1.78	34.52×3.53	8.2

表 21-7-90　　　　　　　　　　安装底板尺寸　　　　　　　　　　mm

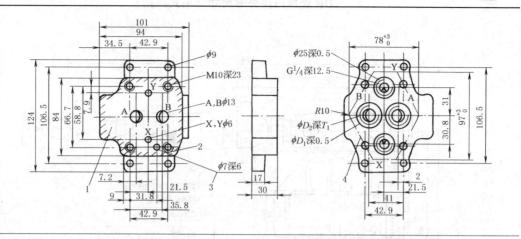

通径 10

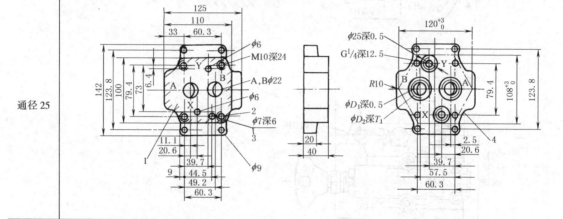

通径 25

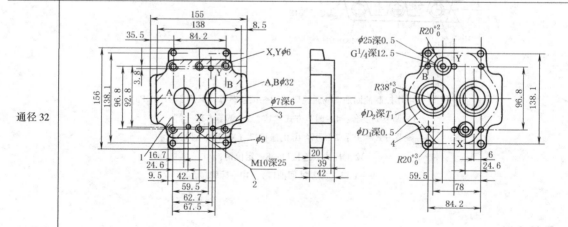

通径 32

通　径	型　号	D_1	D_2	T_1	阀 安 装 螺 钉	转矩/N·m	质量/kg
10	G460/1	28	G¾	12.5	4×M10×40 GB/T 70.1		1.7
	G461/1	34	G½	14.5	需单独订货		
25	G412/1	42	G¾	16.5	4×M10×50 GB/T 70.1	69	3.3
	G413/1	47	G1	19.5	需单独订货		
32	G414/1	56	G1¼	20.5	6×M10×60 GB/T 70.1		5
	G415/1	61	G1½	22.5	需单独订货		

注：图中 1—阀的连接面；2—阀的固定螺孔；3—定位销孔；4—安装连接板的切口轮廓。

DR 型减压阀外形尺寸（管式连接）

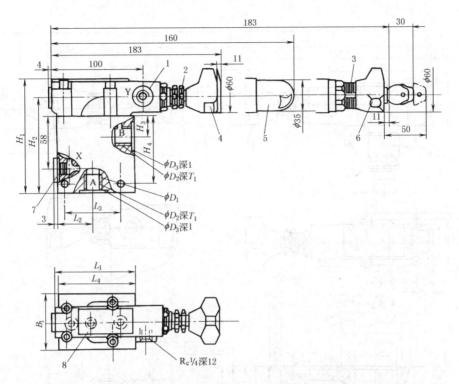

1—Y 口（可作控制油回油口或遥控口）；2—锁紧螺母（只用于 31.5MPa）；
3—调节刻度套；4—调节手柄；5—调节装置，
带保护罩；6—调节手柄（带锁）；
7—通径 10 的遥控口（X 口）；8—标牌

表 21-7-91   mm

通 径	B_1	ϕD_1	ϕD_2	ϕD_3	H_1	H_2	H_3	H_4	L_1	L_2	L_3	L_4	T_1	质量/kg
8			G⅜	28									12	
10			G½	34			23						14	4.3
16	63	9	G¾	42	125	105		75	85	40	62	90	16	
20			G1	47			28						18	6.8
25			G1¼	56									20	
32	70	11	G1½	61	138	118	34	85	100	46	72	99	22	10.2

注：上图所示为不含单向阀的外形尺寸。

DR 型减压阀外形尺寸（插入式连接）

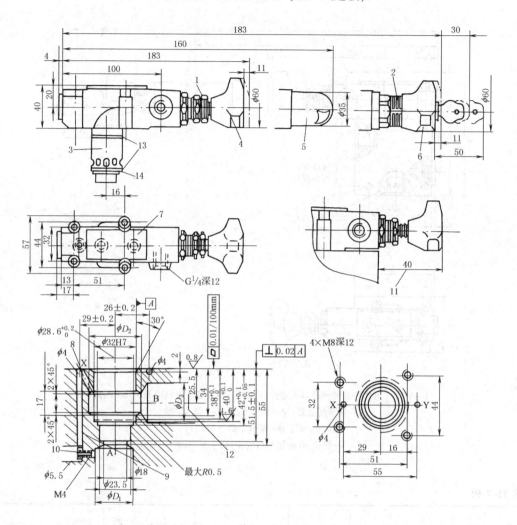

1—锁紧螺母（只用于 31.5MPa）；2—调节刻度套；3—插入式主阀芯；

4—调节方式"1"；5—调节方式"2"；6—调节方式"3"；

7—标牌；8—通径 25 和 32 的控制油进油路；

9—通径 10 的控制油进油路；10—通径 10 的阻尼器；

11—使用"1"或"3"调节方式时，距主阀体的最小距离；

12—孔 ϕD_3 与 ϕD_2 允许在任何位置相通，

但不能破坏连接螺孔和控制油路 X；13—O 形圈 27.3×2.4；

14—密封挡圈 32/28.4×0.8

表 21-7-92

mm

通 径	D_1	D_2	D_3	质量/kg	阀的固定螺钉	转矩 /N·m	丁腈橡胶 订货号	氟橡胶 订货号
10	10	40	10				301、199	301、358
25	25	40	25	1.4	4×M8×40 GB/T 70.1	31	301、200	301、359
32	32	45	32					

3.6 DZ※DP 型直动式顺序阀

型号意义：

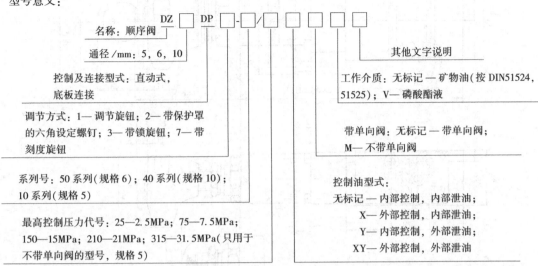

名称：顺序阀　DZ □ DP □ - □/ □□□□□

名称：顺序阀

通径/mm：5, 6, 10

控制及连接型式：直动式，
底板连接

调节方式：1— 调节旋钮；2— 带保护罩
的六角设定螺钉；3— 带锁旋钮；7— 带
刻度旋钮

系列号：50 系列（规格 6）；40 系列（规格 10）；
10 系列（规格 5）

最高控制压力代号：25—2.5MPa；75—7.5MPa；
150—15MPa；210—21MPa；315—31.5MPa（只用于
不带单向阀的型号，规格 5）

其他文字说明

工作介质：无标记 — 矿物油（按 DIN51524，
51525）；V— 磷酸酯液

带单向阀：无标记 — 带单向阀；
M— 不带单向阀

控制油型式：
无标记 — 内部控制，内部泄油；
X— 外部控制，内部泄油；
Y— 内部控制，外部泄油；
XY— 外部控制，外部泄油

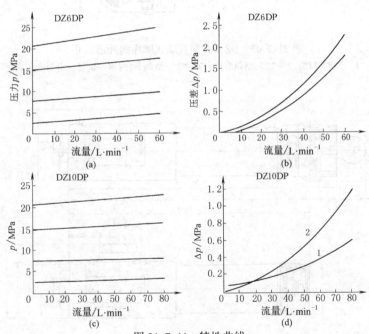

图 21-7-44　特性曲线

表 21-7-93　　　　　　　　　　　　　　　　　技术规格

通径/mm	5	6	10
输入压力,油口 P、B(X)/MPa	≤21.0/不带单向阀≤31.5	≤31.5	≤31.5
输出压力,油口 A/MPa	≤31.5	≤21.0	≤21.0
背压,油口(Y)/MPa	≤6.0	≤16.0	≤16.0
液压油	矿物油(DIN51524):磷酸酯液		
油温范围/℃	−20~70	−20~80	−20~80
黏度范围/mm² · s⁻¹	2.8~380	100~380	10~380
过滤精度	NAS1638 九级		
最大流量/L · min⁻¹	15	60	80

注：生产厂为北京华德液压集团液压阀分公司。

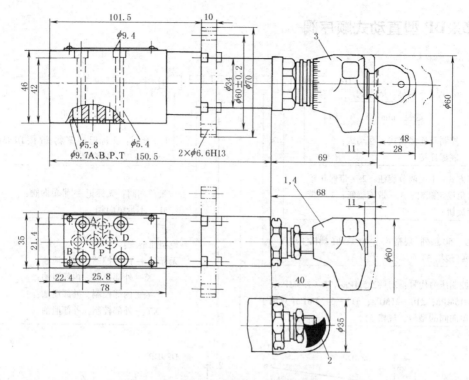

图 21-7-45　DZ5DP 型直动式顺序阀外形尺寸

1—"1"型调节件；2—"2"型调节件；3—"3"型调节件；4—重复设定刻度和刻度环

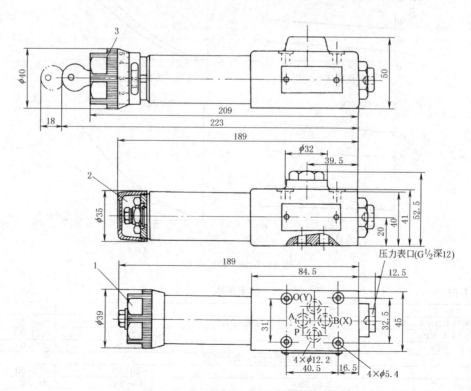

图 21-7-46　DZ6DP 型直动式顺序阀外形尺寸

1—调节方式"1"；2—调节方式"2"；3—调节方式"3"

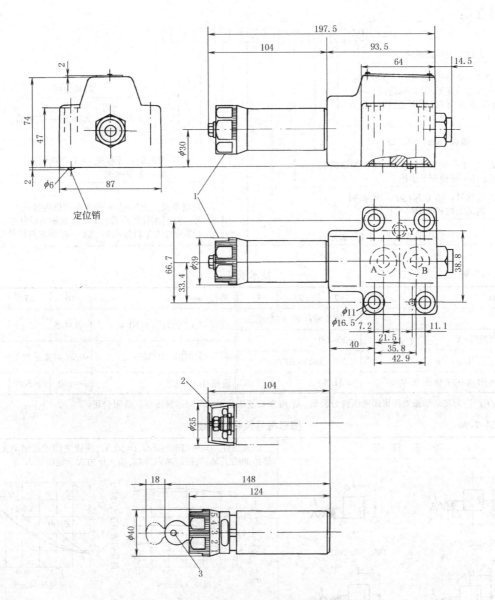

图 21-7-47　DZ10DP 型直动式顺序阀外形尺寸
1—调节方式"1"；2—调节方式"2"；3—调节方式"3"

表 21-7-94　　　　　　　　　　　连接底板

规　　格	NG5	NG6	NG10
底　　板	G115/01	G341/01	G341/01
型　　号	G96/01	G342/01	G342/01

3.7　DZ 型先导式顺序阀

　　该阀利用油路本身压力来控制液压缸或马达的先后动作顺序，以实现油路系统的自动控制。改变控制油和泄漏油的连接方法，该阀还可作为卸荷阀和背压阀（平衡阀）使用。

型号意义：

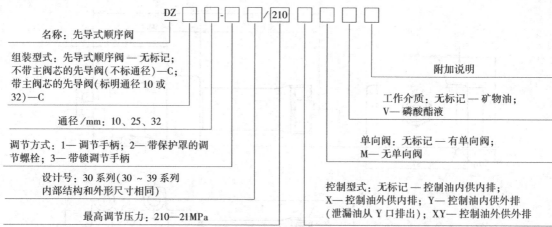

名称：先导式顺序阀

组装型式：先导式顺序阀—无标记；
不带主阀芯的先导阀（不标通径）—C；
带主阀芯的先导阀（标明通径 10 或
32）—C

通径/mm：10、25、32

调节方式：1—调节手柄；2—带保护罩的调
节螺栓；3—带锁调节手柄

设计号：30 系列（30～39 系列
内部结构和外形尺寸相同）

最高调节压力：210—21MPa

附加说明

工作介质：无标记—矿物油；
V—磷酸酯液

单向阀：无标记—有单向阀；
M—无单向阀

控制型式：无标记—控制油内供内排；
X—控制油外供内排；Y—控制油内供外排
（泄漏油从 Y 口排出）；XY—控制油外供外排

表 21-7-95　　　　　　　　　　　　　　技术规格

通径/mm	10	25	32	通径/mm	10	25	32
介质	矿物质液压油、磷酸酯液			连接口 Y 的背压力/MPa	≤31.5		
介质温度范围/℃	−20～70			顺序阀动作压力/MPa	0.3（与流量有关）～21		
介质黏度范围/m²·s⁻¹	$(2.8\sim380)\times10^{-6}$						
连接口 A、B、X 的工作压力/MPa	≤31.5			流量/L·min⁻¹	≈150	≈300	≈450

注：生产厂为北京华德液压集团液压阀分公司、上海立新液压公司、海门市液压件厂有限公司。

表 21-7-96　　　　　　　　　　　　　　图形符号及特性曲线

图 形 符 号	试验条件：$\nu=36\times10^{-6}$ m²/s，$t=50$ ℃；曲线适用于控制油无背压外部回油的工况，当控制油内排时，输入压力大于输出压力
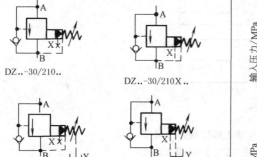 DZ..-30/210..　　　DZ..-30/210X.. DZ..-30/210Y..　　DZ..-30/210XY.. DZ..-30/210M..　　DZ..-30/210XM.. DZ..-30/210YM..　DZ..-30/210XYM..	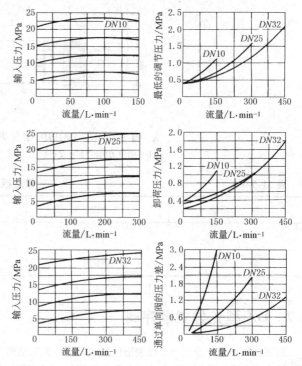

DZ 型先导式顺序阀外形及连接尺寸（板式）

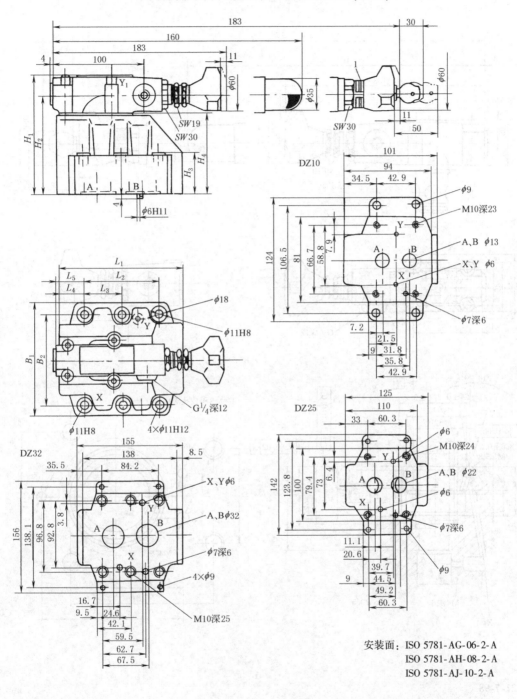

安装面：ISO 5781-AG-06-2-A
ISO 5781-AH-08-2-A
ISO 5781-AJ-10-2-A

表 21-7-97　　　　　　　　　　　　　　　　　　　　　　　　　　　　mm

通径	B_1	B_2	H_1	H_2	H_3	H_4	L_1	L_2	L_3	L_4	L_5	O 形圈 X、Y 口	O 形圈 A、B 口	质量/kg
10	85	66.7	112	92	28	72	90	42.9	—	35.5	34.5	9.25×1.78	17.12×2.62	3.6
25	102	79.4	122	102	38	82	112	60.3	—	33.5	37	9.25×1.78	28.17×3.53	5.5
32	120	96.8	130	110	46	90	140	84.2	42.1	28	31.3	9.25×1.78	34.52×3.53	8.2

DZ 型先导式顺序阀外形及连接尺寸（插入式）

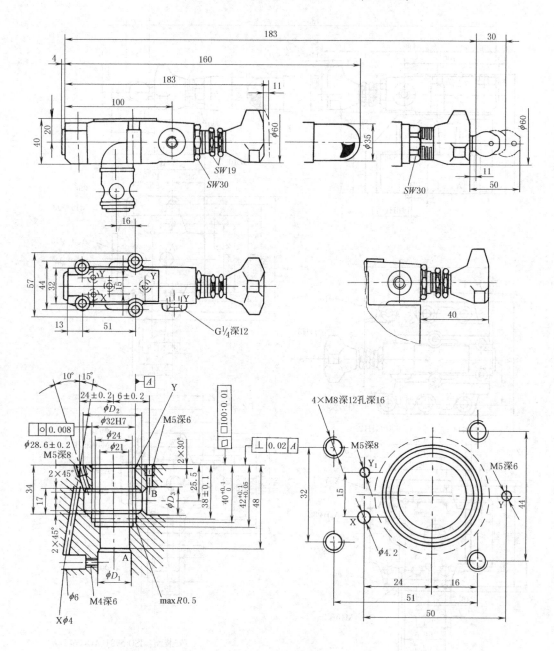

表 21-7-98   mm

通 径	D_1	D_2	D_3	质量/kg	阀的安装螺钉(必须单独订货)	转矩/N·m
10	10	40	10	1.4		
25	25	45	25	1.4	4×M8×40 GB/T 70.1	31
32	32	45	32	1.4		

安装底板尺寸

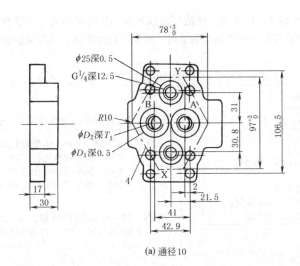

(a) 通径10

(b) 通径25　　　　　　　　　　(c) 通径32

表 21-7-99　　　　　　　　　　　　　　　　　　　　　　　　　　　mm

通　径	型　号	D_1	D_2	T_1	阀的固定螺钉	转矩/N·m	质量/kg
10	G460/1	28	G⅜	12.5	4×M10×50 GB/T 70.1 （必须单独订货）	69	1.7
	G461/1	34	G½	14.5			
25	G412/1	42	G¾	16.5	4×M10×60 GB/T 70.1 （必须单独订货）	69	3.3
	G413/1	47	G1	19.5			
32	G414/1	56	G1¼	20.5	6×M10×70 GB/T 70.1 （必须单独订货）	69	5
	G415/1	61	G1½	22.5			

3.8 FD型平衡阀

FD型阀主要用于起重机械的液压系统，使液压缸或液压马达的运动速度不受载荷变化的影响，保持稳定。在阀内部附加的单向阀可防止管路损坏或制动失灵时，重物可自由降落，以避免事故。

型号意义：

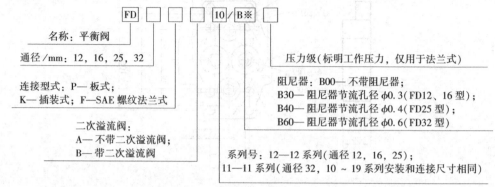

图形符号：

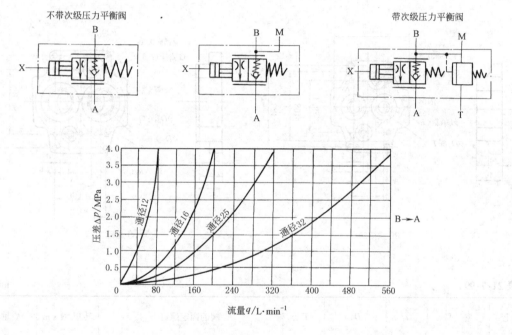

图 21-7-48　FD型平衡阀特性曲线

注：1. 从 B → A 为通过节流阀时的压差与流量的关系曲线
（节流全开、$p_x = 6$MPa）

2. 从 A → B 为通过单向阀时的压差与流量的关系曲线

表 21-7-100　　　　　　　　　　技术规格

通径/mm	12	16	25	32	二次溢流阀调节压力/MPa	40
流量/L·min⁻¹	80	200	320	560	介质	矿物质液压油
工作压力(A、X 口)/MPa		31.5				
工作压力(B 口)/MPa		42			介质黏度/m²·s⁻¹	(2.8~380)×10⁻⁶
先导压力(X 口)/MPa		最小 2~3.5;最大 31.5			介质温度/℃	−20~70
开启压力(A → B)/MPa		0.2				

注：生产厂为北京华德液压集团液压阀分公司、上海立新液压有限公司。

FD＊PA 型平衡阀外形尺寸

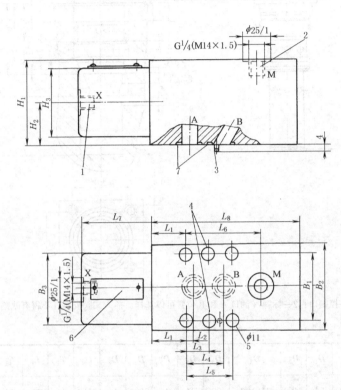

1—控制口；2—监测口；3—定位销；4—通径 12、16、25 时无此孔；
5—安装孔（通径 12、16、25 时为 4 孔，通径 32 时为 6 孔）；6—标牌；7—O 形圈

表 21-7-101　　　　　　　　　　　　　　　　　　　　　　　　　　　　　　　　　mm

型　号	B_1	B_2	B_3	H_1	H_2	H_3	L_1	L_2	L_3	L_4	L_5	L_6	L_7	L_8	质量/kg	O 形圈(7)
FD12PA10	66.5	85	70	85	42.5	70	32	7	—	35.5	43	73	65	140	9	21.3×2.4
FD16PA10	66.5	85	70	85	42.5	70	32	7		35.5	43	73	65	140	9	21.3×2.4
FD25PA10	79.5	100	80	100	50	80	39	11		49	60.5	109	75	200	18	29.82×2.62
FD32PA10	97	120	95	120	60	95	35.5	16.5	42	67.5	84	119.5	94	215	24	38×3

FD＊KA 型平衡阀外形尺寸

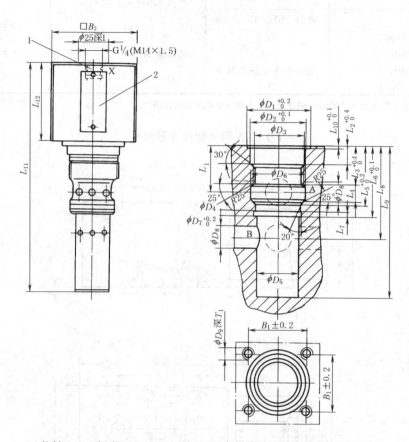

1—控制口；2—标牌（油口 A 和 B 位置可以选择，插入式阀安装孔不得有缺陷）

表 21-7-102

mm

型　　号	B_1	B_2	D_1	D_2	D_3	D_4	D_5	D_6	D_7	D_8	D_9	T_1	L_1	L_2	L_3	L_4	L_5	L_6
FD12KA10	48	70	54	46	M42×2	38	34	46	38.6	16	M10	16	39	16	32	15.5	50.6	60
FD16KA10	48	70	54	46	M42×2	38	34	46	38.6	16	M10	16	39	16	32	15.5	50.6	60
FD25KA10	56	80	60	54	M52×2	48	40	60	48.6	25	M12	19	50	19	39	22	65	80
FD32KA10	66	95	72	65	M64×2	58	52	74	58.6	30	M16	23	52	19	40	25	71	85

型　　号	L_7	L_8	L_9	L_{10}	L_{11}	L_{12}	规格	阀安装螺钉	转矩/N·m
FD12KA10	3	78	128	2.3	191	65	16	4×M10×70 GB/T 70.1	69
FD16KA10	3	78	128	2.3	191	65	12	4×M10×70 GB/T 70.1	69
FD25KA10	4	105	182	2.3	253	75	25	4×M12×80 GB/T 70.1	120
FD32KA10	4	115	198	2.3	289	94	32	4×M16×100 GB/T 70.1	295

FD＊FA型平衡阀外形尺寸

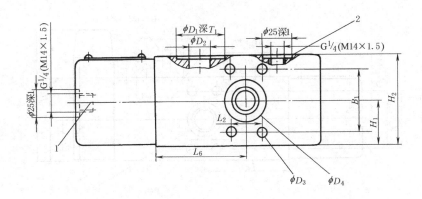

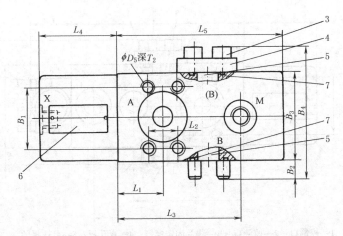

1—控制口；2—监测口；3—法兰固定螺钉；4—盖板；5—可选择的
B孔；6—标牌；7—O形圈（用于二次溢流阀的 SAE 螺纹法兰连接）

表 21-7-103

mm

型　　号	B_1	B_2	B_3	B_4	D_1	D_2	D_3	D_4	D_5	H_1	H_2
FD12FA10	50.8	16.5	72	110	43	18	10.5	18	M10	36	72
FD16FA10	50.8	16.5	72	110	43	18	10.5	18	M10	36	72
FD25FA10	57.2	14.5	90	132	50	25	13.5	25	M12	45	90
FD32FA10	66.7	20	105	154	56	30	15	30	M14	50	105

型　　号	L_1	L_2	L_3	L_4	L_5	L_6	T_1	T_2	质量/kg	O形圈（7）
FD12FA10	39	23.8	105	65	140	78	0.2	15	7	25×3.5
FD16FA10	39	23.8	105	65	140	78	0.2	15	7	25×3.5
FD25FA10	50	27.8	148	75	200	105	0.2	18	16	32.92×3.53
FD32FA10	52	31.6	155	94	215	115	0.2	21	21	37.7×3.53

FD＊FB型平衡阀外形尺寸

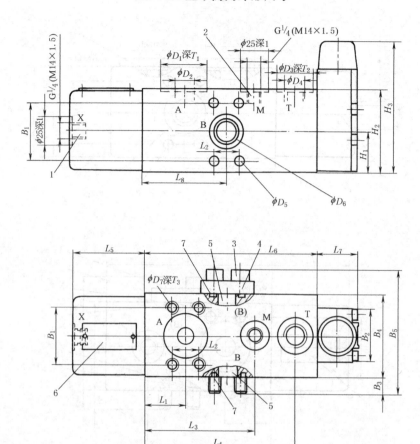

1—控制口；2—监测口；3—法兰固定螺钉；4—盲孔板；5—可选择的
B孔；6—标牌；7—O形圈（用于带二次溢流阀的SAE螺纹法兰连接）

表 21-7-104   mm

型　　号	B_1	B_2	B_3	B_4	B_5	D_1	D_2	D_3	D_4	D_5	D_6	D_7	H_1	H_2
FD12FB10	50.8	47	16.5	72	110	43	18	34	G½	10.5	18	M10	36	72
FD16FB10	50.8	47	16.5	72	110	43	18	34	G½	10.5	18	M10	36	72
FD25FB10	57.2	80	14.5	90	132	50	25	42	G¾	13.5	25	M12	45	90
FD32FB10	66.7	80	20	105	154	56	30	42	G¾	15	30	M14	50	105

型　　号	H_3	L_1	L_2	L_3	L_4	L_5	L_6	L_7	L_8	T_1	T_2	T_3	质量/kg	O形圈(7)
FD12FB10	118	39	23.8	105	141.5	65	162	38	78	0.2	1	15	9	25×3.5
FD16FB10	118	39	23.8	105	141.5	65	162	38	78	0.2	1	15	9	25×3.5
FD25FB10	145	50	27.8	148	198	75	225	50	105	0.2	1	18	18	32.92×3.53
FD32FB10	145	52	31.6	155	215	94	240	50	115	0.2	1	21	24	37.7×3.53

FD 型平衡阀连接底板尺寸

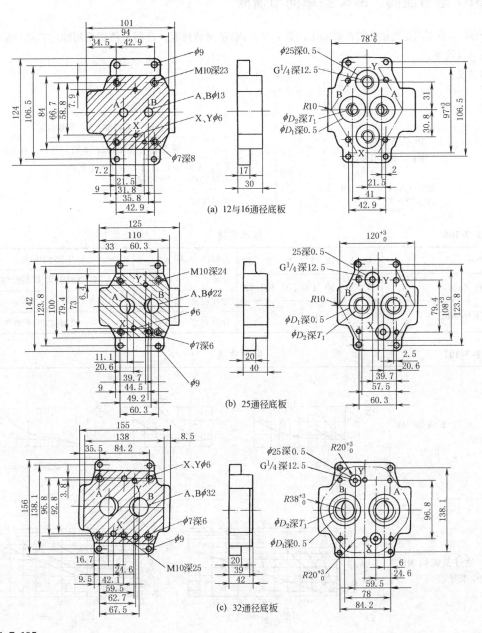

(a) 12与16通径底板

(b) 25通径底板

(c) 32通径底板

表 21-7-105   mm

通径	型号	D_1	D_2	T_1	阀安装螺钉	螺钉紧固转矩 /N·m	质量 /kg
12	G460/1	28	G⅜	12.5	4×M10×50 GB/T 70.1	69	1.7
16	G461/1	34	G½	14.5			
25	G412/1	42	G¾	16.5	4×M10×60 GB/T 70.1	69	3.3
	G413/1	47	G1	19.5			
32	G414/1	56	G1¼	20.5	4×M10×70 GB/T 70.1	69	5
	G415/1	61	G1½	22.5			

3.9　MG 型节流阀、MK 型单向节流阀

　　MG/MK 型节流阀是直接安装在管路上的管式节流阀/单向节流阀，该阀节流口采用轴向三角槽结构，用于控制执行元件速度。

　　型号意义：

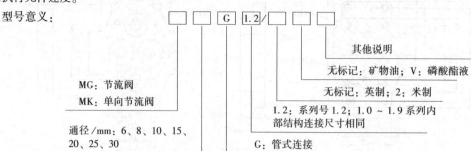

| MG：节流阀 MK：单向节流阀 |
| 通径/mm: 6、8、10、15、20、25、30 |
| G：管式连接 |
| 1.2：系列号 1.2；1.0 ~ 1.9 系列内部结构连接尺寸相同 |
| 无标记：英制；2：米制 |
| 无标记：矿物油；V：磷酸酯液 |
| 其他说明 |

表 21-7-106　　　　　　　　　　　　　技术规格

通径/mm	6	8	10	15	20	25	30	开启压力/MPa	0.05（MK 型）
流量/L·min⁻¹	15	30	50	140	200	300	400	介质	矿物液压油、磷酸酯油液
最大压力/MPa				31.5				介质温度/℃	−20~70
								介质黏度/m²·s⁻¹	$(2.8~380)×10^{-6}$

表 21-7-107　　　　　　　　　　　　　特性曲线

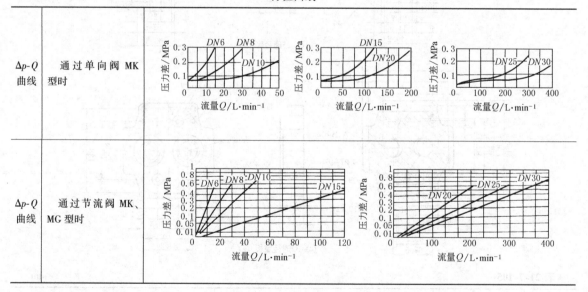

| Δp-Q 曲线 | 通过单向阀 MK 型时 | |
| Δp-Q 曲线 | 通过节流阀 MK、MG 型时 | |

表 21-7-108　　　　　　　　　　　　　外形尺寸　　　　　　　　　　　　　mm

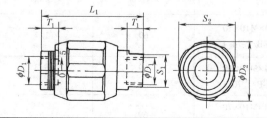

通径	D_1	D_2	L_1	S_1	S_2	T_1	质量/kg
6	M14×1.5	G¼	34	65	19	32	12	0.3
8	M18×1.5	G⅜	38	65	22	36	12	0.4
10	M22×1.5	G½	48	80	27	46	14	0.7
15	M27×2	G¾	58	100	32	55	16	1.1
20	M33×2	G1	72	110	41	70	18	1.9
25	M42×2	G1¼	87	130	50	85	20	3.2
30	M48×2	G1½	93	150	60	90	22	4.1

注：生产厂为北京华德液压集团液压阀分公司、上海立新液压有限公司。

3.10 DV 型节流截止阀、DRV 型单向节流截止阀

DV/DRV 型节流阀是一种简单而又精确地调节执行元件速度的流量控制阀,完全关闭时它又是截止阀。

型号意义:

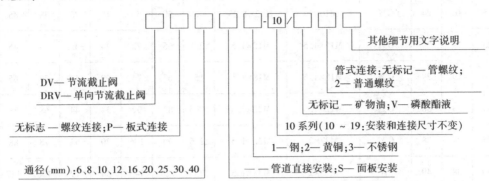

其他细节用文字说明

管式连接:无标记 — 管螺纹;
2 — 普通螺纹

DV — 节流截止阀
DRV — 单向节流截止阀

无标记 — 矿物油;V — 磷酸酯液

无标志 — 螺纹连接;P — 板式连接

10 系列(10~19:安装和连接尺寸不变)

1 — 钢;2 — 黄铜;3 — 不锈钢

通径(mm):6、8、10、12、16、20、25、30、40

—— 管道直接安装;S — 面板安装

表 21-7-109   技术规格

通径/mm	6	8	10	12	16	20	25	30	40	介质	矿物液压油,磷酸酯液
流量/L·min⁻¹	14	60	75	140	175	200	300	400	600	介质黏度/m²·s⁻¹	$(2.8 \sim 380) \times 10^{-6}$
工作压力/MPa	约35									介质温度/℃	$-20 \sim 100$
单向阀开启压力/MPa	0.05									安装位置	任意

注:生产厂为北京华德液压集团液压阀分公司、上海立新液压有限公司、海门市液压件厂有限公司。

DV/DRV 型节流阀外形尺寸

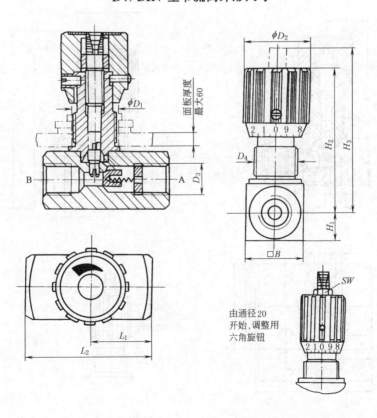

表 21-7-110   mm

通径	B	ϕD_1	ϕD_2	D_3		D_4	H_1	H_2	H_3	L_1		L_2		SW
										DV	DRV	DV	DRV	
6	15	16	24	G⅛	M10×1	M12×1.25	8	50	55	19	26	38	45	
8	25	19	29	G¼	M14×1.5	M18×1.5	12.5	65	72	24	33.5	48	45	
10	30	19	29	G⅜	M18×1.5	M18×1.5	15	67	74	29	41	58	65	
12	35	23	38	G½	M22×1.5	M22×1.5	17.5	82	92	34	44	68	73	
16	45	23	38	G¾	M27×2	M22×1.5	22.5	96	106	39	57	78	88	
20	50	38	49	G1	M33×2	M33×1.5	25	128	145	54	77	108	127	19
25	60	38	49	G1¼	M42×2	M33×1.5	30	133	150	54	93	108	143	19
30	70	38	49	G1½	M48×2	M33×1.5	35	138	155	54	108	108	143	19
40	90	38	49	G2		M33×1.5	45	148	165		130		165	19

DRVP 型节流阀外形尺寸

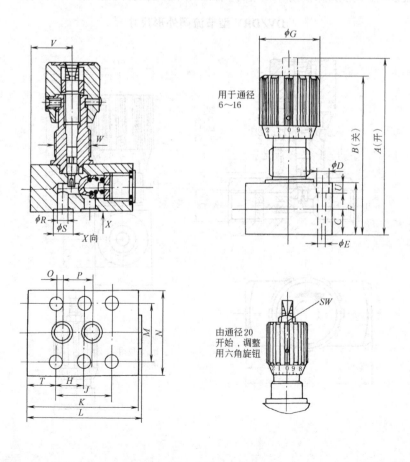

用于通径 6～16

由通径20
开始，调整
用六角旋钮

表 21-7-111   mm

型 号	A	B	C	D	E	F	G	H	J	K	L
DRVP-6	63	58	8	11	6.6	16	24	—	19	41.5	43
DRVP-8	79	72	10	11	6.6	20	29		35	63.5	65
DRVP-10	84	77	12.5	11	6.6	25	29	—	33.5	70	72
DRVP-12	106	96	16	11	6.6	32	38	—	38	80	84
DRVP-16	128	118	22.5	14	9	45	38	38	76	104	107
DRVP-20	170	153	25	14	9	50	49	47.5	95	127	131
DRVP-25	175	150	27	18	11	55	49	60	120	165	169
DRVP-30	195	170	37.5	20	14	75	49	71.5	143	186	190
DRVP-40	220	203	50	20	14	100	49	67	133.5	192	196

型 号	M	N	O	P	R	S	T	U	V	W	SW	质量/kg
DRVP-6	28.5	41.5	1.6	16	5	9.8	6.4	7	13.5	M14×1.5	—	0.26
DRVP-8	33.5	46	4.5	25.5	7	12.7	14.2	7	31	M18×1.5	—	0.50
DRVP-10	38	51	4	25.5	10	15.7	18	7	29.5	M18×1.5	—	0.80
DRVP-12	44.5	57.5	4	30	13	18.7	21	7	36.5	M22×1.5	—	1.10
DRVP-16	54	70	11.4	54	17	24.5	14	9	49	M22×1.5	—	2.50
DRVP-20	60	76.5	19	57	22	30.5	16	9	49	M33×2	19	3.90
DRVP-25	76	100	20.6	79.5	28.5	37.5	15	11	77	M33×2	19	6.70
DRVP-30	92	115	23.8	95	35	43.5	15	13	85	M33×2	19	11.0
DRVP-40	111	140	25.5	89	47.5	57.5	16	13	64	M33×2	19	17.5

3.11 MSA 型调速阀

MSA 型调速阀为二通流量控制阀，由减压阀和节流阀串联组成。调速不受负载压力变化的影响，保持执行元件工作速度稳定。

型号意义：

MSA [30] [E] [F] [ ] [ ] [ ]

通径 30mm

液流 A → B/L·min⁻¹：
160、250、300

更详细
的说明

无标记 — 无行
程调节器
B — 带行程调节器

表 21-7-112　　　技术规格

工作压力/MPa	21	介质	矿物质液压油
流量调节	与压力无关	介质温度/℃	20~70
最小压差/MPa	0.5~1（与 Q_{max} 有关）	介质黏度/m²·s⁻¹	(2.8~380)×10⁻⁶

表 21-7-113　　　外形尺寸　　　　　　　　　　mm

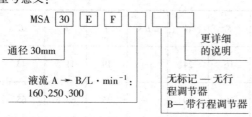

	通　径	30	
调速板	底板型号	G138/1	G139/1
	D_1	56	61
	D_2	G1¼	G1½
	T_1	21	23
安装底板	阀安装螺钉	4×M12×110 GB/T 70.1—2000	
	转矩/N·m	75	

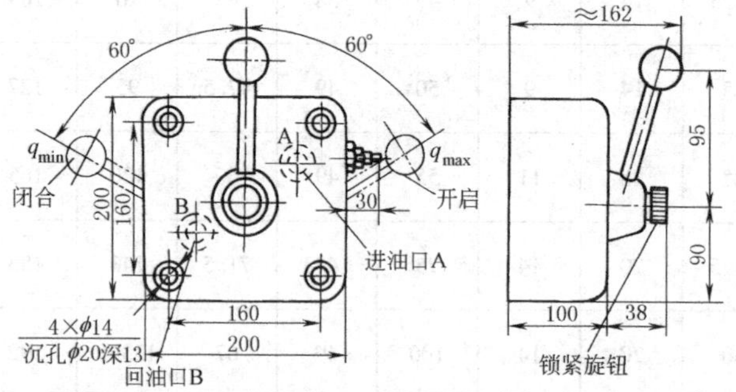

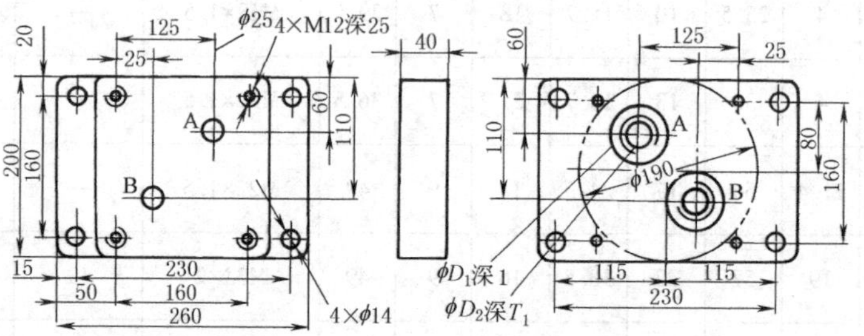

注：生产厂为北京华德液压集团液压阀分公司、上海立新液压有限公司。

3.12　2FRM 型调速阀及 Z4S 型流向调整板

2FRM 型调速阀是二通流量控制阀，由减压阀和节流阀串联组成。由于减压阀对节流阀进行了压力补偿，所以调速阀的流量不受负载变化的影响，保持稳定。同时节流窗口设计成薄刃状，流量受温度变化很小。调速阀与单向阀并联时，油流能反向回流。

若要求通过调速阀两个方向（A → B、B → A）都有稳定的流量，可以选择 Z4S 型整流板装在调速阀下。

调速阀型号意义：

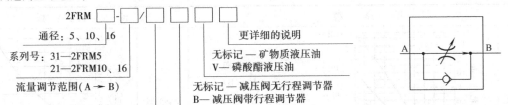

通径：5、10、16

系列号：31—2FRM5
21—2FRM10、16

流量调节范围（A → B）

更详细的说明

无标记 — 矿物质液压油
V — 磷酸酯液压油

无标记 — 减压阀无行程调节器
B — 减压阀带行程调节器

图 21-7-49　2FRM 图形符号

通径 5		通径 10		通径 16	
0.2L—0.2L/min	6L—6L/min	2L—2L/min	25L—25L/min	40L—40L/min	125L—125L/min
0.6L—0.6L/min	10L—10L/min	5L—5L/min	35L—35L/min	60L—60L/min	160L—160L/min
1.2L—1.2L/min	15L—15L/min	10L—10L/min	50L—50L/min	80L—80L/min	—
3L—3L/min	—	16L—16L/min	—	100L—100L/min	—

流向调整板型号意义：

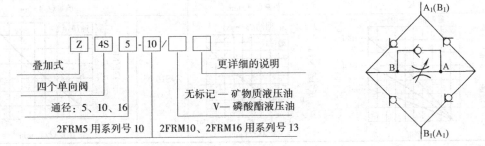

叠加式

四个单向阀

通径：5、10、16

2FRM5 用系列号 10　2FRM10、2FRM16 用系列号 13

更详细的说明

无标记 — 矿物质液压油
V — 磷酸酯液压油

图 21-7-50　Z4S 和 2FRM 图形符号

表 21-7-114　　　　　　　　　　　技术规格

	项　目		通　　径											
			5							10				16
调速阀	最大流量/L·min⁻¹		0.2	0.6	1.2	3.0	6.0	10.0	15.0	10	16	25	50	60	100	160
	压差(B → A 回流)/MPa		0.05	0.05	0.06	0.09	0.18	0.36	0.67	0.2	0.25	0.35	0.6	0.28	0.43	0.73
	流量稳定范围(Q最大)/%	温度影响(−20~70℃)	±5	±3	±2					±2				
		压力影响 通径[5 Δp 至 21MPa / 10、16 Δp 至 31.5MPa]	±2							±4				±2
	工作压力(A 口)/MPa		21							31.5				
	最低压力损失/MPa		0.3~0.5					0.6~0.8		0.3~1.2				0.5~1.2
	过滤精度/μm		25(Q<5L/min)					10(Q<0.5L/min)						
	质量/kg		1.6							5.6				11.3
流向调整板	流量/L·min⁻¹		15							50				160
	工作压力/MPa		21							31.5				
	开启压力/MPa		0.1							0.15				
	质量/kg		0.6							3.2				9.3
介质			矿物质液压油、磷酸酯液压油											
介质温度/℃		−20~70	介质黏度/m²·s⁻¹			(2.8~380)×10⁻⁶								

注：生产厂为北京华德液压集团液压阀分公司、上海立新液压有限公司。

表 21-7-115　　　　　　　　　　**特性曲线**（试验条件：$\nu = 36 \times 10^{-6} \, \mathrm{m^2/s}$，$t = 50℃$）

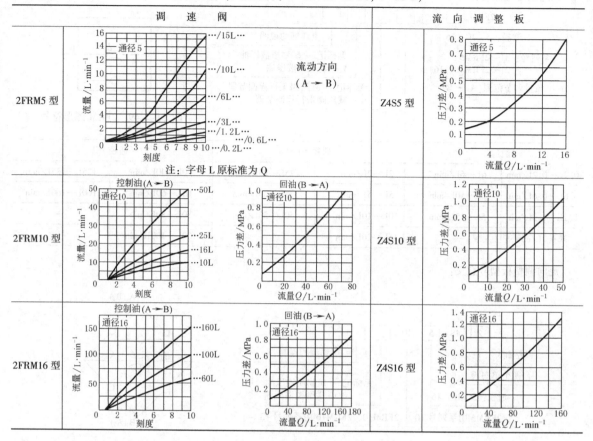

注：字母 L 原标准为 Q

外形尺寸

表 21-7-116　　　　　　　　　　**调速阀尺寸**　　　　　　　　　　mm

2FRM5 型	2FRM10、2FRM16 型	通径	10	16
		B_1	101.5	123.5
		B_2	35.5	41.5
		B_3	9.5	11.0
		B_4	68	81.5
		D_1	9	11
		D_2	15	18
		H_1	125	147
		H_2	95	117
		H_3	26	34
		H_4	51	72
		H_5	60	82
		L_1	95	123.5
		T_1	13	12

1—带锁调节手柄；2—标牌；3—减压阀行程调节器；
4—进油口 A；5—出油口 B

表 21-7-117 流向调整板尺寸 mm

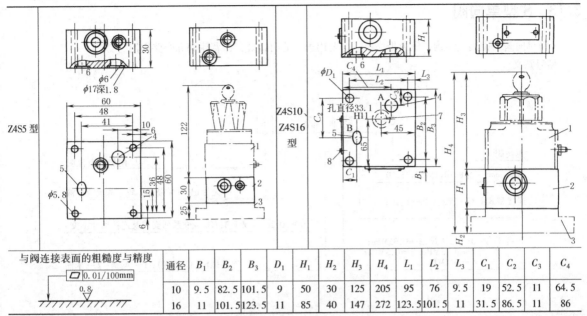

Z4S5 型

Z4S10
Z4S16
型

与阀连接表面的粗糙度与精度

□ 0.01/100mm

0.8

通径	B_1	B_2	B_3	D_1	H_1	H_2	H_3	H_4	L_1	L_2	L_3	C_1	C_2	C_3	C_4
10	9.5	82.5	101.5	9	50	30	125	205	95	76	9.5	19	52.5	11	64.5
16	11	101.5	123.5	11	85	40	147	272	123.5	101.5	11	31.5	86.5	11	86

注：图中 1—调速阀；2—流向调整板；3—底板；4—进油口 A；5—出油口 B；6—O 形圈：16×2.4（通径 5），18.66×3.53（通径 10），26.58×3.53（通径 16）；7—O 形圈密封槽孔仅用于 16 通径阀，配合件不得有孔；8—标牌。

表 21-7-118 安装底板尺寸 mm

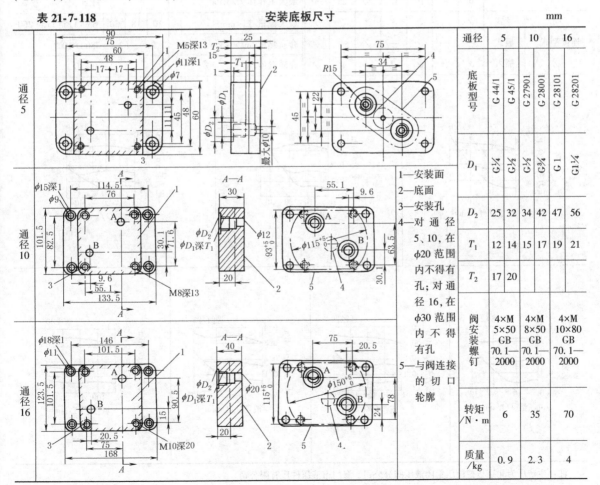

1—安装面

2—底面

3—安装孔

4—对通径 5、10，在 φ20 范围内不得有孔；对通径 16，在 φ30 范围内不得有孔

5—与阀连接的切口轮廓

通径	5		10		16	
底板型号	G 44/1	G 45/1	G 27901	G 28001	G 28101	G 28201
D_1	G¼	G½	G½	G¾	G 1	G 1¼
D_2	25	32	34	42	47	56
T_1	12	14	15	17	19	21
T_2	17	20				
阀安装螺钉	4×M5×50 GB 70.1-2000		4×M8×50 GB 70.1-2000		4×M10×80 GB 70.1-2000	
转矩 /N·m	6		35		70	
质量 /kg	0.9		2.3		4	

3.13　S 型单向阀

S 型单向阀为锥阀式结构，压力损失小。主要用于泵的出口处，作背压阀和旁路阀用。

型号意义：

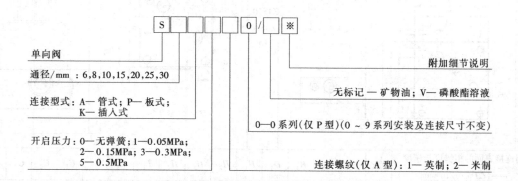

单向阀

通径/mm：6，8，10，15，20，25，30

连接型式：A— 管式；P— 板式；
　　　　　K— 插入式

开启压力：0—无弹簧；1—0.05MPa；
　　　　　2—0.15MPa；3—0.3MPa；
　　　　　5—0.5MPa

0—0 系列（仅 P 型）（0～9 系列安装及连接尺寸不变）

连接螺纹（仅 A 型）：1— 英制；2— 米制

无标记 — 矿物油；V— 磷酸酯溶液

附加细节说明

表 21-7-119　技术规格及特性曲线

通径/mm		6	8	10	15	20	25	30	最大工作压力/MPa						31.5	
连接型式	管式	✓	✓	✓	✓	✓	✓	✓	最大流量/L·min^{-1}	10	18	30	65	115	175	260
	板式	—	—	✓	—	✓	—	✓	介质黏度/m²·s^{-1}			$(2.8\sim380)\times10^{-6}$				
	插入	✓	✓	✓	✓	✓	✓	✓	介质温度/℃			$-30\sim80$				

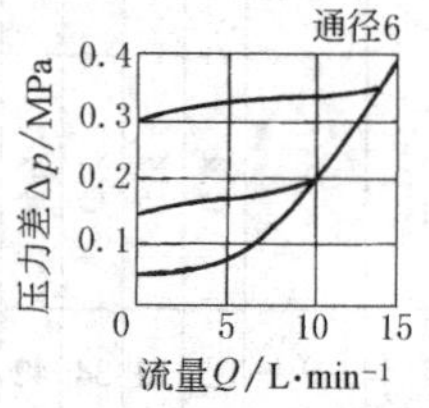

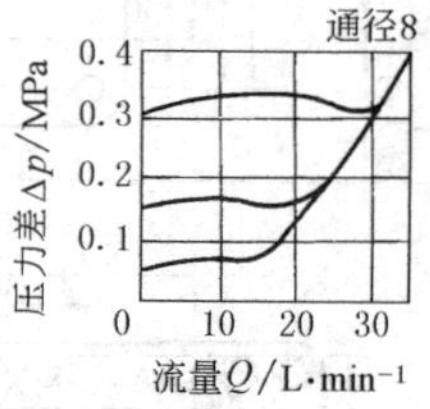

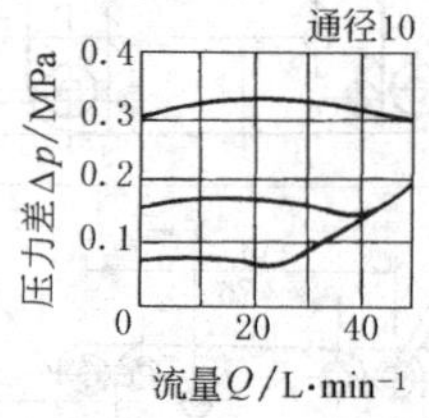

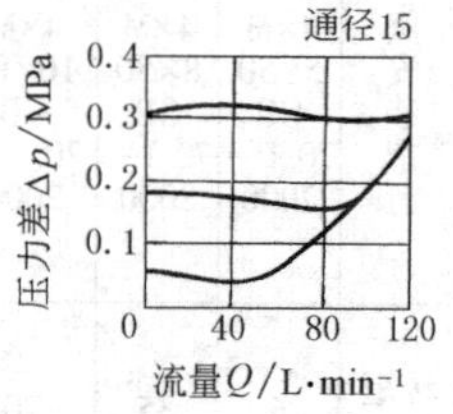

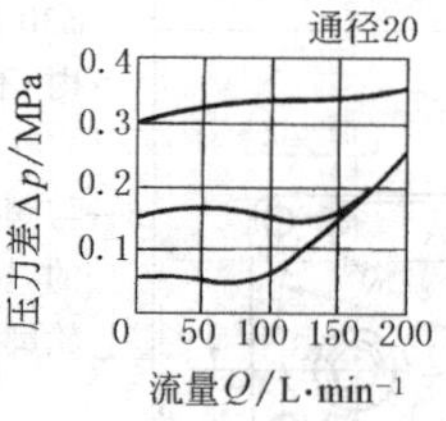

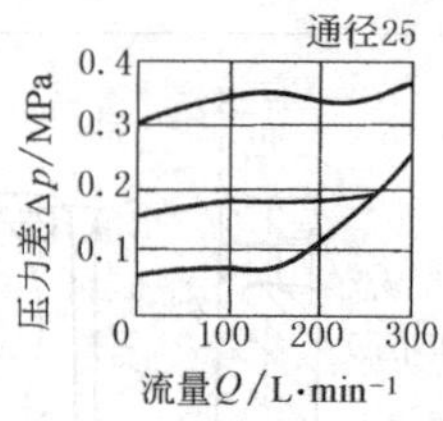

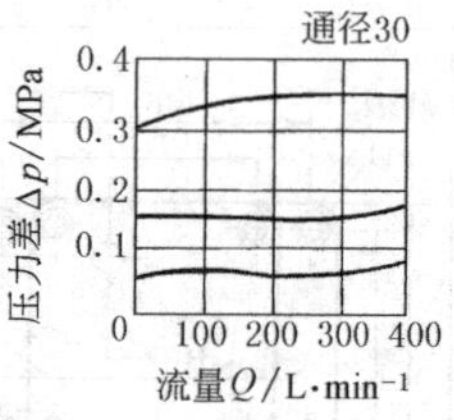

注：生产厂为北京华德液压集团液压阀分公司、海门市液压件厂有限公司。

表 21-7-120 外形尺寸 mm

通径	D_1	H_1	L_1	T_1	质量/kg
6	G¼	22	58	12	0.1
8	G⅜	28	58	12	0.2
10	G½	34.5	72	14	0.3
15	G¾	41.5	85	16	0.5
20	G1	53	98	18	1.0
25	G1¼	69	120	20	2.0
30	G1½	75	132	22	2.5

管式连接

插装式直通单向阀

通径	D_1 (H7)	D_2	D_3 (H8)	H	L_1	L_2	L_3	L_4	L_5	质量/kg
6	10	6	11	4	9.5	19	21.8	29.8	18	0.06
8	13	8	14	4	9.5	18	22.8	32.8	18	0.06
10	17	10	18	4	11.5	21	28.8	38.8	23	0.06
15	22	15	24	5	14.5	27	36.4	48.4	28	0.10
20	28	20	30	5	16	29	44	59	33	0.20
25	36	25	38	7	24.5	39	55	73	41	0.25
30	42	30	45	7	25	42	63	83	47	0.80

插装式直角单向阀

通径	D_1 (H7)	D_2	D_3 (H8)	D_4	H	L_1	L_2	L_3	L_4	L_5	L_6	质量/kg
6	10	6	11	6	4	11.2	9.5	10	16.5	20.5	28.5	0.06
8	13	8	14	8	4	11.9	9.5	16	21.5	26.5	36.5	0.06
10	17	10	18	10	4	14.3	11.5	16	23.5	29.5	39.5	0.06
15	22	15	24	15	5	18	14.5	18	25.5	34	46	0.10
20	28	20	30	20	5	18.8	16	23	30	40.5	55.5	0.20
25	36	25	38	25	7	28.5	24.5	31	43	57.5	75.5	0.25
30	42	30	44	30	7	28.5	25	37	47.5	63.5	83.5	0.30

板式单向阀

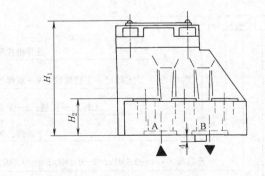

底板连接面尺寸

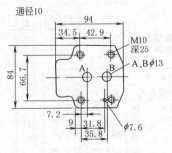

通径10

底板连接面尺寸

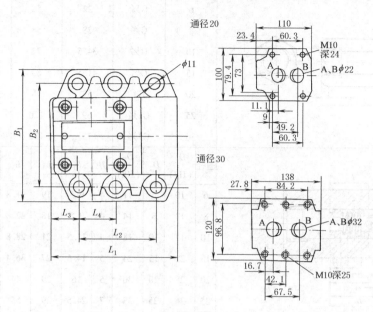

连接板

NG10 G460/1（G⅜） G412/1（G¾） NG30 G414/1（G1¼）
G461/1（G½）；NG20 G413/1（G1） G415/1（G1½）

通径	B_1	B_2	L_1	L_2	L_3	L_4	H_1	H_2
10	85	66.7	78	42.9	17.8	—	66	21
20	102	79.4	101	60.3	23	—	93.5	31.5
30	120	96.8	128	84.2	28	42.1	106.5	46

3.14 SV/SL 型液控单向阀

SV/SL 型液控单向阀为锥阀式结构，只允许油流正向通过，反向则截止。当接通控制油口 X 时，压力油使锥阀离开阀座，油液可反向流动。

型号意义：

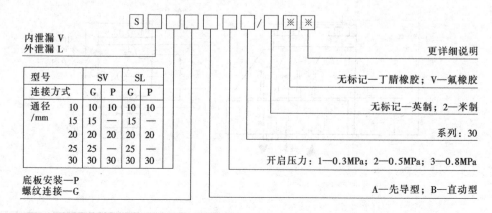

表 21-7-121 技术规格

阀型式	SV10	SL10	SV15&20	SL15&20	SV25&30	SL25&30
X 口控制容积/cm³	2.2		8.7		17.5	
Y 口控制容积/cm³	—	1.9	—	7.7	—	15.8
液流方向	A 至 B 自由流通，B 至 A 自由流通（先导控制时）					
工作压力/MPa	约 31.5					
控制压力/MPa	0.5~31.5					
液压油	矿物油 磷酸酯液					
油温范围/℃	−30~70					
黏度范围/mm²·s⁻¹	2.8~380					
质量/kg	SV/SL10	SV15&20	SL15&20	SV/SL25		SV/SL30
	2.5	4.0	4.5	8.0		
生产厂	北京华德液压集团液压阀分公司、上海立新液压有限公司、海门市液压件厂有限公司					

表 21-7-122 特性曲线

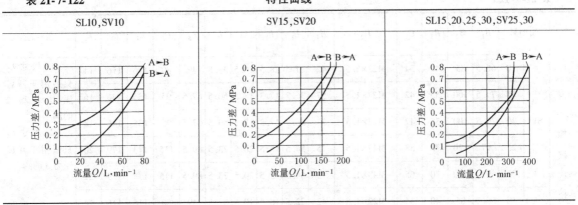

SL10,SV10	SV15,SV20	SL15、20、25、30,SV25、30

外 形 尺 寸

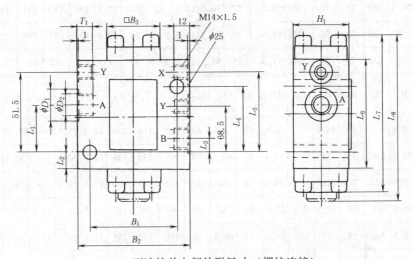

SV/SL 型液控单向阀外形尺寸（螺纹连接）

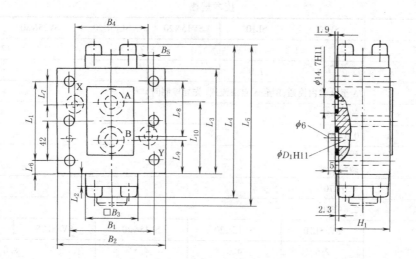

SV/SL 型液控单向阀外形尺寸（板式安装）

表 21-7-123   mm

	阀型号	B_1	B_2	B_3	D_1	D_2	H_1	L_1	L_2	L_3	L_4	L_5	L_6	L_7	L_8	T_1	备注
螺纹连接	SV 10	66.5	85	40	34	M22×1.5	42	27.5	18.5	10.5	33.5	49	80	116	116	14	（1）尺寸 L_7 只适用于开启压力 1 和 2 的阀 （2）尺寸 L_8 只适用于开启压力 3 的阀
	SV 15	79.5	100	55	42	M27×1.5	57	36.7	17.3	13.3	50.5	67.5	95	135	146	16	
	SV 20	79.5	100	55	47	M33×1.5	57	36.7	17.3	13.3	50.5	67.5	95	135	146	18	
	SV 25	97	120	70	58	M42×1.5	75	54.5	15.5	20.5	73.5	89.5	115	173	179	20	
	SV 30	97	120	70	65	M48×1.5	75	54.5	15.5	20.5	73.5	89.5	115	173	179	22	
	SL 10	66.5	85	40	34	M22×1.5	42	22.5	18.5	10.5	33.5	49	80	116	116	14	
	SL 15	79.5	100	55	42	M27×1.5	57	30.5	17.5	13	50.5	72.5	100	140	151	16	
	SL 20	79.5	100	55	47	M33×1.5	57	30.5	17.5	13	50.5	72.5	100	140	151	18	
	SL 25	97	120	70	58	M42×1.5	75	54.5	15.5	20.5	84	99.5	125	183	189	20	
	SL 30	97	120	70	65	M48×1.5	75	54.5	15.5	20.5	84	99.5	125	183	189	22	

	阀型号	B_1	B_2	B_3	B_4	B_5	ϕD_1	H_1	L_1	L_2	L_3	L_4	L_5	L_6	L_7	L_8	L_9	L_{10}	备注
板式安装	SV 10	66.5	85	40	58.8	—	20.6	42	43	10	80	116	116	18.5	21.5	—	25.75	54.25	（1）尺寸 L_4 只适用于开启压力 1 或 2 的阀 （2）尺寸 L_5 只适用于开启压力 3 的阀
	SV 20	79.5	100	55	73	—	29.4	57	60.5	10	95	135	146	17.3	20.6	—	30.5	66.5	
	SV 30	97	120	70	92.8	—	39.2	75	84	17	115	173	179	15.5	24.6	—	35	83	
	SL 10	66.5	85	40	58.8	7.9	20.6	42	43	10	80	116	116	18.5	21.5	21.5	25.75	54.25	
	SL 20	79.5	100	55	73	6.4	29.4	57	60.5	10	100	140	151	17.3	20.6	39.7	30.5	66.5	
	SL 30	97	120	70	92.8	3.8	39.2	75	84	17	125	183	189	15.5	24.6	59.5	35	83	

| 表 21-7-124 | 安装底板尺寸 | mm |

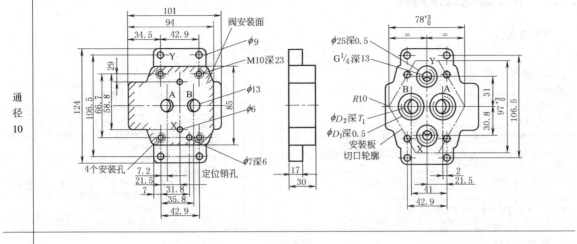

通径 10

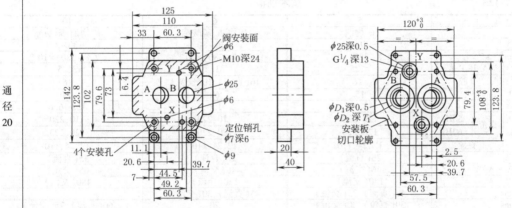

通径 20

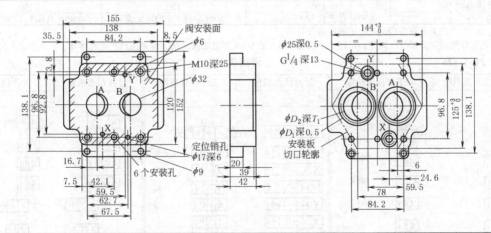

通径 30

通径	型　号	D_1	D_2	T_1	安装螺钉	转矩/N·m	质量/kg
10	G460/1	28	$G\frac{3}{8}$	13	4×M10×60 GB/T 70.1—2000	69	1.7
	G461/1	34	$G\frac{1}{2}$	15			
20	G412/1	42	$G\frac{3}{4}$	17	4×M10×80 GB/T 70.1—2000	69	3.3
	G413/1	47	G1	20			
30	G414/1	56	$G1\frac{1}{4}$	21	6×M10×90 GB/T 70.1—2000	69	5.0
	G415/1	61	$G1\frac{1}{2}$	23			

3.15 WE 型电磁换向阀

型号意义：

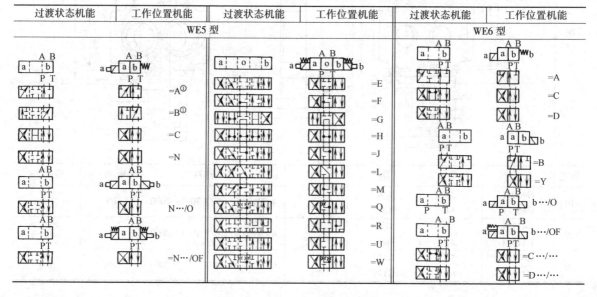

3—二位三通；**4**—二位四通；三位四通
电磁换向阀
通径/mm：5,6,10
滑阀机能（见表21-7-126）
通径5 6.0—6.0系列；通径6 50—50系列；通径10 20—20系列
D—不带复位弹簧，不带定位器；**OF**—不带复位弹簧，带定位器；无标记—标准型，带复位弹簧
A—湿式标准电磁铁；**B**—大功率电磁铁（仅限于通径6）
G24—直流电24V；**W220-50**—交流电220V,50Hz；
W220R—整型直流电磁铁使用交流电压220V；
W110R—直流电磁铁使用Z5型插头可连（仅限于通径6、10）

附加说明
（对于通径5：如果工作压力超过6MPa,A和B型阀的T腔必须作为泄漏腔使用）
无标记—矿物质液压油；**V**—磷酸酯液压液
无标记—无插入式阻尼器；**B08**—阻尼器节流孔直径ϕ0.8mm；**B10**—阻尼器节流孔直径ϕ1.0mm；**B12**—阻尼器节流孔直径ϕ1.2mm
（此项仅限于通径6、10）
电气连接型式
通径5 **Z4**—方形插头；**Z5**—大方形插头；**Z5L**—带指示灯的大方形插头
通径6、10连接型式见样本
无标记—无故障检查按钮；**N**—带故障检查按钮

表 21-7-125   **技术规格**

通径		5	6	10
介质		矿物油	矿物油、磷酸酯	矿物油、磷酸酯
介质温度/℃		$-30\sim80$	$-30\sim80$	$-30\sim80$
介质黏度/$m^2 \cdot s^{-1}$		$(2.8\sim380)\times10^{-6}$	$(2.8\sim380)\times10^{-6}$	$(2.8\sim380)\times10^{-6}$
工作压力 /MPa	A、B、P腔	$\leqslant25$	31.5	31.5
	T腔	$\leqslant6$	16（直流）、10（交流）	16
额定流量/L·min^{-1}		15	60	100
质量/kg		1.4	1.6	$4.2\sim6.6$
电源电压 /V	交流 50Hz	110、220	110、220	110、220
	交流 60Hz	120、220	120、220	120、220
	直流	12、24、110	12、24、110	12、24、110
消耗功率/W		26（直流）	26（直流）	35（直流）
吸合功率/V·A		46（交流）	46（交流）	65（交流）
启动功率/V·A		130（交流）	130（交流）	480（交流）
接通时间/ms		40（直流）、25（交流）	45（直流）、30（交流）	60（直流）、25（交流）
断开时间/ms		30（直流）、20（交流）	20	25
最高环境温度/℃		50	50	50
最高线圈温度/℃		150	150	150
开关频率/h^{-1}		1500（直流）、7200（交流）	1500（直流）、7200（交流）	1500（直流）、7200（交流）

注：1. 生产厂为北京华德液压集团液压阀分公司。
2. 北京华德液压集团液压阀分公司还生产通径4 mm 的 WE4 型电磁换向阀，详见生产厂产品样本。

表 21-7-126   **滑阀机能**

过渡状态机能	工作位置机能	过渡状态机能	工作位置机能	过渡状态机能	工作位置机能

过渡状态机能	工作位置机能	过渡状态机能	工作位置机能	过渡状态机能	工作位置机能
WE6 型					

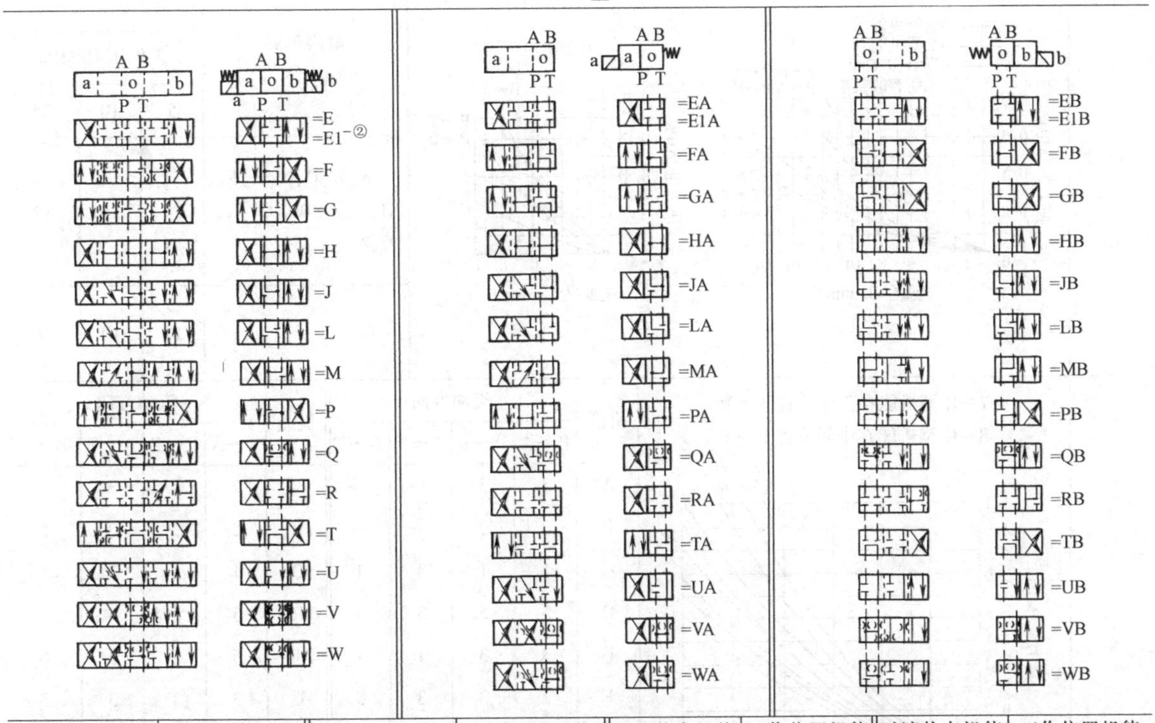

过渡状态机能	工作位置机能	过渡状态机能	工作位置机能	过渡状态机能	工作位置机能	过渡状态机能	工作位置机能
WE10 型							

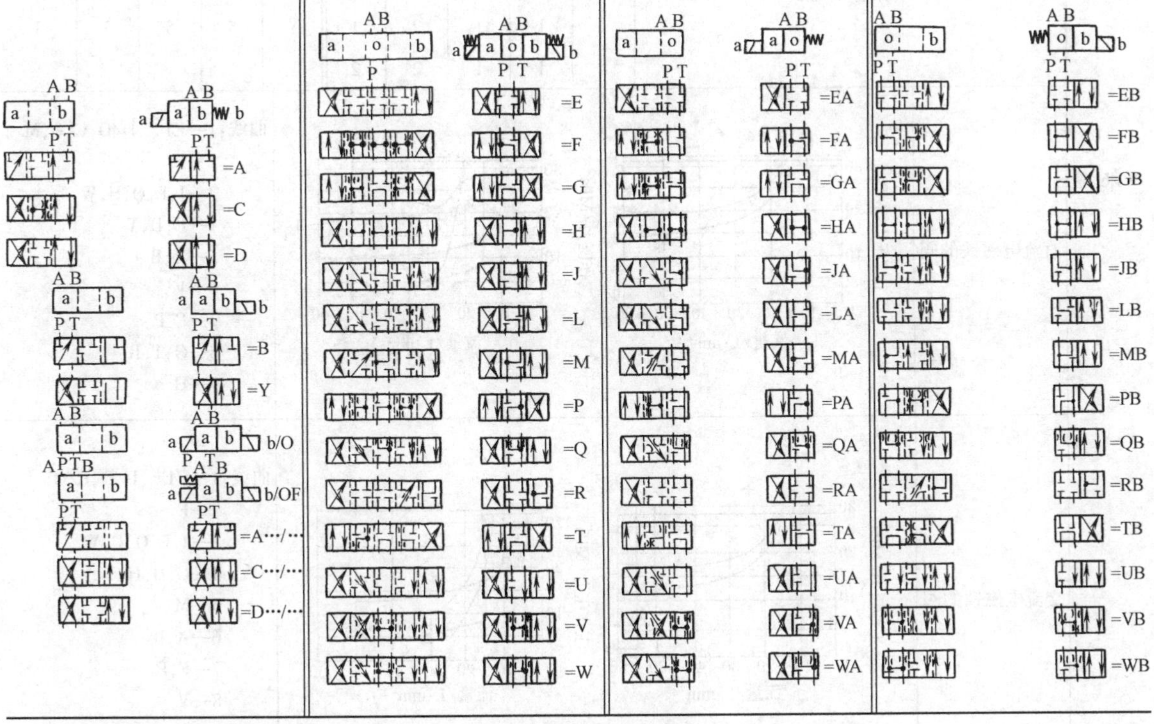

① 表示如果工作压力超过 6MPa，A 和 B 型阀的 T 腔必须作为泄漏腔使用。

② 表示 E1 型机能相当于 P→A，B 常开，E1 和系列之间必须加一横线。

表 21-7-127　　　　　　　　　　　　**特性曲线**

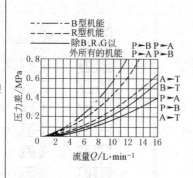

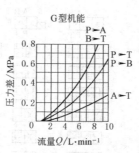

滑阀机能	流量/L·min⁻¹		
	工作压力/MPa		
	5	10	25
A、B、C、N、E、F、H、I、L、M、O、R、U、W	14	14	12
G	10	10	9

WE5 型（左栏）

7—R 型机能在工作位置 A→B
8—G 型机能在中间位置 P→T

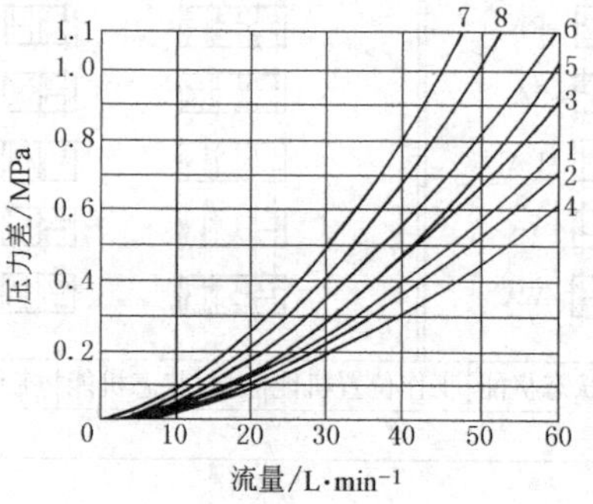

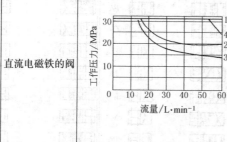

机能	流动方向				机能	流动方向			
	P→A	P→B	A→T	B→T		P→A	P→B	A→T	B→T
A	3	3	—	—	M	2	4	3	3
B	3	3	—	—	P	2	3	3	5
C	1	1	3	1	Q	1	1	2	1
D	5	5	3	3	R	5	5	4	
E	3	3	1	1	T	5	3	6	6
F	2	3	3	5	U	3	1	3	3
G	5	3	6	6	V	1	2	1	1
H	2	4	2	2	W	1	1	2	2
I	1	1	2	1	Y	5	5	3	3
L	1	1	2	2					

WE6 型

直流电磁铁的阀

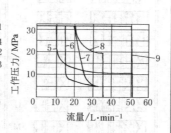

曲线:1—E1[①],D/O,C/O,M
2—E
3—J,L,Q,U,W
4—C,D,Y
5—A,B
6—V
7—F,P
8—G,T,R
9—H

交流电磁铁的阀

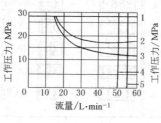

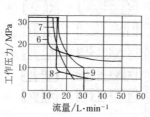

曲线:1—E1[①],D/O,C/O
2—E
3—J,L,Q,U,W
4—C,D,H,Y
5—M
6—A,B
7—F,P
8—V
9—G,T,R

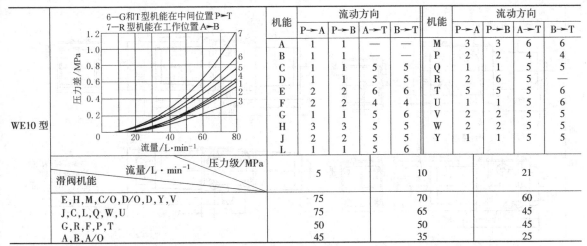

机能	流动方向				机能	流动方向			
	P→A	P→B	A→T	B→T		P→A	P→B	A→T	B→T
A	1	1	—	—	M	3	3	6	6
B	1	1	—	—	P	2	2	4	4
C	1	1	5	5	Q	1	2	6	6
D	1	1	5	5	R	2	1	6	—
E	2	2	6	6	T	5	5	5	6
F	2	2	4	4	U	1	2	6	6
G	1	1	6	6	V	2	2	5	5
H	3	3	5	5	W	2	2	5	5
J	2	2	5	5	Y	1	1	5	5
L			5	6					

WE10 型

6—G 和 T 型机能在中间位置 P→T
7—R 型机能在工作位置 A→B

滑阀机能	流量/L·min⁻¹ \ 压力级/MPa	5	10	21
E,H,M,C/O,D/O,D,Y,V		75	70	60
J,C,L,Q,W,U		75	65	45
G,R,F,P,T		50	50	45
A,B,A/O		45	35	25

① E1 型机能相当于 P→A，B 常开。

注：1. 阀的切换特性与过滤器的黏附效应有关。为达到所推荐的最大流量值，建议在系统中使用 25μm 的过滤器。作用在阀内部的液动力也影响阀的通流能力，因此不同的机能，有着不同的功率极限特性曲线。在只有一个通道的情况下，如四通阀堵住其 A 腔或 B 腔作为三通阀使用时，其功率极限差异较大，这个功率极限是电磁铁在热态和降低 10% 电压的情况下测定的。

2. 电气连接必须接地。

3. 试验条件：$\nu=41\times10^{-6}\,\mathrm{m^2/s}$，$t=50℃$。

表 21-7-128   **外形尺寸**

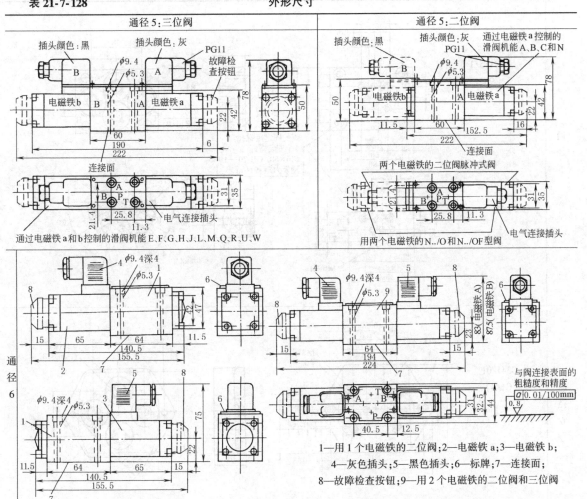

1—用 1 个电磁铁的二位阀；2—电磁铁 a；3—电磁铁 b；
4—灰色插头；5—黑色插头；6—标牌；7—连接面；
8—故障检查按钮；9—用 2 个电磁铁的二位阀和三位阀

续表

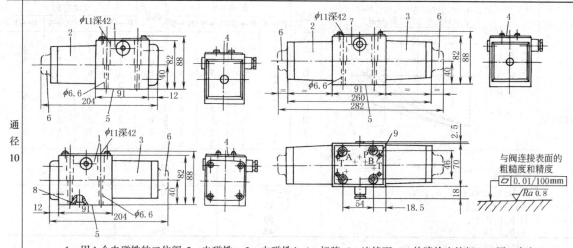

通径
10

1—用1个电磁铁的二位阀;2—电磁铁a;3—电磁铁b;4—标牌;5—连接面;6—故障检查按钮;7—用2个电磁铁的二位阀和三位阀;8—O形圈12×2;9—附加连接孔T腔可与ZDRD…型减压阀相连接

表 21-7-129　　　　　　　安装底板尺寸

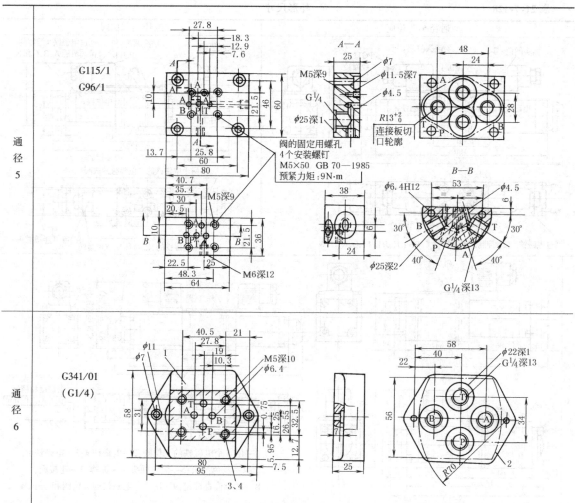

通径
5

通径
6

续表

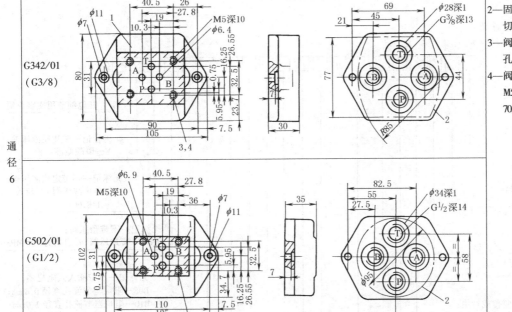

1—阀的连接面;
2—固定连接板的切口轮廓;
3—阀的固定用螺孔;
4—阀固定螺钉 4×M5 × 50, GB/T 70.1,转矩9N · m

通径 6

G342/01 (G3/8)

G502/01 (G1/2)

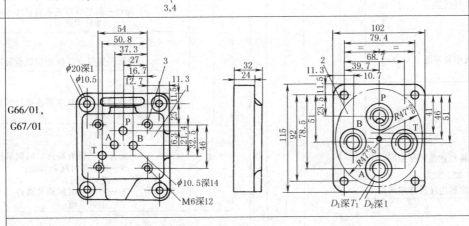

1—阀的连接面;
2—固定连接板的加工轮廓;
3—阀的安装螺孔

通径 10

G66/01, G67/01

G534/01

型号	质量/kg	D_1	D_2	T_1	阀的固定螺钉	转矩/N · m
G66/01	约2.3	G3/8	28	12	4×M6×50, GB/T 70.1	15
G67/01		G1/2	34	14		
G534/01	约2.5	G3/4	42	16	4×M6×50, GB/T 70.1	15

3.16 WEH 电液换向阀及 WH 液控换向阀

（1）型号意义

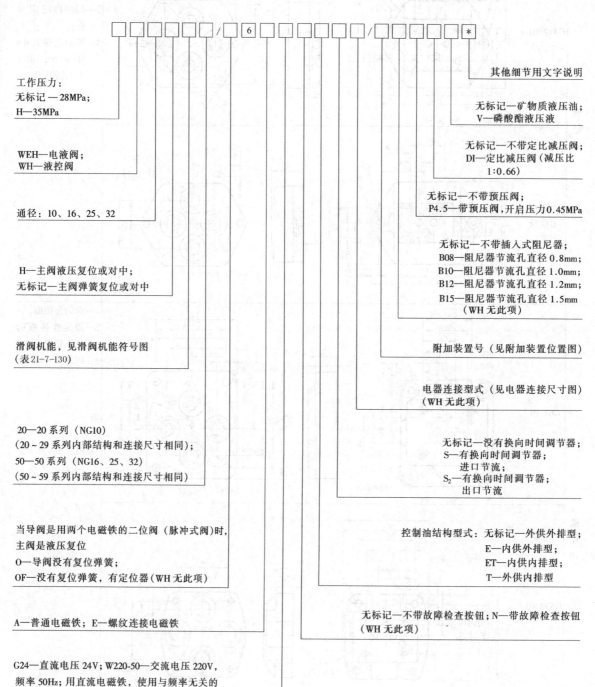

工作压力：
无标记—28MPa；
H—35MPa

WEH—电液阀；
WH—液控阀

通径：10、16、25、32

H—主阀液压复位或对中；
无标记—主阀弹簧复位或对中

滑阀机能，见滑阀机能符号图
（表21-7-130）

20—20 系列（NG10）
（20～29 系列内部结构和连接尺寸相同）；
50—50 系列（NG16、25、32）
（50～59 系列内部结构和连接尺寸相同）

当导阀是用两个电磁铁的二位阀（脉冲式阀）时，
主阀是液压复位
O—导阀没有复位弹簧；
OF—没有复位弹簧，有定位器（WH无此项）

A—普通电磁铁；E—螺纹连接电磁铁

G24—直流电压 24V；W220-50—交流电压 220V，
频率 50Hz；用直流电磁铁，使用与频率无关的
交流电压　W110R[①]—110V；W220R[①]—220V
（①只能用 Z5 型带内装式整流器的插头）
其他电压见电气参数表（WH无此项）

其他细节用文字说明

无标记—矿物质液压油；
V—磷酸酯液压液

无标记—不带定比减压阀；
DI—定比减压阀（减压比
1:0.66）

无标记—不带预压阀；
P4.5—带预压阀，开启压力0.45MPa

无标记—不带插入式阻尼器；
B08—阻尼器节流孔直径 0.8mm；
B10—阻尼器节流孔直径 1.0mm；
B12—阻尼器节流孔直径 1.2mm；
B15—阻尼器节流孔直径 1.5mm
（WH无此项）

附加装置号（见附加装置位置图）

电器连接型式（见电器连接尺寸图）
（WH无此项）

无标记—没有换向时间调节器；
S—有换向时间调节器；
进口节流；
S₂—有换向时间调节器；
出口节流

控制油结构型式：无标记—外供外排型；
E—内供外排型；
ET—内供内排型；
T—外供内排型

无标记—不带故障检查按钮；N—带故障检查按钮
（WH无此项）

表 21-7-130　　　　　　三位阀简化的机能符号（符合 DIN24300）

弹簧对中式型号	滑阀机能	机能符号	过渡机能符号
4WEH …E…/…	E	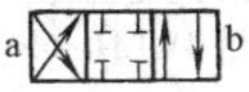	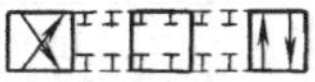
4WEH …F…/…	F	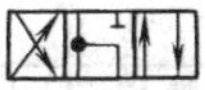	
4WEH …G…/…	G	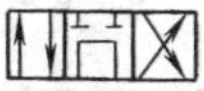	
4WEH …H…/…	H	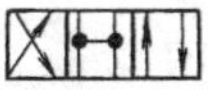	
4WEH …J…/…	J		
4WEH …L…/…	L	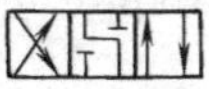	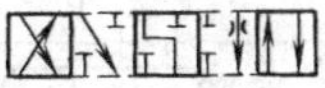
4WEH …M…/…	M		
4WEH …P…/…	P		
5WEH …Q…/…	Q	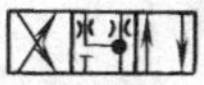	
4WEH …R…/…	R		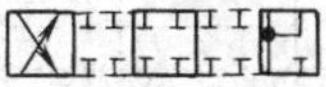
4WEH …S…/…	S	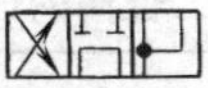	
4WEH …T…/…	T		
4WEH …U…/…	U	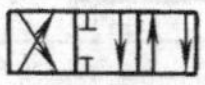	
4WEH …V…/…	V		
4WEH …W…/…	W		

注：WEH25 型和 WEH32 型换向阀没有"S"型机能。

第

21

篇

表 21-7-131 　　　　　　　　　　三位阀的详细符号和简化符号

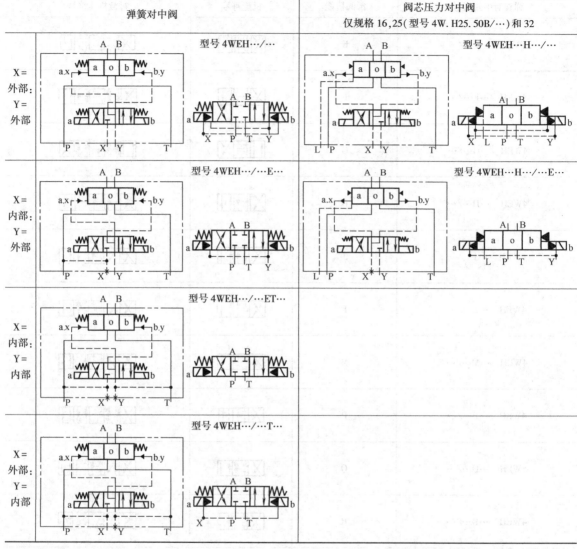

弹簧对中阀	阀芯压力对中阀 仅规格 16,25(型号 4W. H25.50B/…)和 32

表 21-7-132 　　　　　　　　　　二位阀的详细符号和简化符号

弹簧对中阀		液压复位阀	
型号 4WEH…/…	型号 4WEH…H…/…	型号 4WEH…H/O…	型号 4WEH…H/OF…

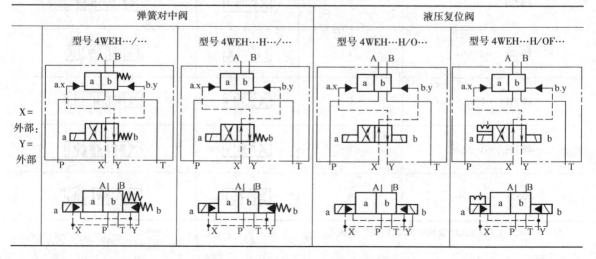

续表

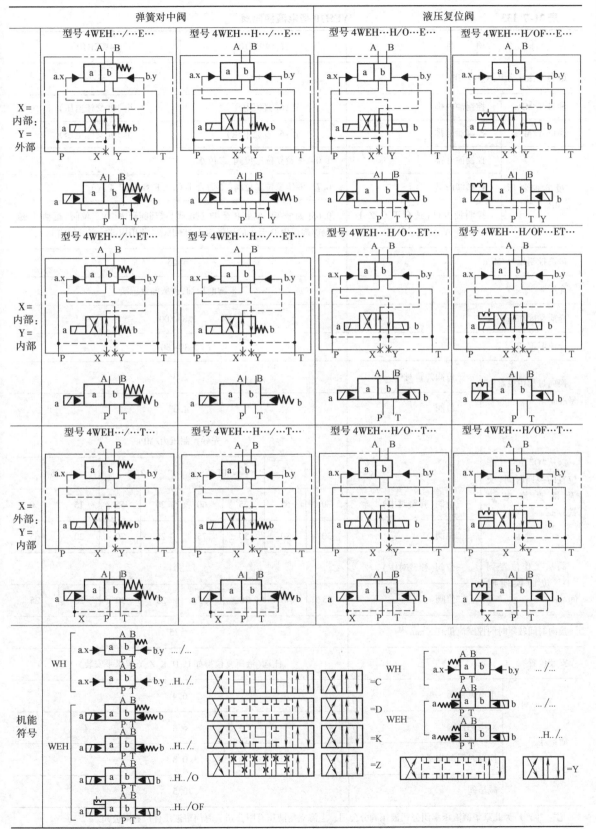

（2）技术规格（见表 21-7-133~表 21-7-137）

表 21-7-133   WEH10 型电液换向阀

项 目		H-4WEH10	4WEH10
最高工作压力 P、A、B /MPa		至 35	至 28
油口 T/MPa	控制油内排	至 16(直流电压)	至 10(交流电压)
油口 Y/MPa	控制油外排	至 16(直流电压)	至 10(交流电压)
最低控制压力/MPa	控制油外排	1.0 弹簧复位三位阀、二位阀	
	控制油内供	0.7 液压复位二位阀(不适合于 C、Z、F、G、H、P、T、V)	
	控制油内供(适合于 C、Z、F、G、H、P、T、V)	0.65[如果在中位由 P 至 T(三位阀)或当阀经中位(二位阀)运动时,流量足够确保由 P 至 T 的压降为 0.65MPa,才能用内部控制油供给]	
最高控制压力/MPa		至 25	
介质		矿物液压油,磷酸酯液压液	
介质黏度/mm² · s⁻¹		2.8~500	
介质温度/℃		−30~80	

换向过程中控制容量/cm³	三位阀弹簧对中	2.04							
	二位阀	4.08							

阀从"O"位到工作位置的换向时间(交流和直流电磁铁)/ms		先导控制压力/MPa							
		7		14		21		28	
	三位阀(弹簧对中)	30	65	25	60	20	55	15	50
	二位阀	30	80	30	75	25	70	20	65
阀从工作位置到"O"位的换向时间/ms	三位阀(弹簧对中)	30							
	二位阀	35	40	30	35	25	30	20	25

换向时间较短时的控制流量/L · min⁻¹		≈35							

安装位置		任选(液压复位型如 C、D、K、Z、Y 应水平安装)							

质量/kg	单电磁铁阀	6.4							
	双电磁铁阀	6.8							
	换向时间调节器	0.8							
	减压阀	0.5							

注：生产厂为北京华德液压集团公司液压阀分公司、上海立新液压有限公司、海门市液压件厂有限公司。

表 21-7-134		WEH16 型电液换向阀	

项　　目		H-4WEH16	4WEH16
最高工作压力 P、A、B 腔/MPa		至 35	至 28
油口 T/MPa	控制油外排	至 25	至 25
	控制油内排(液压对中的三位阀控制油内排不可能)	至 16(直流电磁铁=)	至 10(交流电磁铁~)
油口 Y/MPa	控制油外排	直流 16	交流 10
最低控制压力/MPa	控制油外供 控制油内供	二位阀　1.2 弹簧复位二位阀　1.2 液压复位二位阀　1.2	
	控制油内供	用预压阀或流量足够大,滑阀机能为 C、F、G、H、P、T、V、Z、S 型阀　0.45	
最高的控制压力/MPa		至 25	
介质		矿物质液压油;磷酸酯液压液	
介质温度范围/℃		−30~80	
介质黏度范围/mm² · s⁻¹		2.8~500	

换向过程中控制油最大的容量/cm³

弹簧对中的三位阀		5.72	
二位阀		11.45	
液压对中的三位阀		WH	WEH
从"O"位到工作位置"a"		2.83	2.83
从工作位置"a"到"O"位		2.9	5.73
从"O"位到工作位置"b"		5.72	5.73
从工作位置"b"到"O"位		2.83	8.55

从"O"位到工作位置的换向时间(交流和直流电磁铁)[1]/ms

先导控制压力/MPa		≤5			>5~15			>15~25		
弹簧对中的三位阀		35		65	30		60	30		58
二位阀		45		65	35		55	30		50
液压对中的三位阀	a	b	a	b	a	b	a	b	a	b
	30		65	25	55	63	20	25	55	60

从工作位置到"O"位的换向时间[1]/ms

弹簧对中的三位阀		30~45 用于交流;30 用于直流								
二位阀		45~60		45	35~50		35	30~45		30
液压对中的三位阀	a	b	a	b	a	b	a	b	a	b
	20~30		20	20~35		20	20~35		20	

安装位置	除 C、D、K、Z、Y 型液压复位的阀水平安装外,其余的任意安装
换向时间较短时的控制流量/L · min⁻¹	≈35
质量/kg	≈8.6　WH 约 7.3

① 换向时间指从导阀电磁铁吸合到主阀全部打开的时间。

表 21-7-135   **WEH25 型电液换向阀**

最高工作压力 P、A、B 腔/MPa		至 35(H-4WEH25 型);至 28(4WEH25 型)
油口 T/MPa	控制油外排	至 25
	控制油内排(液压对中的三位阀控制油内排不可能)	至 16(直流电磁铁＝) 至 10(交流电磁铁~)
油口 Y/MPa	外部控制油泄油 直流电磁铁	16
	交流电磁铁	≈10
	用于 4WH 型	25
最低控制压力/MPa	控制油外供 控制油内供	弹簧对中的三位阀 1.3 液压对中的三位阀 1.8 弹簧复位二位阀 1.3 液压复位二位阀 0.8
	控制油内供	用预压阀或流量相应大时,滑阀机能为 F、G、H、P、T、V、C 和 Z 型阀 0.45
最高控制压力/MPa		至 25
介质		矿物质液压油,磷酸酯液压油
介质黏度范围/mm²·s⁻¹		$2.8 \sim 500$
介质温度范围/℃		$-30 \sim 80$

换向过程中控制油最大的容量/cm³

	WH	WEH
弹簧对中的三位阀	14.2	
弹簧复位的二位阀	28.4	
液压对中的三位阀	**WH**	**WEH**
从"O"位到工作位置"a"	7.15	7.15
从工作位置"a"到"O"位	14.18	7.0
从"O"位到工作位置"b"	14.18	14.15
从工作位置"b"到"O"位	19.88	5.73

从"O"位到工作位置的换向时间(交流和直流电磁铁)①/ms

先导控制压力/MPa	≤7		>7~14		>14~21		>21~25	
弹簧对中的三位阀	50	85	40	75	35	70	30	65
弹簧复位的二位阀	120	160	100	130	85	120	70	105

液压对中的三位阀	a	b	a	b	a	b	a	b	a	b	a	b	a	b	a	b
	30	35	55	65	30	35	55	65	25	30	50	60	25	30	50	60

从工作位置到"O"位的换向时间①/ms

弹簧对中的三位阀	40~55 用于交流;40 用于直流							
弹簧复位的二位阀	120	125	95	100	85	90	75	80

液压对中的三位阀	a	b	a	b	a	b	a	b	a	b	a	b	a	b	a	b
	30~35		30	35	30~35		30	35	30~35		30	35	30~35		30	35

安装位置	除 C、D、K、Z、Y 型液压复位的阀水平安装外,其余任意安装
换向时间较短时的控制流量/L·min⁻¹	≈35
质量/kg	整个阀≈18 WH≈17.6

① 换向时间指从导阀电磁铁吸合到主阀全部打开的时间。

表 21-7-136　　　　　　　　　　　**WEH32 型电液换向阀**

项　　目		H-4WEH32	4WEH32
最高工作压力 P、A、B 腔/MPa		至 35	至 28
油口 T/MPa	控制油外排	至 25	
	控制油内排(液压对中的三位阀,当控制油内排时不可能)	至 16(直流电磁铁＝)	至 10(交流电磁铁~)
油口 Y/MPa	控制油外排	直流电磁铁:16;交流电磁铁:10	
最低控制压力/MPa	控制油外供 控制油内供	0.8　　三位阀 1　　弹簧复位二位阀 0.5　　液压复位二位阀	
	控制油内供	用预压阀或流量相应大时,滑阀机能为 F、G、H、P、T、V、C 和 Z 型阀0.45	
最高控制压力/MPa		至 25	
介质		矿物质液压油,磷酸酯液压油	
温度范围/℃		−30~80	
黏度范围/mm² · s⁻¹		2.8~500	

换向过程中控制油最大的容量/cm³

弹簧对中的三位阀	29.4
弹簧对中的二位阀	58.8
液压对中的三位阀	
从"O"位到工作位置"a"	14.4
从工作位置"a"到"O"位	15.1
从"O"位到工作位置"b"	29.4
从工作位置"b"到"O"位	14.4

从"O"位到工作位置的换向时间(交流和直流电磁铁)[①]/ms

先导控制压力/MPa		≤5		>5~15		>15~25	
弹簧对中的三位阀		75	105	55	90	45	80
弹簧复位的二位阀		120	155	100	135	90	125
液压对中的三位阀	a	b	a	b	a	b	a	b	a	b	a	b
	55	60	100	105	40	45	85	95	35	40	85	95

从工作位置到"O"位的换向时间[①]/ms

弹簧对中的三位阀		60~75 用于交流;50 用于直流					
弹簧复位的二位阀		115~130	90	85~100	70	65~80	65
液压对中的三位阀	a	b	a	b	a	b	a	b	a	b	a	b
	35~65		30	40	60~90		30		105~155		50	

安装位置	除液压复位的"H"、C、D、K、Z、Y 型的阀应水平安装外,其余任意安装
换向时间较短时的控制流量/L · min⁻¹	≈50
质量/kg　带 1 个电磁铁的阀	≈40.5
带 2 个电磁铁的阀	≈41　WH≈39.5

① 换向时间指从导阀电磁铁吸合到主阀全部打开的时间。

表 21-7-137 **电气参数**

电压类别	直流电压	交流电压	电压类别	直流电压	交流电压
电压/V	12、24、42、60、96、110、180、195、220	42、110、127、220/50Hz 110、120、220/60Hz	运行状态	连续	
消耗功率/W	26	—	环境温度/℃	50	
吸合功率/V·A	—	46	最高线圈温度/℃	50	
启动功率/V·A	—	130	保护装置	IP65,符合 DIN40050	

外 形 尺 寸

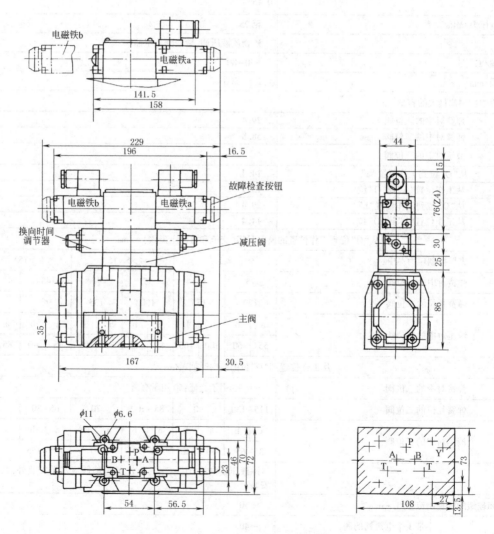

图 21-7-51　WEH10 型电液换向阀外形尺寸

连接板: G535/01 (G¾); G536/01 (G1); 534/01 (G¾)

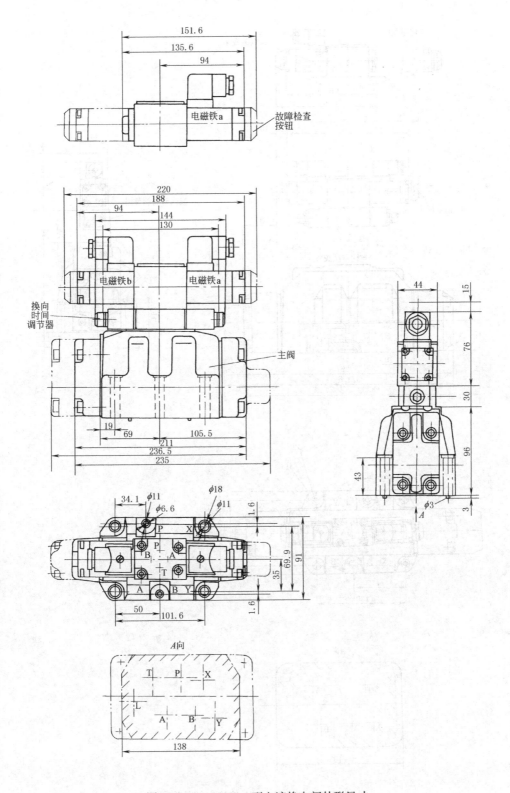

图 21-7-52　WEH16 型电液换向阀外形尺寸

连接板：G172/01（G¾）；G172/02（M27×2）；G174/01（G1）；

G174/02（M33×2）；G174/08

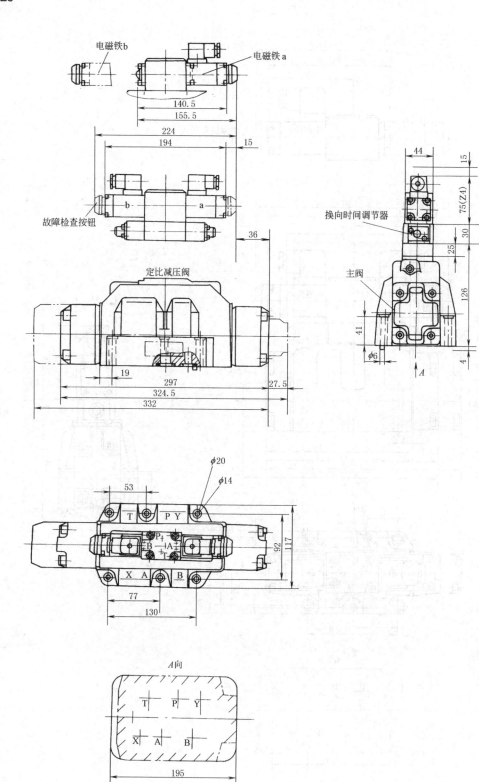

图 21-7-53　WEH25 型电液换向阀外形尺寸
连接板：G151/01（G1）；G153/01（G1）；G154/01（G1¼）；
G156/01（G1½）；G154/01

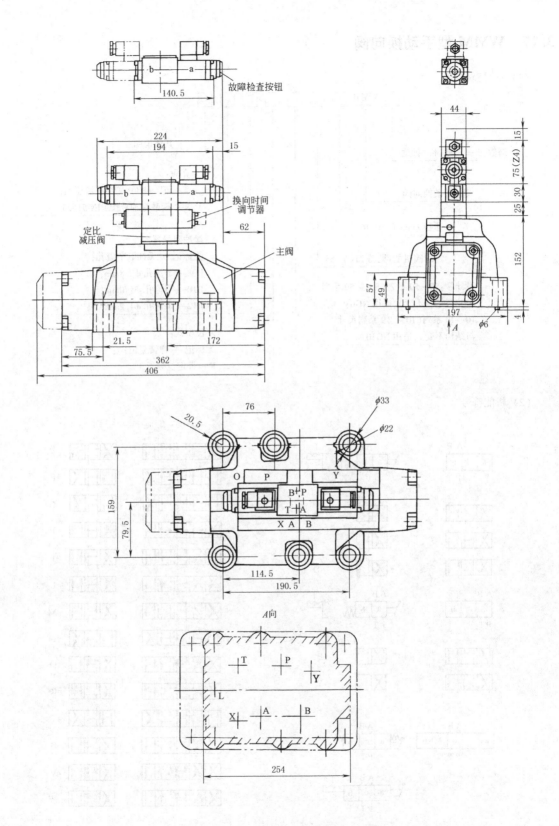

故障检查按钮

224

194

15

换向时间
调节器

定比
减压阀

62

主阀

21.5

172

75.5

362

406

44

15

75 (Z4)

30

25

152

57

49

197

φ6

4

A

76

φ33

φ22

20.5

O P Y

B P

T A

X A B

159

79.5

114.5

190.5

A向

T P

Y

L

X A B

254

图 21-7-54 WEH32 型电液换向阀外形尺寸

连接板：G157/01（G1½）；G157/02（M48×2）：G158/10

3.17　WMM 型手动换向阀

（1）型号意义

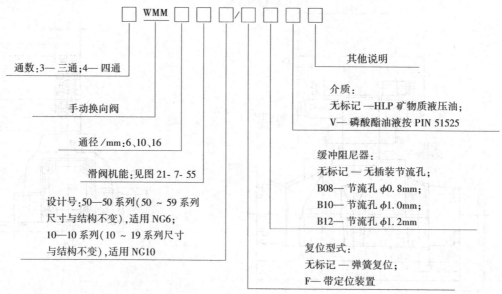

通数：3—三通；4—四通

手动换向阀

通径/mm：6、10、16

滑阀机能：见图 21-7-55

设计号：50—50 系列（50 ~ 59 系列
尺寸与结构不变），适用 NG6；
10—10 系列（10 ~ 19 系列尺寸
与结构不变），适用 NG10

其他说明

介质：
无标记—HLP 矿物质液压油；
V—磷酸酯油液按 PIN 51525

缓冲阻尼器：
无标记 — 无插装节流孔；
B08—节流孔 ϕ0.8mm；
B10—节流孔 ϕ1.0mm；
B12—节流孔 ϕ1.2mm

复位型式：
无标记 — 弹簧复位；
F—带定位装置

（2）机能符号

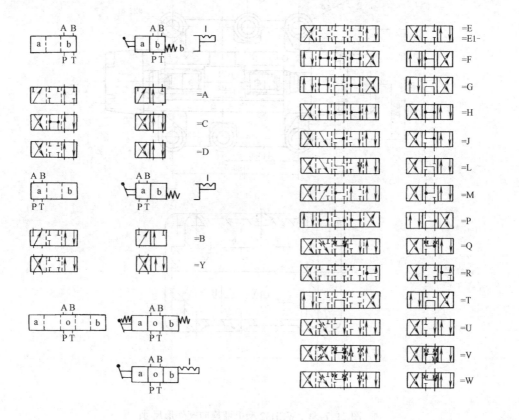

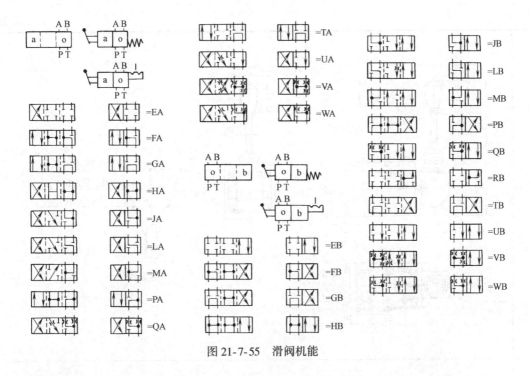

图 21-7-55　滑阀机能

（3）技术规格

表 21-7-138

通径/mm		6	10	16	介质温度/℃				−30~70	
最高工作 压力/MPa	油口 A、B、P	31.5	31.5	35	介质黏度/m²·s⁻¹			(2.8~380)×10⁻⁶		
	油口 T	16	15	25	操纵力/N	带定位装置	约 16~23	无回油压力		约 20
流量/L·min⁻¹		60	100	300		带复位弹簧	约 20~27	有回油压力（16MPa）		约 30
介质		HLP-矿物液压油，磷酸酯液			质量/kg		1.4	4		8

注：生产厂为北京华德液压集团液压阀分公司、上海立新液压有限公司。

（4）外形及安装尺寸（见表 21-7-139、表 21-7-140）

表 21-7-139　　　　　　　　　　　　　　　　　　　　　　　　　　　　　　　mm

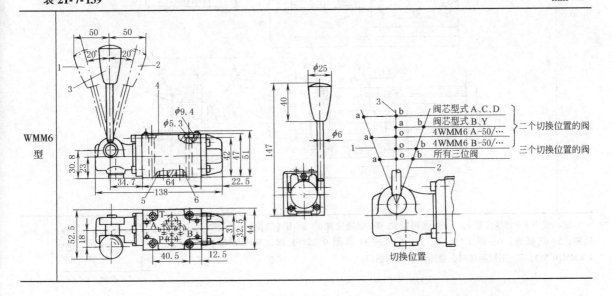

第

21

篇

WMM10
型

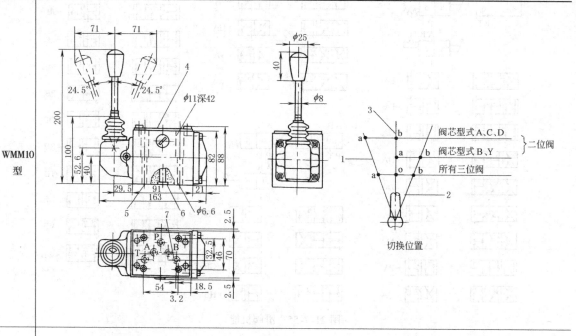

WMM16
型

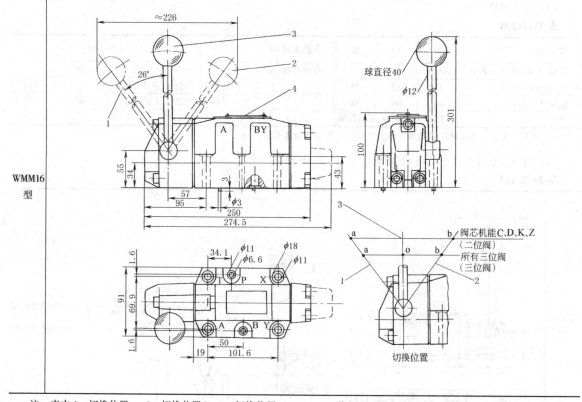

注：表中 1—切换位置 a；2—切换位置 b；3—切换位置 o、a、b（二位阀上 a 和 b）；4—
标牌；5—连接面；6—用于 A、B、P、T 口的 O 形圈 9.25×1.78（WMM6 型）、12×2
（WMM10 型）；7—用控制块时，可用作辅助回油口。

与阀连接表面粗糙度和精度要求

⌱ 0.01/100mm

▽ Ra 0.8

表 21-7-140　　　　　　　　　　　　安装底板尺寸　　　　　　　　　　　　mm

1—阀安装面；
2—安装连接板
　的切口轮廓；
3—螺钉 4×M5×
50,紧固转
矩 9 N·m
（必须单独
订货）

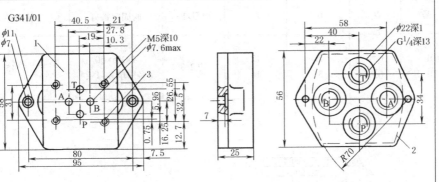

WMM6
型

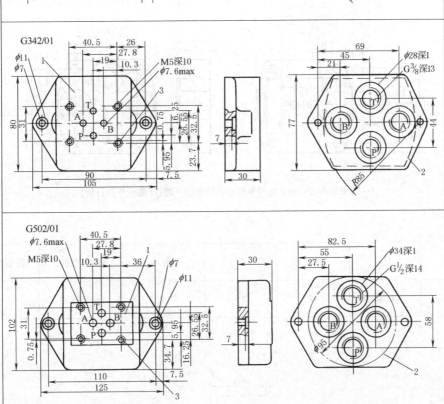

WMM10
型

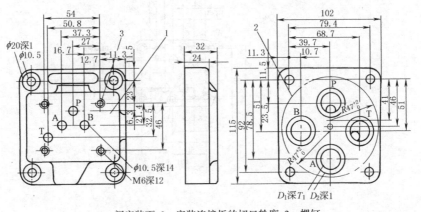

1—阀安装面；2—安装连接板的切口轮廓；3—螺钉

续表

型　号	D_1	D_2	T_1	质量/kg	阀固定螺钉	转矩/N·m
G66/01 G67/01	G⅜ G½	28 34	12 14	约2.3	4×M6×50 （必须单独订货）	15

WMM10
型

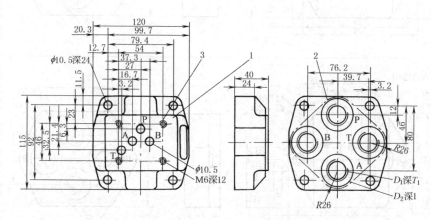

1—阀安装面；2—安装连接板的切口轮廓；3—螺钉（必须单独订货）

型　号	D_1	D_2	T_1	质量/kg	阀固定螺钉	转矩/N·m
G534/01	G¾	42	16	约2.5	4×M6×50	15

WMM16
型

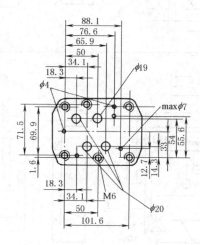

3.18　WM 型行程（滚轮）换向阀

（1）型号意义

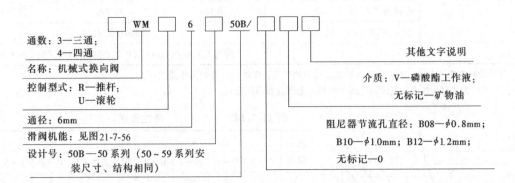

（2）机能符号

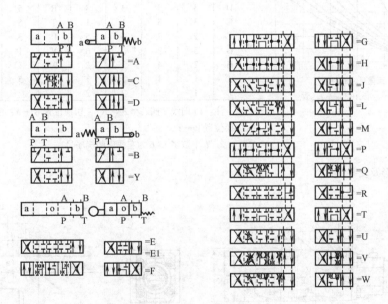

图 21-7-56　滑阀机能

注：1. 阀芯型式 E1＝P-A/B 先打开。

　　2. 必须注意差动缸增压问题。

（3）技术性能

表 21-7-141　　　　　　　　　　　　　　　技术规格

工作压力[①]/MPa	油口 A，B，P	至 31.5
	油口 T	至 6
流量/L·min⁻¹		至 60
介质	名称	矿物质液压油或磷酸酯液压油
	温度/℃	−30~70
	黏度/mm²·s⁻¹	2.8~380

续表

滚轮/推杆上的操作力		油口 A,B,P 的压力/MPa		
		10	20	31.5
	无回油压力/N	约100	约112	约121
	有回油压力/N	约184	约196	约205
	当 $p=6$MPa(max)时/N	=回油压力×1.4		
质量/kg		阀约1.4,底板 G341 约0.7,G342 约1.2,G502 约1.9		

① 对于滑阀机能 A 和 B，若工作压力超过最高回油压力，则油口 T 必须用作泄油口。

注：生产厂为北京华德液压集团液压阀分公司、上海立新液压公司。

表 21-7-142　　　　　特性曲线

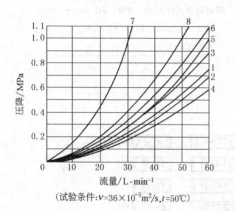

(试验条件：$\nu=36\times10^{-5}$m²/s, $t=50$℃)

阀芯型式	流动方向				阀芯型式	流动方向			
	P→A	P→B	A→T	B→T		P→A	P→B	A→T	B→T
A	3	3	—	—	M	2	4	3	3
B	3	3	—	—	P	2	3	3	5
C	1	1	3	1	O	1	1	2	1
D	5	5	3	3	R	5	5	4	
E	3	3	1	1	T	5	3	6	6
F	3	3	3	5	U	3	1	3	3
G	5	3	6	6	V	1	2	1	1
H	2	4	2	2	W	1	1	3	2
J	1	1	2	2	Y	5	5	3	3
L	1	1	2	2					

注：1. 曲线7 阀芯型式 "R"，切换位置 B→A；曲线8 阀芯型式 "G"，切换位置 P→T。

2. 表中数字1~6 为左图中曲线序号。

(4) 外形及安装尺寸

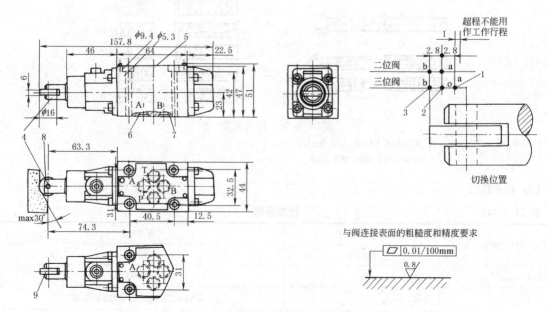

图 21-7-57　外形尺寸

1—切换位置 a；2—切换位置 o 和 a（a 属于二位阀）；3—切换位置 b；4—液轮推杆能转 90°；5—标牌；6—连接面；
7—用于 A，B，P，T 口的 O 形圈 9.25×1.78；8—WMR 型订货型号为 "R"；9—WMU 型订货型号为 "U"

| 表 21-7-143 | 安装底板尺寸 | mm |

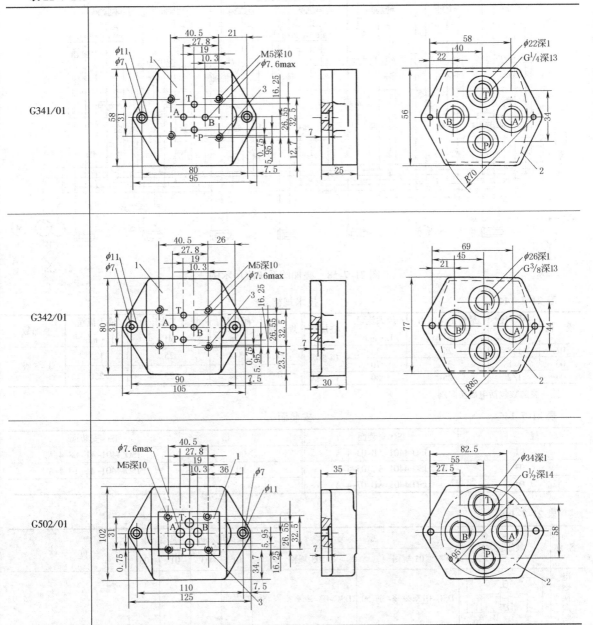

注：1—阀安装面；2—安装连接板的切口轮廓；3—阀固定螺钉，M5×50，紧固转矩 9N·m（必须单独订货）。

4 叠 加 阀

　　叠加阀可以缩小安装空间，减少由配管、漏油和管道振动等引起的故障，能简便地改变回路、更换元件，维修很方便，是近年来使用较广泛的液压元件。应用示例见图 21-7-58。

4.1 叠加阀型谱（一）

　　本节介绍榆次油研液压有限公司生产的系列叠加阀型谱，详见表 21-7-144～表 21-7-146。

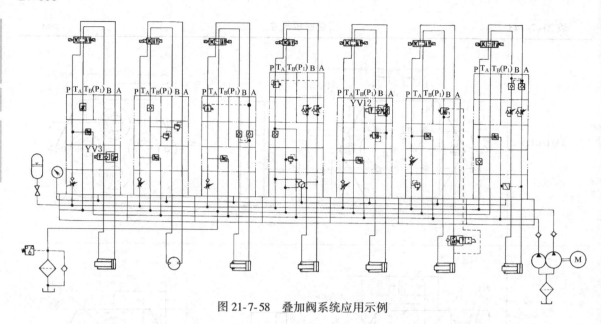

图 21-7-58　叠加阀系统应用示例

表 21-7-144　　　　　　　　　　　　技术规格

规 格	阀口径 /in	最高工作压力 /MPa	最大流量 /L·min⁻¹	叠加数	规 格	阀口径 /in	最高工作压力 /MPa	最大流量 /L·min⁻¹	叠加数
01	1/8	25	35	1~5 级	06	3/4	25	125	1~5 级
03	3/8	25	70						
04	1/2	25	80	1~4 级	10	1¼	25	250	

注：叠加数包括电磁换向阀。

表 21-7-145　　　　　　　　　　　　安装面

规 格	ISO 安装面	规 格	ISO 安装面
01	ISO 4401-AB-03-4-A	06	ISO 4401-AE-08-4-A
03	ISO 4401-AC-05-4-A	10	ISO 4401-AF-10-4-A
04	ISO 4401-AD-07-4-A		

表 21-7-146

名 称	液压符号	型　号		阀高度/mm		质量/kg		备　注
		01 规格	03 规格	01	03	01	03	
电磁换向阀	P T B A	DSG-01※※※-※-50	DSG-03-※※※※-50	—	—	—	—	
叠加式溢流阀	P T B A	MBP-01-※-30	MBP-03-※-20	40	55	1.1	3.5	※—调压范围 01 规格 　C：1.2~14MPa 　H：7~21MPa 03 规格 　B：1~7MPa 　H：3.5~25MPa
	P T B A	MBA-01-※-30	MBA-03-※-20			1.1	3.5	
	P T B A	MBB-01-※-30	MBB-03-※-20			1.1	3.5	
	P T B A	—	MBW-03-※-20			—	4.2	

名 称	液压符号	型 号 01规格	型 号 03规格	阀高度/mm 01	阀高度/mm 03	质量/kg 01	质量/kg 03	备 注
叠加式减压阀	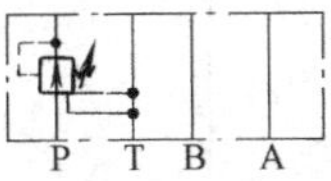	MRP-01-※-30	MRP-03-※-20	40		1.1	3.8	※—调压范围 01 规格 B:1.8~7MPa C:3.5~14MPa H:7~21MPa 03 规格 B:1~7MPa H:3.5~24.5MPa
	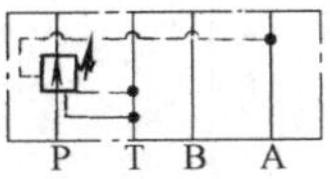	MRA-01-※-30	MRA-03-※-20			1.1	3.8	
	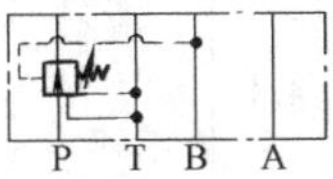	MRB-01-※-30	MRB-03-※-20			1.1	3.8	
叠加式低压减压阀	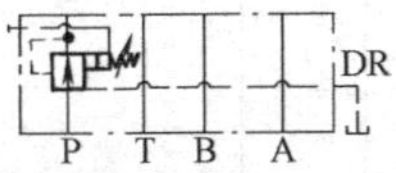	—	MRLP-03-10			—	4.5	调压范围 0.2~6.5MPa
	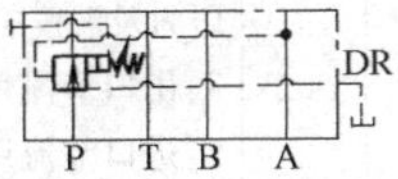	—	MRLA-03-10			—	4.5	
	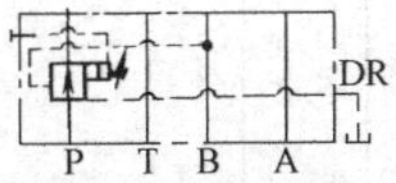	—	MRLB-03-10			—	4.5	
叠加制动式阀	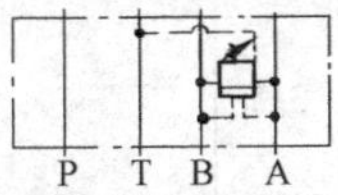	MBR-01-※-30	—	40		1.3	—	※—调压范围 C:1.2~14MPa H:7~21MPa
叠加顺序式阀	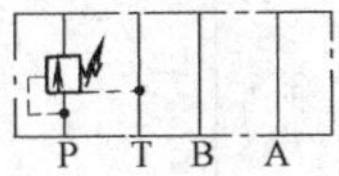	MHP-01-※-30	MHP-03-※-20	40	55	1.1	3.5	※—调压范围 01 规格 C:1.2~14MPa H:7~21MPa 03 规格 N:0.6~1.8MPa A:1.8~3.5MPa B:3.5~7MPa C:7~14MPa
叠加式背压阀	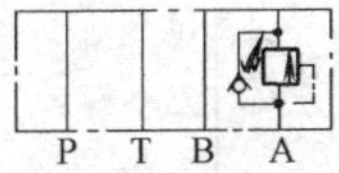	MHA-01-※-30	MHA-03-※-20			1.3	3.5	
	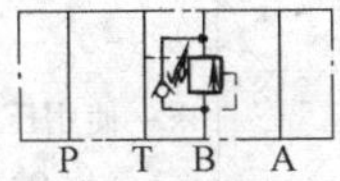	—	MHB-03-※-20			—	3.5	
叠加式压力继电器	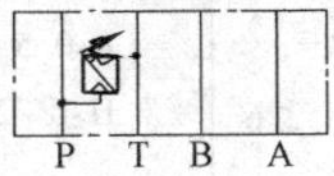	MJP-01-M-※$_1$-※$_2$-10	—			1.3	—	※$_1$—调压范围 B:1~7MPa C:3.5~14MPa H:7~21MPa ※$_2$—电气接线型式 无标记:电缆连接式 N:插座式
	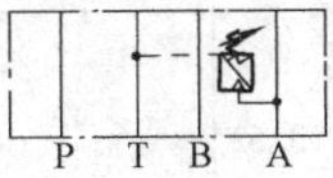	MJA-01-M-※$_1$-※$_2$-10	—			1.3	—	
	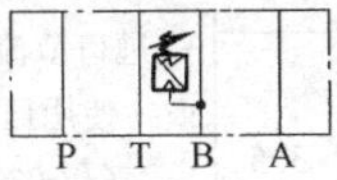	MJB-01-M-※$_1$-※$_2$-10	—			1.3	—	
叠加式流量阀	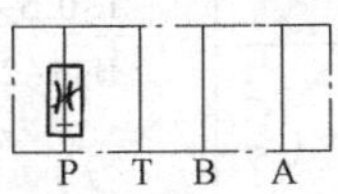	MFP-01-10	MFP-03-11			1.7	4.2	压力及温度补偿

续表

名 称	液压符号	型 号		阀高度/mm		质量/kg		备 注
		01 规格	03 规格	01	03	01	03	
叠加式流量阀（带单向阀）	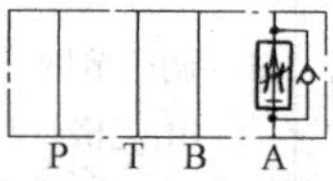 P T B A	MFA-01-X-10	MFA-03-X-11			1.6	4.1	
	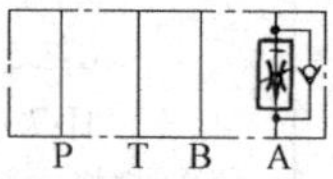 P T B A	MFA-01-Y-10	MFA-03-Y-11			1.6	4.1	
	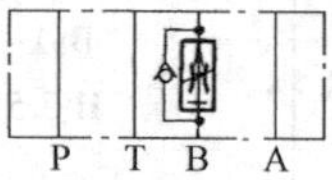 P T B A	MFB-01-X-10	MFB-03-X-11			1.6	4.1	
	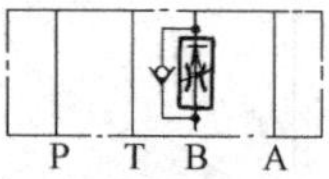 P T B A	MFB-01-Y-10	MFB-03-Y-11			1.6	4.1	
	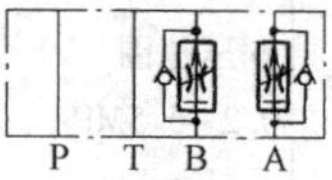 P T B A	MFW-01-X-10	MFW-03-X-11			2.1	5.2	压力及温度补偿 X:出口节流用 Y:进口节流用
	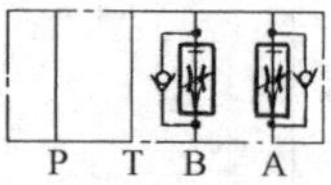 P T B A	MFW-01-Y-10	MFW-03-Y-11			2.1	5.2	
叠加式温度补偿式节流阀（带单向阀）	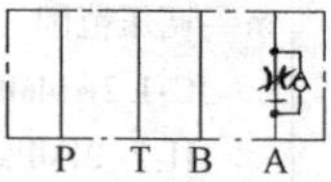 P T B A	MSTA-01-X-10	MSTA-03-X-10	40	55	1.3	3.5	
	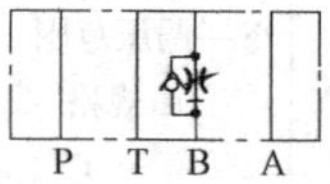 P T B A	MSTB-01-X-10	MSTB-03-X-10			1.3	3.5	
	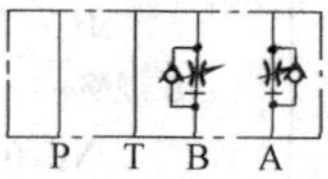 P T B A	MSTW-01-X-10	MSTW-03-X-10			1.5	3.7	
叠加式节流阀	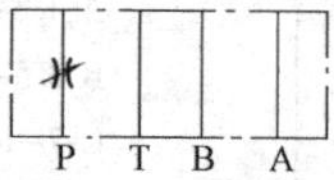 P T B A	MSP-01-30	MSP-03-※-20			1.2	2.8	※—使用压力范围 （仅 03 规格） L:0.5~5MPa H:5~25MPa
叠加节流式单向阀	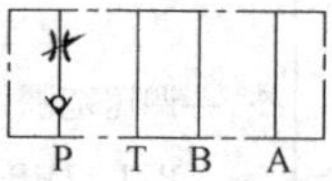 P T B A	MSCP-01-30	MSCP-03-※-20			1.2	2.6	
叠加式节流阀（带单向阀）	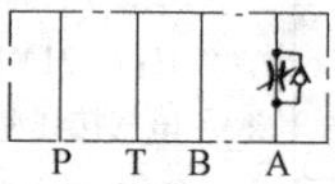 P T B A	MSA-01-X-30	MSA-03-X※-20			1.3	3.5	X:出口节流用 Y:进口节流用 ※—使用压力范围 （仅 03 规格） L:0.5~5MPa H:5~25MPa
	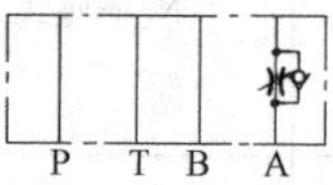 P T B A	MSA-01-Y-30	MSA-03-Y※-20			1.3	3.5	
	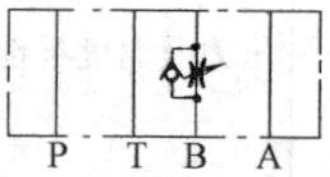 P T B A	MSB-01-Y-30	MSB-03-X※-20			1.3	3.5	

名称	液压符号	型号		阀高度/mm		质量/kg		备注
		01 规格	03 规格	01	03	01	03	
叠加式节流阀（带单向阀）	P T B A	MSB-01-Y-30	MSB-03-Y※-20			1.3	3.5	X:出口节流用 Y:进口节流用 ※—使用压力范围（仅03规格） L:0.5~5MPa H:5~25MPa
	P T B A	MSW01-X-30	MSW-03-X※-20			1.5	3.7	
	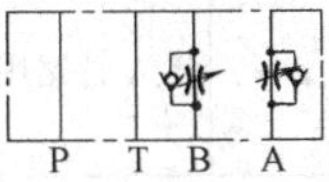 P T B A	MSW-01-Y-30	MSW-03-Y※-20	40	55	1.5	3.7	
	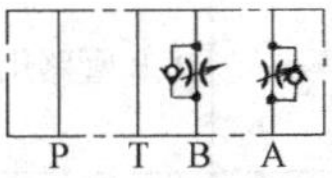 P T B A	MSW-01-XY-30				1.5	—	
	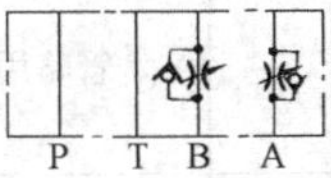 P T B A	MSW-01-YX-30				1.5	—	
叠加式单向阀	P T B A	MCP-01-※-30	MCP-03-※-10			1.1	2.5	※—开启压力 0:0.035MPa 2:0.2MPa 4:0.4MPa
	P T B A	—	MCA-03-※-10			—	3.3	
	P T B A		MCB-03-※-10	40	50	—	3.3	
	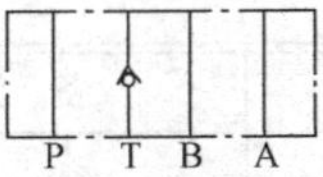 P T B A	MCT-01-※-30	MCT-03-※-10			1.1	2.8	
	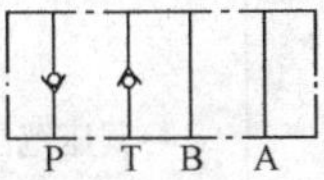 P T B A	—	MCPT-03-P※-T※-10			—	2.7	
叠加式液控单向阀	P T B A	MPA-01-※-40	MPA-03-※-20			1.2	3.5	※—开启压力 2:0.2MPa 4:0.4MPa
	P T B A	MPB-01-※-40	MPB-03-※-20			1.2	3.5	
	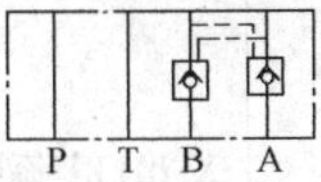 P T B A	MPW-01-※-40	MPW-03-※-20	40	55	1.2	3.7	
叠加式补油阀	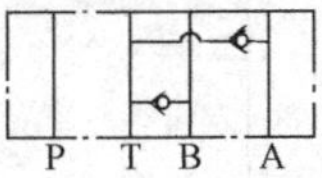 P T B A	MAC-01-30	MAC-03-10			0.8	3.8	

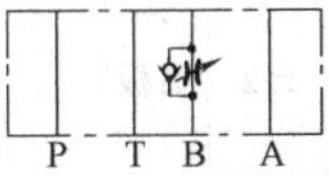

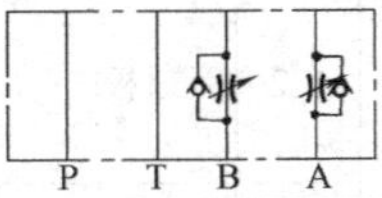

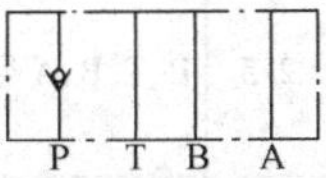

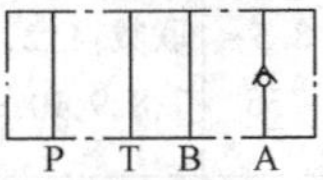

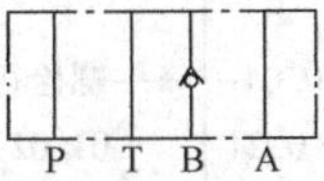

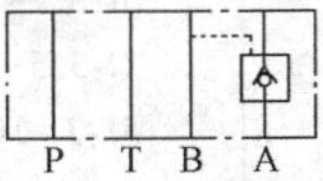

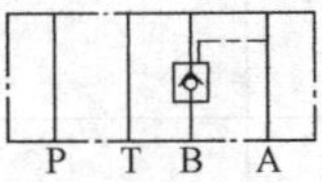

名称	液压符号	型号		阀高度/mm		质量/kg		备注
		01 规格	03 规格	01	03	01	03	
端板	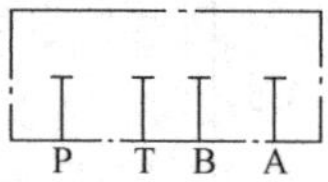 P T B A	MDC-01-A-30	MDC-03-A-10	49	28	1.0	1.2	盖板
	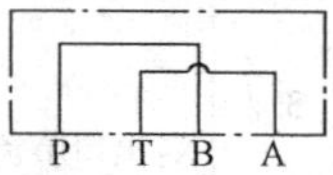 P T B A	MDC-01-B-30	MDC-03-B-10			1.0	1.2	旁通板
连接板	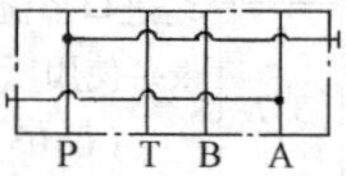 P T B A	MDS-01-PA-30	—	40	55	0.8	—	P、A 管路用
	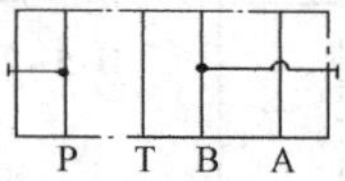 P T B A	MDS-01-PB-30	—			0.8	—	P、B 管路用
	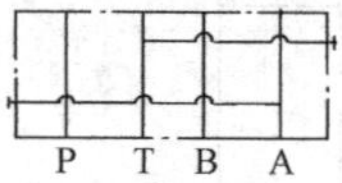 P T B A	MDS-01-AT-30	—			0.8	—	A、T 管路用
	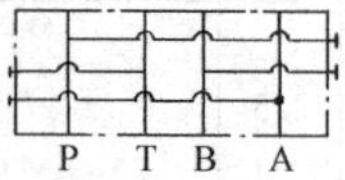 P T B A	—	MDS-03-10			—	2.5	P、T、B、A 管路用
基板	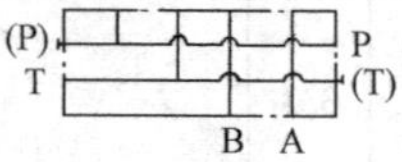 (P) P T (T) B A	MMC-01-※-40	MMC-03-T-※-21	72	95	3.5~11.5	8.5~36	联数:1,2,3,4,5,6,7,8,9,10,…
安装螺钉组件	—	MBK-01-※-30	MBK-03-※-10	—	—	0.04~0.16	0.04~0.24	※—螺栓符号 01,02,03,04,05

名称	液压符号	型号	阀高度/mm	质量/kg	备注
叠加式减压阀	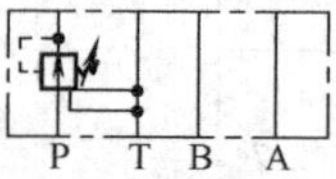 P T B A	MRP-04-※-10Y			※—调压范围 B:0.7~7MPa C:3.5~14MPa H:7~21MPa
	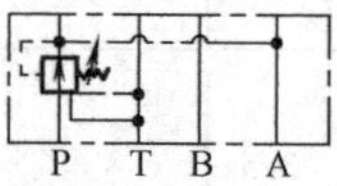 P T B A	MRA-04-※-10Y	80		
	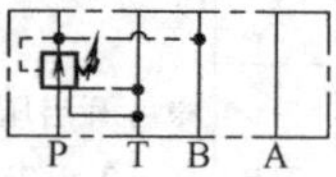 P T B A	MRB-04-※-10Y			
叠加式节流阀（带单向阀）	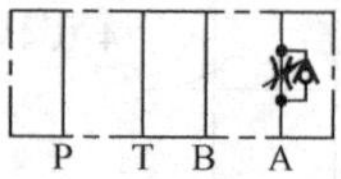 P T B A	MSA-04-X-10Y			X:出口节流用 Y:进口节流用
	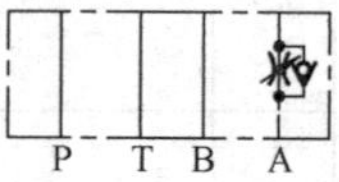 P T B A	MSA-04-Y-10Y	80		
	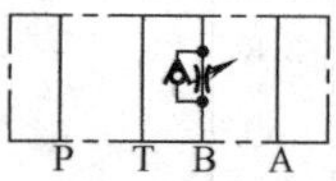 P T B A	MSB-04-X-10Y			

续表

名称	液压符号	型 号	阀高度/mm	质量/kg	备 注
叠加式节流阀（带单向阀）	 P T B A	MSB-04-Y-10Y	80		X：出口节流用 Y：进口节流用
	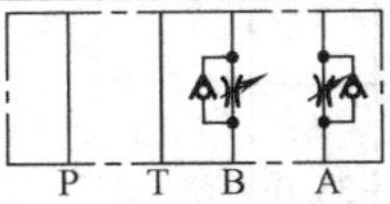 P T B A	MSW-04-X-10Y			
	 P T B A	MSW-04-Y-10Y			
叠加式液控单向阀	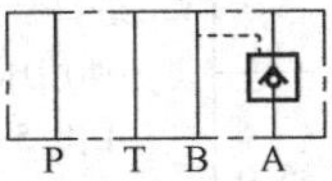 P T B A	MPA-04-※-10Y	80		※—开启压力 2：0.2MPa 4：0.4MPa
	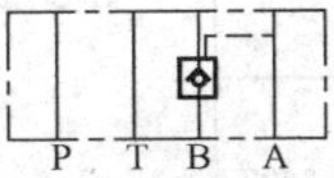 P T B A	MPB-04-※-10Y			
	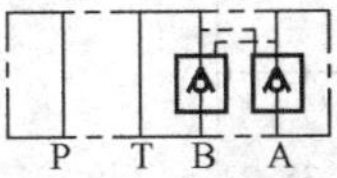 P T B A	MPW-04-※-10Y			
	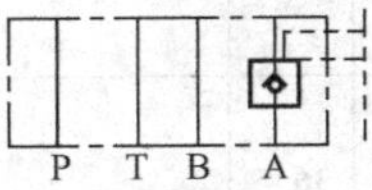 P T B A	MPA-04-※-X-10Y			
	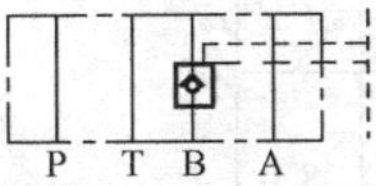 P T B A	MPB-04-※-X-10Y			
	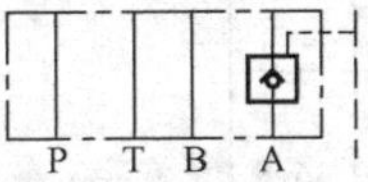 P T B A	MPA-04-※-Y-10Y			
	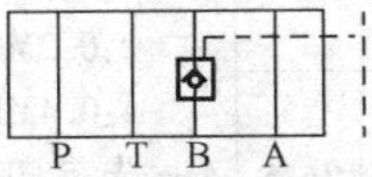 P T B A	MPB-04-※-Y-10Y			

名称	液压符号	型 号		阀高度/mm		质量/kg		备 注
		06 规格	10 规格	06	10	06	10	
电液换向阀	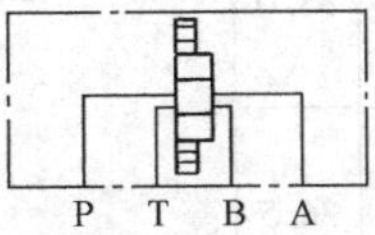 P T B A	DSHG-06-※※※-41	DSHG-10-※※※-※-41	—	—	—	—	
叠加式减压阀	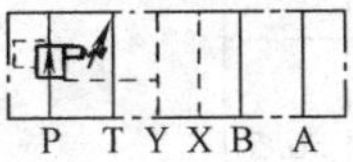 P T Y X B A	MRP-06-※-10	MRP-10-※-10	85	120		11.1	36.6	※—调压范围 B：0.7~7MPa C：3.5~14MPa H：7~21MPa
	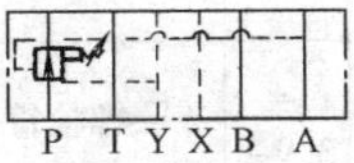 P T Y X B A	MRA-06-※-10	MRA-10-※-10			11.1	36.6	
	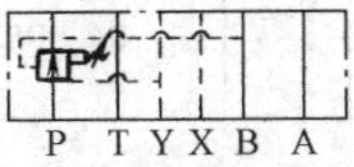 P T Y X B A	MRB-06-※-10	MRB-10-※-10			11.1	36.6	

续表

名称	液压符号	型　号		阀高度/mm		质量/kg		备　注
		06 规格	10 规格	06	10	06	10	
叠加式单向节流阀	 P T Y X B A	MSA-06-X※-10	MSA-10-X※-10	85	120	12.0	35.0	X—出口节流用 Y—进口节流用 ※…使用压力范围 L:0.5~5MPa H:5~25MPa
	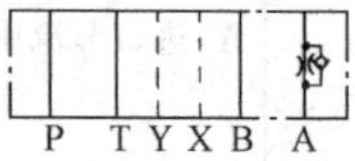 P T Y X B A	MSA-06-Y※-10	MSA-10-Y※-10			12.0	35.0	
	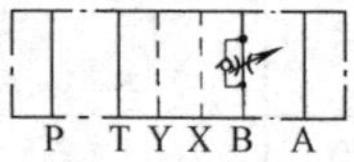 P T Y X B A	MSB-06-X※-10	MSB-10-X※-10			12.0	35.0	
	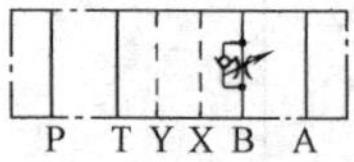 P T Y X B A	MSB-06-Y※-10	MSB-10-Y※-10			12.0	35.0	
	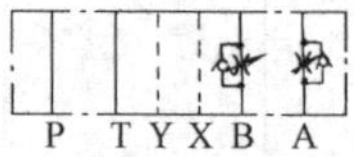 P T Y X B A	MSW-06-X※-10	MSW-10-X※-10			12.2	35.7	
	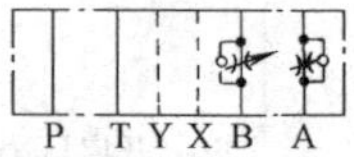 P T Y X B A	MSW-06-Y※-10	MSW-10-Y※-10			12.2	35.7	
叠加式液控单向阀	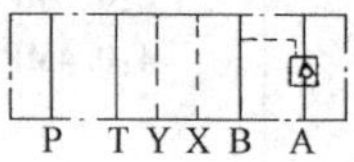 P T Y X B A	MPA-06-★-10	MPA-10-★-10	85	120	11.6	36.5	★—开启压力 2:0.2MPa 4:0.4MPa ※—先导口及泄油口螺纹 无标号:Rc⅜ S:G⅜
	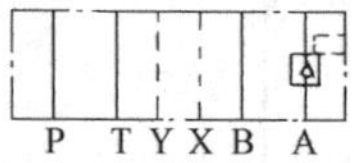 P T Y X B A	MPA-06※-★-X-10	MPA-10※-★-X-10			13.0	38.0	
	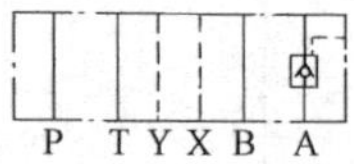 P T Y X B A	MPA-06※-★-Y-10	MPA-10※-★-Y-10			11.6	36.5	
	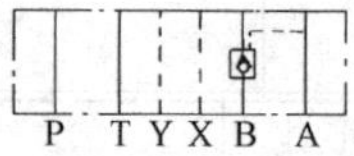 P T Y X B A	MPB-06-★-10	MPB-10-★-10			11.6	36.5	
	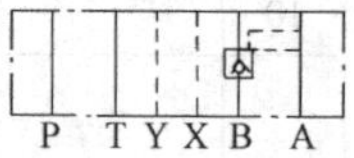 P T Y X B A	MPB-06※-★-X-10	MPB-10※-★-X-10			13.0	38.0	
	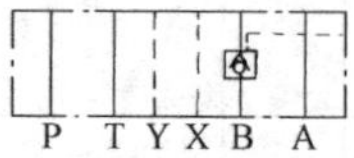 P T Y X B A	MPB-06※-★-Y-10	MPB-10※-★-Y-10			11.6	36.5	
	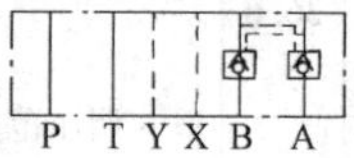 P T Y X B A	MPW-06-★-10	MPW-10-★-10			11.6	36.5	
安装螺钉组件	—	MBK-06-※-30	MBK-10-※-10	—	—	1.1~2.4	3.9~9.2	※—螺栓符号 01, 02, 03, 04, 05

注：外形尺寸见榆次油研液压公司产品样本。

4.2 叠加阀型谱（二）

　　本节介绍北京华德液压集团液压阀分公司与上海立新液压公司生产的系列叠加阀型谱，详见表 21-7-147、表 21-7-148。

表 21-7-147

名称	规格	型号	符号	最高工作压力 /MPa	压力调节范围 /MPa	最大流量 /L·min⁻¹
叠加式溢流阀	通径6	ZDB6VA2-30/ $\frac{10}{31.5}$	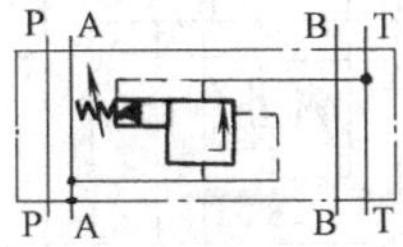	31.5	至10 至31.5	60
		ZDB6VB2-30/ $\frac{10}{31.5}$	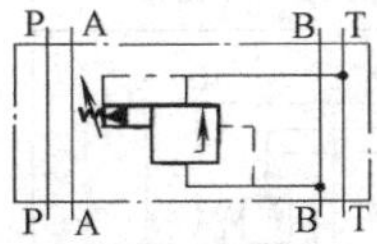			
		ZDB6VP2-30/ $\frac{10}{31.5}$	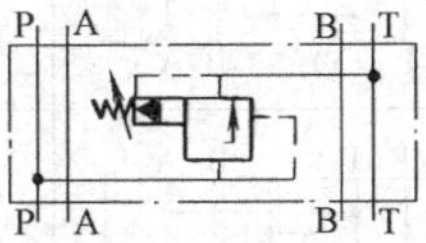			
		Z2DB6VC2-30/ $\frac{10}{31.5}$	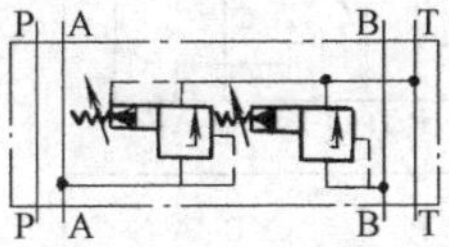			
		Z2DB6VD2-30/ $\frac{10}{31.5}$	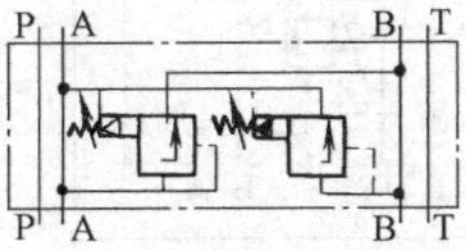			
	通径10	ZDB10VA2-30/ $\frac{10}{31.5}$	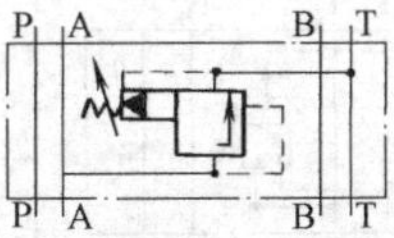	31.5	至10 至31.5	100
		ZDB10VB2-30/ $\frac{10}{31.5}$	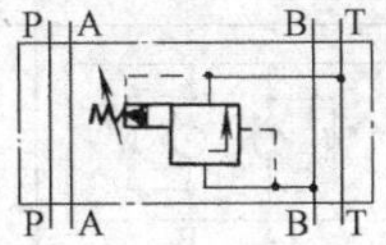			
		ZDB10VP2-30/ $\frac{10}{31.5}$	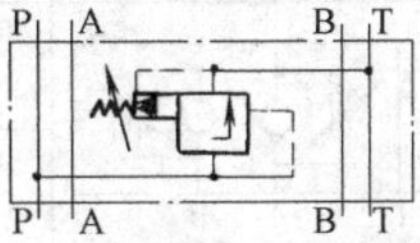			
		Z2DB10VC2-30/ $\frac{10}{31.5}$	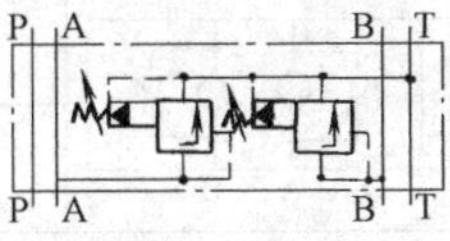			
		Z2DB10VD2-30/ $\frac{10}{31.5}$	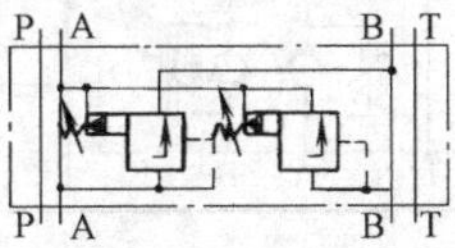			

续表

名称	规格	型　号	符　号	最高工作压力/MPa	压力调节范围/MPa	最大流量/L·min⁻¹
叠加式减压阀	通径6	ZDR6DA…30/…YM…		31.5	进口压力至31.5 出口压力至21.0 背压6.0	30
		ZDR6DA…30/…Y				
		ZDR 6 DP…30/…YM				
	通径10	ZDR 10DA…40/…YM…		31.5	进口压力31.5 出口压力21（DA和DP型阀）背压T(Y)15	50
		ZDR 10DA…40/…Y…				
		ZDR 10DP…40/…YM…				
叠加式双单向节流阀	通径6	Z2FS6-30/S		31.5	—	80
	通径10	Z2FS10-20/S				160
	通径16	Z2FS16-30/S		35		250
	通径22	Z2FS22-30/S				350
	通径6	Z2FS6-30/S2		31.5		80
	通径10	Z2FS10-20/S2				160
	通径16	Z2FS16-30/S2		35		250
	通径22	Z2FS22-30/S2				350
	通径6	Z2FS6-30/S3		31.5		80
	通径10	Z2FS10-20/S3				160
	通径16	Z2FS16-30/S3		35		250
	通径22	Z2FS22-30/S3				350
	通径6	Z2FS6-30/S4		31.5		80
	通径10	Z2FS10-20/S4				160
	通径16	Z2FS16-30/S4		35		250
	通径22	Z2FS22-30/S4				350

注：外形尺寸见生产厂产品样本。

表 **21-7-148**

名称	规格	型 号	符 号	最高工作压力/MPa	开启压力/MPa	最大流量/L·min⁻¹
叠加式单向阀	通径 6	Z1S6T-※30	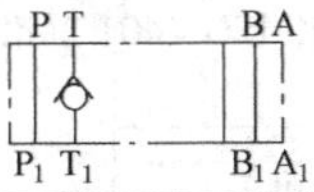			≈40
	通径 10	Z1S10T-※30				≈100
	通径 6	Z1S6A-※30	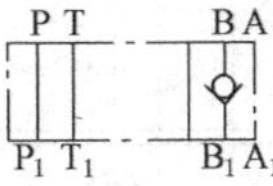			≈40
	通径 10	Z1S10A-※30				≈100
	通径 6	Z1S6P-※30	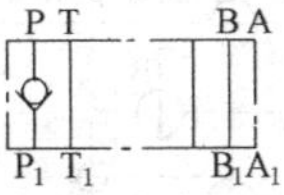			≈40
	通径 10	Z1S10P-※30				≈100
	通径 6	Z1S6D-※30	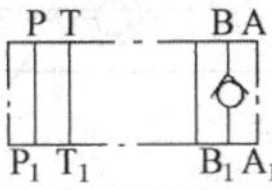	31.5	1:0.05 2:0.3 3:0.5	≈40
	通径 10	Z1S10D-※30				≈100
	通径 6	Z1S6C-※30	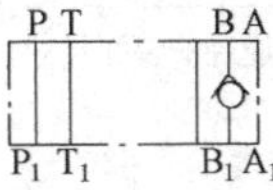			≈40
	通径 10	Z1S10C-※30				≈100
	通径 6	Z1S6B-※30	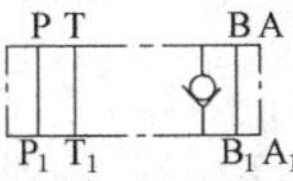			≈40
	通径 10	Z1S10B-※30				≈100
	通径 6	Z1S6E-※30	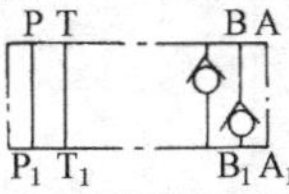			≈40
	通径 10	Z1S10E-※30				≈100
	通径 6	Z1S6F-※30	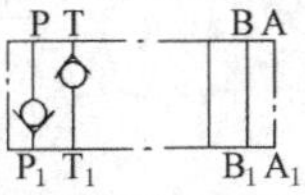			≈40
	通径 10	Z1S10F-※30				≈100
叠[①]加式液控单向阀	通径 6	Z2S6 40	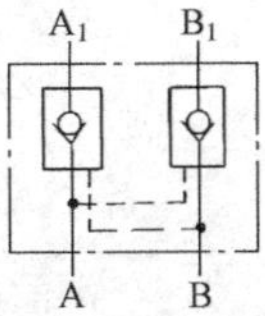		0.15	50
	通径 10	Z2S10 10			0.15、0.3、0.6	80
	通径 16	Z2S16 30			0.25	200
	通径 22	Z2S22 30			0.25	400
	通径 6	Z2S6A 40	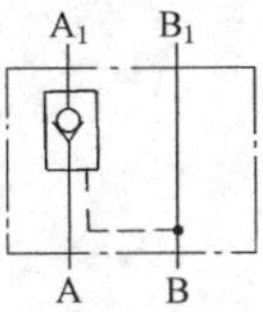		0.15	50
	通径 10	Z2S10A 10		31.5	0.15、0.3、0.6	80
	通径 16	Z2S16A 30			0.25	200
	通径 22	Z2S22A 30			0.25	400
	通径 6	Z2S6B 40	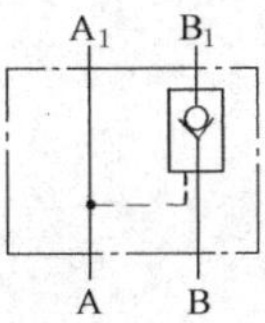		0.15	50
	通径 10	Z2S10B 10			0.15、0.3、0.6	80
	通径 16	Z2S16B 30			0.25	200
	通径 22	Z2S22B 30			0.25	400

① 开启压力为正向流通。

注：外形尺寸见生产厂产品样本。

4.3 液压叠加阀安装面

液压叠加阀安装面连接尺寸应符合 GB/T 8099 和 ISO 4401 标准，见表 21-7-149。

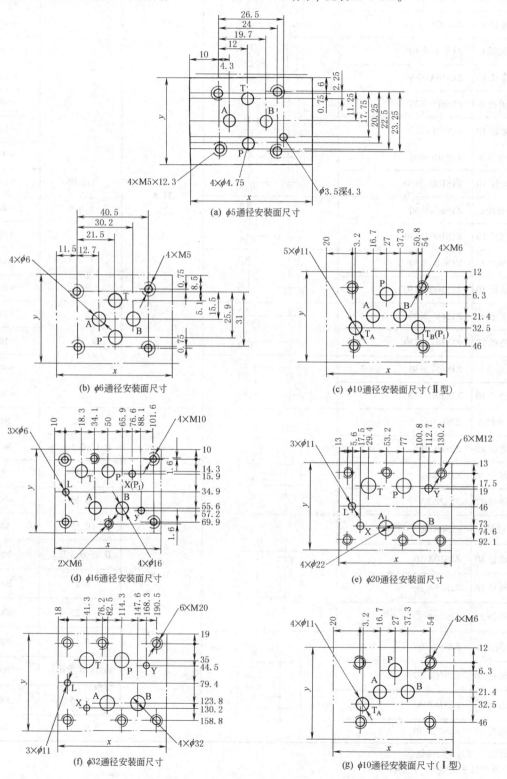

(a) φ5通径安装面尺寸

(b) φ6通径安装面尺寸

(c) φ10通径安装面尺寸（Ⅱ型）

(d) φ16通径安装面尺寸

(e) φ20通径安装面尺寸

(f) φ32通径安装面尺寸

(g) φ10通径安装面尺寸（Ⅰ型）

表 21-7-149		安装面尺寸					mm
生 产 厂		通 径					
		φ5	φ6	φ10	φ16	φ20（φ22 德）	φ32
榆次油研系列	x	—	65	92	130	156	230.5
	y	—	47	70	91	116	199
北京华德系列	x	54	64	100	128	165	—
	y	36	44	70	90	117	—

5 插 装 阀

　　插装阀是一种用小流量控制油来控制大流量工作油液的开关式阀。它是把作为主控元件的锥阀插装于油路块中，故得名插装阀。目前生产的插装阀多为二个通路，故又称为二通插装阀。该阀不仅能实现普通液压阀的各种要求，而且具有流动阻力小、通流能力大、动作速度快、密封性好、制造简单、工作可靠等优点，特别适合高水基介质、大流量、高压的液压系统中。目前国外已生产三通插装阀。

　　插装阀由插装元件、控制盖板、先导控制元件和插装块体组成，图 21-7-59 所示为二通插装阀结构。插装元件又称主阀组件，它由阀芯、阀套、弹簧和密封件组成，阀套内还设置有弹簧挡环等，插装元件结构如图 21-7-60 所示。

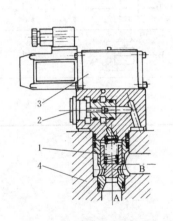

图 21-7-59　二通插装阀的典型结构

1—插装元件；2—控制盖板；

3—先导阀；4—插装块体

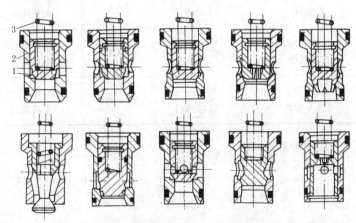

图 21-7-60　常用插装元件的结构

1—阀芯；2—阀套；3—弹簧

5.1　Z系列二通插装阀及组件

　　本系列由济南铸造锻压机械研究所设计，安装尺寸符合 GB/T 2877（等效于 ISO/DP 7368 和 DIN 24342）。

　　（1）技术规格

表 21-7-150

公称通径/mm	16	25	32	40	50	63	80	100
公称流量/L·min⁻¹	160	400	630	1000	1600	2500	4000	6500
公称压力/MPa	31.5							

　　注：推荐使用 L-HM46 液压油，油温 10~65℃。系统中应配有过滤精度为 10~40μm 的滤油器。

　　（2）插装元件

　　型号意义：

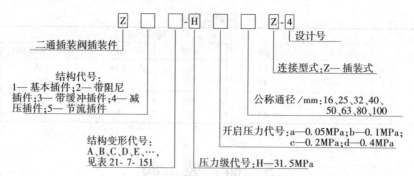

表 21-7-151　　　　　　　　　　结构代号及变形说明

型号及名称	液压图形符号	面积比 F_A/F_C	型号及名称	液压图形符号	面积比 F_A/F_C
Z1A-H※※Z-4 基本插件		1：1.2	Z2B-H※※Z-4 带阻尼插件		1：1
Z1B-H※※Z-4 基本插件		1：1.5	Z3A-H※※Z-4 带缓冲插件		1：1.5
Z1C-H※※Z-4 基本插件		1：1	Z4A-H※※Z-4 减压插件		1：1
Z1D-H※※Z-4 基本插件		1：1.07	Z4B-H※※Z-4 减压插件		1：1
Z2A-H※※Z-4 带阻尼插件		1：1.07	Z5A-H※※Z-4 节流插件		1：1.5

(3) 控制盖板

型号意义:

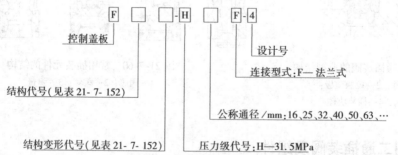

表 21-7-152　　　　　　　　　　型号、名称及图形符号

F01A-H※F-4 基本控制盖 A		F04A-H※F-4 滑阀梭阀 控制盖 A		F04C-H※F-4 滑阀梭阀 控制盖 C	
F01B-H※F-4 基本控制盖 B		F04B-H※F-4 滑阀梭阀控制盖 B		F04D-H※F-4 滑阀梭阀控制盖 D	

F05A-H※F-4 梭阀滑阀控制盖 A	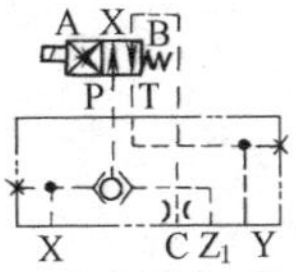	F16B-H※F-4 换向集中控制盖 B	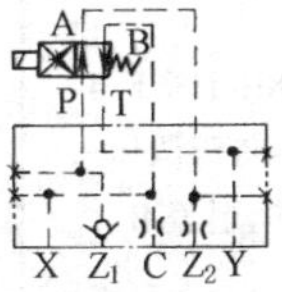	F23C-H※F-4 换向卸荷溢流 控制盖 C 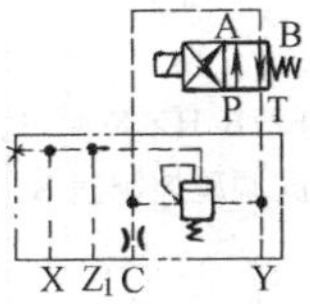
F05B-H※F-4 梭阀滑阀 控制盖 B	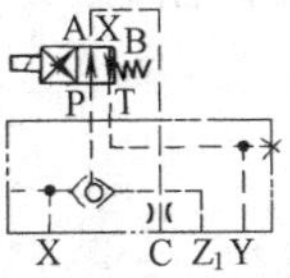	F17A-H※F-4 换向双单向 集中控制盖 A	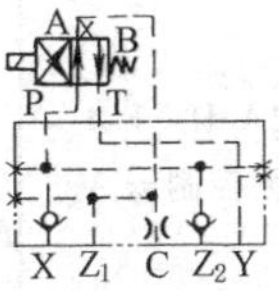	F23D-H※F-4 换向卸荷溢流 控制盖 D 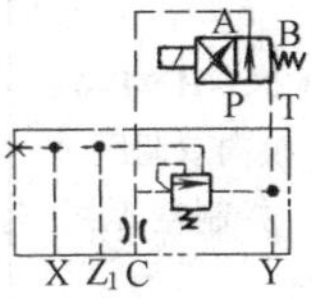
F05C-H※F-4 梭阀滑阀 控制盖 C	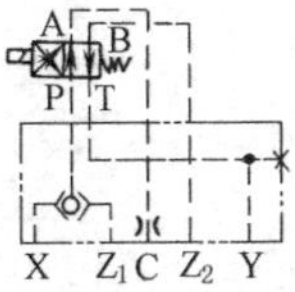	F17B-H※F-4 换向双单向集中 控制盖 B	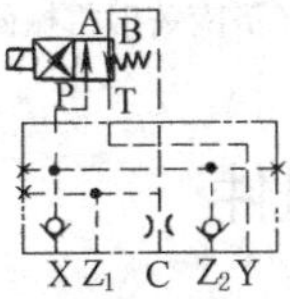	F24A-H※F-4 减压调压控制盖 A 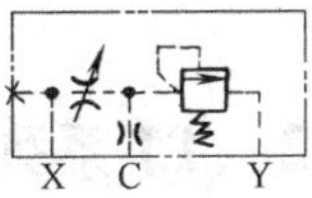
F05D-H※F-4 梭阀滑阀控制盖 D	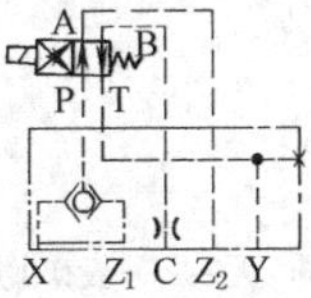	F21A-H※F-4 调压控制盖 A	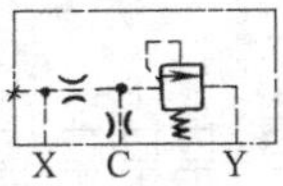	F24B-H※F-4 减压调压控制盖 B 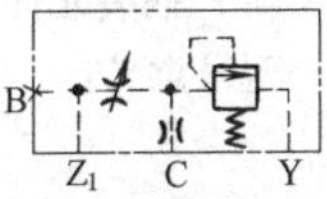
F09A-H※F-4 液控单向阀 控制盖 A	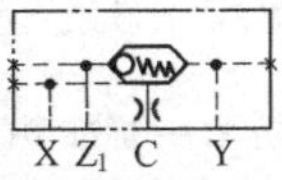	F21B-H※F-4 调压控制盖 B	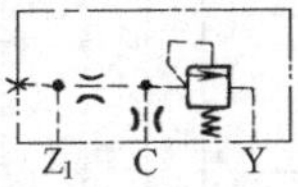	F25A-H※F-4 顺序调压控制盖 A 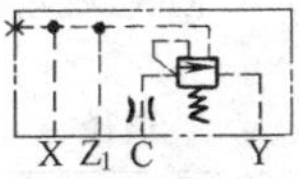
F09B-H※F-4 液控单向阀 控制盖 B	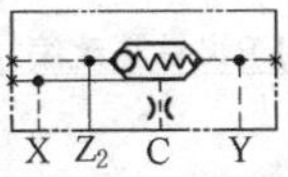	F22A-H※F-4 换向调压控制盖 A	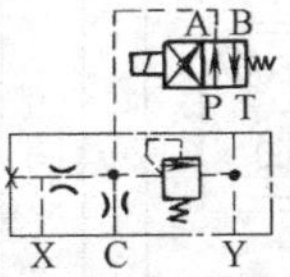	F25B-H※F-4 顺序调压控制盖 B 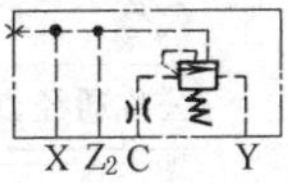
F13A-H※F-4 集控滑阀 控制盖 A	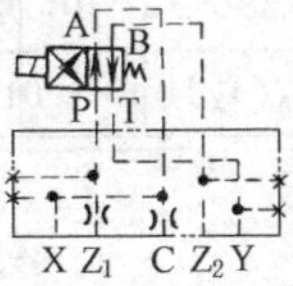	F22B-H※F-4 换向调压控制盖 B	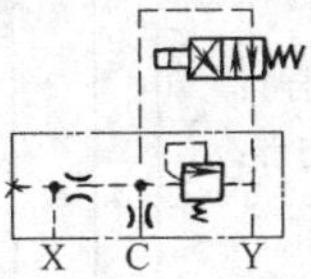	F26A-H※F-4 双调压控制盖 A 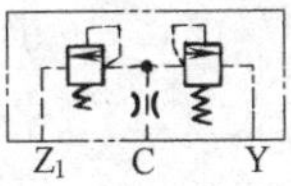
F13B-H※F-4 集控滑阀控制盖 B	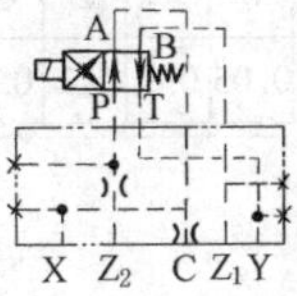	F23A-H※F-4 卸荷溢流 控制盖 A	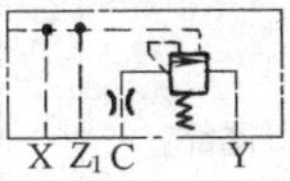	F26B-H※F-4 双调压控制盖 B 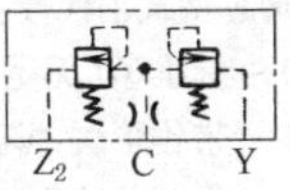
F16A-H※F-4 换向集中 控制盖 A	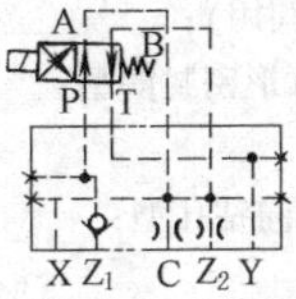	F23B-H※F-4 卸荷溢流控制盖 B	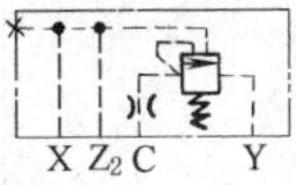	F27A-H※F-4 单向调压控制盖 A 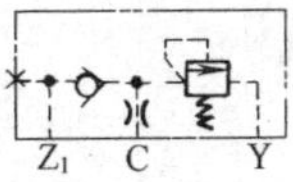

续表

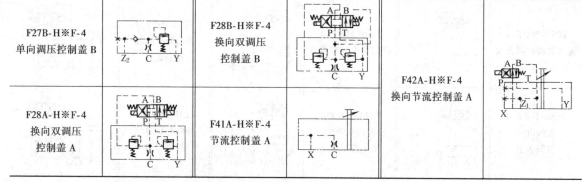

| F27B-H※F-4 单向调压控制盖 B | F28B-H※F-4 换向双调压控制盖 B | F42A-H※F-4 换向节流控制盖 A |
| F28A-H※F-4 换向双调压控制盖 A | F41A-H※F-4 节流控制盖 A | |

注：生产厂为济南捷迈液压机电工程公司（济南铸锻机械研究所）。

5.2 TJ 系列二通插装阀及组件

本系列由上海第七〇四研究所开发，安装尺寸符合 GB/T 2877（等效于 ISO/DP 7368 和 DIN 24342）。

（1）插装元件

型号意义：

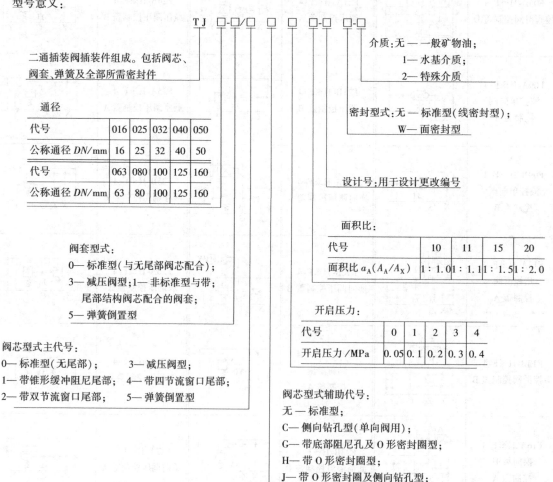

二通插装阀插装件组成。包括阀芯、阀套、弹簧及全部所需密封件

介质:无 —— 一般矿物油；
1— 水基介质；
2— 特殊介质

通径

代号	016	025	032	040	050
公称通径 DN/mm	16	25	32	40	50
代号	063	080	100	125	160
公称通径 DN/mm	63	80	100	125	160

密封型式:无 —— 标准型(线密封型)；
W— 面密封型

设计号:用于设计更改编号

面积比:

代号	10	11	15	20
面积比 $a_A(A_A/A_X)$	1:1.0	1:1.1	1:1.5	1:2.0

阀套型式:
0— 标准型(与无尾部阀芯配合)；
3— 减压阀型;1— 非标准型与带;
尾部结构阀芯配合的阀套；
5— 弹簧倒置型

开启压力:

代号	0	1	2	3	4
开启压力 /MPa	0.05	0.1	0.2	0.3	0.4

阀芯型式主代号:
0— 标准型(无尾部)；   3— 减压阀型；
1— 带锥形缓冲阻尼尾部； 4— 带四节流窗口尾部；
2— 带双节流窗口尾部；   5— 弹簧倒置型

阀芯型式辅助代号:
无 —— 标准型；
C— 侧向钻孔型(单向阀用)；
G— 带底部阻尼孔及 O 形密封圈型；
H— 带 O 形密封圈型；
J— 带 O 形密封圈及侧向钻孔型；
R— 带底部阻尼孔型

表 21-7-153   **TJ 型插装件图形符号**

TJ * * * 0/0 * 1 * -20	TJ * * * 0/0R * 1 * -20	TJ * * * -1/2 * 15-20	TJ * * * 1/1 -20	TJ * * * 0/0C * 1 * -20	TJ * * * 0/0H * 1 * -20
基本型插装件 ($a_A \leqslant 1:1.5$) 用于方向控制	阀芯带阻尼孔的插装件 ($a_A \leqslant 1:1.5$) 用于方向及压力控制；也可用于 B→A 单向阀	阀芯带 2 或 4 个三角形节流窗口尾部的插装件 ($a_A \leqslant 1:1.5$) 用于方向及流量控制	阀芯带缓冲尾部的插装件 ($a_A \leqslant 1:1.5$) 用于方向控制，具有启闭缓冲功能	阀芯侧向钻孔的插装件 ($a_A \leqslant 1:1.5$) 常用于 A→B 单向阀	阀芯带 O 形密封圈的插装件 ($a_A \leqslant 1:1.5$) 用于无泄漏方向控制，或使用低黏度介质的场合
TJ * * * -0/0 * 11-20	TJ * * * -0/0R * 11-20	TJ * * * -1/4 * 11-20	TJ * * * -0/0 * 10-20 TJ * * * -0/0 * 11-20	TJ * * * -0/0R * 11-20 TJ * * * -0/0R * 10-20	TJ * * * -3/3 * 10-20
基本型插装件 ($a_A = 1:1.1$) 用于方向及压力控制	阀芯带底部阻尼孔的插装件 ($a_A = 1:1.1$) 用于方向及压力控制	阀芯带 4 个三角形节流窗口尾部的插装件 ($a_A = 1:1.1$) 用于方向及流量控制	基本型插装件 ($a_A = 1:1$ 或 1:1.1$) 用于压力控制	阀芯带底部阻尼孔的插装件 ($a_A = 1:1$ 或 1:1.1$) 用于压力控制	减压阀型插件 ($a_A = 1:1$ 或 1:1.1$) 用于减压控制

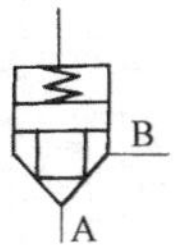

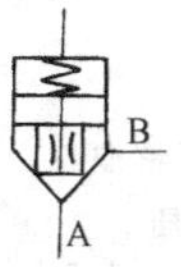

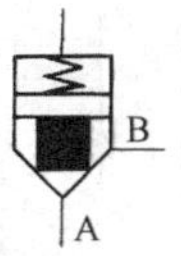

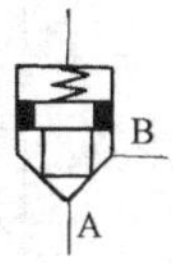

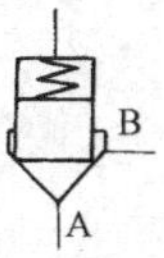

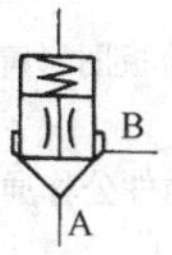

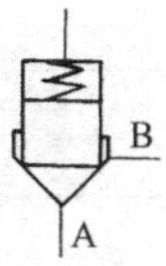

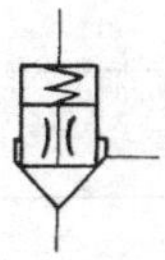

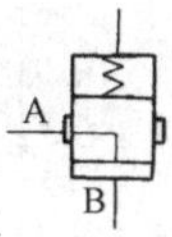

表 21-7-154   **技术规格**

公称通径/mm		16	25	32	40	50	63	80	100	125	160
流量 /L·min^{-1}	$\Delta p < 0.5$MPa	160	400	600	1000	1500	2000	4000	7000	10000	16000
	$\Delta p < 0.1$MPa	80	200	300	500	750	1000	2000	3500	5000	8000
最高工作压力/MPa		31.5									
介质	名称	矿物油,水-乙二醇等									
	温度/℃	$-20 \sim 70$									
	黏度范围/mm^2·s^{-1}	$5 \sim 380$, 推荐 $13 \sim 54$									
过滤精度/μm		25									
生产厂		上海海岳液压机电公司									

（2）TG 型控制盖板

型号意义：

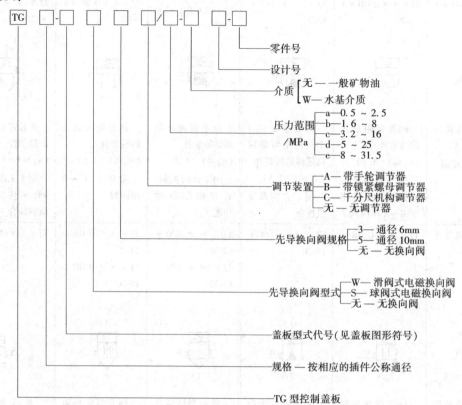

TG □-□ □ □ □ □/-□ □-□

零件号

设计号

介质 ┌ 无——一般矿物油
　　 └ W——水基介质

压力范围 ┌ a—0.5～2.5
/MPa ├ b—1.6～8
　　　 ├ c—3.2～16
　　　 ├ d—5～25
　　　 └ e—8～31.5

调节装置 ┌ A——带手轮调节器
　　　　 ├ B——带锁紧螺母调节器
　　　　 ├ C—千分尺机构调节器
　　　　 └ 无——无调节器

先导换向阀规格 ┌ 3——通径 6mm
　　　　　　　 ├ 5——通径 10mm
　　　　　　　 └ 无——无换向阀

先导换向阀型式 ┌ W——滑阀式电磁换向阀
　　　　　　　 ├ S——球阀式电磁换向阀
　　　　　　　 └ 无——无换向阀

盖板型式代号（见盖板图形符号）

规格——按相应的插件公称通径

TG 型控制盖板

TJ 二通插装阀及控制盖板外形尺寸见生产厂产品样本。

表 21-7-155　　　　　　　　　　控制盖板图形符号

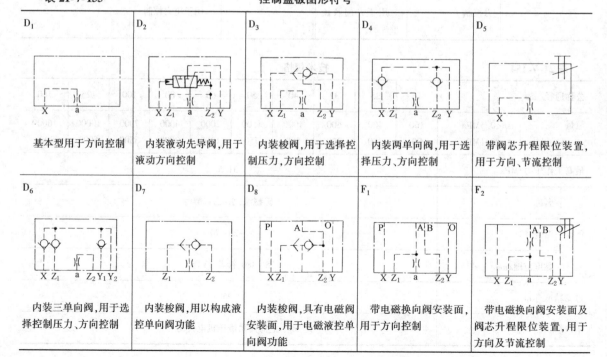

D_1	D_2	D_3	D_4	D_5
基本型用于方向控制	内装液动先导阀，用于液动方向控制	内装梭阀，用于选择控制压力，方向控制	内装两单向阀，用于选择压力、方向控制	带阀芯升程限位装置，用于方向、节流控制
D_6	D_7	D_8	F_1	F_2
内装三单向阀，用于选择控制压力、方向控制	内装梭阀，用以构成液控单向阀功能	内装梭阀，具有电磁阀安装面，用于电磁液控单向阀功能	带电磁换向阀安装面，用于方向控制	带电磁换向阀安装面及阀芯升程限位装置，用于方向及节流控制

续表

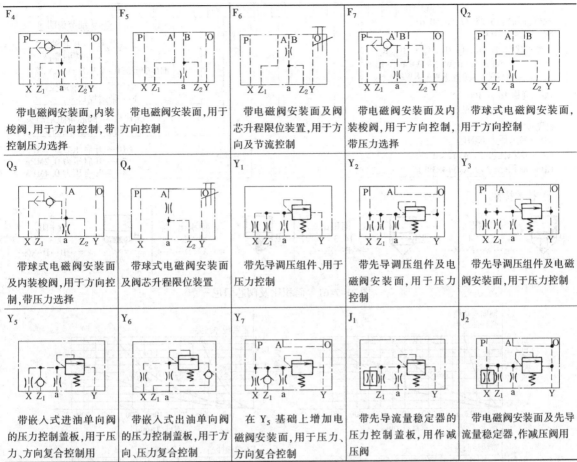

F₄	F₅	F₆	F₇	Q₂
带电磁阀安装面,内装梭阀,用于方向控制,带控制压力选择	带电磁阀安装面,用于方向控制	带电磁阀安装面及阀芯升程限位装置,用于方向及节流控制	带电磁阀安装面及内装梭阀,用于方向控制,带压力选择	带球式电磁阀安装面,用于方向控制
Q₃	Q₄	Y₁	Y₂	Y₃
带球式电磁阀安装面及内装梭阀,用于方向控制,带压力选择	带球式电磁阀安装面及阀芯升程限位装置	带先导调压组件、用于压力控制	带先导调压组件及电磁阀安装面,用于压力控制	带先导调压组件及电磁阀安装面,用于压力控制
Y₅	Y₆	Y₇	J₁	J₂
带嵌入式进油单向阀的压力控制盖板,用于压力、方向复合控制用	带嵌入式出油单向阀的压力控制盖板,用于方向、压力复合控制	在 Y₅ 基础上增加电磁阀安装面,用于压力、方向复合控制	带先导流量稳定器的压力控制盖板,用作减压阀	带电磁阀安装面及先导流量稳定器,作减压阀用

5.3　L 系列二通插装阀及组件

二通插装阀包括 LC 型插件和 LFA 型控制盖板,连接尺寸符合 DIN 24342、GB/T 2877、ISO/DP 7368。

L 系列插装阀包括方向控制和压力控制两种,压力控制插装阀又有溢流、减压、顺序等功能。

(1) 方向控制二通插装阀

1) 型号意义

LC 型插件

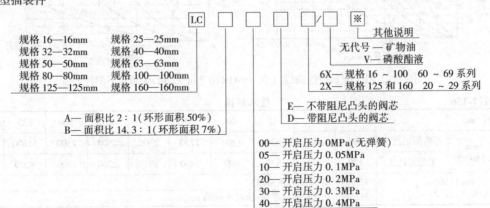

LFA 型控制盖板

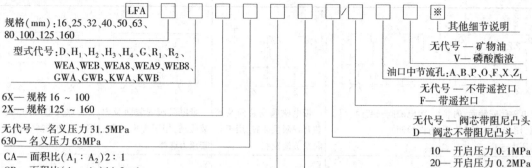

规格(mm):16、25、32、40、50、63、
80、100、125、160

型式代号:D、H₁、H₂、H₃、H₄、G、R₁、R₂、
WEA、WEB、WEA8、WEA9、WEB8、
GWA、GWB、KWA、KWB

6X— 规格 16 ~ 100
2X— 规格 125 ~ 160

无代号 — 名义压力 31.5MPa
630— 名义压力 63MPa
CA— 面积比(A₁:A₂)2:1
CB— 面积比(A₁:A₂)14.3:1

其他细节说明

无代号 — 矿物油
V— 磷酸酯液

油口中节流孔:A、B、P、O、F、X、Z₁

无代号 — 不带遥控口
F— 带遥控口

无代号 — 阀芯带阻尼凸头
D— 阀芯不带阻尼凸头

10— 开启压力 0.1MPa
20— 开启压力 0.2MPa
40— 开启压力 0.4MPa

2) 技术特性

 面积比 2:1 =…A…E…/…
 面积比 14.3:1 =…B…E…/…
 面积比 2:1 =…A…D…/…
 面积比 14.3:1 =…B…D…/…

图 21-7-61   面积比及阀芯阻尼

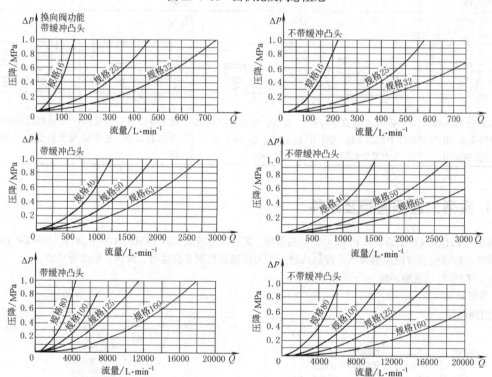

图 21-7-62   流量特性曲线 (在 $\nu = 41 \times 10^{-6}$ m²/s 和 $t = 50℃$ 下测得)

表 21-7-156   技术规格

公称通径/mm		16	25	32	40	50	63	80	100	125	160
流量/L · min⁻¹ ($\Delta p = 0.5$MPa)	不带阻尼凸头	160	420	620	1200	1750	2300	4500	7500	11600	18000
	带阻尼凸头	120	330	530	900	1400	1950	3200	5500	8000	12800
工作压力(max)/MPa		42.0 (不带安装的换向阀)									
在油口 A,B,X,Z₁,Z₂		31.5/42.0 安装换向滑阀/换向座阀的 p_{max}									

续表

在油口 Y 工作压力/MPa	与所安装阀的回油压力相同
工作介质	矿物油、磷酸酯液
油温范围/℃	$-30\sim80$
黏度范围/$m^2 \cdot s^{-1}$	$(2.8\sim380)\times10^{-6}$
过滤精度/μm	25

注：生产厂为北京华德液压集团液压阀分公司。

<table>
<tr><td>

LFA…D…/F…
带遥控口的控制盖板
规格 16~160

</td><td>

LFA…H2…/F…
带行程限制器遥控口的控制盖板
规格 16~160

</td><td>

LFA…G…/…
带内装梭阀的控制盖板
规格 16~100

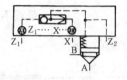

</td></tr>
<tr><td>

LFA…R…/…
带内装液动先导阀（换向座阀）
的控制盖板
规格 25~100

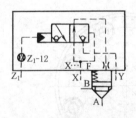

</td><td>

LFA…WEA…/…
用于安装换向滑阀或座阀的控制
盖板
规格 16~100

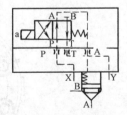

</td><td>

LFA…WEA8-60/…
用于安装换向滑阀或座阀，带操
纵第二阀控制油口的控制盖板
规格 16~63

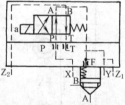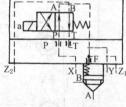

</td></tr>
<tr><td>

LFA…WEA 9-60/…
用于安装换向滑阀作单向阀回路
的控制盖板
规格 16~63

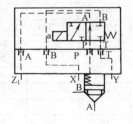

</td><td>

LFA…GWA…/…
用于安装换向滑阀或座阀，带内
装梭阀的控制盖板
规格 16~100

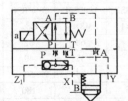

</td><td>

LFA…KWA…/…
用于安装换向滑阀或座阀，带内
装梭阀作单向阀回路的控制盖板
规格 16~100

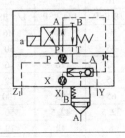

</td></tr>
</table>

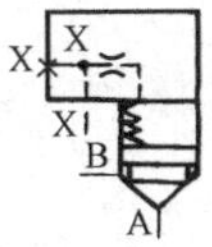

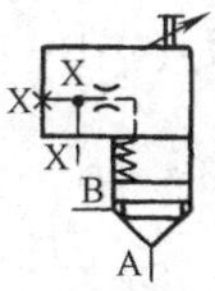

图 21-7-63

LFA…E60/…DQ. G24F	LFA…EH2-60/…DQ. G24F	LFA…EWA 60/…DQOG24…
带闭合位置电监测的控制盖板，包括插装件	带闭合位置电监测和行程限制器的控制盖板，包括插装件	带闭合位置电监测，用于安装换向滑阀的控制盖板
规格 16~100	规格 16~100	规格 16~63

  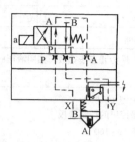

图 21-7-63   LFA 型控制盖板图形符号（基本符号）

3）外形尺寸（见表 21-7-157~表 21-7-164）

带或不带遥控口的控制盖板（…D…或 D/F 型）

规格16~63

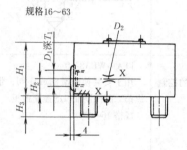

规格80~160

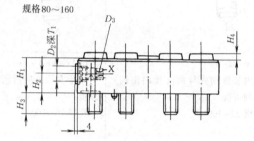

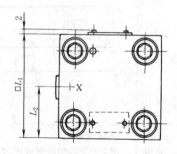

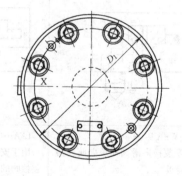

表 21-7-157

mm

尺寸	规 格									
	16	25	32	40	50	63	80	100	125	160
D_1	1/8″BSP	1/4″BSP	1/4″BSP	1/2″BSP	1/2″BSP	3/4″BSP	250	300	380	480
D_2	M6	M6	M6	M8×1	M8×1	G⅜	3/4″BSP	1″BSP	1¼″BSP	1¼″BSP
H_1	35	40	50	60	68	82	70	75	105	147
H_2	12	16	16	30	32	40	35	40	50	70
H_3	15	24	29	32	34	50	45	45	61	74
L_1	65	85	100	125	140	180	—	—	—	—
L_2	32. 5	42. 5	50	75	80	90	—	—	—	—
T_1	8	12	12	14	14	16	16	18	20	20
D_3/in	—	—	—	—	—	—	3/8	1/2	1	1
H_4	—	—	—	—	—	—	10	11	31	42

带行程限制器和遥控口的盖板（…H…型）

规格 16~63

规格 80~160

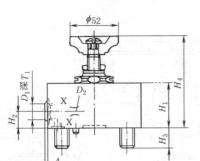
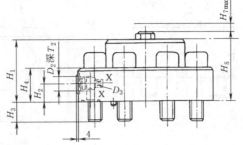

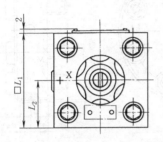
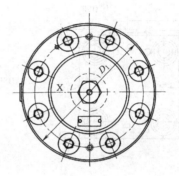

表 21-7-158   mm

尺寸	规 格									
	16	25	32	40	50	63	80	100	125	160
D_1	⅛BSP	¼BSP	¼BSP	½BSP	½BSP	¾BSP	250	300	380	480
D_2	M6	M6	M6	M8×1	M8×1	⅜BSP	¾BSP	1BSP	1¼BSP	1¼BSP
D_3	—	—	—	—	—	—	⅜BSP	½BSP	1BSP	1BSP
H_1	35	40	50	80(60)	98	112	114	132	170	225
H_2	12	16	16	32(22)	32	40	35(24)	40(35)	50	70
H_3	15	24	28	32	34	50	45	45	61	74
H_4	85	92	109	136	—	—	76	76	100	147
H_5	—	—	—	—	—	—	137	157	195	340
$\square L_1$	65	85	100	125	140	180	—	—	—	—
L_2	32.5	42.5	50	72(62.5)	80	90	—	—	—	—
T_1	8	12	12	14	14	16	16	18	20	20

注：( ) 中数值仅对 H_3、H_4 型有效。

带内装换向座阀的盖板（…G/…型）

规格 16~63

规格 80、100

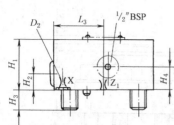

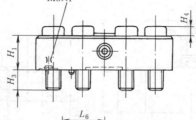

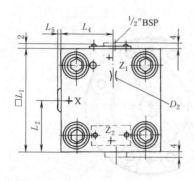

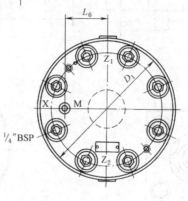

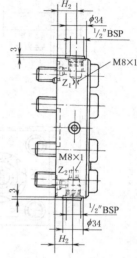

表 21-7-159

mm

尺寸	规 格							
	16	25	32	40	50	63	80	100
D_1	$\phi1.2$	$\phi1.5$	$\phi2.0$	M6	M8×1	M8×1	250	300
D_2	$\phi1.2$	$\phi1.5$	$\phi2.0$	M6	M8×1	M8×1	—	—
H_1	35	40	50	60	68	82	80	75
H_2	17	17	21.5	30	32	40	45	40
H_3	15	24	28	32	34	50	45	58
H_4	—	—	—	—	32	40	4	18
$\square L_1$	65	85	100	125	140	180	—	—
L_2	36.5	45.5	50	62.5	74	90	—	—
L_3	—	—	—	—	72	79	—	—
L_4	—	—	—	—	72	90	—	—
L_5	2.5	2	—	—	4	2	—	—
L_6	—	—	—	—	—	—	73	95

带内装换向座阀的盖板（…R…或…R₂…型）

规格 25~63

规格 80、160

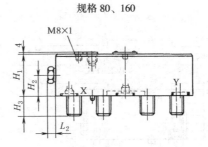

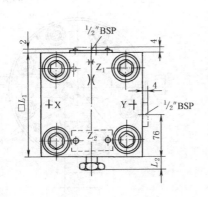

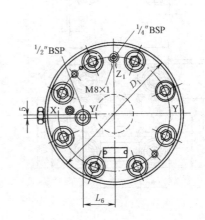

表 21-7-160

mm

尺寸		规 格						
		25	32	40	50	63	80	100
D_1		M6	M6	M8×1	M8×1	M8×1	250	300
D_2		M6	M6	M8×1	M8×1	M8×1	—	—
H_1		40	50	60	68	87	80	90
H_2		17	22	33	32	40	40	45
H_3		24	28	32	34	50	45	58
$\square L_1$		85	100	125	140	180	—	—
L_2	(R)	2	1	25	24	18.5	21	17
	(R2-)	18.5	17.5	25	24	18.5		
L_6		—	—	—	—	—	51	72

承装叠加式滑阀或座式换向阀的盖板（…WE$_B^A$…型）

规格 16~63　　　　　　　　　　　　　规格 80、100

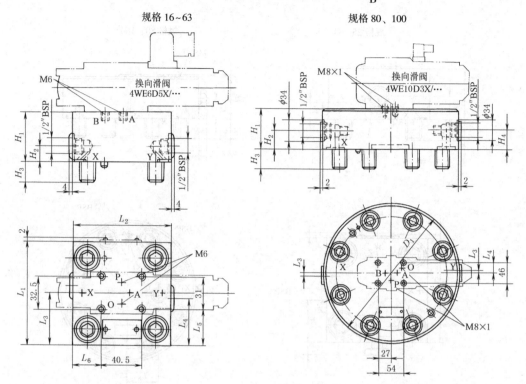

表 21-7-161

mm

尺寸	规格							
	16	25	32	40	50	63	80	100
H_1	40	40	50	60	68	82	80	90
H_2	—	—	—	30	32	40	30	40
H_3	15	24	28	32	34	50	45	45
L_1	65	85	100	125	140	180	—	—
L_2	80	85	100	125	140	180	—	—
L_3	—	—	—	72	80	101	6	6
L_4	—	—	—	53	60	79	23	23
L_5	17	27	34.5	47	54.5	74.5	—	—
L_6	7	22.5	30	43.5	51	71	—	—
D_1	—	—	—	—	—	—	$\phi250$	$\phi300$

承装叠加式滑阀或座阀式换向阀的盖板

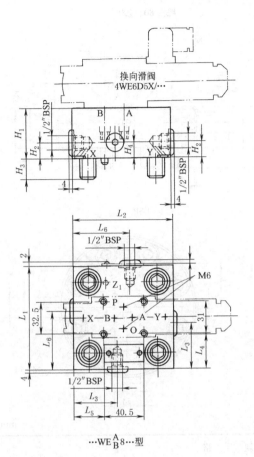

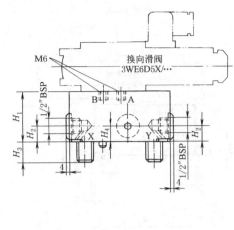

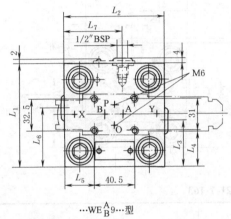

$\cdots WE^A_B 8\cdots$型

$\cdots WE^A_B 9\cdots$型

表 21-7-162

mm

尺寸	$\cdots WE^A_B 8\cdots$型规格						$\cdots WE^A_B 9\cdots$型规格					
	16	25	32	40	50	63	16	25	32	40	50	63
H_1	40	40	50	60	68	82	65	40	50	60	68	82
H_2	—	—	—	30	32	40	—	—	—	30	32	40
H_3	15	24	28	32	34	50	15	24	28	32	34	50
H_4	—	—	—	30	32	60	—	—	—	30	32	60
L_1	65	85	100	125	140	180	65	85	100	125	140	180
L_2	80	85	100	125	140	180	80	85	100	125	140	180
L_3	—	—	—	53	60	79	—	—	—	53	60	79
L_4	17	27	34.5	47	54.5	74.5	17	27	34.5	47	54.5	74.5
L_5	7	22.5	30	43.5	51	71	7	22.5	30	43.5	51	71
L_6	—	—	—	62.5	70	90	—	—	—	72	80	101
L_7	—	—	—	72	80	101	—	—	—	—	—	—

承装叠加式滑阀或座阀式换向阀的盖板 （···GW$\frac{A}{B}$···）

规格 16~63

规格 80、100

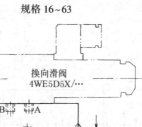

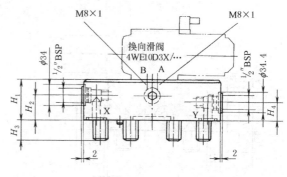

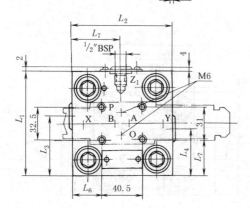

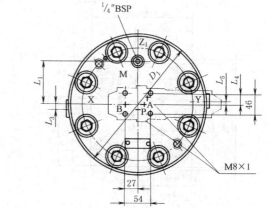

表 21-7-163

mm

尺寸	规 格							
	16	25	32	40	50	63	80	100
H_1	40	40	50	60	68	82	—	—
H_2	—	—	—	30	32	40	80	100
H_3	15	24	28	32	34	50	26	40
H_4	17	17	21.5	30	32	42	45	52.5
L_1	65	85	100	125	140	180	26	55
L_2	80	85	100	125	140	180	74	96.5
L_3	36.5	45.5	50	62.5	72	90	—	—
L_4	—	—	—	53	60	79	9.5	13
L_5	—	—	—	62.5	70	90	29	28
L_6	7	22.5	30	43.5	51	71	10.5	13
L_7	17	27	34.5	47	54.5	74.5	—	—
D_1	—	—	—	—	—	—	$\phi250$	$\phi300$

承装叠加式滑阀或座阀式换向阀的盖板（…KW$\frac{A}{B}$…型）

规格 16~63　　　　　　　　　　　　　规格 80、100

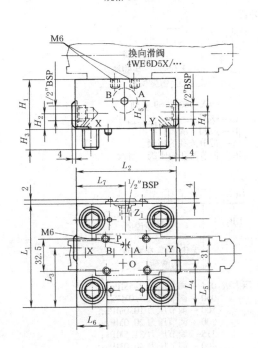

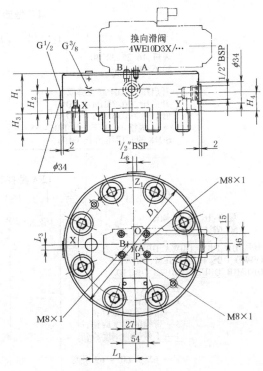

表 21-7-164　　　　　　　　　　　　　　　　　　　　　　　　　　　　　　　　mm

尺寸	规 格							
	16	25	32	40	50	63	80	100
H_1	40	40	50	60	68	82	100	110
H_2	17	17	21.5	30	32	42	19.5	27
H_3	15	24	28	32	34	50	45	52.5
H_4	—	—	—	30	32	42	60	70
H_5	—	—	—	30	50	60	52	62
L_1	65	85	100	125	140	180	55	62
L_2	80	85	100	125	140	180	—	—
L_3	36.5	45.5	50	62.5	70	90	6.5	5
L_4	—	—	—	53	60	79	—	—
L_5	17	27	34.5	47	54.5	74.5	—	—
L_6	7	22.5	30	43.5	51	71	6.5	5
L_7	—	—	—	62.5	70	90	—	—
D_1	—	—	—	—	—	—	$\phi250$	$\phi300$

（2）压力控制二通插装阀

1）溢流功能

型号意义：

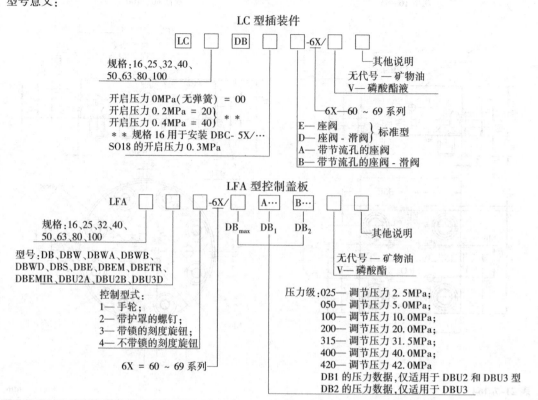

LC 型插装件

LFA 型控制盖板

表 21-7-165　　　　　　　　技术规格

LC 插装件	油口 A 和 B 的最高工作压力		42MPa							
	规格		16	25	32	40	50	63	80	100
	最大流量（推荐）/L·min⁻¹									
	座阀插件　LC···DB···E6X/···　LC···DB···A 6X/···		250	400	600	1000	1600	2500	4500	7000
	滑阀插件　LC···DB···D 6X/···　LC···DB···B 6X/···		175	300	450	700	1400	1750	3200	4900

	最高工作压力/MPa									
LFA 控制盖板	油口 \ LFA 型规格	···DB··· 16···100	···DBW···			···DBS···		···DBU···		···DBE··· ···DBEM··· 16···100	···DBETR··· ···DBEMTR··· 16···100
			16···32	40···63	80,100	40···63	80,100	16···63	80,100		
	···X	40.0	40.0	31.5	31.5		40.0		31.5		35.0
	Y,T 当控制压力时	在零压（最高可达 0.2MPa）									
	静态	31.5	10.0	16.0(DC) 10.0(AC)	16.0(DC) 10.0(AC)	16.0	10.0	5.0	16.0(DC) 10.0(AC)	16.0	10.0	31.5
	最高工作压力极限取决于先导阀的允许压力	DBD···	座阀，规格 6	滑阀，规格 6	滑阀，规格 6	滑阀，规格 10	座阀，规格 6	座阀，规格 6	滑阀，规格 6	滑阀，规格 10	DBET	DBETR

油液	矿物质液压油、磷酸酯液压油	
油温范围/℃	−20~80	
黏度范围/m²·s⁻¹	(2.8~380)×10⁻⁶	

注：生产厂为北京华德液压集团液压阀分公司。

第 **21** 篇

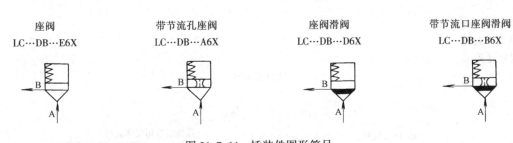

座阀
LC…DB…E6X

带节流孔座阀
LC…DB…A6X

座阀滑阀
LC…DB…D6X

带节流口座阀滑阀
LC…DB…B6X

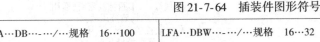

图 21-7-64　插装件图形符号

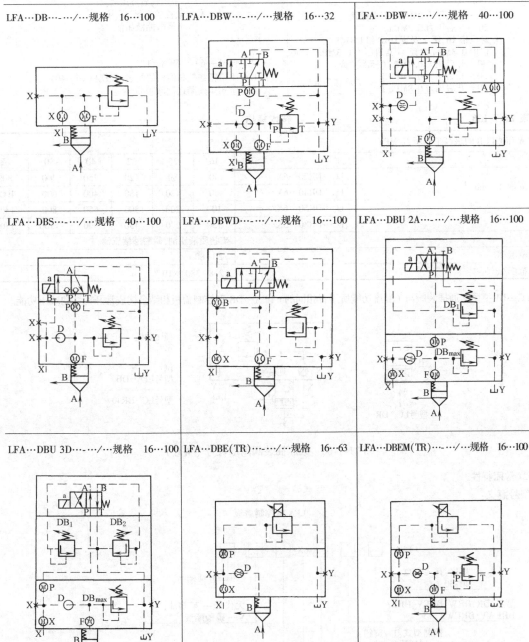

图 21-7-65　LFA 型控制盖板及插装阀图形符号（溢流）

2）减压功能

① 常开特性

型号意义：

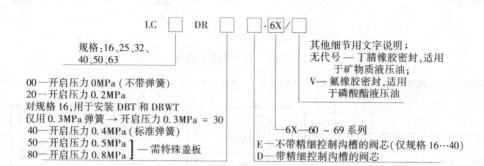

LC 型插装件

LC □ DR □ □ -6X / □

规格：16、25、32、40、50、63

00—开启压力 0MPa（不带弹簧）
20—开启压力 0.2MPa
对规格 16，用于安装 DBT 和 DBWT
仅用 0.3MPa 弹簧 → 开启压力 0.3MPa = 30
40—开启压力 0.4MPa（标准弹簧）
50—开启压力 0.5MPa
80—开启压力 0.8MPa 〕—需特殊盖板

6X—60 ~ 69 系列
E—不带精细控制沟槽的阀芯（仅规格 16…40）
D—带精细控制沟槽的阀芯

其他细节用文字说明；
无代号—丁腈橡胶密封，适用于矿物质液压油；
V—氟橡胶密封，适用于磷酸酯液压油

表 21-7-166　　　　　　　　技术规格

油口 A 和油口 B 的最高工作压力/MPa		31.5					
规格		16	25	32	40	50	63
最大流量/L·min⁻¹	LC…DR20…6X/…	40	80	120	250	400	800
	LC…DR40…6X/…	60	120	180	400	600	1000
	LC…DR50…6X/…	100	200	300	650	800	1300
	LC…DR80…6X/…	150	270	450	900	1100	1700
油液		矿物质液压油，磷酸酯液压油					
油温范围/℃		−20~80					
黏度范围/m²·s⁻¹		(2.8~380)×10⁻⁶					

LC…DR…型 2 通插装阀与（溢流功能所用者相同的）LFA…DB 型控制盖板相结合构成常开特性的减压功能。

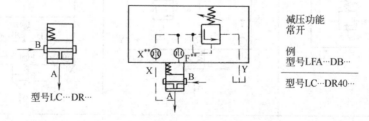

减压功能
常开

例
型号 LFA…DB…

型号 LC…DR40…

型号 LC…DR…

图 21-7-66　减压插装阀图形符号（常开）

② 常闭特性

型号意义：

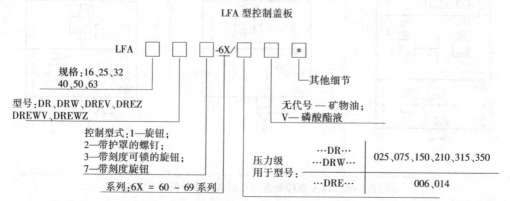

LFA 型控制盖板

LFA □ □ □ -6X / □ □ *

规格：16、25、32、40、50、63

型号：DR、DRW、DREV、DREZ、DREWV、DREWZ

控制型式：1—旋钮；
2—带护罩的螺钉；
3—带刻度可锁的旋钮；
7—带刻度旋钮

系列：6X = 60 ~ 69 系列

其他细节

无代号—矿物油；
V—磷酸酯液

压力级
用于型号：

…DR…　…DRW…　025、075、150、210、315、350

…DRE…　006、014

表 21-7-167　　　　　　　　　**技术规格**

项　　目			控制盖板型式	
			LFA…DR-6X/… LFA…DRW-6X/…	LFA…DRE-6X/…
最高工作压力在油口…	…X(主级压力)		31.5MPa	31.5MPa/35.0MPa
	…Y(二级压力=最高设定压力)		31.5MPa	31.5MPa/35.0MPa
	…Z2	当控制压力	零点压力(最高可达0.2MPa)	
		静态	6.0MPa	31.5MPa
	…T	当控制压力	零点压力 (最高可达0.2MPa)	
		静态(对应于先导阀允许的回油压力)	10MPa(DBET) 31.5MPa(DBETR)	
油液			矿物质液压油;磷酸酯液压油	
油温范围/℃			−20~80	
黏度范围/$m^2 \cdot s^{-1}$			$(2.8~380)×10^{-6}$	

注：生产厂为北京华德液压集团液压阀分公司。

LFA…DR…型控制盖板与LC…DB40D…型2通插装阀相结合构成常闭特性的减压功能。

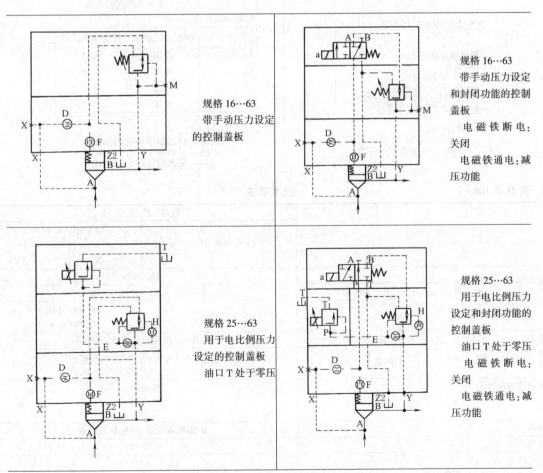

规格16…63
带手动压力设定
的控制盖板

规格16…63
带手动压力设定
和封闭功能的控制
盖板

电磁铁断电:
关闭

电磁铁通电:减
压功能

规格25…63
用于电比例压力
设定的控制盖板
油口T处于零压

规格25…63
用于电比例压力
设定和封闭功能的
控制盖板

油口T处于零压

电磁铁断电:
关闭

电磁铁通电:减
压功能

图 21-7-67　控制盖板图形符号

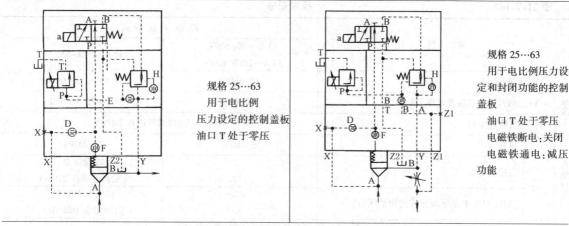

图 21-7-68　LFA 型控制盖板及插装阀图形符号（减压，常闭）

③ 顺序功能

型号意义：

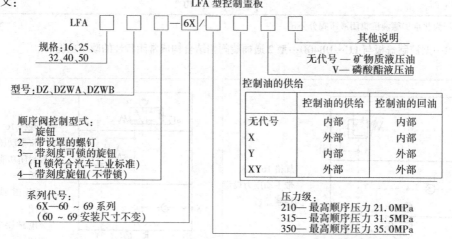

表 21-7-168　　　　　　　　　　　　技术规格

项　目			控制盖板型号	
			LFA…DZ-6X/…	LFA…DZW-6X/… /…　　/…Y /…X　　/…XY
最高工作压力在油口	…X；…Z2		31.5MPa	
	…Y	当控制压力	在零压(最高可达约0.2MPa)	
		静态	31.5MPa	16.0MPa(DC)① 10.0MPa(AC)①
	…Z1	当控制压力	在零压(最高可达约0.2MPa)	
		静态	31.5MPa	16.0MPa(DC)①　　31.5MPa 10.0MPa(AC)①
可设定顺序压力			21.0MPa 31.5MPa 35.0MPa	
油液			矿物质液压油；磷酸酯液压油	
油温范围/℃			−20~80	
黏度范围/m²·s⁻¹			$(2.8\sim380)\times10^{-6}$	

① 对于 4WE 6D 的最高值。

注：生产厂为北京华德液压集团液压阀分公司。

LFA…DZ…型控制盖板和 LC…DB…型 2 通插装阀相结合用于顺序功能。

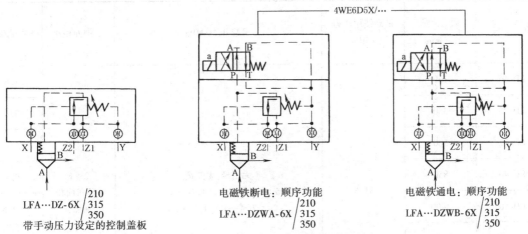

LFA…DZ-6X $\diagup\begin{array}{c}210\\315\\350\end{array}$

带手动压力设定的控制盖板

电磁铁断电：顺序功能
LFA…DZWA-6X $\diagup\begin{array}{c}210\\315\\350\end{array}$

电磁铁通电：顺序功能
LFA…DZWB-6X $\diagup\begin{array}{c}210\\315\\350\end{array}$

图 21-7-69　LFA 型控制盖板功能符号（顺序）

3）外形尺寸

L 型压力控制二通插装阀外形尺寸见生产厂产品样本。

5.4　LD、LDS、LB、LBS 型插装阀及组件

（1）LD 型方向插装阀、方向-流量插装阀

型号意义：

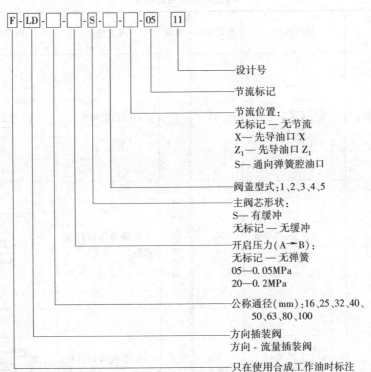

注：1. 主阀芯形状。无缓冲式适用于高速转换，带缓冲式适用于无冲击转换。作为方向-流量插装阀时，务必使用带缓冲的主阀芯。

2. 节流标记和节流孔直径见下表。

节流标记	05	06	08	10	12	14	16	18	20	25	32	40	50
节流孔直径/mm	0.5	0.6	0.8	1.0	1.2	1.4	1.6	1.8	2.0	2.5	3.2	4.0	5.0

表 21-7-169 技术规格

型　　号	额定流量 /L·min⁻¹	最高使用压力 /MPa	开启压力/MPa	主阀面积比	质量/kg
LD-16	130				1.6
LD-25	350				3.0
LD-32	500				5.3
LD-40	850	31.5	无记号：无弹簧 5：0.5(A→B)[1(B→A)] 20：2(A→B)[4(B→A)]	2：1 (环状面积 50%)	9.1
LD-50	1400				14.8
LD-63	2100				29.8
LD-80	3400				48
LD-100	5500				86

注：1. 额定流量是指压力下降值为 0.3MPa 时的流量。

2. 生产厂为榆次油研液压有限公司。

表 21-7-170 阀盖型式及图形符号

类别	阀盖型式	图形符号	节流位置	类别	阀盖型式	图形符号	节流位置
方向插装阀	无记号：标准	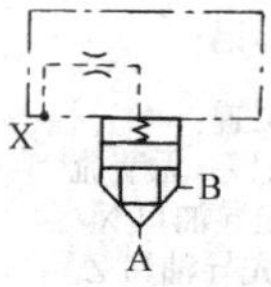	X	方向、流量插装阀	1：带行程调整	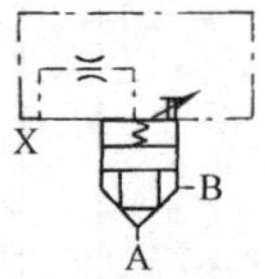	X
	4：带单向阀	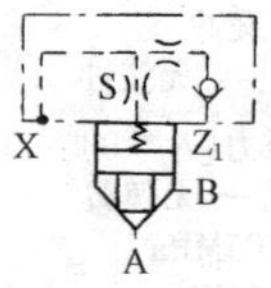	Z₁ S		2：带单向阀行程调整	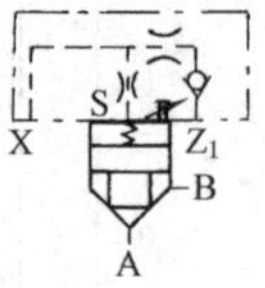	Z₁ S
	5：带梭阀	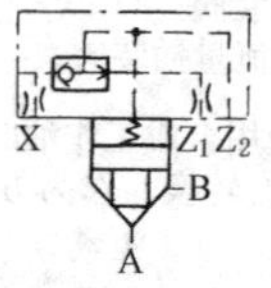	X Z₁		3：带梭阀的行程调整	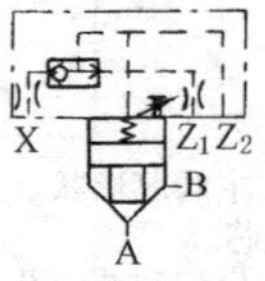	X Z₁

（2）LDS 型带电磁换向阀的方向插装阀

型号意义：

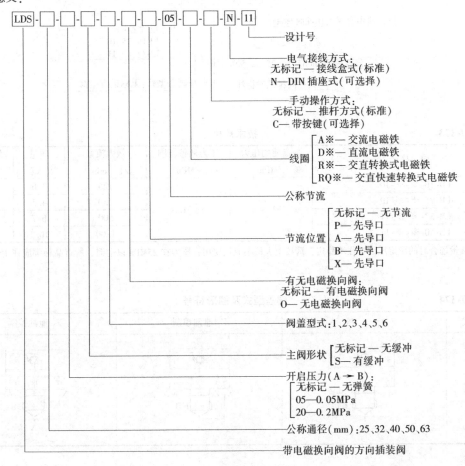

LDS-□-□-□-□-□-□-05-□-□-N-11

设计号

电气接线方式：
无标记 — 接线盒式（标准）
N—DIN 插座式（可选择）

手动操作方式：
无标记 — 推杆方式（标准）
C— 带按键（可选择）

线圈 ┌ A※— 交流电磁铁
　　 │ D※— 直流电磁铁
　　 │ R※— 交直转换式电磁铁
　　 └ RQ※— 交直快速转换式电磁铁

公称节流

节流位置 ┌ 无标记 — 无节流
　　　　 │ P— 先导口
　　　　 │ A— 先导口
　　　　 │ B— 先导口
　　　　 └ X— 先导口

有无电磁换向阀：
无标记 — 有电磁换向阀
O— 无电磁换向阀

阀盖型式：1、2、3、4、5、6

主阀形状 ┌ 无标记 — 无缓冲
　　　　 └ S— 有缓冲

开启压力（A→B）：
┌ 无标记 — 无弹簧
│ 05—0.05MPa
└ 20—0.2MPa

公称通径（mm）：25、32、40、50、63

带电磁换向阀的方向插装阀

表 21-7-171　　　　　　　　　　　　**技术规格**

型　号	额定流量 /L·min⁻¹	最高使用压力 /MPa	开启压力/MPa	主阀面积比	质量/kg
LDS-25	350				4.4
LDS-32	500		无标记：无弹簧		6.7
LDS-40	850	31.5	5：0.5(A→B)［1(B→A)］	2：1（环状面积） 50%	10.5
LDS-50	1400		20：2(A→B)［4(B→A)］		18.6
LDS-63	2100				33.6

注：额定流量是指压力下降值为 0.3MPa 时的流量。

表 21-7-172　　　　　　　　　　　　**阀盖型式及图形符号**

阀盖型式	1.常闭	2.常开	3.常闭（带梭阀）	4.常开（带梭阀）	5.常闭（带梭阀）	6.常开（带梭阀）
图形符号						
节流位置	PA	PB	PA	PB	XA	XB

（3）LB 型溢流插装阀

型号意义：

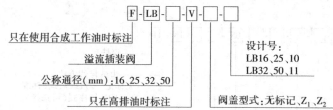

F -LB- □ -V- □ - □

只在使用合成工作油时标注
溢流插装阀
公称通径（mm）：16、25、32、50
只在高排油时标注

设计号：
LB16、25、10
LB32、50、11

阀盖型式：无标记、Z_1、Z_2

表 21-7-173　　　　　　　　　　　　　　　　　　　　**技术规格**

型　号	最高使用压力 /MPa	压力调整范围 /MPa	最大流量 /L·min⁻¹	质量 /kg	最小流量 /L·min⁻¹
LB-16-※-※-10			125	3.6	
LB-25-※-※-10	31.5	约 31.5	250	4.5	5
LB-32-※-※-11			500	6.7	8
LB-50-※-※-11			1200	16.1	10

注：小流量场合时的设定压力往往不稳定，请按上表最小流量使用；压力在 25MPa 以上时，所有品种都应在 15L/min 以上使用。

表 21-7-174　　　　　　　　　　　　　　　　**阀盖型式及图形符号**

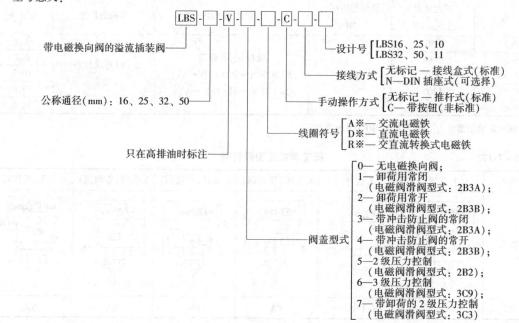

阀盖型式	标　准	Z_1 泄油控制	Z_2 泄油控制
图形符号			

（4）LBS 型带电磁换向阀的溢流插装阀

型号意义：

LBS- □ -V- □ - □ -C- □ - □

带电磁换向阀的溢流插装阀

公称通径（mm）：16、25、32、50

只在高排油时标注

设计号 LBS16、25、10
　　　 LBS32、50、11

接线方式 无标记 — 接线盒式（标准）
　　　　 N—DIN 插座式（可选择）

手动操作方式 无标记 — 推杆式（标准）
　　　　　　 C— 带按钮（非标准）

线圈符号 A※— 交流电磁铁
　　　　 D※— 直流电磁铁
　　　　 R※— 交直流转换式电磁铁

阀盖型式
0— 无电磁换向阀；
1— 卸荷用常闭
　（电磁阀滑阀型式：2B3A）；
2— 卸荷用常开
　（电磁阀滑阀型式：2B3B）；
3— 带冲击防止阀的常闭
　（电磁阀滑阀型式：2B3A）；
4— 带冲击防止阀的常开
　（电磁阀滑阀型式：2B3B）；
5—2 级压力控制
　（电磁阀滑阀型式：2B2）；
6—3 级压力控制
　（电磁阀滑阀型式：3C9）；
7— 带卸荷的 2 级压力控制
　（电磁阀滑阀型式：3C3）

表 21-7-175 技术规格

型　号	最高使用压力 /MPa	压力调整范围 /MPa	最大流量 /L·min⁻¹
LBS-16-※-※-※-10			125
LBS-25-※-※-※-10	31.5	约31.5	250
LBS-32-※-※-※-11			500
LBS-50-※-※-※-11			1200

表 21-7-176 阀盖型式及图形符号

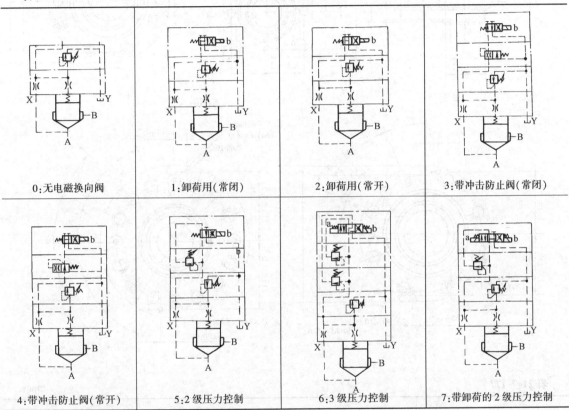

0：无电磁换向阀	1：卸荷用(常闭)	2：卸荷用(常开)	3：带冲击防止阀(常闭)
4：带冲击防止阀(常开)	5：2级压力控制	6：3级压力控制	7：带卸荷的2级压力控制

注：生产厂为榆次油研液压公司。

插装阀及组件的外形尺寸见生产厂产品样本。

其他型号的二通插装阀及集成阀块的生产厂有：上海液压成套公司、天津高压泵阀厂等按 VICKERS 公司技术生产的 CVI 插装阀主阀、CVC 控制盖板和插装阀块；北京中冶迈克液压有限责任公司生产的 JK3 系列插装阀及组件等。

以上介绍的均为阀盖板连接方式，另还有螺纹连接方式的螺纹插装阀产品，特点是安装方便、体积也较小。VICKERS 公司生产的螺纹插装阀品种较全，有溢流、减压、换向、节流、比例等多种功能，详见该公司产品样本。

各生产厂均可向用户单独提供插装元件、控制盖板或集成阀块。对还不熟悉插装阀的设计人员可按普通（滑阀型）液压控制阀绘制液压系统原理图，并提出主机对液压控制的工艺要求向插装阀生产厂联系。

5.5 二通插装阀安装连接尺寸

各系列插装阀的插装主件安装连接尺寸均符合 GB/T 2877、ISO/DP 7368、DIN 24342 标准。国内产品和德国博世力士乐、日本油研公司、美国威格士公司等产品的安装连接尺寸一致，详见表 21-7-177。

插装阀安装连接尺寸

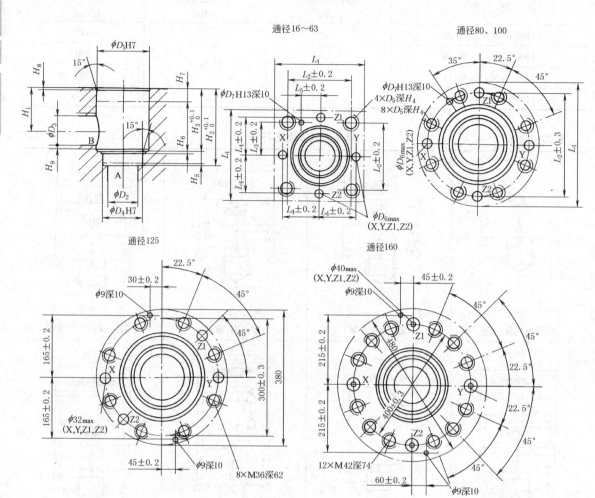

表 21-7-177

mm

尺 寸	规 格									
	16	25	32	40	50	63	80	100	125	160
D_1	32	45	60	75	90	120	145	180	225	300
D_2	16	25	32	40	50	63	80	100	150	200
D_3	16	25	32	40	50	63	80	100	125	200
D_4	25	34	45	55	68	90	110	135	200	270
D_5	M8	M12	M16	M20	M20	M30	M24	M30	—	—
D_6	4	6	8	10	10	12	16	20	—	—

续表

尺　寸	规　格									
	16	25	32	40	50	63	80	100	125	160
D_7	4	6	6	6	8	8	10	10	—	—
H_1	34	44	52	64	72	95	130	155	192	268
H_2	56	72	85	105	122	155	205	245	$300^{+0.15}_{0}$	$425^{+0.15}_{0}$
H_3	43	58	70	87	100	130	175±0.2	210±0.2	257±0.5	370±0.5
H_4	20	25	35	45	45	65	50	63	—	—
H_5	11	12	13	15	17	20	25	29	31	45
H_6	2	2.5	2.5	3	3	4	5	5	7±0.5	8±0.5
H_7	20	30	30	30	35	40	40	50	40	50
H_8	2	2.5	2.5	3	4	4	5	5	5.5±0.2	5.5±0.2
H_9	0.5	1	1.5	2.5	2.5	3	4.5	4.5	2	2
L_1	65/80	85	102	125	140	180	250	300	—	—
L_2	46	58	70	85	100	125	200	245	—	—
L_3	23	29	35	42.5	50	62.5	—	—	—	—
L_4	25	33	41	50	58	75	—	—	—	—
L_5	10.5	16	17	23	30	38	—	—	—	—

6　其　他　阀

6.1　截止阀

6.1.1　CJZQ 型球芯截止阀

型号意义：

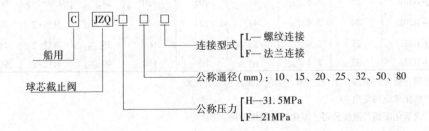

表 21-7-178 外形尺寸 mm

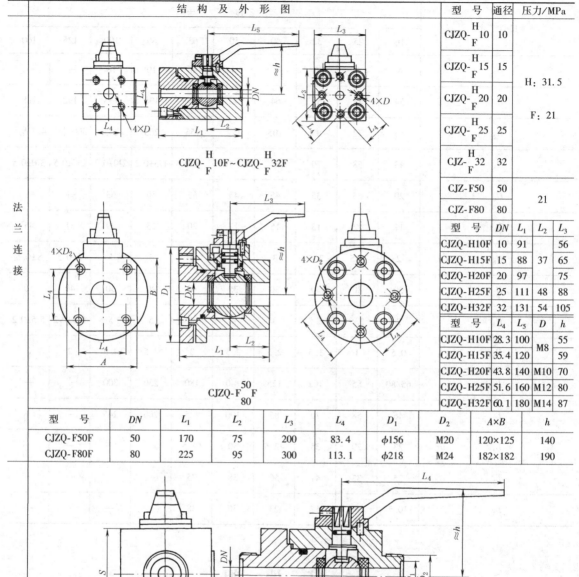

结 构 及 外 形 图					型 号	通径	压力/MPa

型 号	通径	压力/MPa
CJZQ-${}^{H}_{F}$10	10	
CJZQ-${}^{H}_{F}$15	15	
CJZQ-${}^{H}_{F}$20	20	H：31.5
CJZQ-${}^{H}_{F}$25	25	F：21
CJZ-${}^{H}_{F}$32	32	
CJZ-F50	50	21
CJZ-F80	80	

CJZQ-${}^{H}_{F}$10F ~ CJZQ-${}^{H}_{F}$32F

型 号	DN	L_1	L_2	L_3
CJZQ-H10F	10	91		56
CJZQ-H15F	15	88	37	65
CJZQ-H20F	20	97		75
CJZQ-H25F	25	111	48	88
CJZQ-H32F	32	131	54	105

型 号	L_4	L_5	D	h
CJZQ-H10F	28.3	100	M8	55
CJZQ-H15F	35.4	120	M8	59
CJZQ-H20F	43.8	140	M10	70
CJZQ-H25F	51.6	160	M12	80
CJZQ-H32F	60.1	180	M14	87

CJZQ-F${}^{50}_{80}$F

法兰连接

型 号	DN	L_1	L_2	L_3	L_4	D_1	D_2	$A×B$	h
CJZQ-F50F	50	170	75	200	83.4	$\phi156$	M20	120×125	140
CJZQ-F80F	80	225	95	300	113.1	$\phi218$	M24	182×182	190

螺纹连接

型 号	DN	L_1	L_2	L_3	L_4	D_1	D_2	$S×S$	h
CJZQ-H10L	10	$1.8^{0}_{-0.05}$	38	100	100	$20^{0}_{-0.20}$	M27×1.5	56×56	55
CJZQ-H15L	15	$1.8^{0}_{-0.05}$	41	105	120	$24^{0}_{-0.20}$	M30×1.5	60×60	59
CJZQ-H20L	20	$2.4^{0}_{-0.05}$	47	121	140	$30^{0}_{-0.34}$	M36×2	70×70	70
CJZQ-H25L	25	$2.4^{0}_{-0.05}$	55	135	160	$35^{0}_{-0.34}$	M42×2	75×75	80
CJZQ-H32L	32	$2.4^{0}_{-0.05}$	64	160	180	$40^{0}_{-0.34}$	M52×2	90×90	87

注：1. 适用介质为矿物油、水-乙二醇、油包水及水包油乳化液。

2. 本阀严禁作节流阀使用。

3. 生产厂为奉化市朝日液压公司、奉化新华液压件厂。

6.1.2　YJZQ 型高压球式截止阀

（1）型号意义

YJZQ-□□□

高压球式截止阀　　　　　连接型式:N— 内螺纹;W— 外螺纹

公称压力:J—31.5MPa;H—20MPa　　公称通径(mm):10、15、20、25、32、40、50

（2）内螺纹球阀

外 形 尺 寸

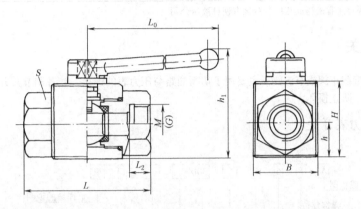

表 21-7-179

型　号	M /mm	G /in	尺　　　寸/mm							
			B	H	h	h_1	L	L_2	S	L_0
YJZQ-J10N	M18×1.5	⅜	32	36	18	72	78	14	27	120
YJZQ-J15N	M22×1.5	½	35	40	19	87	86	16	30	120
YJZQ-J20N	M27×2	¾	48	55	25	96	108	18	41	160
YJZQ-J25N	M33×2	1	58	65	30	116	116	20	50	160
YJZQ-J32N	M42×2	1¼	76	84	38	141	136	22	60	200
YJZQ-H40N	M48×2	1½	88	98	45	165	148	24	75	250
YJZQ-H50N	M64×2	2	98	110	52	180	180	26	85	300

（3）外螺纹球阀

外 形 尺 寸

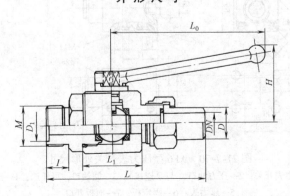

表 21-7-180

型　号	M/mm	尺　　寸/mm						
		D	D_1	L	L_1	H	I	L_0
YJZQ-J10W	M27×1.5	18	20	154	42	58	16	120
YJZQ-J15W	M30×1.5	22	22	166	48	68	18	120
YJZQ-J20W	M36×2	28	28	174	60	72	18	160
YJZQ-J25W	M42×2	34	35	212	64	86	20	160
YJZQ-J32W	M52×2	42	40	230	76	103	22	200
YJZQ-H40W	M64×2	50	50	250	84	120	24	250
YJZQ-H50W	M72×2	64	60	294	108	128	26	300

注：生产厂为奉化溪口工程液压成套厂、奉化市朝日液压公司。

6.2 压力表开关

压力表开关是小型截止阀或节流阀。主要用于切断油路与压力表的连接，或者调节其开口大小起阻尼作用，减缓压力表急剧抖动，防止损坏。

6.2.1 AF6 型压力表开关

型号意义：

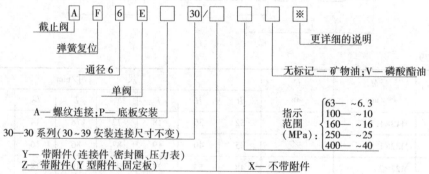

外形尺寸：

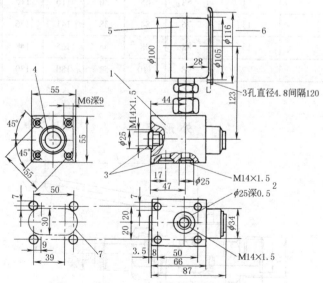

图 21-7-70　AF6 型压力表开关外形尺寸
1—压力表开关；2—压力油口（与泵连接）；3—回油口，可任选；4—按钮；
5—压力表；6—固定板；7—面板开口

表 21-7-181	技术规格
介质	矿物油、磷酸酯
介质温度/℃	−20~70
介质黏度/m² · s⁻¹	$(2.8 \sim 380) \times 10^{-6}$
工作压力/MPa	约 31.5
压力表指示范围/MPa	6.3、10、16、25、40（指示范围应超过最大工作压力约30%）

注：生产厂为北京华德液压集团液压阀分公司、上海立新液压有限公司。

6.2.2　MS2 型六点压力表开关

型号意义：

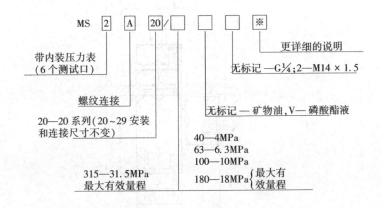

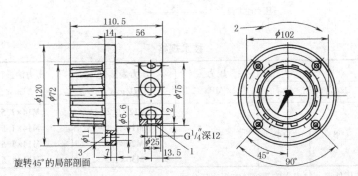

图 21-7-71　MS2 型六点压力表开关外形尺寸

1—6 个测试口和 1 个回油口沿圆周均匀分布；2—顺或逆时针方向转动旋钮，
便可直接读数，零点安排在指示点中间；3—4 个固定螺栓孔

表 21-7-182	技术规格		
最高允许工作压力/MPa	31.5 最高允许工作压力与内装压力表的刻度值一致。该压力与压力表实际极限刻度间的区域用红色表示	回油口最高允许背压/MPa	1
内装压力表指示精度	20℃时，内装压力表的指示精度为红色刻度值的 1.6%，温度每上升 10℃，就产生+3%红色刻度指示误差，温度每下降 10℃，就产生−3%的红色刻度指示误差		
介质	矿物油	介质黏度/m² · s⁻¹	$(23.8 \sim 380) \times 10^{-6}$
介质温度/℃	−20~70	质量/kg	1.7

注：生产厂为北京华德液压集团液压阀分公司、上海立新液压有限公司。

6.2.3　KF 型压力表开关

型号意义：

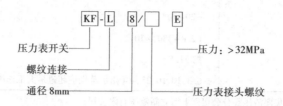

外形尺寸：

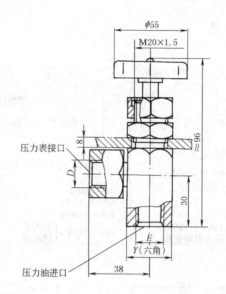

表 21-7-183　　　　　　　　　　　　技术规格

型　号	通　径		压力	压力表接口	压力油进口	Y
	/mm	/in	/MPa	D/mm	E/mm	
KF-L8/12E				M12×1.25	M14×1.5	27
KF-L8/14E	8	1/4	350	M14×1.5	M14×1.5	27
KF-L8/20E				M20×1.5	M14×1.5	27
KF-L8/30E				M30×1.5	M14×1.5	38

注：生产厂为南通液压件厂、甘肃省临夏液压有限责任公司。

6.3　分流集流阀

6.3.1　FL、FDL、FJL 型分流集流阀

　　FL、FDL、FJL 型分流集流阀又称同步阀，内部设有压力反馈机构，在液压系统中可使由同一台泵供油的2~4 只液压缸或液压马达，不论负载怎样变化，基本上能达到同步运行。该阀具有结构紧凑、体积小、维护方便等特点。

　　FL 型分流阀按固定比例自动将油流分成两个支流，使执行元件一个方向同步运行。FDL 型单向分流阀在油流反向流动时，油经单向阀流出，可减少压力损失。FJL 型分流集流阀按固定比例自动分配或集中两股油流，使执行元件双向同步运行。

　　这种阀安装时应尽量保持阀心轴线在水平位置，否则会影响同步精度，不许阀芯轴线垂直安装。当使用流量大于阀的公称流量时，流经阀的能量损失增大，但速度同步精度有所提高，若低于公称流量则能量损失减小，但

速度同步精度降低。

型号意义：

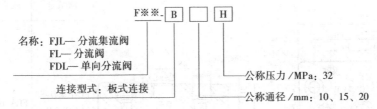

名称：FJL— 分流集流阀
　　　FL— 分流阀
　　　FDL— 单向分流阀

连接型式：板式连接

公称压力/MPa：32

公称通径/mm：10、15、20

技术规格及外形尺寸：

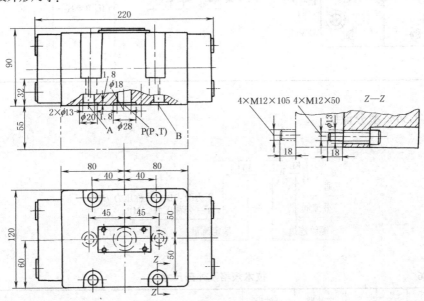

表 21-7-184

名　　称	型　　号	公称通径/mm	公称流量/L·min⁻¹ P、O	公称流量/L·min⁻¹ A、B	公称压力/MPa	连接方式	速度同步误差/% ≤ A、B口负载压差/MPa ≤1.0	≤6.3	≤20	≤30	质量/kg
分流集流阀	FJL-B10H	10	40	20							
	FJL-B15H	15	63	31.5							13.8
	FJL-B20H	20	100	50							
分流阀	FL-B10H	10	40	20	最高32、最低2	板式	0.7	1	2	3	
	FL-B15H	15	63	31.5							13.5
	FL-B20H	20	100	50							
单向分流阀	FDL-B10H	10	40	20							
	FDL-B15H	15	63	31.5							14
	FDL-B20H	20	100	50							

注：1. FDL-B※H-S 型系列单向分流阀高度方向尺寸见双点画线部分。

2. 生产厂为四平市广成液压科技有限公司、上海液二液压件制造有限公司。

表 21-7-185 安装底板

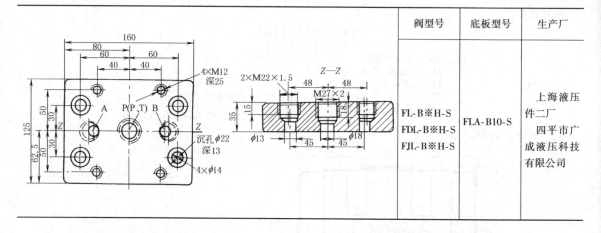

阀型号	底板型号	生产厂
FL-B※H-S FDL-B※H-S FJL-B※H-S	FLA-B10-S	上海液压件二厂 四平市广成液压科技有限公司

6.3.2 3FL-L30※型分流阀

型号意义：

表 21-7-186 技术规格及外形尺寸

型 号	额定流量 /L·min⁻¹	公称压力 /MPa	同步精度 /%	主油路 P、T	分油路 A、B
				连接螺纹	
3FL-L30B	30	7		M18×1.5	M16×1.5
3FL-L25H	25		1~3	M18×1.5	
3FL-L50H	50	32		M22×1.5	M18×1.5
3FL-L63H	63				
备 注	生产厂:四平市广成液压科技有限公司（部分产品，下同）				

6.3.3 3FJLK-L10-50H型可调分流集流阀

型号意义：

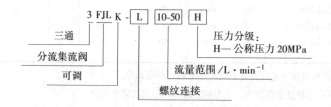

表 21-7-187　　　　　　　　　　　　技术规格及外形尺寸

型　号	额定流量 /L·min⁻¹	公称压力 /MPa	同步精度 /%	主油路	分油路
				连接螺纹	
3FJLK-L10-50H	10~50	21	1	M22×1.5	M18×1.5
备注	生产厂:四平市广成液压科技有限公司				

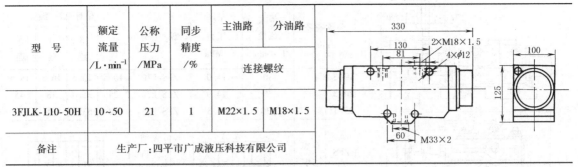

6.3.4　3FJLZ-L20-130H 型自调式分流集流阀

该阀流量可在给定范围内自动调整,用于保证两个或两个以上液压执行机构在外载荷不等的情况下实现同步。

型号意义:

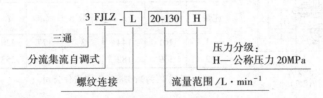

表 21-7-188　　　　　　　　　　　　技术规格及外形尺寸

型　号	额定流量 /L·min⁻¹	公称压力 /MPa	同步精度 /%	主油路	分油路
				连接螺纹	
3FJLZ-L20-130H	20~130	20	1~3	M33×2	M27×2
备注	生产厂:四平市广成液压科技有限公司				

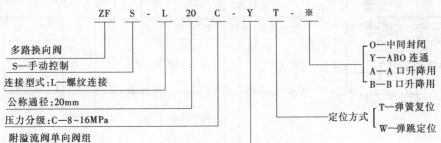

6.4　ZFS 型多路换向阀

ZFS 型多路换向阀是手动控制换向阀的组合阀,由 2~5 个三位六通手动换向阀、溢流阀、单向阀组成,可根据用途的不同选用。换向阀在中间位置时,主油路有中间全封闭式、压力口封闭式、B 腔常闭式及压力油短路卸荷式等。主要用于多个工作机构(液压缸,液压马达)的集中控制。

型号意义:

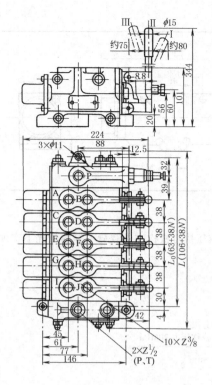

表 21-7-189　　ZFS-L10C-Y＊-＊型外形尺寸

公称通径 /mm	最大流量 /L·min⁻¹	工作压力 /MPa	型　号	估计总重/kg			
				2 连	3 连	4 连	5 连
10(3/8″)	30	14.0	ZFS-L10	10.5	13.5	16.5	19.5
20(3/4″)	75	14.0	ZFS-L20	24	31.0	38	45
25(1″)	130	10.5	ZFS-L25	42	53.0	64	75

ZFS 滑阀机能

O 型 全闭口　　A B / P T

A 型 A 口 升降用　　A B

Y 型 油缸浮动　　A B / P T

B 型 B 口 升降用　　A B

连数 N	L_0	L	连数 N	L_0	L	连数 N	L_0	L
1	101	144	3	177	220	5	253	296
2	139	182	4	215	258			

注：生产厂为榆次液压有限责任公司。

表 21-7-190　　ZFS-L$_{25}^{20}$C-Y＊-＊型外形尺寸　　　　mm

公称通径	型　号	连数	A	A_1	A_2	A_3	A_4	A_5
20(3/4″)	ZFS-L20C-Y※	1	236	204	16	48	54	57.5
		2	293.5	261.5				
		3	351	319				
		4	408.5	376.5				
25(1″)	ZFS-L25C-Y※	1	285	241	22	58	62.5	62.5
		2	347.5	303.5				
		3	410	366				
		4	472.5	428.5				

公称通径	连数	A_6	A_7	A_8	B	B_1	B_2	B_3	B_4	B_5	B_6
20(3/4″)	1 2 3 4	54	48	16	371.5	184.5	9.5	78	73	18	213
25(1″)	1 2 3 4	62.5	58	22	437	188	12	107	100	25	275

公称通径	连数	C	C_1	C_2	C_3	Z	T	T_1	T_2	ϕW
20(3/4″)	1 2 3 4	275	121	54	30	Z3/4″	110	67	60	15
25(1″)	1 2 3 4	391	140	60	40	Z1″	100	125	70	18

注：生产厂为榆次液压有限责任公司。

6.5 压力继电器

6.5.1 HED 型压力继电器

压力继电器是将某一定值的液体压力信号转变为电气信号的元件。HED1、4 型压力继电器为柱塞式结构，当作用在柱塞上的液体压力达到弹簧调定值时，柱塞产生位移，使推杆压缩弹簧，并压下微动开关，发出电信号，使电器元件动作，实现回路自动程序控制和安全保护。

HED2、3 型压力继电器是弹簧管式结构，弹簧管在压力油作用下产生变形，通过杠杆压下微动开关，发出电信号，使电器元件动作，以实现回路的自动程序控制和安全保护。

型号意义：

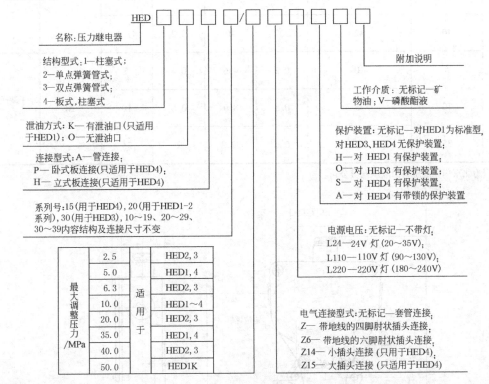

表 21-7-191   技术规格

型 号	额定压力 /MPa	最高工作压力 （短时间）/MPa	复原压力/MPa 最 低	最 高	动作压力/MPa 最 低	最 高	切换频率 /次·min⁻¹	切换精度
HED1K	10.0	60.0	0.3	9.2	0.6	10	300	小于调压的 ±2%
	35.0	60	0.6	32.5	1	35		
	50.0	60	1	46.5	2	50		
HED1O	5	5	0.2	4.5	0.35	5	50	小于调压的 ±1%
	10	35	0.3	8.2	0.8	10		
	35	35	0.6	29.5	2	35		
HED2O	2.5	3	0.15	2.5	0.25	2.55	30	小于调压的 ±1%
	6.3	7	0.4	6.3	0.5	6.4		
	10	11	0.6	10	0.75	10.15		
	20	21	1	20	1.4	20.4		
	40	42	2	40	2.6	40.6		

续表

型　号	额定压力/MPa	最高工作压力（短时间）/MPa	复原压力/MPa		动作压力/MPa		切换频率/次·min⁻¹	切换精度
			最　低	最　高	最　低	最　高		
HED3O	2.5	3	0.15	2.5	0.25	2.6	30	小于调压的±1%
	6.3	7	0.4	6.3	0.6	6.5		
	10	11	0.6	10	0.9	10.3		
	20	21	1	20	1.8	20.8		
	40	42	2	40	3.2	41.2		
HED4O	5	10	0.2	4.6	0.4	5	20	小于调压的±1%
	10	35	0.3	8.9	0.8	10		
	35	35	0.6	32.2	2	35		

注：生产厂为北京华德液压集团液压阀分公司。

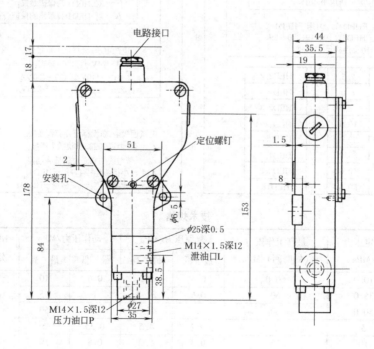

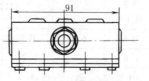

(a) HED1型压力继电器外形尺寸

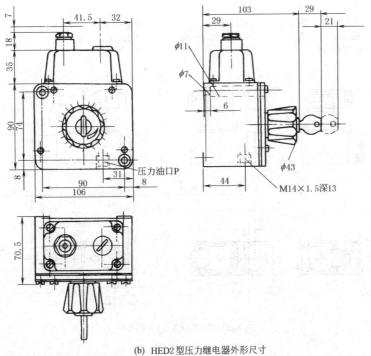

(b) HED2型压力继电器外形尺寸

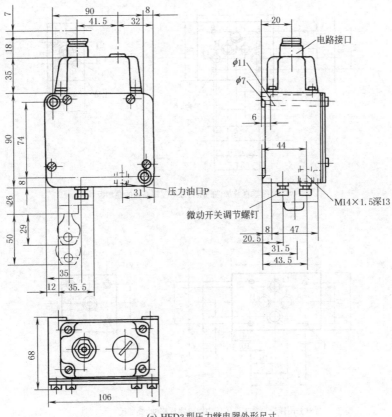

(c) HED3型压力继电器外形尺寸

图 21-7-72

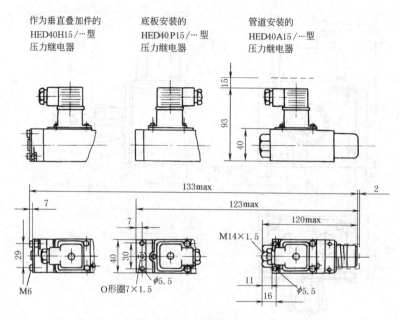

作为垂直叠加件的　　底板安装的　　　　管道安装的
HED40H15／…型　　HED40P15／…型　　HED40A15／…型
压力继电器　　　　压力继电器　　　　压力继电器

(d) HED4型压力继电器外形尺寸

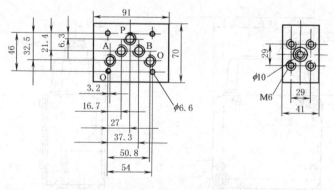

(e) 用作垂直叠加件的压力继电器规格10的叠加板

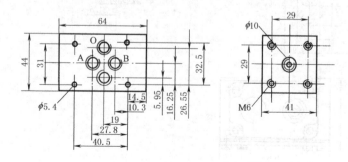

(f) 用作垂直叠加件的压力继电器规格6的叠加板

图 21-7-72　外形尺寸

6.5.2 S型压力继电器

型号意义：

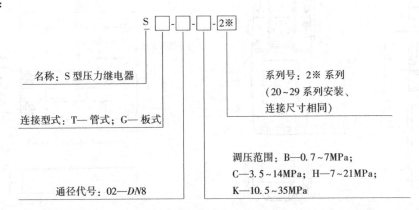

名称：S型压力继电器

连接型式：T—管式；G—板式

通径代号：02—DN8

系列号：2※ 系列
（20~29系列安装、
连接尺寸相同）

调压范围：B—0.7~7MPa；
C—3.5~14MPa；H—7~21MPa；
K—10.5~35MPa

表 21-7-192 　　　　　　　　　　　**技术规格**

型　号	ST-02-*-20	SG-02-*-20	微型开关参数			
			负载条件	交流电压		直流电压
				常闭接点	常开接点	
最大工作压力/MPa	35	35	阻抗负载	125V,15A 或 250V,15A		125V,0.5A 或 250V,0.25A
介质黏度/m²·s⁻¹	(15~400)×10⁻⁶		感应负载	125V,4.5A 或 250V,3A	125V,2.5A 或 250V,1.5A	125V,0.5A 或 250V,0.03A
介质温度/℃	−20~70		电动机,白炽电灯,电磁铁负载			—
质量/kg	4.5	4.5				

注：生产厂为榆次油研液压公司。

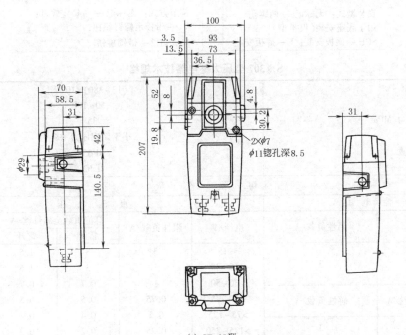

(a) ST-02型

图 21-7-73

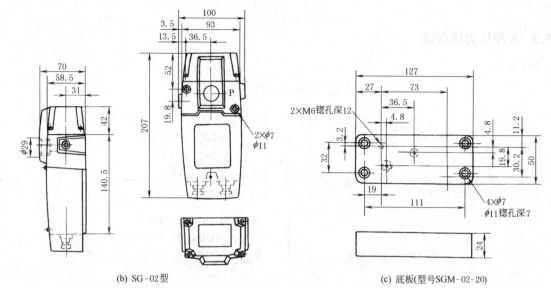

(b) SG-02型   (c) 底板(型号SGM-02-20)

图 21-7-73 S＊-02 型压力继电器外形及连接尺寸

6.5.3 S※307 型压力继电器

型号意义：

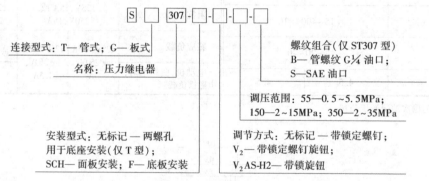

连接型式：T— 管式；G— 板式
名称：压力继电器

螺纹组合（仅 ST307 型）
B— 管螺纹 G¼ 油口；
S—SAE 油口

调压范围：55—0.5~5.5MPa；
150—2~15MPa；350—2~35MPa

安装型式：无标记 — 两螺孔
用于底座安装（仅 T 型）；
SCH— 面板安装；F— 底板安装

调节方式：无标记 — 带锁定螺钉；
V_2— 带锁定螺钉旋钮；
V_2AS-H2— 带锁旋钮

表 21-7-193　　　　　　　　　　　S※307 型压力继电器技术规格

介质黏度/m²·s⁻¹	$(13\sim380)\times10^{-6}$
介质温度/℃	$-50\sim100$
最大工作压力/MPa	35
切换精度	小于调定压力 1%
绝缘保护装置	IP65
质量/kg	0.62

切　换　容　量						
交　流　电　压		直　流　电　压				
电压/V	阻性负载/A	电压/V	阻性负载/A	灯泡负载金属灯丝/A		感性负载/A
				常闭	常开	
110~125	3	≤15	3	3	1.5	3
220~250		>15~30	3	3	1.5	3
		>30~50	1	0.7	0.7	1
灯泡负载金属灯丝/A	感性负载/A	>50~75	0.75	0.5	0.5	0.25
0.5	3	>75~125	0.5	0.4	0.4	0.05
		>125~250	0.25	0.2	0.2	0.03

注：外形尺寸见威格士产品样本。

第 **8** 章　液压辅助件及液压泵站

1　管　件

1.1　管路

在液压传动中常用的管子有钢管、铜管、橡胶软管以及尼龙管等。

（1）金属管

液压系统用钢管，有：精密无缝钢管（GB/T 3639）、输送流体用无缝钢管（GB/T 8163）或不锈钢无缝钢管（GB/T 14976）等。卡套式管接头必须采用精密无缝钢管，焊接式管接头一般采用普通无缝钢管。材料用 10 钢或 20 钢，中、高压或大通径（$DN>80$mm）采用 20 钢。这些钢管均要求在退火状态下使用。无缝钢管的规格见本手册第 1 卷第 3 篇。

铜管有紫铜管和黄铜管。紫铜管用于压力较低（$p \leqslant 6.5 \sim 10$MPa）的管路，装配时可按需要来弯曲，但抗振能力较低，且易使油液氧化，价格昂贵；黄铜管可承受较高压力（$p \leqslant 25$MPa），但不如紫铜管易弯曲。

在液压系统中，管路连接螺纹有细牙普通螺纹（M）、60°圆锥管螺纹（NPT）、米制锥螺纹（ZM），以及 55°非密封管螺纹（G）和 55°密封管螺纹（R）。螺纹的型式一般根据回路公称压力确定。公称压力小于等于 16MPa 的中、低压系统，上述各种螺纹连接型式均可采用。公称压力为 16~31.5MPa 的中、高压系统采用 55°非密封管螺纹，或细牙普通螺纹。螺纹的规格尺寸见本手册第 2 卷连接与紧固篇。

表 21-8-1　　　　　　　　　　　　　　　　**管路参数计算**

计算项目	计　算　公　式	说　　　明
金属管内油液的流速推荐值 v	（1）吸油管路取 $v \leqslant 0.5 \sim 2$m/s （2）压油管路取 $v \leqslant 2.5 \sim 6$m/s （3）短管道及局部收缩处取 $v=5 \sim 10$m/s （4）回流管路取 $v \leqslant 1.5 \sim 3$m/s （5）泄油管路取 $v \leqslant 1$m/s	一般取 1m/s 以下 压力高或管路较短时取大值，压力低或管路较长时取小值，油液黏度大时取小值
管子内径 d	$d \geqslant 4.61\sqrt{\dfrac{Q}{v}}$　（mm）	Q——液体流量，L/min v 按推荐值选定
管子壁厚 δ	$\delta \geqslant \dfrac{pd}{2\sigma_{p}}$　（mm） 钢管：$\sigma_{p}=\dfrac{\sigma_{b}}{n}$ 铜管：$\sigma_{p} \leqslant 25$MPa	p——工作压力，MPa σ_{p}——许用应力，MPa σ_{b}——抗拉强度，MPa n——安全系数，当 $p<7$MPa 时，$n=8$；$p \leqslant 17.5$MPa 时，$n=6$；$p>17.5$MPa 时，$n=4$
管子弯曲半径	钢管的弯曲半径应尽可能大，其最小弯曲半径一般取 3 倍的管子外径，或见本手册第 1 卷第 1 篇有关规范	

表 21-8-2　　　　　　　　　钢管公称通径、外径、壁厚、连接螺纹及推荐流量

公称通径 DN		钢管外径 /mm	管接头连接螺纹 /mm	公称压力 PN/MPa					推荐管路通过流量（按 5m/s 流速）/L·min⁻¹
/mm	/in			≤2.5	≤8	≤16	≤25	≤31.5	/L·min⁻¹
				管 子 壁 厚/mm					
3		6		1	1	1	1	1.4	0.63
4		8		1	1	1	1.4	1.4	2.5
5;6	1/8	10	M10×1	1	1	1	1.6	1.6	6.3
8	1/4	14	M14×1.5	1	1	1.6	2	2	25
10;12	3/8	18	M18×1.5	1	1.6	1.6	2	2.5	40
15	1/2	22	M22×1.5	1.6	1.6	2	2.5	3	63
20	3/4	28	M27×2	1.6	2	2.5	3.5	4	100
25	1	34	M33×2	2	2	3	4.5	5	160
32	1¼	42	M42×2	2	2.5	3	5	6	250
40	1½	50	M48×2	2.5	3	4.5	5.5	7	400
50	2	63	M60×2	3	3.5	5	6.5	8.5	630
65	2½	75		3.5	4	6	8	10	1000
80	3	90		4	5	7	10	12	1250
100	4	120		5	6	8.5			2500

（2）软管

软管是用于连接两个相对运动部件之间的管路，分高、低压两种。高压软管是以钢丝编织或钢丝缠绕为骨架的橡胶软管，用于压力油路。低压软管是以麻线或棉线编织体为骨架的橡胶软管，用于压力较低的回油路或气动管路中。软管参数的选择及使用注意事项见表 21-8-3。

钢丝编织（或缠绕）胶管由内胶层、钢丝编织（或缠绕）层、中间胶层和外胶层组成（亦可增设辅助物层）。钢丝编织层有 1~3 层，钢丝缠绕层有 2、3 层和 6 层，层数愈多，管径愈小，耐压力愈高。钢丝缠绕胶管还具有管体较柔软、脉冲性能好的优点。

表 21-8-3　　　　　　　　　软管参数的选择及使用注意事项

项　目	计　算　及　说　明	
软管内径	根据软管内径与流量、流速的关系按下式计算 $$A=\frac{1}{6}\cdot\frac{Q}{v}$$	A——软管的通流截面积，cm² Q——管内流量，L/min v——管内流速，m/s；通常软管的允许流速 $v\leqslant6m/s$
软管尺寸规格	根据工作压力和上式求得管子内径，选择软管的尺寸规格 高压软管的工作压力对不经常使用的情况可提高 20%，对于使用频繁经常弯扭者要降低 40%	
软管的弯曲半径	（1）不宜过小，一般不应小于表 21-8-4 所列的值 （2）软管与管接头的连接处应留有一段不小于管外径两倍的直线段	
软管的长度	应考虑软管在通入压力油后，长度方向将发生收缩变形，一般收缩为管长的 3%~4%，因此在选择管长及软管安装时应避免软管处于拉紧状态	
软管的安装	应符合有关标准规定，如"软管敷设规范（JB/ZQ 4398）"，见本篇第 9 章 1.2 节管路安装与清洗	

钢丝编织增强液压型橡胶软管和软管组合件（摘自 GB/T 3683—2011）

本标准规定了公称内径为 5~51mm 的六个型别的钢丝编织增强型软管及软管组合件的要求，其中 R2ATS 型多一个公称内径为 63mm 的规格。在 -40~60℃的温度范围内适用于 GB/T 7631.2 定义的 HFC、HFAE、HFAS 和 HFB 水基液压流体，或在 -40~100℃温度范围内适用于 GB/T 7631.2 规定的 HH、HL、HM、HR 和 HV 油基液压流体。

型别：根据结构、工作压力和耐油性能的不同，软管分为六个型别。

1ST 型——具有单层钢丝编织层和厚外覆层的软管；

2ST 型——具有两层钢丝编织层和厚外覆层的软管；

1SN 和 R1ATS 型——具有单层钢丝编织层和薄外覆层的软管；

2SN 和 R2ATS 型——具有两层钢丝编织层和薄外覆层的软管。

材料和结构：软管应由耐油基或水基液压流体的橡胶内衬层、一层或两层高强度钢丝层以及一层耐天候和耐油的橡胶外覆层组成。

成品软管的内、外径和增强层外径见表 21-8-4，软管应在大于（或等于）表中规定的最小弯曲半径和小于

（或等于）设计工作压力的条件下进行工作。

表 21-8-4 mm

公称内径	所有型别		R1ATS,1SN,1ST 型		1ST 型		1SN,R1ATS 型				R2ATS,2SN,2ST 型		2ST 型		2SN,R2ATS 型		
	内径		增强层外径		软管外径		软管外径	外覆层厚度				增强层外径		软管外径		软管外径	外覆层厚度	
	最小	最大	最小	最大	最小	最大	最大	最小	最大			最小	最大	最小	最大	最大	最小	最大
5	4.6	5.4	8.9	10.1	11.9	13.5	12.5	0.8	1.5	10.6	11.7	15.1	16.7	14.1	0.8	1.5
6.3	6.1	7.0	10.6	11.7	15.1	16.7	14.1	0.8	1.5	12.1	13.3	16.7	18.3	15.7	0.8	1.5
8	7.7	8.5	12.1	13.3	16.7	18.3	15.7	0.8	1.5	13.7	14.9	18.3	19.9	17.3	0.8	1.5
10	9.3	10.1	14.5	15.7	19.0	20.6	18.1	0.8	1.5	16.1	17.3	20.6	22.2	19.7	0.8	1.5
12.5	12.3	13.5	17.5	19.1	22.2	23.8	21.5	0.8	1.5	19.0	20.6	23.8	25.4	23.1	0.8	1.5
16	15.5	16.7	20.6	22.2	25.4	27.0	24.7	0.8	1.5	22.2	23.8	27.0	28.6	26.3	0.8	1.5
19	18.6	19.8	24.6	26.2	29.4	31.0	28.6	0.8	1.5	26.2	27.8	31.0	32.6	30.2	0.8	1.5
25	25.0	26.4	32.5	34.1	36.9	39.3	36.6	0.8	1.5	34.1	35.7	38.5	40.9	38.9	0.8	1.5
31.5	31.4	33.0	39.3	41.7	44.4	47.6	44.8	1.0	2.0	43.2	45.7	49.2	52.4	49.6	1.0	2.0
38	37.7	39.3	45.6	48.0	50.8	54.0	52.1	1.3	2.5	49.6	52.0	55.6	58.8	56.0	1.3	2.5
51	50.4	52.0	58.7	61.9	65.1	68.3	65.9	1.3	2.5	62.3	64.7	68.2	71.4	68.6	1.3	2.5
63	63.1	65.1								74.6	77.8			81.8	1.3	2.5

公称内径	最大工作压力 /MPa		验证压力 /MPa		最小爆破压力 /MPa		最小弯曲半径
	1ST,1SN,R1ATS 型	2ST,2SN,R2ATS 型	1ST,1SN,R1ATS 型	2ST,2SN,R2ATS 型	1ST,1SN,R1ATS 型	2ST,2SN,R2ATS 型	
5	25.0	41.5	50.0	83.0	100.0	166.0	90
6.3	22.8	40.0	45.0	80.0	80.0	160.0	100
8	21.5	35.0	43.0	70.0	86.0	140.0	115
10	18.0	33.0	36.0	66.0	72.0	132.0	130
12.5	16.0	27.5	32.0	55.0	54.0	110.0	180
16	13.0	25.0	26.0	50.0	52.0	100.0	200
19	10.5	21.5	21.0	43.0	42.0	86.0	240
25	8.7	16.5	18.0	33.0	36.0	66.0	300
31.5	6.2	12.5	13.0	26.0	36.0	50.0	420
38	5.0	9.0	10.0	18.0	20.0	36.0	500
51	4.0	8.0	8.0	16.0	16.0	32.0	630
63	—	7.0	—	14.0	—	28.0	760

注：公称内径 63 仅适用于 R2ATS 型。

1.2 管接头

表 21-8-5 管接头的类型、特点与应用

类型		结构图	特点及应用	
焊接式管接头	端面密封焊接式管接头	 （摘自 JB/T 966—2005） （摘自 JB/ZQ 4399—2006）	利用接管与管子焊接。接头体和接管之间用 O 形密封圈端面密封。结构简单,密封性好,对管子尺寸精度要求不高,但要求焊接质量高,装拆不便。工作压力可达 31.5MPa,工作温度为 -25~80℃,适用于油为介质的管路系统	各有 7 种基本型式:端直通、直通、端直角、直角、端三通、三通和四通管接头。凡带端字的都用于管端与机件间的连接,其余则用于管件间的连接
	锥面密封焊接式管接头	 （摘自 JB/T 6381.1~6386—2007） （摘自 JB/ZQ 4188~4189—2006）	除具有焊接式管接头的优点外,由于它的 O 形密封圈装在 24°锥体上,使密封有调节的可能,密封更可靠。工作压力为 31.5MPa,工作温度为 -25~80℃,适用于以油、气为介质的管路系统。目前国内外多采用这种接头	

续表

类　型	结　构　图	特　点　及　应　用	
卡套式管接头	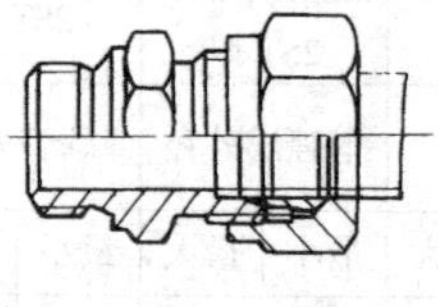 （摘自 GB/T 3733.1~3765—2008） （摘自 JB/ZQ 4401~4407—2006）	利用管子变形卡住管子并进行密封,重量轻,体积小,使用方便,要求管子尺寸精度高,需用冷拔钢管,卡套精度也高,工作压力可达 31.5MPa,适用于油、气及一般腐蚀性介质的管路系统	各有 7 种基本型式:端直通、直通、端直角、直角、端三通、三通和四通管接头。凡带端字的都用于管端与机件间的连接,其余则用于管件间的连接
扩口式管接头	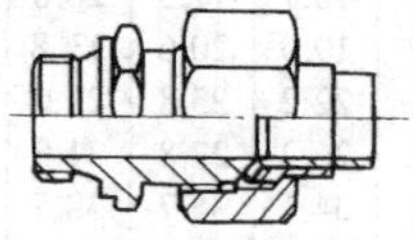 （摘自 GB/T 5625.1~5653—2008） （摘自 JB/ZQ 4408~4411、 4529—2006）	利用管子端部扩口进行密封,不需其他密封件。结构简单,适用于薄壁管件连接。允许使用压力为,碳钢管在 5~16MPa,紫铜管在 3.5~16MPa。适用于油、气为介质的压力较低的管路系统	
软管接头及橡胶软管总成	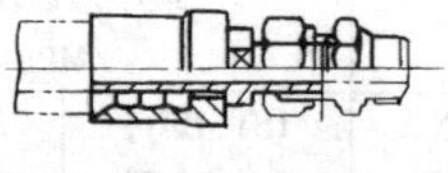 （摘自 GB/T 9065.1~9065.3—1988） （摘自 JB/T 6142.1~6144.5—2007）	安装方便。液压软管接头可与扩口式、卡套式或焊接式管接头连接使用;锥密封橡胶软管总成可选择多种型式螺纹或焊接接头等连接。工作压力与钢丝增强层结构和橡胶软管直径有关,适用于油、水、气为介质的管路系统	
快换接头 两端开闭式	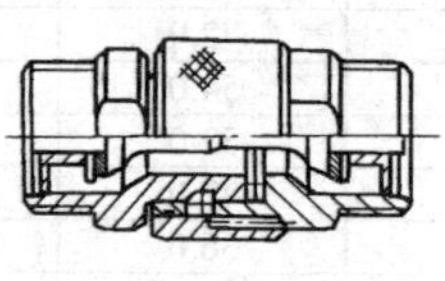 （摘自 JB/ZQ 4078—2006）	管子拆开后,可自行密封,管道内液体不会流失,因此适用于经常拆卸的场合,结构比较复杂,局部阻力损失较大,工作压力低于 31.5MPa,工作温度-20~80℃,适用于油、气为介质的管路系统	
快换接头 两端开放式	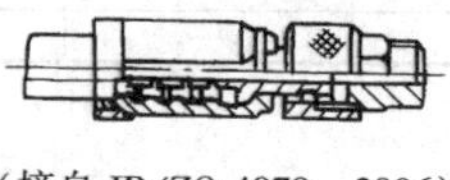 （摘自 JB/ZQ 4079—2006）	适用于油、气为介质的管路系统,工作压力受连接的橡胶软管限定	
承插焊管件	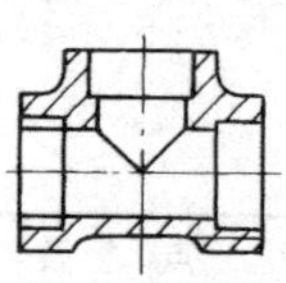 （摘自 GB/T 14383—2008）	将需要长度的管子插入管接头直至管子端面与管接头内端接触,将管子与管接头焊接成一体,可省去接管,但要求管子尺寸严格。适用于油、气为介质的管路系统	
旋转接头	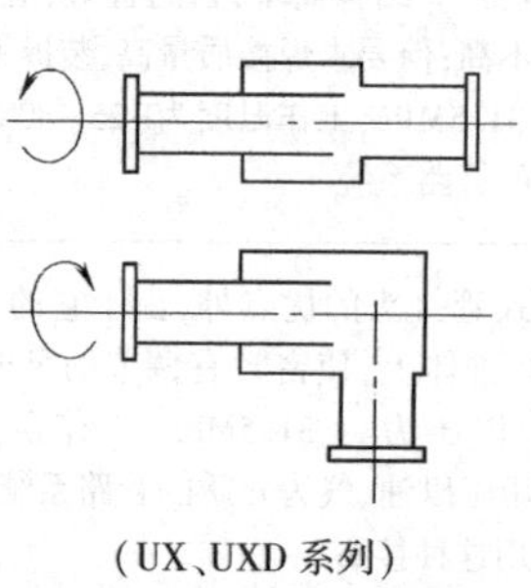 （UX、UXD 系列）	在设备连续、断续(正、反向)旋转或摆动过程中,可将旋转与固定管路连接并能连续输送油、水、气等多种介质。适用于工作压力小于等于 40MPa,工作温度-20~200℃的情况,并可同时输送多种介质,通路数量1~30。旋转接头许用转速与心轴直径、介质温度和压力有关。心轴直径处的最大线速度可达 2m/s	

1.2.1　金属管接头　O形圈平面密封接头（摘自 JB/T 966—2005）

本节重点介绍用于流体传动和一般用途的金属管接头、O形圈平面密封接头（摘自 JB/T 966—2005）的有关内容；并同时给出 JB/T 978—2013、JB/T 982—1977 等焊接管接头和垫圈的资料，详见表 21-8-18~表 21-8-22。

JB/T 966—2005 标准规定了管子外径为 6~50mm 钢制 O形圈平面密封接头的结构型式及基本尺寸、性能和试验要求、标志等。

JB/T 966—2005 标准适用于以液压油（液）为工作介质，工作温度范围为−20~100℃，压力在 6.5kPa 的绝对真空压力至表 21-8-16 所示的工作压力下的用 O形圈平面密封接头的连接。

（1）接头标记型式

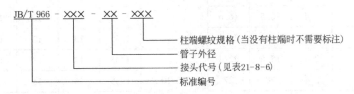

JB/T 966 - ××× - ×× - ×××

　　　　　　　　　　　　柱端螺纹规格（当没有柱端时不需要标注）
　　　　　　　　　　　　管子外径
　　　　　　　　　　　　接头代号（见表21-8-6）
　　　　　　　　　　　　标准编号

表 21-8-6　　　　　　　　　　　　　接头名称及代号

接 头 名 称	接头代号	图 示	接 头 名 称	接头代号	图 示
焊接接管	HJG	图 21-8-3	垫圈	DQG	图 21-8-16
连接螺母	JLM	图 21-8-4	柱端直通接头	ZZJ	图 21-8-17
直通接头	ZTJ	图 21-8-5	45°可调柱端接头	4TJ	图 21-8-18
直角接头	ZJJ	图 21-8-6	直角可调柱端接头	JTJ	图 21-8-19
三通接头	SAJ	图 21-8-7	三通分支可调柱端接头	SFT	图 21-8-20
四通接头	SIJ	图 21-8-8	三通主支可调柱端接头	SZT	图 21-8-21
直通隔板接头	ZGJ	图 21-8-9	直通活动接头	JHJ	图 21-8-26
直角隔板接头	JGJ	图 21-8-10	三通分支活动接头	SFH	图 21-8-27
45°隔板接头	4GJ	图 21-8-11	三通主支活动接头	SZH	图 21-8-28
三通分支隔板接头	SFG	图 21-8-12	直通焊接接头	ZWJ	图 21-8-30
三通主支隔板接头	SZG	图 21-8-13	直角焊接接头	JWJ	图 21-8-31
扁螺母	BLM	图 21-8-15			

接头标记示例

示例 1　管子外径为 30mm 的直角接头，标记方法：JB/T 966-ZJJ-30

示例 2　管子外径为 8mm、柱端螺纹为 M14×1.5 的直角可调柱端接头，标记方法：JB/T 966-JTJ-08-M14

（2）接头型式与连接尺寸

典型连接方式及结构应符合图 21-8-1 的规定，O形圈平面密封连接端结构及尺寸应符合图 21-8-2 和表 21-8-7的规定。退刀槽结构一般用于直通接头体，螺纹收尾结构一般用于直角、三通、四通等接头体。焊接接管结构及尺寸应符合图 21-8-3 和表 21-8-8 的规定。连接螺母结构及尺寸应符合图 21-8-4 和表 21-8-9 的规定。O形圈平面密封接头结构应符合图 21-8-5~图 21-8-8 的规定，尺寸应符合表 21-8-10 的规定。

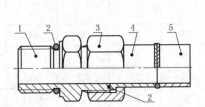

图 21-8-1　典型连接方式及结构

1—接头；2—O形圈；3—连接螺母；4—焊接接管；5—无缝钢管

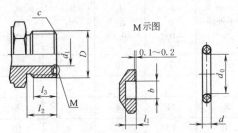

图 21-8-2　O形圈平面密封连接端结构

表 21-8-7 O 形圈平面密封连接端尺寸   mm

管子外径	O 形圈平面密封端尺寸									O 形圈尺寸	
	D	b +0.06 -0.06	d_1	d_0		l_1	l_2 +0.03 -0.03	l_3 min	c	d_0	d
				尺寸	公差						
$6^{①}$	M12×1.5	2.4	3	8.7	±0.08	1.35	11	10	1	5.3	1.8
6	M14×1.5	2.4	5	10.9		1.35	11	10	1	7.5	1.8
8	M16×1.5	2.4	6	11.9		1.35	11	10	1	8.5	1.8
10	M18×1.5	2.4	7	13.1		1.3	11	10	1.5	9.75	1.8
12	M22×1.5	2.4	10.5	16.6		1.35	12	12	1.5	13.2	1.8
16	M27×1.5	2.4	13	20.4		1.35	13	12	1.5	17	1.8
20	M30×1.5	2.4	15.5	22.4		1.35	14	13	1.5	19	1.8
25	M36×2	2.4	20	27	±0.10	1.35	16	15	2	23.6	1.8
28	M39×2	2.4	22.5	29.9		1.35	18	17	2	26.5	1.8
30	M42×2	2.4	25	32.4		1.35	20	19	2	29	1.8
35	M45×2	2.4	27	34.9		1.35	20	19	2	31.5	1.8
38	M52×2	2.4	32	40.9	±0.13	1.35	22	21	2	37.5	1.8
42	M60×2	3.6	36	47.6		2.02	24	23	2	42.5	2.65
50	M64×2	3.6	40	51.3		2.02	27	26	2	46.2	2.65

① 接头标记时用 "6A" 表示管子外径。

注：O 形圈尺寸及公差应符合 GB/T 3452.1—2005。

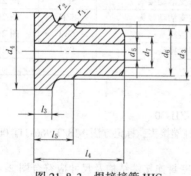

图 21-8-3 焊接接管 HJG

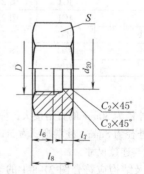

图 21-8-4 连接螺母 JLM

表 21-8-8 焊接接管尺寸   mm

管子外径	d_3 0 -0.1	d_4 0 -0.15	d_5	d_6 0 -0.1	d_7	l_3	l_4	l_5	r_1	r_2
$6^{①}$	7	10	2	6	4	3.5	20	6	0.15	0.5
6	9	12	2	6	4	4	22	6.5	0.15	0.5
8	11	14	3	8	5	4.5	24	7.5	0.15	0.5
10	13	16	4	10	6	5	26	9	0.15	0.5
12	17	20	5	12	7	5	28	9	0.15	1
16	22	25	10	16	12	6	32	11	0.15	1

续表

管子外径	d_3 0 -0.1	d_4 0 -0.15	d_5	d_6 0 -0.1	d_7	l_3	l_4	l_5	r_1	r_2
20	23	27.5	13	20	15	6	32	11	0.15	1
25	28	33	16	25	18	6	35	11	0.25	1.5
28	32	36.5	18	28	20	7	38	13	0.25	1.5
30	34	39	22	30	24	7	38	13	0.25	1.5
35	38	42.5	27	35	29	7	40	13	0.25	1.5
38	44.5	49	28	38	30	7	40	13	0.25	1.5
42	50	57.5	32	42	35	7	44	14	0.25	1.5
50	57.5	61.5	38	50	41	7	46	14	0.25	2

① 接头标记时用"6A"表示管子外径。

表 21-8-9 连接螺母尺寸 mm

管子外径	D	d_{20} $+0.1$ 0	l_6 min	l_7	l_8	S	C_2	C_3
6①	M12×1.5	7.2	9.5	2.5	14.5	14	0.2	0.15
6	M14×1.5	9.2	9.5	2.5	15	17	0.2	0.15
8	M16×1.5	11.2	9.5	3	16	19	0.2	0.15
10	M18×1.5	13.2	9.5	4	17.5	22	0.2	0.15
12	M22×1.5	17.2	11	4	19	27	0.2	0.15
16	M27×1.5	22.2	12	5	21	32	0.2	0.15
20	M30×1.5	23.2	13	5	22	36	0.2	0.15
25	M36×2	28.3	15	5	24	41	0.3	0.25
28	M39×2	32.3	15	6	26	46	0.3	0.25
30	M42×2	34.3	17	6	28	50	0.3	0.25
35	M45×2	38.3	17	6	28	55	0.3	0.25
38	M52×2	44.8	19	6	30	60	0.3	0.25
42	M60×2	53.3	22	7	34	70	0.5	0.25
50	M64×2	57.8	25	7	37	75	0.5	0.25

① 接头标记时用"6A"表示管子外径。

图 21-8-5 直通接头 ZTJ

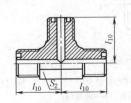

图 21-8-6 直角接头 ZJJ 图 21-8-7 三通接头 SAJ

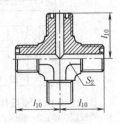

图 21-8-8 四通接头 SIJ

表 21-8-10   **O 形圈平面密封接头尺寸**   mm

管子外径	螺　　纹	l_9	l_{10}	S_1	S_2
6[①]	M12×1.5	28	21.5	14	12
6	M14×1.5	28	22.5	17	14
8	M16×1.5	28	24	17	17
10	M18×1.5	28	26	19	19
12	M22×1.5	32	29	24	22
16	M27×1.5	36	32.5	30	27
20	M30×1.5	39	35.5	32	30
25	M36×2	43	42	38	36
28	M39×2	49	47.5	41	41
30	M42×2	53	49.5	46	41
35	M45×2	53	52.5	46	46
38	M52×2	59	57	55	50
42	M60×2	65	65	65	60
50	M64×2	71	71	65	65

① 接头标记时用"6A"表示管子外径。

O 形圈平面密封隔板接头结构应符合图 21-8-9~图 21-8-16 的规定，尺寸应符合表 21-8-11 的规定。

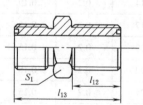

图 21-8-9   直通隔板接头 ZGJ

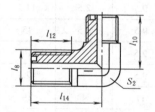

图 21-8-10   直角隔板接头 JGJ

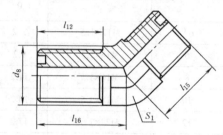

图 21-8-11   45°隔板接头 4GJ

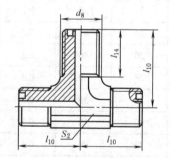

图 21-8-12   三通分支隔板接头 SFG

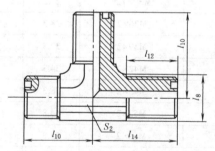

图 21-8-13   三通主支隔板接头 SZG

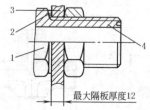

图 21-8-14   隔板接头装配示意图
1—隔板接头体；2—垫圈；3—隔板；4—扁螺母
注：当隔板与接头间无密封要求时，垫圈可省略

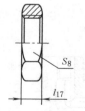

图 21-8-15   扁螺母 BLM

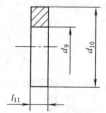

图 21-8-16   垫圈 DQG

表 21-8-11   **O 形圈平面密封隔板接头尺寸**   mm

管子外径	螺纹	d_8	d_9 尺寸	d_9 公差	d_{10} 尺寸	d_{10} 公差	l_{10}	l_{11} ±0.1	l_{12}	l_{13}	l_{14}	l_{15}	l_{16}	l_{17} ±0.35	S_2	S_1	S_8
6①	M12×1.5	17	12.2		15.9		21.5	1.5	32.5	49.5	45.5	19	43.5	6	12	17	17
6	M14×1.5	19	14.2		17.9	0 −0.14	22.5	1.5	32.5	49.5	46.5	19.5	44	6	14	19	19
8	M16×1.5	22	16.2	+0.24 0	19.9		24	1.5	32.5	51.5	48	20	44.5	6	17	22	22
10	M18×1.5	24	18.2		22.9		26	2	33	52	50	21.5	45.5	6	19	24	24
12	M22×1.5	27	22.2		26.9		29	2	35.5	58	54	24	49	7	22	27	30
16	M27×1.5	32	27.2		31.9	0 −0.28	32.5	2	37	61	58.5	25.5	51.5	8	27	32	36
20	M30×1.5	36	30.2		35.9		35.5	2	38	63	61.5	27	53.5	8	30	36	41
25	M36×2	41	36.2	+0.28 0	41.9		42	2	42	71	71	31.5	60.5	9	36	41	46
28	M39×2	46	39.2		45.9		47.5	2	44	75	76	36	64	9	41	46	50
30	M42×2	50	42.2		48.9	0 −0.34	49.5	2	46	81	78	38	66	9	41	50	50
35	M45×2	55	45.2	+0.34 0	51.9		52.5	2	46	81	81	39	67	9	46	55	55
38	M52×2	60	52.2		59.9		57	2	49	86	86	42	71	10	50	60	65
42	M60×2	70	60.2		67.9		65	2	51	92	94	47.5	75.5	10	60	70	70
50	M64×2	75	64.2		71.9		71	2	54	98	99.5	51.5	79.5	10	65	75	75

① 接头标记时用"6A"表示管子外径。

O 形圈平面密封柱端接头结构应符合图 21-8-17~图 21-8-25 的规定，尺寸应符合表 21-8-12 的规定，柱端按 ISO 6149-2，可调柱端用螺纹收尾或退刀槽结构。

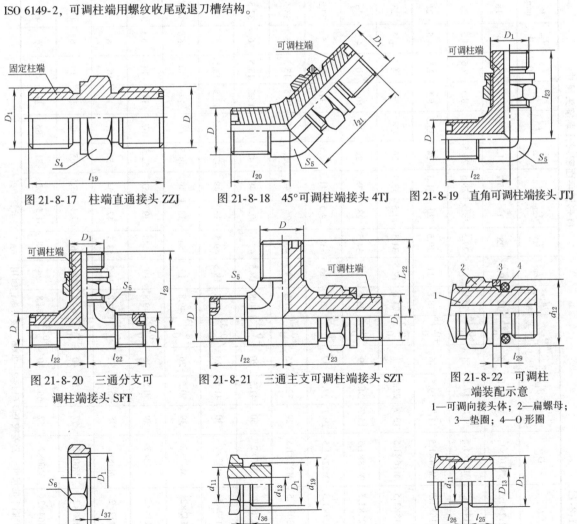

图 21-8-17   柱端直通接头 ZZJ   图 21-8-18   45°可调柱端接头 4TJ   图 21-8-19   直角可调柱端接头 JTJ

图 21-8-20   三通分支可调柱端接头 SFT   图 21-8-21   三通主支可调柱端接头 SZT   图 21-8-22   可调柱端装配示意

1—可调向接头体；2—扁螺母；3—垫圈；4—O 形圈

图 21-8-23   扁螺母 1   图 21-8-24   固定柱端   图 21-8-25   可调柱端

表 21-8-12

O形圈平面密封柱端接头尺寸

mm

管子外径	D	D₁	d_{11} 0 -0.1	d_{12}	d_{13} 尺寸	d_{13} 公差	d_{19} ±0.2	l_{18}	l_{19}	l_{20}	l_{21}	l_{22}	l_{23}	l_{24}	l_{25} ±0.2	l_{26} ±0.1	l_{27} min	l_{28} ±0.1	l_{29}	l_{36} 0 +0.3	l_{37} ±0.1	S_4	S_5	S_6	O形圈 内径	O形圈 外径
6①	M12×1.5	M10×1	8.4	14.5	3	+0.14 0	13.8	9.5	28	19	25.2	21.5	27.5	7	6.5	4	18	2.5	1	2	1.5	14	12	14	8.1	1.6
6	M14×1.5	M12×1.5	9.7	17.5	4	+0.18 0	16.8	11	29.5	19.5	28.5	22.5	32	8.5	7.5	4.5	21	2.5	1	3	2	17	14	17	9.3	2.2
8	M16×1.5	M14×1.5	11.7	19.5	6	+0.18 0	18.8	11	29.5	20	31.5	24	35.5	8.5	7.5	4.5	21	2.5	1	3	2	19	17	19	11.3	2.2
10	M18×1.5	M16×1.5	13.7	22.5	7	+0.22 0	21.8	12.5	31.5	21.5	33.5	26	38	9	9	4.5	23	2.5	1	3	2	22	19	22	13.3	2.2
12	M22×1.5	M18×1.5	15.7	24.5	9	+0.22 0	23.8	14	34.5	23	38	29	44	10.5	10.5	4.5	26	2.5	1	3	2.5	24	22	24	15.3	2.2
16	M27×1.5	M22×1.5	19.7	27.5	12	+0.27 0	26.8	15	38	24.5	41	32.5	48	11	11	5	27.5	2.5	1.2	3	2.5	30	27	27	19.3	2.2
20	M30×1.5	M27×1.5	24	32.5	15	+0.27 0	31.8	18.5	43.5	26	46	35.5	55	13.5	13.5	6	33.5	2.5	1.2	4	2.5	32	30	32	23.6	2.9
25	M36×2	M33×2	30	41.5	20	+0.33 0	40.8	18.5	47.5	30.5	48	42	59	13.5	13.5	6	33.5	3	1.2	4	3	41	36	41	29.6	2.9
28	M39×5	M33×2	30	41.5	20	+0.33 0	40.8	18.5	49.5	36	49	47.5	61.5	13.5	13.5	6	33.5	3	1.2	4	3	41	41	41	29.6	2.9
30	M42×2	M42×2	39	50.5	26	+0.33 0	49.8	19	54	38	49	56	63	14	14	6	34.5	3	1.2	4	3	50	41	50	38.6	2.9
35	M45×2	M42×2	39	50.5	26	+0.33 0	49.8	19	54	39	51	52.5	67	14	14	6	34.5	3	1.2	4	3	50	46	50	38.6	2.9
38	M52×2	M48×2	45	55.5	32	+0.39 0	54.8	21.5	58.5	42	54	56	71.5	15	16.5	6	38	3	1.2	4	3	55	50	55	44.6	2.9
42	M60×2	M60×2	57	65.5	40	+0.39 0	64.8	24	65	47.5	63.5	65	82	17	19	6	42.5	3	1.2	4	3	65	60	65	56.6	2.9
50	M64×2	M60×2	57	65.5	40	+0.39 0	64.8	24	68	51.5	65	71	85	17	19	6	42.5	3	1.2	4	3	65	65	65	56.6	2.9

① O形圈 1 的尺寸、公差按 ISO 6149-2—2006。接头标记时用 "6A" 表示管子外径。

O 形圈平面密封活动接头的结构应符合图 21-8-26~图 21-8-29 的规定，尺寸应符合表 21-8-13 的规定。活动螺母与接头体的连接方式由制造商确定。

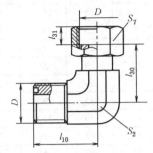

图 21-8-26　直角活动接头 JHJ

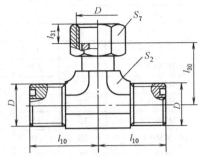

图 21-8-27　三通分支活动接头 SFH

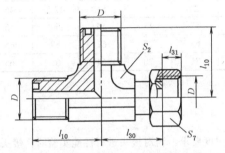

图 21-8-28　三通主支活动接头 SZH

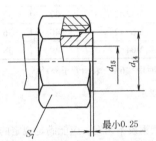

图 21-8-29　活动接头端结构

表 21-8-13　　　　　　　　　　　　　O 形圈平面密封活动接头尺寸　　　　　　　　　　　　　　　mm

管子外径	D	d_{14}(参考)	d_{15}	l_{10}	l_{30}	l_{31}	S_2	S_7
6[①]	M12×1.5	10	3	21.5	23	8.5	12	17
6	M14×1.5	12	4	22.5	24.5	8.5	14	19
8	M16×1.5	14	6	24	27.5	8.5	17	22
10	M18×1.5	16	7.5	26	30.5	8.5	19	24
12	M22×1.5	20	10	29	34	10	22	27
16	M27×1.5	25	13	32.5	38.5	10	27	32
20	M30×1.5	27	15	35.5	41.5	11	30	36
25	M36×2	33	20	42	47	13	36	41
28	M39×2	36	22.5	47.5	53	13	41	46
30	M42×2	39	25	49.5	55	15	41	50
35	M45×2	42	27	52.5	57.5	15	46	55
38	M52×2	49	32	57	62	17	50	60
42	M60×2	57	36	65	71.5	20	60	70
50	M64×2	61	38	71	78	23	65	75

① 接头标记时用"6A"表示管子外径。

O 形圈平面密封焊接接头的结构应符合图 21-8-30、图 21-8-31 的规定，尺寸应符合表 21-8-14 的规定。

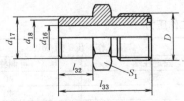

图 21-8-30　直通焊接接头 ZWJ

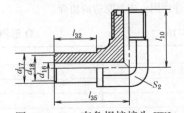

图 21-8-31　直角焊接接头 JWJ

表 21-8-14　　　　　　　　**O 形圈平面密封焊接接头尺寸**　　　　　　　　mm

管子外径	D	d_{18}	d_{16}	d_{17}	l_{10}	l_{32}	l_{33}	l_{35}	S_1	S_2
6[①]	M12×1.5	3	3	6	21.5	8	25	16.5	14	12
6	M14×1.5	4	4	6	22.5	8	25	17.5	17	14
8	M16×1.5	6	6	8	24	8	25	19.5	17	17
10	M18×1.5	7	7.5	10	26	12	29	25	19	19
12	M22×1.5	9	10	12	29	12	32.5	27	24	22
16	M27×1.5	12	12	16	32.5	12	35	29.5	30	27
20	M30×1.5	15	15	20	35.5	14	39	33.5	32	30
25	M36×2	20	20	25	42	16	43	39	38	36
28	M39×2	20	22.5	28	47.5	16	47	43	41	41
30	M42×2	26	25	30	49.5	16	49	43	46	41
35	M45×2	26	27	35	52.5	18	51	47.5	46	46
38	M52×2	32	32	38	57	18	55	50	55	50
42	M60×2	40	36	42	65	20	61	58	65	60
50	M64×2	40	38	50	71	20	64	61	65	65

① 接头标记时用"6A"表示管子外径。

（3）材料要求

1）接头体

材料应是碳钢或不锈钢，应能满足规定的最低压力/温度要求，当对接头进行性能实验时，接头体材料性能应适合流体输送并保证有效连接。焊接用接管应用易于焊接的材料。

2）螺母

材料应与接头体相对应，碳钢接头体配用碳钢螺母，不锈钢接头体配用不锈钢螺母，除非另有规定。接头常用的推荐材料见表 21-8-15。

表 21-8-15　　　　　　　　**接头常用的推荐材料**

零 件 名 称	牌 号	标 准 号
接头体、螺母	35、45	GB/T 699
	0Cr18Ni9	GB/T 1220
焊接接管、垫片	20	GB/T 699
垫圈	纯铜	GB/T 5231

3）O 形圈

当按表 21-8-16 给出的压力和温度要求使用和测试时，O 形圈应用硬度为（90±5）IRHD（GB/T 6031）的丁腈橡胶（NBR）制成。

（4）压力/温度要求

按本标准制造的碳钢或不锈钢 O 形圈平面密封接头，当温度在−20~+100℃，压力在 6.5kPa 的绝对真空压力至表 21-8-16 中所示的工作压力下使用时，应满足无泄漏要求。

接头应满足本标准第 11 章中规定的所有性能要求，试验应在室温下进行。如果需要在表 21-8-16 给出的温度和压力以外使用，应与制造商协商。

表 21-8-16　　　　　　　　**O 形圈平面密封接头工作压力**

管 子 外 径/mm		工 作 压 力/MPa	
Ⅰ系列	Ⅱ系列	固定柱端	可调柱端
6	—	63	40
8	—	63	40
10	—	63	40
12	—	63	40

管 子 外 径/mm		工 作 压 力/MPa	
Ⅰ系列	Ⅱ系列	固定柱端	可调柱端
16	—	40	40
20	—	40	40
25	—	40	31.5
—	28	40	31.5
30	—	25	25
—	35	25	25
38	—	25	20
—	42	25	16
—	50	16	16

（5）钢管要求

接头应与相适应的钢管配合使用，碳钢钢管应符合 GB/T 3639 要求，管子外径的极限尺寸见表 21-8-17，这些尺寸包括了椭圆度。工作压力低时，用户和制造商可协商使用其他标准的钢管。

表 21-8-17　　　　　　钢管外径的极限尺寸　　　　　　　　　　mm

管 子 外 径		外径极限尺寸	
Ⅰ系列	Ⅱ系列	min	max
6	—	5.9	6.1
8	—	7.9	8.1
10	—	9.9	10.1
12	—	11.9	12.1
16	—	15.9	16.1
20	—	19.9	20.1
25	—	24.9	25.1
—	28	27.9	28.1
30	—	29.85	30.15
—	35	34.85	35.15
38	—	37.85	38.15
—	42	41.85	42.15
—	50	49.85	50.15

注：1. 应优先选用Ⅰ系列钢管。

2. 生产厂为焦作市路通液压附件有限公司、焦作华科液压机械制造有限公司。

焊接式铰接管接头（摘自 JB/T 978—2013）

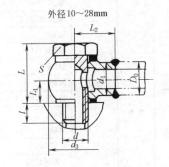

外径10～28mm

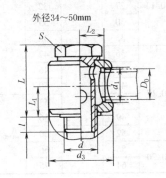

外径34～50mm

应用无缝钢管的材料为 15、20 钢，精度为普通级。

标记示例

管子外径 D_0 28mm 的焊接式铰接管接头：

管接头 28　JB/T 978—2013

表 21-8-18   mm

管子外径 D_0	公称通径 DN	d	d_1	d_3	l	L	L_1	L_2	扳手尺寸 S	垫圈	质量 /kg
10	6	M10×1	11	22	8	23	8.5	15	17	10	0.059
14	8	M14×1.5	16	28	10	29	11	20	19	14	0.103
18	10	M18×1.5	19	36	12	34	13	25	24	18	0.190
22	15	M22×1.5	22	46	14	43	17	30	30	22	0.342
28	20	M27×2	28	56	15	50	20	35	36	27	0.660
34	25	M33×2	34.8	64	16	66	27	24	41	33	1.320
42	32	M42×2	42.8	78	17	82	34	30	55	42	2.140
50	40	M48×2	50.8	90	19	94	38	33	60	48	3.330

表 21-8-19　　　　**直角焊接接管**（摘自 JB/T 979—2013）　　　　mm

$$R=\frac{d_3}{2}$$

标记示例

管子外径 D 为 18mm 的直角焊接接管：

接管 18　JB/T 979—2013

管子外径 D_0	d_0	d_3	L	r	C	质量 /kg
6	3	9	9			0.008
10	6	12	12	2	2	0.016
14	10	16	15			0.035
18	12	20	19	2.5	2.5	0.060
22	15	24	21		3	0.090
28	20	31	25	3	4	0.150
34	25	36	30			0.250
42	32	44	35	4	5	0.400
50	36	52	40			0.690

表 21-8-20　　　　**组合密封垫圈**（摘自 JB/T 982—1977）　　　　mm

材料：件 1—耐油橡胶
　　　件 2—Q235
　　　件 1 和件 2 在硫化压胶时
　　　胶住

标记示例

公称直径为 27mm 的组合密封
垫圈：
　　垫圈 27　JB/T 982—1977

公称直径	d_1 尺寸	d_1 公差	d_2 尺寸	d_2 公差	D 尺寸	D 公差	$h\pm0.1$	孔 d_2 允许同轴度	适用螺纹尺寸
8	8.4		10		14				M8
10	10.4		12		16	$^{0}_{-0.24}$			M10(G⅛)
12	12.4	±0.12	14	$^{+0.24}_{0}$	18				M12
14	14.4		16		20				M14(G¼)
16	16.4		18		22			0.1	M16
18	18.4		20		25	$^{0}_{-0.28}$	2.7		M18(G⅜)
20	20.5		23		28				M20
22	22.5		25	$^{+0.28}_{0}$	30				M22(G½)
24	24.5	±0.14	27		32				M24
27	27.5		30		35				M27(G¾)
30	30.5		33		38				M30
33	33.5		36		42	$^{0}_{-0.34}$			M33(G1)
36	36.5		40		46				M36
39	39.6		43	$^{+0.34}_{0}$	50			0.15	M39
42	42.6	±0.17	46		53				M42(G1¼)
45	45.6		49		56		2.9		M45
48	48.7		52		60	$^{0}_{-0.40}$			M48
52	52.7		56		66				M52
60	60.7	±0.20	64	$^{+0.40}_{0}$	75				M60(G2)

表 21-8-21 密封垫圈 mm

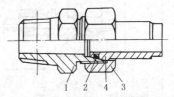

公称直径	d		D		$H_{-0.2}^{0}$	允许同轴度	配用螺纹		公称直径	d		D		$H_{-0.2}^{0}$	允许同轴度	配用螺纹
	尺寸	公差	尺寸	公差			螺栓上	螺孔内		尺寸	公差	尺寸	公差			螺孔内
4	4.2		7.9					M10×1	24	24.2		28.9	$_{-0.28}^{0}$			M33×2
5	5.2		8.9					M12×1.25	27	27.2	$_{0}^{+0.28}$	31.9		0.15	M27	
7	7.2		10.9					M14×1.5	30	30.2		35.9			M30	
8	8.2		11.9	$_{-0.24}^{0}$			M8		32	32.2		37.9				M42×2
10	10.2		12.9		1.5	0.1	M10		33	33.2		38.9	$_{-0.34}^{0}$		M33	
12	12.2	±0.24	15.9					M18×1.5	36	36.2		41.9			M36	M48×2
13	13.2		16.9					M20×1.5	39	39.2	$_{0}^{+0.34}$	45.9		0.20	M39	
14	14.2		17.9				M14		40	40.2		46.9			M40	
15	15.2		18.9					M22×1.5	42	42.2		48.9			M42	
16	16.2		19.9				M16		45	45.2		51.9			M45	
18	18.2		22.9	$_{-0.28}^{0}$				M27×2	48	48.2		54.9	$_{-0.40}^{0}$		M48	M60×2
20	20.2	±0.28	24.9		2	0.15	M20		52	52.2	$_{0}^{+0.40}$	59.9		0.25	M52	
22	22.2		26.9				M22		60	60.2		67.9			M60	

注：适用于焊接、卡套、扩口式管接头及螺塞的密封。

表 21-8-22 焊接式管接头零件的材料及热处理

序号	零件名称	材料牌号	材料标准号
1	接头体、螺母、螺塞	35、15	GB/T 699
2	铰接管接头体、铰接螺栓	45	GB/T 699
3	接管	15、20	GB/T 699
4	金属垫圈	纯铝、纯铜(退火后 32~45HB)	GB/T 2059
5	组合密封垫圈、垫圈体	Q235	GB/T 700
6	组合密封垫圈密封体	丁腈橡胶	HG/T 2810

注：1. 同栏中所列材料允许通用，在采用冷镦、冷挤以及辗制螺纹工艺条件下，序号1、3零件允许用 Q235 钢代替，但抗拉强度不应低于 35 钢。
2. 铰接螺栓经调质处理硬度为 200~230HB。
3. 除表中所规定的材料外，可根据使用条件选用其他材料，由供需双方议定，在订货单中注明。
4. 零件材料为碳素钢时，其表面处理均为发黑或发蓝。需要其他处理时，由供需双方议定，在订货单中注明。

1.2.2 锥密封焊接式管接头

锥密封焊接式管接头由接头体 1、O 形密封圈 2、螺母 3 和接管 4 组成（见图 21-8-32），旋紧螺母使接管外锥表面和其上的 O 形密封圈与接头体内的内锥表面紧密相配。由于圆锥结合使接管与接头体自动对准中心，可以补偿焊接或弯管的误差，使密封更可靠、抗振能力更强，但接管与接头体相互有小的轴向位移，使装卸接头并不方便。锥密封焊接式管接头类型和尺寸见表 21-8-23。

适用于以油、气为介质，公称压力 $PN \leqslant 31.5MPa$，工作温度-25~80℃。

生产厂：焦作市路通液压附件有限公司、宁波液压附件厂、盐城蒙塔液压机械有限公司。

图 21-8-32 锥密封焊接式管接头结构
1—接头体；2—O 形密封圈；3—螺母；4—接管

表 21-8-23 锥密封焊接式管接头类型和尺寸 mm

		D_0	d_1	L	L_1	L_2	S_1	S_2	质量/kg
直通	公称压力：≤31.5MPa 标记示例 管子外径 $D_0$20mm 的锥密封两端焊接式直通管接头： 管接头 20 JB/T 6383.1—2007	8	4	12	27	47	21	18	0.09
		10	6		28	48	24	21	0.11
		12	7	14	29	50	24	24	0.15
		14	8		35	58	27	24	0.18
		16	10	19	37	60	30	27	0.23
		20	13		41	66	36	34	0.42
		25	17		46	76	46	41	0.89
		30	20	24	50	81	50	46	1.09
		38	26	26	54	90	60	55	1.42

第21篇

直角

公称压力：≤31.5MPa
标记示例
管子外径 D_0 20mm 的锥密封焊接式直角管接头：
　　管接头 20　JB/T 6383.2—2007

D_0	d_1	L_1	L_2	S_1	S_2	钢管 $D_0 \times S$	质量/kg
8	4	34	54	16	21	8×2	0.16
10	6	40	60		24	10×2	0.19
12	7	41	62	18	24	12×2.5	0.22
14	8	45	68	21	27	14×3	0.24
16	10	47	70	24	30	16×3	0.34
20	13	55	80	27	36	20×3.5	0.59
25	17	62	92	34	46	25×4	1.05
30	20	68	99	36	50	30×5	1.30
38	26	74	110	46	60	38×6	1.82

三通

公称压力：≤31.5MPa
标记示例
管子外径 D_0 20mm 的锥密封焊接式三通管接头：
　　管接头 20　JB/T 6383.3—2007

D_0	d_1	L_1	L_2	S_1	S_2	钢管 $D_0 \times S$	质量/kg
8	4	34	54	16	21	8×2	0.23
10	6	40	60		24	10×2	0.29
12	7	41	62	18	24	12×2.5	0.32
14	8	45	68	21	27	14×2.5	0.36
16	10	47	70	24	30	16×3	0.49
20	13	55	80	27	36	20×3.5	0.82
25	17	62	92	34	46	25×4	1.51
30	20	68	99	36	50	30×5	1.82
38	26	74	110	46	60	38×6	2.66

隔壁直通

公称压力：≤31.5MPa
标记示例
管子外径 D_0 20mm 的锥密封焊接式隔壁直通管接头：
　　管接头 20　JB/T 6384.2—2007

D_0	d_1	L	L_1	L_2	S_1	S_2	钢管 $D_0 \times S$	质量/kg
8	4	117	47	≈20	21	24	8×2	0.27
10	6	120	48		24	27	10×2	0.31
12	7	125	50		24	30	12×2.5	0.36
14	8	142	58		27	30	14×3	0.44
16	10	145	60		30	36	16×3	0.62
20	13	157	66	≈22	36	41	20×3.5	0.85
25	17	176	76		46	50	25×4	1.33
30	20	188	81		50	55	30×5	1.75
38	26	206	90		60	65	38×6	2.35

隔壁直角

公称压力：≤31.5MPa
标记示例
管子外径 D_0 20mm 的锥密封焊接式隔壁直角管接头：
　　管接头 20　JB/T 6384.1—2007

D_0	d_1	L_1	L_2	L_3	L_4	S_1	S_2	钢管 $D_0 \times S$	质量/kg
8	4	54	70	17	≈20	21	24	8×2	0.28
10	6	60	72	19		24	27	10×2	0.32
12	7	62	75	19		24	30	12×2.5	0.37
14	8	68	84	22		27	30	14×3	0.54
16	10	70	85	23		30	36	16×3	0.63
20	13	80	91	27	≈30	36	41	20×3.5	0.90
25	17	92	100	31		46	50	25×4	1.38
30	20	99	107	39		50	55	30×5	1.86
38	26	110	116	43		60	65	38×6	2.67

压力表管接头

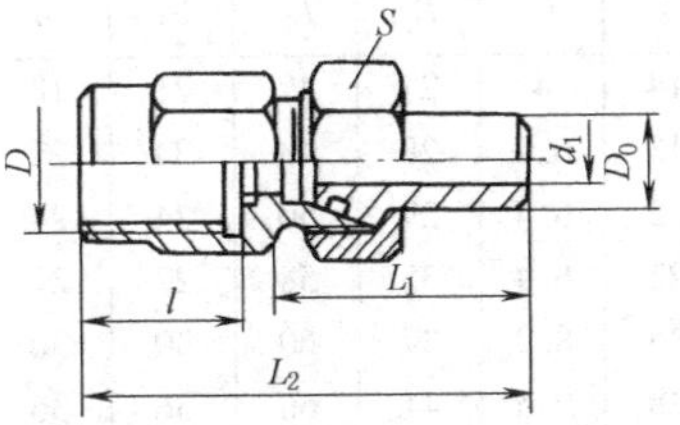

公称压力：≤31.5MPa
标记示例
管子外径 D_0 12mm，压力表螺纹 $D=20×1.5$
的锥密封焊接式压力表管接头：
管接头 12-M20×1.5 JB/T 6385—2007

D_0	D	d_1	l	L_1
8	M10×1	4	12	40
	M14×1.5		20	
12	M20×1.5	7	26	42

D_0	L_2	S	钢管 $D_0×S$	质量/kg
8	62	21	8×1.5	0.10
	70			0.12
	80			0.14
12	82	24	12×2	0.18

端直通公制螺纹管接头

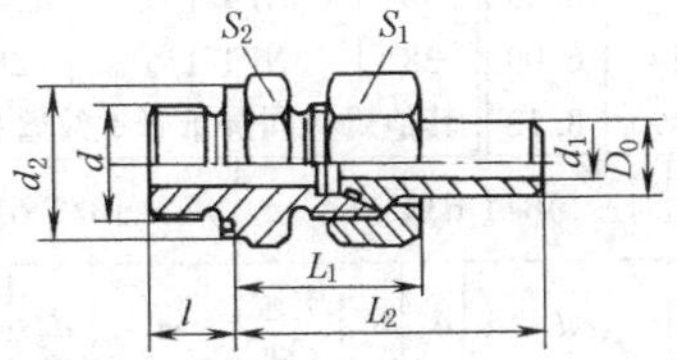

公称压力：≤31.5MPa
标记示例
管子外径 D_0 20mm 的锥密封焊接式直通管接头：
管接头 20 JB/T 6381.1—2007

D_0	d	d_1	d_2	l	L_1	L_2	S_1	S_2	质量/kg
8	M12×1.5	4	18	12	28	48	21	18	0.11
10	M14×1.5	6	21		29	49	24	21	0.13
12	M16×1.5	7	24		30	51	24	24	0.15
14	M18×1.5	8	27	14	36	59	27	27	0.18
16	M22×1.5	10	30		39	62	30	30	0.24
20	M27×2	13	36	16	43	68	36	36	0.47
25	M33×2	17	41	18	48	78	46	46	0.95
30	M42×2	20	55	20	52	83	50	55	1.18
38	M48×2	26	60	22	56	92	60	60	1.26

端接螺纹（公制细牙） 连接尺寸

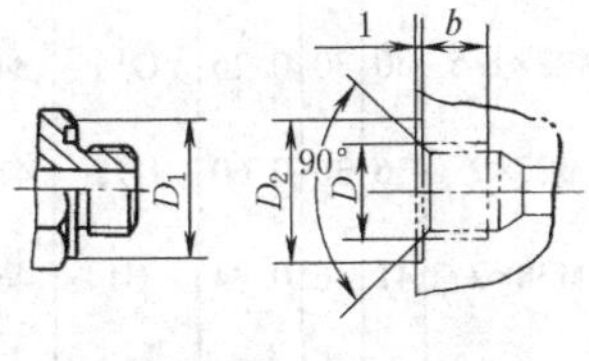

D_0	D	D_1	D_2	b	D_0	D	D_1	D_2	b
8	M12×1.5	18	19	15	20	M27×2	36	37	19
10	M14×1.5	21	22		25	M33×2	46	47	21
12	M16×1.5	24	25		30	M42×2	55	56	23
14	M18×1.5	27	28	17	38	M48×2	60	61	25
16	M22×1.5	30	31						

端接螺纹（圆柱管螺纹） 连接尺寸

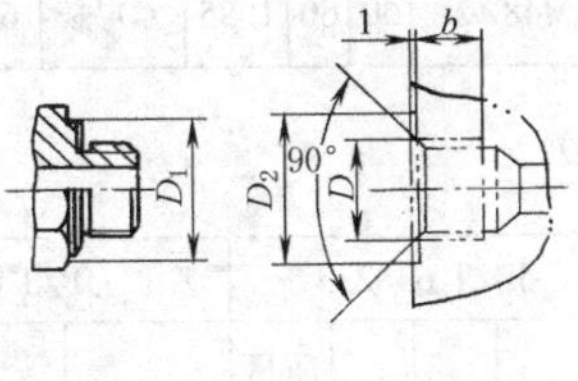

D_0	D	D_1	D_2	b	D_0	D	D_1	D_2	b
10	G¼	24	25	15	20	G¾	41	42	19
12	G⅜	27	28	15	25	G1	46	47	21
14	G⅜	27	28	17	30	G1¼	55	56	23
16	G½	34	35	17	38	G1½	60	61	25

端直通圆柱管螺纹管接头

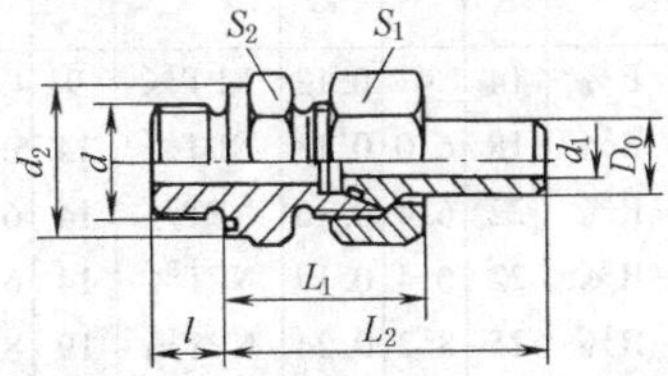

公称压力：≤31.5MPa
标记示例
管子外径 D_0 20mm 的锥密封焊接式直通圆柱管螺纹管接头：
管接头 20 JB/T 6381.2—2007

D_0	d	d_1	d_2	l	L_1	L_2	S_1	S_2	质量/kg
10	G¼	6	24	12	29	49	24	21	0.13
12	G⅜	7	27	12	30	51	24	24	0.16
14	G⅜	8	27	14	36	59	27	27	0.18
16	G½	10	34	14	39	62	30	30	0.24
20	G¾	13	41	16	43	68	36	36	0.47
25	G1	17	46	18	48	78	46	46	0.95
30	G1¼	20	55	20	52	83	50	55	1.18
38	G1½	26	60	22	56	92	60	60	1.26

端直通圆锥管螺纹管接头

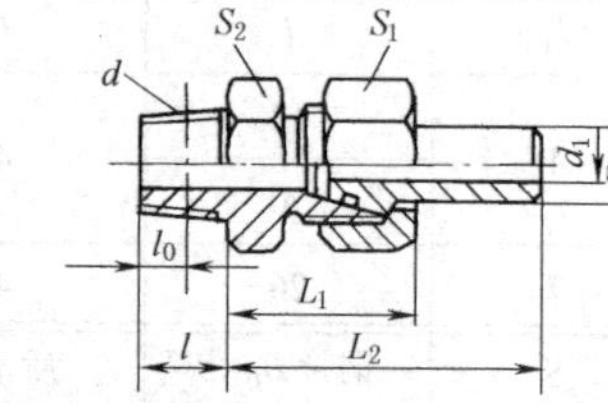

公称压力：≤16MPa
标记示例
管子外径 D_0 20mm 为锥密封焊接式直通圆
锥管螺纹管接头：
　　管接头 20　JB/T 6381.3—2007

D_0	d	d_1	l	l_0	L_1	L_2	S_1	S_2	质量/kg
8	R⅛	4	14	4	27	47	21	18	0.10
10	R¼	6	18	6.0	28	48	24	21	0.11
12	R⅜	7	22	6.4	29	50	24	24	0.15
14	R⅜	8	22	6.4	35	58	27	27	0.18
16	R½	10	25	8.2	37	60	30	30	0.22
20	R¾	13	28	9.5	41	66	36	36	0.45
25	R1	17	32	10.4	46	76	46	46	0.91
30	R1¼	20	35	12.7	50	81	50	55	1.15
38	R1½	26	38	12.7	54	90	60	60	1.51

端直通锥螺纹管接头

外形图同上
公称压力：≤16MPa
标记示例
管子外径 D_0 20mm 的锥密封焊接式直通锥
螺纹管接头：
　　管接头 20　JB/T 6381.4—2007

D_0	d	l	l_0	D_0	d	l	l_0
8	NPT⅛	9	4.102	20	NPT¾	19	8.61
10	NPT¼	14	5.786	25	NPT 1	24	10.16
12	NPT⅜	14	6.09	30	NPT 1¼	24	10.66
14	NPT⅜	14	6.09	38	NPT 1½	26	10.66
16	NPT½	19	8.12	其他尺寸同圆锥管螺纹管接头			

公制螺纹（及圆柱管螺纹）90°弯管接头

公称压力：≤25MPa
公制螺纹　JB/T 6382.1—2007

公称压力：≤25MPa
圆柱管螺纹　JB/T 6382.2—2007

JB/T 6382.1 及 6382.2							JB/T 6382.1				JB/T 6382.2			
D_0	d_1	l	L_1	L_2	S_1	r	d	d_2	S_2	质量/kg	d	d_2	S_2	质量/kg
8	4	12	68	56	21	20	M12×1.5	18	18	0.12	—	—	—	—
10	6	12	72	56	24	20	M14×1.5	21	21	0.13	G¼	24	24	0.13
12	7	12	81	58	24	24	M16×1.5	24	24	0.16	G⅜	27	27	0.16
14	8	14	83	58	27	28	M18×1.5	27	27	0.20	G⅜	27	27	0.20
16	10	14	90	60	30	32	M22×1.5	30	30	0.26	G½	34	34	0.26
20	13	16	112	70	36	45	M27×2	36	36	0.60	G¾	41	41	0.60
25	17	18	118	110	46	58	M38×2	41	46	0.84	G1	46	46	0.84
30	20	20	152	130	50	72	M42×2	55	55	1.32	G1¼	55	55	1.32
38	26	22	182	140	60	90	M48×2	60	60	1.85	G1½	60	60	1.85

标记示例　管子外径 D_0 20mm 的锥密封焊接式90°弯管接头：
　　　　　管接头 20　JB/T 6382.1—2007
公称压力小于等于25MPa，JB/T 6382.2 中无管子外径 D_0=8一栏尺寸

圆锥管螺纹（圆锥螺纹）90°弯管接头

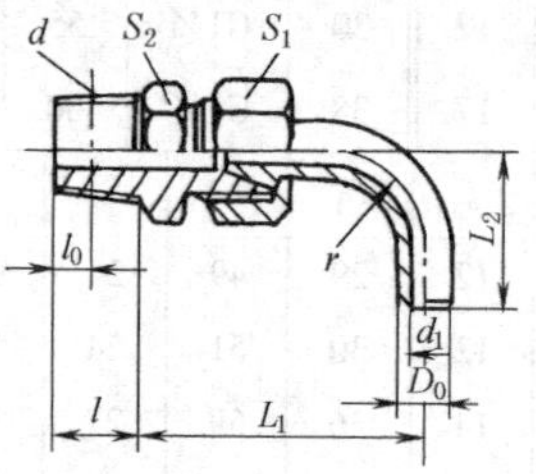

公称压力：≤16MPa
　圆锥管螺纹　JB/T 6382.3—2007
　圆锥螺纹　　JB/T 6382.4—2007
标记示例
管子外径 D_0 20mm 为锥密封焊接式圆锥
管螺纹90°弯管接头：
　　管接头 20　JB/T 6382.3—2007

JB/T 6382.3 及 6382.4							JB/T 6382.3				JB/T 6382.4			
D_0	d_1	L_1	L_2	S_1	S_2	r	d	l	l_0	质量/kg	d	l	l_0	质量/kg
8	4	67	56	21	18	20	R⅛	14	4	0.12	NPT⅛	9	4.102	0.12
10	6	71	56	24	21	20	R¼	18	6.0	0.13	NPT¼	14	5.786	0.13
12	7	80	58	24	24	24	R⅜	22	6.4	0.16	NPT⅜	14	6.09	0.16
14	8	82	58	27	24	28	R⅜	22	6.4	0.19	NPT⅜	14	6.09	0.19
16	10	89	60	30	27	32	R½	25	8.2	0.24	NPT½	19	8.12	0.25
20	13	110	70	36	34	45	R¾	28	9.5	0.58	NPT¾	19	8.61	0.58
25	17	116	110	46	41	58	R1	32	10.4	1.09	NPT 1	24	10.16	1.09
30	20	150	130	50	46	72	R1¼	35	12.7	1.32	NPT 1¼	24	10.66	1.32
38	26	180	140	60	55	90	R1½	38	12.7	1.78	NPT 1½	26	10.66	1.78

管子外径 D_0		8	10	12	14	16	20	25	30	38
O形密封圈	端面	—	16×2.65	18×2.65	18×2.65	23.6×2.65	30×2.65	34.5×2.65	43.7×2.65	50×2.65
	锥面	7.5×1.8	9×1.8	11.2×1.8	11.8×2.65	14×2.65	18×2.65	23.6×2.65	28×2.65	36.5×2.65
垫圈		12	14	16	18	22	27	33	42	48

锥密封焊接式铰接管接头

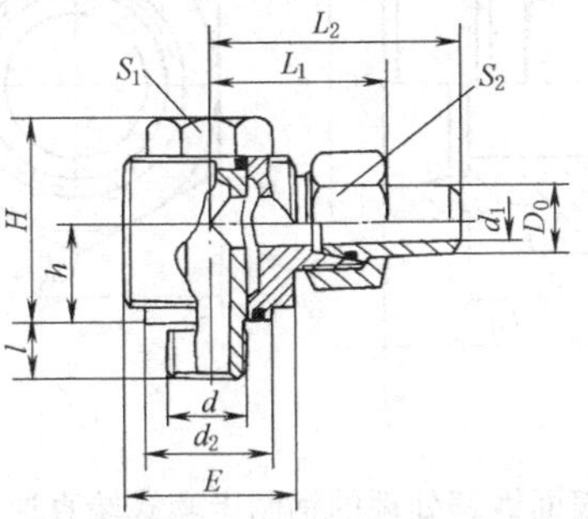

公称压力：≤31.5MPa
JB/ZQ 4188—2006

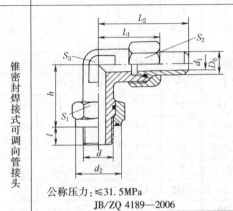

D_0	d 公制细牙螺纹	d 管螺纹	l	d_1	d_2	h	H	L_1	L_2	S_1	S_2	E	质量/kg
8	M12×1.5	—	12	4	18	12	30	31	47	18	21	22×22	0.15
10	M14×1.5	G¼A	12	6	24	13	31	34	50	18	24	25×25	0.18
12	M16×1.5	G⅜A	12	7	27	15	37	38	53	24	24	30×30	0.26
14	M18×1.5	G⅜A	14	8	27	15	37	38	53	24	27	30×30	0.27
16	M22×1.5	G½A	14	10	34	22	48	45	66	30	30	40×40	0.57
20	M27×2	G¾A	16	13	41	25	53	52	76	36	36	45×45	0.82
25	M33×2	G1A	18	17	46	30	59	56	84	41	46	50×50	1.18
30	M42×2	G1¼A	20	20	55	36	71	65	94	50	50	60×60	1.94
38	M48×2	G1½A	22	26	66	40	87	75	107	60	60	75×75	3.45

标记示例　管子外径 16mm，连接螺纹 d=M22×1.5 的锥密封焊接式铰接管接头：
管接头 16-M22×1.5　JB/ZQ 4188—2006

锥密封焊接式可调向管接头

公称压力：≤31.5MPa
JB/ZQ 4189—2006

D_0	d 公制细牙螺纹	d 管螺纹	l	d_1	d_2	h	L_1	L_2	S_1	S_2	S_3	质量/kg
8	M12×1.5	—	12	4	18	36	38	55	18	21	18	0.15
10	M14×1.5	G¼A	12	6	24	36	38	55	24	24	18	0.20
12	M16×1.5	G⅜A	12	7	27	37	39	56	27	24	18	0.32
14	M18×1.5	G⅜A	14	8	27	37	39	56	27	27	18	0.35
16	M22×1.5	G½A	14	10	34	43	43	64	34	30	24	0.40
20	M27×2	G¾A	16	13	41	51	52	75	41	36	27	0.90
25	M33×2	G1A	18	17	46	64	61	88	50	46	36	1.10
30	M42×2	G1¼A	20	20	55	68	64	92	60	50	41	1.70
38	M48×2	G1½A	22	26	65	75	77	109	65	60	50	1.95

标记示例　管子外径 20mm，连接螺纹 M27×2 的锥密封焊接式可调向管接头：
管接头 20-M27×2　JB/ZQ 4189—2006

1.2.3　卡套式管接头

卡套式管接头由接头体 1、卡套 2、螺母 3 和钢管 4 组成，如图 21-8-33 所示。旋紧螺母前（图 a），卡套和螺母套在钢管 4 上，并插入接头体的锥孔内。旋紧螺母后（图 b），由于接头体和螺母的内锥面作用，使卡套后部卡在钢管壁上起止退作用，同时卡套前刃口卡入钢管壁内，起到密封和防拔脱作用。

生产厂：焦作市路通液压附件有限公司、宁波液压附件厂、上海液压附件厂、盐城蒙塔液压机械有限公司等。

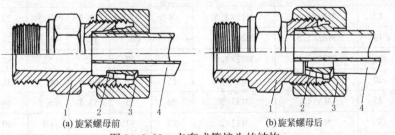

(a) 旋紧螺母前　　　　(b) 旋紧螺母后

图 21-8-33　卡套式管接头的结构

1—接头体；2—卡套；3—螺母；4—钢管

卡套式端直通管接头（摘自 GB/T 3733—2008）

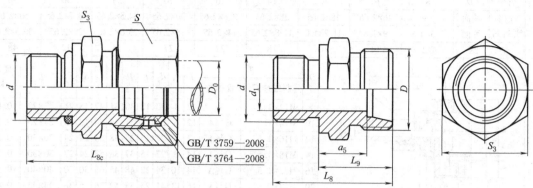

GB/T 3759—2008
GB/T 3764—2008

标记示例

接头系列为 L，管子外径为 10mm，普通螺纹（M）F 型柱端，表面镀锌处理的钢制卡套式端直通管接头标记为：管接头 GB 3733 L10。

表 21-8-24

mm

系列	最大工作压力/MPa	管子外径 D_0	D	d	d_1 参考	L_9 参考	L_8 ±0.3	L_{8c} ≈	S	S_1	a_5 参考
L	25	6	M12×1.5	M10×1	4	16.5	25	33	14	14	9.5
		8	M14×1.5	M12×1.5	6	17	28	36	17	17	10
		10	M16×1.5	M14×1.5	7	18	29	37	19	19	11
		12	M18×1.5	M16×1.5	9	19.5	31	39	22	22	12.5
		(14)	M20×1.5	M18×1.5	10	19.5	32	40	24	24	12.5
		15	M22×1.5	M18×1.5	11	20.5	33	41	27	24	13.5
		(16)	M24×1.5	M20×1.5	12	21	33.5	42.5	30	27	13.5
	16	18	M26×1.5	M22×1.5	14	22	35	44	32	27	14.5
		22	M30×2	M27×2	18	24	40	49	36	32	16.5
	10	28	M36×2	M33×2	23	25	41	50	41	41	17.5
		35	M45×2	M42×2	30	28	44	55	50	50	17.5
		42	M52×2	M48×2	36	30	47.5	59.5	60	55	19
S	63	6	M14×1.5	M12×1.5	4	20	31	39	17	17	13
		8	M16×1.5	M14×1.5	5	22	33	41	19	19	15
		10	M18×1.5	M16×1.5	7	22.5	35	44	22	22	15
		12	M20×1.5	M18×1.5	8	24.5	38.5	47.5	24	24	17
		(14)	M22×1.5	M20×1.5	9	25.5	39.5	48.5	27	27	18
	40	16	M24×1.5	M22×1.5	12	27	42	52	30	27	18.5
		20	M30×2	M27×2	15	31	49.5	60.5	36	32	20.5
		25	M36×2	M33×2	20	35	53.5	65.5	46	41	23
	25	30	M42×2	M42×2	25	37	56	69	50	50	23.5
		38	M52×2	M48×2	32	41.5	63	78	60	55	25.5

注：尽可能不采用括号内的规格。

卡套式端直通长管接头（摘自 GB/T 3735—2008）

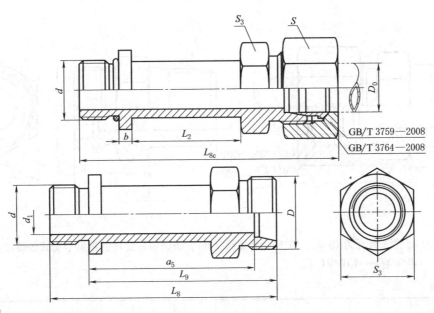

标记示例

接头系列为 L，管子外径为 10mm，普通螺纹（M）F 型柱端，表面镀锌处理的钢制卡套式端直通长管接头标记为：管接头　GB/T 3735　L10。

表 21-8-25

mm

系列	最大工作压力 /MPa	管子外径 D_0	D	d	d_1 参考	L_2	L_{8c} ±0.3	L_8 ±0.3	L_9 参考	b	S	S_3	a_5 参考
L	25	6	M12×1.5	M10×1	4	25	59.4	51.4	42.9	3	14	14	35.9
		8	M14×1.5	M12×1.5	6	27	64.5	56.5	45.5	4	17	17	38.5
		10	M16×1.5	M14×1.5	7	29	67.5	59.5	48.5		19	19	41.5
		12	M18×1.5	M16×1.5	9	30	70.5	62.5	51		22	22	44
		(14)	M20×1.5	M18×1.5	10	31	72.5	64.5	52		24	24	45
		15	M22×1.5	M18×1.5	11	32	74.5	66.5	54		27	24	47
		(16)	M24×1.5	M20×1.5	12	32	76	67	54.5		30	27	47
	16	18	M26×1.5	M22×1.5	14	33	78.5	69.5	56.5		32	27	49
		22	M30×2	M27×2	18	38	89.5	80.5	64.5		36	32	57
	10	28	M36×2	M33×2	23	41	93	84	68	5	41	41	60.5
		35	M45×2	M42×2	30	45	102	91	75		50	50	64.5
		42	M52×2	M48×2	36	46	107.5	95.5	78		60	55	67
	63	6	M14×1.5	M12×1.5	4	29	69.5	61.5	50.5	4	17	17	43.5
		8	M16×1.5	M14×1.5	5	31	73.5	65.5	54.5		19	19	47.5
		10	M18×1.5	M16×1.5	7	32	77.5	68.5	56		22	22	48.5
		12	M20×1.5	M18×1.5	8	33	82	73	59		24	24	51.5
		(14)	M22×1.5	M20×1.5	9	33	83	74	60		27	27	52.5
	40	16	M24×1.5	M22×1.5	12	36	89.5	79.5	64.5		30	27	56
		20	M30×2	M27×2	15	37	100	89	70.5		36	32	60
		25	M36×2	M33×2	20	44	111.5	99.5	81	5	46	41	69
	25	30	M42×2	M42×2	25	45	116	103	84		50	50	70.5
		38	M52×2	M48×2	32	46	126	111	89.5		60	55	73.5

注：尽可能不采用括号内的规格。

卡套式锥螺纹直通管接头（摘自 GB/T 3734—2008）

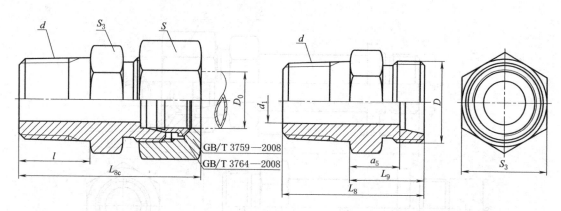

GB/T 3759—2008
GB/T 3764—2008

标记示例

接头系列为 L，管子外径为 10mm，55°密封管螺纹（R），表面镀锌处理的钢制卡套式锥螺纹直通管接头标记为：管接头　GB/T 3734　L10/R1/4。

表 21-8-26

mm

系列	最大工作压力/MPa	管子外径 D_0	D		d	d_1 参考	l	L_9 参考	L_8 ≈	L_{8c} ≈	S	S_3	a_5 参考
LL	10	4	M8×1	R1/8	NPT1/8	3	8.5	12	20.5	26.5	10	14	8
		5	M10×1	R1/8	NPT1/8	3	8.5	12	20.5	26.5	12	14	6.5
		6	M10×1	R1/8	NPT1/8	4	8.5	12	20.5	26.5	12	14	6.5
		8	M12×1	R1/8	NPT1/8	4.5	8.5	13	21.5	27.5	14	14	7.5
L	25	6	M12×1.5	R1/8	NPT1/8	4	8.5	14	22.5	30.5	14	14	7
		8	M14×1.5	R1/4	NPT1/4	6	12.5	15	27.5	35.5	17	19	8
		10	M16×1.5	R1/4	NPT1/4	7	12.5	16	28.5	36.5	19	19	9
		12	M18×1.5	R3/8	NPT3/8	9	13	17.5	30.5	38.5	22	22	10.5
		(14)	M20×1.5	R1/2	NPT1/2	11	17	17	34	42	24	27	10
		15	M22×1.5	R1/2	NPT1/2	11	17	18	35	43	27	27	11
		(16)	M24×1.5	R1/2	NPT1/2	12	17	18.5	35.5	44.5	30	27	11
	16	18	M26×1.5	R1/2	NPT1/2	14	17	19	36	45	32	27	11.5
		22	M30×2	R3/4	NPT3/4	18	18	21	39	48	36	32	13.5
	10	28	M36×2	R1	NPT1	23	21.5	22	43.5	52.5	41	41	14.5
		35	M45×2	R1¼	NPT1¼	30	24	25	49	60	50	50	14.5
		42	M52×2	R1½	NPT1½	36	24	27	51	63	60	55	16
S	40	6	M14×1.5	R1/4	NPT1/4	4	12.5	18	30.5	38.5	17	19	11
		8	M16×1.5	R1/4	NPT1/4	5	12.5	20	32.5	40.5	19	19	13
		10	M18×1.5	R3/8	NPT3/8	7	13	20.5	33.5	42.5	22	22	13
		12	M20×1.5	R3/8	NPT3/8	8	13	22	35	44	24	22	14.5
		(14)	M22×1.5	R1/2	NPT1/2	10	17	23	40	49	27	27	15.5
		16	M24×1.5	R1/2	NPT1/2	12	17	24	41	51	30	27	15.5
		20	M30×2	R3/4	NPT3/4	15	18	28	46	57	36	32	17.5
	25	25	M36×2	R1	NPT1	20	21.5	32	53.5	65.5	46	41	20
	16	30	M42×2	R1¼	NPT1¼	25	24	34	58	71	50	50	20.5
		38	M52×2	R1½	NPT1½	32	24	39	63	78	60	55	23

注：尽可能不采用括号内的规格。

卡套式锥螺纹长管接头（摘自 GB/T 3736—2008）

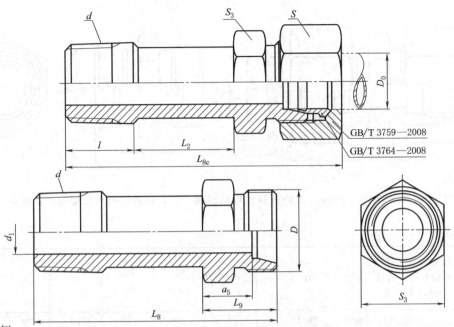

GB/T 3759—2008
GB/T 3764—2008

标记示例

接头系列为 L，管子外径为 10mm，55°密封管螺纹（R），表面镀锌处理的钢制卡套式锥螺纹长管接头标记为：管接头　GB/T 3736　L10/R1/4。

表 21-8-27   mm

系列	最大工作压力 /MPa	管子外径 D_0	D	d		d_1 参考	L_2	L_9 参考	L_8 ≈	L_{8c} ≈	l	S	S_3	a_5 参考
LL	10	4	M8×1	R1/8	NPT1/8	3	22	12	42.5	48.5	8.5	10	14	8
		5	M10×1	R1/8	NPT1/8	3	23	12	43.5	49.5	8.5	12	14	6.5
		6	M10×1	R1/8	NPT1/8	4	25	12	45.5	51.5	8.5	12	14	6.5
		8	M12×1	R1/8	NPT1/8	4.5	27	13	48.5	54.5	8.5	14	14	7.5
L	25	6	M12×1.5	R1/8	NPT1/8	4	25	14	47.5	55.5	8.5	14	14	7
		8	M14×1.5	R1/4	NPT1/4	6	27	15	54.5	62.5	12.5	17	19	8
		10	M16×1.5	R1/4	NPT1/4	6	29	16	57.5	65.5	12.5	17	19	9
		12	M18×1.5	R3/8	NPT3/8	9	30	17.5	60.5	68.5	13	22	22	10.5
		(14)	M20×1.5	R1/2	NPT1/2	11	31	17	65	73	17	24	27	10
		15	M22×1.5	R1/2	NPT1/2	11	32	18	67	75	17	27	27	11
	16	(16)	M24×1.5	R1/2	NPT1/2	12	32	18.5	67.5	76.5	17	30	27	11
		18	M26×1.5	R1/2	NPT1/2	14	33	19	69	78	17	32	27	11.5
		22	M30×2	R3/4	NPT3/4	18	38	21	77	86	18	36	32	13.5
	10	28	M36×2	R1	NPT1	23	41	22	84.5	93.5	21.5	41	41	14.5
		35	M45×2	R1¼	NPT1¼	30	45	25	94	105	24	50	50	14.5
		42	M52×2	R1½	NPT1½	36	46	27	97	109	24	60	55	16
S	40	6	M14×1.5	R1/4	NPT1/4	4	29	18	59.5	67.5	12.5	17	19	11
		8	M16×1.5	R1/4	NPT1/4	5	31	20	63.5	71.5	12.5	19	19	13
		10	M18×1.5	R3/8	NPT3/8	7	32	20.5	65.5	74.5	13	22	22	13
		12	M20×1.5	R3/8	NPT3/8	8	33	22	68	77	13	24	22	14.5
		(14)	M22×1.5	R1/2	NPT1/2	10	33	23	73	82	17	27	27	15.5
		16	M24×1.5	R1/2	NPT1/2	12	36	24	77	87	17	30	27	15.5
		20	M30×2	R3/4	NPT3/4	15	37	28	83	94	18	36	32	17.5
	25	25	M36×2	R1	NPT1	20	44	32	97.5	109.5	21.5	46	41	20
	16	30	M42×2	R1¼	NPT1¼	25	45	34	103	116	24	50	50	20.5
		38	M52×2	R1½	NPT1½	32	46	39	109	124	24	60	55	23

注：尽可能不采用括号内的规格。

卡套式直通管接头（摘自 GB/T 3737—2008）

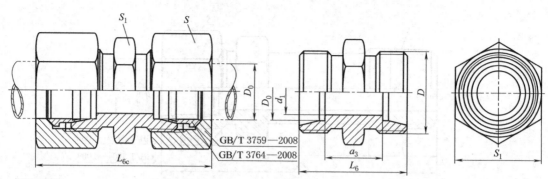

GB/T 3759—2008
GB/T 3764—2008

标记示例

接头系列为 L，管子外径为 10mm，表面镀锌处理的钢制卡套式直通管接头标记为：管接头　GB/T 3737 L10。

表 21-8-28

mm

系列	最大工作压力/MPa	管子外径 D_0	D	d_1 参考	L_6 ±0.3	L_{6c} ≈	S	S_1	a_3 参考
LL	10	4	M8×1	3	20	32	10	9	12
		5	M10×1	3.5	20	32	12	11	9
		6	M10×1	4.5	20	32	12	11	9
		8	M12×1	6	23	35	14	12	12
L	25	6	M12×1.5	4	24	40	14	12	10
		8	M14×1.5	6	25	41	17	14	11
		10	M16×1.5	8	27	43	19	17	13
		12	M18×1.5	10	28	44	22	19	14
		(14)	M20×1.5	11	28	44	24	22	14
		15	M22×1.5	12	30	46	27	24	16
	16	(16)	M24×1.5	14	31	49	30	27	16
		18	M26×1.5	15	31	49	32	27	16
		22	M30×2	19	35	53	36	32	20
	10	28	M36×2	24	36	54	41	41	21
		35	M45×2	30	41	63	50	46	20
		42	M52×2	36	43	67	60	55	21
S	63	6	M14×1.5	4	30	46	17	14	16
		8	M16×1.5	5	32	48	19	17	18
		10	M18×1.5	7	32	50	22	19	17
		12	M20×1.5	8	34	52	24	22	19
		(14)	M22×1.5	9	36	54	27	24	21
	40	16	M24×1.5	12	38	58	30	27	21
		20	M30×2	16	44	66	36	32	23
		25	M36×2	20	50	74	46	41	26
	25	30	M42×2	25	54	80	50	46	27
		38	M52×2	32	61	91	60	55	29

注：尽可能不采用括号内的规格。

卡套式弯通管接头（摘自 GB/T 3740—2008）

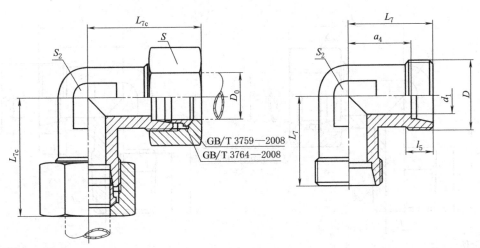

GB/T 3759—2008
GB/T 3764—2008

标记示例

接头系列为 L，管子外径为 10mm，表面镀锌处理的钢制卡套式弯通管接头标记为：管接头　GB/T 3740 L10。

表 21-8-29　　　　　　　　　　　　　　　　　　　　　　　　　　　　mm

系列	最大工作压力 /MPa	管子外径 D_0	D	d_1 参考	L_7 ±0.3	L_{7c} ≈	l_5 min	a_4 参考	S	S_2	
										锻制 min	机械加工 max
LL	10	4	M8×1	3	15	21	6	11	10	9	9
		5	M10×1	3.5	15	21	6	9.5	12	9	11
		6	M10×1	4.5	15	21	6	9.5	12	9	11
		8	M12×1	6	17	23	7	11.5	14	12	12
L	25	6	M12×1.5	4	19	27	7	12	14	12	12
		8	M14×1.5	6	21	29	7	14	17	12	14
		10	M16×1.5	8	22	30	8	15	19	14	17
		12	M18×1.5	10	24	32	8	17	22	17	19
		(14)	M20×1.5	11	25	33	8	18	24	19	—
		15	M22×1.5	12	28	36	9	21	27	19	—
		(16)	M24×1.5	14	30	39	9	22.5	30	22	—
	16	18	M26×1.5	15	31	40	9	23.5	32	24	—
		22	M30×2	19	35	44	10	27.5	36	27	—
	10	28	M36×2	24	38	47	10	30.5	41	36	—
		35	M45×2	30	45	56	12	34.5	50	41	—
		42	M52×2	36	51	63	12	40	60	50	—
S	63	6	M14×1.5	4	23	31	9	16	17	12	14
		8	M16×1.5	5	24	32	9	17	19	14	17
		10	M18×1.5	7	25	34	9	17.5	22	17	19
		12	M20×1.5	8	26	35	9	18.5	24	17	22
		(14)	M22×1.5	9	29	38	10	21.5	27	22	—
	40	16	M24×1.5	12	33	43	11	24.5	30	24	—
		20	M30×2	16	37	48	12	26.5	36	27	—
		25	M36×2	20	45	57	14	33	46	36	—
	25	30	M42×2	25	49	62	16	35.5	50	41	—
		38	M52×2	32	57	72	18	41	60	50	—

注：尽可能不采用括号内的规格。

卡套式锥螺纹弯通管接头（摘自 GB/T 3739—2008）

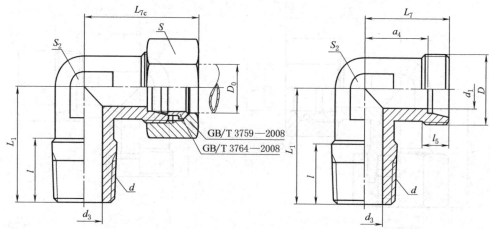

GB/T 3759—2008
GB/T 3764—2008

标记示例

接头系列为 L，管子外径为 10mm，55°密封管螺纹（R），表面镀锌处理的钢制卡套式锥螺纹弯通管接头标记为：管接头　GB 3739　L10/R1/4。

表 21-8-30

mm

系列	最大工作压力/MPa	管子外径 D_0	D	d		d_1 参考	d_3	L_1	L_7 ±0.3	L_{7c} ≈	l	l_5 min	a_4 参考	S	S_2	
															锻制 min	机械加工 max
LL	10	4	M8×1	R1/8	NPT1/8	3	3	15.5	15	21	8.5	6	11	10	9	6
		5	M10×1	R1/8	NPT1/8	3.5	3	15.5	15	21	8.5	6	9.5	12	9	6
		6	M10×1	R1/8	NPT1/8	4.5	4	15.5	15	21	8.5	6	9.5	12	9	6
		8	M12×1	R1/8	NPT1/8	6	4.5	16.5	17	23	8.5	7	11.5	14	12	7
L	25	6	M12×1.5	R1/8	NPT1/8	4	4	17.5	19	27	8.5	7	12	14	12	7
		8	M14×1.5	R1/4	NPT1/4	6	6	23.5	21	29	12.5	7	14	17	12	7
		10	M16×1.5	R1/4	NPT1/4	8	6	23.5	22	30	12.5	8	15	19	14	8
		12	M18×1.5	R3/8	NPT3/8	10	9	26	24	32	13	8	17	22	17	8
		(14)	M20×1.5	R1/2	NPT1/2	11	11	31	25	33	17	8	18	24	19	8
		15	M22×1.5	R1/2	NPT1/2	12	11	33	28	36	17	9	21	27	19	9
		(16)	M24×1.5	R1/2	NPT1/2	14	12	35	30	39	17	9	22.5	30	22	9
	16	18	M26×1.5	R1/2	NPT1/2	15	14	36	31	40	17	9	23.5	32	24	9
		22	M30×2	R3/4	NPT3/4	19	18	39	35	44	18	10	27.5	36	27	10
	10	28	M36×2	R1	NPT1	24	23	45.5	38	47	21.5	10	30.5	41	36	10
		35	M45×2	R1¼	NPT1¼	30	30	53	45	56	24	12	34.5	50	41	12
		42	M52×2	R1½	NPT1½	36	36	59	51	63	24	12	40	60	50	12
S	40	6	M14×1.5	R1/4	NPT1/4	4	4	23.5	23	31	12.5	9	16	17	12	9
		8	M16×1.5	R1/4	NPT1/4	5	5	24.5	24	32	12.5	9	17	19	14	9
		10	M18×1.5	R3/8	NPT3/8	7	7	26	25	34	13	9	17.5	22	17	9
		12	M20×1.5	R3/8	NPT3/8	8	8	27	26	35	13	9	18.5	24	19	9
		(14)	M22×1.5	R1/2	NPT1/2	9	10	33	29	38	17	10	21.5	27	22	10
		16	M24×1.5	R1/2	NPT1/2	12	12	36	33	43	17	11	24.5	30	24	11
		20	M30×2	R3/4	NPT3/4	16	15	39	37	48	18	12	26.5	36	27	12
	25	25	M36×2	R1	NPT1	20	20	48.5	45	57	21.5	14	33	46	36	14
	16	30	M42×2	R1¼	NPT1¼	25	25	53	49	62	24	16	35.5	50	41	—
		38	M52×2	R1½	NPT1½	32	32	59	57	72	24	18	41	60	50	—

注：尽可能不采用括号内的规格。

卡套式可调向端弯通管接头（摘自 GB/T 3738—2008）

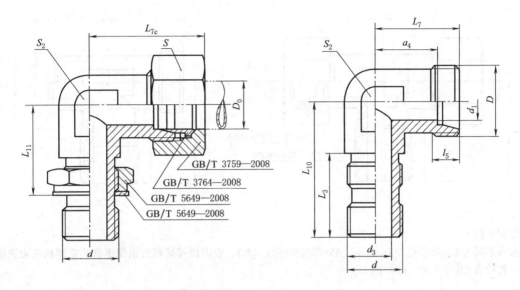

标记示例

接头系列为 L，管子外径为 10mm，普通螺纹（M）可调向螺纹柱端，表面镀锌处理的钢制卡套式可调向端弯通管接头标记为：管接头　GB/T 3738　L10。

表 21-8-31　　mm

系列	最大工作压力/MPa	管子外径 D_0	D	d	d_1 参考	d_3 参考	L_3 min	L_7 ±0.3	L_{7c} ±0.3	L_{10} ±1	L_{11} 参考	l_5 min	a_4 参考	S	S_2 锻制 min	S_2 机械加工 max
L	25	6	M12×1.5	M10×1	4	4	16	19	27	25	16.4	7	12	14	12	12
		8	M14×1.5	M12×1.5	6	6	20	21	29	31	19.9	7	14	17	12	14
		10	M16×1.5	M14×1.5	8	7	20	22	30	31	19.9	8	15	19	14	17
		12	M18×1.5	M16×1.5	10	9	20.5	24	32	33.5	21.9	8	17	22	17	19
		(14)	M20×1.5	M18×1.5	11	10	21.5	25	33	35.5	22.9	8	18	24	19	—
		15	M22×1.5	M18×1.5	12	11	21.5	28	36	37.5	24.9	9	21	27	19	—
		(16)	M24×1.5	M20×1.5	14	12	21.5	30	39	40.5	27.8	9	22.5	30	22	—
	16	18	M26×1.5	M22×1.5	15	14	22.5	31	40	41.5	28.8	9	23.5	32	24	—
		22	M30×2	M27×2	19	18	27.5	35	44	48.5	32.8	10	27.5	36	27	—
	10	28	M36×2	M33×2	24	23	27.5	38	47	51.5	35.8	10	30.5	41	36	—
		35	M45×2	M42×2	30	30	27.5	45	56	56.5	40.8	12	34.5	50	41	—
		42	M52×2	M48×2	36	36	29	51	63	64	46.8	12	40	60	50	—
S	63	6	M14×1.5	M12×1.5	4	4	21	23	31	32	20.9	9	16	17	12	14
		8	M16×1.5	M14×1.5	5	5	21	24	32	33	21.9	9	17	19	14	17
		10	M18×1.5	M16×1.5	7	7	23	25	34	36	23.4	9	17.5	22	17	19
		12	M20×1.5	M18×1.5	8	8	26	27	35	40	25.9	9	18.5	24	17	22
		(14)	M22×1.5	M20×1.5	9	9	26	29	38	43.5	28.8	10	21.5	27	22	—
	40	16	M24×1.5	M22×1.5	12	12	27.5	33	43	46.5	31.8	11	24.5	30	24	—
		20	M30×2	M27×2	16	15	33.5	37	48	54.5	36.3	12	26.5	36	27	—
		25	M36×2	M33×2	20	20	33.5	45	57	60.5	42.3	14	33	46	36	—
	25	30	M42×2	M42×2	25	25	34.5	49	62	63.5	44.8	16	35.5	50	41	—
		38	M52×2	M48×2	32	32	38	57	72	73	51.8	18	41	60	50	—

注：尽可能不采用括号内的规格。

卡套式锥螺纹三通管接头（摘自 GB/T 3742—2008）

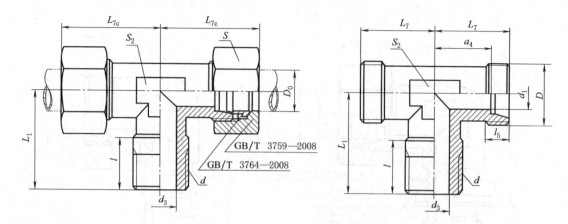

标记示例

接头系列为 L，管子外径为 10mm，55°密封管螺纹（R），表面镀锌处理的钢制卡套式锥螺纹三通管接头标记为：管接头 GB/T 3742　L10/R1/4。

表 21-8-32

mm

系列	最大工作压力/MPa	管子外径 D_0	D	d		d_1 参考	d_3	L_1	L_7 ±0.3	L_{7c} ≈	l	l_5 min	a_4 参考	S	S_2 锻制 min	S_2 机械加工 max
LL	10	4	M8×1	R1/8	NPT1/8	3	3	15.5	15	21	8.5	6	11	10	9	6
		5	M10×1	R1/8	NPT1/8	3.5	3	15.5	15	21	8.5	6	9.5	12	9	6
		6	M10×1	R1/8	NPT1/8	4.5	4	15.5	15	21	8.5	6	9.5	12	9	6
		8	M12×1	R1/8	NPT1/8	6	4.5	16.5	17	23	8.5	7	11.5	14	12	7
L	25	6	M12×1.5	R1/8	NPT1/8	4	4	17.5	19	27	8.5	7	12	14	12	7
		8	M14×1.5	R1/4	NPT1/4	6	6	23.5	21	29	12.5	7	14	17	12	7
		10	M16×1.5	R1/4	NPT1/4	8	6	23.5	22	30	12.5	8	15	19	14	8
		12	M18×1.5	R3/8	NPT3/8	10	9	26	24	32	13	8	17	22	17	8
		(14)	M20×1.5	R1/2	NPT1/2	11	11	31	25	33	17	8	18	24	19	8
		15	M22×1.5	R1/2	NPT1/2	12	11	33	28	36	17	8	21	27	19	9
		(16)	M24×1.5	R1/2	NPT1/2	14	12	35	30	39	17	9	22.5	30	22	9
	16	18	M26×1.5	R1/2	NPT1/2	15	14	36	31	40	17	9	23.5	32	24	10
		22	M30×2	R3/4	NPT3/4	19	18	39	35	44	18	10	27.5	36	27	10
	10	28	M36×2	R1	NPT1	24	23	45.5	38	47	21.5	10	30.5	41	36	10
		35	M45×2	R1¼	NPT1¼	30	30	53	45	56	24	12	34.5	50	41	12
		42	M52×2	R1½	NPT1½	36	36	59	51	63	24	12	40	60	50	12
S	40	6	M14×1.5	R1/4	NPT1/4	4	4	23.5	23	31	12.5	9	16	17	12	9
		8	M16×1.5	R1/4	NPT1/4	5	5	24.5	24	32	12.5	9	17	19	14	9
		10	M18×1.5	R3/8	NPT3/8	7	7	26	25	34	13	9	17.5	22	17	9
		12	M20×1.5	R3/8	NPT3/8	8	8	27	26	35	13	9	18.5	24	17	9
		(14)	M22×1.5	R1/2	NPT1/2	9	10	33	29	38	17	10	21.5	27	22	10
		16	M24×1.5	R1/2	NPT1/2	12	12	36	33	43	17	11	24.5	30	24	11
		20	M30×2	R3/4	NPT3/4	16	15	39	37	48	18	12	26.5	36	27	12
	25	25	M36×2	R1	NPT1	20	20	48.5	45	57	21.5	14	33	46	36	14
	16	30	M42×2	R1¼	NPT1¼	25	25	53	49	62	24	16	35.5	50	41	—
		38	M52×2	R1½	NPT1½	32	32	59	57	72	24	18	41	60	50	—

注：尽可能不采用括号内的规格。

卡套式锥螺纹弯通三通管接头（摘自 GB/T 3744—2008）

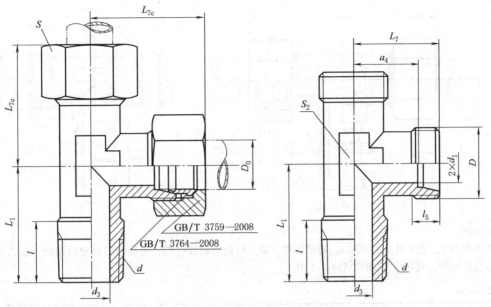

标记示例

接头系列为 L，管子外径为 10mm，55°密封管螺纹（R），表面镀锌处理的钢制卡套式锥螺纹弯通三通管接头标记为：管接头　GB/T 3744　L10R1/4。

表 21-8-33　　　　　　　　　　　　　　　　　　　　　　　　　　　　　　　　　　　　mm

系列	最大工作压力 /MPa	管子外径 D_0	D	d	d_1 参考	d_3	L_1	L_7 ±0.3	L_{7c} ≈	l	l_5 min	a_4 参考	S	S_2 锻制 min	S_2 机械加工 max
LL	10	4	M8×1	R1/8　NPT1/8	3	3	15.5	15	21	8.5	6	11	10	9	6
		5	M10×1	R1/8　NPT1/8	3.5	3	15.5	15	21	8.5	6	9.5	12	9	6
		6	M10×1	R1/8　NPT1/8	4.5	4	15.5	15	21	8.5	6	9.5	12	9	6
		8	M12×1	R1/8　NPT1/8	6	4.5	16.5	17	23	8.5	7	11.5	14	12	7
L	25	6	M12×1.5	R1/8　NPT1/8	4	4	17.5	19	27	8.5	7	12	14	12	7
		8	M14×1.5	R1/4　NPT1/4	6	6	23.5	21	29	12.5	7	14	17	12	7
		10	M16×1.5	R1/4　NPT1/4	8	6	23.5	22	30	12.5	8	15	19	14	8
		12	M18×1.5	R3/8　NPT3/8	10	9	26	24	32	13	8	17	22	17	8
		(14)	M20×1.5	R1/2　NPT1/2	11	11	31	25	33	17	8	18	24	19	8
		15	M22×1.5	R1/2　NPT1/2	12	11	33	28	36	17	9	21	27	19	9
		(16)	M24×1.5	R1/2　NPT1/2	14	12	35	30	39	17	9	22.5	30	22	9
	16	18	M26×1.5	R1/2　NPT1/2	15	14	36	31	40	17	9	23.5	32	24	9
		22	M30×2	R3/4　NPT3/4	19	18	39	35	44	18	10	27.5	36	27	10
	10	28	M36×2	R1　NPT1	24	23	45.5	38	47	21.5	10	30.5	41	36	10
		35	M45×2	R1¼　NPT1¼	30	30	53	45	56	24	12	34.5	50	41	12
		42	M52×2	R1½　NPT1½	36	36	59	51	63	24	12	40	60	50	12
S	40	6	M14×1.5	R1/4　NPT1/4	4	4	23.5	23	31	12.5	9	16	17	12	9
		8	M16×1.5	R1/4　NPT1/4	5	5	24.5	24	32	12.5	9	17	19	14	9
		10	M18×1.5	R3/8　NPT3/8	7	7	26	25	34	13	9	17.5	22	17	9
		12	M20×1.5	R3/8　NPT3/8	8	8	27	26	35	13	9	18.5	24	17	9
		(14)	M22×1.5	R1/2　NPT1/2	9	10	33	29	38	17	10	21.5	27	22	10
		16	M24×1.5	R1/2　NPT1/2	12	12	36	33	43	17	11	24.5	30	24	11
		20	M30×2	R3/4　NPT3/4	16	15	39	37	48	18	12	26.5	36	27	12
	25	25	M36×2	R1　NPT1	20	20	48.5	45	57	21.5	14	33	46	36	14
	16	30	M42×2	R1¼　NPT1¼	25	25	53	49	62	24	16	35.5	50	41	—
		38	M52×2	R1½　NPT1½	32	32	59	57	72	24	18	41	60	50	—

注：尽可能不采用括号内的规格。

卡套式可调向端三通管接头（摘自 GB/T 3741—2008）

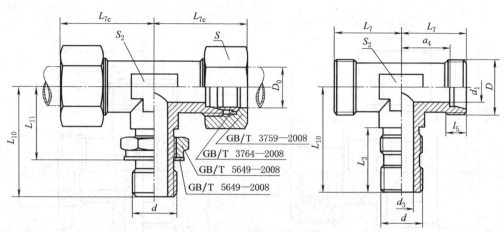

标记示例

接头系列为 L，管子外径为 10mm，普通螺纹（M）可调向螺纹柱端，表面镀锌处理的钢制卡套式可调向端三通管接头标记为：管接头 GB/T 3741 L10。

表 21-8-34

mm

系列	最大工作压力/MPa	管子外径 D_0	D	d	d_1 参考	d_3 参考	L_3 min	L_7 ±0.3	L_{7c} ≈	L_{10} ±1	L_{11} 参考	l_5 min	a_4 参考	S	S_2 锻制 min	S_2 机械加工 max
L	25	6	M12×1.5	M10×1	4	4	16	19	27	25	16.4	7	12	14	12	12
		8	M14×1.5	M12×1.5	6	6	20	21	29	31	19.9	7	14	17	12	14
		10	M16×1.5	M14×1.5	8	7	20	22	30	31	19.9	8	15	19	14	17
		12	M18×1.5	M16×1.5	10	9	20.5	24	32	33.5	21.9	8	17	22	17	19
		(14)	M20×1.5	M18×1.5	11	10	21.5	25	33	35.5	22.9	8	18	24	19	—
		15	M22×1.5	M18×1.5	12	11	21.5	28	36	37.5	24.9	9	21	27	19	—
	16	(16)	M24×1.5	M20×1.5	14	12	21.5	30	39	40.5	27.8	9	22.5	30	22	—
		18	M26×1.5	M22×1.5	15	14	22.5	31	40	41.5	28.8	9	23.5	32	24	—
		22	M30×2	M27×2	19	18	27.5	35	44	48.5	32.8	10	27.5	36	27	—
	10	28	M36×2	M33×2	24	23	27.5	38	47	51.5	35.8	10	30.5	41	36	—
		35	M45×2	M42×2	30	30	27.5	45	56	56.5	40.8	12	34.5	50	41	—
		42	M52×2	M48×2	36	36	29	51	63	64	46.8	12	40	60	50	—
S	63	6	M14×1.5	M12×1.5	4	4	21	23	31	32	20.9	9	16	17	12	14
		8	M16×1.5	M14×1.5	5	5	21	24	32	33	21.9	9	17	19	14	17
		10	M18×1.5	M16×1.5	7	7	23	25	34	36	23.4	9	17.5	22	17	19
		12	M20×1.5	M18×1.5	8	8	26	26	35	40	25.9	9	18.5	24	17	22
		(14)	M22×1.5	M20×1.5	9	9	26	29	38	43.5	28.8	10	21.5	27	22	—
	40	16	M24×1.5	M22×1.5	12	12	27.5	33	43	46.5	31.8	11	24.5	30	24	—
		20	M30×2	M27×2	16	15	33.5	37	48	54.5	36.3	12	26.5	36	27	—
		25	M36×2	M33×2	20	20	33.5	45	57	60.5	42.3	14	33	46	36	—
	25	30	M42×2	M42×2	25	25	34.5	49	62	63.5	44.8	16	35.5	50	41	—
		38	M52×2	M48×2	32	32	38	57	72	73	51.8	18	41	60	50	—

注：尽可能不采用括号内的规格。

卡套式可调向端弯通三通管接头（摘自 GB/T 3743—2008）

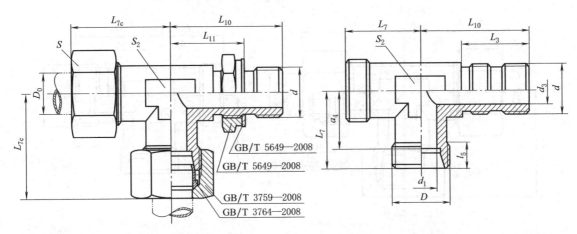

GB/T 5649—2008
GB/T 5649—2008
GB/T 3759—2008
GB/T 3764—2008

标记示例

接头系列为 L，管子外径为 10mm，普通螺纹（M）可调向螺纹柱端，表面镀锌处理的钢制卡套式可调向端弯通三通管接头标记为：管接头　GB/T 3743　L10。

表 21-8-35 mm

系列	最大工作压力/MPa	管子外径 D_0	D	d	d_1 参考	d_3 参考	L_3 min	L_7 ±0.3	L_{7c} ≈	L_{10} ±1	L_{11} 参考	l_5 min	a_4 参考	S	S_2 锻制 min	S_2 机械加工 max
L	25	6	M12×1.5	M10×1	4	4	16	19	27	25	16.4	7	12	14	12	12
		8	M14×1.5	M12×1.5	6	6	20	21	29	31	19.9	7	14	17	12	14
		10	M16×1.5	M14×1.5	8	7	20	22	30	31	19.9	8	15	19	14	17
		12	M18×1.5	M16×1.5	10	9	20.5	24	32	33.5	21.9	8	17	22	17	19
		(14)	M20×1.5	M18×1.5	11	10	21.5	25	33	35.5	22.9	8	18	24	19	—
		15	M22×1.5	M18×1.5	12	11	21.5	28	36	37.5	24.9	9	21	27	19	—
		(16)	M24×1.5	M20×1.5	14	12	21.5	30	39	40.5	27.8	9	22.5	30	22	—
	16	18	M26×1.5	M22×1.5	15	14	22.5	31	40	41.5	28.8	9	23.5	32	24	—
		22	M30×2	M27×2	19	18	27.5	35	44	48.5	32.8	10	27.5	36	27	—
	10	28	M36×2	M33×2	24	23	27.5	38	47	51.5	35.8	10	30.5	41	36	—
		35	M45×2	M42×2	30	30	27.5	45	56	56.5	40.8	12	34.5	50	41	—
		42	M52×2	M48×2	36	36	29	51	63	64	46.8	12	40	60	50	—
S	63	6	M14×1.5	M12×1.5	4	4	21	23	31	32	20.9	9	16	17	12	14
		8	M16×1.5	M14×1.5	5	5	21	24	32	33	21.9	9	17	19	14	17
		10	M18×1.5	M16×1.5	7	7	23	25	34	36	23.4	9	17.5	22	17	19
		12	M20×1.5	M18×1.5	8	8	26	26	35	40	25.9	9	18.5	24	17	22
		(14)	M22×1.5	M20×1.5	9	9	26	29	38	43.5	28.8	10	21.5	27	22	—
	40	16	M24×1.5	M22×1.5	12	12	27.5	33	43	46.5	31.8	11	24.5	30	24	—
		20	M30×2	M27×2	16	15	33.5	37	48	54.5	36.3	12	26.5	36	27	—
		25	M36×2	M33×2	20	20	33.5	45	57	60.5	42.3	14	33	46	36	—
	25	30	M42×2	M42×2	25	25	34.5	49	62	63.5	44.8	16	35.5	50	41	—
		38	M52×2	M48×2	32	32	38	57	72	73	51.8	18	41	60	50	—

注：尽可能不采用括号内的规格。

卡套式三通管接头（摘自 GB/T 3745—2008）

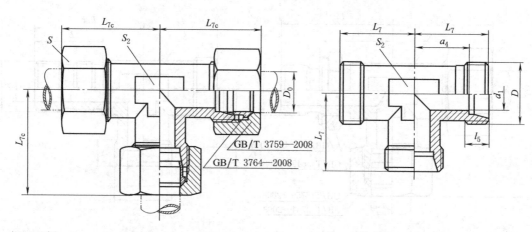

标记示例

　接头系列为 L，管子外径为 10mm，表面镀锌处理的钢制卡套式三通管接头标记为：管接头　GB/T 3745 L10。

表 21-8-36

mm

系列	最大工作压力 /MPa	管子外径 D_0	D	d_1 参考	L_7 ±0.3	L_{7c} ≈	l_5 min	a_4 参考	S	S_2 锻制 min	S_2 机械加工 max
LL	10	4	M8×1	3	15	21	6	11	10	9	9
		5	M10×1	3.5	15	21	6	9.5	12	9	11
		6	M10×1	4.5	15	21	6	9.5	12	9	11
		8	M12×1	6	17	23	7	11.5	14	12	12
L	25	6	M12×1.5	4	19	27	7	12	14	12	12
		8	M14×1.5	6	21	29	7	14	17	12	14
		10	M16×1.5	8	22	30	8	15	19	14	17
		12	M18×1.5	10	24	32	8	17	22	17	19
		(14)	M20×1.5	11	25	33	8	18	24	19	—
		15	M22×1.5	12	28	36	9	21	27	19	—
		(16)	M24×1.5	14	30	39	9	22.5	30	22	—
	16	18	M26×1.5	15	31	40	9	23.5	32	24	—
		22	M30×2	19	35	44	10	27.5	36	27	—
		28	M36×2	24	38	47	10	30.5	41	36	—
	10	35	M45×2	30	45	56	12	34.5	50	41	—
		42	M52×2	36	51	63	12	40	60	50	—
S	63	6	M14×1.5	4	23	31	9	16	17	12	14
		8	M16×1.5	5	24	32	9	17	19	14	17
		10	M18×1.5	7	25	34	9	17.5	22	17	19
		12	M20×1.5	8	26	35	9	18.5	24	17	22
		(14)	M22×1.5	9	29	38	10	21.5	27	22	—
	40	16	M24×1.5	12	33	43	11	24.5	30	24	—
		20	M30×2	16	37	48	12	26.5	36	27	—
		25	M36×2	20	45	57	14	33	46	36	—
	25	30	M42×2	25	49	62	16	35.5	50	41	—
		38	M52×2	32	57	72	18	41	60	50	—

注：尽可能不采用括号内的规格。

卡套式四通管接头（摘自 GB/T 3746—2008）

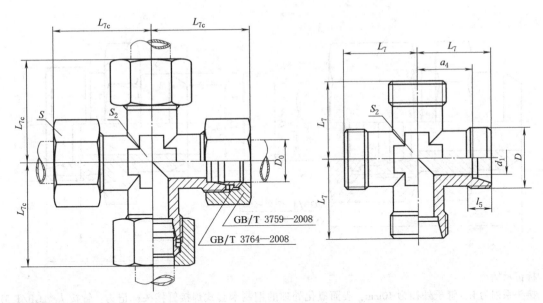

标记示例

接头系列为 L，管子外径为 10mm，表面镀锌处理的钢制卡套式四通管接头标记为：管接头　GB/T 3746 L10。

表 21-8-37　　　　　　　　　　　　　　　　　　　　　　　　　　　　　　　　　　mm

系列	最大工作压力/MPa	管子外径 D_0	D	d_1 参考	L_7 ±0.3	L_{7c} ±0.3	l_5 min	a_4 参考	S	S_2	
										锻制 min	机械加工 max
LL	10	4	M8×1	3	15	21	6	11	10	9	9
		5	M10×1	3.5	15	21	6	9.5	12	9	11
		6	M10×1	4.5	15	21	6	9.5	12	9	11
		8	M12×1	6	17	23	7	11.5	14	12	12
L	25	6	M12×1.5	4	19	27	7	12	14	12	12
		8	M14×1.5	6	21	29	7	14	17	12	14
		10	M16×1.5	8	22	30	8	15	19	14	17
		12	M18×1.5	10	24	32	8	17	22	17	19
		(14)	M20×1.5	11	25	33	8	18	24	19	—
		15	M22×1.5	12	28	36	9	21	27	19	—
		(16)	M24×1.5	14	30	39	9	22.5	30	22	—
	16	18	M26×1.5	15	31	40	9	23.5	32	24	—
		22	M30×2	19	35	44	10	27.5	36	27	—
	10	28	M36×2	24	38	47	10	30.5	41	36	—
		35	M45×2	30	45	56	12	34.5	50	41	—
		42	M52×2	36	51	63	12	40	60	50	—
S	63	6	M14×1.5	4	23	31	9	16	17	12	14
		8	M16×1.5	5	24	32	9	17	19	14	17
		10	M18×1.5	7	25	34	9	17.5	22	17	19
		12	M20×1.5	8	26	35	9	18.5	24	17	22
		(14)	M22×1.5	9	29	38	10	21.5	27	22	—
	40	16	M24×1.5	12	33	43	11	24.5	30	24	—
		20	M30×2	16	37	48	12	26.5	36	27	—
		25	M36×2	20	45	57	14	33	46	36	—
	25	30	M42×2	25	49	62	16	35.5	50	41	—
		38	M52×2	32	57	72	18	41	60	50	—

注：尽可能不采用括号内的规格。

卡套式焊接管接头（摘自 GB/T 3747—2008）

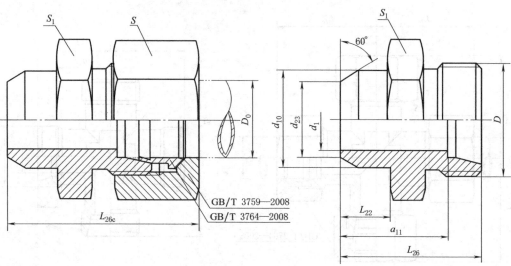

GB/T 3759—2008
GB/T 3764—2008

标记示例

接头系列为 L，管子外径为 10mm，表面氧化处理的钢制卡套式焊接管接头标记为：管接头　GB/T 3747 L10. O。

表 21-8-38　　mm

系列	最大工作压力/MPa	管子外径 D_0	D	d_1 参考	d_{10} ±0.2	d_{23} ±0.2	L_{22} ±0.2	d_{26} ±0.3	L_{26c} ≈	S	S_1	a_{11} 参考
L	25	6	M12×1.5	4	10	6	7	21	29	14	12	14
		8	M14×1.5	6	12	8	8	23	31	17	14	16
		10	M16×1.5	8	14	10	8	24	32	19	17	17
		12	M18×1.5	10	16	12	8	25	33	22	19	18
		(14)	M20×1.5	11	18	14	8	25	33	24	22	18
		15	M22×1.5	12	19	15	10	28	36	27	24	21
		(16)	M24×1.5	14	20	16	10	29	38	30	27	21.5
	16	18	M26×1.5	15	22	18	10	29	38	32	27	21.5
		22	M30×2	19	27	22	12	33	42	36	32	25.5
	10	28	M36×2	24	32	28	12	34	43	41	41	26.5
		35	M45×2	30	40	35	14	39	50	50	46	28.5
		42	M52×2	36	46	42	16	43	55	60	55	32
S	63	6	M14×1.5	4	11	6	7	25	33	17	14	18
		8	M16×1.5	5	13	8	8	28	36	19	17	21
		10	M18×1.5	7	15	10	8	28	37	22	19	20.5
		12	M20×1.5	8	17	12	10	32	41	24	22	24.5
		(14)	M22×1.5	9	19	14	10	33	42	27	24	25.5
	40	16	M24×1.5	12	21	16	10	34	44	30	27	25.5
		20	M30×2	16	26	20	12	40	51	36	32	29.5
		25	M36×2	20	31	24	12	44	56	46	41	32
	25	30	M42×2	25	36	29	14	48	61	50	46	34.5
		38	M52×2	32	44	36	16	55	70	60	55	39

注：尽可能不采用括号内的规格。

卡套式过板直通管接头（摘自 GB/T 3748—2008）

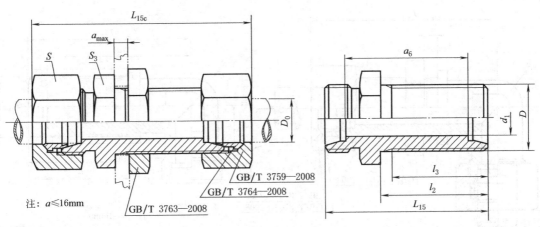

GB/T 3759—2008
GB/T 3764—2008
GB/T 3763—2008

注：$a \leqslant 16mm$

标记示例

接头系列为 L，管子外径为 10mm，表面镀锌处理的钢制卡套式过板直接管接头标记为：管接头　GB/T 3748 L10。

表 21-8-39　　　　　　　　　　　　　　　　　　　　　　　　　　　　　　　　　mm

系列	最大工作压力 /MPa	管子外径 D_0	D	d_1 参考	l_2 ±0.2	l_3 min	L_{15} ±0.3	L_{15c} ≈	S	S_3	a_6 参考
L	25	6	M12×1.5	4	34	30	48	64	14	17	34
		8	M14×1.5	6	34	30	49	65	17	19	35
		10	M16×1.5	8	35	31	51	67	19	22	37
		12	M18×1.5	10	36	32	53	69	22	24	39
		(14)	M20×1.5	11	37	33	54	70	24	27	40
		15	M22×1.5	12	38	34	56	72	27	27	42
		(16)	M24×1.5	14	38	34	57	75	30	30	42
	16	18	M26×1.5	15	40	36	59	77	32	32	44
		22	M30×2	19	42	37	63	81	36	36	48
		28	M36×2	24	43	38	65	83	41	41	50
	10	35	M45×2	30	47	42	72	94	50	50	51
		42	M52×2	36	47	42	74	98	60	60	52
S	63	6	M14×1.5	4	36	32	54	70	17	19	40
		8	M16×1.5	5	36	32	56	72	19	22	42
		10	M18×1.5	7	37	33	57	75	22	24	42
		12	M20×1.5	8	38	34	60	78	24	27	45
		(14)	M22×1.5	9	39	35	62	80	27	27	47
	40	16	M24×1.5	12	40	36	64	84	30	32	47
		20	M30×2	16	44	39	72	94	36	41	51
		25	M36×2	20	47	42	79	103	46	46	55
	25	30	M42×2	25	51	46	85	111	50	50	58
		38	M52×2	32	53	48	92	122	60	65	60

注：尽可能不采用括号内的规格。

第
21
篇

卡套式过板弯通管接头（摘自 GB/T 3749—2008）

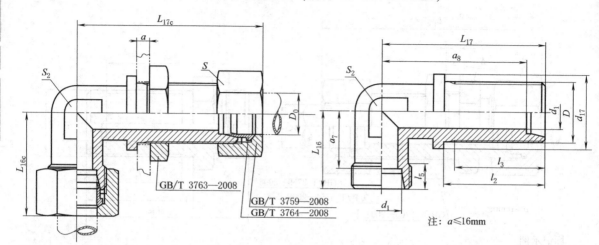

GB/T 3763—2008
GB/T 3759—2008
GB/T 3764—2008

注：$a \leqslant 16$mm

标记示例

接头系列为 L，管子外径为 10mm，表面镀锌处理的钢制卡套式过板弯通管接头标记为：管接头　GB/T 3749 L10。

表 21-8-40

mm

系列	最大工作压力 D_0 /MPa	管子外径 D_0	D	d_1 参考	d_{17} ±0.2	l_2 ±0.2	l_3 min	l_5 min	L_{16} ±0.3	L_{16c} ≈	L_{17} ±0.3	L_{17c} ≈	a_7 参考	a_8 参考	S	S_2
L	25	6	M12×1.5	4	17	34	30	7	19	27	48	56	12	41	14	12
		8	M14×1.5	6	19	34	30	7	21	29	51	59	14	44	17	12
		10	M16×1.5	8	22	35	31	8	22	30	53	61	15	46	19	14
		12	M18×1.5	10	24	36	32	8	24	32	56	64	17	49	22	17
		(14)	M20×1.5	11	27	37	33	8	25	33	57	65	18	50	24	19
		15	M22×1.5	12	27	38	34	9	28	36	61	69	21	54	27	19
		(16)	M24×1.5	14	30	38	34	9	30	39	62	71	22.5	54.5	30	22
	16	18	M26×1.5	15	32	40	36	9	31	40	64	73	23.5	56.5	32	24
		22	M30×2	19	36	42	37	10	35	44	72	81	27.5	64.5	36	27
	10	28	M36×2	24	42	43	38	10	38	47	77	86	30.5	69.5	41	36
		35	M45×2	30	50	47	42	12	45	56	86	97	34.5	75.5	50	41
		42	M52×2	36	60	47	42	12	51	63	90	102	40	79	60	50
S	63	6	M14×1.5	4	19	36	32	9	23	31	53	61	16	46	17	12
		8	M16×1.5	5	22	36	32	9	24	32	54	62	17	47	19	14
		10	M18×1.5	7	24	37	33	9	25	34	57	66	17.5	49.5	22	17
		12	M20×1.5	8	27	38	34	9	26	35	59	68	18.5	51.5	24	17
		(14)	M22×1.5	9	27	39	35	10	29	38	62	71	21.5	54.5	27	22
	40	16	M24×1.5	12	30	40	36	11	33	43	64	74	24.5	55.5	30	24
		20	M30×2	16	36	44	39	12	37	48	74	85	26.5	63.5	36	27
		25	M36×2	20	42	47	42	14	45	57	81	93	33	69	46	36
	25	30	M42×2	25	50	51	46	16	49	62	90	103	35.5	76.5	50	41
		38	M52×2	32	60	53	48	18	57	72	96	111	41	80	60	50

注：尽可能不采用括号内的规格。

卡套式过板焊接管接头（摘自 GB 3757—2008）

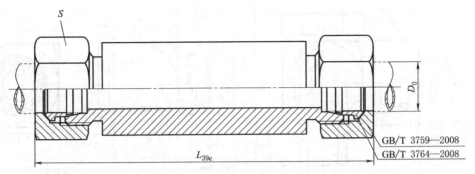

(a) 卡套式过板焊接管接头

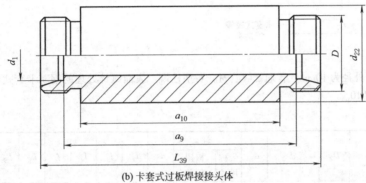

(b) 卡套式过板焊接接头体

标记示例

接头系列为 L，管子外径为 10mm，表面镀锌处理的钢制卡套式过板焊接管接头标记为：管接头 GB/T 3757 L10。

表 21-8-41   mm

系列	最大工作压力/MPa	管子外径 D_0	D	d_1 参考	d_{22} ±0.2	L_{39} ±0.3	L_{39c} ≈	a_9 参考	a_{10} 参考	S
L	25	6	M12×1.5	4	18	70	86	56	50	14
		8	M14×1.5	6	20	70	86	56	50	17
		10	M16×1.5	8	22	72	88	58	50	19
		12	M18×1.5	10	25	72	88	58	50	22
		(14)	M20×1.5	11	28	72	88	58	50	24
		15	M22×1.5	12	28	84	100	70	60	27
		(16)	M24×1.5	14	30	84	102	69	60	30
	16	18	M26×1.5	15	32	84	102	69	60	32
		22	M30×2	19	36	88	106	73	60	36
	10	28	M36×2	24	40	88	106	73	60	41
		35	M45×2	30	50	92	114	71	60	50
		42	M52×2	36	60	92	116	70	60	60
S	63	6	M14×1.5	4	20	74	90	60	50	17
		8	M16×1.5	5	22	74	90	60	50	19
		10	M18×1.5	7	25	74	92	59	50	22
		12	M20×1.5	8	28	74	92	59	50	24
		(14)	M22×1.5	9	28	86	104	71	60	27
	40	16	M24×1.5	12	35	88	108	71	60	30
		20	M30×2	16	38	92	114	71	60	36
		25	M36×2	20	45	96	120	72	60	46
	25	30	M42×2	25	50	100	126	73	60	50
		38	M52×2	32	60	104	134	72	60	60

注：尽可能不采用括号内的规格。

卡套式铰接管接头（摘自 GB/T 3750—2008）

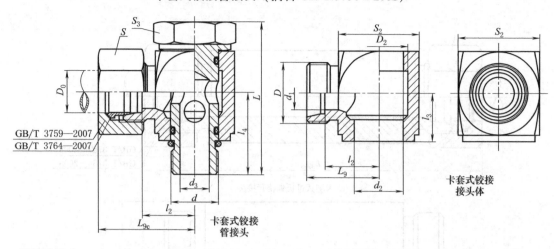

GB/T 3759—2007
GB/T 3764—2007

卡套式铰接
管接头

卡套式铰接
接头体

标记示例

接头系列为 L，管子外径为 10mm，普通螺纹（M）F 型柱端，表面镀锌处理的钢制卡套式铰接管接头标记为：管接头 GB 3750 L10。

表 21-8-42

mm

系列	最大工作压力/MPa	管子外径 D_0	D	D_2	d	d_1	d_2 公称尺寸	d_2 极限偏差	d_3	l_2	l_3	l_4	L	L_9	L_{9c}	S	S_2	S_3
L	25	6	M12×1.5	12.7	M10×1	4	10	+0.022 0	4	11.5	10	18.5	33.5	18.5	26.5	14	17	14
		8	M14×1.5	14.2	M12×1.5	6	12	+0.027 0	6	12.5	11.5	22.5	39	19.5	27.5	17	19	17
		10	M16×1.5	16.5	M14×1.5	8	14		7	15	13	24	42	22	30	19	22	19
		12	M18×1.5	20.3	M16×1.5	10	16		9	17.5	15.5	27	49	24.5	32.5	22	27	22
		(14)	M20×1.5	22.6	M18×1.5	11	18		10	19	17.5	30	53.5	26	34	24	30	24
		15	M22×1.5	22.6	M18×1.5	12	18		11	20	17.5	30	53.5	27	35	27	30	24
		(16)	M24×1.5	24.1	M20×1.5	14	20	+0.033 0	12	20.5	18.5	31	56	28	37	30	32	27
	16	18	M26×1.5	30	M22×1.5	15	22		14	22.5	21	34	62	30	39	32	36	27
		22	M30×2	34	M26×1.5	19	26		18	27	23.5	39.5	70	34.5	43.5	36	41	32
	10	28	M36×2	41	M33×2	24	33	+0.039 0	23	29.5	26	42	76	37	46	41	46	41
		35	M45×2	19	M42×2	30	42		30	33	30.5	46.5	86	43.5	54.5	50	55	50
		42	M52×2	62	M48×2	36	48		36	40	38	55.5	104.5	51	63	60	70	55
S	40	6	M14×1.5	14	M12×1.5	4	12	+0.027 0	4	16	13	24	43	23	31	17	22	17
		8	M16×1.5	15.3	M14×1.5	5	14		5	17	14	25	47	24	32	19	24	19
		10	M18×1.5	17.2	M16×1.5	7	16		7	18	15.5	28	52	25.5	34.5	22	27	22
		12	M20×1.5	19.1	M18×1.5	8	18		8	19.5	17.5	31.5	59	27	36	24	30	24
		(14)	M22×1.5	23	M20×1.5	9	20		9	23.5	20.5	34.5	65	31	40	27	36	27
		16	M24×1.5	23	M22×1.5	12	22	+0.033 0	12	23.5	21	36	67	32	42	30	36	27
		20	M30×2	29	M27×2	16	27		15	28.5	26	44.5	82.5	39	50	36	46	32
	25	25	M36×2	37.6	M33×2	20	33	+0.039 0	20	31	28	46.5	88.5	43	55	46	50	41
	16	30	M42×2	50	M42×2	25	42		25	36.5	33	52	99	50	63	50	60	50
		38	M52×2	58.4	M48×2	32	48		32	41	38	59.5	114	57	72	60	70	55

注：尽可能不采用括号内的规格。

卡套式锥密封组合直通管接头（摘自 GB/T 3756—2008）

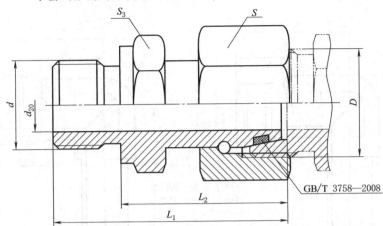

标记示例

接头系列为 L，管子外径为 10mm，普通螺纹（M）F 型柱端，表面镀锌处理的钢制卡套式锥密封组合直通管接头标记为：管接头　GB/T 3756　L10。

表 21-8-43   mm

系列	最大工作压力/MPa	管子外径 D_0	D	d	d_{20} min	L_1 ±0.5	L_2 参考	S	S_3
L	25	6	M12×1.5	M10×1	2.5	33	24.5	14	14
		8	M14×1.5	M12×1.5	4	37.5	26.5	17	17
		10	M16×1.5	M14×1.5	6	38.5	27.5	19	19
		12	M18×1.5	M16×1.5	8	42	30.5	22	22
		(14)	M20×1.5	M18×1.5	9	43.5	31	24	24
		15	M22×1.5	M18×1.5	10	44	31.5	27	24
		(16)	M24×1.5	M20×1.5	12	44	31.5	30	27
	16	18	M26×1.5	M22×1.5	13	44.5	31.5	32	27
		22	M30×2	M27×2	17	48.5	32.5	36	32
	10	28	M36×2	M33×2	22	51	35	41[①]	41
		35	M45×2	M42×2	28	58.5	42.5	50	50
		42	M52×2	M48×2	34	64	46.5	60	55
S	63	6	M14×1.5	M12×1.5	2.5	38	27	17	17
		8	M16×1.5	M14×1.5	4	40.5	29.5	19	19
		10	M18×1.5	M16×1.5	6	44.5	32	22	22
		12	M20×1.5	M18×1.5	8	48	34	24	24
		(14)	M22×1.5	M20×1.5	9	50	36	27	27
		16	M24×1.5	M22×1.5	11	52	37	30	27
	40	20	M30×2	M27×2	14	61.5	43	36	32
		25	M36×2	M33×2	18	66.5	48	46	41
	25	30	M42×2	M42×2	23	70	51	50	50
		38	M52×2	M48×2	30	81.5	60	60	55

① 可为 46mm。

注：尽可能不采用括号内的规格。

第 21 篇

卡套式组合弯通管接头（摘自 GB/T 3752—2008）

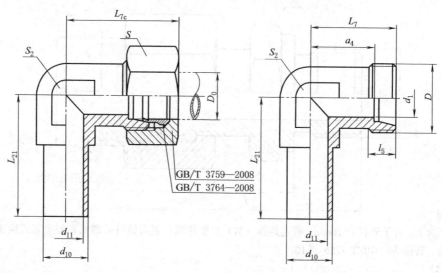

GB/T 3759—2008
GB/T 3764—2008

标记示例

接头系列为 L，管子外径为 10mm，表面镀锌处理的钢制卡套式组合弯通管接头标记为：

管接头　GB/T 3752　L10。

表 21-8-44

mm

系列	最大工作压力/MPa	管子外径 D_0	D	d_1 参考	d_{10} ±0.3	d_{11} +0.20 -0.05	l_5 min	L_7 ±0.3	L_{7c} ≈	L_{21} ±0.5	a_4 参考	S	S_2 锻制 min	S_2 机械加工 max
L	25	6	M12×1.5	4	6	3	7	19	27	26	12	14	12	—
		8	M14×1.5	6	8	5	7	21	29	27.5	14	17	12	14
		10	M16×1.5	8	10	7	8	22	30	29	15	19	14	17
		12	M18×1.5	10	12	8	8	24	32	29.5	17	22	17	19
		(14)	M20×1.5	11	14	10	8	25	33	31.5	18	24	19	—
		15	M22×1.5	12	15	10	9	28	36	32.5	21	27	19	—
		(16)	M24×1.5	14	16	11	9	30	39	33.5	22.5	30	22	—
	16	18	M26×1.5	15	18	13	9	31	40	35.5	23.5	32	24	—
		22	M30×2	19	22	17	10	35	44	38.5	27.5	36	27	—
	10	28	M36×2	24	28	21	10	38	47	41.5	30.5	41	36	—
		35	M45×2	30	35	29	12	45	56	51	34.5	50	41	—
		42	M52×2	36	42	36	12	51	63	56	40	60	50	—
S	63	6	M14×1.5	4	6	2.5	9	23	31	27	16	17	12	14
		8	M16×1.5	5	8	4	9	24	32	27.5	17	19	14	17
		10	M18×1.5	7	10	5	9	25	34	30	17.5	22	17	19
		12	M20×1.5	8	12	6	9	26	35	31	18.5	24	17	22
		(14)	M22×1.5	9	14	7	10	29	38	34	21.5	27	22	—
	40	16	M24×1.5	12	16	10	11	33	43	36.5	24.5	30	24	—
		20	M30×2	16	20	12	12	37	48	44.5	26.5	36	27	—
		25	M36×2	20	25	16	14	45	57	50	33	46	36	—
	25	30	M42×2	25	30	22	16	49	62	55	35.5	50	41	—
		38	M52×2	32	38	28	18	57	72	63	41	60	50	—

注：尽可能不采用括号内的规格。

卡套式锥密封组合弯通管接头（摘自 GB/T 3754—2008）

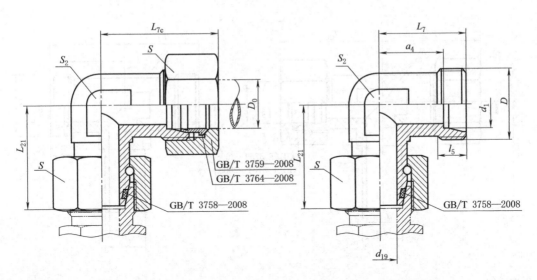

标记示例

接头系列为 L，管子外径为 10mm，表面镀锌处理的钢制卡套式锥密封组合弯通管接头标记为：

管接头　GB/T 3754　L10。

表 21-8-45

mm

系列	最大工作压力/MPa	管子外径 D_0	D	d_1 参考	d_{19} min	L_7 ±0.3	L_{7c} ≈	L_{21} ±0.5	a_4 参考	l_5 min	S	S_2 锻制 min	S_2 机械加工 max
L	25	6	M12×1.5	4	2.5	19	27	26	12	7	14	12	—
		8	M14×1.5	6	4	21	29	27.5	14	7	17	12	14
		10	M16×1.5	8	6	22	30	29	15	8	19	14	17
		12	M18×1.5	10	8	24	32	29.5	17	8	22	17	19
		(14)	M20×1.5	11	9	25	33	31.5	18	8	24	19	—
		15	M22×1.5	12	10	28	36	32.5	21	9	27	19	—
		(16)	M24×1.5	14	12	30	39	33.5	22.5	9	30	22	—
	16	18	M26×1.5	15	13	31	40	35.5	23.5	9	32	24	—
		22	M30×2	19	17	35	44	38.5	27.5	10	36	27	—
	10	28	M36×2	24	22	38	47	41.5	30.5	10	41[①]	36	—
		35	M45×2	30	28	45	56	51	34.5	12	50	41	—
		42	M52×2	36	34	51	63	56	40	12	60	50	—
S	63	6	M14×1.5	4	2.5	23	31	27	16	9	17	12	14
		8	M16×1.5	5	4	24	32	27.5	17	9	19	14	17
		10	M18×1.5	7	6	25	34	30	17.5	9	22	17	19
		12	M20×1.5	8	8	26	35	31	18.5	9	24	17	22
		(14)	M22×1.5	9	9	29	38	34	21.5	10	27	22	—
	40	16	M24×1.5	12	11	33	43	36.5	24.5	11	30	24	—
		20	M30×2	16	14	37	48	44.5	26.5	12	36	27	—
		25	M36×2	20	18	45	57	50	33	14	46	36	—
	25	30	M42×2	25	23	49	62	55	35.5	16	50	41	—
		38	M52×2	32	30	57	72	63	41	18	60	50	—

① 可为 46mm。

注：尽可能不采用括号内的规格。

卡套式组合三通管接头（摘自 GB/T 3753—2008）

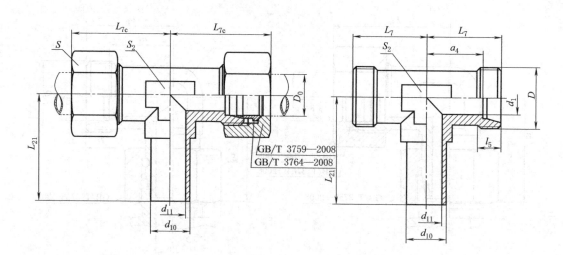

GB/T 3759—2008
GB/T 3764—2008

标记示例

接头系列为 L，管子外径为 10mm，表面镀锌处理的钢制卡套式组合三通管接头标记为：

管接头　GB/T 3753　L10。

表 21-8-46

mm

系列	最大工作压力/MPa	管子外径 D_0	D	d_1 参考	d_{10} ±0.3	d_{11} +0.20 -0.05	l_5 min	L_7 ±0.3	L_{7c} ≈	L_{21} ±0.5	a_4 参考	S	S_2 锻制 min	S_2 机械加工 max
L	25	6	M12×1.5	4	6	3	7	19	27	26	12	14	12	—
		8	M14×1.5	6	8	5	7	21	29	27.5	14	17	12	14
		10	M16×1.5	8	10	7	8	22	30	29	15	19	14	17
		12	M18×1.5	10	12	8	8	24	32	29.5	17	22	17	19
		(14)	M20×1.5	11	14	10	8	25	33	31.5	18	24	19	—
		15	M22×1.5	12	15	10	9	28	36	32.5	21	27	19	—
		(16)	M24×1.5	14	16	11	9	30	39	33.5	22.5	30	22	—
	16	18	M26×1.5	15	18	13	9	31	40	35.5	23.5	32	24	—
		22	M30×2	19	22	17	10	35	44	38.5	27.5	36	27	—
	10	28	M36×2	24	28	23	10	38	47	41.5	30.5	41	36	—
		35	M45×2	30	35	29	12	45	56	51	34.5	50	41	—
		42	M52×2	36	42	36	12	51	63	56	40	60	50	—
S	63	6	M14×1.5	4	6	2.5	9	23	31	27	16	17	12	14
		8	M16×1.5	5	8	4	9	24	32	27.5	17	19	14	17
		10	M18×1.5	7	10	5	9	25	34	30	17.5	22	17	19
		12	M20×1.5	8	12	6	9	26	35	31	18.5	24	17	22
		(14)	M22×1.5	9	14	7	10	29	38	34	21.5	27	22	—
	40	16	M24×1.5	12	16	10	11	33	43	36.5	24.5	30	24	—
		20	M30×2	16	20	12	12	37	48	44.5	26.5	36	27	—
		25	M36×2	20	25	16	14	45	57	50	33	46	36	—
	25	30	M42×2	25	30	22	16	49	62	55	35.5	50	41	—
		38	M52×2	32	38	28	18	57	72	63	41	60	50	—

注：尽可能不采用括号内的规格。

卡套式锥密封组合三通管接头（摘自 GB/T 3755—2008）

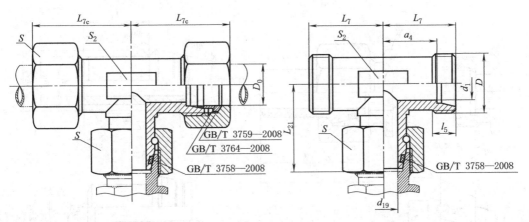

标记示例

接头系列为 L，管子外径为 10mm，表面镀锌处理的钢制卡套式锥密封组合三通管接头标记为：

管接头　GB/T 3755　L10。

表 21-8-47 　　　　　　　　　　　　　　　　　　　　　　　　　　　　　　　　　　　　　　　mm

系列	最大工作压力 /MPa	管子外径 D_0	D	d_1 参考	d_{19} min	L_7 ±0.3	L_{7c} ≈	L_{21} ±0.5	a_4 参考	l_5 min	S	S_2	
												锻制 min	机械加工 max
L	25	6	M12×1.5	4	2.5	19	27	26	12	7	14	12	—
		8	M14×1.5	6	4	21	29	27.5	14	7	17	12	14
		10	M16×1.5	8	6	22	30	29	15	8	19	14	17
		12	M18×1.5	10	8	24	32	29.5	17	8	22	17	19
		(14)	M20×1.5	11	9	25	33	31.5	18	8	24	19	—
		15	M22×1.5	12	10	28	36	32.5	21	9	27	19	—
		(16)	M24×1.5	14	12	30	39	33.5	22.5	9	30	22	—
	16	18	M26×1.5	15	13	31	40	35.5	23.5	9	32	24	—
		22	M30×2	19	17	35	44	38.5	27.5	10	36	27	—
	10	28	M36×2	24	22	38	47	41.5	30.5	10	41①	36	—
		35	M45×2	30	28	45	56	51	34.5	12	50	41	—
		42	M52×2	36	34	51	63	56	40	12	60	50	—
S	63	6	M14×1.5	4	2.5	23	31	27	16	9	17	12	14
		8	M16×1.5	5	4	24	32	27.5	17	9	19	14	17
		10	M18×1.5	7	6	25	34	30	17.5	9	22	17	19
		12	M20×1.5	8	8	26	35	31	18.5	9	24	17	22
		(14)	M22×1.5	9	9	29	38	34	21.5	10	27	22	—
	40	16	M24×1.5	12	11	33	43	36.5	24.5	11	30	24	—
		20	M30×2	16	14	37	48	44.5	26.5	12	36	27	—
		25	M36×2	20	18	45	57	50	33	14	46	36	—
	25	30	M42×2	25	23	49	62	55	35.5	16	50	41	—
		38	M52×2	32	30	57	72	63	41	18	60	50	—

① 可为 46mm。

注：尽可能不采用括号内的规格。

卡套式管接头用锥密封焊接接管（摘自 GB/T 3758—2008）

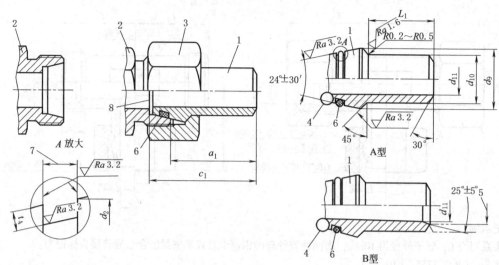

1—焊接锥头，与接头体和螺母一起使用；2—接头体；3—螺母；4—锥端，由制造商决定；
5—连接管内径；6—O 形圈；7—O 形圈槽宽，由制造商决定；8—管止肩

标记示例

接头系列为 L，与外径为 10mm 的管子配套使用，表面氧化处理的钢制卡套式管接头用锥密封焊接接管标记为：管接头 GB/T 3758 L10.O。

表 21-8-48
mm

系列	最大工作压力/MPa	管子外径 D_0	d_{10} ±0.1	$d_{11}^{①}$ +0.20 −0.05	d_9 min	d_9 max	d_2 max	L_1 ±0.2	c_1 ±1	a_1 ±1	t_4 ±0.1
L	25	6	6	3	9	10	7.8	19	32	25	1.1
		8	8	5	11	12	9.8	19	32	25	1.1
		10	10	7	13	14	12	20	33	26	1.1
		12	12	8	15	16	14	20	33	26	1.1
		(14)	14	10	17	18	16	22	35	28	1.1
		15	15	10	18	20	17	22	35	28	1.5
		(16)	16	11	19	22	18	23	36.5	29	1.5
	16	18	18	13	21	24	20	23	37	29.5	1.5
		22	22	17	25	27	24	24.5	39.5	32	1.5
	10	28	28	23	31	33	30	27.5	42.5	35	1.5
		35	35	29	40	42	37.7	30.5	49.5	39	1.9
		42	42	36	47	49	44.7	30.5	50	39	1.9
S	63	6	6	2.5	9	12	7.8	19	32	25	1.1
		8	8	4	11	14	9.8	19	32	25	1.1
		10	10	5	14	16	12	20	33.5	26	1.1
		12	12	6	16	18	14	20	33.5	26	1.1
		(14)	14	7	18	20	16	22	35.5	28	1.1
	40	16	16	10	20	22	18	26	40.5	32	1.5
		20	20	12	24	27	22.6	28.5	47	36.5	1.8
		25	25	16	29	33	27.6	33.5	53.5	41.5	1.8
	25	30	30	22	35	39	32.7	35.5	57.5	44	1.8
		38	38	28	43	49	40.7	39.5	64.5	48.5	1.8

① A 型焊接接管允许的最大内径。当内径大于 d_{11}+0.5mm 时，推荐使用 B 型焊接接管。

注：尽可能不采用括号内的规格。

卡套式管接头用锥密封焊接接管用 O 形圈

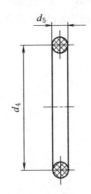

表 21-8-49   mm

系列	管子外径 D_0	d_4		d_5	
		公称	公差	公称	公差
L	6	4	±0.14	1.5	±0.08
	8	6	±0.14	1.5	±0.08
	10	7.5	±0.16	1.5	±0.08
	12	9	±0.16	1.5	±0.08
	(14)	11	±0.18	1.5	±0.08
	15	12	±0.18	2	±0.09
	(16)	12	±0.18	2	±0.09
	18	15	±0.18	2	±0.09
	22	20	±0.22	2	±0.09
	28	26	±0.22	2	±0.09
	35	32	±0.31	2.5	±0.09
	42	38	±0.31	2.5	±0.09
S	6	4	±0.14	1.5	±0.08
	8	6	±0.14	1.5	±0.08
	10	7.5	±0.16	1.5	±0.08
	12	9	±0.16	1.5	±0.08
	(14)	11	±0.16	1.5	±0.08
	16	12	±0.18	2	±0.09
	20	16.3	±0.18	2.4	±0.09
	25	20.3	±0.22	2.4	±0.09
	30	25.3	±0.22	2.4	±0.09
	38	33.3	±0.31	2.4	±0.09

注：1. 优先选用本标准规定 O 形圈尺寸，以保证满足本标准的性能要求。在满足保证密封性能要求情况下，也可使用其他尺寸规格的 O 形圈。

2. 尽可能不采用括号内的规格。

1.2.4 扩口式管接头

扩口式管接头结构简单，性能良好，加工和使用方便，适用于以油、气为介质的中、低压管路系统，其工作压力取决于管材的许用压力，一般为 3.5~16MPa。管接头本身的工作压力没有明确规定。广泛应用于飞机、汽车及机床行业的液压管路系统。

这种接头有 A 型和 B 型两种结构型式，如图 21-8-34 及图 21-8-35。A 型由具有 74° 外锥面的管接头体、起压紧作用的螺母和带有 66° 内锥孔的管套组成；B 型由具有 90° 外锥面的管接头体和带有 90° 内锥孔的螺母组成。将已冲了喇叭口的管子置于接头体的外锥面和管套（或 B 型的螺母）的内锥孔之间，旋紧螺母使管子的喇叭口受压，挤贴于接头体外锥面和管套（或 B 型的螺母）内锥孔所产生的缝隙中，从而起到了密封作用。

接头体和机体的连接有两种型式：一种采用公制锥螺纹，此时依靠锥螺纹自身的结构和塑料填料进行密封；

另一种采用普通细牙螺纹，此时接头体和机件端的连接处需加密封垫圈。垫圈型式推荐按 GB/T 3452.1 "O 形密封圈"、JB/T 982 "组合密封垫圈" 和 JB/T 966 "密封垫圈" 的规定选取。

生产厂：焦作市路通液压附件有限公司、宁波液压附件厂、上海液压附件厂、盐城蒙塔液压机械有限公司等。

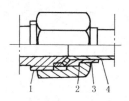

图 21-8-34　扩口式 A 型管接头的结构
1—接头体；2—螺母；3—管套；4—管子

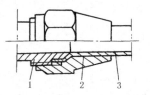

图 21-8-35　扩口式 B 型管接头的结构
1—接头体；2—螺母；3—管子

扩口式端直通管接头（摘自 GB/T 5625—2008）

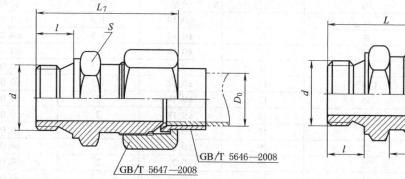
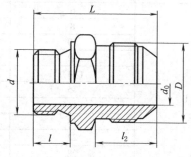

GB/T 5646—2008
GB/T 5647—2008

标记示例

扩口型式 A，管子外径为 10mm，普通螺纹（M）A 型柱端，表面镀锌处理的钢制扩口式端直通管接头标记为：管接头　GB/T 5625　A10/M14×1.5。

表 21-8-50

mm

管子外径 D_0	d_0	d[1]	D	$L_7 \approx$ A 型	$L_7 \approx$ B 型	l	l_2	L	S
4	3	M10×1	M10×1	31.5	36	8	12.5	26.5	14
5	3.5								
6	4		M12×1.5	35.5	40		16	30	
8	6	M12×1.5	M14×1.5	44	52	12	18	37	17
10	8	M14×1.5	M16×1.5	45	54		19	38	19
12	10	M16×1.5	M18×1.5	45.5	57			39	22
14	12[2]	M18×1.5	M22×1.5		61		19.5	39.5	24
16	14	M22×1.5	M24×1.5	49	65	14	20	43	30
18	15		M27×1.5		69		20.5	43.5	
20	17	M27×2	M30×2	58.5	—	16	26	52	34
22	19		M33×2	59.5	—				
25	22	M33×2	M36×2	64	—	18		56	41
28	24		M39×2	66.5	—		27.5	58.5	
32	27	M42×2	M42×2	71	—	20	28.5	62.5	50
34	30		M45×2	71.5	—				

① 优先选用普通螺纹。

② 采用 55°非密封的管螺纹时尺寸为 10mm。

表 21-8-51　　扩口式锥螺纹直通管接头（摘自 GB/T 5626—2008）　　mm

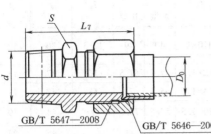

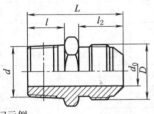

标记示例
扩口型式 A,管子外径 10mm,55°密封螺纹(R),表面镀锌处理的钢制扩口式锥螺纹直通管接头标记为:

　　管接头　GB/T 5626　A10/R¼

管子外径 D_0	d_0	d①(R)	d①(NPT)	D	L_7≈ A型	L_7≈ B型	l	l_2	L	S
4	3	R1/8	NPT1/8	M10×1	31.5	36	8.5	12.5	26.5	12
5	3.5									
6	4			M12×1.5	36	40.5		16	30	14
8	6	R1/4	NPT1/4	M14×1.5	42.5	50.5	12.5	18	36	17
10	8			M16×1.5	43.5	52.5		19	37	19
12	10	R3/8	NPT3/8	M18×1.5	45	56.5	13		38.5	22
14				M22×1.5		60.5		19.5	39	24
16	14	R1/2	NPT1/2	M24×1.5	50.5	67	17	20	44.5	27
18	15			M27×1.5		71		20.5	45	30
20	17	R3/4	NPT3/4	M30×2	58.5	—	18	26	52	32
22	19			M33×2	59.5	—				34
25	22	R1	NPT1	M36×2	65.5		21.5		57.5	41
28	24			M39×2	68			27.5	60	
32	27	R1¼	NPT1¼	M42×2	73		24	28.5	64.5	46
34	30			M45×2						

① 优先选用 55°密封管螺纹。

表 21-8-52　　扩口式锥螺纹长管接头（摘自 GB/T 5627—2008）　　mm

标记示例
扩口型式 A,管子外径为 10mm,55°密封管螺纹(R),表面镀锌处理的钢制扩口式锥螺纹长管接头标记为:

　　管接头　GB/T 5627　A10/R¼

管子外径 D_0	d_0	d①(R)	d①(NPT)	D	L_7≈ A型	L_7≈ B型	l	l_2	L	L_1	S
4	3	R1/8	NPT1/8	M10×1	53.5	58	8.5	12.5	48.5	30	12
5	3.5										
6	4			M12×1.5	58.5	63		16	53		14
8	6	R1/4	NPT1/4	M14×1.5	92	100	12.5	18	85		17
10	8			M16×1.5	93	102		19	86		19
12	10	R3/8	NPT3/8	M18×1.5	93.5	105	13		87		22
14				M22×1.5		109		19.5	87.5		24
16	14	R1/2	NPT1/2	M24×1.5	95	111	17	20	89		27
18	15			M27×1.5		115		20.5	89.5	60	30
20	17	R3/4	NPT3/4	M30×2	102.5	—	18	26	96		32
22	19			M33×2	103.5	—					34
25	22	R1	NPT1	M36×2	106		21.5		98		41
28	24			M39×2	108.5			27.5	100.5		
32	27	R1¼	NPT1¼	M42×2	111		24	28.5	102.5		46
34	30			M45×2							

① 优先选用 55°密封管螺纹。

表 21-8-53　　　　**扩口式直通管接头**（摘自 GB/T 5628—2008）　　　　　　mm

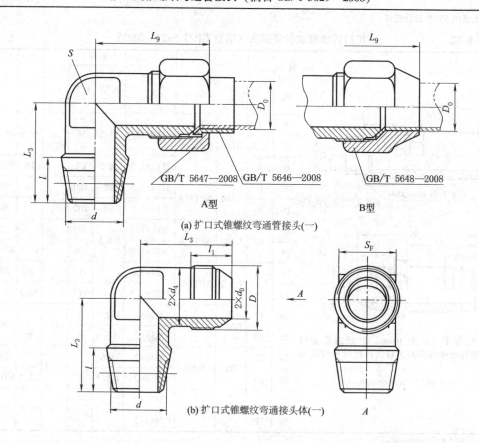

管子外径 D_0	d_0	D	$L_8 \approx$ A 型	$L_8 \approx$ B 型	l_2	L	S
4	3	M10×1	40	49	12.5	30	12
5	3.5	M10×1	40	49	12.5	30	12
6	4	M12×1.5	47.5	57.5	16	37	14
8	6	M14×1.5	55.5	71	18	42	17
10	8	M16×1.5	57.5	75.5	19	44	19
12	10	M18×1.5	58	81	19	45	22
14	12	M22×1.5	58	89	19.5	46	24
16	14	M24×1.5	60	92	20	48	27
18	15	M27×1.5	60	100	20.5	49	30
20	17	M30×2	75.5	—	26	62	32
22	19	M33×2	76.5	—	26	62	34
25	22	M36×2	78	—	26	62	41
28	24	M39×2	83.5	—	27.5	67	41
32	27	M42×2	86	—	28.5	69	46
34	30	M45×2	86	—	28.5	69	46

标记示例

扩口型式 A，管子外径为 10mm，表面镀锌处理的钢制扩口式直通管接头标记为：

管接头　GB/T 5628　A10

GB/T 5647—2008　　GB/T 5646—2008

表 21-8-54　　　　**扩口式锥螺纹弯通管接头**（摘自 GB/T 5629—2008）　　　　mm

GB/T 5647—2008　GB/T 5646—2008

A 型

GB/T 5648—2008

B 型

(a) 扩口式锥螺纹弯通管接头(一)

(b) 扩口式锥螺纹弯通接头体(一)

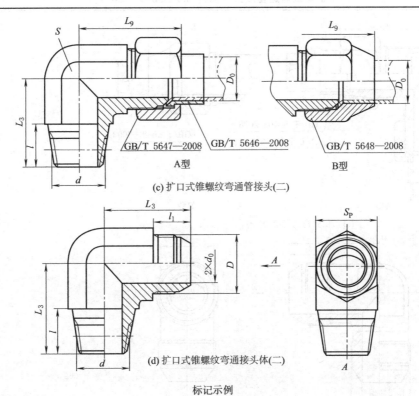

GB/T 5647—2008　GB/T 5646—2008　A型
GB/T 5648—2008　B型

(c) 扩口式锥螺纹弯通管接头(二)

(d) 扩口式锥螺纹弯通接头体(二)

标记示例

扩口型式 A,管子外径为10mm,55°密封管螺纹(R),表面镀锌处理的钢制扩口式锥螺纹弯通管接头标记为:
管接头　GB/T 5629　A10/R¼

管子外径 D_0	d_0	$d^{①}$		D	$L_9 \approx$		l	L_3	d_4	l_1	S	
					A 型	B 型					S_F	S_P
4	3			M10×1	25.5	30		20.5	8	9.5	8	10
5	3.5	R1/8	NPT1/8				8.5					
6	4			M12×1.5	29.5	34.5		24	10	12	10	12
8	6	R1/4	NPT1/4	M14×1.5	35.5	43	12.5	28.5	11	13.5	12	14
10	8			M16×1.5	37.5	46.5		30.5	13	14.5	14	17
12	10	R3/8	NPT3/8	M18×1.5	38	49.5	13	31.5	15		17	19
14				M22×1.5	39.5	55		34	19	15	19	22
16	14	R1/2	NPT1/2	M24×1.5	41.5	57.5	17	35.5	21	15.5	22	24
18	15			M27×1.5	43	63		37.5	24	16	24	27
20	17	R3/4	NPT3/4	M30×2	50	—	18	43	27		27	30
22	19			M33×2	53	—		45.5	30	20	30	34
25	22	R1	NPT1	M36×2	55	—	21.5	47	33		34	36
28	24			M39×2	58.5	—		50	36	21.5	36	41
32	27	R1¼	NPT1¼	M42×2	61	—	24	52.5	39	22.5	41	46
34	30			M45×2	62.5	—		54	42		46	

① 优先选用55°密封管螺纹。

表 21-8-55　　　　　扩口式弯通管接头（摘自 GB/T 5630—2008）　　　　　mm

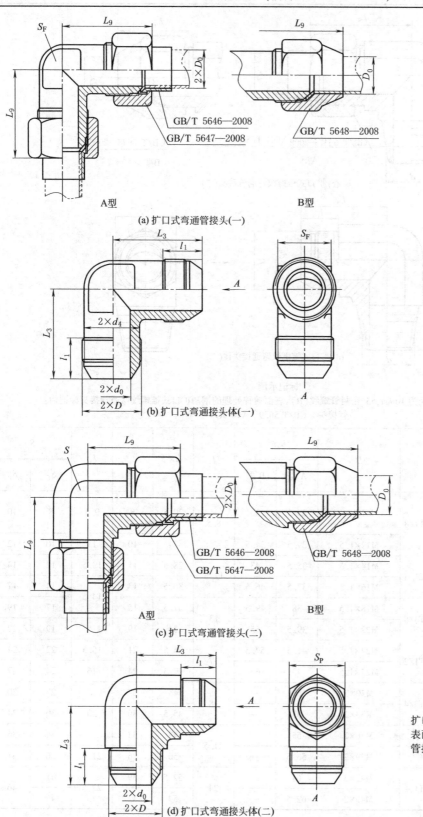

A型　　　　　　　　　　　　　　B型

(a) 扩口式弯通管接头(一)

GB/T 5646—2008
GB/T 5647—2008
GB/T 5648—2008

(b) 扩口式弯通接头体(一)

A型　　　　　　　　　　　　　　B型

(c) 扩口式弯通管接头(二)

GB/T 5646—2008
GB/T 5647—2008
GB/T 5648—2008

(d) 扩口式弯通接头体(二)

标记示例
扩口型式 A,管子外径为 10mm,
表面镀锌处理的钢制扩口式弯通
管接头标记为:
　　管接头　GB/T 5630　A10

管子外径 D_0	d_0	D	d_4	$L_9 \approx$		L_3	l_1	S	
				A 型	B 型			S_F	S_P
4	3	M10×1	8	25.5	30	20.5	9.5	8	10
5	3.5								
6	4	M12×1.5	10	29.5	34.5	24	12	10	12
8	6	M14×1.5	11	35.5	43	28.5	13.5	12	14
10	8	M16×1.5	13	37.5	46.5	30.5	14.5	14	17
12	10	M18×1.5	15	38	49.5	31.5		17	19
14	12	M22×1.5	19	39.5	55	34	15	19	22
16	14	M24×1.5	21	41.5	57.5	35.5	15.5	22	24
18	15	M27×1.5	24	43	63	37.5	16	24	27
20	17	M30×2	27	50	—	43		27	30
22	19	M33×2	30	53	—	45.5	20	30	34
25	22	M36×2	33	55	—	47		34	36
28	24	M39×2	36	58.5	—	50	21.5	36	41
32	27	M42×2	39	61	—	52.5	22.5	41	46
34	30	M45×2	42	62.5	—	54		46	

表 21-8-56　　　　　扩口式组合弯通管接头（摘自 GB/T 5632—2008）　　　　　mm

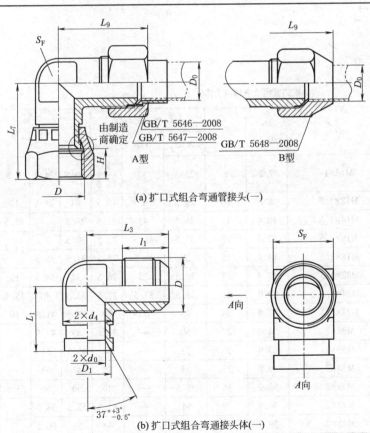

(a) 扩口式组合弯通管接头(一)

(b) 扩口式组合弯通接头体(一)

续表

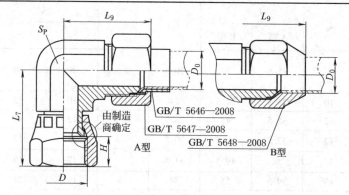

(c) 扩口式组合弯通管接头(二)

标记示例

扩口型式 A, 管子外径为 10mm, 表面镀锌处理的钢制扩口式组合弯通管接头标记为:

管接头　GB/T 5632　A10

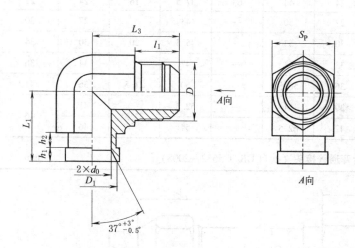

(d) 扩口式组合弯通接头体(二)

管子外径 D_0	d_0	D	D_1 ±0.13	d_4	$L_9 \approx$		L_1	L_3	L_7	l_1	H	S	
					A 型	B 型						S_F	S_P
4	3	M10×1	7.2	8	25.5	30	14	20.5	24.5	9.5	7.5	8	10
5	3.5						16.5						
6	4	M12×1.5	8.7	10	29.5	34.5	18.5	24	28.5	12	9.5	10	12
8	6	M14×1.5	10.4	11	35.5	43	22.5	28.5	33.5	13.5	10.5	12	14
10	8	M16×1.5	12.4	13	37.5	46.5	23.5	30.5				14	17
12	10	M18×1.5	14.4	15	38	49.5	24.5	31.5	36.5	14.5		17	19
14	12	M22×1.5	17.4	19	39.5	55	26.5	34	38.5	15		19	22
16	14	M24×1.5	19.9	21	41.5	57.5	27.5	35.5	40	15.5	11	22	24
18	15	M27×1.5	22.9	24	43	63	29	37.5	41.5	16		24	27
20	17	M30×2	24.9	27	50	—	31.5	43	47.5		13.5	27	30
22	19	M33×2	27.9	30	53	—	36	45.5	51	20	14	30	34
25	22	M36×2	30.9	33	55	—	38	47	53		14.5	34	36
28	24	M39×2	33.9	36	58.5	—	40	50	56	21.5	15	36	41
32	27	M42×2	36.9	39	61	—	42.5	52.5	58.5	22.5	15.5	41	46
34	30	M45×2	39.9	42	62.5	—	44	54	60.5		16	46	

表 21-8-57　　　　　扩口式锥螺纹三通管接头（摘自 GB/T 5635—2008）　　　　mm

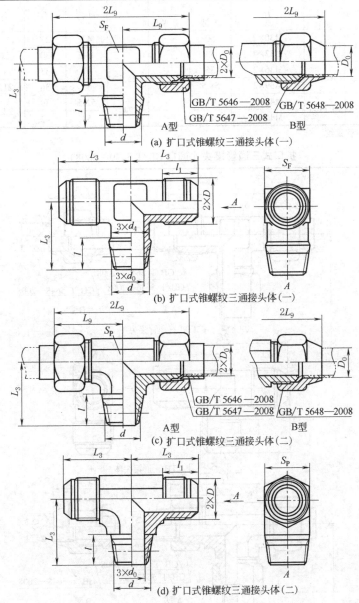

(a) 扩口式锥螺纹三通接头体(一)

(b) 扩口式锥螺纹三通接头体(一)

(c) 扩口式锥螺纹三通接头体(二)

(d) 扩口式锥螺纹三通接头体(二)

标记示例

扩口型式 A，管子外径为 10mm，55°密封管螺纹（R）表面镀锌处理的钢制扩口锥螺纹三通管接头标记为：管接头　GB/T 5635 A10/R1/4

管子外径 D_0	d_0	d①		D	$L_9 \approx$		l	L_3	d_4	l_1	S	
					A 型	B 型					S_F	S_P
4	3	R1/8	NPT1/8	M10×1	25.5	30	8.5	20.5	8	9.5	8	10
5	3.5											
6	4			M12×1.5	29.5	34.5		24	10	12	10	12
8	6	R1/4	NPT1/4	M14×1.5	35.5	43	12.5	28.5	11	13.5	12	14
10	8			M16×1.5	37.5	46.5		30.5	13	14.5	14	17
12	10	R3/8	NPT3/8	M18×1.5	38	49.5	13	31.5	15		17	19
14				M22×1.5	39.5	55		34	19	15	19	22
16	14	R1/2	NPT1/2	M24×1.5	41.5	57.5	17	35.5	21	15.5	22	24
18	15			M27×1.5	43	63		37.5	24	16	24	27

管子外径 D_0	d_0	d ①		D	$L_9 \approx$		l	L_3	d_4	l_1	S	
					A 型	B 型					S_F	S_P
20	17	R3/4	NPT3/4	M30×2	50	—	18	43	27		27	30
22	19			M33×2	53	—		45.5	30	20	30	34
25	22	R1	NPT1	M36×2	55	—	21.5	47	33		34	36
28	24			M39×2	58.5	—		50	36	21.5	36	41
32	27	R1¼	NPT1¼	M42×2	61	—	24	52.5	39	22.5	41	46
34	30			M45×2	62.5	—		54	42		46	46

① 优先选用 55°密封管螺纹。

表 21-8-58　　　　　　扩口式三通管接头（摘自 GB/T 5639—2008）　　　　　　mm

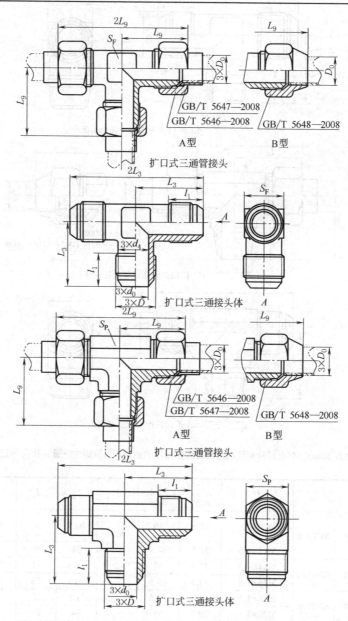

GB/T 5647—2008
GB/T 5646—2008　　GB/T 5648—2008

A型　　　　　　B型

扩口式三通管接头

扩口式三通接头体

GB/T 5646—2008
GB/T 5647—2008　　GB/T 5648—2008

A型　　　　　　B型

扩口式三通管接头

扩口式三通接头体

标记示例

扩口型式 A，管子外径为 10mm，表面镀锌处理的钢制扩口式三通管接头标记为：管接头　GB/T 5639　A10

管子外径 D_0	d_0	D	d_4	$L_9 \approx$ A型	B型	L_3	l_1	S S_F	S_P
4	3	M10×1	8	25.5	30	20.5	9.5	8	10
5	3.5								
6	4	M12×1.5	10	29.5	34.5	24	12	10	12
8	6	M14×1.5	11	35.5	43	28.5	13.5	12	14
10	8	M16×1.5	13	37.5	46.5	30.5	14.5	14	17
12	10	M18×1.5	15	38	49.5	31.5		17	19
14	12	M22×1.5	19	39.5	55	34	15	19	22
16	14	M24×1.5	21	41.5	57.5	35.5	15.5	22	24
18	15	M27×1.5	24	43	63	37.5	16	24	27
20	17	M30×2	27	50	—	43		27	30
22	19	M33×2	30	53	—	45.5	20	30	34
25	22	M36×2	33	55	—	47		34	36
28	24	M39×2	35	58.5	—	50	21.5	36	41
32	27	M42×2	39	61	—	52.5	22.5	41	46
34	30	M45×2	42	62.5	—	54		46	

表 21-8-59　　扩口式组合弯通三通管接头（摘自 GB/T 5634—2008）　　mm

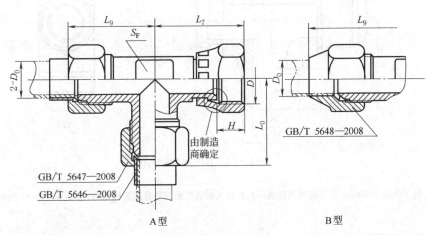

A型　　　　　　　　　　　　　　B型

(a) 扩口式组合弯通三通管接头（一）

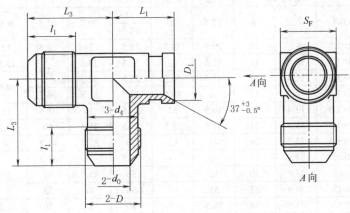

(b) 扩口式组合弯通三通管接头（一）

第
21
篇

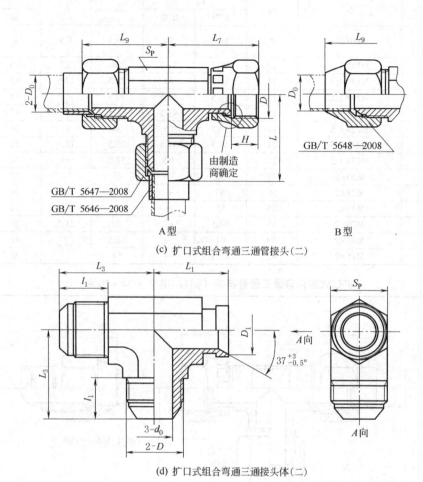

(c) 扩口式组合弯通三通管接头(二)

(d) 扩口式组合弯通三通接头体(二)

标记示例

扩口型式 A,管子外径为10mm,表面镀锌处理的钢制扩口式组合弯通三通管接头标记为:管接头　GB/T 5634　A10

管子外径 D_0	d_0	D	D_1 ±0.13	d_4	$L_9 \approx$		L_1	L_3	L_7	l_1	H	S	
					A 型	B 型						S_F	S_P
4	3	M10×1	7.2	8	14	30	14	20.5	24.5	9.5	7.5	8	10
5	3.5				25.5		16.5						
6	4	M12×1.5	8.7	10	29.5	34.5	18.5	24	28.5	12	9.5	10	12
8	6	M14×1.5	10.4	11	35.5	43	22.5	28.5	33.5	13.5	10.5	12	14
10	8	M16×1.5	12.4	13	37.5	46.5	23.5	30.5		14.5		14	17
12	10	M18×1.5	14.4	15	38	49.5	24.5	31.5	36.5			17	19
14	12	M22×1.5	17.4	19	39.5	55	26.5	34	38.5	15		19	22
16	14	M24×1.5	19.9	21	41.5	57.5	27.5	35.5	40	15.5	11	22	24
18	15	M27×1.5	22.9	24	43	63	29	37.5	41.5	16		24	27
20	17	M30×2	24.9	27	50	—	31.5	43	47.5		13.5	27	30
22	19	M33×2	27.9	30	53	—	36	45.5	51	20	14	30	34
25	22	M36×2	30.9	33	55	—	38	47	53		14.5	34	36
28	24	M39×2	33.9	36	58.5	—	40	50	56	21.5	15	36	41
32	27	M42×2	36.9	39	61	—	42.5	52.5	58.5	22.5	15.5	41	46
34	30	M45×2	39.9	42	62.5	—	44	54	60.5		16	46	

扩口式变径锥螺纹三通管接头（GB/T 5636.1—1985）、扩口式三通变径管接头（GB/T 5640.1—1985）

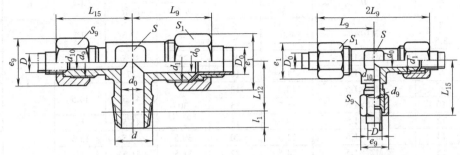

(a)扩口式变径锥螺纹三通管接头   (b)扩口式三通变径管接头

标记示例

管子外径 D_0 为 10mm 的扩口式变径锥螺纹三通管接头：

管接头 10 GB/T 5636.1—1985

表 21-8-60   mm

管子外径		d_0	d_{10}	d_1	d_9	$L_9 \approx$	$L_{15} \approx$	e_9	e_1	S_9	S_1	S	公制锥管螺纹		L_{12}	每100件质量（钢）/kg	
D_0	D												d	l_1		图a	图b
6	4	4	3	M12×1.5	M10×1	29.5	25.5	15	17.3	13	15	10	ZM10	4.5	19.5	6.14	8.17
8	6	6	4	M14×1.5	M12×1.5	35.5	29.5	17.3	20.8	15	18	11	ZM14		21.5	9.92	12.4
10	8	8	6	M16×1.5	M14×1.5	37.5	35.5	20.8	24.2	18	21	16			23.5	12.8	18.0
12	10	10	8	M18×1.5	M16×1.5	38	37.5	24.2	27.7	21	24		ZM18	7	24.5	16.9	21.2
14	12	12	10	M22×1.5	M18×1.5	39.5	38	27.7	31.2	24	27	21			27	22.5	29.4
16	14	14	12	M24×1.5	M22×1.5	41.5	39.5	31.2		27	30	24	ZM22		28.5	28.7	36.8
18	16	15	14	M27×1.5	M24×1.5	43	41.5		34.6	30					30.5	32.0	44.1
20	18	17	15	M30×2	M27×1.5	50	43	34.6			36	27	ZM27		34	52.7	64.2
22	20	19	17	M33×2	M30×2	53	50		41.6	36		30		9	36.5	58.2	78.8
25	22	22	19	M36×2	M33×2	55	53	41.6			41	33	ZM33		38	80.5	91.1
28	25	24	22	M39×2	M36×2	58.5	55	47.3	47.3	41	46	36			41	92.2	116.0
32	28	27	24	M42×2	M39×2	61	58.5	53.1	53.1		46	41	ZM42	10	42.5	116.0	141.0
34	32	30	27	M45×2	M42×2	62.5	61	57.7	57.7	50	50	46			44	120.0	147.0

注：当 d 采用 NPT 螺纹时，见 JB/ZQ 4529—2006。

表 21-8-61   **扩口式焊接管接头**（摘自 GB/T 5642—2008）   mm

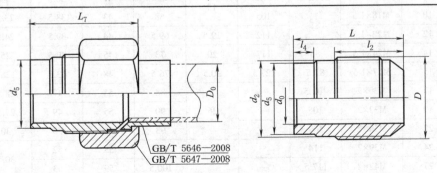

GB/T 5646—2008
GB/T 5647—2008

标记示例

扩口型式 A，管子外径为 10mm，表面氧化处理的钢制扩口式焊接管接头标记为：管接头 GB/T 5642 A10.0

续表

管子外径 D_0	d_0	D	d_2	d_5	$L_7 \approx$ A 型	$L_7 \approx$ B 型	l_2	l_4	L
4	3	M10×1	8.5	6	23	27.5	9.5		18
5	3.5	M10×1	8.5	7	23	27.5	9.5		18
6	4	M12×1.5	10	8	27	31.5	12		20.5
8	6	M14×1.5	11.5	10	29	37	13.5	3	22.5
10	8	M16×1.5	13.5	12		41.5	14.5		23.5
12	10	M18×1.5	15.5	15	30	41.5	14.5		23.5
14	12	M22×1.5	19.5	18		45.5	15		24
16	14	M24×1.5	21.5	20	30.5	46.5	15.5		24.5
18	15	M27×1.5	24.5	22	31.5	51.5	16		26
20	17	M30×2	27	25	36.5	—			30
22	19	M33×2	30	28	37.5	—	20		30
25	22	M36×2	33	31	38	—		4	30
28	24	M39×2	36	34	40	—	21.5		31.5
32	27	M42×2	39	37	41	—	22.5		32.5
34	30	M45×2	42	40	41	—	22.5		32.5

表 21-8-62   扩口式过板直通管接头（摘自 GB/T 5643—2008）   mm

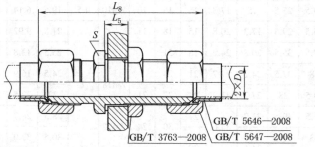
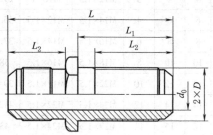

标记示例

扩口型式 A，管子外径为 10mm，表面镀锌处理的钢制扩口式过板直通管接头标记为：管接头 GB/T 5643 A10

管子外径 D_0	d_0	D	$L_8 \approx$ A 型	$L_8 \approx$ B 型	l_2	L	L_1	L_2	L_5 max	S
4	3	M10×1	61.5	70.5	12.5	51.5	34	31	20.5	14
5	3.5	M10×1	61.5	70.5	12.5	51.5	34	31	20.5	14
6	4	M12×1.5	71	80	16	60	38	34	20.5	14
8	6	M14×1.5	77.5	93	18	64	40	35.5	21.5	17
10	8	M16×1.5	79.5	97.5	19	66	41	36.5	21.5	19
12	10	M18×1.5	81	105	19	68	43	38.5	23.5	22
14	12	M22×1.5	81	112	19.5	69.5	44	39.5	24.5	27
16	14	M24×1.5	85	117	20	73	45	40.5	25	30
18	15	M27×1.5	87.5	127.5	20.5	76.5	48	43.5	28	32
20	17	M30×2	101.5	—		88	53	47	28.5	36
22	19	M33×2	105	—	26	90	55	49	29.5	41
25	22	M36×2	109	—		93	56	50	30	41
28	24	M39×2	114	—	27.5	97.5	58	52	30.5	46
32	27	M42×2	117.5	—	28.5	100.5	59	53	30.5	50
34	30	M45×2	120	—	28.5	102.5	60	54	31	50

扩口式过板弯通管接头（摘自 GB/T 5644—2008）

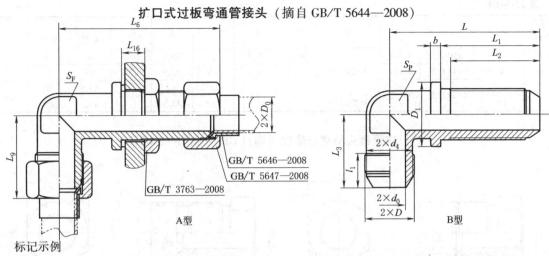

A型　　　　　　　　　　　　　B型

标记示例

扩口型式 A，管子外径为 10mm，表面镀锌处理的钢制扩口式过板弯通管接头标记为：管接头　GB/T 5644　A10。

表 21-8-63　　　　　　　　　　　　　　　　　　　　　　　　　　　　　　　　mm

管子外径 D_0	d_0	D	d_4	$L_6 \approx$		$L_9 \approx$		l_1	L	L_1	L_2	L_3	L_{16} max	D_1	b	S	
				A 型	B 型	A 型	B 型									S_F	S_P
4	3	M10×1	8	56	—	25.5	30	9.5	46	34	31	20.5	20.5	14	3	8	10
5	3.5				60.5												
6	4	M12×1.5	10	63.5	68.5	29.5	34.5	12	52	38	34	24		17		10	12
8	6	M14×1.5	11	69.5	77	35.5	43	13.5	56	40	35.5	28.5	21.5	19		12	14
10	8	M16×1.5	13	71.5	80.5	37.5	46.5	14.5	58	41	36.5	30.5		21	4	14	17
12	10	M18×1.5	15	75	86.5	38	49.5		62	43	38.5	31.5	23.5	23		17	19
14	12	M22×1.5	19	75.5	91	39.5	55	15	64	44	39.5	34	24.5	27		19	22
16	14	M24×1.5	21	73	95	41.5	57.5	15.5	67	45	40.5	35.5	25	29		22	24
18	15	M27×1.5	24	83	103	43	63	16	72	48	43.5	37.5	28	32		24	27
20	17	M30×2	27	84.5	—	50	—		78	53	47	43	28.5	35	5	27	30
22	19	M33×2	30	96.5	—	53	—	20	82	55	49	45.5	29.5	39		30	34
25	22	M36×2	33	102	—	55	—		86	56	50	47	30	42		34	36
28	24	M39×2	36	105	—	58.5	—	21.5	88	58	52	50	30.5	45		36	41
32	27	M42×2	39	112	—	61	—	22.5	95	59	53	52.5		48		41	46
34	30	M45×2	42	113.5	—	62.5	—		96	60	54	54	31	51		46	

扩口式压力表管接头（摘自 GB/T 5645—2008）

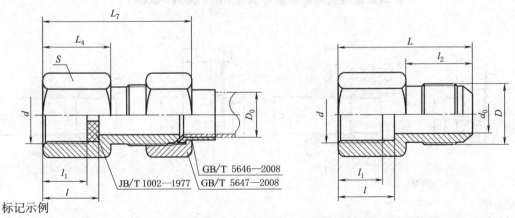

标记示例

扩口型式 A、管子外径为 10mm，表面镀锌处理的钢制扩口式压力表管接头标记为：管接头　GB/T 5645　A10。

表 21-8-64　　mm

管子外径 D_0	d_0	d		D	l	l_1	l_2	L	L_4	$L_7 \approx$		S
										A 型	B 型	
6	4	M10×1	G1/8	M12×1.5	10.5	5.5	16	30.5	14.5	36	41	14
		M14×1.5	G1/4		13.5	8.5		33.5	17.5	39	44	17
		M20×1.5	G1/2	M22×1.5	19	12		40	24	45.5	50	24
14	12						19.5	43.5		49.5	65	

扩口式管接头用空心螺栓（摘自 GB/T 5650—2008）

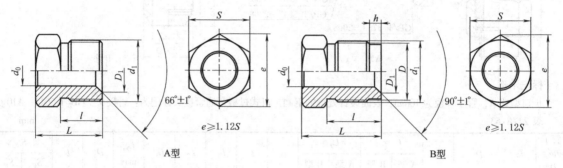

A型　　　　　　　　　　　　　　　　　　　　　B型

标记示例

管子外径为 10mm，表面镀锌处理的钢制扩口式管接头用 A 型空心螺栓标记为：螺栓　GB/T 5650　A10。

表 21-8-65　　　　　　　　　　　　　　　　　　　　　　　　　　　　　　　　　　　　　mm

管子外径 D_0	d_0 +0.25 +0.15	d_1	D	D_1	h	l		L		S
						A 型	B 型	A 型	B 型	
4	4	M10×1	8.4	7	4.5	8.5	12.5	13.5	17.5	12
5	5							14.5	18.5	
6	6	M12×1.5	10	8.5		11	14.5	17	20.5	14
8	8	M14×1.5	11.7	10.5		13	18	19	24	17
10	10	M16×1.5	13.7	12.5				20.5	25.5	19
12	12	M18×1.5	15.7	14.5						22
14	14	M22×1.5	19.7	17.5	5.5	13.5	18.5			24
16	16	M24×1.5	21.7	19.2				21.5	26.5	27
18	18	M27×1.5	24.7	22.2						30

扩口式管接头用密合垫（摘自 GB/T 5651—2008）

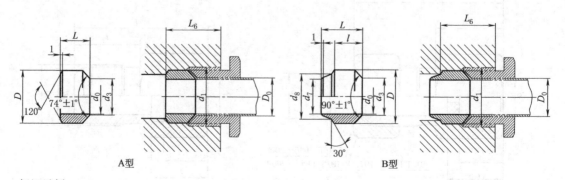

A型　　　　　　　　　　　　　　　　　　　　　B型

标记示例

管子外径为 10mm，不经表面处理的钢制扩口式管接头用 A 型密合垫标记为：密合垫　GB/T 5651　A10。

表 21-8-66
mm

管子外径 D_0	d_0	适用螺纹 d_1	d_3	d_7 $\begin{matrix}0\\-0.08\end{matrix}$	d_8 $\begin{matrix}0\\-0.06\end{matrix}$	D	l	L		L_6	
								A 型	B 型	A 型	B 型
4	3	M10×1	3.6	5.2	5.4	8.5	5	7	8	11	11
5	3.5		4.3								
6	4	M12×1.5	4.8	5.9	6.1	10		8	9	13	13
8	6	M14×1.5	7	7.4	7.6	12		9		15	15
10	8	M16×1.5	9	9.4	9.6	14	5.5	10	10	17	16
12	10	M18×1.5	11	11.4	11.6	16	7.5	11		18	18
14	12	M22×1.5	13	—	—	20	—			19	—
16	14	M24×1.5	15	—	—	22	—	12		20	—
18	15	M27×1.5	16.5	—	—	25	—			22	—

1.2.5 软管接头

软管接头是用于液压橡胶软管与其他管路相连接的接头。橡胶软管总成的两端由接头芯、接头外套和接头螺母等组成。有的橡胶软管总成只要改变接头芯的型式，就可与扩口式、卡套式或焊接式管接头连接使用；还有的橡胶软管总成只要改变两端配套使用的接头，就可选择细牙普通螺纹（M）、圆柱管螺纹（G）、锥管螺纹（R）、圆锥管螺纹（NPT）或焊接接头等多种连接。

按接头芯、接头外套和橡胶软管装配方式不同，又可分成扣压式和可拆式两种。扣压式接头在专用设备上扣压、密封可靠、结构紧凑、外径尺寸小。可拆式接头连接简易，容易更换橡胶软管，但密封性和质量难以保证。

生产厂：焦作市路通液压附件有限公司、宁波液压附件厂等、焦作华科液压机械制造有限公司。

液压软管接头（摘自 GB/T 9065）

GB/T 9065 规定的软管接头以碳钢制成，与公称内径为 5~51mm 的软管配合使用。软管接头与符合不同软管标准要求的软管一起应用于液压系统。

目前已实施的液压软管接头国家标准编号及名称为：GB/T 9065.2—2010《液压软管接头　第 2 部分：24°锥密封端软管接头》；GB/T 9065.3—1998《液压软管接头　连接尺寸　焊接式或快换式》；GB/T 9065.5—2010《液压软管接头　第 5 部分：37°扩口端软管接头》。

本部分仅摘录 GB/T 9065.2—2010 中最常用的直通内螺纹回转软管接头（SWS），其他类型、形状及系列的软管接头详见上述标准文件。

直通内螺纹回转软管接头（SWS）

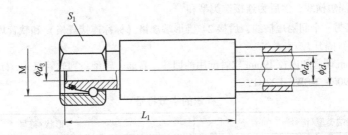

注意：1. 在更换 O 形圈时，管子的自由长度宜位于左侧，以便螺母可以向 O 形圈沟槽后面移动。

2. 软管接头与软管之间的扣压方法是可选的。

3. 管接头的细节符合 ISO 8434-1 和 ISO 8434-4。

表 21-8-67

mm

系列	软管接头规格	M	接头公称尺寸	公称软管内径 $d_1^{①}$	$d_2^{②}$ 最小	$d_3^{③}$ 最大	$S_1^{④}$ 最小	$L_1^{⑤}$ 最大
轻型系列（L）	6×5	M12×1.5	6	5	2.5	3.2	14	59
	8×6.3	M14×1.5	8	6.3	3	5.2	17	59
	10×8	M16×1.5	10	8	5	7.2	19	61
	12×10	M18×1.5	12	10	6	8.2	22	65
	15×12.5	M22×1.5	15	12.5	8	10.2	27	68
	18×16	M26×1.5	18	16	11	13.2	32	68
	22×19	M30×2	22	19	14	17.2	36	74
	28×25	M36×2	28	25	19	23.2	41	85
	31×31.5	M45×2	35	31.5	25	29.2	50	105
	42×38	M52×2	42	38	31	34.3	60	110
重型系列（S）	8×5	M16×1.5	8	5	2.5	4.2	19	59
	10×6.3	M18×1.5	10	6.3	3	6.2	22	67
	12×8	M20×1.5	12	8	5	8.2	24	68
	12×10	M20×1.5	12	10	6	8.2	24	72
	16×12.5	M24×1.5	16	12.5	8	11.2	30	80
	20×16	M30×2	20	16	11	14.2	36	93
	25×19	M36×2	25	19	14	18.2	46	102
	30×25	M42×2	30	25	19	23.2	50	112
	38×31.5	M52×2	38	31.5	25	30.3	60	126

① 符合 GB/T 2351。
② 在与软管装配前，软管接头的最小通径。装配后，此通径不小于 $0.9d_2$。
③ d_3 尺寸符合 ISO 8434-1，且 d_3 的最小值应不小于 d_2。在直径 d_2（软管接头尾芯的内径）和 d_3（管接头端的通径）之间应设置过渡，以减小应力集中。
④ 直通内螺纹回转软管接头的六角形螺母选择。
⑤ 尺寸 L_1 组装后测量。

软管接头的标识

为便于分类，应以文字与数字组成的代号作为软管接头的标识。其标识应为：文字"软管接头"，后接 GB/T 9065.2，后接间隔短横线，然后为连接端类型和形状的字母符号，后接另一个间隔短横线，后接 24°锥形端规格（标称连接规格）和软管规格（标称软管内径），两规格之间用乘号（×）隔开。

系列	符号
轻型	L
重型	S

示例：与外径 22mm 硬管和内径 19mm 软管配用的回转、直通、轻型系列软管接头，标识如下：
软管接头　GB/T 9065.2-SWS-L22×19

标识的字母符号

连接端类型/符号	形状/符号
回转/SW	直径/S
	90°弯头/E
	45°弯头/E45

锥密封钢丝编织软管总成（摘自 JB/T 6142.1~6142.4—2007）

锥密封钢丝编织软管总成，适用于油、水介质，介质温度为-40~100℃。

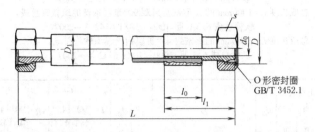

锥密封钢丝编织软管总成（JB/T 6142.1—2007）

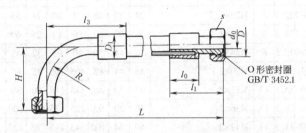

锥密封90°钢丝编织软管总成（JB/T 6142.2—2007）

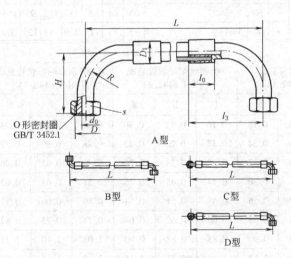

锥密封双90°钢丝编织软管总成（JB/T 6142.3—2007）

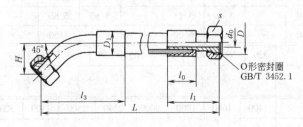

锥密封45°钢丝编织软管总成（JB/T 6142.4—2007）

标记示例

1) 软管内径为 6.3mm，总成长度 L=1000mm 的锥密封Ⅲ层钢丝编织软管总成：
软管总成 6.3 Ⅲ-1000　JB/T 6142.1—2007

2) 软管内径为 6.3mm，总成长度 L=1000mm 的锥密封90°Ⅲ层钢丝编织软管总成：
软管总成 6.3 Ⅲ-1000　JB/T 6142.2—2007

3) 软管内径为 6.3mm，总成长度 L=1000mm 的 A 型锥密封双 90°Ⅲ层钢丝编织软管总成：
软管总成 6.3A Ⅲ-1000　JB/T 6142.3—2007

4) 软管内径为 6.3mm，总成长度 L=1000mm 的锥密封45°Ⅲ层钢丝编织软管总成：
软管总成 6.3 Ⅲ-1000　JB/T 6142.4—2007

表 21-8-68　　　　　　　　　　　　　　　　　　　　　　　　　　　　　　　　　　　　　　mm

软管内径	公称通径 DN	工作压力 /MPa			扣压直径 D_1			d_0	D	s	l_0	l_1	l_3		R	H		O 形橡胶密封圈（GB/T 3452.1）
		Ⅰ	Ⅱ	Ⅲ	Ⅰ	Ⅱ	Ⅲ						90°软管总成	45°软管总成		90°软管总成	45°软管总成	
5	4	21	37	45	15	16.7	18.5	2.5	M16×1.5	21	26	53	55	63	20	50	15	6.3×1.8
6.3	6	20	35	40	17	18.7	20.5	3.5	M18×1.5	24	37	65	70	74	20	50	26	8.5×1.8
8	8	17.5	30	33	19	20.7	22.5	5	M20×1.5	24	38	68	75	80	24	55	28	10.6×1.8
10	10	16	28	31	21	22.7	24.5	7	M22×1.5	27	38	69	80	83	28	60	30	12.5×1.8
12.5	10	14	25	27	25.2	28.0	29.5	8	M24×1.5	30	44	76	90	93	32	65	32	13.2×2.65
16	15	10.5	20	22	28.2	31	32.5	10	M30×2	36	44	82	105	108	45	85	40	17.0×2.65
19	20	9	16	18	31.2	34	35.5	13	M33×2	41	50	88	115	118	50	90	42	19.0×2.65
22	20	8	14	16	34.2	37	38.5	17	M36×2	46	50	92	125	126	57	100	46	22.4×2.65
25	25	7	13	15	38.2	40	41.5	19	M42×2	50	54	100	145	145	72	120	54	26.5×3.55
31.5	32	4.4	11	12	46.5	48	49.5	24	M52×2	60	60	115	175	175	90	145	65	34.5×3.55
38	40	3.5	9	—	52.5	54	—	30	M56×2	65	64	120	185	182	95	155	67	37.5×3.55
51	50	2.6	8	—	67.0	68.5	—	40	M64×2	75	75	145	230	218	125	200	80	47.5×3.55

	两 端 质 量/kg											
软管内径	钢丝编织软管总成（JB/T 6142.1）			90°钢丝编织软管总成（JB/T 6142.2）			双 90°钢丝编织软管总成（JB/T 6142.3）			45°钢丝编织软管总成（JB/T 6142.4）		
	Ⅰ	Ⅱ	Ⅲ	Ⅰ	Ⅱ	Ⅲ	Ⅰ	Ⅱ	Ⅲ	Ⅰ	Ⅱ	Ⅲ
5	0.14	0.16	0.18	0.16	0.18	0.20	0.20	0.22	0.24	0.14	0.16	0.18
6.3	0.20	0.22	0.24	0.18	0.20	0.22	0.28	0.30	0.32	0.16	0.18	0.20
8	0.28	0.30	0.32	0.32	0.34	0.36	0.44	0.45	0.46	0.30	0.32	0.34
10	0.34	0.36	0.38	0.44	0.45	0.46	0.58	0.63	0.65	0.42	0.43	0.45
12.5	0.46	0.50	0.56	0.49	0.51	0.54	0.60	0.66	0.71	0.47	0.49	0.51
16	0.60	0.64	0.68	0.60	0.62	0.64	0.74	0.75	0.82	0.58	0.60	0.62
19	0.78	0.84	0.90	0.85	0.88	0.90	1.05	1.10	1.14	0.81	0.84	0.86
22	1.10	1.12	1.14	1.30	1.33	1.35	1.40	1.44	1.52	1.25	1.28	1.32
25	1.32	1.34	1.38	1.75	1.78	1.82	2.40	2.45	2.62	1.68	1.72	1.75
31.5	1.64	1.66	1.68	2.05	2.08	2.10	3.00	3.14	3.25	1.92	1.94	1.96
38	2.00	2.10	—	3.05	3.15	—	5.80	5.86	—	2.95	3.00	—
51	3.90	4.00	—	6.10	6.20	—	8.42	8.50	—	5.85	5.92	—

软管总成推荐长度	总成长度 L	320	360	400	450	500	560	630	710	800	900	1000	1120	1250
	偏差	$^{+20}_{0}$					$^{+25}_{0}$			$^{+30}_{0}$				
	总成长度 L	1400	1600	1800	2000	2240	2500	2800	3000	4000~5000		≥5000		
	偏差	$^{+30}_{0}$					$^{+40}_{0}$			$^{+50}_{0}$				

锥密封棉线编织软管总成 （摘自 JB/T 6143.1～6143.4—2007）

锥密封棉线编织软管总成适用于油、水介质，介质温度为 -40～100℃。

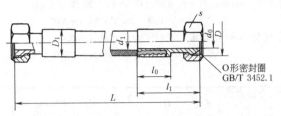

锥密封棉线编织软管总成 （JB/T 6143.1—2007）

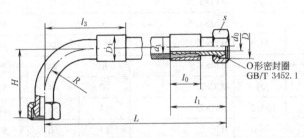

锥密封 90° 棉线编织软管总成 （JB/T 6143.2—2007）

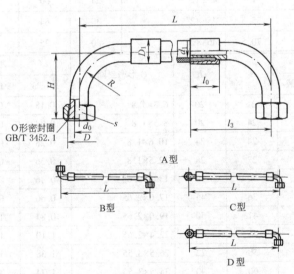

锥密封双 90° 棉线编织软管总成 （JB/T 6143.3—2007）

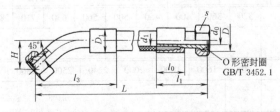

锥密封 45° 棉线编织软管总成 （JB/T 6143.4—2007）

标记示例

1) 软管内径为6mm，总成长度L=1000mm 的锥密封棉线编织软管总成：

软管总成6-1000　JB/T 6143.1—2007

2) 软管内径为6mm，总成长度L=1000mm 的锥密封90°棉线编织软管总成：

软管总成6-1000　JB/T 6143.2—2007

3) 软管内径为6mm，总成长度L=1000mm 的A型锥密封双90°棉线编织软管总成：

软管总成6A-1000　JB/T 6143.3—2007

4) 软管内径为6mm，总成长度L=1000mm 的锥密封45°棉线编织软管总成：

软管总成6-1000　JB/T 6143.4—2007

表 21-8-69

mm

公称通径 DN	软管内径 d_1	工作压力 /MPa	扣压直径 D_1	D	d_0	l_0	l_1	l_3 90°总成	l_3 45°总成
4	5	2	18.5	M16×1.5	2.5	26	53	55	63
6	6	2	20	M18×1.5	3.5	37	65	70	74
8	8	2	21	M20×1.5	5	38	68	75	80
10	10	1.5	24.5	M22×1.5	7	38	69	80	83
10	13	1.5	27	M24×1.5	8	44	76	90	93
15	16	1	31	M30×2	10	44	82	105	108
20	19	1	35.5	M33×2	13	50	88	115	118
20	22	1	38.5	M36×2	17	50	92	125	126
25	25	1	42.5	M42×2	19	54	100	145	145
32	32	1	49	M52×2	24	60	115	175	175
40	38	1	55.5	M56×2	30	64	120	185	182
50	51	1	70.5	M64×2	40	75	145	230	218

公称通径 DN	H 90°总成	H 45°总成	s	R	O形密封圈	两端质量/kg 总成	90°总成	双90°总成	45°总成
4	50	15	21	20	6.3×1.8	0.18	0.18	0.20	0.14
6	50	26	24	20	8.5×1.8	0.24	0.25	0.28	0.16
8	55	28	24	24	10.6×1.8	0.28	0.33	0.44	0.32
10	60	30	27	28	12.5×1.8	0.36	0.46	0.58	0.42
10	65	32	30	32	13.2×2.65	0.46	0.51	0.60	0.45
15	85	40	36	45	17.0×2.65	0.66	0.66	0.74	0.60
20	90	42	41	50	19.0×2.65	0.84	1.22	1.05	0.80
20	100	46	46	57	22.4×2.65	1.10	1.80	1.40	1.30
25	120	54	50	72	26.5×3.55	1.38	1.87	2.40	1.70
32	145	65	60	90	34.5×3.55	1.74	3.05	3.00	1.90
40	155	67	65	95	37.5×3.55	2.10	3.95	5.80	2.95
50	200	80	75	125	47.5×3.55	3.72	6.20	8.42	5.86

软管总成推荐长度	总成长度 L	320	360	400	450	500	560	630	710	800	900	1000	1120	1250
	偏差			$^{+20}_{0}$				$^{+25}_{0}$				$^{+30}_{0}$		
	总成长度 L	1400	1600	1800	2000	2240	2500	2800	3000	4000~5000		≥5000		
	偏差	$^{+30}_{0}$					$^{+40}_{0}$			$^{+50}_{0}$				

锥密封软管总成　锥接头（摘自 JB/T 6144.1~6144.5—2007）

锥密封软管总成适用于油、水介质，与其配套使用的公制细牙螺纹、圆柱管螺纹（G）、锥管螺纹（R）、60°圆锥管螺纹（NPT）和焊接锥接头的结构及尺寸见表 21-8-70。

<table>
<tr>
<td>公制细牙螺纹锥接头
（JB/T 6144.1）</td>
<td>锥管螺纹（R）锥接头
（JB/T 6144.3）</td>
<td>焊接锥接头
（JB/T 6144.5）</td>
</tr>
<tr>
<td>圆柱管螺纹（G）锥接头
（JB/T 6144.2）</td>
<td>60°圆锥管螺纹（NPT）锥接头
（JB/T 6144.4）</td>
<td></td>
</tr>
</table>

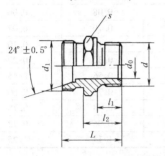 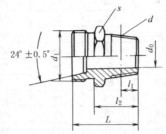 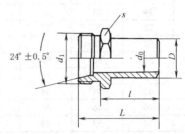

标记示例

1）公称通径为 $DN6$，连接螺纹 d_1＝M18×1.5 的锥密封软管总成旋入端为公制细牙螺纹的锥接头：

锥接头 6-M18×1.5　JB/T 6144.1—2007

2）公称通径为 $DN6$，连接螺纹 d_1＝M18×1.5 的锥密封软管总成旋入端为 G⅛圆柱管螺纹的锥接头：

锥接头 6-M18×1.5（G⅛）　JB/T 6144.2—2007

3）公称通径为 $DN6$，连接螺纹 d_1＝M18×1.5 的锥密封软管总成锥旋入端为 R⅛管螺纹的锥接头：

锥接头 6-M18×1.5（R⅛）　JB/T 6144.3—2007

4）公称通径为 $DN6$，连接螺纹 d_1＝M18×1.5 的锥密封软管总成旋入端 NPT⅛ 60°圆锥管螺纹的锥接头：

锥接头 6-M18×1.5（NPT⅛）　JB/T 6144.4—2007

5）公称通径为 $DN6$，连接螺纹 d_1＝M18×1.5 的锥密封软管总成焊接锥接头：

锥接头 6-M18×1.5　JB/T 6144.5—2007

表 21-8-70　　　　　　　　　　　　　　　　　　　　　　　　　　　　　　　　　mm

公称通径 DN	d				d_1	d_0	D	s	l	l_1		
	JB/T 6144.1	JB/T 6144.2	JB/T 6144.3	JB/T 6144.4						JB/T 6144.1~ 6144.2	JB/T 6144.3	JB/T 6144.4
4	M10×1	G⅛	R⅛	NPT⅛	M16×1.5	2.5	7	18	28	12	4	4.102
6	M10×1	G⅛	R⅛	NPT⅛	M18×1.5	3.5	8	18	28	12	4	4.102
8	M10×1	G⅛	R⅛	NPT⅛	M20×1.5	5	10	21	30	12	4	4.102
10	M14×1.5	G¼	R¼	NPT¼	M22×1.5	7	12	24	33	14	6	5.786
10	M18×1.5	G⅜	R⅜	NPT⅜	M24×1.5	8	14	27	36	14	6.4	6.096
15	M22×1.5	G½	R½	NPT½	M30×2	10	16	30	42	16	8.2	8.128
20	M27×2	G¾	R¾	NPT¾	M33×2	13	20	36	48	18	9.5	8.611
20	M27×2	G¾	R¾	NPT¾	M36×2	17	25	41	52	18	9.5	8.611
25	M33×2	G1	R1	NPT1	M42×2	19	30	46	54	20	10.4	10.160
32	M42×2	G1¼	R1¼	NPT1¼	M52×2	24	36	55	56	22	12.7	10.668
40	M48×2	G1½	R1½	NPT1½	M56×2	30	42	60	58	24	12.7	10.668
50	M60×2	G2	R2	NPT2	M64×2	40	53	75	64	26	15.9	11.074

续表

公称通径 DN	l_2			L				质量/kg	
	JB/T 6144.1~ 6144.2	JB/T 6144.3	JB/T 6144.4	JB/T 6144.1~ 6144.2	JB/T 6144.3	JB/T 6144.4	JB/T 6144.5	JB/T 6144.1~ 6144.4	JB/T 6144.5
4	20	17	17	32	29	29	40	0.03	0.03
6	20	17	17	32	29	29	40	0.04	0.04
8	20	18	18	32	30	30	42	0.06	0.05
10	22	22	22	34	34	34	45	0.08	0.06
10	24	24	24	38	38	38	49	0.10	0.07
15	28	27	27	44	43	43	58	0.14	0.10
20	32	28	28	50	46	46	65	0.32	0.22
20	34	38	38	52	56	56	70	0.56	0.45
25	38	39	39	58	59	59	74	0.71	0.60
32	42	44	44	64	66	66	78	0.78	0.78
40	46	46	46	68	68	68	80	0.96	0.92
50	52	53	49	76	77	73	88	1.14	1.25

注：旋入机体端为公制细牙螺纹和圆柱管螺纹（G）者推荐采用组合垫圈（JB/T 982）。

1.2.6 快换接头

生产厂：焦作市路通液压附件有限公司、焦作华科液压机械制造有限公司等。

快换接头（两端开闭式）（摘自 JB/ZQ 4078—2006）

两端开闭式快换接头适用于以油、气为介质的管路系统，介质温度为-20~80℃。其结构及尺寸见表 21-8-71。

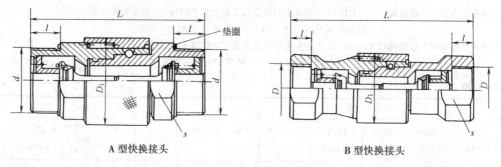

A 型快换接头   B 型快换接头

标记示例

公称通径 DN 为 15mm 的 A 型快换接头：快换接头 15　JB/ZQ 4078—2006

公称通径 DN 为 15 mm 的 B 型快换接头：快换接头 B15　JB/ZQ 4078—2006

表 21-8-71

mm

公称通径 DN	公称压力 /MPa	公称流量 /L·min⁻¹	d (6g)	D (6H)	l		L		D_1	s	质量/kg	
					A 型	B 型	A 型	B 型			A 型	B 型
6	31.5	6.3	M18×1.5	M16×1.5	13	14	76	104	29	21	0.14	0.16
8	31.5	25	M22×1.5	M20×1.5	13	14	77	105	34	27	0.20	0.25
10	31.5	40	M27×2	M24×1.5	13	14	80	108	39	30	0.32	0.38
15	25	63	M30×2	M27×2	16	16	91	123	43	34	0.49	0.56
20	20	100	M39×2	M36×2	16	20	98	138	55	46	0.83	0.92
25	16	160	M42×2	M39×2	20	20	110	150	59	50	1.21	1.40
32	16	250	M52×2	M45×2	22	22	130	173	70	60	1.90	2.20
40	10	400	M60×2	M52×2	26	26	148	199	78	65	2.81	3.10
50	10	630	M72×2	M64×2	30	30	164	224	90	80	4.20	4.70

快换接头（两端开放式）（摘自 JB/ZQ 4079—2006）

两端开放式快换接头有 A 型、B 型两种，适用于以油、气为介质的管路系统，介质温度为-20~80℃。

A 型快换接头

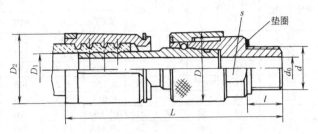

标记示例

公称通径 *DN* 为 15mm 的 A 型快换接头：快换接头 15　JB/ZQ 4079—2006。

表 21-8-72

mm

公称通径 *DN*	公称流量 /L·min⁻¹	软管内径 D_1	工作压力/MPa 软管层数		D_2	D	d_0	d (6g)	s	l	L	质量 /kg
			I	II、III								
6	6.3	8	17.5	32	32	29	5	M10×1	21	8	114	0.36
8	25	10	16	28	35	34	7	M14×1.5	27	12	120	0.45
10	40	12.5	14	25	40	39	10	M18×1.5	30	12	132	0.67
15	63	16	10.5	20	45	43	13	M22×1.5	34	14	140	0.85
20	100	22	8	16	51	55	17	M27×2	46	16	155	1.21
25	160	25	7	14	58	59	21	M33×2	50	16	160	1.75
32	250	31.5	4.4	11	66	70	28	M42×2	60	18	180	2.65
40	400	38	3.5	9	72	73	33	M48×2	70	20	205	3.50
50	630	51	2.6	8	86	90	42	M60×2	80	24	230	5.12

B 型快换接头

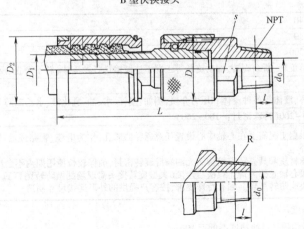

标记示例

公称通径 *DN* 为 15mm 的 B 型 55°锥管螺纹快换接头：快换接头 B15（R）　JB/ZQ 4079—2006。

表 21-8-73　　　　　　　　　　　　　　　　　　　　　　　　　　　　　　　　mm

公称通径	公称流量	软管内径	NPT	R	工作压力	D_2	D	d_0	l		L		s	质量
DN	/L·min^{-1}	D_1			/MPa				NPT	R	NPT	R		/kg
6	6.3	8	⅛		16	32	29	5	4.102	4	115	120	21	0.36
8	25	10	¼		16	35	34	7	5.786	6	122	126	27	0.45
10	40	12.5	⅜		16	40	39	10	6.096	6.4	134	142	30	0.69
15	63	16	½		16	45	43	13	8.128	8.2	145	148	34	0.85
20	100	22	¾		16	51	55	17	8.611	9.5	158	165	46	1.21
25	160	25	1		14	58	59	21	10.160	10.4	170	175	50	1.75
32	250	31.5	1¼		11	66	70	28	10.668	12.7	186	194	60	2.65
40	400	38	1½		9	72	78	33	10.668	12.7	210	216	70	3.50
50	630	51	2		8	86	90	42	11.074	15.9	232	240	80	5.12

注：软管按 GB/T 3683《钢丝增强液压软管和软管组合件》的规定。

1.2.7　旋转接头

UX 系列多介质旋转接头

　　UX 系列旋转接头是一种在断续、连续旋转或摆动旋转过程中，可连接并能连续输送油、水、气等多种流体压力介质的装置。旋转接头由心轴和外套构成，心轴和外套可相对转动。心轴和外套上的油口可连接外部管路，内部则用通道把心轴和外套上对应的油口连接起来。心轴和外套根据工况需要都可作为转子或定子。转子必须和旋转的设备同轴旋转。定子上的油口与输送流体来的固定管路相连，转子上的油口与旋转设备上的管路相连。

　　UX 系列高压、高温、多通路、多介质旋转接头是天津优瑞纳斯油缸有限公司开发生产的系列产品，已应用于冶金、石化、矿山、港口工程等机械及自动化设备等。

　　（1）型号意义

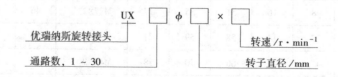

　　标记示例

　　具有 22 个通路，转子直径为 250mm，转速为 2r/min，使用工作介质为水乙二醇、润滑液、氩气、空气，用于连铸机大包回转工作台的 UX 旋转接头：UX22φ250×2。

　　（2）技术参数

表 21-8-74　　　　　　　　　　　　**技术性能**

工作压力/MPa		0~40
通　路	数量	1~30
	直径/mm	6~300
工作方式		连续旋转、断续旋转、摆动旋转等工况下连续输送各种流体(转子可正、反向旋转)
最大线速度[①]/m·s^{-1}		2
工作介质[②]		气体、液体等各种流体和压力介质，例如：空气、水、油、乳化液、水乙二醇等
工作温度/℃		−20~200(特殊密封：−100~260)
结　构		可根据工况需要在心轴中心设置任意通径的通孔，作为电缆、管路或流体的通道。端部法兰可连接电气滑环 特殊材质和具有特殊结构的无油润滑旋转密封，确保较长使用期内不会出现压力介质的内外泄漏 一般心轴底部为带止口法兰连接(大型旋转接头需现场配做防转销钉)。外套上一般安装两个对称的防转块或防转耳环。如有特殊要求，按客户提供的外形连接尺寸制造

　　① 心轴直径处的最大线速度。

　　② 工作介质均应经过滤后使用。过滤精度不低于 10μm。

心轴直径和许用转速

旋转接头的心轴直径与通路数量、通路直径、中心孔数量和中心孔直径有关，即通路数量越多，通径越大，中心孔越多，中心孔直径越大，心轴直径就越大。

旋转接头许用转速与心轴直径、介质温度和介质压力有关，即心轴直径越大，介质温度越高，介质压力越大，许用转速越低。当介质温度高于60℃时，工作压力和转速都必须降低。

表 21-8-75 **UX 系列旋转接头心轴直径标准系列和许用转速**（压力小于等于20MPa，常温工况时）

心轴直径/mm	40	50	63	80	100	125	160	200	250	320	400	500	1000	2000
许用转速/r·min⁻¹	955	764	606	477	382	306	238	191	153	119	95	76	38	19

注：当工作压力大于20MPa或工作介质温度高于60℃时，最高转速需降低⅓~½。

旋转接头的油口

旋转接头的油口有普通螺纹油口和法兰油口两种。如无特殊需要，按表 21-8-76 或表 21-8-77 选择。

表 21-8-76 **普通螺纹油口**（摘自 GB/T 2878—1993）　　　　　　　　mm

通　径		3	6	8	10	12	15	16~19	20~24	25~30	31~36	37~40
油口螺纹	直径(6H)	M10×1	M12×1.5	M14×1.5	M16×1.5	M18×1.5	M22×1.5	M27×2	M33×2	M42×2	M48×2	M52×2
	有效深度	10	11.5	11.5	13	14.5	15.5	19	19	19.5	21.5	22

注：油口可与下列标准接头连接：焊接式端直通管接头（JB/T 966）、卡套式端直通管接头（GB/T 3733）、扩口式端直通管接头（GB/T 5625）。接头密封垫可选用组合密封垫圈（JB/T 982）、软金属密封垫圈（JB/T 1002）、软金属螺塞用密封垫（JB/ZQ 4454）、金属尖角硬密封。

法兰油口

法兰油口出厂时配带法兰接口板，连接螺钉和 O 形密封圈，用户只需将管道与接口板焊接起来就行。接口板材质一般为 20 钢。

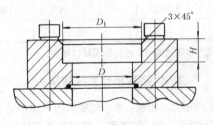

表 21-8-77　　　　　　　　　　　　　　　　　　　　　　　　　　mm

规格	40F	50F	65F	80F	100F	125F	150F	200F	250F	300F
通径 D	40	50	65	80	100	125	150	200	250	300
D_1	52	65	78	97	123	154	182	247	300	353
H	15	20	25	30	35	40	40	40	40	40

（3）订货方法

旋转接头无统一标准的规格尺寸，可根据用户对不同的通路、通径、介质、压力、温度、连接尺寸和油口尺寸等要求进行设计制造。订货的程序如下：

1）绘制 UX 系列旋转接头图形符号，填写技术参数表；

2）用示意图或文字说明心轴及外套连接固定方式；

3）根据用户要求，设计旋转接头总装图，经用户确认后制造。

用图形符号和参数表格可简捷准确地表达出旋转接头的主要性能参数。下面以 8 通路旋转接头为例，介绍旋转接头的图形符号和参数表格。

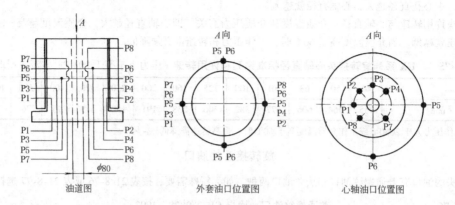

图 21-8-36　8 通路旋转接头图形符号

表 21-8-78　　　　　　　　　　　　**8 通路旋转接头参数**

通路	通径 /mm	心轴油口		外套油口		工作介质	介质温度 /℃	额定压力 /MPa	测试压力 /MPa	备 注
		规格	数量	规格	数量					
P1	16	M27×2	1	M27×2	1	水乙二醇	60	25	32	
P2	16	M27×2	1	M27×2	1	水乙二醇	60	25	32	
P3	24	G1	1	G1	1	润滑脂	60	40	40	
P4	24	G1	1	G1	1	润滑脂	常温	40	40	
P5	50	50F	1	G1	4	水	常温	0.6	1	
P6	50	50F	1	G1	4	水	常温	0.6	1	
P7	20	M33×2	1	M33×2	1	氩气	80~100	1.6	2.4	
P8	20	M33×2	1	M33×2	1	氩气	常温	1.6	2.4	
ϕ[①]	80									电缆通道

① 为心轴中心通道孔径，如为水、气等介质通道时，也应标明接口规格。

UXD 系列单介质旋转接头

UXD 系列旋转接头适用于单种压力介质，如油、水、气等压力介质中的某一种，可实现一种压力介质的直通、角通或多通路旋转连通。直通为两轴向连通的管路（等径或不等径），轴向相对旋转，功能图如图 21-8-37a；角通为两垂直相连通的管路（等径或不等径），其中一根管绕另一根管作径向旋转，或其中一根管沿轴心旋转，功能图如图 21-8-37b；多通是 3 通路以上，最多可达数十通路，图 21-8-37c 为 4 通功能图。

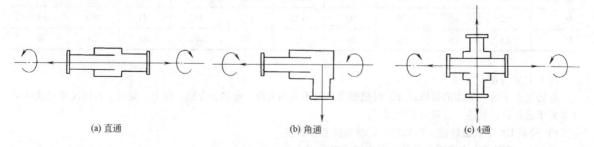

(a) 直通　　　　　　　　　　(b) 角通　　　　　　　　　　(c) 4 通

图 21-8-37　旋转接头功能图

UXD 系列旋转接头是由天津优瑞纳斯油缸有限公司开发生产的系列产品。

（1）型号意义

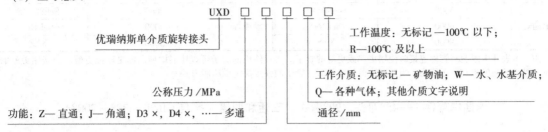

功能：Z— 直通；J— 角通；D3 ×，D4 ×，…— 多通　　公称压力/MPa　　通径/mm　　工作介质：无标记 — 矿物油；W— 水、水基介质；Q— 各种气体；其他介质文字说明　　工作温度：无标记 —100℃ 以下；R—100℃ 及以上

优瑞纳斯单介质旋转接头

（2）技术参数

表 21-8-79

工作压力/MPa		真空~-40	工作介质	油、水、气等各种介质
通路	数量	1~50	工作温度/℃	-20~200
	直径/mm	≤2000		
工作方式		连续旋转、断续旋转、摆动旋转等（转子可正、反向旋转）	接口方式	公英制螺纹、法兰、焊接等按客户要求
转子线速度/m·s⁻¹		≤2		

1.2.8　其他管件

（1）承插焊管件

生产厂：焦作市路通液压附件有限公司、宁波液压附件厂。

锻制承插焊和螺纹管件（摘自 GB/T 14383—2008）

锻制承插焊和螺纹管件适用于石油、化工、机械、电力、纺织、化纤、冶金等行业的管道工程。

1）管件的品种与代号

表 21-8-80

连接型式	品种	代号	连接型式	品种	代号
承插焊	承插焊 45°弯头	S45E	螺纹	螺纹 45°弯头	T45E
	承插焊 90°弯头	S90E		螺纹 90°弯头	T90E
	承插焊三通	ST		内外螺纹 90°弯头	T90SE
	承插焊 45°三通	S45T		螺纹三通	TT
	承插焊四通	SCR		螺纹四通	TCR
	双承口管箍（同心）	SFC		双螺口管箍（同心）	TFC
	双承口管箍（偏心）	SFCR		双螺口管箍（偏心）	TFCR
	单承口管箍	SHC		单螺口管箍	THC
	单承口管箍（带斜角）①	SHCB		单螺口管箍（带斜角）①	THCB
	承插焊管帽	SC		螺纹管帽	TC
	—	—		四方头管塞	SHP
	—	—		六角头管塞	HHP
	—	—		圆头管塞	RHP
	—	—		六角头内外螺纹接头	HHB
	—	—		无头内外螺纹接头	FB

① 当要求与主管焊接相连的端部加工成带 45°斜角的形状时，在代号后加"B"；即一端带斜角的单承口管箍的代号为 SHCB，一端带斜角的单螺口管箍的代号为 THCB。

2）管件级别

承插焊管件的级别（Class）分为 3000、6000 和 9000，螺纹管件的级别分为 2000、3000 和 6000；与之适配的管子壁厚等级见表 21-8-81。

表 21-8-81

连接型式	级别代号	适配的管子壁厚等级	连接型式	级别代号	适配的管子壁厚等级
承插焊	3000	Sch80、XS	承插焊	2000	Sch80、XS
	6000	Sch160		3000	Sch160
	9000	XXS		6000	XXS

注：本表并未限制与管件连接时使用更厚或更薄的管子。实际使用的管子可以比表中所示的更厚或更薄。当使用更厚的管子时，管件的强度决定承压能力；当使用更薄的管子时，管子的强度决定承压能力。

承插焊管件——45°弯头、90°弯头、三通和四通（摘自 GB/T 14383—2008）

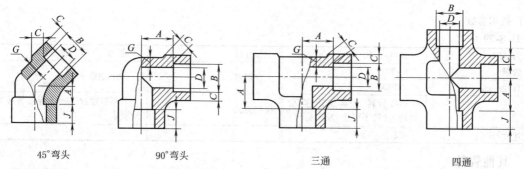

45°弯头　　　　90°弯头　　　　三通　　　　四通

表 21-8-82

mm

公称尺寸		承插孔径 $B^{①}$	流通孔径 $D^{①}$			承插孔壁厚 $C^{②}$						本体壁厚 G_{min}			承插孔深度 J_{min}	中心至承插孔底 A					
						3000		6000		9000						90°弯头、三通、四通			45°弯头		
DN	NPS		3000	6000	9000	ave	min	ave	min	ave	min	3000	6000	9000		3000	6000	9000	3000	6000	9000
6	1/8	10.9	6.1	3.2	—	3.18	3.18	3.96	3.43	—		2.41	3.15	—	9.5	11.0	11.0	—	8.0	8.0	—
8	1/4	14.3	8.5	5.6	—	3.78	3.30	4.60	4.01	—		3.02	3.68	—	9.5	11.0	13.5	—	8.0	8.0	—
10	3/8	17.7	11.8	8.4	—	4.01	3.50	5.03	4.37	—		3.20	4.01	—	9.5	13.5	15.5	—	8.0	11.0	—
15	1/2	21.9	15.0	11.0	5.6	4.67	4.09	5.97	5.18	9.53	8.18	3.73	4.78	7.47	9.5	15.5	19.0	25.5	11.0	12.5	15.5
20	3/4	27.3	20.2	14.8	10.3	4.90	4.27	6.96	6.04	9.78	8.56	3.91	5.56	7.82	12.5	19.0	22.5	28.5	13.0	14.0	19.0
25	1	34.0	25.9	19.9	14.4	5.69	4.98	7.92	6.93	11.38	9.96	4.55	6.35	9.09	12.5	22.5	27.0	32.0	14.0	17.5	20.5
32	1¼	42.8	34.3	28.7	22.0	6.07	5.28	7.92	6.93	12.14	10.62	4.85	6.35	9.70	12.5	27.0	32.0	35.0	17.5	20.5	22.5
40	1½	48.9	40.1	33.2	27.2	6.35	5.54	8.92	7.80	12.70	11.12	5.08	7.14	10.15	12.5	32.0	38.0	38.0	20.5	25.5	25.5
50	2	61.2	51.7	42.1	37.4	6.93	6.04	10.92	9.50	13.84	12.12	5.54	8.74	11.07	16.0	38.0	41.0	54.0	25.5	28.5	28.5
65	2½	73.9	61.2	—	—	8.76	7.62	—	—	—	—	7.01			16.0	41.0	—	—	28.5	—	—
80	3	89.9	76.4	—	—	9.52	8.30	—	—	—	—	7.62			16.0	57.0	—	—	32.0	—	—
100	4	115.5	100.7	—	—	10.69	9.35	—	—	—	—	8.56			19.0	66.5	—	—	41.0	—	—

① 当选用 Ⅱ 系列的管子时，其承插孔径和流通孔径应按 Ⅱ 系列管子尺寸配制，其余尺寸应符合本标准规定。
② 沿承插孔周边的平均壁厚不应小于平均值，局部允许达到最小值。

承插焊管件——双承口管箍、单承口管箍、管帽和 45°三通（摘自 GB/T 14383—2008）

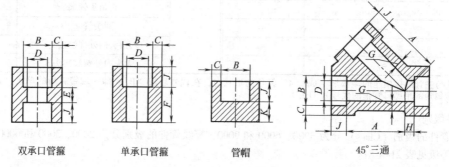

双承口管箍　　　　单承口管箍　　　　管帽　　　　45°三通

表 21-8-83　　　　　　　　　　　　　　　　　　　　　　　　　　　　　　　　　　　　　　mm

公称尺寸 DN	NPS	承插孔径 B①	流通孔径 D① 3000	6000	9000	承插孔壁厚 C② 3000 ave	3000 min	6000 ave	6000 min	9000 ave	9000 min	本体壁厚 G_min 3000	6000	9000	承插孔深度 J_min	承插孔底距离 E	承插孔底至端面 F	顶部厚度 K_min 3000	6000	9000	中心至承插孔底 A 3000	A 6000	H 3000	H 6000
6	1/8	10.9	6.1	3.2	—	3.18	3.18	3.96	3.43	—	—	2.41	3.15	—	9.5	6.5	16.0	4.8	6.4	—	—	—	—	—
8	1/4	14.3	8.5	5.6	—	3.78	3.30	4.60	4.01	—	—	3.02	3.68	—	9.5	6.5	16.0	4.8	6.4	—	—	—	—	—
10	3/8	17.7	11.8	8.4	—	4.01	3.50	5.03	4.37	—	—	3.20	4.01	—	9.5	6.5	17.5	4.8	6.4	—	37	—	9.5	—
15	1/2	21.9	15.0	11.0	5.6	4.67	4.09	5.97	5.18	9.53	8.18	3.73	4.78	7.47	9.5	9.5	22.5	6.4	7.9	11.2	41	51	9.5	11
20	3/4	27.3	20.2	14.8	10.3	4.90	4.27	6.96	6.04	9.78	8.56	3.91	5.56	7.82	12.5	9.5	24.0	6.4	7.9	12.7	51	60	11	13
25	1	34.0	25.9	19.9	14.4	5.69	4.98	7.92	6.93	11.38	9.96	4.55	6.35	9.09	12.5	12.5	28.5	9.6	11.2	14.2	60	71	13	16
32	1¼	42.8	34.3	28.7	22.0	6.07	5.28	7.92	6.93	12.14	10.62	4.85	6.35	9.70	12.5	12.5	30.0	9.6	11.2	14.2	71	81	16	17
40	1½	48.9	40.1	33.2	27.2	6.35	5.54	8.92	7.80	12.70	11.12	5.08	7.14	10.15	12.5	12.5	32.0	11.2	12.7	15.7	81	98	17	21
50	2	61.2	51.7	42.1	37.4	6.93	6.04	10.92	9.50	13.84	12.12	5.54	8.74	11.07	16.0	19.0	41.0	12.7	15.7	19.0	98	151	21	30
65	2½	73.9	61.2	—	—			8.76	7.62				7.01		16.0	19.0	43.0		15.7	19.0		151		30
80	3	89.9	75.4	—	—			9.52	8.30				7.62		16.0	19.0	44.5		19.0	22.4		184		57
100	4	115.5	100.7	—	—			10.69	9.35				8.56		19.0	19.0	48.0		22.4	28.4		201		66

① 当选用Ⅱ系列的管子时，其承插孔径和流通孔径应按Ⅱ系列管子尺寸配制，其余尺寸应符合本标准规定。
② 沿承插孔周边的平均壁厚不应小于平均值，局部允许达到最小值。

螺纹管件——45°弯头、90°弯头、三通和四通（摘自 GB/T 14383—2008）

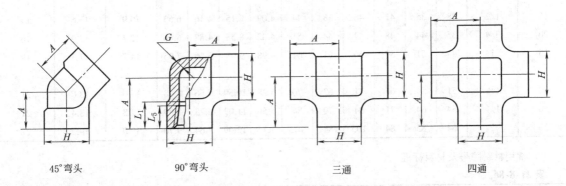

45°弯头　　　　　90°弯头　　　　　三通　　　　　四通

表 21-8-84　　　　　　　　　　　　　　　　　　　　　　　　　　　　　　　　　　　　　　mm

公称尺寸 DN	螺纹尺寸代号 NPT	中心至端面 A 90°弯头、三通和四通 2000	3000	6000	45°弯头 2000	3000	6000	端部外径 H① 2000	3000	6000	本体壁厚 G_min 2000	3000	6000	完整螺纹长度 L_5min	有效螺纹长度 L_1min
6	1/8	21	21	25	17	17	19	22	22	25	3.18	3.18	6.35	6.4	6.7
8	1/4	21	25	28	17	19	22	22	25	33	3.18	3.30	6.60	8.1	10.2
10	3/8	25	28	33	19	22	25	25	33	38	3.18	3.51	6.98	9.1	10.4
15	1/2	28	33	38	22	25	28	33	38	46	3.18	4.09	8.15	10.9	13.6
20	3/4	33	38	44	25	28	33	38	46	56	3.18	4.32	8.53	12.7	13.9
25	1	38	44	51	28	33	35	46	56	62	3.68	4.98	9.93	14.7	17.3
32	1¼	44	51	60	33	35	43	56		75	3.89	5.28	10.59	17.0	18.0
40	1½	51	60	64	35	43	44	62	75	84	4.01	5.56	11.07	17.8	18.4
50	2	60	64	83	43	44	52	75	84	102	4.27	7.14	12.09	19.0	19.2
65	2½	76	83	95	52	52	64	92	102	121	5.61	7.65	15.29	23.6	28.9
80	3	86	95	106	64	64	79	109	121	146	5.99	8.84	16.64	25.9	30.5
100	4	106	114	114	79	79	79	146	152	152	6.55	11.18	18.67	27.7	33.0

① 当DN65（NPS 2½）的管件配管选用Ⅱ系列的管子时，管件的端部外径应大于表中规定尺寸，以满足端部凸缘处的壁厚要求，其余尺寸应符合本标准规定。

螺纹管件——内螺纹 90°弯头（摘自 GB/T 14383—2008）

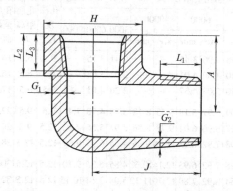

表 21-8-85
mm

公称尺寸 DN	螺纹尺寸代号 NPT	中心至内螺纹端面 A		中心至外螺纹端面 J		端部外径 H		本体壁厚 G_{1min}		本体壁厚 G_{2min}		内螺纹完整长度 L_{3min}	内螺纹有效长度 L_{2min}	外螺纹长度 L_{min}
		3000	6000	3000	6000	3000	6000	3000	6000	3000	6000			
6	1/8	19	22	25	32	19	25	3.18	5.08	2.74	4.22	6.4	6.7	10
8	1/4	22	25	32	38	25	32	3.30	5.66	3.22	5.28	8.1	10.2	11
10	3/8	25	28	38	41	32	38	3.51	6.98	3.50	5.59	9.1	10.4	13
15	1/2	28	35	41	48	38	44	4.09	8.15	4.16	6.53	10.9	13.6	14
20	3/4	35	44	48	57	44	51	4.32	8.53	4.88	6.86	12.7	13.9	16
25	1	44	51	57	66	51	62	4.98	9.93	5.56	7.95	14.7	17.3	19
32	1¼	51	54	66	71	62	70	5.28	10.59	5.56	8.48	17.0	18.0	21
40	1½	54	64	71	84	70	84	5.56	11.07	6.25	8.89	17.8	18.4	21
50	2	64	83	84	105	84	102	7.14	12.09	7.64	9.70	19.0	19.2	22

3) 常用材料牌号及材料标准

表 21-8-86

材料牌号（旧牌号）	标准编号	材料牌号（旧牌号）	标准编号
20	GB/T 699	06Cr19Ni10(0Cr18Ni9) 06Cr17Ni12Mo2(0Cr17Ni12Mo2) 06Cr18Ni11Ti(0Cr18Ni10Ti)	GB/T 1220 GB/T 1221
Q295、Q345	GB/T 1591		
15CrMo、12Cr1MoV	GB/T 3077		
12Cr5Mo(1Cr5Mo)	GB/T 1221	022Cr19Ni10(00Cr19Ni10) 022Cr17Ni12Mo2(00Cr17Ni14Mo2)	GB/T 1220

4) 常用材料的热处理要求

表 21-8-87

材料牌号（旧牌号）	热处理要求	材料牌号（旧牌号）	热处理要求
20	退火或正火	06Cr19Ni10(0Cr18Ni9) 06Cr17Ni12Mo2(0Cr17Ni12Mo2) 06Cr18Ni11Ti(0Cr18Ni10Ti) 022Cr19Ni10(00Cr19Ni10) 022Cr17Ni12Mo2(00Cr17Ni14Mo2)	固溶
Q295、Q345	退火或正火+回火		
15CrMo、12Cr1MoV、12Cr5Mo(1Cr5Mo)	退火或正火+回火		

注：对含 Ti 的不锈钢管件，制造商可在固溶处理后进行稳定化热处理。

5) 管件焊接安装要求

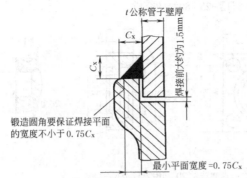

C_x（min）= 1.09t，但不得小于 3mm

图 21-8-38

（2）法兰

高压法兰（PN=10MPa、16MPa、25MPa）（摘自 JB/ZQ 4485—2006）

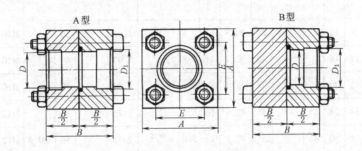

标记示例

公称通径 DN 50mm，管子外径 76mm，公称压力 PN= 25MPa 的 A 型法兰：

法兰 A50/76-25 JB/ZQ 4485—2006

公称通径 DN 40mm，管子外径 48mm，公称压力 PN=16MPa 的 B 型法兰：

法兰 B40/48-16 JB/ZQ 4485—2006

表 21-8-88   mm

公称通径 DN	公称压力 PN/MPa	D	D_1	A	B	E	螺栓	螺母	O 形密封圈（GB/T 3452.1）	管子尺寸（外径×壁厚）	质量/kg A 型	质量/kg B 型
40	10,16	40	49	100	80	70	M12×100	M12	45×2.65G	48×5	5.4	5.8
	25		61	110	90	75	M16×110	M16		60×10	6.5	8.7
50	10,16	50	61	110	90	75	M16×110	M16	56×2.65G	60×5	6.6	7.6
	25		77	140	110	100	M16×130	M16		76×12	14.0	16.0
65	10,16	65	77	140	110	100	M16×130	M16	75×5.30G	76×8	13.8	15.7
	25		90	160	140	120	M20×160	M20		89×12	23.1	26.3
80	10	80	90	160	140	120	M20×160	M20	90×5.30G	89×8	22.0	25.8

注：1. 连接螺栓强度级别不低于 8.8 级。

2. 生产厂为宁波液压附件厂。

直通法兰（*PN* = 20MPa）（摘自 JB/ZQ 4486—2006）

适用于公称压力 *PN* 20MPa，温度-25~80℃的介质。

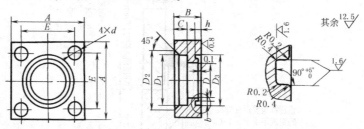

标记示例

公称通径 *DN* 为 20mm 的直通法兰：直通法兰 20　JB/ZQ 4486—2006

表 21-8-89

mm

公称通径 DN	钢管 D₀×S	A	B	C	D	D₁	D₂	D₃ H11	d	b	h	E	法兰用螺钉	O形圈 (GB/T 3452.1)	质量 /kg
10	18×2	55	22	9	12	18.5	28	30.3	11	3.8	1.97	36	M10	25.0×2.65G	0.40
15	22×3	55	22	11	16	22.5	32	30.3	11	3.8	1.97	40	M10	25.0×2.65G	0.45
20	28×4	55	22	12	20	28.5	38	35.3	11	3.8	1.97	40	M10	30.0×2.65G	0.40
25	34×5	75	28	14	24	35	45	42.6	13	5.0	2.75	56	M12	35.5×3.55G	0.94
32	42×6	75	28	16	30	43	55	47.1	13	5.0	2.75	56	M12	40.0×3.55G	0.84
40	50×6	100	36	18	38	52	63	57.1	18	5.0	2.75	73	M16	50.0×3.55G	2.10
50	63×7	100	36	20	48	65	75	67.1	18	5.0	2.75	73	M16	60.0×3.55G	1.85
65	76×8	140	45	22	60	78	95	78.1	24	5.0	2.75	103	M22	71.0×3.55G	5.30
80	89×10	140	45	25	70	91	108	92.1	24	5.0	2.75	103	M22	85.0×3.55G	4.50

公差：D₁ 为 +0.3/0，b 为 +0.25/0，h 为 +0.1/0，E 为 ±0.4

注：1. 直通法兰配用的螺栓按 GB/T 3098.1，强度等级为 8.8。

2. 直通法兰材料为 20 钢。

直角法兰（*PN* = 20MPa）（摘自 JB/ZQ 4487—2006）

适用于公称压力 *PN* 20MPa，温度-25~80℃的介质。

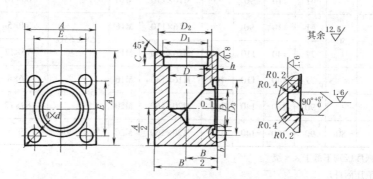

标记示例

公称通径 DN 为 20mm 的直角法兰：直角法兰 20　JB/ZQ 4487—2006

表 21-8-90　　　　　　　　　　　　　　　　　　　　　　　　　　　　　　　　　　　　　mm

公称通径 DN	钢管 $D_0 \times S$	A	A_1	B	C	D	D_1	D_2	D_3 H11	d	b	h	E	法兰用螺钉	O形圈 (GB/T 3452.1)	质量 /kg
10	18×2	55	70	45	9	12	18.5	28	30.3	11	3.8	1.97	36	M10	25.0×2.65G	0.95
15	22×3	55	70	45	11	16	22.5	32	30.3	11	3.8	1.97	40	M10	25.0×2.65G	1.12
20	28×4	55	70	45	12	20	28.5	38	35.3	11	3.8	1.97	40	M10	30.0×2.65G	1.08
25	34×5	75	92	65	14	24	35	45	42.6	13	5.0	2.75	56	M12	35.5×2.65G	2.35
32	42×6	75	92	65	16	30	43 $^{+0.3}_{0}$	55	47.1	13	5.0 $^{+0.25}_{0}$	2.75 $^{+0.1}_{0}$	56 ±0.4	M12	40.0×3.55G	2.10
40	50×6	100	125	85	18	38	52	63	57.1	18	5.0	2.75	73	M16	50.0×3.55G	6.75
50	63×7	100	125	85	20	48	65.5	75	67.1	18	5.0	2.75	73	M16	60.0×3.55G	6.10
65	76×8	140	170	120	22	60	78	95	78.1	24	5.0	2.75	103	M22	71.0×3.55G	18.00
80	89×10	140	170	120	25	70	91	108	92.1	24	5.0	2.75	103	M22	85.0×3.55G	17.00

注：1. 法兰配用的螺钉按 GB/T 3098.1，强度等级为 8.8。

2. 法兰材料为 20 钢。

中间法兰（$PN=20$MPa）（摘自 JB/ZQ 4488—2006）

适用于公称压力 PN 20MPa，温度 $-25\sim80$℃的介质。

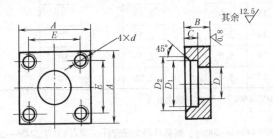

标记示例

公称通径 DN 为 20mm 的中间法兰：中间法兰 20　JB/ZQ 4488—2006

表 21-8-91　　　　　　　　　　　　　　　　　　　　　　　　　　　　　　mm

公称直径 DN	钢管 $D_0 \times S$	A	B	C	D	D_1	D_2	d	E	质量 /kg
10	18×2	55	22	9	12	18.5	28	M10	36	0.41
15	22×3	55	22	11	16	22.5	32	M10	40	0.46
20	28×4	55	22	12	20	28.5	38	M10	40	0.41
25	34×5	75	28	14	24	35	45	M12	56	0.95
32	42×6	75	28	16	30	43 $^{+0.3}_{0}$	55	M12	56 ±0.4	0.85
40	50×6	100	36	18	38	52	63	M16	73	2.12
50	63×7	100	36	20	48	65.5	75	M16	73	1.87
65	76×8	140	45	22	60	78	95	M22	103	5.32
80	89×10	140	45	25	70	91	108	M22	103	4.52

注：1. 法兰配用的螺钉按 GB 3098.1，强度等级为 8.8。

2. 该法兰与直通法兰相配，用于管道中间连接。

3. 法兰材料为 20 钢。

法兰盖（*PN*=20MPa）（摘自 JB/ZQ 4489—2006）

适用于公称压力 *PN* 20MPa，温度-25~80℃的介质。

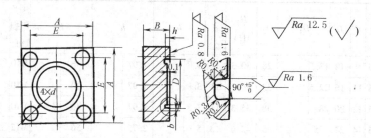

标记示例

公称通径 *DN* 为 20mm 的法兰盖：法兰盖 20　JB/ZQ 4489—2006

表 21-8-92　　　　　　　　　　　　　　　　　　　　　　　　　　　　　　　　　　　　mm

公称通径 *DN*	A	B	D	d	b	h	E	法兰盖用螺钉	O 形圈 (GB/T 3452.1)	质量 /kg
10	55	22	30.3	11	3.8	1.97	36	M10	25.0×2.65G	0.45
15	55	22	30.3	11	3.8	1.97	40	M10	25.0×2.65G	0.50
20	55	22	30.3	11	3.8	1.97	40	M10	30.0×2.65G	0.50
25	75	28	42.6	13	5.0	2.75	56	M12	35.5×3.55G	1.00
32	75	28	47.1	13	5.0	$^{+0.25}_{0}$ 　2.75 $^{+0.1}_{0}$	56	±0.4	M12	40.0×3.55G	1.00
40	100	36	57.1	18	5.0	2.75	73	M16	50.0×3.55G	2.80
50	100	36	67.1	18	5.0	2.75	73	M16	60.0×3.55G	2.80
65	140	45	78.1	24	5.0	2.75	103	M22	71.0×3.55G	6.60
80	140	45	92.1	24	5.0	2.75	103	M22	85.0×3.55G	6.60

注：1. 法兰配用的螺钉按 GB/T 3098.1，强度等级为 8.8。

2. 法兰材料为 20 钢。

3. 锻钢制螺纹管件（摘自 GB/T 14383—2008）、钢制对焊无缝管件（摘自 GB/T 12459—2005）等管件见本手册第 10 篇第 2 章管件。

1.2.9　螺塞及其垫圈

内六角螺塞（*PN*=31.5MPa）（摘自 JB/ZQ 4444—2006）

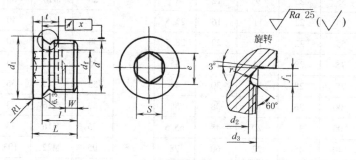

标记示例

d=M20×1.5 的内六角螺塞：螺塞 M20×1.5　JB/ZQ 4444—2006

d=G⅜A 的内六角螺塞：螺塞 G⅜A　JB/ZQ 4444—2006

表 21-8-93   mm

| d | | d_1 | d_2 | d_3 | e | l | L | S | t | W | f_1 | x | 每1000件 |
米制螺纹	管螺纹	h14	$_{-0.2}^{0}$	$_{-0.3}^{0}$	$\geq$	±0.2	$\approx$	D12	$\geq$	$\geq$	$_{0}^{+0.3}$		质量/kg
M8×1	—	—	14	6.4	8.3	4.6	8	11	4	3.5	3	2		6.4
M10×1	—	G⅛A	14	8.3	10	5.7	8	11	5	5	3	2		6.34
M12×1.5	—	—	17	9.7	12.3	6.9	12	15	5.5	7	3	3		11.3
—	—	G¼A	18	11.2	13.4	6.9	12	15	5.5	7	3	3		14.6
M14×1.5	—	—	19	11.7	14.3	6.9	12	15	5.5	7	3	3		16.0
M16×1.5	—	—	21	13.7	16.3	9.2	12	15	8	7.5	3	3		19.0
—	—	G⅜A	22	14.7	17	9.2	12	15	8	7.5	4	3	0.1	21.4
M18×1.5	—	—	23	15.7	18.3	9.2	12	16	8	7.5	3	3		28.3
M20×1.5	—	—	25	17.7	20.3	11.4	14	18	10	7.5	4	3		37.5
—	—	G½A	26	18.4	21.3	11.4	14	18	10	7.5	4	4		40.8
M22×1.5	—	—	27	19.7	22.3	11.4	14	18	10	7.5	4	3		47.5
M24×1.5	—	—	29	21.7	24.3	13.7	14	18	11	7.5	4	3		53.5
M26×1.5	—	—	31	23.7	26.3	13.7	16	20	11	9	4	3		68.7
—	M27×2	G¾A	32	23.9	27	13.7	16	20	11	9	4	4		73.5
M30×1.5	M30×2	—	36	27.7	30.3	19.4	16	20	16	9	4	4		84.0
—	M33×2	G1A	39	29.9	33.3	19.4	16	21	16	9	4	4		111
M36×1.5	M36×2	—	42	33	36.3	21.7	16	21	18	10.5	4	4		134
M38×1.5	—	G1⅛A	44	35	38.3	21.7	16	21	18	10.5	4	4		149
—	M39×2	—	46	36	39.3	21.7	16	21	18	10.5	4	4		163
M42×1.5	M42×2	G1¼A	49	39	42.3	25.2	16	21	21	10.5	4	4		187
M45×1.5	M45×2	—	52	42	45.3	25.2	16	21	21	10.5	4	4	0.2	215
M48×1.5	M48×2	G1½A	55	45	48.1	27.4	16	21	24	10.5	4	4		246
M52×1.5	M52×2	—	60	49	52.3	27.4	16	21	24	10.5	4	4		302
—	—	G1¾A	62	50.4	54	36.6	20	25	32	14	4	5		320
—	M56×2	—	64	53	56.3	36.6	20	25	32	14	4	4		386
—	M60×2	G2A	68	56.3	60.3	36.6	20	25	32	14	4	4		445
—	M64×2	—	72	61	64.3	36.6	20	25	32	14	4	4		530
—	—	G2½A	84	71.2	75.6	36.6	26	34	32	20	6	5		1110
—	—	G3A	100	83.9	88.4	36.6	26	34	32	20	6	5		1530

注: 材料35, d_f尺寸由制造厂确定。

60°圆锥管螺纹内六角螺塞（$PN=16MPa$）（摘自 JB/ZQ 4447—2006）、

55°密封管螺纹内六角螺塞（$PN=10MPa$）（摘自 JB/ZQ 4446—2006）

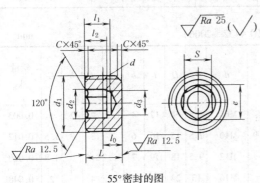

55°密封的图

材料35, 公称压力: 圆锥管螺纹内六角螺塞 16~20MPa

                       锥管螺纹内六角螺塞 10MPa

标记示例

(a) d为NPT¼的锥螺纹内六角螺塞:

         螺塞 NPT¼   JB/ZQ 4447—2006

(b) d为R¼的锥管螺纹内六角螺塞:

         螺塞 R¼   JB/ZQ 4446—2006

技术要求: 热处理, 207~229HB, 表面发蓝处理

表 21-8-94

mm

(a) 60°圆锥管螺纹内六角螺塞						(b) 锥管螺纹内六角螺塞						(a)、(b)					
锥螺纹 d	d_1	l_0	l_1	L	C	锥管螺纹 d	d_1	l_0	l_1	L	C	d_2	d_3	l_2	S	e	质量/kg
NPT⅛	10.486		4	8	1	R⅛	9.929	4.0	4	8	1	6	5	3.5	5	5.8	0.003
NPT¼	18.750		5		1.5	R¼	13.406	6	6	10	1.5	7.5	6	4	5.5	5.7	0.006
NPT⅜	17.300	6.096	6	10		R⅜	17.035	6.4	7	12		9.5	8	5	8	9.2	0.014
NPT½	21.460	8.128	8	12		R½	21.42	8.2	9	15		12	10	7	10	11.5	0.030
NPT¾	26.960	8.611	10	15		R¾	26.968	9.5	11	18	2	14	12	9	13	15	0.054
NPT1	33.720	10.160	12	18	2	R1	33.81	10.4	12	20		17	14	10	16	18.5	0.102

表 21-8-95　外六角螺塞（摘自 JB/ZQ 4450—2006）、55°非密封管螺纹外六角螺塞（PN=16MPa）（摘自 JB/ZQ 4451—2006）

mm

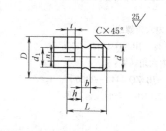

外六角螺塞

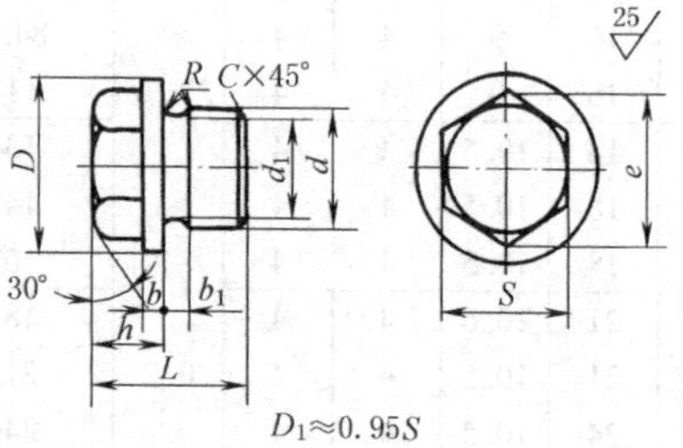

材料 35
标记示例
（a）d 为 M10×1 的外六角螺塞：
　螺塞 M10×1　JB/ZQ 4450—2006
（b）d 为 G½A PN 16MPa 的管螺纹外六角螺塞：
　螺塞 G½A　JB/ZQ 4451—2006
技术要求：表面发蓝处理

管螺纹外六角螺塞

$D_1 \approx 0.95S$

d	d_1	D	e	S	S 的极限偏差	L	h	b	b_1	R	C	质量/kg
M12×1.25	10.2	22	15	13	$0 \atop -0.24$	24	12	3	3		1.0	0.032
M20×1.5	17.8	30	24.2	21		30	15			1		0.090
M24×2	21	34	31.2	27	$0 \atop -0.28$	32	16	4			1.5	0.145
M30×2	27	42	39.3	34	$0 \atop -0.34$	38	18		4			0.252

d	D	b	h	L	e ≥	S	S 的极限偏差	质量/kg
G⅛A	14			17	10.89	10		0.012
G¼A	18	3	9	21	14.20	13	$0 \atop -0.270$	0.024
G⅜A	22				18.72	17		0.038
G½A	26			26	20.88	19		0.067
G¾A	32	4	12	30	26.17	24		0.127
G1A	39		16	32	29.56	27	$0 \atop -0.330$	0.195
G1¼A	49				32.95	30		0.300
G1½A	55	5	17	33				0.375
G2A	68				39.55	36		0.695
G2½A	85		20	40			$0 \atop -0.390$	1.020
G3A	100	6		46	47.30	41		1.200

表 21-8-96　　　　圆柱头螺塞（摘自 JB/ZQ 4452—2006）

mm

材料 35
标记示例
d 为 M12mm 的圆柱头螺塞：
螺塞 M12　JB/ZQ 4452—2006
技术要求：表面发蓝处理

C×45°

d	d_1	D	L	h	n	t	b	C	质量/kg
M6	4.5	9	12	4	1.2	2	2	1	0.003
M10	7.5	15	16	6	2	3	3	1.5	0.012
M12	9.5	18	19	7		3.5		1.8	0.020
M16	13	24	24	9	3	4	4	2	0.048

表 21-8-97　　　高压螺塞（摘自 JB/ZQ 4453—2006）　　　mm

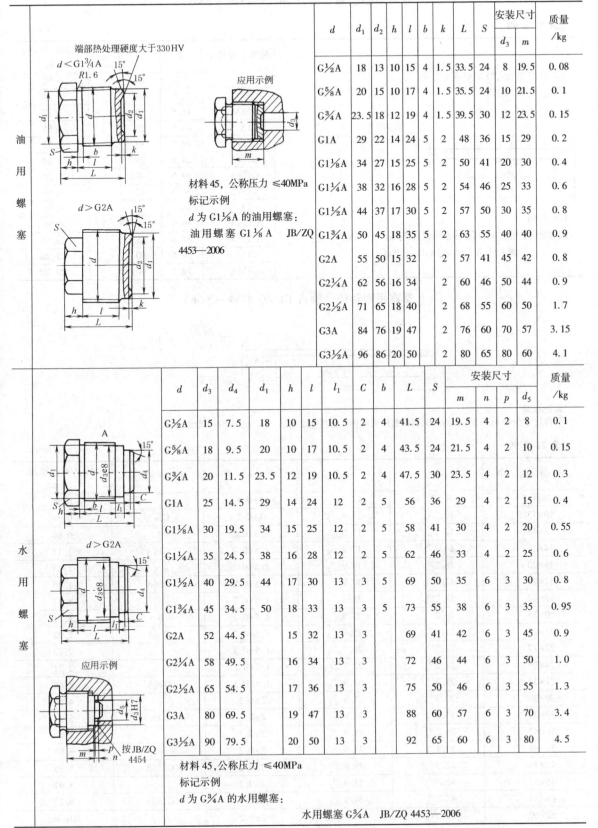

端部热处理硬度大于330HV
$d<G1\frac{3}{4}A$　R1.6　15°　15°
应用示例
材料45，公称压力 ≤40MPa
标记示例
d 为 $G1\frac{1}{8}A$ 的油用螺塞：
油用螺塞 G1⅛A　JB/ZQ 4453—2006

$d>G2A$　15°　15°

油用螺塞

d	d_1	d_2	h	l	b	k	L	S	安装尺寸 d_3	安装尺寸 m	质量 /kg
G½A	18	13	10	15	4	1.5	33.5	24	8	19.5	0.08
G⅝A	20	15	10	17	4	1.5	35.5	24	10	21.5	0.1
G¾A	23.5	18	12	19	4	1.5	39.5	30	12	23.5	0.15
G1A	29	22	14	24	5	2	48	36	15	29	0.2
G1⅛A	34	27	15	25	5	2	50	41	20	30	0.4
G1¼A	38	32	16	28	5	2	54	46	25	33	0.6
G1½A	44	37	17	30	5	2	57	50	30	35	0.8
G1¾A	50	45	18	35	5	2	63	55	40	40	0.9
G2A	55	50	15	32		2	57	41	45	42	0.8
G2¼A	62	56	16	34		2	60	46	50	44	0.9
G2½A	71	65	18	40		2	68	55	60	50	1.7
G3A	84	76	19	47		2	76	60	70	57	3.15
G3½A	96	86	20	50		2	80	65	80	60	4.1

A　15°

$d>G2A$　15°

水用螺塞

应用示例　d_3H7　按JB/ZQ 4454

d	d_3	d_4	d_1	h	l	l_1	C	b	L	S	安装尺寸 m	安装尺寸 n	安装尺寸 p	安装尺寸 d_5	质量 /kg
G½A	15	7.5	18	10	15	10.5	2	4	41.5	24	19.5	4	2	8	0.1
G⅝A	18	9.5	20	10	17	10.5	2	4	43.5	24	21.5	4	2	10	0.15
G¾A	20	11.5	23.5	12	19	10.5	2	4	47.5	30	23.5	4	2	12	0.3
G1A	25	14.5	29	14	24	12	2	5	56	36	29	4	2	15	0.4
G1⅛A	30	19.5	34	15	25	12	2	5	58	41	30	4	2	20	0.55
G1¼A	35	24.5	38	16	28	12	2	5	62	46	33	4	2	25	0.6
G1½A	40	29.5	44	17	30	13	3	5	69	50	35	6	3	30	0.8
G1¾A	45	34.5	50	18	33	13	3	5	73	55	38	6	3	35	0.95
G2A	52	44.5		15	32	13	3		69	41	42	6	3	45	0.9
G2¼A	58	49.5		16	34	13	3		72	46	44	6	3	50	1.0
G2½A	65	54.5		17	36	13	3		75	50	46	6	3	55	1.3
G3A	80	69.5		19	47	13	3		88	60	57	6	3	70	3.4
G3½A	90	79.5		20	50	13	3		92	65	60	6	3	80	4.5

材料45,公称压力 ≤40MPa
标记示例
d 为 G¾A 的水用螺塞：
水用螺塞 G¾A　JB/ZQ 4453—2006

水用螺塞垫圈（摘自 JB/ZQ 4180—2006）

表 21-8-98

mm

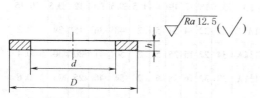

与高压螺塞 JB/ZQ 4453 配套使用

材料：纯铜、纯铝

标记示例

螺塞公称尺寸为 G1½A 的水用螺塞垫圈：

　　垫圈 G1½A　JB/ZQ 4180—2006

螺塞公称尺寸	d	D	h	每 1000 件质量 /kg
G½A	7.5	15	2	0.92
G⅝A	9.5	18		1.26
G¾A	11.5	20		1.32
G1A	14.5	25		1.55
G1⅛A	19.5	30		2.32
G1¼A	24.5	35		4.60
G1½A	29.5	40	3	5.50
G1¾A	34.5	45		6.90
G2A	44.5	52		8.95
G2¼A	49.5	58		9.30
G2½A	54.5	65		13.01
G3A	69.5	80		22.20
G3½A	79.5	90		29.80

螺塞用密封垫（摘自 JB/ZQ 4454—2006）

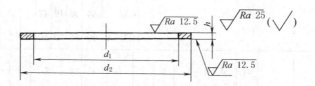

标记示例

公称尺寸为 21mm×26mm 的纯铜制螺塞用密封垫：密封垫 21×26　JB/ZQ 4454—2006

表 21-8-99

mm

公 称 尺 寸	d_1	d_2	h	适用于管螺纹	每 1000 件质量 /kg
8×11.5	$8.2^{+0.3}_{0}$	$11.4^{0}_{-0.2}$	1 ± 0.2		0.39
10×13.5	$10.2^{+0.3}_{0}$	$13.4^{0}_{-0.2}$	1 ± 0.2	G⅛A	0.59
12×16	$12.2^{+0.3}_{0}$	$15.9^{0}_{-0.2}$	1.5 ± 0.2		0.96
14×18	$14.2^{+0.3}_{0}$	$17.9^{0}_{-0.2}$	1.5 ± 0.2	G¼A	1.17
16×20	$16.2^{+0.3}_{0}$	$19.9^{0}_{-0.2}$	1.5 ± 0.2		1.23
17×21	$17.2^{+0.3}_{0}$	$20.9^{0}_{-0.2}$	1.5 ± 0.2	G⅜A	1.43
18×22	$18.2^{+0.3}_{0}$	$21.9^{0}_{-0.2}$	1.5 ± 0.2		1.47
20×24	$20.2^{+0.3}_{0}$	$23.9^{0}_{-0.2}$	1.5 ± 0.2		1.51
21×26	$21.2^{+0.3}_{0}$	$25.9^{0}_{-0.2}$	1.5 ± 0.2	G½A	2.22
22×27	$22.2^{+0.3}_{0}$	$26.9^{0}_{-0.2}$	1.5 ± 0.2		2.23
24×29	$24.2^{+0.3}_{0}$	$28.9^{0}_{-0.2}$	1.5 ± 0.2		2.31
27×32	$27.3^{+0.3}_{0}$	$31.9^{0}_{-0.2}$	1.5 ± 0.2	G¾A	3.64
30×36	$30.3^{+0.3}_{0}$	$35.9^{0}_{-0.2}$	2 ± 0.2		4.57
33×39	$33.3^{+0.3}_{0}$	$38.9^{0}_{-0.2}$	2 ± 0.2	G1A	5.44
36×42	$36.3^{+0.3}_{0}$	$41.9^{0}_{-0.2}$	2 ± 0.2		5.60
39×46	$39.3^{+0.3}_{0}$	$45.9^{0}_{-0.2}$	2 ± 0.2		6.93
42×49	$42.3^{+0.3}_{0}$	$48.9^{0}_{-0.2}$	2 ± 0.2	G1¼A	8.15
45×52	$45.3^{+0.3}_{0}$	$51.9^{0}_{-0.2}$	2 ± 0.2		8.91
48×55	$48.3^{+0.3}_{0}$	$54.9^{0}_{-0.2}$	2 ± 0.2	G1½A	9.23
52×60	$52.3^{+0.3}_{0}$	$59.8^{0}_{-0.2}$	2 ± 0.2		10.36

续表

公 称 尺 寸	d_1	d_2	h	适用于管螺纹	每 1000 件质量 /kg
54×62	$54.3^{+0.3}_{0}$	$61.8^{0}_{-0.2}$	2±0.2	G1¾A	10.37
56×64	$56.3^{+0.3}_{0}$	$63.8^{0}_{-0.2}$	2±0.2		12.61
60×68	$60.5^{+0.5}_{0}$	$67.8^{0}_{-0.3}$	2.5±0.2	G2A	14.8
64×72	$64.5^{+0.5}_{0}$	$71.8^{0}_{-0.3}$	2.5±0.2		19.20
75×84	$75.5^{+0.5}_{0}$	$88.8^{0}_{-0.3}$	2.5±0.2	G2½A	22.30
90×100	$90.7^{+0.5}_{0}$	$99.8^{0}_{-0.3}$	2.5±0.2	G3A	29.50

注：材料为纯铜、纯铝。

1.3 管夹

1.3.1 钢管夹

单管夹（摘自 JB/ZQ 4492—2006）、**单管夹垫板**（摘自 JB/ZQ 4499—2006）

材料：Q235 表面镀锌或发蓝（黑）处理

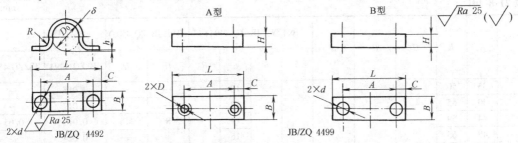

标记示例

管子外径 D_0 为 14mm 用的单管夹：单管夹 14 JB/ZQ 4492—2006

管子外径 D_0 为 22mm 用的单管夹螺孔垫板：管夹垫板 A22 JB/ZQ 4499—2006

管子外径 D_0 为 22mm 用的单管夹光孔垫板：管夹垫板 B22 JB/ZQ 4499—2006

表 21-8-100　　　　　　　　　　　　　　　　　　　　　　　　　　　　　　　　mm

管子外径 D_0	A	L	C	B	d	单管夹（JB/ZQ 4492）			垫板（JB/ZQ 4499）		质量/kg	
						δ	h	R	H	D	JB/ZQ 4492	JB/ZQ 4499
6	25	40									0.011	0.035
8	28	43									0.013	0.038
10	30	45									0.017	0.04
12	32	47									0.019	0.043
14	35	50	7.5	15	7	2	2	2	8	M6	0.021	0.044
16	38	53									0.022	0.046
18	40	55									0.023	0.048
22	45	60									0.025	0.05
24	48	63									0.026	0.052
28	50	65									0.027	0.054
34	65	85									0.08	0.16
42	70	90			3						0.098	0.18
48	80	100	10	20		9	5	3	14	M8	0.106	0.20
60	90	110									0.113	0.24
76	110	135	12.5	25	4						0.140	0.34
89	125	150									0.150	0.40

双管夹（摘自 JB/ZQ 4494—2006）、双管夹垫板（摘自 JB/ZQ 4500—2006）

材料：Q235 表面镀锌或发蓝（黑）处理

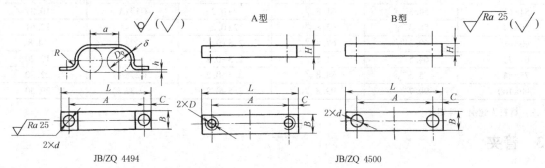

标记示例

管子外径 D_0 为 14mm 用的双管夹：双管夹 14　JB/ZQ 4494—2006

管子外径 D_0 为 22mm 用的双管夹螺孔垫板：螺孔垫板 A22　JB/ZQ 4500—2006

管子外径 D_0 为 22mm 用的双管夹光孔垫板：光孔垫板 B22　JB/ZQ 4500—2006

表 21-8-101　　　　　　　　　　　　　　　　　　　　　　　　　　　　　　　　　　mm

管子外径 D_0	A	L	C	B	d	双管夹（JB/ZQ 4494）				垫板（JB/ZQ 4500）		质量/kg	
						δ	h	a	R	H	D	JB/ZQ 4494	JB/ZQ 4500
6	35	50						10		—	—	0.015	—
8	40	55						12		—	—	0.017	—
10	44	59						14	8		M6	0.021	0.05
12	48	63						16				0.024	—
14	54	69	7.5	15	7	2	2	18	2			0.025	0.06
16	58	73						20				0.025	0.065
18	62	77						22		8	M6	0.026	0.07
22	72	87						26				0.028	0.084
24	76	91						28				0.032	0.086
28	82	97						32				0.040	0.088
34	104	124						38				0.065	0.26
42	116	136	10	20	9	3	5	46	3	14	M8	0.090	0.30
48	134	154						54				0.105	0.32
60	155	175						65				0.134	0.38

注：管子外径 D_0 为 6mm、8mm、12mm 用的双管夹垫板依次分别按 JB/ZQ 4499 中 D_0 为 14mm、18mm、24mm 的选用。

三管夹（摘自 JB/ZQ 4495—2006）、三管夹垫板（摘自 JB/ZQ 4502—2006）

材料：Q235 表面镀锌或发蓝（黑）处理

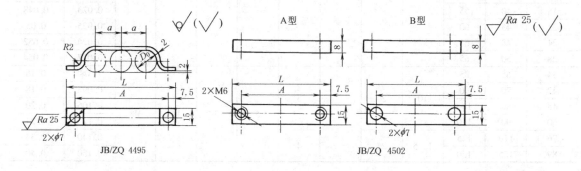

标记示例

管子外径 D_0 为14mm用的三管夹：三管夹14　JB/ZQ 4495—2006

管子外径 D_0 为22mm用的三管夹螺孔垫板：管夹垫板 A22　JB/ZQ 4502—2006

管子外径 D_0 为22mm用的三管夹光孔垫板：管夹垫板 B22　JB/ZQ 4502—2006

表 21-8-102　　　　　　　　　　　　　　　　　　　　　　　　　　　　　　mm

管子外径 D_0	A	L	三管夹（JB/ZQ 4495）	质量/kg	
			a	JB/ZQ 4495	JB/ZQ 4502
6	45	60	10	0.018	—
8	52	67	12	0.022	0.055
10	58	73	14	0.023	—
12	64	79	16	0.027	0.072
14	72	87	18	0.030	—
16	78	93	20	0.035	0.087
18	84	99	22	0.038	0.09
22	98	113	26	0.044	0.10
24	104	119	28	0.046	0.11
28	114	129	32	0.050	0.12

注：管子外径 D_0 为6mm、10mm、14mm用的三管夹垫板，分别依次按 JB/ZQ 4499 中 $D_0$22mm、JB/ZQ 4500 中 $D_0$16mm、22mm 选用。

四管夹（摘自 JB/ZQ 4496—2006）、四管夹垫板（摘自 JB/ZQ 4503—2006）

材料：Q235 表面镀锌或发蓝（黑）处理

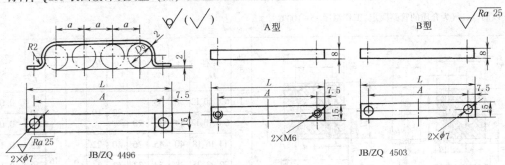

JB/ZQ 4496　　　　　　　　　　　　　JB/ZQ 4503

标记示例

管子外径 D_0 为14mm用的四管夹：四管夹14　JB/ZQ 4496—2006

管子外径 D_0 为22mm用的四管夹螺孔垫板：管夹垫板 A22　JB/ZQ 4503—2006

管子外径 D_0 为22mm用的四管夹光孔垫板：管夹垫板 B22　JB/ZQ 4503—2006

表 21-8-103　　　　　　　　　　　　　　　　　　　　　　　　　　　　　　mm

管子外径 D_0	A	L	四管夹（JB/ZQ 4496）	质量/kg	
			a	JB/ZQ 4496	JB/ZQ 4503
6	55	70	10	0.021	0.062
8	64	79	12	0.025	—
10	72	87	14	0.028	—
12	80	95	16	0.030	0.087
14	90	105	18	0.035	0.09
16	98	113	20	0.037	—
18	106	121	22	0.043	0.11
22	124	139	26	0.045	0.13
24	134	147	28	0.050	0.14
28	146	161	32	0.058	0.15

注：管子外径 D_0 为8mm、10mm、16mm用的四管夹垫板，分别依次按 JB/ZQ 4502 中 $D_0$12mm、JB/ZQ 4500 中 $D_0$22mm、JB/ZQ 4502 中 $D_0$22mm 选用。

大直径单管夹（摘自 JB/ZQ 4493—2006）

表 21-8-104
mm

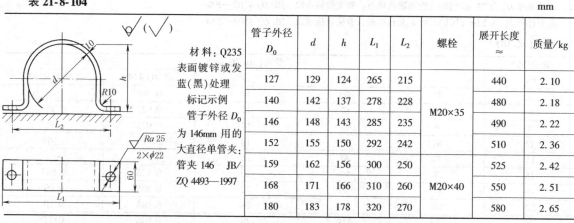

材料：Q235 表面镀锌或发蓝（黑）处理

标记示例

管子外径 D_0 为 146mm 用的大直径单管夹：

管夹 146 JB/ZQ 4493—1997

管子外径 D_0	d	h	L_1	L_2	螺栓	展开长度 ≈	质量/kg
127	129	124	265	215	M20×35	440	2.10
140	142	137	278	228		480	2.18
146	148	143	285	235		490	2.22
152	155	150	292	242		510	2.36
159	162	156	300	250		525	2.42
168	171	166	310	260	M20×40	550	2.51
180	183	178	320	270		580	2.65

钢管夹生产厂：宁波液压附件厂、富平液压机械配件厂、盘锦工程塑料厂。

1.3.2 塑料管夹

（1）塑料管夹（摘自 JB/ZQ 4008—2006）

表 21-8-105
mm

适用于以油、水、气为介质的管路固定，工作温度 -5～100℃

A 系列

Ⅰ型　Ⅱ型

适用于中压、低压管路

标记示例

A 系列Ⅰ型、管子外径为 12mm 的塑料管夹：

塑料管夹 A（Ⅰ）12　JB/ZQ 4008—2006

型式	管子外径 D_0	A	A_1	C	H	H_1	h	螺栓 d	螺栓 L	质量/kg
Ⅰ	6、8、10、12	28	33		32	19	6	20		0.06
Ⅱ	6、8、10、12	34	39	20					20	0.08
	14、16、18	40	45	26	40	23			25	0.12
	20、22、25	48	53	33	42	24		M6	30	0.14
	28、30、32、34、40、42	70	75	52	64	35			50	0.19
	48、50	86	91	66	72	39			60	0.22

B 系列

Ⅰ型　Ⅱ型

适用于中、高压力（≤31.5MPa）和有一定振动的管路

标记示例

B 系列Ⅱ型、管子外径为 28mm 的塑料管夹：

塑料管夹 B（Ⅱ）28　JB/ZQ 4008—2006

管子外径 D_0	A	A_1	B	B_1	C	H_1	H_2	h	S	螺栓 d	螺栓 L	质量/kg Ⅰ	质量/kg Ⅱ
10、12、14、16	55	73			33	48	24				45	0.3	0.6
18、20、22、25、28	70	85	30	60	45	64	32	8	2	M10	60	0.4	0.8
30、32、34、40、42	84	100			60	76	38				70	0.5	1.0
48、50、57、60、63.5	115	150	45	90	90	110	55	10	3	M12	100	1.8	3.6
76、89	152	200	60	120	122	140	70		3.5	M16	130	2.5	5.0
102、108、114、127	205	270	80	160	168	200	100	15		M20	190	5.5	11
138、140、159、168	250	310	90	180	205	230	115		4.5	M24	220	8	16

B系列I型管夹组合安装	同一外形尺寸的B系列I型管夹，可叠垒成组安装，但最多不能超过五层 标记示例 B系列I型组合叠装、管子外径为22mm的3根、管子外径为28mm的2根的塑料管夹： 塑料管夹 B(I)22×3-28×2 JB/ZQ 4008—2006 H_2 见 B系列	管子外径 D_0	10、12、14、16	18、20、22、25、28	32、34、40、42	48、50、57、60、63.5	76、89	102、108、114、127	133、140、159、168
		H_3	31	39	45	63	80	113	130
		T	40	56	68	100	130	185	215

注：生产厂为江苏溧阳市管夹厂、启东江海液压润滑设备厂、富平液压机械配件厂、盘锦工程塑料厂。

（2）双联管夹系列

表 21-8-106　　　　　　　　　　　　　　组合及订货代号

订货代号 TTPG—双联塑料管夹内孔凹槽型 TTPS—双联塑料管夹内孔光滑 TTNG—双联尼龙管夹内孔凹槽型 TTNS—双联尼龙管夹内孔光滑 （根据要求，请调换"订货代号"中的标准缩写"TTPG"部分）		管夹用焊接底板固定，用外六角螺栓加盖板压紧管夹	管夹用焊接底板固定，用内六角螺钉加盖板压紧管夹	管夹用外六角螺栓加盖板与导轨螺母压紧（在导轨上）	管夹用内六角螺钉加盖板与导轨螺母压紧（在导轨上）	管夹用叠加螺栓加防松盖板和其他底板或叠加另一管夹压紧	管夹用外六角螺栓加盖板和其他底板或叠加另一管夹压紧
尺寸系列	外径/mm						
1	6	TTPG1-106	TTPG3-106	TTPG4-106	TTPG5-106	TTPG8-106	TTPG16-106
	6.4	TTPG1-106.4	TTPG3-106.4	TTPG4-106.4	TTPG5-106.4	TTPG8-106.4	TTPG16-106.4
	8	TTPG1-108	TTPG3-108	TTPG4-108	TTPG5-108	TTPG8-108	TTPG16-108
	9.5	TTPG1-109.5	TTPG3-109.5	TTPG4-109.5	TTPG5-109.5	TTPG8-109.5	TTPG16-109.5
	10	TTPG1-110	TTPG3-110	TTPG4-110	TTPG5-110	TTPG8-110	TTPG16-110
	12	TTPG1-112	TTPG3-112	TTPG4-112	TTPG5-112	TTPG8-112	TTPG16-112
2	12.7	TTPG1-212.7	TTPG3-212.7	TTPG4-212.7	TTPG5-212.7	TTPG8-212.7	TTPG16-212.7
	13.5	TTPG1-213.5	TTPG3-213.5	TTPG4-213.5	TTPG5-213.5	TTPG8-213.5	TTPG16-213.5
	14	TTPG1-214	TTPG3-214	TTPG4-214	TTPG5-214	TTPG8-214	TTPG16-214
	15	TTPG1-215	TTPG3-215	TTPG4-215	TTPG5-215	TTPG8-215	TTPG16-215
	16	TTPG1-216	TTPG3-216	TTPG4-216	TTPG5-216	TTPG8-216	TTPG16-216
	17.2	TTPG1-217.2	TTPG3-217.2	TTPG4-217.2	TTPG5-217.2	TTPG8-217.2	TTPG16-217.2
	18	TTPG1-218	TTPG3-218	TTPG4-218	TTPG5-218	TTPG8-218	TTPG16-218
3	19	TTPG1-319	TTPG3-319	TTPG4-319	TTPG5-319	TTPG8-319	TTPG16-319
	20	TTPG1-320	TTPG3-320	TTPG4-320	TTPG5-320	TTPG8-320	TTPG16-320
	21.3	TTPG1-321.3	TTPG3-321.3	TTPG4-321.3	TTPG5-321.3	TTPG8-321.3	TTPG16-321.3
	22	TTPG1-322	TTPG3-322	TTPG4-322	TTPG5-322	TTPG8-322	TTPG16-322
	23	TTPG1-323	TTPG3-323	TTPG4-323	TTPG5-323	TTPG8-323	TTPG16-323
	25	TTPG1-325	TTPG3-325	TTPG4-325	TTPG5-325	TTPG8-325	TTPG16-325
	25.4	TTPG1-325.4	TTPG3-325.4	TTPG4-325.4	TTPG5-325.4	TTPG8-325.4	TTPG16-325.4
4	26.9	TTPG1-426.9	TTPG3-426.9	TTPG4-426.9	TTPG5-426.9	TTPG8-426.9	TTPG16-426.9
	28	TTPG1-428	TTPG3-428	TTPG4-428	TTPG5-428	TTPG8-428	TTPG16-428
	30	TTPG1-430	TTPG3-430	TTPG4-430	TTPG5-430	TTPG8-430	TTPG16-430
5	32	TTPG1-532	TTPG3-532	TTPG4-532	TTPG5-532	TTPG8-532	TTPG16-532
	33.7	TTPG1-533.7	TTPG3-533.7	TTPG4-533.7	TTPG5-533.7	TTPG8-533.7	TTPG16-533.7
	35	TTPG1-535	TTPG3-535	TTPG4-535	TTPG5-535	TTPG8-535	TTPG16-535
	38	TTPG1-538	TTPG3-538	TTPG4-538	TTPG5-538	TTPG8-538	TTPG16-538
	40	TTPG1-540	TTPG3-540	TTPG4-540	TTPG5-540	TTPG8-540	TTPG16-540
	42	TTPG1-542	TTPG3-542	TTPG4-542	TTPG5-542	TTPG8-542	TTPG16-542

注：1. 双联系列管夹符合德国 DIN 3015 第三部分要求，可应用于 5 种尺寸系列的一般压力管路。管夹材料有聚丙烯或尼龙6。
　　2. 生产厂为贺德克公司、西德福公司、温州黎明液压有限公司。

表 21-8-107　　　　　　　　　　　　零部件尺寸及订货代号　　　　　　　　　　　　　　　mm

尺寸系列	外径 a_1、a_2 /mm	TTPG 型双联管夹					焊接底板			多联焊接底板			盖板		
		代　号	b	c	d	e	代　号	g	m	代　号	d	e	代　号	b	d
1	6	TTPG-106	36	27	20	13.5	TT-A1	37	M6	TT-D1	40	196	TT-G1	34	6.6
	6.4	TTPG-106.4													
	8	TTPG-108													
	9.5	TTPG-109.5													
	10	TTPG-110													
	12	TTPG-112													
2	12.7	TTPG-212.7	53	26	29	13	TT-A2	55	M8	TT-D2	58	288	TT-G2	51	8.6
	13.5	TTPG-213.5													
	14	TTPG-214													
	15	TTPG-215													
	16	TTPG-216													
	17.2	TTPG-217.2													
	18	TTPG-218													
3	19	TTPG-319	67	37	36	18.5	TT-A3	70	M8	TT-D3	72	358	TT-G3	64	8.6
	20	TTPG-320													
	21.3	TTPG-321.3													
	22	TTPG-322													
	23	TTPG-323													
	25	TTPG-325													
	25.4	TTPG-325.4													
4	26.9	TTPG-426.9	82	42	45	21	TT-A4	85	M8	TT-D4	90	446	TT-G4	78	8.6
	28	TTPG-428													
	30	TTPG-430													
5	32	TTPG-532	106	54	56	27	TT-A5	110	M8	TT-D5	112	558	TT-G5	102	8.6
	33.7	TTPG-533.7													
	35	TTPG-535													
	38	TTPG-538													
	40	TTPG-540													
	42	TTPG-542													

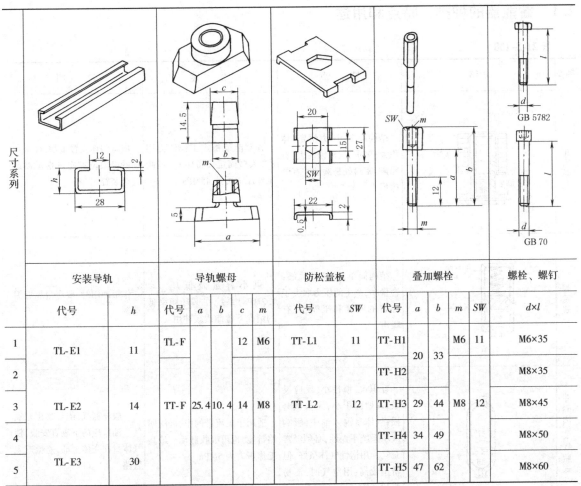

尺寸系列	安装导轨		导轨螺母				防松盖板		叠加螺栓				螺栓、螺钉
	代号	h	代号	a	b	c	m	代号	SW	代号	a	b	m	SW	$d×l$

	代号	h	代号	a	b	c	m	代号	SW	代号	a	b	m	SW	$d×l$
1	TL-E1	11	TL-F			12	M6	TT-L1	11	TT-H1	20	33	M6	11	M6×35
2										TT-H2					M8×35
3	TL-E2	14	TT-F	25.4	10.4	14	M8	TT-L2	12	TT-H3	29	44	M8	12	M8×45
4										TT-H4	34	49			M8×50
5	TL-E3	30								TT-H5	47	62			M8×60

型号意义：

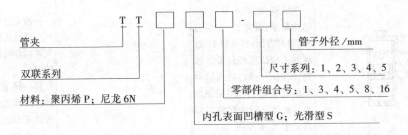

管夹

双联系列

材料：聚丙烯 P；尼龙 6N

管子外径/mm

尺寸系列：1、2、3、4、5

零部件组合号：1、3、4、5、8、16

内孔表面凹槽型 G；光滑型 S

温州黎明液压机电厂还生产轻型 L 系列和重型 H 系列塑料管夹，分别符合德国 DIB 3015 第一部分和第二部分要求，可部分替代标准 JB/ZQ 4008 中的 A 系列和 B 系列。

2 蓄 能 器

蓄能器是将压力液体的液压能转换为势能储存起来，当系统需要时再由势能转化为液压能而做功的容器。因此，蓄能器可以作为辅助的或者应急的动力源；可以补充系统的泄漏，稳定系统的工作压力，以及吸收泵的脉动和回路上的液压冲击等。

2.1 蓄能器的种类、特点和用途

表 21-8-108

种类	简图	特点	用途	说明
重力式	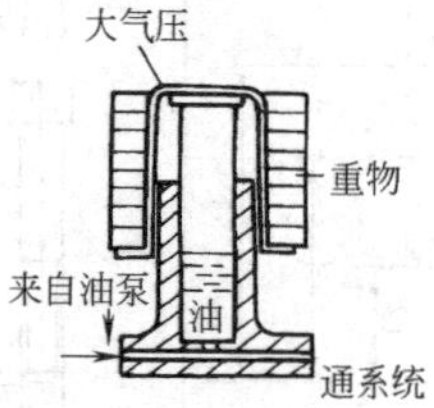	结构简单,压力恒定;体积大,笨重,运动惯性大,有噪声,密封处易漏油并有摩擦损失	作蓄能或稳定工作压力用(在大型固定设备中)。最高工作压力可达 45MPa	应均匀地安置重物,柱塞运动的极限位置应设指示器或安全装置
弹簧式	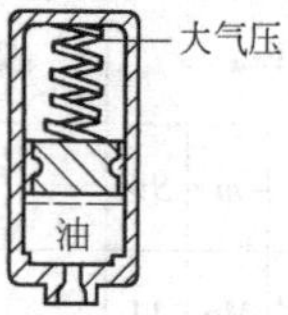	结构简单,反应较灵敏;容量小,产生的压力取决于弹簧的刚度和压缩量,有噪声	供小容量及低压(≤1.2MPa)系统在循环频率低的情况下蓄能或缓冲用	作缓冲用时,要尽量靠近振动源
非隔离式(气瓶式)		容积大,惯性小,反应灵敏,占地面积小,无机械磨损;气体易混入油中,影响液压系统平稳性,必须经常充气。用惰性气体虽好,但费用较高;用空气时,油易氧化变质	适用于大流量的中、低压回路蓄能,也可吸收脉动。最高工作压力为 5MPa	一般充氮气,绝对禁止充氧气。油口应向下垂直安装,使气体封在壳体上部,避免进入管路
活塞式	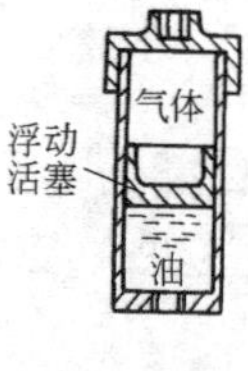	气液隔离,油不易氧化,结构简单,寿命长,安装容易,维修方便;容量较小,缸体加工和活塞密封要求较高,反应不灵敏,活塞运动到最低位置时,空气易经活塞与缸体之间的间隙泄漏到油中去,有噪声	蓄能用,可传送异性液体,最高工作压力 21MPa	一般充氮气,绝对禁止充氧气。油口应向下垂直安装,使气体封在壳体上部,避免进入管路 有一种用柱塞代替活塞的柱塞式蓄能器,容量可较大,最高压力达 45MPa
液体密封活塞式	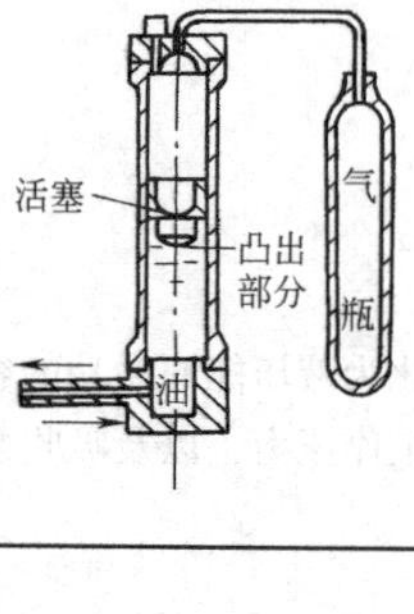	与普通活塞式蓄能器不同之处是可以防止气腔内的气体跑进液压系统,并且在液压油放空时,也不容易产生液压冲击		活塞下行,其凸出部分封住出油孔后,气腔压力要低于活塞下环形腔压力,因此气体不会进入液压系统

种类	简图	特　点	用　途	说　明
差动活塞式	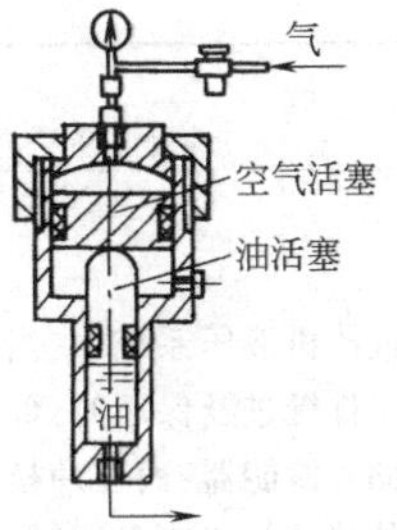	与普通活塞式蓄能器不同之处是有两个活塞,能防止空气渗入油中,而且可以通一般压缩空气使液压工作压力提高数倍	蓄能用。最高工作压力为45 MPa	由于活塞下端的液体压力总是大于上端的气体压力,所以空气不会进入油中
气囊式		空气与油隔离,油不易氧化,尺寸小,重量轻,反应灵敏,充气方便	蓄能(折合型)、吸收冲击(波纹型)、传送异性液体,最高工作压力 200MPa	充氮气
隔膜式	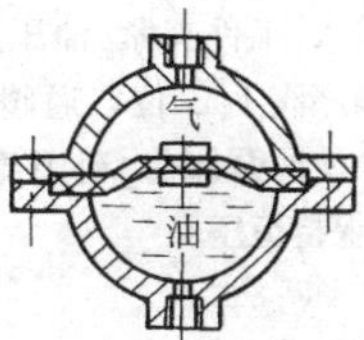	以隔膜代替气囊,壳体为球形,重量与体积比值最小;容量小	用于航空机械上蓄能、吸收冲击,可传送异性液体,最高工作压力 7MPa	充氮气
直通气囊式	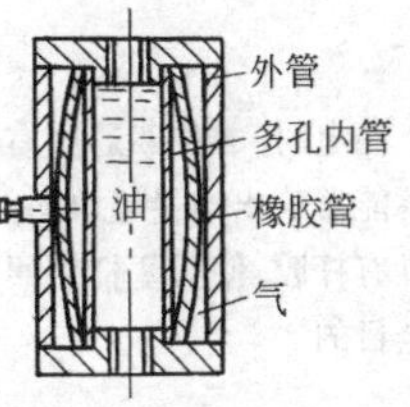	响应快,节省空间	消除脉动和降低噪声,最高工作压力21MPa 不适于蓄能用	充氮气
盒式	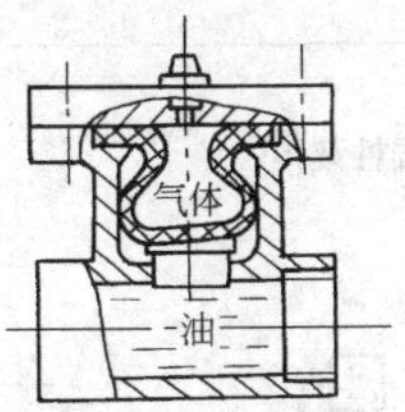	颈柱部分及约一半的橡胶囊(包括挡块)的重量像弹簧一样一体移动,构成动态吸振器,响应快	吸收高频脉动和降低系统噪声,最高工作压力 21MPa 不适于蓄能用	充氮气
金属波纹管式		用金属波纹管取代气囊,灵敏性好,响应快,容量小	蓄能,吸收脉动,降低噪声,最高工作压力 21MPa	充氮气
活塞膜隔式		兼有活塞式容量大及隔膜式响应快的优点,工艺性好;有少量漏气		

注:1. 蓄能器与液压泵之间应装设单向阀,防止蓄能器的油在泵不工作时倒灌。
　　2. 蓄能器与系统之间应装设截止阀,供充气、检查、维修蓄能器或者长时间停机时使用。

2.2　蓄能器在液压系统中的应用

表 21-8-109

用途	特　点	使　用　示　例
作辅助动力源	在液压系统工作时能补充油量,减少液压油泵供油,降低电机功率,减少液压系统尺寸及重量,节约投资。常用于间歇动作,且工作时间很短,或在一个工作循环中速度差别很大,要求瞬间补充大量液压油的场合	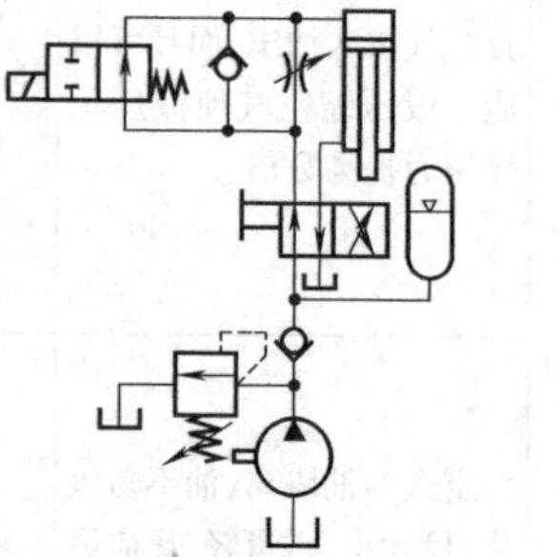 液压机液压系统中,当模具接触工件慢进及保压时,部分液压油储入蓄能器;而在冲模快速向工件移动及快速退回时,蓄能器与泵同时供油,使液压缸快速动作
保持恒压	液压系统泄漏(内漏)时,蓄能器能向系统中补充供油,使系统压力保持恒定。常用于执行元件长时间不动作,并要求系统压力恒定的场合	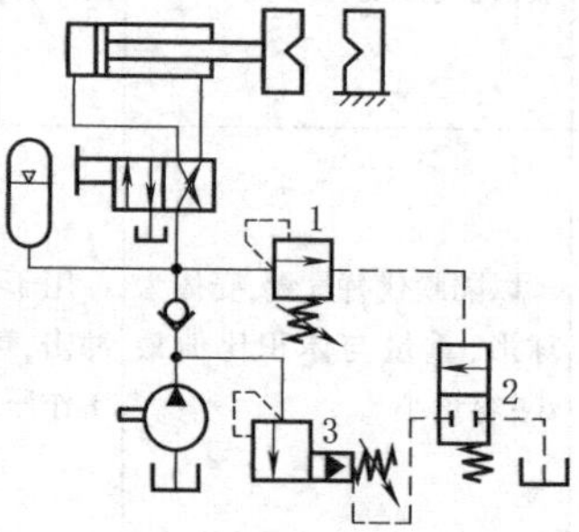 液压夹紧系统中二位四通阀左位接入,工件夹紧,油压升高,通过顺序阀1、二位二通阀2、溢流阀3使油泵卸荷,利用蓄能器供油,保持恒压
作应急动力源	突然停电,或发生故障,油泵中断供油,蓄能器能提供一定的油量作为应急动力源,使执行元件能继续完成必要的动作	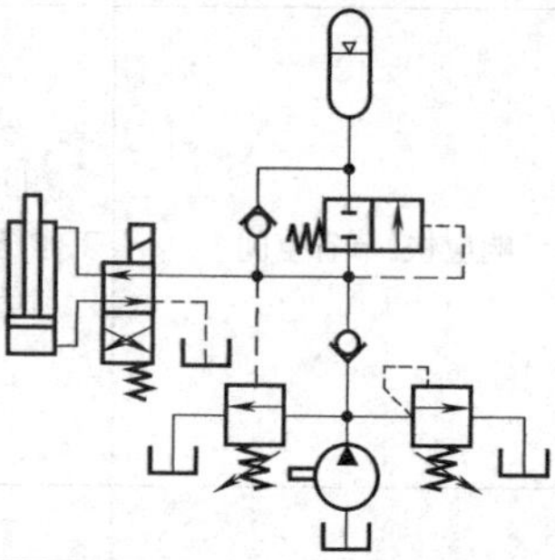 停电时,二位四通阀右位接入,蓄能器放出油量经单向阀进入油缸有杆腔,使活塞杆缩回,达到安全目的
输送异性液体	蓄能器内的隔离件(隔膜、气囊式活塞)在液压油作用下往复运动,输送被隔开的异性液体。常将蓄能器装于不允许直接接触工作介质的压力表(或调节装置)和管路之间	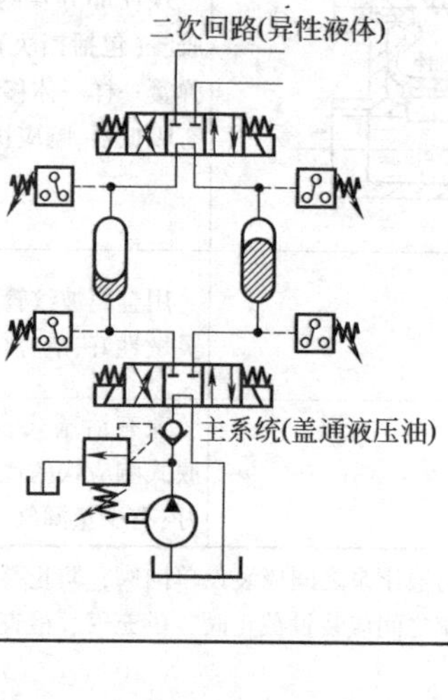

续表

用途	特　　点	使　用　示　例
吸收液压冲击	蓄能器通常装在换向阀或油缸之前，可以吸收或缓和换向阀突然换向，油缸突然停止运动产生的冲击压力	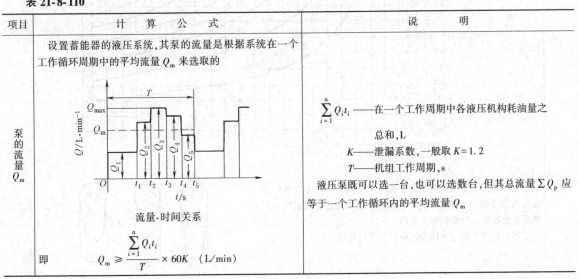换向阀突然换向时，蓄能器吸收了液压冲击，使压力不会剧增
作液压空气弹簧	蓄能器可作为液压空气弹簧吸收冲击压力，弹簧刚度 K_T 等于气囊压缩时的压力差产生的当量液压缸作用力除以当量液压缸的位移。即 $$K_T = \frac{(p_2-p_1)A}{(V_1-V_2)/A} \quad (\text{Pa/m})$$ 式中　p_1、p_2——最低工作压力和最高工作压力，Pa； 　　　　A——当量液压缸的有效面积，m^2； 　　　　V_1、V_2——压力为 p_1 和 p_2 时气体的体积，m^3	
减动和少流脉量力	液压系统中的柱塞泵、齿数少的外啮合齿轮泵、溢流阀等，使系统中的液体压力、流量产生脉动。装设蓄能器可使液体脉动减小，噪声降低	
作胀热补器膨偿	封闭式液压系统中当温度上升时，液压油产生体积膨胀。因液体膨胀系数通常大于管子材料膨胀系数，导致油压升高。蓄能器能吸收液体的体积增量，防止超压，保证安全。温度下降时，液体体积收缩，蓄能器又能向外提供所需液体	
改频特善率性	液压系统采用压力补偿变量机构时，时间常数较大，蓄能器能快速放压，改善了频率特性	

2.3　蓄能器的计算

2.3.1　蓄能用的蓄能器的计算

　　蓄能用的蓄能器有多种用途，包括：作辅助动力源、补偿泄漏保持恒压，作应急动力源、改善频率特性和作液压空气弹簧等。其计算见表 21-8-110。

表 21-8-110

项目	计　　算　　公　　式	说　　　明
泵的流量 Q_m	设置蓄能器的液压系统，其泵的流量是根据系统在一个工作循环周期中的平均流量 Q_m 来选取的 *流量-时间关系* 即　　$$Q_m \geqslant \frac{\sum\limits_{i=1}^{n} Q_i t_i}{T} \times 60K \quad (\text{L/min})$$	$\sum\limits_{i=1}^{n} Q_i t_i$——在一个工作周期中各液压机构耗油量之总和，L K——泄漏系数，一般取 $K=1.2$ T——机组工作周期，s 液压泵既可以选一台，也可以选数台，但其总流量 $\sum Q_p$ 应等于一个工作循环内的平均流量 Q_m

项目	计 算 公 式	说 明
蓄能器有效容积 V_W（蓄能器有效供液容积）	根据各液压机构的工作情况制定出耗油量与时间关系的工作周期表，比较出最大耗油量的区间 （1）对于作为辅助动力源的蓄能器，可按下式粗算 $$V_W = \sum_{i=1}^{n} V_i K - \frac{\sum Q_p t}{60} \quad (L)$$ 对于液压缸 $V_i = A_i l_i \times 10^3$ （2）对于应急动力源的蓄能器，其有效工作容积，要根据各执行元件动作一次所需耗油量之和来确定 $$V_W = \sum_{i=1}^{n} K V_i' \quad (L)$$ （3）蓄能用蓄能器有效工作容积 V_W 在绝热情况下可以用下面蓄能器有效容积（$n=1.4$）图，用图解法求出 V_W **例** 已知 $p_2 = 7\text{MPa}$，$p_1 = 4\text{MPa}$，$p_0 = 3\text{MPa}$，$V_0 = 10\text{L}$，求蓄能器的有效工作容积 V_W（绝热情况下） 从下图中过 $p_2 = 7\text{MPa}$ 的垂直线与 $p_0 = 3\text{MPa}$ 的曲线的交点作水平线向左与 $V_0 = 10\text{L}$ 的垂直线相交，得 $V_2 = 5\text{L}$；过 $p_1 = 4\text{MPa}$ 的垂直线与 $p_0 = 3\text{MPa}$ 的曲线的交点作水平线向左与 $V_0 = 10\text{L}$ 的垂直线相交，得 $V_1 = 7.5\text{L}$，所以有效工作容积为 $$V_W = V_1 - V_2 = 7.5 - 5 = 2.5\text{L}$$	$\sum_{i=1}^{n} V_i$——最大耗油量处，各执行元件耗油量总和，L A_i——液压缸工作腔有效面积，m^2 l_i——液压缸的行程，m K——系统泄漏系数，一般取 $K=1.2$ $\sum Q_p$——泵站总供油量，L/min t——泵的工作时间，s V_i'——应急操作时，各执行元件耗油量，L

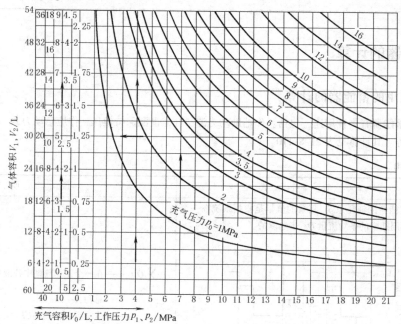

 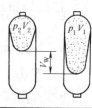

上图横坐标上从 0 起往左共 6 条线，第 1 线为 2.5，第 2 条线为 5，第 3 条线为 10，其次分别为 20、40、60；其右侧是气囊式蓄能器压力与容积的关系图

上图有关代号均与下栏公式中有关代号相同

项目	计 算 公 式	说 明
蓄能器的总容积 V_0	蓄能器的总容积 V_0，即充气容积（对活塞式蓄能器而言，是指气腔容积与液腔容积之和）。根据波义耳定律： $$p_0 V_0^n = p_1 V_1^n = p_2 V_2^n = C$$ 蓄能器工作在绝热过程（$t<1\min$）时，$n=1.4$，其总容积 $$V_0 = \dfrac{V_W}{p_0^{0.715}\left[\left(\dfrac{1}{p_1}\right)^{0.715}-\left(\dfrac{1}{p_2}\right)^{0.715}\right]} \quad (\text{L})$$	p_0——充气压力，MPa p_1——最低工作压力，MPa p_2——最高工作压力，MPa 　　以上压力均为绝对压力，相应的气体容积分别为 V_0、V_1、V_2，L n——指数，绝热过程 $n=1.4$（对氮气或空气），则 $$\dfrac{1}{n}=0.715$$ V_W——有效工作容积，L，$V_W=V_1-V_2$
蓄能器充气压力 p_0	（1）蓄能用 1）使蓄能器总容积 V_0 最小，单位容积储存能量最大的条件下，绝热过程时 $$p_0=0.471p_2$$ 2）使蓄能器重量最小时 $$p_0=(0.65\sim0.75)p_2$$ 3）在保护胶囊，延长其使用寿命的条件下 折合形气囊　$p_0\approx(0.8\sim0.85)p_1$ 波纹形气囊　$p_0\approx(0.6\sim0.65)p_1$ 隔膜式　$p_0\geqslant0.25p_2，p_1\geqslant0.3p_2$ 活塞式　$p_0\approx(0.8\sim0.9)p_1$ （2）作吸收液压冲击用 $p_0=p_1$ （3）作清除脉动降低噪声用 $p_0=p_1$ 或　$$p_0=0.6\left(\dfrac{p_1+p_2}{2}\right)$$	蓄能器的充气压力 p_0，根据应用条件的不同，选用不同计算公式进行计算 代号含义同前 作液体补充装置或作热膨胀补偿用时，同样取 $$p_0=p_1$$
蓄能器最低最高工作压力 p_2 p_1	作为辅助动力源来说，蓄能器的最低工作压力 p_1 应满足 $$p_1=(p_1)_{\max}+(\sum\Delta p)_{\max}$$ 从延长皮囊式蓄能器的使用寿命考虑 $$p_2\leqslant3p_1$$ 作为辅助动力源的蓄能器，为使其在输出有效工作容积过程中液压机构的压力相对稳定些，一般推荐 $$p_1=(0.6\sim0.85)p_2$$ 但对要求压力相对稳定性较高的系统，则要求 p_1 和 p_2 之差尽量在 1MPa 左右	$(p_1)_{\max}$——最远液压机构的最大工作压力，MPa $(\sum\Delta p)_{\max}$——蓄能器到最远液压机构的压力损失之和，MPa p_2 越低于极限压力 $3p_1$，皮囊寿命越长，提高 p_2 虽然可以增加蓄能器有效排油量，但势必使泵站的工作压力提高，相应功率消耗也提高了，因此 p_2 应小于系统所选泵的额定压力
蓄能器有效工作实际容积 V_W'	绝热过程（$t<1\min$）蓄能器有效工作容积为 $$V_W'=p_0^{1/n}V_0\left[\left(\dfrac{1}{p_1}\right)^{1/n}-\left(\dfrac{1}{p_2}\right)^{1/n}\right] \quad (\text{L})$$	式中代号含义同前

注：当气体的压缩或膨胀是在 1min 以内者，由于来不及和外界进行热交换，故可近似认为是绝热过程。

表 21-8-111　　　　　　　　　　　蓄能器有效排油量验算

项目	制 定 方 法 或 验 算
蓄能器工作制度制定方法	按表 21-8-99 确定的蓄能器实际有效工作容积 V_W,还应该按生产过程的工作循环周期表进行验算。验算前应确定泵蓄能器站的工作制度,即泵和蓄能器如何配合工作的制度,以满足系统的需要 (1)靠蓄能器内液位变化,由液位控制器(如干簧管继电器等装置)发出电信号给液压泵(一台或几台进行供油或卸荷) 此类蓄能器多半是气液直接接触式的(非隔离式的),一般容量较大(500~1000L 以上,有效工作容积也有几十升以上),需自行设计 (2)靠蓄能器内压力变化,由压力控制器(如电接点压力表、压力继电器等控制元件)发出电信号来控制泵组的工作状态(供油或卸荷) 目前液压系统广泛采用气囊式蓄能器。每个蓄能器容量不大,由几个并联使用,以满足大流量的需要,在其总的输出管线上,接通压力控制器

已知一泵站由三台叶片泵(二台工作,一台备用)和两个气囊式蓄能器组成,蓄能器参数为:总容积 $V_0 = 2 \times 40 = 80L$,充气压力 $p_0 = 5.5MPa$,最低工作压力 $p_1 = 6MPa$,最高工作压力 $p_2 = 7.5MPa$

根据 $p_0 V_0^n = p_1 V_1^n = p_2 V_2^n = C$,可求得压力为 6MPa、6.5MPa、6.8MPa、7.2MPa、7.5MPa 时蓄能器的液体容积及相应的有效工作容积。如

当 $p_1 = 6MPa$ 时,$V_1 = \left(\dfrac{p_0}{p_1}\right)^{1/n} V_0 = \left(\dfrac{5.5}{6}\right)^{0.715} \times 80 = 75.21L$

当 $p' = 6.5MPa$ 时,$V' = \left(\dfrac{5.5}{6.5}\right)^{0.715} \times 80 = 71.05 L$

则有效工作容积 V_W' 为,$V_W' = V - V' = 75.21 - 71.05 = 4.16L$

把计算结果标在泵和蓄能器工作制度示意图(如下图)上

泵和蓄能器工作制度示意图

由图可见,蓄能器刚开始充液时,$1^\#$、$2^\#$泵同时向蓄能器供油,随着液位上升,气囊内气体被压缩,油压升高,当油压升到 7.2MPa 时,电接点压力表(或其他压力控制器)发出电信号,使 $1^\#$泵卸荷($2^\#$泵仍在供油);压力继续上升,升到 7.5MPa 时,蓄能器内已蓄油 11.02L(有效工作容积),电接点压力表发出信号,使 $2^\#$泵也卸荷,整个泵站停止向蓄能器供油。这时如果液压执行元件工作,则系统完全由蓄能器供油,随着蓄能器内液位下降,气囊内气体膨胀,蓄能器内油液压力下降,当压力降到 6.8MPa 时,电接点压力表发出信号,使 $2^\#$泵供油,压力降到 6.5MPa 时,$1^\#$泵也供油,两个泵同时工作

该泵站由三个电接点压力表进行压力控制,三个压力表头分配如下

计算实例

表号	表 简 图	控 制 对 象	控制压力范围	压力差
1	6.5　7.2	控制 $1^\#$泵的工作状态(供油或卸荷)	6.5~7.2MPa	0.7MPa
2	6.8　7.5	控制 $2^\#$泵的工作状态(供油或卸荷)	6.8~7.5MPa	0.7MPa
3	5.5　8.5	控制系统上、下极限压力,当压力低于 5.5MPa 或高于 8.5MPa 时,发出报警信号	5.5~8.5MPa	3MPa

项目	制 定 方 法 或 验 算
蓄能器有效工作容积验算	蓄能器有效工作容积的验算,需根据液压系统的工作循环,并结合泵和蓄能器的工作制度示意图进行。由下面公式计算各工序存入蓄能器的液体量 W_i 当液压机构工作时 $W_i = (\sum Q_p - \sum nq)t$ （L） 当无液压机构工作时 $W_i = (\sum Q_p)t$ （L） 实际验算时,可按下表依各工序顺序逐项计算

液压机构工作循环顺序及工序名称	工作油缸数 n	单缸耗油量 q /L·s^{-1}	工序耗油量 $\sum nq$ /L·s^{-1}	工作时间 t/s	累计时间 $\sum t$/s	泵供油量 $\sum Q_p$ /L·s^{-1}	充入蓄能器油量 $W_i = (\sum Q_p - \sum nq)t$/L	蓄能器累计蓄油量 $\sum W_i$/L
1 ××								
2 ××								
⋮ ⋮								

因为工作时间 $t = \dfrac{W_i}{\sum Q_p - \sum nq}$,所以当工序中供油量或需油量变化时,必须按变化阶段分别求出相应时间 t_i 及其充入蓄能器油量,而不应简单地按整个工序时间代入上式求 W_i。

蓄能器有效工作容积的验算结果如不能满足工作需要,应通过调整泵和蓄能器的工作制度或适当调整生产工序等措施加以修正。

2.3.2 其他用途蓄能器总容积 V_0 的计算

表 21-8-112   m³

用 途	计 算 公 式	说 明
补偿泄漏	$V_0 = \dfrac{5T(p_1+p_2-2)p_1p_2}{\mu p_0(p_2-p_1)}\sum \zeta_{1i}$	p_0——蓄能器充气压力,MPa p_1——蓄能器最低工作压力,MPa p_2——蓄能器最高工作压力,MPa V_W——蓄能器有效工作容积,m³ V_a——封闭油路中油液的总容积,m³ n——指数,对氮气或空气 $n=1.4$ ζ_{1i}——系统各元件的泄漏系数,m³ μ——油的动力黏度,Pa·s α——管材线膨胀系数,K^{-1} t_1——系统的初始温度,K β——液体的体膨胀系数,K^{-1} T——一定时间内机组不动的时间间隔,s t_2——系统的最高温度,K δ_p——压力脉动系数, $\delta_p = \dfrac{2(p_2-p_1)}{p_1+p_2}$ p_m——蓄能器设置点的平均绝对压力,Pa $p_m = \dfrac{p_1+p_2}{2}$ q_d——泵的单缸排量,m³ K_b——系数,不同型号的泵其系数不同 ρ——工作介质的密度,kg/m³
作热膨胀补偿	绝热过程 $V_0 = \dfrac{V_a(t_2-t_1)(\beta-3\alpha)\left(\dfrac{p_1}{p_0}\right)^{1/n}}{1-\left(\dfrac{p_1}{p_2}\right)^{1/n}}$	
作液体补充装置	绝热过程 $V_0 = \dfrac{V_W}{p_0^{1/n}\left[\left(\dfrac{1}{p_1}\right)^{1/n}-\left(\dfrac{1}{p_2}\right)^{1/n}\right]}$	
	等温过程 $V_0 = \dfrac{V_W}{p_0\left(\dfrac{1}{p_1}-\dfrac{1}{p_2}\right)}$	
用于消除脉动降低噪声	$V_0 = \dfrac{V_W}{1-\left(\dfrac{p_1}{p_2}\right)^{1/n}}$ 或 $V_0^{①} = \dfrac{V_W}{1-\left(\dfrac{2-\delta_p}{2+\delta_p}\right)^{1/n}}$ 对柱塞泵 $V_0 = \dfrac{q_d K_b\left(\dfrac{p_m}{p_1}\right)^{1/n}}{1-\left(\dfrac{p_m}{p_2}\right)^{1/n}}$	

续表

用　途	计　算　公　式	说　明
用于吸收液压冲击	$V_0^{①} = \dfrac{0.2\rho LQ^2}{Ap_0}\left[\dfrac{1}{\left(\dfrac{p_2}{p_0}\right)^{0.285}-1}\right]$ 经验公式 $V_0^{②} = \dfrac{4Qp_2(0.0164L-t)}{p_2-p_1}\times10^{-6}$	Q——阀关闭前管内流量，L/min L——产生冲击波的管长，m A——管道通流截面，cm^2 t——阀由全开到全关时间，s

① 公式中的压力均为绝对压力，Pa。

② 式中的 V_0 为正值时，才有安装蓄能器的必要。

注：消除柱塞泵脉动公式中的系数 K_b 值（$p_1=p_0$）：

泵只有一个腔且为单作用　　　　　0.6；泵有两个腔，每转吸压油两次　　0.15

泵只有一个腔，每转吸压油两次　　0.25；泵有三个腔，每转吸压油一次　　0.13

泵有两个腔，每转吸压油一次　　　0.25；泵有三个腔，每转吸压油两次　　0.06

作消除冲击用的蓄能器总容积 V_0，也可以用图 21-8-39 很快求出。

例　在一液压系统中，将阀门瞬间关闭，阀门关闭前的工作压力 $p_1=27$MPa，管内流量 $Q=250$L/min，产生冲击波的管段长度 $L=40$m，阀门关闭时产生液压冲击，其冲击压力 $p_2=30$MPa，用图解法求蓄能器所需的总容积 V_0。

解　冲击前、后的压力比

$$\lambda_p = \frac{p_1}{p_2} = \frac{27}{30} = 0.9$$

由图 21-8-39 的横坐标流量 $Q=250$L/min 作垂线与 $L=40$m 的曲线交于一点，由该点作水平线向右与 $\lambda_p=0.9$ 的曲线相交，过此交点作垂直线向上与图的上缘相交，即得 $V_0=6.3$L。

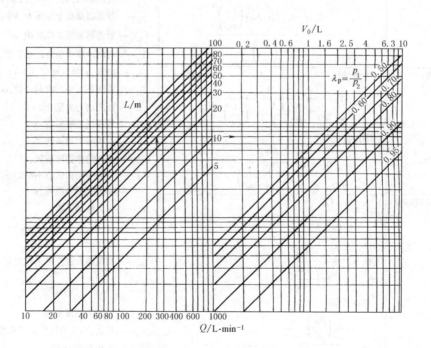

图 21-8-39　作消除冲击用的蓄能器总容积 V_0 计算图 （$t=0$）

2.3.3 重锤式蓄能器设计计算

重锤式蓄能器按结构可以分为，缸体作成活动的和柱塞作成活动的两类，后者采用较多。其主要结构如图21-8-40 所示。为了防止柱塞被顶出液压缸，在柱塞上钻有小孔 6，即当柱塞升到一定高度时，缸中液体通过小孔 6 排出。为使柱塞及圆筒上下滑动时有正确的方向，在圆筒底部安有一组导向滑轮（4 个），使其沿着缸上的导轨上下滑动。在底座上装有木制垫桩，当蓄能器下降到最低位置时起缓冲作用，同时圆筒支持在木桩上。圆筒内的重物一般由板坯制造，其密度一般不小于 $4.5 \sim 5.5 \mathrm{t/m^3}$。

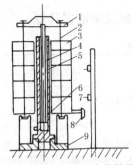

图 21-8-40　重锤式蓄能器
1—横梁；2—拉杆；3—重物；4—柱塞；5—液压缸；
6—小孔；7—极限开关；8—碰块；9—底座

表 21-8-113

项目	计 算 公 式	说　　明
运动方程式	当柱塞下降时 $$G_0 - pF\left(1 + \frac{K}{D}\right) - \beta G_0 = 0$$ 当柱塞上升时 $$G_0 - pF + K\frac{pF}{D} + \beta G_0 = 0$$	G_0——蓄能器运动部分的重量，N p——蓄能器中液体的压力，Pa F——蓄能器的柱塞面积，$\mathrm{m^2}$ K——经验系数，当液体用乳化液时 $K = 6 \sim 8$，用油时 $K = 3.5 \sim 4$（其中大值用于小直径柱塞）
主要参数计算	(1) 柱塞行程 S $$S = \frac{4V_W}{\pi D^2} \times 10^6 \quad (\mathrm{mm})$$ (2) 蓄能器重物重量 G_1 $$G_1 = 1.1 \times 10^{-7}\frac{\pi}{4}D^2p - G_2 \quad (\mathrm{N})$$ 式中，G_2 为除重物以外，所有运动部件的总重 (3) 钢制缸筒的外半径 R $$R = r\sqrt{\frac{[\sigma] + 0.4p}{[\sigma] - 1.3p}} \quad (\mathrm{mm})$$ (4) 每根拉杆的应力 σ_p $$\sigma_p = \frac{p}{na} \leqslant [\sigma] \quad (\mathrm{N/mm^2})$$ 拉杆材料一般为 40、35 钢，考虑到液压冲击，其许用应力取 $$[\sigma] = 50\mathrm{N/mm^2}$$	D——蓄能器柱塞直径，mm β——摩擦因数，一般取 $\beta = 0.05 \sim 0.15$ V_W——蓄能器有效工作容积，L 1.1×10^{-7}——与密封处的摩擦损失系数有关的系数 r——缸内半径，mm 计算 R 的式中，p 在设计中一般是按试验压力进行设计，主要考虑到由于冲击而引起的压力升高 $[\sigma]$——许用应力，$\mathrm{N/mm^2}$，对锻钢，一般取 $110 \sim 120 \mathrm{N/mm^2}$ p——拉杆承受的总拉力，N n——拉杆数量 a——每根拉杆的截面积，按螺纹的最小内径计算，$\mathrm{mm^2}$

2.3.4 非隔离式蓄能器计算

表 21-8-114

项目	计 算 公 式	说 明
液体容积及液罐主要尺寸	(1) 液罐内径 D $$D \geqslant 4.6 \sqrt{\frac{Q_{\max}}{v}} \quad (\text{cm})$$ 式中，v 值与采用的液位控制装置及其惯性有关。一般 $v \leqslant 25\text{cm/s}$；采用电接触发送控制装置时，$v$ 允许到 40cm/s；为了防止液位过高，也可取 $v = 10\text{cm/s}$ (2) 工作液柱高度 H_W $$H_W = \frac{1275V_W}{D^2} \quad (\text{cm})$$ (3) 下安全液柱高度 H' $$H' = vt_1$$ 下安全油液容积 V' $$V' = \frac{\pi D^2}{4} H' \times 10^{-3} = 0.000785 D^2 H'$$ (4) 上备用液柱高度 H'' $$H'' = \frac{21Q_p}{D^2} t_2 \quad (\text{cm})$$ 上备用油液容积 V'' $$V'' = \frac{Q_p t_2}{60} \quad (\text{L})$$ (5) 罐底死容积 V_0 一般近似取相当于罐底弧面部分的容积 (6) 液罐中液体总容积 $V_{液}$ $$V_{液} = V_W + V' + V'' + V_0$$ (7) 液罐总容积 V_t $$V_t = V_{液} + V_B$$	$Q_{\max}$——液罐最大供油率，L/min v——罐中液面允许下降速度，cm/s  V_W——有效工作容积，L t_1——关闭最低液位阀所需要的时间，s，自动阀一般取 $\quad t_1 = 3 \sim 5\text{s}$ Q_p——油泵排油量，L/min t_2——打开油泵循环阀所需要的时间，一般 $t_2 = 3 \sim 5\text{s}$ V_B——液罐中气体容积，L 液罐数量的选择可按以下原则： (1) 根据液罐中液面允许下降速度进行选取 (2) 尽量使所选择的液罐为标准产品，并考虑厂房高度及安装方便
蓄能器总容积及气罐的容积	(1) 蓄能器的总容积（包括液罐及气罐）在最大工作压力下（即液罐中储满工作油液 V_W 时），气体容积 V_B $$V_B = \frac{V_W \left(\dfrac{p_{\min}}{p_{\max}}\right)^{1/n}}{1 - \left(\dfrac{p_{\min}}{p_{\max}}\right)^{1/n}} \quad (\text{L})$$ 在初步计算时，一般预选 $$V_B \geqslant (10 \sim 13) V_W$$ 蓄能器总容积 $V_{总}$ $$V_{总} = V_B + V_W + V' + V_0 \quad (\text{L})$$ (2) 气罐总容积 V_2 $$V_2 = V_{总} - V_1 \quad (\text{L})$$	$p_{\min}$、$p_{\max}$——工作油液的最小及最大压力，MPa，一般取 $\quad p_{\min}/p_{\max} = 0.92 \sim 0.89$ 当工作压力 $p < 5\text{MPa}$ 时，取 $n = 1$ 当工作压力 $p = 5 \sim 20\text{MPa}$ 时，取 $n = 1.29 \sim 1.30$ 当工作压力 $p = 20 \sim 40\text{MPa}$ 时，取 $n = 1.35 \sim 1.40$ 气罐数量确定按以下原则： (1) 根据液罐中液体允许的压力降进行选取 (2) 尽量使所选择的气罐为标准产品，并考虑厂房高度及安装方便
液位控制	液压系统中采用蓄能器时，为了防止液罐中的压缩气体进入液压系统，必须安装液位控制器。液位控制器的作用，主要是将高压容器——液罐中的液位高度表示出来，使操作者能够及时控制有关设备，以保证生产安全。目前在气液直接接触式的蓄能器中，液位控制多采用电气控制。当液罐中液体在不同位置时，利用液位控制器来操纵泵，阀接通或断开，并根据不同的情况发出各种灯光信号或声响事故信号。液位控制器的数量由设备的数量及控制要求确定	

2.4 蓄能器的选择

参考表 21-8-108 所列蓄能器的种类、特点和用途选用蓄能器的类型，根据计算出的蓄能器总容积 V_0 和工作压力，即可选择蓄能器的产品型号。

2.5 蓄能器的产品及附件

（1）NXQ 型囊式蓄能器

囊式蓄能器是一种储能装置。主要用途是储存能量、吸收脉动和缓和冲击，具有体积小、重量轻、反应灵敏等优点。

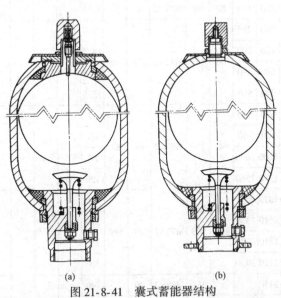

(a)   (b)

图 21-8-41 囊式蓄能器结构

（a）NXQ2-※/※-L 型；（b）NXQ1-※/※-F 型

1）型号意义

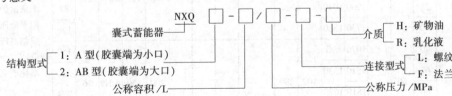

2）技术规格及外形尺寸

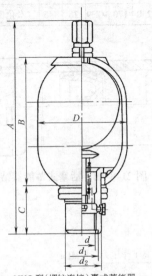

NXQ 型（螺纹连接）囊式蓄能器

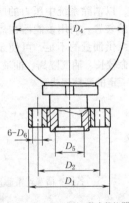

NXQ 型（法兰连接）囊式蓄能器

表 21-8-115

型 号	公称容积/L	公称通径/mm	公称压力/MPa	尺寸/mm				螺纹连接				法兰连接					生 产 厂
				A	B	C	D	d	d_1	d_2	质量/kg	D_1	D_2	D_5	D_6	质量/kg	
NXQ1-L0.63/※	0.63	15		320	185	52	89	M27×2	32	37	3.65						奉化奥莱尔液压有限公司
NXQ1-L1.6/※	1.6			360	215						12.7						
NXQ1-L2.5/※	2.5	32		420	280	66	152	M42×2	50	60	14.7						上海东方液压件厂有限公司
NXQ1-L4/※	4			540	390						18.6						四平液压件厂
NXQ1-L6.3/※	6.3			710	560						25.5						南京锅炉厂
NXQ$\frac{1}{2}$-L10/※	10			690	530	90	219	M60×2	68	82	47						奉化奥莱尔液压公司
NXQ$\frac{1}{2}$-L16/※	16	40		900	740						63						四平液压件厂
NXQ$\frac{1}{2}$-L25/※	25			1200	1040						84						南京锅炉厂
NXQ$\frac{1}{2}$-L40/※	40			1730	1560						120						成都高压容器厂蓄能器分厂
NXQ$\frac{1}{2}$-L40/※	40		10、20、31.5	1070	890	102	299	M72×2	80	96	140						
NXQ$\frac{1}{2}$-L63/※	63			1510	1330						210						
NXQ$\frac{1}{2}$-L80/※	80			1810	1670						250						奉化奥莱尔液压公司
NXQ$\frac{1}{2}$-L100/※	100			2110	2030						300						
NXQ$\frac{1}{2}$-L150/※	150	50		2450			351	M80×3	90		440						
NXQ$\frac{1}{2}$-F10/※	10			690	530	90	219					160	125	68H9	22	50	
NXQ$\frac{1}{2}$-F16/※	16			900	740											65	
NXQ$\frac{1}{2}$-F25/※	25			1200	1040											87	南京锅炉厂
NXQ$\frac{1}{2}$-F40/※	40			1730	1560											126	四平液压件厂
NXQ$\frac{1}{2}$-F40/※	40			1070	890	102	299					200	150	80H9	26	159	成都高压容器厂蓄能器分厂
NXQ$\frac{1}{2}$-F63/※	63	60		1510	1330											224	奉化奥莱尔液压公司
NXQ$\frac{1}{2}$-F80/※	80			1810	1670											274	
NXQ$\frac{1}{2}$-F100/※	100			2110	2030											323	
NXQ$\frac{1}{2}$-F150/※	150			2450			351					230	170	90H9	26	445	奉化奥莱尔液压公司

（2）HXQ 型活塞式蓄能器

HXQ 型活塞式蓄能器是隔离式液压蓄能装置。可用来稳定系统的压力，以消除系统中压力的脉动冲击；也可用作液压蓄能及补给装置。利用蓄能器在短时间内释放出工作油液，以补充泵供油量的不足，可使泵周期卸荷。该蓄能器具有使用寿命较长、油气隔离、油液不易氧化等优点。缺点是活塞上有一定的摩擦损失。

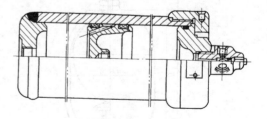

图 21-8-42　活塞式蓄能器结构

1）型号意义

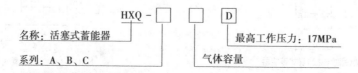

HXQ - □ □ D

名称：活塞蓄能器

系列：A、B、C

气体容量

最高工作压力：17MPa

2) 技术规格及外形尺寸

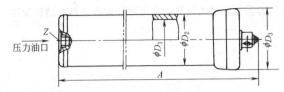

表 21-8-116

| 型　　号 | 容积/L | 压力/MPa | | 尺　　寸/mm | | | | | 质量/kg | 生　产　厂 |
		工作压力	耐压	A	D_1	D_2	D_3	Z		
HXQ-A1.0D	1			327					18	
HXQ-A1.6D	1.6			402	100	127	145	$R_c3/4$	20	
HXQ-A2.5D	2.5			517					24	
HXQ-B4.0D	4			557					44	榆次液压有限公司
HXQ-B6.3D	6.3	17	25.5	747	125	152	185	R_c1	55	贺德克公司
HXQ-B10D	10			1057					73	
HXQ-C16D	16			1177					126	
HXQ-C25D	25			1687	150	194	220	R_c1	173	
HXQ-C39D	39			2480					246	

(3) CQJ 型充气工具

充气工具是蓄能器充气、补气、修正气压和检查充气压力等专用工具。

1) 型号意义

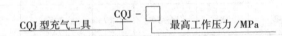

CQJ 型充气工具　　CQJ-□　　最高工作压力 /MPa

2) 技术规格

表 21-8-117　　　　　　　　　　　　　　　　　　　　　　　　　　　　　　mm

| 型　　号 | 公称压力 /MPa | 配用压力表 | | 与蓄能器 连接尺寸 d | 胶管规格 内径×钢丝层 | 生　产　厂 |
		刻度范围/MPa	精度等级			
CQJ-16	10	0~16			$\phi8\times1$	奉化液压件二厂
CQJ-25	20	0~25	1.5	M14×1.5	$\phi8\times2$	奉化新华液压件厂
CQJ-40	31.5	0~40			$\phi8\times3$	贺德克公司

3) 外形尺寸

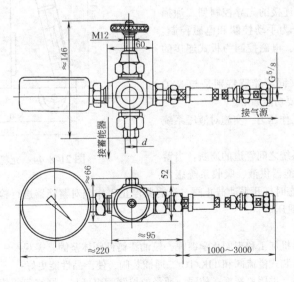

图 21-8-43　充气工具外形尺寸

（4）CDZ 型充氮车

充氮车为蓄能器及各种高压容器充装增压氮气的专用增压装置，具有结构紧凑、体积小、运转灵活、操作方便等特点。

1）型号意义

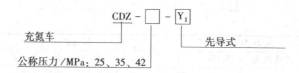

CDZ - □ - Y₁ 的型号意义：
- 充氮车
- 公称压力/MPa：25、35、42
- 先导式

2）技术规格

表 21-8-118

型 号	允许最低进气压力/MPa	最高输出压力/MPa	液 压 泵		增 压 器		质量/kg	生 产 厂
			压力/MPa	流量/L·min⁻¹	增压比	增压次数/min⁻¹		
CDZ-25Y₁	3.0~13.5	25	7	9	1:4	8	338	奉化液压件二厂 奉化新华液压件厂 贺德克公司
CDZ-35Y₁	3.0~13.5	35	7	9	1:6	6	338	
CDZ-42Y₁	3.0~13.5	42	8	14~16	1:7	7.5	338	

3）外形尺寸（见图 21-8-44）

（5）蓄能器控制阀组

蓄能器控制阀组装接于蓄能器和液压系统之间，是用于控制蓄能器油液通断、溢流、泄压等工况的组合阀件。

AJ 型蓄能器控制阀组由截止阀、安全阀和卸荷阀等组成。其中截止阀为手动式球阀；安全阀有螺纹插装式的直动式溢流阀和法兰连接的先导控制型二通插装式溢流阀两种。卸荷阀分为手动控制和电磁控制：手动控制为螺纹插装式针阀，电磁控制为板式连接的电磁球阀。

AJ 型控制阀组，是用来同蓄能器特别是与 NXQ 产品配套使用的阀组。其主要功能如下。

1）设定蓄能器的安全工作压力，实施对液压系统的安全供液和保压。

2）控制蓄能器与液压系统之间管道的通断：当蓄能器向系统供液或系统向蓄能器供液、吸收系统压力脉动、补偿热膨胀等工作状态时打开手动截止阀，当需要停止工作或对蓄能器进行检查维修时，关闭手动截止阀。必要时可用手动泄压阀泄压。

蓄能器控制阀组的特点：

1）采用钢质锻件，外形机加工和表面化学镀镍，较油漆铸件阀体坚固、美观；

2）采用新设计的螺纹插装式溢流阀和 TJK/TG 二通插装阀，使产品性能更好；

3）有多种规格连接接头，供用户选择，使同一通径的控制阀组可与不同容积的蓄能器连接。

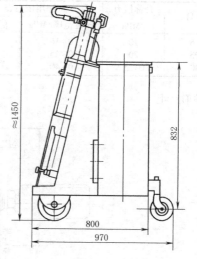

图 21-8-44　充氮车外形尺寸
（≈1450，832，800，970）

接口和外形尺寸

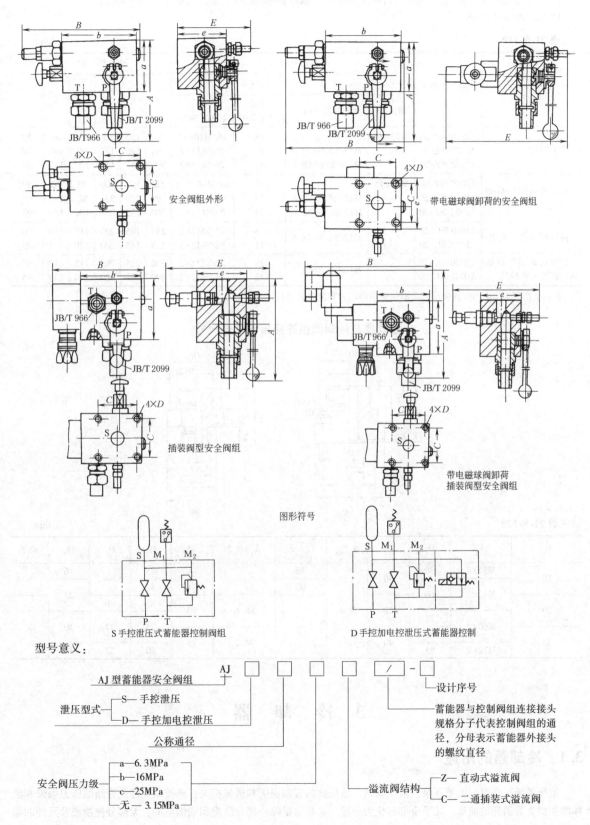

安全阀组外形

带电磁球阀卸荷的安全阀组

插装阀型安全阀组

带电磁球阀卸荷
插装阀型安全阀组

图形符号

S 手控泄压式蓄能器控制阀组

D 手控加电控泄压式蓄能器控制

型号意义：

	AJ □ □ □ □ / - □		

AJ 型蓄能器安全阀组

泄压型式 ─ S— 手控泄压
─ D— 手控加电控泄压

公称通径

安全阀压力级 ─ a—6.3MPa
─ b—16MPa
─ c—25MPa
─ 无 — 3.15MPa

设计序号

蓄能器与控制阀组连接接头
规格分子代表控制阀组的通
径，分母表示蓄能器外接头
的螺纹直径

溢流阀结构 ─ Z— 直动式溢流阀
─ C— 二通插装式溢流阀

标记示例

公称通径20mm，手控泄压，安全阀开启压力16MPa，二通插装阀式溢流阀，接头规格为DN20/M42×2：

AJS20bC20/M42×2-20

表 21-8-119

mm

品　种	型　号	外接口连接尺寸				外　形　尺　寸					
		S　口		P口	T口	A	B	E	a	b	e
		螺纹 M	法兰 $D/C×C$	接管（JB/T 2099）	管接头（JB/T 966）						
安全阀组	AJS10※Z-20	M22×15		18	14/M18×15	215	155	95	85	90	50
	AJS20※Z-20		M12/68.6×68.6	28	28/M33×2	290	220	135	90	145	90
	AJS32※Z-20		M12/68.6×68.6	42	28/M33×2	300	235	140	100	155	95
带电磁球阀卸荷的安全阀组	AJD10※Z-20	M22×15		18	14/M18×1.5	215	155	200	85	90	50
	AJD20※Z-20		M12/68.6×68.6	28	28/M33×2	290	220	230	90	145	90
	AJD32※Z-20		M12/68.6×68.6	42	28/M33×2	300	235	235	100	155	95
插装阀型安全阀组	AJS20※C-20		M12/68.5×68.5	28	22/M27×2	285	165	205	115	110	90
	AJS32※C-20			42	34/M42×2	335	185	200	140	135	95
带电磁球阀卸荷的插装阀型安全阀组	AJD20※C-20		M12/68.5×68.5	28	22/M27×2	350	265	205	115	110	90
	AJD32※C-20			42	34/M42×2	400	285	200	140	135	95

注：生产厂为上海704研究所、上海航海仪器厂、贺德克公司。

蓄能器与控制阀组连接接头外形尺寸

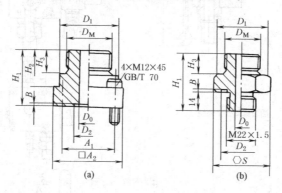

(a)　　　　(b)

表 21-8-120

mm

D_0	D_M	D_1	D_2	$B_{-0.05}^{0}$	⬡S	$A_1±0.2$	□A_2	H_1	H_2	H_3	示图
10	M27×2	36	30		36	—	—	45	—	16	b
	M42×2	60			60			57		23	
20		77	28	2.4		68.6	90	63	40		
	M60×2	80			—			75	47	30	a
32	M72×2	85	40			74.2	95	80	52	35	

3　冷　却　器

3.1　冷却器的用途

液压系统工作时，因液压泵、液压马达、液压缸的容积损失和机械损失，或控制元件及管路的压力损失和液体摩擦损失等消耗的能量，几乎全部转化为热量。这些热量除一部分散发到周围空间，大部使油液及元件的温度升高。如果油液温度过高（>80℃），将严重影响液压系统的正常工作。一般规定液压用油的正常温度范围为15~65℃。

在设计液压系统时，合理地设计油箱，保证油箱有足够的容量和散热面积，是一种控制油温过高的有效措施。但是，某些液压装置如行走机械等，由于受结构限制，油箱不能很大；一些采用液压泵-液压马达的闭式回路，由于油液往复循环，不能回到油箱冷却；此外，有的液压装置还要求能自动控制油液温度。对以上场合，就必须采取强制冷却的方法，通过冷却器来控制油液的温度，使之适合系统工作的要求。

表 21-8-121   高温对液压元件性能的影响

元 件	影 响	元 件	影 响
泵、马达	滑动表面油膜破坏,导致磨损烧伤,产生气穴;泄漏增加,流量减少;黏度低,摩擦增加,磨损加快	控制阀	内外泄漏增加
		过滤器	非金属滤芯早期老化
液压缸	密封件早期老化,活塞热胀,容易卡死	密封件	密封材质老化,漏损增加

3.2 冷却器的种类和特点

表 21-8-122

种 类		结 构 简 图	特 点	冷 却 效 果
水冷式	蛇形管式	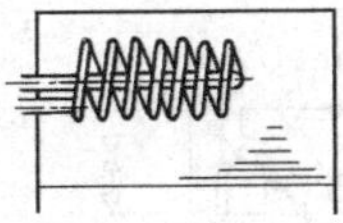	结构简单,直接装在油箱中,冷却水流经管内时,带走油液中的热量	散热面积小,油的运动速度很低,散热效果很差
	多管式,固定管板式,浮头式,U 形管式,双重管式,卧式,立式	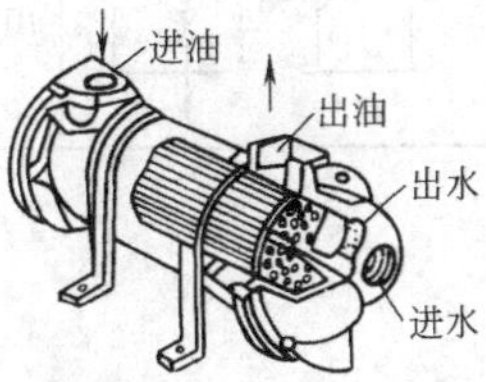	水从管内流过,油从筒体内管间流过,中间折板使油流折流,并采用双程或四程流动,强化冷却效果	散热效果好,传热系数约为350~580W/(m² · K)
	波纹板式	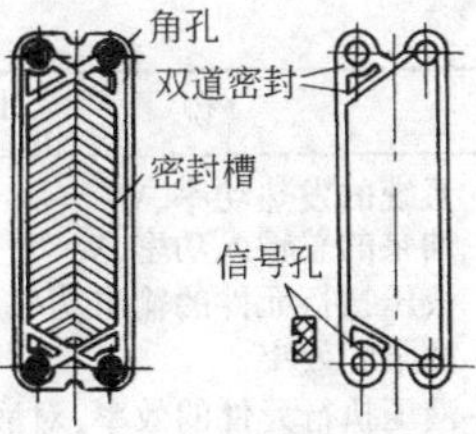	利用板片人字波纹结构交错排列形成的接触点,使液流在流速不高的情况下形成紊流,提高散热效果	散热效果好,传热系数可达230~815W/(m² · K)
	翅板式	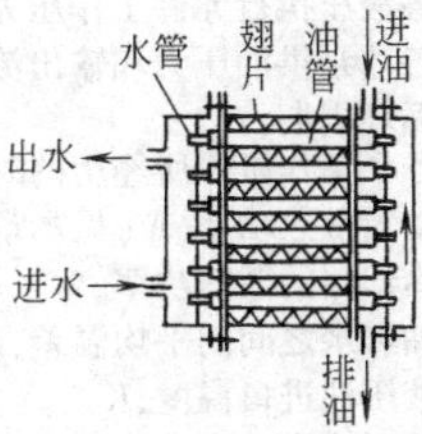	采用水管外面通油,油管外面装横向或纵向的散热翅片,增加的散热面积达光管的8~10 倍	冷却效果比普通冷却器提高数倍
风冷式		除采用风扇强制吹风冷却外,多采用自然通风冷却,适用于缺水或不便于用水冷却的液压设备,如工程机械		

3.3 常用冷却回路的型式和特点

表 21-8-123

名称	简图	特点与说明	名称	简图	特点与说明
主油回路冷却回路	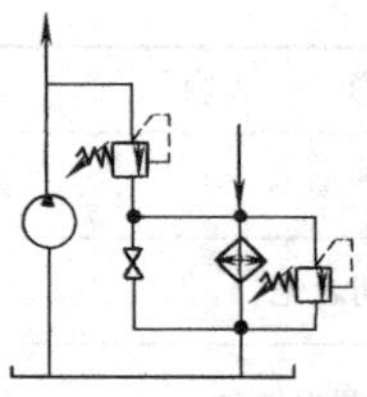	冷却器直接装在主回油路上,冷却速度快,但系统回路有冲击压力时,要求冷却器能承受较高的压力 除了冷却已经发热的系统回油之外,还能冷却溢流阀排出的油液。安全阀用于保护冷却器,当不需要冷却时,可打开截止阀	闭式系统的冷却系统强制补油	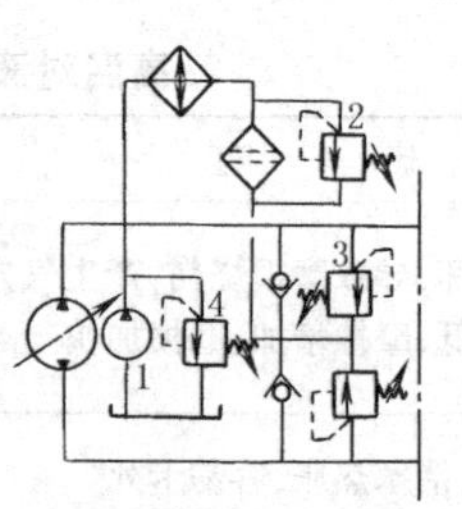	一般装在热交换阀的回油油路上,也可以装在补油泵的出口上 1—补油泵;2—安全阀;3,4—溢流阀 阀4的调定压力要高于阀3约 0.1~0.2MPa
主回路溢流阀旁路冷却回路	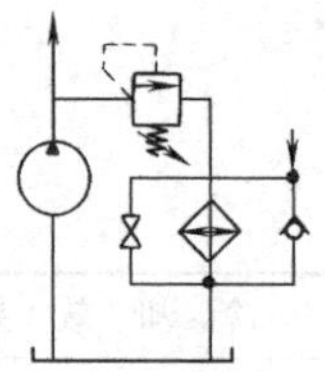	冷却器装在主溢流阀溢流口,溢流阀产生的热油直接获得冷却,同时也不受系统冲击压力影响,单向阀起保护作用,截止阀可在启动时使液压油直接回油箱	组合冷却回路	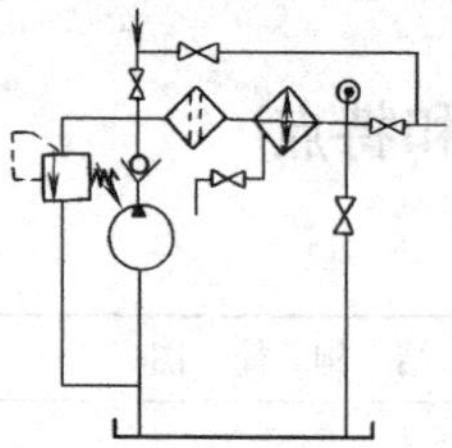	当液压系统有冲击载荷时,用冷却泵独立循环冷却,延长冷却器寿命;当系统无冲击压力时,采用主回油路冷却,提高冷却效果,多用于台架试验系统
独立冷却回路	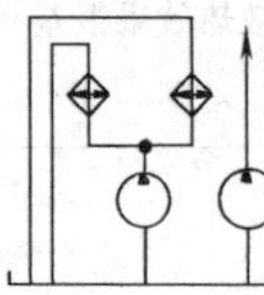	单独的油泵将热工作介质通入冷却器,冷却器不受液压冲击的影响,供冷却用的液压泵吸油管应靠近主回路的回油管或溢流阀的泄油管	温度自动调节回路	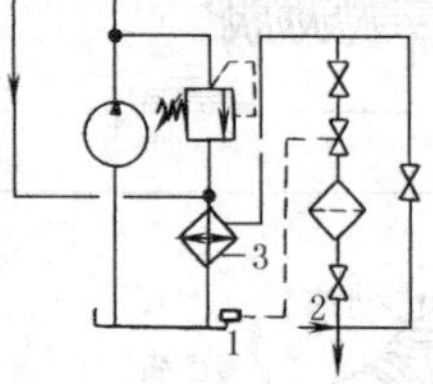	根据油温调节冷却水量,以保持油温在很小的范围内变化,接近于恒温 1—测温头;2—进水;3—出水

3.4 冷却器的计算

冷却器的计算主要是根据交换热量,确定散热面积和冷却水量。

表 21-8-124

项目	计算公式	说明
散热面积 A	根据热平衡方程式 $$H_2 = H - H_1$$ 式中 $H = P_p - P_e = P_p(1 - \eta_p \eta_c \eta_m)$ 式中 $\eta_c = \dfrac{\sum p_1 q_1}{\sum p_p q_p}$ 液压系统在一个动作循环内的平均发热量 $\overline{H}$: $$\overline{H} = \sum H_i t_i / T$$ 当液压系统处在长期连续工作状态时,为了不使系统温升增加,必须使系统产生的热量全部散发出去,即 $$H_2 = H$$ 若 $H_2 \leqslant 0$,则不设冷却器	H——系统的发热功率,W P_p——油泵的总输入功率,W P_e——液压执行元件的输出功率,W η_p——油泵的效率 η_m——液压执行元件的效率,对液压缸一般按 0.95 计算 η_c——液压回路效率 $\sum p_1 q_1$——各液压执行元件工作压力和输入流量乘积总和 $\sum p_p q_p$——各油泵供油压力和输出流量乘积总和 T——循环周期,s t_i——各个工作阶段所经历的时间,s H_1——油箱散热功率,W(见本章 5 油箱) H_2——冷却器的散热功率,W Δt_m——油和水之间的平均温差,K t_1——液压油进口温度,K t_2——液压油出口温度,K t_1'——冷却水进口温度,K

项 目	计 算 公 式	说 明
散热面积 A	冷却器的散热面积 $$A=\frac{H_2}{k\Delta t_m}$$ 式中 $\quad\Delta t_m=\frac{t_1+t_2}{2}-\frac{t'_1+t'_2}{2}$	t'_2——冷却水出口温度,K k——冷却器的传热系数,初步计算可按下列值选取: 蛇形管式水冷 $k=110\sim175\text{W}/(\text{m}^2\cdot\text{K})$ 多管式水冷 $k=116\text{W}/(\text{m}^2\cdot\text{K})$ 平板式水冷 $k=465\text{W}/(\text{m}^2\cdot\text{K})$
	根据推荐的 k 值,按上式算出的冷却器散热面积是选择冷却器的依据;考虑到冷却器工作过程中由于污垢和铁锈的存在,导致实际散热面积减少,因此在选择冷却器时,一般将计算出来的散热面积增大 20%~30%	
冷却水量 Q'	冷却器的冷却水吸收的热量应等于液压油放出的热量,即 $$C'Q'\rho'(t'_2-t'_1)=CQ\rho(t_1-t_2)=H_2$$ 因此需要的冷却水量 $$Q'=\frac{C\rho(t_1-t_2)}{C'\rho'(t'_2-t'_1)}Q$$	Q,Q'——油及水的流量,m^3/s C,C'——油及水的比热容,$C=1675\sim2093\text{J}/(\text{kg}\cdot\text{K})$,$C'=4186.8\text{J}/(\text{kg}\cdot\text{K})$ ρ,ρ'——油及水的密度,$\rho\approx900\text{kg}/\text{m}^3$,$\rho'=1000\text{kg}/\text{m}^3$
	按上式算出的冷却水量,应保证水在冷却器内的流速不超过 $1\sim1.2\text{m/s}$,否则需要增大冷却器的过水断面面积。通过冷却器的油液流量应适中,使油液通过冷却器时,其压力损失在 $0.05\sim0.08\text{MPa}$ 范围内	

3.5 冷却器的选择

表 21-8-125   **冷却器的基本要求及选择依据**

基本要求	冷却器除通过管道散热面积直接吸收油液中的热量以外,还使油液流动出现紊流,通过破坏边界层来增加油液的传热系数 (1)有足够的散热面积 (2)散热效率高 (3)油液通过时压力损失小 (4)结构力求紧凑、坚固、体积小、重量轻
选择依据	(1)系统的技术要求 系统工作液进入冷却器时的温度、流量、压力和需要冷却器带走的热量 (2)系统的环境 环境温度、冷却水温度和水质 (3)安装条件 主机的布置、冷却器的位置及其可占用的空间 (4)经济性 购置费用、运转费用及维修费用等 (5)可靠性及寿命要求 冷却器的寿命取决于水质腐蚀情况和管束等材料,表 21-8-127 给出了对碳钢无腐蚀的理想冷却水的水质

表 21-8-126   **多管式油冷却器结构型式的选择**

类 型	特 点	应 用
固定管板式	管束由筒体两端的固定板固定,为了减少流体温差引起的不均匀膨胀,筒体和管束一般都用相同的材料,但管板固定,管束不能取出,检查清理困难,对冷却水质要求较高,如 2LQG$_2$W 型冷却器	可用于温度较高或温差较大的场合
浮动头式	管束可在筒体内自由伸缩,也可以从筒体内抽出,检查清理方便,如 2LQFL 型冷却器	
U 形管式	管束用一个管板固定,可以自由伸缩,也可以从筒体中取出;但 U 形管内部清理较难,U 形管的加工和装配也比较麻烦,价格较贵,如 2LQ-U 型冷却器	可用于高温流体的冷却
双重管间翅片式	油从一组内管流入,返程时从管间流出,再经另一组管间流入,回返时从内管流出,四程式,流程长,又内外管间设有翅片,提高了传热效果,重量轻,体积小;但双重管间不易清洗,如 4LQF$_3$W 型冷却器	适用于系统布置要求紧凑的场合

第 **21** 篇

表 21-8-127 理想冷却水的水质

项 目	淡 水	净化海水	项 目	淡 水	净化海水
pH 值	7	6~9	氨含量	0	10mg/L
碳酸盐硬度	>3°dH		硫化氢含量	0	0
铁含量	<0.2mg/L	<0.2mg/L	氯化物含量	<100mg/L	<35g/L
氧含量	4~6mg/L	微量	碳酸盐含量	<500mg/L	<3g/L
腐蚀性碳酸	0	微量	蒸发残留	<500mg/L	<30g/L

3.6 冷却器的产品性能及规格尺寸

（1）多管式冷却器

1）冷却器性能参数

表 21-8-128 冷却器性能参数

型号	2LQFW、2LQFL、2LQF$_6$W	2LQF$_1$W、2LQF$_1$L	2LQGW	2LQG$_2$W	4LQF$_3$W
换热面积/m²	0.5~16	19~290	0.22~11.45	0.2~4.25	1.3~5.3
传热系数/W·m⁻²·K⁻¹	348~407	348~407	348~407	348~407	523~580
设计温度/℃	100	120	120	100	80
工作介质压力/MPa	1.6	1.0	1.6	1.0	1.6
冷却介质压力/MPa	0.8	0.5	1.0	0.5	0.4
油侧压力降/MPa	<0.1	<0.1	<0.1	<0.1	见本冷却器选择表
介质黏度/10⁻⁶m²·s⁻¹	10~326	10~326	10~326	10~325	10~50

注：生产厂为营口液压机械厂。

表 21-8-129

换热面积/m²	A	0.5	0.65	0.8	1.0	1.2	1.46	1.7	2.1	2.5	3.0	3.6	4.3	5.0	6.0	7.2	8.5	10	12	14
换热量/W	H	3314~4070		5233~5815		8664~9769		13025~13956		19189~20352		27330~29675		37216~40705		53498~58150		76758~81410		109322~113974
			4942~5698		7036~8141		10292~11513		15119~16282		23260~24423		30819~34308		45357~48846		62802~69198		93040~97692	
传热系数/W·m⁻²·K⁻¹	K Ⅰ	285~407			296~407			296~407			285~407			280~407			290~407		
	Ⅱ	302~407			314~407			302~407			290~407			285~407			280~407		
	Ⅲ	349~350			337~407			337~407			331~407			325~407			280~407		
工作油 流量/L·min⁻¹	Q Ⅰ	35~55			50~80			60~95			70~140			80~160			130~210		
	Ⅱ	56~110			81~130			96~180			141~230			161~310			211~430		
	Ⅲ	111~160			131~190			181~270			231~320			311~435			431~630		
工作油 压力损失(max)/MPa	Δp_s	0.1			0.1			0.1			0.1			0.1			0.1		
冷却水 流量(min)/L·min⁻¹	Q'	30			55			80			120			160			260		
冷却水 压力损失(max)/MPa	Δp_t	0.015			0.015			0.017			0.02			0.022			0.022		

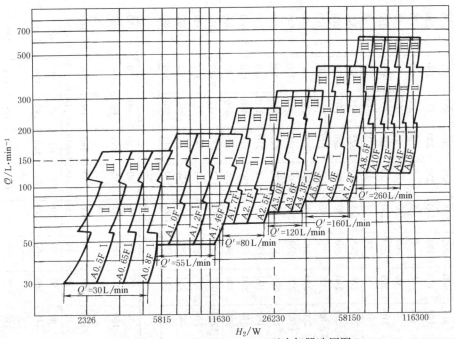

图 21-8-45　2LQFL 型、2LQFW 型冷却器选用图

选用示例：已知热交换量 $H_2 = 26230W$，油的流量 $Q = 150L/min$，选择冷却器型号。

从横坐标上 $H_2 = 26230W$ 点作垂线，再从纵坐标上 $Q = 150L/min$ 点作水平线与其相交于一点，此点所在区的型号 A2.5F 即所求冷却器型号（条件：油出口温度 $t_2 \leqslant 50℃$，冷却水入口温度 $t'_1 \leqslant 28℃$，Q' 为最低水流量）。

2）浮头式冷却器

① 卧式浮头式冷却器

2LQFW 型、2LQF₆W 型冷却器尺寸

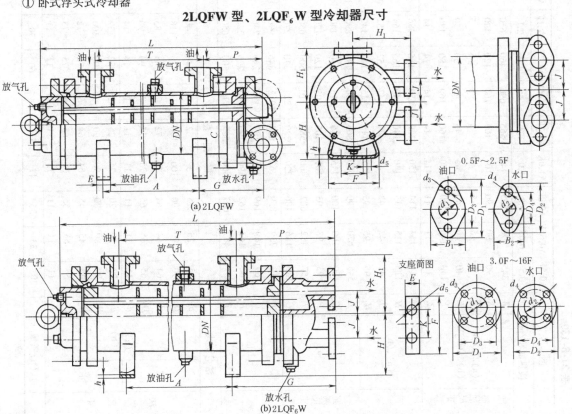

(a) 2LQFW

(b) 2LQF₆W

表 21-8-130

单位：mm

型号		A0.5F	A0.65F	A0.8F	A1.0F	A1.2F	A1.46F	A1.7F	A2.1F	A2.5F	A3.0F	A3.6F	A4.3F	A5.0F	A6.0F	A7.2F	A8.5F	A10F	A12F	A14F	A16F
换热面积/m²		0.5	0.65	0.8	1.0	1.2	1.46	1.7	2.1	2.5	3.0	3.6	4.3	5.0	6.0	7.2	8.5	10	12	14	16
底部尺寸 (a)2LQFW、(b)2LQF₆W	A	345	470	595	440	565	690	460	610	760	540	665	815	540	690	865	575	700	875	875	875
	K	90	90	90	104	104	104	120	120	120	140	140	140	170	170	170	230	230	230	230	230
	h	5	5	5	5	5	5	5	5	5	5	5	5	5	5	5	6	6	6	6	6
	E	40	40	40	45	45	45	50	50	50	55	55	55	60	60	60	65	65	65	65	65
	F	140	140	140	160	160	160	180	180	180	210	210	210	250	250	250	320	320	320	320	320
	d_5	11	11	11	14	14	14	14	14	14	14	14	14	14	14	14	18	18	18	18	18
筒部尺寸 (a)、(b)	DN	114	114	114	150	150	150	186	186	186	219	219	219	245	245	245	325	325	325	325	325
	H	115	115	115	140	140	140	165	165	165	200	200	200	240	240	240	280	280	280	280	280
	J	42	42	42	47	47	47	52	52	52	85	85	85	95	95	95	105	105	105	105	105
	H_1	95	95	95	115	115	115	140	140	140	200	200	200	240	240	240	280	280	280	280	280
筒部尺寸 (a)	L	545	670	790	680	805	930	740	890	1040	870	995	1145	920	1070	1245	1000	1125	1300	1300	1547
	G	100	100	100	115	115	115	140	140	140	175	175	175	205	205	205	220	220	220	220	220
	P	93	93	93	105	105	105	120	120	120	170	170	170	190	190	190	210	210	210	210	210
	T	357	482	607	460	585	710	500	650	800	565	690	840	570	720	895	590	715	890	890	1038
	C	186	186	186	220	220	220	270	270	270	308	308	308	340	340	340	406	406	406	406	406
筒部尺寸 (b)	L	614	739	859	762	887	1012	846	996	1146	965	1090	1240	1022	1172	1347	1112	1237	1412	1412	1412
	G	169	169	169	197	197	197	246	246	246	270	270	270	307	307	307	332	332	332	332	332
	P	162	162	162	190	190	190	226	226	226	265	265	265	292	292	292	322	322	322	322	322
	T	357	482	607	460	585	710	500	650	800	565	690	840	570	720	895	590	715	890	890	890
法兰型式		椭 圆 法 兰									圆 形 法 兰										
法兰尺寸 油 (a)、(b)	d_1	25	25	25	32	32	32	40	40	40	50	50	50	65	65	65	80	80	80	80	80
	D_1	90	90	90	100	100	100	118	118	118	160	160	160	180	180	180	195	195	195	195	195
	B_1	64	64	64	72	72	72	85	85	85											
	D_3	65	65	65	75	75	75	90	90	90	125	125	125	145	145	145	160	160	160	160	160
	d_3	11	11	11	11	11	11	14	14	14	18	18	18	18	18	18	8×φ18	8×φ18	8×φ18	8×φ18	8×φ18
法兰尺寸 水 (b)	d_2	20	20	20	25	25	25	32	32	32	40	40	40	50	50	50	65	65	65	65	65
	D_2	80	80	80	90	90	90	100	100	100	145	145	145	160	160	160	180	180	180	180	180
	B_2	45	45	45	64	64	64	72	72	72											
	D_4	55	55	55	65	65	65	75	75	75	110	110	110	125	125	125	145	145	145	145	145
	d_4	11	11	11	11	11	11	11	11	11	18	18	18	18	18	18	18	18	18	18	18
(a)、(b)质量/kg		30	33	36	47	51	54	60	70	76	110	119	130	145	161	176	215	231	250	260	270

2LQF₁W 型、2LQF₁L 型冷却器尺寸

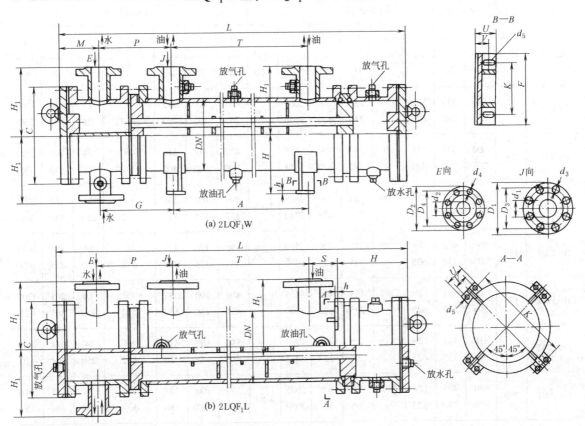

(a) 2LQF₁W

(b) 2LQF₁L

表 21-8-131   mm

型 号	换热面积/m²	(a)2LQF₁W			(b)2LQF₁L					(a)2LQF₁W						
		DN	D₁	d₃	d₂	D₂	d₄	T	质量/kg	H₁	V	K	长形孔 d₅	h	M	A
		C	D₃			D₄		L		H	U	F		d₁	P	G
10/19F	19	273	280	8×	80	195	8×	2690	578	248	35	140	4×	10	140	2690
		360	240	φ23		160	φ18	3460		190	60	200	16×22	150	290	240
10/25F	25	325	280	8×	80	195	8×	2690	746	280	35	165	4×	10	145	2690
		415	240	φ23		160	φ18	3470		216	60	230	16×32	150	292	240
10/29F	29	351	280	8×	100	215	8×	2690	883	298	50	190	4×	10	160	2670
		445	240	φ23		180	φ18	3510		268	85	250	16×32	150	310	280
10/36F	36	402	280	8×	100	215	8×	2680	1054	324	50	215	4×	10	165	2640
		495	240	φ23		180	φ18	3520		292	85	270	19×32	150	320	285
10/45F	45	450	280	8×	150	280	8×	2680	1458	350	50	240	4×	10	190	2670
		550	240	φ23		240	φ23	3580		305	85	300	19×32	150	345	310
10/55F	55	500	335	12×	150	280	8×	2615	1553	375	70	265	4×	14	195	2590
		600	295	φ23		240	φ23	3630		330	100	325	19×32	200	385	345

第 21 篇

续表

(a) $2LQF_1W$ (b) $2LQF_1L$ (a) $2LQF_1W$

型号	换热面积 /m²	DN / C	D_1 / D_3	d_3	d_2	D_2 / D_4	d_4	T / L	质量 /kg	H_1 / H	V / U	K / F	长形孔 d_5	h / d_1	M / P	A / G
10/68F	68	560 / 655	335 / 295	12× φ23	150	280 / 240	8× φ23	2600 / 3640	2140	405 / 348	70 / 100	345 / 400	4× 19×32	14 / 200	200 / 390	2590 / 350
10/77F	77	600 / 705	335 / 295	12× φ23	150	280 / 240	8× φ23	2595 / 3655	2582	432 / 380	70 / 100	345 / 400	4× 19×22	14 / 200	205 / 395	2590 / 355
10/100F	100	700 / 805	405 / 355	12× φ25	200	335 / 295	8× φ23	2525 / 2730	3160	490 / 432	100 / 125	380 / 435	4× φ22	14 / 250	240 / 458	2690 / 360
10/135F	135	800 / 905	405 / 335	12× φ25	200	335 / 295	8× φ23	2510 / 3770	3736	540 / 482	100 / 125	432 / 480	4× φ22	14 / 250	255 / 475	2620 / 375
10/176F	176	705 / 805	405 / 355	12× φ25	200	335 / 295	8× φ23	4705 / 5709	4779	489 / 435	100 / 125	382 / 430	4× φ22	14 / 250	201 / 381	4700 / 425
10/244F	244	810 / 908	405 / 355	12× φ25	200	335 / 295	8× φ23	4993 / 6022	6056	540 / 485	100 / 125	432 / 480	4× φ22	14 / 250	611 / 404	4800 / 450
10/290F	290	810 / 908	405 / 355	12× φ25	200	335 / 295	8× φ23	5905 / 7059	6599	540 / 485	100 / 125	432 / 480	4× φ22	14 / 250	611 / 404	5800 / 450

(b) $2LQF_1L$

型号	H_1 / H	K / h	V / U	d_5	d_1	S / P	型号	H_1 / H	K / h	V / U	d_5	d_1	S / P
10/19F	248 / 185	420 / 12	80 / 120	8×φ16	150	150 / 290	10/29F	298 / 205	485 / 12	80 / 120	8×φ16	150	145 / 310
10/25F	280 / 200	455 / 12	80 / 120	8×φ16	150	145 / 292	10/36F	324 / 240	535 / 12	80 / 120	8×φ16	150	150 / 320
10/45F	350 / 225	600 / 12	80 / 120	8×φ16	150	145 / 345	10/100F	245	14	160	8×φ16		458
10/55F	375 / 255	650 / 12	100 / 140	8×φ16	200	185 / 385	10/135F	540 / 250	960 / 14	140 / 175	8×φ16	250	225 / 475
10/68F	405 / 276	705 / 14	100 / 140	8×φ16	200	175 / 390	10/176F	489 / 250	865 / 12	140 / 175	8×φ16	250	175 / 381
10/77F	432 / 240	755 / 14	120 / 160	8×φ16	200	215 / 395	10/244F	540 / 265	964 / 14	140 / 165	8×φ16	250	173 / 404
10/100F	490	855	120	8×φ16	250	190	10/290F	540 / 265	964 / 14	140 / 165	8×φ16	250	177 / 404

2LQF₄W 型冷却器技术性能及尺寸

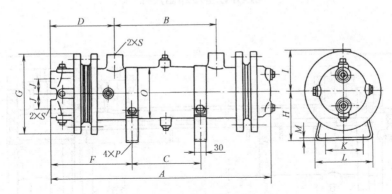

工作介质：矿物油、冷却介质、淡水

表 21-8-132　　　　　　　　　　　　　　　　　　　　　　　　　　　　　　　　　mm

换热面积/m²	设计压力/MPa	试验压力/MPa	设计温度/℃	压力降/MPa	A	B	C	D	F	G	H	I	J	K	L	M	P	O	S	质量/kg
0.5					464	212	134													17
0.7					522	270	192													18
1.0	1.6	0.8	2.4	1.2	100	≤0.1	696	444	366	140	178	160	100	80	28	80	130	3	φ12	φ100	ZG 3/4″	22
1.6					986	734	656													27
1.3					550	278	191													30
2.0					706	434	347													34
2.5	1.6	0.8	2.4	1.2	100	≤0.1	862	590	500	150	193	190	120	95	30	100	157	3	φ12	φ130	ZG1″	40
3.5					1096	824	737													48
3.0					674	382	285													52
4.0					830	538	441													61
4.5	1.6	0.8	2.4	1.2	100	≤0.1	908	616	519	160	208	230	145	115	50	130	188	4	φ14	φ164	ZG 1¼″	65
5.5					1064	772	675													73
5.0					742	430	328													71
6.0					830	518	416													77
7.0	1.6	0.8	2.4	1.2	100	≤0.1	918	606	504	170	220	260	170	135	62	150	217	4	φ14	φ194	ZG 1½″	83
9.0					1180	868	766													102
8.0					793	446	332													95
10					969	622	508													111
12	1.6	0.8	2.4	1.2	100	≤0.1	1145	798	684	180	246	290	195	155	70	180	246	4	φ14	φ224	ZG2″	127
14					1321	974	860													143

注：2LQF₄W 型冷却器安装位置如下图所示。

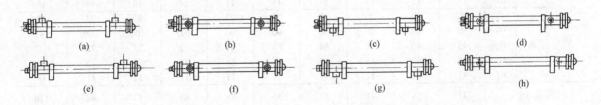

(a)　　　　(b)　　　　(c)　　　　(d)

(e)　　　　(f)　　　　(g)　　　　(h)

② 立式浮头式冷却器

2LQFL 型冷却器尺寸

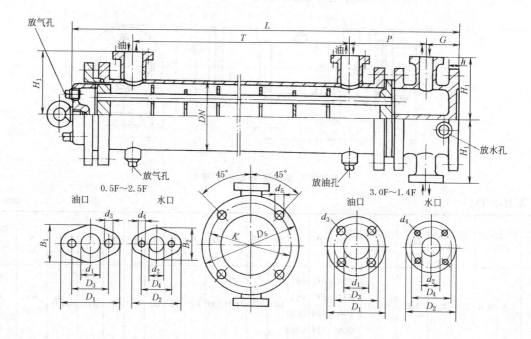

0.5F～2.5F

油口　水口

3.0F～1.4F

油口　水口

表 21-8-133

mm

型号			A0.5F	A0.65F	A0.8F	A1.0F	A1.2F	A1.46F	A1.7F	A2.1F	A2.5F	A3.0F
换热面积/m²			0.5	0.65	0.8	1.0	1.2	1.46	1.7	2.1	2.5	3.0
底部尺寸		D_5	186	186	186	220	220	220	270	270	270	308
		K	164	164	164	190	190	190	240	240	240	278
		h	16	16	16	16	16	16	18	18	18	18
		G	75	75	75	80	80	80	85	85	85	90
		d_5	12	12	12	15	15	15	15	15	15	15
筒部尺寸		DN	114	114	114	150	150	150	186	186	186	219
		L	620	745	870	760	886	1010	825	975	1125	960
		H_1	95	95	95	115	115	115	140	140	140	200
		P	93	93	93	105	105	105	120	120	120	170
		T	357	482	607	460	585	710	500	650	800	565
法兰连接	法兰型式		椭 圆 法 兰									
	油	d_1	25	25	25	32	32	32	40	40	40	50
		D_1	90	90	90	100	100	100	118	118	118	160
		B_1	64	64	64	72	72	72	85	85	85	
		D_3	65	65	65	75	75	75	90	90	90	125
		d_3	11	11	11	11	11	11	14	14	14	18
	水	d_2	20	20	20	25	25	25	32	32	32	40
		D_2	80	80	80	90	90	90	100	100	100	145
		B_2	45	45	45	64	64	64	72	72	72	
		D_4	55	55	55	65	65	65	75	75	75	110
		d_4	11	11	11	11	11	11	11	11	11	18
质量/kg			35	38	41	51	55	58	68	77	84	118

型号		A3.6F	A4.3F	A5.0F	A6.0F	A7.2F	A8.5F	A10F	A12F	A14F	A16F
换热面积/m²		3.6	4.3	5.0	6.0	7.2	8.5	10	12	14	16
底部尺寸	D_5	308	308	340	340	340	406	406	406	406	406
	K	278	278	310	310	310	366	366	366	366	366
	h	18	18	18	18	18	20	20	20	20	20
	G	90	90	95	95	95	100	100	100	100	100
	d_5	15	15	15	15	15	18	18	18	18	18
筒部尺寸	DN	219	219	245	245	245	325	325	325	325	325
	L	1085	1235	1015	1165	1340	1100	1225	1400	1400	1400
	H_1	200	200	240	240	240	280	280	280	280	280
	P	170	170	190	190	190	210	210	210	210	210
	T	690	840	570	720	895	590	715	890	890	890
法兰型式						圆 形 法 兰					
法兰连接 油	d_1	50	50	65	65	65	80	80	80	80	80
	D_1	160	160	180	180	180	195	195	195	195	195
	B_1										
	D_3	125	125	145	145	145	160	160	160	160	160
	d_3	18	18	18	18	18	8-ϕ18	8-ϕ18	8-ϕ18	8-ϕ18	8-ϕ18
水	d_2	40	40	50	50	50	65	65	65	65	65
	D_2	145	145	160	160	160	180	180	180	180	180
	B_2										
	D_4	110	110	125	125	125	145	145	145	145	145
	d_4	18	18	18	18	18	18	18	18	18	18
质量/kg		126	137	148	163	179	227	243	265	275	285

3）翅片式多管冷却器（卧式）

4LQF$_3$W 型冷却器尺寸

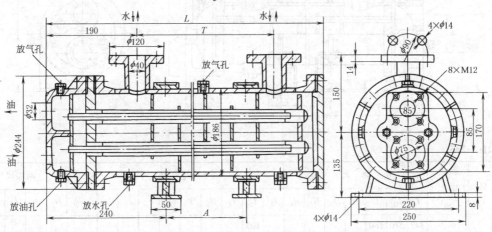

表 21-8-134

型 号	换热面积/m²	L	T	A	质量/kg	容积/L		旧 型 号
			/mm			管内	管间	
4LQF$_3$W-A1.3F	1.3	490	205	≤105	49	4.8	3.8	4LQF$_3$W-A315F
4LQF$_3$W-A1.7F	1.7	575	290	≤190	53	5.6	4.8	4LQF$_3$W-A400F
4LQF$_3$W-A2.1F	2.1	675	390	≤290	59	6.5	6	4LQF$_3$W-A500F
4LQF$_3$W-A2.6F	2.6	805	520	≤420	66	7.7	7.6	4LQF$_3$W-A630F
4LQF$_3$W-A3.4F	3.4	975	690	≤590	75	9.3	9.7	4LQF$_3$W-A800F
4LQF$_3$W-A4.2F	4.2	1175	890	≤790	86	11.1	12.1	4LQF$_3$W-A1000F
4LQF$_3$W-A5.3F	5.3	1425	1140	≤1040	99	13.4	15.1	4LQF$_3$W-A1250F

续表

油流量 /L·min⁻¹	热量 H_2/W							油侧压力降 /MPa
58	15002	18142	21515	24772	27912	31168	33727	≤0.1
66	17096	20934	24423	28377	31982	35472	38379	
75	19190	23260	27563	31700	35820	40123	43496	
83	20468	26051	29772	34308	38960	43612	48264	0.11~0.15
92	22446	28494	32564	36634	41868	47102	51754	
100	24539	29075	34308	40124	45822	51172	56406	
108	25353	31401	36053	42216	48264	54080	59895	
116	27330	31982	38960	45357	50590	58150	64546	
125	27912	33145	41868	47102	52916	61058	68036	0.15~0.2
132	28494	33727	42450	48846	56406	63965	70943	
150	29656	36635	44776	53498	61639	69780	76758	
166	31401	40705	47683	56987	66291	75595	84899	0.2~0.3
184	34890	41868	51172	58150	68617	80247	89551	
200	37216	44194	53498	63965	75595	87225	97692	
换热面积/m²	1.3	1.7	2.1	2.6	3.4	4.2	5.3	

4）固定管板式冷却器

2LQG₂W 型冷却器尺寸

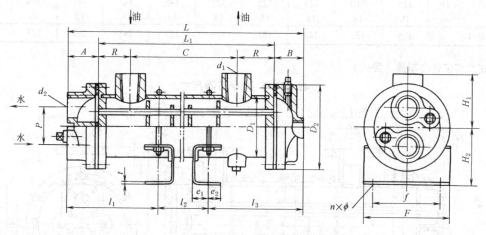

表 21-8-135

mm

型　号	换热面积 /m²	壳 体 尺 寸							支 座 尺 寸										两端尺寸				
		L	L_1	C	R	D_1	H_1	d_1	l_1	l_2	l_3	H_2	F	f	e_1	e_2	t	$n×\phi$	D_2	P	d_2	A	B
10/0.2	0.2	347	270	180						105													
10/0.4	0.4	527	450	360	45	76	60	ZG1	120	285	122	70	102	80	15	15	3	4×φ10	110	52	ZG 3/4	40	37
10/0.5	0.5	757	680	590						515													
10/1.0	1.0	444	340	240						160													
10/1.25	1.25	554	450	350						270													
10/1.4	1.4	634	530	430	50	114	85	ZG 1¼	140	350	142	90	148	120	20	20	3	4×φ12	147	76	ZG1	52	52
10/1.8	1.8	784	680	580						500													
10/2.24	2.24	954	850	750						670													

型号	换热面积 /m²	壳 体 尺 寸							支 座 尺 寸											两端尺寸				
		L	L_1	C	R	D_1	H_1	d_1	l_1	l_2	l_3	H_2	F	f	e_1	e_2	t	$n\times\phi$	D_2	P	d_2	A	B
10/2.0	2.0	587	450	340						250													
10/3.0	3.0	817	680	570	55	140	95	ZG 1½	175	480	162	145	180	140	24	16	5	4×φ15	194	100	ZG1	72	65
10/3.75	3.75	987	850	740						650													
10/4.25	4.25	1107	970	860						770													

（2）B 型板式冷却器

B 型板式冷却器以不锈钢波纹板为传热面，具有高传热系数、体积小、重量轻、组装灵活、拆洗方便等特点。

1）型号意义

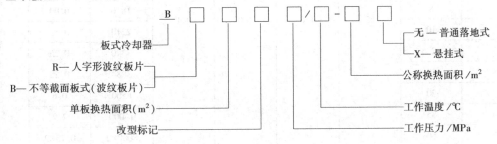

2）技术规格

表 21-8-136

型　号	换热面积 /m²	传热系数 /W·m⁻²·K⁻¹	设计温度 /℃	工作压力 /MPa	生 产 厂
BR0.05 系列	1~3				
BR0.1 系列	1~10				
BR0.2 系列	5~30				
BR0.3 系列	10~40				
BR0.35 系列	15~45				
BR0.5 系列	30~100				
BR0.8 系列	40~200				
BR1.0 系列	60~280	230~815	-20~200	0.6~1.6	四平中基液压件厂 福建省泉州市江南 冷却器厂
BR1.2 系列	80~400				
BR1.4 系列	70~400				
BR1.6 系列	100~500				
BR2.0 系列	200~700				
BB0.3 系列	15~45				
BB0.5 系列	30~100				
BB0.8 系列	40~200				
BB1.2 系列	80~400				

注：外形尺寸见生产厂产品样本。

（3）FL 型空气冷却器

FL 型空气冷却器主要用于工程机械、农业机械，并适用于液压系统、润滑系统等，将工作介质冷却到要求的温度。

1) 型号意义

2) 技术规格

$$空气冷却器 \quad FL - \square \quad 换热面积 / m^2$$

表 21-8-137

型　　号	换热面积 /m²	传热系数/W· m⁻²·K⁻¹	工作压力 /MPa	设计温度 /℃	压 力 降 /MPa	风　　量 /m³·h⁻¹	风机功率 /kW	生产厂
FL-2	2					805	0.05	
FL-3.15	3.15					935	0.05	
FL-4	4					1065	0.09	
FL-5	5					1390	0.09	
FL-6.3	6.3					1610	0.09	营
FL-8	8	55	1.6	100	0.1	1830	0.09	口 液
FL-10	10					2210	0.12	压 机
FL-12.5	12.5					3340	0.25	械
FL-16	16					3884	0.25	厂
FL-20	20					6500	0.6	
FL-35	35					15000	2.2	
FL-60	60					8000×2	0.75×2	

注：外形尺寸见生产厂产品样本。

3.7　冷却器用电磁水阀

电磁水阀用于控制冷却器内介质的通入或断开。通常采用常闭型二位二通电磁阀，即电磁铁通电时，阀门开启。电磁阀应沿管路水平方向垂直安装，安装时注意介质方向，管路有反向压力时应加装止回阀。

表 21-8-138

型　号	相应的 旧型号	通径 /mm	额定电压 /V	功率 /W	工作 介质	压力范围 /MPa	介质温 度/℃	泄漏量 /mL· min⁻¹	外形尺寸/mm 宽 L	高 H	连接方式
ZCT-5B	DF2-3	5	AC：200、127、110、36、24	15		0~0.6			45	75	M10×1.5
ZCT-8B	DF2-8	8	DC：220、110、48、36、24、12	44		0~0.4		4.5	65	120	M14×1.5
ZCT-15A	DF1-1	15			空气：				100	130	管螺纹 G½
ZCT-20A	DF1-1	20			0.1~1				100	130	管螺纹 G½
ZCT-25A	DF1-2	25			油、水：			7.5	120	140	管螺纹 G1
ZCT-25A	DF1-2	32	AC：220	15	油水空气	0.1~0.6	<65	7.5	120	140	管螺纹 G1
ZCT-40A	DF1-3	40	127　110					15	150	160	管螺纹 G½
ZCT-50A	DF1-4	50	36　24			空气：			200	210	法兰四孔 φ13/φ110
ZCT-50A	DF1-4	65	DC：220			0.1~0.6			200	210	法兰四孔 φ13/φ110
ZCT-80A	DF1-5	80				油水：		22.5	250	260	法兰四孔 φ17/φ150
ZCT-100A	DF1-6	100		25		0.1~0.4			350	295	法兰八孔 φ18/φ170
ZCT-150A	DF1-7	150		44					400	380	φ17.5/φ225
TDF-DZY1		15							82	148	管螺纹 G½
TDF-DZY2		20			空气	0~1.6			82	148	管螺纹 G¾
TDF-DZY3		25	AC：220		净水				96	156	管螺纹 G1
TDF-DZY4		40	DC：24		低黏				120	170	管螺纹 G1½
TDF-DZY5		50			度油				200	245	法兰四孔 φ13/φ110
TDF-DZY6		80				0~0.6			250	280	法兰四孔 φ17/φ150

注：1. 阀的使用寿命为 100 万次。

2. 生产厂为天津市天源调节器电磁阀有限责任公司。

4 过 滤 器

过滤器是液压系统中重要组件。可以清除液压油中的污染物，保持油液清洁度，确保系统元件工作的可靠性。

4.1 过滤器的类型、特点与应用

表 21-8-139

类型		特点	过滤精度/mm	压差/MPa	用途
按滤芯分	网式过滤器	结构简单，通油性能好，可清洗；但过滤精度低，铜质滤网会加剧油的氧化	一般为 0.1	0.025	一般装在液压泵吸油管路上，保护油泵
	线隙式过滤器	滤芯由金属丝绕制而成，结构简单，过滤能力大，但不易清洗。可分吸油管路用(a)和供油管路用(b)两种型式	a:0.03~0.08 b:0.05~0.1	a:0.06 b:0.02	一般用于低压(<2.5MPa 回路或辅助回路)
	纸质过滤器	滤芯由厚 0.35~0.7mm 的平纹或皱纹的酚醛树脂或木浆的微孔滤纸组成。为了增大滤芯强度，一般滤芯为三层，外层为钢板网，中层为折叠式滤纸，里层为金属丝网与滤纸叠在一起，中间有支承弹簧，易阻塞，不易清洗	0.005~0.03	0.35	用于精密滤，可在 38MPa 高压下工作
	磁性过滤器	依靠永久磁铁，利用磁化原理清除油液中的铁屑			常与其他过滤材料配合使用
	烧结式过滤器	滤芯由青铜粉等金属粉末压制成形。强度高，承受热应力和冲击性能好，耐腐蚀性好，制造简单，但易堵塞，掉砂粒，难清洗	0.01~0.1	0.03~0.2	用于高温条件下(青铜粉末达 180℃，低碳钢粉末达 400℃，镍铬粉末达 900℃)
	不锈钢纤维过滤器	滤芯为不锈钢纤维挤压而成。可反复清洗使用，但价格高	0.001~0.01	20	用于高压伺服系统
	合成树脂过滤器	滤芯由一种无机纤维经液态树脂浸渍处理而成。微孔小，牢度大	0.001~0.01	21	
	微孔塑料过滤器	滤芯由多种树脂经特殊加工而成，具有独特的树脂状气孔，气孔率达 90%，通油量大，阻力小，耐溶性好，有一定强度，可反复清洗	0.005		不同介质，黏度范围较大的滤油机
按过滤精度分	粗过滤器	能过滤 100μm 以上的颗粒			
	普通过滤器	能过滤 10~100μm 颗粒			
	精过滤器	能过滤 5~10μm 颗粒			
	特精过滤器	能过滤 1~5μm 颗粒			
按过滤方式分	表面型过滤器	过滤元件的表面与油液接触，污染粒子积聚在滤芯元件的表面，易被污染物阻塞，纳垢量较少。网式滤芯、线隙式滤芯、纸质滤芯等均属于此类型			
	深度型过滤器	滤芯元件为有一定厚度的多孔可透性材料，内部具有曲折迂回的通道。大于表面孔径的粒子直接被拦截在滤芯元件表面，较小的粒子则由过滤层内部细长而曲折的通道滤除。过滤精度较高，可以清洗，使用寿命长；但不能严格限制要滤除的杂质的颗粒度，过滤材料的体积较大，压力损失也较大。人造纤维、不锈钢纤维、粉末冶金等材料的滤芯均属于此类型			
	中间型过滤器	在一定程度上限定要滤除的杂质颗粒大小，可以加大过滤面积，体积小，重量轻；但不能清洗，只能一次使用。如经过特殊处理的滤纸作滤芯的过滤器，即属于此类型。是介于上述两种之间的过滤器			
按安装部位分	油箱加油口用过滤器，或通气口用过滤器，属于粗过滤器				
	吸油管路用过滤器，可以是粗过滤器				
	回油管路用过滤器，属于精过滤器				
	压油管路用过滤器，属于精过滤器				

4.2 过滤器在系统中的安装与应用

表 21-8-140

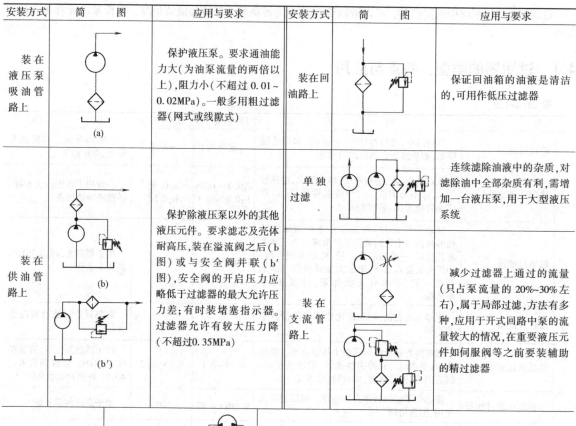

安装方式	简 图	应用与要求	安装方式	简 图	应用与要求
装在液压泵吸油管路上	(a)	保护液压泵。要求通油能力大（为油泵流量的两倍以上），阻力小（不超过0.01~0.02MPa）。一般多用作粗过滤器（网式或线隙式）	装在回油路上		保证回油箱的油液是清洁的，可用作低压过滤器
装在供油管路上	(b) (b′)	保护除液压泵以外的其他液压元件。要求滤芯及壳体耐高压，装在溢流阀之后（b图）或与安全阀并联（b′图），安全阀的开启压力应略低于过滤器的最大允许压力差；有时装堵塞指示器。过滤器允许有较大压力降（不超过0.35MPa）	单独过滤		连续滤除油液中的杂质，对滤除油中全部杂质有利，需增加一台液压泵，用于大型液压系统
			装在支流管路上		减少过滤器上通过的流量（只占泵流量的20%~30%左右），属于局部过滤，方法有多种，应用于开式回路中泵的流量较大的情况，在重要液压元件如伺服阀等之前要装辅助的精过滤器
装在辅助泵的输油路上		一些闭式液压系统的辅助油路，辅助液压泵工作压力低，一般只有0.5~0.6MPa。将精过滤器装在辅助泵的输油管路上，保证杂质不进入主油路的液压元件			

注：由于过滤器只能单方向使用，所以不要安装在液流方向经常改变的油路上。如需这样设置时，应适当加设过滤器和单向阀，如图 a；也可采用图 b、c 所示的单向过滤器，油液从过滤器进口经滤芯 2 和回油阀 1 流到出口；图 c 为油液反向流动，此时回油阀被液流推向下方，打开从出口直接至进口的通道，同时盖住至滤芯的通道，油液便从过滤器出口不经滤芯直接向进口流去，这样单向过滤器只对正向油液起过滤作用。

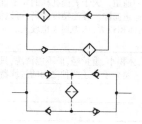

（a）过滤器装在液流方向
经常改变的油路上

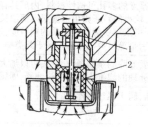

（b）单向过滤器，油液正向流动
1—回油阀；2—滤芯

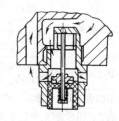

（c）单向过滤器，油液反向流动

4.3　过滤器的计算

过滤器的工作能力，取决于滤芯的有效过滤面积、滤芯本身的性能、油的黏度与温度、过滤前后油的压力差以及油中固体颗粒的含量。过滤器出入口压差越大，阻力越小时，过滤器的出油能力越大。油液流经滤芯的速度越低，表面压力越小，则过滤精度越高。应尽可能选择液压阻力小的滤芯，以延长滤芯的滤清周期。过滤器的设计主要根据工作压力和过滤精度的要求选择滤芯材料，按所要求的流量及选择的滤芯材料来计算过滤面积。

滤芯的有效过滤面积 A

$$A = \frac{Q\mu}{\alpha\Delta p} \times 10^{-4} \quad (m^2)$$

式中　Q——过滤器的额定流量，L/min；

μ——油的动力黏度，Pa·s；

Δp——压力差，Pa；

α——滤芯材料的单位过滤能力，L/cm²，由实验测定；在液体温度（20℃时），α 值分别为：特种滤网 $\alpha = 0.003 \sim 0.006$，纸质滤芯 $\alpha = 0.035$，线隙式滤芯 $\alpha = 10$，一般网式滤芯 $\alpha = 2$。如果过滤器下面装有开孔的支架，过滤面积应比计算出的面积增大到 $1.2 \sim 1.3$ 倍。

4.4　过滤器的选择

过滤器的主要性能如下。过滤器选用方法见表 21-8-141、表 21-8-142。

表 21-8-141　　　　　　　　选择过滤器的基本要求和需要考虑的项目

<table>
<tr><td rowspan="3">基本要求</td><td colspan="2">(1)过滤精度应满足液压系统的要求
(2)具有足够大的过滤能力，压力损失小
(3)滤芯及外壳应有足够的强度，不致因油压而破坏
(4)有良好的抗腐蚀性，不会对油液造成化学的或机械的污染
(5)在规定的工作温度下，能保持性能稳定，有足够的耐久性
(6)清洗维护方便，更换滤芯容易
(7)结构尽量简单、紧凑
(8)价格低廉</td></tr>
<tr><td colspan="2"></td></tr>
<tr><td colspan="2"></td></tr>
<tr><td rowspan="3">需要考虑的项目</td><td>一般事项</td><td>(1)使用目的(保护油路、保护元件)　　　　(5)油温(最高、正常运转、最低)
(2)安装在什么位置合适　　　　　　　　　(6)环境温度(最高、平均、最低)
(3)使用什么液压泵(生产厂、型号、尺寸、流量、流速、口径)　　(7)通过过滤器的流量(连续、瞬时最大值)及寒冷时的流量(温度、流量)
(4)液压油(种类、油量、黏度)　　　　　　(8)更换时的安装空间</td></tr>
<tr><td>对滤油器</td><td>(1)油路压力(正常工作压力、冲击压力)　　(4)连接型式与尺寸(进口、出口、其他)
(2)允许的最高负荷压差　　　　　　　　　(5)安装型式
(3)安全阀的设定值(必要时应考虑开启压力)　(6)附件(阻塞指示装置、报警装置等)</td></tr>
<tr><td>对滤芯</td><td>(1)型式(可以再次使用、一次使用)　　　　(4)最高允许压差
(2)过滤精度　　　　　　　　　　　　　　(5)破坏压力
(3)纳垢容量　　　　　　　　　　　　　　(6)典型性污染情况</td></tr>
<tr><td colspan="3">其他必要事项</td></tr>
</table>

1) 过滤精度：也称绝对过滤精度，是指油液通过过滤器时，能够穿过滤芯的球形污染物的最大直径（即过滤介质的最大孔口尺寸），mm。

2) 允许压力降：油液经过过滤器时，要产生压力降，其值与油液的流量、黏度和混入油液的杂质数量有关。为了保持滤芯不破坏或系统的压力损失不致过大，要限制过滤器最大允许压力降。过滤器的最大允许压力降取决于滤芯的强度。

3) 纳垢容量：是过滤器在压力降达到规定值以前，可以滤除并容纳的污染物数量。过滤器的纳垢容量越大，使用寿命越长。一般来说，过滤面积越大，其纳垢容量也越大。

4) 过滤能力：也叫通油能力，指在一定压差下允许通过过滤器的最大流量。

5) 工作压力：不同结构型式的过滤器允许的工作压力不同，选择过滤器时应考虑允许的最高工作压力。

表 21-8-142　　　　　　　　　　　　　　　　　过滤器的过滤精度选择

<table>
<tr><td rowspan="3">一般要求</td><td colspan="8">

（1）应使杂质颗粒尺寸小于液压元件运动表面间隙（一般应为间隙的一半）或油膜厚度，以免杂质颗粒使运动件卡住或使零件急剧磨损

（2）应使杂质颗粒尺寸小于系统中节流孔或缝隙的最小间隙，以免造成堵塞

（3）液压系统压力越高，要求液压元件的滑动间隙越小，因此系统压力越高，要求的过滤精度也越高。一般液压系统（除伺服系统外）过滤精度与压力关系如下：

</td></tr>
</table>

系统类别	润滑系统	传动系统			伺服系统	特殊要求系统
压力/MPa	0~2.5	≤7	>7	≥35	≤21	≤35
颗粒度/μm	≤100	≤25~50	≤25	≤5	≤5	≤1

	系统类型	工　作　类　型	过滤精度/μm
推荐值	中、低压工业液压系统	松配合间隙 紧密配合间隙	20 15
	中高压工业液压系统	往复运动机构 往复运动的速控伺服机构 机床的进给装置	15 10~15 10
	高压液压系统	一般要求 位置状态控制装置 精密液压系统	10 5~8 5
	高效能液压系统	一般要求 电液精密液压系统 伺服控制系统	2~5 2~5 1~2

	液　压　系　统	过滤精度/μm
参考值	<2.5MPa 工业设备液压系统	100~150
	7MPa 工业设备液压系统	50
	10MPa 工业设备液压系统	25
	14MPa 工业设备液压系统	
	往复运动系统	15
	调速系统	10~15
	机床进给系统	10
	>14~20MPa 重型设备液压系统	10
	电液伺服阀系统	2.5~10
	高精度伺服系统	2.5

	液　压　元　件	
	齿轮泵和齿轮马达	40~60
	叶片泵和叶片马达	30~50
	柱塞泵和柱塞马达	20~40
	液压控制阀	30~50
	液压缸	40~60
	工业用电液伺服阀	20~40
	精密电液伺服阀	5~10

注：一般说来，选用高精度过滤器可以大大提高液压系统工作可靠性和元件寿命；但是过滤器的过滤精度越高，滤芯堵塞越快，滤芯清洗或更换周期就越短，成本也越高。所以，在选择过滤器时应根据具体情况合理地选择过滤精度，以达到所需的油液清洁度。

下图为工业设备油路中的过滤基准和各种作为参考的粒子的比较，也可作为过滤精度选择的参考。

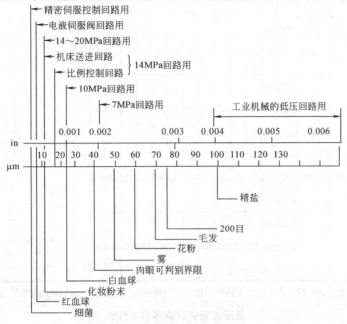

表 21-8-143　　　　　　　　　　纵深式过滤器和表面式过滤器的比较

优　　　点		缺　　　点	
纵　深　式	表　面　式	纵　深　式	表　面　式
(1)纳垢容量大 (2)高微粒子滤除率高 (3)价格较低	(1)接近绝对过滤 (2)滤芯尺寸小 (3)清洗容易 (4)对流量冲击性能良好	(1)滤芯尺寸大 (2)容易形成"通道" (3)对流量冲击性能差	(1)纳垢量小 (2)一般价格较高

4.5　过滤器产品

(1) 线隙式过滤器

表 21-8-144　　　　　　中压线隙式管（板）连接过滤器技术性能及外形尺寸　　　　　　mm

型　号	流量 /L· min⁻¹	额定 压力 /MPa	过滤 精度 /μm	初始 压力降 /MPa	质量 /kg	外　形　尺　寸				
						L	h	h_1	D	M
XU-10×200	10				2.25	105				
XU-16×200	16				2.40	125	85	80	$\phi 66$	Z⅜
XU-25×200	25				2.72	150				
XU-32×200	32				4.35	150				
XU-40×200	40	6.18	200	0.06	4.60	160	105	100	$\phi 86$	Z¾
XU-50×200	50				4.90	180				
XU-63×200	63				7.40	180				
XU-80×200	80				8.65	210	125	120	$\phi 106$	Z1
XU-100×200	100				9.15	235				

管式连接

板式连接

第 21 篇

续表

型号	流量/L·min⁻¹	额定压力/MPa	过滤精度/μm	初始压力降/MPa	质量/kg	L	L₁	L₂	L₃	L₄	h	h₁	D	D₁	d	d₁	d₂
XU-10×200B	10				2.43	111											
XU-16×200B	16				2.63	131	58	32	25	40	115	95	φ77	φ65	φ10	φ16	φ9
XU-25×200B	25				2.98	151											
XU-32×200B	32				4.80	156											
XU-40×200B	40	6.18	200	0.06	4.95	166	78	48	36	50	140	117	φ97	φ86	φ20	φ28	φ11
XU-50×200B	50				5.54	171											
XU-63×200B	63				7.62	188											
XU-80×200B	80				9.60	218	92	62	42	60	160	137	φ117	φ106	φ25	φ32	φ11
XU-100×200B	100				10.9	238											

外形尺寸

型号意义:

XU - □□ × □□□□

无—不带发信装置
S—带发信装置

无—螺纹连接
F—法兰连接
B—板式连接

过滤精度/μm

额定流量/L·min⁻¹

J—吸入口
A—1.6MPa
B—2.5MPa
C—6.3MPa

线隙式

注：生产厂为沈阳六玲过滤机器有限公司、无锡液压件厂、上海高行液压件厂、远东液压配件厂。

表 21-8-145　　　　　　低压线隙式过滤器技术性能

型号 ①	型号 ②	通径/mm	额定流量/L·min⁻¹	额定压力/MPa	原始压力损失/MPa	允许最大压力损失/MPa	过滤精度/μm ①	过滤精度/μm ②	黏度/10⁻⁶m²·s⁻¹	发信电压/V	装置电流/A	质量/kg ①	质量/kg ②
XU-A25×30S	XU-A25×30BS	φ15	25				30					2.77	2.96
XU-A25×50S	XU-A25×50BS						50					2.77	2.96
XU-A40×30S	XU-A40×30BS	φ20	40				30					2.84	3.41
XU-A40×50S	XU-A40×50BS				0.07		50					2.84	3.41
XU-A63×30S	XU-A63×30BS	φ25	63				30					3.53	4.63
XU-A63×50S	XU-A63×50BS						50					3.53	4.63
XU-A100×30S	XU-A100×30BS	φ32	100	1.6		0.35	30		30	36	0.2	5.18	5.97
XU-A100×50S	XU-A100×50BS						50					5.18	5.97
XU-A160×30FS	XU-A160×50FS	φ40	160				30	50					6.72
XU-A250×30FS	XU-A250×50FS	φ50	250		0.12		30	50					12.5
XU-A400×30FS	XU-A400×50FS	φ65	400				30	50					13.08
XU-A630×30FS	XU-A630×50FS	φ80	630		0.15		30	50					21.5
XU-5×100			5										1.28
XU-12×100			12	2.45	0.06		100						2.61
XU-25×100			25										4.68

表 21-8-146　　　　　低压线隙式管（板、法兰）连接过滤器外形尺寸　　　　　mm

型　　号	h	h₁	L	L₁	A	D	d	B	d₁
XU-A25×30S	236	182	110	60	120	φ94	M22×1.5	30	M6
XU-A25×50S									
XU-A40×30S	296	242	110	60	120	φ96	M27×2	30	
XU-A40×50S									
XU-A63×30S	313	254	131		146	φ114	M33×2	55	
XU-A63×50S									
XU-A100×30S	422	358	131		150	φ114	M42×2	55	M8
XU-A100×50S									
XU-A160×30S	449	380	148		170	φ134	M48×2	65	
XU-A160×50S									

管式连接

型　　号	L	L₁	L₂	L₃	L₄	L₅	L₆	h	h₁	h₂	D	d	d₁	d₂
XU-A25×50BS	234	179	36	20	103	53	100	132	116	30	φ96	φ20	φ28	φ7
XU-A40×30BS	295	240												
XU-A40×50BS														
XU-A63×30BS	328	254	48	30	127	65	124	160	142	45	φ114	φ32	φ40	φ9
XU-A63×50BS														
XU-A100×30BS	428	354												
XU-A100×50BS														

板式连接

型　　号	h	h₁	h₂	A	B	B₁	D	d	d₁	d₂	d₃	C
XU-A250×30FS	561	485	60	182	166	115	φ156	φ50	M10	φ74	M6	
XU-A250×50FS												
XU-A400×30FS	706	625	52	196	176	140	φ168	φ65	M12	φ93	M6	85
XU-A400×50FS												
XU-A630×30FS	831	742	59	222	212	160	φ198	φ80	M12	φ104	M6	100
XU-A630×50FS												

法兰连接

型　　号	L	L₁	D	D₁	h	h₁	d₁	d
XU-5×100	85	72	$\phi65^{0}_{-0.2}$	φ62	75	60		Z¼
XU-12×100	119	105	$\phi95^{0}_{-0.2}$	φ92	100	80	φ7	
XU-25×100	158	141	$\phi115^{0}_{-0.2}$	φ110	130	100		Z⅜

注：生产厂为沈阳六玲过滤机器有限公司、远东液压配件厂。

表 21-8-147　　　　　　　　　　**吸油口用线隙式过滤器技术性能及外形尺寸**

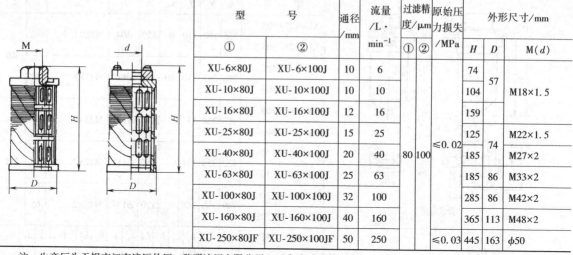

型　　号		通径 /mm	流量 /L·min⁻¹	过滤精度/μm		原始压力损失 /MPa	外形尺寸/mm		
①	②			①	②		H	D	M(d)
XU-6×80J	XU-6×100J	10	6				74	57	M18×1.5
XU-10×80J	XU-10×100J	10	10				104		
XU-16×80J	XU-16×100J	12	16				159		
XU-25×80J	XU-25×100J	15	25				125	74	M22×1.5
XU-40×80J	XU-40×100J	20	40	80	100	≤0.02	185		M27×2
XU-63×80J	XU-63×100J	25	63				185	86	M33×2
XU-100×80J	XU-100×100J	32	100				285	86	M42×2
XU-160×80J	XU-160×100J	40	160				365	113	M48×2
XU-250×80JF	XU-250×100JF	50	250			≤0.03	445	163	φ50

注：生产厂为无锡市江南液压件厂、黎明液压有限公司、远东液压配件厂。

（2）纸质过滤器

高压管式（法兰式）纸质过滤器技术性能及外形尺寸

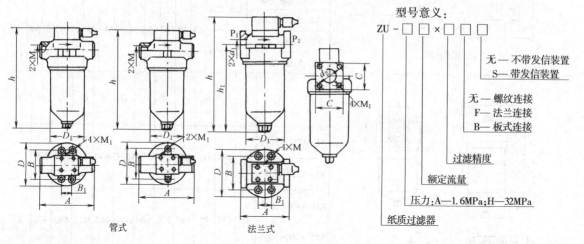

型号意义：

ZU-□□×□□□

无 — 不带发信装置
S — 带发信装置

无 — 螺纹连接
F — 法兰连接
B — 板式连接

过滤精度

额定流量

压力：A—1.6MPa；H—32MPa

纸质过滤器

管式　　　　　　　法兰式

表 21-8-148

型　　号		流量 /L·min⁻¹	额定压力 /MPa	过滤精度 /μm		压差指示器工作压差 /MPa	初始压力降 /MPa	质量 /kg	外形尺寸/mm							
①	②			①	②				h	A	B	B₁	D	D₁	M	M₁
ZU-H10×10S	ZU-H10×20S	10					0.08	3.3	193	118	70		φ88	φ73	M27×2	M6
ZU-H25×10S	ZU-H25×20S	25						5	282							
ZU-H40×10S	ZU-H40×20S	40						7.5	244						M33×2	
ZU-H63×10S	ZU-H63×20S	63	32	10	20	0.35	0.1	9.3	312	128	86	44	φ124	φ102		
ZU-H100×10S	ZU-H100×20S	100						12.6	383						M42×2	
ZU-H160×10S	ZU-H160×20S	160					0.15	18	422	166	100	60	φ146	φ121	M48×2	

续表

型号①	型号②	通径/mm	额定流量/L·min⁻¹	额定压力/MPa	原始压力损失/MPa	允许最大压力损失/MPa	过滤精度① /μm	过滤精度② /μm	黏度/10⁻⁶m²·s⁻¹	发信装置 电压/V	发信装置 电流/A	质量/kg
ZU-H250×10FS	ZU-H250×20FS	φ38	250	32	0.15	0.35	10	20	30	36	0.2	24
ZU-H400×10FS	ZU-H400×20FS	φ50	400	32	0.2	0.35	10	20	30	36	0.2	32
ZU-H630×10FS	ZU-H630×20FS	φ53	630	32	0.2	0.35	10	20	30	36	0.2	36

型号①	型号②	h	h_1	A	B	B_1	D	D_1	d_1	M	d_2	M_1	C
ZU-H250×10FS	ZU-H250×20FS	490	417	166	100	60	φ146	φ121	φ38	M10	φ98	M16	100
ZU-H400×10FS	ZU-H400×20FS	530	447	206	128	60	φ170	φ146	φ50	M12	φ118	M20	123
ZU-H630×10FS	ZU-H630×20FS	632	548	206	128	60	φ170	φ146	φ53	M12	φ145	M20	142

注：生产厂为沈阳六玲过滤机器有限公司、无锡液压件厂、上海高行液压件厂、远东液压配件厂。

低压管式（板式）纸质过滤器技术性能及外形尺寸

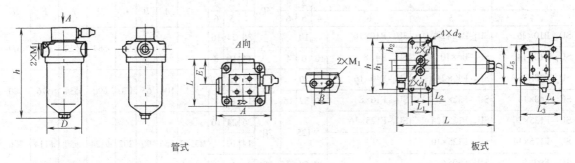

管式　　　　板式

表 21-8-149

型号①	型号②	流量/L·min⁻¹	额定压力/MPa	过滤精度① /μm	过滤精度② /μm	压差指示器工作压差/MPa	初始压力降/MPa	质量/kg	h	L	L_1	A	D	B	M	M_1
ZU-A25×10S	ZU-A25×20S	25	1.6	10	20	0.35	0.07	2.9	236	110	60	120	φ94	30	M22×1.5	M6
ZU-A40×10S	ZU-A40×20S	40	1.6	10	20	0.35	0.07	3.0	296	110	60	120	φ96	30	M27×2	M6
ZU-A63×10S	ZU-A63×20S	63	1.6	10	20	0.35	0.07	3.6	313	131		146	φ114	55	M33×2	M6
ZU-A100×10S	ZU-A100×20S	100	1.6	10	20	0.35	0.07	5.2	422	131		150	φ114	55	M42×2	M8
ZU-A160×10S	ZU-A160×20S	160	1.6	10	20	0.35	0.07	6.8	449	148		170	φ134	65	M48×2	M8

型号	流量/L·min⁻¹	额定压力/MPa	过滤精度/μm	压差指示器工作压差/MPa	初始压力降/MPa	L	L_1	L_2	L_3	L_4	L_5	h	h_1	h_2	D	d	d_1	d_2
ZU-A25×10BS（或×20BS，或×30BS，或×50BS）	25	1.6	10、或20、或30、或50	0.35	0.07	234	36	20	103	53	100	132	116	30	φ96	φ20	φ28	φ7
ZU-A40×10BS（或×20BS，或×30BS，或×50BS）	40	1.6	10、或20、或30、或50	0.35	0.07	295	36	20	103	53	100	132	116	30	φ96	φ20	φ28	φ7
ZU-A63×10BS（或×20BS，或×30BS，或×50BS）	63	1.6	10、或20、或30、或50	0.35	0.07	328	48	30	127	65	124	160	142	45	φ114	φ32	φ40	φ9
ZU-A100×10BS（或×20BS，或×30BS，或×50BS）	100	1.6	10、或20、或30、或50	0.35	0.12	428	48	30	127	65	124	160	142	45	φ114	φ32	φ40	φ9

注：1. 型号中 ZU-A25×10BS（或×20BS，或×30BS，或×50BS）代表 ZU-A25×10BS、ZU-A25×20BS、ZB-A25×30BS、ZU-A25×50BS 四个型号，过滤精度的 10 或 20 或 30 或 50 是按排列顺序分别代表其过滤精度值。

2. 生产厂为无锡市江南液压件厂、沈阳滤油器厂、上海高行液压件厂、黎明液压有限公司、远东液压配件厂。

（3）烧结式过滤器

SU 烧结式过滤器

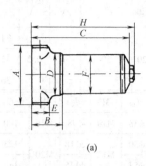

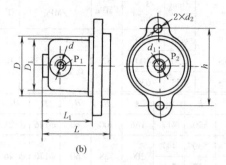

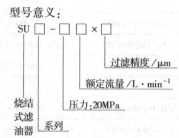

型号意义：

SU□ - □□ × □

过滤精度/μm

额定流量/L·min⁻¹

压力：20MPa

烧结式滤油器 系列

（a） （b）

表 21-8-150

型　　号（a）			流量/L·min⁻¹			工作压力/MPa	过滤精度/μm			管径	外形尺寸/mm						
1	2	3	1	2	3		1	2	3								
4	5	6	4	5	6		4	5	6		A	B	C	D	E	F	H
SU_1-B10×36	SU_1-B10×24	SU_1-B10×16	10			2.5	36	24	16	¼″	76	44	92	$\phi64$	$\phi22$	$\phi54$	100
SU_1-B10×14	SU_1-B6×10	SU_1-B4×8	10	6	4		14	10	8								
SU_2-F40×36	SU_2-F40×24	SU_2-F40×16	40			20	36	24	16	½″	106	65	170	$\phi90$	$\phi34$	$\phi76$	180
SU_2-F40×14	SU_2-F32×10	SU_2-F16×8	40	32	16		14	10	8								
SU_3-F125×36	SU_3-F125×24	SU_3-F125×16	125			20	36	24	16	M33×2	156	90	292	$\phi124$	$\phi50$	$\phi114$	306
SU_3-F125×14	SU_3-F125×10						14	10									
SU_3-F80×8	SU_3-F50×6		80	50	20		8	6									

型号（b）	额定流量/L·min⁻¹	额定压力/MPa	原始压力损失/MPa	过滤精度/μm	外形尺寸/mm							
					L	L_1	D	D_1	h	d	d_1	d_2
SU-5×100	5	2.5	0.06	100	75	54	$\phi65$	$\phi55$	84	Z¼		$\phi7$
SU-12×100	12				106	84	$\phi95$	$\phi74$	114			

注：生产厂为（a）北京粉末冶金二厂；（b）沈阳滤油器厂。

（4）磁性过滤器

网式磁性过滤器

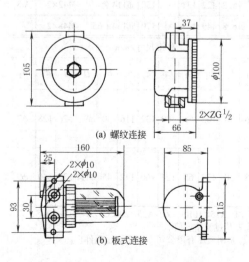

（a）螺纹连接

（b）板式连接

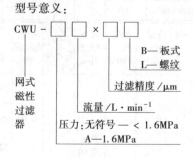

型号意义：

CWU - □□ × □□

B—板式
L—螺纹

过滤精度/μm

流量/L·min⁻¹

网式磁性过滤器

压力：无符号 — < 1.6MPa
　　　A—1.6MPa

CWU-10×100B 型过滤器用于精密车床中润滑液的过滤，产品外壳为有机玻璃，为滤除因加工而产生的超细铁屑粉末，滤芯中装有永久磁铁。CWU-A25×60 型过滤器用于精密机床中主轴箱等润滑油的过滤，滤芯中装有永久磁铁，滤材为不锈钢丝网，便于清洗。技术参数见表 21-8-151。

表 21-8-151

型　号	压力/MPa	流量/L·min⁻¹	过滤精度/μm	温度/℃	型　号	压力/MPa	流量/L·min⁻¹	过滤精度/μm	温度/℃	生产厂
CWU-A25×60	1.6	25	60	50±5	CWU-10×100B	0.5	10	100	50±5	黎明液压机电厂、无锡液压件厂、远东液压配件厂

磁性-烧结过滤器

C·SU 型磁性-烧结过滤器用烧结青铜滤芯及磁环作为过滤元件与钢壳体组合而成。滤芯是用颗粒粉末经高温烧结而成，利用颗粒间的孔隙过滤油液中的杂质。磁环是用锶铁氧化粉末经高温烧结而成，磁性可达 0.08~0.15T。因而，吸附铁屑尤为有效。技术参数见表 21-8-152。

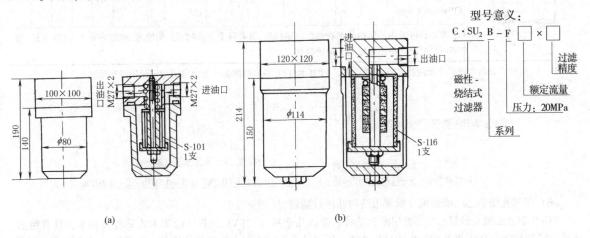

(a)　　　　(b)

表 21-8-152

型　号			流量/L·min⁻¹			过滤精度/μm			接口尺寸	安装磁芯数量/支	安装磁环块数	额定压力	压力损失
												/MPa	
C·SU₁B-F80×67	C·SU₁B-F50×36	C·SU₁B-F40×24	80	50	40	67	36	24					
C·SU₁B-F30×16	C·SU₁B-F20×14	C·SU₁B-F15×10	30	20	15	16	14	10	M27×2	1	6	20	≤0.2
C·SU₁B-F10×8	C·SU₁B-F5×6		10	5		8	6						
C·SU₂B-F100×67	C·SU₂B-F90×36	C·SU₂B-F80×24	100	90	80	67	36	24					
C·SU₂B-F70×16	C·SU₂B-F60×14	C·SU₂B-F50×10	70	60	50	16	14	10	M27×2	1	6	20	≤0.2
C·SU₂B-F40×8	C·SU₂B-F30×6		40	30		8	6						

（5）不锈钢纤维过滤器

表 21-8-153 　　　　　　　　　　　　　　**技术性能及外形尺寸**

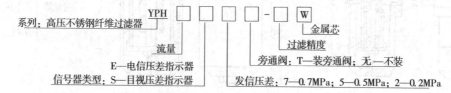

型 号	流量/L·min⁻¹	过滤精度/μm	压力/MPa	发信装置			温度/℃	滤芯耐压/MPa	外形尺寸/mm								
				电压/V	电流/A	指示压差/MPa			L	L₁	d	D	S	b	b₁	b₂	M
YPH060E7	60	1、3、5、10、20	42	24	0.2	0.7±0.07	-10~100	21	169	115	C1	97	36	120	60	60	M12
YPH110E7	110								205								
YPH160E7	160								265								
YPH240E7	240								215	123	Cl½	112	41	138	85	64	M14
YPH330E7	330								275								
YPH420E7	420								345								
YPH660E7	660								425								

滤芯也可采用不锈钢超细纤维烧结毡材料,具有强度高、耐高温、耐腐蚀、纳污容量大、过滤性好,滤芯可反复清洗使用等特点。但价格高

注：1. 生产厂为新乡市平菲滤清器有限公司（该厂 YPM 和 YPL 系列过滤器产品也可采用不锈钢纤维滤芯）。

2. 型号意义：

系列：高压不锈钢纤维过滤器　YPH　□□□□—□ W 　　金属芯

过滤精度

流量

旁通阀：T—装旁通阀；无—不装

E—电信压差指示器
信号器类型：S—目视压差指示器

发信压差：7—0.7MPa；5—0.5MPa；2—0.2MPa

（6）带微孔塑料芯的滤油机（成都市清白江区过滤器材厂生产）

YG-B 型滤油机是以聚乙烯醇缩甲醛为滤材、带微孔塑料芯（PVF 滤芯）的积木式结构滤油车,具有粗滤、磁滤、精滤和终级 PVF 微孔塑料作特精过滤等五级过滤系统。工作中处于密封状态,无泄漏,并设有声光报警

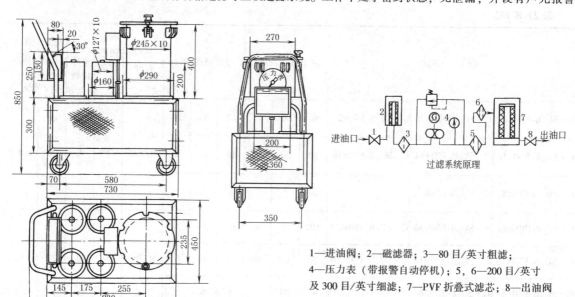

1—进油阀；2—磁滤器；3—80 目/英寸粗滤；
4—压力表（带报警自动停机）；5，6—200 目/英寸
及 300 目/英寸细滤；7—PVF 折叠式滤芯；8—出油阀

装置。所用 PVF 滤芯为折叠式，并采用由外向内过滤原理，过滤面积大，阻力小，流量大，保渣率高，适用各种黏度油液的过滤，特别适宜去除油液中混杂的磨损金属颗粒，是较好的过滤设备。

表 21-8-154

型　　号	过滤精度/μm	过滤能力/L·min⁻¹	外形尺寸/mm
YG-25B	5	25	770×500×870
YG-50B	5	50	770×500×870
YG-100B	5	100	880×500×870

注：工作压力 0.05~0.35MPa；使用温度≤80℃；吸程≥2m；扬程≥10m。

（7）YCX、TF 型箱外自封式吸油过滤器

该类过滤器可直接安装在油箱侧边、底部或上部，设有自封阀、旁通阀、压差发信器。当压差超过 0.032 MPa 时，旁通阀会自动开启。更换或清洗滤芯时，自封阀关闭，切断油箱油路。

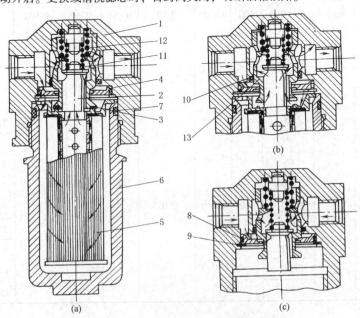

图 21-8-46　自封式吸油过滤器结构原理

（a）过滤器正常工作状态；（b）过滤器滤芯被污染物堵塞时安全阀开启；

（c）更换或清洗滤芯时封闭滤油器上下游的油路

1—上壳体；2—单向阀阀芯；3—安全阀；4—阀座；5—滤芯元件；6—下壳体；

7,8,10—O 形密封圈；9—挡圈；11—单向阀弹簧；12—安全阀弹簧；13—安全阀阀体

1）型号意义

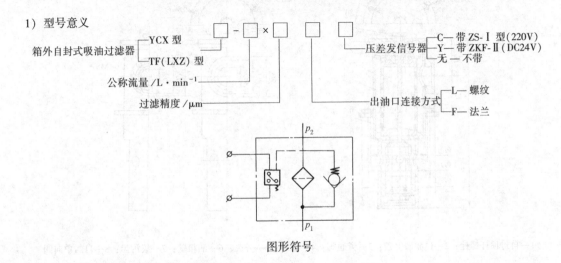

图形符号

2）技术规格

表 21-8-155

型　号	通径 /mm	压力 /MPa	流量 /L·min⁻¹	过滤精度 /μm	压力损失/MPa		发信号装置		旁通阀开启压差/MPa	质量 /kg	生　产　厂
					原始值	允许最大值	电压 /V	电流 /A			
YCX-25×※LC	15		25								
YCX-40×※LC	20		40								
YCX-63×※LC	25		63								
YCX-100×※LC	32	0.035（发信号压力）	100	80	<0.01	0.03	0~36	0.6	>0.032		远东液压配件厂
YCX-160×※LC	40		160	100							
YCX-250×※LC	50		250								
YCX-400×※LC	65		400	180							
YCX-630×※LC	80		630								
YCX-800×※LC	90		800								
TF-25×※L-S	15		25							1.8	
TF-40×※L-S	20		40							2.2	
TF-63×※L-S	25		63							2.8	
TF-100×※L-S	32		100	80	<0.01	0.02	12 14 36 220	2.5 2 1.5 0.25		3.6	黎明液压机电厂、高行液压气动总厂
TF-160×※L-S	40		160	100						4.6	
TF-250×※L-S	50		250							5.8	
TF-400×※L-S	65		400	180						8.0	
TF-630×※L-S	80		630							14.5	
TF-800×※L-S	90		800							15.6	

3）外形尺寸

YCX 型吸油过滤器

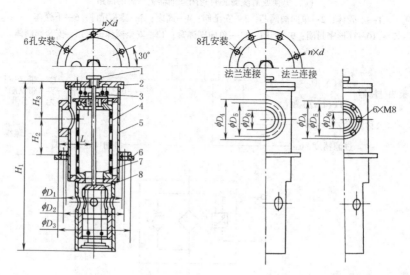

1—自封顶杆螺栓；2—过滤器上盖；3—旁通阀；4—滤芯；5—外壳；6—油箱壁；7—集污盅；8—自封单向阀

表 21-8-156

mm

型 号	公称流量 /L·min⁻¹	过滤精度 /μm	D_1	D_2	D_3	D_4	D_5	D_6	H_1	H_2	H_3	L	$n×d$
YCX-25×※LC	25		70	95	110	35	M22×1.5	20	216	53	67	50	6×φ7
YCX-40×※LC	40		70	95	110	40	M27×2	25	256	53	67	52	6×φ7
YCX-63×※LC	63	80	95	115	135	48	M33×2	31	278	62	89	67	6×φ9
YCX-100×※LC	100		95	115	135	58	M42×2	40	328	70	89	70	6×φ9
YCX-160×※LC	160	100	95	115	135	65	M48×2	46	378	70	89	70	6×φ9
YCX-250×※FC	250		120	150	175	100	85	50	368	85	105	83	6×φ9
YCX-400×※FC	400	180	146	175	200	116	100	68	439	92	125	96	6×φ9
YCX-630×※FC	630		165	200	220	130	116	83	516	102	130	110	8×φ9
YCX-800×※FC	800		185	205	225	140	124	93	600	108	140	120	8×φ9

TF（LXZ）型吸油过滤器

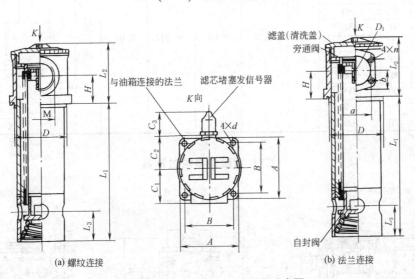

(a) 螺纹连接　　　　　　　　　　(b) 法兰连接

表 21-8-157　　螺纹连接的 TF（LXZ）型吸油过滤器

mm

型 号	L_1	L_2	L_3	H	M	D	A	B	C_1	C_2	C_3	$4×d$
TF-25×※L-S	93	78	36	25	M22×1.5	φ62	80	60	45	42	28	φ9
TF-40×※L-S	110				M27×2							
TF-63×※L-S	138	98	40	33	M33×2	φ75	90	70.7	54	47		
TF-100×※L-S	188				M42×2							
TF-160×※L-S	200	119	53	42	M48×2	φ91	105	81.3	62	53.5		φ11

表 21-8-158　　法兰连接的 TF（LXZ）型吸油过滤器

mm

型 号	L_1	L_2	L_3	H	D_1	D	a	b	$4×n$	A	B	C_1	C_2	C_3	$4×d$	Q
TF-250×※F-S	270	119	53	42	φ50	φ91	70	40		105	81.3	72.5	53.5			φ60
TF-400×※F-S	275	141	60	50	φ65	φ110	90	50	M10	125	95.5	82.5	61	28	φ11	φ70
TF-630×※F-S	325	184	55	65	φ90	φ140	120	70		160	130	100	81			φ100
TF-800×※F-S	385															

注：出油口法兰所需管子直径为 Q。

（8）CXL 型自封式磁性吸油过滤器

滤芯内设置永久磁铁，可滤除油中的金属颗粒。

型号意义：

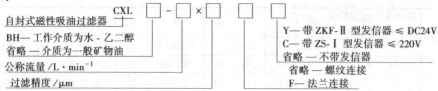

自封式磁性吸油过滤器 — CXL ☐—☐×☐ ☐ ☐

BH— 工作介质为水 - 乙二醇
省略 — 介质为一般矿物油

公称流量 /L·min⁻¹

过滤精度 /μm

Y— 带 ZKF-Ⅱ 型发信器 ≤ DC24V
C— 带 ZS-Ⅰ 型发信器 ≤ 220V
省略 — 不带发信器
省略 — 螺纹连接
F— 法兰连接

表 21-8-159 技术参数

型 号	通径/mm	公称流量/L·min⁻¹	过滤精度/μm	原始压力损失	允许最大压力损失	旁通阀开启压力	发信器发信压力	发信器		连接方式	滤芯型号	生产厂
				/MPa				/V	/A			
CXL-25×※	15	25								螺纹	X-CX25×※	
CXL-40×※	20	40									X-CX40×※	
CXL-63×※	25	63	80					12	2.5		X-CX63×※	
CXL-100×※	32	100									X-CX100×※	
CXL-160×※	40	160		<0.01	0.03	>0.032	0.03	24	2		X-CX160×※	远东液压配件厂
CXL-250×※	50	250	100							法兰	X-CX250×※	
CXL-400×※	65	400						36	1.5		X-CX400×※	
CXL-630×※	80	630									X-CX630×※	
CXL-800×※	90	800	180								X-CX800×※	
CXL-1000×※	100	1000						220	0.25		X-CX1000×※	
CXL-1250×※	110	1250									X-CX1250×※	
CXL-1600×※	120	1600									X-CX1600×※	

CXL 型磁性吸油过滤器

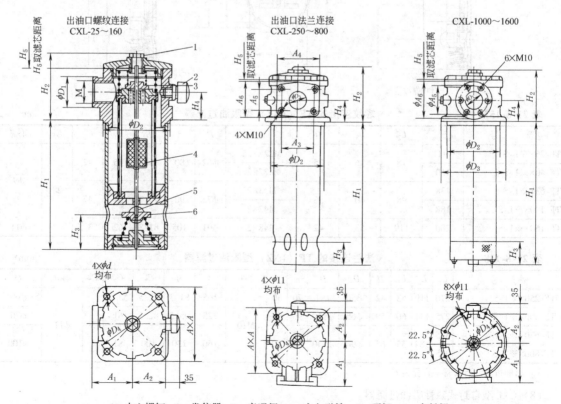

1—中心螺钉；2—发信器；3—旁通阀；4—永久磁铁；5—顶杆；6—自封阀

表 21-8-160 　　　　　　　　　　　　　　　**外形尺寸**　　　　　　　　　　　　　　　mm

型　号	H_1	H_2	H_3	H_4	H_5	M	D_1	D_2	D_4	d	A	A_1	A_2
CXL-25×※	95	83	34	25	75	M22×1.5	40	60	85	9	80	45	34
CXL-40×※	115				95	M27×2							
CXL-63×※	140	101	40	33	115	M33×2	55	75	100		90	54	42
CXL-100×※	190			33	165	M42×2							
CXL-160×※	198	120	40	42	175	M48×2	65	90	115	11	105	62	50

型　号	H_1	H_2	H_3	H_4	H_5	D_1	D_2	D_3	D_4	A	A_1	A_2	A_3	A_4	A_5	A_6
CXL-250×※	268	120	40	42	245	50	90	—	115	105	72.5	50	70	92	40	72
CXL-400×※	281	145	56	50	270	65	108	—	135	120	82	58	90	112	50	88
CXL-630×※	329	181	63	65	335	90	140	—	184	156	100	74	120	144	70	120
CXL-800×※	409				415	90										
CXL-1000×※	284	265	135	135	310	125	203	257	234	—	135	118	—	—	164	185
CXL-1250×※	338				360											
CXL-1600×※	438				460											

注：※为过滤精度，若使用工作介质为水-乙二醇，流量为 160L/min 过滤精度为 80μm，带 ZKF-Ⅱ型发信器，其过滤器型号为 CXLBH-160×80Y，滤芯型号为 X-CXBH160×80。

（9）XNJ 型箱内吸油过滤器

XNJ 型过滤器通过安装法兰固定在油箱盖板上，滤芯直接插入油箱。该过滤器带有真空压力发信号器和旁路阀。

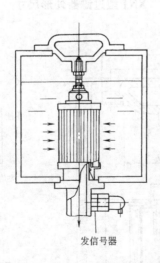

发信号器

图 21-8-47　XNJ 型过滤器安装示意图

型号意义：

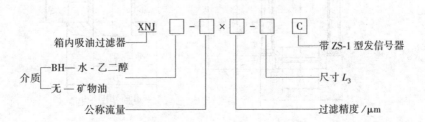

XNJ □-×□-□ C

箱内吸油过滤器

BH—水-乙二醇

无—矿物油

公称流量

带 ZS-1 型发信号器

尺寸 L_3

过滤精度/μm

表 21-8-161　　　　　　　　　　　　　　　技术规格

型　号	公称流量 /L·min^{-1}	过滤精度 /μm	通径 /mm	原始压力损失 /MPa	发信号装置		旁通阀开启压力 /MPa	滤芯型号	生产厂
					电压/V	电流/A			
XNJ-25×※	25		20					JX-25×※	
XNJ-40×※	40							JX-40×※	
XNJ-63×※	63		32					JX-63×※	
XNJ-100×※	100							JX-100×※	远东液压配件厂
XNJ-160×※	160	80	50	≤0.007	220	0.25	-0.02	JX-160×※	黎明液压机电厂
XNJ-250×※	250	100						JX-250×※	
XNJ-400×※	400	180						JX-400×※	
XNJ-630×※	630		80					JX-630×※	
XNJ-800×※	800							JX-800×※	
XNJ-1000×※	1000		90					JX-1000×※	

XNJ 型过滤器外形尺寸

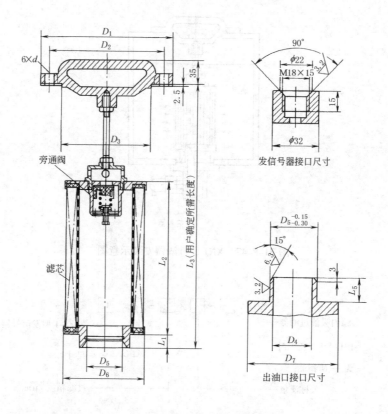

表 21-8-162

mm

型号	D_1	D_2	D_3	D_4	D_5	D_6	D_7	L_1	L_2	L_3（最小）	L_5	d
XNJ-25×※	$\phi125$	$\phi105$	$\phi85$	$\phi20$	$\phi25$	$\phi80$	$\phi46$	8	75	210	20	$\phi9$
XNJ-40×※									100	235		
XNJ-63×※	$\phi150$	$\phi130$	$\phi110$	$\phi32$	$\phi40$	$\phi106$	$\phi56$		110	250		
XNJ-100×※									140	280		
XNJ-160×※	$\phi198$	$\phi170$	$\phi145$	$\phi50$	$\phi55$	$\phi141$	$\phi76$		140	320	26	$\phi11$
XNJ-250×※									160	340		
XNJ-400×※	$\phi240$	$\phi210$	$\phi185$	$\phi80$	$\phi85$	$\phi180$	$\phi108$	14	160	340	28	$\phi13.5$
XNJ-630×※									190	370		
XNJ-800×※	$\phi260$	$\phi230$	$\phi205$	$\phi90$	$\phi100$	$\phi200$	$\phi127$		190	395		
XNJ-1000×※									220	425		

（10）STF 型双筒自封式吸油过滤器

STF 型过滤器由两只单筒过滤器和换向阀组成，可在系统不停机状态下更换或清洗滤芯。该滤油器配有压差发信号器、旁路阀和自封阀。

型号意义：

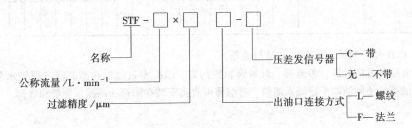

技术规格和外形尺寸

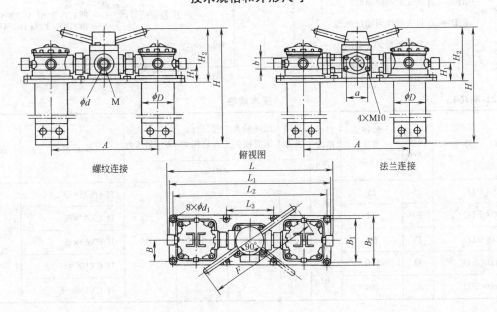

螺纹连接　　　　　　　俯视图　　　　　　法兰连接

表 21-8-163　　　　　　　　　　　　　　　　　　　　　　　　　　　　　　　　　　mm

型号	流量/L·min⁻¹	过滤精度/μm	原始压力损失/MPa	电压/V	电流/A	A	B	B₁	B₂	a	b	D	d	d₁	H	H₁	H₂	L	L₁	L₂	L₃	F	M	质量/kg	生产厂
STF-25 ×※L-C	25	80	≤0.01	12	2.5	208	53	95	120			54	20	12	215	50	147	366	345	320	100	265	M27×2	8.1	沈阳六玲过滤机器有限公司，远东液压配件厂
STF-40 ×※L-C	40														232									8.9	
STF-63 ×※L-C	63					238	60	105	130			70	32	12	241	56	161	406	385	360	110	275	M42×2	11.3	
STF-100 ×※L-C	100			24	2										291									12.9	
STF-160 ×※L-C	160	100				353	81	130	155	70	40	89	50	12	362	67	187	534	510	485	175	350		23.7	
STF-250 ×※F-C	250			36	1.5										432									26.1	
STF-400 ×※F-C	400	180				355	90	150	175	90	50	102	65	12	467	80	222	551	530	505	190	400		42.4	
STF-630 ×※F-C	630			220	0.25	430	115	190	220	120	70	133	90	15	569	100	278	666	660	630	220	545		69.0	
STF-800 ×※F-C	800														627									71.2	

（11）RFB、CHL 型自封式（磁性）回油过滤器

该过滤器装有压差发信号器、旁通阀、自封阀和集污盅。CHL 型过滤器在滤芯前方设置永久磁铁。在过滤器底装有消泡扩散器，使回油能平稳流入油箱。过滤器可直接安装在油箱的顶部、侧部和底部。

型号意义：

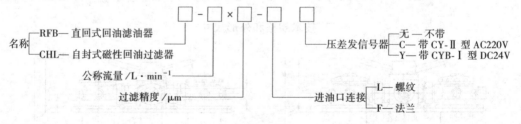

表 21-8-164　　　　　　　　　　　　　　　技术规格

型号	通径/mm	公称流量/L·min⁻¹	过滤精度/μm	公称压力 /MPa	允许最大压力损失 /MPa	旁通阀开启压力 /MPa	发信号装置发信号压力 /MPa	滤芯型号	生产厂
CHL-25×※LC	15	25	3 5 10 20 30 40	1.6	0.35	≥0.37	0.35	H-CX25×※	远东液压配件厂
CHL-40×※LC	20	40						H-CX40×※	
CHL-63×※LC	25	63						H-CX63×※	
CHL-100×※LC	32	100						H-CX100×※	
CHL-160×※LC	40	160						H-CX160×※	

型　　号	通径/mm	公称流量/L·min⁻¹	过滤精度/μm	公称压力	允许最大压力损失	旁通阀开启压力	发信号装置发信号压力	滤芯型号	生产厂
					/MPa				
CHL-250×※FC	50	250	3 5 10 20 30 40	1.6	0.35	≥0.37	0.35	H-CX250×※	远东液压配件厂
CHL-400×※FC	65	400						H-CX400×※	
CHL-630×※FC	80	630						H-CX630×※	
CHL-800×※FC	90	800			0.27	≥0.27	0.27	H-CX800×※	
CHL-1000×※FC	100	1000						H-CX1000×※	
CHL-1250×※FC	110	1250		1.2				H-CX1250×※	
CHL-1600×※FC	125	1600						H-CX1600×※	
RFB-25×※$^{C}_{Y}$		25	1 3 5 10 20 30	1.6	0.35	0.4	0.35	FBX-25×※	黎明液压机电厂
RFB-40×※$^{C}_{Y}$		40						FBX-40×※	
RFB-63×※$^{C}_{Y}$		63						FBX-63×※	
RFB-100×※$^{C}_{Y}$		100						FBX-100×※	
RFB-160×※$^{C}_{Y}$		160						FBX-160×※	
RFB-250×※$^{C}_{Y}$		250						FBX-250×※	
RFB-400×※$^{C}_{Y}$		400						FBX-400×※	
RFB-630×※$^{C}_{Y}$		630						FBX-630×※	
RFB-800×※$^{C}_{Y}$		800						FBX-800×※	
RFB-1000×※$^{C}_{Y}$		1000						FBX-1000×※	

CHL 型（螺纹连接）过滤器外形尺寸

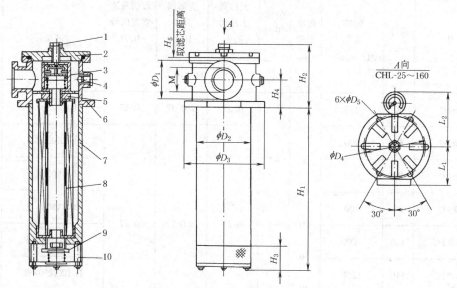

$$\frac{A 向}{CHL-25\sim160}$$

1—密封螺钉；2—端盖；3—旁通阀；4—压差发信号装置接口；5—磁铁；6—与油箱连接法兰；
7—壳体；8—滤芯；9—自封阀；10—消泡器

表 21-8-165   mm

型　　号	H_1	H_2	H_3	H_4	H_5	D_1	M	D_2	D_3	D_4	D_5	L_1	L_2
CHL-25×※LC	172				95		M22×1.5						
CHL-40×※LC	192	124	56	45	115	48	M27×2	108	148	130	7	70	135
CHL-63×※LC	260				185		M33×2						
CHL-100×※LC	224	170	60	75		100	M42×2						
CHL-160×※LC	314				275		M48×2	127	170	150	9	100	144

CHL 型（法兰连接）过滤器外形尺寸

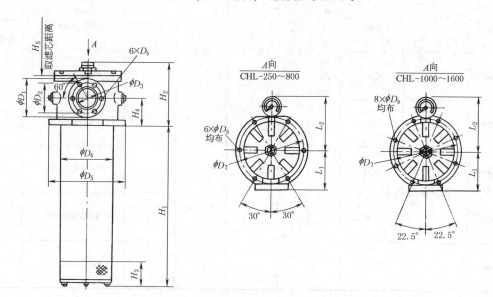

$$\frac{A 向}{CHL-250\sim800}$$

$$\frac{A 向}{CHL-1000\sim1600}$$

表 21-8-166

mm

型　　号	H_1	H_2	H_3	H_4	H_5	D_1	D_2	D_3	D_4	D_5	D_6	D_7	D_8	L_1	L_2
CHL-250×※FC	445	170	60	75	405	100	85	50	127	170	M8	150	9	100	145
CHL-400×※FC							100	65							
CHL-630×※FC	675	220	80	110	640	140	116	80	180	235		210	12	120	172
CHL-800×※FC	845				810		124	90							
CHL-1000×※FC	610				550										
CHL-1250×※FC	730	285	113	155	670	185	164	125	230	290	M10	264	12	150	208
CHL-1600×※FC	880				820										

RFB 型过滤器外形尺寸

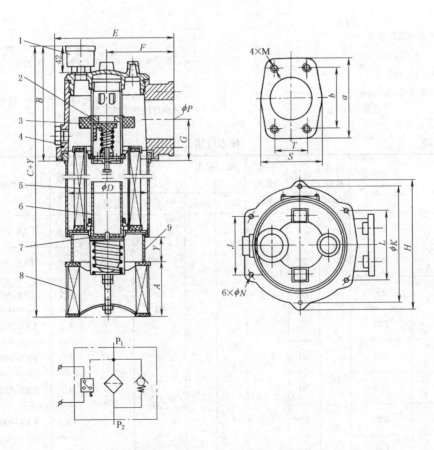

1—发信号箱（M18×1.5）；2—旁通阀；3—永久磁铁；
4—回油孔及放油孔；5—滤芯；6—溢流管；7—止回阀；
8—扩散器；9—用户所需的接管

表 21-8-167   mm

型　号	A	B	C	D	E	F	G	H	J	K	L	N	P	M	a	b	S	T
RFB-25×※^C_Y			348+Y															
RFB-40×※^C_Y			374+Y															
RFB-63×※^C_Y	78	167	411+Y	124	175	96.5	58	168	75	150	90	7	55	M10	102	78	80	43
RFB-100×※^C_Y			473+Y															
RFB-160×※^C_Y			548+Y															
RFB-250×※^C_Y			558+Y															
RFB-400×※^C_Y			708+Y															
RFB-630×※^C_Y	120	210	877+Y	186	250	132	74	245	112	225	132	9	80	M12	140	106	110	62
RFB-800×※^C_Y			948+Y															
RFB-1000×※^C_Y			1114+Y															

注：进油口连接法兰由厂方提供，用户只需准备好直径为 ϕP 的管子焊上即可。

（12）RFA 型微型直回式回油过滤器

该过滤器安装在油箱顶部，筒体部分浸于油箱内并设置旁通阀、扩散器、滤芯污染堵塞发信号器等装置。

型号意义：

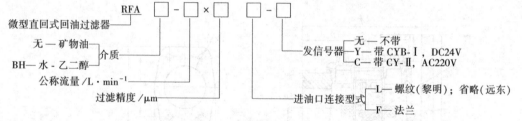

表 21-8-168   技术规格

型　号	公称流量 /L·min⁻¹	过滤精度 /μm	通径 /mm	公称压力 /MPa	压力损失 /MPa		发信号装置		质量 /kg	滤芯型号	生产厂
					最小	最大	电压/V	电流/A			
RFA-25×※L-^C_Y	25	1	15				12	2.5	2.8	FAX-25×※	远东液压配件厂，黎明液压机电厂
RFA-40×※L-^C_Y	40		20						3.0	FAX-40×※	
RFA-63×※L-^C_Y	63	3	25				24	2	4.2	FAX-63×※	
RFA-100×※L-^C_Y	100	5	32						4.6	FAX-100×※	
RFA-160×※L-^C_Y	160		40	1.6	≤0.075	0.35	36	1.5	7.4	FAX-160×※	
RFA-250×※F-^C_Y	250	10	50						9.4	FAX-250×※	
RFA-400×※F-^C_Y	400	20	65				220	0.25	13.1	FAX-400×※	
RFA-630×※F-^C_Y	630		80						23.8	FAX-630×※	
RFA-800×※F-^C_Y	800	30	90						25.5	FAX-800×※	

RFA 型过滤器外形尺寸

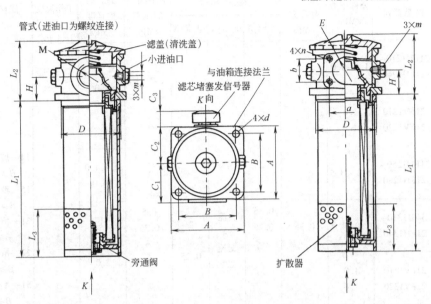

管式（进油口为螺纹连接）
滤盖（清洗盖）
小进油口
法兰式（进油口为法兰连接）
与油箱连接法兰
滤芯堵塞发信号器
旁通阀
扩散器

表 21-8-169　　螺纹连接的 RFA 型过滤器外形尺寸　　mm

型　号	L_1	L_2	L_3	H	D	M	m	A	B	C_1	C_2	C_3	d
RFA-25×※L-C/Y	127	74	45	25	$\phi75$	M22×1.5	M18×1.5	90	70	53	45	28	$\phi9$
RFA-40×※L-C/Y	158					M27×2							
RFA-63×※L-C/Y	185	93	60	33	$\phi95$	M33×2		110	85	60	53		
RFA-100×※L-C/Y	245					M42×2							
RFA-160×※L-C/Y	322	108	80	40	$\phi110$	M48×2		125	95	71	61		$\phi13$

表 21-8-170　　法兰连接的 RFA 型过滤器外形尺寸　　mm

型　号	L_1	L_2	L_3	H	D	E	m	a	b	n	A	B	C_1	C_2	C_3	d	Q
RFA-250×※F-C/Y	422	108	80	40	$\phi110$	$\phi50$	M18×1.5	70	40	M10	125	95	81	61	28	$\phi13$	60
RFA-400×※F-C/Y	467	135	100	55	$\phi130$	$\phi65$		90	50		140	110	90	68			73
RFA-630×※F-C/Y	494	175	118	70	$\phi160$	$\phi90$		120	70		170	140	110	85			102
RFA-800×※F-C/Y	606	175	118	70	$\phi160$	$\phi90$		120	70		170	140	110	85			102

注：出油口法兰所配管直径为 ϕQ。

（13）21FH 型过滤器

21FH 型过滤器的技术参数、结构及外形尺寸见表 21-8-171~表 21-8-187。

表 21-8-171　　　　　　　　　　　　技术参数

类别	种类	产品系列	公称压力/MPa	最大工作压差/MPa	压差指示器			旁通阀开启压差/MPa	滤芯结构强度/MPa	工作温度/℃	滤材及过滤比	精度/μm
					发讯值	电压/V	电流/A					
管路过滤器	普通管路	21FH1210~21FH1240	1.0~4.0	0.35	0.35 0.25 …	直流24 交流220	2 0.25	0.5 0.35 …	1.0 2.0	−20~80	14—玻璃纤维 β≥100 15—玻璃纤维 β≥200 21—植物纤维 β≥2 22—植物纤维 β≥10 51—不锈钢网 β≥2	4,6,10,14,20,…
		21FV1210 21FV1220	1.0 1.6									
		21FH1250~21FH1280	6.3~31.5						2.0,4.0 16.0			
	双筒管路	21FH1310~21FH1340	1.0~4.0						1.0 2.0			
		21FV1310 21FV1320	1.0 1.6									
		21FH1350~21FH1380	6.3~31.5						2.0,4.0 16.0			
	板式	21FH1450~21FH1480	6.3~31.5						2.0,4.0 16.0			
油箱过滤器	吸油管路	21FH1100	0.6	−0.02	0.02	—	—	0.03	1.0		51—不锈钢网 β≥2 61—铜网 β≥2	40,60 80,120,180,…
	箱内吸油	21FH2100			—				0.6			
	箱上吸油	21FH2200			0.02			0.03	1.0			
	自封吸油	21FH2300						—				
	箱上回油	21FH2410	1.0	0.25	0.25	直流24 交流220	2 0.25	0.35	1.0		14—玻璃纤维 β≥100 15—玻璃纤维 β≥200 21—植物纤维 β≥2 22—植物纤维 β≥10 51—不锈钢网 β≥2	4,6,10,14,20,…
	箱上双筒回油	21FH2510										
	自封回油	21FH2610										

注：1. 所有吸油过滤器都配置真空发讯器；管路过滤器都配置压差发讯器；油箱回油过滤器都配置差压表。客户可根据自己的实际需求选择目视式压差发讯器、压差表、压力发讯器等各种压差指示器。

2. 如需配带旁通阀，请在订货时注明。

3. 生产厂为北京承天倍达过滤技术有限公司。

21FH1100 吸油管路过滤器

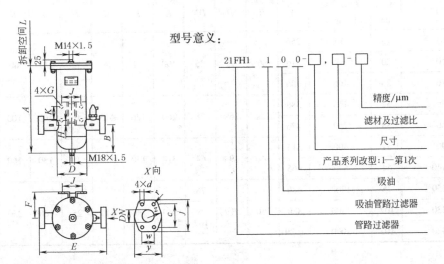

型号意义：

21FH1 1 0 0-□,□-□

- 精度/μm
- 滤材及过滤比
- 尺寸
- 产品系列改型：1—第1次
- 吸油
- 吸油管路过滤器
- 管路过滤器

配件：进出口配对法兰及密封圈、螺钉、垫圈。

法兰尺寸及相配的焊管直径见法兰尺寸一览表21-8-187。

表 21-8-172 mm

型　号	通径/mm	额定流量/L·min⁻¹	A	B	DN	D	E	F	G	H	J	K	L	质量/kg
21FH1100-5	25	40	256	86	25	95	240	74	9	12	70	60	170	4
21FH1100-14	32	63	326	122	38	133	310	116	13	0	90	60	170	9
21FH1100-22	38	100	386										230	11
21FH1100-30	51	160	425	140	64	178	380	134	17	20	120	90	260	25
21FH1100-48	64	250	515										350	30
21FH1100-60	76	400	530	150	76	203	390	142	17	20	130	100	350	45
21FH1100-80	102	630	530	150	102	219	400	146	17	20	150	140	350	58
21FH1100-140	127	1000	680		127								500	62

21FH1210、21FH1220、21FH1230、21FH1240 型普通管路过滤器

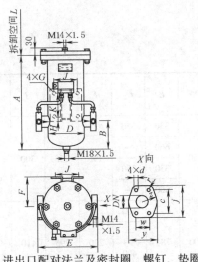

型号意义：

21FH1 2 * 0-□,□□-□

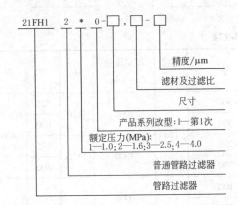

- 精度/μm
- 滤材及过滤比
- 尺寸
- 产品系列改型：1—第1次
- 额定压力(MPa)：1—1.0；2—1.6；3—2.5；4—4.0
- 普通管路过滤器
- 管路过滤器

配件：进出口配对法兰及密封圈、螺钉、垫圈。

法兰尺寸及相配的焊管直径见法兰尺寸一览表21-8-187。

表 21-8-173

mm

型　号	通径 /mm	额定流量 /L·min⁻¹	A	B	D	DN	E	F	G	H	J	K	L	质量 /kg
21FH12＊0-6	15	40	256										140	5
21FH12＊0-10	20	63	316	86	95	25	190	74	φ9	12	70	60	200	6
21FH12＊0-16	25	100	406										300	7
21FH12＊0-36	32	160	386	122	159	38	260	126	φ13	0	100	100	230	12
21FH12＊0-60	38	250	476										320	19
21FH12＊0-90	51	400	515	140	194	64	310	140	φ17	0	130	160	330	32
21FH12＊0-140	64	630	665										480	38
21FH12＊0-150	76	1000	680			76							480	52
21FH12＊0-230	102	1500	880	150	219		340	148	φ17	25	160	250	680	54
21FH12＊0-320	102	2000	1080			102							880	57

21FV1210、21FV1220；21FV1211、21FV1221 型普通管路过滤器

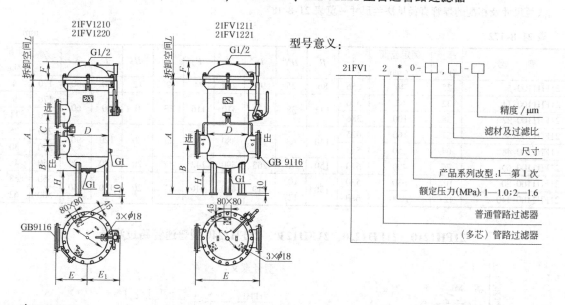

表 21-8-174

mm

型　号	通径 /mm	额定流量 /L·min⁻¹	A	B	D	DN	E	E₁	F	H	J	L	质量 /kg
21FV12＊0-500		3000	1120	525			330	350				750	225
21FV12＊1-500	150			600	400	150	660	—	195	255	300		
21FV12＊0-700		4000	1320	525			330	350				950	240
21FV12＊1-700				600			660	—					
21FV12＊0-1000		6000	1380	600	500	200	784	400	220	295	410	950	280
21FV12＊1-1000	200							—					
21FV12＊0-1300		8000						400					310
21FV12＊1-1300								—					

21FH1250、21FH1260、21FH1270、21FH1280型普通管路过滤器

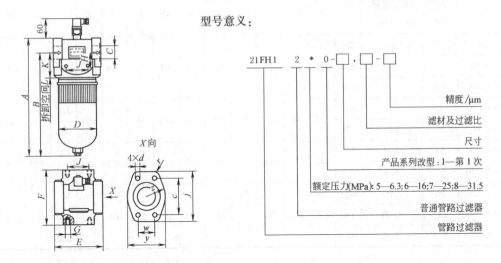

型号意义：

配件：进出口配对法兰及密封圈、螺钉、垫圈。

法兰尺寸及相配的焊管直径见法兰尺寸一览表21-8-187。

表 21-8-175   mm

型　　号	通径/mm	额定流量/L·min⁻¹	A	B	C 公制螺纹	C 管螺纹	C 法兰	D	E	F	G	H	J	K	L	质量/kg
21FH12＊0-5	10	40	190	162	M22×1.5	G1/2	—	68	89	89	M8×10	25	45	55	230	6
21FH12＊0-8	15	63	250	222	M27×2	G3/4									360	8
21FH12＊0-12	20	100	340	312	M33×2	G1									550	10
21FH12＊0-18	25	160	295	247	M42×2	G1¼	DN19	121	152	158	M12×16	36	70	72	360	15
21FH12＊0-30	32	250	385	337	M48×2	G1½	DN25								550	25
21FH12＊0-50	38	400	535	487			DN38								850	34
21FH12＊0-65	51	630	585	519			DN51	140	185	180	M16×25	40	80	95	410	38
21FH12＊0-100	64	1000	810	745			DN64								640	48

21FH1310、21FH1320、21FH1330、21FH1340型双筒管路过滤器

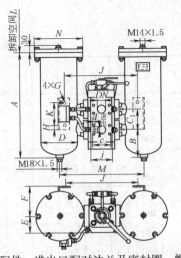

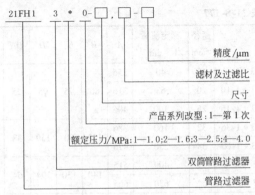

型号意义：

配件：进出口配对法兰及密封圈、螺钉、垫圈。

法兰尺寸及相配的焊管直径见法兰尺寸一览表21-8-187。

表 21-8-176
mm

型 号	通径/mm	额定流量/L·min⁻¹	A	B	C₁	D	DN	E	F	G	H	J	K	L	M	N	质量/kg
21FH13*0-6	15	40	256	86	75	95	25	75	78	φ9	12	240	90	140	270	150	18
21FH13*0-10	20	63	316											200			21
21FH13*0-16	25	100	406											300			25
21FH13*0-36	32	160	386	122	90	159	38	75	130	φ13	20	318	100	230	368	215	60
21FH13*0-60	38	250	476											320			65
21FH13*0-90	51	400	515	140	130	194	64	95	147	φ17	20	400	160	330	400	250	95
21FH13*0-140	64	630	665											480			115
21FH13*0-150	76	1000	680	150	170	219	76	110	160	φ17	25	464	250	480	464	278	170
21FH13*0-230	102	1500	880				102							680			182
21FH13*0-320	102	2000	1080											880			195

21FH1311、21FH1321、21FH1331、21FH1341 型双筒管路过滤器

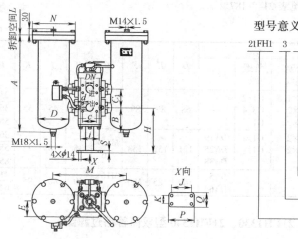

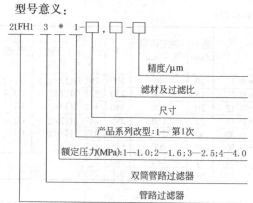

型号意义：

表 21-8-177
mm

型 号	通径/mm	额定流量/L·min⁻¹	A	B	C₁	D	DN	E	H	J	K	L	M	N	P	Q	S	质量/kg
21FH13*1-6	15	40	256	86	75	95	25	75	170	100	40	140	270	150	130	70	10	20
21FH13*1-10	20	63	316									200						23
21FH13*1-16	25	100	406									300						27
21FH13*1-36	32	160	386	122	90	159	38	75	260	100	40	230	368	215	130	70	10	62
21FH13*1-60	38	250	476									320						68
21FH13*1-90	51	400	515	140	130	194	64	95	272	130	70	330	400	250	178	118	20	98
21FH13*1-140	64	630	665									480						118
21FH13*1-150	76	1000	680	150	170	219	76	110	400	130	70	480	464	278	178	118	20	173
21FH13*1-230	102	1500	880				102					680						185
21FH13*1-320	102	2000	1080									880						198

21FV1310、21FV1320型双筒管路过滤器

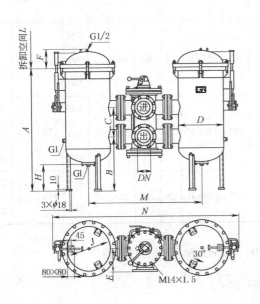

型号意义:

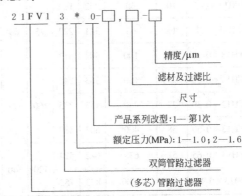

表21-8-178 mm

型　　号	通径 /mm	额定流量 /L·min⁻¹	A	B	C	D	DN	E	F	H	J	L	M	N	质量 /kg
21FV13*0-500	150	3000	1120	525	330	400	150	260	195	255	300	750	1190	1920	666
21FV13*0-700	150	4000	1320	525	330	400	150	260	195	255	300	950	1190	1920	688
21FV13*0-1000	200	6000	1380	600	380	500	200	325	220	295	410	950	1440	2270	810
21FV13*0-1300	200	8000	1380	600	380	500	200	325	220	295	410	950	1440	2270	820

21FH1350、21FH1360、21FH1370、21FH1380型双筒管路过滤器

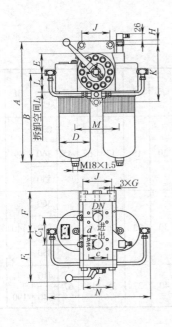

型号意义:

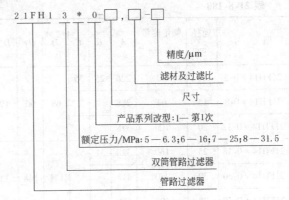

表 21-8-179

mm

型　号	通径/mm	额定流量/L·min⁻¹	A	B	C_1	D	DN	E	F	G	H	J	K	L	L_1	M	N	质量/kg
21FH13＊0-5	10	40	252	162	75	68	19	58	108	φ14×36	12	80	160	55	230	120	265	25
21FH13＊0-8	15	63	321	222											360			29
21FH13＊0-12	20	100	402	312											550			33
21FH13＊0-18	25	160	363	245	100	121	38	72	152	φ18×42	15	110	215	72	360	170	396	42
21FH13＊0-30	32	250	453	335											550			62
21FH13＊0-50	38	400	603	485											850			80
21FH13＊0-65	51	630	642	524	120	140	51	82	170	φ23×41	28	110	250	95	410	190	440	175
21FH13＊0-100	64	1000	872	752											640			195

21FH1450、21FH1460、21FH1470、21FH1480 型板式过滤器

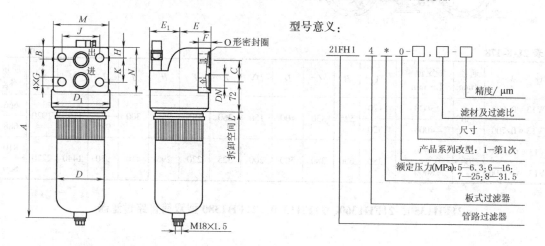

型号意义：

表 21-8-180

mm

型　号	通径/mm	额定流量/L·min⁻¹	A	B	C	D	D_1	DN	E	E_1	F	G	H	J	K	L	M	N	质量/kg
21FH14＊0-5	10	40	228	25	35	68	90	19	47	55	20	18	17	62	45	230	89	77	6
21FH14＊0-8	15	63	288													360			8
21FH14＊0-12	20	100	378													550			10
21FH14＊0-18	25	160	328	31	52	121	148	32	76	76	30	23	26	95	60	360	140	110	16
21FH14＊0-30	32	250	418													550			26
21FH14＊0-50	38	400	568													850			35
21FH14＊0-65	51	630	622	41	67	140	180	51	92	92	40	27	25	140	67	410	190	149	40
21FH14＊0-100	64	1000	852													640			50

21FH2100 箱内吸油过滤器

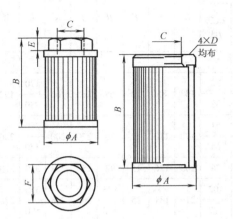

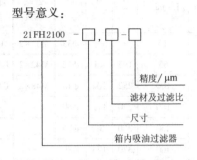

型号意义：

21FH2100 - □, □ - □

精度/μm

滤材及过滤比

尺寸

箱内吸油过滤器

表 21-8-181

mm

型　　号	通径/mm	额定流量/L·min⁻¹	A	B	C		D	E	F	质量/kg
21FH2100-4	25	40	80	100	M33×2	G1	—	17	55	0.3
21FH2100-8	32	63	80	160	M42×2	G1¼	—	17	55	0.5
21FH2100-12	38	100	100	160	M48×2	G1½	—	21	65	0.8
21FH2100-18	51	160	100	160	DN51			62	—	1.5
21FH2100-25	64	250	140	160	DN64		M6×12	78	—	2
21FH2100-40	76	400	140	250	DN76			90	—	3
21FH2100-60	102	630	160	250	DN102		M8×14	116	—	4
21FH2100-120	127	1000	180	400	DN127			143	—	5

21FH2200 箱上吸油过滤器

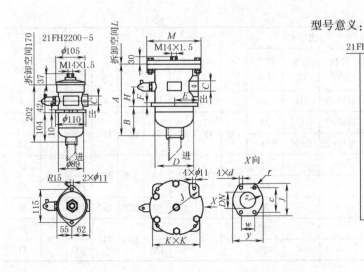

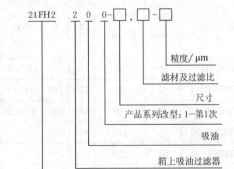

型号意义：

21FH2 2 0 0-□, □-□

精度/μm

滤材及过滤比

尺寸

产品系列改型：1-第1次

吸油

箱上吸油过滤器

油箱过滤器

表 21-8-182

mm

型　号	通径/mm	额定流量/L·min⁻¹	A	B	进口	出口 C			D	E	F	H	J	K	L	M	质量/kg
						公制螺纹	管螺纹	法兰DN									
21FH2200-5	25	40	—	—	$\phi32$	M33×2	G1	—	—	—	—	—	—	—	—	—	4
21FH2200-14	32	63	192	44	$\phi42$	M42×2	G1¼	32	133	85	12	68	185	166	170	192	8
21FH2200-22	38	100	252	104	$\phi48$	M48×2	G1½	38							230		11
21FH2200-30	51	160	270	112	$\phi60$	—		51	178	110	12	78	220	200	260	236	18
21FH2200-48	64	250	360	202	$\phi76$	—		64							350		22
21FH2200-60	76	400	370	174	$\phi89$	—		76	203	126	15	92	250	232	350	270	32
21FH2200-80	102	630	390	142	$\phi114$	—		102	219	134	15	123	260	248	350	278	35
21FH2200-140	127	1000	440	292	$\phi140$	—		127				138			500		38

21FH2300 型自封吸油过滤器

型号意义：

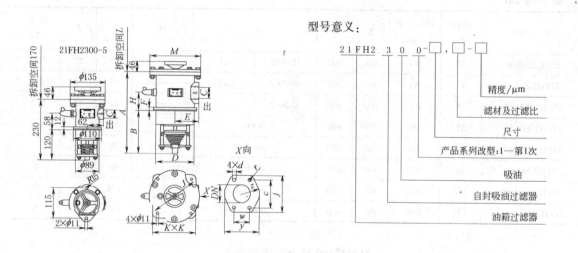

表 21-8-183

mm

型　号	通径/mm	额定流量/L·min⁻¹	A	B	出口 C			D	E	F	H	J	K	L	M	质量/kg
					公制螺纹	管螺纹	法兰DN									
21FH2300-5	25	40	—	—	M33×2	G1	—	—	—	—	—	—	—	—	—	8
21FH2300-14	32	63	290	140	M42×2	G1¼	32	133	85	12	68	185	166	170	192	9
21FH2300-22	38	100	350	200	M48×2	G1½	38							230		10
21FH2300-30	51	160	370	189	—		51	178	110	12	78	220	200	260	236	15
21FH2300-48	64	250	610	438	—		64							350		18
21FH2300-60	76	400	486	290	—		76	203	126	15	92	250	232	350	270	26
21FH2300-80	102	630	483	235	—		102	219	134	15	123	260	248	350	278	38
21FH2300-140	127	1000	633	345	—		127				138			500		41

21FH2410 型箱上回油过滤器

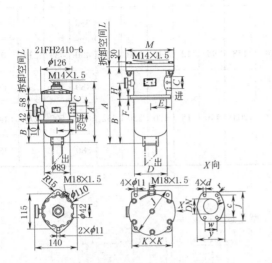

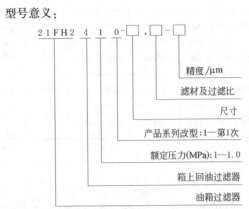

型号意义：

21FH2410-□,□-□

精度/μm

滤材及过滤比

尺寸

产品系列改型:1—第1次

额定压力(MPa):1—1.0

箱上回油过滤器

油箱过滤器

表 21-8-184   mm

型　　号	通径/mm	额定流量/L·min⁻¹	A	B	进口C		出口	D	E	F	H	J	K	L	M	质量/kg
21FH2410-6	15	40	156	62	M22×1.5	G1/2								170		4
21FH2410-10	20	63	216	122	M27×2	G3/4	φ32	—	—	—	—	—	—	230	—	5
21FH2410-16	25	100	306	212	M33×2	G1								320		6
21FH2410-36	32	160	230	103	M42×2	G1¼	32 φ42	133	85	12	60	185	166	230	192	9
21FH2410-60	38	250	320	193	M48×2	G1½	38 φ48							320		13
21FH2410-90	51	400	360	186	—	—	51 φ60							330		20
21FH2410-140	64	630	510	336	—	—	64 φ76	178	110	17	80	220	200	480	236	22
21FH2410-150	76	1000	521	322	—	—	76 φ89				94			480		33
21FH2410-230	102	1500	721	502	—	—	102 φ114	203	126	17	115	250	232	680	270	35
21FH2410-320	102	2000	921	702	—	—								880		38

21FH2510 型箱上双筒回油过滤器

表 21-8-185   mm

型　　号	通径/mm	额定流量/L·min⁻¹	A	B	进口DN	出口	D	E	F	H	J	K	L	M	N	质量/kg
21FH2510-6	15	40	200	62									170			15
21FH2510-10	20	63	260	122	25	φ32	—	—	—	—	—	—	230	—	—	18
21FH2510-16	25	100	350	212									320			22
21FH2510-36	32	160	253	90									230			45
21FH2510-60	38	250	343	180	38	φ48	133	74	12	90	185	166	320	342	192	51

续表

型　号	通径/mm	额定流量/L·min⁻¹	A	B	进口DN	出口	D	E	F	H	J	K	L	M	N	质量/kg
21FH2510-90	51	400	360	266									330			65
21FH2510-140	64	630	510	416	64	φ76	178	95	12	110	220	200	480	434	236	78
21FH2510-150	76	1000	518	283	76	φ89							480			132
21FH2510-230	102	1500	718	483	102	φ114	203	110	15	120	250	232	680	500	270	146
21FH2510-320	102	2000	918	683									880			155

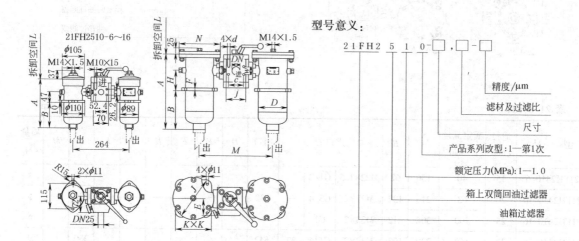

21FH2610型自封回油过滤器

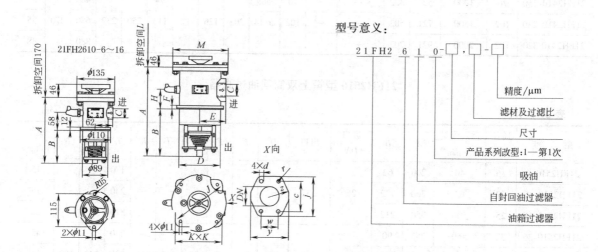

表 21-8-186   mm

型　　号	通径 /mm	额定流量 /L·min⁻¹	A	B	进口 C		D	E	F	H	J	K	L	M	质量 /kg
21FH2610-6	15	40	230	120	M22×1.5	G1/2							170		8
21FH2610-10	20	63	290	180	M27×2	G3/4	—	—	—	—	—	—	230	—	9
21FH2610-16	25	100	380	270	M33×2	G1							320		10
21FH2610-36	32	160	350	200	M42×2	G1¼	32						230		15
21FH2610-60	38	250	440	290	M48×2	G1½	38	133	85	12	65	185	166	320	192	18
21FH2610-90	51	400	460	288	—	—	51							330		26
21FH2610-140	64	630	610	438	—	—	64	178	110	12	80	220	200	480	236	29
21FH2610-150	76	1000	630	439	—	—	76			94				480		37
21FH2610-230	102	1500	746	502	—	—	102	203	126	15	104	250	232	680	270	39
21FH2610-320	102	2000	946	702	—	—								880		41

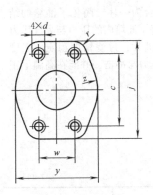

表 21-8-187   法兰尺寸一览表   mm

DN	j	c	r	w	y	z	d	焊管直径
19	65	47.6	9	22.3	52	26	M10×16	25
25	70	52.4	9	26.2	59	29	M10×16	32
32	79	58.7	10	30.2	73	37	M10×18	42
38	94	69.9	12	35.7	83	41	M12×18	48
51	102	77.8	12	42.9	97	49	M12×20	60
64	114	88.9	13	50.8	109	54	M12×20	76
76	135	106.4	14	61.9	131	66	M16×20	89
102	162	130.2	16	77.8	152	76	M16×20	114
127	184	152.4	16	92.1	181	90	M16×20	140

（14）空气滤清器

PAF 系列预压式空气滤清器

本产品采用空气过滤和加油过滤及进、排气单向阀一体结构，既简单又利于油的净化。适用于工程机械、行走车辆、移动机械以及需要具有压力的液压系统油箱配套使用。各项性能指标已达到国外同类产品技术要求，其连接尺寸与国外产品一致，达到互换、代替，且价格只有进口的1/5。

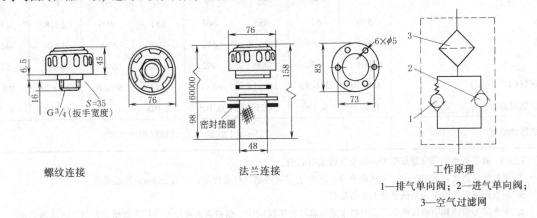

螺纹连接   法兰连接   工作原理

1—排气单向阀；2—进气单向阀；
3—空气过滤网

表 21-8-188　　技术规格

型号	PAF$_1$-※-※-※L	PAF$_2$-※-※-※F
单向阀开启压力/MPa	0.02、0.035、0.07	0.2、0.35、0.7
空气流量/m^3·min^{-1}	0.45、0.55、0.75	0.45、0.55、0.75
过滤精度/μm	10、20、40	10、20、40
油过滤网孔/mm	无加油滤网	0.5(可据用户要求)
适应温度/℃	-20~100	-20~100
连接方式	螺纹（G¾）	法兰（6 只 M4×16）
质量/kg	0.2	0.28

注：生产厂为温州黎明液压机电厂、贺德克公司、西德福公司。

型号意义：

```
PAF □ - □ - □   L
                    L—螺纹连接
                    F—法兰连接
                过滤精度
          流量
      单向阀开启压力
预压
式空
气滤
清器
型号：1、2
```

EF 系列液压空气滤清器

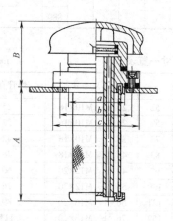

　　该产品把空气过滤和加油过滤合为一体，简化了油箱的结构，又利于油箱中油液的净化，维持了油箱内的压力与大气压力的平衡。采用铜基粉末冶金烧结过滤片，过滤精度稳定，强度大，塑性高，拆卸方便，能承受热应力与冲击，并能在高温下正常工作。

表 21-8-189　　　　　　　　　　　　　　　　　　　　　　　　　　　　mm

规格	EF$_1$-25	EF$_2$-32	EF$_3$-40	EF$_4$-50	EF$_5$-65	EF$_6$-80	EF$_7$-100	EF$_8$-120
加油流量/L·min^{-1}	9	14	21	32	47	70	110	160
空气流量/L·min^{-1}	65	105	170	260	450	675	1055	1512
油过滤面积/cm^2	80	120	180	270	400	600	942	1370
A	80	100	120	150	190	220	274	333
B	45	50	55	59	70	80	88	98
a	φ39	φ47	φ55	φ66	φ81	φ96	φ118	φ138
b	φ51	φ59	φ66.5	φ82	φ102	φ120	φ140	φ160
c	φ64	φ70	φ80	φ92	φ120	φ140	φ160	φ180
螺钉(4 只均布)	M4×10	M4×10	M5×14	M6×14	M8×16	M8×16	M8×20	M8×20
空气过滤精度	0.279	0.279	0.279	0.105	0.105	0.105	0.105	0.105
油过滤精度	125μm(120 目/in)（可根据用户要求）							

注：1. 表中所列空气流量是指 15m/s 空气流速时的值。

2. 系列代号意义：如 EF$_1$-25，1 代表型号，25 代表空气过滤口径及加油口径为 25mm。其他类推。

3. 一般选用空气流量为泵流量的 1.5 倍左右。

4. 生产厂为温州黎明液压机电厂、温州市瓯海临江液压机械厂、温州远东液压配件厂、贺德克公司、西德福公司。

QUQ 系列液压空气滤清器

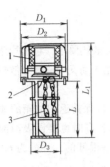

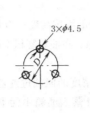

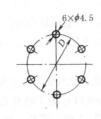

型号意义：

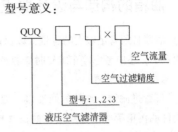

1—空气过滤器；2—加油过滤器；
　3—保险链条

与油箱盖板连接
的法兰孔尺寸

表 21-8-190   mm

型　号	空气过滤精度/μm	空气流量/m³·min⁻¹	温度范围/℃	油过滤网孔/mm	D	D_1	D_2	D_3	L	L_1	安装螺栓数量与规格
QUQ₁		0.25、0.4、1.0			φ41	φ50	φ44	φ28	82	134	3×M4×16
QUQ₂	10、20、40	0.63、1.0、2.5	−20~100	0.5（可根据用户要求选择）	φ73	φ83	φ76	φ48	98	159	6×M4×16
QUQ₃		1.0、2.5、4.0			φ145	φ160	φ150	φ95	195	320	6×M4×16

注：1. 表中空气流量是空气阻力 $\Delta p = 0.02$ MPa 时的值。

2. 本系列是在 EF 系列液压空气滤清器的基础上进行改进的，达到标准化、系列化，各项性能指标达到国外同类产品技术要求，连接尺寸与国外产品一致。

3. 生产厂为温州黎明液压机电厂，贺德克公司，西德福公司。

5　油箱及其附件

5.1　油箱的用途与分类

　　油箱在系统中的主要功能是储油和散热，也起着分离油液中的气体及沉淀污物的作用。根据系统的具体条件，合理选用油箱的容积、型式和附件，可以使油箱充分发挥作用。

　　油箱有开式和闭式两种。

　　（1）开式油箱

　　开式油箱应用广泛。箱内液面与大气相通。为防止油液被大气污染，在油箱顶部设置空气滤清器，并兼作注油口用。

　　（2）闭式油箱

　　闭式油箱一般指箱内液面不直接与大气连通，而将通气孔与具有一定压力的惰性气体相接，充气压力可达 0.05MPa。

　　油箱的形状一般采用矩形，而容量大于 2m³ 的油箱采用圆筒形结构比较合理，设备重量轻，油箱内部压力可达 0.05MPa。

5.2 油箱的构造与设计要点

1）油箱必须有足够大的容量，以保证系统工作时能够保持一定的液位高度；为满足散热要求，对于管路比较长的系统，还应考虑停车维修时能容纳油液自由流回油箱时的容量；在油箱容积不能增大而又不能满足散热要求时，需要设冷却装置。

2）设置过滤器。油箱的回油口一般都设置系统所要求的过滤精度的回油过滤器，以保持返回油箱的油液具有允许的污染等级。油箱的排油口（即泵的吸口）为了防止意外落入油箱中污染物，有时也装设吸油网式过滤器。由于这种过滤器侵入油箱的深处，不好清理，因此，即使设置，过滤网目也是很低的，一般为 60 目以下。

3）设置油箱主要油口。油箱的排油口与回油口之间的距离应尽可能远些，管口都应插入最低油面之下，以免发生吸空和回油冲溅产生气泡。管口制成 45°的斜角，以增大吸油及出油的截面，使油液流动时速度变化不致过大。管口应面向箱壁。吸油管离箱底距离 $H \geqslant 2D$（D 为管径），距箱边不小于 $3D$。回油管离箱底距离 $h \geqslant 3D$。

4）设置隔板将吸、回油管隔开，使液流循环，油流中的气泡与杂质分离和沉淀。隔板结构有溢流式标准型、回流式及溢流式等几种。另外还可根据需要在隔板上安置滤网。

5）在开式油箱上部的通气孔上必须配置空气滤清器。兼作注油口用。油箱的注油口一般不从油桶中将油液直接注入油箱，而是经过滤车从注油口注入，这样可以保证注入油箱中的油液具有一定的污染等级。

6）放油孔要设置在油箱底部最低的位置，使换油时油液和污物能顺利地从放油孔流出。在设计油箱时，从结构上应考虑清洗换油的方便，设置清洗孔，以便于油箱内沉淀物的定期清理。

7）当液压泵和电动机安装在油箱盖板上时，必须设置安装板。安装板在油箱盖板上通过螺栓加以固定。

8）为了能够观察向油箱注油的液位上升情况和在系统中看见液位高度，必须设置液位计。

9）按 GB/T 3766—2001 中 5、2、3a 规定："油箱的底部应离地面 150mm 以上，以便于搬移、放油和散热。"

10）为了防止油液可能落在地面上，可在油箱下部或上盖附近四周设置油盘。油盘必须有排油口，以便于油盘的清洁。

油箱的内壁应进行抛丸或喷砂处理，以清除焊渣和铁锈。待灰砂清理干净之后，按不同工作介质进行处理或者涂层。对于矿物油，常采用磷化处理。对于高水基或水、乙二醇等介质，则应采用与介质相容的涂料进行涂刷，以防油漆剥落污染油液。

5.3 油箱的容量与计算

油箱有效容量一般为泵每分钟流量的 3~7 倍。对于行走机械，冷却效果比较好的设备，油箱的容量可选择小些；对于固定设备，空间、面积不受限制的设备，则应采用较大的容量。如冶金机械液压系统的油箱容量通常取为每分钟流量的 7~10 倍，锻压机械的油箱容量通常取为每分钟流量的 6~12 倍。

油箱中油液温度一般推荐 30~50℃，最高不应超过 65℃，最低不低于 15℃。对于工具机及其他固定装置，工作温度允许在 40~55℃。

行走机械，工作温度允许达 65℃。在特殊情况下可达 80℃。对于高压系统，为了减少漏油。最好不超过 50℃。

另外，油箱容量大小可以从散热角度设计，计算出系统发热量或散热量（加冷却器时，再考虑冷却器散热后），从热平衡角度计算出油箱容积，详见表 21-8-191。

表 21-8-191

项目	计 算 公 式	说 明
发热计算	(1)液压泵功率损失 H_1 $$H_1 = P(1-\eta) \quad (W)$$ 如在一个工作循环中,有几个工序,则可根据各个工序的功率损失,求出总平均功率损失 H_1 $$H_1 = \frac{1}{T}\sum_{i=1}^{n} P_i(1-\eta)t_i \quad (W)$$	P——液压泵的输入功率,$P = \dfrac{pq}{\eta}$,W η——液压泵的总效率,一般在 0.7~0.85 之间,常取 0.8 p——液压泵实际出口压力,Pa q——液压泵实际流量,m^3/s T——工作循环周期,s t_i——工序的工作时间,s i——工序的次序
	(2)阀的功率损失 H_2 其中以泵的全部流量流经溢流阀返回油箱时,功率损失为最大 $$H_2 = pq \quad (W)$$	p——溢流阀的调整压力,Pa q——经过溢流阀流回油箱的流量,m^3/s 如计算其他阀门的发热量时,则上式中的 p 为该阀的压力降(Pa);q 为流经该阀的流量(m^3/s)
	(3)管路及其他功率损失 H_3 此功率损失,包括很多复杂的因素,由于其值较小,加上管路散热的关系,在计算时常予以忽略。一般可取全部能量的 0.03~0.05 倍,即 $$H_3 = (0.03 \sim 0.05)P \quad (W)$$	也可根据各部分的压力降 p 及流量 q 代入式中求得。在考虑此项发热量时,必须相应考虑管路的散热
	系统总的功率损失,即系统的发热功率 H 为上述各项之和 $$H = \sum H_i = H_1 + H_2 + H_3 + \cdots \quad (W)$$	
散热计算	液压系统各部分所产生的热量,在开始时一部分由运动介质及装置本体所吸收,较少一部分向周围辐射,当温度达到一定数值,散热量与发热量相对平衡,系统即保持一定的温度不再上升,若只考虑油液温度上升时所吸收的热量和油箱本身所散发的热量时,系统的温度 T 随运转时间 t 的变化关系如下 $$T = T_0 + \frac{H}{kA}\left[1 - \exp\left(\frac{-kA}{cm}t\right)\right] \quad (K)$$ 当 $t \to t_\infty$ 时,系统的平衡温度为 $$T_{max} = T_0 + \frac{H}{kA} \quad (K)$$	T——油液温度,K T_0——环境温度,K A——油箱的散热面积,m^2 c——油液的比热容,矿物油一般可取 $c = 1675 \sim 2093 J/(kg \cdot K)$ m——油箱中油液的质量,kg t——运转的时间,s k——油箱的传热系数,$W/(m^2 \cdot K)$ 周围通风很差时,$k = 8 \sim 9$ 周围通风良好时,$k = 15$ 用风扇冷却时,$k = 23$ 用循环水强制冷却时,$k = 110 \sim 174$
油箱容积计算	由此可见,环境温度为 T_0 时,最高允许温度为 T_Y 的油箱的最小散热面积 A_{min} 为 $$A_{min} = \frac{H}{k(T_Y - T_0)} \quad (m^2)$$ 如油箱尺寸的高、宽、长之比为 (1:1:1)~(1:2:3),油面高度达油箱高度的 0.8 时,油箱靠自然冷却使系统保持在允许温度 T_Y 以下时,则油箱散热面积可用下列近似公式计算 $$A \approx 6.66\sqrt[3]{V^2} \quad (m^2)$$ 当取 $k = 15W/(m^2 \cdot K)$ 时,令 $A = A_{min}$,得油箱自然散热的最小体积 $$V_{min} \approx 10^{-3}\sqrt{\left(\frac{H}{T_Y - T_0}\right)^3} \quad (m^3)$$	V——油箱的有效体积,m^3 V_{min}——自然散热时油箱的最小容积

5.4 油箱中油液的冷却与加热

油箱中的油，一般在 30~50℃ 范围内工作比较合适，最高不大于 60℃，最低不小于 15℃。过高，将使油液迅速变质，同时使泵的容积效率下降；过低，油泵启动吸入困难。因此，油液必须进行加热或冷却，其计算方法见表 21-8-192。

表 21-8-192

项目	计　算　公　式	说　　明
油箱中油液的冷却	最简单的冷却办法是在油箱中安设水冷蛇形管，缺点是冷却效率低(自然对流)，水耗量大，运转费用较高。因此，在回油系统中采用强制对流的冷却器降低油温，更为普遍 系统达到热平衡时的油温(此时系统的发热量与散热量相等)，或操作时的最高油温，如在允许温度以下时，只需自然冷却。否则，也可在油箱中设置水冷蛇形管进行冷却 用蛇形管冷却的油箱 蛇形管的冷却面积 $$A=\frac{H-H'}{K_1\Delta\tau_m}\quad(m^2)$$ 蛇形管长度 $$L=\frac{A}{\pi d}\quad(m)$$	H——系统的发热功率，W，一般只考虑油泵及溢流阀的发热量 H_1 及 H_2，见表 21-8-191 H'——系统的散热功率，W，在计算时可只考虑油箱的散热量 $$H'=kA\Delta\tau$$ k——油箱的传热系数，W/(m²·K)，见表 21-8-191 A——油箱的散热面积，m² $\Delta\tau$——油在操作时，油与周围空气的允许温度差，K K_1——蛇形铜管表面传热系数，W/(m²·K)，一般取 $K=375\sim384$W/(m²·K) $\Delta\tau_m$——油与冷却水之间的平均温度差，K d——管内径，m，管径一般在 15~25mm 范围内选取
油箱中油液的加热	在低温环境工作，为保持合适的油温，油箱必须进行加热。可用蒸汽加热或电加热。加热器的发热能力，可按下式估算 $$H\geqslant\frac{c\gamma V\Delta\tau}{T}\quad(W)$$ (1)蒸汽加热蛇形管的计算 蛇形管加热面积 $$A=\frac{H}{K\Delta\tau_m}\quad(m^2)$$ 蛇形管长 $$L=\frac{A}{\pi d}\quad(m)$$ 蒸汽冷却时，冷凝水聚集下端增加了排除未凝结气体的困难，降低了传热效果，因此管不宜过长。若需传热面积较大，则可分成若干并联部分，各并联管互相排成同心圆形状 当用蒸汽加热时，管长与管径之比不应超过下列数值：	c——油的比热容(矿物油)，J/(kg·K)，取 $c\approx1675\sim2093$J/(kg·K) γ——油的密度，kg/m³，取 $\gamma\approx900$kg/m³ V——油箱容积，m³ $\Delta\tau$——油加热后温升，K T——加热时间，s K——蒸汽蛇形管传热系数，W/(m²·K)，取 $K=70\sim100$W/(m²·K) $\Delta\tau_m$——油与蒸汽间的平均温度差，K d——管内径，m，管径通常在 20~28mm 范围内选取

蒸汽压力/kPa	45	83	125	150	200	300	400	500
$\left(\dfrac{L}{d}\right)_{max}$	100	125	150	175	200	225	250	275

(2)电加热器的计算
电加热器的功率

$$N=H/860\eta\quad(kW)$$

装设电加热器后，可以根据允许的最高、最低油温自动进行

η——热效率，取 0.6~0.8

5.5 油箱及其附件的产品

（1）油箱（引进力士乐技术产品）

型号意义：

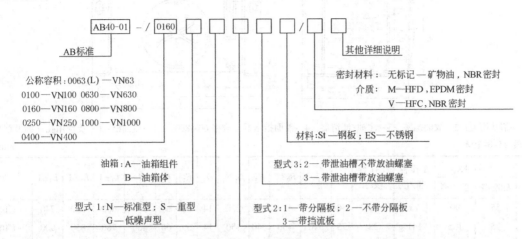

注：AB40-33 为不带支撑脚的矩形油箱，AB40-30 为带管支撑脚的矩形油箱；其型号标记意义除 AB 标准处必须分别代之 AB40-33 或 AB40-30 外，其他均相同。

油箱的规格参数见表 21-8-193～表 21-8-196。

带支撑脚的矩形油箱

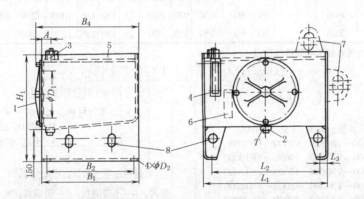

1—清洗用盖；2—放油螺塞；3—注油/滤清器（RE31020）；4—液面指示器；5—盛油槽；

6—用于规格 1000 的第二个液面指示器；7—运输用吊环，根据需要；8—起吊用孔（标准型）

表 21-8-193 mm

规 格	质量/kg		工作容量/L	工作容积/L	A	B_1	$B_2 \pm 1$	B_4	$D_1{}^{+3}_{\ 0}$	D_2	H_1	$L_1 \pm 2$	$L_2 \pm 1$	L_3	T
	标准型	重 型													
60	55	95	66	20	50	463	415	499	220	14	500	600	520	60	R1
120	75	140	125	25.5	75	510	460	546	350	14	600	760	680	60	R1
250	135	225	250	46	75	620	570	656	350	14	670	1010	912	70	R1
350	175	300	375	56	90	764	650	800	465	14	750	1014	914	70	R1½
500	280	415	540	84	90	766	650	802	465	14	750	1516	1416	70	R1½
800	385	630	830	127	90	866	750	902	465	23	750	2000	1900	70	R1½
1000	435	820	1100	320	90	866	750	902	465	23	900	2000	1900	70	R1½

注：生产厂北京中冶迈克液压有限责任公司。

不带支撑脚的矩形油箱

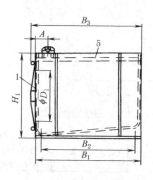
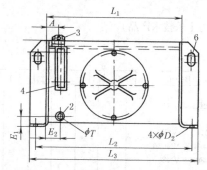

1—清洗用盖；2—放油螺塞；3—注油/滤清器；4—液面指示器（规格60~800）；5—盛油槽；6—支撑用孔（标准型）

表 21-8-194

mm

规格	质量/kg		工作容量/L	工作容积/L	A	$B_1 \pm 1$	$B_2 \pm 2$	B_3	$D_1\,^{+3}_0$	D_2	E_1	E_2	H_1	$L_1 \pm 1$	$L_2 \pm 1$	$L_3 \pm 1$	T
	标准型	重型															
60	55	90	75	20	50	463	415	495	220	14	60	60	360	600	690	740	1″BSP
120	75	135	141	28	75	510	460	540	350	14	60	60	460	760	850	900	1″BSP
250	135	220	265	46	75	620	570	650	350	14	60	60	530	1010	1102	1150	1″BSP
350	165	275	388	57	90	764	650	800	465	14	60	60	610	1014	1104	1154	1″BSP
500	265	385	578	84	90	766	650	805	465	14	60	60	610	1516	1606	1656	1½″BSP
800	370	615	889	127	90	866	750	900	465	14	150	150	610	2000	2090	2140	1½″BSP
1000	430	—	1166	—	90	760	650	920	500	23	150	150	815	2200	2290	2340	1½″BSP
1500	510	—	1676	—	90	860	750	920	500	23	150	150	1000	2200	2290	2340	1½″BSP
2000	590	—	2086	—	90	860	750	920	500	23	150	150	1250	2200	2290	2340	1½″BSP

注：生产厂北京中冶迈克液压有限责任公司。

型号意义：

```
                    AB40- 02 / □ □ □ □ / □ □
```

AB 标准

公称容积：01000(L)—VN1000
01500—VN1500   07000—VN7000
02000—VN2000   10000—VN10000
03000—VN3000   13000—VN13000
04000—VN4000   16000—VN16000
05000—VN5000   20000—VN20000
06000—VN6000

其他详细说明

密封材料：无标记—矿物油，NBR 密封
M—HFD, EPDM 密封
V—HFC, NBR 密封

材料：St—钢板；ES—不锈钢

型式：1—不带隔板；2—带隔板；3—带挡流板

油箱：A—油箱组件；B—油箱体

筒 形 油 箱

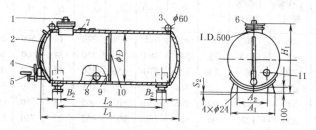

1—注油/通气滤清器 3″；2—液面指示器；3—运输用吊环；4—龙头；5—放油龙头 2″；6—清洗用盖任选；
7—泄油口 1½″；8—温度计连接口 1/2″；9—清洗用孔；10—挡板，任选；11—测试点 1/2″

表 21-8-195   mm

规格	质量/kg	A_1	A_2	B_2	D	H_1	L_1	L_2	S_2	DIN 6608	DIN 6616
1000	165	750	600		1000	1220	1510	765		×	
1500	218						2050	1400			
2000	260	950	800	150	1250	1470	1830	1100	8~10		
3000	355						2740	1920		×	
4000	587						3490	2740			
4000	628	1200	1050	300	1600	1820	2230	1280			
5000	740						2820	1770			×
6000	846						3250	2250			
7000	930						3740	2770	10~12		×
10000	1250						5350	4290			×
13000	1560	1150	1000	475			6960	5625			
16000	2060	1750	1600	550	2000	2220	5550	4210			
20000	2420						6960	5395			

表 21-8-196　　　　　　　　　　　　筒形油箱不同液位的容量

规格	1000	1500	2000	3000	4000	4000	5000	6000	7000	10000	13000	16000	20000
D	1000		1250			1600						2000	
H	与H有关的容积 V/L												
2000												16330	20760
1800												15530	19730
1600						4000	5170	6025	7000	10195	13430	14150	17880
1500						3865	5010	5840	6790	9910	13120	13215	16780
1400						3715	4800	5590	6485	9440	12430	12285	15600
1300						3500	4515	5260	6100	8875	11690	11300	14350
1250			2010	3110	4010								
1200			1980	3070	3960	3250	4190	4880	5660	8230	10840	10275	13050
1100			1880	2905	3750	2925	3770	4390	5095	7410	9920	9225	11725
1000	1060	1475	1735	2680	3455	2490	3390	3945	4580	6660	8770	8165	10380
900	1010	1400	1560	2410	3110	2315	2690	3180	4040	5885	7750	7105	9035
800	915	1270	1370	2110	2720	2000	2585	3010	3500	5100	6715	6055	7710
700	800	1110	1160	1795	2315	1630	2115	2465	2865	4180	5680	5030	6820
600	670	930	950	1470	1900	1325	1715	2055	2330	3410	4490	4040	5160
500	530	740	740	1150	1490	1030	1335	1570	1820	2660	3600	3110	3975
400	390	450	540	845	1090	705	925	1080	1260	1850	2580	2245	2875
300	260	365	355	560	725	435	605	710	830	1220	1740	1470	1885
200	145	205	195	310	400	250	330	340	455	670	880	800	1030
100	50	70	70	110	145	65	90	105	120	180	315	283	365

注：生产厂北京中冶迈克液压有限责任公司。

（2）SRY2 型、SRY4 型油用管状电加热器

SRY2 型和 SRY4 型油用加热器是用两根管子弯成，用法兰盘固定，两端通过接头接通电源，用于在敞开式或封闭式油箱中加热油。SRY 型还可以加热水和其他导热性比油好的液体。SRY2 型适合在敞开或封闭式的油箱中用，其最高工作温度为 300℃。SRY4 型适合在循环系统内加热油类用，其最高工作温度为 300℃。

电加热器安装在油箱中，为了防止加热器管子表面烧焦液压油，在加热管的外边装上套管，见表 21-8-197 中下图。套管的表面耗散功率不得超过 $0.7W/cm^2$。加热器装上套管以后，出了故障也便于维修更换。套管的表面积大于 $500cm^2/kW$。

表 21-8-197　　　　SRY 型油用管状电加热器性能

电加热器的安装
1—电加热器；2—套管

型　号	功率/kW	电压/V	浸入油中长度 A /mm	生产厂
SRY2-220/1	1		225	
SRY2-220/2	2		425	
SRY2-220/3	3		625	
SRY2-220/4	4	220	840	上海电热电气厂、北京电热电气厂
SRY4-220/5	5		615	
SRY4-220/6	6		725	
SRY4-220/8	8		825	

注：订货必须填明型号、功率、电压及数量。

（3）压力表

1）一般压力表

表 21-8-198　　　　一般压力表主要技术参数　　　　mm

型　号					公称直径	测量范围/MPa	精确度等级	接头螺纹
径向无边压力表	径向带后边压力表	径向带前边压力表	轴向无边压力表	轴向带前边压力表				
Y-40	Y-40T	Y-40TQ	Y-40Z	Y-40ZT	φ40			M10×1
Y-50	Y-50T	Y-50TQ	Y-50Z	Y-50ZT	φ50		2.5	
Y-60	Y-60T	Y-60TQ	Y-60Z	Y-60ZT	φ60			M14×1.5
Y-100	Y-100T	Y-100TQ	Y-100Z	Y-100ZT	φ100	0~0.1;0.16;0.25;0.4;0.6;1.0;1.6;2.5;4;6;10;16;25;40;60		
Y-150	Y-150T	Y-150TQ	Y-150Z	Y-150ZT	φ150			
Y-200	Y-200T	Y-200TQ	Y-200Z	Y-200ZT	φ200		1.5	M20×1.5
T-250	Y-250T	Y-250TQ	Y-250Z	Y-250ZT	φ250			

表 21-8-199 一般压力表外形尺寸 mm

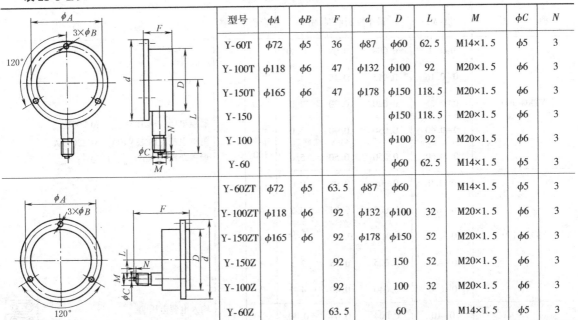

型号	φA	φB	F	d	D	L	M	φC	N
Y-60T	φ72	φ5	36	φ87	φ60	62.5	M14×1.5	φ5	3
Y-100T	φ118	φ6	47	φ132	φ100	92	M20×1.5	φ6	3
Y-150T	φ165	φ6	47	φ178	φ150	118.5	M20×1.5	φ6	3
Y-150					φ150	118.5	M20×1.5	φ6	3
Y-100					φ100	92	M20×1.5	φ6	3
Y-60					φ60	62.5	M14×1.5	φ5	3
Y-60ZT	φ72	φ5	63.5	φ87	φ60		M14×1.5	φ5	3
Y-100ZT	φ118	φ6	92	φ132	φ100	32	M20×1.5	φ6	3
Y-150ZT	φ165	φ6	92	φ178	φ150	52	M20×1.5	φ6	3
Y-150Z			92		150	52	M20×1.5	φ6	3
Y-100Z			92		100	32	M20×1.5	φ6	3
Y-60Z			63.5		60		M14×1.5	φ5	3

2）耐震压力表

表 21-8-200 耐震压力表技术性能 mm

型 号		公称直径	测量范围/MPa	精确度等级		接头螺纹
耐温耐震压力表①	耐震压力表②			①	②	
YTGN-60		φ60		1.5	2.5	M14×1.5
YTGN-100	YTN-Ⅰ	φ100	0~0.1;0.16;0.25;0.4;0.6;1.0;1.6;2.5;4;6;10;16;25;40;60	1.5		M20×1.5
YTGN-150		φ150				
	YTN-Ⅱ	φ100				
		φ150				ZG1½

磁感式电接点压力表

YTXG 型磁感式电接点压力表采用了先进的磁敏式传感器开关装置，具有指针系统不带电，输出容量大，动作稳定可靠，使用寿命长等特点，其性能优于电接点压力表和磁助式电接点压力表。

此表与相应的电气器件（如接触器或信响器等）配套使用，便能达到对被测（控）压力系统实现自动控制和发信号（报警）的目的。

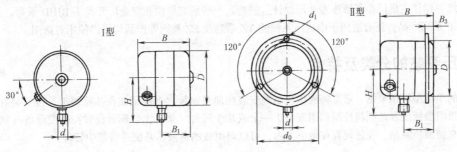

表 21-8-201

型　号	标度/MPa	最小控制范围/MPa			指示	控制	电　气　资　料
YTXG-100	0~0.1	0.008	0.08	0.80			
	0~0.16	0.015	0.15	1.5			
	0~0.25	0.020	0.20	2.0			触点电压　DC125V_{max}，AC250V_{max}
	0~0.40	0.030	0.30	3.0			触点电流　DC28V10A，AC220V5A
	0~0.60	0.050	0.50	5.0	1.0		触点功率　280W_{max}，1200V·A_{max}
YTXG-150	0~1.0	0.006	0.06	0.6	1.5		
	0~1.6	0.007	0.07	0.7			
	0~2.5	0.0175	0.175	1.75		2	
	0~4.0	0.025	0.25	2.5			
	0~6.0	0.040	0.40	4.0			
YTXG-200	0~10	0.004	0.04	0.40			输入电源电压端
	0~16	0.005	0.05	0.50			下限磁敏开关
	0~25	0.010	0.10	1.0			（HK_1）输出端
	0~40	0.015	0.15	1.5	1.5		上限磁敏开关
	0~60	0.025	0.25	2.5			（HK_2）输出端
	0~100			4.0			

型　号	D	B	B_1	H	d_0	d	d_1	B_3
YTXG-100	100	98	46	92	118			8
YTXG-150	150	120	49	121	165	M20×1.5	6	10
YTXG-200	200		53	142	215			13

6　液压泵站

　　液压泵站由泵组、油箱组件、滤油器组件、控温组件及蓄能器组件等组合而成。它是液压系统的动力源，可按机械设备工况需要的压力、流量和清洁度，提供工作介质。目前液压泵站产品尚未标准化，为获得一套性能良好的液压系统，建议主机厂委托液压专业厂设计、制造。一些研究单位和专业厂开发了 BJHD 系列、AB-C 系列、UZ 系列和 UP 系列产品，还有适用于中低压系统的 YZ 系列及 EZ 系列等产品均可供使用者选用。

6.1　液压泵站的分类及特点

　　规模小的单机型液压泵站，通常将液压控制阀安装在油箱面板之上或集成在油路块上，再安装在油箱之上。中等规模的机组型液压泵站则将控制阀组安装于一个或几个阀台（架）上，阀台设置在被控设备（机构）附近。大规模的中央型液压泵站，往往设置在地下室内，可以对组成的各液压系统进行集中管理。

表 21-8-202

泵组布置型式		液压泵站简图	特　点	适用功率范围	输出流量特性
整体型	上置式 立式	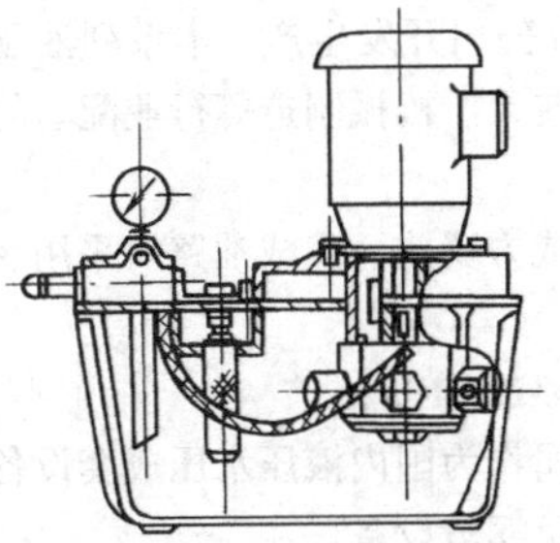	电动机立式安装在油箱上，液压泵置于油箱之内 结构紧凑，占地小，噪声低	广泛应用于中、小功率液压泵站 油箱容量可达1000L	均可制造成定量型或变量型(恒功率式、恒压式、恒流量式、限压式和压力切断式)
	上置式 卧式	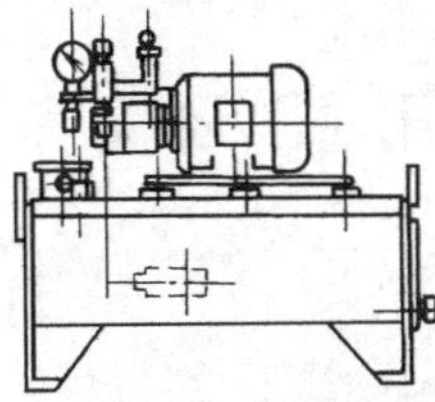	电动机卧式安装在油箱上，液压泵置于油箱之上，控制阀组也可置于油箱之上 结构紧凑，占地小		
	非上置式 旁置式	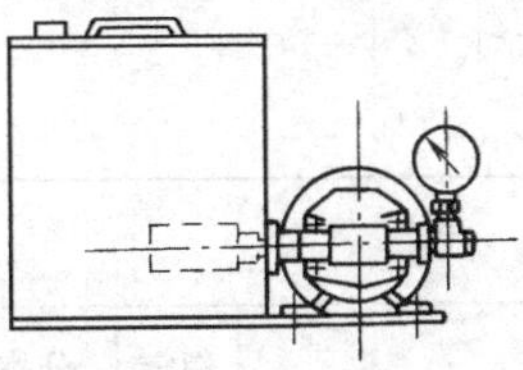	泵组(液压泵、电动机、联轴器、传动底座等)安装在油箱旁侧，与油箱共用同一个底座，泵站高度低，便于维修	传动功率较大	
	非上置式 下置式	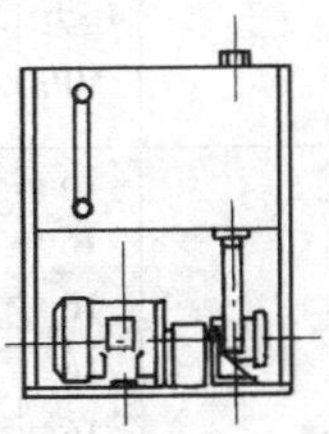	泵组安装在油箱之下，有效地改善液压泵的吸入性能		
	柜式	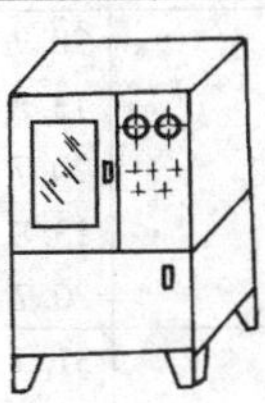	泵组和油箱置于封闭型柜体内，可以在柜体上布置仪表板和电控箱 外形整齐，尺寸较大，噪声低，受外界污染小	仅应用于中、小功率液压泵站	
	微型液压动力包		采用螺纹插装阀块将电动机、泵、阀及油箱紧凑地连接在一起，体积小，重量轻 有卧式、立式和挂式三种安装方式。有多种控制回路	作为小型液压缸、液压马达的动力源 油箱容积3~30L	定量型
分离型	非上置式 旁置式	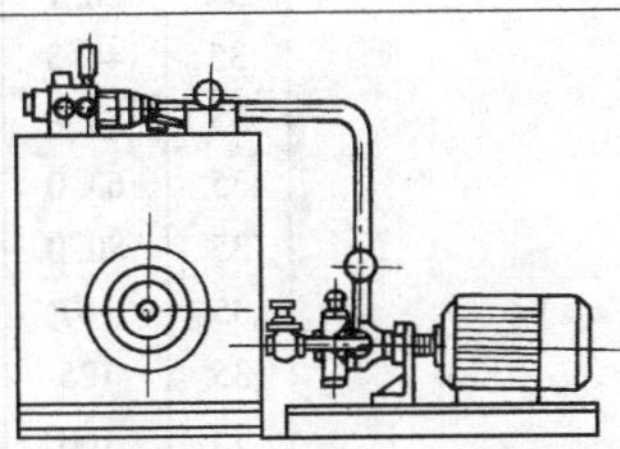	泵组和油箱组件分离，单独安装在地基上 改善液压泵的吸入性能，便于维修，占地大	传动功率大，油箱容量大	可制造成定量型或变量型(恒功率式、恒压式、恒流量式、限压式和压力切断式)

6.2 BJHD 系列液压泵站

BJHD 系列液压泵站由北京华德液压工业集团公司液压成套设备分公司开发生产。本系列液压泵站主要采用引进德国 REXROTH 技术生产的高压泵和高压阀，适用于冶金、航空航天、机械制造等行业配套的液压系统和润滑系统。

液压泵站型式有上置式、下置式、旁置式及柜式。阀组为座椅式或方凳式。集成油路块采用 35 钢锻件加工，发黑处理，长度达 1.4m，油箱及管件经酸洗、磷化、喷漆。

本系列液压泵站的油箱最大容量可达 20000L，系统最高工作压力 31.5MPa。

生产厂：北京华德液压工业集团公司液压成套设备分公司。该公司作为国内液压水压成套设备设计、制造生产基地，还可承接设计、制造液压系统成套设备、水压系统成套设备及润滑设备。

（1）泵组

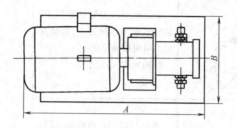

表 21-8-203

工作压力/MPa	电 动 机			油 泵				A /mm	B /mm
	型 号	功率 /kW	转速 /r·min⁻¹	种类	型 号	额定压力 /MPa	公称排量 /mL·r⁻¹		
10	Y132M-4	7.5	1440	变量叶片泵	1PV$_2$V$_4$10/20RA1MCO16N1	16	20	730	345
	Y160M-4	11	1460		1PV$_2$V$_4$10/32RA1MCO16N1	16	32	840	420
	Y160L-4	15	1460		1PV$_2$V$_4$10/50RA1MCO16N1	16	50	930	420
	Y180L-4	22	1470		1PV$_2$V$_4$10/80RA1MCO16N1	16	80	1000	465
	Y225S-4	37	1480		1PV$_2$V$_4$10/125RA1MCO16N1	16	125	1200	570
	Y132M-4	7.5	1440	变量柱塞泵	PVB10	20.7	21.10	775	345
	Y160M-4	11	1460		PVB15	13.8	33.00	860	420
	Y160L-4	15	1460		PVB20	20.7	42.80	950	420
	Y180L-4	18.5	1470		PVB29	13.8	61.60	980	465
	Y225S-4	30	1480		PVB45	20.7	94.50	1185	510
16	Y132S-4	5.5	1440	变量柱塞泵	10SCY14-1B	31.5	10	775	345
	Y160M-4	11	1460		25SCY14-1B	31.5	25	965	420
	Y200L-4	30	1470		63SCY14-1B	31.5	63	1215	510
	Y280S-4	75	1480		160SCY14-1B	31.5	160	1600	690
	Y225S-4	37	1480		A7V78	35	78	1320	570
	Y250M-4	55	1480		A7V107	35	107	1445	635
	Y160L-4	15	1460	定量柱塞泵	A2F28	35	28.1	945	420
	Y180L-4	22	1470		A2F45	35	44.3	1095	465
	Y200L-4	30	1470		A2F55	35	54.8	1160	510
	Y200L-4	30	1470		A2F63	35	63.0	1225	510
	Y225S-4	37	1480		A2F80	35	80.0	1270	570
	Y250M-4	55	1480		A2F107	35	107	1325	635
	Y250M-4	55	1480		A2F125	35	125	1480	635
	Y280S-4	75	1480		A2F160	35	160	1550	690

工作压力/MPa	电 动 机			油 泵				A /mm	B /mm
	型 号	功率 /kW	转速 /r· min⁻¹	种类	型 号	额定 压力 /MPa	公称 排量 /mL·r⁻¹		
27	Y132M-4	7.5	1440	变量柱塞泵	10SCY14-1B	31.5	10	815	345
	Y180L-4	22	1470		25SCY14B-1B	31.5	25	1075	465
	Y250M-4	55	1480		63SCY14-1B	31.5	63	1375	635
	Y280S-4	75	1480		A7V78	35	78	1500	690
	Y280M-4	90	1480		A7V107	35	107	1565	690
	Y180L-4	22	1470	定量柱塞泵	A2F28	35	28.1	1010	465
	Y225S-4	37	1470		A2F45	35	44.3	1205	570
	Y225M-4	45	1480		A2F55	35	54.8	1230	635
	Y250M-4	55	1480		A2F63	35	63.0	1380	635
	Y280S-4	75	1480		A2F80	35	80.0	1450	690
	Y280M-4	90	1480		A2F107	35	107	1530	690
	Y315S-4	110	1480		A2F125	35	125	1770	900

注：表中所示尺寸是一套泵组之数。若为 n 套泵组，则 B 尺寸为 n(150+B)。

（2）蓄能器组

单排蓄能器组

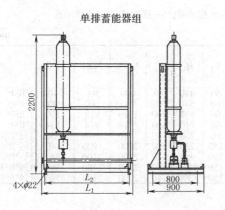

表 21-8-204 mm

蓄能器型号	蓄能器个数			
NXQ-L40	2	3	4	5
L_1	900	1200	1500	1800
L_2	750	1050	1350	1650

双排蓄能器组

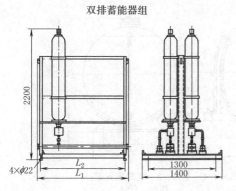

表 21-8-205 mm

蓄能器型号	蓄能器个数		
NXQ-L40	5；6	7；8	9；10
L_1	1200	1500	1800
L_2	1050	1350	1650

（3）阀台

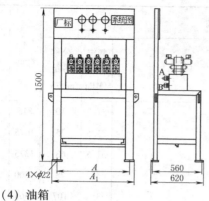

表 21-8-206　　　　　　　mm

折合叠加 10 通径阀个数	4~8 组	8~12 组	12~16 组
A	800	1200	1500
A_1	900	1300	1600

（4）油箱

矩 形 油 箱

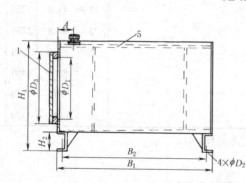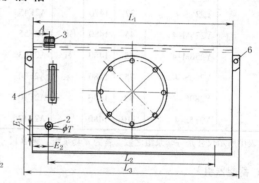

1—清洗用盖；2—放油螺塞；3—注油/滤清器；4—液面指示器；5—盛油槽；6—支撑用孔

表 21-8-207　　　　　　　　　　　　　　　　mm

规格	质量/kg 标准型	质量/kg 重型	工作容量 /L	A	$B_1\pm1$	$B_2\pm2$	$D_1{}^{+3}_{0}$	D_2	D_3	E_1	E_2	H_1	H_2	$L_1\pm1$	$L_2\pm1$	$L_3\pm1$	T
60	55	90	75	50	463	415	220	14	240	60	60	440	80	600	500	740	1″BSP
120	75	135	141	75	510	460	350	14	370	60	60	540	80	760	660	900	1″BSP
250	135	220	265	75	620	570	350	14	370	60	60	630	100	1010	910	1150	1″BSP
350	165	275	388	90	764	650	465	14	485	60	60	710	100	1014	914	1154	1″BSP
500	265	385	578	90	766	650	465	14	485	60	60	730	120	1516	1416	1656	1½″BSP
800	370	615	889	90	866	750	465	14	485	150	150	730	120	2000	1900	2140	1½″BSP
1000	430	—	1166	90	760	650	500	23	520	150	150	955	140	2200	2100	2340	1½″BSP
1500	510	—	1676	90	860	750	500	23	520	150	150	1140	140	2200	2100	2340	1½″BSP
2000	590	—	2086	90	860	750	500	23	520	150	150	1390	140	2200	2100	2340	1½″BSP

筒 形 油 箱

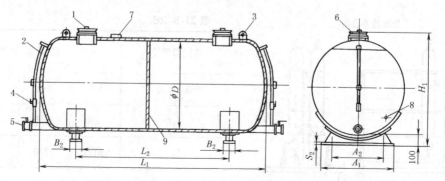

1—注油/滤清器；2—液面指示器；3—运输用吊环；4—龙头；5—放油龙头 2″；
6—清洗用盖，任选；7—泄油口 1½″；8—测试点；9—挡板，任选

表 21-8-208

规格	质量 /kg	A_1	A_2	B_2	D	H_1	L_1	L_2	S_2
1000	165	750	600		1000	1220	1510	765	
1500	218	750	600		1000	1220	2050	1400	
2000	260			150			1830	1100	8~10
3000	355	950	800		1250	1470	2740	1920	
4000	587	950	800		1250	1470	3490	2740	
4000	628						2230	1280	
5000	740						2820	1770	
6000	846	1200	1050	300	1600	1820	3250	2250	
7000	930						3740	2770	10~12
10000	1250						5350	4290	
13000	1560	1150	1000	475			6960	5625	
16000	2060	1750	1600	550	2000	2220	6550	4210	
20000	2420	1750	1600	550	2000	2220	6960	5395	

6.3 UZ系列微型液压站

UZ系列微型液压站（以下简称 UZ 站），是由电动机泵组、油箱、液压阀集成块等组成的小型液压动力源。UZ 站的电动机全部立式安装在油箱上。UZ 站以各种功能螺纹插装阀为主体，兼用各种板式阀和叠加阀，结构紧凑、功能齐全。既有常规液压系统，也有比例和伺服液压系统。既有常规的测量显示仪表，也有压力、流量、油温、液位等传感器，输出模拟量或数字量信号，由智能控制器、单板机或微机实现高精度和远程监控。

UZ系列微型液压站由天津优瑞纳斯油缸有限公司生产。

（1）型号意义

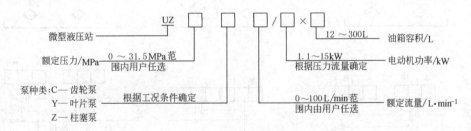

标记示例

优瑞纳斯微型液压站，额定压力 10MPa，齿轮泵，额定流量 36L/min、电动机功率 7.5kW，油箱容积 225L：

UZ10C36/7.5×225

（2）技术规格

表 21-8-209　　　　　　　　　技 术 性 能

工作压力/MPa		0~31.5(连续增压器回路最高压力为 200MPa)
流量/L·min⁻¹		0~100
泵装置		有齿轮泵、叶片泵、柱塞泵三种型式可供选择
电动机	功率/kW	1.1~15(1.1、1.5、2.2、3、4、5.5、7.5、11、15)
	电源	三相 380VAC，50Hz(单相交流电机、直流电机等需商定)

续表

油箱容积/L	12~300(12、20、35、50、60、75、100、150、225、300)
产品检验	液压泵站清洗组装完毕后,逐台严格按国标企标进行出厂试验,并提供出厂试验报告、产品合格证及使用维护说明 产品出厂清洁度(油液污染等级)9级(NAS 1638)或18/15级(ISO 4406)

注：由于UZ站电机最大功率为15kW,因此系统额定压力和流量不能同时取较大值。即压力高时,流量值小；流量大时,压力值低。压力（MPa)×流量（L/min)应小于750。

常用基本回路

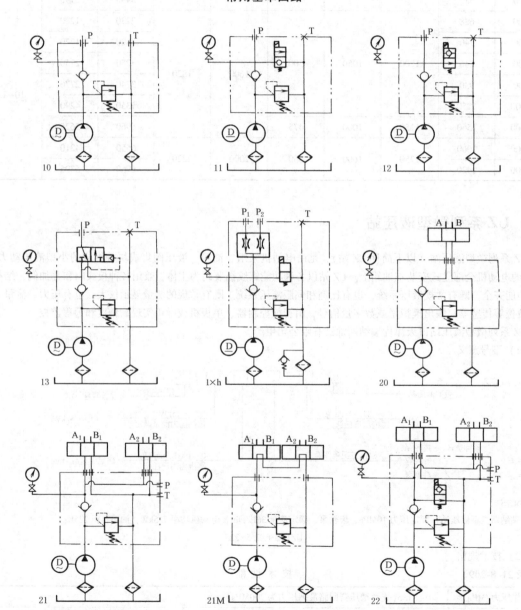

注：1. 1×h回路同步阀h可安装在11、12、13回路中,成为11h、12h或13h回路。

2. 21、22回路可并联多个板式换向阀,不能选用M、H型机能阀。

3. 20、21、21M、22回路各换向阀还可叠加各种功能阀。

4. 将21M回路中的一个阀换成H型机能阀时,成为21MH回路,如两个阀都换成H型机能阀时,则成为21H回路。

5. 回路工作原理参见UP液压动力包的表。

（3）外形尺寸

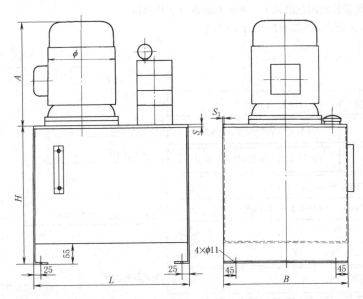

表 21-8-210   mm

	容积/L	12	20	35	50	60	75	100	150	225	300
油箱	L	310	400	470	500	550	550	700	750	900	900
	B	310	310	310	400	400	400	400	500	600	700
	H	275	325	400	420	445	530	530	620	650	700
	S_1	2						3		4	
	S	6								8	
电动机	功率/kW	1.1	1.5	2.2	3	4	5.5	7.5		11	15
	转速/r·min⁻¹	1400		1420		1440		1450		1470	
	ϕ	195		220		240		275		335	
	A	280	305	370		380	475	515		605	650

UZ 站的订货方法如下：

① 由用户提供液压原理图、技术参数和技术要求或由用户提供性能要求、工况条件，由天津优瑞纳斯油缸有限公司提供液压原理图；

② 由天津优瑞纳斯油缸有限公司根据液压原理图选择电动机、泵、阀、油箱等主要元件，经用户同意后设计制造。

6.4 UP 液压动力包

UP 系列液压动力包（以下简称 UP 液压包）是一种用螺纹插装阀块把电动机、泵、阀、油箱紧凑地连接在一起的微型液压动力源。与同规格的常规液压站相比，结构紧凑，体积小，重量轻。UP 液压包作为小型液压缸，液压马达的动力源，现已广泛应用于我国的工程机械、医疗、环保、液压机具、升降平台、自动化设备等行业。

UP 液压包最高工作压力 25MPa；流量范围 0.22~22L/min；有交流单相 220V、三相 380V，直流 24V 和 12V 共 4 种电源几十种规格的电动机；有 6 种标准回路和可以自由扩展的多种回路；有卧式、立式、挂式三种安装方式；油箱容积 3~30L，9 种规格的油箱；增压器最高输出压力 200MPa。

液压包的核心是一个 150mm×150mm×50mm 的矩形插装阀块。在阀块的两个 150mm×150mm 大平面上一端固定着电动机，另一端固定着齿轮泵和油箱，电动机通过联轴器带动齿轮泵，齿轮泵输出的压力油从油泵前盖出油口直接进入阀块。溢流阀、单向阀、换向阀等都直接插装在阀块侧面上，通过阀块内部油道相连，进出油口 P、

T，板式阀座孔 P、T、A、B，压力表接口 G，固定安装孔也都开在阀块的侧面上。吸油滤油器固定在油泵后盖的吸油口上。油泵、滤油器被封闭在油箱内，油箱有加油口和放油口。

UP 液压包由天津优瑞纳斯油缸有限公司生产。

（1）型号意义

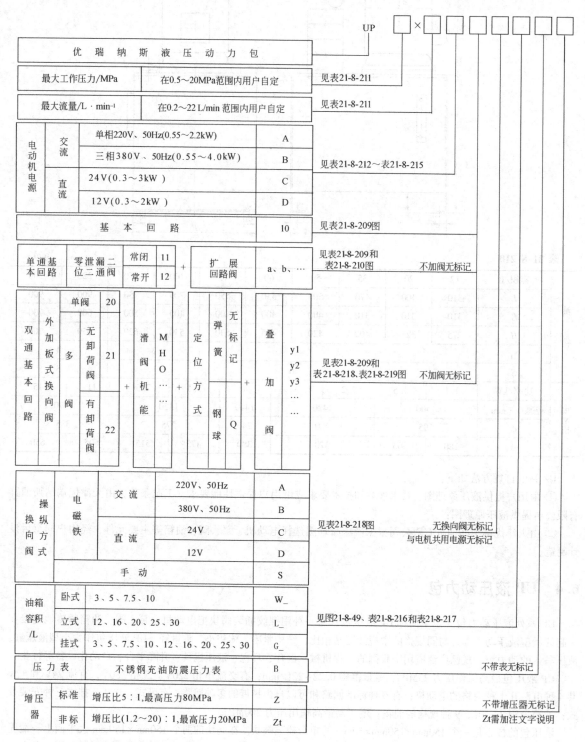

注：1. 液压包电动机计算功率 P（kW）= 0.02×最大工作压力（MPa）×最大流量（L/min）。

2. 当选用直流电动机时，其每次通电连续运转不得超过 2min。

标记示例

① 20MPa、1.54L/min、220V 单相交流电机、10 回路立式12L 油箱带压力表的液压包，标记为

$$UP20×1.54A10L12B$$

② 8MPa、1.4L/min、12V 直流电机、11e 回路常闭二通电磁阀带回油恒速阀、两通电磁阀操纵电压直流12V，卧式3L 油箱的液压包，标记为

$$UP8×1.4D11eW3$$

③ 20MPa、2.24L/min、380V 三相交流电机22回路；第1阀组：O 型机能三位四通弹簧复位电磁换向阀叠加双路单向节流阀；第2阀组：Y 型机能三位四通弹簧复位电磁换向阀叠加双路液控单向阀；第3阀组：C_1 型钢球定位二位四通手动换向阀。电磁阀操纵电压交流220V、立式12L 油箱带压力表的液压包，标记为

$$UP20×2.24B22 (Ol_7+Ya_9+C_1QS) L12B$$

(2) 技术规格

表 21-8-211　　　　　　　　　　　液压包常用标准回路

名称	原　理　图	工　作　原　理
10 回路	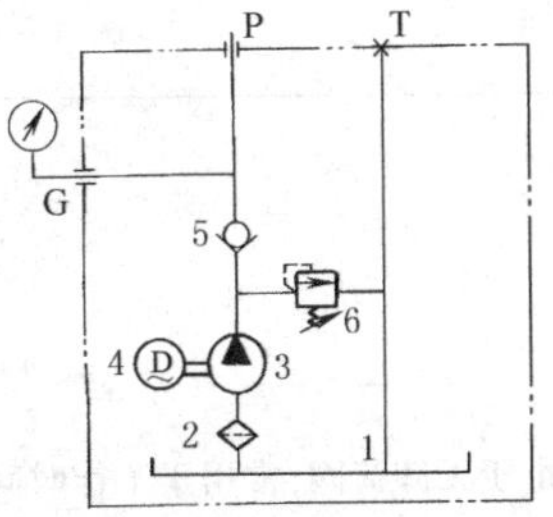	基本型回路。常作为外接阀组的液压源，也可直接带动单向液压马达 电动机4带动齿轮泵3转动，经过网式滤油器2过滤后，将油箱1中的工作介质吸入泵内。被齿轮泵增压的工作介质经单向阀5从压力油口(P口)输出。经用户外接阀组到执行元件，如液压马达液压缸等，工作后的介质，经回油口(T口)返回油箱。6是可调节的螺纹插装溢流阀，用于调定系统压力。当执行元件工作压力达到溢流阀调定的额定压力时，压力介质会从溢流阀返回油箱，使系统压力保持在额定压力调定值，不再升高，起到安全保护作用。当齿轮泵停止工作时，螺纹插装单向阀5防止执行元件内的压力介质经泵和溢流阀返回油箱，起到保压和保护泵的双重作用
11 回路	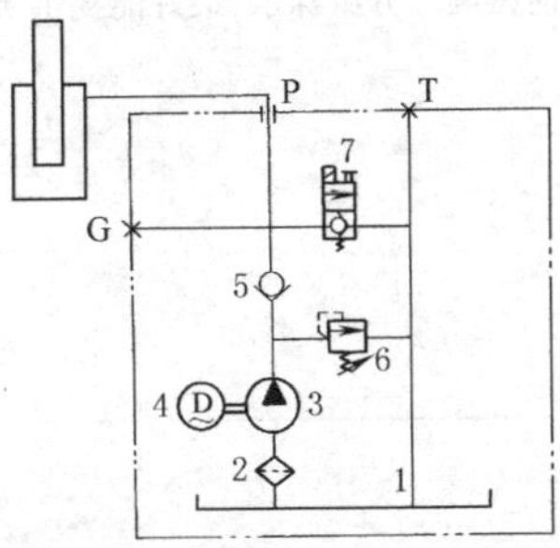	单作用常闭式基本型回路。是在10回路基础上增加了一个无泄漏的常闭式螺纹插装二通电磁换向阀7。本回路适用于短时间工作，较长时间保压的工况，例如举升重物用单作用液压缸。电机带负载启动，液压缸举升动作完成后即关闭电机。由于回路中采用的是无泄漏常闭式螺纹插装二通阀和单向阀，所以只要液压缸和管道无泄漏，柱塞就不会出现沉降。在需要柱塞下降时，只要使二通阀换向，就可使液压缸内工作介质经二通阀流回油箱，使柱塞复位。二通阀换向可选择电动，也可选择手动，或者电动带手动调整。在阀块的侧面，压力油口P旁开有备用回油口T，当双作用缸只使用一腔工作时，该油口可作为另一腔的泄漏油口或呼吸油口
12 回路	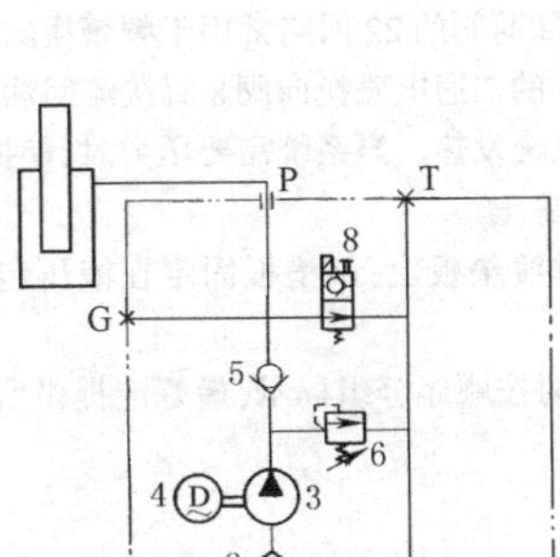	二通常开式基本回路。本回路只是将11回路中的常闭式二通阀7改为常开式二通阀8，适用于长时间连续频繁升降，并需要短时保压的工况。电动机4空载启动，二通阀8换向，压力油进入液压缸。液压缸举升动作完成后，如需保压，只要二通阀8不复位，即使液压缸有轻微泄漏，也可继续保压，压力油经溢流阀6回油箱。但这种保压方式不能时间太久，否则介质会很快发热。二通阀8复位后，液压缸内介质经二通阀8流回油箱，柱塞复位。本回路也适用于弹簧回程的柱塞缸压力机

名称	原 理 图	工 作 原 理
20 回 路	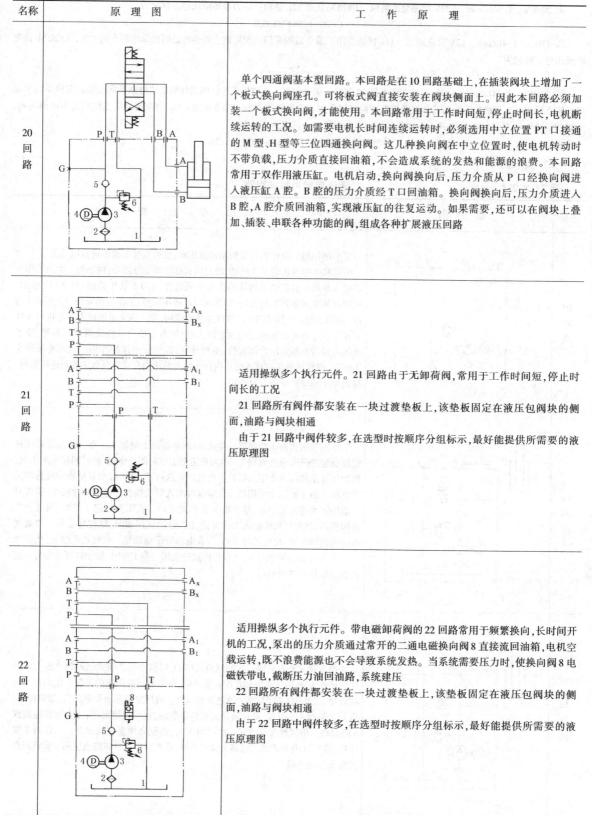	单个四通阀基本型回路。本回路是在 10 回路基础上,在插装阀块上增加了一个板式换向阀座孔。可将板式阀直接安装在阀块侧面上。因此本回路必须加装一个板式换向阀,才能使用。本回路常用于工作时间短,停止时间长,电机断续运转的工况。如需要电机长时间连续运转时,必须选用中立位置 PT 口接通的 M 型、H 型等三位四通换向阀。这几种换向阀在中立位置时,使电机转动时不带负载,压力介质直接回油箱,不会造成系统的发热和能源的浪费。本回路常用于双作用液压缸。电机启动,换向阀换向后,压力介质从 P 口经换向阀进入液压缸 A 腔。B 腔的压力介质经 T 口回油箱。换向阀换向后,压力介质进入 B 腔,A 腔介质回油箱,实现液压缸的往复运动。如果需要,还可以在阀块上叠加、插装、串联各种功能的阀,组成各种扩展液压回路
21 回 路		适用操纵多个执行元件。21 回路由于无卸荷阀,常用于工作时间短,停止时间长的工况 　　21 回路所有阀件都安装在一块过渡垫板上,该垫板固定在液压包阀块的侧面,油路与阀块相通 　　由于 21 回路中阀件较多,在选型时按顺序分组标示,最好能提供所需要的液压原理图
22 回 路		适用操纵多个执行元件。带电磁卸荷阀的 22 回路常用于频繁换向,长时间开机的工况,泵出的压力介质通过常开的二通电磁换向阀 8 直接流回油箱,电机空载运转,既不浪费能源也不会导致系统发热。当系统需要压力时,使换向阀 8 电磁铁带电,截断压力油回油路,系统建压 　　22 回路所有阀件都安装在一块过渡垫板上,该垫板固定在液压包阀块的侧面,油路与阀块相通 　　由于 22 回路中阀件较多,在选型时按顺序分组标示,最好能提供所需要的液压原理图

表 21-8-212　　　　　　　　　　　　液压包扩展回路

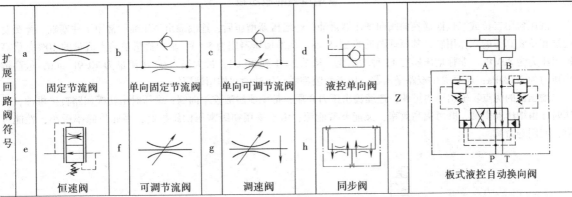

| 扩展回路阀符号 | a | 固定节流阀 | b | 单向固定节流阀 | c | 单向可调节流阀 | d | 液控单向阀 | Z | 板式液控自动换向阀 |
| | e | 恒速阀 | f | 可调节流阀 | g | 调速阀 | h | 同步阀 | | |

在阀块上插装各种液压阀或串联各种管式阀、板式阀,可以组成多种扩展回路,见下图。例如:11a 回路可以实现重载荷柱塞缸的慢速下降。常用于载荷不变或变化较小的工况。插装恒速阀的 11e 回路,在工作载荷范围内,无论载荷怎样变化,都能确保柱塞缸的下降速度不变。常作为叉车的货物升降回路

扩展回路液压原理图示例

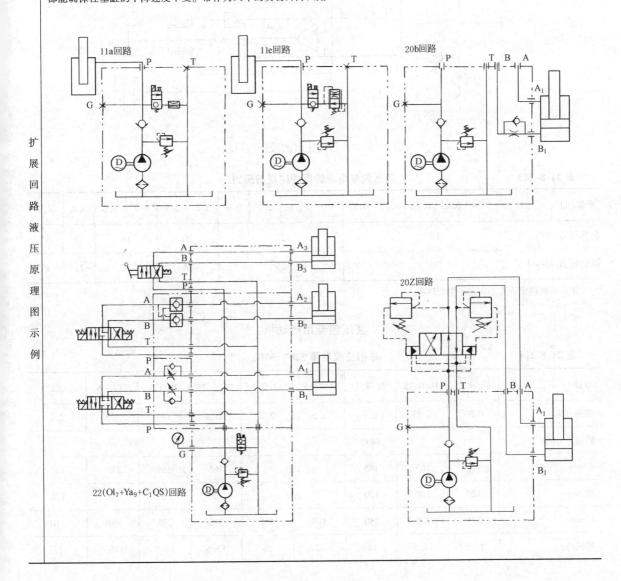

带增压器的液压包

液压包用二位或三位四通换向阀向增压器供油，经增压器增压后，连续输出高压油。常用于柱塞缸、弹簧复位缸和单腔高压的双作用缸，其原理图见图21-8-48。标准增压器比为5∶1，输出流量是输入流量的10%，最高输出压力为80MPa。非标增压器有11种增压比，从1.2∶1到20∶1；最大输入/输出流量为70/9L/min；最高输出压力为200MPa；还可提供双路增压器，用于两腔都需高压油的双作用液压缸。

增压器的优点：输出压力可调；连续输出压力介质；带无泄漏液控单向阀；常压时由初级回路直接供油，高压时才由增压器供油，既可提高效率，又能节省能源；由于采用初级常压回路控制，因此故障率极小，性能可靠，使用寿命长。

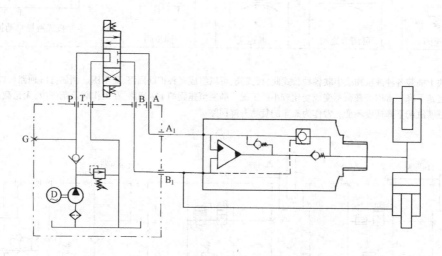

图 21-8-48　带增压器的液压包原理

表 21-8-213　　　　　　　　　　　　液压包专用齿轮泵的排量与压力

排量/mL·r⁻¹	0.16	0.24	0.45	0.56	0.75	0.92	1.1	1.6	2.1	2.6	3.2	3.7	4.2	4.8	5.8	7.9
公称压力/MPa	17						21				20		18		17	15
峰值压力/MPa	20						25				24		22		21	19

注：系统调定压力不得大于泵公称压力。

液压包专用电动机

表 21-8-214　　　　　　　　　　　　单相交流电源 220V 50Hz

型号	4L/0.55	4L/0.75	4L/1.1	4L/1.5	4L/2.2	2L/0.75	2L/1.1	2L/1.5	2L/2.2
功率/kW	0.55	0.75	1.1	1.5	2.2	0.75	1.1	1.5	2.2
转速/r·min⁻¹	1400					2800			
φ/mm	165	165	185	185		165	165	185	185
H/mm	120	120	130	130		120	120	130	130
L/mm	275	275	280	310	345	275	275	280	310
质量/kg	13.5	14.5	18	22	26	13.5	14.5	18	22

表 21-8-215　　　　　　　　　　　　**三相交流电源 380V 50Hz**

型号	4S/0.55	4S/0.75	4S/1.1	4S/1.5		2S/0.75	2S/1.1	2S/1.5	2S/2.2	4Y/2.2	4Y/3.0	4Y/4.0
功率/kW	0.55	0.75	1.1	1.5		0.75	1.1	1.5	2.2	2.2	3.0	4.0
转速/r·min⁻¹	1400[①]					2800				1420		1440
ϕ/mm	165	165	180	180	152	165	165	185	185	220	220	240
H/mm	120	120	130	130	110	120	120	130	130	180	180	190
L/mm	275	275	280	305	230	275	275	280	305	370	370	380
质量/kg	13.5	14.5	18	21	16	13.5	14.5	18	21	34	38.5	44

① 汽车举升机专用电动机。

表 21-8-216　**直流电源 24V**

型号	C0.3	C0.5	C0.8	C1.2	C2.0	C3.0
功率/kW	0.3	0.5	0.8	1.2	2.0	3.0
转速/r·min⁻¹	3500~2000					
ϕ/mm	89	130		115		130
L/mm	160	180		170		180
质量/kg	3.1	8.5		6.5		8.5

表 21-8-217　**直流电源 12V**

型号	D0.3	D0.5	D0.8	D1.5	D2.0
功率/kW	0.3	0.5	0.8	1.5	2.0
转速/r·min⁻¹	4000~2300				
ϕ/mm	89	130		115	130
L/mm	160	180		170	180
质量/kg	3.1	8.5		6.5	8.5

UP 系列液压包共有四种电源的电动机可供选用，在确定系统压力、流量及电动机电源时应注意以下要点。

1）液压包电动机功率 $P(kW)=0.02×$系统最高压力 $p(MPa)×$系统最大流量 $Q(L/min)$，当 P 大于表中所列最大电动机功率时，已超出 UP 系列液压动力包供货范围，可选用该公司 UZ 系列微型液压站。

2）直流电动机的转速与工作压力成反比，其变化范围大约在 3500~2000r/min 之间。其平均流量近似值按 2500r/min 计算。直流电动机每次通电连续运转时间不得超过 2min。

3）一般情况下用户只提供系统最高压力、最大流量数值和电源种类。泵和电动机规格由供方确定。为节省投资和能源，应在确定压力和流量参数时，尽量符合实际使用工况，不要过大或过小。

液压包专用油箱

表 21-8-218　**立式、挂式**

容积/L	12	16	20	25	30
B/mm	200	230	260	290	320
质量/kg	6	16	28	42	58

表 21-8-219　**卧式、挂式**

容积/L	3	5	7.5	10
ϕ/mm	140	180		
Y/mm	220	220	320	420
质量/kg	1	1.5	2	2.5

选择油箱时要考虑以下两个因素，综合比较后，选定恰当的油箱容积。

1）系统流量：油箱容积一般是系统流量的 1~4 倍，系统工作频率低，则系数小；频率高则系数大。系统周围的环境温度低，系数小；环境温度高，散热条件不好，则系数要大。

2）液压缸缸杆伸出时需要的补充油量：油箱容积至少为液压缸所需补充油量的 1.2~2 倍。

油箱容积及安装方式：UP 系列液压包有三种安装方式，即 W（卧式）、L（立式）、G（挂式）。其标注方式为安装方式字母代号和容积升数。例如：20 L 容积的立式油箱油标为 L20。

在第一次安装调试时，要注意保持油箱内油位。尤其是在液压缸较大，油箱较小的情况下，首先要使活塞杆缩回，然后使液压缸充满油，并使油箱保持较高油位。

板式换向阀（ϕ6mm 通径）

表 21-8-220

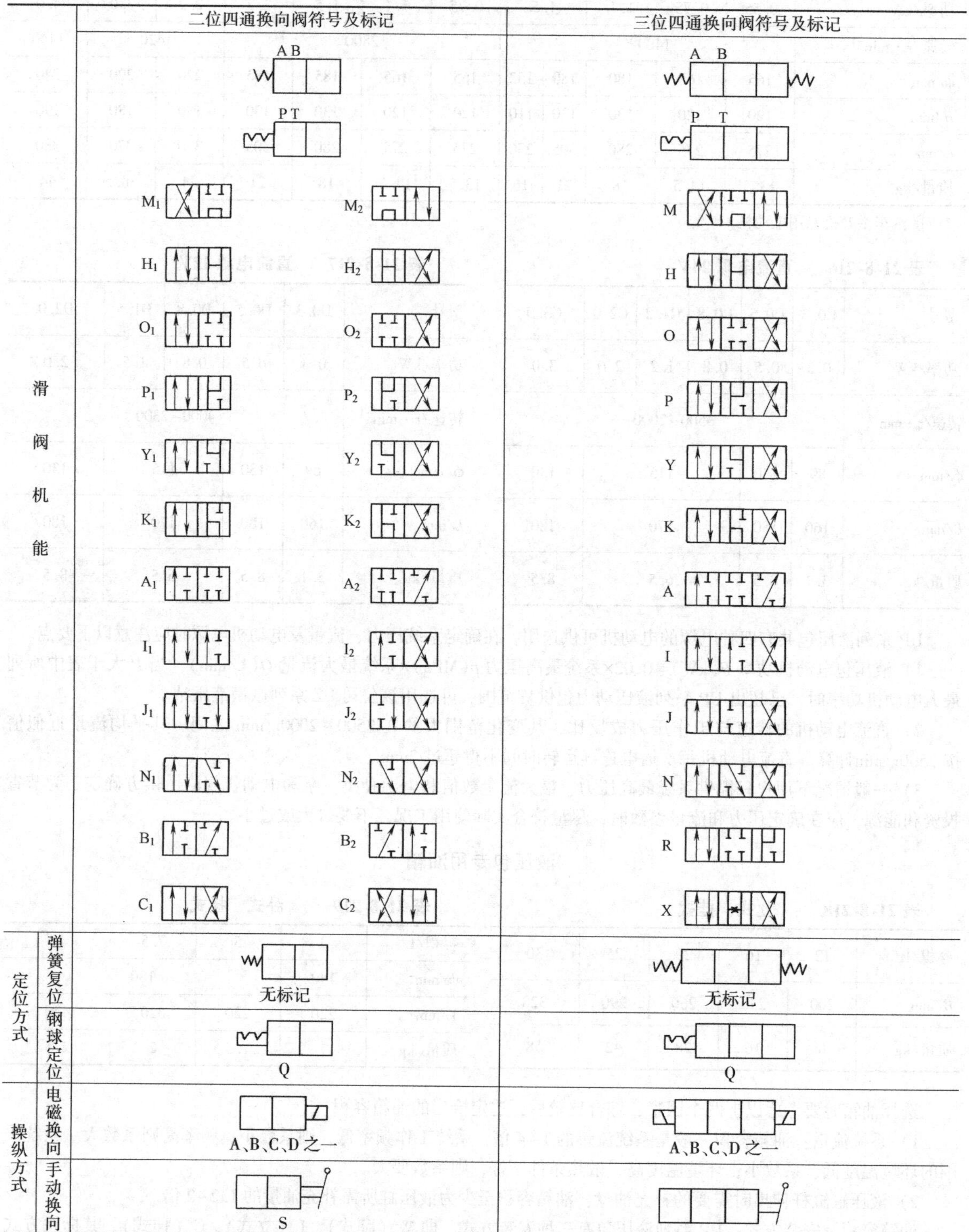

二位四通换向阀符号及标记
三位四通换向阀符号及标记
A B
P T
滑阀机能
M1
M2
M
H1
H2
H
O1
O2
O
P1
P2
P
Y1
Y2
Y
K1
K2
K
A1
A2
A
I1
I2
I
J1
J2
J
N1
N2
N
B1
B2
R
C1
C2
X
定位方式
弹簧复位
无标记
无标记
钢球定位
Q
Q
操纵方式
电磁换向
A、B、C、D 之一
A、B、C、D 之一
手动换向
S

注：方向阀操纵方式：方向阀有许多种操纵方式，本表只列出电动和手动两种常用方式。如选用电动方式，当电磁阀与电机电源相同时，无须再标记。220V 电磁铁与 380V 电机电源相同，也无须标记。如需要本表以外的其他操纵方式，请用 X 字母表示，并加以文字或图示说明。本项所指方向阀包括二通球阀和外加板式换向阀，如需要带手动调整的电磁阀，应加注 S，如 AS、BS、CS、DS。

叠加阀（φ6mm 通径）

表 21-8-221

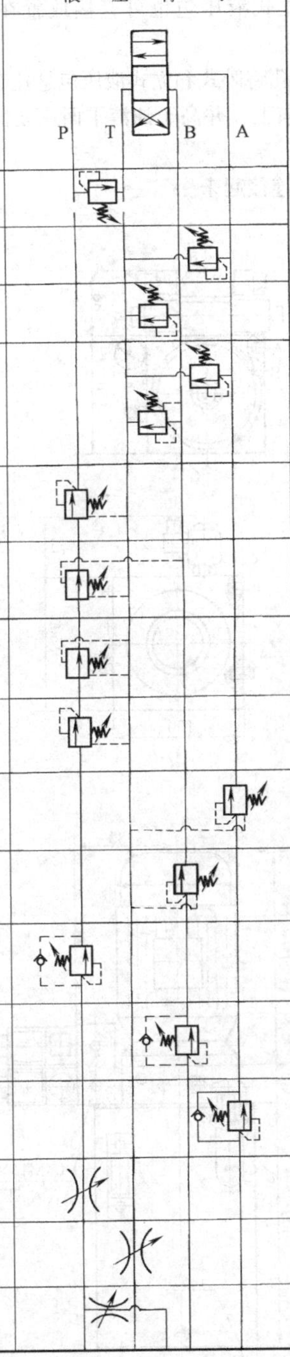

名称	标记	液压符号				名称	标记	液压符号				名称	标记	液压符号			
						称	记	P	T	B	A	称	记	P	T	B	A
名称	标记	P	T	B	A		l_4							a_1				
溢流阀	y_1						l_5					单向阀	a_2				
	y_2						l_6						a_3				
	y_3					单项节流阀	l_7						a_4				
	y_4						l_8						a_5				
减压阀	j_1						l_9						a_6				
	j_2						l_{10}					液控单向阀	a_7				
	j_3					调速阀	q_1						a_8				
顺序阀	x_1						q_2						a_9				
	x_2						q_3					压力继电器	P_1				
	x_3						q_4						P_2				
单项顺序阀	x_4					单项调速阀	q_5						P_3				
	x_5						q_6						P_4				
	x_6						q_7						P_5				
节流阀	l_1						q_8					压力表开关	K_1				
	l_2																
	l_3																

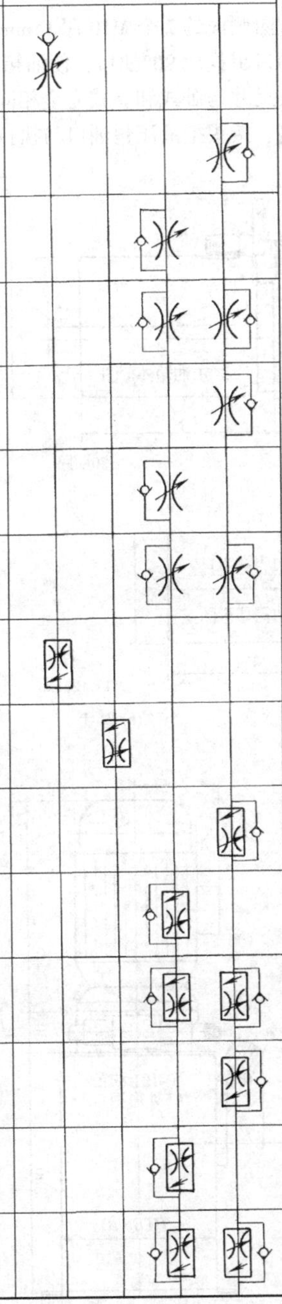

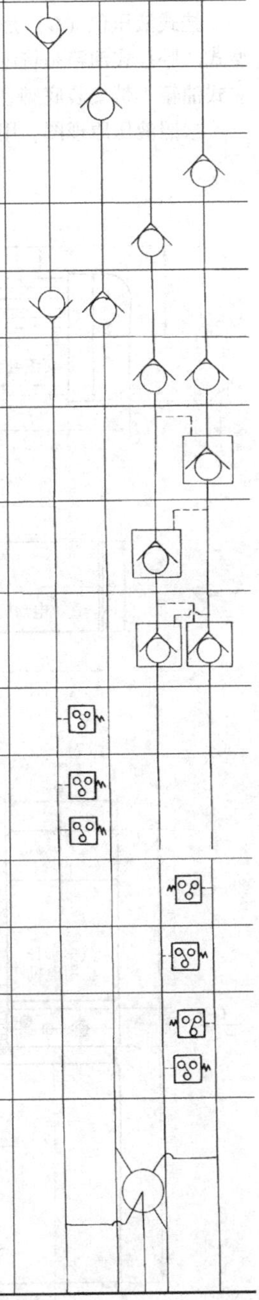

　　工作介质及工作条件：工作介质，建议采用黏度为 $(2.5\sim4)\times10^{-5}m^2/s$ 的抗磨液压油、透平油、机油等矿物油。油液清洁度应达到 NAS 1638—9 级或 ISO 4406—19/15 级以上。工作介质温度应控制在 $15\sim60\ ℃$ 范围内。如用户需要使用特殊工作介质和较高、较低的工作温度时应在订货时说明。

　（3）外形尺寸

液压包的安装方式有卧式、立式和挂式三种。

卧式液压包（W）是用阀块将电机和油箱左右连接在一起。安装时用阀块 C 向侧面的 2 个 M10 深 15mm 的安装螺孔将其固定。卧式油箱有 3L、5L、7.5L 和 10L 四种容积。

立式液压包（L）是用阀块将电机和油箱上下连接在一起，安装时用油箱底脚的 4 个 ϕ9mm 通孔将其固定。立式油箱有 12L、16L、20L、25L、30L 5 种容积。不随机移动的立式液压包也可直接放置在平整的地板上。

挂式液压包（G）是利用阀块 C 向侧面的 2 个 M10 深 15mm 的安装螺孔将卧式和立式液压包悬挂起来的安装型式。卧挂式油箱是将卧式油箱直油口更换成 90° 油口，使油箱油口保持向上，并高于油液平面；立挂式油箱是立式油箱不带安装底脚。其余外形及尺寸与卧式和立式完全相同。

参照液压原理图，用清洁的管路、接头把液压包油口与执行元件正确连接起来。

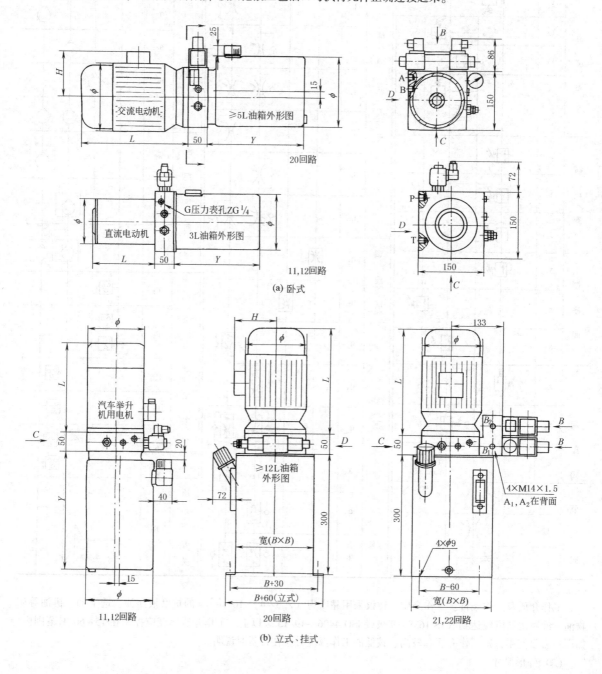

(a) 卧式

(b) 立式、挂式

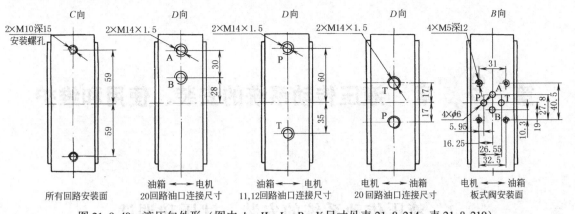

图 21-8-49 液压包外形（图中 φ、H、L、B、Y 尺寸见表 21-8-214~表 21-8-219）

第 **9** 章　液压传动系统的安装、使用和维护

1　液压传动系统的安装、试压和调试

1.1　液压元件的安装

液压元件的安装应遵守 GB/T 3766—2001《液压系统通用技术条件》和 GB/Z 19848—2005/ISO/TR 10949：2002《液压元件从制造到安装达到和控制清洁度的指南》等有关规定。

各种液压元件的安装方法和具体要求，在产品说明书中，都有详细的说明，在安装时必须加以注意。以下仅是液压元件在安装时一般应注意的事项。

1) 安装前元件应进行质量检查。一般来说，买方不得拆卸元件。若确认元件被污染需进行拆洗，应正确地清洗、正确地重新组装，并进行测试，应符合 GB/T 7935—2005《液压元件　通用技术条件》的有关规定，合格后安装。

2) 安装前应将各种自动控制仪表（如压力计、电接触压力计、压力继电器、液位计、温度计等）进行校验。这对以后调整工作极为重要，以避免不准确而造成事故。

3) 液压泵装置安装要求如下。

① 液压泵与原动机之间的联轴器的型式及安装要求必须符合制造厂的规定。

② 外露的旋转轴、联轴器必须安装防护罩。

③ 液压泵与原动机的安装底座必须有足够的刚性，以保证运转时始终同轴。

④ 液压泵的进油管路应短而直，避免拐弯增多，断面突变。在规定的油液黏度范围内，必须使泵的进油压力和其他条件符合泵制造厂的规定值。

⑤ 液压泵的进油管路密封必须可靠，不得吸入空气。

⑥ 高压、大流量的液压泵装置推荐采用：

a. 泵进油口设置橡胶弹性补偿接管；

b. 泵出油口连接高压软管；

c. 泵装置底座设置弹性减震垫。

4) 油箱装置安装要求如下。

① 油箱应仔细清洗，用压缩空气干燥后，再用煤油检查焊缝质量。

② 油箱底部应高于安装面 150mm 以上，以便搬移，放油和散热。

③ 必须有足够的支撑面积，以便在装配和安装时用垫片和楔块等进行调整。

5) 液压阀的安装要求如下。

① 阀的安装方式应符合制造厂规定。

② 板式阀或插装阀必须有正确定向措施。

③ 为了保证安全，阀的安装必须考虑重力、冲击、振动对阀内主要零件的影响。

④ 阀用连接螺钉的性能等级必须符合制造厂的要求，不得随意代换。

⑤ 应注意进油口与回油口的方位，某些阀如将进油口与回油口装反，会造成事故。有些阀件为了安装方便，

往往开有同作用的两个孔，安装后不用的一个要堵死。

⑥ 为了避免空气渗入阀内，连接处应保证密封良好。

⑦ 方向控制阀的安装，一般应使轴线安装在水平位置上。

⑧ 一般调整的阀件，顺时针方向旋转时，增加流量、压力，反时针方向旋转时，则减少流量、压力。

6) 其他辅件安装要求如下。

① 换热器

a. 安装在油箱上的加热器的位置必须低于油箱低极限液面位置，加热器的表面耗散功率不得超过 $0.7W/cm^2$；

b. 使用换热器时，应有液压油（液）和冷却（或加热）介质的测温点；

c. 采用空气冷却器时，应防止进排气通路被遮蔽或堵塞。

② 滤油器：为了指示滤油器何时需要清洗和更换滤芯，必须装有污染指示器或设有测试装置。

③ 蓄能器

a. 蓄能器（包括气体加载式蓄能器）充气气体种类和安装必须符合制造厂的规定；

b. 蓄能器的安装位置必须远离热源；

c. 蓄能器在卸压前不得拆卸。禁止在蓄能器上进行焊接、铆接或机加工。

④ 密封件

a. 密封件的材料必须与它相接触的介质相容；

b. 密封件的使用压力、温度以及密封件的安装应符合有关标准规定；

c. 随机附带的密封件，在制造厂规定的储存条件下，储存一年内可以使用。

7) 液压执行元件安装要求如下。

① 液压缸

a. 液压缸的安装必须符合设计图样和（或）制造厂的规定；

b. 安装液压缸时，如果结构允许，进出油口的位置应在最上面，应装成使其能自动放气或装有易于接近的外部放气阀；

c. 液压缸的安装应牢固可靠，应能承受所有可预见的力。为了防止热膨胀的影响，在行程大和工作温度高的场合下，缸的一端必须保持浮动；

d. 配管连接不得松弛；

e. 液压缸的安装面和活塞杆的滑动面，应保持足够的平行度和垂直度。

② 液压马达

a. 液压马达与被驱动装置之间的联轴器型式及安装要求应符合制造厂的规定；

b. 外露的旋转轴和联轴器必须有防护罩。

③ 安装底座　液压执行元件的安装底座必须具有足够的刚性，保证执行机构正常工作。

8) 系统内开闭器的手轮位置和泵、各种阀以及指示仪表等的安装位置，应注意使用及维修的方便。

1.2　管路安装与清洗

管路安装一般在所连接的设备及元件安装完毕后进行。管路采用钢管时，管路酸洗应在管路配制完毕，且已具备冲洗条件后进行。管路酸洗复位后，应尽快进行循环冲洗，以保证清洁及防锈。

1) 根据工作压力及使用场合选择管件。系统管路必须有足够的强度，可采用钢管、铜管、胶管、尼龙管等。管路采用钢管时，推荐使用 10、15、20 号无缝钢管，特殊和重要系统应采用不锈钢无缝钢管。管件的精度等级应与所采用的管路辅件相适应。管件的最低精度必须符合 GB/T 8162~GB/T 8163 等规定。

管子内壁应光滑清洁，无砂、锈蚀、氧化铁皮等缺陷。若发现有下列情况之一时，即不能使用：内、外壁面已腐蚀或显著变色；有伤口裂痕；表面凹入；表面有离层或结疤。

2) 管路安装应遵循下列要求：

① 管路敷设、安装应按有关工艺规范进行；

② 管路敷设、安装应防止元件、液压装置受到污染；

③ 管路应在自由状态下进行敷设，焊装后的管路固定和连接不得施加过大的径向力强行固定和连接；

④ 管路的排列和走向应整齐一致，层次分明，尽量采用水平或垂直布管；

⑤ 相邻管路的管件轮廓边缘的距离不应小于 10mm；

⑥ 同排管道的法兰或活接头应相间错开 100mm 以上，保证装拆方便；

⑦ 穿墙管道应加套管，其接头位置宜距墙面 800mm 以上；

⑧ 配管不能在圆弧部分接合，必须在平直部分接合；

⑨ 管路的最高部分应设有排气装置，以便排放管路中的空气；

⑩ 细的管子应沿着设备主体、房屋及主管路布置；

⑪ 管路避免无故使用短管件进行拼焊。

3）管路在管路沟槽中的敷设和沟槽要求应符合有关的规定，如"管道沟槽及管子固定"（JB/ZQ 4396）。

① 管道沟槽的尺寸应满足下列要求。

a. 主沟槽一般在宽度方向其最小间距（指管道附件之间的自由通道）等于 1200mm，最小深度为 2000mm。

沟槽的地基图，必须根据管子的数量和规格来绘制。增加量 a_i 按表 21-9-1 确定。

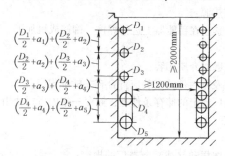

表 21-9-1

mm

管道种类	管子外径 D_0	选用 JB/ZQ 4485、JB/ZQ 4463、JB/T 82.1（$PN=1.6$MPa 法兰）时每根管道需要增加的位置量 a_i	管道种类	管子外径 D_0	选用 JB/ZQ 4485、JB/ZQ 4463、JB/T 82.1（$PN=1.6$MPa 法兰）时每根管道需要增加的位置量 a_i
高压	≤50	30[①]	低压	≤168	40
	>50~114	50		>168~351	公称通径大于 150mm 管子的位置量必须根据托架（JB/ZQ 4518）和卡箍（JB/ZQ 4519）确定

① 30mm 是选用 JB/ZQ 4485《高压法兰》时的数值。当选用 JB/ZQ 4462、JB/ZQ 4463《对焊钢法兰》时，该值至少还要增加 10mm。

注：1. 确定一般管道所需位置量时，对于回油管道应考虑有 3% 的斜度。

2. 当选用其他型号管接头时，a_i 应满足扳手空间或其他操作的要求。

b. 管子沿垂直方向布置的支沟槽，如图 21-9-1 所示。在宽度方向的最小间距大于等于 800mm，沟槽深度按表 21-9-1。

公称通径小于等于 32mm 的管子沿水平方向布置的支沟槽如图 21-9-2 所示。深度小于等于 400mm，宽度根据所铺设的管子数量和尺寸 a 来确定。

c. 支沟和主沟连接处，管道由主沟进入支沟或由支沟进入主沟时，可能会产生某种干涉。因此需通过基础设计给以保证（例如：管道之间互相上下交错开）。

② 为了在沟槽中固定管子，必须在基础中装进相应的扁钢。扁钢与扁钢之间的距离应当在 1500mm 左右，以便在受到撞击时不致使管道系统产生振动。距离沟槽拐角处的间距约为 250mm，见图 21-9-3。

③ 管道的安装要求如下。

a. 高压管道的安装，固定管夹时，可以直接固定在已浇灌在基础中的扁钢上。

b. 低压管道的安装，管子可以采用管夹固定在 12 号槽钢上，管子的公称通径 DN 大于等于 32mm 选用管夹

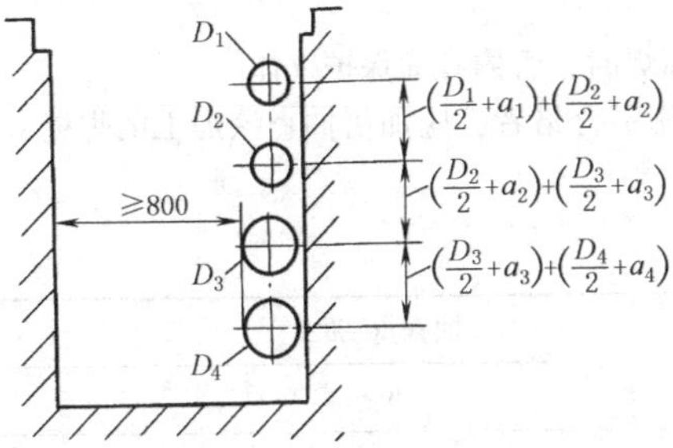

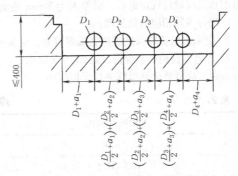

图 21-9-1　垂直布置支沟槽

图 21-9-2　水平布置支沟槽

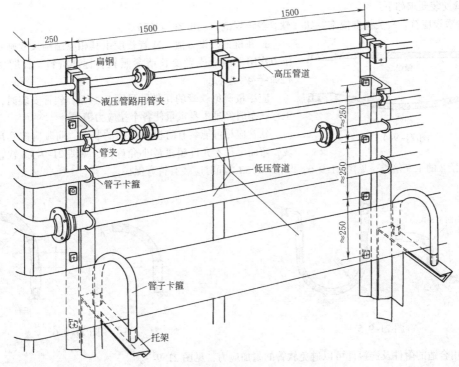

图 21-9-3

固定；DN 大于等于200mm 选用托架与管子卡箍一起固定。

4）管子弯曲的要求如下。

① 现场制作的管子弯曲推荐采用弯管机冷弯。

② 弯管的最小弯曲半径应符合有关标准规定。如《重型机械通用技术条件　配管》（JB/T 5000.11），见本手册第1卷。弯管半径一般应大于3倍管子外径。

③ 管子弯曲处应圆滑，不应有明显的凹痕、波纹及压扁现象（短长轴比不应小于0.75）。

5）管道焊接的要求如下。

① 管子焊接的坡口型式、加工方法和尺寸标准等，均应符合有关国家标准如 GB/T 985、GB/T 986 的有关规定。

② 管道与管道、管道与管接头的焊接应采用对口焊接。不可采用插入式的焊接型式。

③ 工作压力等于或大于6.3MPa 的管道，其对口焊缝的质量，按 GB/T 12469 的要求不应低于Ⅱ级焊缝标准；工作压力小于6.3MPa 的管道，其对口焊缝质量不应小于Ⅲ级焊缝标准。

④ 壁厚大于25mm 的10 号、15 号和20 号低碳钢管道在焊接前应进行预热，预热温度为100~200℃；合金钢

管道的预热按设计规定进行。壁厚大于 36mm 的低碳钢、大于 20mm 的低合金钢、大于 10mm 的不锈钢管道，焊接后应进行与其相应的热处理。

⑤ 应采用氩弧焊焊接或用氩弧焊打底，电弧焊填充。采用氩弧焊时，管内宜通保护气体。

⑥ 焊缝探伤抽查量应符合表 21-9-2 的规定。按规定抽查量探伤不合格者，应加倍抽查该焊工的焊缝，当仍不合格时，应对其全部焊缝进行无损探伤。

表 21-9-2　　　　　　　　　　　　　　　焊缝探伤抽查量

工作压力/MPa	抽查量/%
≤6.3	5
6.3~31.5	15
>31.5	100

6）软管安装要求如下。

① 软管敷设应符合有关标准规定，如《软管敷设规范》（JB/ZQ 4398）。

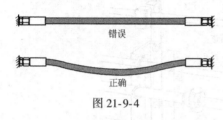

错误

正确

图 21-9-4

a. 正确的敷设方法。软管长度由其相应结构尺寸确定。软管在压力作用下缩短或者变长请参照软管标准资料。长度变化一般在 +2%~-4% 左右。

应尽量避免软管的扭转，见图 21-9-4。软管安装时，应使其在工作状态时经过本身重量使各个拉应力消失。

软管应尽可能装有防机械作用的装置，同时应按其自然位置安装，弯曲半径不允许超过最小允许值，见图 21-9-5。软管弯曲开始处应为其直径 d 的 1.5 倍长，见图 21-9-6。即长 ≈ 1.5d，同时应装有折弯保护。

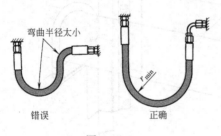

错误　　　　　正确

图 21-9-5

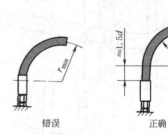

错误　　　　正确

图 21-9-6

正确采用合适的附件及连接件可以避免软管的附加应力，见图 21-9-7。

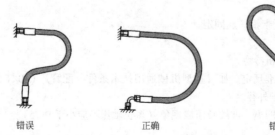

错误　　　　正确　　　　错误　　　　正确

图 21-9-7

b. 避免外部损伤。外部机械对软管的作用，软管对构件的摩擦作用以及软管之间互相作用可以通过软管合理的配置和固定加以避免。如软管加外套保护，加防摩擦件等，见图 21-9-8。对在人行道上或车道上放置的软管，应用软管桥以防损伤和变形，见图 21-9-9。

c. 减少弯曲应力。连接活动部件的软管长度应满足在其总的运动范围内不超过允许的最小半径，同时软管不承受拉应力，见图 21-9-10。

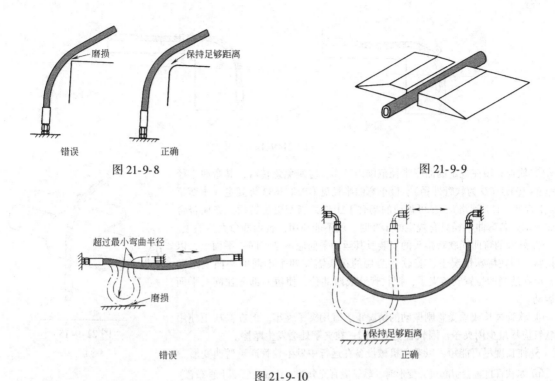

图 21-9-8 图 21-9-9

图 21-9-10

d. 避免扭转应力。连接活动部件的软管应避免扭转，见图 21-9-11。可以通过合理安装或在结构上采取措施加以解决。

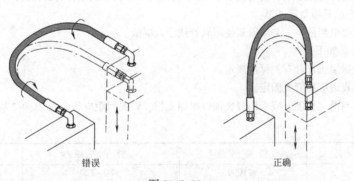

图 21-9-11

e. 安装辅件。对于零散放置的软管可以装上合适的软管导向装置，以避免折弯。见图 21-9-12 和图 21-9-13。安装软管夹可以减少软管自然运动，见图 21-9-14，在此情况下，软管夹可以代替软管导向装置。

图 21-9-12 图 21-9-13

f. 防温度作用。当出现不允许的高辐射温度时，软管应与热辐射构件有足够的距离，而且还要有合理的保护措施，见图 21-9-15。

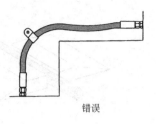 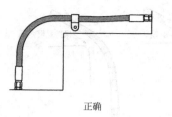

错误　　　　　　　　　　　　　　正确

图 21-9-14

② 软管必须在规定的曲率半径范围内工作，应避免急转弯，其弯曲半径 $R \geq (9 \sim 10)D$ （D 为软管外径）。最小弯曲半径见 GB/T 3683 等规定（本篇第 8 章 1 管件、1.1 管路）。在可移动的场合下工作，当变更位置后，亦应符合上述要求。若弯曲半径只有规定的 1/2 时，就不能使用，否则寿命大为缩短。

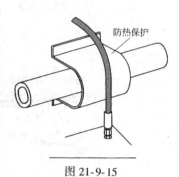

图 21-9-15

③ 软管的弯曲同软管接头的安装及其运动平面应该是在同一平面上，以防扭转。但在特殊情况下，若软管两端的接头需在两个不同的平面上运动时，应在适当的位置安装夹子，把软管分成两部分，使每一部分在同一平面上运动。

④ 软管过长或承受急剧振动的情况下，宜用夹子夹牢。但在高压下使用的软管应尽量少用夹子，因软管受压变形，在夹子处会发生摩擦。

⑤ 使长度尽可能短，以避免机械设备在运行中发生软管严重弯曲变形。

⑥ 如软管自重会引起过分变形时，软管应有充分的支托或使管端下垂布置。

⑦ 不要和其他软管或配管接触，以免磨损破裂。可用卡板隔开或在配管设计上适当考虑。

⑧ 软管宜沿设备的轮廓安装，并尽可能平行排列。

⑨ 当有多根软管需同时作水平、垂直或水平/垂直混合运动时，应选用合适的拖链来保护软管，也使软管排列整齐、美观。拖链产品见本章第 4 节。

⑩ 如软管的故障会引起危险，必须限制使用软管或予以屏蔽。

7）管路固定的要求如下。

① 管夹和管路支撑架应符合有关标准规定。

② 管子弯曲处两直边应用管夹固定。

③ 管子在其端部与沿其长度上应采用管夹加以牢固支撑，管夹间距应符合表 21-9-3 规定。

表 21-9-3

mm

管子外径	管夹间距	管子外径	管夹间距
≤10	≤1000	>80~120	≤4000
>10~25	≤1500	>120~170	≤5000
>25~50	≤2000	>170	5000
>50~80	≤3000		

④ 管子不得直接焊在支架上或管夹上。

⑤ 管路不允许用来支撑设备和油路板或作为人行过桥。

8）管路上的采样点应符合 GB/T 3766 和 GB/T 17489 规定。

9）管路的酸洗和冲洗是保证液压系统工作可靠性和元件使用寿命的关键环节之一，必须足够重视。应按《机械设备安装工程及验收通用规范》（GB 50231）、《重型机械液压系统通用技术条件》（JB/T 6996）等有关规范进行。

① 管路酸洗。管路安装后，应采用酸洗法除锈。酸洗法有两种：槽式酸洗法和循环酸洗法。使用槽式酸洗法时，管路一般应进行二次安装。即将一次安装好的管路拆下来，置入酸洗槽，酸洗操作完毕并合格后，再将其二次安装。而循环酸洗可在一次安装好的管路中进行，需注意的是循环酸洗仅限于管道，其他液压元件必须从管路上断开或拆除。液压站或阀站内的管道，宜采用槽式酸洗法；液压站或阀站至液压缸、液压马达的管道，可采

用循环酸洗法。

　　a. 槽式酸洗法。槽式酸洗法一般操作程序为：脱脂→水冲洗→酸洗→水冲洗→中和→钝化→水冲洗→干燥→喷防锈油（剂）→封口。

　　槽式酸洗法的脱脂、酸洗、中和、钝化液配合比，宜符合表 21-9-4 的规定。

表 21-9-4　　　　　　　　　　脱脂、酸洗、中和、钝化液配合比

溶　液	成　分	浓度/%	温度/℃	时间/min	pH 值
脱脂液	氢氧化钠 碳酸氢钠 磷酸钠 硅酸钠	8~10 1.5~2.5 3~4 1~2	60~80	240 左右	—
酸洗液	盐　酸 乌洛托品	12~15 1~2	常温	240~360	—
中和液	氨　水	8~12	常温	2~4	10~11
钝化液	亚硝酸钠 氨　水	1~2	常温	10~15	8~10

　　b. 循环酸洗法。循环酸洗法一般操作程序为：水试漏→脱脂→水冲洗→酸洗→中和→钝化→水冲洗→干燥→喷防锈油（剂）。循环酸洗法的脱脂、酸洗、中和、钝化液配合比，宜符合表 21-9-5 的规定。

表 21-9-5　　　　　　　　　　脱脂、酸洗、中和、钝化液配合比

溶　液	成　分	浓度/%	温度	时间/min	pH 值
脱脂液	四氯化碳		常温	30 左右	
酸洗液	盐　酸 乌洛托品	10~15 1	常温	120~240	
中和液	氨　水	1	常温	15~30	10~12
钝化液	亚硝酸钠 氨　水	10~15 1~3	常温	25~30	10~15

　　组成回路的管道长度，可根据管径、管压和实际情况确定，但不宜超过 300m；回路的构成，应使所有管道的内壁全部接触酸液。在酸洗完成后，应将溶液排净，再通入中和液，并应使出口溶液不呈酸性为止。溶液的酸碱度可采用 pH 试纸检查。

　　② 循环冲洗。液压系统的管道在酸洗合格后，应尽快采用工作介质或相当于工作介质的液体进行冲洗，且宜采用循环方式冲洗，并应符合下列要求。

　　a. 液压系统管道在安装位置上组成循环冲洗回路时，应将液压缸、液压马达及蓄能器与冲洗回路分开，伺服阀和比例阀应用冲洗板代替。在冲洗回路中，当有节流阀或减压阀时，应将其调整到最大开口度。

　　b. 管路复杂时，可适当分区对各部分进行冲洗。

　　c. 冲洗液加入油箱时，应采用滤油小车对油液进行过滤。过滤器等级不应低于系统的过滤器等级。

　　d. 冲洗液可用液压系统准备使用的工作介质或与它相容的低黏度工作介质，如 L-AN10。注意切忌使用煤油做冲洗液。

　　e. 冲洗液的冲洗流速应使液流呈紊流状态，且应尽可能高。

　　f. 冲洗液为液压油时，油温不宜超过 60℃；冲洗液为高水基液压液时，液温不宜超过 50℃。在不超过上述温度下，冲洗液温度宜高。

　　g. 循环冲洗要连续进行，冲洗时间通常在 72h 以上。冲洗过程宜采用改变冲洗方向或对焊接处和管子反复地进行敲打、振动等方法加强冲洗效果。

　　h. 冲洗检验：采用目测法检测时，在回路开始冲洗后的 15~30min 内应开始检查过滤器，此后可随污染物的减少相应延长检查的间隔时间，直至连续过滤 1h 在过滤器上无肉眼可见的固体污染物时为冲洗合格；

　　应尽量采用颗粒计数法检验，样液应在冲洗回路的最后一根管道上抽取，一般液压传动系统的清洁度不应低于 JB/T 6996 规定的 20/17 级（相当于 GB/T 14039 和 ISO 4406 标准中的污染等级 20/17 或 NAS 1638 标准中的 11 级）；

液压伺服系统和液压比例系统必须采用颗粒计数法检测，液压伺服系统的清洁度不应低于 15/12 级，液压比例系统的清洁度不应低于 17/14 级。

关于工作介质固体颗粒污染等级代号及颗粒数，见第 22 篇第 4 章 4.2 油液污染度等级标准。

i. 管道冲洗完成后，当要拆卸接头时，应立即封口；当需对管口焊接处理时，对该管道应重新进行酸洗和冲洗。

1.3 试压

系统的压力试验应在安装完毕组成系统，并冲洗合格后进行。

1）试验压力在一般情况下应符合以下规定。

① 试验压力应符合表 21-9-6 的规定。

表 21-9-6

公称压力 p/MPa	≤16	16~31.5	>31.5
试验压力	1.5p	1.25p	1.15p

② 在冲击大或压力变化剧烈的回路中，其试验压力应大于峰值压力。

2）系统在充液前，其清洁度应符合规定。所充液压油（液）的规格、品种及特性等均应符合使用说明书的规定；充液时应多次开启排气口，把空气排除干净（当有油液从排气阀中喷出时，即可认为空气已排除干净），同时将节流阀打开。

3）系统中的液压缸、液压马达、伺服阀、比例阀、压力继电器、压力传感器以及蓄能器等均不得参加压力试验。

4）试验压力应逐级升高，每升高一级宜稳压 2~3min，达到试验压力后，持压 10min，然后降至工作压力，进行全面检查，以系统所有焊缝、接口和密封处无漏油，管道无永久变形为合格。

5）系统中出现不正常声响时，应立即停止试验。处理故障必须先卸压。如有焊缝需要重焊，必须将该管卸下，并在除净油液后方可焊接。

6）压力试验期间，不得锤击管道，且在试验区域的 5m 范围内不得进行明火作业或重噪声作业。

7）压力试验应有试验规程，试验完毕后应填写《系统压力试验记录》。

1.4 调试和试运转

液压系统的调试应在相关的土建、机械、电气、仪表以及安全防护等工程确认具备试车条件后进行。

系统调试一般应按泵站调试、系统压力调试和执行元件速度调试的顺序进行，并应配合机械的单部件调试、单机调试、区域联动、机组联动的调试顺序。

（1）泵站调试

启动液压泵，进油（液）压力应符合说明书的规定；泵进口油温不得大于 60℃，且不得低于 15℃；过滤器不得吸入空气，先空转 10~20min，再调整溢流阀（或调压阀）逐渐分挡升压（每挡 3~5MPa，每挡时间 10min）到溢流阀调节值。升压中应多次开启系统放气口将空气排除。

1）蓄能器

① 气囊式、活塞式和气液直接接触式蓄能器应按设计规定的气体介质和预充压力充气；气囊式蓄能器必须在充油（最好在安装）之前充气。充气应缓慢，充气后必须检查充气阀是否漏气；气液直接接触式和活塞式蓄能器应在充油之后，并在其液位监控装置调试完毕后充气。

② 重力式蓄能器宜在液压泵负荷试运转后进行调试，在充油升压或卸压时，应缓慢进行；配重升降导轨间隙必须一致，散装配重应均匀分布；配重的重量和液位监控装置的调试均应符合设计要求。

2）油箱附件

① 油箱的液位开关必须按设计高度定位。当液位变动超过规定高度时，应能立即发出报警信号并实现规定的联锁动作。

② 调试油温监控装置前应先检查油箱上的温度表是否完好；油温监控装置调试后应使油箱的油温控制在规

定的范围内。当油温超过规定范围时，应发出规定的报警信号。

泵站调试应在工作压力下运转 2h 后进行。要求泵壳温度不超过 70℃，泵轴颈及泵体各结合面无漏油及异常的噪声和振动；如为变量泵，则其调节装置应灵活可靠。

(2) 压力调试

系统的压力调试应从压力调定值最高的主溢流阀开始，逐次调整每个分支回路的各种压力阀。压力调定后，需将调整螺杆锁紧。压力调定值及以压力联锁的动作和信号应与设计相符。

(3) 流量调试（执行机构调速）

速度调试应在正常工作压力和正常工作油温下进行；遵循先低速后高速的原则。

① 液压马达的转速调试。液压马达在投入运转前，应和工作机构脱开。在空载状态先点动，再从低速到高速逐步调试并注意空载排气，然后反向运转。同时应检查壳体温升和噪声是否正常。待空载运转正常后，再停机将马达与工作机构连接，再次启动液压马达并从低速至高速负载运转。如出现低速爬行现象，可检查工作机构的润滑是否充分，系统排气是否彻底，或有无其他机械干扰。

② 液压缸的速度调试。液压缸的速度调试与液压马达的速度调试方法相似。对带缓冲调节装置的液压缸，在调速过程中应同时调整缓冲装置，直至满足该缸所带机构的平稳性要求。如液压缸系内缓冲且为不可调型，则必须将该液压缸拆下，在试验台上调试处理合格后再装机调试，试验应符合 GB/T 15622—2005《液压缸试验方法》有关规定。双缸同步回路在调速时，应先将两缸调整到相同的起步位置，再进行速度调整。

③ 系统的速度调试。系统的速度调试应逐个回路（系指带动和控制一个机械机构的液压系统）进行，在调试一个回路时，其余回路应处于关闭（不通油）状态；单个回路开始调试时，电磁换向阀宜用手动操纵。在系统调试过程中所有元件和管道应无漏油和异常振动；所有联锁装置应准确、灵敏、可靠。速度调试完毕，再检查液压缸和液压马达的工作情况。要求在启动、换向及停止时平稳，在规定低速下运行时，不得爬行，运行速度应符合设计要求。系统调试应有调试规程和详尽的调试记录。

2 液压传动系统的使用和维护

2.1 液压系统的日常检查和定期检查

液压设备的检查通常采用日常检查和定期检查两种方法，以保证设备的正常运行。日常检查及定期检查项目和内容见表 21-9-7 和表 21-9-8。

表 21-9-7　　　　　　　　　　　　　　日常检查项目和内容

检查时间	项　目	内　容	检查时间	项　目	内　　　　容
在启动前检查	液　位	是否正常	在设备运行中监视工况	压　力	系统压力是否稳定和在规定范围内
	行程开关和限位块	是否紧固		噪声、振动	有无异常。一般系统压力为 7MPa 时，噪声小于等于 75dB（A）；14MPa 时，小于等于 90dB（A）
	手动、自动循环	是否正常		油　温	是否在 35~55℃ 范围内，不得大于 60℃
	电磁阀	是否处于原始状态		漏　油	全系统有无漏油
				电　压	是否保持在额定电压的 +5%~-15% 范围内

做到液压系统的合理使用，还必须注意以下事项。

1) 油箱中的液压油液应经常保持正常液面。管路和液压缸的容量很大时，最初应放入足够数量的油液，在启动之后，由于油液进入了管路和液压缸，液面会下降，甚至使过滤器露出液面，因此必须再一次补充油液。在使用过程中，还会发生泄漏，故要求在油箱上应该设置液面计，以便经常观察和补充油液。

2) 液压油液应经常保持清洁。检查油液的清洁应经常和检查油液液面同时进行。

3) 换油时的要求如下。

① 更换的新油液或补加的油液必须符合本系统规定使用的油液牌号，并应经过化验，符合规定的指标。

表 21-9-8 定期检查项目和内容

项 目	内 容	项 目	内 容
螺钉及管接头	定期紧固： a. 10MPa 以上系统，每月一次 b. 10MPa 以下系统，每三个月一次	油污染度检验	对新换油，经 1000h 使用后，应取样化验 对精、大、稀等设备用油，经 600h 取样 取样需用专用容器，并保证不受污染 取油样需在设备停止运转后，立即从油箱的中下部或放油口取油样，数量约为每次 300~500mL 按油料化验单化验 油料化验单应纳入设备档案
过滤器、空气滤清器	定期情况（另有规定者除外）： a. 一般系统每月一次 b. 比例、伺服系统每半月一次		
油箱、管道、阀板	定期情况：大修时	压力表	按设备使用情况，规定检验周期
密封件	按环境温度、工作压力、密封件材质等具体规定	高压软管	根据使用工况，规定更换时间
		电控部分	按电器使用维修规定，定期检查维修
弹簧	按工作情况、元件质量等具体规定	液压元件	根据使用工况，规定对泵、阀、马达、缸等元件进行性能测定。尽可能采取在线测试办法测定其主要参数
油污染度检验	对已确定换油周期的设备，提前一周取样化验		

② 换油液时必须将油箱内部的旧油液全部放完，并且冲洗合格。

③ 新油液过滤后再注入油箱，过滤精度不得低于系统的过滤精度。

④ 新油液加入油箱前，应把流入油箱的主回油管拆开，用临时油桶接油。点动液压泵电动机，使新油将管道内的旧油"推出"（置换出来），如在液压泵转动时，操纵液压缸的换向阀，还可将缸内旧油置换出来。

⑤ 加油液时，注意油桶口、油箱口、滤油机进出油管的清洁。

⑥ 油箱的油液量在系统（管路和元件）充满油液后应保持在规定液位范围内。

⑦ 更换液压油（液）的期限，因油（液）品种、工作环境和运行工况不同而有很大不同。一般来说，在连续运转，高温、高湿、灰尘多的地方，需要缩短换油的周期。表 21-9-9 给出的更换周期可供换油前储备油品时参考使用，油（液）的更换时间应按使用过程中监测的数据，若采样油（液）中有一项达到该种油（液）的换油指标（见本篇第 4 章表 21-4-27~表 21-4-29），就应及时更换油（液），以确保液压系统正常运转。

表 21-9-9 液压介质的更换周期

介质种类	普通液压油	专用液压油	全损耗系统用油	汽轮机油	水包油乳化液	油包水乳化液	磷酸酯液压液
更换周期/月	12~18	>12	6	12	2~3	12~18	>12

4）油温应适当。油箱的油温不能超过 60℃，一般液压机械在 35~55℃ 范围内工作比较合适。从维护的角度看，也应绝对避免油温过高。若油温有异常上升时应进行检查，常见原因如下：

① 油的黏度太高；

② 受外界的影响（例如开关炉门的油压装置等）；

③ 回路设计不好，例如效率太低，采用的元件的容量太小、流速过高等所致；

④ 油箱容量小，散热慢（一般来说，油箱容量在油泵每分钟排油量的 3 倍以上）；

⑤ 阀的性能不好，例如容易发生振动就可能引起异常发热；

⑥ 油质变坏，阻力增大；

⑦ 冷却器的性能不好，例如水量不足，管道内有水垢等。

5）回路里的空气应完全清除掉。回路里进入空气后，因为气体的体积和压力成反比，所以随着载荷的变动，液压缸的运动也受到影响（例如机床的切削力是经常变化的，但需保持送进速度平稳，所以应特别避免空气混入）。另外空气又是造成油液变质和发热的重要原因，所以应特别注意下列事项：

① 为了防止回油管回油时带入空气，回油管必须插入油面以下；

② 入口过滤器堵塞后，吸入阻力大大增加，溶解在油中的空气分离出来，产生所谓空蚀现象；

③ 吸入管和泵轴密封部分等各个低于大气压的地方应注意不要漏入空气；

④ 油箱的液面要尽量大些，吸入侧和回油侧要用隔板隔开，以达到消除气泡的目的；

⑤ 管路及液压缸的最高部分均要有放气孔，在启动时应放掉其中的空气。

6）装在室外的液压装置使用时应注意以下事项：

① 随着季节的不同室外温度变化比较剧烈，因此尽可能使用黏度指数大的油；

② 由于气温变化，油箱中水蒸气会凝成水滴，在冬天应每一星期进行一次检查，发现后应立即除去；

③ 在室外因为脏物容易进入油中，因此要经常换油。

7）在初次启动液压泵时，应注意以下事项：

① 向泵里灌满工作介质；

② 检查转动方向是否正确；

③ 入口和出口是否接反；

④ 用手试转；

⑤ 检查吸入侧是否漏入空气；

⑥ 在规定的转速内启动和运转。

8）在低温下启动液压泵时，应注意以下事项：

① 在寒冷地带或冬天启动液压泵时，应该开开停停，往复几次使油温上升，液压装置运转灵活后，再进入正式运转；

② 在短时间内用加热器加热油箱，虽然可以提高油温，但这时泵等装置还是冷的，仅仅油是热的，很容易造成故障，应该注意。

9）其他注意事项：

① 在液压泵启动和停止时，应使溢流阀卸荷；

② 溢流阀的调定压力不得超过液压系统的最高压力；

③ 应尽量保持电磁阀的电压稳定，否则可能会导致线圈过热；

④ 易损零件，如密封圈等，应经常有备品，以便及时更换。

2.2 液压系统清洁度等级

液压系统总成循环冲洗的清洁度指标可参考《重型机械液压系统通用技术条件》（JB/T 6996—2007）中的"液压系统总成冲洗清洁度等级标准"，见表 21-9-10。每一清洁度等级一般由两个代表每 100 mL 工作介质中固体污染物颗粒数的代码组成，其中一个代码代表大于 $5\mu m$ 的颗粒数，另一个代码代表大于 $15\mu m$ 的颗粒数，两个代码间用一根斜线分隔，即清洁度等级表示为：大于 $5\mu m$ 的颗粒数代码/大于 $15\mu m$ 的颗粒数代码。

表 21-9-10　　　　常用的清洁度等级

清洁度等级	每 100mL 工作介质的污染物颗粒数		清洁度等级	每 100mL 工作介质的污染物颗粒数	
	$>5\mu m$	$>15\mu m$		$>5\mu m$	$>15\mu m$
20/17	$500\times10^3 \sim 1\times10^6$	$64\times10^3 \sim 130\times10^3$	16/12	$32\times10^3 \sim 64\times10^3$	$2\times10^3 \sim 4\times10^3$
20/16	$500\times10^3 \sim 1\times10^6$	$32\times10^3 \sim 64\times10^3$	16/11	$32\times10^3 \sim 64\times10^3$	$1\times10^3 \sim 2\times10^3$
20/15	$500\times10^3 \sim 1\times10^6$	$16\times10^3 \sim 32\times10^3$	16/10	$32\times10^3 \sim 64\times10^3$	$500 \sim 1\times10^3$
20/14	$500\times10^3 \sim 1\times10^6$	$8\times10^3 \sim 16\times10^3$	15/12	$16\times10^3 \sim 32\times10^3$	$2\times10^3 \sim 4\times10^3$
19/16	$250\times10^3 \sim 500\times10^3$	$32\times10^3 \sim 64\times10^3$	15/11	$16\times10^3 \sim 32\times10^3$	$1\times10^3 \sim 2\times10^3$
19/15	$250\times10^3 \sim 500\times10^3$	$16\times10^3 \sim 32\times10^3$	15/10	$16\times10^3 \sim 32\times10^3$	$500 \sim 1\times10^3$
19/14	$250\times10^3 \sim 500\times10^3$	$8\times10^3 \sim 16\times10^3$	15/9	$16\times10^3 \sim 32\times10^3$	$250 \sim 500$
19/13	$250\times10^3 \sim 500\times10^3$	$4\times10^3 \sim 8\times10^3$	14/11	$8\times10^3 \sim 16\times10^3$	$1\times10^3 \sim 2\times10^3$
18/15	$130\times10^3 \sim 250\times10^3$	$16\times10^3 \sim 32\times10^3$	14/10	$8\times10^3 \sim 16\times10^3$	$500 \sim 1\times10^3$
18/14	$130\times10^3 \sim 250\times10^3$	$8\times10^3 \sim 16\times10^3$	14/9	$8\times10^3 \sim 16\times10^3$	$250 \sim 500$
18/13	$130\times10^3 \sim 250\times10^3$	$4\times10^3 \sim 8\times10^3$	14/8	$8\times10^3 \sim 16\times10^3$	$130 \sim 250$
18/12	$130\times10^3 \sim 250\times10^3$	$2\times10^3 \sim 4\times10^3$	13/10	$4\times10^3 \sim 8\times10^3$	$500 \sim 1\times10^3$
17/14	$64\times10^3 \sim 130\times10^3$	$8\times10^3 \sim 16\times10^3$	13/9	$4\times10^3 \sim 8\times10^3$	$250 \sim 500$
17/13	$64\times10^3 \sim 130\times10^3$	$4\times10^3 \sim 8\times10^3$	13/8	$4\times10^3 \sim 8\times10^3$	$130 \sim 250$
17/12	$64\times10^3 \sim 130\times10^3$	$2\times10^3 \sim 4\times10^3$	12/9	$2\times10^3 \sim 4\times10^3$	$250 \sim 500$
17/11	$64\times10^3 \sim 130\times10^3$	$1\times10^3 \sim 2\times10^3$	12/8	$2\times10^3 \sim 4\times10^3$	$130 \sim 250$
16/13	$32\times10^3 \sim 64\times10^3$	$4\times10^3 \sim 8\times10^3$	11/8	$1\times10^3 \sim 2\times10^3$	$130 \sim 250$

该清洁度等级标准中的代号和数值与《液压传动油液固体颗粒污染等级代号》（GB/T 14039—2002）中采用显微镜计数的油液污染度代号和相应数值相同。

由美国宇航学会提出的 NAS 1638 污染度等级也是常采用的以颗粒浓度为基础的检测标准，还有 PALL、

SAE 749D 等标准及其与 ISO 4406 国际标准的对照, 见第 22 篇第 4 章 4.2 油液污染度等级标准。

液压工作介质被污染是液压系统发生故障和液压元件过早磨损甚至损坏的重要原因, 因此对液压工作介质的污染及其控制问题必须引起足够重视。对典型液压系统和液压元件的清洁度要求, 见表 21-9-11 和表 21-9-12。

表 21-9-11　　　　　　　　　　　　典型液压系统清洁度等级

类　型	等　级									
	12/9	13/10	14/11	15/12	16/13	17/14	18/15	19/16	20/17	21/18
精密电液伺服系统										
伺服系统										
电液比例系统										
高压系统										
中压系统										
低压系统										
数控机床系统										
机床液压系统										
一般机器液压系统										
行走机械液压系统										
重型设备液压系统										
重型和行走设备传动系统										
冶金轧钢设备液压系统										

表 21-9-12　　　　　　　　　　　　典型液压元件清洁度等级

液压元件类型	优　等　品	一　等　品	合　格　品
各种类型液压泵	16/13	18/15	19/16
一般液压阀	16/13	18/15	19/16
伺服阀	13/10	14/11	15/12
比例控制阀	14/11	15/12	16/13
液压马达	16/13	18/15	19/16
液压缸	16/13	18/15	19/16
摆动液压缸	17/14	19/16	20/17
蓄能器	16/13	18/15	19/16
滤油器(壳体)	15/12	16/13	17/14

注: 详细指标见 JB/T 7858—2006《液压元件　清洁度评定方法及液压元件清洁度指标》。

一般液压传动系统总成出厂清洁度不得低于 20/17 级（相当于 NAS 11 级）, 液压伺服系统总成出厂清洁度不得低于 16/13 级（相当于 NAS 7 级）。

3　液压传动系统常见故障及排除方法

液压系统某回路的某项液压功能出现失灵、失效、失控、失调或功能不完全统称为液压故障。它会导致液压机构某项技术指标或经济指标偏离正常值或正常状态, 如液压机构不能动作、力输出不稳定、运动速度不符合要求、运动不稳定、运动方向不正确、产生爬行或液压冲击等, 这些故障一般都可以从液压系统的压力、流量、液流方向去查找原因, 并采取相应对策予以排除, 详见表 21-9-13 ～ 表 21-9-19。

液压系统的故障大量属于突发性故障和磨损性故障, 这些故障在液压系统的调试期、运行的初期、中期和后期表现形式与规律也不一样。应尽力采用状态监测技术, 努力做到故障的早期诊断及排除。还有, 一般说来液压系统发生故障的因素约 85% 是由于液压油（液）污染所造成的。

3.1 液压系统故障诊断及排除

表 21-9-13   压力不正常的故障分析和排除方法

故障现象	故 障 分 析	排除方法	故障现象	故 障 分 析	排除方法
没有压力	(1) 油泵吸不进油液 (2) 油液全部从溢流阀溢回油箱 (3) 液压泵装配不当,泵不工作 (4) 泵的定向控制装置位置错误 (5) 液压泵损坏 (6) 泵的驱动装置扭断	油箱加油、换过滤器等调整溢流阀 修理或更换 检查控制装置线路 更换或修理 更换、调整联轴器	压力不稳定	(1) 油液中有空气 (2) 溢流阀内部磨损 (3) 蓄能器有缺陷或失掉压力 (4)泵、马达、液压缸磨损 (5) 油液被污染	排气、堵漏、加油 修理或更换 更换或修理 修理或更换 冲洗、换油
压力偏低	(1)减压阀或溢流阀设定值过低 (2)减压阀或溢流阀损坏 (3)油箱液面低 (4)泵转速过低 (5)泵、马达、液压缸损坏、内泄大 (6)回路或油路块设计有误	重新调整 修理或更换 加油至标定高度 检查原动机及控制 修理或更换 重新设计、修改	压力过高	(1)溢流阀、减压阀或卸荷阀失调 (2)变量泵的变量机构不工作 (3)溢流阀、减压阀或卸荷阀损坏或堵塞	重新设定调整 修理或更换 更换、修理或清洗

表 21-9-14   流量不正常的故障分析和排除方法

故障现象	故 障 分 析	排除方法	故障现象	故 障 分 析	排除方法
没有流量	(1) 参考表 21-9-13 没有压力时的分析 (2) 换向阀的电磁铁松动、线圈短路 (3)油液被污染,阀芯卡住 (4)M、H 型机能滑阀未换向	 更换或修理 冲洗、换油	流量过小	(5) 系统内泄漏严重 (6) 变量泵正常调节无效 (7) 管路沿程损失过大 (8) 泵、阀、缸及其他元件磨损	紧连接、换密封 修理或更换 增大管径、提高压力 更换或修理
流量过小	(1)流量控制装置调整太低 (2)溢流阀或卸荷阀压力调得太低 (3)旁路控制阀关闭不严 (4)泵的容积效率下降	调高 调高 更换阀、查控制线路 换新泵、排气	流量过大	(1)流量控制装置调整过高 (2)变量泵正常调节无效 (3)检查泵的型号和电动机转数是否正确	调低 修理或更换

表 21-9-15   液压冲击大的故障分析和排除方法

故 障 现 象	故 障 分 析	排 除 方 法
换向阀换向冲击	换向时,液流突然被切断,由于惯性作用使油液受到瞬间压缩,产生很高的压力峰值	调长换向时间 采用开节流三角槽或锥角的阀芯 加大管径、缩短管路
液压缸、液压马达突然被制动时的液压冲击	液压缸、液压马达运行时,具有很大的动量和惯性,突然被制动,引起较大的压力峰值	液压缸、液压马达进出油口处分别设置反应快、灵敏度高的小型溢流阀 在液压缸液压马达附近安装囊式蓄能器 适当提高系统背压或减少系统压力

表 21-9-16 噪声过大的故障分析和排除方法

故障现象	故 障 分 析		排除方法	故障现象	故 障 分 析	排除方法
泵噪声	(1) 泵内有气穴	a. 油液温度太低或黏度太高 b. 吸入管太长、太细、弯头太多 c. 进油过滤器过小或堵塞 d. 泵离液面太高 e. 辅助泵故障 f. 泵转速太快	加热油液或更换 更改管道设计 更换或清洗 更改泵安装位置 修理或更换 减小到合理转速	泵噪声	(3) 泵磨损或损坏 (4) 泵与原动机同轴度低	更换或修理 重新调整
				油马达噪声	(1) 管接头密封件不良 (2) 油马达磨损或损坏 (3) 油马达与工作机同轴度低	换密封件 更换或修理 重新调整
	(2) 油液中有空气	a. 油液选用不合适 b. 油箱中回油管在液面上 c. 油箱液面太低 d. 进油管接头进入空气 e. 泵轴油封损坏 f. 系统排气不好	更换油液 管伸到液面下 油加至规定范围 更换或紧固接头 更换油封 重新排气	溢流阀尖叫声	(1) 压力调整太低或与其他阀太近 (2) 锥阀、阀座磨损	重新调节、组装或更换 更换或修理
				管道噪声	油流剧烈流动	加粗管道、少用弯头、采用胶管、采用蓄能器等

表 21-9-17 振动过大的故障分析和排除方法

故障现象	故 障 分 析	排除方法	故障现象	故 障 分 析	排除方法
泵振动	(1) 联轴器不平衡 (2) 泵与原动机同轴度低 (3) 泵安装不正确 (4) 系统内有空气	更换 调整 重新安装 排除空气	油箱振动	(1) 油箱结构不良 (2) 泵安装在油箱上	增厚箱板,在侧板、底板上增设筋板 泵和电动机单独装在油箱外底座上,并用软管与油箱连接
管道振动	(1) 管道长、固定不良 (2) 溢流阀、卸荷阀、液控单向阀、平衡阀、方向阀等工作不良	增加管夹,加防振垫并安装压板 对回路进行检查,在管道的某一部分装入节流阀		(3) 没有防振措施	在油箱脚下、泵的底座下增加防振垫

表 21-9-18 油温过高的故障分析和排除方法

故障现象	故 障 分 析	排 除 方 法
油液温度过高	(1) 系统压力太高 (2) 当系统不需要压力油时,而油仍在溢流阀的设定压力下溢回油箱。即卸荷回路的动作不良 (3) 蓄能器容量不足或有故障 (4) 油液脏或供油不足 (5) 油液黏度不对 (6) 油液冷却不足:a. 冷却水供应失灵或风扇失灵 　　　　　　　　b. 冷却水管道中有沉淀或水垢 　　　　　　　　c. 油箱的散热面积不足 (7) 泵、马达、阀、缸及其他元件磨损 (8) 油液的阻力过大,如:管道的内径和需要的流量不相适应或者由于阀规格过小,能量损失太大 (9) 附近有热源影响,辐射热大	在满足工作要求条件下,尽量调低至合适的压力 改进卸荷回路设计;检查电控回路及相应各阀动作;调低卸荷压力;高压小流量、低压大流量时,采用变量泵 换大蓄能器,修理蓄能器 清洗或更换滤油器;加油至规定油位 更换合适黏度的油液 检查冷却水系统,更换、修理电磁水阀;更换、修理风扇 清洗、修理或更换冷却器 改装冷却系统或加大油箱容量 更换已磨损的元件 装置适宜尺寸的管道和阀 采用隔热材料反射板或变更布置场所;设置通风、冷却装置等,选用合适的工作油液
液压泵过热	(1) 油液温度过高 (2) 有气穴现象 (3) 油液中有空气 (4) 溢流阀或卸荷阀压力调得太高 (5) 油液黏度过低或过高 (6) 过载 (7) 泵磨损或损坏	见"油液温度过高"故障排除 见表 21-9-16 见表 21-9-16 调整至合适压力 选择适合本系统黏度的油 检查支撑与密封状况,检查超出设计要求的载荷 修理或更换

故障现象	故障分析	排除方法
液压马达过热	(1)油液温度过高	见"油液温度过高"故障排除
	(2)溢流阀、卸荷阀压力调得太高	调至正确压力
	(3)过载	检查支撑与密封状况,检查超出设计要求的载荷
	(4)马达磨损或损坏	修理或更换
溢流阀温度过高	(1)油液温度过高	见"油液温度过高"故障排除
	(2)阀调整错误	调至正确压力
	(3)阀磨损或损坏	修理或更换

表 21-9-19   **运动不正常的故障分析和排除方法**

故障现象	故障分析	排除方法	故障现象	故障分析	排除方法
没有运动	(1)没有油流或压力 (2)方向阀的电磁铁有故障 (3)机械式、电气式或液动式的限位或顺序装置不工作或调得不对或没有指令信号 (4)液压缸或马达损坏 (5)液控单向阀的外控油路有问题 (6)减压阀、顺序阀的压力过低或过高 (7)机械故障	见表 21-9-13 修理或更换 调整、修复或更换 修复或更换 修理排除 重新调整 查找、修复	运动过快	(1)流量过大 (2)放大器失调或调得不对	见表 21-9-14 调整修复或更换
			运动无规律	(1)压力不正常,无规律变化 (2)油液中混有空气 (3)信号不稳定、反馈失灵 (4)放大器失调或调得不对 (5)润滑不良 (6)阀芯卡涩 (7)液压缸或马达磨损或损坏	见表 21-9-13 排气、加油 修理或更换 调整、修复或更换 加润滑油 清洗或换油 修理或更换
运动缓慢	(1)流量不足或系统泄漏太大 (2)油液黏度太高或温度太低 (3)阀的控制压力不够 (4)放大器失调或调得不对 (5)阀芯卡涩 (6)液压缸或马达磨损或损坏 (7)载荷过大	见表 21-9-14 换油(液)或提高油(液)工作温度 见表 21-9-13 调整修复或更换 清洗、调整或更换 更换或修理 检查、调整	机构爬行	(1)液压缸和管道中有空气 (2)系统压力过低或不稳 (3)滑动部件阻力太大 (4)液压缸与滑动部件安装不良,如机架刚度不够、紧固螺栓松动等	排除系统中空气 调整、修理压力阀 修理、加润滑油 调整、加固

注:机构运动不正常,不仅仅是流量、压力等因素引起,通常是液压系统和机械系统的综合性故障,必须综合分析、排除故障。

3.2 液压元件故障诊断及排除

由于泵、缸、阀等元件的类型、品种相当多,下面仅介绍几种主要液压元件的常见、共性故障分析及排除方法,见表 21-9-20~表 21-9-26。故障分析时,应首先熟悉和掌握元件的结构、特性和工作原理,应加强现场观测、分析研究、注意防止错误诊断,做到及时、有效排除液压故障。元件的修理、试验应按"液压元件通用技术条件(GB/T 7935)"和有关标准进行。

表 21-9-20   **液压泵常见故障分析与排除方法**

故障现象	故障分析	排除方法
不出油、输油量不足、压力上不去	(1)电动机转向不对 (2)吸油管或过滤器堵塞 (3)轴向间隙或径向间隙过大 (4)连接处泄漏,混入空气 (5)油液黏度太高或油温升太高	(1)改变电动机转向 (2)疏通管道,清洗过滤器,换新油 (3)检查更换有关零件 (4)紧固各连接处螺钉,避免泄漏,严防空气混入 (5)正确选用油液,控制温升

第 21 篇

故障现象	故障分析	排除方法
噪声严重、压力波动厉害	(1)吸油管及过滤器堵塞或过滤器容量小 (2)吸油管密封处漏气或油液中有气泡 (3)泵与联轴器不同轴 (4)油位低 (5)油温低或黏度高 (6)泵轴承损坏 (7)供油量波动 (8)油液过脏	(1)清洗过滤器使吸油管通畅,正确选用过滤器 (2)在连接部位或密封处加点油,如噪声减小,可拧紧接头或更换密封圈;回油管口应在油面以下,与吸油管要有一定距离 (3)调整同轴 (4)加油液 (5)把油液加热到适当的温度 (6)更换泵轴承 (7)更换或修理辅助泵 (8)冲洗、换油
泵轴颈油封漏油	泄油管道液阻过大,使泵体内压力升高到超过油封许用的耐压值	检查柱塞泵泵体上的泄油口是否用单独油管直接接通油箱。若发现把几台柱塞泵的泄漏油管并联在一根同直径的总管后再接通油箱,或者把柱塞泵的泄油管接到总回油管上,则应予改正。最好在泵泄油口接一个压力表,以检查泵体内的压力,其值应小于 0.08MPa

液压马达与液压泵结构基本相同,其故障分析与排除方法可参考液压泵。液压马达的特殊问题是启动转矩和效率等。这些问题与液压泵的故障也有一定关系。

表 21-9-21   液压缸常见故障分析及排除方法

故障现象	故障分析	排除方法
推力不足或工作速度逐渐下降甚至停止	(1)液压缸和活塞配合间隙太大或密封圈损坏,造成高低压腔互通 (2)由于工作时经常用工作行程的某一段,造成液压缸孔径直线性不良(局部有腰鼓形),致使液压缸两端高低压油互通 (3)缸端油封压得太紧或活塞杆弯曲,使摩擦力或阻力增加 (4)泄漏过多 (5)油温太高,黏度减小,靠间隙密封或密封质量差的液压缸行速变慢。若液压缸两端高低压油腔互通,运行速度逐渐减慢直至停止	(1)单配活塞和液压缸的间隙或更换密封圈 (2)镗磨修复液压缸孔径,单配活塞 (3)放松油封,以不漏油为限,校直活塞杆 (4)寻找泄漏部位,紧固各接合面 (5)分析发热原因,设法散热降温,如密封间隙过大则单配活塞或增装密封环
冲击	(1)活塞和液压缸间隙过大,节流阀失去节流作用 (2)端头缓冲的单向阀失灵,缓冲不起作用	(1)按规定配活塞与液压缸的间隙,减少泄漏现象 (2)修正研配单向阀与阀座
爬行	(1)空气侵入 (2)液压缸端盖密封圈压得太紧或过松 (3)活塞杆与活塞不同轴 (4)活塞杆全长或局部弯曲 (5)液压缸的安装位置偏移 (6)液压缸内孔直线性不良(鼓形锥度等) (7)缸内腐蚀、拉毛 (8)双活塞杆两端同轴度不良	(1)增设排气装置;如无排气装置,可开动液压系统以最大行程使工作部件快速运动,强迫排除空气 (2)调整密封圈,使它不紧不松 (3)校正二者同轴度 (4)校直活塞杆 (5)检查液压缸与导轨的平行性并校正 (6)镗磨修复,重配活塞 (7)轻微者修去锈蚀和毛刺,严重者必须镗磨 (8)校正同轴度

表 21-9-22 溢流阀的故障分析及排除方法

故障现象	故 障 分 析	排 除 方 法
压力波动	(1)弹簧弯曲或太软 (2)锥阀与阀座接触不良 (3)钢球与阀座密合不良 (4)滑阀变形或拉毛 (5)油不清洁,阻尼孔堵塞	(1)更换弹簧 (2)如锥阀是新的即卸下调整螺母,将导杆推几下,使其接触良好;或更换锥阀 (3)检查钢球圆度,更换钢球,研磨阀座 (4)更换或修研滑阀 (5)疏通阻尼孔,更换清洁油液
调整无效	(1)弹簧断裂或漏装 (2)阻尼孔阻塞 (3)滑阀卡住 (4)进出油口装反 (5)锥阀漏装	(1)检查、更换或补装弹簧 (2)疏通阻尼孔 (3)拆出、检查、修整 (4)检查油源方向 (5)检查、补装
泄漏严重	(1)锥阀或钢球与阀座的接触不良 (2)滑阀与阀体配合间隙过大 (3)管接头没拧紧 (4)密封破坏	(1)锥阀或钢球磨损时更换新的锥阀或钢球 (2)检查阀芯与阀体间隙 (3)拧紧连接螺钉 (4)检查更换密封
噪声及振动	(1)螺母松动 (2)弹簧变形,不复原 (3)滑阀配合过紧 (4)主滑阀动作不良 (5)锥阀磨损 (6)出油路中有空气 (7)流量超过允许值 (8)和其他阀产生共振	(1)紧固螺母 (2)检查并更换弹簧 (3)修研滑阀,使其灵活 (4)检查滑阀与壳体的同轴度 (5)换锥阀 (6)排出空气 (7)更换与流量对应的阀 (8)略为改变阀的额定压力值(如额定压力值的差在0.5MPa以内时,则容易发生共振)

表 21-9-23 减压阀的故障分析及排除方法

故障现象	故 障 分 析	排 除 方 法
压力波动不稳定	(1)油液中混入空气 (2)阻尼孔有时堵塞 (3)滑阀与阀体内孔圆度超过规定,使阀卡住 (4)弹簧变形或在滑阀中卡住,使阀移动困难或弹簧太软 (5)钢球不圆,钢球与阀座配合不好或锥阀安装不正确	(1)排除油中空气 (2)清理阻尼孔 (3)修研阀孔及滑阀 (4)更换弹簧 (5)更换钢球或拆开锥阀调整
二次压力升不高	(1)外泄漏 (2)锥阀与阀座接触不良	(1)更换密封件,紧固螺钉,并保证力矩均匀 (2)修理或更换
不起减压作用	(1)泄油口不通;泄油管与回油管道相连,并有回油压力 (2)主阀芯在全开位置时卡死	(1)泄油管必须与回油管道分开,单独回入油箱 (2)修理、更换零件,检查油质

表 21-9-24 节流调速阀的故障分析及排除方法

故障现象	故 障 分 析	排 除 方 法
节流作用失灵及调速范围不大	(1)节流阀和孔的间隙过大,有泄漏以及系统内部泄漏 (2)节流孔阻塞或阀芯卡住	(1)检查泄漏部位零件损坏情况,予以修复、更新,注意接合处的油封情况 (2)拆开清洗,更换新油液,使阀芯运动灵活
运动速度不稳定如逐渐减慢、突然增快及跳动等现象	(1)油中杂质黏附在节流口边上,通油截面减小,使速度减慢 (2)节流阀的性能较差,低速运动时由于振动使调节位置变化 (3)节流阀内部、外部有泄漏	(1)拆卸清洗有关零件,更换新油,并经常保持油液洁净 (2)增加节流联锁装置 (3)检查零件的精度和配合间隙,修配或更换超差的零件,连接处要严加封闭

故障现象	故 障 分 析	排 除 方 法
运动速度不稳定如逐渐减慢、突然增快及跳动等现象	(4)在简式的节流阀中,因系统载荷有变化,使速度突变 (5)油温升高,油液的黏度降低,使速度逐步升高 (6)阻尼装置堵塞,系统中有空气,出现压力变化及跳动	(4)检查系统压力和减压装置等部件的作用以及溢流阀的控制是否正常 (5)液压系统稳定后调整节流阀或增加油温散热装置 (6)清洗零件,在系统中增设排气阀,油液要保持洁净

表 21-9-25　　　　　　　　换向阀的故障分析及排除方法

故障现象	故 障 分 析	排 除 方 法
滑阀不换向	(1)滑阀卡死 (2)阀体变形 (3)具有中间位置的对中弹簧折断 (4)操纵压力不够 (5)电磁铁线圈烧坏或电磁铁推力不足 (6)电气线路出故障 (7)液控换向阀控制油路无油或被堵塞	(1)拆开清洗脏物,去毛刺 (2)调节阀体安装螺钉使压紧力均匀,或修研阀孔 (3)更换弹簧 (4)操纵压力必须大于 0.35MPa (5)检查、修理、更换 (6)消除故障 (7)检查原因并消除
电磁铁控制的方向阀作用时有响声	(1)滑阀卡住或摩擦力过大 (2)电磁铁不能压到底 (3)电磁铁铁芯接触面不平或接触不良	(1)修研或调配滑阀 (2)校正电磁铁高度 (3)消除污物,修正电磁铁铁芯

表 21-9-26　　　　　　　　液控单向阀的故障分析及排除方法

故障现象	故 障 分 析	排 除 方 法
油液不逆流	(1)控制压力过低 (2)控制油管道接头漏油严重 (3)单向阀卡死	(1)提高控制压力使之达到要求值 (2)紧固接头,消除漏油 (3)清洗
逆方向不密封,有泄漏	(1)单向阀在全开位置上卡死 (2)单向阀锥面与阀座锥面接触不均匀	(1)修配,清洗 (2)检修或更换

4　拖　　链

　　拖链是现代机械设备的主要配套件,它作为各类机床、机械设备的液、气软管以及电线、电缆的防护装置,能随运动着的工作机械协调地运行。液、气软管和电线、电缆在拖链内整齐而有规则地排列在一起,增强了机床和机械设备的整体造型效果,因而被广泛地应用于机床、重型机械、加工 起重、冶金和建筑机械等行业。其优点如下。

　　1)运动平稳,传动灵活,工作安全可靠。

　　2)电线、电缆和液、气软管之间无相对运动,无机械磨损,在给定的弯曲半径范围内,不会产生弯曲和扭转变形。管线受拖链的保护,使用寿命长。

　　3)承载能力强,为其他任何管缆防护装置无法比拟。

　　4)结构简单、轻巧,节省传动空间,易拆装,易维修。

　　5)造型新颖,外形美观。

　　(1)拖链结构　(见图 21-9-16)

　　拖链由两条或两条以上的平行链带、支撑板、销轴和连接板组成。两链带之间用支撑板相互连接,支撑板和链板间用销轴连接,支撑板上开孔用来支撑和拖动电线、电缆或软管。支撑板可以是整块的,也可分开成两块,以利于软管安装。板上的孔为圆形或矩形,也可按用户要求开孔。拖链一端为固定连接板,与机器上的固定件连接或固定于地面,另一端为活动连接板,与机器上的活动部件连接,随活动件一起运动。

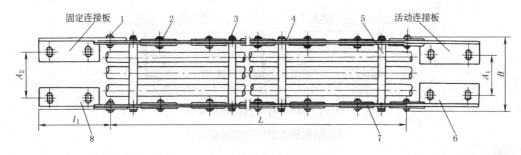

图 21-9-16　拖链结构

1—销轴；2—挡圈；3—螺栓；4—垫圈；5—支撑板；6—活动连接板；7—链板；8—固定连接板

（2）TL 型钢制拖链

性能参数与外形尺寸

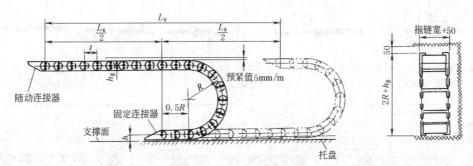

表 21-9-27　　　　　　　　　　　　　　　　　　　　　　　　　　　　　　　　　　　　　　　mm

型号		TL65	TL95	TL125	TL180	TL225
移动速度/m·min⁻¹		≤40				
噪声声压级/dB(A)		≤68(最大移动速度时)				
寿命/万次		≥100(往复)				
节距	t	65	95	125	180	225
弯曲半径	R	75 90 115 125 145 185	115 145 200 250 300	200 250 300 350 470 500 575 700 750	250 300 350 450 490 600 650	350 450 600 750
拖链最小宽度 B_{min}		70	120	120	200	250
拖链最大宽度 B_{max}		350	450	550	650	1000
拖链长度	L	由用户按需要自定				
支撑板最大孔径 D_1		30	50	75	110	150
矩形孔	D_{max}	26	46	72	—	—
链板高	h_g	44	70	96	144	200
	h	22	35	48	72	100

注：1. 当拖链需要的弯曲半径与表列不同或结构有特殊要求时，可与生产厂协商。

2. 当拖链超过允许的最大宽度 B_{max} 时，可采用由三条链带平行组成的复合拖链，见图 21-9-17。

3. L_s 为工作机械移动行程。

4. 生产厂为上海英特尔弗莱克斯拖链有限公司（上海江川机件厂）、武汉南星冶金设备备件有限公司等。

因为支撑板最大宽度为 600~650mm，在较宽拖链上可以装置多条拖链链带，这样不仅可提高较窄拖链的稳定性，也可通过第三条链带将软管与电缆隔开。图 21-9-17 所示为有三条链带的拖链，SLE 型取参数 d、12、g，TL 型取 f、j、k。

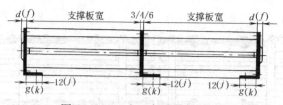

图 21-9-17　有三条链带的拖链

TL 型拖链支撑板和连接板尺寸

连接板

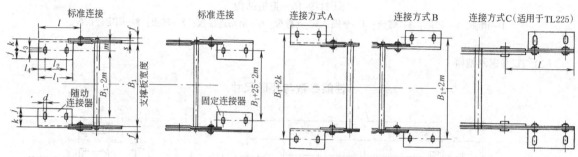

拖链支撑板

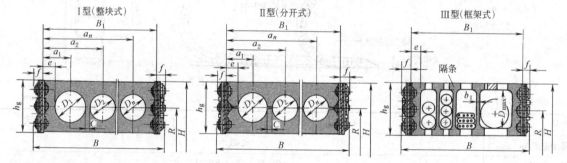

　　　　　　　　　　　　　　　　　　　　　　　　　　　　　　　　mm

型　号	支撑板型式	e	f	$a_1 \sim a_n$ $D_1 \sim D_n$	D_{max}	C_{min}	b_1	j	k	m	l	l_1	l_2	l_3	l_4	d	s
				用户按需要自定 $D_{1-n} \leqslant D_{max}$													
TL65	I 、II 、III	10	8		26	4	3	13	17	14	95	75	45	5	15	7	3
TL95	I 、II 、III	12	10		46	5	4	25	30	26	125	105	65	10	20	9	4
TL125	I 、II 、III	12	12		72	6	5	155	30	25	155	130	80	10	25	11	5
TL180	II	15	15		—	7	—	25	35	29	210	175	115	10	30	13	6
TL225	II	22	15		—	10	—	35	45	39	300	200	140	10	30	18	6

注：$H = 2R + h_g$。

型号意义：

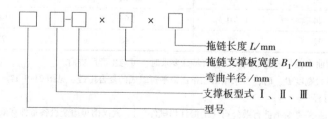

拖链长度 L/mm
拖链支撑板宽度 B_1/mm
弯曲半径 $/mm$
支撑板型式 I 、II 、III
型号

标记示例

拖链型号 TL95，支撑板 III 型，弯曲半径 $R = 250mm$，支撑板宽度 $B_1 = 300mm$，拖链长度 $L = 3325mm$，记为：

拖链 TL95　III-250×300×3325 （订货时需附支撑板上开孔配置图）

选择计算

1）支撑板最大孔径 $D_1 = 1.1d$（取整数），d 为管缆最大外径。

2）选择拖链型号：由支撑板最大孔径 D_1，按表 21-9-27 选择型号。

3）根据拖链功能要求，确定支撑板型式和拖链的弯曲半径：当拖链需承载较大管缆载荷时，应选用高强度支撑板Ⅰ型；当管路的管接头尺寸大于支撑板孔径或需经常拆装、维修等时，可选用支撑板Ⅱ型；安装管缆的规格品种较多时，可选用支撑板Ⅲ型。

4）确定支撑板宽度 B_1 和拖链宽度 B

$$B_1 = 2e + n_1 D_1 + n_2 D_2 + \cdots + (n-1)C$$

式中　D_1、$D_2 \cdots$——孔径；

　　　n_1、$n_2 \cdots$——对应孔径的孔数；

　　　　n——总孔数；

　　　e、C——查表 21-9-28。

$$B = B_1 + 2f$$

式中　f——查表 21-9-28。

5）确定拖链长度：由工作机械的移动行程 L_s 确定拖链的长度 L

$$L = \frac{L_s}{2} + \pi R + \Delta L$$

式中　L_s——工作机械移动行程；

　　　R——弯曲半径，见表 21-9-27；

　　　ΔL——安全行程附加值，取 $\Delta L = R$。

计算后，按节距圆整，$L = Zt$，Z 为节数，t 为节距。

要注意，液压管在压力下会伸长或缩短，确定拖链长度时应计及软管的这一弹性因素。

6）校核拖链长度：允许不用支承轮时的拖链长度与附加载荷的关系如图 21-9-18。如果拖链长度超出允许不用支承轮的长度时，建议在拖链下面加支承滚轮等，以免拖链下沉并保证拖链有最佳的移动性能。由用户自制的支承滚轮见图 21-9-19。

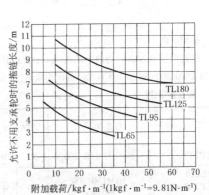

图 21-9-18　允许不用支承轮时的拖链长度与附加载荷关系

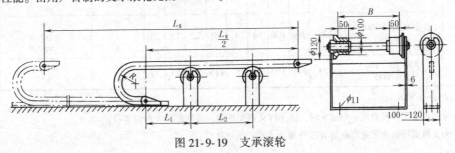

图 21-9-19　支承滚轮

（3）SLE 型钢制拖链

性能参数与连接尺寸

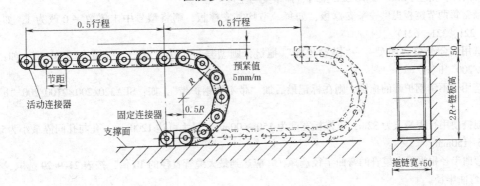

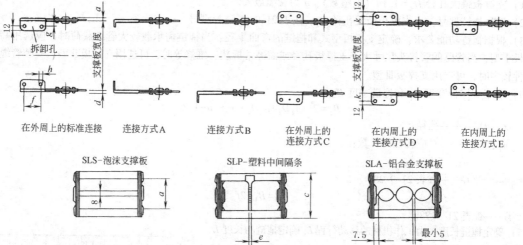

在外周上的标准连接　连接方式A　连接方式B　在外周上的连接方式C　在内周上的连接方式D　在内周上的连接方式E

SLS-泡沫支撑板　　　SLP-塑料中间隔条　　　SLA-铝合金支撑板

标记示例

拖链型号 SLA520、弯曲半径 300mm、拖链长度 6875mm、支撑板宽度 350mm、连接方式 D 或 E、安装方式"S"，记为：拖链 SLA520/300×6875/350-D/E（标准连接不注）"S"（订货时需附支撑板上开孔配置图）。

表 21-9-29

mm

型　　号	弯曲半径 R	节距	a	c	d	e	f	g	h	k	允许不用支承轮时		质量/kg (100mm)
											长度/m	载荷/kgf·m⁻¹	
SLP120	50/100/150/200	50	19	35	5.5	3	20	7.5	7	9.5	3	4	2.30
SLS220	100/150/200 250/300	75	31	50	8	4	30	12	9	15	3	20	4.90
SLP220											2	30	4.80
SLA220											2	30	5.50
SLS320	150/200/250 300/400	100	49	75	10	4	50	17	11	21	4	25	9.10
SLP320											3	40	9.10
SLA320											3	40	10.00
SLS520	200/250/300 400/500	125	68	100	14	4	70	22	13	28	6	30	18.10
SLP520											4	50	18.10
SLA520											4	50	19.30
SLA620	250/300/400 500/600	175	118	150	14	8	115	26	13	32	10	10	25.00
SLP620											8	30	

注：1. 1kgf/m=9.81N/m。

2. 当每分钟超过 2 个行程数或 v≈1m/s 时，选用淬火钢制拖链，并选择较大弯曲半径。

3. 生产厂为上海英特尔弗莱克斯拖链有限公司（上海江川机件厂）。

选型说明

1）SLE 型拖链有三种支撑板，采用铝合金支撑板时型号标记为 SLA，采用塑料中间隔条时标记为 SLP，采用泡沫支撑板时标记为 SLS。选用 SLS 型时，需事先与生产厂联系。

2）通常每两节链板提供一条支撑板，如每一节均需支撑板，则将型号中末尾数字 0 改为 1，如：SLA521（或 121、221、321、621）。

3）选用铝合金全封闭型——"银星护板"拖链，则型号标记为：SLE325（或 525、625），如：SLE325/200×2100/200 "h"。

4）选用带不锈钢护带的拖链，则在标记最后加"带不锈钢护带"，如：SLA320/200×2100/200 "h" 带不锈钢护带。

5）拖链使用行程最大为 32m；支撑板宽度为 150~600mm，最大可达 1200mm；孔与孔间隔最小为 5mm；链板高度为 35~150mm。

6）弯曲半径根据最大缆管的弯曲半径选择，并应达到最大缆管直径的 10 倍，按表 21-9-29 选取，行程小时选较小的弯曲半径。

7）当固定连接器在行程中点时，拖链的长度为：$\frac{1}{2}$行程+4倍弯曲半径。

8）由缆管最大直径确定支撑板的高度（即链板高度）。但当工作机械最大限度运转时，如拖链宽度超过300mm，拖链长度超过4m，出于稳定性原因，应考虑选择加大一号规格的拖链。

安装方式（见图21-9-20）

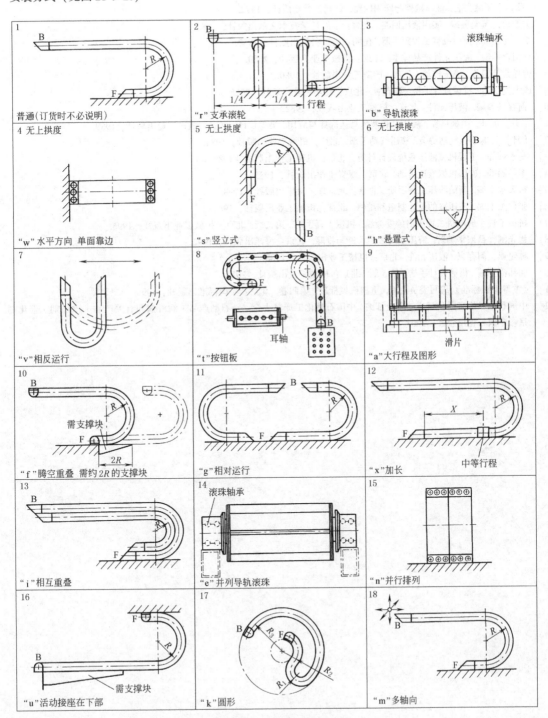

图 21-9-20　安装方式
F—固定连接；B—活动连接

参 考 文 献

［1］ 李玉林主编. 液压元件与系统设计. 北京：北京航空航天大学出版社，1991.

［2］ 蔡文彦，詹永麒编. 液压传动系统. 上海：上海交通大学出版社，1990.

［3］ 官忠范主编. 液压传动系统. 北京：机械工业出版社，1983.

［4］ ［日］金子敏夫著. 油压機器と麻用回路. 日刊工業新聞社，1972.

［5］ 关肇勋，黄奕振编. 实用液压回路. 上海：上海科学技术文献出版社，1982.

［6］ 李天元主编. 简明机械工程师手册. 昆明：云南科技出版社，1988.

［7］ 杜国森等编. 液压元件产品样本. 北京：机械工业出版社，2000.

［8］ 曾祥荣等编著. 液压传动. 北京：国防工业出版社，1980.

［9］ 成大先主编. 机械设计手册. 第五版. 北京：化学工业出版社，2008.

［10］ 何存兴等编. 液压元件. 北京：机械工业出版社，1982.

［11］ ［美］R. P. 兰姆贝克. 液压泵和液压马达选择与应用. 吴忠仁译. 北京：机械工业出版社，1989.

［12］ ［日］日本液压气动协会. 液压气动手册. 北京：机械工业出版社，1984.

［13］ 马永辉等. 工程机械液压系统设计计算. 北京：机械工业出版社，1985.

［14］ 李昌熙等. 矿山机械液压传动. 北京：煤炭工业出版社，1985.

［15］ 雷天觉主编. 新编液压工程手册. 北京：北京理工大学出版社，1998.

［16］ 张仁杰主编. 液压缸的设计制造与维修. 北京：机械工业出版社，1989.

［17］ 机械工程手册电机工程手册编委会编. 机械工程手册. 第二版. 北京：机械工业出版社，1996.

［18］ 稽光国，吕淑华编著. 液压系统故障诊断与排除. 北京：海洋出版社，1992.

［19］ 林建亚，何存兴. 液压元件. 北京：机械工业出版社，1988.

［20］ 闻邦椿主编. 机械设计手册. 第 5 版. 北京：机械工业出版社，2010.

［21］ 《重型机械标准》编写委员会编. 重型机械标准. 第四卷. 北京：中国标准出版社，1998.

［22］ 中国石化股份有限公司炼油事业部编. 中国石油化工产品大全——石油产品·润滑剂和有关产品·添加剂·催化剂. 北京：中国石化出版社，2004.